하늘길 보안 시리즈 1

AVIATION SECURITY LAW

항공보안법

항공보안감독관이 집필한
21세기 항공보안 전문가를 위한 필독서

박 만 희

정독
DEEP READING

추천사

저자와의 첫 만남은 2015년 김해공항이었습니다. 당시는 메트로젯 9268편 폭파사건, 브뤼셀 자벤템공항, 이스탄불 아타튀르크공항 테러 등 일련의 항공보안 사건과 공항 테러 사건들이 국내외에서 연이어 발생하면서 항공보안이 사회적으로 중요한 이슈로 대두되던 시기였습니다. 당시 국토교통부에서는 이러한 위기에 대응하고자 국제민간항공협약 Annex 17 (항공보안) 개정 동향을 예의주시하며 국내 항공보안 법규와 절차를 전면 재검토하고 있었습니다.

부산항공청의 항공보안감독관이던 저자는 첫 만남부터 오랜 현장 경험에서 쌓아온 전문성으로 깊은 인상을 남겼습니다. 그는 규정을 집행하는 감독관의 역할에 국한되지 않고, ICAO SARPs, 미국 TSA 보안지침, EU Regulation 등 국제 항공보안 체계에 대한 깊은 이해를 바탕으로 우리나라 항공보안법의 실효성 있는 적용방안을 제시하는 전문가였습니다. 그의 조언과 참여는 당시 국토교통부의 항공보안 종합대책 수립에 큰 도움이 되었습니다.

저자는 글로벌 항공보안 흐름에 대한 남다른 식견을 가지고 있었기에, 주요 이슈가 있을 때마다 저의 토론 상대이자 자문역이 되어 주었습니다. 미국 TSA 보안평가 대응, 국내외 항공보안 평가에도 적극적으로 참여함으로써 우리나라 항공보안 수준 향상에 기여하였으며, 특히 항공보안 정책 입안 과정에서 법률 조문을 현장 실무에 실효성있게 적용하도록 조율하는 그의 역할은 매우 중요하였습니다.

21세기 항공보안은 전례 없는 복합적 위협에 직면해 있습니다. 드론을 이용한 공항 침입, 사이버 위협, 내부자 위협, 생체인식 기술의 보안 적용, 원스톱 보안(One-Stop Security) 체계 구축 등 새로운 보안 패러다임이 요구되고 있는 것입니다. 이러한 변화 속에서 항공보안법은 단순한 규제 법령을 넘어, 항공보안 전반을 규율하고 방향을 제시하는 핵심적 기반으로서 그 중요성이 커지고 있습니다.

첫 만남으로부터 다시 10년이 흐른 지금, 그간 축적해온 경험과 전문성을 바탕으로 항공보안법 해설서를 발간한 것을 진심으로 축하합니다. 그간 항공보안 정책이나 감독업무에 종사하는 실무자들은 물론, 공항운영자, 항공사, 보안검색기관 등에 종사하는 항공보안 담당자들, 항공보안을 전공하는 학생들은 체계적이고 상세한 항공보안법 해설서를 기다려 왔습니다.

이 책은 법조문의 나열에 그치지 않고 국제민간항공협약 Annex 17, ICAO Doc. 8973 (Aviation Security Manual) 등 국제 항공보안 법규와의 연계성을 명확히 제시하고 있으며, 현장 실무에서 발생하는 다양한 사례와 해석을 포함하고 있습니다. 이러한 점에서 실무자들에게는 업무 지침서로, 학생들에게는 항공보안법의 이론과 실무를 연결하는 교재로서 그 역할을 충실히 수행할 것입니다. 특히 현직 항공보안감독관으로서 저자가 직접 경험하고 적용해 온 법 해석과 집행에 관한 실무적 지식은 이 책의 가장 큰 차별점이자 강점입니다.

저자가 ICAO 등 국제 법규에 대한 깊은 이해를 바탕으로 항공보안법 해설서를 발간함으로써, 우리나라 항공보안이 더욱 체계화되고 한층 업그레이드될 것으로 믿어 의심치 않습니다. 이 책이 대한민국 항공보안의 발전과 전문 인력 양성의 이정표가 되기를 바랍니다.

도시지역학 박사 박 준 형
現 국토교통부 토지정책관
前 국토교통부 항공보안과장

INTRO

21세기에 들어서면서 항공보안은 근본적인 패러다임 전환을 겪었다. 2001년 9.11 테러는 전 세계 항공보안체계의 전면적 재구축을 촉발시켰으며, 현재는 무인항공기(드론) 위협, 사이버 공격, 내부자 위협(Insider Threat) 등 과거에는 예상하지 못했던 새로운 형태의 보안위험이 지속적으로 등장하고 있다.

이처럼 위협 양상이 다양해지면서 항공보안의 규모와 범위는 급격히 확대되었다. 국제항공운송협회(IATA)의 최신 통계에 따르면, 2024년 기준 전 세계 항공여객 운송규모는 47억 명을 초과한 것으로 나타났다. 이러한 수치는 항공보안이 단순한 안전조치의 차원을 넘어서, 글로벌 인적 이동성을 지원하는 필수 인프라로 자리잡았음을 의미하는 것이다. 특히 항공산업의 지속적 성장과 더불어 보안위협의 복잡성이 증대됨에 따라, 보다 정교하고 체계적인 보안관리 전략의 수립이 시급한 과제로 대두되고 있다.

이렇게 항공보안의 중요성이 커지는 가운데, 우리나라는 인천국제공항이 12년 연속 세계 최고공항으로 선정되는 등 항공 인프라 측면에서 세계적 수준의 경쟁력을 입증하고 있다. 그러나 이러한 외형적 성과에도 불구하고, 항공보안 법체계를 학술적·실무적으로 해석하고 적용하는 이론적 토대는 여전히 미흡한 수준에 머물러 있다.

법제도적 측면에서 살펴보면, 2002년 항공안전 및 보안에 관한 법률이 제정된 이후, 2014년에는 항공보안법이 독립 법률로 제정되면서 20년 이상 관련 경험과 판례가 축적되어 왔다. 그럼에도 불구하고 이를 체계적으로 분석하고 해설한 전문서적은 극히 드물다. 특히 국제민간항공협약 Annex 17(항공보안)의 지속적인 개정과 위험기반 보안(Risk-Based Security) 같은 새로운 보안 패러다임의 도입으로 ICAO 기준은 빠르게 변화하였으나, 이를 국내법 체계에 어떻게 반영하고 적용할 것인가에 대한 명확한 해석기준이 마련되지 않았다. 이로 인해 현장 실무자들은 법령 적용의 일관성을 확보하는 데 어려움을 겪고 있으며, 기존 문헌들이 대부분 개론적 수준에 머물러 있어 실무에서 직면하는 복잡한 법적 쟁점들에 대한 구체적인 해결방안을 제시하지 못하는 한계를 보인다.

이러한 이론적·실무적 공백을 채우기 위해 이 책이 집필되었다. 국내 최초로 항공보안법을 중심으로 한 종합 해설서로서, 항공보안법 62개 조항과 시행령 32개 조항, 시행규칙 47개 조항을 체계적으로 분석하며 각 조항 간의 상관관계를 유기적으로 해석하였다. 또한 항공안전법, 공항시설법, 테러방지법 등 관련 법령들과의 법체계적 연관성을 명확히 정리하였으며, 실무 현장에서 빈번하게 발생하는 법적 쟁점들도 심도있게 다루었다.

이와 더불어 Annex 17과 Doc. 8973(Aviation Security Manual)의 실무 지침을 기반으로 ICAO 기준과 국내 법규 간의 비교분석을 수행하였다. 국제 기준의 번역이나 인용에 그치지 않고, 우리나라의 법제도적 특성과 항공보안 환경을 고려한 해석론과 적용방안을 구체적으로 제시하고자 하였다.

책은 총 7개 장으로 구성되어 있으며, 각 장은 항공보안의 핵심 영역을 체계적으로 다루고 있다. 제1장은 항공보안 거버넌스 체계를 통해 국가의 책무와 각 기관의 자체보안계획 수립 과정을 살펴본다. 이어서 제2장은 우리가 공항에서 실제로 경험하는 보안검색과 출입통제시스템을 상세히 분석한다. 제3장에서는 이러한 보안시스템이 적절히 운영되고 있는지 확인하기 위한 보안점검과 평가중심의 수준관리 체계로 논의를 이어가며, 제4장은 최근 부각되는 대테러 활동과 사이버보안을 포함한 신종 위협에 대한 대응방안을 다룬다.

이런 위협에 대응할 전문인력을 어떻게 양성할 것인지는 제5장에서 ICAO 기준에 따른 보안인력의 교육훈련 체계를 통해 설명하고, 제6장은 보안장비의 성능기준과 인증절차를 구체적으로 살펴본다. 마지막 제7장에서는 항공운송사업자와 항공화물 보안체계를 종합적으로 검토하면서, 공항 내부에서 항공기 운항에 이르는 전 과정의 보안체계를 조망하며 전체 내용을 마무리한다.

이 책의 가장 큰 강점은 이론과 실무를 통합적으로 다룬다는 데 있다. 법령의 체계적 해석과 함께 현장에서 즉시 적용 가능한 실무지침을 제공함으로써, 학술적 깊이와 실용적 가치를 동시에 확보하고자 하였다.

이러한 통합적 접근을 바탕으로, 항공보안을 처음 접하는 입문자부터 숙련된 전문가까지 각자의 수준에 맞게 단계별로 활용할 수 있도록 구성하였다. 특히 항공보안업무 종사자들의 의무교육과 신규 인력 양성교육, 전문가 재교육 과정에서 표준교재로 활용될 수 있도록 체계를 갖추었다는 점에서 의의가 있다.

이러한 구성은 항공보안법 제정 이후 지금까지 체계적인 법령 해설서가 부재했던 현실을 고려할 때 더욱 중요한 의의를 지닌다. 이 책이 항공보안 분야의 필수 참고서로 자리매김하는 것은 물론, 항공보안업무의 전문성 향상과 교육훈련 표준화에 기여하면서, 우리나라 항공보안 분야의 학술적 기반을 강화하는 데 이바지할 수 있을 것으로 판단된다.

다만 ICAO 기준과 항공보안 관련 법규정은 지속적으로 변화하고 있으며, 새로운 보안위협 또한 계속해서 등장하고 있다는 점에 유의할 필요가 있다. 이에 대응하여 정기적인 개정판 발간을 통해 최신 정보를 반영하고, 변화하는 법제 환경에 부응하는 전문서적으로 지속적으로 발전시켜 나갈 예정이다.

항공산업의 지속적 성장과 함께 항공보안의 중요성은 갈수록 커지고 있다. 이러한 환경변화 속에서 이 책이 우리나라 항공보안의 법적 안정성을 강화하는 한편, 국제기준에 부합하는 항공보안 체계 확립에 실무적 기여를 할 수 있기를 기대한다. 더 나아가 항공보안학이 독립적인 학문영역으로서의 정체성을 확고히 하고, 전문인력 양성을 위한 표준교재로 활용됨으로써 대한민국 항공보안의 국제적 위상 제고에 학술적 기여를 하게 되기를 희망한다.

2025년 12월
법학박사 박만희

차 례

제2장 공항보안

제4장 대테러

제5장 항공보안 교육훈련

제7장 항공운송사업자 보안

1

CHAPTER

항공보안정책

제1장

항공보안정책

Ⅰ. 항공보안정책 관리 체계

1. 항공보안에 대한 국가의 책무

▌항공보안법

제4조(국가의 책무) 국토교통부장관은 민간항공의 보안에 관한 계획 수립, 관계 행정기관 간 업무 협조체제 유지, 공항운영자·항공운송사업자·항공기취급업체·항공기정비업체·공항상주업체 및 항공여객·화물터미널운영자 등의 자체 보안계획에 대한 승인 및 실행점검, 항공보안 교육훈련계획의 개발 등의 업무를 수행한다.

제5조(공항운영자 등의 협조의무) 공항운영자, 항공운송사업자, 항공기취급업체, 항공기정비업체, 공항상주업체, 항공여객·화물터미널운영자, 공항이용자, 그 밖에 국토교통부령으로 정하는 자는 항공보안을 위한 국가의 시책에 협조하여야 한다.

제9조(항공보안 기본계획) ① 국토교통부장관은 항공보안에 관한 기본계획(이하 "기본계획"이라 한다)을 5년마다 수립하고, 그 내용을 공항운영자, 항공운송사업자, 항공기취급업체, 항공기정비업체, 공항상주업체, 항공여객·화물터미널운영자, 그 밖에 국토교통부령으로 정하는 자(이하 "공항운영자등"이라 한다)에게 통보하여야 한다.

▌항공보안법 시행규칙

제2조(협조의무자) 법 제5조에서 "국토교통부령으로 정하는 자"란 다음 각 호의 어느 하나에 해당하는 자를 말한다.

1. 「공항시설법」 제6조제2항 또는 제43조제2항에 따라 국토교통부장관의 허가를 받아 비행장 또는 항행

안전시설을 설치한 자
2. 도심공항터미널업자

제3조(기본계획의 통보) 법 제9조제1항에서 "국토교통부령으로 정하는 자"란 다음 각 호의 어느 하나에 해당하는 자를 말한다.
1. 도심공항터미널업자
2. 법 제12조에 따라 지정된 보호구역에 상주하는 기관으로서 다음 각 목의 어느 하나에 해당하는 기관
   가. 「고등교육법」 제2조에 따른 교육기관
   나. 「항공사업법」 제2조제15호에 따른 항공기사용사업을 하는 자
   다. 「항공안전법」 제2조제1호 가목 및 나목에 따른 비행기나 헬리콥터를 소유하거나 임차해서 사용하는 자
   라. 「항공안전법」 제48조제1항에 따른 전문교육기관
3. 법 제17조의2제1항에 따른 상용화주

(1) 국가의 항공보안 총괄 기능과 이해관계자 협력체계

항공보안 체계에서 국가는 규제와 감독을 넘어 계획수립, 승인, 점검, 교육에 이르는 광범위한 책무를 담당하며, 이러한 국가의 역할은 항공보안법 제4조와 제5조를 통하여 법적으로 명확히 규정되어 있다. 제4조는 국토교통부장관의 책무를 구체적으로 명시하고, 제5조는 민간부문의 협조의무를 규정함으로써, 국가가 항공보안의 전 과정을 직접 관리하고 민간이 이를 실행하는 국가주도형 협력체계의 법적 기반을 마련한 것으로 볼 수 있다.

항공보안법 제4조에 따르면 국토교통부장관은 민간항공 보안의 핵심 주체로서 다양한 책무를 부여받고 있다. 첫째, 민간항공 보안에 관한 종합적인 계획을 수립하고 관계 행정기관 간 업무 협조체제를 유지하는 조정권한을 행사한다. 둘째, 공항운영자, 항공운송사업자, 항공기취급업체, 항공기정비업체, 공항상주업체, 항공여객·화물터미널운영자 등이 수립한 자체보안계획을 승인하고 그 실행을 점검하는 감독권한을 보유한다. 셋째, 항공보안 교육훈련계획을 수립함으로써 항공보안 인력의 전문성 제고를 위한 제도적 기반을 조성하는 책무를 이행한다.

이러한 책무 규정 중에서 특히 항공보안 교육훈련계획의 수립은 국가가 규제와 감독에 국한되지 않고 항공보안 인력의 역량 강화를 위한 체계 구축에도 적극 관여하고 있음을 보여준다는 점에서 의미가 있다. 이것은 항공보안이 국가안보와 직결된 중대한 사안임을 법적으로 천명하는 동시에, 국가가 항공보안의 실질적 수준 향상을 위하여 포괄적 책임을 지고 있음을 의미하는 것이다.

그러나 국가의 주도적 역할만으로는 항공보안의 실효성을 담보하기 어려우며, 민간부문의 적극적 협조가 뒷받침되어야 한다는 인식 하에 제5조는 민간부문의 협조의무를 규정하고 있다. 동 조항은 공항운영자, 항공운송사업자부터 공항이용자에 이르기까지 항공산업의 전체 구성원이 국가의 항공보안 시책에 협조해야 할 의무를 명시함으로써, 항공보안이 특정 기관이나 업체만의 책임이 아닌 관련된 모든 이해관계자가 공동으로 달성해야 할 목표임을 분명히 하였다.

이러한 법적 체계는 국가주도의 통합적 보안관리 체계와 민간부문의 자율적 참여가 조화를 이루는 협력적 거버넌스 구조를 지향하는 것으로 평가된다. 즉, 국가는 항공보안의 기본적인 틀을 제시하고 이를 관리·감독하되, 실제 현장에서는 각 주체가 자체보안계획을 수립하고 실행하는 방식으로 보안을 강화해 나가도록 함으로써, 항공보안의 실효성을 제고하면서도 각 주체의 역할과 책임을 명확히 구분하는 체계적 접근방식을 채택한 것이다. 이것은 국가의 규제권한과 민간의 자율성 사이의 적절한 균형을 모색한 것으로 해석되며, 항공보안의 특수성을 고려할 때 합리적인 법체계라 할 수 있다.

(2) 항공보안 관리대상 기관의 법령 간 불일치 해소방안

항공보안 관련 법령을 체계적으로 분석한 결과, 조항 간 적용 대상의 불일치라는 중대한 법령 체계상의 문제가 확인되었다. 항공보안법 제5조(협조의무)와 제9조(항공보안 기본계획)는 모두 '국토교통부령으로 정하는 자'를 적용 대상으로 규정하고 있으나, 같은 법 시행규칙에서 해당 범주를 서로 상이하게 정의함으로써 제4조(국가의 책무), 제5조, 제9조의 적용 대상이 기관별로 각각 달라지는 제도적 모순을 야기하고 있는 것으로 나타났다.

이러한 불일치는 항공보안법, 같은 법 시행규칙, 국가항공보안계획을 조항별로 상호 대조하는 과정에서 더욱 명확하게 드러난다. 항공기사용사업자, 상용화주, 도심항공터미널운영자 등은 특정 조항에서는 의무 이행 대상에 포함되지만 다른 조항에서는 배제되는 일관성 없는 법 적용을 받고 있으며, 이것은 법령의 예측가능성과 명확성이라는 법치주의의 기본 원칙에 부합하지 아니한다.

문제의 심각성은 이것이 법령체계의 형식적 미비에 그치지 않고 실무 현장에서 실질적인 혼란과 법 집행의 어려움을 초래한다는 데 있다. 현장에서는 특정 기관이 자체보안계획 수립대상인지, 교육훈련 의무대상인지, 감독관리 대상인지를 판단하기 위하여 여러 법규정과 국가항공보안계획을 개별적으로 대조해야 하는 비효율이 발생하며, 관리감독기관 입장에서도 대상 기관별로 적용해야 할 규정이 상이하여 체계적이고 일관된 관리가 곤란한 실정이다. 이러한 법 적용의 불명확성은 규제 대상 기관의 입장에서도 자신에게 부과된 법적 의무의 범위와 내용을 명확히 인식하는 것을 어렵게 만들며, 이는 항공보안 규제의 실효성을 저해하는 요인이 된다.

이러한 문제를 근본적으로 해결하기 위해서는 관련 법령의 전면적인 정비가 요구된다. 우선 항공보안법 시행규칙을 개정하여 제4조, 제5조, 제9조에서 언급하는 대상 기관의 범위를 동일하게 규정할 필요가 있다. 구체적으로는 항공기사용사업자, 상용화주, 도심항공터미널운영자 등을 자체보안계획 수립 및 승인대상, 감독관리 대상, 교육훈련 대상에 일관되게 포함시켜야 하며, 이를 통하여 법령 적용의 명확성과 예측가능성을 확보해야 한다.

법령 정비와 함께 국가항공보안계획도 개정된 법령에 부합하도록 재정비해야 할 필요성이 제기된다. 법령과 계획 간의 정합성을 확보하는 것은 법규범의 체계성과 일관성을 유지하는 데 필수적이며, 이러한 일원화 작업을 통하여 항공보안 관련 기관에 대한 체계적이고 일관된 관리가 가능해질 것이다. 이것은 법령 적용의 명확성 제고와 관리감독의 효율성 향상을 통하여 항공보안 수준의 실질적 향상을 도모할 수 있다는 점에서 중요한 법제도적 의의를 지닌다.

2. 항공보안 기본계획

▮ 항공보안법

제9조(항공보안 기본계획) ② 기본계획에는 항공보안에 관한 종합적·장기적인 추진방향 등 대통령령으로 정하는 사항이 포함되어야 한다.

④ 국토교통부장관은 기본계획을 수립하거나 변경하고자 하는 때에는 관계 행정기관과 미리 협의하여야 한다.

⑤ 국토교통부장관은 기본계획 및 시행계획의 수립을 위하여 필요하다고 인정하는 경우에는 관계 기관, 단체 또는 전문가로부터 의견을 듣거나 필요한 자료의 제출을 요청할 수 있다.

⑥ 그 밖에 기본계획 및 시행계획의 수립·변경·시행 등에 필요한 사항은 대통령령으로 정한다.

▮ 항공보안법 시행령

제5조(기본계획의 수립·변경 등) ① 법 제9조제1항에 따른 항공보안에 관한 기본계획(이하 "기본계획"이라 한다)에는 다음 각 호의 내용이 포함되어야 한다.

1. 국내외 항공보안 환경의 변화 및 전망
2. 국내 항공보안 현황 및 경쟁력 강화에 관한 사항
3. 국가 항공보안정책의 목표, 추진방향 및 단계별 추진계획
4. 항공보안 전문인력의 양성 및 항공보안 기술의 개발에 관한 사항

5. 그 밖에 항공보안 발전을 위하여 필요한 사항
② 국토교통부장관은 기본계획을 수립하거나 변경하는 경우에는 보안협의회의 협의를 거쳐야 한다.
③ 국토교통부장관은 기본계획을 수립하거나 변경한 경우에는 그 내용을 법 제9조제1항에 따른 공항운영자등(이하 "공항운영자등"이라 한다)에게 통보하여야 한다.

우리나라의 항공보안 정책은 체계적인 계획 수립을 통해 운영되고 있다. 국토교통부 항공보안정책과는 항공보안법에 따라 5년 주기의 기본계획과 매년 수립하는 시행계획을 통해 항공보안 정책의 일관성과 지속성을 확보한다. 수립된 계획은 공항운영자 등 관련 기관에 통보되어 현장에서 실행되는 체계를 갖추고 있다.

이런 항공보안 기본계획은 행정계획의 범주를 넘어 국가 항공보안의 근간을 이루는 법정 계획으로서의 성격을 갖는다. 이 계획의 핵심 목적은 공항시설, 항행안전시설, 항공기 내에서 발생할 수 있는 불법행위를 방지하고 민간항공의 보안을 확보하는 데 있다. 특히 급변하는 국내외 항공보안 환경에 능동적으로 대응하면서도 ICAO 등 국제기준에 부합하는 수준 높은 보안체계를 구축하는 데 중점을 두고 있다.

기본계획의 내용을 살펴보면 그 포괄성을 확인할 수 있다. 항공보안에 관한 기본방침부터 체계적인 추진방향, 보안환경 변화 분석, 중장기 목표 설정, 분야별 세부 추진계획까지 항공보안의 모든 영역을 아우르고 있다. 단편적인 대응이 아니라 종합적이고 전략적인 접근을 가능하게 하는 기반이 되고 있는 것이다.

현재 우리가 따르고 있는 제3차 항공보안 기본계획(2022~2026)은 특별한 의미를 갖는다. 포스트 코로나 시대의 항공산업 회복과 함께 새로운 보안위협에 대응하기 위한 예방적 항공보안체계 구축 전략을 담고 있기 때문이다. 첨단 보안검색장비 도입, 스마트 보안시스템 구축, 항공보안인력 전문성 강화 등 미래지향적 항공보안 실현 과제들이 구체적으로 포함되어 있다. 이 계획은 향후 몇 년간 우리나라 항공보안이 나아갈 방향을 제시하는 청사진으로서의 역할을 수행하고 있다고 판단된다.

3. 항공보안 시행계획

▮ 항공보안법

제9조(항공보안 기본계획) ③ 국토교통부장관은 기본계획에 따라 항공보안 업무를 수행하기 위하여 매년 항공보안에 관한 시행계획(이하 "시행계획"이라 한다)을 수립·시행하여야 한다.

▌ **항공보안법 시행령**

제5조의2(시행계획의 수립·변경 등) ① 국토교통부장관은 기본계획에 포함된 제5조제1항제3호에 따른 단계별 추진계획에 따라 매년 항공보안에 관한 시행계획(이하 "시행계획"이라 한다)을 수립하여야 한다.

② 국토교통부장관은 시행계획을 수립하거나 변경하는 경우에는 보안협의회의 협의를 거쳐야 한다.

③ 국토교통부장관은 시행계획을 수립하거나 변경한 경우에는 그 내용을 공항운영자등에게 통보하여야 한다.

항공보안 시행계획은 항공보안 기본계획에서 제시한 중장기 목표를 구체적인 실행과제로 전환하는 핵심 체계다. 항공보안법 제9조제3항을 근거로 매년 수립되며, 이를 통해 기본계획의 세부 추진과제들이 체계적으로 수행되고 있다.

시행계획을 수립함에 있어서는 전년도 항공보안정책의 추진성과를 면밀히 점검하고, 국내외 항공보안 환경변화와 최신 동향을 종합적으로 분석하는 것에서 출발한다. 이렇게 축적된 분석 결과를 바탕으로 해당 연도의 추진방향을 설정하게 되며, 여기에 더하여 연도별 중점 추진사항과 부문별 세부 추진계획을 구체적으로 제시하고, 각 과제의 추진일정까지 명확하게 규정하고 있다.

시행계획은 기본계획의 중장기 비전을 연도별 실행과제로 구체화하는 실질적인 정책 도구로서의 성격을 가진다. 특히 변화하는 보안환경에 능동적으로 대응하면서도 정책의 일관성을 유지할 수 있도록 한다는 점에서 그 의의가 있다. 즉, 매년 새롭게 등장하는 위협에 대응하면서도 정책의 큰 방향성을 견지하도록 함으로써 항공보안 체계의 연속성과 안정성을 담보하는 것이다.

4. 국가항공보안계획

(1) 국가항공보안계획 수립배경과 핵심목표

▌ **항공보안법**

제1조(목적) 이 법은 「국제민간항공협약」 등 국제협약에 따라 공항시설, 항행안전시설 및 항공기 내에서의 불법행위를 방지하고 민간항공의 보안을 확보하기 위한 기준·절차 및 의무사항 등을 규정함을 목적으로 한다.

제3조(국제협약의 준수) ① 민간항공의 보안을 위하여 이 법에서 규정하는 사항 외에는 다음 각 호의 국제협약에 따른다.

1. 「항공기 내에서 범한 범죄 및 기타 행위에 관한 협약」
2. 「항공기의 불법납치 억제를 위한 협약」

3. 「민간항공의 안전에 대한 불법적 행위의 억제를 위한 협약」
4. 「민간항공의 안전에 대한 불법적 행위의 억제를 위한 협약을 보충하는 국제민간항공에 사용되는 공항에서의 불법적 폭력행위의 억제를 위한 의정서」
5. 「가소성 폭약의 탐지를 위한 식별조치에 관한 협약」

② 제1항에 따른 국제협약 외에 항공보안에 관련된 다른 국제협약이 있는 경우에는 그 협약에 따른다.

제10조(국가항공보안계획 등의 수립) ① 국토교통부장관은 항공보안 업무를 수행하기 위하여 국가항공보안계획을 수립·시행하여야 한다.

② 공항운영자등은 제1항의 국가항공보안계획에 따라 자체 보안계획을 수립하거나 수립된 자체 보안계획을 변경하려는 경우에는 국토교통부장관의 승인을 받아야 한다. 다만, 국토교통부령으로 정하는 경미한 사항의 변경은 그러하지 아니하다.

③ 제1항 및 제2항에 따라 수립하는 국가항공보안계획, 자체 보안계획의 세부 내용 및 수립절차 등에 관하여 필요한 사항은 국토교통부령으로 정한다.

1) ICAO 기준에 따른 항공보안당국 체계

ICAO는 각 회원국이 국가민간항공보안프로그램(NCASP, National Civil Aviation Security Programme)을 수립하도록 의무화하고 있으며, Doc. 8973(Aviation Security Manual)을 통해 구체적인 가이드라인을 제시한다. 이는 국제민간항공의 보안수준을 표준화하고 체계적으로 관리하기 위한 핵심 요구사항이다.

ICAO Doc. 8973의 5.1.1항을 보면 각 국가는 자국의 민간항공보안프로그램(NCASP)을 개발하고 시행하며 지속적으로 유지관리해야 한다고 명시되어 있다. 특히 주목할 점은 이런 프로그램을 효과적으로 총괄하기 위해 국가항공보안 책임당국을 명확하게 지정해야 한다는 것이다. 이는 항공보안 정책의 일관성과 책임성을 확보하는 데 필수적인 조치로 인식되고 있다.

우리나라는 이런 국제 요구사항에 따라 국토교통부 항공보안정책과가 국가항공보안 책임당국의 역할을 수행하고 있다. 항공보안정책과는 ICAO 기준에 부합하는 국가항공보안계획을 수립하고 관련 정책을 총괄 조정한다. 또한 국내 항공보안 체계가 국제 표준을 충족할 수 있도록 지속적으로 관리감독하고 있다. 이를 통해 우리나라는 국제사회가 요구하는 항공보안 수준을 유지하면서도 국내 실정에 맞는 효과적인 보안체계를 구축해 나가고 있다.

2) 국가항공보안계획의 핵심 목적

국가항공보안계획은 우리나라 항공보안 체계의 근간을 이루는 최상위 계획이다. 항공보안법 제10조에 따르면 국토교통부장관은 항공보안 업무를 효과적으로 수행하기 위해 이 계획을 수립하고 시행해야 한다.

이 계획이 추구하는 가장 중요한 목표는 민간항공을 다양한 불법방해행위로부터 보호하는 것이다. 승객과 승무원의 생명을 지키는 것은 물론, 항공기와 공항시설의 안전까지 포괄하는 종합적인 대책을 담고 있다. 여기서 주목할 점은 단순히 물리적 안전만 추구하는 것이 아니라는 사실이다. 민간항공의 안전성과 정시성 그리고 운영 효율성을 모두 확보하려는 균형 잡힌 접근을 취하고 있다.

이처럼 체계적인 접근이 가능한 이유는 탄탄한 법적 기반 덕분이다. 항공보안법 시행규칙 제3조의2가 계획 수립의 세부 기준과 절차를 명확히 정해놓았기 때문에, 국가항공보안계획은 선언적인 정책 문서를 넘어 실제로 법적 구속력을 가진 실행 계획으로 운영된다. 이를 통해 우리나라 항공보안 정책이 일관되고 지속적으로 추진될 수 있는 것이다.

(2) 국가항공보안계획의 헌법적 정당성에 관한 사법적 판단

≪헌법재판소 2018. 2. 22. 선고 2016헌마780 결정≫

❙ 국가항공보안계획의 합헌성 ❙

1. 사건개요

(1) 청구인은 2016. 7. 31. 인천공항에서 미국행 대한항공편을 이용하고자 출국심사를 받는 과정에서 일반적인 보안검색을 받았다. 그런데 대한항공 측은 미국 교통안전청(Transportation Security Administration)으로부터 청구인이 추가 보안검색 대상자에 해당한다는 통보를 받았다며 항공기 탑승 전에 청구인에 대하여 추가 보안검색을 실시하였다. 추가 보안검색은 보안검색 담당자가, 청구인의 소지품에 대해서는 밖으로 꺼내도록 하여 육안으로 확인하는 방식으로, 청구인의 신체에 대해서는 손으로 더듬는 방식으로 이루어졌다(이하 '이 사건 추가 보안검색'이라 한다).

(2) 이후 청구인은 인천국제공항공사 사장을 상대로 이 사건 추가 보안검색을 실시한 법적 근거 등에 대하여 정보공개청구를 하였는데, 위 공사로부터 "항공운송사업자는 체약국의 요구가 있거나 필요하다고 판단되는 경우 탑승 수속 전 또는 탑승구 앞에서 추가 보안검색을 실시할 수 있다."는 내용의 '국가항공보안계획 8.1.19'를 근거로 항공사에서 추가 보안검색을 자체 실시한 것으로서 인천국제공항공사와는 관련이 없다는 답변을 받았다. 또한 항공운송사업자인 ㈜대한항공 측으로부터는 미국 교통안전청으로부터 추가 보안검색 대상임을 통보받아 부득이하게 실시한 것이라는 답변을 받았다.

(3) 이에 청구인은 항공운송사업자로 하여금 체약국의 요구가 있는 경우 추가 보안검색을 실시할 수 있도록 정한 '국가항공보안계획 8.1.19'가 법률유보원칙 및 과잉금지원칙을 위반하여 청구인의 인간의 존엄과 자유, 신체의 자유 등을 침해하였다고 주장하며, 2016. 9. 12. 그 위헌확인을 구하

는 이 사건 헌법소원심판을 청구하였다.

2. 청구인의 주장

이 사건 국가항공보안계획은 법률에 근거도 없이 추가 보안검색 실시에 대하여 정하고 있으므로 헌법상 법률유보원칙에 위반되고 청구인의 인간으로서의 존엄과 가치, 행복추구권, 신체의 자유를 침해한다. 또한 이 사건 국가항공보안계획만으로는 당사자가 추가 보안검색의 사유를 제대로 알 수 없으므로 알 권리도 침해한다.

3. 판 단

(1) 항공보안법

국제민간항공협약 등 국제협약에 따라 공항시설, 항행안전시설 및 항공기 내에서의 불법행위를 방지하고 민간항공의 보안을 확보하기 위한 기준·절차 및 의무사항 등을 규정함을 목적으로 항공보안법이 마련되어 있다.

항공보안법은 민간항공의 보안을 위한 국제협약의 준수 의무와 함께, 항공안전 및 보안에 관한 기본계획의 수립과 시행, 공항 및 항공기 내의 보안을 위한 필요한 조치로서의 보안검색의 기준과 방법 및 승객 등의 협조 의무, 항공보안장비, 항공안전보안지시·조사 및 점검 등에 대한 구체적인 규정을 두고 있고, 그 외에 민간항공에 대한 불법방해행위에 신속하게 대응하기 위하여 국가항공보안 우발계획의 수립근거도 마련하고 있으며, 민간항공 보안업무의 효율적 추진을 위하여 항공보안 자율신고제도도 정하고 있다. 특히 항공보안법은 국토교통부장관으로 하여금 항공보안 업무를 수행하기 위하여 '국가항공보안계획'을 수립·시행하도록 의무를 부과하고 있는바(제1조, 제4조, 제10조 제1항), 국토교통부령인 '항공보안법 시행규칙'에서는 국가항공보안계획에 항공운송사업자를 포함한 공항운영자등의 항공보안에 대한 임무 및 항공보안에 관한 국제협력 등의 내용이 포함되도록 규정하고 있다(제3조의2 제1항). 항공운송사업자를 포함한 공항운영자등은 국가항공보안계획에 따라 자체 보안계획을 수립하여 국토교통부장관의 승인을 받아야 하고, 이를 제대로 이행하지 아니하면 과태료를 부과받게 된다(법 제10조 제2항, 제51조 제1항 제1호).

(2) 국가항공보안계획의 법률유보원칙 위배 여부

(가) 기본권 제한에 있어 법률유보원칙

기본권은헌법 제37조 제2항에 의하여 국가안전보장, 질서유지 또는 공공복리를 위하여 필요한 경우에 한하여 이를 제한할 수 있으나, 그 제한의 방법은 원칙적으로 법률로써만 가능하다. 이러한 법률유보원칙은 '법률에 의한' 규율만을 뜻하는 것이 아니라 '법률에 근거한' 규율을 요청하는 것이므로, **기본권 제한의 형식이 반드시 법률의 형식일 필요는 없고 법률에 근거를 두고 있으면 된다**(헌법재판소 2013. 7. 25. 선고 2012헌마167 결정).

(나) 항공보안법은 국제민간항공협약 등 국제협약에 따라 공항시설, 항행안전시설 및 항공기 내에서의 불법행위를 방지하고 민간항공의 보안을 확보하기 위한 기준·절차 및 의무사항 등을 규정

함을 목적으로 마련된 법으로(제1조), 국토교통부장관으로 하여금 민간항공보안 업무를 수행하기 위하여 국가항공보안계획을 수립·시행하도록 하고(제10조 제1항), 공항운영자, 항공운송사업자 등은 위 계획에 따라 자체 보안계획을 수립하여 승인을 받는 등 항공보안을 위한 국가시책에 협조하도록 정하고 있다(제5조).

국가항공보안계획은 이와 같이 항공보안법 제10조 제1항에 직접적인 근거규정을 두고 마련된 것으로, 민간항공에 대한 불법행위로부터 승객·승무원·항공기 및 공항시설 등을 보호하기 위하여 체약국과 상호 협력할 사항을 정하고, 공항운영자 등의 승객·승무원·휴대물품·위탁수하물·화물·기내물품 등에 대한 구체적인 검색방법을 정하고 있다.

(다) 또한 항공보안법은 "항공운송사업자는 승객의 안전 및 항공기의 보안을 위하여 필요한 조치를 하여야 하고(제14조 제1항), 항공기에 탑승하는 사람은 신체, 휴대물품 및 위탁수하물에 대한 보안검색을 받아야 하며(제15조 제1항), 이를 거부하는 사람에 대해서 항공운송사업자는 탑승을 거절할 수 있다(제23조)"고 규정함으로써, 승객을 대상으로 하는 항공운송사업자의 보안검색 의무 및 내용에 대한 본질적인 사항을 법에서 직접 정하고 있는데, 이는 항공보안을 위한 기준·절차 및 의무사항에 관하여 국제협약에 따르기 위한 것임을 밝힌 것이다. 항공보안법 시행규칙에서도 국가항공보안계획에 국제항공운송사업자를 포함한 공항운영자등의 항공보안에 대한 임무 및 항공보안에 관한 국제협력 등의 내용이 포함되도록 규정하고 있고(제3조의2 제1항), 이 사건 국가항공보안계획은 '국제민간항공협약 부속서 17'에서 "각 체약국은 다른 체약국으로부터 특정한 항공편에 대해 추가적인 보안조치를 요구받을 경우, 가능한 한도 내에서 조치를 취해야 한다."(2.4.1 전문)고 정한 것을 반영한 것으로 보인다.

(라) 소 결

그렇다면 이 사건 **국가항공보안계획은 항공보안법에 직접적인 근거를 두고 있고, 항공보안법에서 이 사건 국가항공보안계획에서 정한 보안검색의 본질적 사항에 대해 규정하고 있으므로, 헌법상 법률유보원칙에 위배되지 않는다.**

(3) 과잉금지원칙 위반 여부

이 사건 국가항공보안계획이 헌법상 과잉금지원칙을 위반하여 청구인의 인격권 및 신체의 자유를 침해하는지 여부에 대하여 본다.

(가) 목적의 정당성 및 수단의 적합성

이 사건 국가항공보안계획은 민간항공보안에 관하여 국제협약에서 정한 기준 및 절차에 따르고 민간항공에 대한 불법방해행위로부터 승객, 승무원, 항공기 및 공항시설 등을 보호하기 위한 것으로 입법목적이 정당하다.

'국제민간항공협약 부속서 17'(항공보안)(Annex17 to the Convention on International Civil Aviation) 2.4.1 전문은 "각 체약국은 다른 체약국으로부터 특정한 항공편에 대해 추가적인 보안조치를 요구받을 경우, 가능한 한도 내에서 조치를 취해야 한다."고 정하고 있는바, 앞서 본 바와 같이 국제민간항공협약 부속서는 우리나라가 1952년 가입하여 발효된 국제민간항공협약의 한 부분으로 국제민간항공협약과 동등한 효력이 있고, 항공보안법 및 관련 규정에서도 항공보안의 기준 및 절차에 관해 국제협약에 따르도록 정하고 있으므로, 이 사건 국가항공보안계획의 심판대상규정이 위 부속서에서 정한 바에 따라 항공운송사업자로 하여금 체약국의 요구가 있는 경우 탑승 수속 전 또는 탑승구 앞에서 추가 보안검색을 실시할 수 있도록 하도록 규정한 것은 위와 같은 입법목적을 달성하기 위한 적합한 수단이다.

(나) 소 결

그러므로 이 사건 **국가항공보안계획은 과잉금지원칙에 위반하여 청구인의 인격권 등 기본권을 침해하지 아니한다.**

1) 법률유보원칙에 따른 항공보안체계의 적법성

▌국제민간항공협약 Annex 17(항공보안)

2.4.1 Each Contracting State requesting additional security measures for a specific flight(s) shall ensure appropriate consultation and give consideration to alternative measures of the other State that are equivalent to those requested.

2.4.2 Each Contracting State shall ensure that requests from other Contracting States for additional security measures in respect of a specific flight(s) by operators of such other States are met, as far as may be practicable.

우리나라는 국제민간항공협약의 체약국으로서 협약상 의무를 성실히 이행해야 한다. 특히 주목해야 할 것은 국제민간항공협약과 동일한 법적 효력을 갖는 Annex 17의 2.4.1항과 2.4.2항이다. 이 조항은 각 체약국이 다른 나라로부터 특정 항공편에 대한 추가 보안조치를 요청받으면 가능한 범위에서 협조해야 한다고 명시한다. 이는 단순한 권고사항이 아니라 국제항공보안 협력체계를 움직이는 핵심 원칙으로 작동하고 있다.

항공보안법은 이러한 국제협약 준수 의무를 국내법 체계 내에서 구체적으로 실현하는 역할을 수행한다. 이 법은 항공운송사업자를 비롯한 관련 주체들에게 국제협약 준수 의무를 명확히 부과한다. 동시에 보안검색의 기준과 절차 같은 기본적인 사항들을 체계적으로 규정하고 있다. 국토교통부장관에게는 이러한 법적 요구사항을 효과적으로 실행할 수 있도록 국가항공보안계획의 수립과 시행 권한을 부여한다.

결과적으로 이 모든 법적 체계는 견고한 논리 위에 서 있다. 국가항공보안계획은 상위 법령의 명확한 위임에 따라 구체적 내용을 정한 것이므로 헌법상 법률유보원칙에도 부합한다. 법률이 큰 틀과 원칙을 제시하고 그 세부적인 실행방안을 국가항공보안계획에 맡기는 방식은 정당한 입법체계로 평가받고 있다. 이렇게 국제협약부터 국내법 그리고 실행계획까지 이어지는 체계적인 구조가 우리 항공보안의 토대를 형성하고 있다.

2) 과잉금지원칙에 따른 헌법적 정당성 검토

국가항공보안계획이 헌법적으로 정당한지를 판단하는 또 다른 중요한 기준은 과잉금지원칙이다. 이 원칙은 기본권 제한 조치가 목적 달성에 필요한 최소한의 범위를 넘어서는 안 된다는 헌법상 대원칙으로, 항공보안 분야에서도 핵심적인 심사기준이 되고 있다.

우선 목적의 정당성과 수단의 적합성을 살펴보면, 민간항공 보안에 관한 국제협약을 준수하고 항공기 안전을 확보한다는 입법목적은 의문의 여지 없이 정당하다. 이러한 목적을 달성하기 위해 추가 보안검색을 실시하는 것 역시 합리적이고 적절한 수단으로 인정된다.

침해의 최소성 관점에서도 국가항공보안계획은 헌법적 요건을 충족한다. 실제로 항공운송사업자가 다른 체약국의 추가 보안검색 요구를 거부할 경우, 해당 국가로의 항공기 취항 자체가 금지될 수 있다. 이는 추가 보안검색이 단순한 선택사항이 아닌 항공운송 유지를 위한 필수조치임을 보여준다. 동시에 관련 법령들은 보안검색의 구체적 기준과 방법을 명확하게 규정하고 있으며, 이를 통해 승객의 기본권 침해를 최소화하려는 제도적 노력이 계속되고 있다.

법익의 균형성 측면에서도 긍정적으로 평가할 수 있다. 최근 국내외적으로 항공기 안전사고와 테러 위협이 지속적으로 증가하는 상황에서, 민간항공의 보안 확보는 더욱 중대한 공익적 가치를 갖는다. 이에 비해 추가 보안검색으로 인한 승객의 불편이나 기본권 제한은 상대적으로 경미한 수준이다. 오히려 이러한 일시적 불편은 안전한 항공 운항이라는 모든 승객의 근본적 이익을 위한 합리적 범위 내의 제한으로 받아들여지고 있다.

이러한 종합적 검토를 통해 국가항공보안계획이 헌법상 과잉금지원칙을 충실히 준수하고 있으며, 따라서 승객의 기본권을 침해하지 않는다는 것이 헌법재판소의 판단이다.

3) 국가항공보안계획에 따른 추가 보안검색의 시행 체계

국가항공보안계획 8.1.19는 항공운송사업자에게 특정 상황에서 추가 보안검색을 실시할 수 있는 권한을 부여한다. 이러한 권한은 두 가지 경우에 행사될 수 있는데, 첫째는 다른 체약국으로부터 직접적인 요구가 있을 때이고, 둘째는 항공운송사업자가 자체적으로 보안 강화의 필요성을 인지했을 때다. 실제 추가 검색은 주로 탑승 수속 전이나 탑승구 앞에서 이루어지고 있으며, 이는 승객과 항공기의 안전을 확보하기 위한 핵심적인 보안조치로 자리잡고 있다.

추가 보안검색의 시행에는 엄격한 법적 절차가 적용된다. 항공운송사업자는 항공보안법이 정한 기본 틀 안에서 모든 검색 활동을 수행해야 하며, 법적 요구사항을 충족하는 동시에 운영 효율성을 확보할 수 있는 구체적인 이행방안을 수립해야 한다. 특히 중요한 것은 보안 목적의 달성과 승객 편의를 조화롭게 양립시키는 것이다. 철저한 보안검색을 실시하면서도 승객들이 겪는 불편과 지연을 최소화할 수 있는 세심한 운영 전략이 요구된다.

나아가 추가 보안검색에는 사전 보고라는 중요한 행정절차가 수반된다. 항공운송사업자는 추가 보안검색을 실시하기 전에 반드시 국토교통부장관에게 관련 사항을 보고해야 한다. 이 보고서에는 추가 검색의 구체적인 내용, 시행 배경, 상세한 이행방안이 포함되어야 한다. 이런 사전 보고체계는 개별 항공사의 보안조치가 국가 전체의 항공보안 정책과 일관성을 유지하도록 보장하는 중요한 장치가 되고 있다.

(3) 국가항공보안계획의 내용

▌항공보안법 시행규칙

제3조의2(국가항공보안계획의 내용 등) ① 법 제10조제1항에 따른 국가항공보안계획(이하 "국가항공보안계획"이라 한다)에는 다음 각 호의 내용이 포함되어야 한다.

1. 법 제9조제1항에 따른 공항운영자등(이하 "공항운영자등"이라 한다)의 항공보안에 대한 임무
2. 법 제27조제1항에 따른 항공보안장비(이하 "항공보안장비"라 한다)의 관리
3. 법 제28조제2항에 따른 교육훈련
4. 법 제31조제1항에 따른 국가항공보안 우발계획(이하 "우발계획"이라 한다)
5. 법 제33조제1항에 따른 점검업무 등
6. 항공보안에 관한 국제협력
7. 그 밖에 항공보안에 관하여 필요한 사항

② 국토교통부장관은 국가항공보안계획을 수립하는 경우에는 법 제7조제1항에 따른 항공보안협의회의 협의를 거쳐야 한다.

1) 국가항공보안계획의 법적 근거와 필수 구성요소

항공보안법은 국토교통부장관에게 국가항공보안계획을 수립하고 시행할 법적 의무를 부여한다. 이는 국가 차원에서 체계적인 항공보안 체계를 만들어가는 가장 기본적인 법적 토대가 되고 있다. 실제로 이 계획은 항공보안 업무가 일관되고 효율적으로 운영될 수 있도록 하는 핵심 체계로 작동한다.

이 국가항공보안계획에 담겨야 할 구체적인 내용은 항공보안법 시행규칙에 명확하게 정해져 있다. 특히 항공운송사업자와 공항운영자를 비롯한 각 주체들이 맡은 항공보안 임

무를 분명하게 구분하고 있다. 이렇게 역할을 명확히 나누면서 보안 업무의 책임 소재가 분명해지고, 각 기관들 간의 협력도 더욱 체계적으로 이루어진다.

이와 함께 항공보안에 관한 국제협력 사항도 빠질 수 없는 필수 요소다. 국제민간항공기구(ICAO)의 기준을 충실히 따르면서, 동시에 다른 나라들과도 긴밀한 보안 협력체계를 구축하고 있다. 특히 우리나라가 글로벌 항공보안 네트워크의 중요한 구성원으로서 짊어진 국제적 책무가 날로 강화되고 있는 만큼, 이러한 국제협력의 중요성은 계속해서 커지고 있다.

2) 국가항공보안계획의 법적 성질: 법규명령으로서의 효력

국가항공보안계획은 '계획'이라는 명칭을 사용하지만, 실제 법적 성질은 일반적인 행정계획과는 다르다. 이는 대외적 구속력을 갖는 법규명령에 해당한다. 항공보안 업무를 담당하는 실무자들에게는 이런 법적 성격을 제대로 이해하는 것이 매우 중요한 의미를 지니고 있다.

보통 상급행정기관이 하급행정기관에 내리는 업무처리지침이나 법령해석 기준 같은 행정규칙은 행정조직 내부에서만 효력을 갖는다. 이런 규칙들은 대외적으로 국민이나 사업자를 직접 구속하지는 못한다. 그래서 주로 행정기관들 사이의 내부 지침 역할만 하고 있다.

하지만 국가항공보안계획의 경우는 이와 다른 특별한 지위를 갖는다. 항공보안법이 국토교통부장관에게 구체적 사항을 정할 권한을 부여하면서도 그 절차나 방법에 대해서는 특별한 제한을 두지 않았다. 이런 법령의 위임을 받아 국토교통부장관이 행정규칙 형식으로 만든 국가항공보안계획은 법령의 내용을 더욱 구체화하는 보충적 역할을 수행한다.

이렇게 국가항공보안계획은 항공보안법의 위임 범위를 벗어나지 않는 한, 법령과 결합하여 대외적 구속력을 갖는 법규명령으로서의 효력을 발휘하고 있다. 공항운영자나 항공운송사업자 같은 항공보안 주체들은 이 계획을 단지 참고용 지침이 아닌 법적 의무사항으로 준수해야 함을 의미한다. 실제로 이를 위반할 경우 법적 책임을 부담할 수 있다는 점에서, 항공보안 종사자들은 이러한 법적 성격을 명확히 인식하고 업무를 수행할 필요가 있다.

3) 행정계획과 행정규칙의 개념적 구분

행정계획은 특정한 행정목표를 달성하기 위해 수립되는 체계적인 활동기준이다. 이는 행정에 관한 전문적이고 기술적인 판단을 바탕으로 만들어지며, 다양한 행정수단을 종합적으로 조정하여 미래의 특정 시점에 목표하는 질서를 실현하려고 한다. 본질적으로 행정계획은 장기적 관점에서 행정활동의 방향성을 제시하는 설정행위이자 그 결과물로 이해되고 있다.

이와는 다른 개념으로 행정규칙이 있다. 행정규칙은 행정입법의 한 유형으로서, 행정조직 내부의 운영 기준을 정한 일반추상적 규범이다. 주로 행정조직의 구성과 운영 그리고 행정사무 처리의 일관성을 확보하기 위해 제정된다. 오늘날 복잡해진 행정환경 속에서 행정기관 간의 업무 표준화와 효율성 향상에 실질적으로 도움을 주고 있다.

행정규칙의 가장 중요한 특징은 법규명령과 달리 내부법적 성격을 갖는다는 점이다. 다시 말해 행정조직 내부에서만 효력을 발휘하는 기준 역할을 한다. 원칙적으로 대외적 구속력이나 법규성을 갖지 않기 때문에, 국민의 권리의무에 직접적인 영향을 미치지 않는다. 이런 특성이 바로 법규명령과 구별되는 핵심적인 차이점이다. 항공보안 분야에서도 이러한 구분은 각 규범의 효력 범위와 구속력을 이해하는 데 중요한 기준이 되고 있다.

(4) 민감보안정보 취급 인력 관리체계

항공보안에서 민감보안정보의 관리는 국가안보와 직결되는 중요한 사안이다. 이런 정보가 유출되면 항공테러나 불법방해행위로 이어질 수 있어서, 현재 엄격한 인력 관리체계가 운영되고 있다.

국가항공보안계획은 이에 대한 구체적인 기준을 제시한다. 공항운영자, 항공운송사업자 그리고 보안검색 업무를 위탁받았거나 받으려는 업체들은 모두 민감보안정보 취급 인력에 대한 철저한 검증 절차를 거쳐야 한다. 이들 기관은 소속 직원이 민감보안정보를 다루기 전에 반드시 신원조사를 실시한다. 그리고 이상이 없음이 확인된 사람에 한해서만 민감보안정보에 접근할 수 있도록 엄격하게 관리하고 있다.

물론 실무적 효율성을 고려한 예외 규정도 마련되어 있다. 공항운영자가 발행한 보호구역 정규 출입증을 소지한 사람이 대표적인 예다. 이들은 이미 신원 검증 절차를 거쳤다고 판단되어 추가적인 신원조사를 면제받는다. 또한 관계 법령상 신원조사 진행이 불가능한 특수한 상황에서는 보안서약서를 받는 방식으로 대체할 수 있도록 하고 있다.

이러한 체계는 보안의 엄격성을 유지하면서도 실무 운영에 필요한 유연성을 함께 고려한 것이다. 다만 예외 조항의 적용 범위가 어디까지인지 그리고 보안서약서가 실제로 신원조사를 대체할 만큼 실효성이 있는지는 계속 검토하고 개선해야 한다. 특히 항공보안 환경이 빠르게 변화하고 있는 지금, 이러한 예외 규정이 적절한지 더욱 꼼꼼히 살펴볼 필요가 있다.

1) 민감보안정보 취급자 관리체계의 한계

> **▌항공보안법 시행규칙**
> **제3조의4(공항운영자의 자체 보안계획)** ② 공항운영자는 자체 보안계획을 승인 받은 경우 관련 기관, 항공운송사업자 등에게 관련 사항을 통보하여야 한다.

항공보안법 시행규칙 제3조의4제2항은 공항운영자가 자체보안계획을 승인받은 경우, 관련 기관과 항공운송사업자 등에게 해당 사항을 통보해야 한다고 규정한다. 또한 국가항공보안계획을 수립할 때는 항공보안협의회의 협의를 거쳐야 한다. 이런 절차들은 항공보안 관련 기관들이 정보를 공유하고 서로 협력하는 데 꼭 필요한 과정이다.

그런데 여기서 실무적인 문제가 발생한다. 통보를 받아야 하는 대상이나 협의회 구성원 중에는 민감보안정보 취급자로 지정되지 않은 사람들이 상당수 포함될 수밖에 없다. 현행 규정을 제대로 따르려면 정부기관과 모든 항공보안 관련업체 직원들을 민감보안정보 취급자로 지정해야 하는 상황이 되고 있다. 설령 이들을 모두 취급자로 지정한다 해도, 제한되지 않은 다수를 관리해야 한다는 근본적인 문제는 그대로 남는다.

이러한 현실은 민감보안정보 관리를 통해 보안을 확보한다는 본래의 취지와 정면으로 어긋난다. 정보 접근을 엄격히 제한해야 할 민감정보가 사실상 불특정 다수에게 공개되는 모순적 상황이 발생하게 되는 것이다. 따라서 지금의 체계를 근본적으로 다시 살펴봐야 한다. 진짜 비밀정보는 비밀로 철저히 관리하되, 국가항공보안계획의 일반적인 내용들은 보안업무를 담당하고 이행하는 모든 관계자에게 투명하게 제공하는 방향으로 제도를 바꿔야 한다. 이렇게 하면 보안의 실효성과 업무의 효율성을 동시에 달성할 수 있을 것이다.

2) 민감보안정보 지정으로 인한 운영상 제약

국가항공보안계획은 항공보안법 시행규칙에 따른 공항운영자, 항공운송사업자, 항공기취급업체 등의 항공보안 임무를 상세히 규정한다. 여기에는 승객인 일반국민들에게 영향을 미치는 내용들도 포함되어 있다. 나아가 공항에 설치되어 운영 중인 항공보안장비의 관리와 보안업무종사자의 교육훈련 등에 대한 내용이 종합적으로 담겨있다.

이처럼 광범위한 내용을 담고 있는 국가항공보안계획을 민감보안정보로 지정하여 취급자를 제한하는 경우, 실무적인 문제가 발생하게 된다. 해당 계획을 바탕으로 보안업무를 수행해야 하는 기관이나 업체들이 필요한 정보에 접근하지 못함으로써 보안업무 활동에 제약을 받게 되는 것이다. 이것은 보안을 강화하려는 의도와는 달리, 오히려 보안업무

수행을 저해하는 요인으로 작용하고 있다.

한편 항공보안법 시행규칙 제3조의2제2항은 국가항공보안계획을 수립할 때 항공보안협의회의 협의를 거쳐야 한다고 규정한다. 이는 항공보안법 제7조제1항제1호의 '항공보안에 관한 계획의 협의' 내용을 가리키는 것으로 보인다. 그런데 여기서 말하는 계획은 항공보안법 제9조에 따른 항공보안기본계획과 항공보안에 관한 시행계획을 의미한다. 항공보안법 제10조에 따른 국가항공보안계획까지 포함된다고 해석하기는 어렵다.

만약 국가항공보안계획도 협의 대상에 포함시키려면 현행 규정을 개정해야 한다. 지금은 '국가항공보안계획을 수립하는 경우'로만 한정되어 있어서 제정할 때만 협의를 거치는 것으로 해석되고 있다. 따라서 항공보안법 시행규칙 제3조의2제2항을 '국가항공보안계획을 수립하거나 변경하려는 경우'로 고쳐서 변경할 때도 협의를 거치도록 명확히 해야 한다. 이런 개정을 통해 법령 해석의 모호함을 없애고 실무 운영의 일관성을 확보할 수 있을 것이다.

(5) 국가항공보안계획의 지속적 관리체계

국토교통부장관은 급변하는 국내외 항공보안 환경을 고려하여 연 1회 이상 국가항공보안계획과 국가항공보안 우발계획을 정기적으로 검토하도록 하고 있다. 이는 변화하는 보안위협에 신속하게 대응하고, 항공보안 체계의 실효성을 지속적으로 유지하기 위한 필수적인 과정이다.

이러한 정기 검토와 함께 관계법령이 개정되거나 중요한 정책 변화가 발생하는 경우에는 즉시 관련 계획들을 개정하게 된다. 이를 통하여 법적 정합성을 확보하면서도 현실적인 보안 요구사항을 충족시키고 있으며, 이러한 과정은 계획이 실제로 활용되는 실질적인 지침으로 관리되도록 하는 것이다.

계획 관리의 핵심은 바로 위험평가 체계의 운영이다. 국토교통부장관은 관계기관으로부터 우리나라 영토와 영공 내 민간항공에 대한 위협 정보를 지속적으로 수집하고 점검하고 있다. 수집된 정보를 바탕으로 관계기관과 함께 정기적인 위험평가를 실시하며, 그 결과는 국가항공보안계획과 우발계획에 즉시 반영된다.

더 나아가 이렇게 수집하고 분석된 항공보안 위험 정보는 공항운영자, 항공운송사업자, 항공교통관제기관 등 관련 기관들과 적극적으로 공유되고 있다. 각 기관이 자체적으로 실질적이고 시의적절한 위험평가를 수행할 수 있도록 지원함으로써, 전체적인 항공보안 네트워크의 강화로 이어지고 있다.

마지막으로 국토교통부장관은 계획을 수립하거나 개정할 때마다 관계기관과 공항운영자 등에게 신속하게 전달해 준수하도록 하고 있다. 체계적인 정보 전달과 이행 관리를 통해 국가 차원의 통합된 항공보안 체계가 유지된다. 이처럼 지속적인 관리체계는 단순히 계획을 유지하는 것이 아니라, 끊임없이 다변화하는 위협에 대응하는 실효성 있는 시스템을 만들어가는 과정이다.

5. 항공보안협의회

▌항공보안법

제7조(항공보안협의회) ① 항공보안에 관련되는 다음 각 호의 사항을 협의하기 위하여 국토교통부에 항공보안협의회를 둔다.

1. 항공보안에 관한 계획의 협의
2. 관계 행정기관 간 업무 협조
3. 제10조제2항에 따른 자체 보안계획의 승인을 위한 협의
4. 그 밖에 항공보안을 위하여 항공보안협의회의 장이 필요하다고 인정하는 사항. 다만, 「국가정보원법」 제4조에 따른 대테러에 관한 사항은 제외한다.

② 항공보안협의회의 구성, 운영 및 자체 보안계획 승인의 대상 등에 관하여 필요한 사항은 대통령령으로 정한다.

▌항공보안법 시행령

제2조(항공보안협의회의 구성 등) ① 「항공보안법」(이하 "법"이라 한다) 제7조제1항에 따른 항공보안협의회(이하 "보안협의회"라 한다)는 위원장 1명을 포함한 20명 이내의 위원으로 구성한다.

② 보안협의회의 위원장은 국토교통부 항공정책실장이 되고, 위원은 다음 각 호의 사람으로 한다.

1. 외교부·법무부·국방부·문화체육관광부·농림축산식품부·보건복지부·국토교통부·국가정보원·관세청·경찰청 및 해양경찰청의 고위공무원단 또는 이에 상당하는 직급의 공무원 중 소속 기관의 장이 지명하는 사람 각 1명
2. 「한국공항공사법」에 따른 한국공항공사 및 「인천국제공항공사법」에 따른 인천국제공항공사의 항공보안 업무를 담당하는 임직원 중 해당 공사의 장이 국토교통부장관과 협의하여 지명하는 사람 각 1명

③ 삭제

④ 위원장은 보안협의회를 대표하며 그 업무를 총괄한다.

⑤ 보안협의회의 위원장이 부득이한 사유로 그 직무를 수행할 수 없을 경우에는 위원장이 지명한 위원이 그 직무를 대행한다.

⑥ 위원장은 보안협의회의 회의를 소집하고, 그 의장이 된다.

⑦ 보안협의회의 사무를 처리하기 위하여 간사를 두며, 국토교통부장관이 소속 공무원 중에서 임명한다.

⑧ 법 제7조제1항제3호에 따라 보안협의회의 협의대상인 자체 보안계획은 다음 각 호와 같다.

1. 공항운영자의 자체 보안계획의 수립 및 변경
2. 항공운송사업자(국내항공운송사업자 및 국제항공운송사업자만 해당한다)의 자체 보안계획의 수립 및 변경

⑨ 이 영에서 규정한 사항 외에 보안협의회의 운영에 필요한 세부사항은 보안협의회의 의결을 거쳐 위원장이 정한다.

제2조의2(보안협의회 위원의 제척 · 기피 · 회피) ① 보안협의회 위원이 다음 각 호의 어느 하나에 해당하는 경우에는 보안협의회의 협의에서 제척(除斥)된다.

1. 위원 또는 그 배우자나 배우자이었던 사람이 해당 안건의 당사자가 되거나 그 안건의 당사자와 공동권리자 또는 공동의무자인 경우
2. 위원이 해당 안건의 당사자와 친족이거나 친족이었던 경우
3. 위원이 해당 안건에 대하여 증언, 진술, 자문, 연구, 용역 또는 감정을 한 경우
4. 위원이나 위원이 속한 법인이 해당 안건 당사자의 대리인이거나 대리인이었던 경우

② 당사자는 위원에게 공정한 협의를 기대하기 어려운 사정이 있는 경우에는 보안협의회에 기피 신청을 할 수 있고, 보안협의회는 의결로 이를 결정한다. 이 경우 기피 신청의 대상인 위원은 그 의결에 참여하지 못한다.

③ 위원이 제1항 각 호에 따른 제척 사유에 해당하는 경우에는 스스로 해당 안건의 협의에서 회피(回避)하여야 한다.

제2조의3(보안협의회 위원의 지명 철회) ① 제2조제2항에 따라 위원을 지명한 자는 위원이 다음 각 호의 어느 하나에 해당하는 경우에는 그 지명을 철회할 수 있다.

1. 심신장애로 인하여 직무를 수행할 수 없게 된 경우
2. 직무와 관련된 비위사실이 있는 경우
3. 직무태만, 품위손상이나 그 밖의 사유로 인하여 위원으로 적합하지 아니하다고 인정되는 경우
4. 제2조의2제1항 각 호의 어느 하나에 해당하는 데에도 불구하고 회피하지 아니한 경우
5. 위원 스스로 직무를 수행하는 것이 곤란하다고 의사를 밝히는 경우

(1) 항공보안협의회의 설치와 운영 체계

국토교통부장관은 민간항공의 안전과 보안에 관한 주요 사항을 효과적으로 협의하기 위해 항공보안협의회를 설치하여 운영한다. 이 협의회는 항공보안 정책을 수립하고 집행하는 과정에서 관련 기관들의 전문적 의견을 수렴한다. 동시에 상충하는 이해관계를 조정하는 핵심적인 정책 플랫폼으로 자리매김하고 있다.

이러한 항공보안협의회의 역할은 단순한 자문 기능에 그치지 않는다. 실질적인 정책 조정 체계로 작동하면서 민간항공의 안전과 보안이라는 상호 연관된 두 영역을 통합적으로 다루고 있다. 특히 주목할 점은 보안 강화와 운영 효율성 사이의 미묘한 균형을 추구

한다는 것이다. 엄격한 보안조치가 항공 운영의 효율성과 경제성을 과도하게 저해하지 않으면서도, 동시에 충분한 수준의 안전을 확보할 수 있는 최적점을 찾아가고 있다. 이를 위해 항공사, 공항운영자, 보안검색업체, 정부기관 등 다양한 이해관계자들의 입장을 종합적으로 검토하고 조율하는 협의의 장 역할을 한다.

협의회의 구체적인 구성과 임무, 운영 방식은 국토교통부의 항공보안협의회 운영규정에서 상세히 규정한다. 이 운영규정은 협의회가 체계적이고 일관성 있게 운영될 수 있는 제도적 기반을 제공하고 있다. 결과적으로 오늘날 항공보안 거버넌스는 법적 근거와 명확한 운영 체계를 갖춘 제도화된 시스템으로 발전하고 있다. 이러한 체계적인 접근은 급변하는 항공보안 환경에서 신속하고 효과적인 정책 대응을 가능하게 하고 있다.

(2) 항공보안협의회 체계 및 역할 분담

▮ 항공보안법

제38조(권한의 위임·위탁) ① 국토교통부장관은 이 법에 따른 권한의 일부를 대통령령으로 정하는 바에 따라 소속기관의 장에게 위임할 수 있다.

② 국토교통부장관은 이 법에 따른 업무의 일부를 대통령령으로 정하는 바에 따라 항공보안 관련 기관 또는 단체에 위탁할 수 있다.

▮ 항공보안법 시행령

제20조(권한의 위임) 국토교통부장관은 법 제38조제1항에 따라 다음 각 호의 권한을 지방항공청장에게 위임한다.

1. 법 제2조제3호에 따른 항공운송사업자 중 소형항공운송사업자 및 외국인 국제항공운송사업자가 법 제10조제2항에 따라 수립하는 자체 보안계획의 승인 또는 변경승인
2. 법 제2조제4호부터 제6호까지의 규정에 따른 업체가 법 제10조제2항에 따라 수립하는 자체 보안계획의 승인 또는 변경승인

항공보안법 제7조제1항제3호에 따른 제10조제2항의 공항운영자등의 자체보안계획 승인을 위한 협의는 현재 지방항공청의 지방항공보안협의회에서 이루어지고 있다. 협의를 거쳐 승인 후에는 국토교통부에 보고하는 체계로 운영되고 있다.

국토교통부 항공보안정책과가 담당하는 자체보안계획 승인 및 변경승인 대상은 항공보안법 시행령 제2조제8항에 따라 공항운영자, 국내항공운송사업자, 국제항공운송사업자로 규정되어 있다. 그런데 실무적으로는 다소 다른 방식으로 운영되고 있다. 국내 및 국제항공운송사업자의 경우 지방항공청에서 검토를 담당하고 있으며, 국토교통부는 공항운영

자에 대한 자체보안계획 승인만을 직접 담당한다.

이와 함께 항공보안법 제38조제1항과 같은 법 시행령 제20조에 따라 일부 업무는 지방항공청에 위임되어 있다. 구체적으로 소형항공운송사업자 및 외국인 국제항공운송사업자, 항공기취급업체, 항공기정비업체, 공항상주업체의 자체보안계획 승인과 변경승인 권한이 지방항공청장에게 위임되어 있다. 이를 통해 업무의 효율성을 높이고 현장 밀착형 관리가 가능해진 것이다.

이러한 위임체계 하에서 자체보안계획 승인절차는 체계적으로 운영되고 있는데, 관련 기관이나 업체가 계획을 수립하면 지방항공청의 승인을 받게 된다. 이 과정에서 지방항공보안협의회의 협의를 거치게 되며, 협의회 개최 결과는 국토교통부에 보고하는 체계를 유지하고 있다. 이처럼 다단계 검토 체계를 통해 자체보안계획의 실효성과 적절성을 확보하는 것이 현행 제도의 핵심이라 할 수 있다.

이러한 현황을 종합적으로 고려할 때, 협의회별 역할을 보다 명확히 구분할 필요가 있다. 먼저 항공보안협의회는 거시적 차원의 정책을 다루어야 한다. 항공보안 기본계획, 항공보안에 관한 시행계획, 국가항공보안계획 수립 및 변경 그리고 공항운영자 자체보안계획 승인을 협의 대상에 포함시키는 것이 적절하다. 반면 항공운송사업자(국내, 국제, 소형, 외국인 포함)와 항공기취급업체 등의 자체보안계획 수립 및 변경에 관한 사항은 지방항공보안협의회에서 다루는 것이 타당할 것이다.

(3) 국가항공보안계획에 따른 기관별 역할 분담 체계

항공보안협의회 소속 기관들의 구체적인 역할과 책임은 국가항공보안계획에 명시되어 있다. 각 기관이 수행하여야 할 고유한 임무부터 상호 협력이 요구되는 영역까지 체계적인 역할 분담이 규정되어 있으며, 이를 통하여 항공보안의 사각지대를 최소화하면서 효과적인 보안체계를 구축하고자 하는 것이다.

국가항공보안계획은 항공보안협의회 운영의 실질적 기준으로 적용되고 있다. 정부부처, 공항운영자, 항공사, 보안 관련 업체 등 다양한 주체들이 참여하고 있으며, 이들은 각자의 전문 영역에서 책임을 이행하면서도 필요시 유기적으로 협력할 수 있는 체계를 갖추고 있다. 구체적으로 보안위협 정보는 정보기관이 수집하고, 현장 대응은 공항운영자가 담당하며, 실제 보안검색은 전문업체가 수행하는 방식으로 명확한 업무 분장이 이루어지고 있는 것이다.

이와 같은 역할 분담은 효율성과 전문성을 동시에 추구하는 접근방식이라 할 수 있다. 각 기관이 자신의 핵심 역량에 집중할 수 있으며, 전체적으로는 통합된 보안체계를 구축할 수 있기 때문이다. 특히, 비상상황 발생 시의 대응체계가 중요하다. 각 기관이 신속하게 자신의 역할을 수행하고 타 기관과 협조할 수 있도록 평시부터 명확한 절차가 확립되어 있어야 한다. 이것은 항공보안이 개별 기관의 노력만으로는 달성될 수 없는 영역임을 의미한다. 즉, 모든 관계기관의 집단적 협력이 필수적이며, 이러한 협력 체계가 항공보안의 핵심 요소가 되고 있는 것이다.

1) 국토교통부의 항공보안 정책 총괄 기능

국가항공보안계획 4.1은 국토교통부가 국가항공보안계획의 수립과 실행에 관한 총괄 책임을 담당한다고 명시하고 있다. 이것은 항공보안 정책의 최고 주무부처로서의 위상을 확립하는 근거가 되고 있는 것이다.

국토교통부의 핵심 역할은 국가항공보안계획의 전 생애주기를 관리하는 것이라 할 수 있다. 계획의 제정부터 시작하여 필요에 따른 개정, 내용의 개발과 조정, 실제 시행까지 전 과정을 책임지고 있다. 특히, 변화하는 보안 환경과 새로운 위협에 대응하여 계획을 지속적으로 업데이트하고 있으며, 이러한 관리 체계는 항공보안이 끊임없이 다변화하는 위협에 효과적으로 대처할 수 있도록 하는 것이다.

이와 함께 국토교통부는 하위 기관들의 보안 활동을 관리하고 감독하는 중추적 역할을 수행하고 있다. 공항운영자 등이 수립한 자체보안계획을 검토하고 승인하는 권한을 가지며, 각 기관의 자체보안계획이 국가항공보안계획의 기준과 방향성에 부합하는지 면밀히 확인함으로써 국가 차원의 일관된 보안체계를 유지하고 있는 것이다. 이를 통하여 전체적인 보안수준의 통일성이 확보되고 있다.

특히, 체계적인 사후 관리시스템이 구축되어 있다. 불법방해행위가 발생하면 국토교통부는 즉각 국가항공보안계획을 재검토하고 재발방지대책을 강구하도록 되어 있다. 이것은 사후 대응을 넘어 시스템 전체를 개선하는 관리 체계로 운영되고 있음을 의미한다. 또한, 국제공항 시설이 국제기준에 부합하는지 지속적으로 확인하고 있으며, 이러한 일련의 과정을 통하여 우리나라 항공보안이 국제적 수준을 유지하고 글로벌 스탠다드에 부합하는 항공보안 환경을 조성하고 있는 것이다.

2) 공항 현장 보안의 실질적 책임자: 공항운영자

국가항공보안계획 4.2는 공항운영자가 공항 내 불법방해행위를 방지하는 보안조치의 수립과 실행을 담당한다고 규정한다. 이는 공항이 항공보안의 핵심 거점임을 명확히 인식한 조치다.

공항운영자의 가장 중요한 책무는 자체보안계획을 수립하고 시행하는 것이다. 이 계획은 국가항공보안계획의 요구사항을 충실히 반영하면서도, 각 공항의 특수한 환경과 독립적인 보안 필요사항을 구체적으로 명시해야 한다. 대형 국제공항과 소규모 지방공항이 직면하는 보안위협과 대응 방식은 근본적으로 다를 수밖에 없다. 따라서 획일적인 접근보다는 각 공항의 특성에 맞는 맞춤형 보안체계를 구축하고 있다.

이러한 보안체계를 효과적으로 운영하기 위해 공항보안책임자를 임명한다. 공항보안책임자는 자체보안계획 시행을 총괄하는 핵심 인물이다. 다양한 보안 활동을 조정하고 감독하면서 보안 업무의 일관성을 유지하고 있다. 이는 보안 업무의 책임 소재를 명확히 하고, 위기 상황에서 신속한 의사결정을 가능하게 하는 거버넌스 구조다.

특히 주목할 점은 보안을 시설 설계 단계부터 고려한다는 것이다. 공항운영자는 보안에 필요한 사항을 기존 공항시설의 개조뿐만 아니라 새로운 시설의 설계와 공사 단계에서부터 반영해야 한다. 이러한 설계 단계부터의 보안 접근은 사후적 보안조치보다 훨씬 효과적이고 경제적이다. 실제로 많은 공항들이 이미 이 원칙에 따라 터미널 설계부터 보안 동선을 최적화하고 있다. 결과적으로 공항운영자는 물리적 인프라부터 운영 시스템까지 포괄하는 종합적인 보안체계를 구축하여 항공보안의 핵심 축을 담당하고 있다.

3) 운항 전 과정의 보안 수행자: 항공운송사업자

국가항공보안계획 4.3은 항공운송사업자가 불법방해행위로부터 승객, 승무원, 지상직원, 항공기 및 시설을 보호하기 위한 자체보안계획을 수립하고 시행하도록 규정한다. 이는 항공사가 운송 서비스 제공자를 넘어 보안의 핵심 주체임을 명확히 한 것이다.

항공운송사업자의 첫 번째 과제는 체계적인 거버넌스 구조를 확립하는 것이다. 항공사보안책임자를 임명하여 자체보안계획 실행을 총괄하도록 한다. 이를 통해 일관되고 체계적인 보안관리가 가능해진다. 항공사보안책임자는 복잡한 항공 운영 환경에서 보안과 운영 효율성의 균형을 유지하는 중요한 역할을 담당하고 있다.

이러한 보안관리의 대상 범위는 매우 포괄적이다. 승객과 그들의 휴대물품, 위탁수하물부터 기내식, 항공화물까지 모든 것이 보안관리 대상이 된다. 특히 항공기의 비행 전 보안점검은 필수적이다. 주기 중인 항공기에 대해서도 지속적인 보안과 통제 절차를 마련하고 있다. 나아가 호송대상자의 운송과 총기류 등 무기의 항공기 화물칸 운송과 같은 특수한 상황에 대해서는 별도의 세부 프로토콜이 수립되어 운영된다.

국제 운항의 특성상 글로벌 보안기준 준수는 더욱 중요한 과제가 되고 있다. 타 국가로 운항할 경우 해당 국가의 항공보안 요건을 충족해야 한다. 이는 각국의 서로 다른 보안규정을 숙지하고 유연하게 대응해야 함을 의미한다. 또한 공중납치, 폭탄테러 위협, 위험지대 비행 등 다양한 우발상황에 대비한 보안조치와 절차를 포함하는 종합적인 자체우발계획도 수립하고 있다. 이처럼 항공운송사업자는 일상적 운항부터 비상상황까지, 국내선부터 국제선까지 모든 영역에서 보안을 책임지는 실질적 수행자로서 핵심적인 역할을 담당하고 있다.

4) 국가정보원: 항공보안의 정보 허브이자 대테러 컨트롤타워

국가항공보안계획 4.4는 국가정보원이 항공보안 분야에서 정보기관으로서 특수한 역할을 수행한다고 명시하고 있다. 이것은 항공보안이 일반 치안 문제를 넘어 국가안보 차원에서 관리되어야 함을 의미하는 것이다.

국가정보원의 핵심 임무는 정보 활동이라 할 수 있다. 불법방해행위와 관련된 국내외 정보를 수집·분석하여 관계기관에 배포하고 있으며, 이것은 잠재적 위협을 사전에 탐지하는 조기경보 체계로 운영되고 있다. 특히, 국제 테러조직 동향이나 새로운 위협 수법 등 일반 행정기관이 접근하기 어려운 정보를 확보함으로써 항공보안 대응 능력을 강화하고 있는 것이다.

이러한 정보 활동을 기반으로 국가정보원은 항공분야 대테러 업무의 컨트롤타워 역할을 수행하고 있다. 각 기관의 개별적 대테러 활동을 기획·조정하여 국가 차원의 통합 대응체계를 구축하고 있으며, 이것은 국경을 넘나드는 현대 테러 위협에 효과적으로 대응하기 위한 필수적 접근방식이라 할 수 있다.

특히 중요한 역할은 실제 위기 상황 대응이다. 테러사건이 발생하거나 발생 우려가 있을 때, 국가정보원은 관계기관과 대테러 합동조사팀을 편성·운영하도록 되어 있다. 즉, 국가정보원은 평시 정보 수집부터 위기 시 현장 대응까지 항공보안의 정보 허브이자 대테러 대응의 핵심 기관으로서 역할을 수행하고 있는 것이다.

5) 외교부: 국제조약 체결과 국제기구 활동 지원

국가항공보안계획 4.5는 외교부가 민간항공 대테러 협력을 위한 국제조약 체결과 국제기구 가입 업무를 지원한다고 규정한다. 이는 항공보안이 개별 국가만의 노력으로는 완성될 수 없는 국제협력 사안임을 보여준다.

외교부의 핵심 역할은 항공보안의 국제법적 기반을 구축하는 것이다. 베이징협약, 몬트리올협약 등 주요 국제항공보안 조약 체결 시 외교 채널을 통해 협상하고 조율한다. 이러한 조약들은 법적 구속력을 지닌 국제규범으로서, 체결 과정에서 국가 간 이해관계를 조정하는 외교적 역량이 필수적이다.

조약 체결과 더불어 ICAO를 비롯한 항공보안 국제기구 활동도 지원한다. 이들 국제기구는 글로벌 항공보안 기준을 수립하고 회원국 간 정보공유를 촉진하는 플랫폼으로서, 외교부는 우리나라가 이러한 국제 네트워크에 효과적으로 참여할 수 있도록 외교적 토대를 제공한다.

테러리즘이 국경을 초월하는 오늘날, 외교부는 양자·다자간 대테러 협력 체계를 구축하고 항공보안 정보와 우수 사례를 국제적으로 공유하는 채널을 운영한다. 이를 통해 국내 보안체계와 국제 규범을 연결하는 가교 역할을 수행하며, 글로벌 항공보안 수준 향상에 기여하고 있다.

6) 법무부: 출입국 관리를 통한 항공보안 지원

국가항공보안계획 4.6에 따르면 법무부는 항공보안의 출입국 관리 측면을 담당한다. 이는 항공보안이 공항 내부를 넘어 국경 관리와 직결된 포괄적 보안체계임을 보여준다.

법무부의 핵심 업무는 두 가지로 나뉜다. 첫째, 위·변조 여권 식별기법을 개발하고 적용하여 신원 불명자의 항공기 탑승을 원천 차단한다. 정교한 위조 기술에 대응하기 위해 첨단 감별 기법을 지속적으로 개발하고 있다. 둘째, 불법방해행위 연계 혐의자의 출·입국을 체계적으로 관리한다. 테러 위험인물의 입국을 사전 차단하고 수배자의 출국을 통제하는 국경 보안 기능을 수행한다.

이러한 활동은 국제 테러리스트들이 위조 여권을 빈번히 사용한다는 점에서 더욱 중요하다. 실제로 많은 테러 시도가 출입국 심사 과정에서 차단되고 있어, 법무부는 항공보안 체계의 핵심 관문 역할을 담당하고 있다.

7) 국방부: 공항 외곽 방호와 특수 위협 대응

국가항공보안계획 4.7은 국방부가 공항 외곽과 해안선 경계 및 방호 업무를 담당한다고 규정한다. 많은 국제공항이 해안가나 도시 외곽에 위치해 있어, 광범위한 경계 구역을 효과적으로 통제할 수 있는 군의 역할이 필수적이다.

특수 상황 대응 또한 국방부의 중요한 임무다. 폭발물 발견이나 생화학 테러 발생 시 군 폭발물 처리반(EOD)과 생화학 부대가 즉각 투입된다. 이들은 민간 기관이 갖추지 못한 특수 장비와 전문 기술로 고위험 상황에 대응한다. 특히 드론 위협이나 생화학 물질을 이용한 테러에는 군의 전문적 대응능력이 필수적이다.

이처럼 국방부의 참여는 항공보안이 민간 영역을 넘어 국가안보 차원에서 관리되고 있음을 보여준다. 평시에는 억제력으로 예방 효과를 발휘하고, 유사시에는 신속한 대응력을 제공하여 군·민 협력체계가 항공보안의 핵심 요소로 자리잡고 있다.

8) 농림축산부: 동식물 검역을 통한 보안지원

국가항공보안계획 4.8에 따르면 농림축산부는 수출입 동·식물 검역 장소의 지정·관리와 검역정보 제공을 담당한다. 언뜻 항공보안과 거리가 있어 보이지만 실제로는 밀접한 연관성을 갖는다.

검역 구역은 제한구역으로 지정되어 출입이 엄격히 통제되며, 이를 통해 밀수나 생물테러 물질 반입을 차단한다. 특히 생물학적 위협이 새로운 보안 이슈로 부상하면서 검역 구역의 보안관리가 더욱 중요해지고 있다.

이와 함께 농림축산부가 제공하는 검역정보는 위험 물질이나 금지 품목의 항공기 탑재를 사전에 방지하는 데 활용된다. 검역 과정에서 발견된 위험 요소는 즉시 보안당국과 공유되어 추가 보안조치로 이어진다. 이처럼 농림축산부의 검역 활동은 동식물 보호를 넘어 항공보안의 한 축을 담당하고 있다.

9) 보건복지부: 감염병 차단과 세균학적 검사 지원

국가항공보안계획 4.9는 보건복지부가 항공기, 승객, 승무원 및 화물에 대한 검역과 세균학적 검사 업무를 지원한다고 규정한다. 이는 공중보건 위협이 항공보안의 중요한 축으로 인식되고 있음을 보여준다.

보건복지부는 감염병 확산 방지와 생물테러 대응이라는 두 가지 핵심 보안 기능을 수행한다. 특히 최근 팬데믹을 경험하면서 항공기를 통한 감염병의 국제적 확산 가능성이 현실화되었고, 검역 체계는 국가안보 차원의 보호 장치로 자리잡았다.

이와 함께 의심 물질에 대한 세균학적 검사는 생물테러 위협을 사전 차단한다. 항공기나 화물에서 발견되는 불명확한 물질을 신속히 분석하여 잠재적 위험을 식별함으로써, 생물학적 위협에 대한 즉각적 대응을 가능하게 한다. 이러한 보건복지부의 활동은 전통적 항공보안과 공중보건을 연결하는 새로운 보안 패러다임을 구축하고 있다.

10) 관세청: 통관 단계의 위해물품 차단

국가항공보안계획 4.10에 따르면 관세청은 출·입국자와 화물에 대한 통관심사를 담당하며, 총기류·폭발물 등 위해물품의 반입을 저지한다. 이는 항공보안에서 관세 당국이 담당하는 고유한 역할을 명확히 한 것이다.

이러한 역할 수행을 위해 관세청은 X-ray 검색 장비와 폭발물 탐지 시스템 등 첨단 장비를 활용하여 위험 물품을 효과적으로 적발한다. 특히 화물과 수하물 검사 과정에서 보안위협요소를 사전 차단하는데, 이는 항공기 탑재 전 마지막 관문으로서 핵심적인 의미를 갖는다.

11) 경찰청: 항공범죄 예방과 진압

국가항공보안계획 4.11은 경찰청이 민간항공 위협 범죄를 예방하고, 항공기 납치·파괴, 폭탄테러 등 불법방해행위 발생 시 진압과 사법 처리를 담당한다고 규정한다.

경찰청은 공항 내 치안 유지와 범죄 예방을 위해 순찰 활동으로 잠재적 위협을 사전 탐지하고 의심 행동을 모니터링한다. 실제 사건 발생 시에는 현장 진압과 범인 체포부터 수사와 기소까지 법 집행의 전 과정을 책임지며, 이는 항공보안의 집행력을 담보하는 핵심 기능이다.

특히 항공기 납치나 폭탄테러 같은 중대 사건에서는 신속한 초동 대응이 피해를 최소화하는 데 필수적이다. 경찰 특공대와 폭발물 처리반은 24시간 대기 체제를 유지하여 즉각 투입될 준비를 갖추고 있다. 이처럼 경찰청은 예방부터 진압, 수사까지 항공보안의 실질적 집행을 담당하는 핵심 기관으로 자리매김하고 있다.

12) 해양경찰청: 공항 인접 해역 보안관리

국가항공보안계획 4.12에 따르면 해양경찰청은 공항 인접 해상에서 발생하는 항공기 불법방해행위를 예방·진압하고 사법 처리한다. 이는 항공보안의 영역이 육상뿐 아니라 해상까지 확대되어 있음을 보여준다.

해양경찰청은 항공기의 비상 해상 착륙이나 추락 상황에서 신속한 구조 작전을 수행하며, 해상을 통한 공항 접근 위협을 차단한다. 특히 인천국제공항처럼 해안선에 인접한 공항에서는 소형 선박이나 수중 침투를 통한 테러 가능성에 대비해 24시간 감시 체제를 유지한다. 이처럼 해양경찰청은 경찰청의 육상 법 집행권에 대응하는 해상 법 집행권을 행사하며, 바다에서 항공보안의 사각지대가 발생하지 않도록 해상 보호 체계를 운영하고 있다.

13) 항공교통관제기관: 항공관제를 통한 보안지원

> **▌국가항공보안 수준관리지침**
>
> **제4조(정의)** 이 지침에서 사용하는 용어의 뜻은 다음 각 호와 같으며, 그 밖의 용어는 국가항공보안계획의 정의를 준용한다.
>
> 15. "항공교통관제기관"이란 항공기에 항공교통관제업무를 제공하는 항공교통센터, 지방항공청(접근관제실·관제탑), 공항운영자(계류장 관제탑) 등을 말한다.

국가항공보안계획 4.13에 따르면 항공교통관제기관은 비행정보구역 내 항공기 관제와 항공로 비행정보 제공업무를 담당하도록 되어 있다. 이것은 하늘의 교통흐름을 관리하면서 보안위협을 조기탐지하는 역할을 의미한다고 할 수 있다.

관제기관의 주요 보안 임무는 실시간 감시체계를 운영하는 것이다. 비정상적인 항공기 움직임을 즉각 탐지하고, 위협상황 발생 시 관련기관에 신속히 전파하도록 되어 있다. 관제사들은 수백 대의 항공기를 동시에 모니터링하면서도 미세한 이상징후를 포착하는 전문성을 갖추고 있는 것이다.

특히, 실제 위기상황에서는 특별 관제절차를 실시하게 된다. 납치 항공기나 위협 항공기 발생 시 일반 항공기와 분리하여 특별 관제를 실시하고, 군 당국과 보안기관에 실시간 정보를 제공하도록 되어 있다. 즉, 항공교통관제기관은 평상시 안전한 항공교통을 관리하면서도, 유사시에는 항공보안의 주요 정보 제공자로 전환되는 역할을 수행하고 있는 것이다.

14) 항공기취급업체 등의 보안의무

국가항공보안계획 4.14에 따르면 항공기취급업체, 항공기정비업체, 보호구역 내 공항상주업체, 항공여객(화물)터미널운영자 등은 자체보안계획을 수립·시행해야 한다. 이는 공항 내 모든 주체가 보안 책임을 분담한다는 원칙을 구현한 것이다.

이들 업체는 공항운영자의 보안계획을 준수하면서도 자체 시설에 대한 출입과 보안통제를 독립적으로 책임진다. 각자의 운영 구역과 업무 특성에 맞는 세부 보안절차를 수립·실행함으로써 공항 내 보안 사각지대를 효과적으로 제거한다. 이러한 분산형 보안관리는 단일 기관이 모든 것을 통제하는 것보다 효율적이고 촘촘한 보안체계를 형성한다.

(4) 항공보안협의회 운영규정

▌항공보안협의회 운영규정

제5조(회의 등) ① 위원장은 항공보안 시행계획 등을 협의하기 위해 협의회의 회의를 매년 1회 이상 소집하고, 재적위원 1/3 이상이 요구하거나 위원장이 필요하다고 인정하는 때에 소집할 수 있으며 위원장이 그 의장이 된다.

② 위원장은 협의회의 회의를 소집하려면 회의 개최일 7일 전까지 일시·장소 및 협의안건을 각 위원에게 통지하여야 한다. 다만, 긴급 또는 부득이한 사유가 있는 경우에는 그러하지 아니하다.

③ 삭제

④ 협의회의 회의는 재적위원 과반수의 참석으로 개의하고 참석위원 과반수의 찬성으로 의결하며, 가부동수인 경우에는 부결된 것으로 본다. 이 경우 당연직인 위원은 소속 기관의 공무원을 대리 출석하게 할 수 있으며, 대리 출석한 공무원은 의결권을 가진다.

⑤ 협의회의 간사는 다음 각 호의 사항을 기록한 회의록을 작성하여 위원장에게 보고한 후 보존하여야 한다.

1. 회의일시 및 장소
2. 회의안건 및 내용
3. 참석위원 서명(다만, 서면협의는 서명생략)
4. 그 밖의 토의사항

⑥ 위원장은 협의회의 회의결과 중 중요한 사항을 위원에게 통보하여야 한다.

⑦ 제6항에 따라 회의결과를 통보받은 위원은 소관사항 중 조치할 사항이 있으면 성실히 이행한 후 그 결과를 위원장에게 통보하여야 한다.

제6조(서면협의) ① 위원장은 긴급하거나 부득이한 사유가 있거나 내용이 경미하다고 인정되는 협의안건에 대하여는 협의회의 회의에 갈음하여 위원별로 서면 의견서를 제출하게 할 수 있다.

② 위원장은 제1항에 따른 서면협의를 하려면 5일 이상의 기간을 정하여 안건을 각 위원에게 송부하여야 한다.

③ 제2항에 따라 안건을 받은 위원은 정해진 기간에 의견을 회신하여야 한다.

④ 제2항에 따른 기한이 종료된 날에 협의회의 회의를 개최한 것으로 본다.

항공보안협의회 운영규정은 협의회의 체계적인 운영을 위한 구체적인 절차를 규정한다. 위원장은 항공보안 시행계획 등을 협의하기 위해 협의회 회의를 매년 1회 이상 정기적으로 소집한다. 또한 재적위원 3분의 1 이상이 요구하거나 위원장이 필요하다고 인정할 때는 수시로 회의를 개최할 수 있다. 회의가 소집되면 위원장이 당연직 의장으로서 회의를 주재하고 있다.

회의 소집 절차도 명확하게 정해져 있다. 위원장은 협의회 회의를 소집하려면 회의 개최일 7일 전까지 일시와 장소 그리고 협의안건을 각 위원에게 통지해야 한다. 이는 위원들이 충분한 시간을 갖고 안건을 검토하여 실질적인 협의가 가능하도록 하기 위함이다. 다만 긴급하거나 부득이한 사유가 있는 경우에는 이러한 사전 통지 기간을 단축할 수 있도록 예외 규정을 두고 있다.

한편 모든 안건을 대면 회의로만 처리하는 것은 현실적으로 비효율적일 수 있다. 이에 위원장은 긴급하거나 부득이한 사유가 있을 때 또는 협의 내용이 경미하다고 판단될 때는 서면 협의로 대체할 수 있는 권한을 갖는다. 위원들은 서면으로 의견서를 제출하게 되며, 이를 통해 협의회 운영의 유연성과 효율성을 동시에 확보하고 있다. 이러한 서면 협의 제도는 신속한 의사결정이 필요한 항공보안 분야의 특성을 반영한 것이다.

6. 지방항공보안협의회

▌ 항공보안법

제8조(지방항공보안협의회) ① 지방항공청장은 관할 공항별로 항공보안에 관한 사항을 협의하기 위하여 지방항공보안협의회를 둔다.

② 지방항공보안협의회의 구성·임무 및 운영 등에 관하여 필요한 사항은 대통령령으로 정한다.

▌ 항공보안법 시행령

제3조(지방항공보안협의회의 구성 등) ① 법 제8조제1항에 따른 지방항공보안협의회(이하 "지방보안협의회"라 한다)는 위원장 1명을 포함한 20명 이내의 위원으로 구성한다.

② 지방보안협의회의 위원은 다음 각 호의 사람으로 한다.

1. 해당 공항에 상주(常住)하는 정부기관의 소속 직원 각 1명
2. 해당 공항운영자가 추천하는 소속 직원 1명
3. 해당 공항에 상주하는 항공운송사업자가 추천하는 소속 직원 각 1명
4. 제1호부터 제3호까지에서 규정한 사람 외에 항공보안을 위하여 위원장이 위촉하는 사람

③ 위원장은 해당 공항을 관할하는 지방항공청장 또는 지방항공청장이 소속 공무원 중에서 지명하는 사람이 된다.

④ 제2항제4호에 따른 위촉위원의 임기는 2년으로 한다.

⑤ 위원장은 지방보안협의회를 대표하며 그 업무를 총괄한다.

⑥ 위원장은 지방보안협의회의 회의를 소집하고, 그 의장이 된다.

⑦ 지방보안협의회의 사무를 처리하기 위하여 간사를 두며, 지방항공청장이 소속 공무원 중에서 임명한다.

⑧ 이 영에서 규정한 사항 외에 지방보안협의회의 운영에 필요한 세부사항은 지방보안협의회의 의결을 거쳐 위원장이 정한다.

제3조의2(지방보안협의회 위원의 제척·기피·회피) 지방보안협의회 위원의 제척·기피·회피에 관하여는 제2조의2를 준용한다.

제3조의3(지방보안협의회 위원의 해촉 등) ① 제3조제2항제2호 또는 제3호에 따라 위원을 추천한 자는 위원이 다음 각 호의 어느 하나에 해당하는 경우에는 그 추천을 철회할 수 있다.

1. 심신장애로 인하여 직무를 수행할 수 없게 된 경우
2. 직무와 관련된 비위사실이 있는 경우
3. 직무태만, 품위손상이나 그 밖의 사유로 인하여 위원으로 적합하지 아니하다고 인정되는 경우
4. 제2조의2제1항 각 호의 어느 하나에 해당하는 데에도 불구하고 회피하지 아니한 경우
5. 위원 스스로 직무를 수행하는 것이 곤란하다고 의사를 밝히는 경우

② 지방보안협의회 위원장은 제3조제2항제4호에 따른 위원이 제1항 각 호의 어느 하나에 해당하는 경우에는 해당 위원을 해촉할 수 있다.

제4조(지방보안협의회의 임무 등) ① 지방보안협의회는 다음 각 호의 사항을 협의한다.
1. 법 제10조제2항에 따른 자체 보안계획의 수립 및 변경에 관한 사항
2. 공항시설의 보안에 관한 사항
3. 항공기의 보안에 관한 사항
4. 법 제31조제2항에 따른 자체 우발계획의 수립·시행에 관한 사항
5. 제1호부터 제4호까지에서 규정한 사항 외에 공항 및 항공기의 보안에 관한 사항

② 위원장은 제1항 각 호에 해당하는 사항을 협의한 경우에는 국토교통부장관에게 보고하여야 한다.

(1) 지방항공보안협의회의 운영 현황과 개선과제

지방항공청장은 관할 공항별로 항공보안 사항을 효과적으로 협의하기 위해 지방항공보안협의회를 설치하여 운영한다. 이는 국토교통부의 항공보안협의회와 유기적으로 연계되면서도, 각 지역 공항의 고유한 특성과 환경을 반영한 맞춤형 보안 대책을 수립하는 지역 거버넌스 체계다. 각 협의회는 지방항공청별로 마련된 지방항공보안협의회 운영규정에 따라 운영된다. 이를 통해 현장 중심의 실효성 있는 보안 정책이 구현되고 있다.

그러나 현재의 운영 체계에는 구조적인 문제점이 존재한다. 항공보안법 제7조제1항 제4호는 대테러 관련 사항을 국가정보원의 소관으로 명시한다. 반면 같은 법 시행령 제4조제1항은 지방항공보안협의회가 공항 및 항공기의 보안에 관한 사항을 포괄적으로 협의하도록 규정하고 있다. 이러한 포괄적 규정으로 인해 테러대책협의회, 공항운영협의회 등 공항 내 다른 협의체들과 기능이 중복되는 문제가 지속적으로 발생하고 있다.

이러한 중복성 문제를 해결하려면 보다 체계적인 접근이 필요하다. 우선 공항 내 운영되는 각종 협의회의 기능과 역할을 면밀히 분석해야 한다. 중복되는 협의 사항들을 명확하게 구분하여 각 협의회의 고유 영역을 설정하는 것이 중요하다. 지방항공보안협의회는 순수한 항공보안 업무에 집중하고, 테러 대응이나 일반적인 공항 운영 사항은 해당 전문 협의회에서 다루도록 역할을 재정립하는 것이 효율적이다.

특히 주목할 점은 국가항공보안계획이 공항별 운영 유연성을 보장하는 여러 조항들을 포함하고 있다는 것이다. 공항별 보안검색감독자 배치기준(국가항공보안계획 8.1.25)이나 엑스선검색장비 판독업무의 최소운영시간 결정(8.1.33) 등이 대표적인 예다. 이러한 사항들은 각 공항의 규모, 운항 특성, 보안위협 수준 등을 고려하여 차별화된 접근이 가능하도록 설계되어 있다. 실제로 대형 국제공항과 소규모 지방공항의 보안 운영 방식은 크게 다를 수밖에 없다.

따라서 지방항공보안협의회가 이러한 유연한 조항들을 효과적으로 활용하려면 구체

적인 논의 절차와 의사결정 체계를 확립해야 한다. 각 지방항공청은 운영규정을 개정하여 협의 안건의 상정 절차, 심의 기준, 결정 권한의 범위, 이행 점검 방안 등을 명확하게 규정할 필요가 있다. 이를 통해 현장의 특수성을 반영한 실질적이고 효율적인 보안업무 운영이 가능해질 것이다. 이것은 공항의 보안수준 향상과 운영 효율성 제고라는 두 가지 목표를 동시에 달성할 수 있음을 의미하는 것이다.

(2) 지방항공보안협의회 운영규정

공항별 지방항공보안협의회는 자체 운영규정을 제정하여 체계적으로 운영된다. 협의회를 개최한 후에는 각 지방항공청이 그 결과를 국토교통부에 세부내용까지 포함하여 보고하는 체계를 유지하고 있다. 이러한 보고체계는 국토교통부와 지방항공청 간의 원활한 정보공유와 정책 일관성을 확보하는 데 기여한다.

지방공항에서도 마찬가지로 엄격한 보고 절차가 적용되고 있다. 자체보안계획을 수립하거나 변경할 때는 지방항공보안협의회의 검토를 거친다. 그리고 그 결과를 관할 항공청에 보고하도록 규정하고 있다. 이를 통해 각 공항의 보안계획이 국가 차원의 기준에 부합하는지 지속적으로 점검된다.

지방항공보안협의회의 위원 구성은 매우 포괄적이다. 해당 공항에 상주하는 국토교통부, 국가정보원, 경찰, 국군 방첩사령부, 세관, 검역소, 농수산식품부 등 정부기관의 소속 기관직원이 각 1명씩 참여한다. 여기에 공항운영자가 추천하는 소속 직원 1명과 해당 공항에 상주하는 항공운송사업자가 추천하는 소속 직원 각 1명이 추가된다. 이러한 다양한 구성은 항공보안의 수준관리 특성을 반영한 것으로, 각 기관의 전문성이 결합되어 종합적인 보안 대책을 수립하고 있다.

협의회의 주요 업무는 자체보안계획 승인과 자체우발계획 승인 등이다. 이러한 중요한 사안들은 신중한 검토가 필요하지만, 동시에 신속한 의사결정도 요구된다. 따라서 효율적인 협의 진행을 위해 서면으로 처리되는 경우가 많다. 서면 협의는 각 위원이 충분한 시간을 갖고 검토할 수 있게 하면서도 업무의 연속성을 보장하는 실용적인 방식으로 자리잡고 있다.

국토교통부는 지방항공청에 대한 체계적인 관리 감독을 수행한다. 위임업무 점검사항에는 지방항공보안협의회 개최 실적이 포함되며, 대면 회의와 서면 협의 모두를 관리대상으로 한다. 또한 본부 보고 여부도 점검하여 보고체계의 이행 상황을 확인한다. 이러한 관리시스템은 지방항공보안협의회가 형식적인 기구가 아닌 실질적인 보안 거버넌스 조직으로 운영되도록 뒷받침한다.

7. 공항운영협의회

> **▌출입국절차간소화위원회 규정**
>
> **제11조(공항별 운영협의회)** ① 각 국제공항별로 제3조 각 호의 사항을 심의하기 위하여 해당 국제공항을 관할하는 지방항공청 또는 항공관리사무소에 각각 그 공항 명칭을 붙인 공항별 운영협의회를 둔다.
>
> ② 공항별 운영협의회의 의장은 해당 지방항공청장 또는 항공관리사무소장이 되며, 위원은 해당 국제공항에 주재하는 관계 기관의 장이 된다.
>
> ③ 공항별 운영협의회의 구성 및 운영 등에 필요한 사항은 해당 의장이 정한다.

(1) 공항 운영 효율화를 위한 실무 협의체

출입국절차간소화위원회 규정 제11조에 따라 전국 각 공항별로 구성되는 공항운영협의회는 공항 운영의 효율성을 극대화하기 위한 핵심 협의체다. 이 협의회는 공항에 상주하는 다양한 관계기관들 간의 협조체제를 확립하는 플랫폼 역할을 수행하고 있다.

공항운영협의회의 주요 목적은 크게 세 가지로 구분된다. 첫째, 복잡한 출입국 절차를 간소화하여 여객들의 대기 시간을 단축시킨다. 둘째, 각 기관의 업무 중복을 방지하고 협업을 통해 공항운영의 효율화를 달성한다. 셋째, 궁극적으로 공항 이용객들에게 더 나은 서비스와 편의를 제공하는 것이다. 이는 보안 강화로 인해 복잡해진 공항 절차에서 이용객 편의를 함께 고려하는 균형적 접근이라 할 수 있다. 실제로 많은 공항들이 이 협의회를 통해 보안수준을 유지하면서도 여객 처리 속도를 개선하는 성과를 거두고 있다.

(2) 출입국 절차 간소화와 서비스 품질 향상

공항운영협의회는 공항 운영과 관련된 8개 핵심 분야를 심의한다. 이를 통해 공항 운영의 전반적인 효율성과 서비스 품질을 체계적으로 관리하고 있다.

첫 번째 그룹은 출입국 관련 사항들이다. 검역과 출입국 심사 절차를 효율화하고, 여권을 비롯한 각종 출입국 서류의 처리 방식을 개선한다. 여객과 화물의 통관절차도 중요한 심의 대상이다. 신속하면서도 정확한 처리를 위한 구체적인 방안을 지속적으로 모색하고 있다.

두 번째는 보안과 서비스의 조화를 추구하는 것이다. 휴대품 검사 업무를 다루되, 국가 대테러활동의 고유업무는 제외한다. 이는 일반적인 보안검색의 효율성을 높이는 데 집중하면서, 대테러 관련 특수 업무는 전문 기관에 맡기는 명확한 역할 분담을 보여준다. 이러한 구분을 통해 각 기관이 자신의 전문 영역에서 최대한의 역량을 발휘할 수 있도록 하고 있다.

세 번째 영역은 공항 서비스 품질 향상이다. 공항시설의 개선과 서비스 수준 제고가 기본 목표다. 출입국자들의 영접 절차를 개선하고, 항공사와 항공기 취급업체가 제공하는 여객서비스의 품질을 관리한다. 특히 급변하는 항공산업 환경에서 새롭게 등장하는 이슈들에 대응하기 위해, 의장이 필요하다고 인정하는 사항들도 유연하게 심의할 수 있도록 했다. 이러한 유연성은 빠르게 변화하는 항공 환경에 신속하게 대응할 수 있는 기반이 되고 있다.

이처럼 포괄적인 심의 기능을 통해 공항운영협의회는 중요한 조정 역할을 수행하고 있다. 보안과 편의, 효율성과 안전성이라는 때로는 상충할 수 있는 가치들 사이에서 최적의 해법을 모색하는 것이다. 각 공항의 특성과 이용객 구성, 노선 특징 등을 종합적으로 고려한 맞춤형 운영 방안을 도출하는 것이 협의회의 핵심 과제다. 실제로 각 공항마다 처한 상황이 상이하기 때문에, 획일적인 접근보다는 현장 중심의 맞춤형 해결책이 훨씬 더 효과적이라 할 수 있다.

결국 공항운영협의회는 보안 중심의 지방항공보안협의회와는 다른 시각에서 공항을 조망한다. 공항 서비스와 운영 효율성에 초점을 둔 실무 협의체로서, 출입국 절차의 신속성과 여객 편의를 우선적으로 고려한다. 그러면서도 필요한 보안수준은 확실하게 유지하는 조화로운 운영 방식을 지속적으로 모색하고 있다.

Ⅱ. 자체보안계획

1. 공항운영자

(1) "공항운영자 등"의 범위와 해석 기준

▌**항공보안법**

제4조(국가의 책무) 국토교통부장관은 민간항공의 보안에 관한 계획 수립, 관계 행정기관 간 업무 협조체제 유지, 공항운영자·항공운송사업자·항공기취급업체·항공기정비업체·공항상주업체 및 항공여객·화물터미널 운영자 등의 자체 보안계획에 대한 승인 및 실행점검, 항공보안 교육훈련계획의 개발 등의 업무를 수행한다.

제5조(공항운영자 등의 협조의무) 공항운영자, 항공운송사업자, 항공기취급업체, 항공기정비업체, 공항상주업체, 항공여객·화물터미널운영자, 공항이용자, 그 밖에 국토교통부령으로 정하는 자는 항공보안을 위한 국가의 시책에 협조하여야 한다.

제9조(항공보안 기본계획) ① 국토교통부장관은 항공보안에 관한 기본계획(이하 "기본계획"이라 한다)을 5년마다 수립하고, 그 내용을 공항운영자, 항공운송사업자, 항공기취급업체, 항공기정비업체, 공항상주업

체, 항공여객·화물터미널운영자, 그 밖에 국토교통부령으로 정하는 자(이하 **"공항운영자등"**이라 한다)에게 통보하여야 한다.

제10조(국가항공보안계획 등의 수립) ① 국토교통부장관은 항공보안 업무를 수행하기 위하여 국가항공보안계획을 수립·시행하여야 한다.

② **공항운영자등**은 제1항의 국가항공보안계획에 따라 자체 보안계획을 수립하거나 수립된 자체 보안계획을 변경하려는 경우에는 국토교통부장관의 승인을 받아야 한다. 다만, 국토교통부령으로 정하는 경미한 사항의 변경은 그러하지 아니하다.

국가항공보안계획 1.2.5에 따르면, 국가항공보안계획은 국제민간항공협약 Annex 및 ICAO Doc. 8973의 보안 관련 규정을 준수하는 것을 기본 원칙으로 삼고 있다. 이는 우리나라 항공보안 체계가 국제 기준에 부합하도록 설계되었음을 명확히 보여준다.

이러한 국제 기준에 기반한 계획은 인천비행정보구역 내에서 활동하는 다양한 주체들에게 적용된다. 공항운영자, 항공운송사업자, 항공기취급업체, 항공기정비업체, 공항상주업체, 항공여객(화물)터미널운영자가 주요 대상이며, 국토교통부장관이 별도로 지정하는 자들도 포함된다. 이들을 통칭하여 "공항운영자등"이라고 정의하는데, 이러한 포괄적 정의는 항공보안의 공백을 최소화하려는 정책적 의도를 반영한 것이다.

하지만 실무 현장에서는 이 정의를 적용하는 과정에서 여러 해석상의 문제가 발생하고 있다. 특히 항공보안감독 활동을 수행할 때 "공항운영자등"의 범위를 둘러싸고 기관별로 상이한 기준이 적용되는 상황이 빈번하게 나타난다. 일부 기관은 광범위한 해석을 통해 더 많은 업체를 감독 대상에 포함시키려 하는 반면, 다른 기관은 제한적으로 해석하여 핵심 업체만을 대상으로 삼는다. 이러한 해석의 차이는 감독기관과 피감독기관 사이에 지속적인 이견과 분쟁을 야기하고 있다.

이와 같은 혼란을 해결하기 위해서는 명확하고 일관된 판단기준의 확립이 시급하다. 공항운영자등의 포함 여부를 결정할 때는 항공보안법 제9조와 같은 법 시행규칙 제3조에서 명시한 업체 기준을 엄밀하게 적용해야 한다. 법령에서 정한 객관적 기준을 일관성 있게 적용한다면 해석상의 모호함을 크게 줄일 수 있을 것이다. 이를 통해 예측가능하고 체계적인 감독업무가 실현되며, 불필요한 분쟁의 사전 예방도 가능해질 것으로 기대된다.

(2) 공항운영자 자체보안계획의 내용

▮ 항공보안법 시행규칙

제3조의3(자체 보안계획의 승인 등) 국토교통부장관 또는 지방항공청장은 법 제10조제2항에 따라 자체

보안계획을 승인하려 할 때에는 다음 각 호의 사항을 검토하여야 한다.
1. 국가항공보안계획과의 적합성
2. 법 제3조에 따른 국제협약 및 「국제민간항공협약」 부속서 17 등과의 적합성

제3조의4(공항운영자의 자체 보안계획) ① 법 제10조제2항에 따라 공항운영자가 수립하는 자체 보안계획에는 다음 각 호의 사항이 포함되어야 한다.
1. 항공보안업무 담당 조직의 구성·세부업무 및 보안책임자의 지정
2. 항공보안에 관한 교육훈련
3. 항공보안에 관한 정보의 전달 및 보고 절차
4. 공항시설의 경비대책
5. 보호구역 지정 및 출입통제
6. 승객·휴대물품 및 위탁수하물에 대한 보안검색
7. 통과 승객·환승 승객 및 그 휴대물품·위탁수하물에 대한 보안검색
8. 승객의 일치여부 확인 절차
9. 항공보안검색요원의 운영계획
10. 법 제12조에 따른 보호구역 밖에 있는 공항상주업체의 항공보안관리 대책
11. 항공보안장비의 관리 및 운용
12. 법 제19조제1항에 따른 보안검색 실패 등에 대한 대책 및 보고·전달체계
13. 법 제29조에 따른 보안검색 기록의 작성·유지
14. 공항별 특성에 따른 세부 보안기준

② 공항운영자는 자체 보안계획을 승인 받은 경우 관련 기관, 항공운송사업자 등에게 관련 사항을 통보하여야 한다.

1) 자체보안계획의 수립·승인·관리 체계

자체보안계획 수립에 대해 국가항공보안계획은 체계적인 절차를 마련하고 있다. 가장 기본이 되는 것은 1.2.6에서 명시하는 사전승인 원칙이다. 공항운영자등이 자체보안계획을 새로 수립하거나 기존 계획을 변경하려는 경우, 반드시 실제운영이나 운항을 시작하기 전에 승인을 받아야 한다. 이러한 사전승인 절차는 보안계획의 적정성을 사전에 검증하여 항공보안 수준을 유지하는 핵심적인 통제 수단이 된다.

이와 더불어 자체보안계획 수립 시 준수해야 할 기준은 1.2.7에서 구체적으로 제시되어 있다. 공항운영자등은 자체보안계획 작성 과정에서 국제민간항공기구(ICAO)의 해당 보안프로그램 모델을 참고하도록 규정하고 있다. 이를 통해 국제 표준에 부합하는 보안계획을 수립할 수 있으며, 전 세계적으로 통용되는 항공보안 체계와의 일관성도 확보하게 된다.

나아가 1.2.9는 자체보안계획의 지속적인 관리 의무를 명확히 하고 있다. 공항운영자

등은 매년 자체보안계획이 항공보안 관련 법령과 국가항공보안계획에 부합하는지 자체 점검을 실시해야 하며, 자체보안계획 승인기관 역시 이러한 점검 결과를 확인할 책임을 진다. 이는 한 번의 승인으로 완료되는 형식적 절차가 아니라, 지속적인 모니터링과 개선을 통해 보안계획의 실효성을 담보하는 체계적인 관리 구조를 구축한 것이다.

2) 적합성 판단기준의 명확화 필요성

자체보안계획 승인 과정에서 현재 직면하고 있는 핵심 문제는 적합성 판단기준의 모호성이다. 국토교통부와 지방항공청이 공항운영자의 자체보안계획을 검토하는 과정에서 명확한 기준의 부재로 인해 실무적 어려움을 겪고 있다.

특히 주목할 점은 공항운영자등이 제출한 자체보안계획이 국제민간항공협약 Annex 17이나 ICAO Doc. 8973의 국제기준에는 부합하지만, 국가항공보안계획의 세부 규정과는 상이한 부분이 나타나는 경우가 발생한다는 것이다. 이는 국제기준과 국내규정 간의 정합성 문제를 드러내며, 동시에 승인기관의 판단 과정을 복잡하게 만드는 주요요인으로 작용한다.

이러한 상황은 승인기관을 어려운 선택의 기로에 서게 한다. 국제기준의 준수를 우선시할 것인지, 아니면 국내 규정을 엄격하게 적용할 것인지에 대한 명확한 지침이 없는 실정이다. 이로 인해 담당자의 재량에 따라 서로 다른 판단이 내려질 가능성이 존재하며, 이는 항공보안 행정의 일관성과 예측가능성을 저해하는 문제로 이어진다.

기준의 모호성을 해결하기 위해서는 구체적이고 실무 지향적인 판단기준의 수립이 시급하다. 항공보안법 시행규칙 제3조의5는 이와 관련하여 주목할 만한 선례를 제공한다. 해당 조항은 항공운송사업자의 자체보안계획에 포함되어야 할 세부내용을 명확하고 구체적으로 규정함으로써 승인과정의 투명성과 효율성을 크게 향상시켰다.

이러한 성공적인 접근방식은 다른 항공보안 주체들에게도 확대 적용될 필요가 있다. 공항운영자와 항공기취급업체등의 경우에도 자체보안계획의 필수 구성요소와 세부 보안기준을 보다 구체적으로 제시해야 한다. 현재 항공보안법 시행규칙 제3조의4와 제3조의6에 규정된 내용을 더욱 세밀하게 보완한다면, 승인절차의 객관성을 확보하는 동시에 일관성 있는 보안체계를 구축할 수 있을 것이다.

이와 같은 제도적 개선은 단순히 행정절차의 효율화에 그치지 않는다. 명확한 기준설정을 통해 각 주체들이 자체보안계획을 수립할 때 예측가능성을 높이고, 승인기관의 검토과정에서도 일관된 판단이 가능해진다. 이는 장기적으로 국가 항공보안 수준의 표준화와 고도화를 위한 중요한 토대가 될 것으로 기대된다.

3) 보안검색요원과 항공경비요원 간 관리체계 불균형 개선

공항운영자의 자체보안계획을 들여다보면, 보안검색요원의 운영계획과 보안검색 기록의 작성·유지에 관한 기준은 체계적으로 마련되어 있다. 그러나 출입통제업무를 담당하는 항공경비요원에 대한 관리 기준은 포함되지 않아 보안체계의 일관성이 결여되고 있다. 이는 전체 보안대책에 공백을 만들어 취약점으로 작용할 수 있는 중요한 문제이다.

이러한 문제의 근본적인 원인을 이해하기 위해서는 공항시설의 경비대책, 보호구역 지정, 출입통제가 서로 어떻게 연계되어 있는지 살펴볼 필요가 있다. 효과적인 시설보안을 구현하려면 먼저 보호구역을 명확히 설정하고, 이를 토대로 공항시설 전체에 대한 종합적인 보안대책을 수립해야 한다. 각 요소가 상호보완적으로 작동할 때 비로소 완전한 보안체계가 구축될 수 있다.

시설보안의 완성도를 높이기 위한 실질적인 방안은 항공경비요원의 운영계획과 관리대책을 자체보안계획에 명시적으로 포함시키는 것이다. 보안검색요원과 항공경비요원을 모두 포괄하는 통합적인 관리체계를 구축함으로써, 현재의 불완전한 보안구조를 체계적으로 개선해 나갈 수 있을 것이다. 이를 통해 공항보안의 각 영역이 동일한 수준의 관리기준을 적용받게 되어, 보안체계 전반의 효과성이 크게 향상될 것으로 기대된다.

4) 공항별 세부보안기준의 SOP 이관을 통한 체계 효율화

현재 공항운영자의 자체보안계획을 보면, 각 공항의 특성을 반영한 세부보안기준이 포함되어 있는데, 이를 별도로 분리해서 관리할 필요가 있다. 공항별로 다른 운영환경과 특수성을 고려한 세부기준들은 자체보안계획보다는 각 공항의 표준운영절차(SOP)에 포함시키는 것이 운영 효율성 측면에서 더 바람직하다.

이러한 분리 관리의 필요성은 자체보안계획의 본래 목적과도 연관되어 있다. 자체보안계획은 모든 공항에 보편적으로 적용할 수 있는 공통보안기준을 제시하는 역할에 충실해야 한다. 역할을 명확히 구분하면 정책 변화에 따른 주기적인 검토와 업데이트가 더욱 체계적으로 이루어질 수 있고, 각 공항은 자체 특성에 맞는 세부 운영방안을 유연하게 조정해나갈 수 있게 된다.

현재의 구조적 문제는 국토교통부가 주도했던 초기 표준화 과정에서 비롯되었다. 당시 한국공항공사와 인천국제공항공사 간 자체보안계획의 서로 다른 체계로 인한 혼선을 해결하고자 표준모델을 도입했으나, 예상하지 못한 부작용들이 나타나고 있다. 표준화를 추구하는 과정에서 각 공항의 개별적 특성을 충분히 고려하지 못한 데서 기인한 것으로 분석된다.

더욱이 공통보안기준은 이미 국가항공보안계획을 통해 주기적으로 변경·업데이트되고 있다는 점도 중요한 고려사항이다. 이러한 현실을 감안할 때, 기존 국가 차원의 보안체계와 정합성을 유지하면서도 실무 현장의 효율성을 극대화할 수 있는 방향으로 자체보안계획과 SOP의 역할을 재정립하는 것이 시급한 과제로 남아 있다.

(3) 자체보안계획 승인체계와 검토 프로세스

▮ 항공보안법 시행규칙

제3조의7(자체 보안계획의 변경 등) ① 법 제10조제2항 단서에서 "국토교통부령으로 정하는 경미한 사항"이란 다음 각 호의 사항을 말한다.

1. 기관 운영에 관한 일반현황의 변경
2. 기관 및 부서의 명칭 변경
3. 항공보안에 관한 법령, 고시 및 지침 등의 변경사항 반영

② 공항운영자등은 제1항에 따라 자체 보안계획을 변경한 경우에는 국토교통부장관 또는 지방항공청장에게 그 사실을 즉시 통보하여야 한다.

국가항공보안계획 6.1.2를 보면 자체보안계획의 변경 절차가 명확하게 규정되어 있다. 공항운영자가 자체보안계획을 새롭게 수립하거나 기존 계획을 변경하려면, 반드시 정해진 기간 내에 승인 절차를 거쳐야 한다.

이러한 승인 절차에는 구체적인 기한이 설정되어 있다. 신규 수립의 경우 시행 3개월 전까지, 변경의 경우 2개월 전까지 관할 지방항공청장에게 승인을 신청해야 하며, 국토교통부장관의 승인이 필요한 사안도 동일한 원칙이 적용된다. 충분한 검토 기간을 확보함으로써 보안계획의 적정성과 실효성을 사전에 점검할 수 있는 체계를 갖춘 것이다.

지방항공청장은 이 과정에서 중요한 중간 검토자 역할을 담당한다. 국토교통부장관의 승인이 필요한 자체보안계획을 접수했을 때, 공항운영자로부터 받은 신청서와 관련 서류를 면밀히 검토한 후 그 결과를 시행 1개월 전까지 국토교통부장관에게 제출해야 한다. 이와 같은 단계적 검토 과정은 자체보안계획의 완성도를 높이는 동시에, 국가 차원의 항공보안 체계와 일관성을 유지하는 데 기여하고 있다.

1) 자체보안계획 변경 통보체계의 한계

▮ 항공보안법

제50조(벌칙) ④ 다음 각 호의 어느 하나에 해당하는 자는 5천만원 이하의 벌금에 처한다.

> 1. 제10조제2항을 위반하여 자체 보안계획을 수립하지 아니한 자
> ⑤ 다음 각 호의 어느 하나에 해당하는 자는 3천만원 이하의 벌금에 처한다.
> 1. 제10조제2항을 위반하여 자체 보안계획의 승인을 받지 아니한 자
> **제51조(과태료)** ① 다음 각 호의 어느 하나에 해당하는 자에게는 1천만원 이하의 과태료를 부과한다.
> 1. 제10조제2항에 따라 승인받은 자체 보안계획을 이행하지 아니한 자(국가항공보안계획과 관련되는 부분만 해당한다)

공항운영자와 항공운송사업자가 자체보안계획을 변경할 때, 경미한 사항의 경우 즉시 통보여부를 국토교통부와 지방항공청이 확인하기 어려운 상황이다. 연 1회 정기점검을 통해 확인이 가능하지만, 이 또한 사후 확인에 그치는 한계를 보이고 있다.

이러한 확인체계의 한계보다 더 근본적인 문제는 즉시 통보하지 않은 경우에 대한 벌칙조항이 없다는 점이다. 현행 항공보안법 제50조(벌칙) 제4항과 제5항을 살펴보면, 자체보안계획을 수립하지 않거나 승인을 받지 않은 자에게 각각 5천만원 이하와 3천만원 이하의 벌금을 부과하도록 규정하고 있다. 또한 자체보안계획을 이행하지 않은 자에게는 항공보안법 제51조(과태료)에 따라 1천만원 이하의 과태료를 부과하는 체계를 갖추고 있다.

그러나 정작 변경사항을 보고하지 않은 자에 대해서는 처벌조항이 마련되어 있지 않다. 이는 자체보안계획의 지속적인 관리와 감독이라는 측면에서 법적 실효성을 담보하기 어려운 공백으로 작용한다. 제도의 완전성을 확보하고 항공보안 체계의 실효성을 높이기 위해서는 이러한 법적 공백을 체계적으로 보완하는 작업이 시급한 과제로 남아 있다.

2) 경미한 사항 판단의 일관성 확보를 위한 기준 세분화

국가항공보안계획 6.1.3을 보면, 공항운영자는 항공보안법 시행규칙 제3조의7에 해당하는 경미한 사항을 변경할 때 별도의 승인 절차 없이 국토교통부장관이나 관할 지방항공청장에게 즉시 통보하면 된다. 단, 법령이나 국가항공보안계획 내용과 상충되는 경우는 제외된다. 통보를 받은 국토교통부장관이나 지방항공청장은 다른 지방항공청장들과 해당 정보를 공유하여 일관된 보안체계를 유지하고 있다.

하지만 실무 현장에서는 '경미한 사항'의 판단기준이 모호하여 일관성 있는 적용이 어렵다는 문제가 지속적으로 제기되고 있다. 담당자마다 해석이 달라질 수 있고, 이로 인해 불필요한 행정 절차가 발생하거나 반대로 중요한 변경사항이 간과될 위험이 존재한다.

이러한 모호성을 해결하기 위해서는 경미한 사항의 범위를 보다 구체적으로 세분화하여 명문화하는 작업이 필요하다. 우선 보고체계 관련 변경사항을 명확히 규정해야 한

다. 예를 들어 신규 취항공항 추가에 따른 보고체계 변경, 부서 명칭이나 조직 구조의 단순 변경, 비상연락망 수정 등은 경미한 사항으로 분류할 수 있을 것이다.

아울러 현장 전문가의 판단 권한을 인정하는 조항도 마련되어야 한다. 항공보안감독관이 전문적 경험과 지식을 바탕으로 경미하다고 판단한 사항에 대해서는 신속한 처리가 가능하도록 재량권을 부여하는 것이다. 이를 통해 현장의 전문성을 활용하면서도 행정 효율성을 높일 수 있으며, 급변하는 보안환경에도 유연하게 대응할 수 있는 체계를 구축할 수 있다.

3) 자체점검의 중요성

현재 규정을 보면 공항운영자등은 자체보안계획이 항공보안 관련 법령 및 국가항공보안계획 등에 부합하는지 매년 자체점검을 실시해야 한다. 자체보안계획 승인기관은 이러한 자체점검 결과를 확인하는 역할을 담당하고 있다.

이와 같은 자체점검 제도는 항공보안 체계의 지속적인 수준 관리를 위해 핵심적인 역할을 수행한다. 법령과 국가항공보안계획의 변화에 따른 적합성을 정기적으로 확인함으로써, 보안 공백을 사전에 방지하고 체계적인 보안관리가 가능해진다. 또한 정기적인 점검을 통해 변화하는 보안 환경에 능동적으로 대응할 수 있는 기반을 마련하게 된다.

승인기관의 확인절차는 자체점검의 객관성과 신뢰성을 보장하는 중요한 수단이 된다. 이를 통해 자체점검의 실효성을 높이고 보안기준의 일관성을 유지할 수 있으며, 전체 항공보안 체계의 신뢰성 강화에 기여하고 있다. 이러한 이중 점검 구조는 국가 항공보안 수준의 지속적인 향상을 위한 토대가 되고 있다.

4) 자체보안계획 수립 안내체계 및 절차 개선

공항운영자가 계약을 체결할 때 자체보안계획 수립 및 승인절차에 대한 안내를 명시적으로 제공할 필요가 있다. 이를 통해 자체보안계획 관련 보안절차 이행의 실효성을 확보할 수 있다.

현재 외국적 항공사 및 공항상주업체 등에 대해서는 운항 개시 전 또는 입점 전에 자체보안계획 수립 및 승인절차를 안내하도록 규정하고 있다. 그러나 이러한 안내 시점은 실제 승인에 소요되는 기간을 충분히 고려하지 못한 것으로 보인다. 신청에서 감독기관의 승인까지 약 3개월이라는 상당한 시간이 필요함에도 불구하고, 이에 대한 사전 안내가 적절한 시기에 이루어지지 않아 운항 개시나 입점 일정에 차질이 발생하는 경우가 있다.

국가항공보안계획 6.1.2의 규정을 구체적으로 살펴보면 이러한 시간적 요구사항이 명확히 드러난다. 공항운영자등은 자체보안계획을 수립하는 경우 시행 3개월 전까지, 변경하는 경우 2개월 전까지 관할 지방항공청장에게 승인을 신청해야 한다. 나아가 지방항공청장은 국토교통부장관의 승인이 필요한 자체보안계획을 접수했을 때, 신청서 등 관련 서류와 검토결과를 시행 1개월 전까지 국토교통부장관에게 제출하도록 되어 있다. 이처럼 단계별로 소요되는 기간을 고려하면, 계약 체결 단계에서부터 충분한 시간적 여유를 두고 자체보안계획 수립 절차를 안내하는 체계적인 접근이 필요하다.

5) 자체보안계획 실효에 따른 통보체계 개선

국가항공보안계획 6.1.6을 보면 자체보안계획의 실효 절차가 명확히 규정되어 있다. 공항운영자등은 휴업, 노선휴지, 폐업, 폐지 또는 계약만료 등으로 자체보안계획의 이행이 불필요해진 경우, 사유 발생 전에 관할 지방항공청장에게 통보해야 한다. 해당 자체보안계획은 사유 발생일부터 자동으로 실효되며, 6개월이 지나도록 통보하지 않으면 자동 실효된 것으로 간주한다.

그러나 현행 제도를 살펴보면 수립과 실효 절차 간에 중요한 불균형이 존재한다. 자체보안계획 수립 시에는 체계적인 안내 절차가 마련되어 있는 반면, 실효 상황에 대해서는 이에 상응하는 안내체계가 구축되어 있지 않다. 이러한 체계의 공백은 보안관리의 연속성을 저해하는 요인으로 작용하고 있다.

이를 개선하기 위해서는 자체보안계획이 실효될 때 모든 관련 당사자들에게 신속하게 알릴 수 있는 통보체계를 구축해야 한다. 적시에 정보를 공유함으로써 보안 공백 발생을 사전에 차단하고, 필요시 새로운 계획 수립이나 대체 방안을 즉시 마련할 수 있게 된다. 체계적인 실효 통보 시스템은 형식적 절차를 넘어 항공보안의 연속성을 보장하는 핵심 요소라 할 수 있다.

외국적 항공사나 공항상주업체처럼 국내 보안체계에 상대적으로 익숙하지 않은 사업자들에게는 특별한 주의가 필요하다. 이들이 실효 상황을 제때 인지하지 못해 의도치 않게 보안법령을 위반하는 사례가 발생하고 있기 때문이다. 따라서 다국어 안내, 정기적인 교육, 자동 알림 시스템 등을 포함한 종합적인 실효 안내 절차를 마련하여, 모든 이해관계자가 보안규정을 준수할 수 있도록 지원하는 체계가 요구된다.

2. 항공운송사업자

▮ 항공보안법 시행규칙

제3조의5(항공운송사업자의 자체 보안계획) ① 법 제10조제2항에 따라 항공운송사업자가 수립하는 자체

보안계획에는 다음 각 호의 사항이 포함되어야 한다.

1. 항공보안업무 담당 조직의 구성·세부업무 및 보안책임자의 지정
2. 항공보안에 관한 교육훈련
3. 항공보안에 관한 정보의 전달 및 보고 절차
4. 항공기 정비시설 등 항공운송사업자가 관리·운영하는 시설에 대한 보안대책
5. 항공기 보안에 관한 다음 각 목의 사항
   가. 항공기에 대한 경비대책
   나. 비행 전·후 항공기에 대한 보안점검
   다. 계류(繫留)항공기에 대한 탑승계단, 탑승교, 출입문, 경비요원 배치에 관한 보안 및 통제 절차
   라. 힝공기 운항중 보안대책
   마. 법 제23조에 따른 승객의 협조의무를 위반한 사람에 대한 처리절차
   바. 법 제24조에 따른 수감 중인 사람 등의 호송 절차
   사. 법 제25조에 따른 범인의 인도·인수 절차
   아. 항공기내보안요원의 운영 및 무기운용 절차
   자. 국외취항 항공기에 대한 보안대책
   차. 항공기에 대한 위협 증가 시 항공보안대책
   카. 조종실 출입절차 및 조종실 출입문 보안강화대책
   타. 기장의 권한 및 그 권한의 위임절차
   파. 기내 보안장비 운용절차
6. 기내식 및 저장품에 대한 보안대책
7. 항공보안검색요원 운영계획
8. 법 제19조제1항에 따른 보안검색 실패 대책보고
9. 항공화물 보안검색 방법
10. 법 제29조에 따른 보안검색기록의 작성·유지
11. 항공보안장비의 관리 및 운용
12. 화물터미널 보안대책(화물터미널을 관리 운영하는 항공운송사업자만 해당한다)
13. 법 제17조제3항에 따른 운송정보의 제공 절차
14. 위해물품 탑재 및 운송절차
15. 보안검색이 완료된 위탁수하물에 대한 항공기에 탑재되기 전까지의 보호조치 절차
16. 승객 및 위탁수하물에 대한 일치여부 확인 절차
17. 승객 일치 확인을 위해 공항운영자에게 승객 정보제공
18. 법 제23조제7항에 따른 항공기 탑승 거절절차
19. 항공기 이륙 전 항공기에서 내리는 탑승객 발생 시 처리절차
20. 비행서류의 보안관리 대책

> 21. 보호구역 출입증 관리대책
> 22. 그 밖에 항공보안에 관하여 필요한 사항
> ② 외국국적 항공운송사업자가 수립하는 자체 보안계획은 영문 및 국문으로 작성되어야 한다.

(1) 항공운송사업자의 자체보안계획 수립 의무와 책임

국가항공보안계획 4.3을 보면 항공운송사업자의 자체보안계획 수립 의무가 명시되어 있다. 항공운송사업자는 불법방해행위로부터 승객, 승무원, 지상직원, 항공기 및 관련 시설을 포괄적으로 보호하기 위한 자체보안계획을 반드시 수립하고 시행해야 한다.

이 조항은 항공운송사업자를 단순히 수동적인 보안규정 준수자가 아닌, 능동적인 보안 주체로 자리매김하게 한다. 자체보안계획을 통해 각 항공사는 자사의 운영 특성과 노선별 위험도를 고려한 맞춤형 보안체계를 구축할 수 있다. 실제로 국제선과 국내선의 보안 요구사항에는 상당한 차이가 있으며, 취항 국가별로도 보안 환경과 위협 수준이 크게 다르다. 따라서 모든 항공사에 동일한 기준을 적용하는 획일적 접근보다는, 각 항공사의 운영 환경과 특수성을 고려한 차별화된 보안계획이 더욱 효과적인 성과를 보여주고 있다.

효과적인 자체보안계획을 수립하기 위해서는 인적 보안, 물리적 보안, 절차적 보안을 균형 있게 통합해야 한다. 여기서 특히 주목할 점은 보호 대상의 포괄성이다. 승객과 승무원의 안전은 당연한 우선순위지만, 실무 현장에서 종종 간과되기 쉬운 지상직원의 보호까지 명시적으로 포함시킨 것은 중요한 의미를 갖는다. 이들은 항공기 정비, 화물 처리, 급유 작업 등 핵심적인 업무를 수행하면서 보안위협에 노출될 가능성이 높기 때문이다.

자체보안계획의 책임 범위는 항공기 자체를 넘어 운항과 관련된 모든 시설로 확장된다. 여기에는 항공사 운영 시설, 정비 격납고, 화물 처리 구역, 승무원 대기실 등이 포함되며, 이러한 포괄적 접근은 항공운송의 전 과정에서 발생할 수 있는 다양한 보안위협에 대해 체계적이고 통합적인 대응을 가능하게 한다. 이를 통해 항공운송사업자의 자체보안계획은 국가 차원의 항공보안 체계와 유기적으로 연계되면서도, 각 항공사의 특수성을 반영한 실효성 있는 보안시스템으로 운영되고 있다.

(2) 외국인 항공운송사업자의 자체보안계획

외국인 항공운송사업자의 경우 자국의 자체보안계획과 우리나라 자체보안계획의 상이한 부분 위주로 정리하여, 그러한 부분만 국문으로 작성해 승인받도록 개선할 필요가 있다.

현재는 승인 요청 시 다른 항공사의 자체보안계획을 그대로 인용하여 작성하는 실정이다. 이로 인해 해당 항공사에 적용되지 않거나 수행하지 않아도 될 보안업무 내용들이 포함되어 점검에서 지적받는 경우가 빈번하게 발생한다. 대표적인 사례로, 화물을 탑재하지 않는 항공사임에도 불구하고 화물보안검색에 대한 내용을 포함시켜, 화물검색을 위한 검색인력 및 보안검색장비를 운영한다고 승인받는 경우를 들 수 있다.

이러한 문제를 해결하기 위해 국토교통부는 국적 및 외국적 항공운송사업자를 위한 표준모델을 마련하여 제공하고 있다. 초기 자체보안계획에 포함되어야 하는 내용이 방대하다는 점을 고려한 조치로, 자체보안계획 승인신청 및 승인과정에서의 여러 문제를 개선하고 항공보안을 확보하기 위한 목적이다. 그러나 이러한 표준모델은 자체보안계획에 대한 충분한 이해와 전문성을 갖춘 보안업무 담당자가 작성하는 경우에만 효과적으로 활용될 수 있다는 한계를 지니고 있다.

전문성이 부족한 담당자가 형식적으로 작성한 계획서가 제출되면서, 승인권을 가진 지방항공청 담당자들의 자체보안계획 승인업무에 어려움이 가중되고 있다. 여기서 앞서 언급한 Annex 17과의 적합성 문제도 동시에 발생하게 되어, 승인 과정의 복잡성을 더욱 증가시키는 요인으로 작용한다.

이를 개선하기 위해서는 신청자가 자국의 자체보안계획을 충분히 이해하고, 우리나라 규정과 비교하여 취항공항 현실에 맞게 신청할 수 있는 체계적인 프로세스가 필요하다. 차이가 있는 규정 위주로 국문으로 작성하여 승인받는 절차를 도입한다면, 보안업무 담당자의 국가항공보안계획 및 자체보안계획에 대한 이해도를 높일 수 있다. 이는 형식적인 계획 수립을 넘어 보안업무의 실질적인 효과를 확보하는 데 기여할 것으로 기대된다.

3. 항공기사용사업자와 항공기취급업체

▌항공보안법

제2조(정의) 이 법에서 사용하는 용어의 뜻은 다음과 같다. 다만, 이 법에 특별한 규정이 있는 것을 제외하고는 「항공사업법」·「항공안전법」·「공항시설법」에서 정하는 바에 따른다.

4. "항공기취급업체"란 「항공사업법」 제44조에 따라 항공기취급업을 등록한 업체를 말한다.
5. "항공기정비업체"란 「항공사업법」 제42조에 따라 항공기정비업을 등록한 업체를 말한다.
6. "공항상주업체"란 공항에서 영업을 할 목적으로 공항운영자와 시설이용 계약을 맺은 개인 또는 법인을 말한다.

▌항공보안법 시행규칙

제3조의6(항공기취급업체등의 자체 보안계획) 법 제10조제2항에 따라 항공기취급업체·항공기정비업체·

공항상주업체(보호구역 안에 있는 업체만 해당한다), 항공여객·화물터미널 운영자 및 도심공항터미널을 경영하는 자가 수립하는 자체 보안계획에는 다음 각 호의 사항이 포함되어야 한다.

1. 항공보안업무 담당 조직의 구성·세부업무 및 보안책임자의 지정
2. 항공보안에 관한 교육훈련
3. 항공보안에 관한 정보의 전달 및 보고 절차
4. 보호구역 출입증 관리 대책
5. 해당 시설 경비보안 및 보안검색 대책
6. 항공보안장비 관리 및 운용
7. 그 밖에 항공보안에 관한 사항

제18조(국가항공보안 우발계획 등의 내용) ① 법 제31조제1항에 따른 우발계획에는 다음 각 호의 사항이 포함되어야 한다.

② 공항운영자등이 법 제31조제2항에 따라 수립하는 자체 우발계획에는 다음 각 호의 구분에 따른 사항이 포함되어야 한다.

1. 공항운영자의 자체 우발계획
   가. 영 제2조제2항제1호에 따른 행정기관의 역할
   나. 공항시설 위협시의 대응대책
   다. 항공기 납치시의 대응대책
   라. 폭발물 또는 생화학무기 위협시의 대응대책
2. 항공운송사업자의 자체 우발계획
   가. 공항시설 위협시의 대응대책
   나. 항공기납치 방지대책
   다. 폭발물 또는 생화학무기 위협시의 대응대책
3. 항공기취급업체·항공기정비업체·공항상주업체(보호구역 안에 있는 업체만 해당한다), 항공여객·화물터미널 운영자, 도심공항터미널을 경영하는 자의 자체 우발계획
   가. 공항시설 위협시의 대응대책
   나. 폭발물 또는 생화학무기 위협시의 대응대책

▌항공사업법

제2조(정의)

15. "항공기사용사업"이란 항공운송사업 외의 사업으로서 타인의 수요에 맞추어 항공기를 사용하여 유상으로 농약살포, 건설자재 등의 운반, 사진촬영 또는 항공기를 이용한 비행훈련 등국토교통부령으로 정하는 업무를 하는 사업을 말한다.
16. "항공기사용사업자"란 제30조제1항에 따라 국토교통부장관에게 항공기사용사업을 등록한 자를 말한다.
17. "항공기정비업"이란 타인의 수요에 맞추어 다음 각 목의 어느 하나에 해당하는 업무를 하는 사업을

말한다.

가. 항공기, 발동기, 프로펠러, 장비품 또는 부품을 정비·수리 또는 개조하는 업무

나. 가목의 업무에 대한 기술관리 및 품질관리 등을 지원하는 업무

18. "항공기정비업자"란 제42조제1항에 따라 국토교통부장관에게 항공기정비업을 등록한 자를 말한다.
19. "항공기취급업"이란 타인의 수요에 맞추어 항공기에 대한 급유, 항공화물 또는 수하물의 하역과 그 밖에 국토교통부령으로 정하는 지상조업(地上操業)을 하는 사업을 말한다.
20. "항공기취급업자"란 제44조제1항에 따라 국토교통부장관에게 항공기취급업을 등록한 자를 말한다.

▮ 항공사업법 시행규칙

제4조(항공기사용사업의 범위) 법 제2조제15호에서 "농약살포, 건설자재 등의 운반 또는 사진촬영 등 국토교통부령으로 정하는 업무"란 다음 각 호의 어느 하나에 해당하는 업무를 말한다.

1. 비료 또는 농약 살포, 씨앗 뿌리기 등 농업 지원
2. 해양오염 방지약제 살포
3. 광고용 현수막 견인 등 공중광고
4. 사진촬영, 육상 및 해상 측량 또는 탐사
5. 산불 등 화재 진압
6. 수색 및 구조(응급구호 및 환자 이송을 포함한다)
7. 헬리콥터를 이용한 건설자재 등의 운반(헬리콥터 외부에 건설자재 등을 매달고 운반하는 경우만 해당한다)
8. 산림, 관로(管路), 전선(電線) 등의 순찰 또는 관측
9. 항공기를 이용한 비행훈련(「고등교육법」 제2조에 따른 학교가 실시하는 비행훈련의 경우는 제외한다)
10. 항공기를 이용한 고공낙하
11. 글라이더 견인
12. 그 밖에 특정 목적을 위하여 하는 것으로서 국토교통부장관 또는 지방항공청장이 인정하는 업무

제5조(항공기취급업의 구분) 법 제2조 제19호에 따른 항공기취급업은 다음 각 호와 같이 구분한다.

1. 항공기급유업: 항공기에 연료 및 윤활유를 주유하는 사업
2. 항공기하역업: 화물이나 수하물(手荷物)을 항공기에 싣거나 항공기에서 내려서 정리하는 사업
3. 지상조업사업: 항공기 입항·출항에 필요한 유도, 항공기 탑재 관리 및 동력 지원, 항공기 운항정보 지원, 승객 및 승무원의 탑승 또는 출입국 관련 업무 또는 항공기의 청소 등을 하는 사업

(1) 항공기사용사업자 자체보안계획 수립 의무의 법제화

현행 항공보안법과 시행규칙을 검토해보면, 자체보안계획 및 자체우발계획 수립대상을 규정한 '공항운영자등'의 범주에서 항공기사용사업자가 누락되어 있다. 법적 근거 없이

국가항공보안계획에서만 항공기사용사업의 정의와 자체보안계획 수립 의무를 규정하고 있어, 실질적인 법적 구속력이 미흡한 상황이다.

이러한 문제의 실체를 파악하기 위해 국가항공보안계획의 관련 조항을 구체적으로 살펴볼 필요가 있다. 먼저 2.12에서는 항공기사용사업을 정의하면서 농업, 건설·건축, 사진촬영, 공중감시, 수색구조, 공중광고 등 특정 서비스 제공을 위한 항공기 운항을 항공기사용사업으로 규정하고 있다. 이어서 6.4.1에서는 항공기사용사업자와 최대 이륙중량 5,700kg 이상 항공기를 운영하는 일반항공 운영자에게 국가항공보안계획과 항공운송사업자의 자체보안계획을 준용하여 자체보안계획을 수립하도록 명시한다.

그러나 이러한 행정규칙상의 규정만으로는 법적 강제력을 확보하기 어렵다는 점이 근본적인 한계로 지적된다. 국가항공보안계획은 행정규칙의 성격을 가지므로, 법률에 명확한 근거가 없으면 사업자에게 의무를 부과하는 데 제약이 따른다. 실제로 항공기사용사업자들이 자체보안계획 수립 의무를 이행하지 않더라도 법적 제재를 가하기 어려운 실정이며, 이는 항공보안체계 전반의 일관성과 완전성을 저해하는 요인이 되고 있다.

법적 공백을 해소하기 위해서는 체계적인 법제화 작업이 필요하다. 우선 항공보안법 제2조에 항공기사용사업자의 정의를 신설하여 법적 개념을 명확히 확립해야 한다. 다음 단계로는 항공보안법 제9조에 항공기사용사업자를 명시적으로 추가함으로써, 제10조제2항의 '공항운영자등'에 자동으로 포함되도록 하는 방안이 필요하다. 이와 같은 법률 차원의 근거 마련을 통해 국가항공보안계획 6.4.1의 규정이 실효성을 갖게 되며, 나아가 항공기사용사업의 다양한 특성을 고려한 세부 보안기준도 체계적으로 수립할 수 있는 토대가 마련될 것이다.

(2) 항공기취급업체 등록 기준의 명확화

보호구역 내에서 항공운송사업자와 계약을 맺고 항공기 보안 및 버스 승·하차 승객의 이동동선 이탈방지를 수행하는 업체의 경우, 항공기취급업 등록 필요성에 대한 문제가 제기될 수 있다. 이러한 상황에서는 항공사업법에 따른 항공기 보안업무가 취급업에 해당하는지를 우선적으로 검토해야 한다.

해당 업무가 항공기취급업에 속하지 않는 경우라도, 업체가 향후 지상조업이나 급유 등의 업무를 수행할 계획이 있다면 항공기취급업 등록 후 보안업무를 병행할 수 있다. 다만 항공기취급업체로 등록하게 되면 자체보안계획을 수립하여 국토교통부의 승인을 받아야 한다는 점을 염두에 두어야 한다. 이는 추가적인 행정 절차와 관리 의무를 수반하므로 신중한 검토가 필요하다.

현재 보호구역 내에서 보안업무를 수행하는 업체들의 법적 지위가 모호하여 현장에서 혼선이 발생하고 있다. 일부 업체는 항공기취급업 등록 없이 보안업무를 수행하고 있으며, 다른 업체는 불필요하게 취급업 등록을 진행하는 경우도 있다. 이러한 불명확한 상황은 보안업무의 책임 소재와 관리 체계에도 영향을 미치고 있다.

이를 개선하기 위해서는 보호구역 내 보안업무 수행 업체들의 법적 지위와 의무사항을 명확히 규정하는 제도적 정비가 시급하다. 구체적인 적용 기준과 가이드라인을 마련하여 업무수행 주체들이 혼란 없이 보안업무를 이행할 수 있도록 지원해야 한다. 특히 보안업무의 성격과 범위에 따른 세분화된 기준을 제시함으로써, 각 업체가 자신의 업무 영역에 맞는 적절한 법적 지위를 확보하고 그에 따른 책임을 명확히 할 수 있는 체계 구축이 필요하다.

4. 항공교통관제기관의 자체보안계획 수립 의무와 예외

국가항공보안계획 6.5.1은 항공교통 서비스 제공자의 보안계획 수립 의무를 규정하고 있다. 항공교통관제기관은 국가항공보안계획을 준용하여 독자적인 자체보안계획을 수립해야 한다. 다만, 공항운영자의 자체보안계획이 이미 수립된 시설 내에 위치한 항공교통관제기관, 특히 관제탑의 경우에는 예외를 인정하고 있다.

이러한 규정은 항공교통관제 시설의 특수성을 반영한 합리적인 접근이라 할 수 있다. 항공교통관제기관은 항공기의 안전한 이착륙과 항행을 책임지는 핵심 시설로서, 불법방해행위의 주요 표적이 될 가능성이 높다. 관제 시스템에 대한 물리적 침입이나 사이버 공격은 대규모 항공사고로 이어질 수 있으므로, 체계적인 보안계획 수립이 필수적이다.

공항 내 관제탑처럼 이미 공항운영자의 포괄적인 보안체계 안에 포함된 시설에 대해서는 중복 규제를 피하는 현실적 접근을 취하고 있다. 공항운영자의 자체보안계획이 관제탑의 보안까지 충분히 다루고 있다면, 별도의 계획 수립은 행정적 낭비가 될 수 있기 때문이다. 이는 보안의 효율성과 실효성을 동시에 추구하는 실무적 관점이 반영된 것이다.

그러나 이러한 예외 조항을 적용할 때는 신중한 검토가 필요하다. 공항운영자의 자체보안계획이 항공교통관제 시설의 특수한 보안 요구사항을 충분히 반영하고 있는지 면밀히 확인해야 한다. 나아가 공항운영자와 항공교통관제기관 간의 보안 책임 범위를 명확히 구분하고, 상호 협력체계를 구축하여 보안 공백이 발생하지 않도록 체계적인 관리가 요구된다. 특히 관제 시설의 독특한 운영 특성과 보안 요구사항이 간과되지 않도록 지속적인 점검과 개선이 이루어져야 한다.

5. 공항상주업체

▌항공보안법

제2조(정의)

6. "공항상주업체"란 공항에서 영업을 할 목적으로 공항운영자와 시설이용 계약을 맺은 개인 또는 법인을 말한다.

▌항공보안법 시행규칙

제3조의6(항공기취급업체등의 자체 보안계획) 법 제10조제2항에 따라 항공기취급업체·항공기정비업체·**공항상주업체(보호구역 안에 있는 업체만 해당한다)**, 항공여객·화물터미널 운영자 및 도심공항터미널을 경영하는 자가 수립하는 자체 보안계획에는 다음 각 호의 사항이 포함되어야 한다.

1. 항공보안업무 담당 조직의 구성·세부업무 및 보안책임자의 지정
2. 항공보안에 관한 교육훈련
3. 항공보안에 관한 정보의 전달 및 보고 절차
4. 보호구역 출입증 관리 대책
5. 해당 시설 경비보안 및 보안검색 대책
6. 항공보안장비 관리 및 운용
7. 그 밖에 항공보안에 관한 사항

▌한국공항공사 보호구역출입증규정

제3조(용어의 정의)

1. "상주"라 함은 공항시설에 대한 사용허가를 받아 사무실 등을 운영하는 것을 말한다.

11. "공항상주 보안기관"이란 공항에서 보안관련 업무를 수행하고 있는 국토교통부, 국가정보원, 관세청, 법무부, 경찰청 및 국군방첩사령부 등의 기관을 말한다.

(1) 보호구역 내 공항상주업체의 자체보안계획 수립 의무

국가항공보안계획 4.14는 보호구역 내에 위치한 공항상주업체의 자체보안계획 수립 의무를 명시하고 있다. 공항상주업체는 국가항공보안계획의 기준에 따라 독자적인 보안계획을 수립·시행해야 하며, 동시에 공항운영자의 자체보안계획도 준수해야 하는 이중적 의무를 지닌다. 특히 자체 시설에 대한 출입통제와 보안관리는 전적으로 해당 업체의 책임 영역이다.

이러한 규정은 공항보안의 통합적 관리체계를 구축하기 위한 핵심 요소라 할 수 있다. 보호구역 내 상주업체들은 커피 전문점, 편의점, 면세점, 라운지 운영사 등 매우 다양한 형태로 존재하며, 각 업체는 고유한 업무 특성과 보안위험요소를 가지고 있다. 획일적

인 보안기준만으로는 효과적인 대응이 어렵기 때문에, 업체별 맞춤형 자체보안계획 수립이 필수적이다.

공항상주업체의 자체보안계획은 공항 전체 보안체계와 유기적으로 연계되어야 한다는 점이 중요하다. 국가항공보안계획의 기본원칙과 기준을 충실히 반영하는 것은 물론, 공항운영자가 수립한 해당 공항의 특수한 보안 요구사항까지 종합적으로 고려해야 한다. 이는 규정 준수의 차원을 넘어 실질적인 보안 효과를 달성하기 위한 체계적 접근이라고 볼 수 있다.

보호구역 내 업체만을 대상으로 한다는 제한 규정은 특별한 의미를 갖는다. 보호구역은 항공기 운항과 직접적으로 연관된 핵심 보안구역으로, 이곳에서 발생하는 보안 사고는 치명적인 결과를 초래할 수 있기 때문이다. 따라서 이 구역 내 모든 상주업체가 능동적인 보안 주체로서 역할을 수행하도록 의무화하고 있다. 반면 일반구역에 위치한 업체들은 상대적으로 완화된 보안기준을 적용받으며, 이는 위험도 기반의 합리적인 보안관리 원칙을 반영한 결과다.

(2) 공항상주업체의 정의 및 관리체계 개선

공항상주업체의 정의가 중요한 이유는 공항운영자 출입증 규정에 따른 출입증 발급과 자체보안계획 수립대상 포함 여부를 판단할 때 핵심적인 기준이 되기 때문이다. 그러나 현재는 보호구역출입증규정에 '상주'라는 정의만 있을 뿐, 명확한 기준이 부족한 상황이다.

현행 규정이 보호구역 안에 있는 모든 공항상주업체를 자체보안계획 수립대상으로 포함하고 있는 부분도 재검토가 필요하다. 보호구역 내에서 운영되는 1~2인의 소규모 상주업체의 경우, 자체보안계획을 수립하고 유지관리하는 데 현실적으로 많은 어려움을 겪고 있다. 인력과 전문성이 부족한 소규모 업체에게 대규모 업체와 동일한 수준의 보안계획을 요구하는 것은 과도한 부담으로 작용한다.

이러한 문제를 해결하기 위해서는 자체보안계획 수립대상을 합리적으로 재조정할 필요가 있다. 현재 이들 소규모 업체는 국토교통부의 관리감독 대상에서도 제외되어 있어, 실질적인 관리가 이루어지지 못하고 있는 실정이다.

따라서 소규모 공항상주업체에 대해서는 자체보안계획보다 완화된 자체보안대책을 적용하는 방안을 고려해볼 만하다. 공항운영자와의 계약 시점에 보안대책을 제출하고 점검을 받아 승인을 받도록 하는 체계로 전환하는 것이 현실적이다. 이를 통해 공항운영자가 직접 관리감독을 수행하도록 함으로써, 현장에서 실효성 있는 보안관리가 이루어질 수 있을 것이다. 또한 소규모 업체의 부담을 경감하면서도 필수적인 보안 수준은 확보할 수 있는 합리적 접점을 도출할 수 있을 것으로 전망된다.

6. 자체보안계획 수립 대상 검토

(1) 자체보안계획 수립 대상 확대 및 관리체계 강화

> **▌항공보안법 시행규칙**
>
> **제3조(기본계획의 통보)** 법 제9조제1항에서 "국토교통부령으로 정하는 자"란 다음 각 호의 어느 하나에 해당하는 자를 말한다.
>
> 1. 도심공항터미널업자
> 2. 법 제12조에 따라 지정된 보호구역에 상주하는 기관으로서 다음 각 목의 어느 하나에 해당하는 기관
>   가. 「고등교육법」 제2조에 따른 교육기관
>   나. 「항공사업법」 제2조제15호에 따른 항공기사용사업을 하는 자
>   다. 「항공안전법」 제2조제1호 가목 및 나목에 따른 비행기나 헬리콥터를 소유하거나 임차해서 사용하는 자
>   라. 「항공안전법」 제48조제1항에 따른 전문교육기관
> 3. 법 제17조의2제1항에 따른 상용화주

항공보안법 시행규칙 제3조의 '국토교통부령으로 정하는 자'에 해당하는 상용화주, 전문교육기관 등도 현재 자체보안계획 수립대상에 포함해서 관리감독할 필요가 있다.

특히 보호구역 내에 상주하는 비행기나 헬리콥터를 소유하거나 임차해서 사용하는 자와 항공안전법 제48조제1항에 따른 전문교육기관에 대한 기준을 명확히 해야 한다. 예를 들어 무안공항 내에 있는 전문교육기관의 경우 자체보안계획 수립대상 및 항공보안감독대상에 해당되므로, 이런 내용을 보다 구체적으로 규정할 필요가 있다.

또한 항공사업법 시행규칙의 항공기 취급업에 해당하는 항공기급유업체와 항공기하역업체 모두 자체보안계획을 수립하고 국토교통부의 관리감독을 받도록 해야 한다.

특히 지상조업체에 대한 관리감독은 전혀 이뤄지지 않고 있어 항공보안의 취약점으로 작용하고 있다. 지상조업업체는 항공기 입항·출항에 필요한 유도, 항공기 탑재 관리 및 동력 지원, 항공기 운항정보 지원, 승객 및 승무원의 탑승 또는 출입국 관련 업무, 항공기 청소 등을 담당하는 중요한 역할을 하고 있다. 따라서 국토교통부의 항공보안감독관을 통한 점검 및 감독활동 강화가 반드시 필요한 상황이다.

(2) 법령 간 불일치 해소와 수립 대상 명확화

현행 항공보안 체계의 실효성을 높이려면 자체보안계획 수립대상의 범위를 확대하는 것이 필요하다. 항공보안법 시행규칙 제3조의6이 규정하는 '항공기취급업체등의 자체보안

계획' 수립대상에는 현재 누락된 중요한 주체들이 있다. 항공기사용사업자, 상용화주, 보안검색교육기관이 대표적인 예다.

이들 기관이 항공보안 체계에서 수행하는 역할의 중요성을 고려할 때, 현재의 관리 공백은 심각한 문제로 지적된다. 항공기사용사업자는 항공기를 직접 운용하면서 보안위협에 노출되어 있고, 상용화주는 화물보안업무 현장에서 핵심적인 활동을 수행한다. 보안검색교육기관은 보안 인력의 전문성을 담보하는 핵심 기관으로서 그 중요성이 크다. 따라서 이들을 자체보안계획 수립대상에 포함시키는 것은 단순한 규정 정비를 넘어 항공보안 체계의 완성도를 높이는 필수적인 조치라 할 수 있다.

그런데 이보다 더 근본적인 문제는 현행 법령 체계 내에서 '공항운영자등'의 범주가 일관되지 않게 정의되고 있다는 점이다. 항공보안법, 시행규칙, 국가항공보안계획에서 각각 다르게 해석될 여지가 있는 불명확성은 실무 현장에서 지속적인 혼란을 야기한다. 자체보안계획과 자체우발계획의 수립대상이 누구인지, 국가항공보안계획 수립 시 통보를 받아야 하는 대상이 누구인지에 대한 명확한 기준이 부재한 상황이다.

이러한 규정 간 불일치를 해소한다면 항공보안 행정 전반에 긍정적인 변화를 가져올 수 있다. 감독기관은 명확한 법적 근거를 바탕으로 체계적인 감독 활동을 수행할 수 있게 되고, 피감독기관 역시 자신들의 의무와 책임 범위를 명확히 인식하여 보다 적극적으로 보안 활동에 참여할 수 있다. 특히 현장에서 빈번하게 발생하는 권한과 책임에 대한 논란이 해소되면서, 보안업무의 효율성이 크게 향상될 것으로 기대된다.

이와 같은 개선 조치들은 개별적인 규정 정비를 넘어 우리나라 항공보안 체계 전반의 일관성과 완결성을 높이는 중요한 전환점이 될 것이다. 명확한 법적 기준 아래에서 모든 관련 주체들이 각자의 역할을 충실히 수행할 때, 진정한 의미의 통합적 항공보안 체계가 구현될 수 있다.

Ⅲ. 항공보안 국제협약

1. 항공보안 관련 국제기구 및 단체

(1) 국제민간항공기구(ICAO, International Civil Aviation Organization)

1) ICAO의 설립 배경과 발전 과정

제2차 세계대전이 가져온 항공기술의 비약적 발전은 전후 국제민간항공의 급속한 성장을 예고하고 있었다. 이러한 시대적 요구에 부응하여 1944년 11월 1일, 미국 시카고에서 국제민간항공의 수송체계와 질서 확립을 위한 역사적인 회의가 개최되었다.

시카고 회의의 참가국 구성은 당시 국제정치 상황을 그대로 반영하고 있었다. 초대받은 54개국 중 전범국인 독일, 이탈리아, 일본은 제외되었으며, 사우디아라비아는 초대를 거절했다. 또한 스페인, 포르투갈, 스위스와 외교적 갈등을 겪던 구소련도 불참하여 최종적으로 52개국이 참가하게 되었다. 이러한 참가국 구성은 전후 새로운 국제질서 형성 과정의 복잡성을 명확하게 보여준다.

6주간 진행된 회의에서는 세 가지 핵심 의제가 다루어졌다. 첫째는 국제민간항공협약(시카고협약)의 제정이었고, 둘째는 국제민간항공기구(ICAO)의 설치, 셋째는 하늘의 자유(Open Sky Policy) 원칙의 확립이었다. 이들 의제는 오늘날 국제항공 체계의 근간을 형성하는 중요한 기초가 되었다.

회의에서 도출된 성과는 곧바로 구체적인 제도화로 이어졌다. 1944년 12월 7일 국제민간항공협약이 체결되었고, 정식 기구 출범까지 과도기적 역할을 담당할 임시국제민간항공기구(PICAO)가 설치되었다. 이후 1947년 4월 4일 협약이 정식 발효되면서 PICAO는 현재의 국제민간항공기구(ICAO)로 전환되었으며, 같은 해 10월에는 유엔 경제·사회이사회 산하 전문기구로 지정되어 국제사회에서 공식적인 지위를 확보하게 되었다.

대한민국의 ICAO 가입 과정 역시 특별한 의미를 지닌다. 한국전쟁이 한창이던 1952년 11월 11일, 제6차 총회 기간 중 국제민간항공협약에 대한 준수서를 기탁했으며, 같은 해 12월 11일부터 정식 회원국이 되었다. 전쟁의 어려운 상황 속에서도 국제항공 질서에 참여하려는 대한민국의 강한 의지가 드러나는 대목이다.

2025년 8월 기준으로 ICAO는 193개 회원국을 보유한 명실상부한 글로벌 항공기구로 성장했다. 캐나다 몬트리올에 본부를 두고 있는 ICAO는 현재까지도 민간항공 분야의 국제협력을 주도하며 항공 산업의 발전과 안전을 위한 핵심적인 역할을 수행하고 있다.

2) 설립목적

국제민간항공협약 제44조를 보면 ICAO의 설립목적이 명확하게 규정되어 있다. 핵심목표는 국제항공의 원칙과 기술을 발달시키고 국제항공운송의 계획과 발전을 촉진하는 것이며, 이는 다음과 같은 구체적인 목적들로 구현된다.

안전과 질서 측면에서 ICAO는 세계 전역에서 국제민간항공의 안전하고 정연한 발전을 보장하는 역할을 수행한다. 특히 평화적 목적을 위한 항공기의 설계와 운송기술 발전을 장려하며, 국제항공에서의 비행안전 증진을 지속적으로 도모하고 있다. 이러한 안전중심의 접근은 ICAO 활동의 가장 기본적이면서도 중요한 축을 형성한다.

안전 확보와 더불어 인프라와 기술 발전 역시 ICAO의 주요 관심사다. 국제민간항공을 위한 항공로, 공항 및 항공시설의 발달을 적극 장려하며, 안전하고 정확하며 능률적이고 경제적인 항공수송에 대한 전 세계의 요구에 부응하기 위해 기술 표준화와 혁신을 추진한다. 이는 글로벌 항공 네트워크의 호환성과 효율성을 보장하는 핵심 요소가 되고 있다.

경제적 공정성과 국가 간 형평성 확보도 ICAO가 추구하는 중요한 가치다. 불합리한 경쟁으로 발생하는 경제적 낭비를 방지하는 동시에, 모든 체약국의 권리가 충분히 존중되도록 보장한다. 각 체약국이 국제 항공기업을 운영할 수 있는 공정한 기회를 가질 수 있도록 하며, 국가 간 차별대우를 지양하는 것을 원칙으로 삼고 있다. 이러한 형평성 원칙은 개발도상국과 선진국 간의 항공산업 격차를 줄이는 데 기여한다.

ICAO는 이처럼 국제민간항공 모든 부문의 균형 잡힌 발전을 추구한다. 단순히 기술적, 경제적 발전만이 아니라 환경보호, 보안강화, 혁신기술 도입 등 현대 항공산업이 직면한 다양한 과제들을 포괄하는 종합적인 발전을 지향하고 있다. 이러한 포괄적 접근은 지속가능한 글로벌 항공 체계 구축의 토대가 되고 있다.

3) 주요 기관 및 조직 체계

ICAO는 국제기구로서 효과적인 운영을 위해 체계적인 조직 구조를 갖추고 있다. 총회(Assembly), 이사회(Council), 사무국(Secretariat) 항행위원회(Air Navigation Commission)를 비롯한 여러 전문위원회들이 주요기관으로 활동하며, 이들은 상호 유기적인 협력체계를 구축하고 있다.

총회는 ICAO의 최고 의사결정기관으로서 모든 회원국이 참여할 수 있어 민주적 운영의 핵심을 담당한다. 총회에서 선출된 36개국으로 구성된 이사회는 상시 집행기관으로

〈국제민간항공기구(ICAO)의 조직〉

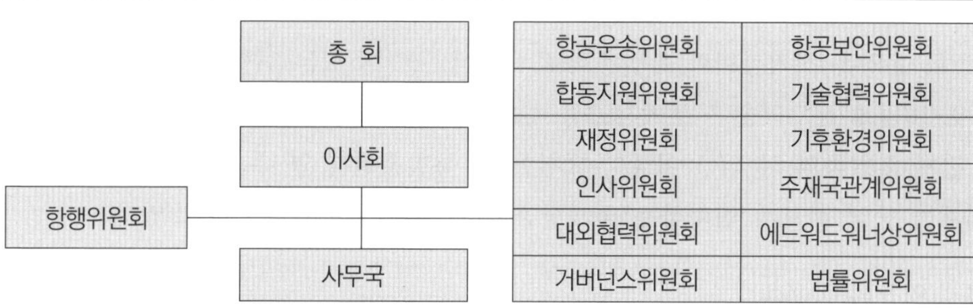

* 이사회가 상설기관으로서 실질적인 핵심기관으로 활동한다는 점에서 여타 국제기구와 구별

서 중요한 결정들을 내리며, 사무국은 이러한 정책 결정이 실제로 실행될 수 있도록 실무적인 지원을 제공한다. 특히 항행위원회는 기술 전문가들이 모여 국제항공 표준과 권고되는 방식(SARPs)을 개발하는 중추적인 역할을 수행하고 있다.

이사회의 활동을 지원하는 전문위원회들의 역할도 중요하다. 법률위원회, 항공운송위원회, 재정위원회 등이 각자의 분야에서 전문적인 조언을 제공하며, 빠르게 변화하는 항공 환경에 대응하여 정책 자문과 기술적 검토를 수행한다. 이렇게 여러 단계로 구성된 조직 구조를 통해 ICAO는 193개 회원국의 서로 다른 입장을 조율하면서도 일관성 있는 국제항공 정책을 수립하고 실행해 나가고 있다.

가. 총회(Assembly)

총회는 ICAO의 최고 의사결정기구로서 국제민간항공의 정책 방향을 결정한다. 모든 체약국 대표들이 참여하는 이 기구에서는 민주적 원칙이 철저히 지켜지고 있다. 국가의 크기나 항공산업 발전 정도와 상관없이 모든 나라가 똑같이 한 표씩 갖는다. 이렇게 주권평등 원칙을 실현하는 것이 국제항공 거버넌스의 중요한 특징이 되고 있다.

이런 총회가 하는 일들은 ICAO 운영의 기본이 된다. 우선 36개 이사국을 선출해서 일상적인 업무를 담당할 집행기관을 만들고, 회의 진행 규칙을 정하며 필요하면 보조위원회도 설치한다. 재정 관련해서는 3년치 예산을 승인하고 각 나라가 낼 분담금을 결정하고 있다. 이런 재정 결정들이 ICAO가 안정적으로 운영되고 여러 프로그램을 실행할 수 있는 바탕이 되는 것이다.

총회는 국제협력과 규범을 발전시키는 데에도 핵심적인 역할을 하고 있다. UN 산하기구나 세계관세기구(WCO), 국제항공운송협회(IATA) 같은 다른 국제기구들과 협력 협정을 맺고, 국제민간항공협약 개정안을 검토하고 승인한다. 매년 이사회가 제출하는 보고서를 꼼꼼히 살펴보고, 국제항공의 주요 이슈들에 대한 결의안을 채택해서 전 세계 항공정책이 나아갈 방향을 제시하고 있다.

총회 운영은 정기총회와 특별총회로 나뉜다. 정기총회는 3년마다 한 번씩 열리는데, 보통 9~10월에 몬트리올 본부에서 2주 정도 진행된다. 만약 긴급하거나 중요한 일이 생기면 전체 회원국의 5분의 1 이상이 요청할 때 특별총회를 열 수 있다. 이처럼 유연한 회의 체계를 통해 빠르게 변화하는 국제항공 환경에 신속하게 대응하고 있다.

나. 이사회(Council)

이사회는 총회에서 선출되는 36개 체약국으로 구성되는 ICAO의 상설 집행기관이다. 총회가 3년마다 개최되는 것과 달리, 이사회는 연중 상시 운영되어 ICAO의 일상적인 업무를 관장하고 있다. 이러한 상설 체제는 국제항공의 급변하는 현안에 신속하게 대응할 수 있는 제도적 기반을 제공한다.

이사국 구성은 국제항공의 다양한 이해관계를 반영하는 3개 파트로 구분된다. 파트 I은 항공운송에서 주도적 역할을 하는 국가들로 구성되며, 파트 II는 국제항공시설 제공에 최대한 기여하는 국가들이 포함된다. 파트 III는 지역적 균형을 고려하여 선출되는 국가들로 이루어진다. 이러한 구성 방식은 항공 선진국과 개발도상국 그리고 각 지역의 균형 있는 대표성을 보장하고 있다.

이사회가 수행하는 기능은 크게 세 가지 영역으로 분류할 수 있다. 첫째, 입법적 기능으로서 국제민간항공협약과 19개 Annex의 개정을 담당한다. 특히 표준과 권고되는 방식(SARPs)을 채택하여 전 세계 항공안전과 보안의 일관성을 확보한다. 둘째, 준사법적 기능을 통해 체약국 간 분쟁을 조정하고, 협약 이행 상황을 조사하며 필요시 권고사항을 제시한다. 셋째, 행정과 기술 관련 업무를 수행하고 있는데, 항공교통관제 기준을 만들고 공역 관리 원칙을 정하며 신기술 도입 지침을 개발하는 일들이 여기에 해당한다.

이사회의 중요한 역할은 여기서 끝나지 않는다. ICAO 조직 운영에 필요한 핵심 권한들도 행사하고 있다. 항행위원회나 항공운송위원회, 재정위원회 같은 주요 산하 위원회의 위원들을 뽑고, ICAO 사무국을 이끌 사무총장을 임명한다. 연간 예산이 제대로 쓰이는지 감독하고, 지역사무소가 잘 운영되도록 관리하며, 기술협력 프로그램도 승인하고 있다. 이런 폭넓은 권한 때문에 이사회는 ICAO에서 실질적으로 가장 핵심적인 기관이 되고 있다.

최근 들어 이사회는 코로나19 팬데믹에 대응하고, 항공 분야의 탄소중립 로드맵을 만들며, 사이버 보안을 강화하는 등 새로운 과제들을 적극적으로 해결하고 있다. 이는 이사회가 단순히 행정 업무만 하는 게 아니라 국제항공의 미래를 설계하는 전략적 리더십을 발휘하고 있다는 것을 보여준다.

다. 이사국의 구성과 운영 실태

이사국의 법적 지위와 실제 운영에는 흥미로운 간극이 존재한다. 원칙적으로 파트별 선거를 통해 선출된 이사국들은 소속 파트와 관계없이 동일한 권리와 의무를 보유한다. 이는 국제법상 주권평등 원칙을 반영한 것으로, 모든 이사국이 이사회에서 동등한 발언권과 투표권을 행사할 수 있음을 의미한다.

하지만 국제항공 거버넌스의 현실은 보다 복잡한 양상을 보이고 있다. 파트 I(항공운송 주도국)과 파트 II(항공시설 제공국) 소속 이사국들은 파트 III(지역대표국)보다 실제로는 더 큰 영향력을 갖고 있다. 항공산업 규모나 기술력, 재정 기여도 같은 소프트파워의 차이

〈제41차 총회 이사회(2023년~2025년, 36개 회원국 구성)〉

파트 Ⅰ (11국)	협 약	항공운송에 있어 중요한 국가
	관 례	전통적으로 선진국이 경쟁 없이 선출되는 것이 관례
	이사국	호주, 브라질, 캐나다, 중국, 프랑스, 독일, 이탈리아, 일본, 영국, 미국
파트 Ⅱ (12국)	협 약	항행안전시설 설치로 국제항공에 공헌한 국가
	관 례	파트 I에는 미치지 못하나 항공분야에서 국제적 영향력이 크고, 대부분 영토가 큰 국가를 선출
	이사국	아르헨티나, 오스트리아, 이집트, 아이슬란드, 인도, 멕시코, 나이지리아, 사우디아라비아, 싱가포르, 남아공, 스페인, 베네수엘라
파트 Ⅲ (13국)	협 약	파트 I, II에 포함되지 않는 국가로서 세계의 모든 지역을 대표할 수 있는 국가
	관 례	아프리카, 중남미 등 후진국들이 지역대표성을 들어 진출
	이사국	대한민국, UAE, 카타르, 에티오피아, 가나, 자메이카, 짐바브웨, 필레, 적도기니, 모리타니아, 볼리비아, 루마니아, 말레이시아, 엘살바도르

※ 제41차 총회에서만 파트Ⅰ 11→10국(러시아 탈락), 파트Ⅲ 13→14국(카타르 선출) 선출
※ 대한민국은 제33차 ICAO 총회(2001.9)에서 처음 이사국(파트Ⅲ)에 진출, 제41차(2022.9) 8선

가 이런 현상을 만들어내고 있다. 이러한 비공식적 서열은 ICAO 정책을 결정할 때 은연중에 작동하면서 국제항공 질서의 현실적 역학관계를 보여준다.

선거 때의 경쟁 양상을 보면 이런 구조적 차이가 더 확실히 드러난다. 파트 I과 파트 II는 항공 강국들의 자리가 거의 고정되어 있어서 대부분 큰 경쟁 없이 기존 이사국들이 다시 뽑힌다. 그런데 파트 III는 상황이 완전히 다르다. 지역 대표 자리를 놓고 매번 치열한 경쟁이 벌어지고 있으며, 후보국들은 열심히 선거운동을 하고 외교적 노력을 기울이고 있다. 이사국이 되면 국제적 위상이 높아지고 항공정책 결정에 참여할 기회를 갖게 되니 이렇게 경쟁이 치열한 것이다.

이사회는 상설기관답게 일년 내내 바쁘게 움직인다. 정기이사회가 연간 3차례 열리는데, 각 회기가 2~3개월씩 이어진다. 사실상 여름 휴가기간을 빼고는 계속 회의가 진행되는 셈이다. 이렇게 빡빡한 일정은 국제항공의 복잡한 문제들을 계속해서 다뤄야 하는 이사회의 무거운 책임을 보여주고 있다. 게다가 긴급한 일이 생기면 특별이사회를 소집할 수도 있어서, 항공안전이나 보안위협처럼 즉각 대응이 필요한 상황에 빠르게 대처할 수 있는 시스템을 갖추고 있다.

라. 항행위원회(Air Navigation Commission)

항행위원회는 ICAO 이사회를 보좌하는 핵심 상설위원회로서, 국제항공의 기술적 표준 개발과 안전 증진에 중추적 역할을 담당한다. 위원회는 19명의 전문위원으로 구성되며, 이들은 항공 기술의 이론과 실무 양면에서 탁월한 자격과 경험을 보유한 전문가들 중에서 이사회가 선출한다. 위원들의 임기는 3년이며, 위원장은 이사회가 직접 임명하여 위원회의 독립성과 전문성을 보장하고 있다.

항행위원회의 가장 중요한 임무는 국제민간항공협약 Annex의 기술적 개정을 담당하는 것이다. 19개 Annex 중 출입국 간소화(Annex 9)와 위험물 운송(Annex 18)을 제외한 17개 Annex의 개정안을 심의하고, 그 채택을 이사회에 권고한다. 이러한 Annex들은 항공기 운항, 항공교통관제, 공항 설계, 항공통신, 항공보안, 수색구조 등 항공안전의 모든 기술적 측면을 다루고 있다. 위원회는 각 Annex의 표준과 권고되는 방식(SARPs)을 지속적으로 검토하여 기술 발전과 운영 환경 변화를 신속하게 반영한다.

위원회의 전문성을 더욱 강화하기 위해 산하에 다양한 분야별 전문가그룹을 운영하고 있다. ICAO 패널(Panels)과 스터디그룹(Study Groups) 등이 대표적이며, 이들은 항공보안, 운항, 위험물, 통신, 항행, 감시 등 특정 분야의 기술적 사항을 심층 연구한다. 각 전문가그룹은 해당 분야의 규정, 지침, 매뉴얼 등을 개발하여 항행위원회에 제안하며, 이는 글로벌 항공기술 표준의 기초가 된다. 최근에는 무인항공기(UAS), 상업우주비행, 인공지능 기반 항공교통관리 등 신기술 분야의 전문가그룹도 활발히 활동하고 있다.

ICAO는 항행위원회 외에도 다양한 전문위원회를 통해 국제항공의 복합적 과제에 대응한다. 항공운송위원회(Air Transport Committee)는 경제적 규제와 항공운송 정책을 다루며, 재정위원회(Finance Committee)는 예산과 재정 관리를 담당한다. 인사위원회(Human Resources Committee)는 ICAO 직원 정책을 관장하고, 기술협력위원회(Technical Cooperation Committee)는 개발도상국 지원 프로그램을 감독한다. 특히 항공보안위원회(Aviation Security Committee)는 불법방해행위 대응과 보안 강화 정책을 전담하며, 법률위원회(Legal Committee)는 국제항공법을 발전시키고 협약 해석 문제를 다룬다. 이런 위원회들이 각자의 전문 분야에서 이사회를 도우면서 ICAO의 포괄적이고 통합적인 거버넌스 체계를 만들어가고 있다.

마. 사무국(Secretariat)

사무국은 ICAO의 실무를 총괄하는 행정 조직이다. 이사회가 임명하는 사무총장과 전문 직원들로 구성되며, 사무총장은 ICAO의 수석 행정관(Chief Executive Officer)으로서 사무국 전체를 이끌고 있다. 국제공무원인 사무총장과 직원들에게는 UN이나 다른 국제기구와 마찬가지로 외교적 면제와 특권이 주어진다. 이를 통해 독립적이고 중립적으로 일할 수 있는 환경이 보장되어 있다.

몬트리올 본부는 ICAO의 다양한 기능을 수행하기 위해 체계적으로 조직되어 있다. 5개 국(Bureau)과 1개 실로 나뉘어 있고, 약 700명의 전문 인력이 일한다. 항공항행국(Air Navigation Bureau)은 기술 표준과 안전 관련 업무를 맡고, 항공운송국(Air Transport Bureau)은 경제적 규제와 운송 정책을 다루고 있다. 기술협력국(Technical Cooperation Bureau)은 개발도상국을 지원하는 프로그램을 운영하고, 행정업무국(Administration and Services Bureau)은 조직 운영을 뒷받침한다. 법률국(Legal Affairs and External Relations Bureau)은 국제항공법과 대외협력을 담당하고 있다. 이렇게 전문화된 조직 덕분에 국제항공의 복잡한 과제들을 효과적으로 처리할 수 있다.

사무국의 핵심 기능은 ICAO의 정책 결정을 실무적으로 뒷받침하는 것이다. 이사회와 항행위원회의 지시를 받아 국제 표준과 권고되는 방식(SARPs)을 만들거나 개정하는 작업을 수행한다. 항공 통계를 수집하고 분석하며, 연구 보고서를 작성하고 기술 문서를 발간해서 회원국들에게 필요한 정보를 제공하고 있다. 재정 부분에서는 기금을 관리하고 집행하며, 기술협력 프로젝트의 자금도 전달한다. 또한 ICAO와 UN 기구, IATA, ACI 같은 국제기구들 사이를 연결하고, 회원국과 소통하는 창구 역할도 하고 있다.

ICAO는 지역별 특성을 고려해서 분권화된 체계로 운영되고 있다. 전 세계를 7개 지역으로 나누고 각 지역에 사무소를 두고 있는데, 아시아·태평양(방콕), 동남부 아프리카(나이로비), 유럽·북대서양(파리), 중동(카이로), 북중미·카리브(멕시코시티), 남미(리마), 서중부 아프리카(다카르)에 지역사무소가 있고, 베이징에는 아태지역 분사무소도 있다. 이들 사무소에는 총 160여 명이 근무하고 있다. 우리나라는 방콕의 아시아·태평양 지역사무소 관할이며, 이를 통해 지역 내 항공 현안에 적극 참여하고 있다.

지역사무소는 단순히 연락만 하는 곳이 아니라 정책을 실제로 실행하는 중요한 거점이다. 정기적으로 열리는 지역별 항행회의(Regional Air Navigation Meeting)와 지역항행실행그룹회의(PIRG)를 통해 국제표준을 각 지역에 맞게 적용하는 계획을 세운다. 특히 각 지역의 항공 인프라 수준이나 교통량 특성, 기후 조건 같은 것들을 고려해서 맞춤형 방안을 만들고 있다. 이렇게 글로벌 표준과 지역의 현실 사이를 잘 조율해서 ICAO 정책이 실제로 효과를 발휘할 수 있도록 하고 있다.

바. 글로벌항공보안계획(GASeP)

글로벌항공보안계획(GASeP)은 ICAO가 주도하는 전 세계 항공보안 강화를 위한 포괄적 전략 문서다. 2017년 제39차 총회에서 채택된 이 계획은 5개 우선과제, 32개 이행과제, 96개 세부이행 과제로 체계적인 프레임워크를 제시한다. 모든 체약국에게 단계적으로 이행해야 할 의무를 부여하고 있으며, 권고의 수준을 넘어 국제항공보안의 미래 방향을 제시하는 로드맵 역할을 하고 있다.

GASeP이 제시하는 5대 성과목표는 국제항공보안의 핵심을 모두 담고 있다. 첫째로 보안문화와 인적역량을 강화해서 보안 인식을 높이고, 둘째로 위험기반 보안체계를 만들어 효율성을 개선한다. 셋째는 보안감독과 수준관리를 개선해서 일관된 보안수준을 유지하는 것이고, 넷째는 기술혁신과 새로운 접근법을 도입해서 미래 위협에 대비한다. 마지막으로 국제협력을 강화해서 글로벌 보안 네트워크를 구축하고 있다. 각 목표마다 구체적인 이행과제가 연결되어 있어서 실제로 실행하기 쉽게 만들어졌다.

이 계획의 특징은 지역별로 차별화된 접근방식을 채택한다는 점이다. 2030년까지 100%의 체약국에서 90% 이상 이행률을 달성한다는 야심찬 목표를 설정했지만, 각 지역의 보안 역량과 인프라 수준에 맞춰 단계별 목표도 함께 제시하고 있다. 선진국과 개발도상국의 차이를 인정하면서도 최소한의 글로벌 보안수준은 확보하려는 절충적 접근을 추구하고 있는 것이다. 특히 기술지원이나 교육훈련, 역량구축 프로그램을 통해 보안이 취약한 국가들을 지원하는 구체적 방안도 마련되어 있다.

하지만 GASeP의 실제 이행 상황은 걱정스러운 수준이다. 90%의 체약국에서 80% 이상 이행률을 달성하겠다던 2023년 중간 목표가 사실상 달성 불가능한 것으로 나타났다. 코로나19로 인한 항공산업의 위기, 재정 부족, 기술 역량 부족 같은 문제들이 겹쳐서 일어난 결과다. 특히 개발도상국들은 기본적인 보안 인프라도 제대로 갖추지 못한 상황에서 첨단 보안기술을 도입하거나 위험기반 접근법을 적용하는 것이 현실적으로 매우 어려운 상황이다.

이런 문제들을 해결하기 위해 ICAO는 적극적으로 개선방안을 찾아 나섰다. 항공보안패널 산하에 GASeP 개선 태스크포스팀을 만들어서 이행 로드맵을 현실에 맞게 조정하는 작업을 진행했다. 이 팀은 회원국들이 실제로 어떻게 이행하고 있는지 꼼꼼히 분석하고, 달성 가능한 수준으로 목표를 다시 설정하면서 지원 방법도 강화했다. 지역별 워크숍과 세미나를 열어서 우수사례들을 공유하고, 나라들 사이의 협력 프로그램을 활성화해서 함께 보안 역량을 높여가고 있다.

이런 노력의 결과로 ICAO는 2024년 6월에 GASeP 2.0 개정판을 채택했다. 5개였던 우선과제를 6개 영역으로 재편성한 것이 핵심이다. 위험분석 기능 강화, 첨단장비 개발과 제도개선 촉진, 보안감독과 수준관리 활동 강화, 국제협력과 지원 확대는 그대로 유지했다. 다만 보안문화와 종사자 직무역량 강화 부분을 '보안문화 촉진 강화 및 지속'과 '종사자 인적요인 관리 강화'로 더 세분화했다. 이를 통해 다변화하는 보안위협 속에서 위험기반의 예방적 보안관리체계를 구축하는 데 더욱 힘을 기울이고 있다.

이렇게 유연하게 대응하는 모습은 GASeP이 형식적인 규제 문서에 그치지 않는다는 것을 보여준다. 다변화하는 보안 환경에 맞춰 계속 진화하고 적응하는 역동적인 전략인 것이다.

4) 회원국 현황과 자격요건

ICAO는 2025년 8월 기준으로 193개 회원국을 보유하고 있으며, 이는 UN 회원국 수와 똑같은 규모다. 그런데 두 기구의 회원국 구성을 자세히 들여다보면 흥미로운 차이점이 발견된다. 리히텐슈타인은 UN 회원국이지만 ICAO에는 가입하지 않았고, 반대로 쿡제도는 ICAO 회원국이면서도 UN에서는 정식 회원국 지위를 갖지 못하고 있다. 이런 차이는 각 기구가 설립된 목적과 회원 자격요건이 다르기 때문에 생기는 것이다.

ICAO 회원이 되려면 엄격한 주권 원칙을 충족해야 한다. 오직 주권국가만이 정회원이 될 수 있으며, UN이나 다른 국제기구에서 볼 수 있는 준회원 지위는 인정하지 않는다. 이는 항공주권의 절대성을 강조하는 국제민간항공협약의 기본 정신을 그대로 반영하고 있다. 모든 회원국은 영공 주권을 완전히 행사할 수 있는 독립국가여야 하는데, 이것이 바로 국제항공 질서의 기본 전제가 된다.

회원국 자격을 잃는 경우도 명확하게 규정되어 있다. 국제민간항공협약 제93조의2 (a)항을 보면, ICAO 회원국이 UN에서 축출되거나 UN 총회가 UN 전문기구에서 회원국 자격을 박탈하라고 권고하면 자동으로 ICAO 회원국 자격도 상실한다. 이는 ICAO가 UN 체제의 일부로서 국제사회의 집단적 결정을 존중한다는 것을 보여준다. 실제로 남아프리카공화국이 아파르트헤이트 정책(남아프리카공화국 백인정권의 유색인종에 대한 차별 정책) 때문에 1970년대에 회원 자격을 잃었던 사례가 있다.

자격을 잃었던 나라가 다시 가입하려면 까다로운 절차를 거쳐야 한다. 제93조의2 (b)항에 따르면 먼저 UN 총회의 승인을 받아야 하고, 그다음에 ICAO 총회에서 과반수 찬성을 얻어야 한다. 이런 이중 승인 절차를 두는 이유는 국제사회의 합의와 항공 공동체의 수용이라는 두 가지 정당성을 모두 확보하기 위해서다.

현재 ICAO 회원국들의 항공 산업 발전 수준은 천차만별이다. 미국, 영국, 독일 같은 항공 선진국부터 항공 인프라가 이제 막 시작 단계인 최빈개도국까지 모두 포함되어 있다. 이렇게 다양한 나라들이 모여 있다 보니 ICAO가 정책을 만들 때 균형과 포용성을 어떻게 확보할 것인가가 계속해서 중요한 과제가 되고 있다.

5) 표준과 권고되는 방식(SARPs) 제정 절차

국제민간항공의 안전과 효율성을 보장하는 핵심 규범인 표준과 권고되는 방식(SARPs, Standards and Recommended Practices)은 체계적이고 민주적인 절차를 거쳐 만들어진다. SARPs는 ICAO Annex의 뼈대를 이루는 기술적 규범으로, 전 세계 항공 운영이 일관성 있게 서로 호환될 수 있도록 해준다. Standards는 안전과 정규성을 위해 반드시 지켜야 하는 사항이고, Recommended Practices는 따르면 좋은 바람직한 이행 사항이다.

제정 과정은 처음 제안 단계부터 꼼꼼한 검토를 거친다. 회원국이나 국제기구 또는 ICAO 내부에서 제출된 SARPs 초안은 먼저 항행위원회의 기술적 분석을 받는다. 항행위원회는 제안이 타당한지, 실현 가능한지 평가한 다음, 전문적인 검토가 필요한 사안은 해당 분야 패널이나 사무국 전문부서, 항행연구그룹 같은 곳에 맡겨서 깊이 있게 검토하도록 한다. 이 과정에서 기술적으로 정확한지, 국제적으로 적용 가능한지, 비용 대비 효과는 어떤지 등을 종합적으로 살펴보고 있다.

기술 검토가 끝나면 이제 국제적으로 의견을 모으는 단계로 들어간다. 항행위원회는 예비 검토를 통해 초안을 다듬은 후, 모든 회원국과 IATA, ACI 같은 관련 국제기구들에게 의견을 물어본다. 보통 3개월의 검토 기간을 주는데, 이 기간 동안 각 나라는 자국의 항공 환경과 기술 역량을 고려해서 상세한 의견을 제출한다. 특히 개발도상국이 이걸 실행할 수 있는지, 비용 부담은 어떤지에 대한 의견을 신중하게 검토해서 전 세계가 다 적용할 수 있도록 하고 있다.

항행위원회는 받은 모든 의견을 체계적으로 분석해서 최종 개정안을 만든다. 서로 상충하는 의견들은 기술적으로 타당한지, 안전에 어떤 영향을 미치는지를 기준으로 조정하며, 필요하면 추가로 협의하기도 한다. 이렇게 완성된 개정안은 이사회에 올라가서 최종 승인을 받는다. 이사회는 정치적, 경제적 측면까지 고려해서 채택할지 말지를 결정하는데, 3분의 2 이상이 찬성해야 승인된다.

채택된 후의 이행 관리도 중요한 절차다. ICAO는 채택된 SARPs를 모든 회원국에 공식적으로 알리고, 각 나라는 90일 안에 동의하는지 아닌지를 밝혀야 한다. 만약 자국 규정과 차이가 있으면 전자적 차이점 통보 시스템(EFOD)을 통해 자세한 내용을 제출한다. 이는 절차적 형식을 넘어 국제적으로 투명성을 확보하는 중요한 수단이다.

이렇게 통보된 차이점들은 ICAO가 발간하는 Annex 보충판에 실려서 전 세계에 공개된다. 동시에 각 회원국도 자국의 항공정보간행물(AIP)에 이런 차이점을 명시해야 한다.

이런 이중 공개 체계 덕분에 국제선을 운항하는 승무원과 운영자들이 각 나라의 특수한 상황을 미리 알고 대비할 수 있어서 잠재적인 안전 위험을 최소화하고 있다. 최근에는 디지털 플랫폼을 활용한 실시간 업데이트 시스템 도입으로 정보 접근성이 크게 향상되었다.

(2) 국제항공운송협회(IATA, International Air Transport Association)

1) 국제항공운송협회(IATA)의 역할과 현황

국제항공운송협회(IATA)는 1945년 4월 쿠바 하바나에서 세계 각국의 민간항공사들이 모여 만든 항공운송업계의 대표적인 국제 단체이다. 제2차 세계대전이 끝난 직후 빠르게 성장할 민간항공 시장을 질서 있게 발전시키기 위해 탄생했으며, 현재는 캐나다 몬트리올에 본부를 두고 있다. 전 세계적인 네트워크를 구축하기 위해 5개 지역사무소를 운영하는데, 아프리카·중동(암만), 아시아·태평양(싱가포르), 북아시아(베이징), 유럽(마드리드), 북미·중미·남미(마이애미)에 전략적으로 배치해서 각 지역의 항공운송 현안을 다루고 있다.

IATA가 성장해온 과정은 국제항공운송의 발전사를 그대로 보여준다. 설립 당시에는 유럽과 북미 31개국 57개 항공사로 시작했지만, 지금은 120개국 350개 회원사로 늘어나서 전 세계 정기 국제항공 수송량의 약 80%를 담당하는 거대한 조직이 되었다. 이렇게 양적으로 커진 것은 단순히 회원이 늘어난 게 아니라, 아시아·태평양이나 중동, 아프리카 같은 신흥 항공시장이 부상하고 글로벌 항공 네트워크가 확대되었다는 것을 보여주고 있다.

IATA는 설립 목적과 핵심 기능 면에서 명확한 방향을 제시한다. 안전하고 규칙적이며 경제적인 항공운송을 추구하면서, ICAO 같은 국제기구와 협력해서 항공산업이 건전하게 발전하도록 노력하고 있다. 특히 항공사들 사이의 협력 플랫폼 역할을 하면서 기술 표준화, 운영 절차 통일, 상업적 관행 정립 같은 일에서 핵심적인 역할을 한다. 전 세계 항공 이용객의 편의를 높이는 것도 중요한 목표인데, 이는 서비스 품질을 향상시키고 소비자를 보호하는 일로 구체화되고 있다.

IATA의 가장 눈에 띄는 성과는 항공운송의 상업적 인프라를 구축한 것이다. 글로벌 유통 시스템(GDS)의 기반이 된 예약과 발권 시스템을 표준화했고, IATA 항공사 코드(2글자)와 공항 코드(3글자) 체계를 확립했다. BSP(Billing and Settlement Plan)를 통해 항공권 정산 시스템을 혁신했고, 전자항공권(e-ticket) 도입을 주도해서 항공산업의 디지털 전환을 이끌었다. 이런 시스템들은 지금 글로벌 항공운송에 없어서는 안 될 필수 인프라가 되었다.

항공운임을 결정하는 데 있어서 IATA의 역할은 산업 환경 변화에 따라 크게 바뀌었다. 과거에는 운임조정회의를 통해 국제항공운임의 기준을 제시하면서 강력한 영향력을 행사했다. 하지만 1970년대 이후 항공자유화 정책이 퍼지면서 운임을 결정하는 권한이 개별 항공사로 넘어갔다. 지금은 운임 가이드라인을 제공하거나 유류할증료 산정 기준을 제시하는 정도의 제한적인 역할만 하고 있다.

그렇지만 IATA의 영향력은 여전히 막강하다. 특히 항공안전 감사 프로그램(IOSA), 위험물 운송 규정(DGR), 항공보안 표준 개발 같은 안전과 보안 분야에서는 실질적으로 국제 표준을 만드는 역할을 하고 있다. ICAO와 긴밀하게 협력하면서 정부 규제와 산업 현실 사이를 연결하는 가교 역할도 담당한다. 코로나19에 대응해서 Travel Pass를 개발한 것처럼 위기 상황에서 산업을 이끄는 리더십도 발휘하고 있다. 최근에는 항공산업의 탄소중립 달성을 위한 CORSIA 이행을 지원하고 지속가능한 항공유(SAF) 도입을 촉진하는 등 환경 문제에서도 중요한 역할을 확대해가고 있다.

2) 조직 체계와 주요 기구

IATA는 민간 항공사들이 자발적으로 만든 협의체로서 민주적이면서도 효율적인 거버넌스 구조를 갖추고 있다. 연차총회, 집행위원회, 자문위원회로 이루어진 주요 조직들이 서로 견제하고 균형을 맞추면서 350개 회원사의 다양한 이해관계를 조율한다.

이런 조직 체계는 정부 간 기구인 ICAO와는 확실히 다른 특징을 보여준다. 민간 항공사들의 상업적 요구나 운영상 필요한 부분들을 빠르게 반영할 수 있는 유연성을 갖추고 있기 때문이다.

가. 연차총회(Annual General Meeting)

연차총회는 IATA의 최고 의사결정기구로, 모든 회원사가 참여하는 민주적 거버넌스의 핵심이다. 매년 한 번씩 열리는데, 보통 6월쯤 세계 주요 도시를 돌아가며 개최된다. 총회에서는 항공산업의 주요 현안들에 대한 정책 방향을 결정하고, 집행위원회 위원을 선출하며, 각 위원회가 제출한 보고서들을 검토한다. 연간 예산과 결산도 심사하고 승인해서 조직이 투명하게 운영되도록 하고 있다.

연차총회는 단순히 안건을 의결하는 기구를 넘어서 글로벌 항공산업의 포럼 역할도 하고 있다. CEO들의 기조연설, 패널 토론, 네트워킹 세션 등을 통해 업계 리더들이 미래 전략을 논의하는 중요한 플랫폼이 되었다. 최근에는 지속가능성, 디지털 전환, 포스트 팬데믹 회복 전략 같은 주제들이 핵심 의제로 다뤄지고 있다.

나. 집행위원회(Board of Governors)

집행위원회는 IATA의 실질적인 최고 의결기관으로, 회원 항공사 CEO급 인사들로 구성된다. 최대 31명까지만 참여할 수 있는데, 2022년 11월 기준으로 31개 항공사 CEO와

IATA 사무총장이 함께 활동하고 있다. 위원들은 지역별 항공시장 규모와 중요도를 고려해서 균형 있게 선출되며, 3년 동안 임기를 수행한다. 이런 구성 방식 덕분에 글로벌 항공산업의 지역적 균형과 대표성이 잘 보장되고 있다.

집행위원회는 일년에 두 번 정기회의를 열어서 IATA의 전략적 방향을 정한다. 주요 정책들을 결정하고 검토하며 승인하는 권한을 갖고 있고, 특히 IATA 사무총장과 고위 임원진을 임명하는 중요한 인사권도 행사한다. 긴급한 현안이 생기면 특별회의를 소집해서 빠르게 의사결정을 내릴 수도 있다. 실제로 코로나19 팬데믹 때는 항공산업 생존 전략을 세우고, 정부에 지원을 요청하며, 방역 프로토콜을 개발하는 등 결정적인 리더십을 발휘했다.

다. 자문위원회(Advisory Councils)

자문위원회는 IATA의 전문성을 뒷받침하는 핵심 조직이다. 회원 항공사가 지명한 각 분야 전문가들로 구성되는데, 2022년 11월 기준으로 9개 위원회가 운영되고 있다. 각 위원회는 최대 20명의 실무 전문가들로 이루어져 있으며, 일년에 두 번 이상 회의를 연다. 이들은 현장에서 쌓은 전문 지식과 경험을 바탕으로 집행위원회에 기술적이고 운영적인 자문을 제공하고 있다.

주요 자문위원회로는 재무위원회, 화물위원회, 보안위원회, 환경위원회 등이 있다. 각 위원회는 자기 분야의 국제 표준을 개발하고, 우수사례를 공유하며, 정책 권고안을 작성하는 일을 담당한다. 특히 요즘은 지속가능 항공유(SAF) 도입을 추진하는 환경위원회의 역할과 사이버보안을 강화하기 위한 보안위원회의 활동이 주목받고 있다. 이런 전문위원회 시스템 덕분에 IATA는 빠르게 변화하는 항공산업 환경에 전문적으로 대응할 수 있는 조직적 역량을 갖추고 있다.

3) 항공운송 표준화 체계: 운송회의(Traffic Conferences)

IATA 운송회의는 국제항공운송의 기술적·상업적 표준을 개발하고 유지하는 핵심 기구다. 이 회의 체계는 전 세계 항공사들이 원활하게 협력할 수 있는 공통의 운영 기반을 제공하며, 승객과 화물이 복수 항공사를 이용하더라도 일관된 서비스를 받을 수 있도록 보장한다. 운송회의에서 개발되는 표준은 권고사항의 수준을 넘어, 모든 IATA 회원사들이 합의해서 채택한 구속력 있는 업계 규범이 된다.

운송회의가 다루는 표준의 범위는 매우 포괄적이다. IATA 항공사 코드(예: KE－대한항공), 공항 코드(예: ICN－인천공항), 운항 스케줄 형식 같은 기본적인 것부터 시작한다. 그런데 여기서 끝나지 않고 예약·발권 시스템, 수하물 처리 절차, 인터라인 정산 방식처럼 복잡한 운영 프로세스까지 모두 다루고 있다. 항공사와 IATA 인가 대리점 사이의 관계를 규정하는 표준도 포함되는데, 이것이 글로벌 항공 유통 네트워크가 일관성 있게 돌아가는 기반이 된다. 다만 대리점 수수료 규정은 각국의 공정거래법 등을 고려하여 표준화 대상에서 제외하고 있다.

운송회의는 일반적으로 연 1회 개최되며, 국제선 정기 상업운송 서비스를 제공하는 회원 항공사만이 투표권을 보유한다. 이는 실제 운영 경험을 바탕으로 한 실용적인 표준 개발을 보장하기 위한 체계다. IATA는 업무 영역별로 5개의 전문 운송회의를 운영하고 있으며, 각 회의는 고유한 책임 영역과 거버넌스 구조를 갖추고 있다.

가. 여객표준회의(PSC, Passenger Standards Conference)

여객표준회의는 여객 운송과 관련된 모든 규정과 표준을 총괄하는 중요한 기구다. 5개의 운영위원회를 두고 있는데, 각 위원회는 18개 항공사 대표들로 구성되어 지역별·규모별로 균형을 맞추고 있다. 이 위원회들 산하에는 예약·발권, 공항 서비스, 수하물 처리, 고객 서비스 등 분야별로 나뉜 워킹그룹들이 활발하게 활동한다.

최근 여객표준회의는 NDC(New Distribution Capability)나 ONE Order 같은 디지털 혁신 프로젝트를 주도하면서 항공 유통의 현대화를 이끌고 있다. 이런 프로젝트들을 통해 전통적인 항공 유통 방식을 디지털 시대에 맞게 바꿔나가고 있다.

나. 여객대리점회의(PAConf, Passenger Agency Conference)

여객대리점회의는 항공사와 여객 판매 대리점 사이의 관계를 규율하는 역할을 담당한다. 대리점 인가 기준이나 재정 보증 요건, BSP 운영 규칙, 분쟁 해결 절차 같은 중요한 사항들을 다룬다. 다만 수수료 수준을 결정하는 일은 여기서 다루지 않는다.

이 회의는 전통적인 여행사부터 온라인 여행사(OTA)까지 다양한 유통 채널과의 관계를 체계적으로 정리하고 있다. 이를 통해 소비자를 보호하고 유통 질서를 유지하는 데 중요한 기여를 하고 있다.

다. 화물서비스회의(CSC, Cargo Services Conference)

화물서비스회의는 항공화물 운송의 효율성을 높이는 것을 목표로 한다. e-AWB(전자항공화물운송장)나 ONE Record(단일 데이터 플랫폼) 같은 화물 프로세스의 디지털화를 주도하고 있으며, 위험물 운송, 특수화물 처리, 콜드체인 관리 등의 표준도 개발한다.

특히 팬데믹 이후 백신 운송에서 보여준 CEIV Pharma 인증 프로그램은 주목할 만한 성과였다. 이 프로그램을 통해 항공화물의 품질관리 수준을 한 단계 끌어올리는 계기가 되었다.

라. 화물대리점회의(CAConf, Cargo Agency Conference)

화물대리점회의는 항공사와 화물 포워더 사이의 협력 체계를 구축하는 역할을 한다. 화물계정결제시스템(CASS)을 운영하고, 대리점 인가와 교육을 담당하며, 서비스 품질 기준도 관리한다.

이런 활동들을 통해 글로벌 화물 유통 네트워크의 신뢰성을 보장하는 중요한 역할을 수행하고 있다.

마. 화물운임회의(CTC, Cargo Tariff Conference)

화물운임회의는 IATA 다자간 인터라인 요금과 요율을 조정하는 일을 담당한다. 여러 항공사를 이용하는 화물의 운임을 어떻게 산정할지, 부대 요금 체계는 어떻게 할지, 정산 규칙은 무엇으로 할지 등을 다룬다. 이런 표준들 덕분에 door－to－door 화물 서비스가 원활하게 제공될 수 있다.

최근에는 e－commerce가 빠르게 성장하면서 소화물 운송 표준을 개발하는 데도 힘을 쏟고 있다. 온라인 쇼핑이 늘어나면서 작은 화물들을 효율적으로 운송하는 방법이 중요해졌기 때문이다.

(3) 국제공항협회(ACI, Airports Council International)

국제공항협회(ACI)는 1991년 1월 1일에 설립된 전 세계 공항운영자들의 대표 기구다. 기존에 지역별로 흩어져 있던 공항 협의체들이 하나로 통합되면서 탄생했다. ACI는 공항의 안전성을 높이고, 운영 효율성을 개선하며, 재정적으로 자립할 수 있도록 돕고, 환경적 지속가능성을 추구하는 것을 핵심 목표로 삼고 있다. 조직은 ACI 월드와 함께 아프리카(카사블랑카), 아시아태평양 및 중동(홍콩), 유럽(브뤼셀), 라틴아메리카 및 카리브해(파나마 시티), 북미(워싱턴 D.C.)의 5개 지역으로 구성된다. 2025년 1월 기준으로 170개국 830개 공항운영주체가 회원으로 참여해서 전 세계 2,181여 개 공항을 대표하고 있으며, 이는 글로벌 항공 여객의 95% 이상을 처리하는 엄청난 규모다.

ACI가 설립된 배경에는 항공산업의 구조적 변화가 있었다. 1980년대 후반부터 공항 민영화와 상업화가 진행되면서 공항운영자들이 독립적인 목소리를 낼 필요성이 커졌다. ICAO는 정부 중심이고 IATA는 항공사 중심인데, ACI는 공항의 관점에서 항공산업 정책을 다루는 유일한 국제 단체로 자리매김했다. 이런 독특한 위치 덕분에 항공산업의 3대 주체인 정부, 항공사, 공항이 균형 잡힌 대화와 협력을 할 수 있는 중요한 기반이 만들어지고 있다.

ACI가 추구하는 핵심 목표는 다섯 가지로 정리된다. 첫째, 안전하고 효율적인 항공운송 체계가 발전하도록 기여한다. 이는 공항 안전관리시스템(SMS)을 표준화하고, 운영 효율성을 벤치마킹하며, 용량을 최적화하는 방안을 개발하는 것으로 구체화되고 있다. 둘째, 항공산업 내 다양한 이해관계자들과 정부, 국제기구 사이의 협력을 증진시킨다. 특히 ICAO, IATA와 전략적 파트너십을 맺어서 산업 전체가 조화롭게 발전할 수 있도록 노력하고 있다.

셋째는 공항의 사회적·경제적 중요성에 대한 인식을 넓히는 것이다. ACI는 공항이 단순한 교통 인프라가 아니라 지역 경제의 성장 동력이자 일자리를 만들어내는 핵심이라고 강조한다. IATA 연구에 따르면 공항을 포함한 항공산업이 직·간접적으로 GDP의 3.9%를 차지하고, 전 세계적으로 8,700만 개의 일자리를 창출한다고 한다. 넷째, 회원 공항들이 서로 협력해서 집단적 역량을 강화한다. 다섯째, 공항 운영과 관련된 지식, 정보, 트렌드를 회원사들에게 제공해서 개별 공항의 경쟁력을 높이고 있다.

항공보안 분야에서 ACI가 수행하는 역할은 특히 주목할 필요가 있다. APEX 보안평가 프로그램을 통해 공항보안시스템의 취약점을 평가하고 개선방안을 제시하고 있다. 또한 Smart Security 이니셔티브는 IATA와 공동으로 추진하는 사업으로, 보안검색의 효율성과 승객의 편리성을 동시에 향상시키고 있다. 이를 통해 위험기반 보안검색, 자동화 기술 도입, 원스톱 보안 개념 등 혁신적인 보안 패러다임을 선도하고 있다.

2. 국제민간항공협약(Convention on International Civil Aviation)

▌항공보안법

제1조(목적) 이 법은 「국제민간항공협약」 등 국제협약에 따라 공항시설, 항행안전시설 및 항공기 내에서의 불법행위를 방지하고 민간항공의 보안을 확보하기 위한 기준·절차 및 의무사항 등을 규정함을 목적으로 한다.

제3조(국제협약의 준수) ① 민간항공의 보안을 위하여 이 법에서 규정하는 사항 외에는 다음 각 호의 국제협약에 따른다.

1. 「항공기 내에서 범한 범죄 및 기타 행위에 관한 협약」
2. 「항공기의 불법납치 억제를 위한 협약」
3. 「민간항공의 안전에 대한 불법적 행위의 억제를 위한 협약」
4. 「민간항공의 안전에 대한 불법적 행위의 억제를 위한 협약을 보충하는 국제민간항공에 사용되는 공항

> 에서의 불법적 폭력행위의 억제를 위한 의정서」
> 5. 「가소성 폭약의 탐지를 위한 식별조치에 관한 협약」
> ② 제1항에 따른 국제협약 외에 항공보안에 관련된 다른 국제협약이 있는 경우에는 그 협약에 따른다.

(1) 국제협약의 국내 이행: 항공보안법의 가교적 역할

국제법은 항공보안 범죄처럼 국경을 넘나드는 초국가적 범죄에 대응하기 위해 체계적인 규제 틀을 마련하고 있다. 도쿄협약, 헤이그협약, 몬트리올협약 같은 각종 억제조약(Suppression Convention)이 대표적인 예다. 이런 협약들은 국제사회가 항공보안 위협에 함께 대처할 수 있는 법적 기반을 제공한다.

이런 국제협약에 규정된 항공보안 관련 범죄는 조약범죄(Treaty Crime)나 초국가범죄(Transnational Crime)로 분류된다. 억제조약은 체약국에게 명확한 의무를 부과하는데, 대상범죄를 처벌하고 기소해야 할 의무뿐만 아니라 국제적으로 협력해야 할 의무까지 포함하고 있다. 이는 항공보안이 개별 국가만의 문제가 아니라 국제사회 전체가 관심을 가져야 할 사안이라는 것을 보여주는 중요한 특징이다.

그런데 여기에는 중요한 법적 공백이 존재한다. 조약범죄로 규정된 행위의 범죄성이 국제법에 직접 명시되어 있지 않다는 점이다. 따라서 실제로 조약범죄를 처벌하려면 각 체약국이 해당 행위를 처벌하는 국내법을 별도로 제정해야 한다. 이것은 국제법과 국내법을 연결하는 필수적 과정으로 인식되고 있다.

이러한 법적 구조에서 체약국이 조약상 의무를 이행하지 않고 필요한 국내법을 제정하지 않으면, 해당 국가가 국제법상 국가책임을 지게 될 뿐 개인이 국제법을 근거로 직접 처벌받지는 않는다. 이런 구조적 특성은 국내 이행입법의 중요성을 더욱 부각시킨다.

이런 맥락에서 항공보안법의 의의가 명확해진다. 우리나라가 체약국으로서 국제협약상 의무를 충실히 이행하기 위해 항공보안 범죄에 대한 처벌조항을 상세히 규정한 것이다. 항공보안법은 우리나라가 비준한 항공보안 관련 국제협약이 실효성을 갖도록 하는 핵심 장치로 운영되며, 국제법적 의무와 국내법적 집행을 연결하는 중요한 가교역할을 수행하고 있다.

(2) 국제협약 비준 현황의 불명확성과 보안 분쟁 대응의 한계

국제협약의 비준과 가입 현황을 체계적으로 파악할 수 있는 정보 체계가 부족한 것이 현실이다. 우리나라가 어떤 항공보안 관련 국제협약에 가입했는지 그리고 특정 상대국이 해당 협약의 체약국인지를 즉시 확인하기가 어렵다. 이런 정보들을 체계적으로 관리하는 시스템이 제대로 갖춰져 있지 않기 때문이다.

이러한 정보체계의 부재는 국제 항공보안 분쟁이 발생했을 때 더욱 심각한 문제로 나타난다. 상대국의 협약 가입 여부는 분쟁 해결의 법적 근거를 결정하는 핵심 요소가 된다. 그런데 현행 규정들은 단순히 국제협약을 “따른다”는 선언적 표현만 담고 있어, 실제 분쟁 발생 시 어떤 협약 조항을 적용할 수 있는지, 상대국에게 어떤 의무를 요구할 수 있는지가 명확하지 않다.

이와 같은 법적 불명확성은 실무 현장에서 더욱 심각한 영향을 미치고 있다. 항공보안 사안은 대부분 즉각적인 대응을 요구하는데, 법적 근거가 불명확하면 신속한 의사결정이 어려워진다. 이는 국익 보호에 공백을 발생시킬 수밖에 없는 구조적 문제다.

따라서 민간항공의 보안을 효과적으로 확보하려면 체계적인 개선이 필요하다. 우선 우리나라가 가입한 모든 항공보안 관련 국제협약의 목록과 비준 현황을 명확하게 정리해야 한다. 주요 상대국들의 협약 가입 현황도 데이터베이스로 구축하여 관리해야 한다. 더 나아가 각 협약을 실제로 적용할 때 필요한 구체적인 요건과 절차를 실무 지침으로 명문화하는 작업이 진행되어야 한다. 이러한 체계적 준비를 통해 보안 분쟁 발생 시 즉각적이고 효과적인 대응이 가능해질 것이다.

(3) 다층적 법규 적용: 국내법령에서 국제기준까지

항공보안감독관은 우리나라 항공보안 체계의 최일선에서 활동하는 핵심 실무자들이다. 이들은 항공보안법과 국가항공보안계획을 기본 바탕으로 삼아서 일상적인 감독업무를 수행한다. 이 과정에서 법령과 계획이 실제로 어떻게 적용되는지에 대한 사례들이 계속 축적되고 있다.

이러한 실무 경험을 바탕으로 항공보안감독관은이 업무를 수행할 때는 명확한 법적 위계를 따른다. 가장 우선적으로는 국내법령인 항공보안법과 그 하위 규정들을 적용하고, 국가항공보안계획의 세부지침을 준수한다. 여기에 더해서 우리나라가 비준한 국제협약의 의무사항들도 감독기준으로 활용하고 있다.

그러나 이러한 법적 위계에도 불구하고 실무 현장에서는 국내법령과 국제협약만으로 모든 상황을 다룰 수 없는 경우가 발생한다. 이런 규범적 공백이 나타났을 때 항공보안감독관들은 국제민간항공협약 Annex와 ICAO의 Doc. 8973(Aviation Security Manual)을 보충적인 지침으로 활용한다. 이런 국제 기준들은 법적 구속력은 없지만, 국제적으로 인정받는 모범관행으로서 실무적 판단의 중요한 참고자료가 되고 있다.

이렇게 여러 단계의 규범을 적용하는 체계는 항공보안이 갖는 특수성을 반영한 것이다. 급변하는 보안위협과 기술발전에 빠르게 대응해야 하면서도 국제적 통일성은 유지해야 하는 것이 항공보안의 특성이다. 따라서 유연하면서도 체계적으로 규범을 적용하는 것이 꼭 필요하다. 항공보안감독관들은 이런 복합적인 규범 체계를 종합적으로 고려해서 현장 상황에 가장 적합한 판단을 내린다. 이는 우리나라 항공보안 수준을 국제 기준에 부합하도록 유지하는 데 핵심적인 역할을 하고 있다.

(4) ICAO 보안평가프로그램(USAP)의 역할과 한계

ICAO는 국제민간항공협약 Annex 17을 통해 각국 항공보안당국이 시행해야 할 항공보안 규칙과 절차를 설정한다. 이것은 국제항공보안의 기본 틀을 제공하는 핵심 문서인데, ICAO Doc. 8973이 더욱 구체적이고 실무적인 지침을 보완해주고 있다. 이런 이중구조 덕분에 원칙과 실무가 효과적으로 연계되면서 불법방해행위로부터 민간항공을 보호하는 체계적인 방어망이 구축된다.

이런 체계의 중심에는 ICAO의 보안평가프로그램(USAP, Universal Security Audit Program)이 있다. 이 프로그램은 각국의 보안절차를 체계적으로 평가하는데, 평가 결과는 국제사회가 공유하는 중요한 정보가 된다. 다른 나라들은 이 정보를 활용해서 특정 국가에서 출발하는 항공편이나 승객, 화물의 위험도를 더 정확하게 판단할 수 있다. 이렇게 서로 정보를 공유하면서 국제항공 네트워크 전체의 보안수준이 높아지고 있다.

USAP가 운영되는 방식을 보면 국제법적 균형이 잘 드러난다. 각국의 주권을 존중하면서도 국제 표준이 잘 지켜지는지 확인하는 절묘한 접근법을 택하고 있다. 평가 과정이 강제적이거나 침해적이지 않으면서도 적절한 보안조치가 실제로 이행되고 있는지를 검증한다. 국가 주권과 국제 협력이라는 두 가지 원칙을 조화시키는 외교적 성과라고 평가받고 있다.

ICAO는 국제기구로서 체약국들이 항공화물 보안규정을 만들 때 필요한 일반적 규칙을 제시하는 권한을 갖는다. 표준과 권고되는 방식(SARPs)이 잘 지켜지는지 평가하기 위해 USAP을 운영하고 계속 업데이트하면서 국제항공보안의 일관성을 유지하고 있다. 체약국들은 이런 평가를 통해 자국의 보안 체계를 국제 수준에 맞추는 동시에 취약점을 파악하고 개선하는 기회를 얻는다.

하지만 ICAO 체계가 갖는 구조적 한계도 분명하다. ICAO가 채택한 규칙들은 법적 구속력이 없는 연성법(Soft Law)의 성격을 띤다. 체약국이 ICAO 기준을 따르지 않아도 직접 제재할 수단이 없어서 효과적인 집행력이 부족하다. 실효성을 확보하려면 전적으로 각국이 자발적으로 준수하거나 국제사회의 압력에 의존해야 한다. 이것이 바로 국제항공보안 체계가 안고 있는 근본적인 딜레마로 지적되고 있다.

1) USAP 평가체계: 8개 핵심요소와 498개 평가항목

ICAO USAP의 평가는 Annex 17(항공보안)과 Annex 9(출입국간소화)의 이행실태를 중심으로 진행된다. 이 두 Annex는 국제항공보안의 핵심 기준을 제시하는데, 각국이 이를 얼마나 충실히 이행하는지가 평가의 주요 척도가 된다.

평가 대상은 매우 포괄적이다. 먼저 공항보안프로그램, 우발계획, 수준관리 프로그램이 제대로 수립되어 있는지 그리고 적절한지를 검토한다. 그다음에는 공항과 터미널의 보안 체계, 승객과 휴대수하물을 검색하는 절차가 잘 이행되고 있는지 면밀히 살펴본다. 위탁수하물이나 항공화물, 기내식에 대한 보안통제도 중요한 평가 항목이다. 출입국간소화 프로그램과 여권, 비자 같은 승객 여행서류의 보안관리 실태도 평가 범위에 포함하고 있다.

USAP의 핵심평가 영역은 항공보안의 모든 분야를 다룬다. 항공보안 법규와 규정이 적절한지부터 시작해서, 국가항공보안프로그램과 조직 구조가 효율적인지 검증한다. 공항, 항공사, 화물 관련 보안통제 조치들이 실제로 효과가 있는지 평가하고, 항공보안 인력의 교육 수준과 인증체계도 중요하게 본다. 더 나아가 보안사고가 발생했을 때 대응 능력과 위기관리 체계가 어떤지, 수준관리와 감독체계가 제대로 작동하는지 그리고 국제협력과 정보공유 체계가 잘 구축되어 있는지까지 종합적으로 점검하고 있다.

이런 평가가 얼마나 구체적인지는 숫자로도 알 수 있다. ICAO 항공보안평가는 8개의 핵심 요소(CE)로 구성되며, 전체 498개의 평가항목을 포함한다. 각 평가항목은 단순히 체크만 하는 리스트가 아니라 확인해야 할 세부사항들을 포함하는 복합적인 기준이다. 형식적인 평가를 넘어서 실질적인 보안수준을 측정하기 위해 정교하게 설계된 체계라고 할 수 있다.

이렇게 방대하고 세밀한 평가체계는 국제항공보안이 얼마나 복잡한지를 보여준다. 항공보안의 특성상 단 하나의 취약점이 전체 시스템을 위협할 수 있기 때문에 모든 영역을 철저하게 검증하는 것이 꼭 필요하다. USAP은 이런 필요성에 부응해서 포괄적이면서도 체계적인 평가 프레임워크를 제공하고 있다. 이를 통해 각국의 항공보안 수준을 객관적으로 측정하고, 어떻게 개선해야 할지 방향을 제시하는 역할을 하고 있다.

2) USAP 절차: 서류심사와 현장점검

구 분	항 목	구 분	항 목
1. 항공보안 법령	8	5. 지침서	86
2. 항공보안 프로그램 및 규정	105	6. 인증 및 허가의 책임	54
3. 항공보안 담당 기관	98	7. 감독활동	54
4. 종사자 자격훈련	25	8. 문제개선 절차	68

ICAO 항공보안평가 절차는 크게 서류심사와 현장점검 두 단계로 진행된다. 먼저 서류심사 단계에서는 질의응답을 통해 기본 정보를 파악하고, 서면으로 제출된 증빙자료들을 꼼꼼히 확인한다. 관련 제도나 절차, 이행방식이 국제기준에 맞는지 여부도 이 단계에서 검토하고 있다.

서류심사가 끝나면 현장점검이 이어진다. 점검팀이 직접 현장을 방문해서 보안절차가 실제로 어떻게 이행되고 있는지 확인한다. 현장에서 담당자들과 인터뷰를 진행하고, 필요한 증빙자료들을 직접 확인하면서 서류상의 내용과 실제 운영 상황이 일치하는지 검증하고 있다. 이런 이중 검증 체계를 통해 형식적인 평가가 아닌 실질적인 보안수준을 측정할 수 있게 된다.

(5) 美 TSA 보안평가 및 항공운송사업자 점검

1) 외국공항 보안평가

미국의 교통보안청(TSA, Transportation Security Administration)은 미국으로 국제항공운송서비스를 제공하는 외국공항들을 대상으로 보안평가를 실시한다. 이들 공항이 효과적인 보안조치를 유지하고 수행하는지 평가하고, 적절한 보안절차를 갖출 수 있도록 지원하는 것이 목적이다. TSA는 국제민간항공협약 Annex 17의 표준과 권고되는 방식(SARPs)을 활용해서 외국공항 보안평가를 계획하고 실행한다. 평가 항목에는 공항이 국가민간항공보안프로그램을 제대로 이행하는지, 보안통제를 담당하는 요원들이 신원조사를 받는지, 보안업무종사자들이 국가 교육프로그램에 따라 적절히 훈련받고 인증되는지 등이 포함되고 있다.

보통 외국공항에 대한 보안평가와 항공운송사업자 점검은 같은 점검팀이 현장을 방문해서 동시에 수행한다. 팀 구성과 소요 시간은 공항 규모나 해당 국가의 민간항공 위협수준, 기타 현지 상황에 따라 달라진다. TSA는 공항별 위험정보를 바탕으로 평가 주기를 다르게 적용하고 있다. 1단계 공항(위험도 낮음)은 3년에 한 번, 2단계 공항(중간 위험)은 2년마다, 3단계 공항(위험도 높음)은 매년 평가를 실시한다. 평가는 점검팀이 방문 전에 외국정부가 제공한 자료를 먼저 검토하고, 그 정보를 바탕으로 현장에서 공항 관계자들을 인터뷰하고 실제 보안절차와 시설을 점검하는 방식으로 진행된다.

TSA는 미국 법에 따라 필요하다고 판단되는 주기로 외국공항을 평가할 권한을 갖고 있다. 하지만 해당 국가 정부의 허가 없이는 외국공항에서 보안평가를 수행할 수 없다. 또한 외국공항에 보안 요구사항을 강제로 부과하거나 시행할 권한도 없다. 대신 TSA는 항공사 점검을 포함한 외국공항 보안평가를 협의하고, 평가에서 문제점이 발견되면 기존 보안

요구사항을 개선하기 위해 해당 국가의 민간항공 관계자들과 긴밀히 협력하고 있다. 이런 협력적 접근방식을 통해 국제항공보안의 수준을 높여가고 있다.

2) 보안점검 결과에 따른 시정조치 프로세스

TSA 검사관은 항공운송사업자가 보안요구사항을 지키지 않는 것을 발견하면 해당 위반사항을 시정하고 기록하기 위한 추가조치를 취한다. TSA는 각 ICAO 표준마다 취약성 점수를 매기고 등급 시스템을 사용해서 국제민간항공협약 Annex 17의 SARPs 준수 수준을 평가한다. 범주 1은 SARPs를 완전히 준수하는 최상 등급이고, 범주 2~4는 중간 수준의 위반, 범주 5는 가장 심각한 문제가 있는 최악의 등급이다.

실제 사례를 보면 이 시스댐이 어떻게 운영되는지 알 수 있다. 보인조치된 화물에 직접 접근할 수 있는 화물시설의 경계 장벽에 결함이 있는 것을 확인했을 때는 Annex 17의 4.6.3 위반으로 보고해서 범주 3으로 기록했다. 공항에서 출입자 확인절차도 없이 보호구역에 무단출입자 두 명이 들어간 것을 발견했을 때는 범주 5로 평가했다. 이렇게 구체적인 상황에 따라 위반의 심각도를 다르게 판단하고 있다.

위반이 얼마나 심각한지에 따라 TSA의 대응도 달라진다. 직원이 신분증을 휴대하지 않는 정도의 경미한 위반이면 현장에서 바로 시정하도록 요구한다. 화물보안지역에서 인솔자가 제대로 역할을 하지 못하는 것 같은 중대한 위반에는 경고통지서를 발행하고 정밀조사를 시작하며, 항공운송사업자가 개선조치를 취한 내용을 TSA에 통보하도록 요구한다. 화물검색을 제대로 하지 못한 것처럼 심각한 위반에는 민사금전벌조치를 통고하고, 정말 심각한 보안문제가 발생하면 항공운송사업자의 보안프로그램 승인을 철회하고 미국운항을 중단시키는 조치까지 취하고 있다.

보안점검이 끝나면 TSA는 경고 통지, 시정서 발행, 민사금전벌조치 통고 중에서 하나를 선택해서 결정을 내린다. 외국공항의 보안평가가 완료되면 TSA 검사관들이 외국공항과 정부관계자들에게 그 결과를 브리핑한다. 확인된 보안결함을 개선하기 위해 외국공항 관계자 교육, 현장 보안상담, 기술지원, 보안장비 지원 같은 실질적인 도움도 제공하고 있다.

TSA 지역대표들은 외국정부가 보안결함을 개선하기 위해 어떤 노력을 하고 있는지 계속 모니터링한다. 이들은 보안문제와 관련해서 미국정부와 외국정부 사이의 주요 연락창구 역할도 맡고 있다. TSA는 외국공항과 협력하는 것 외에도, 보안평가 중에 발견된 심각한 화물보안 취약점을 보완하기 위해 보안지침이나 긴급수정을 통해 보안절차를 수정하도록 요구할 수도 있다. 이렇게 다양한 방법으로 국제항공보안의 수준을 지속적으로 높여가고 있다.

3) 항공운송사업자 화물점검

인바운드화물의 안전을 확보하기 위해 TSA는 두 가지 중요한 활동을 수행하고 있다. 첫째는 미국으로 운항하는 항공운송사업자에 대한 화물점검이고, 둘째는 국제민간항공협약 Annex 17의 표준과 권고되는 방식(SARPs)을 통한 미국행 화물 운송 외국공항의 화물보안절차 평가이다. 이러한 활동들은 외국의 국가화물보안프로그램(NCSP)을 평가하고 인정함으로써 미국행 항공화물의 안전성을 보장하기 위한 조치이다.

이러한 맥락에서 TSA는 2011년부터 보안평가의 운영효율성을 높이기 위한 개선 작업을 진행해왔다. 위험정보에 따라 항공운송사업자 화물점검 프로세스를 조정하고, 외국공항의 접근문제를 해결하는 방법을 모색하고 있다. 특히 맞춤형 평가 방법론을 도입한 것은 주목할 필요가 있다. 외국공항 관계자가 작성한 사전정보를 분석하여 각 공항의 현장평가를 맞춤화하고, 위험이 높은 특정 영역에 집중적으로 보안평가를 시행하는 방식이다.

그러나 TSA가 외국공항에서 화물운영 보안평가를 수행하는 데는 여러 복잡한 문제들이 존재한다. 외국정부가 TSA의 항공운송사업자 화물점검과 공항 보안평가를 허용할지가 불확실하다는 것이 가장 큰 문제이다. TSA가 평가를 원활하게 하기 위해 외국과 양자간 협정을 체결하기도 하지만, 이러한 협정이 화물점검이나 보안평가를 위한 무조건적인 접근을 보장하지는 않는다.

또한 환적이나 통과화물 평가 역시 어려움이 있다. 평가대상 공항을 단순히 경유하는 제3국 출발 화물에 대한 평가가 쉽지 않기 때문이다. 이러한 요인들은 TSA가 미국행 항공운송사업자의 화물보안조치를 점검하고 외국공항을 선택할 때 중요하게 고려해야 할 사항이 된다.

4) 화물점검 프로토콜

TSA의 항공운송사업자 화물점검은 TSA가 승인한 항공화물보안프로그램과 관련 수정사항, 대체절차, 보안지침, 긴급수정사항 등을 항공운송사업자가 제대로 이행하는지 철저히 확인하는 작업이다. 여객기와 화물기를 운영하는 모든 항공운송사업자가 보안요구사항을 잘 지키고 있는지 꼼꼼하게 살펴본다.

화물점검의 주요 구성요소를 보면 보안검색 기록을 검토하고, 항공운송사업자 직원들과 인터뷰를 진행하며, 화물운송프로세스가 현장에서 제대로 이행되는지 확인한다. 보안 관련 문서들도 빠짐없이 검토하고 있다. 실무적으로 항공운송사업자들은 TSA 검사관으로부터 항공화물 공급망보안의 6가지 핵심요소를 제대로 이행하고 있는지 점검받는다.

각 공항의 항공운송사업자 화물점검 빈도는 위험평가에 기반한 공항 위험수준에 따라 결정된다. 미국행 항공편을 운항하는 모든 항공운송사업자를 대상으로 1년에 한 번 또는 6개월에 한 번씩 점검을 실시하고 있다. TSA는 외국공항 보안평가를 하면서 화물보안 절차를 점검하는데, 해외공항에서 미국으로 화물을 운송하는 여객기와 화물기 운영 항공사들의 화물점검 계획을 따로 마련할 수도 있다. 항공운송사업자가 화물보안요구사항을 잘 지키는지 확인하기 위해 상용화주와 공인화물보안대행기관(Regulated Agent)까지 평가 대상에 포함시킬 수 있다.

5) 화물점검 및 보안평가의 효과

TSA는 항공사 점검과 공항 보안평가를 마친 후 발견된 보안결함을 개선하기 위해 외국공항을 나양한 방법으로 지원한다. TSA 검사관들은 확인된 공항 보안결함을 어떻게 완화할 수 있는지에 대한 지식을 외국공항에 전달하고 있다. 덜 심각한 기술적 문제를 발견하면 즉시 개선할 수 있도록 공항평가 중에 현장시정 같은 조치를 취한다. 이렇게 해서 보안결함을 바로 개선할 수 있도록 돕고 있다. 변화하는 화물보안 위협환경에 대응하기 위해 직원교육도 강화하는데, TSA는 전통적인 강의과정이나 대화형 워크숍 같은 교육을 외국공항 직원들에게 제공한다.

TSA의 외국공항 보안평가프로그램은 명확한 목표를 갖고 있다. 미국으로 화물운송서비스를 제공하는 외국공항의 중대한 보안결함과 약점을 찾아내서 화물보안시스템을 강화하는 것이다. 이를 통해 발견된 결함을 완화하는 데 필요한 지원을 제공하고 있다. 개별 외국공항의 보안취약성을 개선하기 위한 기준과 지침도 제공해서, 시간이 지나면서 공항 전반의 화물보안이 일관성 있게 향상되도록 돕는 역할을 한다.

공항의 보안취약성을 개선하면 외국공항 전체의 화물보안수준이 높아지기 때문에 이런 일관성을 유지하는 것이 정말 중요하다. 이렇게 되면 TSA가 더 구체적인 보안평가를 수행할 수 있게 되고, 결과적으로 외국공항 보안평가프로그램의 효율성과 가치가 높아진다. 또한 ICAO 표준을 충족하고 보안문제를 개선하는 데 TSA가 외국공항을 더 효과적으로 지원할 수 있게 된다. 동시에 미국공항도 확인된 보안사례와 기술을 채택해서 자국의 화물보안을 강화할 수 있는 효과까지 얻고 있다.

6) 항공화물보안프로그램(NCSP) 상호인정

미국 TSA는 EU를 포함한 여러 나라의 국가화물보안프로그램을 TSA 수준과 동등한 것으로 인정하고 있다. 정기적인 항공운송사업자 화물점검, 외국공항 보안평가, 외국정부 관계자와의 지속적인 대화를 통해 프로그램이 제대로 이행되는지 감시한다.

이런 인정 체계에서 국가화물보안프로그램 상호인정은 TSA와 외국이 자발적으로 맺는 협정을 통해 진행된다. 상호인정 절차는 세 단계로 이루어지는데, 먼저 외국의 국가화물보안프로그램을 TSA 화물보안표준과 비교하기 위한 현장 방문을 실시한다. 그다음 실제로 운용되는 프로그램이 어떻게 이행되는지 확인하고, 마지막으로 외국 프로그램을 인정할지 말지 최종 결정을 내린다.

상호인정을 결정할 때 가장 중요한 기준은 상대국의 국가화물보안프로그램이 TSA가 정한 항공화물 공급망보안의 6개 핵심원칙에 맞는지 여부다. 이 원칙들은 시설보안, 인원보안, 교육훈련, 보안검색, 운송과정 중 보안조치, 보안감독 활동으로 구성되어 있다.

검증 결과 TSA가 상대국 프로그램을 인정하지 않으면 어떻게 될까? 해당 국가에서 출발하는 모든 미국행 화물은 추가 보안조치를 받아야 한다. 상호인정을 받지 못한 나라의 항공사는 출발공항 마지막 지점에서 TSA 화물보안표준을 계속 적용해야 하는 부담을 안게 된다.

TSA의 항공운송사업자 화물점검 결과와 외국공항 보안평가 결과는 중요한 역할을 한다. 상호인정된 정부의 국가화물보안프로그램이 제대로 이행되고 있는지 직접 검증할 수 있는 핵심 정보를 제공하기 때문이다. 2021년 1월 기준으로 TSA는 EU 27개 회원국을 포함해서 많은 나라의 국가화물보안프로그램을 승인한 상태다.

이렇게 승인된 상태를 계속 관리하기 위해 TSA는 다양한 검증 수단을 활용하고 있다. 항공운송사업자 화물점검, 외국공항 보안평가를 하고, 외국정부 관계자와 지속적으로 논의하며 연례회의도 개최한다. 필요하면 추가로 현장방문도 실시하는데, 이런 결과들을 종합적으로 활용해서 판단한다.

재평가 체계도 체계적으로 운영되고 있다. TSA는 2012년부터 모든 상호인정국가를 최소 한 번 이상 재평가했고, 보통 3년마다 인정된 국가의 프로그램을 다시 평가한다. 외국정부 관계자들과 계속 논의하면서 상호인정 프로그램 검증에 필요한 정보를 공유하고, TSA 화물보안표준에 맞는 보안수준을 유지하도록 지속적으로 요구하고 있다.

여기서 중요한 점이 하나 있다. TSA는 상호인정된 국가화물보안프로그램 이행에 문제가 생기면 언제든지 검증을 거쳐 인정을 취소할 수 있는 권한을 갖고 있다는 것이다. 이런 권한은 상호인정 체계의 신뢰성을 유지하고 보안수준을 지키기 위한 핵심 장치로 작용하고 있다.

가. NCSP 상호인정 효과

국가화물보안프로그램 상호인정은 국제항공화물보안을 강화하는 핵심요소다. 인정받은 정부의 보안요구사항과 공급망보안 가시성을 높여서 보안취약점을 쉽게 찾아낼 수 있게 해준다. 특히 미국행 항공화물의 100% 검색의무를 충족하는 데 중요한 역할을 하면서, 항공운송사업자들이 두 나라 프로그램을 중복해서 준수해야 하는 부담을 없애주고 있다.

상호인정 체계가 가져온 변화는 실무 현장에서 확실히 드러난다. 항공사들은 미국행 항공편 화물에 대해 TSA 표준을 별도로 숙지하고 이행할 필요 없이 자국 표준만 준수하면 된다. 이는 보안검색요원이 자국 프로그램만 이행하면 되므로, TSA 또는 자국 보안조치 중 어떤 것을 적용할지 결정해야 하는 혼란을 줄이고 검색 오류 가능성을 현저히 감소시킨다.

반면 상호인정을 받지 못한 국가의 항공사는 TSA 요구 프로그램과 자국정부 보안조치를 모두 이행해야 하는 이중 부담을 갖게 된다. 외국공항과 공항 외부 항공화물시설을 감독할 자원이 제한된 상황에서, 외국정부의 보안조치가 자국 표준에 맞는지 평가해서 상호인정하는 것이 화물보안 위험을 개선하는 가장 효과적인 방법이 되고 있다.

이런 상호인정 체계는 보안을 확보하면서도 항공화물산업의 효율성까지 높이는 일석이조의 효과를 보여준다. 비용이 절감되고, 운송시간이 단축되며, 보안통제 기능의 중복도 방지된다. 결국 보안과 효율성이라는 두 가지 목표를 동시에 달성하고 있는 것이다.

나. 출발국 공항보안 감독체계와 국제보안평가 프로그램 확대

항공화물보안은 출발국가의 화물보안수준이 도착국가에 직접 영향을 미치는 특성을 갖는다. 그래서 일부 국가들은 자국에 취항하는 항공기의 출발공항을 대상으로 외국공항 보안평가를 실시한다. 우리나라도 미국, 호주, 캐나다 등의 공항보안평가를 통해 항공운송사업자의 화물점검과 외국공항의 화물보안평가를 진행하고 있다.

우리나라는 국가화물보안프로그램 상호인정국가를 확대하고 외국공항 화물보안평가가 중요하다는 것을 잘 알고 있다. 하지만 관련 법령이 부족해서 실행력이 떨어지는 것이 현실이다. 따라서 화물물동량 교류가 많은 외국공항에 대한 화물보안평가와 항공운송사업자 화물점검을 더 많은 국가로 확대하고 강화할 필요가 있다.

이를 실현하려면 먼저 항공보안법에 외국공항 화물보안평가와 항공운송사업자 화물점검에 대한 근거 조항을 만들어야 한다. 그다음으로 Annex 17의 SARPs에 따른 점검 세부절차를 마련하고, 점검표를 개선해야 한다. 전문교육을 통해 외국공항 화물보안평가를 담당할 전문인력을 양성하는 것도 꼭 필요한 과제다.

(6) 항공보안 관련 국제협약 준수 체계

항공보안법 제3조는 국제협약 준수의 중요성을 명확히 규정하고 있다. 우리나라는 민간항공의 보안을 강화하기 위해 국내법과 더불어 다양한 국제협약을 준수하는 체계를

구축하고 있는데, 이는 항공보안이 개별 국가만의 문제가 아닌 국제사회 전체의 공동 과제임을 보여준다.

항공보안법에서 규정하는 사항 외에 준수해야 할 주요 국제협약은 다섯 가지로 구분된다. 첫째, '항공기 내에서 범한 범죄 및 기타행위에 관한 협약(도쿄협약)'은 기내 범죄에 대한 관할권과 처리 절차를 규정한다. 둘째, '항공기의 불법납치 억제를 위한 협약(헤이그협약)'은 하이재킹 방지와 처벌을 다루고 있다. 셋째, '민간항공의 안전에 대한 불법적 행위의 억제를 위한 협약(몬트리올협약)'은 항공기 파괴나 위협 행위를 억제하는 내용을 담고 있다.

또한 몬트리올협약을 보충하는 '국제민간항공에 사용되는 공항에서의 불법적 폭력행위의 억제를 위한 의정서'는 공항 시설 자체의 보안을 강화하는 규정을 포함한다. 마지막으로 '가소성 폭약의 탐지를 위한 식별조치에 관한 협약'은 플라스틱 폭약 등 탐지가 어려운 위험물질에 대한 대응 방안을 제시하고 있다.

이러한 기본 협약들 외에도 항공보안과 관련된 다른 국제협약이 있는 경우에는 해당 협약도 준수해야 한다. 이는 끊임없이 변화하는 항공보안 위협에 대응하기 위해 국제사회가 지속적으로 협력하고 있음을 의미하며, 우리나라도 이러한 국제적 노력에 적극적으로 참여하면서 항공보안 수준을 높여가고 있다.

1) 항공보안 관련 협약의 국내법적 효력

우리나라는 헌법 제6조 제1항에서 "헌법에 의하여 체결·공포된 조약과 일반적으로 승인된 국제법규는 국내법과 같은 효력을 가진다"고 명시하고 있다. 이러한 헌법 규정은 국제협약의 국내 적용에 있어 중요한 법적 근거가 되며, 특히 항공보안 분야에서는 국제협력의 필수성 때문에 더욱 중요한 의미를 갖는다.

이러한 헌법적 기초에 따라 우리나라가 가입한 도쿄협약을 비롯한 항공보안 관련 조약들은 별도의 국내 이행법률 없이도 직접 적용이 가능하다. 실제로 항공보안법 제3조제1항은 도쿄협약과 헤이그협약 등을 민간항공 보안을 관리하는 적용 가능한 법률로 명시적으로 언급하고 있다. 이는 국제협약의 국내법적 효력을 구체적으로 확인하는 규정으로서, 항공보안 분야에서 국제규범과 국내법의 조화를 추구하고 있다.

그런데 항공보안법 제3조 제2항의 해석에는 신중한 접근이 필요하다. 동 조항은 "항공보안 관련 다른 국제협약이 있는 경우 그 협약에 따른다"고 규정하고 있는데, 이러한 문언만으로는 협약의 발효 여부나 우리나라의 당사국 지위와 무관하게 모든 국제협약을 따라야 하는 것처럼 해석될 여지가 있다. 그러나 국제법의 일반원칙과 헌법 체계를 고려할 때, 이는 우리나라가 정식으로 가입하고 발효된 협약에 한정되는 것으로 해석하는 것이 타당하다.

따라서 이러한 법적 불확실성을 해소하기 위해서는 향후 법 개정 시 적용 범위를 보다 명확히 규정할 필요가 있다. 특히 '우리나라가 체결·비준한' 또는 '발효 중인' 등의 수식어를 추가하여 적용 대상 협약의 범위를 명확히 함으로써, 법 적용의 예측가능성을 높이고 국제협약과 국내법의 안정적인 연계를 도모해야 할 것이다.

2) 국가항공보안계획의 국제기준 준수 체계

국가항공보안계획(NCASP)은 우리나라 항공보안 체계의 핵심 문서로서, 국내법령과 국제협약을 포괄하는 광범위한 보안 지침을 제시한다. 특히 동 계획 3.3에서는 민간항공 보안을 위해 국내법령 및 국제협약에서 명시적으로 규정하지 않은 사항들에 대해 국제민간항공협약 Annex와 ICAO Doc. 8973을 준수하도록 명시하고 있다.

이러한 규정 방식은 항공보안이 단순히 법적 의무사항을 이행하는 차원을 넘어서고 있음을 보여준다. 즉, ICAO의 표준과 권고되는 방식(SARPs)을 적극적으로 수용하는 선제적 접근을 취함으로써, 변화하는 보안 환경에 능동적으로 대응하고 있다. 특히 국제민간항공협약 Annex 17(항공보안)과 ICAO Doc. 8973는 지속적으로 업데이트되는 특성을 가지고 있어, 이를 통해 최신 보안위협에 대한 대응체계를 효과적으로 유지할 수 있다.

이와 더불어 국가항공보안계획은 국제적 보안 협력의 효율성을 중요한 원칙으로 제시한다. 출발지 공항에서 효과적인 보안통제가 적용되어 확보된 보안성과를 상호인정하는 '동등성 인정(equivalence recognition)' 원칙은 체약국가 간 불필요한 보안통제의 중복을 방지하는 핵심 메커니즘이다. 이는 단순히 행정적 효율성을 추구하는 것이 아니라, 승객의 편의를 증진시키면서도 보안수준은 유지하는 상호보완적 접근을 구현하려는 노력의 일환이다.

실제로 이러한 접근방식은 국제항공 네트워크의 원활한 운영과 항공보안의 실효성을 동시에 달성하는 중요한 기반이 되고 있다. 결과적으로 국가항공보안계획은 법적 구속력을 갖는 규범과 국제적 모범관행을 유기적으로 결합시켜, 우리나라 항공보안 체계의 완결성과 국제적 정합성을 확보하는 핵심적 역할을 수행한다.

3. 1963 도쿄협약 및 2014 몬트리올 의정서

(1) 항공기 내에서 범한 범죄 및 기타행위에 관한 협약(1963 도쿄협약)

도쿄협약은 항공기 내 범죄에 대한 국제사회의 첫 번째 체계적 대응이라는 역사적 의미를 갖는다. 1956년 카라카스에서 개최된 ICAO 총회는 항공기 내에서 발생하는 범죄의 재판관할권 문제와 기장의 법적 지위를 명확히 할 필요성을 인식하고, 이를 국제협약으로 제정하기로 결의했다. 이는 항공산업의 급속한 성장과 함께 국제선 항공기 내에서 발생하는 법적 문제들이 증가하고 있던 시대적 배경을 반영한 것이다.

이러한 결의에 따라 ICAO 법률위원회는 수년간의 검토와 논의를 거쳐 협약 초안을 작성하기 시작했다. 이 과정에서 각국의 서로 다른 법체계와 관할권 원칙을 조화시키는 작업이 진행되었으며, 특히 항공기의 특수한 환경을 고려한 실효적인 규정들이 마련되어 갔다. 법률위원회는 항공기라는 국제적 공간의 특수성과 각국의 주권 원칙 사이에서 적절한 조율 방안을 모색해야 하는 복잡한 과제에 직면해 있었다.

이러한 노력의 결실로 1963년 8월 20일부터 9월 14일까지 도쿄에서 외교회의가 개최되었다. 이 회의에서 "항공기내에서 범한 범죄 및 기타행위에 관한 협약(Convention on Offences and Certain Other Acts Committed on Board Aircraft)"이 정식으로 채택되었으며, 채택 장소를 따라 '도쿄협약'이라는 이름으로 널리 알려지게 되었다.

도쿄협약은 총 7장 26개 조문으로 구성되어 체계적인 구조를 갖추고 있다. 협약의 적용 범위를 명시한 제1조와 제2조를 시작으로, 재판관할권의 원칙(제3조~제4조), 기장의 권한과 책임(제5조~제10조), 항공기의 불법 점유에 대한 대응(제11조) 그리고 체약국의 권한과 의무(제12조~제15조) 등 핵심적인 사항들을 규정한다. 특히 기장에게 부여된 광범위한 권한은 항공기라는 특수한 공간에서의 질서 유지와 안전 확보를 위한 현실적 필요성을 반영한 것으로, 이후 항공보안 체계 발전의 중요한 기초가 되었다.

이 협약은 1969년 4월 12일 국제적으로 발효되었으며, 우리나라도 적극적으로 참여하여 1971년 5월 20일부터 국내에서 효력을 발생시키고 있다. 이로써 우리나라는 국제항공보안 체계의 일원으로서 책임과 의무를 다하는 법적 기반을 확립했다. 2025년 8월 현재 188개국이 가입하여 운영되고 있는 도쿄협약은 국제항공보안의 기본 틀로서 그 중요성을 유지하고 있다.

(2) 2014 몬트리올 의정서

"항공기 내에서 범한 범죄 및 기타 행위에 관한 협약 개정에 관한 의정서(Protocol to Amend the Convention on Offences and Certain Other Acts Committed on Board Aircraft, 2014 몬트리올 의정서)"는 2014년 4월 4일 몬트리올에서 채택되었다. 이 의정서는 전 세계적으로 증가하고 있는 기내난동 승객 문제에 대한 국제사회의 적극적인 대응 의지를 반영한 것으로, 2020년 1월 1일 발효정족수를 충족시킴으로써 정식 발효되었다.

이 의정서의 채택 배경에는 도쿄협약이 지닌 시대적 한계가 자리하고 있었다. 도쿄협약은 188개국이 비준한 성공적인 국제협약임에도 불구하고, 기내에서 발생한 불법행위에 대한 형사관할권이 원칙적으로 항공기 등록국에만 한정된다는 구조적 문제를 안고 있었다. 이러한 제한적 관할권 체계는 실제 사건 처리에 있어 여러 실무적 어려움을 야기했으며, 특히 가해자가 등록국과 무관한 경우 처벌의 공백이 발생하는 문제가 지속적으로 제기되어 왔다.

몬트리올 의정서는 바로 이러한 법적 공백을 해결하기 위해 관할권을 대폭 확대했다. 착륙국과 운항국도 관할권을 행사할 수 있도록 함으로써, 기내난동 승객에 대한 실효적인 법적 대응이 가능해진 것이다. 이는 단순한 관할권의 확대를 넘어, 국제사회가 항공 안전을 공동의 책임으로 인식하고 있음을 보여주는 중요한 진전이라 할 수 있다.

관할권 확대와 더불어 의정서는 여러 혁신적인 내용을 포함하고 있다. 대표적인 기내난동 행위들을 구체적으로 명시하여 법적 명확성을 높였으며, 항공사가 기내난동으로 인한 손해배상을 청구할 수 있는 근거를 명확히 규정했다. 이러한 조항들은 피해자 보호와 가해자 처벌의 균형을 추구하면서도, 예방적 효과를 극대화하려는 의도를 반영한다.

그러나 법적 장치의 강화만으로는 기내난동 문제를 근본적으로 해결하기 어렵다. 승객들의 의식 전환이 병행되어야 하며, 항공기라는 특수한 공간에서의 안전과 질서가 얼마나 중요한지에 대한 사회적 인식이 확산되어야 한다. 이러한 맥락에서 명확한 처벌 규정과 예방을 위한 법적 장치는 의식 개선을 촉진하는 중요한 역할을 하고 있다.

결과적으로 몬트리올 의정서는 반세기 전에 제정된 도쿄협약을 현대화함으로써, 변화된 항공 환경에 맞는 새로운 법적 틀을 제시했다. 이는 단순히 법적 문제점을 보완하는 차원을 넘어, 기내난동 문제에 대한 국제사회의 인식 전환을 이끌어내는 계기가 되고 있으며, 국제항공보안 체계의 실효성을 한층 강화하는 중요한 발전으로 평가된다.

1) 2014 몬트리올 의정서의 특징

가. 관할권 확장과 기내난동 대응의 실효성 강화

2014 몬트리올 의정서의 가장 획기적인 변화는 관할권의 대폭적인 확장이다. 도쿄협약 체제에서는 항공기 등록국만이 관할권을 행사할 수 있었는데, 이는 실무적으로 많은 한계를 노출했다. 특히 국제선 항공기에서 발생한 사건의 경우, 등록국이 물리적으로 멀리 떨어져 있거나 가해자와 아무런 연관이 없는 경우가 빈번하여 처벌의 실효성이 떨어지는 문제가 지속적으로 제기되고 있었다.

이러한 구조적 문제를 해결하기 위해 몬트리올 의정서는 세 가지 국가에 관할권을 부여한다. 첫째, 기존과 같이 항공기 등록국이 관할권을 갖는다. 둘째, 항공기가 착륙할

예정인 '의도된 착륙국'도 관할권을 행사할 수 있다. 셋째, 항공기가 리스(lease)된 경우에는 실제 운항을 담당하는 '운항국'도 관할권을 가진다. 이러한 확장된 관할권 체계는 기내난동 사건 발생 시 보다 신속하고 효과적인 법적 대응을 가능하게 하고 있다.

물론 이처럼 확장된 관할권 체계는 필연적으로 관할권 경합 상황을 초래할 수 있다. 복수의 국가가 동시에 관할권을 주장할 수 있는 상황이 발생하는 것인데, 이는 국제법적으로 새로운 조정 체계의 필요성을 시사한다. 그러나 이러한 경합 가능성에도 불구하고, 처벌의 공백을 메우는 것이 더 중요하다는 국제사회의 합의가 반영된 결과라고 평가할 수 있다.

관할권 확장과 함께 의정서는 '범죄' 개념도 보다 구체화했다. 도쿄협약은 범죄를 "항공기의 안전 또는 선량한 질서 및 규율을 위험하게 하거나 할 수 있는 형법 위반 행위"로 포괄적으로 정의했던 반면, 몬트리올 의정서는 특히 문제가 되는 행위들을 명시적으로 강조하고 있다. 첫째는 승무원에 대한 물리적 공격이나 그러한 공격의 위협이며, 둘째는 기장의 합법적인 지시를 거부하는 행위다. 이는 실제 기내에서 가장 빈번하게 발생하면서도 항공 안전에 직접적인 위협이 되는 행위들을 구체적으로 적시함으로써 법적 명확성을 높인 것이다.

한편, 국제항공운송협회(IATA)가 제안했던 기장에 대한 형사절차상 특별 보호 조항과 이에 수반되는 종합적 조치들은 최종적으로 채택되지 않았다. 이는 기장의 권한과 책임에 관해서는 도쿄협약의 기본 틀을 유지하기로 한 것으로, 급진적 변화보다는 점진적 개선을 추구한 결과로 해석된다. 결과적으로 몬트리올 의정서는 기존 체계의 안정성을 유지하면서도 시대적 요구에 부응하는 균형적 접근을 취했다고 볼 수 있다.

나. 기내보안요원 제도와 피해 구제 체계

2014 몬트리올 의정서는 국제민간항공협약 Annex 17에서 언급된 '기내항공보안요원(In-Flight Security Officer, IFSO)'에 관한 규정을 새롭게 도입했다. 이는 9.11 테러 이후 많은 국가들이 운영하기 시작한 항공보안요원 제도를 국제법적으로 공식화한 것으로, 항공보안 체계의 중요한 진전을 의미한다.

IFSO는 특별히 훈련받은 보안 전문가로서 기내 보안위협에 대응하는 역할을 수행한다. 그러나 의정서는 항공기 운항의 기본 원칙을 유지하면서 IFSO의 권한을 신중하게 규정하고 있다. 무엇보다 최종 결정 권한은 여전히 항공기 기장이 보유하며, IFSO는 원칙적으로 기장의 위임 없이 난동 승객에 대한 사전 경고 조치를 취할 수 없다. 이러한 권한 체계는 항공기 운항에 있어 기장의 지휘 통일성이 갖는 중요성을 재확인한 것이다.

그럼에도 불구하고 의정서는 현실적 필요성을 반영하여 중요한 예외 규정을 두고 있다. 심각한 범죄가 발생하는 긴급 상황에서는 IFSO가 독자적인 판단으로 즉각적인 조치를 취할 수 있도록 한 것이다. 이는 테러나 하이재킹과 같은 극단적 상황에서 신속한 대응이 필요함을 인정한 결과로, 기장의 지휘권과 긴급 대응의 필요성 사이에서 합리적 절충안을 마련한 것으로 평가된다. 이러한 예외 규정은 IFSO 제도가 실효성을 갖기 위한 필수적 요소라 할 수 있다.

기내 보안 강화와 더불어 의정서는 기내난동으로 인한 피해 구제 방안도 명확히 했다. 항공사를 포함한 피해자들이 범죄자에 대해 손해배상이나 보상을 청구할 권리가 협약에 의해 배제되지 않는다고 명시함으로써, 이러한 권리를 간접적으로나마 인정한 것이다. 이는 기내난동이 질서 위반의 차원을 넘어 실질적인 경제적 손실을 야기한다는 현실을 반영한다.

실제로 항공기 회항, 비상착륙, 운항 지연 등으로 발생하는 막대한 비용은 항공사와 승객 모두에게 심각한 부담이 되고 있다. 의정서는 이러한 비용을 가해자가 부담하도록 하는 법적 근거를 마련함으로써, 기내난동에 대한 억제 효과를 기대할 수 있게 되었다. 다만 구체적인 청구 절차와 범위는 각국의 국내법에 따르도록 하여, 각국의 법체계를 존중하면서도 피해 구제의 원칙은 확립하는 유연한 접근을 취하고 있다. 이러한 규정 방식은 국제협약이 가져야 할 보편성과 각국의 특수성을 동시에 고려한 결과라고 볼 수 있다.

2) 의정서 이행상의 법적·실무적 한계

가. 확장된 관할권 체계의 현실적 제약

몬트리올 의정서가 기내난동 대응에 있어 획기적인 진전을 이루었음에도 불구하고, 실무적 적용 과정에서 여러 한계점들이 드러나고 있다. 이러한 한계는 주로 확장된 관할권 체계가 가져온 새로운 도전과제들과 관련이 있으며, 국제협약과 각국 국내법 체계 간의 간극에서 비롯된다.

이 중 가장 근본적인 문제는 관할권을 행사할 수 있는 국가들 간에 법적 기준이 상이하다는 점이다. 범죄의 개념 정의부터 구성요건 그리고 형벌의 정도까지 국가마다 현저한 차이를 보인다. 예를 들어, 어떤 국가에서는 중범죄로 분류되는 행위가 다른 국가에서는 경범죄로 처리되는 경우가 발생하고 있다. 이러한 불일치는 가해자 처벌의 형평성 문제를 야기할 뿐만 아니라, 피해자의 정의 실현에 대한 기대와도 충돌하게 된다.

법적 기준의 차이보다 더욱 복잡한 문제는 형사절차상의 차이에서 발생한다. 도착국에서 정식 기소가 이루어진다 하더라도, 각국의 형사사법 체계에 따라 피고인의 권리 보장 정도와 그 실행 방식이 크게 다르다. 특히 영미법계 국가들에서 강조되는 피고인의 교차심문권은 피해자와 참고인들이 현지 법정에 직접 출석해야 함을 의미한다. 그러나 국제선 항공기의 특성상 피해자와 목격자들은 대부분 다른 국가로 이동하게 되므로, 이들을 다시 도착국 법정으로 소환하는 것은 현실적으로 매우 어렵다.

이러한 실무적 어려움은 증거 확보 문제로 이어진다. 진술서의 증거능력을 제한적으로 인정하는 국가들의 경우, 직접 증언 없이는 유죄 입증이 사실상 불가능해지는 상황이 발생하고 있다. 더욱이 언어 장벽이 이러한 문제를 증폭시킨다. 도착국에 인계된 후 진행되는 초동 수사 과정에서 현지 당국은 심각한 언어적 한계에 직면한다. 가해자, 피해자, 목격자들이 모두 다른 언어를 사용하는 경우가 빈번하며, 전문 통역인을 즉시 확보하기 어려운 상황에서는 정확한 사실관계 파악조차 어려워진다.

이러한 현실적 제약들이 누적되면서 도착국에서는 종종 경미한 처벌에 그치는 경우가 많다. 벌금 부과나 훈방 처리 후 가해자가 즉시 귀국하게 되는데, 여기서 또 다른 문제가 발생한다. 귀국편 항공기를 이용할 때 피해자와 가해자가 다시 만날 가능성이 있다는 점이다. 특히 직항 노선이 제한적인 구간에서는 이러한 재만남이 거의 불가피하며, 이는 피해자의 재피해화 우려를 현실화시킨다.

결과적으로 몬트리올 의정서가 제시한 확장된 관할권 체계는 이론적으로는 진보적이지만, 실무적 적용에서는 여전히 해결해야 할 과제들을 안고 있다. 이는 국제협약의 이상과 각국의 현실 사이에서 지속적인 조정과 보완이 필요함을 시사하며, 국제사회가 보다 실효적인 이행 체계를 개발해야 할 필요성을 제기하고 있다.

나. 일사부재리 원칙과 복수 관할권의 충돌

몬트리올 의정서가 확장한 복수 관할권 체계는 국제인권법의 관점에서 중요한 쟁점을 제기한다. 특히 도착국에서 이미 가벼운 처벌을 받은 가해자가 귀국 후 등록국에서 동일한 범죄행위로 다시 처벌받을 수 있는가 하는 문제는 법리적으로나 실무적으로 복잡한 논의를 필요로 한다.

이 문제의 핵심은 일사부재리 원칙과의 충돌 가능성에 있다. 일사부재리는 "동일한 범죄에 대해 두 번 재판받지 않는다"는 원칙으로, 대부분의 민주주의 국가에서 형사사법의 기본 원칙으로 확립되어 있다. 만약 도착국에서 벌금형이나 경미한 처벌을 받은 후 등록국에서 동일 행위로 다시 사법 처리된다면, 이는 피고인이 하나의 행위로 인해 이중의 처벌 위험에 노출되는 것으로 해석될 수 있다.

이러한 우려는 국제인권법의 핵심 가치와도 연결된다. UN 인권규약을 포함한 주요 국제인권조약들은 일사부재리 원칙과 공정한 재판을 받을 권리를 기본적 인권으로 규정하고 있다. 이러한 권리들은 형사피고인의 인권 보호에 있어 핵심적인 요소로 인식되며, 각국은 이를 존중할 의무를 부담한다. 복수 관할권 체계에서 발생할 수 있는 이중 처벌의 가능성은 이러한 국제인권 규범과 긴장관계를 형성하고 있다.

그러나 국제법 체계는 이 문제에 대해 중요한 법적 한계가 존재한다. 국제인권조약상 일사부재리 원칙은 원칙적으로 '일국의 영역 내'로 그 적용 범위가 제한되어 있다. 즉, 한 국가 내에서 동일한 행위로 두 번 처벌받는 것은 금지되지만, 서로 다른 국가에서 각각 처벌받는 것까지 금지하는 것은 아니라는 해석이 지배적이다. 이는 국가 주권의 원칙과 각국의 독립적인 사법권 행사를 존중하는 국제법 체계의 특성을 반영한 것이다.

따라서 엄격한 국제법적 관점에서 보면, 도착국에서 처벌받은 후 등록국에서 다시 처벌받는 것이 국제인권법 위반이라고 단정하기는 어렵다. 각국은 자국의 법익을 보호하기 위해 독자적인 형사관할권을 행사할 수 있으며, 이는 국제법상 허용되는 주권적 권한의 행사로 볼 수 있다. 이러한 해석은 몬트리올 의정서가 복수 관할권을 인정하면서도 일사부재리 문제에 대해 별도의 조정 규정을 두지 않은 이유를 설명해준다.

하지만 이러한 법리적 허용이 곧 바람직한 실무를 의미하는 것은 아니다. 피고인의 인권 보호와 형사사법의 공정성 확보라는 관점에서 보면, 이중 처벌의 가능성은 여전히 문제적 요소를 내포하고 있다. 더욱이 국가마다 일사부재리 원칙의 역외 적용에 대한 입장이 다르기 때문에, 실제 사건 처리에서는 각국 사법부의 해석과 판단이 결정적인 역할을 하게 된다. 이는 몬트리올 의정서의 실효적 이행을 위해서는 국가 간 사법 협력과 조정 체계의 발전이 필수적임을 시사한다.

4. 1970 헤이그협약 및 2010 베이징 의정서

(1) 항공기의 불법납치 억제를 위한 협약(1970 헤이그협약)

헤이그협약은 1960년대 급증한 항공기 납치 사건에 대한 국제사회의 단호한 대응을 보여주는 역사적 문서다. 1968년 9월 부에노스아이레스에서 개최된 ICAO 총회는 민간항공기 불법납치가 국제항공의 안전과 질서를 심각하게 위협한다는 점을 인식하고, 이를 방지하기 위한 결의안을 채택했다. 이 시기는 전 세계적으로 하이재킹이 빈발하던 때로, 국제사회는 도쿄협약만으로는 이러한 위협에 효과적으로 대응할 수 없다는 한계를 절감하고 있었다.

이러한 위기의식을 바탕으로 ICAO 법률위원회는 총회 결의에 따라 신속하게 움직였다. 도쿄협약이 항공기 내 범죄에 대한 일반적 틀을 제공했다면, 새로운 협약은 항공기 납치라는 특정 범죄에 초점을 맞춰 보다 강력하고 구체적인 대응체계를 구축하는 것을 목표로 했다. 법률위원회는 각국의 의견을 수렴하고 국제법적 쟁점들을 조율하면서 협약 초안을 마련하는 작업을 진행했다. 그 결과 1970년 12월 1일부터 16일까지 네덜란드 헤이그에서 역사적인 외교회의가 개최되었으며, 2주간의 집중적인 논의 끝에 "항공기의 불법납치 억제를 위한 협약(Convention for the Suppression of Unlawful Seizure of Aircraft)"이 채택되었다.

헤이그협약은 전문과 14개 조문이라는 비교적 간결한 구조를 갖추고 있지만, 그 내용은 매우 체계적이고 포괄적이다. 제1조는 '폭력이나 폭력의 위협을 사용하여 비행 중인 항공기를 불법적으로 점거하거나 통제하는 행위'를 범죄로 규정함으로써, 하이재킹의 본질을 정확히 명시하고 있다. 제3조는 국제항공의 특성을 고려하여 협약의 적용 범위를 설계했으며, 제4조의 재판관할권 조항은 범죄자가 처벌을 피할 수 있는 법적 공백을 최소화하려는 의도를 담고 있다.

협약의 핵심적 특징은 제6조부터 제8조에 걸쳐 규정된 범죄자 처리 체계다. 제6조는 범인 및 범죄혐의자 구치를 규정하고, 제7조~제8조는 '범죄인 인도 아니면 기소' 원칙을 확립하여, 하이재커가 어느 국가에서도 안전한 피난처를 찾을 수 없도록 했다. 이와 함께 제10조의 사법공조 규정은 국제적 협력을 법적 의무로 규정함으로써, 국경을 넘나드는 하이재킹 범죄에 효과적으로 대응할 수 있는 국제공조의 기반을 마련했다.

헤이그협약은 채택된 지 1년도 안 된 1971년 10월 14일 신속하게 발효되었다. 이는 국제조약으로서는 이례적으로 빠른 발효로, 각국이 하이재킹 위협에 대응하는 것을 얼마나 시급하게 여겼는지를 보여준다. 우리나라도 국제사회의 노력에 동참하여 협약에 가입했으며, 1973년 9월 1일부터 국내에서 효력을 발생시키고 있다.

2025년 8월 현재 187개국이 가입한 헤이그협약은 국제항공보안 체계의 근간으로서 그 중요성을 유지하고 있다. 이 협약은 단순히 하이재킹을 범죄화하는 것을 넘어, 국제사회가 항공보안을 공동의 책임으로 인식하고 집단적으로 대응하는 체계를 확립했다는 점에서 역사적 의의를 갖는다.

(2) 2010 베이징 의정서

2010 베이징 의정서는 40년 전 제정된 헤이그협약을 현대화하는 중요한 진전을 이루었다. 의정서 제1조는 "1970년 12월 16일 헤이그에서 서명된 항공기의 불법납치 억제를 위한 협약을 보충한다"고 명시함으로써, 기존 협약 체계를 대체하는 것이 아니라 발전시

키는 접근을 취한다. 이는 헤이그협약의 기본 틀은 유지하면서도, 변화된 항공보안 환경에 대응하기 위한 필요한 수정을 가하는 전략이다.

이러한 보충적 접근의 가장 주목할 만한 성과는 범죄 정의의 확대다. 베이징 의정서 제2조는 헤이그협약 제1조 제1항을 전면 대체하면서, 항공기 납치 수단을 보다 포괄적으로 규정하고 있다. 기존의 '폭력이나 폭력의 위협'뿐만 아니라 '강제', '다른 형태의 협박' 그리고 특히 '기술적 방법'까지 포함시킨 것이다. 이러한 확대는 사이버 공격이나 전자적 방법을 통한 항공기 시스템 해킹과 같은 새로운 형태의 위협을 염두에 둔 것으로, 기술 발전에 따른 새로운 위험에 선제적으로 대응하려는 의도를 반영한다.

범죄 정의와 함께 적용 시점의 범위도 대폭 확대되었다. 의정서는 '운항 중'의 개념을 "항공기의 비행 전 준비 시작부터 착륙 후 24시간까지"로 재정의함으로써, 불법방해행위를 적용하는 기간을 확대한다. 이는 항공기가 지상에 있을 때도 납치나 공격의 대상이 될 수 있다는 현실을 반영한 것으로, 보호 범위를 실질적으로 확대하는 효과를 가져온다. 더욱이 범죄가 실행되는 동안 범죄자가 항공기에 탑승해야 한다는 요구사항이 삭제되어, 원격 공격이나 외부 조종 같은 새로운 위협 양상에도 대응할 수 있게 되었다.

베이징 의정서의 또 다른 혁신은 법인의 책임을 명문화한 것이다. 제4조에서 규정한 법인 책임 조항은 테러 조직이나 범죄 단체가 기업 형태로 활동할 가능성을 차단하려는 목적을 갖는다. 이는 개인뿐만 아니라 조직적 차원의 항공 범죄에 대응하기 위한 법적 도구를 제공하며, 현대 테러리즘의 조직적 특성을 고려한 진전이라 할 수 있다.

관할권 측면에서도 중요한 확장이 이루어졌다. 협약의 적용 범위(제6조)와 재판관할권(제7조) 조항이 강화되어, 1970년 헤이그협약과 1971년 몬트리올협약상 4개 관할권에 자국민에 의한 범죄, 자국민에 대한 범죄, 자국 상주 무국적자에 대한 범죄 등 3개의 관할권이 추가되었다. 이러한 확대된 관할권 체계는 해당 국가 정부가 관련 범죄에 대해 엄중한 처벌을 내릴 것을 요구하고 있다.

실무적 측면에서 구금 관련 조항(제9조, 제10조)과 범죄인 인도 조항(제11조, 제12조)은 절차를 더욱 명확히 했다. 이들 조항은 체약국 간 협력을 강화하고, 신속한 사법 처리를 가능하게 하는 절차적 기반을 제공한다. 특히 구금 기간과 조건, 인도 절차의 구체화는 피의자의 인권 보호와 효과적인 법 집행 사이의 균형을 추구한다.

흥미롭게도 제22조 (b)호는 가족 책임 면제 조항을 규정하고 있다. 이는 가족 구성원 간의 범죄에 대해 일정한 면책을 인정하는 것으로, 일부 국가의 법체계에서 인정되는 가족 간 특수 관계를 고려한 것이다. 이러한 조항은 국제협약이 각국의 다양한 법문화를 존중하면서도 보편적 기준을 확립하려는 노력의 일환으로 이해된다.

2018년 1월 1일 발효한 베이징 의정서는 결과적으로 헤이그협약의 기본 정신을 계승하면서도, 21세기의 새로운 위협에 대응할 수 있는 현대적 법적 도구를 제공한다. 이는 국제항공보안 체계가 정적인 것이 아니라 지속적으로 변화하는 살아있는 체계임을 보여주는 중요한 사례로, 기술 발전과 새로운 위협 양상에 맞춰 국제법이 어떻게 적응해야 하는지를 잘 보여준다.

5. 1971 몬트리올협약 및 1988 몬트리올 보충의정서

(1) 1971 몬트리올협약

몬트리올협약은 헤이그협약이 다루지 못한 항공 범죄의 영역을 포괄하기 위해 탄생한 중요한 국제법적 성과다. 1970년 6월 몬트리올에서 개최된 ICAO 긴급총회는 항공기 납치 외에도 폭파, 파괴 등 다양한 형태의 항공 테러가 증가하는 현실을 직시하고, 이에 대한 포괄적인 대응체계를 구축할 필요성을 인식했다. 총회는 법률위원회에 국제민간항공에 대한 불법적 방해행위를 다루는 새로운 협약 초안을 준비하도록 긴급 지시를 내렸다.

이러한 지시에 따라 ICAO 법률위원회는 신속하면서도 신중하게 작업을 진행했다. 헤이그협약이 항공기 '납치'에 초점을 맞췄다면, 새로운 협약은 항공의 '안전' 전반을 위협하는 모든 불법 행위를 포괄해야 했다. 이는 단순히 범죄 유형을 추가하는 것이 아니라, 항공 안전에 대한 국제사회의 인식을 근본적으로 확장하는 작업이었다. 그 결과 1971년 9월 8일부터 23일까지 몬트리올에서 역사적인 외교회의가 개최되었으며, "민간항공의 안전에 대한 불법적 행위의 억제를 위한 협약(Convention for the Suppression of Unlawful Acts against the Safety of Civil Aviation)"이 채택되었다.

몬트리올협약은 헤이그협약을 보완하는 협약으로 설계되었다. 두 협약은 상호 배타적이지 않고 보완적 관계를 형성하며, 함께 항공 범죄에 대한 포괄적인 국제법적 대응체계를 구축한다. 협약은 전문과 16개 조문으로 구성되어 있으며, 체계적이고 포괄적인 내용을 담고 있다.

협약의 핵심은 제1조와 제2조의 범죄 구성요건이다. 이 조항들은 항공기나 공항시설에 대한 폭력 행위, 항공기 파괴, 항행 시설 손상, 허위 정보 제공 등 다양한 형태의 위협을 범죄로 규정한다. 이는 1970년대 초 실제 발생했던 다양한 항공 테러 사건들을 분석하여, 가능한 모든 위협 시나리오를 포괄하려는 노력의 결과다. 이러한 포괄적 접근은 예측하지 못한 새로운 형태의 위협에도 대응할 수 있는 법적 기반을 마련했다는 점에서 의의가 있다.

범죄 정의와 함께 제4조의 협약 적용 범위는 국제항공의 특성을 충실히 반영하고 있다. 국제선뿐만 아니라 특정 요건을 충족하는 국내선에도 적용될 수 있도록 하여, 항공 범죄자들이 악용할 수 있는 법적 공백을 최소화했다. 제5조의 재판관할권 조항은 헤이그협약과 유사하게 복수의 국가가 관할권을 행사할 수 있도록 하여, 범죄자가 처벌을 피할 수 있는 가능성을 차단한다.

법 집행의 실효성을 확보하기 위한 조항들도 체계적으로 마련되었다. 제6조의 범인 및 범죄혐의자 구치 조항과 제7조~제8조의 범인 인도 조항은 헤이그협약과 마찬가지로 '범죄인 인도 아니면 기소' 원칙을 확립하고 있다. 이는 항공 범죄자가 어느 국가에서도 안전한 피난처를 찾을 수 없도록 하는 국제적 그물망을 형성한다. 더불어 제10조의 사법공조 조항은 국가 간 협력을 의무화하여, 효과적인 수사와 기소를 가능하게 한다.

몬트리올협약은 채택 후 불과 1년 4개월 만인 1973년 1월 26일 발효되었다. 이러한 신속한 발효는 국제사회가 항공 안전 위협에 얼마나 심각하게 대응하고자 했는지를 보여준다. 우리나라도 국제적 노력에 적극 동참하여 협약에 가입했으며, 1973년 9월 1일부터 국내에서 효력을 발생시키고 있다.

2025년 8월 현재 190개국이 가입한 몬트리올협약은 국제항공보안의 핵심 축을 형성한다. 이는 단순한 숫자 이상의 의미를 갖는데, 전 세계 거의 모든 국가가 항공 안전을 공동의 가치로 인식하고 이를 보호하기 위해 협력하고 있음을 보여주는 증거다. 몬트리올협약은 헤이그협약과 함께 국제항공보안 체계의 양대 축으로서, 항공 범죄에 대한 포괄적이고 효과적인 대응을 가능하게 하는 법적 기반을 제공하고 있다.

(2) 1988 몬트리올 보충의정서

1980년대 중반, 국제사회는 공항 자체가 테러의 주요 표적이 되고 있다는 새로운 위협에 직면했다. 1985년 로마와 비엔나 공항에서 발생한 동시다발 테러를 비롯하여, 공항 터미널에서의 무차별 공격이 증가하면서 기존 협약의 한계가 명확해졌다. 1986년 제26차 ICAO 총회는 이러한 현실을 반영하여 국제공항에서의 테러행위를 다루는 별도 협약 제정의 필요성을 강조했다.

이러한 긴급한 요구에 대응하여 ICAO 법률위원회는 신속하게 움직였다. 기존 몬트리올협약이 주로 '운항 중인 항공기'와 관련된 범죄에 초점을 맞췄다면, 새로운 법적 도구는 '공항'이라는 공간 자체를 보호 대상으로 삼아야 했다. 법률위원회는 국제민간항공 공항에서의 폭력 행위 억제를 위한 협약 초안을 작성하면서, 공항의 특수성과 취약성을 충분히 고려했다. 그 결과 1988년 2월 9일부터 24일까지 몬트리올에서 개최된 국제회의에서 "1971

년 몬트리올협약을 보충하는 국제민간항공에 사용되는 공항에서의 불법적 폭력행위의 억제를 위한 의정서"가 채택되었다.

이 보충의정서의 가장 중요한 특징은 1971년 몬트리올협약과의 일체성이다. 의정서 제1조는 협약과 의정서가 단일 문서로 취급되고 해석된다고 명시함으로써, 두 문서가 분리될 수 없는 하나의 법적 체계를 구성함을 분명히 한다. 이는 보충의 범위를 넘어 기존 체계의 유기적 확장을 의미하며, 법적 일관성과 체계성을 확보하는 중요한 수단이다.

의정서는 전문과 9개 조문이라는 간결한 구조를 취하고 있지만, 그 내용은 매우 실질적이다. 제2조는 몬트리올협약 제1조의 범죄 구성요건을 확대하여 세 가지 새로운 범죄 유형을 추가한다. 첫째, 국제민간항공에 사용되는 공항에 있는 사람에게 중대한 상해나 사망을 야기하는 폭력 행위로, 이는 공항 내 무차별 테러를 명시적으로 범죄화한 것이다. 둘째, 공항 시설이나 공항에 소재하면서 운항 중이 아닌 항공기를 파괴하거나 중대한 손상을 입히는 행위를 포함한다. 셋째, 공항 업무를 방해하는 행위도 범죄로 규정했는데, 이는 물리적 폭력뿐만 아니라 공항 운영을 마비시키는 다양한 형태의 위협에 대응하기 위한 것이다.

이러한 확대된 범죄 정의에 상응하여 제3조는 새로운 범죄 유형에 대한 재판관할권을 규정하고 있다. 몬트리올협약 제5조의 관할권 체계를 그대로 적용함으로써, 공항 관련 범죄에 대해서도 동일한 수준의 국제적 대응이 가능하도록 했다. 이는 범죄자가 공항 테러 후에도 처벌을 피할 수 없도록 하는 법적 그물망을 완성시킨다.

몬트리올 보충의정서는 1989년 8월 6일, 채택 후 1년 반 만에 신속하게 발효되었다. 이러한 신속한 발효는 공항 테러에 대한 국제사회의 우려가 얼마나 컸는지를 보여주는 지표다. 우리나라도 국제적 노력에 적극 참여하여 의정서에 가입했으며, 1990년 7월 27일부터 국내에서 효력을 발생시키고 있다.

2025년 8월 현재 178개국이 가입한 이 의정서는 몬트리올협약과 함께 항공보안의 핵심 법적 기반을 형성한다. 비록 몬트리올협약보다 가입국 수가 약간 적지만, 주요 항공 국가들이 거의 모두 참여하고 있다는 점에서 실질적인 보편성을 확보했다고 평가할 수 있다. 이로써 몬트리올 보충의정서는 공항이라는 공간을 국제항공보안 체계 내로 완전히 편입시켜, 항공 운송 시스템 전체에 대한 포괄적 보호 체계를 완성시켰다.

6. 2010 베이징협약

(1) 베이징협약의 채택 배경과 필요성

2001년 9월 11일, 세계는 항공보안 역사상 가장 충격적인 사건을 목격했다. 민간 항공기가 대량살상 무기로 전용된 이 사건은 기존 항공보안 체계의 근본적인 재검토를 요구했다. 국제사회는 즉각적으로 대응했는데, 2001년 ICAO 제33차 총회에서 채택된 결의안 A33－1이 그 시작점이었다.

이 역사적 결의안은 이사회와 사무국에 중요한 임무를 부여했다. 첫째, 민간항공에 대한 새롭게 등장한 위협들을 체계적으로 분석하고 대응 방안을 마련할 것. 둘째, 기존 항공보안협약들이 21세기의 위협에 여전히 유효한지 전면적으로 검토할 것. 이는 단순한 수정이 아니라 항공보안 패러다임 자체를 재정립하는 작업이었다.

이러한 지시에 따라 ICAO 사무국은 포괄적인 연구를 수행하기 시작했다. 수년간의 분석 끝에 도출된 예비 결론은 명확했다. 1970년대에 제정된 헤이그협약과 몬트리올협약은 여전히 중요한 기초를 제공하지만, 새로운 위협 양상에 대응하기에는 여러 측면에서 한계를 보이고 있다는 것이다. 특히 항공기를 이용한 자살 공격, 생화학 무기의 위협, 사이버 테러 등은 기존 협약이 전혀 예상하지 못했던 시나리오였다.

2005년, 이러한 연구 결과는 중요한 전환점을 맞게 된다. 다수의 회원국들과 항공보안협약 연구그룹이 사무국의 결론을 공식적으로 승인한 것이다. 더 나아가 이들은 구체적인 개선 방향에 대해서도 합의를 이루었는데, 특히 주목할 만한 것은 범죄의 '주도자'와 '기획자'에 대한 형사책임을 명확히 규정하기로 한 점이다. 이는 9.11과 같은 조직적 테러를 기획하고 지원한 배후 세력까지 처벌할 수 있는 법적 근거를 마련하려는 의도였다.

새로운 협약 준비 과정에서는 UN의 최신 반테러 법률 문서들도 적극적으로 참조되었다. 이 과정에서 세 가지 핵심 원칙이 도입되었다. 첫째는 '無 차별 원칙'으로, 테러리스트의 동기나 목적과 관계없이 처벌한다는 것이다. 둘째는 '정치적 범죄 예외의 배제'로, 정치적 목적을 내세워도 면책되지 않는다는 원칙이다. 셋째는 '확대된 재판관할권'으로, 더 많은 국가가 범죄자를 처벌할 수 있도록 하는 것이다. 이러한 원칙들은 테러 행위에 대한 국제사회의 단호한 입장을 반영하고 있다.

이러한 철저한 준비 과정을 거쳐 2010년 8월 30일부터 9월 10일까지 중국 베이징에서 역사적인 외교회의가 개최되었다. 회의 참가국들은 2주간의 집중적인 논의 끝에 "국제민간항공과 관련된 불법행위 억제에 관한 협약"을 채택했다. 베이징에서 채택되어 '베이징협약'으로 명명된 이 협약은 9.11 이후 국제사회가 이룩한 가장 중요한 항공보안 성과로 평가된다.

베이징협약의 의의는 단순히 새로운 위협을 추가로 규정하는 데 그치지 않는다. 이 협약은 항공보안을 발전시키는 동시에, 9.11과 같은 대규모 항공 테러를 명확히 범죄화하고 처벌할 수 있는 국제법적 도구를 제공한다. 협약은 채택 후 8년간의 비준 과정을 거쳐

2018년 7월 1일 발효되었으며, 이는 21세기 항공보안 체계의 새로운 법적 기반을 확립했음을 의미한다.

(2) 2010 베이징협약의 주요 내용

1) 항공보안 범죄 개념의 다변화와 확장

2010 베이징협약은 항공보안 분야에 획기적인 변화를 가져왔다. 이 협약이 주목받는 이유는 1971 몬트리올협약과 1988 몬트리올 보충의정서가 정의했던 범죄 개념을 대폭 확장하고 있기 때문이다. 특히 눈여겨볼 점은 실제 범죄 행위뿐만 아니라 범죄를 저지르겠다는 위협 행위 자체도 범죄로 규정한다는 것이다.

이러한 범죄 개념의 확장과 함께 테러로부터 보호해야 할 대상의 범위도 크게 넓어졌다. 과거에는 주로 항공기 자체에 집중했지만, 베이징협약은 항공항행서비스까지 보호영역을 확대한다. 이를 뒷받침하기 위해 협약은 “항행안전시설”에 대한 구체적인 정의를 새롭게 도입하고 있다. 여기에는 항공기 항행에 필요한 신호, 데이터, 정보, 시스템 등이 모두 포함되며, 이러한 포괄적 정의는 현대적 위협, 특히 사이버 공격에 대응하기 위한 것이다.

사이버 위협에 대한 대응은 베이징협약의 핵심적 진전 중 하나다. 실제로 사이버 수단을 통한 항행안전시설이나 항공기 공격도 범죄 행위로 처벌할 수 있는 법적 근거가 명확해졌다. 이는 디지털 기술의 발전으로 항공 시스템이 전자화되면서 나타난 새로운 취약점을 보호하려는 국제사회의 노력을 반영한다.

나아가 베이징협약은 적용 범위도 혁신적으로 확장했다. 기존 협약들이 운항 중인 항공기에 대한 위해 행위에 주목했다면, 새 협약은 공항 안전을 위협하는 행위까지 범죄로 규정한다. 이는 테러리스트들이 공항 자체를 새로운 공격 목표로 삼는 현실을 반영한 조치다. 결과적으로 공항을 이용하는 승객들과 대기 중인 항공기까지 국제법적 보호를 받게 되었으며, 이는 항공 운송 시스템 전체에 대한 포괄적 보호 체계가 확립되었음을 의미한다.

2) 형사책임과 재판관할권의 확대

2010 베이징협약은 형사책임의 범위를 획기적으로 확대했다. 이제는 미수, 조직, 공범 참여, 공모 등도 처벌 대상에 포함된다. 특히 범죄를 위해 사람들을 조직하거나 지휘하는 행위, 공범자로서 범죄에 참여하는 행위는 물론이고, 고의적으로 범죄자의 조사나 기소, 처벌을 회피하도록 돕는 행위까지도 범죄로 규정한다. 이처럼 공범의 개념이 대폭 확대되어, 항공보안 범죄의 조직적 성격에 효과적으로 대응할 수 있게 되었다.

형사책임의 확대와 함께 재판관할권의 범위도 크게 넓어졌다. 해당 국가의 영토에서 발생한 범죄뿐만 아니라 자국민이 저지른 범죄까지 관할권에 포함시킨 것이다. 각 체약국은 이러한 범죄에 대해 '범죄인 인도 아니면 기소' 원칙을 적용하여 엄중한 처벌을 보장해야 한다. 이는 항공보안 범죄자가 어떠한 국가에서도 처벌을 피할 수 없도록 하는 국제적 법망을 강화하는 조치다.

베이징협약 제8조는 이러한 확대된 재판관할권을 구체적으로 명시하고 있다. 체약국들은 자국민이 제1조의 범죄를 저지른 경우 재판관할권을 행사할 수 있도록 필요한 조치를 취해야 한다. 또한 자국민이 피해자가 되었거나, 자국에 상거소를 둔 무국적자가 범죄를 저지른 경우에도 관할권을 설정할 수 있다. 이러한 규정은 관할권의 적극적 행사를 통해 항공보안 범죄에 대한 국제사회의 단호한 대응 의지를 보여준다.

특히 무국적자에 대한 관할권 설정은 중요한 법적 공백을 메운 조치다. 1971 몬트리올협약에서는 무국적자의 범죄행위에 대한 관할권이 불분명했으며, 당시에는 국내법상 세계주의나 보호주의 이론을 적용해 관할권을 행사하는 방법밖에 없었다. 그러나 2010 베이징협약은 무국적자가 체약국에서 범죄를 저지른 경우, 해당 체약국이 명확하게 관할권을 행사할 수 있도록 규정한다. 이로써 국제 항공보안 범죄에 대한 처벌의 사각지대가 사라지게 되었으며, 모든 형태의 항공보안 위협에 대해 실효적인 법적 대응이 가능하게 되었다.

3) 정치범 예외 배제: 강화된 범죄인 인도 체계

베이징협약은 범죄인 인도에 관한 획기적인 조항들을 신설했다. 먼저 제12조제5항은 제1조제5항 (a)와 (b)호에 규정된 범죄들을 체약국 간 인도 목적상 동등하게 취급하도록 명시한다. 이는 국가 간 범죄인 인도 절차를 원활하게 만드는 중요한 장치로, 국제협력의 실효성을 높이는 핵심 규정이다.

범죄인 인도 절차의 개선과 함께 더욱 주목할 만한 변화는 정치범 문제의 해결이다. 제13조는 협약상의 범죄가 정치적 범죄로 간주되지 않으며, 정치적 동기를 이유로 범죄인 인도나 상호 법적 지원을 거부할 수 없다고 명확하게 규정하고 있다. 이는 오랜 국제사회의 논란을 종식시킨 조항으로 평가된다. 과거에는 항공기 납치나 민간항공 파괴행위가 정치적 행위인지를 두고 끊임없는 논쟁이 있었으며, 명확한 규정이 없어 테러리스트들이 정치범 지위를 주장하며 처벌을 피하는 경우가 빈번했다.

그러나 베이징협약은 정치범 예외를 배제하면서도 인권 보호의 균형을 놓치지 않았다. 제14조는 인종, 종교, 국적, 민족적 기원, 정치적 의견, 성별을 이유로 한 차별적 기소나 처벌이 목적이라고 판단되는 경우, 체약국이 인도나 법적 지원을 거부할 수 있도록 규정한다. 이는 정치적 탄압의 도구로 협약이 악용되는 것을 방지하는 안전장치로, 국제인권법의 기본 원칙을 반영한 것이다.

결과적으로 베이징협약은 절묘한 균형을 이루고 있다. 테러리스트들이 정치범 지위를 악용하여 처벌을 회피하는 것을 차단하면서도, 동시에 정치적 박해로부터 개인을 보호하는 장치를 마련한 것이다. 이로써 항공 테러범들은 더 이상 정치적 동기를 방패막이로 삼을 수 없게 되었고, 국제사회는 보다 효과적으로 항공보안 범죄에 대응할 수 있게 되었다. 이러한 균형적 접근은 21세기 국제항공보안 체계가 추구해야 할 방향을 제시한다는 점에서 중요한 의미를 갖는다.

7. 1991 가소성폭약표지협약

ICAO 제27차 총회는 중요한 결정을 내렸다. 가소성 또는 박판형 폭약의 탐지를 위한 식별조치에 관한 새로운 국제법률문서 제정에 최우선권을 부여한다는 결의안을 만장일치로 채택한 것이다. 이는 항공기 폭파 테러에 사용되는 가소성 폭약의 위험성을 국제사회가 심각하게 인식했음을 보여준다. 그 결과 1991년 3월 1일 몬트리올에서 ICAO 주관으로 "가소성 폭약의 탐지를 위한 식별조치에 관한 협약(Convention on Marking of Plastic Explosives for the Purpose of Detection)"이 탄생했다.

이 협약은 체계적인 구조를 통해 가소성 폭약의 식별과 탐지를 위한 포괄적 체계를 제시한다. 전문과 15개 조문 그리고 기술부속서로 구성되어 있으며, 각 부분이 유기적으로 연결되어 있다. 제1조는 용어를 정의하고, 제2조부터 제4조까지는 당사국의 권한과 의무를 명시한다. 특히 주목할 부분은 제5조부터 제8조인데, 여기서는 국제폭약기술위원회의 설립과 임무를 규정하고 있다. 또한 제7조는 기술부속서 개정 절차를 다루어 기술 발전에 따른 유연한 대응을 가능하게 했다. 이러한 구조는 기술적 진보와 새로운 위협에 적응할 수 있는 제도적 기반을 마련했다는 점에서 의의가 있다.

가소성폭약표지협약은 1998년 6월 21일 국제적으로 발효되었으며, 우리나라도 이 협약의 중요성을 인식하고 가입하여 2002년 3월 3일부터 국내에서도 효력을 발휘하고 있다. 2025년 8월 현재 156개국이 가입한 상태로, 국제사회의 폭넓은 지지를 받고 있다. 이는 가소성 폭약을 이용한 테러 위협에 대한 전 세계적 공감대가 형성되었음을 보여주며, 항공보안 분야에서 기술적 조치와 법적 규제가 효과적으로 결합된 사례로 평가된다.

2

CHAPTER

공항보안

제2장

공항보안

Ⅰ. 보안검색

1. 보안검색 운영 주체: 공항운영자

▮ **항공보안법**

제2조(정의) 이 법에서 사용하는 용어의 뜻은 다음과 같다. 다만, 이 법에 특별한 규정이 있는 것을 제외하고는 「항공사업법」·「항공안전법」·「공항시설법」에서 정하는 바에 따른다.

2. "공항운영자"란 「항공사업법」 제2조제34호에 따른 공항운영자를 말한다.

▮ **항공사업법**

제2조(정의) 이 법에서 사용하는 용어의 뜻은 다음과 같다.

34. "공항운영자"란 「인천국제공항공사법」, 「한국공항공사법」 등 관계 법률에 따라 공항운영의 권한을 부여받은 자 또는 그 권한을 부여받은 자로부터 공항운영의 권한을 위탁·이전받은 자를 말한다.

보안검색의 운영주체를 명확히 하기 위해서는 '공항운영자'에 대한 법적 정의를 살펴볼 필요가 있다. 항공보안법과 항공사업법은 공항운영자의 개념을 단계적으로 규정하고 있으며, 이것은 보안검색 책임의 귀속을 명확히 하는 법적 근거가 되는 것이다.

항공보안법 제2조제2호는 공항운영자를 "항공사업법 제2조제34호에 따른 공항운영자"로 정의하고 있다. 이것은 항공보안법이 공항운영자에 대한 별도의 정의 규정을 두지 않고 항공사업법의 정의를 준용하고 있음을 의미한다. 이러한 입법방식은 법령 간 일관성을 유지하고 중복 규정을 회피함으로써 법체계의 통일성을 확보하고 있는 것으로 볼 수 있다.

항공사업법 제2조제34호가 규정하는 공항운영자의 범위는 상당히 포괄적이다. 크게 두 가지 유형으로 구분되는데, 첫째는 법률에 따라 직접 공항운영 권한을 부여받은 자이고, 둘째는 이들로부터 권한을 위탁이나 이전받은 자다. 직접 권한을 부여받은 대표적인 기관으로는 인천국제공항공사법에 따른 인천국제공항공사와 한국공항공사법에 따른 한국공항공사가 있다. 이들은 법률에 의해 공항운영의 권한과 책임을 직접 부여받은 공공기관으로서 우리나라 대부분의 공항을 운영한다.

여기서 확인할 수 있는 것은 공항운영 권한의 위탁이나 이전이 가능하다는 점이다. 이는 공항운영의 효율성과 전문성을 높이기 위한 제도적 장치로 이해할 수 있으며, 실제로 일부 공항 시설이나 특정 터미널의 경우 원래의 공항운영자가 전문 운영업체에 권한을 위탁하여 운영하는 사례들이 나타나고 있다. 그러나 이러한 위탁 운영 체계에서도 보안검색의 책임 소재는 명확하다. 권한을 위탁받은 자 역시 법적으로 '공항운영자'의 지위를 갖기 때문에, 항공보안법상의 모든 의무와 책임을 동일하게 부담한다.

공항운영자가 보안검색의 운영주체라는 것은 형식적 의미를 넘어 실질적 책임을 의미한다. 이들은 보안검색 인력의 배치, 장비의 구매와 유지보수, 검색절차의 수립과 시행, 보안사고 발생 시 책임 등 보안검색의 전 과정에서 실질적인 운영 주체로서의 역할을 수행한다. 항공보안법은 공항운영자에게 보안검색요원의 교육훈련, 보안장비의 성능유지, 보안검색 절차의 국제기준 준수 등 광범위한 보안책임을 부과하고 있으며, 이러한 책임의 이행 여부는 공항의 보안수준을 결정하는 핵심 요소가 되는 것이다.

이러한 체계는 공항별로 일관된 보안수준을 유지하면서도 각 공항의 특성에 맞는 효율적인 운영을 가능하게 한다. 공항운영자 중심의 보안검색 체계는 책임의 명확성과 운영의 효율성을 동시에 추구하는 우리나라 항공보안시스템의 근간을 이룬다.

2. 보안검색의 목적

▌ 항공보안법

제2조(정의)

9. "보안검색"이란 불법방해행위를 하는 데에 사용될 수 있는 무기 또는 폭발물 등 위험성이 있는 물건들을 탐지 및 수색하기 위한 행위를 말한다.
10. "항공보안검색요원"이란 승객, 휴대물품, 위탁수하물, 항공화물 또는 보호구역에 출입하려고 하는 사람 등에 대하여 보안검색을 하는 사람을 말한다.

보안검색의 가장 직접적인 목적은 기내반입금지물품(Restricted Item)을 탐지하여 항공기 운항의 안전을 확보하는 것이다. 국제민간항공기구(ICAO)와 각국 항공보안당국은 이러한 금지물품의 기준을 지속적으로 업데이트하며, 변화하는 위협환경에 대응한다.

이러한 기내반입금지물품은 그 특성과 위험도에 따라 크게 두 가지 범주로 분류된다. 첫째, 위해물품(Prohibited Articles)은 항공기나 탑승객에게 직접적인 위협이 될 수 있는 물품들을 지칭한다. 여기에는 총기류, 화약류, 폭발물, 날카로운 도구류 등이 포함되며, 이들은 항공보안 침해행위에 악용될 가능성이 높은 품목들이다. 이러한 물품들은 의도적인 불법행위에 사용될 수 있다는 점에서 보안검색의 최우선 탐지 대상이 된다.

둘째, 위험물품(Dangerous Goods)은 그 자체의 물리적·화학적 특성으로 인해 항공운송 시 안전을 위협할 수 있는 물질들을 의미한다. 인화성 물질, 방사성 물질, 부식성 화학물질, 독성 물질 등이 이 범주에 속하며, 국제항공운송협회(IATA)의 위험물규정(DGR)에 따라 세부적으로 관리되고 있다. 이들 물품은 의도와 무관하게 항공기의 기압 변화나 온도 변화 등 특수한 환경에서 위험을 초래할 수 있다는 점에서 엄격한 통제가 필요하다.

위해물품과 위험물품의 이원적 분류체계는 효과적인 보안검색 절차 수립과 검색요원 교육의 기본 틀을 제공한다. 위해물품과 위험물품의 구분은 단순한 이론적 분류를 넘어 실제 보안검색 현장에서 차별화된 대응전략을 수립하는 근거가 된다는 점에서 의미가 있다. 따라서 이러한 분류체계는 항공보안의 효율성과 실효성을 동시에 추구하는 것으로 평가할 수 있으며, 보안검색의 체계적 운영을 가능하게 하는 것으로 판단된다.

3. 승객 및 휴대물품 검색

항공보안법

제15조(승객 등의 검색 등) ① 항공기에 탑승하는 사람은 신체, 휴대물품 및 위탁수하물에 대한 보안검색을 받아야 한다.

② 공항운영자는 항공기에 탑승하는 사람, 휴대물품 및 위탁수하물에 대한 보안검색을 하고, 항공운송사업자는 화물에 대한 보안검색을 하여야 한다. 다만, 관할 국가경찰관서의 장은 범죄의 수사 및 공공의 위험예방을 위하여 필요한 경우 보안검색에 대하여 필요한 조치를 요구할 수 있고, 공항운영자나 항공운송사업자는 정당한 사유 없이 그 요구를 거절할 수 없다.

③ 공항운영자 및 항공운송사업자는 제2항에 따른 보안검색을 직접 하거나 「경비업법」 제4조제1항에 따른 경비업자 중 공항운영자 및 항공운송사업자의 추천을 받아 제6항에 따라 국토교통부장관이 지정한 업체에 위탁할 수 있다.

④ 공항운영자는 제2항에 따른 보안검색에 드는 비용에 충당하기 위하여 「공항시설법」 제32조 및 제50

조에 따른 사용료의 일부를 사용할 수 있다.
⑤ 항공운송사업자는 공항 및 항공기의 보안을 위하여 항공기에 탑승하는 승객의 성명, 국적 및 여권번호 등 국토교통부령으로 정하는 운송정보를 공항운영자에게 제공하여야 한다. 이 경우 운송정보 제공 방법 및 절차 등 필요한 사항은 국토교통부령으로 정한다.
⑥ 제2항에 따른 보안검색의 방법·절차·면제 등에 관하여 필요한 사항은 대통령령으로 정한다.
⑦ 제3항에 따라 보안검색 업무를 위탁받으려는 업체는 국토교통부령으로 정하는 바에 따라 국토교통부장관의 지정을 받아야 한다.
⑧ 국토교통부장관은 제6항에 따라 지정을 받은 업체가 다음 각 호의 어느 하나에 해당하는 경우에는 그 지정을 취소할 수 있다. 다만, 제1호 또는 제2호에 해당하면 지정을 취소하여야 한다.
1. 거짓이나 그 밖의 부정한 방법으로 지정을 받은 경우
2. 「경비업법」에 따른 경비업의 허가가 취소되거나 영업이 정지된 경우
3. 국토교통부령에 따른 지정기준에 미달하게 된 경우. 다만, 일시적으로 지정기준에 미달하게 되어 3개월 이내에 지정기준을 다시 갖춘 경우에는 그러하지 아니하다.
4. 보안검색 업무의 수행 중 고의 또는 중대한 과실로 인명피해가 발생하거나 보안검색에 실패한 경우

▌항공보안법 시행령

제10조(승객 및 휴대물품의 보안검색방법 등) ① 공항운영자는 법 제15조에 따라 항공기 탑승 전에 모든 승객 및 휴대물품에 대하여 법 제27조에 따라 국토교통부장관이 고시하는 항공보안장비(이하 "검색장비등"이라 한다)를 사용하여 보안검색을 하여야 한다. 이 경우 승객에 대해서는 문형금속탐지기 또는 원형검색장비를, 휴대물품에 대해서는 엑스선 검색장비를 사용하여 보안검색을 하여야 하며, 폭발물이나 위해물품이 있다고 의심되는 경우에는 폭발물 탐지장비 등 필요한 검색장비등을 추가하여 보안검색을 하여야 한다.
② 삭제
③ 공항운영자는 다음 각 호의 어느 하나에 해당하는 경우에는 승객의 동의를 받아 직접 신체에 대한 검색을 하거나 개봉검색을 하여야 한다. 이 경우 제5호에 해당하는 경우에는 폭발물 흔적탐지장비 등 필요한 검색장비등을 추가하여 보안검색을 하여야 한다.
1. 검색장비등이 정상적으로 작동하지 아니하는 경우
2. 검색장비등의 경보음이 울리는 경우
3. 무기류나 위해(危害)물품을 휴대(携帶)하거나 숨기고 있다고 의심되는 경우
4. 엑스선 검색장비에 의한 검색결과 그 내용물을 판독할 수 없는 경우
5. 엑스선 검색장비로 보안검색을 할 수 없는 크기의 단일 휴대물품인 경우
④ 공항운영자는 기내에서 휴대가 금지되는 물품이 항공보안에 위해(危害)가 되지 아니하다고 인정되는 경우에는 위탁수하물로 탑재(搭載)를 하게 할 수 있다.

(1) 보안검색의 법적 기준과 운영 체계

공항운영자는 국토교통부장관이 정하여 고시하는 위해물품과 액체·겔(gel)류 등의 기내반입금지물품을 효과적으로 탐지하기 위해 철저한 보안검색 체계를 운영한다. 모든 승객과 휴대물품, 위탁수하물은 보안검색 완료구역으로 진입하기 전에 반드시 검색을 받아야 하며, 이를 위해 문형금속탐지장비, 원형검색장비, 엑스선검색장비, 폭발물흔적탐지장비 등 첨단 보안검색장비가 활용되고 있다.

이러한 보안검색 체계는 엄격한 통제 조치와 결합되어 운영된다. 공항운영자는 항공보안법 제15조 또는 제17조(통과 승객 또는 환승 승객에 대한 보안검색 등)에 따른 보안검색을 거부하는 사람, 보안검색을 받지 않은 휴대물품 그리고 국내외 항공보안 관계기관으로부터 항공기 안전운항을 해칠 우려가 있다고 통보받은 사람에 대해 보안검색 완료구역으로의 진입을 차단해야 한다. 이러한 상황이 발생하면 즉시 국토교통부장관, 관계기관, 해당 항공운송사업자에게 통보하는 체계가 작동하며, 이는 보안위협을 신속하게 공유하고 대응하기 위한 필수적 절차다.

공항운영자의 통제 조치와 연계하여 항공운송사업자 역시 중요한 보안 책임을 수행한다. 공항운영자로부터 통보받은 문제 상황에 대해서는 해당 승객의 탑승이나 물품의 항공기 내 반입을 거절해야 하며, 이 사실을 국토교통부장관 등 관계기관에 즉시 보고해야 한다. 이러한 다층적 통제 시스템은 항공보안의 사각지대를 최소화하고 잠재적 위협요소를 사전에 차단하는 핵심적인 안전장치다. 공항운영자와 항공운송사업자 간의 유기적 협력체계는 우리나라 항공보안의 실효성을 담보하는 중요한 제도적 기반이 되고 있다.

(2) 승객 보안검색 절차와 안내 체계

공항운영자는 보안검색 완료구역 진입 전 모든 승객과 반려동물에 대해 체계적인 검색 절차를 시행한다. 승객은 문형금속탐지장비 또는 원형검색장비를 통과해야 하며, 휴대물품은 엑스선검색장비로 검사를 받는다. 보안 상황에 따라 국토교통부장관이 고시하는 추가 항공보안장비를 활용한 2차 검색이 실시되고 있다. 특히 엑스선검색장비로 검사가 어려운 대형 단일 휴대물품의 경우, 개봉검색과 폭발물흔적탐지장비를 통한 대체 검색 방법이 적용된다.

이러한 일반적인 검색 절차와 더불어 반려동물 동반 승객에 대한 검색 프로토콜도 명확히 규정되어 있다. 승객과 반려동물이 문형금속탐지장비를 통과할 때 경보가 작동하면, 휴대용금속탐지장비나 촉수검색을 통한 정밀검색을 실시한다. 의심스러운 상황이 지속되면 폭발물흔적탐지장비를 이용한 추가 검색까지 진행하여 보안위협요소를 철저히 차단한다. 또한 전자제품, 두꺼운 외투, 기타 소지품 등은 엑스선검색장비와 폭발물흔적탐지장비를 병행 활용하여 정밀하게 검사하고 있다.

보안검색의 실효성을 높이기 위해서는 승객의 인식 제고와 협조가 필수적이다. 이를 위해 공항운영자는 검색대 앞 눈에 잘 띄는 위치에 안내 시설물을 설치해야 한다. 이 안내문에는 무기 등 위해물품 은닉 탑승이 범죄행위임을 명시하고, 관계 법령에 따른 보안검색 실시 의무를 고지한다. 특히 보안검색 거부 시 검색대 통과 및 항공기 탑승이 불가함을 분명히 전달하여, 승객들이 보안검색의 필수성을 인지하도록 하고 있다.

한편 보안검색 체계는 엄격함과 동시에 유연성도 갖추고 있다. 의료·과학용 필름처럼 엑스선에 민감한 물품이나 국토교통부장관의 허가를 받은 특수 물품의 경우, 승객 요청에 따라 엑스선검색장비 검색 대신 개봉검색이나 증명서류 확인, 폭발물흔적탐지장비 검색으로 대체할 수 있다. 이러한 유연한 대응은 보안수준을 유지하면서도 승객의 특수한 요구사항을 수용하는 합리적인 운영 방식을 보여준다. 우리나라의 보안검색 체계는 이처럼 철저성과 효율성 그리고 승객 편의를 동시에 추구하는 선진적 시스템으로 발전하고 있다.

(3) 승객 신체검색 프로토콜과 무작위 검색 체계

공항운영자는 승객이 문형금속탐지장비 또는 원형검색장비를 통과하기 전에 열쇠, 라이터, 휴대전화 등 금속물질을 포함한 모든 소지품을 엑스선검색장비에 넣도록 사전 안내를 실시한다. 이러한 사전 조치는 불필요한 경보 발생을 줄이고 검색 효율성을 높이는 중요한 절차로 운영되고 있다.

이러한 기본 검색 절차를 거친 후에도 항공보안검색요원은 특정 상황에서 휴대용금속탐지장비, 폭발물흔적탐지장비 또는 촉수검색을 통한 정밀검색을 수행해야 한다. 정밀검색이 필요한 경우는 문형금속탐지장비나 원형검색장비에서 경보가 발생하고 해당 부위 및 기타 의심스러운 신체 취약부위가 있을 때, 검색요원이 추가 검색이 필요하다고 판단할 때 그리고 주 검색장비가 작동하지 않거나 사용할 수 없는 상황이다. 이러한 다층적 검색 체계는 보안 사각지대를 최소화하는 핵심 안전장치가 된다.

정밀검색 과정에서도 승객의 프라이버시와 인권 보호를 위한 검색 원칙이 명확히 규정되어 있다. 신체 검색 시에는 가능한 한 동일한 성별의 항공보안검색요원이 업무를 수행하도록 하며, 특히 여성 승객에 대한 보안검색은 반드시 여성 검색요원이 실시해야 한다. 신체검색은 승객에 대한 의심이 해소되고 장비 경보의 원인이 충분히 확인될 때까지 지속되며, 구체적인 절차는 각 공항운영자의 자체보안계획에 상세히 명시된다.

더불어 무작위 검색은 예측 불가능한 보안 체계를 구축하는 중요한 요소로 운영되고 있다. 공항운영자는 승객과 휴대물품에 대해 무작위 개봉검색, 촉수검색, 폭발물탐지검색을 실시한다. 무작위 검색 비율은 국가항공보안 우발계획에 따른 항공보안 등급별로 차등 적용되며, 원형검색장비 사용 시에는 항공보안등급 촉수검색 비율의 10% 범위 내에서 탄력적으로 운영할 수 있다. 이러한 무작위 검색 시스템은 잠재적 위협자들이 보안 패턴을 예측하거나 회피하는 것을 방지하여, 항공보안의 억제 효과를 극대화하는 전략적 도구로 활용되고 있다.

(4) 개별검색 절차와 의심승객 대응 프로토콜

공항운영자는 일반적인 보안검색 절차 외에도 특수한 상황에 대응하는 개별검색 체계를 운영한다. 승객이 직접 개별검색을 요청하거나, 의료보조장치를 착용한 장애인·임산부·중환자의 경우 지정된 보안검색 장소가 아닌 별도 공간에서 검색을 실시할 수 있다. 또한 일반검색 절차로는 적절한 검색이 어렵다고 판단되거나, 문형금속탐지장비나 원형검색장비 통과 시 경보가 울렸으나 그 원인을 명확히 파악할 수 없는 경우에도 개별검색이 시행된다.

이러한 개별검색 시에는 승객의 인권과 존엄성을 보호하기 위한 엄격한 프로토콜이 적용된다. 항공보안검색요원은 반드시 승객이나 보호자의 동의를 받거나 항공사 대리인이 입회한 상태에서 검색을 진행해야 한다. 검색은 폐쇄된 독립 공간에서 실시하는 것이 원칙이나, 의료보조장치 착용자의 경우는 예외적으로 다른 장소에서도 가능하다. 특히 중요한 것은 승객과 동일한 성별의 검색요원 2명이 검색을 수행하며, 인격을 침해할 수 있는 언행을 금지하고, 검색 완료 후 승객의 협조에 감사를 표시하는 등 세심한 배려가 이루어진다는 점이다.

개별검색의 인권 보호 원칙과 함께 의심스러운 승객에 대한 강화된 검색 프로토콜도 체계적으로 규정되어 있다. 관계기관이 요청한 인물, 비정상적으로 긴장하거나 보안검색을 회피하려는 승객, 제한물품 은닉을 시도하는 것으로 의심되는 경우 개봉검색, 촉수검색, 폭발물흔적탐지장비를 활용한 정밀검색을 실시한다. 휴대물품에서 위해물품이나 수상한 물품이 발견되거나, 엑스선검색장비로 식별이 어려운 물품, 배터리로 작동하는 의심 전자제품 등도 추가 검색 대상이 된다. 이러한 검색은 반드시 물품 소지자나 항공사 대리인이 입회한 상태에서 진행되어 투명성을 확보한다.

나아가 특별한 주의가 필요한 물품들에 대해서는 필수적으로 정밀검색을 실시하고 있다. 비정상적으로 무거운 가방이나 외형이 변형된 용기, 무기류나 폭발물을 은폐할 수 있는 전자제품이나 기계장치 등이 이에 해당한다. 항공보안검색요원은 이러한 물품들에 대해 개봉검색, 엑스선검색장비 검색, 폭발물탐지장비 검색 등을 병행하여 위험 여부를 철저히 확인해야 한다. 이러한 다단계 검증 시스템은 잠재적 위협을 사전에 차단하는 핵심적인 보안 체계다. 항공운송의 안전을 보장하는 마지막 안전장치 역할을 수행한다.

(5) 보안검색대 운영 기준과 필수 인프라 구축 요건

▌공항건설 및 유지·보수에 관한 보안지침

제10조(출발장 보안검색대) ① 공항운영자등은 공항 보호구역에 진입하기 전에 모든 사람을 검색할 수 있는 검색대를 설치하여야 한다.

② 공항운영자등은 보안검색대를 설치할 경우 다음 각 호를 고려하여야 한다.

1. 보안검색요원(필요시 법 집행관을 포함한다), 보안장비 검색테이블 및 수검색 등에 필요한 공간을 확보할 것
2. 검색대에는 문형금속탐지기 및 X-ray 장비를 각 1대 이상 확보할 것
3. 재검색 및 몸 수색에 필요한 공간이나 보안검색 활동에 지장이 없을 정도의 공간을 확보할 것
4. 검색대의 넓이는 1회에 1명이 통과 가능할 것
5. 필요한 경우 검색대를 신속하게 확장할 수 있을 것
6. 문형금속탐지기는 장비의 성능을 저해할 수 있는 X-ray나 금속성 물체로부터 해당 장비 제작사의 설치지침서에 따른 거리를 유지할 것
7. 보안검색대를 무단으로 침입할 때 보안검색 완료지역이나 탑승구를 신속하게 봉쇄할 수 있을 것

③ 보안검색대의 형태와 위치는 다음 각 호를 고려하여야 한다.

1. 승객들의 동선을 단순화하고 최소한의 보안요원으로 보안검색이 가능하도록 보안검색대의 형태, 위치 및 설치 대수를 충분히 검토한 후 설치할 것
2. 보안검색대를 설치할 때 보안검색을 완료한 승객과 완료하지 않은 승객의 분리가 용이하도록 할 것
3. 담당자가 없을 때 보안검색장비 등이 파손되지 않도록 보호조치를 할 것
4. 금속탐지기는 다음 각 목의 장소가 아닌 곳에 설치할 것
   가. 전기장을 발생시킬 수 있는 장소
   나. 천장, 벽 및 바닥 등에 전자 회로가 설치된 장소
   다. 철문 또는 승강기로부터 3미터 이내의 장소
   라. 스피커로부터 1.2미터 이내의 장소
   마. 수하물 카트, 지하철 및 중형 트럭 등에 의해 진동이 발생하는 장소
5. X-ray 장비는 다음 각 목을 고려하여 설치할 것
   가. 건물의 전기시스템
   나. 장비가 타 전원에 의하여도 작동되는지 여부
   다. 기존의 전기 회로나 콘센트가 사용될 수 있는지 여부

> 라. 온도 조절 가능 여부
> ④ 공항운영자등은 보안검색대 인근에 개별 검색, 수검색, 그 밖의 특별 검색을 위한 별도의 검색실이 확보되도록 설계하여야 한다.
> ⑤ 공항운영자등은 보안장비를 설치할 때에는 보안요원이 원활하게 업무를 수행할 수 있는 공간을 확보하여야 한다.

공항운영자는 보안검색 운영의 투명성과 효율성을 확보하기 위해 체계적인 기록관리 시스템을 운영해야 한다. 항공보안검색요원의 근무 현황, 위해물품 적발 상황, 정밀검색 실시 내용 등 보안검색 활동 전반에 대한 상세한 기록을 유지한다. 이러한 데이터는 보안 위협 패턴 분석과 검색 효율성 평가의 기초 자료로 활용되며, 보안 체계의 지속적인 개선을 위한 근거 자료가 되고 있다. 또한 승객과 휴대물품에 대한 촉수검색 및 개봉검색의 구체적인 절차와 책임 소재를 자체보안계획에 명확히 규정하여, 일관되고 표준화된 검색 프로토콜을 확립한다.

이러한 체계적인 기록 관리와 더불어 보안검색대의 물리적 설계와 배치는 운영 효율성과 직결되는 핵심 요소다. 공항운영자는 보안검색으로 인한 승객 정체를 최소화할 수 있는 충분한 공간을 확보해야 하며, 동시에 항공기 및 공항 무선장비 운영에 전파 간섭이나 영향을 미치지 않는 위치를 선정해야 한다. 이는 보안 기능의 효과성과 공항 운영의 효율성이라는 두 가지 목표를 동시에 달성하기 위한 설계 원칙으로, 현대 공항 보안 인프라의 필수 요건이 되고 있다.

효율적인 공간 설계를 바탕으로 보안검색대에는 다양한 검색 상황에 대응할 수 있는 필수 시설과 장비가 구비되어야 한다. 의심스러운 물품이나 복잡한 구조의 휴대물품을 정밀하게 검사할 수 있는 별도의 개봉검색대가 설치되며, 이는 일반 검색 흐름을 방해하지 않으면서도 세밀한 검사가 가능한 공간으로 운영된다. 이와 함께 비상 대응체계 구축도 보안검색대 운영의 중요한 요소로 자리잡고 있다.

위협 상황이나 비상사태 발생 시 경찰 등 관계기관과 즉각적인 연락이 가능하도록 비상벨, 전화기, 기타 통신수단이 설치된다. 이러한 비상 통신 시스템은 보안위협에 대한 신속한 대응과 상황 전파를 가능하게 하는 핵심 인프라다. 또한 검색요원의 업무수행을 지원하는 참고 자료의 비치도 필수적이다. 국토교통부장관이 고시한 항공기 내 반입금지 위해물품 목록과 보안검색 업무절차서 등이 검색대에 항시 비치되어, 검색요원이 즉시 참조할 수 있도록 하고 있다.

이러한 종합적인 시설과 장비 구성은 일관된 검색 기준 적용과 신속한 의사결정을 지원하며, 특히 애매한 물품이나 새로운 유형의 위협에 대한 판단 근거를 제공한다. 이를 통해 보안검색대는 검색 공간의 범위를 넘어 통합적인 보안관리 거점으로 기능할 수 있는 기반을 갖추게 되며, 이는 우리나라 항공보안 체계의 효과성을 담보하는 핵심 요소가 되고 있다.

(6) 승객 수요 예측 기반 보안검색대의 운영 체계

항공보안 운영의 효율성은 정확한 수요 예측과 적시적인 자원 배치에서 시작된다. 현대 항공보안시스템은 단순한 대응적 관리를 넘어 예측적 운영 체계로 진화하고 있으며, 국가항공보안계획 8.1.41은 바로 이러한 선제적 운영 체계의 핵심 원칙을 제시한다.

이 계획에 따르면, 항공운송사업자는 시간대별 출발 운항편 수와 탑승객 수에 대한 정보를 운항일 기준 최소 2일 전부터 운항 당일까지 공항운영자에게 제공해야 한다. 이러한 정보는 일회적 전달에 그치지 않고 시스템 연계를 통해 실시간으로 업데이트되며, 매일 최신 자료가 체계적으로 공유된다. 공항운영자는 이렇게 축적된 데이터를 분석하여 시간대별 승객 집중도를 예측하고, 각 시간대에 필요한 보안검색대를 효율적으로 개방·운영하고 있다. 이는 데이터 기반의 선제적 운영 관리가 실제 현장에서 구현되는 과정을 보여준다.

그러나 아무리 정교한 예측 시스템이라도 예상치 못한 상황은 발생할 수 있다. 국가항공보안계획 8.1.42는 바로 이러한 돌발 상황에 대한 대응체계를 규정한다. 공항운영자가 가용한 모든 보안검색대를 운영하더라도 검색시간이 평소보다 지연될 것으로 예상되는 경우, 즉시 항공운송사업자에게 해당 정보를 전달하도록 되어 있다. 정보를 전달받은 항공운송사업자는 문자메시지나 전화 등 다양한 채널을 활용하여 탑승객에게 사전 안내를 실시한다. 이러한 양방향 정보공유 체계는 단순히 승객 불편을 최소화하는 것을 넘어, 공항 운영의 예측가능성을 높이고 전체 시스템의 회복탄력성을 강화하는 중요한 메커니즘으로 작동하고 있다.

(7) 보안검색 면제 대상과 적용기준

> **항공보안법 시행령**
>
> **제15조(보안검색의 면제)** ① 다음 각 호의 어느 하나에 해당하는 사람(휴대물품을 포함한다)에 대해서는 법 제15조에 따른 보안검색을 면제할 수 있다.
>
> 1. 공무로 여행을 하는 대통령(대통령당선인과 대통령권한대행을 포함한다)과 외국의 국가원수 및 그 배우자

2. 국제협약 등에 따라 보안검색을 면제받도록 되어 있는 사람
3. 국내공항에서 출발하여 다른 국내공항에 도착한 후 국제선 항공기로 환승하려는 경우로서 다음 각 목의 요건을 모두 갖춘 승객 및 승무원
   가. 출발하는 국내공항에서 법 제15조제1항에 따른 보안검색을 완료하고 국내선 항공기에 탑승하였을 것
   나. 국제선 항공기로 환승하기 전까지 보안검색이 완료된 구역을 벗어나지 아니할 것

② 다음 각 호의 요건을 모두 갖춘 외교행낭에 대해서는 법 제15조에 따른 보안검색을 면제할 수 있다.
1. 제13조제2항 각 호의 요건을 모두 갖출 것
2. 불법방해행위를 하는 데에 사용할 수 있는 무기 또는 폭발물 등 위험성이 있는 물건들이 없다는 것을 증명하는 해당 국가 공관의 증명서를 국토교통부장관이 인증할 것

③ 다음 각 호의 요건을 모두 갖춘 위탁수하물을 환적(옮겨 싣기)하는 경우에는 법 제15조에 따른 보안검색을 면제할 수 있다.
1. 출발 공항에서 탑재 직전에 적절한 수준으로 보안검색이 이루어질 것
2. 출발 공항에서 탑재된 후에 환승 공항에 도착할 때까지 계속해서 외부의 비인가 접촉으로부터 보호받을 것
3. 국토교통부장관이 제1호 및 제2호의 사항을 확인하기 위하여 출발 공항의 보안통제 실태를 직접 확인하고 해당 국가와 협약을 체결할 것

④ 항공운송사업자는 외교신서사가 탑승하지 아니한 경우에는 제2항에 따라 보안검색이 면제된 외교행낭을 운송해서는 아니 된다.

공항운영자는 특정 조건을 충족하는 경우에 한하여 보안검색을 면제할 수 있는 예외 규정을 운영한다. 이러한 면제 조항은 국가 원수의 외교적 특권과 국제협약상 의무 그리고 운영 효율성을 종합적으로 고려하여 마련된 것으로, 엄격한 보안체계 속에서도 필요한 유연성을 확보하는 중요한 제도적 장치라 할 수 있다.

보안검색 면제의 첫 번째 대상은 국가원수급 인사들이다. 공무로 국외여행을 하는 대통령과 대통령 당선인, 대통령 권한대행, 외국의 국가원수 및 그 배우자가 이에 해당한다. 이는 특혜의 차원을 넘어 국가 간 외교적 관례와 상호주의 원칙에 따른 것으로, 국제사회에서 보편적으로 인정되는 외교 특권의 일환으로 운영되고 있다. 더불어 비엔나 협약 등 국제협약에 따라 보안검색 면제 특권을 보장받는 외교관이나 국제기구 직원들도 동일한 면제 대상에 포함된다.

이러한 외교적 면제와는 별도로, 운영 효율성 측면에서 마련된 면제 규정도 존재한다. 국내선에서 국제선으로 환승하는 승객과 승무원이 바로 그 대상이다. 다만 이들의 면

제는 무조건적이지 않으며, 두 가지 핵심 요건을 충족해야 한다. 먼저 출발 공항에서 항공보안법 제15조제1항에 따른 보안검색을 완료하고 국내선 항공기에 탑승했어야 하며, 국제선으로 환승하기까지 보안검색 완료구역(sterile area)을 벗어나지 않아야 한다. 이러한 조건부 면제는 불필요한 중복 검색을 방지하면서도 보안수준을 유지하고 있으며, 승객 편의와 운영 효율성을 동시에 확보하는 합리적인 시스템으로 평가받는다.

그러나 이러한 면제 규정이 보안의 절대적 예외를 의미하는 것은 아니다. 면제 대상자라 하더라도 보안위협이 감지되거나 특별한 상황이 발생할 경우에는 추가 검색이 실시될 수 있다. 이는 항공 안전을 최우선으로 하는 원칙이 모든 예외 규정보다 우선한다는 점을 명확히 보여주며, 보안과 효율성의 균형을 추구하면서도 안전이라는 궁극적 목표를 견지하는 항공보안 체계의 본질을 드러낸다.

(8) 항공운송사업자의 2차 보안검색 체계

항공운송사업자는 공항운영자가 실시하는 1차 보안검색 외에 추가적인 2차 검색 권한을 보유한다. 이는 단일 보안검색만으로는 대응하기 어려운 특수한 상황이나 국제적 요구사항을 충족시키기 위한 제도로서, 항공보안의 복합적 체계를 구성하는 핵심 요소로 볼 수 있다.

이러한 추가 보안검색은 크게 두 가지 경우에 실시된다. 첫째는 체약국의 특별 요구가 있을 때이며, 둘째는 항공운송사업자가 자체적으로 보안위협을 감지하여 필요하다고 판단하는 경우다. 2차 검색은 주로 탑승 수속 카운터 전이나 탑승구 앞에서 이루어지고 있으며, 특정 노선이나 특정 시기의 보안 강화 필요성에 따라 탄력적으로 운영된다. 이처럼 시공간적 유연성을 확보함으로써 보안위협의 가변성에 효과적으로 대응하고 있다.

물론 이러한 추가 검색이 항공운송사업자의 임의적 판단만으로 시행되는 것은 아니다. 2차 검색 시행에는 엄격한 절차적 요건이 적용되며, 항공운송사업자는 항공보안법의 규정을 준수하면서도 효과적인 추가 검색이 가능한 구체적인 이행 방안을 수립해야 한다. 특히 추가 보안검색의 내용과 이행 방안을 국토교통부장관에게 사전 보고하도록 규정함으로써, 국가 차원의 항공보안 체계와 개별 항공사의 보안조치가 상호 보완적으로 작동하도록 하는 조정 체계를 구축하고 있다.

실제 운영 측면에서 2차 검색은 국제적 보안 환경 변화에 대응하는 유연한 도구로 활용된다. 특정 국가나 지역으로 운항하는 노선에 대해 해당 국가가 강화된 보안조치를 요구하는 경우, 항공운송사업자는 이를 충족시키기 위한 추가 검색을 실시한다. 또한 국제적 테러 위협이 증가하거나 특별한 보안 이슈가 발생했을 때, 항공사는 자체적인 위험 평가를 통해 선제적으로 2차 검색을 시행할 수 있다. 이러한 복합적 보안 체계는 규정을 이행하는 수준을 넘어, 예측 불가능한 위협에 대한 실질적인 대응력을 높이는 핵심 요소로 간주되며, 항공보안의 실효성을 담보하는 중요한 제도적 기반이 되고 있다.

(9) 보안검색감독자의 법적 지위와 현장 운영 역할

▌국가민간항공보안 교육훈련지침

제2조(정의)

9. "보안검색감독자 또는 항공경비감독자"란 보안검색요원 또는 항공경비요원의 업무 수행실태 등을 감독하는 자로서 공항운영자 및 항공운송사업자가 지정한 자를 말한다.

보안검색감독자의 법적 정의는 체계적 일관성이 부족한 상황을 보여준다. 항공보안법과 국가항공보안계획에는 보안검색감독자에 대한 명시적 정의가 규정되어 있지 않으며, 오직 국가민간항공보안 교육훈련지침에서만 보안검색감독자를 '보안검색요원의 업무 수행 실태 등을 감독하는 자로서 공항운영자 및 항공운송사업자가 지정한 자'로 정의하고 있다. 이러한 법령 간 불일치는 향후 관련 법령 정비의 필요성을 시사한다.

하지만 이러한 법적 정의의 모호함과는 대조적으로, 보안검색감독자는 현장 보안검색 운영에서 명확하고 핵심적인 역할을 수행하고 있다. 공항운영자는 각 검색장별로 보안검색감독자를 배치해야 하며, 이들은 단순한 관리자를 넘어 전문적인 보안 판단을 제공하는 현장 지휘관의 역할을 담당한다. 검색 과정에서 발생하는 승객 위험 분석이나 애매한 보안 상황에 대해 즉각적인 판단과 지침을 제공하고 있으며, 이를 통해 일선 보안검색요원들이 일관되고 효과적인 보안검색을 수행할 수 있도록 지원한다. 이처럼 법적 정의의 부재에도 불구하고, 실무적 필요성이 이들의 역할과 중요성을 명확히 규정하고 있는 셈이다.

이러한 보안검색감독자 제도는 공항의 규모와 특성에 따라 탄력적으로 운영된다. 특히 중·소형 공항의 경우 제한된 인력과 자원을 효율적으로 활용하기 위해, 지방항공보안협의회 등의 협의를 거쳐 보안검색감독자가 대인검색장과 위탁수하물 검색장의 감독업무를 겸직할 수 있도록 하고 있다. 이는 일률적인 기준 적용이 아닌, 공항 규모와 여객 처리량에 따른 맞춤형 운영을 가능하게 하는 현실적 접근방식으로 볼 수 있다. 보안수준을 유지하면서도 운영 효율성을 확보하는 이러한 운영방식은 항공보안 체계가 원칙의 엄격함과 현실의 유연성을 동시에 추구하고 있음을 보여주는 것이다.

(10) 보안검색 완료구역 무결성 유지와 침해 시 대응 프로토콜

▌공항건설 및 유지·보수에 관한 보안지침

제11조(보안검색 완료 지역) ① 공항운영자등은 보안검색 완료지역으로 진입할 수 있는 모든 지점에 시건장치를 설치하거나 출입을 통제할 수 있도록 하여야 한다.

② 공항운영자등은 일반지역에서 보안검색 완료지역으로 검색이 완료되지 않은 물품이 반입되지 않도록 하여야 한다.

③ 공항운영자등은 공항시설을 설계하거나 보수할 때 탑승지역에서 검색을 완료한 사람과 검색을 완료하지 않은 사람이 접촉할 수 없도록 하여야 한다.

④ 공항운영자등은 보안검색 완료지역과 인접한 일반지역의 복도 및 발코니를 이용하여 위험물품이 보안검색 완료지역으로 반입되지 않도록 하여야 한다.

⑤ 공항운영자등은 보안검색 완료지역으로 연결되는 지역에 수동 회전문이나 자동 회전문을 설치할 경우 소방관련 법을 준수하여 설치하여야 한다.

⑥ 공항운영자등은 보안검색 완료지역에 출발승객과 도착승객이 섞이지 않도록 하여야 한다.

공항운영자는 보안검색의 무결성을 유지하기 위해 승객 간 접촉을 철저히 통제해야 한다. 통과 및 환승 승객을 포함하여 보안검색을 완료한 승객과 검색을 받지 않은 승객 간의 접촉은 엄격히 차단된다. 이는 보안검색 완료구역(sterile area)의 청정 상태를 유지하는 핵심 원칙으로, 잠재적 보안위협이 검색 완료 구역으로 유입되는 것을 원천적으로 방지하는 기본 체계다.

이러한 엄격한 분리 원칙에도 불구하고 보안통제 실패로 인해 검색 승객과 미검색 승객 간 접촉이 발생할 수 있다. 이 경우 공항운영자는 즉각적이고 전면적인 대응 조치를 시행한다. 먼저 보안검색 완료지역을 일시적으로 폐쇄하고 엄격한 보안통제를 실시한 후, 해당 구역에 대한 전면적인 보안점검을 수행하고 있다. 이어서 해당 구역 내 모든 승객과 휴대물품에 대해 처음부터 다시 보안검색을 실시하는 전면 재검색 절차가 시행된다. 이러한 강력한 조치는 운영상 상당한 지연과 불편을 초래하지만, 보안 체계의 완전성을 회복하기 위한 필수불가결한 절차로 간주된다.

보안 침해가 더욱 진행되어 승객이 이미 항공기에 출입한 경우, 대응의 수준과 범위는 한층 확대된다. 이 시점에서 해당 항공기 전체가 잠재적 위협 대상으로 간주되며, 항공운송사업자는 즉시 항공기 내부와 외부에 대한 철저한 정밀검색을 실시해야 한다. 객실, 화물칸, 조종실을 포함한 모든 구역과 항공기 외부의 접근 가능한 모든 부분이 검색 대상이 되고 있다. 이러한 항공기 정밀검색은 상당한 시간과 자원이 소요되며 운항 지연을 초래하지만, 항공기 안전을 확보하기 위한 타협할 수 없는 절차로 운영된다.

이러한 다단계 대응 프로토콜은 보안 침해의 연쇄 효과를 차단하고, 단 한 건의 보안 실패도 용납하지 않는다는 항공보안의 근본 원칙을 구현한 것이다. 높은 비용과 운영상 부담이 발생함에도 불구하고 이러한 조치들이 예외 없이 시행되는 것은, 항공보안에서는 사소한 실수도 치명적인 결과로 이어질 수 있다는 인식에 기반하고 있다. 즉, 이것은 규정 준수를 넘어, 항공운송의 안전성을 담보하는 필수적 요소로 간주되며, 보안 체계의 실효성을 유지하기 위한 중요한 제도적 기반이 되고 있는 것이다.

(11) 위해물품 발견 시 처리절차와 안보위해물품 긴급 대응체계

항공보안검색요원은 검색 과정에서 항공기 내 반입금지 위해물품을 발견했을 때 단계적 대응 프로토콜을 따른다. 먼저 해당 승객에게 위탁수하물로 처리하거나 운송을 포기할 것을 안내하고 있으며, 만약 승객이 이러한 조치를 거부할 경우 보안검색감독자에게 즉시 통보하여 상위 단계의 대응을 진행한다. 승객이 자발적으로 운송을 포기한 물품은 국가항공보안계획 부록 1(승객 포기물품 처리절차)에 명시된 표준 절차에 따라 체계적으로 처리된다. 이는 포기 물품의 안전한 처분과 기록 관리를 포함하는 포괄적인 절차로, 보안 투명성과 책임성을 확보하는 중요한 메커니즘이다.

이러한 기본 프로토콜은 승객 유형에 따라 구체적인 실행 방식이 달라진다. 출발 승객의 경우 공항 내 물류업체를 통한 위탁 보관 서비스나 위탁수하물 전환 처리를 선택할 수 있는 반면, 환승 여객은 이미 보안검색 완료구역 내에 있어 물류업체 이용이 불가능하므로 위탁수하물 처리만 가능하다. 항공보안검색요원과 보안검색감독자는 이러한 옵션을 명확히 설명하고, 승객이 어떤 조치도 취하지 않을 경우 보안검색대 통과가 불가능함을 분명히 고지하고 있다. 이는 승객의 선택권을 보장하면서도 보안 원칙을 유지하는 합리적인 운영 체계로, 승객 편의와 보안 강화라는 두 가지 목표를 동시에 추구한다.

그러나 단순 반입금지물품이 아닌 안보위해물품이 발견되면 대응의 수준이 완전히 달라진다. 총기, 폭발물, 기타 불법 무기류가 발견되면 보안검색감독자는 국가항공보안계획 부록 2(안보위해물품의 종류 및 처리절차)에 규정된 긴급대응절차를 즉시 실행한다. 현장 격리, 승객 분리, 물품 안전 확보 등의 초동 조치가 신속하게 이루어지며, 동시에 공항 종합상황실로 상황을 보고하고 있다. 종합상황실은 즉각 공항 상주 보안기관에 통보하여 전문적인 대응이 이루어지도록 하며, 이러한 신속한 보고체계는 위협 상황의 확산을 방지하는 핵심 체계로 운영된다.

이러한 엄격한 대응체계 속에서도 특수한 상황에 대한 예외 규정이 마련되어 있다.

신분이 확인된 군인이나 군무원이 공무상 안보위해물품을 소지한 경우, 일반 보안기관이 아닌 해당 공항에 상주하는 군 정보수사기관에 통보한다. 이는 군사 보안의 특수성을 인정하면서도 민간 항공보안 체계 내에서 적절한 통제가 이루어지도록 하는 협력 체계다. 결국 이러한 차별화된 대응체계는 다양한 보안 상황에 대한 유연하면서도 효과적인 대처를 가능하게 하고 있으며, 항공보안이 원칙의 엄격함과 현실의 다양성을 동시에 수용하는 정교한 시스템임을 보여준다.

(12) 국가경찰관서장의 보안검색 강화 요구 권한 및 절차

▌ 항공보안법

제15조(승객 등의 검색 등) ② 공항운영자는 항공기에 탑승하는 사람, 휴대물품 및 위탁수하물에 대한 보안검색을 하고, 항공운송사업자는 화물에 대한 보안검색을 하여야 한다. 다만, 관할 국가경찰관서의 장은 범죄의 수사 및 공공의 위험예방을 위하여 필요한 경우 보안검색에 대하여 필요한 조치를 요구할 수 있고, 공항운영자나 항공운송사업자는 정당한 사유 없이 그 요구를 거절할 수 없다.

▌ 항공보안법 시행령

제14조(관할 국가경찰관서의 장의 필요한 조치 요구) 법 제15조제2항 단서에 따라 관할 국가경찰관서의 장은 범죄의 수사 및 공공의 위험예방을 위하여 필요한 경우 공항운영자 또는 항공운송사업자에게 다음 각 호의 필요한 조치를 요구할 수 있다. 다만, 그 이행에 예산이 수반되거나 항공보안검색요원의 증원계획에 관한 사항은 서면으로 요구하여야 한다.

1. 보안검색대상자에 대한 불심검문, 신체 또는 물품의 수색 등에 대한 협력
2. 제10조부터 제12조까지의 규정에 따른 보안검색방법 중 필요하다고 인정되는 방법에 의한 보안검색
3. 보안검색강화를 위한 항공보안검색요원의 증원배치

항공보안법 제15조제2항은 기본적인 보안검색 책임 주체를 명확히 구분한다. 공항운영자는 항공기에 탑승하는 사람, 휴대물품 및 위탁수하물에 대한 보안검색을 담당하며, 항공운송사업자는 화물에 대한 보안검색을 수행한다. 이러한 역할 분담은 각 주체의 전문성과 운영 효율성을 고려한 합리적인 체계로서, 대량의 승객과 화물을 신속하고 정확하게 처리하기 위한 최적화된 구조라 할 수 있다.

하지만 이러한 일상적인 보안검색 체계만으로는 모든 보안 상황에 대응하기 어렵다. 이 조항에서 주목해야 할 점은 바로 관할 국가경찰관서의 장에게 부여된 특별한 권한이다. 범죄의 수사 및 공공의 위험예방을 위하여 필요한 경우, 관할 국가경찰관서의 장은 보안검색에 대하여 필요한 조치를 요구할 수 있으며, 공항운영자나 항공운송사업자는 정당

한 사유 없이 그 요구를 거절할 수 없다. 이는 평시의 보안검색 체계를 넘어 특별한 위협이나 수사 상황에 대응하기 위한 법적 장치로, 민간 보안 체계와 국가 안보 기능을 연결하는 중요한 고리로 작동하고 있다.

이러한 특별 권한의 구체적인 내용은 항공보안법 시행령 제14조에서 더욱 상세하게 규정된다. 관할 국가경찰관서의 장이 요구할 수 있는 조치는 그 강도와 범위에 따라 세 가지로 구분되고 있다. 첫째, 보안검색대상자에 대한 불심검문, 신체 또는 물품의 수색 등에 대한 협력을 요구할 수 있다. 이는 일반적인 보안검색을 넘어서는 강화된 조치로, 특정 위험 인물이나 수사 대상자에 대한 집중적인 검색이 필요할 때 적용된다.

둘째로는 제10조부터 제12조까지 규정된 보안검색방법 중 필요하다고 인정되는 방법에 의한 보안검색을 요구할 수 있다. 이는 상황의 심각성에 따라 보안검색의 강도와 방법을 탄력적으로 조정할 수 있는 근거가 되며, 테러 위협이나 국가적 위기 상황에서 신속한 대응을 가능하게 한다. 셋째, 보안검색강화를 위한 항공보안검색요원의 증원배치를 요구할 수 있다. 물리적인 인력 증원을 통해 보안 체계를 강화하는 이 방안은 대규모 국제 행사나 안보 위기 상황에서 필수적인 조치로 활용되고 있다.

이러한 강력한 권한에는 그에 상응하는 절차적 통제가 따른다. 시행령은 예산이 수반되거나 항공보안검색요원의 증원계획에 관한 사항은 반드시 서면으로 요구하도록 명시하고 있다. 이는 행정 절차의 범위를 넘어 행정의 투명성과 책임성을 확보하는 중요한 통제 수단이다. 서면 요구 의무는 구두 지시로 인한 혼란을 방지하고, 공항운영자와 항공운송사업자가 충분한 준비를 할 수 있도록 보장하며, 추후 책임 소재를 명확히 하는 데도 기여한다. 결국 이러한 체계는 국가 안보의 필요성과 민간 운영의 자율성 사이에서 균형을 추구하는 정교한 제도라 할 수 있다.

4. 통과·환승 승객 보안검색 체계

▌항공보안법

제17조(통과 승객 또는 환승 승객에 대한 보안검색 등) ① 항공운송사업자는 항공기가 공항에 도착하면 통과 승객이나 환승 승객으로 하여금 휴대물품을 가지고 내리도록 하여야 한다.

② 공항운영자는 제1항에 따라 항공기에서 내린 통과 승객, 환승 승객, 휴대물품 및 위탁수하물에 대하여 보안검색을 하여야 한다.

③ 제2항에 따른 보안검색에 드는 비용은 공항운영자가 부담하고, 항공운송사업자는 통과 승객이나 환승 승객에 대한 운송정보를 공항운영자에게 제공하여야 한다.

④ 제3항에 따른 운송정보 제공에 대하여는 제15조제5항을 준용한다.
⑤ 제2항에 따른 보안검색의 방법·절차·면제 및 위탁 등에 관하여는 제15조제2항 단서, 같은 조 제3항 및 제6항부터 제8항까지의 규정을 준용한다.

▌항공보안법 시행령

제16조(통과 승객 또는 환승 승객의 보안검색방법) ① 공항운영자가 법 제17조제2항에 따라 통과 승객 또는 환승 승객에 대하여 보안검색을 하는 경우에는 제10조·제11조·제13조 및 제15조를 준용한다.
제17조(보안검색이 완료되지 아니한 사람 등에 대한 조치) ① 공항운영자 및 항공운송사업자는 보안검색이 완료되지 아니한 승객·휴대물품·위탁수하물 및 화물이 보안검색이 완료된 구역으로 혼입되지 아니하도록 하여야 한다.
② 항공운송사업자는 통과 승객이 지정항공기를 탑승하지 아니하고 통과 지역을 무단으로 벗어나지 아니하도록 하여야 한다.

국가항공보안계획 8.2.1은 통과·환승 승객 보안검색의 기본 원칙을 명시한다. 공항운영자는 통과·환승 승객과 그들의 휴대물품 그리고 환승 승객의 위탁수하물에 대해 항공기 탑승이나 탑재 전에 반드시 보안검색을 실시해야 한다. 이는 국제선 연결 구간에서도 보안의 연속성을 유지하기 위한 필수적인 조치로, 항공 네트워크 전체의 보안수준을 균일하게 유지하는 핵심 체계로 작동하고 있다.

이러한 기본 원칙을 구체적으로 실현하기 위해 8.2.2에서는 통과·환승 승객에 대한 체계적인 보안관리를 요구하고 있다. 공항운영자는 위해물품이 항공기 내로 반입되는 것을 원천적으로 차단하기 위해 통과·환승 승객에 대한 구체적인 보안대책을 자체보안계획에 반드시 포함시켜야 한다. 이러한 계획은 일반 출발 승객과는 다른 동선과 특성을 가진 환승 승객의 특수성을 고려하여 수립되고 있으며, 환승 구간의 복잡성과 다양한 출발지의 보안수준 차이를 감안한 맞춤형 접근이 이루어진다.

그러나 정형화된 절차만으로는 모든 환승상황을 포괄할 수 없는 것이 현실이다. 8.2.3은 바로 이러한 특수한 환승상황에 대한 보완적 절차를 규정하는데, 항공운송사업자가 출발편 운송정보가 없는 환승승객을 항공기 탑승지역으로 인솔하여 이동시키려는 경우, 먼저 환승 승객 명단을 공항운영자에게 제출해야 한다. 공항운영자는 제출된 명단을 바탕으로 해당 승객의 신분을 확인한 후 환승검색을 실시하게 된다. 이는 정보 시스템에 등록되지 않은 예외적 상황에서도 보안수준을 유지하기 위한 절차로, 시스템의 유연성과 보안의 엄격함을 동시에 확보하는 실용적인 운영 체계를 보여준다.

5. 위탁수하물 검색 체계

▌항공보안법

제15조(승객 등의 검색 등) ① 항공기에 탑승하는 사람은 신체, 휴대물품 및 위탁수하물에 대한 보안검색을 받아야 한다.

② 공항운영자는 항공기에 탑승하는 사람, 휴대물품 및 위탁수하물에 대한 보안검색을 하고, 항공운송사업자는 화물에 대한 보안검색을 하여야 한다. 다만, 관할 국가경찰관서의 장은 범죄의 수사 및 공공의 위험예방을 위하여 필요한 경우 보안검색에 대하여 필요한 조치를 요구할 수 있고, 공항운영자나 항공운송사업자는 정당한 사유 없이 그 요구를 거절할 수 없다.

⑥ 제2항에 따른 보안검색의 방법·절차·면제 등에 관하여 필요한 사항은 대통령령으로 정한다.

▌항공보안법 시행령

제11조(위탁수하물의 보안검색방법 등) ① 항공운송사업자는 법 제15조에 따라 탑승권을 소지한 승객의 위탁수하물에 대해서만 공항운영자에게 보안검색을 의뢰하여야 한다. 이 경우 항공운송사업자는 공항운영자에게 보안검색을 의뢰하기 전에 그 위탁수하물이 탑승권을 소지한 승객의 소유인지 및 위해물품인지를 확인하여야 한다.

② 공항운영자는 제1항에 따른 위탁수하물에 대하여 항공기 탑재 전에 엑스선 검색장비를 사용하여 보안검색을 하여야 한다.

③ 공항운영자는 다음 각 호의 어느 하나에 해당하는 경우에는 항공기 탑재 전에 위탁수하물을 개봉하여 그 내용물을 검색하여야 한다. 이 경우 폭발물이나 위해물품이 있다고 의심되는 경우 또는 제3호의2에 해당하는 경우에는 폭발물 흔적탐지장비 등 필요한 검색장비등을 추가하여 보안검색을 하여야 한다.

1. 엑스선 검색장비가 정상적으로 작동하지 아니한 경우
2. 무기류 또는 위해물품이 숨겨져 있다고 의심되는 경우
3. 엑스선 검색장비에 의한 검색결과 그 내용물을 판독할 수 없는 경우

3의2. 엑스선 검색장비로 보안검색을 할 수 없는 크기의 단일 위탁수하물인 경우

4. 제1호부터 제3호까지 및 제3호의2에서 규정한 경우 외에 항공보안에 위협이 증가하는 등 특별한 사유가 발생하는 경우

④ 공항운영자는 보안검색이 끝난 위탁수하물이 보안검색이 완료되지 아니한 위탁수하물과 혼재되지 아니하도록 하여야 한다.

⑤ 항공운송사업자는 보안검색이 끝난 위탁수하물을 항공기에 탑재하기 전까지 보호조치를 하여야 하며, 항공기에 탑재된 위탁수하물이 탑승한 승객의 소유인지를 확인하여 그 소유자가 항공기에 탑승하지 아니한 경우에는 그 위탁수하물을 운송해서는 아니 된다. 다만, 그 위탁수하물에 대한 운송처리를 잘못하여 다른 항공기로 운송하여야 할 경우에는 별도의 보안조치를 한 후에 탑재할 수 있다.

(1) 위탁수하물 접수 기준 및 절차

▌공항건설 및 유지·보수에 관한 보안지침

제18조(수하물 보관시설) ① 공항운영자등은 수하물 보관시설을 설치하는 경우 폭발 피해를 최소화 할 수 있는 폭탄 피해 방지 장벽을 설치하여야 한다.

② 공항운영자는 수하물을 보관하기 전에 수검색이나 장비를 활용하여 보안검색을 하여야 한다.

③ 공항운영자등은 폭발물 위협을 받을 경우 물품 보관함을 쉽게 수색할 수 있도록 물품 보관함을 설계하여야 한다.

④ 공항운영자등은 수하물 접수시설 및 보관 시설을 설계할 때 불법적인 접근이 방지될 수 있도록 하여야 한다.

⑤ 공항운영자등은 수하물 처리 설비가 있는 시설을 설계하는 경우 보안 장비 설치가 가능하고, 전원·백업 전원 공급 및 불법방해행위를 통제할 수 있는 공간을 마련하여야 한다.

⑥ 공항운영자등은 수하물 분류시설의 위치 및 사양을 결정할 때 항공보안감독관과 협의하여야 한다.

⑦ 공항운영자등은 일반지역에서 이동지역으로 연결되는 수하물 컨베이어시스템을 통한 불법적인 접근을 통제할 수 있도록 하여야 한다.

⑧ 공항운영자는 잘못 분류된 수하물이나 주인 없는 수하물이 운송될 때까지 보관할 수 있는 시설과 보안기준을 갖추어야 한다.

1) 항공운송사업자 및 도심공항터미널 운영자 탑승 수속

국가항공보안계획 8.4.2는 항공운송사업자가 위탁수하물을 접수할 수 있는 구체적인 조건을 명시한다. 이는 탑승수속 과정에서 보안위협을 사전에 차단하기 위한 필수적인 통제 기준으로, 위탁수하물이 항공기에 탑재되기까지의 전 과정을 체계적으로 관리하는 출발점이라 할 수 있다.

위탁수하물 접수의 첫 번째 조건은 장소적 제한이다. 공항 내에 위치한 항공사 탑승수속대 또는 국토교통부장관이 인정한 도심공항터미널에서만 정규 탑승 수속이 가능하며, 최근에는 승객 편의를 위해 공항 및 도심공항터미널 외 지역에서도 위탁수하물 접수 서비스를 확대하고 있다. 이러한 장소적 통제는 보안관리가 가능한 구역에서만 수하물을 접수함으로써 초기 단계부터 보안위협을 차단하는 예방 조치로 운영된다.

이러한 물리적 통제와 함께 신원확인은 탑승수속의 핵심 절차로 운영된다. 항공운송사업자는 8.1.39의 규정에 따라 위탁수하물을 접수하는 사람의 본인 일치 여부를 철저히 확인해야 하며, 특히 무인접수기기가 증가하면서 보안 공백이 우려되는 상황에서 공항운영자는 해당 구역 전체를 CCTV 등 감시시스템으로 실시간 모니터링하고 있다. 원칙적으로 승객 본인이 직접 위탁수하물을 접수해야 하는데, 이는 수하물 내용물에 대한 책임 소재를 명확히 하고 타인을 통한 위해물품 반입 시도를 차단하기 위한 조치다. 다만 중환자나 장애인 등 신체적 제약으로 혼자서 접수가 불가능한 경우는 예외를 인정하며, 그 외 불가피한 상황이 발생했을 때는 국토교통부장관의 승인을 받아 대리수속이 가능하도록 유연성을 확보하고 있다.

신원확인과 더불어 보안질문은 위해물품 반입을 차단하는 또 다른 안전장치 역할을 한다. 모든 승객은 위탁수하물의 포장·보관 상태에 대한 보안질문에 답해야 하며, 최근에는 키오스크나 모바일 앱을 통한 전자적 방식도 활용되고 있다. 반입제한물품이 없다고 답변한 경우에만 다음 절차로 진행되며, 의심스러운 행동을 보이거나 내용물 공개를 거부하는 승객의 수하물은 즉시 개봉검색 등 강화된 보안통제를 받게 된다.

한편 도심공항터미널의 경우, 8.4.6에서 특별한 수하물 운송 조건을 명시한다. 도심공항터미널 운영자가 공항으로 위탁수하물을 운송하려면 반드시 모든 수하물에 대한 보안검색을 실시하고, 승객과 위탁수하물의 일치 절차를 완료해야 한다. 이는 도심공항터미널이 공항과 동일한 수준의 보안기준을 적용받음을 의미하며, 보안 체계의 일관성을 유지하는 중요한 원칙이다.

이러한 일차적 보안조치에도 불구하고 8.4.7에서는 이중 검색 체계를 추가로 규정하고 있다. 공항운영자는 도심공항터미널에서 이송된 위탁수하물에 대해 재검색을 실시해야 하는데, 이러한 중복 검색은 운송 과정에서 발생할 수 있는 보안위협을 차단하고 최종 탑재 전 안전성을 재확인하는 마지막 안전장치 역할을 한다. 결국 이러한 다단계 검증 시스템은 보안의 완전성을 추구하는 항공보안 체계의 근본 철학을 구현한 것이라 할 수 있다.

2) 공항 및 도심공항터미널 외 지역에서 위탁수하물 접수

▌공항건설 및 유지·보수에 관한 보안지침

제19조(여객청사 외의 지역에서 탑승수속) ① 여객청사 외의 지역에서 탑승수속 시설을 운영하는 자나 탑승수속 시설을 설계하는 자는 수하물 및 꼬리표를 안전하게 관리할 수 있도록 하여야 한다.
② 여객청사 외의 지역에서 탑승수속 시설을 운영하는 자는 수하물 접수시설을 외부와 연계시켜 사용하는 경우 보안경비 등 적절한 조치를 취하여야 한다.
③ 여객청사 외의 지역에서 탑승수속 시설을 운영하는 자나 탑승수속 시설을 설계하는 자는 많은 사람들을 수용할 수 있도록 시설을 갖추어야 한다.

국가항공보안계획 8.4.2.1은 공항 외 지역에서의 위탁수하물 접수에 대한 세부 관리 기준을 제시한다. 최근 승객 편의를 위해 호텔, 크루즈 터미널, 기차역 등 다양한 장소에서 사전 수하물 접수 서비스가 확대되고 있으며, 이러한 변화는 체계적인 보안관리의 필요성을 더욱 증가시키고 있다.

이에 따라 항공운송사업자는 공항 외 지역에서 위탁수하물을 접수할 때 여러 핵심 요소들을 자체보안계획에 반드시 포함시켜야 한다. 첫째, 승객과 위탁수하물의 일치확인 절차를 명확히 수립하여 타인의 수하물이 섞이거나 불법 물품이 은닉되는 것을 방지한다. 둘째, 이러한 확인 업무를 수행하는 담당자의 자격 기준을 설정하고 적격자를 지정하고 있다. 보안 업무의 특성상 신뢰성과 전문성을 갖춘 인력 운영이 필수적이기 때문이다.

더불어 위탁수하물 내 반입제한물품 확인절차와 운송 적합성 판단기준도 철저히 마련되어야 한다. 공항 외 장소에서는 엑스선검색장비 등 전문 장비가 부족할 수 있어, 대체 확인 방법과 의심 물품 처리 절차가 더욱 중요한 의미를 갖는다. 운송 인가자의 자격기준도 명확히 설정하여 최종 승인 권한과 책임을 분명히 하고 있으며, 이는 보안 체계의 일관성을 유지하는 핵심 요소가 된다.

이와 관련하여 특히 중요한 것은 위탁수하물의 보관 및 이동 절차에 대한 구체적인 규정인데, 접수된 위탁수하물이 공항으로 운송되기까지 상당한 시간이 소요되므로, 이 기간 동안 보안이 유지되도록 보관 장소의 출입통제, CCTV 감시, 봉인 관리 등 복합적인 보안 체계를 구축해야 한다. 이동 과정에서도 운송 차량의 봉인, GPS 추적, 인수인계 절차 등을 통해 보안의 연속성을 확보하고 있으며, 이러한 통합적 관리는 공항 외 지역 서비스의 안전성을 보장하는 필수 조건이 되고 있다.

한편 8.4.2.2는 이러한 업무가 제3자에게 위임될 경우의 책임 관계와 관리 체계를 명확히 하고 있다. 항공운송사업자가 공항 외 수하물 접수 업무를 항공기 취급업체에 위임하는 경우가 증가함에 따라, 양 기관은 반드시 상호 계약을 체결하여 책임과 의무를 명문화해야 한다. 위임받은 항공기 취급업체는 앞서 언급한 8.4.2.1의 모든 내용을 포함한 자체보안계획을 수립하여 독자적인 보안 역량을 갖춰야 하며, 이는 업무 대행의 범주를 넘어 완전한 보안 책임의 이전을 의미한다.

그럼에도 불구하고 항공운송사업자의 최종 책임은 면제되지 않는다는 점이 중요하다. 항공운송사업자는 연 1회 이상 정기적으로 위임업체의 이행실태를 점검해야 하며, 이러한 점검은 단순한 서류 확인을 넘어 현장 실사, 모의 훈련, 직원 면담 등을 포함하는 종합적인 평가로 진행된다. 이는 위임 관계에서도 보안수준이 저하되지 않도록 하는 중요한 견제 장치로, 공항 외 지역 서비스의 확대와 보안 강화라는 두 가지 목표를 동시에 달성하기 위한 실질적인 운영 체계라 할 수 있다.

(2) 위탁수하물 보안검색 기준

국가항공보안계획 8.4.3은 위험기반접근법(Risk-Based Security) 체계의 핵심 요소를 규정한다. 항공운송사업자는 의심 승객 선별기법을 도입하여 위탁수하물 접수 단계에서부터 잠재적 위험을 식별해야 한다. 행동탐지, 여행 패턴 분석, 무작위 선별 등 다양한 기법을 통해 선별된 의심 승객의 위탁수하물은 공항운영자에게 인계되어 정밀검색을 받게 된다. 이때 적용되는 정밀검색은 폭발물탐지장비(EDS), 폭발물흔적탐지장비(ETD) 그리고 필요시 개봉검색까지 포함하는 단계별 검색 체계로 구성되며, 위험 수준에 따라 검색 강도를 차별화함으로써 효율성을 확보한다.

이러한 선별적 정밀검색과 더불어 8.4.4에서는 위탁수하물 전수검색 원칙을 명시하고 있다. 공항운영자는 모든 승객의 위탁수하물에 대해 항공기 탑재 전 엑스선검색장비를 사용한 보안검색을 실시해야 한다. 이는 국제민간항공기구(ICAO) 기준에 따른 100% 검색 원칙으로, 항공보안의 가장 기본적이면서도 중요한 안전 체계를 구축한다. 다만 항공보안법 시행령 제15조에 명시된 외교 행낭 등은 국제 관례와 법적 근거에 따라 검색을 면제할 수 있으며, 이는 보안과 외교적 특권 사이의 균형을 보여주는 예외 규정이다.

전수검색 체계가 효과적으로 작동하기 위해서는 검색 품질의 일관성이 필수적이다. 8.4.5는 바로 이러한 수준관리의 핵심인 검색요원의 피로도 관리 방안을 제시한다. 공항운영자는 항공보안검색요원이 엑스선검색장비 판독업무를 매 시간당 30분을 초과하지 않도록 관리해야 하는데, 이는 장시간 화면 판독이 집중력 저하와 판독 오류를 증가시키는 주요 원인이기 때문이다. 최근 도입되고 있는 의심위해물품 자동표출기능이 탑재된 장비의 경우 매 시간당 45분까지 판독업무를 허용하고 있으며, 이는 기술 발전이 인적 요소의 부담을 경감시키면서도 검색 효율성을 제고하는 변화를 나타낸다.

그러나 기계적 검색만으로는 모든 보안위협을 차단할 수 없다. 8.4.8에서는 개봉검색이 필요한 구체적인 상황을 규정하고 있다. 첫째, 검색장비가 정상 작동하지 않는 경우 즉시 수동 검색으로 전환해야 한다. 둘째, 무기류나 위해물품이 은닉되었다고 의심되는 경우 개봉하여 육안으로 확인한다. 셋째, 엑스선 영상에서 내용물을 명확히 판독할 수 없는 경우에도 개봉검색을 실시하는데, 이는 고밀도 물질이나 복잡한 전자기기 등으로 인한 판독 제한을 극복하기 위한 조치다.

더 나아가 테러 위협 증가 등 항공보안 환경이 급변하는 특별한 상황에서는 강화된 검색 기준을 적용하고 있으며, 대형 악기나 특수 장비 등 엑스선검색장비의 터널 크기를 초과하는 수하물은 물리적 제약으로 인해 개봉검색을 실시한다. 특히 폭발물이 의심되는 경우에는 반드시 폭발물탐지장비나 폭발물흔적탐지장비를 활용하여 과학적이고 체계적인 검증 절차를 거치도록 규정하고 있다. 이러한 복합적 검색 체계는 기술적 한계를 인적 요소로 보완하며, 정형화된 절차와 상황별 대응을 결합한 종합적인 보안 체계를 형성한다.

(3) 위탁수하물 보호조치

국가항공보안계획 8.4.15는 위탁수하물의 체계적인 보호 및 관리를 위한 핵심 요소들을 제시한다. 항공운송사업자는 자체보안계획에 여러 필수 사항들을 명확히 포함시켜야 하는데, 이는 위탁수하물이 승객의 직접적 통제를 벗어나 있는 동안 보안의 연속성을 유지하기 위한 포괄적 관리 체계라 할 수 있다.

우선 승객과 위탁수하물의 일치확인 절차를 수립해야 한다. 이는 항공보안의 기본 원칙인 '승객-수하물 일치 원칙'을 구현하는 핵심 수단으로, 이러한 확인 업무를 수행하는 담당자의 자격 기준을 설정하고 적격자를 지정하여 책임 소재를 명확히 하고 있다. 더불어 위탁수하물의 운송 적합성을 판단하고 최종 승인하는 인가자의 자격기준도 엄격히 규정한다. 특별한 관리가 필요한 환승승객과 승무원의 위탁수하물 그리고 비동반 위탁수하물의 수량확인 절차도 별도로 마련되어 있으며, 항공사 자체문서나 승객과 동반하지 않는 수하물의 탑재확인 절차와 책임자를 명확히 지정하여 관리의 공백을 방지한다.

이러한 관리 원칙은 8.4.9에서 구체적인 실행방안으로 구체화된다. 항공운송사업자는 승객으로부터 접수한 시점부터 도착지에서 정당한 수령자에게 인계될 때까지 위탁수하물을 비인가자로부터 철저히 보호해야 한다. 도심공항터미널에서 이송된 수하물의 경우 재검색 완료 시점부터 항공기 탑재 전까지가 특히 중요한 보호 구간이며, 보안검색이 완료된 위탁수하물이 위치하는 수하물보관구역(BSA)은 엄격한 출입통제 대상이 된다. 컨베이어 벨트나 운송 차량을 통해 비인가 수하물이 혼입되지 않도록 지속적인 감시가 이루어지며, 위탁수하물이 실린 운송도구를 비인가자 접근 가능 지역에 방치하는 것은 엄격히 금지된다. 보호의 연속성이 깨진 수하물은 예외 없이 재검색을 실시하는데, 이는 보안 체계의 무결성을 유지하기 위한 절대적 원칙이다.

그러나 완벽한 시스템에서도 예외적 상황은 발생한다. 8.4.10은 잘못 처리된 위탁수하물(mishandled baggage)의 체계적인 관리 방안을 규정하고 있다. 잘못된 목적지로 전송되거나 연결편을 놓치거나 태그 오류로 인해 주인을 찾지 못한 수하물들은 일반 수하물과 달리 장시간 공항에 체류하게 되므로, 보안 관점에서 특별한 관리가 필요하다. 공항운영자와 항공운송사업자는 이러한 수하물을 정당한 소유자에게 운송하기 전까지 안전하게 보관하기 위한 전용 창고를 설치해야 한다. 이 창고는 비인가자의 접근을 차단하고 CCTV

감시가 가능한 통제구역 내에 설치되며, 보안검색이 완료된 수하물의 경우 재검색 없이 보안성을 유지할 수 있는 별도의 격리된 장소에 보관하는 절차를 수립하고 있다.

더 심각한 보안 이슈가 발생하는 경우도 있다. 8.4.16과 8.4.17은 탑승 거부 승객의 수하물 처리 절차를 명시한다. 보안상 문제나 보안검색 거부 등으로 탑승이 거부된 승객의 위탁수하물은 즉시 항공기에서 하기해야 하는데, 이는 1988년 로커비 사건(팬암 103편 폭파사건) 이후 국제적으로 확립된 절대 원칙이다. 하기된 수하물은 별도의 보안통제를 거쳐 해당 승객에게 인계되며, 필요시 공항운영자와 협의하여 추가 보안검색을 실시한다. 검색 결과 이상이 없고 승객에게 인계되지 않은 수하물은 지정된 보관지역에서 관리되고 있다.

마지막으로 8.4.18에서는 가장 위험한 상황인 미확인 위탁수하물 발견 시의 대응절차를 규정한다. 보관·이동·탑재 과정 중 소유자가 불분명한 수하물이 발견되면, 항공운송사업자는 자체보안계획에 명시된 보안통제 절차를 즉시 가동한다. 폭발물탐지견 투입, 폭발물탐지장비 검색, 격리 후 관찰 등 단계적 대응이 신속하게 이루어지며, 공항운영자와의 긴밀한 협조체계를 통해 철저한 보안검색을 실시한다. 이상이 없다고 판명된 경우에만 지정 보관지역으로 이동시켜 관리하는데, 이러한 엄격한 프로토콜은 미확인 수하물이 잠재적 위협이 될 수 있다는 인식에 기반한 것이다.

(4) 승객-위탁수하물 일치 절차

국가항공보안계획 8.4.11은 항공보안의 핵심 원칙인 '승객-수하물 일치 원칙'을 명시한다. 항공운송사업자는 보안검색을 완료한 위탁수하물의 소유주가 탑승하지 않았거나 출국하지 못한 경우, 해당 수하물을 항공기에 탑재해서는 안 된다. 이는 무주 수하물을 이용한 테러 위협을 원천적으로 차단하기 위한 조치다.

하지만 이러한 엄격한 원칙에도 불가피한 예외 상황은 존재한다. 항공기의 공간이나 중량 제한으로 인한 탑승 거부, 항공편 지연·결항 등 항공사 운영상의 이유로 승객이 분리된 경우 그리고 보안검색은 완료했으나 시스템 장애나 오배송으로 수하물이 탑재되지 못한 경우가 이에 해당한다. 이러한 예외적 상황에서는 엑스선검색장비 재검색이나 개봉검색 등 강화된 보안조치를 실시한 후에만 승객과 분리하여 운송할 수 있다.

이러한 예외 상황을 체계적으로 관리하기 위해 8.4.12에서는 분리 운송에 대한 구체적인 규정을 제시하고 있다. 항공운송사업자는 특정 사유로 승객이 탑승하지 못한 경우와 급송 수하물(rush baggage) 등 승객과 분리되어 운송되는 모든 수하물에 대한 구체적인 보안대책을 자체보안계획에 포함시켜야 한다. 이는 예외 상황에서도 보안수준을 유지하기 위한 필수적인 안전장치로, 정상적인 절차에서 벗어난 경우에도 일관된 보안 체계를 적용하겠다는 의지를 보여준다.

더 나아가 8.4.13은 불일치 상황에 대한 포괄적인 대응체계를 요구한다. 항공운송사업자는 승객과 위탁수하물이 일치하지 않는 모든 경우에 적용할 수 있는 추가 보안대책을 수립해야 하며, 여기에는 수하물 격리, 폭발물탐지견 검색, 책임자 승인 절차 강화 등 복합적 보안조치가 포함된다. 이러한 대책은 정상 절차에서 벗어난 상황에서도 보안의 일관성을 유지하는 중요한 역할을 한다.

마지막으로 8.4.14에서는 이러한 모든 절차의 최종 단계인 일치 확인의 문서화와 책임 체계를 명확히 하고 있다. 항공운송사업자는 항공기에 탑재된 모든 위탁수하물이 실제 탑승한 승객 및 승무원의 수하물과 일치하는지 최종 확인해야 하며, 이 과정은 단순한 구두 확인이 아닌 서면이나 전자적 방식으로 공식적인 운송인가를 받아야 한다. 모든 기록은 1개월간 보존되고 있으며, 이는 사후 추적과 감사를 가능하게 하는 중요한 장치다.

최근에는 RFID 태그와 실시간 추적 시스템을 활용하여 더욱 정확하고 효율적인 일치 확인이 이루어지고 있으며, 이러한 기술적 진보는 전통적인 문서 관리와 결합되어 보안사고 발생 시 신속한 원인 규명과 책임 소재 파악을 가능하게 한다. 결국 이러한 체계는 원칙의 엄격함과 운영의 유연성 그리고 기술의 효율성을 통합한 현대적 항공보안 관리의 모범을 보여준다.

(5) 위탁수하물 하기 시 보안통제

국가항공보안계획 8.4.16은 탑승 거부 승객의 위탁수하물 처리에 대한 절대 원칙을 규정한다. 항공운송사업자는 보안상 문제나 보안검색 거부 등의 사유로 탑승이 거부된 승객의 위탁수하물을 항공기에 탑재해서는 안 되며, 만약 해당 수하물이 이미 탑재된 상태라면 항공기 출발 전 반드시 즉시 하기(offload)해야 한다.

이 조항의 엄격함은 역사적 비극에서 얻은 교훈에 기반하고 있다. 1988년 스코틀랜드 로커비 상공에서 발생한 팬암 103편 폭파 사건은 항공보안 역사의 전환점이 되었다. 당시 탑승하지 않은 승객의 수하물에 숨겨진 폭발물로 인해 270명이 희생되었으며, 이 참사를 계기로 국제민간항공기구(ICAO)는 승객-위탁수하물 일치 원칙을 항공보안의 핵심 요소로 확립했다. 따라서 탑승 거부된 승객의 위탁수하물 하기는 형식적인 업무 처리를 넘어, 항공 테러를 예방하는 필수적인 안전조치로 인식되고 있다.

이러한 원칙적 조치 이후의 처리 절차는 8.4.17에서 상세히 규정되어 있다. 보안상 이유로 탑승이 거부된 승객의 위탁수하물을 하기한 경우, 항공운송사업자는 별도의 보안통제 절차를 실시해야 한다. 이는 단순히 수하물을 기계적으로 반환하는 것이 아니라, 추가적인 보안위험이 없는지 재확인하는 신중한 과정이다. 보안통제나 보안검색 결과 이상이 없다고 판명되면 해당 수하물을 승객에게 인계하고 있다.

그러나 모든 수하물이 즉시 인계되는 것은 아니다. 승객이 즉시 수령하지 않거나 연락이 닿지 않는 경우, 지정된 위탁수하물 보관지역에 임시 보관할 수 있다. 이 보관지역은 일반 수하물 보관소와 엄격히 분리되어 있으며, CCTV 감시와 출입통제가 철저히 적용되는 보안구역으로 운영된다. 보관된 수하물은 주기적으로 재점검되며, 장기간 미수령 시에는 관련 규정에 따라 처리한다.

(6) 공항 내 방치물품 처리 절차

국가항공보안계획 8.4.19는 공항 내 방치물품에 대한 체계적인 대응체계를 규정한다. 공항운영자는 공항 일반지역 등에서 발견되는 주인 없는 방치물품에 대한 비상통보 절차와 처리 프로토콜을 포함한 종합적인 보안대책을 수립·시행해야 한다. 이는 분실물 관리 차원을 넘어, 항공 테러 위협에 대한 선제적 대응체계를 구축하는 것이다.

방치물품이 항공보안에서 특별한 주목을 받는 이유는 그것이 가진 잠재적 위험성 때문이다. 단순한 분실물일 수도 있지만, 최악의 경우 급조폭발물(IED, Improvised Explosive Device)일 가능성을 배제할 수 없다. 실제로 2016년 브뤼셀 공항 테러, 2017년 맨체스터 아레나 폭탄 테러 등 많은 사례에서 방치된 가방이나 물품을 이용한 공격이 발생했으며, 이러한 경험은 모든 방치물품을 잠재적 위협으로 간주하고 신속하면서도 신중하게 대응하는 것을 국제적 표준으로 확립시켰다.

이러한 위협 인식을 바탕으로 8.4.20에서는 수상한 물품에 대한 구체적인 대응 방안을 제시하고 있다. 공항운영자는 파괴활동에 사용될 수 있는 수상한 물품이나 기타 위해물품 발견 시 즉각적인 대응, 현장통제, 안전한 처리 및 보관에 관한 세부 대책을 수립해야 한다. 수상한 물품이 발견되면 즉시 해당 구역을 격리하고, 훈련된 보안요원이 초기 평가를 실시한다. 필요시 폭발물처리반(EOD)이 출동하여 정밀 검사를 수행하며, 이 과정에서 휴대용 엑스선검색장비, 폭발물탐지견, 로봇 등 다양한 장비가 활용되고 있다. 현장통제는 위험 수준에 따라 구역을 차등적으로 설정하여 이루어지며, 처리가 완료된 물품은 증거 보전을 위해 특별 보관소에서 관리되면서 수사기관과의 협조 체계도 즉시 가동된다.

단순히 사건을 처리하는 것으로 대응이 끝나는 것은 아니다. 8.4.21은 사후 관리와 개선 체계를 통해 보안시스템의 지속적 강화를 규정하고 있다. 공항운영자는 수상한 물품 발견 사례에 대해 철저한 조사를 실시하고, 그 결과를 종합적으로 평가해야 한다. 조사 과정에서는 발견 경위, 초기 대응의 적절성, 통보 체계의 작동 여부, 현장 통제의 효과성 등을 면밀히 분석한다. 특히 CCTV 영상 분석을 통해 방치 시점과 행위자를 추적하고, 의도적 방치인지 단순 분실인지를 규명하고 있다.

이러한 분석 결과는 단순한 보고서로 끝나지 않는다. 평가 결과 현행 절차의 개선이 필요하다고 판단되면, 자체보안계획을 즉시 수정하여 보안 체계를 지속적으로 강화한다. 이러한 순환적 개선 과정은 단일 사건을 전체 시스템 향상의 기회로 발전시키며, 공항 보안의 회복탄력성을 높이는 핵심 체계로 작용하고 있다. 결국 방치물품 대응체계는 즉각적 위협 제거와 장기적 시스템 개선이라는 두 가지 목표를 동시에 추구하는 통합적 보안관리의 모범을 보여준다.

6. 공항직원 및 승무원 보안검색 체계

▎항공보안법

제16조(승객이 아닌 사람 등에 대한 검색) ① 공항운영자는 제13조제1항에 따라 허가를 받아 보호구역으로 들어가는 사람 또는 물품에 대하여도 보안검색을 하여야 한다. 이 경우 보안검색의 방법·절차·면제 및 위탁 등에 관하여는 제15조제2항 단서, 같은 조 제3항 및 제6항부터 제8항까지의 규정을 준용한다.
② 제1항에도 불구하고 화물터미널 내에 지정된 보호구역으로 들어가는 사람 또는 물품에 대한 보안검색은 화물터미널운영자가 하여야 한다. 이 경우 보안검색의 방법·절차·면제 및 위탁 등에 관하여는 제15조제2항 단서, 같은 조 제3항 및 제6항부터 제8항까지의 규정을 준용한다.

▎항공보안법 시행령

제15조의4(승객이 아닌 사람 등에 대한 보안검색방법 등) ① 공항운영자 또는 화물터미널운영자가 법 제16조제1항 또는 제2항에 따라 보호구역으로 들어가는 사람에 대하여 보안검색을 하는 경우에는 제10조제1항 및 제3항을 준용한다.
② 공항운영자 또는 화물터미널운영자가 법 제16조제1항 또는 제2항에 따라 보호구역으로 들어가는 물품에 대하여 보안검색을 하는 경우에는 제11조제2항부터 제4항까지를 준용한다.

(1) 공항직원 및 물품 보안검색

국가항공보안계획 8.3.1은 항공보안의 핵심 원칙 중 하나인 '무차별 검색 원칙'을 명확히 규정한다. 공항운영자와 화물터미널 운영자는 보안검색 완료구역으로 진입하는 모든 인원에 대해 예외 없이 일반승객과 동일한 방법으로 보안검색을 실시해야 한다. 이는 보안의 형평성과 완전성을 추구하는 근본적인 접근방식이라 할 수 있다.

이러한 무차별 원칙의 적용 범위는 매우 포괄적이다. 승무원, 공항 보호구역 출입증을 소지한 공항직원 그리고 보호구역 진입 허가를 받은 모든 사람이 동일한 수준의 보안검색을 받고 있다. 직위나 신분, 업무의 성격과 관계없이 모든 사람이 같은 기준을 적용받는다는 점에서, 이는 내부자 위협(insider threat)을 차단하기 위한 가장 효과적인 보안통제 방식으로 평가된다. 실제로 국제민간항공기구(ICAO)도 이러한 무차별 검색을 항공보안의 필수 요소로 권고하고 있으며, 이는 전 세계 공항이 채택하고 있는 보편적 원칙이 되었다.

보안검색 완료구역으로의 진입이 정규 보안검색대를 통해서만 이루어지는 것은 아니다. 8.3.2에서는 외곽초소를 통해 반입되는 물품에 대한 검색 기준을 별도로 제시한다. 공항운영자와 화물터미널 운영자는 외곽초소로 진입하는 모든 물품에 대해 위탁수하물 검색방법과 동일한 수준의 보안검색을 실시해야 한다. 이는 X-ray 검색장비를 활용한 전수검색을 의미하며, 필요시 개봉검색도 병행되고 있다. 이러한 조치는 단순히 또 다른 진입경로를 관리하는 것을 넘어, 우회 경로를 통한 위해물품 반입 시도를 원천적으로 차단하고 공항 전체의 보안수준을 균일하게 유지하는 데 필수적인 역할을 한다. 결국 정규 보안검색대와 외곽초소라는 서로 다른 진입점에서도 동일한 보안기준을 적용함으로써, 공항보안 체계의 일관성과 무결성을 확보하고 있다.

(2) 승무원 휴대물품 보안검색

국가항공보안계획 8.3.1.1은 항공운송사업자의 선제적 보안 책임을 명시한다. 항공운송사업자는 보호구역 밖에서 실시하는 항공기 운항 전 브리핑 과정에서 승무원의 안보위해물품 소지 여부를 반드시 확인해야 한다. 이러한 사전 점검은 승무원이 의도치 않게 위해물품을 소지하는 것을 방지하고, 보안검색대에서의 불필요한 지연을 예방하는 이중적 효과를 창출한다.

이러한 브리핑 시점의 확인절차는 단순한 물품 점검을 넘어 더 큰 의미를 갖는다. 매 비행 전 실시되는 이 과정을 통해 승무원들은 보안규정을 지속적으로 상기하게 되며, 이는 승무원들의 보안 의식을 일상적으로 강화하는 교육적 기능을 수행하고 있다. 결과적으로 이러한 반복적인 확인절차는 개인의 보안 의식 향상을 넘어 전체적인 항공보안 문화 형성에 기여한다.

그러나 예방적 조치에도 불구하고 위반 사례가 발생할 수 있으며, 8.3.1.2에서는 이에 대한 엄격한 제재 조치를 규정한다. 임무 탑승을 위해 보안검색을 받는 과정에서 안보위해물품이 적발된 승무원은 즉시 해당 항공편 탑승에서 배제되며, 최소 1회 이상 추가로 업무에서 제외된다. 이는 단순한 실수라 하더라도 보안규정 위반의 심각성을 인식시키기 위한 강력한 조치로, 승무원 개인뿐만 아니라 조직 전체에 경각심을 불러일으키는 효과를 갖고 있다.

이러한 엄격한 제재에도 불구하고 법적 절차를 통해 정당성을 확보하는 장치 또한 마련되어 있다. 대테러합동조사나 경찰조사 등 공식적인 수사 과정을 거쳐 혐의가 없다고 판명된 경우에는 업무 배제 조치를 적용하지 않는다. 이러한 예외 규정은 무고한 승무원의 권익을 보호하면서도 보안 체계의 엄격성을 유지하는 균형적 접근을 보여준다. 결국 이러한 제도는 예방과 제재 그리고 구제라는 세 가지 축이 유기적으로 작동하면서 항공보안의 실효성과 공정성을 동시에 추구하는 종합적 관리 체계를 구현하고 있다.

7. 보안검색요원 자격요건과 근무관리

(1) 보안검색요원 배치기준과 근무관리 체계

공항운영자는 보안검색대에 적정 규모의 항공보안검색요원을 배치하여 체계적인 보안검색 업무를 수행한다. 검색요원들은 승객 안내와 휴대물품 엑스선검색장비 투입 유도부터 시작하여, 문형금속탐지장비나 원형검색장비를 통한 신체 검색, 휴대용 금속탐지장비나 촉수검색을 이용한 정밀검색을 수행하고 있다. 엑스선검색장비 화면 판독과 의심 물품에 대한 개봉검색, 폭발물흔적탐지장비 운용 등 고도의 전문성이 요구되는 업무도 담당하며, 보안검색장비의 정상 작동 여부를 수시로 확인하고 보안검색 완료구역에 대한 지속적인 보안통제를 실시한다.

이러한 엄격한 인력 운용 원칙에도 불구하고 운영 효율성을 위한 탄력적 대응이 필요한 경우가 있다. 일시적인 승객 급증이나 보안검색대 혼잡 등 특수한 상황에서는 승객 안내 및 휴대물품 투입 유도 업무에 한해 비검색요원의 투입이 가능하다. 다만 이 경우에도 최소 2시간 이상의 보안교육을 이수한 인력만 투입할 수 있으며, 지방항공청장과의 사전 협의가 필수적이다. 이는 보안수준을 유지하면서도 급변하는 운영 상황에 대응할 수 있는 현실적 방안으로, 원칙의 엄격함과 운영의 유연성을 조화시킨 접근이라 할 수 있다.

안정적인 보안검색 운영을 위해서는 체계적인 인력 관리가 필수적이다. 공항운영자는 검색요원의 휴직, 교육, 병가 등으로 인한 결원에 대비하여 적정 예비 인력을 상시 유지해야 한다. 다수의 결원이 발생하여 정상적인 보안검색 운영에 차질이 예상되는 경우, 사전에 대체 인력 투입이나 근무 재편성 등의 대책을 수립하여 지방항공청장에게 보고하고 있다. 이러한 선제적 인력 관리는 어떠한 상황에서도 보안 공백이 발생하지 않도록 하는 중요한 안전장치가 된다.

검색 수준관리와 직결되는 또 다른 핵심 요소는 검색요원의 피로도 관리다. 공항운영자는 원칙적으로 항공보안검색요원을 교대로 근무시켜야 하며, 이는 장시간 근무로 인한 집중력 저하를 방지하기 위한 조치다. 다만 항공기 운항시간이 6시간 미만이거나 일평균 10대 미만의 항공기가 운항하는 소규모 공항의 경우, 공항 특성에 맞는 별도의 근무 형태를 운영할 수 있다. 이러한 차별화된 기준은 공항 규모와 운영 특성을 고려한 합리적 접근을 보여준다.

특히 엄격한 관리가 적용되는 영역은 엑스선검색장비 판독 업무다. 화면 판독은 고도의 집중력이 요구되는 작업으로, 검색요원은 연속 30분을 초과하여 판독 업무를 수행할 수 없으며, 재배치 시에는 최소 40분 이상의 간격을 두어야 한다. 이는 시각적 피로와 주의력 저하를 방지하기 위한 과학적 근거에 기반한 규정으로, 검색의 정확성을 보장하는 핵심 기준이 되고 있다.

물론 기술 발전과 운영 현실을 반영한 예외적 기준도 마련되어 있다. 상주직원 등 승객 외 인원에 대한 검색의 경우, 출퇴근 시간대를 제외하고는 지방항공보안협의회의 의결을 거쳐 판독 시간을 탄력적으로 운영할 수 있다. 또한 의심물품 자동탐지 기능이 탑재된 첨단 엑스선검색장비를 중앙집중판독실에서 운용하는 경우, 기술적 지원으로 인해 최대 45분까지 판독 업무가 가능하다. 그러나 이 경우에도 연속 판독은 금지되며, 재수행 간격은 각 공항의 운영 현황에 맞게 조정할 수 있다. 이러한 세밀한 근무 기준은 검색 품질을 유지하면서도 검색요원의 건강과 복지를 보호하는 균형잡힌 체계를 구현하고 있으며, 궁극적으로 항공보안의 지속가능성을 확보하는 중요한 토대가 된다.

(2) 자격요건과 현장 훈련 체계

항공보안검색요원의 자격요건은 엄격한 교육 이수를 전제로 한다. 공항운영자와 항공운송사업자는 국토교통부장관이 정한 교육과정을 완전히 이수한 항공보안검색요원에게만 보안검색 업무를 담당하도록 해야 한다. 이는 표준화된 검색 품질을 보장하고, 모든 검색요원이 동일한 수준의 전문성을 갖추도록 하는 핵심 요건이다. 국토교통부가 규정한 교육과정에는 보안위협 인지, 검색장비 운용, 승객 대응, 위기 상황 대처 등 포괄적인 내용이 포함되어 있으며, 이러한 체계적인 교육은 항공보안의 일관성과 신뢰성을 확보하는 기반이 되고 있다.

이러한 정규 교육과정과 더불어 예비 검색요원에 대한 현장 실습 제도도 체계적으로 운영된다. 채용을 목적으로 훈련 중인 예비 인력은 정규 항공보안검색요원의 감독을 받으며 실제 보안검색 업무를 수행할 수 있다. 이러한 사전훈련 시스템은 이론 교육과 실무 경험을 유기적으로 결합하여, 예비 검색요원이 실제 업무 환경에서 필요한 기술과 판단력을 효과적으로 습득할 수 있도록 한다. 동시에 숙련된 검색요원의 감독을 통해 보안수준이 저하되지 않도록 하는 안전장치가 작동하고 있으며, 이는 신규 인력의 효과적인 양성과 보안 품질 유지라는 두 가지 목표를 동시에 달성하는 실용적인 접근방식으로 평가받는다. 결국 이러한 교육과 실습의 이원적 체계는 항공보안검색요원의 전문성을 담보하는 동시에 지속가능한 인력 공급 체계를 구축하는 핵심으로 자리잡고 있다.

8. 특별 보안검색

▌항공보안법 시행령

제13조(특별 보안검색방법) ① 공항운영자는 법 제15조에 따라 의료보조장치를 착용한 장애인, 임산부 또는 중환자 등 국토교통부장관이 인정하는 사람에 대해서는 보안검색 장소 외의 별도의 장소에서 보안검색을 할 수 있다.

② 공항운영자는 다음 각 호의 요건을 모두 갖춘 외교행낭에 대해서는 개봉검색을 하여서는 아니 된다.

1. 외교행낭은 외교신서사(外交信書使)의 신분을 증명할 수 있는 공문서 및 외교행낭의 수를 표시한 공문서를 소지한 사람과 함께 운송될 것
2. 외교행낭의 외부에 외교행낭임을 알아볼 수 있는 표지와 국가표시가 있을 것

③ 법 제15조에 따라 공항운영자 또는 항공운송사업자는 다음 각 호의 어느 하나에 해당하는 것에 대해서는 개봉검색을 하거나 증명서류 확인 및 폭발물 흔적탐지장비에 의한 검색 등의 방법으로 보안검색을 할 수 있다.

1. 골수·혈액·조혈모세포(造血母細胞) 등 인체조직과 관련된 의료품

1의2. 생물학적 제제(製劑), 유전자재조합의약품, 세포배양의약품, 세포치료제, 유전자치료제 및 이와 유사한 바이오 의약품

2. 유골, 유해
3. 이식용 장기
4. 살아있는 동물

4의2. 의료용·과학용 필름

5. 제1호, 제1호의2, 제2호부터 제4호까지 및 제4호의2에서 규정한 사항 외에 검색장비등에 의하여 보안검색을 하는 경우 본래의 형질이 손상되거나 변질될 수 있는 것 등으로서 국토교통부장관의 허가를 받은 것

(1) 공항운영자 특별 보안검색

공항운영자는 엑스선검색장비에 노출될 경우 손상이나 변질 우려가 있는 특수 물품에 대해 대체 검색 방법을 운영한다. 이러한 물품들은 개봉검색, 증명서류 확인, 폭발물흔

적탐지장비를 활용한 검색으로 보안확인 절차를 거치게 되며, 이는 물품의 특성을 고려한 맞춤형 보안관리 체계라 할 수 있다.

대체 검색의 주요 대상은 의료 관련 특수 물품이다. 골수, 혈액, 조혈모세포 등 인체 조직과 관련된 의료품은 방사선 노출로 인한 손상 가능성 때문에 특별한 취급이 필요하며, 세포배양의약품, 세포치료제, 유전자치료제를 포함한 바이오 의약품들도 엑스선검색장비 검색을 피해야 하는 민감한 물질로 분류되고 있다. 특히 이식용 장기의 경우 생명과 직결되는 중요성을 고려하여 신속하면서도 안전한 대체 검색이 적용된다.

의료적 필요성과 더불어 인도적 차원의 배려가 필요한 물품들도 대체 검색 대상에 포함된다. 유골이나 유해는 유족의 정서적 측면과 문화적 존중 차원에서 개봉검색보다는 증명서류 확인과 폭발물흔적탐지 검색을 우선적으로 실시하고 있다. 살아있는 동물의 경우에도 엑스선 노출로 인한 건강상 영향을 방지하기 위해 육안 검사와 케이지 외부 폭발물흔적탐지 검색 등의 방법이 활용된다. 이러한 접근은 보안절차가 단순한 기계적 적용이 아닌, 인간적 가치와 생명 존중을 반영한 체계임을 시사한다.

마지막으로 과학 연구와 의료 진단에 필수적인 특수 필름류도 세심한 취급이 요구되고 있다. 의료용 및 과학용 필름은 고감도 필름으로 국제표준화기구(ISO) 400 이상을 의미하며, 미세한 방사선 노출에도 감광되어 사용이 불가능해질 수 있다. 따라서 승객의 요청이 있을 경우 대체 검색 방법을 적용한다. 또한 검색장비로 인해 본래의 형질이 손상되거나 변질될 수 있다고 지방항공청장이 인정하여 허가한 물품들도 이러한 특별 검색 절차를 따르고 있다. 이는 보안수준을 유지하면서도 특수한 물품의 무결성을 보호하는 정교한 시스템으로, 항공보안이 다양한 사회적 요구를 수용하며 다변화하고 있음을 보여준다.

(2) 항공화물 특별 보안검색 대상과 절차

항공운송사업자는 일반적인 보안검색 장비로는 손상이나 변질이 우려되는 특수한 성격의 화물에 대해 별도의 보안검색 방법을 적용하고 있다. 이는 화물의 특성을 보호하면서도 항공보안 요구사항을 충족시키기 위한 필수적인 조치에 해당한다.

이러한 특별 검색 절차의 법적 근거는 항공보안법 시행령 제13조제3항과 국가항공보안계획 8.7.1.3에 명시되어 있다. 해당 조항은 특수 화물의 유형별 검색 방법과 구체적인 적용 대상을 규정함으로써, 항공운송사업자가 일관된 보안검색 체계를 운영할 수 있도록 지침을 제공한다.

1) 특별 보안검색 방법

항공운송사업자는 특정 화물에 대해 개봉검색 또는 증명서류 확인 및 폭발물흔적탐지장비에 의한 방법으로 보안검색을 실시할 수 있다. 이는 일반적인 엑스선검색장비 검색이나 기타 검색 장비가 화물의 본래 성질을 손상시킬 가능성이 있는 경우에 적용되는 대안적 보안조치다.

항공운송사업자는 이러한 특수 화물에 대한 대체 검색을 시행할 때 보안수준이 저하되지 않도록 엄격한 절차를 따라야 한다. 증명서류 확인의 경우 화물의 내용물, 포장 상태, 운송 경로 등을 상세히 검증하며, 필요시 제조사나 발송인의 공식 문서를 요구한다. 폭발물흔적탐지는 화물 외부와 포장재에서 미세한 폭발물 잔류물을 감지하는 정밀한 검사 방법으로, 개봉검색이 어려운 밀봉 화물에 특히 유용하게 활용되고 있다.

2) 의료 관련 특수화물

의료 분야의 특수화물이 대체 검색 대상의 주요 부분을 차지한다. 골수, 혈액, 조혈모세포 등 인체조직 관련 의료품은 생명과 직결되는 중요 물질로서, 방사선 노출이나 물리적 충격에 의한 손상 가능성이 높다. 이에 따라 일반적인 엑스선검색장비 검색 대신 서류 검증과 외부 폭발물흔적탐지장비 검색을 우선 적용하고 있다.

첨단 바이오 의약품 역시 특별한 관리가 필요한 대상이다. 생물학적 제제, 유전자재조합의약품, 세포배양의약품 등은 온도나 진동 같은 외부 환경 변화에 극도로 취약하며, 미세한 조건 변화만으로도 약효를 상실할 수 있다. 따라서 제조사 인증서와 밀봉 상태 검증 등 대체 방법으로 보안을 확인한다.

이러한 의료 화물은 긴급 처치가 필요한 환자의 생명과 직접 연관되어 있어 운송 지연이나 손상은 치명적인 결과를 초래한다. 항공운송사업자와 화물터미널 운영자는 이를 신속하게 식별하고 처리하기 위한 별도의 프로토콜을 운영하고 있다.

3) 인도적·사회적 가치를 고려한 화물

유골과 유해, 이식용 장기는 인간의 존엄성과 생명의 가치를 담은 특수화물로 분류된다. 유골과 유해는 종교적·문화적 의미가 크므로 각 문화권의 장례 관습과 유족의 정서를 고려한 신중한 처리가 필수적이다.

이와 달리 이식용 장기는 환자의 생명과 직결되어 신속한 운송이 핵심이다. 장기 이식의 성공은 시간에 좌우되므로 보안절차 또한 신속하면서도 정확하게 진행되어야 한다.

이러한 특수성을 고려하여 항공보안당국은 물리적 검색보다 관련 증명서류의 확인과 검증을 통해 보안을 확보하고 있다. 이는 인도적 가치와 보안 요구사항을 동시에 충족시키는 합리적 대응으로 평가된다.

4) 기타 특수화물과 승인 절차

살아있는 동물과 의료용·과학용 필름은 특별 보안검색 대상으로 별도 절차를 적용받는다. 동물은 보안검색 과정의 소음과 낯선 환경으로 극도의 스트레스를 받아 건강상태가 악화될 수 있다. 특히 반려동물, 실험동물, 희귀종 등은 운송 중 안전과 복지가 우선적으로 보장되어야 한다.

의료용·과학용 필름류는 엑스선검색장비의 방사선에 노출되면 데이터 손실이나 변질 위험이 있어 물리적 검색이 제한된다. 이 외에도 검색장비로 인해 손상이 우려되는 화물은 지방항공청장의 허가를 통해 특별 보안검색 대상으로 지정될 수 있다.

이러한 차별화된 보안검색 체계는 엄격한 보안 유지와 화물의 특수성 보호를 동시에 달성하고 있다. 화물 특성에 맞는 맞춤형 접근을 통해 효율적이고 실용적인 항공보안 관리의 제도적 기반이 되고 있다.

(3) 특별 보안검색 대상 물품의 분류와 맞춤형 검색 방법

특별 보안검색은 일반적인 검색 방법으로는 물품의 무결성을 보장할 수 없는 경우에 적용되는 맞춤형 검색 체계다. 대상 물품은 크게 두 가지 범주로 구분된다.

첫째, 검색장비 노출 시 손상 우려가 있는 물품이다. 시험용 백신이나 바이오 샘플은 방사선 조사로 효능이 상실될 수 있으며, 국보급 고미술품이나 골동품은 재질 특성상 방사선이나 화학물질 노출로 손상 가능성이 있어 각별한 주의가 필요하다.

둘째, 보안상 비밀 유지가 필수적인 밀봉 물품이다. 대학수학능력시험 문제지처럼 국가적 기밀성이 요구되는 물품은 개봉 자체가 중대한 보안 위반이므로 밀봉 상태를 유지하면서 보안을 확인하는 특별 프로토콜을 적용한다.

특히 콜드체인 바이오의약품은 단위탑재용기(ULD)에 적재된 상태로 검색을 실시한다. 서류 확인 후 폭발물흔적탐지장비를 활용하여 온도 체인을 유지하면서도 보안을 확보하는 방법을 적용하고 있다. 다만 의심스러운 징후 발견 시에는 일반 보안검색 절차를 그대로 적용하여 보안의 완전성을 확보한다.

1) 특별 보안검색 허가 신청 절차와 신청자 의무사항

특별 보안검색을 받고자 하는 신청자는 체계적인 허가 절차를 준수해야 한다. 항공보안법 시행령 제13조제3항제5호에 해당하는 물품, 즉 검색장비로 인해 본래의 형질이 손상되거나 변질될 우려가 있다고 인정되는 물품에 대해서는 사전 허가가 필수적이다. 이는 특별 보안검색의 정당성과 필요성을 사전에 검증하여 무분별한 특례 적용을 방지한다.

사전 허가를 위한 절차는 명확하게 규정되어 있다. 신청자는 특별 보안검색 물품 허가 신청서를 작성하여 관할 지방항공청장에게 제출해야 하며, 신청서에는 물품의 특성과 특별 검색이 필요한 구체적 사유를 명시해야 한다. 이러한 서면 신청은 행정적 투명성을 확보하는 동시에 사후 검증을 위한 근거 자료로도 활용되고 있다.

허가 절차는 여러 단계의 통보체계를 통해 투명하게 진행된다. 관할 지방항공청장이 특별 보안검색을 허가하면, 그 결과는 신청자뿐만 아니라 실제 검색을 수행할 공항운영자나 항공운송사업자에게도 동시에 통보된다. 이러한 사전 정보공유 시스템은 검색 현장에서의 혼선을 방지하고, 관련 당사자들이 특별 검색에 대비할 수 있는 충분한 시간을 확보하도록 보장한다. 결과적으로 특별 보안검색이 신속하고 원활하게 진행될 수 있는 운영 기반이 마련되고 있다.

이와 더불어 허가를 받은 신청자에게는 명확한 협조 의무가 부과된다. 보안검색 전에 공항운영자나 항공운송사업자에게 허가 문서를 제출하는 것은 기본이며, 이후 진행되는 모든 보안조치에 적극적으로 협조해야 한다. 이는 특별 취급이라는 예외적 혜택을 받는 대신 보안확인 절차에는 더욱 성실히 임해야 한다는 상호 책임 원칙을 명확히 한 것이다.

운영 과정에서 발생할 수 있는 변경 사항에 대한 대응절차도 실용적으로 마련되어 있다. 허가받은 내용과 실제 물품이 상이한 경우에는 원칙적으로 관할 지방항공청에 신청서를 재작성하여 변경 승인을 받아야 한다. 그러나 운영의 효율성과 현실적 필요를 고려하여, 사전 승인받은 물품 수량이 감소하는 경우에 한해서는 유선이나 구두로 사전 통보하면 별도의 서면 절차 없이 승인된 것으로 간주하고 있다. 이러한 탄력적 운영 방식은 불필요한 행정 부담을 최소화하면서도 특수 화물의 안전한 운송과 항공보안의 완전성이라는 두 가지 목표를 효과적으로 달성하는 정교한 시스템으로 평가된다.

2) 특별 보안검색 운영 책임과 감독체계

공항운영자와 항공운송사업자는 특별 보안검색 시행 시 엄격한 확인절차와 감독체계를 운영해야 한다. 특별 보안검색 대상물품에 대해서는 물품 소유자나 운반자의 신원을 철저히 확인하고, 관할 지방항공청장의 허가를 받은 물품의 경우 허가 내용과 실제 물품의 일치 여부를 검증한다. 이러한 사전확인 절차는 특별 취급 제도가 악용되는 것을 방지하는 첫 번째 안전장치 역할을 한다.

이렇게 확인된 물품들은 처리 방식에 따라 차별화된 감독체계를 적용받는다. 휴대 및 위탁 수하물로 처리되는 경우, 공항운영자 소속 보안검색감독자가 직접 입회하여 보안조치 사항을 확인한다. 이들은 특별 보안검색 절차의 적정성을 현장에서 감독하는 핵심 역할을 수행하고 있다.

반면 화물로 처리되는 특별 보안검색 대상물품에는 더욱 강화된 통제가 적용된다. 항공운송사업자 소속 보안검색감독자나 인증받은 위탁업체 보안검색요원이 물품 포장부터 운송 전 과정에 입회하며, 특별 보안검색 완료 후부터 화물터미널 반입 전까지 지속적인 보안통제가 이루어진다. 각 항공운송사업자는 자체보안계획에 별도의 운송 보안통제 절차를 수립하여 운영할 수 있으며, 이는 각 사업자의 운영 특성을 반영한 맞춤형 보안체계 구축을 가능하게 한다.

이러한 현장 감독과 더불어 지방항공청 항공보안감독관은 특별 보안검색 체계 전반에 대한 감독 권한을 행사한다. 공항운영자와 항공운송사업자의 처리 절차를 점검함으로써 특별 보안검색의 편의성과 항공보안의 엄격성이 균형을 이루도록 보장한다.

그러나 아무리 특별 보안검색 대상이라 하더라도 보안위협이 감지될 경우에는 즉각적이고 단호한 조치가 취해진다. 특별 보안검색 대상물품에서 무기나 폭발물 등 위해물품이 발견되면, 특별 취급 여부와 관계없이 보호구역 진입이 제한되고 운송이 거부된다. 허가받은 물품임에도 불구하고 의심스러운 상황으로 인해 일반 보안검색을 실시했거나, 위해물품 발견으로 운송을 거부한 경우에는 관할 지방항공청장에게 즉시 보고해야 한다.

마지막으로 문서화와 기록 관리는 특별 보안검색 체계의 투명성과 책임성을 담보하는 중요한 요소다. 특별 보안검색을 실시하거나 해당 물품을 운송한 모든 경우에 대해 상세한 처리 결과를 기록으로 남기고, 관련 기록과 서류는 최소 1년 이상 보관된다. 이렇게 축적된 자료는 사후 검증과 개선방안 도출의 기초가 되며, 특별 보안검색 제도의 지속적인 개선과 발전을 위한 토대로 활용되고 있다.

(4) 외교관 및 외교행낭 보안검색의 특별 절차

외교관과 외교행낭에 대한 보안검색은 외교특권과 항공보안 사이의 섬세한 균형을 요구하는 영역이다. 국제법상 보장된 외교특권을 존중하면서도 항공기의 보안을 확보해야 하는 이중적 과제가 존재하며, 이는 일반적인 보안검색 절차와는 차별화된 접근을 필요로 한다. 국가항공보안계획 8.8에서는 이러한 특수한 상황에 대한 구체적인 절차와 기준을 제시하고 있다.

1) 외교관 개인에 대한 보안검색

공항운영자는 외교관과 외교신서사 그리고 그들의 휴대물품 및 위탁수하물에 대하여 일반승객과 같은 방법으로 보안검색을 실시해야 한다. 이는 외교관이라 하더라도 항공보안 측면에서는 다른 승객들과 동일한 기준이 적용됨을 의미한다. 외교특권이 보안검색까지 면제해주지는 않는다는 명확한 원칙이 확립되어 있으며, 이를 통해 모든 탑승객의 안전을 동등하게 확보한다.

2) 외교행낭의 차별적 처리

외교관 개인과 달리 외교행낭에 대해서는 보다 복잡하고 단계적인 접근이 이루어진다. 공항운영자는 적법한 요건을 갖춘 외교행낭에 대해서는 개봉검색을 해서는 안 되며, 개봉검색 제외 요건과 해당 국가 공관의 증명서를 갖춘 외교행낭에 대해서는 보안검색을 아예 면제할 수 있다. 이는 외교행낭의 특수성과 외교관계에서의 신뢰를 바탕으로 한 조치다.

하지만 외교행낭이라는 특수한 지위가 모든 보안 우려를 해소하는 것은 아니다. 항공운송사업자는 의심스러운 외교행낭의 물품이 공항 보안감독자에 의해 확인되기 전까지 항공기로 운송할 수 없다. 이러한 검증 절차는 외교특권을 존중하면서도 항공보안의 기본 원칙을 유지하는 중요한 안전장치 역할을 하고 있다.

3) 일반 대사관 서신과 구분

외교행낭과는 별개로, 외교행낭이 아닌 대사관의 일반 서신에 대해서는 다른 기준이 적용된다. 공항운영자 또는 항공운송사업자는 외교행낭에 의하지 않은 대사관의 서신을 일반 우편물 보안절차와 같은 방법으로 보안통제를 실시해야 한다. 이는 외교행낭의 특별한 법적 지위와 일반적인 대사관 업무용 서신을 명확히 구분하여, 각각에 적합한 보안절차를 적용하겠다는 원칙을 보여준다.

4) 국가안보 위협 시 특별 절차

비상상황에 대비한 예외적 절차도 체계적으로 마련되어 있다. 국가안보상 위협상황이 발생하거나 발생할 우려가 있을 경우, 공항운영자 또는 항공운송사업자는 해당국 대사관의 동의를 득한 후 해당 물품 운송자에게 직접 외교행낭의 개봉을 요청할 수 있다. 만약 이러한 개봉 요청이 거부된 경우, 항공운송사업자는 외교행낭 운송 자체를 거부할 수 있는 권한을 갖는다.

이러한 단계적 절차는 외교관계의 예의를 지키면서도 국가안보라는 더 큰 가치를 보호하기 위한 최후의 수단이다. 해당국 대사관의 동의를 우선적으로 구하는 과정은 외교적 마찰을 최소화하면서도 보안 목적을 달성하려는 신중한 운영 방식이라 할 수 있다.

9. 보안검색 실패 등에 대한 대책

▌항공보안법

제19조(보안검색 실패 등에 대한 대책) ① 공항운영자, 항공운송사업자 및 화물터미널운영자는 다음 각 호의 사항이 발생한 경우에는 즉시 국토교통부장관에게 보고하여야 한다.

1. 검색장비가 정상적으로 작동되지 아니한 상태로 검색을 하였거나 검색이 미흡한 사실을 알게 된 경우
2. 허가받지 아니한 사람 또는 물품이 보호구역 또는 항공기 안으로 들어간 경우
3. 그 밖에 항공보안에 우려가 있는 것으로서 국토교통부령으로 정하는 사항

② 국토교통부장관은 제1항에 따른 보고를 받은 경우에는 다음 각 호의 구분에 따라 항공보안을 위한 필요한 조치를 하여야 한다.

1. 항공기가 출발하기 전에 보고를 받은 경우: 해당 항공기에 대한 보안검색 등의 보안조치
2. 항공기가 출발한 후 보고를 받은 경우: 해당 항공기가 도착하는 국가의 관련 기관에 대한 통보

③ 국토교통부장관은 다른 국가로부터 제1항 각 호의 어느 하나에 해당하는 사항을 통보받은 경우에는 해당 항공기를 격리계류장으로 유도하여 보안검색 등 보안조치를 하여야 한다.

▌항공보안법 시행령

제20조(권한의 위임) 국토교통부장관은 법 제38조제1항에 따라 다음 각 호의 권한을 지방항공청장에게 위임한다.

5. 법 제19조제1항에 따른 보안검색 실패 등의 보고 접수

▌항공보안법 시행규칙

제11조(보안검색 실패 등에 대한 보고) 법 제19조제1항제3호에 따라 공항운영자·항공운송사업자·화물터미널운영자는 다음 각 호의 어느 하나에 해당하는 경우 지방항공청장에게 보고하여야 하며, 제1호의 사항에 대하여는 관련 행정기관에 지체 없이 통보하여야 한다.

1. 법 제2조제8호의 불법방해행위가 발생한 경우
2. 「항공보안법 시행령」(이하 "영"이라 한다) 제10조부터 제12조까지 및 제16조에 따른 보안검색방법에 따라 보안검색이 이루어지지 아니한 경우
3. 법 제28조에 따른 교육훈련을 이수하지 아니한 사람에 의하여 보안검색이 이루어진 경우
4. 무기·폭발물 등에 의하여 항공기에 대한 위협이 증가하는 경우

항공보안 사고나 보안검색 실패 시의 신속하고 체계적인 보고는 추가 피해를 방지하고 효과적인 대응을 위한 핵심 요소다. 현행 보고체계는 지속적으로 개선되고 있지만, 여전히 몇 가지 보완이 필요한 부분들이 존재한다.

(1) 보고 대상자 확대의 필요성

현재 공항운영자, 항공운송사업자, 화물터미널운영자가 주요 보고 주체로 규정되어 있다. 그러나 실제 보안검색과 출입통제를 담당하는 다른 기관들도 보고체계에 포함될 필요가 있다. 승객과 화물에 대하여 보안검색과 출입통제를 담당하는 상용화주, 공인화물보안대행기관, 도심공항터미널운영자 등도 보안실패 등의 보고 대상자에 포함되어야 한다. 이러한 확대는 항공보안 전 분야에 걸친 통합적 보고체계를 구축하는 데 기여할 것이다.

(2) 보고 시점의 명확화

보고 대상자의 확대와 더불어 보고 시점의 명확화도 시급한 과제다. 공항운영자, 항공운송사업자 및 화물터미널운영자는 특정 사항이 발생한 경우 즉시 국토교통부장관에게 보고하도록 규정되어 있다. 하지만 '즉시'라는 시점은 해석의 여지가 있어 구체적인 기준이 필요하다. 사건(사고)을 인지한 후 2시간 이내 등으로 명확하게 명시함으로써 보고의 신속성을 보장할 필요가 있다. 다만 운항중인 항공기의 경우는 특수성을 고려하여 항공운송사업자의 항공보안담당이 인지한 시점을 기준으로 하여 현실적인 보고가 이루어지도록 하는 절차 수립이 필요해 보인다.

(3) 항공보안법상 조치사항과 개선 방향

이렇게 보고된 사항에 대해 항공보안법은 국토교통부가 취해야 할 필요한 조치를 명시하고 있다. 항공기가 출발하기 전에 보고를 받은 경우에는 해당 항공기에 대한 보안검색 등의 보안조치를 실시한다. 반면 항공기가 출발한 후 보고를 받은 경우에는 해당 항공기가 도착하는 국가의 관련 기관에 대한 통보를 하고 있다.

그러나 항공기가 출발한 후 인지한 보안사건(사고)에 대해서는 보다 적극적인 대응이 필요하다. 보고시점과 상황의 심각성에 따라 항공기 회항 등의 적극적 조치를 고려함으로써 보안조치의 효율성을 높여야 한다. 단순한 통보를 넘어서 위험 수준에 따른 차별화된 대응 프로토콜이 요구되는 것이다.

(4) 현행 보고체계 개선 현황

이러한 필요성을 인식하여 국토교통부는 항공보안 보고체계를 지속적으로 개선하고 있다. 상황별 보고체계를 구축하여 본부와 현장 간 조치사항을 실시간으로 공유하며, 이는 보안사고 대응의 신속성과 효율성을 크게 향상시키는 성과를 거두고 있다.

사건현장에서는 감독자와 책임자가 경중을 불문하고 모든 항공보안사고를 즉시 해당 공항운영자(항공운송사업자) 종합상황실(지점)에 보고하는 체계가 구축되어 있다. 종합상황실과 지점에서는 보고받은 항공보안사고 내용을 SMS를 통해 지방항공청에 보고하며, 중대사항(국민 영향, 언론 관심사항 포함)은 본부, 지방항공청, 국가위기관리센터, 대테러센터에도 동시에 보고한다.

(5) 특수 상황별 보고 절차

일반적인 보고체계 외에도 특수 상황에 대한 세분화된 보고 절차가 마련되어 있다. 지방항공청은 항공보안사고 발생 당시 미인지한 경우(실탄 등 보안검색 실패)에는 각 공항운영자(항공운송사업자) 등으로부터 통보를 받고 인지하는 즉시 보고체계에 따라 보고하도록 하고 있다.

더욱 심각한 상황에 대해서는 복합적 보고체계가 시행된다. 인진운항을 저해하는 납치 등의 기내 항공보안사고는 항공교통본부에도 보고하며, 폭파위협 등 테러관련 중대사항은 국가위기관리센터, 대테러센터, 국토교통부 비상안전기획관실에도 보고하는 체계를 운영하고 있다.

지방항공청은 이러한 보고체계의 중간 허브 역할을 수행한다. 보고받은 내용 중 중대사항(국민영향, 언론관심, 테러가능성이 높은 사항 포함)을 즉시 국토교통부(항공보안정책과)에 유선 등으로 보고하고, 이후 진행과정부터 종결시까지 수시보고를 실시한다. 현재 항공보안사고 문자(SMS) 보고 범위와 보고대상, 보고유형별로 공항운영자와 항공운송사업자의 보고를 세분화하여 구축해서 운영 중이다.

10. 보안검색위탁업체

항공보안법

제15조(승객 등의 검색 등) ③ 공항운영자 및 항공운송사업자는 제2항에 따른 보안검색을 직접 하거나 「경비업법」 제4조제1항에 따른 경비업자 중 공항운영자 및 항공운송사업자의 추천을 받아 제6항에 따라 국토교통부장관이 지정한 업체에 위탁할 수 있다.

⑦ 제3항에 따라 보안검색 업무를 위탁받으려는 업체는 국토교통부령으로 정하는 바에 따라 국토교통부장관의 지정을 받아야 한다.

⑧ 국토교통부장관은 제6항에 따라 지정을 받은 업체가 다음 각 호의 어느 하나에 해당하는 경우에는 그 지정을 취소할 수 있다. 다만, 제1호 또는 제2호에 해당하면 지정을 취소하여야 한다.

1. 거짓이나 그 밖의 부정한 방법으로 지정을 받은 경우
2. 「경비업법」에 따른 경비업의 허가가 취소되거나 영업이 정지된 경우
3. 국토교통부령에 따른 지정기준에 미달하게 된 경우. 다만, 일시적으로 지정기준에 미달하게 되어 3개

월 이내에 지정기준을 다시 갖춘 경우에는 그러하지 아니하다.
4. 보안검색 업무의 수행 중 고의 또는 중대한 과실로 인명피해가 발생하거나 보안검색에 실패한 경우

제37조(청문) 국토교통부장관은 다음 각 호의 어느 하나에 해당하는 취소처분을 하려면 청문을 하여야 한다.

1. 제15조제8항(제16조제1항 후단, 제2항 후단 및 제17조제5항에서 준용하는 경우를 포함한다)에 따른 위탁업체 지정의 취소

▌항공보안법 시행령

제18조(다른 직무의 금지 등) 공항운영자·항공운송사업자 또는 법 제15조제3항(법 제16조 및 제17조제5항에서 준용하는 경우를 포함한다)에 따라 보안검색을 위탁받은 업체는 항공보안검색요원이 보안검색 업무를 수행 중인 때에는 보안검색 업무 외의 다른 업무를 수행하게 하여서는 아니 된다.

제20조(권한의 위임) 국토교통부장관은 법 제38조제1항에 따라 다음 각 호의 권한을 지방항공청장에게 위임한다.

4. 법 제15조제7항 및 제8항(법 제16조 및 제17조제5항에서 준용하는 경우를 포함한다)에 따른 보안검색 위탁업체의 지정 및 지정 취소

▌항공보안법 시행규칙

제8조(보안검색위탁업체 지정기준) 법 제15조제3항 및 제7항에 따른 보안검색위탁업체의 지정기준은 다음과 같다.

1. 승객·휴대물품 및 위탁수하물 보안검색위탁업체의 지정기준
   가. 인천공항의 경우
      1) 「경비업법」 제4조에 따라 경비업 허가를 받은 법인일 것
      2) 자본금이 10억원 이상일 것
      3) 상시고용직원인 보안검색인력이 100명 이상일 것
   나. 김포·김해 및 제주공항의 경우
      1) 「경비업법」 제4조에 따라 경비업 허가를 받은 법인일 것
      2) 자본금이 10억원 이상일 것
      3) 상시고용직원인 보안검색인력이 50명 이상일 것
   다. 가목 및 나목 외의 공항의 경우
      1) 「경비업법」 제4조에 따라 경비업 허가를 받은 법인일 것
      2) 자본금이 5억원 이상일 것
      3) 상시고용직원인 보안검색인력이 10명 이상일 것
2. 화물 보안검색위탁업체의 지정기준
   가. 「경비업법」 제4조에 따라 경비업 허가를 받은 법인일 것

나. 자본금이 5억원 이상일 것

다. 상시고용직원인 보안검색인력이 5명 이상일 것

제8조의4(보안검색위탁업체 지정절차 등) ① 법 제15조제3항에 따라 공항운영자 또는 항공운송사업자가 보안검색위탁업체의 지정을 추천하려는 경우에는 별지 제1호서식의 보안검색위탁업체 지정신청서에 지정 대상 보안검색위탁업체에 관한 다음 각 호의 서류를 첨부하여 지방항공청장에게 제출하여야 한다.

1. 「경비업법」에 따른 경비업 허가증
2. 보안검색인력 명단 및 해당 인력의 법 제28조제2항에 따른 교육훈련 이수증
3. 보안검색위탁업체 추천서

② 제1항에 따라 지정신청서를 제출받은 지방항공청장은 「전자정부법」 제36조제1항에 따른 행정정보의 공동이용을 통하여 지정 대상 보안검색위탁업체의 법인 등기사항증명서 및 사업자등록증을 확인하여야 한다. 다만, 해당 업체가 사업자등록증의 확인에 동의하지 아니하는 경우에는 해당 서류를 첨부하게 하여야 한다.

③ 제1항에 따라 지정신청서를 제출받은 지방항공청장은 지정 대상 보안검색위탁업체가 제8조에 따른 지정기준에 적합하다고 인정하는 경우에는 공항운영자 또는 항공운송사업자에게 별지 제2호서식의 보안검색위탁업체 지정서를 발급하여야 한다.

(1) 보안검색위탁업체 지정절차 및 요건

항공보안법 제15조제3항은 보안검색 수행 방식에 대한 선택권을 부여하고 있다. 공항운영자 및 항공운송사업자는 보안검색을 직접 수행할 수도 있고, 전문 업체에 위탁할 수도 있다. 이는 각 운영 주체의 여건과 특성에 맞는 유연한 운영을 가능하게 하는 제도적 기반이다.

그러나 이러한 위탁은 무제한적으로 허용되는 것이 아니다. 위탁의 경우 경비업법 제4조제1항에 따른 경비업자 중에서 공항운영자 및 항공운송사업자의 추천을 받아 국토교통부장관이 지정한 업체에만 가능하다. 이는 항공보안이라는 특수한 영역의 전문성과 신뢰성을 담보하기 위한 필수적인 제도적 장치로, 일반적인 경비업무와 항공보안 업무를 명확히 구분하고 있다.

보안검색 업무를 위탁받으려는 업체는 법 제15조제7항에 따라 반드시 국토교통부장관의 지정을 받아야 한다. 이러한 지정 제도는 행정 절차를 넘어서 항공보안의 질적 수준을 유지하고 관리하기 위한 핵심적인 규제 체계다.

구체적인 지정 절차는 항공보안법 시행규칙 제8조의4에 상세하게 규정되어 있다. 공항운영자 또는 항공운송사업자가 보안검색위탁업체의 지정을 추천하려는 경우, 먼저 보

안검색위탁업체 지정신청서를 작성하여 지방항공청장에게 제출해야 한다. 이때 업체의 자격과 역량을 입증할 수 있는 중요한 서류들을 함께 첨부하는 것이 필수적이다.

첨부 서류의 구성은 업체의 법적 자격과 실질적 역량을 종합적으로 검증하도록 설계되어 있다. 첫째, 경비업법에 따른 경비업 허가증을 제출하여 기본적인 법적 자격을 입증한다. 둘째, 보안검색인력 명단과 함께 해당 인력의 법 제28조제2항에 따른 교육훈련 이수증을 제출하여 실제 업무를 수행할 인력의 전문성을 증명해야 한다. 셋째, 보안검색위탁업체 추천서를 통해 공항운영자 또는 항공운송사업자의 신뢰와 지지를 확인하고 있다.

이렇게 제출된 서류를 바탕으로 지방항공청장은 엄격한 심사 과정을 진행한다. 지정 대상 보안검색위탁업체가 항공보안법 시행규칙 제8조에 따른 지정기준에 적합하다고 인정되는 경우에만 보안검색위탁업체 지정서를 발급한다. 이러한 검증 시스템은 항공보안이라는 특수한 영역에서 요구되는 높은 수준의 전문성과 신뢰성을 확보하기 위한 제도적 안전장치로 평가되며, 궁극적으로 항공보안을 보장하는 중요한 기반이 되고 있다.

(2) 보안검색 업무의 독립성 보장

항공보안법 시행령 제18조는 항공보안검색요원의 업무 전념도를 보장하기 위한 중요한 규정을 담고 있다. 이 조항은 공항운영자, 항공운송사업자, 또는 법 제15조제3항에 따라 보안검색을 위탁받은 업체가 준수해야 할 명확한 의무를 규정한다. 핵심 내용은 항공보안검색요원이 보안검색 업무를 수행 중인 때에는 보안검색 업무 외의 다른 업무를 수행하게 해서는 안 된다는 것이다.

이러한 규정은 단순한 업무 분장의 문제를 넘어서는 깊은 의미를 갖는다. 항공보안검색은 고도의 집중력과 전문성을 요구하는 업무로, 검색요원이 다른 업무에 분산되면 보안검색의 질이 저하될 수 있기 때문이다. 실제로 보안검색 과정에서는 엑스선검색 판독, 신체 검색, 의심 물품 확인 등 세심한 주의가 필요한 작업들이 연속적으로 이루어지고 있으며, 순간의 부주의가 중대한 보안 사고로 이어질 수 있다.

특히 이 조항이 법 제16조 및 제17조제5항에서 준용하는 경우를 포함한다고 명시한 것은 주목할 만한 부분이다. 이는 승객 검색뿐만 아니라 화물 검색, 특별 검색 등 모든 형태의 항공보안검색 업무에 동일한 원칙이 적용됨을 의미한다. 보안검색의 종류나 장소에 관계없이 검색요원의 업무 전념도는 일관되게 보장되어야 한다는 원칙이 확립된 것이다.

현실적으로 이 규정은 공항 운영의 효율성과 보안의 완벽성 사이에서 균형을 찾아야 하는 과제를 제시하고 있다. 일부 사업자들은 인력 운용의 효율성을 위해 검색요원에게 부가적인 업무를 부여하고 싶은 유혹을 느낄 수 있다. 그러나 이 조항은 그러한 유혹을 차단하고, 항공보안이라는 최우선 가치를 지키기 위한 법적 장치 역할을 수행한다. 결국 이는 항공기 탑승객과 화물의 안전을 보장하는 데 필수불가결한 규정으로, 항공보안 체계의 완성도를 높이는 핵심 요소로 평가된다.

(3) 항공화물 보안검색위탁업체 지정기준 일원화 필요성

> ▌ **항공보안법 시행령**
>
> **제11조(위탁수하물의 보안검색방법 등)** ② 공항운영자는 제1항에 따른 위탁수하물에 대하여 항공기 탑재 전에 엑스선 검색장비를 사용하여 보안검색을 하여야 한다.
>
> ③ 공항운영자는 다음 각 호의 어느 하나에 해당하는 경우에는 항공기 탑재 전에 위탁수하물을 개봉하여 그 내용물을 검색하여야 한다. 이 경우 폭발물이나 위해물품이 있다고 의심되는 경우 또는 제3호의2에 해당하는 경우에는 폭발물 흔적탐지장비 등 필요한 검색장비등을 추가하여 보안검색을 하여야 한다.
>
> **제12조(화물에 대한 보안검색방법 등)** ① 법 제15조에 따라 여객기에 탑재하는 화물에 대한 항공운송사업자의 보안검색에 대해서는 제11조제2항 및 제3항을 준용한다.

항공화물의 보안검색은 항공보안법 시행규칙 제8조에 따라 지정된 보안검색위탁업체에 위임하여 실시할 수 있다. 상용화주 역시 화물에 대한 보안검색을 기준에 맞는 보안검색위탁업체에 위임할 수 있도록 규정하고 있으며, 시행규칙 제8조는 여객·휴대물품 및 위탁수하물의 보안검색위탁업체 지정기준과 화물의 보안검색위탁업체 지정기준을 명확히 구분하여 제시하고 있다.

그런데 이러한 구분에도 불구하고 중요한 규제 공백이 발생하고 있다. 상용화주 시설에서 화물을 검색하는 보안검색위탁업체의 지정기준이 모호하다는 점이다. 여객 위탁수하물의 보안검색위탁업체 기준을 따라야 하는지, 아니면 일반 화물 보안검색위탁업체 기준에 맞춰야 하는지 명확하지 않은 상황이다. 이는 단순한 행정적 혼선의 문제가 아니라, 항공보안의 일관성과 효과성에 직접적인 영향을 미치는 중대한 사안으로 평가된다.

이 문제의 핵심은 상용화주가 보안검색을 실시한 화물 중 상당수가 여객기에 탑재된다는 현실에 있다. 항공보안법 시행령 제12조제1항은 여객기에 실리는 화물이 위탁수하물 검색기준을 준용하도록 규정하고 있다. 따라서 논리적으로 이러한 화물을 검색하는 위탁업체의 지정기준도 동일한 수준이어야 한다. 즉, 여객기 탑재 화물을 다루는 보안검색위탁업체는 화물 기준이 아닌 위탁수하물 보안검색위탁업체 기준을 적용받아야 한다는 결론에 도달하게 된다.

현재 상황을 구체적으로 살펴보면 이러한 문제가 더욱 명확해진다. 항공운송사업자가 공항에서 화물검색을 위탁하는 경우, 항공보안법 시행규칙 제8조제2호의 완화된 화물보안검색위탁업체 지정기준을 따르고 있다. 그러나 이들 항공운송사업자 역시 여객기에 화물을 탑재하고 있으며, 이는 보안수준의 불일치라는 근본적인 모순을 야기하고 있다.

이러한 규제 체계의 비일관성은 항공보안에 잠재적 위험을 초래할 수 있다. 시행규칙 제8조의 입법 취지는 여객기에 실리는 모든 물품에 대해 높은 수준의 보안을 확보하려는 것으로 해석되기 때문이다. 따라서 여객기에 탑재되는 화물을 취급하는 모든 보안검색위탁업체는, 그것이 상용화주의 위탁업체든 항공운송사업자의 위탁업체든 관계없이, 위탁수하물 보안검색위탁업체와 동일한 엄격한 지정기준을 적용받아야 한다. 이는 단순한 규정의 정합성 문제를 넘어, 항공보안의 실질적 강화를 위한 필수적인 조치로 평가되며, 향후 관련 규정의 개정을 통해 이러한 공백이 조속히 해결되어야 할 것이다.

11. 검색 기록의 체계적 관리와 활용

▌항공보안법

제29조(검색 기록의 유지) 공항운영자 및 항공운송사업자 또는 보안검색을 위탁받은 검색업체는 검색요원의 업무, 현장교육훈련 기록 등의 보안검색에 관한 기록을 국토교통부령으로 정하는 바에 따라 작성·유지하여야 한다.

▌항공보안법 시행규칙

제16조(보안검색기록의 작성 등) ① 법 제29조에 따라 공항운영자·항공운송사업자 또는 보안검색을위탁받은검색업체는 다음 각 호의 사항이 포함된 보안검색에 관한 기록을 작성하여 1년 이상 보존하여야 한다.

1. 보안검색업무를 수행한 항공보안검색요원·감독자의 성명 및 근무시간
2. 항공보안장비의 점검 및 운용에 관한 사항
3. 법 제21조에 따른 무기 등 위해물품 적발 현황 및 적발된 위해물품의 처리 결과
4. 항공보안검색요원에 대한 현장교육훈련 기록
5. 그 밖에 보안검색업무 수행 중에 발생한 특이사항

② 제1항에 따른 보안검색 기록은 전자기록물로 보존할 수 있다.

보안검색 기록의 체계적인 유지는 항공보안시스템의 투명성과 책임성을 확보하는 핵심 요소다. 항공보안법 제29조는 공항운영자, 항공운송사업자 그리고 위탁받은 검색업체가 보안검색에 관한 모든 기록을 철저히 작성하고 유지해야 한다고 명시하고 있다. 이는 단순한 행정적 의무를 넘어 항공보안의 품질을 지속적으로 관리하고 개선하기 위한 필수

적인 프로세스로 자리잡고 있다.

이러한 법적 요구에 따라 실제 기록되어야 하는 내용은 매우 구체적이고 포괄적이다. 항공보안법 시행규칙 제16조에 따르면, 검색요원과 감독자의 성명 및 근무시간부터 시작하여 보안장비의 점검 및 운용 현황, 위해물품 적발 및 처리 결과, 현장교육훈련 기록, 특이사항까지 5가지 주요 항목을 빠짐없이 기록해야 한다. 이러한 기록들은 최소 1년 이상 보존되어야 하며, 효율적인 관리를 위해 전자기록물 형태로 보관하는 것도 허용된다.

국가항공보안계획에서는 이를 더욱 구체화하여 공항운영자가 검색요원의 근무 현황, 위해물품 적발 상황, 정밀검색 실시 내용 등을 상세히 기록하도록 규정한다. 이렇게 체계적으로 축적된 데이터는 단순한 기록을 넘어 보안시스템의 효과성을 평가하고, 취약점을 파악하며, 향후 보안 정책을 수립하는 데 중요한 근거자료로 활용되고 있다. 특히 위해물품 적발 패턴을 분석하면 새로운 위협에 대한 선제적 대응이 가능하며, 검색요원의 교육훈련 기록을 통해 인력 운영의 효율성도 지속적으로 개선할 수 있다. 결과적으로 이러한 기록관리시스템은 항공보안의 지속적인 발전과 강화를 위한 데이터 기반 접근법의 토대가 되고 있다.

Ⅱ. 출입통제

1. 보안통제

(1) 보안통제 개념의 법적 명문화 필요성

현행 항공보안 법체계를 살펴보면 흥미로운 불일치가 발견된다. 항공보안법에는 '보안통제'라는 핵심 개념이 명시되어 있지 않은 반면, 국가항공보안계획에서는 이를 명확히 정의하고 있다. 이러한 법률과 행정규칙 간의 개념적 공백은 보안 실무에 혼선을 야기할 수 있는 중요한 문제로 지적되고 있다.

국가항공보안계획 2.4는 보안통제를 "불법방해행위에 사용될 수 있는 무기·폭발물, 그 밖에 위험물품의 반입을 방지하는 수단"으로 정의한다. 이는 항공보안의 가장 기본적이면서도 포괄적인 개념으로, 모든 보안 활동의 근간을 이루는 원칙적 정의다. 보안통제는 단순한 검색 행위를 넘어 예방적 보안조치 전반을 아우르는 상위 개념이며, 이를 통해 다양한 보안 활동들이 체계적으로 구조화된다.

이러한 보안통제 개념 아래에는 항공기 보안점검과 보안수색이 구분되어 정의되고 있다. 먼저 2.14의 항공기 보안점검은 "항공기 안에 수상한 물품, 무기, 폭발물, 기타 위험한 물품이 있는지를 확인하기 위하여 항공기 객실 및 화물칸 등을 점검하는 것"을 의미한다. 이는 일상적이고 정기적인 점검 활동으로, 주로 예방적 차원에서 수행되는 기본적인 보안조치에 해당한다.

이에 반해 2.15의 항공기 보안수색은 "무기·폭발물, 그 밖에 위해물품을 발견하기 위해 객실 내부 및 외부 등 항공기 전부를 점검하는 것"으로 정의된다. 보안수색은 보안점검보다 훨씬 강도 높고 철저한 조사 활동으로, 특정 위협 정보가 있거나 보안 등급이 상향될 때 실시되며, 항공기의 모든 구역을 대상으로 한다는 점에서 보안점검과 명확히 차별화되고 있다.

이처럼 보안통제라는 상위 개념 아래 보안점검과 보안수색이 단계적으로 구성되어 있음에도 불구하고, 정작 가장 중요한 '보안통제' 개념이 법률에 부재하다는 것은 심각한 입법적 공백이다. 법적 명확성과 체계성을 확보하기 위해서는 항공보안법에 보안통제 개념을 명문화하여 하위 보안 활동들의 법적 근거를 명확히 할 필요가 있다. 이는 단순한 용어 정의의 문제가 아니라, 항공보안 체계 전반의 법적 정합성을 높이는 필수적인 과제로, 향후 법령 개정 시 우선적으로 검토되어야 할 사항이다.

(2) 보안검색과 보안통제 개념의 불균형

항공보안법의 정의 조항을 살펴보면 법적 체계상 불일치가 확인된다. 현행법은 보안검색과 보안검색요원에 대해서는 명확한 정의를 제시하고 있다. 보안검색의 개념과 범위 그리고 이를 수행하는 보안검색요원의 자격과 역할이 법적으로 명시되어 체계적인 운영이 가능하다.

그러나 이와 대조적으로 공항 보안의 또 다른 핵심 축인 보안통제와 항공경비요원에 대해서는 법적 정의가 부재한 상황이다. 실제로 이들이 공항 보안에서 중요한 역할을 담당하고 있음에도 불구하고, 항공보안법상 명확한 정의 규정이 마련되어 있지 않다. 보안통제는 공항 내 각종 출입관리와 순찰, 감시 등의 광범위한 보안 활동을 포함하며, 항공경비요원은 이러한 업무를 일선에서 수행하는 핵심 인력이다.

이러한 법적 정의의 공백은 실무 현장에서 여러 문제를 야기한다. 업무 범위의 모호성으로 인해 현장에서 혼선이 발생하고, 책임 소재가 불명확하여 효율적인 보안 운영이 어려워진다. 또한 자격 기준의 부재로 인해 인력 운영의 체계성도 확보하기 어려운 실정이다. 따라서 항공보안 체계의 완성도를 높이기 위해서는 보안통제와 항공경비요원에 대한 명확한 법적 정의가 조속히 마련되어야 하며, 이를 통해 보안검색과 보안통제가 균형 잡힌 이원적 보안 체계로 발전할 수 있을 것이다.

2. 보호구역 출입통제

(1) 보호구역 지정

▮ 항공보안법

제11조(공항시설 등의 보안) ① 공항운영자는 공항시설과 항행안전시설에 대하여 보안에 필요한 조치를 하여야 한다.

② 공항운영자는 보안검색이 완료된 승객과 완료되지 못한 승객 간의 접촉을 방지하기 위한 대책을 수립·시행하여야 한다.

③ 공항운영자는 보안검색을 거부하거나 무기·폭발물 또는 그 밖에 항공보안에 위협이 되는 물건을 휴대한 승객 등이 보안검색이 완료된 구역으로 진입하는 것을 방지하기 위한 대책을 수립·시행하여야 한다.

④ 공항을 건설하거나 유지·보수를 하는 경우에 불법방해행위로부터 사람 및 시설 등을 보호하기 위하여 준수하여야 할 세부 기준은 국토교통부장관이 정한다.

제12조(공항시설 보호구역의 지정) ① 공항운영자는 보안검색이 완료된 구역, 활주로, 계류장(繫留場) 등 공항시설의 보호를 위하여 필요한 구역을 국토교통부장관의 승인을 받아 보호구역으로 지정하여야 한다.

② 공항운영자는 필요한 경우 국토교통부장관의 승인을 받아 임시로 보호구역을 지정할 수 있다.

③ 제1항과 제2항에 따른 보호구역의 지정기준 및 지정취소에 관하여 필요한 사항은 국토교통부령으로 정한다.

▮ 항공보안법 시행령

제20조(권한의 위임) 국토교통부장관은 법 제38조제1항에 따라 다음 각 호의 권한을 지방항공청장에게 위임한다.

3. 법 제12조에 따른 공항시설 보호구역과 임시 보호구역의 지정 및 지정취소의 승인

▮ 항공보안법 시행규칙

제4조(보호구역의 지정) 법 제12조제1항에 따른 보호구역에는 다음 각 호의 지역이 포함되어야 한다.

1. 보안검색이 완료된 구역
2. 출입국심사장
3. 세관검사장
4. 관제탑 등 관제시설
5. 활주로 및 계류장(항공운송사업자가 관리·운영하는 정비시설에 부대하여 설치된 계류장은 제외한다)
6. 항행안전시설 설치지역
7. 화물청사
8. 제4호부터 제7호까지의 규정에 따른 지역의 부대지역

제5조(보호구역등의 지정승인·변경 및 취소) ① 공항운영자는 법 제12조에 따라 보호구역 또는 임시보호

> 구역(이하 "보호구역등"이라 한다)의 지정승인을 받으려는 경우에는 다음 각 호의 서류를 첨부하여 지방항공청장에게 제출하여야 한다.
> 1. 보호구역등의 지정목적
> 2. 보호구역등의 도면
> 3. 보호구역등의 출입통제 대책
> 4. 지정기간(임시보호구역을 지정하는 경우만 해당한다)
>
> ② 공항운영자는 지정된 보호구역등의 변경승인을 받으려는 경우에는 다음 각 호의 서류를 첨부하여 지방항공청장에게 제출하여야 한다.
> 1. 보호구역등의 변경사유
> 2. 변경하려는 해당 보호구역등의 도면
> 3. 변경하려는 해당 보호구역등의 출입통제 대책
>
> ③ 공항운영자는 지정된 보호구역등의 지정취소의 승인을 받으려는 경우에는 다음 각 호의 서류를 지방항공청장에게 제출하여야 한다.
> 1. 보호구역등의 지정취소 사유
> 2. 해당 보호구역등의 도면

1) 보호구역 지정과 승인 절차

가. 공항구역 분류 체계와 차등 관리 원칙

국가항공보안계획은 공항구역을 일반지역(Landside)과 보호구역(Airside)으로 명확히 구분하여 관리하도록 규정하고 있다. 이러한 이원적 구분은 국제민간항공기구(ICAO)의 표준 권고사항을 반영한 것으로, 효율적인 보안 자원 배분과 위험기반 관리를 위한 기본 체계라 할 수 있다.

국가항공보안계획 2.6에서 정의하는 일반지역은 "공항지역 중 보안통제 없이 일반인과 차량의 출입이 가능한 지역"을 의미한다. 이는 공항을 이용하는 모든 사람들이 자유롭게 접근할 수 있는 공간으로, 항공 서비스의 공공성과 접근성을 보장하는 영역이다. 일반지역에서는 기본적인 치안 유지와 질서 관리가 주요 보안 활동이 되며, 이를 통해 공항의 개방성과 보안 필요성 사이의 균형을 유지한다.

이러한 일반지역의 범위는 2.6.1에서 더욱 구체화되고 있다. 원칙적으로 공항시설법 제2조제4호가 정한 공항구역 중 보호구역을 제외한 모든 지역이 일반지역에 해당한다. 그러나 공항운영자가 위험평가를 통해 일반지역의 범위를 조정할 수 있는 재량권을 부여받고 있으며, 이는 각 공항의 특수한 환경과 위협 수준을 고려한 유연한 보안관리를 가능하게 한다. 다만 여객청사, 커브사이드, 주차장, 공항교통센터는 반드시 일반지역에 포함되어야 하며, 이는 공공 접근성이 필수적인 시설들에 대한 최소한의 기준을 제시한 것이라 볼 수 있다.

일반지역과 대비되는 보호구역은 2.7에서 "공항의 이동지역, 이동지역과 인접한 지형 및 건물 또는 그 일부로 일반인의 진입을 통제하는 지역"으로 정의된다. 보호구역은 항공기 운항과 직접적으로 관련된 핵심 구역으로, 엄격한 출입통제를 통해 보안위협을 사전에 차단한다. 승인받은 인원만이 정해진 절차에 따라 출입할 수 있으며, 모든 출입자는 반드시 보안검색을 거쳐야 한다. 보안검색 완료 구역, 활주로, 계류장, 관제시설, 화물청사 등이 여기에 해당한다.

이러한 이원적 공항구역 관리 체계는 한정된 보안 자원을 가장 필요한 곳에 집중 배치하면서도 전체적인 보안수준을 높게 유지할 수 있게 한다. 일반지역의 개방성과 보호구역의 통제성과 엄격성이 조화를 이루며, 현대 공항이 요구하는 접근성과 보안성이라는 상충되는 가치를 충족시키는 데 기여하고 있다.

나. 보호구역의 법정 지정 범위와 관리 기준

항공보안법 제12조는 공항시설 보호구역 지정의 법적 근거를 제공한다. 공항운영자는 보안검색이 완료된 구역, 활주로, 계류장 등 항공보안상 중요한 구역을 국토교통부장관의 승인을 받아 보호구역으로 지정해야 한다. 이는 단순한 행정적 절차가 아니라, 국가 차원에서 항공보안의 일관성과 통일성을 확보하기 위한 필수적인 과정으로 평가된다.

이러한 법적 근거에 따라 항공보안법 시행규칙 제4조는 보호구역에 반드시 포함되어야 할 8개 구역을 구체적으로 열거하고 있다. 첫째, 보안검색이 완료된 구역은 승객과 물품이 철저한 검색을 거친 후 대기하는 공간으로, 청정구역(Sterile Area)으로도 불린다. 둘째와 셋째로 출입국심사장과 세관검사장이 포함되는데, 이는 국경 관리와 항공보안이 밀접하게 연관되어 있음을 보여준다.

이어서 항공운항의 핵심 시설들이 보호구역으로 지정된다. 관제탑 등 관제시설은 항공기 운항의 두뇌에 해당하는 핵심 시설로, 이곳에 대한 불법 침입은 대규모 항공사고로 이어질 수 있어 최고 수준의 보안이 요구된다. 활주로와 계류장은 항공기가 직접 이착륙하고 주기하는 공간으로 물리적 보안의 핵심 구역이 되며, 다만 항공운송사업자가 독자적으로 관리·운영하는 정비시설 부속 계류장은 예외로 하여 이중 규제를 방지하고 있다.

항행안전시설 설치지역 역시 중요한 보호구역이다. 계기착륙시설(ILS), 전방향표지시설(VOR), 거리측정장비(DME) 등이 위치한 이들 시설의 기능 마비는 항공기 항행 자체를 불가능하게 만들 수 있다. 또한 화물청사는 항공화물의 보안검색과 관리가 이루어지는 곳으로, 폭발물이나 위험물품 반입을 차단하는 중요한 관문 역할을 수행한다. 마지막으로 이들 시설의 부대지역까지 보호구역에 포함시켜 보안의 완결성을 추구하고 있다.

이렇게 지정된 보호구역의 실효성을 확보하기 위해 국가항공보안계획 7.2.10은 물리적 보안을 강화하는 구체적 조치를 규정한다. 공항운영자는 항공기 주기장과 공항 외곽 취약지역에 충분한 조명시설을 설치해야 하며, 특히 야간에 항공기가 주기된 장소는 반드시 조명을 점등해야 한다. 이는 침입자 탐지와 CCTV 감시 효과를 극대화하는 동시에 야간 작업 시 안전사고를 예방하는 효과를 가져온다. 어둠을 틈탄 보안위협을 원천적으로 차단하는 기본적이면서도 효과적인 보안조치로, 보호구역 지정이 단순한 구역 설정을 넘어 실질적인 보안 강화로 이어지고 있음을 보여준다.

다. 공항 외곽 필수시설의 보호구역 지정 및 통합 관리

국가항공보안계획 7.1.3은 공항 경계를 벗어난 외곽 지역에 위치하지만 항공 운영에 필수적인 시설들의 보호구역 지정을 의무화하고 있다. 이는 공항 울타리 밖에 있더라도 항공안전과 보안에 직결되는 시설들을 체계적으로 관리하기 위한 확장된 보안 개념이다. 해당 시설의 운영자는 공항운영자에게 보호구역 지정을 요청해야 하며, 이를 통해 통합적인 보안 관리체계에 편입된다.

이러한 확장된 보안 개념에 따라 공항 외곽에서 보호구역으로 지정되어야 하는 시설은 다섯 가지로 구체화되어 있다. 관제탑과 레이다 지역은 항공교통관제의 핵심 시설로서 항공기 안전운항을 직접 통제한다. ILS(계기착륙시설), VOR(전방향표지시설), NDB(무지향표지시설) 등 항행안전시설은 항공기가 정확한 경로로 비행하고 안전하게 착륙할 수 있도록 지원하는 필수 인프라다. 초단파(VHF) 지상공중 안테나는 조종사와 관제사 간 음성통신을 가능하게 하는 통신 기반시설이며, 항공기상 관측 시설은 실시간 기상정보를 제공하여 안전한 운항 결정을 지원하고 있다. 마지막으로 화물청사는 항공화물의 보안검색과 처리가 이루어지는 곳으로, 위험물품 반입을 차단하는 중요한 관문 역할을 수행한다.

이들 시설은 물리적으로 공항 밖에 위치하더라도 기능적으로는 공항 운영의 필수 요소이므로, 7.2.9에서는 이에 상응하는 보안통제 원칙을 제시한다. 공항운영자나 민간항공 운영 필수시설 운영자는 비인가자의 고의적·계획적 침입을 방지하기 위해 보호구역과 유사한 수준의 보안통제대책을 수립해야 한다. 이는 단순한 울타리 설치를 넘어 침입 탐지 시스템, CCTV 감시, 순찰 체계, 출입통제 절차 등을 포함하는 종합적인 보안체계를 의미하며, 공항 내부와 동일한 수준의 보안이 적용되고 있다.

이러한 보안체계의 실효성은 7.2.11의 협력적 보안 거버넌스를 통해 확보된다. 공항

운영자가 직접 운영하지 않는 시설의 경우, 해당 기관이나 업체에 공항 보호구역 출입통제 시스템과 유사한 보호대책을 마련하도록 요구할 수 있다. 이러한 요구를 받은 기관이나 업체는 적극 협조해야 하며, 이를 통해 분산된 시설들이 하나의 통합된 보안체계 아래에서 관리된다. 결과적으로 공항 경계 내외를 막론하고 항공 운영에 필수적인 모든 시설이 일관된 보안수준을 유지하게 되며, 이는 항공보안의 완결성을 높이는 핵심 요소로 작용하고 있다.

라. 보호구역 지정을 위한 승인 절차와 제출 요건

국가항공보안계획은 보호구역 지정과 관련하여 체계적인 승인 절차를 규정하고 있다. 7.1.2에 따라 공항운영자는 먼저 보호구역 출입에 관한 자체 규정을 수립해야 하며, 이는 보호구역 운영의 기본 틀을 마련하는 선행 조건이다. 출입 규정에는 출입권한 부여 기준, 출입증 발급 절차, 통제 방법, 위반 시 제재 조치 등이 포함되어야 한다.

이러한 자체 규정이 수립된 후에는 7.1.1에 따라 반드시 지방항공청장의 승인을 받아야 한다. 이는 단순한 행정 절차가 아니라 국가 차원에서 보호구역 지정의 적절성과 보안대책의 충분성을 검증하는 필수적인 과정이다. 공항운영자가 자의적으로 보호구역을 설정하거나 해제할 수 없도록 함으로써, 항공보안의 일관성과 신뢰성을 확보하고 있다.

지정승인을 신청할 때는 네 가지 핵심 서류를 제출해야 한다. 첫째, 보호구역 지정목적을 명확히 제시하여 해당 구역을 보호구역으로 지정해야 하는 타당성을 입증한다. 이는 무분별한 보호구역 확대를 방지하고, 실질적으로 보안이 필요한 구역에 자원을 집중하기 위한 장치다.

둘째, 제출되는 보호구역 도면은 정확한 경계와 범위를 시각적으로 표현한 것이다. 도면에는 출입구 위치, 울타리 경로, 인접 구역과의 경계 등이 상세히 표시되어야 하며, 이를 통해 보안 책임 범위의 모호함을 제거하고 있다.

셋째, 보호구역 출입통제 대책은 가장 실질적인 보안 계획에 해당한다. 여기에는 출입증 관리 체계, 보안검색 절차, 순찰 계획, CCTV 운영 방안, 침입 탐지 시스템 등 종합적인 보안조치가 포함되어야 하며, 지방항공청은 이러한 대책의 실효성과 적절성을 면밀히 검토하여 승인 여부를 결정한다.

마지막으로 임시보호구역을 지정하는 경우에는 지정기간을 명시해야 한다. 공항 확장 공사, 특별 행사, 보안위협 상황 등으로 한시적으로 보호구역을 운영할 때 적용되는 조항으로, 기간을 명확히 함으로써 임시 조치가 영구화되는 것을 방지한다. 이를 통해 정기적인 재검토가 가능해지며, 보호구역 운영의 효율성을 지속적으로 유지할 수 있다. 이러한 체계적인 승인 절차는 보호구역이 단순한 통제 구역을 넘어 과학적이고 합리적인 보안 관리시스템으로 작동하도록 보장하는 제도적 장치다.

2) 승인 절차의 표준화 필요성

보호구역의 지정 및 관리와 승인신청 업무는 공항운영자가 담당하고 있으며, 보호구역 승인권한은 국토교통부로부터 위임받은 지방항공청이 행사하고 있다. 이러한 권한 배분 체계는 공항운영자가 현장의 실무적 필요성을 파악하고, 지방항공청이 국가적 기준에 따라 이를 검증하는 역할을 수행하도록 설계된 것으로 볼 수 있다.

보호구역 관리 체계는 항공보안법과 같은 법 시행령, 같은 법 시행규칙 그리고 보안업무규정에 근거하여 운영되고 있다. 법령 체계가 잘 갖춰져 있어 신청과 승인 절차의 기본적인 틀은 명확하게 제시되어 있으며, 이를 통해 보호구역 관리의 일관성과 예측가능성을 확보하고 있다고 볼 수 있다.

그러나 이러한 제도적 토대에도 불구하고 실무 현장에서는 몇 가지 개선점이 발견된다. 보안담당자별 업무 숙련도의 차이로 인해 공항별, 담당자별로 업무 처리 방식에 편차가 발생하고 있다. 특히 보호구역 지정 승인 신청이나 변경, 취소 시 제출하는 첨부서류의 양식이 통일되지 않아 행정적 비효율이 나타나고 있다. 동일한 목적의 신청임에도 공항마다 다른 형식의 서류를 작성하고, 심사 기준도 미묘한 차이를 보이는 경우가 있다는 것이다.

이와 더불어 제도적 정합성 측면에서도 재검토가 필요한 부분이 있다. 항공보안법 시행규칙에서 규정하는 보호구역 지정 지역과 국가항공보안계획에 명시된 공항경계 외곽 보호구역 지정 시설 간에 일부 상이한 부분이 존재하는 것으로 확인된다. 이러한 불일치는 현장에서 혼란을 야기할 수 있으며, 보안 공백이나 중복 규제의 원인이 될 수 있다. 따라서 관련 규정을 재검토하고 명확하게 정비함으로써 보호구역 지정 구역과 신청·승인 절차를 더욱 체계적으로 관리해야 할 필요성이 제기된다. 표준화된 양식과 절차를 마련하고, 법령 간 일관성을 확보한다면 보호구역 관리 체계의 실효성을 제고할 수 있을 것이며, 이는 항공보안업무 종사자의 업무 효율성 향상에도 기여할 것으로 판단된다.

3) 공항 보호구역 보안관리 체계

공항건설 및 유지·보수에 관한 보안지침

제5조(출입구) ① 공항운영자등은 여객청사의 일반 개방구역에서 이동지역으로 통하는 출입문과 보안요원의 감시가 어려운 출입문에는 잠금장치나 경보장치를 설치하여야 한다.

② 공항운영자등은 여객청사에서 이동지역으로 통하는 모든 비상출구에는 다음 각 호의 요건을 충족하는

> 출입통제 장치나 경보장치를 설치하여야 한다.
> 1. 공항보안통제센터 및 종합상황실 등에서 감시가 가능할 것
> 2. 비상시에 작동되는 비상 출입문 동작 스위치나 개폐손잡이에 비닐 커버를 씌우거나 깨질 수 있는 덮개를 장착하여 일반인들이 잘못 사용하는 것을 방지할 것
> 3. 최적의 보안시스템을 도입하기 위해 방화 관련 담당자와 협의할 것

국가항공보안계획에서는 보안검색 완료구역의 설정과 운영에 대한 명확한 기준을 제시하고 있다. 8.1.35에 따르면, 공항운영자가 보안검색 완료구역을 설정할 때는 엄격한 필수 조치사항을 이행해야 한다.

보안검색 완료구역 설정의 핵심은 완벽한 격리와 통제다. 모든 출입구에는 시건장치나 기타 출입통제 장치를 반드시 설치해야 하며, 이는 무단 출입을 원천적으로 차단하는 물리적 차단기능을 수행하는 것이다. 또한 보안검색을 완료한 승객이 미검색자로부터 물품을 전달받지 못하도록 철저한 격리 체계를 유지해야 한다. 이러한 격리는 보안검색의 무결성을 유지하는 가장 기본적인 원칙이라 할 수 있다.

이와 더불어 해당 구역으로 최초 진입하거나 재진입하는 모든 경우에는 예외 없이 보안검색을 실시한다. 일단 보안검색 완료구역을 벗어난 사람은 설령 몇 분 전에 검색을 받았더라도 재진입 시 다시 검색을 받아야 하며, 이는 보안의 연속성을 확보하기 위한 필수 절차인 것이다. 특히 주목할 점은 보안검색 완료구역으로 지정하기 전에 해당 구역 전체에 대한 철저한 보안점검을 선행해야 한다는 것이다. 이는 구역 내에 이미 존재할 수 있는 위험 요소를 사전에 제거하는 예방적 조치로서의 의미를 가진다.

한편 8.1.38에서는 이러한 보안체계가 침해되었을 때의 대응절차를 명시하고 있다. 공항운영자와 항공운송사업자는 보호구역 내에서 비인가자를 발견하거나 항공기에 무단 탑승한 사실을 확인한 경우, 해당 지역과 항공기 전체에 대한 완전한 수색을 즉시 실시해야 한다. 이는 비인가자 격리에 그치지 않고 비인가자가 남겼을 수 있는 위험 요소를 탐지하고 제거하기 위한 포괄적 대응이다. 이러한 즉각적이고 철저한 후속 조치는 항공보안의 무결성을 회복하고, 승객과 항공기의 안전을 보장하는 필수적인 절차로서 그 중요성이 있다고 판단된다.

(2) 보호구역의 물리적 분리와 출입통제 인프라 구축

> **▌공항건설 및 유지·보수에 관한 보안지침**
> **제7조(울타리 및 출입문)** 공항운영자등은 보호구역에서 일반구역으로 또는 일반구역에서 공항 보호구역으

로 무단으로 진출입 하는 것을 방지하기 위하여 울타리 및 출입통제 장비를 설치하는 경우 다음 각 호를 고려하여야 한다.

1. 건물이나 다른 고정구조물로 출입을 통제하는 경우에는 이를 울타리의 일부로 인정할 것
2. 울타리를 가능한 한 직선으로 설치하되 여객청사와 다른 건물의 보안 경계선과 일직선을 유지할 것
3. 울타리는 충분히 높고 견고해야 하고, 철조망 등 오름방지 장치를 울타리 위쪽에 설치할 것
4. 울타리의 일부구간이 보호구역의 안전과 운영 편의를 위해 보안요건이 충족되지 않을 경우 감시 장비를 설치할 것
5. 울타리와 항공기 주기장 사이에는 충분한 거리를 유지할 것
6. 울타리의 밑쪽 끝 부분을 땅에 고정할 것
7. 울타리에 동일한 보안수준의 출입문을 설치할 것
8. 출입문은 밑으로 침입하는 것을 방지할 수 있도록 설계할 것
9. 이동지역으로 출입문 자동개폐기를 설치할 경우에는 일반지역으로부터 물체가 들어올 수 없는 장소에 설치할 것
10. 시계가 확보되지 않을 경우에는 출입문 양쪽 및 지상이나 울타리의 특정구간에 조명시설을 설치할 것
11. 이동지역으로 진입하는 사람 또는 차량의 출입을 통제하기 위한 통제소 및 차단기를 설치할 것
12. 보안요원이 배치된 출입문에는 차광시설을 설치할 것
13. 출입문 통제소와 공항보안통제 부서에는 통신수단 및 경보장치를 설치할 것

제20조(화물 및 우편처리 시설) ① 공항운영자등은 화물 및 우편물 처리 시설이 일반지역과 이동지역 경계에 일부분으로 포함되어 있을 경우 화물청사를 통한 이동지역으로의 불법적인 접근을 통제할 수 있도록 하여야 한다.

② 공항운영자등은 화물 시설지역의 출입문을 사용하지 않을 경우 출입을 통제할 수 있는 장치를 하여야 한다.

③ 공항운영자등은 보안통제를 할 수 있는 장소에 직원들이 사용하는 출입문과 화물청사로 연결되는 출입문을 설치하여야 한다.

국가항공보안계획 7.2.1은 보호구역 보호의 기본 원칙을 제시한다. 공항운영자는 보호구역을 일반지역으로부터 물리적·절차적으로 완전히 분리해야 하며, 이를 위한 종합적인 보안통제대책을 수립해야 한다. 이는 단순한 공간 분리를 넘어 두 구역 간의 명확한 보안 경계를 설정하고, 각 구역의 특성에 맞는 차별화된 보안 전략을 적용하는 것을 의미한다.

이러한 원칙에 따라 7.2.2에서는 물리적 분리의 구체적 방법을 규정하고 있다. 공항운영자는 일반지역과 보호구역 사이에 누구나 인식할 수 있는 명확한 경계를 만들어야 한다. 이를 위해 국제민간항공기구(ICAO)가 권고하는 최소 높이의 울타리나 이에 준하는 물

리적 차단 시설을 설치한다. 단순히 설치에 그치지 않고 지속적인 유지관리를 통해 정상 상태를 유지해야 하며, 파손이나 훼손 시 즉각적인 보수가 이루어져야 한다.

설치된 보안울타리는 침입을 물리적으로 차단하는 첫 번째 장벽이자, 심리적 억제 효과를 발휘하는 중요한 보안 인프라다. 울타리 상단에는 철조망이나 감지 센서를 추가로 설치하여 월담 시도를 차단하고, 정기적인 순찰과 CCTV 감시를 병행하여 취약 시간대의 침입 위험을 최소화하고 있다. 특히 기상 악화나 자연재해로 인한 울타리 손상은 즉각적인 보안 공백으로 이어질 수 있어, 24시간 감시 체계와 신속 대응 프로토콜이 운영된다.

물리적 경계 설정과 함께 7.2.3은 보호구역 출입구 관리에 대한 세부 기준을 제시한다. 보호구역으로 진입하는 모든 출입구는 계획적으로 설치되어야 하며, 무분별한 출입구 증설은 보안 취약점을 만들 수 있다. 각 출입구에는 전자식 출입통제 시스템, 회전문, 차량 차단기 등 물리적 방어 기능을 갖춘 장벽이나 유사 시설물을 설치해야 한다.

이렇게 설치된 출입구는 보호구역 보안의 가장 취약한 지점이면서 동시에 가장 중요한 통제 지점이 된다. 승인된 인원과 차량만이 통과할 수 있도록 엄격한 출입 절차를 적용하고, 모든 출입 기록을 실시간으로 관리한다. 비상상황 시에는 신속한 봉쇄가 가능하도록 원격 통제 시스템을 구축하고 있으며, 각 출입구마다 보안요원을 배치하여 물리적 시설과 인적 보안의 이중 방어체계를 구성하고 있다. 이러한 복합적 보호 조치를 통해 보호구역의 무결성을 유지하고, 항공보안의 핵심 영역을 견고하게 지켜나가고 있다.

1) 항공경비요원과 일반경비원의 구분

국가항공보안계획 7.2.5는 용어 사용에 있어 중요한 개선점이 필요하다. 보호구역의 출입통제는 일반적인 '경비원'이 아닌 전문 자격을 갖춘 '항공경비요원'이 담당하고 있다. 따라서 규정 문구를 "항공경비요원을 배치할 수 있는"으로 명확하게 개정할 필요가 있다.

이러한 용어의 명확한 구분은 경비 인력 체계의 복잡성과 전문성을 반영하는 중요한 문제다. 경비원이라는 용어는 일반경비원, 특수경비원, 항공경비요원 등 여러 유형을 포괄하는 광범위한 개념으로, 각각의 경비 인력은 서로 다른 교육훈련 과정을 거치며 관리 주체 역시 상이하다. 일반경비원과 특수경비원은 경비업법에 따라 관리되는 반면, 항공경비요원은 항공보안법의 적용을 받는다는 점에서 근본적인 차이가 존재한다.

공항 보호구역이라는 특수한 보안 환경의 특성상, 해당 구역의 출입통제는 항공보안에 특화된 전문 교육을 이수한 항공경비요원이 담당해야 한다. 실제로 현행 규정도 이러한 원칙을 명시하고 있으며, 현장에서도 항공경비요원이 보호구역 출입통제 업무를 수행하고 있다. 그러나 상위 조항에서 여전히 포괄적인 '경비원'이라는 용어를 사용함으로써 법적 일관성이 결여되고, 실무와 규정 간의 괴리가 발생하고 있다.

따라서 규정의 명확성과 일관성을 확보하고, 항공보안의 전문성을 제도적으로 뒷받침하기 위해 관련 조항의 용어를 '항공경비요원'으로 통일하는 개정이 조속히 이루어져야 한다. 이는 단순한 용어 정리를 넘어 항공보안 체계의 전문성과 독립성을 확립하는 중요한 과제로 평가된다.

2) 보호구역 순찰의 체계적 관리

> **▌공항건설 및 유지·보수에 관한 보안지침**
> **제6조(이동지역 도로)** ① 공항운영자는 이동지역의 도로에는 공항운영자에게 인가를 받은 사람과 차량만 통행하도록 하여야 한다.
> ② 공항운영자는 이동지역 울타리 바로 안쪽의 순찰도로에 경비, 순찰 및 유지 보수를 위한 차량이 이용하도록 하여야 한다.
> ③ 공항운영자등은 이동지역의 모든 도로에서 장애물 등으로 인하여 울타리가 차폐되지 않도록 하여야 한다.

국가항공보안계획 7.2.7은 공항운영자가 보호구역 내의 계류장과 외곽 울타리, 활주로, 유도로 근처를 지속적으로 순찰해야 한다고 명시한다. 특히 주목할 점은 시간과 경로, 절차 등을 변경하며 순찰하도록 규정하고 있다는 것이다. 이는 예측 가능한 패턴을 피함으로써 보안 효과를 극대화하려는 전략적 접근으로, 잠재적 위협에 대한 억제력을 높이는 핵심 방법론이다.

그러나 이러한 규정의 중요성에도 불구하고 현장에서는 제대로 지켜지지 않는 사례가 발생하고 있다. 언론에 보도된 지방공항 사례가 대표적인데, 일부 경비요원들이 실제로 현장을 순찰하지 않으면서도 시스템상으로는 순찰을 완료한 것처럼 고의로 기록을 조작한 사건이 있었다. 이는 단순한 업무 태만을 넘어 보안 체계 전체의 신뢰성을 훼손하는 심각한 문제로, 항공보안의 근간을 흔드는 중대한 위반 행위다.

정해진 시간과 경로, 절차를 의도적으로 변경하며 순찰하는 것은 불법행위를 사전에 방지하는 데 핵심적인 역할을 한다. 패턴화된 순찰은 잠재적 위협 요소에게 보안 공백을 노출시킬 수 있으며, 이는 계획적인 침입이나 불법행위를 용이하게 만든다. 반면 불규칙한 순찰 패턴은 침입자나 내부 위협에 대한 억제 효과를 크게 높이며, 실제 보안 사고를 예방하는 데 효과적으로 작용하고 있다.

이러한 순찰 업무의 실효성을 확보하기 위해서는 체계적인 관리시스템의 구축이 필수적이다. 경비요원들에 대한 정기적인 교육훈련을 통해 순찰의 목적과 중요성을 지속적으로 강조해야 하며, 동시에 순찰 이행 여부를 객관적으로 검증할 수 있는 관리 체계를 마련해야 한다. GPS 기반 순찰 확인 시스템이나 무작위 현장 점검 등을 통해 순찰의 실제 이행을 검증하고, 이를 통해 보호구역 순찰의 신뢰성과 효과성을 지속적으로 향상시켜 나가야 한다.

3) 항행안전시설 및 핵심 인프라 보안체계

▮ 공항건설 및 유지·보수에 관한 보안지침

제25조(관제탑, 변전소, 연료저장소 등 주요 시설) ① 공항운영자등은 주요 시설의 경우 출입문을 설치하여 출입을 통제할 수 있도록 하여야 한다.

② 공항운영자등은 주요시설로 통하는 창문에는 보강철이나 고정물을 설치하여야 한다.

③ 공항운영자등은 주요시설에 불법적인 접근이 방지되도록 설계하여야 한다.

④ 공항운영자등은 전화통신실 및 장비실에 대한 보안사항을 고려하여 설계하여야 한다.

⑤ 공항운영자는 경비가 없는 주요시설을 수시로 순찰하여야 하며, 창문 및 출입구에는 침입자 감지시스템을 설치하여야 한다.

⑥ 공항운영자등은 여객청사 설계 시 유리제품 등을 사용할 경우 가능한 용도에 적합한 재료를 사용하여야 한다.

⑦ 공항운영자등은 보안조치가 필요한 구역에는 접근을 통제할 수 있는 시설을 설치하여야 한다.

항행안전시설 관련 핵심 인프라의 보호는 공항 보안의 중추적 영역이다. 이러한 시설들은 항공기의 안전한 이착륙과 운항을 지원하는 필수 시설로서, 어떠한 형태의 침입이나 방해 행위도 항공 안전에 치명적인 영향을 미칠 수 있다. 따라서 이들 시설에 대한 철저한 보안 체계 구축이 요구된다.

이러한 필요성에 따라 공항운영자는 항행안전시설, 항공교통관제시설, 비상발전시설 및 항공유저장소 등 핵심 시설에 대한 다층적 보안 체계를 구축해야 한다. 일차적으로는 물리적 차단 시설인 보안 울타리나 장벽을 설치하여 비인가자의 접근을 원천적으로 차단한다. 이러한 물리적 장벽은 기본적인 울타리 수준을 넘어 침입 감지 센서와 CCTV 등이 통합된 지능형 보안시스템으로 구성되어 있다.

물리적 차단 시설만으로는 완벽한 보안을 보장할 수 없기에 정기적인 보안순찰이 병행된다. 보안요원들은 정해진 시간 간격으로 시설 주변을 순찰하며, 울타리나 장벽의 손상 여부, 의심스러운 활동이나 침입 시도의 흔적 등을 점검한다. 특히 야간이나 기상 조건이 좋지 않을 때는 순찰 빈도를 높여 보안 공백이 발생하지 않도록 관리하고 있다.

각 시설의 특성을 고려한 맞춤형 보안 대책도 필수적이다. 항행안전시설의 경우 전파 방해나 물리적 손상이 항공기 운항에 직접적인 영향을 미칠 수 있으므로, 전자기 차폐 시설과 함께 이중, 삼중의 보안 체계를 구축한다. 항공교통관제시설은 항공기 운항의 두뇌 역할을 하는 만큼 출입통제가 특히 엄격하게 적용되며, 생체인식 시스템 등 첨단 보안 기술이 활용되고 있다.

비상발전시설과 항공유저장소는 각각의 위험 특성에 맞는 특별한 보안조치가 적용된다. 비상발전시설은 정전 등 비상상황에서 공항 운영의 연속성을 보장하는 핵심 시설로, 침입이나 파괴 행위는 공항 전체의 마비로 이어질 수 있어 24시간 감시 체계와 함께 정기적인 기능 점검이 실시된다. 항공유저장소의 경우 화재나 폭발의 위험성이 높은 시설이므로, 일반적인 보안조치에 더해 방화설비와 함께 보안요원들이 주기적으로 순찰을 통해 보안을 확보하고 있다.

이러한 시설들의 보안통제와 시설관리는 해당 시설의 운영 및 관리 주체가 직접 담당한다. 각 시설의 특성과 운영 방식을 가장 잘 이해하는 전문 인력이 보안 업무를 수행함으로써 효율성과 전문성을 동시에 확보할 수 있기 때문이다. 시설 운영자들은 정기적인 보안 교육을 이수하고, 위협 상황 발생 시 대응절차를 숙지하여 신속하고 효과적인 보안조치를 취할 수 있도록 준비되어 있다. 이러한 통합적이고 전문화된 보안 체계를 통해 항공 운항의 안전성과 신뢰성이 지속적으로 확보되고 있다.

4) 기내식제조시설 특수경비 배치 필요성

국가항공보안계획 7.2.9는 공항 외곽에 위치한 기내식제조시설의 경비대책에 대한 중요한 지침을 담고 있다. 이러한 시설들은 비록 공항 경계 밖에 위치하지만, 항공기에 직접 탑재되는 기내식을 제조한다는 점에서 보안상 매우 중요한 시설에 해당한다.

기내식제조시설의 특성상 보호구역과 유사한 수준의 보안통제대책이 요구된다. 항공기 탑승객이 직접 섭취하는 음식을 다루는 만큼, 일반적인 산업시설과는 차원이 다른 보안수준이 필요하다. 이는 단순히 시설 보호 차원을 넘어 항공보안 전체 체계의 일부로 인식되어야 할 문제로, 기내식을 통한 보안위협 가능성을 원천적으로 차단해야 한다.

이러한 중요성을 고려할 때 해당 시설에 경비원을 배치할 경우, 일반경비원으로는 충분하지 않다. 최소한 특수경비원 수준의 전문 인력을 배치하는 것이 필수적이다. 특수경비원은 일반경비원보다 강화된 교육훈련을 받으며, 국가중요시설 경비에 특화된 전문성을 갖추고 있다. 기내식제조시설이 항공보안 체계에서 차지하는 중요도를 고려할 때, 이들의 배치는 선택이 아닌 필수 요건으로 평가된다.

실제로 많은 국가에서는 기내식제조시설을 준보호구역 또는 특별관리시설로 지정하여 관리하고 있다. 이러한 국제적 추세는 기내식 보안의 중요성에 대한 공통된 인식을 반영한 것이며, 우리나라도 이를 참고하여 관련 규정을 더욱 구체화하고 강화할 필요가 있다. 특히 경비 인력의 자격요건과 교육훈련 기준을 명확히 하여, 기내식제조시설의 보안 수준을 실질적으로 향상시켜야 한다.

(3) 보호구역 출입허가

▍항공보안법

제13조(보호구역에의 출입허가) ① 다음 각 호의 어느 하나에 해당하는 사람은 공항운영자의 허가를 받아 보호구역에 출입할 수 있다.

1. 보호구역의 공항시설 등에서 상시적으로 업무를 수행하는 사람
2. 공항 건설이나 공항시설의 유지·보수 등을 위하여 보호구역에서 업무를 수행할 필요가 있는 사람
3. 그 밖에 업무수행을 위하여 보호구역에 출입이 필요하다고 인정되는 사람

② 제1항에 따른 출입허가의 절차 등에 관하여 필요한 사항은 국토교통부령으로 정한다

▍항공보안법 시행규칙

제6조(보호구역등에 대한 출입허가 등) ① 법 제13조에 따라 보호구역등을 출입하려는 사람은 공항운영자가 정하는 출입허가신청서를 공항운영자에게 제출하여야 한다. 이 경우 차량을 운행하여 출입하려는 사람은 그 차량에 대하여 따로 차량출입허가신청서를 제출하여야 한다.

② 공항운영자는 법 제13조제1항제1호에 따른 사람에게 보호구역등에 출입허가를 하려면 「보안업무규정」 제36조에 따른 신원조사를 조사기관의 장에게 의뢰해야 한다.

③ 공항운영자는 보호구역등의 출입허가를 한 경우에는 신청인에게 공항운영자가 정하는 출입증 또는 차량출입증을 발급하여야 한다. 이 경우 공항운영자가 관할하지 않는 지역의 출입허가를 하려면 관할 행정기관의 장과 미리 협의하여야 한다.

④ 제3항에 따라 출입허가를 받은 사람이 보호구역등으로 출입하는 경우에는 출입증을 달아야 하며, 차량을 운행하여 출입하는 경우에는 해당 차량의 운전석 앞 유리창에도 차량출입증을 붙여야 한다.

⑤ 공항운영자 및 화물터미널운영자는 보호구역등을 출입하는 사람 또는 차량에 대하여 기록하고 이를 작성한 날로부터 1년 이상 보존하여야 한다.

⑥ 출입허가를 갱신하는 경우에 관하여는 제1항부터 제5항까지의 규정을 준용한다.

⑦ 이 규칙에 규정된 사항 외에 보호구역등의 출입허가 및 기록의 작성·보존 등에 필요한 세부사항은 공항운영자 및 화물터미널운영자가 정한다.

▍공항건설 및 유지·보수에 관한 보안지침

제3조(항공기 이동지역 접근 통제) ① 공항건설자 또는 공항운영자(이하 "공항운영자등"이라 한다)는 항공

기 이동지역(이하 "이동지역"이라 한다)을 설계할 때 울타리(Fence), 접근금지 표지 및 센서가 설치된 장벽, 조명, 경보장치, 경비초소 등 이동지역을 보호하기 위한 시설을 반영하여야 한다.
② 공항운영자등은 지하 공동구 배관, 홍수 배수로, 하수구 및 터널 등 이동지역이나 보호구역으로 통할 수 있는 구조물의 경우 쇠창살 등으로 출입을 통제할 수 있도록 하여야 하며, 이동지역이나 보호구역의 출입문에는 출입통제에 필요한 시설을 갖추어야 한다.
제17조(여객의 이동) ① 공항운영자등은 보안검색대에서 항공기 출입문까지 다음 각 호를 고려하여 승객의 이동 선을 설계하여야 한다.
1. 출발 탑승동지역으로 연결되는 여러 지역의 모든 출입문은 보안문으로 설치되어야 하며, 보안문을 사용하지 않을 경우 출입을 통제할 수 있는 장치를 갖출 것
2. 자동 출입통제시스템을 사용하는 경우 다음 각 목의 출입문과 출입구로 출입을 통제할 수 있을 것
   가. 일반지역 출발탑승동 및 에어사이드 출입문
   나. 출발대기실 출입문
   다. 여객탑승교 출입문과 출구
3. 보호구역으로 통하는 비상출입문으로 출입을 통제할 수 있을 것
4. 출발대기실 칸막이를 천장에 닿게 하여 그 위로 물건을 넘길 수 없도록 할 것. 다만, 환기 목적 등으로 천장에 닿게 하지 못하는 경우에는 보호망을 설치할 것
5. 식당과 휴게실 지역에 고정된 튼튼한 창이 없는 경우 항공기 주기장을 볼 수 있는 공간을 설치하지 말 것

② 공항운영자등은 국내선 및 국제선 승객의 동선을 분리하여야 하며, 국제선 출발대기실을 출입국관리지역이나 세관지역 뒤쪽에 위치하도록 하여야 한다.

1) 공항 내 특수구역별 관할 기관과 협의 체계

항공보안법 시행규칙 제6조제3항은 공항운영자가 직접 관할하지 않는 특수 구역에 대한 출입관리 체계를 규정한다. 공항 내에는 다양한 관할 주체가 존재하며, 각 구역별로 담당 기관과의 협의가 필수적이다. 이는 공항이 단일 기관이 관리하는 공간이 아니라, 여러 정부 부처와 기관이 각자의 전문 영역을 담당하는 복합적인 공간임을 보여준다.

이런 복합적인 관리체계는 각 구역의 특성에 따라 구체화된다. 관제탑과 접근관제소 구역의 경우, 국토교통부 소속기관들이 관리 권한을 갖는다. 구체적으로는 지방항공청이나 지방공항출장소가 해당 구역의 출입을 담당하고 있으며, 이들 기관과 사전 협의를 거쳐야만 출입증 발급이나 임시출입이 가능하다. 이는 항공교통관제라는 고도로 전문적이고 민감한 업무의 특성을 반영한 것이다.

세관지역과 입출국장은 또 다른 관리 체계를 따른다. 세관지역은 관세청 소속 세관이

직접 관할하며, 입출국장은 법무부 출입국관리사무소가 담당한다. 이러한 구역별 관할 체계는 각 기관의 고유한 보안 요구사항과 업무 특성을 반영한 것으로, 국경 관리와 관세 행정이라는 국가 주권 행사의 핵심 영역을 각 전문 기관이 책임지고 있음을 의미한다.

따라서 이들 특수구역에 출입하려는 경우, 반드시 해당 관할 기관과 사전 협의 절차를 거쳐야 한다. 이를 통해 출입증 발급이나 임시출입 허가를 받을 수 있으며, 각 기관의 보안기준과 업무 요구사항이 충족되었는지 확인하게 된다. 이러한 협의 체계는 복잡해 보일 수 있지만, 각 기관의 전문성을 존중하면서도 공항 보안의 통합성을 유지하는 효율적인 운영 방식으로 평가되고 있다.

2) 보호구역 진입 시 보인검색의 법적 의무와 실무 적용

국가항공보안계획 7.3.1은 보호구역으로 진입하려는 모든 사람과 차량, 장비, 물품에 대해 출입통제와 신원확인 그리고 보안검색을 실시해야 한다고 명시한다. 이는 공항 보안의 가장 기본적인 원칙으로, 보호구역의 안전성을 확보하기 위한 필수적인 절차에 해당한다.

이러한 원칙은 항공보안법 제16조(승객이 아닌 사람 등에 대한 검색)에서 법적 근거를 명확히 하고 있다. 공항운영자는 항공보안법 제13조제1항에 따라 정식 허가를 받아 보호구역으로 들어가는 사람이나 물품에 대해서도 예외 없이 보안검색을 실시해야 한다. 이는 단순한 권고사항이 아닌 법적 의무사항으로 규정되어 있으며, 위반 시에는 법적 제재를 받을 수 있다.

실제 현장에서는 법적 요구사항을 넘어서는 보안조치가 시행되기도 한다. 일부 공항에서는 보호구역에서 나오는 경우에도 추가적인 보안검색을 실시하고 있다. 이는 보호구역 내부에서 외부로 불법 물품이 유출되는 것을 방지하고, 보호구역 내부의 보안 무결성을 더욱 철저히 유지하려는 자발적인 노력의 일환이다. 이러한 추가 보안조치는 비록 법적 의무는 아니지만, 공항 보안수준을 한층 강화하는 사례로 평가할 수 있다.

3) 보호구역 출입 시 신분증명서 인정 기준의 재정립

▌항공보안법

제15조의2(승객의 신분증명서 확인 등) ① 항공기에 탑승하는 사람은 주민등록증(모바일 주민등록증을 포함한다), 여권 등 대통령령으로 정하는 신분증명서(이하 "신분증명서"라 한다)를 지니고 있어야 한다.
② 항공기에 탑승하는 사람은 공항운영자 및 항공운송사업자가 본인 일치 여부 확인을 위하여 신분증명서 제시를 요구하는 경우 이를 보여주어야 한다. 다만, 생체정보를 통하여 본인 일치 여부가 확인되는 등 대

통령령으로 정하는 경우에는 그러하지 아니하다.
③ 제2항에서 정한 사항 외에 본인 일치 여부 확인에 필요한 절차·방법 등은 대통령령으로 정한다.

▌ 항공보안법 시행령

제15조의3(본인 일치 여부 확인방법 및 절차 등) ① 공항운영자와 항공운송사업자가 법 제15조의2제2항에 따라 항공기에 탑승하려는 사람의 본인 일치 여부를 확인하는 경우에는 다음 각 호의 구분에 따른 방법으로 하여야 한다.
1. 공항운영자: 항공기에 탑승하기 위해 보호구역으로 진입하는 사람에 대해서는 탑승권과 신분증명서를 대조하는 방법
2. 항공운송사업자: 다음 각 목의 사람에 대하여 해당 목에서 정하는 방법
가. 탑승권을 발권하는 사람: 신분증명서를 확인하거나 탑승권 예약 정보와 신분증명서를 대조하는 방법
나. 수하물을 위탁하거나 국제선 항공기에 탑승하는 사람: 탑승권과 신분증명서를 대조하는 방법
② 공항운영자와 항공운송사업자는 제1항에 따른 방법으로 본인 일치 여부를 확인할 때 신분증명서에 첨부된 사진으로 본인 일치 여부를 확인하기 어려운 경우나 신분증명서에 사진이 첨부되어 있지 않은 경우에는 항공기에 탑승하려는 사람에 대한 질문 등을 통해 그 일치 여부를 추가적으로 확인할 수 있다.
③ 공항운영자와 항공운송사업자는 제2항에도 불구하고 항공기에 탑승하는 사람이 14세 미만인 경우에는 국토교통부령으로 정하는 방법에 따라 본인 일치 여부를 확인할 수 있다.
④ 법 제15조의2제2항 단서에서 "생체정보를 통하여 본인 일치 여부가 확인되는 등 대통령령으로 정하는 경우"란 다음 각 호의 경우를 말한다.
1. 생체정보를 활용하여 본인 일치 여부가 확인되는 경우
2. 정보통신기기를 이용하여 본인 일치 여부가 확인되는 경우

▌ 항공보안법 시행규칙

제8조의6(본인 일치 여부 확인 방법) ① 공항운영자와 항공운송사업자는 영 제15조의3제3항 단서에 따라 항공기에 탑승하는 사람이 14세 미만인 경우에는 그와 동반하는 다음 각 호의 사람의 확인을 통해 본인 일치 여부를 확인할 수 있다.
1. 부모, 친족, 후견인 등 항공기에 탑승하는 사람의 보호자
2. 항공기에 탑승하는 사람이 재학 중인 학교의 교원
3. 여행업자가 항공기에 탑승하는 사람의 안전 및 편의 제공을 위하여 두는 여행 인솔자
② 제1항에 따라 공항운영자나 항공운송자가 확인을 하는 경우 그 요청을 받은 사람은 본인의 신분을 증명할 수 있는 증명서 또는 서류를 보여주어야 한다.

국가항공보안계획 7.3.3은 항공기 탑승객의 탑승권과 신분증명서를 대조하여 본인 일치 여부를 확인한 후 보호구역 출입을 허가하도록 명시한다. 국제선의 경우 여권을 통한 신분확인이 필수적이며, 이는 항공보안의 첫 번째 관문으로서 중요한 역할을 담당하고 있다.

그러나 이러한 원칙적 규정에도 불구하고 현장에서는 유효신분증 종류의 과도한 다양성이 오히려 보안상 취약점으로 작용한다. 항공경비요원들은 수십 종에 달하는 신분증명서를 식별해야 하는 부담을 안고 있으며, 이로 인한 신분확인 실패 위험이 상존하고 있다. 특히 자격증의 경우 인정 기준이 일관되지 않아 현장에서 지속적인 혼란을 야기한다.

이러한 문제는 구체적인 사례에서 더욱 명확하게 드러난다. 국가기술자격증은 유효한 신분증명서로 인정되지만, 동일한 국가자격인 조종사 면허증은 신분증으로 인정받지 못한다. 이러한 일관성 없는 기준은 승객들의 불만을 초래할 뿐만 아니라, 보안 체계의 신뢰성을 저하시키는 요인이 되고 있다. 서비스 차원에서 다양한 신분증을 인정하려는 의도는 이해할 수 있으나, 과도한 허용 범위는 오히려 보안 허점을 만들어내는 역효과를 낳고 있다.

실제로 이러한 제도적 취약점은 현실적인 보안위협으로 이어지고 있다. 타인의 신분증명서를 이용한 보호구역 무단 진입 사례가 지속적으로 발생하고 있으며, 이는 항공보안 체계의 심각한 취약요소로 지적된다. 신분증 종류가 많을수록 위조나 도용을 탐지하기 어려워지며, 이는 결국 전체 보안시스템의 효과성을 떨어뜨리는 결과를 초래한다.

따라서 유효 신분증의 종류와 인정 범위를 전면적으로 재검토할 필요가 있다. 보안 강화와 승객 편의라는 두 가지 목표를 균형 있게 달성할 수 있는 합리적인 기준을 마련해야 하며, 이를 명확하게 규정화함으로써 현장의 혼란을 최소화해야 한다. 동시에 항공경비요원들에 대한 체계적인 교육을 통해 신분확인 절차의 정확성을 높이고, 디지털 신분증 등 새로운 기술의 도입을 통해 보안성과 편의성을 동시에 향상시키는 방안도 적극적으로 검토되어야 한다.

4) 탑승객 신원확인 체계 및 정보관리

▌항공보안법 시행령

제15조의2(승객의 본인 일치 여부를 확인할 수 있는 신분증명서의 종류) ① 법 제15조의2제1항에서 "주민등록증, 여권 등 대통령령으로 정하는 신분증명서"란 다음 각 호의 증명서(정부가 인증하여 전자적 형태로 발급하는 증명서를 포함한다. 이하 이 조 및 제15조의3에서 같다)나 서류를 말한다.

1. 다음 각 목의 증명서나 서류
   가. 「주민등록법」 제24조에 따른 주민등록증
   나. 「여권법」 제4조 및 「출입국관리법」에 따른 여권
   다. 「도로교통법」 제85조에 따른 운전면허증 및 같은 법 제96조에 따른 국제운전면허증
   라. 「장애인복지법」 제32조에 따른 장애인등록증
   마. 「출입국관리법」 제33조에 따른 외국인등록증 및 같은 법 시행령 제1조제4항에 따른 승무원등록증

바. 「재외동포의 출입국과 법적 지위에 관한 법률」 제7조제1항에 따른 국내거소신고증
사. 「선원법」 제45조에 따른 선원수첩
2. 사진이 붙어 있고 성명 및 생년월일 등이 포함되어 본인임을 확인할 수 있는 증명서나 서류로서 국토교통부령으로 정하는 것
3. 항공기에 탑승하는 사람이 19세 미만인 경우 성명 및 생년월일 등이 포함되어 본인임을 확인할 수 있는 증명서나 서류로서 국토교통부령으로 정하는 것

② 제1항에 따른 증명서나 서류(이하 "신분증명서"라 한다)에 유효기간이나 갱신기간이 적혀 있는 경우에는 그 유효기간이나 갱신기간이 지나지 않아야 한다.

▌항공보안법 시행규칙

제8조의5(승객 본인 일치 여부를 확인할 수 있는 신분증명서의 종류) ① 영 제15조의2제1항제2호에서 "국토교통부령으로 정하는 것"이란 별표 5에 따른 증명서나 서류를 말한다.
② 영 제15조의2제1항제3호에서 "국토교통부령으로 정하는 것"이란 다음 각 호의 증명서나 서류를 말한다.
1. 주민등록표 등본 또는 초본
2. 가족관계증명서
3. 건강보험증
4. 「초·중등교육법」 제2조 또는 「고등교육법」 제2조에 따른 학교(이하 이 조 및 제8조의6에서 "학교"라 한다)에서 발급하는 학생증 또는 재학증명서
5. 「청소년복지 지원법」 제4조에 따라 발급된 청소년증

■ 항공보안법 시행규칙 [별표 5]

<u>**승객 본인 일치 여부를 확인할 수 있는 신분증명서의 종류**</u>(제8조의5제1항 관련)

1. 신분증명서

가. 「국가기술자격법」 제13조제1항에 따른 국가기술자격증
나. 「병역법」 제7조제1항에 따른 전역증
다. 「국가공무원 복무규정」 제8조의2제4항에 따른 공무원 신분증
라. 「지방자치법」 제2조제1항에 따른 지방자치단체의 공무원 신분증
마. 「사관학교설치법」, 「육군3사관학교설치법」 및 「국군간호사관학교설치법」따른 각 사관학교의 사관생도 신분증
바. 삭제
사. 「국가보훈 기본법」 제21조의2에 따른 국가보훈대상자 등록증
아. 「대한민국과 아메리카합중국간의 상호방위조약 제4조에 의한 시설과 구역 및 대한민국에서의 합중국 군대의 지위에 관한 협정」 제8조제3항에 따른 합중국 군대 구성원의 신분증명서

2. 증명서나 서류

가. 「도로교통법 시행규칙」 제129조의2제3항에 따른 운전경력증명서

나. 「주민등록법 시행령」 제41조에 따른 주민등록증 발급신청 확인서

다. (1)부터 (3)까지의 사람에 대하여 영 제15조의2제1항제1호, 이 별표 제1호 및 제2호 가목·나목에 따른 증명서나 서류로 본인 확인이 어려운 경우 국토교통부장관이 법 제7조에 따른 항공보안협의회의 협의를 거쳐 정하는 증명서나 서류

(1) 사법경찰관리나 법 집행권한이 있는 공무원이 호송하는 법 제24조제1항의 호송대상자

(2) 「북한이탈주민의 보호 및 정착지원에 관한 법률」에 따른 북한이탈주민

(3) 「응급의료에 관한 법률」에 따른 응급환자

국가항공보안계획 8.1.39는 항공운송사업자가 항공보안법 시행령 제15조의3 및 같은 법 시행규칙 제8조의6에 근거하여 탑승객의 신원을 확인하는 체계적인 절차를 규정한다. 여기서 “신분증명서”는 항공보안법 시행령 제15조의2 및 시행규칙 제8조의5에서 정한 증명서나 서류를 의미하며, 시행규칙 별표 5 제2호 다목의 ‘국토교통부 장관이 항공보안협의회의 협의를 거쳐 정하는 증명서나 서류’에 대한 구체적 범위도 명시하고 있다.

항공보안의 첫 관문인 신원확인은 체계적인 단계별 절차로 진행된다. 먼저 항공사 발권카운터에서 탑승권 예약정보와 신분증명서를 대조하여 확인한다. 국제선의 경우 반드시 여권으로 확인하며, 예약정보 없이 현장에서 탑승권을 발급하는 경우에도 신분증명서 확인은 필수다. 이어서 위탁수하물 접수 시점이나 국제선 탑승구에서는 탑승권과 신분증명서를 다시 한 번 대조하고 있으며, 여기서 모바일탑승권이나 화면캡처본도 유효하게 인정된다.

국내선 탑승구에서는 탑승권만으로 유효 승객 여부를 확인하고, 항공기 탑승 직전에 최종적으로 탑승권을 통해 승객의 유효성을 재확인한다. 최근에는 생체정보 활용이나 무인발권기기 등 정보통신기술을 이용한 전자적 확인 방법도 적극 도입되고 있으며, 신분증명서의 사진으로 본인 확인이 어렵거나 사진이 없는 경우에는 추가 질문을 통해 신원을 확인하는 보완 절차도 마련되어 있다.

이러한 일반적인 절차 외에도 특수한 상황의 탑승객을 위한 별도 규정이 항공보안협의회 협의를 거쳐 명확히 정립되어 있다. 사법경찰관리나 법 집행권한이 있는 공무원이 호송하는 대상자의 경우, 호송대상자와 호송담당 공무원의 인적사항이 기재된 공문서로 신원을 확인한다. 이때 호송담당 공무원은 반드시 소속기관 공무원증을 소지해야 하며, 북한이탈주민 호송 시에는 호송기관이 작성한 별도의 공문서로 대체할 수 있다.

응급의료 상황에서는 특별한 예외가 적용된다. 응급의료법에 따른 응급환자진료의뢰

서가 신분증명서를 대신하며, 동행하는 응급의료종사자는 의료인 또는 응급구조사 자격증명서를 필수적으로 소지해야 한다. 이는 생명을 구하는 긴급성과 항공보안의 필요성을 균형 있게 조화시킨 합리적인 규정이다.

마지막으로 8.1.40에서는 항공운송사업자가 항공보안법 시행규칙 제8조의2에 따라 탑승 승객의 운송정보를 공항운영자에게 제공하도록 의무화하고 있다. 이는 항공보안 관련 기관 간 정보공유를 통해 통합적인 보안체계를 구축하기 위한 조치로, 개별적인 신원확인을 넘어 시스템 차원의 보안 강화를 추구하는 중요한 제도적 장치라 할 수 있다.

5) 승객정보 공유 시스템 구축 필요

공항 내 통합 승객정보 공유시스템의 구축이 시급한 과제로 제기되고 있다. 국가항공보안계획 6.3.5에 따르면, 항공운송사업자는 승객 운송정보를 공항운영자에게 제공해야 한다. 국제선의 경우 통과여객과 환승여객을 포함한 승객의 성명, 국적, 여권번호, 탑승 항공편명 및 운항일시를 제공하며, 국내선은 승객의 성명, 국적, 생년월일, 성별, 휴대전화번호, 탑승 항공편명 및 운항일시 등을 제공하도록 규정되어 있다.

그러나 현행 규정에는 정보 제공 시점이 명시되어 있지 않다는 중대한 문제가 존재한다. 이로 인해 보호구역 진입 시 신분확인 단계나 탑승구 앞 최종 확인 과정에서 보안 실패 사례가 지속적으로 발생하고 있다. 실시간 정보공유가 이루어지지 않아 신분확인의 정확성이 떨어지며, 이는 곧 보안 체계 전반의 신뢰성을 훼손하는 결과로 이어진다.

이러한 시스템의 허점은 다양한 형태로 악용되고 있다. 항공운송사업자의 상주직원이 정식으로 발급받은 보호구역 출입증을 휴대하지 않고 출근한 후, 해당 항공사의 탑승권을 임의로 발급받아 보호구역에 진입한 사례가 보고되고 있다. 이는 항공사 직원들이 시스템의 허점을 이용하여 정상적인 출입절차를 우회하고 있음을 보여주는 심각한 문제다.

더욱 우려되는 것은 탑승 변경 상황에 대한 대응체계가 마련되어 있지 않다는 점이다. 발권 후 탑승을 취소하는 경우나 보호구역 내에서 대기 중인 승객이 당초 확인받은 항공사가 아닌 다른 항공사로 변경하여 탑승하는 경우에 대한 추적이 불가능한 실정이다. 특히 국제선 환승객의 경우 문제는 더욱 복잡해진다. 보호구역 내에서 대기하던 환승객이 예정된 환승 항공편이 아닌 다른 항공사의 탑승권을 온라인으로 구매한 후 항공기에 탑승하는 사례가 실제로 발생하고 있으며, 이러한 변경 사항은 현재 시스템으로는 전혀 감지할 수 없는 상황이다.

이러한 문제를 해결하기 위해서는 공항운영자와 항공운송사업자 간 실시간 승객정보 공유시스템 구축이 필수적이다. 이 시스템은 탑승 항공사 변경, 발권 취소, 새로운 탑승권 구매 등 모든 변경 사항을 즉시 반영하고 모니터링할 수 있어야 한다. 특히 보호구역 내에서 발생하는 탑승 변경에 대한 체계적인 추적과 관리가 가능한 통합 플랫폼이 시급히 구축되어야 한다.

다만 최근 국가항공보안계획 개정을 통해 항공운송사업자가 탑승권을 발권한 후 취소한 승객의 정보를 공항운영자에게 정보통신망을 통해 제공하도록 의무화한 것은 긍정적인 진전으로 평가된다. 이러한 조치는 승객정보 공유를 강화하는 첫 단계가 되고 있으나, 완전한 통합 시스템 구축을 위해서는 추가적인 개선이 필요하다.

6) 항공기 운항을 확인하기 위한 절차 미흡

국가항공보안계획 7.3.3 2)는 항공기 운항을 목적으로 하는 승무원의 보호구역 출입 기준을 명시한다. 해당 항공사 제복을 착용하고 신분증(사원증 또는 승무원 등록증)을 패용한 항공사 승무원은 보호구역 출입이 허가된다. 신분증을 분실한 경우에는 재직증명서와 국가 발행 신분증을 함께 제시하면 출입이 가능하도록 규정하고 있다.

그러나 이러한 규정에도 불구하고 현장에서는 승무원이 실제로 운항 목적으로 출입하는지 확인하는 절차가 제대로 마련되어 있지 않다. 제복과 신분증만으로는 해당 승무원이 당일 운항 스케줄에 포함되어 있는지 검증할 수 없으며, 승무원 명부를 직접 대조하는 시스템이 부재하여 고의적인 규정 위반이 가능한 보안 허점이 존재한다.

이러한 시스템의 취약점은 실제 보안 사고로 이어지기도 했다. 일부 공항에서 객실승무원이 다른 직원의 항공사 신분증을 도용하여 보호구역에 진입한 후 항공기에 탑승한 사건이 적발되어 큰 문제가 되었다. 이는 단순한 신분증 확인만으로는 보안을 보장할 수 없으며, 현행 확인절차의 한계를 명확히 보여주는 사례라 할 수 있다.

따라서 운항승무원, 객실승무원, 탑승정비사 등 운항 목적으로 보호구역에 진입하는 모든 인원에 대한 체계적인 확인 시스템 구축이 시급하다. 실시간으로 승무원 명부를 조회하고 대조할 수 있는 전산 시스템을 도입하여, 제복과 신분증 확인과 더불어 실제 운항 스케줄 포함 여부까지 검증해야 한다. 이를 통해 신분확인 절차의 정확성을 높이고, 보안 허점을 효과적으로 차단함으로써 항공보안의 완성도를 한층 강화할 수 있을 것이다.

7) 긴급 상황 시 출입절차와 무기반입 허가의 혼선

> **▮ 보호구역출입증규정(한국공항공사)**
> **제40조(비상시 보호구역 출입)** ① 공항 내·외에서 비상사태(항공기사고, 화재, 테러, 응급환자 발생 등)로 인해 공무상 긴급출동을 요하는 경우가 발생한 때에는 출입증을 소지하지 아니한 관련 인원 및 차량을 출

> 입시킬 수 있다. 이 경우 다음 각 호의 자는 해당되는 각 목의 조치를 하여야 한다.
> 1. 지원협정 체결부서 : 항무, 토목, 운영분야
>   가. 협정체결 업체 목록 초소 비치
>   나. 변경시마다 목록 교체
> 2. 경비근무자
>   가. 비상출입 인원 및 차량의 소속과 목록 일치 확인
>   나. 출입차량번호 및 출입자 수 기록유지
>   다. 가목 외 인원 및 차량의 출입통제
> 3. 해당 기관 또는 업체의 장
>   가. 상황 종료 후 2시간 이내에 비상출입경위, 출입자 인원 및 차량의 명단을 사장에게 제출
>
> ② 인천국제공항의 비정상운영시 김포국제공항이 대체공항으로 운영될 경우에는 인천국제공항 보호구역출입증을 소지한 관련직원에 대하여 서울지방항공청의 "인천국제공항비정상시대체공항운용지침"에 따라 해당 출입구역의 출입을 허용할 수 있다.

국가항공보안계획 7.3.3 3)은 공항운영자가 발행한 보호구역 출입증을 소지한 사람에 한해 보호구역 출입을 허가한다고 명시한다. 이는 보호구역 출입 관리의 기본 원칙으로, 정상적인 상황에서는 예외 없이 적용되는 엄격한 규정이다.

그러나 항공기 사고, 테러, 인명구조 등 긴급 상황이 발생할 경우에는 예외 조항이 적용된다. 이러한 상황에서는 사전 출입조치에 따라 한시적으로 출입증을 소지하지 않은 사람과 차량의 출입을 허용할 수 있으며, 세부적인 사항은 공항운영자가 자체적으로 정하도록 위임하고 있다. 이에 따라 공항의 보호구역출입증규정은 긴급 상황 대응체계를 구체화하여 지원협정 체결부서의 역할, 경비근무자의 대응절차, 해당 기관 및 업체 책임자가 취해야 할 조치 등을 상세히 규정함으로써 신속한 대응이 가능하도록 하고 있다.

하지만 이러한 체계적인 규정에도 불구하고 현장에서는 긴급 상황 시 출입절차와 관련하여 복잡한 문제가 발생한다. 특히 테러 사건 대응과 같이 무기를 보호구역 내로 반입해야 하는 상황에서는 더욱 심각한 혼선이 빚어진다. 보호구역 긴급 출입허가와 무기반입 허가가 별개의 절차임에도 불구하고, 현장에서는 이 두 가지가 명확히 구분되지 않아 대응에 차질이 생기는 경우가 빈번하게 발생하고 있다.

이러한 혼선은 단순한 절차상의 문제를 넘어 긴급 상황 대응의 효율성을 저해하는 심각한 요인이 된다. 따라서 긴급 상황별 시나리오를 세분화하고, 각 상황에 맞는 출입절차와 무기반입 절차를 명확히 구분하여 규정할 필요가 있다. 또한 관련 부서 간 역할 분담과 협조 체계를 더욱 명확히 하여, 긴급 상황에서도 보안과 신속한 대응이라는 두 가지

목표를 동시에 달성할 수 있는 통합적인 대응체계를 구축해야 한다.

8) 감독관·심사관의 보호구역 출입절차 명확화

국가항공보안계획 7.3.3 4)는 특정 공무원의 보호구역 출입에 대해 규정한다. 항공기 운항 중 수행하는 항공보안 노선점검, 조종실 관찰 좌석에서의 항공안전감독 또는 운항자격심사를 목적으로 하는 경우, 해당 분야 감독관·심사관증과 국토교통부장관이 발행한 항공기 출입요구서를 소지한 공무원은 보호구역 출입이 허가된다고 명시하고 있다.

그러나 이 조항의 적용 범위는 신중하게 해석되어야 한다. 해당 규정은 국가항공보안계획 7.6.8과 연계하여 이해해야 하며, 실질적으로는 보호구역 자체의 무제한적 출입이 아닌 항공기 내부 및 조종석 점검을 위한 특별 출입권한으로 한정된다. 감독관과 심사관의 업무 특성상 항공기 내부에 대한 접근 권한은 필수적이지만, 이것이 보호구역 전체에 대한 포괄적 출입권한을 부여하는 것은 아니다.

따라서 감독관이나 심사관도 보호구역에 진입할 때는 일반적인 출입 절차를 준수해야 한다. 정식으로 보호구역 출입증을 발급받아 소지하거나, 항공기에 탑승해야 하는 경우라면 일반 승객과 동일하게 유효한 탑승권을 발급받은 후 신분확인 절차를 거쳐야 한다. 이는 보안 체계의 일관성을 유지하고, 예외 조항의 남용을 방지하기 위한 필수적인 조치로 평가된다.

결국 점검목적 공무원의 특수한 지위와 업무상 필요성을 인정하면서도 보안 원칙을 훼손하지 않는 합리적 조율 방안을 모색하는 것이 핵심 과제다. 모든 보호구역 출입자에 대한 동일한 기준 적용은 항공보안의 기본 원칙이며, 이는 감독관이나 심사관에게도 예외없이 적용되어야 한다. 이러한 원칙적 접근을 통해 항공보안의 완전성을 확보하면서도 필수적인 감독 업무의 수행을 보장할 수 있다.

9) 출입증 구분 명확화

▌보호구역출입증규정(한국공항공사)

제13조(출입증의 종류) ① 보호구역 출입증은 인원과 차량(장비포함)의 정규 및 임시출입증 등으로 구분한다.

② 정규출입증은 다음 각 호와 같이 구분한다.

1. 인원 정규출입증
2. 차량(장비포함) 정규출입증

③ 임시출입증의 용도는 다음 각 호와 같이 분류한다.

1. 인원임시출입증(상주포함)

2. 차량(장비포함) 임시출입증
3. 공용출입증
   가. 순찰
   나. 의전
   다. 당직
4. 비표

국가항공보안계획 7.3.4는 공항운영자가 발급하는 출입증의 종류를 명확히 규정한다. 정규 출입증(사람·차량), 임시 출입증(사람·차량), 방문증(또는 순찰증)의 세 가지 범주로 구분하여 체계적인 관리를 도모하고 있다. 이러한 분류 체계는 보안구역 접근 권한을 명확히 구분하고 효율적으로 통제하기 위한 기본 틀을 제공한다.

그러나 이러한 명확한 분류 체계에도 불구하고, 하위 규정인 보호구역출입증규정 제13조를 검토해보면 상당한 차이가 발견된다. 동 규정에서는 출입증을 정규출입증(인원, 차량)과 임시출입증으로 크게 구분하되, 임시출입증을 다시 인원, 차량, 공용출입증(순찰, 의전, 당직), 비표로 세분화하고 있다. 특히 주목할 점은 국가항공보안계획에서 명시한 '방문증'이 보호구역출입증규정에는 전혀 나타나지 않으며, 반대로 상위 계획에 근거가 없는 '비표'와 같은 용어가 하위 규정에만 존재한다는 것이다.

상위 계획과 하위 규정 간의 이러한 불일치는 단순한 용어상의 차이를 넘어 실무적 문제를 야기하고 있다. 현장에서는 어떤 기준을 따라야 할지 혼란이 발생하며, 이는 출입증 관리 체계의 일관성을 훼손하는 직접적인 요인이 된다. 더욱이 법적 정합성 측면에서도 상위 규정과 하위 규정 간의 위계질서가 흐트러지는 결과를 초래한다.

따라서 국가항공보안계획과 보호구역출입증규정 간의 용어와 분류 체계를 통일하는 작업이 시급히 요구된다. 상위 계획의 틀 안에서 하위 규정을 정비하거나, 현장의 실무적 필요가 반영되어야 한다면 상위 계획을 개정하는 방안도 검토해야 한다. 이러한 체계적 정비를 통해 출입증 관리의 명확성을 확보하고 공항보안 체계의 효율성과 신뢰성을 제고할 필요가 있다.

3. 종합상황실 운영: 출입통제 시스템 통합관리

▌공항건설 및 유지·보수에 관한 보안지침

제22조(공항 비상운영센터) ① 공항운영자등은 공항을 설계할 때 가능한 공항비상운영센터(이하 "비상운

영센터"라 한다)를 설치하여야 한다.

② 비상운영센터는 특정한 상황에 대한 지휘, 통제지점의 중앙에 위치하며, 항공기 피랍, 인질대치나 항공기 재난 등의 위기 상황 발생 시 공항 위기 관리팀을 지원하여야 한다.

③ 공항운영자는 비상운영센터를 설치할 수 없는 경우 비상운영센터의 업무수행 장소를 따로 지정하여야 한다.

④ 공항운영자등은 비상운영센터의 위치를 정하는 경우 다음 각 호를 고려하여야 한다.

1. 통신 능력, 편리성, 보안, 설치시설, 접근용이성
2. 이전이 필요할 경우 그 위치
3. 접근을 통제할 수 있고, 외부의 지원 요원 및 장비의 접근이 가능할 것
4. 위기관리팀이 불필요하게 방해를 받지 않을 것
5. 이동지역 관찰이 가능하고, 폐쇄회로 텔레비전(CCTV)을 사용하기 용이할 것

⑤ 공항운영자등은 비상운영센터에 주요 결정권자 및 협상자 등의 지원에 필요한 공간을 확보하여야 한다.

⑥ 공항운영자등은 비상운영센터를 설계할 때 다음 각 호를 고려하여야 한다.

1. 무중단 전원 공급
2. 비상운영센터로 사람 및 장비 운송이 가능하도록 차량 접근을 허용할 것
3. 지원차량 및 운영 요원용 주차시설을 갖출 것
4. 방음 시설을 갖출 것

제23조(보안운영센터) ① 공항운영자등은 보안운영센터를 설계할 때 비상운영센터와 불법방해행위 진압부서 인근에 위치하도록 하여야 한다.

② 공항운영자등은 공항보안시스템에 장치된 감지 장치에서 경보가 발생할 경우 보안운영센터에 통보되도록 하여야 한다.

③ 공항운영자등은 보안운영센터에 다중 컨솔 비디오 디스플레이, 모니터, 통제장치, 전화·인터콤·무선통신장비 등 통신망 등을 설치하여야 한다.

④ 공항운영자등은 보안운영센터에 보안 지역 정의, 감지장비의 사양, 공항배치도 등 업무 수행에 필요한 자료 등을 구비하여야 한다.

⑤ 공항운영자등은 보안운영센터에 다음 각 호의 통신기능을 통합할 수 있다.

1. 공공 안내 방송 및 호출 시스템
2. 공항 경찰 및 보안 관련 사무실
3. 화재경보 감시
4. 일반지역 및 터미널 운영센터
5. 화물 등 접수소
6. 출입증 발급소
7. 유지보수 부서

8. 비상운영센터
9. 비행정보실
10. 관제탑, 항공사, 공항의무실과의 직통 전화
11. 비상사태 대응을 위한 자동 비상 연락 가동 시스템
12. 언론 기자 회견실(상업 방송테이프를 볼 수 있는 시설을 포함한다)

(1) 중앙집중식 출입통제 시스템의 운영 체계 개선 필요성

▌공항건설 및 유지·보수에 관한 보안지침

제27조(보안등) 공항운영자등이 공항 등에 보안등을 설치하는 경우 다음 각 호의 기준에 따른다.
1. 침입자가 목표물에 도달하기 전에 경비요원이 발견할 수 있을 것
2. 침입자로부터 경비요원을 은폐할 수 있을 것
3. 침입자 저지 또는 그들의 목적수행을 저지할 수 있을 것
4. 보안등 인근에 폐쇄회로 텔레비전(CCTV)을 설치하는 경우 보안요원에게 깨끗한 화면을 제공할 수 있을 정도로 조명이 밝을 것

제28조(폐쇄회로 텔레비전) ① 공항운영자등은 외곽울타리 경보 감시, 장비 감시 또는 출입구역 감시와 같은 특정지점 정밀감시 등을 위하여 폐쇄회로 텔레비전(CCTV)을 설치할 수 있다.
② 공항운영자등은 제1항에 따른 폐쇄회로 텔레비전(CCTV)의 비디오테이프의 경우 한 릴(reel)당 300시간까지만 녹화할 수 있고, 보안사고 등이 발생한 경우 사고조사가 완료될 때까지 해당 비디오테이프를 다시 사용할 수 없으며, 디지털 녹화방식을 채택할 경우 사고조사가 완료될 때까지 녹화영상을 보관하여야 한다.

국내 공항들은 보안 강화를 위해 공항외곽 울타리 설치, CCTV 설치, 경보 시스템 구축 등에 상당한 예산을 투자하고 있다. 이러한 하드웨어 중심의 투자는 물리적 보안 인프라 구축이라는 측면에서 긍정적인 진전을 보여준다.

그러나 첨단 시설 구축에도 불구하고 실제 운영 측면에서는 여전히 많은 제도적 공백이 존재한다. 보안시스템 운영 인력의 근무배치 기준이 불명확하고, 보안규정 위반에 대한 처벌 조항도 미비한 실정이다. 이는 첨단 보안 시설이 구축되어도 그 효과성을 충분히 발휘하지 못하는 근본적 원인이 되고 있다.

이러한 운영상의 문제는 특히 중앙집중식 출입통제 시스템에서 더욱 명확히 드러난다. 중앙집중식 시스템의 핵심은 통합 관제가 가능한 종합상황실 운영인데, 현재 모든 공항이 종합상황실을 운영하고 있으나 국토교통부의 세부 운영규정의 부재로 표준화된 관

리가 이루어지지 못하고 있다. 국제민간항공협약 Annex 17과 ICAO Doc. 8973에서 제시하는 국제 기준을 충족하기 위해서는 구체적인 운영 기준이 필요하다.

종합상황실의 효율적 운영을 위해서는 CCTV 감시 구역의 시야각 확보 기준, 모니터링 인력의 적정 배치 비율, 근무 환경 조건 등에 대한 명확한 규정이 마련되어야 한다. 특히 장시간 모니터링 업무의 특성상 근무자의 피로도 관리와 집중력 유지를 위한 환경 조성은 시스템의 실효성을 좌우하는 핵심 요소가 된다.

보안시스템의 연속성 확보 문제는 더욱 심각한 수준으로 나타나고 있다. 현행 규정은 CCTV 영상의 저장 기간과 보관 방법에 대해서만 언급할 뿐, 정전이나 시스템 장애 등 비상상황에 대한 대응절차는 전무한 상태다. 항공보안의 특성상 단 몇 분의 감시 공백도 치명적인 보안위협으로 이어질 수 있음을 고려할 때, 무정전 전원공급장치(UPS) 설치는 선택이 아닌 필수 요건이다.

따라서 중앙집중식 출입통제 시스템의 실효성을 확보하기 위해서는 체계적인 제도 개선이 요구된다. 첫째, 종합상황실 운영에 관한 국토교통부의 세부 지침을 수립하여 인력 운용, 장비 관리, 비상 대응절차를 표준화해야 한다. 둘째, 핵심 보안시스템에 대한 UPS 설치를 의무화하고 정기적인 백업 전원 테스트를 실시해야 한다. 셋째, 보안규정 위반에 대한 명확한 처벌 기준을 마련하여 시스템 운영의 책임성을 강화해야 한다.

이러한 제도적 개선이 수반될 때 비로소 하드웨어 투자가 실질적인 보안 강화로 이어질 수 있다. 물리적 인프라와 운영 체계가 유기적으로 결합되어야만 공항 보안의 완성도를 높일 수 있을 것이다.

(2) 종합상황실 운영 표준화 및 제도 개선방안

현재 국내 공항 종합상황실 운영은 각 공항운영자의 자체 규정에 의존하고 있어 표준화와 일관성이 결여되어 있다. 이는 공항별로 보안수준의 편차를 발생시키고, 국가 항공보안 체계의 통일성을 저해하는 요인이 된다. 따라서 국토교통부 차원에서 종합적이고 세부적인 운영규정을 마련하는 것이 시급한 과제로 대두되고 있다.

이러한 국가 표준 수립에는 근무자별 명확한 역할 정의, 감시장비 운용 절차, 감시 방법론, 장비 유지보수 기준, 체계적인 교육훈련 프로그램이 포함되어야 한다. 특히 교육훈련의 중요성은 종합상황실 근무자의 전문성 확보와 직결되는 문제다. ICAO Doc. 8973에서는 보안인력의 역량기반 교육훈련을 강조하고 있으며, 이는 단순한 지식 전달을 넘어 실무 능력 배양에 초점을 맞춘다.

국내에서도 이러한 국제 기준을 반영하여 종합상황실 근무자에 대한 체계적인 자격요건과 배치기준을 수립하고, 주기적인 역량 평가 시스템을 도입해야 한다. 장시간 모니터링 업무의 특성을 고려할 때, 집중력 유지 훈련, 이상 징후 탐지 능력 향상, 위기 상황 대응 시뮬레이션 등 특화된 교육 프로그램이 필수적이다. 이러한 전문 교육을 통해 배양된 역량은 적절한 보상 체계를 통해 인정받아야 한다.

현재 항공경비요원 등급제도가 운영되고 있으나, 종합상황실 근무자에 대한 별도의 인센티브 체계는 부재한 상황이다. 종합상황실 근무의 중요성과 전문성을 인정하여 항공경비요원 등급제도와 연계한 차별화된 보상 체계를 마련할 필요가 있다. 우수 근무자에 대한 승진 가점, 성과급 지급, 해외 연수 기회 제공 등 다양한 인센티브를 통해 근무 의욕을 고취시킬 수 있다.

인센티브 제공과 더불어 책임성 강화를 위한 제도적 장치도 균형 있게 마련되어야 한다. 현행 규정은 근무 태만이나 보안 실패에 대한 명확한 처벌 조항이 없어 보안 사고 발생 시 책임 소재가 불분명한 문제가 있다. 미국의 경우 TSA 규정 49 CFR Part 1542(Airport Security)에서 보안 위반 행위에 대한 구체적인 민사 처벌 기준을 명시하고 있다. 우리나라도 근무 위반의 경중에 따른 단계별 처벌 기준을 마련하되, 단순 실수와 고의적 태만을 구분하여 공정한 책임과 처벌이 가능하도록 해야 한다.

종합상황실 운영 개선은 단편적 접근이 아닌 종합적 관점에서 추진되어야 한다. 국가 차원의 표준 운영 지침 수립, 전문 인력 양성 체계 구축, 인센티브와 처벌의 균형 잡힌 제도 마련, 첨단 기술 도입을 통한 운영 효율화가 유기적으로 연계될 때 진정한 보안 역량 강화가 가능하다. 이러한 체계적 개선을 통해 국내 공항 보안의 수준을 국제 기준에 부합하는 수준으로 끌어올려야 한다.

4. 보호구역 출입증

국가항공보안계획 7.3.6은 보호구역 출입증 발급의 원칙과 예외를 명확히 규정한다. 원칙적으로 출입증은 공항 상주기관과 상주업체 직원에 한해 발급되며, 이는 일상적이고 지속적인 업무수행을 위해 보호구역 출입이 필수적인 인원을 대상으로 한다. 비상주직원에 대한 출입증 발급은 예외적으로만 허용되고 있다.

이러한 엄격한 발급 기준은 출입 사유의 정당성과 필요성을 철저히 검증하는 과정을 통해 구현된다. 불필요한 출입증 남발을 방지하고 보호구역 내 인원을 최소화하는 것은 보안위험을 관리하는 핵심 전략이다. 다만 민자유치 시설이 공항 내에 위치할 때는 별도의 고려가 필요하다. 민자시설주와 사용계약을 체결한 업체에 대해서도 출입증 발급이 가능하도록 하여, 민간 투자 활성화와 보안관리의 균형을 추구하고 있다.

출입증 발급에서 간과할 수 없는 요소가 바로 교육이다. 7.3.7은 출입증 발급과 교육의 불가분 관계를 명시하고 있다. 모든 출입증 발급 대상자는 사전에 반드시 보안 교육을 이수해야 하며, 이는 단순한 형식적 절차가 아닌 보안 의식 함양의 필수 과정이다. 교육 내용에는 출입증 소지자의 권한과 책임, 보호구역 내 행동 수칙, 보안 위반 시 제재조치, 비상상황 대응절차 등이 포함된다.

특히 주목할 점은 갱신이나 재발급 시에도 교육을 반복한다는 것이다. 시간 경과에 따른 보안 의식 이완을 방지하고, 변경된 보안규정을 지속적으로 숙지시키기 위한 조치다. 교육의 효율성을 높이기 위해 대규모 항공사나 지상조업체처럼 자체 교육 역량을 갖춘 업체들에게 일부 교육을 위탁할 수 있도록 허용하고 있다. 이를 통해 공항운영자의 교육 부담을 분산시키고 업체별 특성에 맞는 맞춤형 교육이 가능해진다. 다만 위탁 교육의 경우에도 공항운영자의 감독과 품질 관리는 필수적이며, 표준화된 교육 커리큘럼과 평가 기준을 적용해야 한다.

사람에 대한 출입통제와 더불어 차량과 물품에 대한 통제도 중요한 보안 요소다. 7.3.8은 보호구역으로 진입하는 모든 차량과 탑재 물건에 대한 보안검색을 규정한다. 여기서 핵심은 위험평가 결과에 따른 차등화된 보안검색의 적용이다. 모든 차량을 동일하게 검색하는 비효율을 피하면서도, 위험 수준에 적합한 보안조치를 적용하는 접근법을 채택하고 있다.

일상적인 공항 운영 차량, 외부 공사 차량, 화물 운송 차량 등은 각기 다른 위험도를 가지므로, 이에 맞는 검색 강도와 방법이 적용된다. 이러한 위험기반 접근법은 보안 효과를 극대화하면서 운영 효율성도 함께 확보하는 균형 잡힌 보안 체계를 구축한다. 결과적으로 출입증 발급, 교육, 출입통제, 보안검색이 유기적으로 연계되어 공항 보호구역의 종합적인 보안관리가 가능해진다.

(1) 출입증 발급 및 관리 감독체계

보호구역 출입증의 제작과 발급·관리는 공항운영자가 전적으로 담당한다. 각 공항운영자는 자체 규정을 수립하여 시행하고 있으며, 이를 통해 공항별 특성에 맞는 출입증 관리체계를 운영한다. 이러한 자율적 운영 체계는 각 공항의 규모와 운영 환경에 적합한 맞춤형 보안관리를 가능하게 한다.

공항운영자의 자율적 운영에도 불구하고 국토교통부는 체계적인 감독 시스템을 통해 관리의 일관성을 확보하고 있다. 항공보안감독관은 공항별 정기점검을 통해 출입증 발급

관련 업무를 철저히 점검하며, 공항운영자 본사에 대해서는 별도의 보안평가를 실시한다. 이러한 이중 점검 체계는 출입증 관리의 실효성을 높이는 핵심 수단이 된다.

현장 점검에서는 다양한 항목들이 중점적으로 감독된다. 정규출입증 발급관리의 적정성, 임시출입증 인솔자의 자격요건 충족 여부, 대여 임시출입증의 관리실적 등이 주요 점검 대상이다. 기관별 출입증 관리책임자가 적절히 지정되어 있는지, 출입증 분실자에 대한 후속 조치가 제대로 이행되었는지도 면밀히 확인하고 있다. 아울러 공항운영자는 분기별로 보호구역 내 출입증 패용실태를 현장점검하여 규정 준수 여부를 지속적으로 모니터링한다.

점검 활동은 특히 보안관리의 사각지대가 될 수 있는 부분들에 집중되고 있다. 장기 휴직자의 출입증이 안전하게 보관되고 있는지, 출입실적이 없거나 저조한 인원의 출입증 회수가 적절히 이루어지고 있는지 등을 면밀히 검토한다. 이러한 세부적인 점검 항목들은 출입증이 보안위협의 도구로 악용되는 것을 방지하기 위한 필수적인 조치다.

출입증 발급 전 실시되는 보안 교육은 이러한 관리 체계의 기초를 형성한다. 공항운영자는 모든 출입증 발급 대상자에게 사전 교육을 실시하여 보안 의식을 함양하고, 출입증 관리의 중요성을 인식시킨다. 이러한 교육과 점검, 감독이 유기적으로 연계되어 공항 보호구역 출입증 관리의 완성도를 높이고 있다.

1) 보안교육 이수 및 재교육

인원 및 차량 정규출입증을 소지하는 모든 사람은 보안교육 이수가 의무화되어 있다. 상주임시출입증 소지자도 동일한 교육 의무를 지니며, 이는 보호구역의 보안수준을 일정하게 유지하기 위한 필수 요건이다. 다만 상주임시출입증 소지자 중에 해당 공항의 정규출입증을 이미 발급받은 사람은 중복 교육을 받지 않아도 되는 예외가 인정되고 있다.

이러한 일반적인 교육 의무와 더불어 출입증 관리책임자에게는 별도의 강화된 교육 요건이 적용된다. 상주기관, 공사, 항공사 및 기타 업체의 출입증 관리책임자는 공사에서 실시하는 출입증 관련 보안교육을 반드시 이수해야 한다. 이들은 소속 기관의 출입증 관리를 총괄하는 중요한 역할을 담당하기 때문에 더욱 체계적인 교육이 요구되고 있다. 정규출입증 신규발급 당시 공사에서 실시하는 보안교육을 이미 이수한 경우에는 추가 교육이 면제된다. 이는 교육의 중복을 피하면서도 필수 내용의 습득을 보장하기 위한 효율적 조치다.

교육의 지속성과 현행성을 확보하기 위해 재교육 대상자에 대한 기준도 명확히 설정되어 있다. 출입증을 갱신하거나 재발급 받은 사람은 변경된 보안규정이나 절차를 숙지하기 위해 재교육을 받아야 한다. 출입증 규정을 위반하여 제재조치를 받은 사람 역시 재교육 대상이며, 이는 규정 준수의 중요성을 재인식시키기 위한 필수적 조치다.

특히 주목할 점은 장기 공백자에 대한 재교육 규정이다. 교육이나 휴가 등으로 인해 180일 이상 업무 공백이 있었던 사람도 재교육을 받아야 한다. 이러한 장기 공백 기간 동안 보안 환경의 변화나 새로운 절차가 도입될 수 있기 때문에, 재교육을 통해 최신 보안 체계를 습득하도록 하고 있다. 이는 단순한 형식적 요건이 아니라 변화하는 보안 환경에 대응하기 위한 실질적 안전장치다.

2) 정규출입증 재발급 기준

정규출입증 재발급은 다양한 사유로 필요하게 되며, 각각의 경우에 대해 명확한 절차가 마련되어 있다. 재발급이 필요한 경우 구체적인 사유를 명시한 후 신청해야 한다. 이는 무분별한 재발급을 방지하고 출입증 관리의 체계성을 유지하기 위한 필수적 조치다.

이러한 체계적 관리를 위해 재발급 사유는 크게 일곱 가지로 구분되고 있다. 첫째, 유효기간이 만료되었음에도 재신청하지 않은 경우 재발급이 필요하다. 둘째, 회사의 상호 변경이나 고용승계로 인해 소속이 변경된 경우도 해당된다. 셋째, 출입증이 노후되거나 훼손, 퇴색되어 식별이 어려운 경우 재발급을 신청할 수 있다. 넷째, 업무 변경 등으로 출입구역 변경이 필요한 경우도 재발급 대상이 된다.

업무상 변경 외에도 개인적인 변화로 인한 재발급이 인정되고 있다. 개명이나 성형수술로 인해 생체인식 정보나 출입증 사진의 변경이 필요한 경우 재발급을 신청할 수 있다. 이는 본인 확인의 정확성을 보장하기 위한 필수적인 조치다. 출입증을 분실한 경우에도 당연히 재발급이 필요하며, 이외에도 이에 준하는 타당한 사유가 발생한 경우 재발급이 가능하다. 이러한 포괄적 규정은 예상치 못한 상황에도 유연하게 대응할 수 있는 여지를 제공한다.

일반적인 재발급 절차와 달리 신원특이자에 대해서는 특별한 심의 절차가 적용된다. 신원특이자가 출입구역을 추가하거나 변경하기 위해 재발급을 신청하는 경우, 출입증심의위원회의 심의를 거쳐야 한다. 이는 보안상 주의가 필요한 인원에 대한 추가적인 검증 절차로, 공항 보안의 엄격성을 보여주는 중요한 규정이다. 이러한 차별화된 절차는 일반적인 재발급의 효율성을 유지하면서도 보안위험을 최소화하는 균형 잡힌 접근법을 구현하고 있다.

(2) 보호구역 인원 출입증 종류

▌보호구역출입증규정(한국공항공사)

보호구역 인원 출입증 종류

<table>
<tr><th colspan="3">구 분</th><th>발급대상</th><th>인솔자</th><th>허가
기간</th><th>비고
(조항)</th></tr>
<tr><td colspan="3">정규</td><td>1. 공항 상주 기관, 항공사 및 업체의 상주 직원
2. 공사 및 상주기관(업체)과 계약을 체결한 업체의 직원으로 보호구역에서 3개월 이상 업무를 수행하는 자
3. 공항 상주 외교관
※ 대사, UN산하기구 대표, 총영사, 대리대사에 한함
4. 공사 소속 직원
5. 아래에 해당되고 위원회에서 필요가 인정된 자
– 의전관계 등 외교상 상시 공항출입이 필요한 외국기관원
– 공무 수행으로 출입이 잦은 공무원 또는 정부산하단체 임직원
– 기타 공항운영상 필요하다고 인정되는 자</td><td>×</td><td>5년</td><td>제20조</td></tr>
<tr><td rowspan="7">임시</td><td colspan="2">1일</td><td rowspan="2">1. 정규출입증 신규 또는 재발급 중인 상주근무자
2. 업무상 출입이 필요하다고 담당관이 인정한 비상주자
※ 필요시 90일 단위 연장 가능</td><td>○</td><td>1일
이하</td><td>제23조</td></tr>
<tr><td colspan="2">장기</td><td>○</td><td>90일
이하</td><td>〃</td></tr>
<tr><td colspan="2">상주</td><td>1. 제재기간 만료 후 재발급 진행 중인 정규출입증 분실자
2. 허가구역 외 구역의 출입을 요청한 정규출입증 소지자
3. 정규출입증 신청자 중 상주근무예정인 국가 공무원
4. 정규출입증 신청자 중 최근 5년내 실시된 신원조사회보서를 제출한 자
5. 타 공항 정규출입증 소지자로 위원회에서 필요가 인정된 자
6. 정규출입증을 기 발급 받았으나 당일 미소지한 자
7. 상주기관 요청으로 합동회의에서 필요가 인정된 장기임시출입자
8. 제11조 제1항 제6호에 해당되는 자로 정규출입증 발급이 제한된 자</td><td>×</td><td>〃</td><td>〃</td></tr>
<tr><td rowspan="3">공용</td><td>순찰</td><td>감사, 점검 등 항공 보안 및 안전의 확보를 위하여 공무상 필요한 사람</td><td>×</td><td>–</td><td>제27조</td></tr>
<tr><td>의전</td><td>1. 외교부 장관이 발행한 외교관 신분증 소지자
2. 귀빈실 사용대상자의 직무관계자</td><td>×</td><td>–</td><td>〃</td></tr>
<tr><td>당직</td><td>공사 당직자로서 공항의 보안 및 안전의 확보를 위하여 공무상 필요한 사람. 단, 정규출입증을 기발급받은 자가 임시출입증을 발급받을 때에는 당직의 종료시까지 정규출입증을 관리부서에 보관토록 하여야 한다.</td><td>×</td><td>–</td><td>〃</td></tr>
<tr><td colspan="2">비표</td><td>공항 의전, 훈련 등 주요행사 참석 인원, 차량 및 보도요원</td><td>○</td><td>–</td><td>제27조</td></tr>
<tr><td></td><td colspan="2">대여</td><td>1. 임시출입증의 대여를 요청한 보안상주기관
2. 합동회의에서 인정된 상주기관</td><td>○</td><td>–</td><td>제28조</td></tr>
</table>

보호구역 인원 출입증은 정규출입증과 임시출입증으로 크게 구분된다. 이러한 이원화된 체계는 상주 인원과 임시 출입 인원을 효과적으로 관리하면서도 업무의 연속성을 보장하기 위한 구조다.

인원 정규출입증의 발급 대상은 명확한 기준에 따라 규정되고 있다. 우선 공항에 상주하는 정부기관, 항공사, 업체의 직원으로 보호구역에서 일상적으로 업무를 수행하는 자가 주요 발급 대상이다. 또한 공항운영, 유지보수, 건설공사 등을 위하여 공사 및 상주기관과 계약을 체결한 업체의 직원으로 보호구역에서 3개월 이상 일상적으로 업무를 수행하는 자도 정규출입증을 발급받을 수 있다. 외교관 중에서도 대사, 유엔산하기구 대표, 총영사, 대리대사에 한하여 보호구역에서 일상적으로 업무를 수행하는 경우 정규출입증이 발급되며, 공사 소속 직원으로서 보호구역에서 업무를 수행할 필요성이 있는 자도 발급 대상에 포함된다.

비상주기관이나 비상주업체 소속이라 하더라도 특별한 경우에는 정규출입증 발급이 가능하다. 의전관계 등 외교상 상시 공항출입이 필요한 외국기관원, 항공기 운항관리, 공항안전, 의전, 경호 등 공무를 수행하기 위하여 분기별 1회 이상 보호구역에 출입할 필요가 있는 공무원 및 정부산하단체 임직원이 이에 해당한다. 이러한 예외적 발급은 위원회의 심의·의결을 거쳐야 하며, 기타 공항운영상 필요하다고 인정되는 자에 대해서도 동일한 절차가 적용되고 있다.

인원 임시출입증은 정규출입증과 달리 한시적 필요에 대응하기 위한 제도다. 업무상 보호구역 출입이 필요한 공항 상주 종사자로 정규출입증의 신규 또는 재발급 절차 이행 중에 있는 자가 주요 발급 대상이다. 이는 정규출입증 발급 과정에서 발생할 수 있는 업무 공백을 방지하기 위한 보완적 조치다. 기타 업무상 출입이 필요하다고 담당관이 인정한 자에게도 임시출입증이 발급될 수 있다.

임시출입증의 허가기간은 발급 사유에 따라 차별화되어 운영된다. 정규출입증 발급 대상자의 경우 정규출입증 발급시까지 임시출입증이 유효하며, 그 외의 경우 원칙적으로 업무상 소요기간 내로 하되 90일을 초과할 수 없다. 다만 업무상 특별지원이나 장기간을 요하는 각종 공사시행 등 필요하다고 인정되는 경우에는 재발급이 가능하다. 이러한 유연한 운영은 보안을 유지하면서도 업무의 효율성을 저해하지 않는 실용적 접근을 보여준다.

(3) 출입증 관리책임자 지정 및 임무

출입증을 발급받는 기관이나 업체는 체계적인 관리시스템을 구축해야 한다. 기관 및 업체의 장은 사장에게 기관 등록과 함께 출입증 관리책임자를 지정하여 신청해야 하며,

제출 내용이나 관리책임자가 변경되는 경우에도 즉시 변경 신청을 해야 한다. 이는 출입증 관리의 연속성과 책임 소재를 명확히 하기 위한 기본 절차다.

이렇게 지정된 출입증 관리책임자는 소속 대표자를 대신하여 중요한 임무를 수행한다. 우선 출입증 발급이나 대여 시 이를 직접 수령하는 역할을 담당하고 있다. 출입증의 회수와 반납 업무도 관리책임자의 핵심 임무인데, 직원이 재직 중 신원특이자가 되거나 퇴직, 전출, 보직변경 등으로 반납 사유가 발생하면 10일 이내에 출입증을 회수하여 반납해야 한다. 부득이한 사유로 반납이 불가능한 경우에는 공사에 해당 출입증의 무효 처리를 신청해야 한다. 인원 및 차량 장기임시출입증의 경우 유효기간 만료 후 3일 이내에 회수하여 반납하는 것이 원칙이며, 대여받은 임시출입증도 철저히 관리해야 한다.

관리책임자의 역할은 일상적 관리를 넘어 장기간 출입이 불필요한 경우에도 적용된다. 교육, 출장, 파견이나 직위해제, 정직 등으로 180일 이상 보호구역 출입이 필요 없게 된 직원의 출입증은 회수하여 보관출입증대장에 기록하고 집중보관한다. 해당 사유가 해제되면 출입증을 다시 반환하는 체계를 운영하고 있다. 관리책임자는 출입증 관련 서류를 공사 규정에 따른 기간 동안 보관해야 하며, 이는 추후 감사나 보안점검에 대비한 필수 조치다.

이러한 관리 체계의 실효성을 확보하기 위해 공사는 출입증 관리에 대한 감독 권한을 행사한다. 출입증 관리실태 점검이나 업무상 필요한 경우 관련 서류의 열람이나 제출을 요구할 수 있으며, 상주기관의 장은 특별한 이유가 없는 한 이에 응해야 한다. 관리책임자가 임무를 소홀히 하거나 보직변경 등으로 반납해야 할 출입증을 계속 사용하는 경우, 공사는 해당 기관의 장에게 출입증 회수나 문책을 요구할 수 있다. 이러한 요구를 받은 기관의 장은 조치 결과를 공사에 통보해야 한다.

감독체계와 더불어 특수한 상황에 대한 대응방안도 마련되어 있다. 출입증 반납 사유가 발생했으나 관리책임자의 부재 등으로 물리적으로 회수가 불가능한 경우, 공사는 해당 출입증을 무효 처리할 수 있다. 이는 보안공백을 방지하기 위한 예외적인 조치로, 출입증 관리의 실효성을 확보하는 안전장치다. 이러한 복합적 관리 체계를 통해 출입증이 보안위협의 도구로 악용되는 것을 방지하고 있다.

(4) 보안규정 위반 제재조치

1) 출입증 분실 신고 및 조치

출입증을 분실한 경우 즉각적인 신고가 필수적이다. 분실자는 지체없이 출입증 분실경위서를 작성해야 하며, 소속 관리책임자의 확인을 받은 후 공사에 신고해야 한다. 차량

출입증의 경우에는 해당 차량의 관리자가 분실자로서 신고 의무를 지닌다. 이러한 신속한 신고 체계는 분실된 출입증이 부정하게 사용되는 것을 방지하기 위한 첫 번째 안전장치다.

분실 신고에서 중요한 것은 분실자의 범위를 명확히 하는 것이다. 출입증 종류에 따라 분실자가 다르게 정의되고 있다. 인원 임시출입증을 분실한 경우에는 본인뿐만 아니라 인솔자도 분실자로 간주된다. 차량 임시출입증의 경우 차량 관리자와 인솔자가 모두 분실자가 되며, 대여 임시출입증에 대해서는 대여임시출입증 관리책임자를 분실자로 본다. 이처럼 분실 책임을 명확히 하는 것은 출입증 관리의 책임성을 강화하고 재발 방지를 도모하는 핵심 요소다.

분실 신고가 접수되면 공사는 체계적인 후속 조치를 즉시 시행한다. 우선 해당 출입증을 즉각 사용정지 처리하여 부정 사용을 원천 차단한다. 분실자 명단은 출입통제를 담당하는 기관이나 경비업체에 즉시 통보되어 현장에서의 차단이 이루어지도록 하고 있다. 모든 분실 기록은 정규출입증 분실자대장이나 관련 시스템에 체계적으로 기록되고 유지되며, 이는 분실 패턴 분석과 보안 개선에 활용된다.

그러나 엄격한 보안 원칙이 과도한 운영상 제약을 초래할 수 있다는 점도 고려되고 있다. 분실로 인한 출입 제한이 분실자의 생업에 막대한 지장을 발생시키거나 공항 운영에 중대한 차질이 예상되는 경우, 상주기관의 장이 구체적인 사유서를 첨부하여 출입 허가를 요청할 수 있다. 이러한 요청은 출입증심의위원회의 심의를 거쳐 허가 여부가 결정된다.

이처럼 출입증 분실 관리 체계는 즉각적인 신고, 명확한 책임 소재, 신속한 후속 조치 그리고 필요시 예외적 조치를 포함하는 종합적 접근을 취하고 있다. 이는 보안 원칙을 유지하면서도 현실적인 운영상의 필요를 고려한 균형적인 보안관리 체계를 구현한다.

2) 위반행위 심의 및 제재

항공보안 관련 법규 및 준수사항을 위반한 경우 체계적인 제재 절차가 적용된다. 제재조치에 대한 이의신청 사항이나 고의성이 인정되어 추가 제재가 필요한 경우, 공항상주보안기관 합동회의의 심의와 의결을 거쳐 최종 조치가 결정된다. 이러한 심의 체계는 제재의 공정성과 일관성을 확보하면서도 사안의 특수성을 고려할 수 있는 균형적인 접근방식이다.

이러한 심의 과정을 거쳐 합동회의는 위반 사항의 경중에 따라 다섯 가지 수준의 제재를 의결할 수 있다. 가장 경미한 조치인 주의조치부터 시작하여 서면경고가 가능하며, 더 심각한 경우에는 보호구역 출입정지 조치가 내려진다. 출입정지 기간은 최소 1일에서 최대 5년까지 설정될 수 있으며, 극히 심각한 경우에는 영구 출입금지도 가능하다. 상주기관의 장에게 관련자에 대한 문책을 요구할 수 있으며, 법적 처벌이 필요한 경우 고발조치까지 이루어지고 있다.

개인에 대한 제재와 더불어 반복적인 위반에 대해서는 조직 차원의 더욱 엄격한 제재가 적용된다. 주요 위반사항을 최근 180일 이내에 2회 이상 위반한 상주업체에 대해서는 특별한 제재가 부과되고 있다. 위반 발생 후 180일 동안 해당 업체의 조직 확대나 인력 충원으로 인한 순수증원에 대해 출입증 발급을 제한하는 조치가 시행된다. 이는 단순한 개인 제재를 넘어 조직 차원의 책임을 묻는 강력한 제재 수단으로, 업체들이 소속 직원의 보안규정 준수를 더욱 철저히 관리하도록 유도하는 효과가 있다.

5. 상주직원 출입통제

국가항공보안계획 7.4.1은 상주직원의 보호구역 출입에 대한 기본 원칙을 제시한다. 공항운영자는 자체보안계획에 명시된 출입 절차를 엄격히 준수하여 직원들의 보호구역 진입을 관리해야 한다. 이는 단순한 출입 허가가 아닌, 체계적이고 일관된 출입통제 시스템의 적용을 의미한다. 각 공항의 특성과 운영 환경에 맞춰 수립된 자체보안계획이 실제 현장에서 표준 운영 절차로 작동하도록 보장하는 것이 핵심이다.

그러나 상주직원이라 하더라도 무조건적인 출입권한을 부여받는 것은 아니다. 업무의 필요성, 보안 신원조회 결과, 교육 이수 여부 등 다양한 요건을 충족해야만 보호구역 출입이 허용되고 있다. 이러한 절차적 엄격성은 내부자 위협(Insider Threat)을 차단하는 중요한 보안 장치가 되고 있다. 실제로 전 세계 항공보안 사고 사례를 분석해보면, 상당수가 정당한 출입권한을 가진 내부자에 의해 발생했다는 점에서 이러한 통제의 중요성이 더욱 부각된다.

이러한 기본적인 출입통제를 바탕으로 7.4.2는 보다 정교한 출입통제 체계를 제시하고 있다. 보호구역을 단일 구역으로 관리하는 것이 아니라, 업무 특성과 보안 중요도에 따라 세부 구역으로 분할하여 관리하고 있다. 직원은 자신의 업무수행에 필수적인 구역에만 출입할 수 있다.

이러한 구역별 차등 관리는 실제 현장에서 구체적으로 적용된다. 기내식 업체 직원은 기내식 제조시설과 항공기 탑재 구역에만 출입권한을 가지며, 화물터미널이나 항공기 정비 구역에는 접근할 수 없다. 마찬가지로 항공기 정비사는 정비 격납고와 계류장에는 출입할 수 있지만, 보안검색 구역이나 수하물 처리 시설에는 접근이 제한되고 있다. 이는 보안사고 발생 시 피해를 최소화하고, 책임 소재를 명확히 하는 효과도 거둔다.

세부 구역 구분은 물리적 경계뿐만 아니라 시간대별 제한도 포함한다. 특정 구역은 주간에만 출입을 허용하거나, 항공기 운항 시간대에만 개방하는 등의 시간적 통제를 병행하고 있다. 이런 복합적이고 세분화된 출입통제 시스템은 첨단 IT 기술과 결합하여 더욱 효과적으로 운영된다.

스마트 출입증에 구역별 접근 권한을 프로그래밍하고, 실시간으로 출입 기록을 모니터링하며, 비정상적인 출입 패턴을 자동으로 감지하는 시스템이 구축되고 있다. 이런 시스템은 상주직원에 대한 신뢰와 보안통제의 균형을 유지하면서, 효율적이고 안전한 공항 운영 환경을 조성한다. 공항은 이러한 체계적 접근을 통해 항공보안 기준에 부합하는 동시에 각 공항의 운영 효율성을 저해하지 않는 최적의 운영 방안을 모색하고 있다.

(1) 보호구역 출입구역 구분 및 출입증 발급 체계

보호구역출입증규정(한국공항공사)

출입구역별 고유번호

1. 인원 출입구역

고유번호	출입구역	세부내역	
1	관제시설지역	1	모든 관제시설
		1A	국토부 관할 관제시설
		1B	공항공사 관할 관제시설
2	세관지역	세관입국검사장	
3	국제선지역	보안검색대를 통과한 지역부터 항공기 탑승지점(탑승교 게이트 입구) 까지의 국제선 출입국심사장(세관 입국검사장 제외) 및 환승지역, 출국대기실, 국제선 탑승교	
4	이동지역	활주로, 유도로, 주기장, 계류장(여객/화물) 등을 포함한 항공기 이동지역, 이동지역주변 GSE도로, 수하물처리지역, 지하공동구, 여객터미널 옥상, 탑승교	
5	화물터미널지역	화물터미널, 보세창고지역	
6	국내선지역	보안검색대를 통과한 지역부터 항공기 탑승지점(탑승교 게이트 입구) 까지의 국내선 도착/출발대합실, 국내선 탑승교	
7	항행안전시설 및 기타 부대 지역	관제송수신소, 레이다송신소, VOR/DME, 항공보안법 시행규칙 제4조 제4호부터 제6호에 따른 지역의 부대지역(필요시)	

※ 제15조 제2항에 따라 공항 사정에 맞도록 고유번호 및 출입구역을 달리 지정 가능

※ 7번 구역의 각 시설과 탑승교는 출입인원을 사전 승인하고, 별도의 출입대책을 수립해야 하며, 각 시설에 대하여 출입번호를 달리 부여할 수 있다.

예) 4-x, 7-x, 7-xx 등

2. 차량 출입구역

고유번호	출입구역
A	관제탑지역
B	관제탑지역을 제외한 이동지역(Airside) 보호구역
C	이동지역 보호구역 중 기동지역 이외 별도 지정 보호구역
D	공항 외부에 위치한 별도 지정 보호구역

※ C지역 해당공항 도면 별도첨부

※ 김포공항의 경우 검문소와 동일 명칭 사용에 따른 보안사고 방지를 위하여 자체 고유번호 지정

고유번호	출입구역
4	- 관제탑지역을 제외한 이동지역(Airside) 보호구역 - 전 지역 출입 가능(A, B, C, D 검문소)
4-1	- 이동지역 보호구역 중 기동지역 이외 별도 지정 보호구역 - A, D 검문소로 출입 가능

공항운영자는 보호구역을 효율적으로 통제하기 위해 출입구역별로 고유번호를 부여하는 시스템을 운영한다. 각 구역에는 해당 구역의 특성과 보안 수준에 따라 고유한 번호가 지정되며, 이를 기반으로 출입증이 발급되고 있다. 이러한 번호 체계는 단순한 구분 기호가 아니라 각 구역의 보안 등급과 접근 권한을 체계적으로 관리하는 핵심 도구가 된다.

한국공항공사는 출입구역 고유번호로 1, 2, 3과 같이 숫자 체계를 사용하며, 인천국제공항공사는 A, B, C처럼 알파벳으로 출입구역 고유번호를 부여하고 있다. 이러한 차이는 각 공항운영자가 자체적으로 수립한 관리 체계의 특성을 반영한 것으로, 두 방식 모두 효과적인 구역 관리를 가능하게 한다.

이처럼 공항운영자별로 서로 다른 번호 체계를 운영하는 것은 각 공항의 규모와 운영 특성에 최적화된 시스템을 구축하기 위함이다. 한국공항공사가 관리하는 공항들은 상대적으로 단순한 구조를 가지고 있어 숫자 체계만으로도 충분한 구분이 가능하다. 반면 인천국제공항공사는 대규모 국제공항의 복잡한 구역 구조를 체계적으로 관리하기 위해 알파벳 체계를 채택하고 있다.

두 체계 모두 각각의 장점을 가지며, 궁극적으로는 동일한 보안목표를 달성한다. 중요한 것은 어떤 체계를 사용하든 일관성 있게 적용하고, 출입권한을 명확히 구분하여 관리하는 것이다. 이러한 표준화된 번호체계는 출입증 관리의 효율성을 높이고, 보안 사고 발생 시 신속한 대응을 가능하게 하는 기반이 되고 있다.

이렇게 구축된 고유번호 시스템을 바탕으로 출입증 발급 시에는 개인의 직무수행 내

용과 업무 특성을 종합적으로 검토한다. 특히 업무수행상 여러 구역을 오가야 하는 직원의 경우, 2개 이상의 출입구역을 겸하여 출입증을 발급받을 수 있다. 예를 들어 항공기 지상조업 감독자는 계류장, 화물처리구역, 정비구역 등 다양한 구역에 접근해야 하므로 복수의 구역 번호가 부여된 출입증을 발급받는다.

이러한 유연한 발급 체계는 업무의 효율성을 높이면서도 보안통제의 기본 원칙을 유지하고 있다. 복수 구역 출입증 발급 시에도 각 구역별 접근 기록이 개별적으로 관리되며, 이를 통해 필요시 정확한 출입 이력 추적이 가능하다. 결과적으로 고유번호 체계는 보안과 운영 효율성의 균형을 실현하는 스마트한 관리 도구로 자리잡고 있다.

(2) 출입증 발급·관리 체계 및 신원조사

▌보호구역출입증규정(한국공항공사)

제7조(신원조사 대상) ① 출입증 담당관(이하 "담당관"이라 한다.)은 보호구역 관리상의 취약요인을 사전에 방지하기 위하여 다음 각 호의 어느 하나에 해당하는 자에 대하여 신원조사를 의뢰하여야 한다.

1. 정규출입증 발급 및 갱신 대상자
2. 최종 신원조사 이후 5년이 경과한 자
3. 기타 항공보안을 위하여 필요하다고 인정되는 자

② 제1항에도 불구하고 다음 각 호의 어느 하나에 해당하는 경우에는 신원조사를 생략할 수 있다.

1. 국가항공보안계획에서 신원조사를 생략할 수 있도록 규정하고 있는 사람
2. 정규출입증 발급대상자 중 신청일 기준 최근 1년 이내에 신원조사를 필한 사람
3. 제1항에 따른 신원조사를 마친 사람이 공사가 관리·운영하는 공항 간의 전보 등 인사이동으로 정규출입증을 발급받고자 하는 경우
4. 인천공항 보호구역 정규출입증을 발급받은 자가 신원조사 회보일자 기준 1년 이내에 공사가 관리·운영하는 공항의 정규출입증을 발급받고자 하는 경우

정규 출입증 발급은 체계적인 절차를 따른다. 기관이나 업체의 장 또는 그들이 지정한 출입증 관리책임자가 공항운영자에게 직접 신청하는 방식으로 진행된다. 신청 시에는 보호구역 출입 목적과 필요한 구역 정보를 명확히 제시해야 하며, 이는 보안관리의 기본 요건이 되고 있다.

이러한 기본적인 발급 절차와 함께 현재는 최신 기술을 활용한 출입증 관리가 이루어지고 있다. 플라스틱 재질의 전자칩이나 생체인식시스템(지문인식, 안면인식 등)을 활용한 출입통제 시스템이 설치된 공항에서는 각 공항의 특성을 고려하여 유효기간을 설정한다. 이때 유효기간은 최대 5년을 초과할 수 없으며, 이는 정기적인 신원 재확인과 보안 수

준 유지를 위한 필수적 조치다.

첨단 시스템 도입에도 불구하고 물리적 출입증 관리의 중요성은 여전히 강조된다. 특별한 주의가 필요한 것은 출입증 분실 및 훼손 관리다. 발급된 출입증 중 5% 이상이 분실되거나 훼손된 경우, 공항운영자는 지체 없이 출입증 일제 갱신이나 비표 부착 등의 보안조치를 시행해야 한다. 이러한 기준은 출입증의 위·변조 가능성을 차단하고 보안 무결성을 유지하기 위한 중요한 안전장치다.

출입증 발급의 핵심 절차 중 하나는 신원조사다. 공항운영자는 관계 법령에 따라 신원조사를 의뢰하고 그 결과를 확인한다. 다만 '보안업무규정(대통령령)'에 따라 이미 신원조사를 받은 국가직 공무원과 외교관은 예외 대상이 되고 있다. 정규 출입증 갱신을 원하는 사람도 신원조사를 다시 받아야 하며, 신원조사는 5년을 초과하지 않는 기간 내에 완료되도록 관리된다.

이러한 체계적인 발급 절차와 관리시스템을 통해 공항 보호구역의 보안이 유지되고 있다. 전통적인 보안절차와 최신 기술의 조화 그리고 엄격한 신원 확인 과정이 결합되어 안전하면서도 효율적인 출입증 관리체계를 구축한다.

(3) 출입증 발급제한 기준 및 심의

▌보호구역출입증규정(한국공항공사)

제11조(출입증 발급제한 등) ① 제10조에 따른 신원조사 결과 신원특이자로 통보된 자가 다음 각 호의 어느 하나에 해당하는 경우에는 해당 사실을 인지한 즉시 정규출입증 사용정지 및 발급을 제한하고 출입증을 회수한다. 단, 신원특이사항이 해소된 것을 입증하는 서류제출 시 정규출입증을 발급할 수 있다.

1. 법률 위반으로 금고 이상의 형을 선고받고 「형의 실효 등에 관한 법률」 제7조제1항 각 호에 해당하지 않는 자
2. 항공보안법, 관세법, 출입국관리법, 마약류 관리에 관한 법률, 외국환거래법, 형법상 문서에 관한 죄, 성범죄 관련법(보안요원에 한함), 총포·도검·화약류 등의 안전관리에 관한 법률 위반으로 벌금 이상의 형을 선고받고 「형의 실효 등에 관한 법률」 제7조제1항 각 호에 해당하지 않는 자
5. 제1호 또는 제2호의 법률위반으로 형의 선고유예를 받은 경우 그 선고유예 기간 중에 있는 자
6. 형사사건(재판)이 진행 중이거나 사건처분이 미확정 된 자

국가항공보안계획 7.4.6.2는 출입증 발급 제한의 명확한 기준을 제시한다. 신원조사 결과 특정 요건에 해당하는 사람들에게는 원칙적으로 출입증 발급이 금지되며, 이는 공항보안의 첫 번째 안전장치로 작동한다.

구체적인 제한 기준을 살펴보면, 첫째, 항공보안법, 관세법, 출입국관리법을 위반하여

금고 이상의 형을 선고받고 형의 실효 등에 관한 법률 제8조제1항 각 호에 해당하지 않는 자는 발급 대상에서 제외된다. 둘째, 동일한 법률을 위반하여 금고 이상의 형을 선고유예 받은 경우, 그 선고유예 기간 중에 있는 사람 역시 발급이 제한된다. 다만 출입증 발급 위원회나 협의회의 심사를 거쳐 별도의 발급기준을 정한 경우에는 예외가 인정되고 있다.

이러한 국가항공보안계획의 기준을 바탕으로 보호구역출입증규정은 더욱 폭넓은 제한 기준을 적용한다. 기본 3개 법률(항공보안법, 관세법, 출입국관리법) 외에도 마약류 관리에 관한 법률, 외국환거래법 위반자가 포함된다. 형법상 문서에 관한 죄를 범한 자, 보안요원의 경우 성범죄 관련법 위반자, 총포·도검·화약류 등의 안전관리에 관한 법률 위반자도 제한 대상이다. 특히 주목할 점은 형사사건이 진행 중이거나 사건처분이 미확정된 자까지 발급 제한 대상에 포함시키고 있다는 것으로, 이는 잠재적 보안위험을 사전에 차단하려는 예방적 조치로 해석된다.

제한 기준의 엄격한 적용과 함께 보호구역출입증규정 제6조의2는 공항상주 보안기관 합동회의 제도를 운영하고 있다. 이 회의에서는 신원특이자 중 항공보안, 국가안보, 국민의 생명과 재산을 침해할 우려가 있는 자에 대한 출입증 발급 여부를 협의·심의한다. 그러나 이러한 심의 절차도 제11조에 명시된 출입증 발급제한 대상자에게는 적용되지 않는다. 즉, 법령에 의한 절대적 제한 대상자는 합동회의 심의를 통해서도 출입증을 발급받을 수 없다. 이러한 이중 장치는 법적 기준에 의한 절대적 제한과 심의를 통한 재량적 판단을 구분하여, 보안관리의 일관성과 유연성을 동시에 확보하는 체계를 구축하고 있다.

(4) 임시출입증 대여 및 관리

▌보호구역출입증규정(한국공항공사)

제28조(인원 및 차량 임시출입증의 대여 및 관리) ① 담당관은 공항상주 보안기관의 장이 요청할 경우 임무, 기능 등을 고려하여 그 기관의 대표자에게 최소한의 범위 내에서 임시 출입증을 대여, 그 책임하에 관리하게 할 수 있다. 다만, 담당관은 타 기관과 사전협의가 요구되는 보호구역에 한해서는 해당기관과 협의후 대여할 수 있으며, 보안기관 외 상주기관이 요청할 경우에는 합동회의의 심의·의결을 거쳐 대여할 수 있다.

② 제1항 규정에 의거 대여한 임시출입증은 다음 각 호의 경우에 한하여 사용하여야 한다.

1. 군·경 등 공항 경비요원
2. 안전 또는 경호요원
3. 의전요원
4. X-ray 장비 등 각종 기기의 긴급 수리, 점검 및 시설점검 등을 위해 필요한 경우

5. 외부 감사요원 또는 긴급을 요하는 전입자가 업무수행을 위해 필요한 경우
6. 물품 검수를 위해 필요한 경우
7. 면회를 위해 필요한 경우(군·경에 한함)
8. 임시출입증을 대여받은 공항상주 보안기관의 장이 제1호부터 제7호까지의 사유 외에 업무목적 및 공항운영을 위하여 사용이 필요하다고 요청하여 합동회의에서 그 사유가 인정된 경우

③ 임시출입증을 대여받고자 하는 상주기관의 장은 별지 제21호 서식을 사용하여 출입구역별 소요매수 및 사용목적 등을 구체적으로 기재하여 사장에게 제출하여야 한다.

④ 상주기관의 장이 대여받은 임시출입증을 교부할 때에는 정규 인원출입증을 소지한 인솔자로부터 보호구역 임시출입신청을 받아 제2항의 규정에 의한 용도 및 필요성 등을 검토한 후 적합하다고 인정된 경우에 한하여 이를 교부하여야 한다. 이 경우 별지 제17호 서식에 준한 각서를 제출토록 하여 보관하여야 한다. 다만, 소속직원이 임시출입할 경우에는 각서를 제출하지 아니할 수 있다.

⑤ 제4항의 규정에 따라 임시출입증을 교부할 때에는 별지 제19호 및 제20호 서식에 준한 양식에 그 사실을 기록하고 별지 제14호 및 제15호 서식에 준한 임시출입허가 신청서 하단에 허가기관명을 명기하여 날인한 후 임시출입증과 함께 교부하여야 한다.

⑥ 임시 출입이 종료된 때에는 인솔자는 임시출입증과 허가서를 반환하여야 하며, 임시출입증을 분실한 경우에는 제35조의 규정에 의하여 처리하여야 한다.

⑦ 상주기관의 장은 대여 임시출입증의 관리 및 사용실태에 대하여 월1회 이상 점검을 실시하고 별지 제22호 서식에 의한 분기별 대여 임시출입증 관리실적(관련대장사본 포함)을 매분기 익월 5일까지 사장에게 송부하여야 한다.

임시출입증은 정규 출입증과 달리 특정 상황에서 한시적으로 사용되는 출입 수단이다. 주로 X-ray 장비 등 각종 기기의 긴급 수리나 점검, 시설점검 등 예상치 못한 업무가 발생했을 때 활용된다. 또한 외부 감사요원이 공항을 방문하거나 긴급하게 전입된 직원이 정규 출입증 발급 전에 업무를 수행해야 하는 경우에도 임시출입증이 필요하다.

이러한 다양한 필요에 대응하기 위해 임시출입증의 신청과 대여는 체계적인 절차를 따르고 있다. 공항상주 보안기관의 장이 필요성을 판단하여 신청하면, 공항운영자가 이를 검토한 후 대여한다. 이러한 절차는 임시출입증이 무분별하게 사용되는 것을 방지하고 보안관리의 일관성을 유지하는 데 기여한다.

임시출입증이 대여되면 해당 공항상주기관은 엄격한 관리 책임을 지게 된다. 임시출입증의 관리 및 사용실태에 대해 월 1회 이상 정기점검을 실시해야 하며, 분기별로 대여 임시출입증 관리실적을 관련 대장 사본과 함께 공항운영자에게 제출해야 한다. 이러한 정기적인 점검과 보고체계는 임시출입증의 오남용을 방지하고 보안 공백이 발생하지 않도

록 하는 중요한 안전장치가 되고 있다.

(5) 임시출입자의 인솔자 관리

임시출입허가를 받은 자의 보호구역 출입은 엄격한 인솔 원칙에 따라 관리된다. 임시출입자는 반드시 해당 출입구역에 대한 정규출입증을 소지한 직원이 인솔해야만 출입이 가능하며, 독자적인 이동은 허용되지 않는다. 이는 보안관리의 핵심 원칙으로, 임시출입자의 모든 활동을 지속적으로 감독함으로써 보안을 확보한다. 다만 공용출입증 소지자는 이러한 인솔 요건에서 제외되어 독립적인 업무수행이 가능하다.

이러한 인솔 원칙을 효과적으로 운영하기 위해 인솔자에게는 명확한 책임과 제한이 부여되고 있다. 인솔자는 담당하는 임시출입자의 업무가 안전히 종료될 때까지 해당 인원에 대한 책임을 져야 하며, 이 기간 동안 다른 임시출입자를 추가로 인솔할 수 없다. 이러한 배타적 책임 원칙은 인솔자가 자신이 책임지는 임시출입자에게 충분한 주의와 관리를 제공할 수 있도록 하는 안전장치가 된다.

인솔자의 책임 범위를 명확히 하는 동시에 인솔 가능 인원에 대한 규정도 구체적으로 설정되어 있다. 인솔자 1명은 즉시 통제가 가능한 지역 범위 내에서 최대 20명까지 인솔할 수 있다. 이는 비상상황 발생 시 인솔자가 모든 임시출입자를 효과적으로 통제하고 대피시킬 수 있는 현실적인 한계를 고려한 것이다. 반대로 임시출입자가 많거나 업무의 특성상 필요한 경우에는 한 그룹의 임시출입자에 대해 여러 명의 인솔자를 지정할 수 있어, 상황에 따른 유연한 대응이 가능하도록 하고 있다.

이러한 인솔 체계는 보안과 운영 효율성의 균형을 추구한다. 엄격한 통제를 통해 보안을 확보하면서도, 현장 상황에 맞는 탄력적 운영을 허용하여 공항 업무의 원활한 수행을 지원한다.

(6) 보호구역 출입통제 및 출입증 점검

공항운영자는 불법방해행위로부터 공항시설과 항공기를 보호하기 위한 점검 활동을 수행한다. 보호구역 출입통제 현황과 출입증 패용실태를 정기적으로 점검하며, 필요시 수시 점검도 실시하고 있다. 이러한 점검 활동은 공항 보안의 핵심 현장에서 잠재적 위협을 사전에 차단하는 중요한 역할을 담당한다.

이러한 점검 과정에서 규정 위반이나 부당한 사실이 적발되면 즉각적인 조치가 이루어진다. 공항운영자는 해당 상주기관의 장에게 시정조치를 요구할 권한을 가지며, 위반자에 대해서는 관련 규정에 따른 제재를 가할 수 있다. 이는 단순한 지적에 그치지 않고 실질적인 개선을 이끌어내기 위한 강제력 있는 조치로, 보안규정의 실효성을 확보하는 핵심 체계로 작동하고 있다.

점검의 실효성을 높이기 위해 점검 실시 방법은 상황에 따라 유연하게 운영되고 있다. 공항운영자가 자체적으로 점검을 수행할 수도 있고, 보안관계기관과 합동으로 대규모 점검을 실시하기도 한다. 합동 점검은 여러 기관의 전문성을 활용하여 보다 종합적이고 체계적인 보안 점검이 가능하다는 장점이 있다.

점검 활동의 지속성과 개선 효과를 담보하기 위해 점검 결과로 나타난 지적사항과 조치결과는 완전히 시정되고 개선될 때까지 체계적으로 기록하고 유지된다. 이러한 기록 관리는 문제의 재발을 방지하고 지속적인 보안 수준 향상을 위한 기초 자료로 활용되고 있다. 결과적으로 정기적인 점검과 즉각적인 시정조치 그리고 체계적인 기록 관리가 결합되어 공항보안의 선순환 구조를 형성한다.

6. 보호구역 차량통제

국가항공보안계획은 보호구역 내 차량 출입에 대해 체계적이고 복합적인 통제 체계를 규정한다. 7.3.8에 따르면, 공항운영자는 보호구역으로 진입하는 모든 차량과 탑재 물건에 대해 위험평가 기반의 보안검색을 실시해야 한다. 이는 획일적인 검색 방식에서 벗어나 각 차량의 용도, 출입 빈도, 운영 주체 등을 종합적으로 평가하여 차등화된 보안조치를 적용하는 위험기반접근법(Risk-Based Approach)을 채택한 것이다.

이러한 위험평가에 따른 차등 검색은 보안 효과성과 운영 효율성을 동시에 추구하는 스마트 보안의 핵심 요소로 작동하고 있다. 예를 들어, 매일 정기적으로 운행하는 공항 내부 셔틀버스와 일회성으로 진입하는 외부 공사 차량은 서로 다른 위험도를 갖는다. 따라서 고위험 차량은 차량 하부 검색, 엔진룸 확인, 탑재 물품 전수 검사 등 철저한 검색을 받는 반면, 저위험 정기 운행 차량은 무작위 표본 검색이나 간소화된 절차를 적용받고 있다.

차량 검색 체계와 더불어 7.5.4는 차량 출입 허가의 신청 절차와 책임 주체를 명확히 규정한다. 보호구역 출입을 원하는 기관이나 업체의 장 또는 그들이 지정한 출입증 관리 책임자가 공항운영자에게 정식으로 차량 출입 허가를 신청해야 한다. 이는 조직 차원의 책임성을 확보하고 무분별한 개인 신청을 차단하는 거버넌스 체계를 구축하고 있다. 특히 신청서에는 출입 목적과 구역을 명시하도록 하여 불필요한 구역 접근을 사전에 차단한다.

이때 명시된 출입 목적은 단순한 행정 절차를 넘어 보안관리의 핵심 정보로 활용된다. 화물 운송, 항공기 급유, 기내식 탑재, 시설 유지보수 등 각각의 목적에 따라 허용되는 출입 경로와 시간대가 달라지며, 이를 통해 차량 동선을 효과적으로 관리하고 있다. 또한 목적 외 사용이나 경로 이탈 시 즉각적인 제재가 가능하도록 하여 차량을 이용한 보안위협을 원천적으로 차단한다.

나아가 7.5.8은 차량 자체뿐만 아니라 탑승자에 대한 별도 검색을 의무화함으로써 보안 체계를 한층 강화하고 있다. 보호구역 출입통제 요원은 허가받은 차량이라 하더라도 운전자와 동승자, 그들의 개인 소지품과 휴대물품을 독립적으로 검색해야 한다. 이는 차량 출입 허가가 탑승자의 무조건적인 통과를 보장하지 않는다는 원칙을 명확히 한 것이다.

이러한 이중 검색 체계는 차량을 은닉 수단으로 악용하는 것을 방지하는 핵심 보안 조치다. 차량 검색을 통과했더라도 탑승자와 소지품에 대한 별도 검색을 실시함으로써 보안의 완결성을 확보하고 있다. 결과적으로 위험평가 기반 차량 검색, 체계적인 출입 허가 절차 그리고 탑승자 독립 검색이라는 삼중 통제 체계를 통해 차량을 매개로 한 모든 잠재적 위협요소를 효과적으로 차단하는 종합적인 차량 통제 시스템이 구축되고 있다.

(1) 보호구역 차량 출입증 종류

▌보호구역출입증규정(한국공항공사)

보호구역 차량 출입증 종류

<table>
<tr><th colspan="2">구 분</th><th>발 급 대 상</th><th>인솔자</th><th>허가기간</th><th>비고(조항)</th></tr>
<tr><td colspan="2">정규</td><td>보호구역내 업무수행 필요하다고 인정되는 상주기관, 항공사, 업체 또는 소속 상주직원의 소유 차량
※ 이동지역등록 및 운전승인 취득 필수</td><td>×</td><td>1년</td><td>제21조</td></tr>
<tr><td rowspan="4">임시</td><td>1일</td><td rowspan="2">1. 각종 공사와 시설 보수물품의 납품 차량
2. 항공기 지원 및 행사 차량
※ 행사란 의장대 사열 및 도열을 하는 행사를 원칙으로 하며, 기타 행사에 대하여는 관련 보안기관과 협의하여 정함.
3. 건설기계관리법에 의한 건설기계
4. 기타 보호구역 출입이 필요한 차량</td><td>○</td><td>1일 이하</td><td>제23조</td></tr>
<tr><td>장기</td><td>○</td><td>90일 이하</td><td>〃</td></tr>
<tr><td>비표</td><td>공항 의전, 훈련 등 주요행사 참석 차량</td><td>○</td><td>-</td><td>제27조</td></tr>
<tr><td>대여</td><td>1. 임시출입증의 대여를 요청한 보안상주기관
2. 합동회의에서 인정된 상주기관</td><td>○</td><td>-</td><td>제28조</td></tr>
</table>

보호구역 차량 출입증은 운영 목적과 사용 기간에 따라 정규출입증과 임시출입증으로 구분된다. 이러한 이원화된 체계는 상시 출입이 필요한 차량과 한시적 출입 차량을 효

율적으로 관리하기 위한 제도적 장치다.

1) 차량 정규출입증 발급 및 관리 기준

차량 정규출입증은 보호구역 내에서 업무를 수행하는 차량과 장비를 대상으로 발급된다. 발급 대상은 상주기관, 항공사, 업체가 소유한 차량이나 상주자의 개인 차량으로, 이동지역관리운영규정 또는 자동차 관리법에 따라 정식으로 등록된 차량이어야 한다. 이러한 요건은 공항 내 차량 운행의 안전성과 관리 체계의 일관성을 확보하기 위한 기본 조건으로 작용하고 있다.

이렇게 발급된 차량 정규출입증의 유효기간은 원칙적으로 발행일로부터 1년을 초과할 수 없다. 다만, 전자칩을 활용한 출입통제시스템이 구축된 공항에서는 운영 효율성을 고려하여 유효기간을 탄력적으로 운영한다. 공항별 특성과 보안 환경을 종합적으로 검토한 후, 사장이 3년 이내에서 유효기간을 별도로 정할 수 있도록 하고 있다. 이는 기술 발전에 따른 보안시스템의 고도화를 반영한 조치로, 보안성을 유지하면서도 행정적 부담을 경감하는 실용적 해결책을 제시한 것이다.

한편, 이동지역에서 차량을 운영하려는 관리자에게는 일반 차량 운전자와는 다른 특별한 자격요건이 요구된다. 이동지역관리운영규정에서 정한 이동지역등록 절차를 완료하고 운전승인을 받은 자만이 해당 차량의 관리자가 될 수 있다. 이러한 엄격한 자격 기준은 항공기가 운항하는 이동지역의 특수한 환경과 항공기 안전 확보라는 절대적 가치를 반영한 것이다.

이와 더불어 상주자의 개인 차량에 대해서는 추가적인 제한이 적용되고 있다. 1인당 1대의 차량에 대해서만 정규출입증 발급이 가능하며, 이는 보호구역 내 차량 수를 적정 수준으로 관리하고 불필요한 차량 진입을 방지하기 위한 조치다. 결과적으로 이러한 단계별 규정들은 차량 등록부터 운영자 자격 그리고 수량 제한에 이르기까지 체계적인 차량 출입 관리시스템을 구성하며, 공항 보안의 완결성을 높이고 있다.

2) 차량 임시출입증 발급 대상 및 절차

차량 임시출입증은 특정한 상황에서 한시적으로 보호구역 출입이 필요한 차량을 위해 발급된다. 첫째, 각종 공사나 시설 보수, 물품 납품 등의 업무를 수행하는 차량으로 자동차관리법에 따라 정식 등록된 차량이 대상이다. 둘째, 항공기 지원이나 공항 내 행사를 위해 임시로 출입이 필요한 차량도 포함되고 있다. 여기서 행사는 원칙적으로 의장대 사열이나 도열을 하는 공식 행사를 의미하며, 그 외의 행사에 대해서는 관련 보안기관과의 협의를 통해 출입 허가 여부를 결정한다.

이러한 일반 차량 외에도 건설기계관리법에 의한 건설기계가 업무수행을 위해 보호구역 출입이 반드시 필요하다고 인정되는 경우 임시출입증 발급이 가능하다. 또한 보호구역 출입이 필요한 기타 차량들도 타당한 사유가 있을 경우 임시출입증을 발급받을 수 있도록 하여, 예측하지 못한 상황에 대한 유연한 대응이 가능하도록 하고 있다.

이렇게 다양한 목적의 차량들에 대한 임시출입증 중에서도 차량 1일 임시출입증의 발급 절차는 특히 체계적으로 관리된다. 인솔자가 차량 1일 임시출입허가 신청서를 작성하여 신청하면, 담당직원은 운전자의 면허 취득 여부, 차량검사 유효기간, 출입 사유 등을 면밀히 검토한다. 검토 결과 타당성이 인정되면 차량임시출입증과 출입증담당관이 날인한 허가증을 함께 교부하고 있다. 다만 전자칩을 활용한 출입통제시스템이 구축된 공항에서는 행정 효율성을 위해 허가서 교부를 생략할 수 있다. 이는 디지털 시스템을 통해 출입 허가 정보가 실시간으로 관리되고 확인 가능하기 때문으로, 보안성을 유지하면서도 발급 절차의 간소화를 실현한 것이다.

(2) 보호구역 출입허가 차량 검색 절차 및 기준

보호구역으로 진입하는 차량에 대한 보안검색은 체계적인 절차에 따라 진행된다. 첫 단계로 차량출입 허가증에 기재된 차량번호와 실제 번호판의 일치 여부를 확인한다. 이는 차량의 정당한 출입권한을 검증하는 필수 과정이며, 불일치 발견 시 즉시 추가 확인절차를 거쳐야 한다.

차량번호 확인이 완료되면 운전자와 동승객은 개인 휴대품과 소지품을 지참하여 차량에서 하차해야 한다. 이때 엔진 작동을 완전히 중지시킨 후 본격적인 검색이 시작되고 있다. 하차한 인원에 대해서는 신분확인과 함께 휴대품 검색을 실시하며, 특히 운전자나 동승객에게서 이상 징후가 포착될 경우에는 해당 인원과 의심 구역에 대한 정밀 검색을 진행한다.

검색 과정 전반에 걸쳐 보안요원은 비인가자의 무단진입을 차단하기 위해 주변 경계를 지속적으로 유지하고 있다. 이는 검색에 집중하는 동안 발생할 수 있는 보안 공백을 방지하는 중요한 활동이다.

차량 자체에 대한 보안검색은 정해진 5단계 순서를 따른다. 먼저 차량출입증과 실제 차량의 일치 여부를 재확인한 후, 차량 내부를 면밀히 점검한다. 이어서 트렁크나 적재함 등 화물 공간을 검색하고, 본넷을 열어 엔진룸 내부를 확인한다. 마지막으로 차량 외부와 하부를 검사함으로써 전체 검색 절차가 완료된다. 이러한 단계별 접근은 검색의 일관성을 유지하고 사각지대 발생을 방지하는 표준화된 절차로 운영되고 있다.

보호구역을 출입하는 차량의 관리자는 차량출입증을 반드시 차량 전면에 부착해야 한다. 출입증은 외부에서 쉽게 식별할 수 있는 위치에 부착되어야 하며, 이는 경비요원이 신속하게 차량의 출입권한을 확인할 수 있도록 하는 기본적인 보안조치다.

이러한 출입증 부착 의무와 함께 보호구역 임시출입 절차는 엄격한 확인 과정을 거친다. 경비근무자는 출입증담당관이 교부한 허가서를 직접 확인하거나 출입통제시스템상의 임시출입차량 정보를 조회하여 출입권한을 검증하고 있다. 확인절차에서 이상이 없으면 임시출입차량은 인솔자와 함께 보호구역에 진입할 수 있다. 이때 경비근무자는 모든 임시출입에 대한 기록을 공사 항공보안 표준절차서의 관련 양식에 따라 유지해야 하며, 이는 전자적인 방법을 포함한 다양한 형태로 관리된다. 이러한 체계적인 기록 관리는 사후 추적과 보안 감사에 필수적인 자료로 활용되고 있다.

한편 보호구역에 진입하는 차량임시출입증 소지자와 인솔자에게는 명확한 준수사항이 부여된다. 보호구역 임시출입차량은 반드시 해당 지역의 정규출입증을 소지한 인솔자의 안내를 받아야 하며, 독자적인 이동은 엄격히 제한되고 있다. 특히 이동지역으로 출입하는 차량의 경우, 인솔자는 이동지역관리운영규정에서 정한 운전승인을 받은 자격자여야 한다. 이는 항공기가 운항하는 특수한 환경에서의 안전을 보장하기 위한 필수 요건으로 작용한다.

인솔자의 책임 범위를 명확히 하기 위해 인솔 가능한 차량 대수에도 구체적인 제한이 설정되고 있다. 원칙적으로 1인이 1대의 차량만을 인솔하는 것이 기본이다. 다만 여러 차량이 동시에 출입해야 하는 불가피한 경우에는 인솔자 1명이 즉시 통제 가능한 지역 범위 내에서 최대 5대까지 인솔할 수 있도록 하고 있다. 이러한 제한은 비상상황 발생 시 인솔자가 모든 차량을 효과적으로 통제할 수 있는 현실적인 한계를 고려한 것으로, 보안관리의 실효성과 운영 효율성 사이의 합리적 기준을 제시한다.

7. 보안 적합성 검토

국가항공보안계획 1.2.10부터 1.2.12까지는 항공보안 인프라 변경 시 필수적인 보안성 검토 절차를 체계적으로 규정한다. 이는 새로운 시설이나 장비 도입이 기존 보안체계에 미칠 영향을 사전에 평가하고 관리하기 위한 예방적 보안체계다.

먼저 1.2.10에 따르면, 공항운영자는 항공보안에 영향을 줄 수 있는 모든 변경사항에 대해 사전 계획을 수립해야 한다. 여기에는 공항의 건설, 유지·보수 작업, 새로운 검색장비 도입 그리고 보안 관련 제도 변경이 포함된다. 이러한 계획은 항공보안법령이 정한 절차, 방법, 기준에 부합해야 하며, 반드시 관할 지방항공청장에게 제출하여 검토받도록 하고 있다. 단순한 시설 개선이라도 보안 취약점을 만들 수 있기 때문에 사전 검토는 필수적인 절차로 자리잡았다.

이러한 계획 수립에 이어 1.2.11은 실제 시행 전 적합성 검토 절차를 명시한다. 공항운영자는 시설, 장비, 제도를 실제로 운영하기 전에 지방항공청장에게 적합성 검토를 요청해야 한다. 지방항공청장은 서면 검토뿐만 아니라 필요시 현장 확인까지 실시하여 항공보안법령과 관련 규정의 준수 여부를 철저히 확인하고 있다. 이는 계획 단계의 이론적 검토를 넘어 실제 구현 상태를 점검하는 실질적 검증 과정이다.

나아가 1.2.12는 더욱 포괄적인 통합 보안성 검토 체계를 제시하고 있다. 지방항공청장은 적합성 검토를 수행할 때 보안업무규정과 국가보안시설 및 보호장비 관리지침에 따른 보안측정 및 보안성검토를 연계하여 실시할 수 있다. 이는 항공보안뿐만 아니라 국가보안 차원의 종합적인 검토가 이루어질 수 있음을 의미한다. 공항은 국가 중요시설이자 다중이용시설로서 복합적인 보안 요구사항을 충족해야 하며, 이러한 연계 검토는 보안의 사각지대를 최소화하는 효과를 거두고 있다.

결과적으로 이 세 조항은 서로 유기적으로 연결되어 계획-검토-승인의 단계적 프로세스를 구성한다. 공항의 모든 변경사항이 보안 관점에서 사전에 평가되고 잠재적 위험이 차단되는 선제적 보안관리 체계가 확립되며, 이를 통해 변화하는 항공 환경 속에서도 일관된 보안 수준을 유지할 수 있게 한다.

8. 호송대상자와 범인 인도·인수 절차

항공보안법

제24조(수감 중인 사람 등의 호송) ① 사법경찰관리 또는 법 집행 권한이 있는 공무원은 항공기를 이용하여 피의자, 피고인, 수형자(受刑者), 그 밖에 기내 보안에 위해를 일으킬 우려가 있는 사람(이하 이 조에서 "호송대상자"라 한다)을 호송할 경우에는 미리 해당 항공운송사업자에게 통보하여야 한다.

② 제1항에 따른 통보사항에는 호송대상자의 인적사항, 호송 이유, 호송방법 및 호송 안전조치 등에 관한 사항이 포함되어야 한다.

③ 제1항에 따라 통보를 받은 항공운송사업자는 호송대상자가 항공기, 승무원 및 승객의 안전에 위협이 된다고 판단되는 경우에는 사법경찰관리 등 호송 공무원에게 적절한 안전조치를 요구할 수 있다.

④ 호송대상자의 호송방법, 호송조건 등에 관하여 필요한 사항은 국토교통부령으로 정한다.

제25조(범인의 인도·인수) ① 기장등은 항공기 내에서 이 법에 따른 죄를 범한 범인을 직접 또는 해당

관계 기관 공무원을 통하여 해당 공항을 관할하는 국가경찰관서에 통보한 후 인도하여야 한다.
② 기장등이 다른 항공기 내에서 죄를 범한 범인을 인수한 경우에 그 항공기 내에서 구금을 계속할 수 없을 때에는 직접 또는 해당 관계 기관 공무원을 통하여 해당 공항을 관할하는 국가경찰관서에 지체 없이 인도하여야 한다.
③ 제1항 및 제2항에 따라 범인을 인도받은 국가경찰관서의 장은 범인에 대한 처리 결과를 지체 없이 해당 항공운송사업자에게 통보하여야 한다.
제26조(예비조사) ① 국가경찰관서의 장은 제25조제1항 및 제2항에 따라 범인을 인도받은 경우에는 범행에 대한 범인의 조사, 증거물의 제출요구 또는 증인에 대한 진술확보 등 예비조사를 할 수 있다.
② 국가경찰관서의 장은 제1항에 따른 예비조사를 하는 경우에 해당 항공기의 운항을 부당하게 지연시켜서는 아니 된다.

▌항공보안법 시행규칙
제14조(수감 중인 사람 등에 대한 호송방법 등) ① 법 제24조제1항에 따른 통보를 받은 항공운송사업자는 호송대상자가 탑승하는 항공기의 기장에게는 호송사실을, 호송대상자를 호송하는 사법경찰관리 또는 법 집행 권한이 있는 공무원에게는 호송대상자의 좌석 및 안전조치 요구사항 등을 각각 통보하여야 한다.
② 법 제24조제4항에 따라 항공운송사업자는 호송대상자가 항공기에 탑승하는 경우 승객의 안전을 위하여 다음 각 호의 필요한 조치를 하여야 한다.
1. 호송대상자의 탑승절차를 별도로 마련할 것
2. 호송대상자의 좌석은 승객의 안전에 위협이 되지 아니하도록 배치할 것
3. 호송대상자에게 술을 제공하지 아니할 것
4. 호송대상자에게 철제 식기류를 제공하지 아니할 것

(1) 호송대상자 운송 관련 보안규정

국가항공보안계획 8.6.12는 항공운송사업자가 수감 중인 사람 등을 항공기로 운송하는 경우 운항 중 항공기 안전을 확보할 책임을 명시한다. 이는 특수한 승객 운송 시 발생할 수 있는 보안위험을 사전에 관리하기 위한 기본 원칙을 제시한 것이다.

이러한 원칙에 따라 8.6.1에서는 구체적인 사전 통보 절차를 규정하고 있다. 사법경찰관리 또는 법 집행 권한이 있는 공무원이 항공기를 이용하여 피의자, 피고인, 수형자, 그 밖에 기내 안전에 위해를 일으킬 우려가 있는 사람을 호송할 경우, 특별한 사유가 없는 한 탑승 전 24시간 이전에 해당 항공운송사업자에게 통보해야 한다. 이러한 사전통보 체계는 항공운송사업자가 적절한 보안조치를 준비할 수 있는 시간을 확보하는 데 필수적인 절차라 할 수 있다.

사전 통보와 함께 8.6.2는 호송 관련 정보의 구체적인 내용을 명시하고 있다. 호송대상자를 호송하는 사람은 항공운송사업자에게 호송대상자의 인적사항, 호송 이유, 호송방법 및 호송 안전조치 등에 관한 사항을 상세히 통보해야 한다. 이는 항공운송사업자가 호송 상황의 위험도를 정확히 평가하고 그에 맞는 대응 계획을 수립하는 데 필요한 핵심 정보들이다.

이러한 정보를 바탕으로 항공운송사업자는 8.6.7에 따라 항공기 내 호송대상자의 인원을 관리한다. 동일 항공기에 호송대상자를 원칙적으로 2명 이내로 한정하며, 필요시 호송의뢰기관과 협의하여 그 인원을 조정할 수 있도록 하고 있다. 이러한 인원 제한은 기내에서 발생할 수 있는 보안위험을 관리 가능한 수준으로 유지하기 위한 현실적인 조치다.

특히 8.6.8은 정신이상자 운송에 대한 특별한 주의사항을 규정한다. 항공운송사업자는 정신이상자를 운송하는 경우 의사의 진단서 요구 등 필요한 조치를 취한 후 운송해야 하며, 정신이상자가 항공기 운항에 중대한 위협을 미칠 것으로 판단되는 경우에는 탑승을 거절할 수 있는 권한을 갖는다. 이는 의학적 전문성에 기반한 판단과 항공보안의 우선순위를 종합적으로 고려한 규정으로, 승객의 권리와 항공기 안전 사이의 적절한 균형점을 제시하고 있다.

(2) 항공운송사업자의 호송 관련 보안조치 및 권한

국가항공보안계획 8.6.3은 항공운송사업자에게 중요한 권한을 부여한다. 호송대상자가 항공기, 승무원 및 승객의 안전에 위협이 된다고 판단되는 경우, 항공운송사업자는 사법경찰관리 등 호송 공무원에게 적절한 안전조치를 요구할 수 있다. 이는 항공운송사업자가 단순히 수동적인 운송 역할에 그치지 않고 적극적으로 기내 안전을 관리할 수 있는 법적 근거를 제공하고 있다.

이러한 안전 관리 권한과 함께 8.6.4는 항공운송사업자의 기본적인 통보 의무를 명시한다. 해당 항공기의 기장 및 객실승무원에게 호송대상자의 수와 좌석 위치 등을 반드시 통보해야 하며, 이는 승무원들이 비상상황에 대비하고 적절한 감시 체계를 구축하는 데 필수적인 정보가 된다.

승무원에 대한 정보 제공과 더불어 8.6.5는 호송대상자 탑승 시 적용되는 세부 조치사항을 구체적으로 규정하고 있다. 먼저 항공기 크기, 호송 이유 및 위험평가에 따라 호송대상자의 수를 제한하며, 필요시 호송 공무원을 추가로 배치한다. 보안 유지를 위해 항공여정은 기밀로 유지되고 일반에 공개되지 않는다.

탑승 절차에서도 체계적인 보안조치가 단계적으로 이루어진다. 해당 항공기에 탑승하는 승객 중 의심승객과 그 휴대물품을 재확인하고, 다른 승객들이 탑승하기 전에 호송대상자를 먼저 탑승시킨다. 좌석 배치에서도 전략적 고려가 반영되고 있다. 호송대상자의 좌석은 가능한 한 출입문이나 비상구와 인접하지 않은 후미에 배치하며, 둘 이상의 열이 있는 좌석에 나란히 앉히되 적어도 한 명의 호송 공무원이 호송대상자 사이에 앉도록 조치한다.

좌석 배치뿐만 아니라 기내 서비스에서도 특별한 제한이 적용된다. 호송대상자와 호송공무원에게는 술을 제공하지 않으며, 호송대상자에게는 철제 식기류 제공을 금지하고 있다. 이러한 조치들은 기내에서 발생할 수 있는 위험 요소를 사전에 차단하기 위한 예방적 차원의 규정이다.

마지막으로 8.6.6은 기장에게 최종적인 결정 권한을 부여한다. 호송 공무원이 정당한 안전조치 요구를 거절하거나 호송대상자가 다른 승객의 안전을 심각하게 해칠 우려가 있다고 판단될 경우, 기장은 호송대상자의 탑승을 거부할 수 있다. 이는 항공기 운항의 최종 책임자인 기장의 권한을 명확히 하면서도 승객 전체의 안전을 최우선으로 고려한 규정으로, 호송 절차의 모든 단계에서 안전이 핵심 가치임을 재확인하고 있다.

(3) 강제퇴거자 및 고위험 환승승객 관리 체계

1) 강제퇴거자 운송 시 통보 및 관리 절차

국가항공보안계획 8.6.11은 법무부 출입국관리사무소가 강제퇴거자를 항공기로 운송하고자 할 때 준수해야 할 사전 통보 절차를 명확히 규정하고 있다. 출입국관리사무소는 특별한 사유가 없는 한 24시간 이전에 해당 항공운송사업자에게 필수 정보를 통보해야 하며, 이는 항공운송사업자가 적절한 보안 준비를 할 수 있도록 충분한 시간을 보장하기 위한 조치다.

이러한 사전 통보 시 전달해야 할 필수 사항은 매우 구체적으로 명시되어 있다. 첫째, 강제퇴거명령서 사본을 제공하여 법적 근거를 명확히 한다. 둘째, 강제퇴거자에 대한 위협평가 정보를 전달하여 항공운송사업자가 잠재적 위험도를 사전에 파악할 수 있도록 한다. 셋째, 호송관이 동행하는 경우에는 호송관의 성명과 국적을 통보하여 기내 보안 관리 체계를 완비한다.

출입국관리사무소로부터 이러한 정보를 전달받은 항공운송사업자는 체계적인 후속 조치를 시행해야 한다. 항공운송사업자는 강제퇴거자 운송에 관한 사항을 기장에게 미리 통지해야 하며, 이는 기장이 비행 중 발생할 수 있는 상황에 대비하는 데 필수적인 정보가 된다. 특히 항공기 안전을 저해할 수 있는 강제퇴거자 및 입국거부자에게 주류 제공을 금지한다는 규정은 주목할 필요가 있다. 이는 알코올이 감정적 불안정성을 증폭시킬 수 있다는 점을 고려한 예방적 조치로, 강제퇴거 상황에서 발생할 수 있는 추가적인 보안위험을 사전에 차단하는 효과가 있다.

2) 고위험 환승승객 특별 관리 체계

국가항공보안계획 8.6.13은 고위험 환승승객에 대한 특별 관리 절차를 규정하고 있다. 항공운송사업자는 법무부 등 관련 기관으로부터 고위험 환승승객으로 선정된 승객의 정보를 통보받는다. 이때 제공되는 정보에는 항공편명, 승객 이름 등 식별에 필요한 핵심 정보가 포함된다.

이러한 정보를 통보받은 항공운송사업자는 해당 승객을 일반적인 환승 경로와 다르게 처리하는 특별 절차를 시행해야 한다. 구체적으로 환승검색장을 통해 출국장으로 안내하는 별도의 절차를 수립하고 이행해야 하며, 이는 고위험 승객에 대한 집중적인 보안검색과 감시를 가능하게 한다. 이러한 체계는 국제 환승 구간에서 발생할 수 있는 보안 취약점을 보완하는 동시에 일반 승객들의 안전을 보장하기 위한 선제적 조치로서, 환승 과정 전반의 보안 수준을 한층 강화하는 효과가 있다.

(4) 항공기 내 범죄자 인도 관련 법적 규정

1) 범인 인도 규정의 해석상 쟁점

▮ 항공보안법

제22조(기장 등의 권한) ③ 기장등은 제1항 각 호의 행위를 한 사람을 체포한 경우에 항공기가 착륙하였을 때에는 체포된 사람이 그 상태로 계속 탑승하는 것에 동의하거나 체포된 사람을 항공기에서 내리게 할 수 없는 사유가 있는 경우를 제외하고는 체포한 상태로 이륙하여서는 아니 된다.

항공보안법 제25조제1항은 기장등이 항공기 내에서 이 법에 따른 죄를 범한 범인을 직접 또는 해당 관계 기관 공무원을 통하여 해당 공항을 관할하는 국가경찰관서에 통보한 후 인도하도록 명시하고 있다. 이는 항공기 내 범죄행위에 대한 신속한 대응체계를 구축하기 위한 핵심 규정이라 할 수 있다.

이러한 기본 원칙에 더하여 제25조제2항은 특수한 상황에 대한 처리 절차를 규정한다. 기장등이 다른 항공기 내에서 죄를 범한 범인을 인수한 경우, 그 항공기 내에서 구금을 계속할 수 없을 때에는 직접 또는 해당 관계 기관 공무원을 통하여 국가경찰관서에 지체 없이 인도해야 한다. 이러한 조항은 항공기 간 범인 인계 상황에서도 명확한 처리 절차를 제시하며, 국제선 운항 중 발생할 수 있는 복잡한 관할권 문제를 해결하는 법적 근거가 되고 있다.

그런데 이러한 명확해 보이는 규정들은 항공보안법 제22조제3항과 검토해보면 일부 상충되는 측면이 발견된다. 제22조제3항은 항공기의 보안을 해치는 행위, 인명이나 재산에 위해를 주는 행위, 항공기 내 질서를 어지럽히거나 규율을 위반하는 행위를 한 사람을 체포한 경우의 처리 방법을 다루고 있다. 특히 이 조항은 체포된 사람이 계속 탑승하는 것에 동의하거나 항공기에서 내리게 할 수 없는 특별한 사유가 있는 경우를 제외하고는 체포한 상태로 이륙해서는 안 된다고 명시한다.

여기서 발생하는 법적 모호성은 실무적 관점에서 중요한 문제를 제기한다. 제25조제2항이 불법행위자를 '지체없이 인도'하도록 규정하는 반면, 제22조제3항은 '체포된 사람이 계속 탑승하는 것에 동의하는 경우'에는 인도하지 않을 수 있다는 해석의 여지를 남기고 있다. 이러한 규정 간 불일치는 실제 현장에서 기장과 항공운송사업자 보안 담당자들이 판단을 내리는 데 상당한 어려움을 야기한다. 결과적으로 항공보안 실무에서는 이러한 상황별 적용 기준을 명확히 하는 세부 가이드라인이 필요하며, 법령 개정을 통한 일관성 확보도 검토되어야 할 과제로 남아있다.

2) 처리결과 통보 규정의 실효성 한계

항공보안법 제25조제3항은 범인을 인도받은 국가경찰관서의 장이 범인에 대한 처리 결과를 지체 없이 해당 항공운송사업자에게 통보하도록 명확히 규정하고 있다. 이는 항공운송사업자가 자사 항공기 내에서 발생한 보안 사건의 최종 처리 결과를 파악하여 향후 유사 사례에 대비하고, 보안 체계를 개선하는 데 필요한 정보를 확보하기 위한 제도적 장치다.

그러나 이러한 명확한 법적 규정에도 불구하고 실제 현장에서는 상당한 이행의 격차가 발생하고 있다. 국가경찰관서는 처리결과를 개인정보보호 차원에서 접근하여 당사자에게만 통보하는 관행을 유지하고 있으며, 항공운송사업자에게는 관련 정보가 전달되지 않는 경우가 대부분이다. 이는 개인정보보호와 항공보안이라는 두 가지 법익 사이의 합리적 조율 방안을 마련하지 못한 결과로 해석된다.

이러한 현실은 항공보안법의 입법 취지와 상당한 괴리를 보이며, 항공보안 체계 전반에 부정적 영향을 미치고 있다. 항공운송사업자는 보안 사건의 처리 결과를 알 수 없어 재발방지대책 수립이나 보안절차 개선에 활용하지 못하는 결과를 초래한다. 이로 인해 항공보안 체계의 선순환 구조를 저해하는 요인으로 작용하며, 장기적으로는 항공보안 수준의 질적 향상을 어렵게 만드는 구조적 문제로 고착화되고 있다.

Ⅲ. 항공보안 관리체계

1. 항공기내 무기 반입 허가

▌항공보안법

제21조(위해물품 휴대 금지 및 검색시스템 구축·운영) ① 누구든지 항공기에 무기[탄저균(炭疽菌), 천연두균 등의 생화학무기를 포함한다], 도검류(刀劍類), 폭발물, 독극물 또는 연소성이 높은 물건 등 국토교통부장관이 정하여 고시하는 위해물품을 가지고 들어가서는 아니 된다.

② 국토교통부장관은 제1항에 따른 위해물품의 세부종류, 공개방법 등과 관련한 사항을 정하고 정기적으로 적정성을 검토하여야 한다.

③ 제1항에도 불구하고 경호업무, 범죄인 호송업무 등 대통령령으로 정하는 특정한 직무를 수행하기 위하여 대통령령으로 정하는 무기의 경우에는 국토교통부장관의 허가를 받아 항공기에 가지고 들어갈 수 있다.

④ 제3항에 따라 항공기에 무기를 가지고 들어가려는 사람은 탑승 전에 이를 해당 항공기의 기장에게 보관하게 하고 목적지에 도착한 후 반환받아야 한다. 다만, 제14조제2항에 따라 항공기 내에 탑승한 항공기내보안요원은 그러하지 아니하다.

⑤ 항공기 내에 제3항에 따른 무기를 반입하고 입국하려는 항공보안에 관한 업무를 수행하는 외국인 또는 외국국적 항공운송사업자는 항공기 출발 전에 국토교통부장관으로부터 미리 허가를 받아야 한다.

⑥ 제3항 및 제5항에 따른 항공기 내 무기 반입 허가절차 등에 관하여 필요한 사항은 국토교통부령으로 정한다.

⑦ 국토교통부장관은 제1항 및 제2항에 따른 위해물품을 쉽게 확인하기 위하여 위해물품 검색시스템을 구축·운영할 수 있다.

▌항공보안법 시행령

제18조의2(특정 직무의 수행) 법 제21조제3항에서 "경호업무, 범죄인 호송업무 등 대통령령으로 정하는 특정한 직무"란 다음 각 호의 업무를 말한다.

1. 「대통령 등의 경호에 관한 법률」에 따른 경호업무
2. 「경찰관 직무집행법」에 따른 주요 인사(人士) 경호업무
3. 외국정부의 중요 인물을 경호하는 해당 정부의 경호업무
4. 법 제24조에 따른 호송대상자에 대한 호송업무
5. 항공기 내의 불법방해행위를 방지하는 항공기내보안요원의 업무

제19조(기내 반입무기) 법 제21조제3항에서 "대통령령으로 정하는 무기"란 다음 각 호의 무기를 말한다.

1. 「총포·도검·화약류 등의 안전관리에 관한 법률 시행령」 제3조에 따른 권총
2. 「총포·도검·화약류 등의 안전관리에 관한 법률 시행령」 제6조의2에 따른 분사기
3. 「총포·도검·화약류 등의 안전관리에 관한 법률 시행령」 제6조의3에 따른 전자충격기

4. 국제협약 또는 외국정부와의 합의서에 의하여 휴대가 허용되는 무기

제20조(권한의 위임) 국토교통부장관은 법 제38조제1항에 따라 다음 각 호의 권한을 지방항공청장에게 위임한다.

5의4. 법 제21조제3항 및 제5항에 따른 항공기내 무기 반입의 허가

▮ 항공보안법 시행규칙

제12조의2(기내 무기 반입 허가절차) ① 법 제21조제5항에 따라 항공기 내에 무기를 가지고 들어가려는 사람은 항공기 탑승 최소 3일 전에 다음 각 호의 사항을 지방항공청장에게 신청하여야 한다. 다만, 긴급한 경호 업무 및 범죄인 호송업무는 탑승 전까지 그 사실을 유선 등으로 미리 통보하여야 하고, 항공기 탑승 후 3일 이내에 서면으로 제출하여야 한다.

1. 무기 반입자의 성명
2. 무기 반입자의 생년월일
3. 무기 반입자의 여권번호(외국인만 해당한다)
4. 항공기의 탑승일자 및 편명
5. 무기 반입 사유
6. 무기의 종류 및 수량
7. 그 밖에 기내 무기반입에 필요한 사항

② 지방항공청장은 항공기 내 무기 반입의 허가 신청을 받은 경우 영 제18조의2에 따른 특정한 직무에 해당하고 영 제19조에 따른 무기의 종류에 적합한 경우에는 허가하여야 한다.

③ 지방항공청장은 제2항에 따라 항공기 내 무기 반입을 허가한 경우 이를 관련기관에 통보하여야 한다.

④ 외국국적 항공기 내에 무기를 반입하여 우리나라로 운항하는 경우에도 제1항부터 제3항까지의 규정을 준용한다.

▮ 대통령 경호처 소속 공무원의 항공기내 무기 반입 및 관리 지침

제3조(무기반입 신청) 항공기 내에 무기를 반입하려면 「항공보안법」(이하 "법"이라 한다) 제21조제5항 및 같은 같은 법 시행규칙 제12조의2에 따라 국토교통부장관에게 신청한다.

제4조(항공기 탑승 전 절차) ① 경호공무원은 항공권 발권 시 신분증을 제시하고 항공기 내 무기반입 사실을 알린다.

② 항공사 발권직원은 항공사 보안책임자 또는 보안감독자(이하 "항공사 보안담당자"라 한다)에게 항공기 내 무기 반입사실을 보고한다.

③ 항공기 내에 반입하려는 무기는 보안검색을 받기 전에 항공사 보안담당자가 입회한 상태에서 경호공무원이 총기와 실탄을 직접 분리하여 별도의 보관함에 담고 봉인한다.

④ 대통령경호법 제5조에 따른 경호구역에서는 항공기에 탑승하는 경호공무원이 직접 무기를 봉인하고, 항공기 탑승 전에 그 현황을 항공사 보안담당자에게 고지하여야 한다.

제5조(항공기 내 무기반입 절차) ① 항공사 보안담당자는 보안검색대에서 보안검색이 끝난 경호공무원과 함께 항공기 출입문까지 동행할 수 있다.
② 항공사 보안담당자는 항공기 출입문 입구에서 항공기 기장과 사무장에게 항공기 내 무기반입 사실을 알리고 경호공무원으로부터 무기보관함을 받아 기장에게 인계한다.
제6조(항공기 내 무기반출 절차) ① 항공기가 목적지 공항에 도착한 후 해당 항공기 사무장은 항공기 출입문이 열리기 전에 기장으로부터 무기보관함을 받아 당초 인계하였던 경호공무원에게 전달한다.
② 항공기 사무장은 항공기 기장으로부터 무기보관함을 받아 경호공무원에게 인계하는 방법 등 구체적인 사항은 사전에 상호 협의하여 정한다.
제7조(항공기 내 무기관리 등) ① 무기보관함은 항공기 기장이 조종실 내에 보관한다.
② 항공기 내에서 비상사태 또는 긴급한 상황이 발생하여 경호공무원이 경호 목적상 무기사용이 필요한 경우 항공기 기장과 협의하여 휴대할 수 있다.
제9조(협조사항) 항공기 내 무기 반입 및 반출 등을 위한 기관별 협조사항은 다음 각 호와 같다.
1. 국토교통부는 경호공무원의 항공기 내 무기반입 사실을 해당 공항운영자 및 항공사 등에 통보하고, 기관별 담당부서 간 상시 협조체제를 유지할 수 있는 비상연락망 관리
2. 대통령 경호처는 항공기 내 무기반입·반출 및 무기사용에 대한 교육 실시
3. 공항운영자는 항공기 내 반입 무기 및 실탄에 대한 보호구역 반입
4. 항공운송사업자는 무기의 반입·반출 및 관리

항공보안법 제21조제1항은 항공기 내 안전을 확보하기 위한 기본 원칙을 명시하고 있다. 이 조항에 따르면 누구든지 항공기에 무기, 도검류(刀劍類), 폭발물, 독극물 또는 연소성이 높은 물건 등 국토교통부장관이 정하여 고시하는 위해물품을 가지고 들어가는 것을 금지한다. 이는 항공기 운항의 안전성을 보장하고 승객과 승무원의 생명을 보호하기 위한 필수적인 규정이다.

그러나 모든 상황에서 무기 반입을 전면 금지할 수는 없는 현실적 필요성이 존재한다. 제1항의 원칙에도 불구하고 경호업무, 범죄인 호송업무 등 대통령령으로 정하는 특정한 직무를 수행해야 하는 경우가 있기 때문이다. 이러한 특수한 상황을 고려하여 대통령령으로 정하는 무기에 한해서는 국토교통부장관의 허가를 받아 항공기에 반입할 수 있도록 예외를 두고 있다.

이렇게 예외적으로 항공기에 무기를 반입하는 경우에도 엄격한 관리 절차가 적용된다. 제3항에 따라 항공기에 무기를 가지고 들어가려는 사람은 탑승 전에 반드시 해당 무기를 항공기의 기장에게 보관하도록 해야 한다. 보관된 무기는 목적지에 도착한 후에 반환받게 되며, 이러한 절차를 통해 비행 중 무기로 인한 안전 위협을 최소화하고 있다.

(1) 기관별 항공기내 무기반입 관련 역할

1) 국토교통부의 위해물품 관리 및 무기반입 허가체계

국토교통부장관은 항공보안의 최고 책임자로서 항공기 내로 반입해서는 안 되는 무기와 위해물품의 범위를 명확히 정하고 이를 고시하고 있다. 이러한 고시는 항공보안의 기본 틀을 제공하는 핵심적인 규제 수단으로, 모든 항공보안 활동의 근간이 된다.

이렇게 정해진 규제에도 불구하고 특별한 사유로 항공기 내에 무기를 반입해야 하는 경우가 발생할 수 있다. 이러한 예외적인 상황에서는 반드시 지방항공청장의 사전 허가를 받아야 한다. 무기 반입 허가의 구체적인 절차와 세부 사항들은 항공보안법 시행규칙 제12조의2에서 상세히 규정하고 있어, 허가 신청자는 해당 조항의 요건을 충족시켜야 한다.

무기 반입 허가 과정에서 가장 중요한 요소는 정보공유 체계의 이행이다. 지방항공청장이 항공기 내 무기 반입을 허가한 경우, 즉시 해당 공항운영자와 항공운송사업자 등 관련 기관에 허가 사실을 통보하는 절차가 진행된다. 이러한 통보 시스템은 항공보안 관련 모든 당사자들이 상황을 정확히 인지하고 적절한 보안조치를 취할 수 있도록 한다. 결국 이 체계적인 정보공유는 항공보안의 사각지대를 없애고 안전한 항공 운항을 가능하게 하는 핵심 체계가 된다.

2) 공항운영자의 위해물품 통제 및 관리체계

공항운영자는 항공보안의 최전선에서 핵심적인 역할을 담당한다. 국토교통부장관이 고시한 항공기 내 반입금지 위해물품과 액체·겔류 등이 보호구역 및 항공기 안으로 반입되지 않도록 철저히 통제하는 것이 가장 기본적이면서도 중요한 책무다.

그러나 항공운항과 공항운영의 현실적 특성을 고려하여 여러 예외 상황들이 인정되고 있다. 항공보안법 제21조에 따라 경호업무나 범죄인 호송업무 등을 위해 국토교통부장관이 허가한 무기류는 반입이 가능하며, 공무수행을 목적으로 관할 지방항공청장의 허가를 받은 물품도 허용된다. 또한 보호구역 내 공사작업이나 공항시설 유지보수를 위해 필요한 공구류 및 장비류도 예외적으로 반입할 수 있다.

이러한 공항운영상 필수적인 예외 외에도 상업시설 운영과 관련된 허용 사항들이 존재한다. 면세판매점이나 식당 등 상주업체에서 사용하고 판매하는 물품들이 허용되며, 테러 발생 등 긴급 상황 시 구조·진압을 위해 필요한 물품도 반입이 가능하다. 항공운송사업자가 항공기 운항 및 정비를 위해 사용하는 물품 역시 업무의 연속성을 위해 허용되고 있다. 특히 장애인의 이동권 보장을 위해 항공사로부터 승인받은 전동휠체어는 반입이 허용되지만, 항공기 안으로는 위탁수하물로만 처리한다.

이처럼 다양한 예외 상황을 체계적으로 관리하기 위해 공항운영자는 위해물품의 허가와 관리에 대한 세부 절차를 자체보안계획에 포함시켜야 한다. 허가를 받지 않고 보호구역 내로 위해물품을 무단 반입하려 하거나 실제로 반입한 사람에 대해서는 보호구역 출입을 일정 기간 중지할 수 있는 제재 조치를 운영하고 있다.

보호구역 내 시설운영자들에게도 엄격한 관리 의무가 부과된다. 이들은 위해물품 관리책임자를 정·부로 지정하고, 위해물품을 사용하는 장소에 승객이나 비인가자가 접근하지 못하도록 통제해야 한다. 영업 종료 후에는 시건 장치가 있는 보관함에 보관하며, 보호구역 내에서 기내 반입금지 위해물품의 판매나 대여는 절대 금지된다.

이러한 관리체계의 실효성을 확보하기 위해 지속적인 점검 시스템이 작동하고 있다. 관리책임자는 위해물품의 사용, 보관, 분실 여부 등 관리 실태를 매월 1회 이상 점검하고 관리대장에 기록을 유지한다. 공항운영자는 이러한 물품들이 적절히 관리되고 있는지를 매 분기별로 점검하며, 필요한 경우 지방항공청 등 관계기관과 합동으로 점검을 실시한다. 점검에서 지적된 사항에 대해서는 이행결과나 조치계획을 제출하도록 하여 지속적인 개선을 도모하고 있다. 이렇게 복합적인 점검과 관리 체계를 통해 항공보안의 완결성을 유지하고 있다.

3) 항공운송사업자의 무기반입 관리 및 승무원 통보체계

항공운송사업자는 지방항공청장의 허가를 받은 무기 등 위해물품에 한해 항공기 내로 반입을 허용할 수 있다. 이는 적법한 절차를 거친 경우에만 제한적으로 인정되는 예외조치로서, 항공보안 체계의 일관성을 유지하면서도 필요한 융통성을 제공한다.

이러한 예외적 반입이 허가된 경우, 무기반입 승객에 대한 특별한 관리 절차가 작동하기 시작한다. 항공운송사업자는 해당 승객이 탑승권 발권을 요청하거나 보안검색을 받기 이전에 무기반입 및 관리절차에 관해 상세히 설명해야 한다. 이 과정에서 허가받은 사람이 관련 절차를 준수하겠다는 내용의 서류에 서명하게 하거나 항공기내 무기 반입 관련 서약서를 받고 있다. 이러한 사전 절차는 무기반입에 따른 보안위험을 최소화하고 승객의 책임을 명확히 하는 중요한 안전장치다.

무기반입이 승인된 승객의 탑승이 확정되면, 기내 보안 관리를 위한 정보공유 체계가 즉시 가동된다. 항공운송사업자는 항공기 내 무기 반입 또는 휴대 허가 사실을 통보받은 경우, 반드시 해당 항공기의 기장과 객실승무원에게 관련 정보를 전달한다. 전달되는 정보에는 탑승인원과 좌석위치, 무기의 종류 등이 포함되어 승무원들이 기내에서 적절한 보안조치를 취할 수 있도록 지원하고 있다.

때로는 더욱 복잡한 보안 상황이 발생하기도 한다. 동일 항공기에 서로 다른 목적으로 항공기 내 무기 반입 또는 휴대 허가를 받은 사람들이 각각 탑승하는 경우, 항공운송사업자는 인원 수와 좌석위치 등 관련 탑승 정보를 이들에게 알려주어야 한다. 이는 잠재적 충돌 상황을 예방하고 기내 보안을 강화하기 위한 선제적 조치다. 다만 외국 정부의 항공기 내 보안요원 등 탑승정보 누설을 관계 법령에서 제한하고 있는 경우에는 탑승정보를 제공하지 않을 수 있다. 이를 통해 보안 요구사항과 정보보호라는 두 가지 중요한 가치 사이의 균형을 맞추고 있다.

4) 무기 취급 절차

항공운송사업자는 항공기 객실 안으로 무기 반입 허가를 받은 승객을 탑승시킬 때 엄격한 절차를 준수해야 한다. 무엇보다 항공기 내 무기 반입 또는 휴대 허가를 받은 서류를 정확히 소지하고 있는지 확인하는 것이 첫 번째 단계다. 또한 무기반입 허가를 받고 탑승한 승객에게는 항공기 운항 중 주류 제공을 금지하여 판단력 저하로 인한 위험 상황을 원천 차단한다. 이러한 모든 사항들은 1년간 기록을 유지하여 추후 검증과 관리에 활용하고 있다.

승객확인 절차가 완료되면 무기를 항공기에 탑재하는 과정에서 특별한 안전 확인이 이루어진다. 지방항공청장의 허가를 받은 무기를 객실 안으로 반입하거나 무기소지 증명서류를 소지한 승객의 무기를 위탁수하물로 탑재하려는 경우, 반드시 사법경찰관리로부터 총기와 실탄이 분리되었음을 확인받아야 한다. 이때 항공운송사업자는 무기류 운송 관련 교육을 이수한 전문 직원을 지정하여 입회시킴으로써 안전성을 한층 강화하고 있다.

허가받은 무기를 항공기 내로 반입하는 경우에는 더욱 세밀한 절차가 적용된다. 항공사 보안담당자가 입회한 상태에서 무기 반입자가 총기와 실탄이 분리되었는지를 확인하고 이를 용기에 담아 봉인한다. 그 다음 항공기 출발 전에 항공사 직원과 함께 해당 항공기의 기장에게 전달하여 기장의 관리 아래 보관하게 된다. 무기보관 용기는 무기 반입자가 별도로 준비해야 하며, 비인가자가 접근할 수 없는 조종실 내에 보관한다. 다만 항공기 내보안요원의 경우에는 기장 전달과 조종실 보관 조치를 생략할 수 있어 업무 특성을 반영한 유연성을 제공하고 있다.

이 과정에서 기장은 항공기 안전의 최종 책임자로서 중요한 권한을 행사한다. 기장은 총기보관 용기의 봉인상태와 파손여부를 철저히 확인한 후 이상이 없을 경우에만 조종실 내에 보관할 수 있다. 만약 기장이 보관에 따른 안전문제 발생이 우려된다고 판단하는 경우에는 위탁수하물로 운송하게 할 수 있다. 이는 기장의 전문적 판단을 존중하면서도 비행 안전을 최우선으로 고려하는 조치다.

위탁수하물로 무기를 운송하는 경우에는 객실 반입과는 다른 별도의 엄격한 절차가 적용된다. 적절한 교육을 받은 항공사 직원이 입회하여 외부와 분리되어 보안이 확보된 장소에서 총기 및 실탄 분리 상태를 확인한다. 실탄은 별도로 봉하여 별도의 용기에 보관하며, 보호구역 내에서 항공기까지 무기를 운반하는 직원은 국가민간항공보안 교육훈련지침 제29조제2항에 따른 교육을 이수한 전문 인력으로 지정하고 있다.

최종적으로 무기가 항공기에 적재될 때는 비인가자의 접근이 불가능한 곳에 배치되며, 무기운송 기록을 작성하고 기록내용을 1년간 보관한다. 이러한 체계적인 관리는 항공기 운항 중 무기로 인한 보안위험을 최소화하면서도 합법적인 무기 운송 필요를 충족시키는 균형점을 제공한다. 결국 이 모든 절차들은 항공보안의 완결성을 유지하면서도 필요한 예외 상황을 안전하게 관리하는 정교한 시스템으로 구현되고 있다.

(2) 항공기내보안요원 운영 및 관리체계

항공기내보안요원의 효과적인 운영을 위해서는 체계적인 제도적 기반이 필요하다. 국토교통부장관은 항공운송사업자의 항공기내 보안요원 등 운영 지침을 별도로 수립해야 하며, 이는 항공기내보안요원 제도의 핵심적인 운영 기준을 제시하는 중요한 규범이 되고 있다.

이러한 상위 지침이 제시하는 기본 틀을 바탕으로 항공운송사업자는 보다 구체적이고 실질적인 운영 체계를 구축하고 있다. 각 항공운송사업자는 소속 항공기내보안요원 등의 운영, 교육, 무기관리 등에 관한 세부 사항을 자체보안계획에 포함시켜 실제 현장에서 적용 가능한 관리 방안을 마련한다. 이는 단순한 형식적 절차가 아니라 항공기내보안요원이 전문성을 갖추고 효과적으로 임무를 수행할 수 있도록 지원하는 실질적인 운영 체계다.

특히 무기관리 부분은 항공보안의 핵심 요소로서 가장 엄격하고 체계적인 관리가 요구된다. 항공기내보안요원이 휴대하는 무기는 테러 등 비상상황에 대응하기 위한 필수 장비이면서도 동시에 그 자체로 잠재적 위험 요소가 될 수 있기 때문이다. 따라서 무기의 보관, 휴대, 사용에 관한 명확한 절차와 기준을 수립하고, 이를 지속적으로 관리·감독하는 체계를 운영하고 있다. 이러한 복합적인 관리체계를 통해 항공기내보안요원 제도의 실효성과 안전성을 동시에 확보하고 있다.

1) 정부 소속 항공기내보안요원 운영 및 국제협력

정부 소속 항공기내보안요원의 운영은 국가 차원의 항공보안 정책과 직결되는 중요한 영역이다. 국토교통부장관은 이들의 자격기준, 무기관리, 교육훈련 및 관계기관 간 협정체결 등에 관한 세부지침을 수립하고 시행한다. 이러한 지침은 정부 소속 항공기내보안요원이 전문성을 갖추고 효과적으로 임무를 수행할 수 있는 제도적 기반을 제공하는 핵심요소라고 할 수 있다.

국내 운항과 달리 국제 항공운항에서 정부 소속 항공기내보안요원의 무기휴대는 특별히 신중한 접근이 필요하다. 타국의 주권과 법규를 존중해야 하는 동시에 우리 항공기의 보안을 확보해야 하는 복잡한 과제이기 때문이다. 이에 따라 국토교통부장관이 무기휴대를 허가하고자 하는 경우에는 복합적인 조치들을 단계적으로 시행해야 한다.

우선적으로 진행되는 것은 도착 국가와의 사전 협의다. 외국 공항에 도착하기 이전에 도착 국가의 항공당국이나 보안기관과 협의를 진행하여 해당 국가의 주권과 보안 정책을 존중하면서도 우리나라 항공기내보안요원의 임무 수행을 보장받는다. 이러한 사전 협의는 국제적 마찰을 예방하고 원활한 보안업무 수행을 위한 필수적인 절차다.

사전 협의와 함께 항공기내보안요원에 대한 철저한 교육도 병행된다. 무기의 기내 반입 및 휴대에 관한 해당 국가의 관련 법규를 확인하고 이에 대한 교육을 실시한다. 국가별로 상이한 법규와 절차를 정확히 이해하고 준수하는 것은 국제적 분쟁을 예방하는 핵심요소다. 필요한 경우에는 해당 국가와 항공기내보안요원 탑승에 관한 협정이나 양해각서를 체결하여 법적·제도적 기반을 마련해야 한다.

이러한 모든 절차에서 가장 엄격하게 관리되는 것은 정보보안이다. 국가간 정부 소속 항공기내보안요원의 탑승과 관련된 정보는 관계기관 및 해당 항공사에게만 제공되며, 엄격하게 기밀로 관리된다. 이는 항공기내보안요원의 신변 보호와 보안 임무의 효과성을 확보하기 위한 핵심적인 조치다. 정보 누출은 단순히 개인의 안전뿐만 아니라 국가 보안 정책 전반에 심각한 영향을 미칠 수 있기 때문에, 정보 취급의 모든 단계에서 각별한 주의를 기울이고 있다.

2) 외국적 항공운송사업자의 항공기내보안요원 관리의무

외국적 항공사가 우리나라 공항을 이용할 때는 특별한 보안절차를 준수해야 한다. 자국 항공기에 무기를 휴대한 자국 정부 소속 항공기내보안요원이 탑승하고자 하는 경우에는 반드시 국토교통부장관의 허가를 받은 사실을 확인해야 한다. 이는 우리나라 영공과 공항에서의 보안을 확보하면서도 외국의 정당한 보안 요구를 수용하는 상호협력의 원칙을 구현하는 중요한 절차다.

이러한 사전 허가 절차가 완료되었다 하더라도 공항 도착 후의 무기 관리는 더욱 엄격하게 이루어진다. 외국적 항공사는 자국 항공기에 탑승한 항공기내보안요원이 공항에 도착하는 즉시 적절한 조치를 취하도록 관리하고 있다. 구체적으로는 휴대 무기와 실탄을 분리하고 시건장치가 있는 별도의 용기에 담아 공항 세관장에게 신고하고 인도하는 과정을 철저히 수행한다. 이는 외국 항공기내보안요원의 무기가 우리나라 내에서 오남용되거나 보안위험 요소가 되는 것을 원천적으로 차단하는 조치다.

결과적으로 이러한 일련의 절차들은 국제적 항공보안 협력의 기반을 형성하고 있다. 외국적 항공사는 우리나라의 보안규정을 정확히 이해하고 준수함으로써 상호 신뢰를 구축하며, 우리나라는 국내 보안을 확보하면서도 국제 항공보안 체계의 일원으로서 책임을 다한다. 이러한 상호주의적 접근은 전 세계적인 항공보안 네트워크를 강화하는 중요한 토대가 되고 있다.

3) 관세청의 무기 인수·인계 절차

관세청장은 외국적 항공기에 탑승하여 도착하거나 출발하는 항공기내 보안요원의 무기 관리에 있어서 핵심적인 역할을 담당한다. 무기를 인수하거나 인계하는 과정에서는 엄격한 절차를 준수해야 하며, 이는 국경에서의 무기 통제라는 중요한 보안 기능을 수행한다.

이러한 무기 통제는 항공기 도착 시점부터 체계적으로 시작된다. 항공기가 도착한 후 무기를 세관장에게 인계할 때까지 해당 항공사 직원 등이 동행하도록 하여 무기의 이동 경로를 철저히 통제하고 있다. 무기를 인수받을 때는 무기와 실탄이 분리되고 시건장치가 된 별도의 용기에 담긴 것을 확인하고 안전하게 보관한다. 이러한 절차는 무기가 적절히 무력화되어 있음을 확인하고 보관 중 안전성을 확보하기 위한 필수적인 조치다.

도착 시와 마찬가지로 출발 시 무기 인계 과정도 동일한 수준의 엄격함을 유지한다. 무기를 인계하는 경우에는 반드시 신원을 확인하고 무기와 실탄의 분리 상태를 재확인하고 있다. 이는 정당한 권한을 가진 항공기내 보안요원에게만 무기가 인계되도록 하고, 무기가 안전한 상태로 항공기에 탑재되도록 보장한다. 무기를 인계한 이후 항공기에 탑승할 때까지도 해당 항공사 직원 등이 동행하여 전 과정에 걸친 보안을 유지하고 있다.

결국 이러한 일련의 절차들은 외국 항공기내 보안요원의 무기가 우리나라 영토 내에서 적절히 통제되는 동시에 국제 항공보안 협력을 원활히 하는 균형잡힌 제도적 장치라고 할 수 있다.

2. 항공기내반입금지물품

▌항공기 내 반입금지 위해물품

2. 관계기관 간 협조

가. 항공운송사업자는 탑승권 발급 및 위탁수하물 접수 시 승객의 금지물품(위해물품 및 위험물) 운송여부 및 위탁의 적정여부 등을 보안질의(전자적인 방법포함)를 통해 확인하여야 한다. 다만, 의심이 되는 경우에는 공항운영자에게 협조를 의뢰하여 추가 검색을 실시하여야 한다.

나. 공항운영자 및 항공운송사업자는 항공보안검색에서 신규로 빈번하게 적발되는 기내 반입금지 위해물품에 대해 그 목록을 한국교통안전공단에 제공하여야 한다.

다. 한국교통안전공단은 항공기 내 반입금지 세부 물품 선정과 데이터 관리를 위한 정보시스템을 운영한다. 이 경우, 정보시스템에 게시된 기내 반입금지 위해물품은 항공보안법 제21조제1항에 따른 위해물품으로 본다.

라. 한국교통안전공단은 제2호나목 및 다목에 따른 기내 반입금지 위해물품의 세부종류를 정하기 위한 검토회의를 구성·운영하며, 이에 대한 세부사항은 한국교통안전공단 이사장이 정하는 바에 따른다.

마. 공항운영자 및 항공운송사업자는 항공기 이용객의 기내 반입금지 위해물품 소지 감소를 위한 안내 및 홍보를 실시하여야 한다.

(1) 보안검색 기준

공항운영자는 항공보안의 핵심 현장에서 위해물품 탐지라는 핵심 임무를 수행한다. 국토교통부장관이 정하여 고시하는 위해물품과 액체·겔류 등의 기내 반입금지 물품에 대한 탐지를 위해 체계적인 보안검색을 실시하고 있다. 모든 승객과 휴대물품 및 위탁수하물이 보안검색 완료구역으로 진입하기 전에 반드시 검색을 완료해야 하며, 이때 문형금속탐지장비나 원형검색장비, 엑스선검색장비, 폭발물흔적탐지장비 등 다양한 첨단 장비를 활용한다.

이러한 첨단 장비를 활용한 보안검색이 효과적으로 이루어지기 위해서는 명확한 기준과 절차가 뒷받침되어야 한다. 공항운영자는 국토교통부장관이 고시한 항공기 내 반입금지 위해물품 목록을 보안검색대에 비치하여 검색 요원들이 언제든지 참조할 수 있도록 하고 있다. 또한 보안검색 업무수행에 필요한 업무절차서 등도 함께 비치하여 일관되고 정확한 검색이 이루어지도록 지원한다.

이러한 기준들은 형식적 요구사항을 넘어 승객의 안전과 항공보안을 확보하기 위한 실질적인 운영 기반이 된다. 명확한 목록과 절차서를 통해 검색 요원들은 보다 신속하고 정확한 판단을 내릴 수 있으며, 이는 항공보안의 수준 향상으로 이어지고 있다. 체계적인 장비 운용과 명확한 기준의 조합은 우리나라 항공보안 수준을 국제적 기준에 부합하도록 유지하는 핵심 요소다.

1) 항공기내 반입금지 위해물품 관리 및 선정체계

항공기내 반입금지 위해물품의 관리는 정해진 목록만으로 완전히 이루어질 수 없다. 항공기내 반입금지 위해물품 부록 1에 따르면, 별표에서 정하지 않은 물품이나 반입을 허용하는 물품이더라도 해당 공항의 보안검색감독자나 항공운송사업자가 항공기 안전 및 승객·승무원에게 위해를 줄 수 있다고 판단하는 경우에는 항공기 내 반입을 금지할 수 있도록 명시하고 있다. 이러한 탄력적 적용은 예상치 못한 보안위험에 신속히 대응할 수 있는 중요한 수단이 된다. 그러나 반입을 금지한다는 규정만 명시하고 있을 뿐, 보안검색감독자가 항공기내 반입금지 위해물품으로 명확하지 않으나 위해성이 없다고 판단하는 물품에 대하여 허용할 수 있다는 규정은 마련되어 있지 아니하다. 따라서 보안검색 현장에서 보안검색감독자의 위해성 판단 권한을 구체적으로 명시할 필요가 있으며, 이를 통하여 보안검색감독자의 권한과 책임을 명확히 함으로써 항공기내 반입금지 위해물품 처리의 실효성을 확보할 필요가 있다.

변화하는 보안 환경에 대응하기 위하여 한국교통안전공단은 '항공보안 365'라는 정보시스템을 운영하고 있다. 이 시스템은 항공기 내 반입금지 세부 물품 선정과 데이터 관리를 담당하며, 특히 정보시스템에 게시된 기내 반입금지 위해물품은 항공보안법 제21조제1항에 따른 위해물품으로 본다고 규정하여 법적 근거를 명확히 하고 있다.

그러나 이러한 시스템 운영 과정에서 일부 논란이 제기되고 있다. 대표적인 사례가 항공기내 반입금지 위해물품으로는 지정되지 않은 항공위험물로 관리되는 보조배터리이다. '항공보안 365'에는 보조배터리의 항공기 내 휴대 가능과 위탁수하물 반입금지를 게시하고 있어, 위에 언급한 규정에 따라 실질적으로 항공기내 반입금지 위해물품으로 볼 수 있다는 지적이 있다. 이것은 법적 분류와 실제 운영 간의 괴리를 보여주는 것으로, 제도 개선의 필요성을 의미하는 것이다. 따라서 "정보시스템에 게시된 기내 반입금지 위해물품은 항공보안법 제21조제1항에 따른 위해물품으로 본다. 단, 항공위험물 운송기술기준에 따른 위험물은 제외한다"는 단서 조항을 추가하여 보안검색 현장의 혼란을 줄이고 보안검색이 본래의 목적에 부합하도록 운영될 수 있게 규정을 명확히 할 필요가 있다.

이러한 복잡한 상황을 체계적으로 관리하기 위하여 한국교통안전공단에서는 항공기내 반입금지 위해물품 선정절차를 위한 검토위원회를 운영하고 있다. 이 위원회는 위탁수하물로는 가능하나 객실내 휴대반입이 금지된 물품과 휴대 및 위탁 반입 모두 금지되는 물품 여부를 판단하고 세부적으로 검토하는 단계를 거친다. 이러한 전문적이고 체계적인 검토 절차는 변화하는 보안 환경에 적절히 대응하면서도 승객의 편의를 최대한 고려하는 정책 수립을 가능하게 하는 것이다.

2) 위험물 운송 및 처리 기준

항공운송에서 위험물 관리는 승객과 승무원의 안전을 보장하는 핵심 영역으로 자리잡고 있다. 항공운송사업자는 승객의 휴대품이나 위탁수하물 중 항공위험물 운송기술기준 제210조에서 정한 위험물에 대해 엄격한 기준을 적용하고 있으며, 특히 별표24에서 규정하는 승객 또는 승무원의 운반가능 위험물 기준에 따라 반입과 운송을 체계적으로 관리한다. 이는 항공안전을 확보하면서도 승객의 정당한 요구를 수용하는 적정한 균형을 유지하려는 노력의 일환이다.

항공운송사업자와 더불어 공항운영자 역시 위험물 관리의 핵심 주체로서 중요한 책임을 담당한다. 보안검색 과정에서 위험물이 발견될 경우, 관련 고시에 따른 적절한 처리가 이루어지도록 상호 협조하는 체계를 구축하고 있다. 이러한 유기적인 협력 구조는 위험물 발견 시 신속하고 정확한 대응을 가능하게 하여 항공안전을 강화하는 데 기여한다.

일반적인 위험물 관리체계와는 별도로, 화학성·유독성 물질의 처리에는 더욱 엄격한 절차가 적용된다. 항공기 내로 이러한 물질을 반입하려는 승객은 산업안전보건법에 따른 물질안전보건자료를 해당 항공운송사업자에게 반드시 제출해야 한다. 항공운송사업자는 제출된 자료를 면밀히 검토하여 안전성이 확인된 경우에만 위탁수하물로의 반입을 허가하는 엄격한 심사 절차를 운영하고 있다.

이처럼 과학적 근거와 체계적인 위험 평가에 기반한 관리 시스템은 항공기와 승객의 안전을 최우선으로 보장하면서도, 합법적인 운송 요구에 대해서는 적절한 절차를 통해 수용하는 합리적인 구조를 갖추고 있다. 우리나라의 위험물 관리체계는 국제 항공운송 기준을 충실히 이행하면서도 국내 항공 환경의 특성을 반영한 최적화된 모델로 인정받고 있다.

(2) 승객 포기물품 처리절차

항공보안검색요원은 보안검색 과정에서 항공기 내 반입금지 위해물품을 발견할 경우 체계적인 절차에 따라 처리해야 한다. 먼저 승객에게 위탁수하물 처리나 운송 포기를 요구할 수 있으며, 승객이 이를 거부할 경우에는 보안검색감독자에게 통보하여 적절한 조치를 취한다. 승객이 운송을 포기한 물품은 승객 포기물품 처리절차에 따라 정해진 절차대로 처리되어 일관성 있는 관리가 이루어지고 있다.

이러한 기본 절차에도 불구하고 승객이 위해물품을 즉시 포기하지 않는 경우가 발생할 수 있다. 이때는 상황별로 차별화된 안내를 제공하고 있다. 출발승객의 경우 물류업체에 위탁 보관이나 위탁수하물 처리를 안내하고, 환승여객의 경우에는 위탁수하물 처리를 안내한다. 중요한 것은 항공기 내 반입금지 위해물품을 포기하거나 위탁 처리하지 않을 경우 보안검색대를 통과할 수 없다는 점을 명확히 안내하는 것이다.

최종적으로 보안검색 과정에서 발생하는 포기물품의 소유권은 승객이 일체를 포기한 것으로 간주된다. 공항운영자나 검색업체가 안전하고 투명한 절차에 따라 처리하고 있으며, 이러한 명확한 소유권 처리 원칙은 추후 발생할 수 있는 분쟁을 예방하는 중요한 법적 기반이 되고 있다.

1) 출국장과 환승장에서의 처리 방식

출국장에서는 승객에게 다양한 선택지를 제공한다. 기내 반입금지 위해물품은 환송객에게 인계하거나 위탁수하물로 처리할 수 있음을 안내하며, 인화성 물질 등은 위탁수하물 처리에서 제외된다는 점도 함께 설명한다. 승객 사정상 환송객 인계나 위탁수하물 처리가 불가능한 경우에는 폐기함에 버릴 수 있음을 안내하고 있다. 특히 승객이 적발된 물품을 폐기함에 넣을 경우 해당 물품이 사회복지단체 등에 기증되거나 폐기됨을 알려 투명성을 확보한다.

이러한 출국장의 다양한 처리 옵션과 달리 환승장에서는 보다 제한적인 처리가 이루어지고 있다. 환승승객의 특수한 상황을 고려하여 항공기내 반입금지 위해물품을 휴대 및 소지할 수 없음을 우선적으로 안내한다. 위탁수하물 처리가 가능한 물품은 해당 항공사에 연락하여 인계하는 방식으로 처리하고 있으며, 인화성 물질 등 위험한 물품들은 안전을 위해 즉시 폐기하도록 한다. 이처럼 출국장과 환승장의 차별화된 처리 절차는 각 상황의 특수성을 반영하면서도 항공보안의 일관성을 유지하는 체계적인 접근방식이다.

2) 체계적인 보관 및 반출 관리

포기물품의 관리는 엄격한 절차를 따른다. 항공보안검색요원은 당일 수거한 포기물품의 종류와 수량 등에 대해 보안검색감독자의 확인을 받고 일지에 기록해야 한다. 이러한 기록 관리는 투명하고 체계적인 물품 관리를 위한 핵심 요소가 되고 있다.

일일 기록 관리가 완료된 포기물품은 물리적 보관 과정으로 이어지며, 이 단계에서도 세심한 주의가 필요하다. 수거한 포기물품은 검색업체의 보관창고로 운반하여 종류별로 분류하고 보관한다. 특히 인화성물질이나 화학물질 등은 일반물품과 분리하여 안전하게 보관하고 있다. 이는 보관 중 발생할 수 있는 안전사고를 예방하기 위한 필수적인 조치다.

이렇게 체계적으로 보관된 포기물품이 최종 처리 단계에 이르면 또 다른 통제 절차가 시행된다. 창고에 보관된 포기물품을 반출할 경우에는 검색업체가 반출증을 작성하여 보안검색감독자의 확인을 받아야 한다. 이러한 절차는 포기물품의 임의적 처분을 방지하고 모든 과정이 적법하게 이루어지도록 보장하는 중요한 통제장치다. 결과적으로 기록-보관-반출로 이어지는 일련의 관리 체계는 포기물품 처리의 투명성과 안전성을 동시에 확보하는 종합적인 시스템으로 작동하고 있다.

(3) 안보위해물품 처리절차

보안검색감독자는 항공보안검색요원이 보안검색 과정에서 총기·폭발물, 그 밖의 불법적인 무기 등 안보위해물품을 발견했을 경우 즉각적이고 체계적인 대응을 수행한다. 이러한 대응체계는 안보위해물품의 종류와 처리절차에 따른 적절한 조치를 우선적으로 시행하는 것에서 시작된다. 보안검색감독자는 초기 조치 완료 후 공항 종합상황실에 통보하며, 종합상황실은 해당 공항 상주 보안기관에 즉시 상황을 전달하는 연쇄적 대응체계를 운영하고 있다.

이러한 일반적인 대응절차와 더불어, 특수한 상황에 대한 별도의 처리 기준도 마련되어 있다. 신분이 확인된 군인 및 군무원이 안보위해물품을 소지한 경우에는 일반 보안기관이 아닌 해당 공항에 상주하는 군 정보수사기관에 통보하도록 규정하고 있다. 이는 군사 보안의 특수성을 반영한 조치로서, 민간 보안과 군사 보안 간의 명확한 역할 분담을 통해 보다 전문적이고 효율적인 사안 처리를 가능하게 한다. 이러한 이원화된 대응체계는 공항 보안의 실효성을 높이는 동시에 각 기관의 전문성을 최대한 활용하는 구조를 형성하고 있다.

1) 소지허가 여부에 따른 차별적 처리

공항운영자는 출국장, 환승장, 기타 공항 내에서 보안검색 등으로 발견된 안보위해물품을 공항 관계기관 합동조사 후 그 결과에 따라 체계적으로 처리한다. 이러한 처리 체계는 안보위해물품의 법적 지위와 소지 허가 여부에 따라 차별화된 절차를 적용하고 있다.

우선 소지허가를 받은 안보위해물품의 경우, 관할기관인 경찰이나 군 등에 관련 서류와 함께 인계되는 절차를 거친다. 이를 통해 소지자는 자택 보관이나 위탁수하물 등으로 해당 물품을 처리할 수 있도록 안내받게 되며, 이는 합법적 소지자의 권익을 보호하면서도 공항 보안을 확보하는 균형잡힌 접근이라 할 수 있다. 반면 소지허가를 받지 않은 총포화약법 규율대상 물품의 경우에는 보다 엄격한 처리 절차가 적용된다. 이러한 물품들은 관할기관이 직접 회수하도록 관련 서류와 함께 인계되며, 특히 군수용 물품의 경우 군이 직접 회수함으로써 해당 분야의 전문성을 확보하고 있다.

이와 달리 총포화약법 규율대상이 아닌 안보위해물품에 대해서는 공항운영자가 직접 회수하고 처리하는 간소화된 방식을 채택한다. 이러한 차등적 처리 체계는 물품의 위험도와 법적 성격에 따른 적절한 대응을 가능하게 하며, 동시에 행정적 효율성을 극대화하는 구조를 형성하고 있다.

2) 종합적인 적발물품 관리체계

안보위해물품 외에도 공항 내에서 적발된 합동조사 물품에 대해서는 공항운영자가 즉시 회수하고 처리하는 체계를 운영한다. 이러한 신속한 대응은 공항 보안의 연속성을 유지하는 핵심 요소로서, 모든 처리 과정에서 관련 기록을 철저히 유지하고 관계기관에 해당 내용을 통보함으로써 투명하고 체계적인 관리 체계를 구축하고 있다.

이러한 기록관리시스템은 단순한 물품 회수와 처리라는 즉각적 목적을 넘어서는 전략적 의미를 지닌다. 공항보안 상황에 대한 종합적인 모니터링과 체계적인 기록 관리를 통해 축적된 데이터는 향후 보안 정책 수립과 개선에 필수적인 근거 자료로 활용된다. 특히 물품 적발 패턴, 빈도, 유형별 분석 등은 예방적 보안조치를 강화하는 데 중요한 정보를 제공하고 있다. 결과적으로 이러한 통합적 관리 체계는 현재의 보안 수준을 유지하는 동시에 미래의 보안위협에 대응할 수 있는 역량을 지속적으로 향상시키는 순환 구조를 형성한다.

3. 보호구역 공무목적 무기반입 허가

(1) 공무수행 목적의 무기류 보호구역 반입 허가 체계

보호구역 내에서의 위해물품 반입은 원칙적으로 금지된다. 이는 항공보안의 가장 기본적인 원칙으로서, 항공기와 공항시설의 안전을 확보하기 위한 필수적 조치다. 그러나 공무 수행을 위해 불가피한 경우에는 엄격한 절차를 거쳐 예외적으로 허용되고 있다. 공항운영자는 특정한 공무목적으로 보호구역 내에 무기를 반입해야 할 때 반드시 지방항공청의 사전 허가를 받아야 하며, 이러한 허가 절차는 항공보안의 기본 원칙을 준수하면서도 필수적인 공무 수행을 보장하는 제도적 통제 수단으로 운영된다.

이러한 예외적 허가 제도 내에서 공무목적 무기반입은 그 필요성과 정당성에 따라 세 가지 범주로 체계화되어 있다. 첫째, 경찰이나 해양경찰 등 법집행기관이 테러 대응, 범죄 수사 등 공무 수행을 위해 보호구역에 무기를 반입하는 경우가 이에 해당한다. 둘째, 항공경비요원이 공항 보안업무 수행을 위해 필요로 하는 무기류의 반입도 허가 대상에 포함되고 있다. 셋째, 조류퇴치요원이 항공기 충돌 방지와 항공안전 확보를 위해 사용하는 특수 무기류 역시 동일한 허가 절차를 거쳐야 한다.

이 모든 경우에서 지방항공청의 사전 허가는 절대적 필수 요건이며, 어떠한 예외도 인정되지 않는다. 이러한 엄격한 허가 체계는 공무 수행의 필요성과 공항 보안 유지라는 두 가지 상충될 수 있는 가치를 균형 있게 조화시키는 핵심 통제 장치다.

(2) 무기류 항공수송의 단계별 보안관리 체계

무기류 항공수송을 위한 보호구역 반입·반출 허가는 일반적인 공무목적 무기반입보다 더욱 세밀하고 엄격한 절차를 요구한다. 신청자는 무기류 보호구역 반입 목적과 허가일시 및 장소, 허가물품에 대한 상세 정보를 명확히 제공해야 한다. 이와 함께 인적사항과 총기번호 등 항공기 이동 인원 및 무기류 세부 운송계획을 지방항공청에 신청하여 사전 검토를 받도록 규정하고 있다. 이처럼 상세한 정보 제공을 요구하는 이유는 잠재적 보안위험을 사전에 식별하고 체계적인 관리를 가능하게 하는 예방적 통제 방식으로 운영되기 때문이다.

지방항공청이 보호구역 반입을 허가하면, 승인된 물품의 실제 운송 및 취급은 공항운영자가 전담하여 수행한다. 공항운영자는 우선 무기류의 보안검색과 항공기 탑재를 위한 인원 및 이송장비 목록 등 세부사항에 대한 사전 협조체계를 구축하고 확인절차를 수행한다. 특히 무기류 세부 허가내역과 실제 반입되는 물품 간의 일치 여부를 철저히 대조 확인함으로써 허가되지 않은 물품의 반입을 원천적으로 차단하고 있다.

이러한 행정적 통제와 더불어 물리적 보안 강화 조치 또한 병행되고 있다. 무기류에 대한 특별 보안검색을 실시하고, 이동경로 전반에 걸쳐 경계경비를 강화함으로써 운송 과정에서 발생할 수 있는 탈취, 분실, 오용 등의 보안위험을 최소화한다. 결과적으로 이러한 보안체계는 정당한 공무 수행의 필요성을 충족시키면서도 항공보안의 무결성을 확실히 보장하는 균형잡힌 시스템을 구현하고 있다.

4. 액체·분무·겔류 등 항공기내 휴대 반입 금지물질

▌ 액체·분무·겔류 등 항공기내 휴대 반입 금지물질 운영기준

제2조(정의) 이 지침에 사용되는 용어의 정의는 다음과 같다.

1. '액체·분무·겔 류(Liquids, Aerosols and Gels,이하 'LAGs'라 한다)'라 함은 별표 1의1에서 정한 물품을 말한다.
2. '특별 식이처방음식'이라 함은 어린아이(만 6세 이하) 음식·젖당불내증 또는 글루텐불내증 승객의 특별영양식품 등 승객의 건강에 꼭 필요한 LAGs물품을 말한다.
3. '공항판매상점'이라 함은 국제공항 여객터미널의 보안청정구역내에 상주하여 LAGs 물품을 판매하는 상점을 말한다.
4. '항공사 기내판매점'이라 함은 운항중인 항공기 객실내에 탑재하여 판매를 목적으로 하는 물품판매 장

소를 말한다.

8. '비행여정'이라 함은 출발공항부터 최종목적지공항 도착까지 연속되는 총 비행시간 및 지연운항·회항·공항터미널대기 시간 등을 고려하여 합한 총 시간을 말한다.
9. '보안청정구역(Sterile Area)'이라 함은 검색대에서부터 일반인의 출입이 통제되는 항공기 사이의 모든 지역을 말한다.

제3조(적용범위) ① 이 지침은 대한민국 내에 위치한 공항에서 출발하는 모든 국제선 여객항공편 또는 통과 및 환승 항공기를 이용하여 여행하는 승객이 휴대 운반하는 LAGs에 대하여 적용한다.

② 보호구역 및 항공기로 출입하는 공항근무자의 개인용품(음료, 향수, 화장품, 의료품 및 비슷한 용품)은 국가항공보안우발계획에 의한 항공보안등급이 상향조정되거나 테러발생 위협이 고조되는 경우 등 필요시 승객에 대한 보안통제와 동일하게 적용한다. 다만, 공항근무자가 직무를 수행하기 위해 합법적으로 소지한 LAGs 용품(청소제재, 실란트, 위생제, 접착제, 페인트 및 오일 등)은 보안통제에서 제외된다.

제4조(면제) 다음 각 항에 대해서는 제5조에 의한 LAGs 보안통제 적용을 면제한다. ① 항공기 운항을 목적으로 해당 항공사 제복을 착용하고 신분증(사원증 또는 승무원 등록증을 말한다)을 패용한 항공사 승무원이 소지한 LAGs

② 승객이 휴대한 의약품 및 특별 식이처방음식

③ 보호구역 및 항공기로 출입하는 공항근무자가 휴대한 LAGs

④ 위기대응임무를 수행하는 요원이 휴대한 LAGs

(1) LAGs 보안통제 규정의 적용범위 및 면제 기준

LAGs(액체·분무·겔류) 관련 규정은 대한민국 내 공항에서 출발하는 모든 국제선 여객항공편에 적용된다. 이러한 규정은 통과 및 환승 항공기를 이용하는 승객이 휴대 운반하는 LAGs에 대해서도 동일하게 적용되고 있다. 반면 국내선 운항의 경우에는 상대적으로 낮은 보안위험도를 고려하여 이러한 규정을 적용하지 않는다. 한편 공항근무자가 직무 수행을 위해 합법적으로 소지한 청소제재, 실란트, 위생제, 접착제, 페인트 및 오일 등의 LAGs 용품은 공항 운영의 필수 요소임을 인정하여 보안통제 대상에서 제외하고 있다.

이러한 원칙적 규제와 함께 운항 안전과 승객 편의를 고려한 구체적인 면제요건도 마련되어 있다. 첫째, 항공기 운항을 목적으로 해당 항공사 제복을 착용하고 사원증 또는 승무원 등록증을 패용한 항공사 승무원이 소지한 LAGs는 직무 수행의 필수성을 인정받아 면제된다. 둘째, 승객이 휴대한 의약품 및 특별 식이처방음식은 건강과 생명 유지라는 인도적 차원에서 보안통제에서 제외하고 있다. 셋째, 보호구역 및 항공기로 출입하는 공항근무자가 업무상 필요로 휴대한 LAGs 역시 공항 운영의 연속성 확보를 위해 면제 대상에 포함된다.

면제요건과 더불어 보안청정구역 내에서의 LAGs 취급에 대한 별도 규정도 운영하고 있다. 보안청정구역에서 구매하거나 취득한 뚜껑이 있는 음료수는 이미 보안검색을 거친 구역에서의 구매를 통해 안전성이 확보되었다고 판단하여 항공기내 반입을 허용한다. 다만 커피나 차 등 뜨거운 음료수는 기내에서 발생할 수 있는 화상 사고 등 안전 위험을 고려하여 반입을 제한하고 있다. 이러한 차별화된 접근은 국제민간항공기구(ICAO)의 LAGs 보안 지침과 항공기 객실 안전 규정을 균형 있게 반영한 결과라 할 수 있다.

(2) LAGs 및 보호구역 반입물품 보안통제 기준

LAGs 물품 및 STEB(Security Tamper-Evident Bag) 상용공급자의 보안통제는 액체·분무·겔류 등 항공기내 휴대 반입 금지물질 운영기준에 따라 체계적으로 관리된다. 이 기준은 국제민간항공기구(ICAO)의 권고사항을 충실히 반영하여 수립되었으며, 항공보안의 국제적 표준을 충족시키는 동시에 국내 공항 운영 환경의 특수성을 고려한 종합적 지침이다.

이러한 운영기준의 핵심은 국토교통부장관이 정하여 고시한 항공기내 반입금지 위해물품 또는 액체·겔류 등 항공기내반입금지 물질이 보호구역 및 항공기 안으로 반입되지 않도록 철저히 통제하는 것이다. 그러나 보안통제의 실효성과 공항 운영의 현실성을 동시에 고려하여, 국가항공보안계획 8.5.2 4)에 명시된 면세판매점·식당 등의 상주업체에서 사용 및 판매되는 물품들은 예외적으로 보호구역 안으로 반입을 허용한다. 이러한 예외조항은 단순히 편의를 제공하는 차원이 아니라, 각 물품의 위험도와 필요성을 면밀히 검토하고 공항 운영의 효율성과 보안 유지 간의 최적 균형점을 도출한 결과다.

예외적 반입 허용에도 불구하고 공항운영자는 보호구역 내에서 판매, 사용 또는 조리 등의 목적으로 반입되는 모든 물품에 대해 일반 승객의 휴대물품과 동일한 수준의 엄격한 보안검색을 실시하고 있다. 이는 반입 경로나 목적에 관계없이 모든 물품에 대해 동일한 보안기준을 적용함으로써 보호구역의 보안 무결성을 일관되게 유지하려는 원칙적 접근이다. 이러한 차별화되면서도 일관된 보안통제 체계는 공항의 상업적 기능과 보안 기능이 상호 보완적으로 작동할 수 있는 토대를 제공하고 있다.

(3) LAGs 휴대 용량 제한 및 포장 기준

승객이 항공기를 이용하여 여행할 때 LAGs를 휴대하고 보안검색대를 통과하려면 엄격한 기준을 충족해야 한다. 가장 기본적인 요건은 용량 제한으로, 모든 LAGs는 100㎖ 또는 이와 동등한 용량(3.4온스, 100그램)을 초과하지 않는 용기에 담겨야 한다. 이는 2006년 영국발 항공기 액체폭발물 테러 시도 이후 국제민간항공기구(ICAO)가 채택한 글로벌 표준으로, 액체폭발물의 위협을 효과적으로 차단하기 위한 핵심 보안조치다.

용량 제한과 함께 LAGs 용기의 보관 방식 역시 엄격하게 적용하고 있다. 모든 LAGs 용기는 최대 용량 1리터를 초과하지 않는 투명하고 개폐가 가능한 플라스틱 봉투에 보관해야 하며, 이 봉투의 크기는 20.5㎝×20.5㎝ 또는 25㎝×15㎝ 정도가 적절하다. 중요한 점은 모든 용기들이 이 봉투 안에 완전히 들어가 밀봉될 수 있는 분량이어야 한다는 것이다. 이러한 투명 봉투 사용 규정은 보안검색요원이 내용물을 신속하게 확인할 수 있도록 하여 검색의 효율성과 정확성을 동시에 향상시킨다.

환승이나 통과 승객에 대해서는 일반 출발 승객보다 더욱 제한적인 LAGs 휴대 조건이 적용된다. 첫째, LAGs 물품 상용공급자가 판매한 제품을 액체류보안봉투(STEB)에 넣어 구매 영수증과 함께 운반하는 경우에만 허용하고 있다. 이는 STEB의 무결성을 통해 구매 이후 내용물 변조 가능성을 차단하는 보안체계다. 둘째, 유사봉투를 사용한 경우라도 환승공항에서 액체폭발물 탐지장비(LEDS)를 통한 추가 검색을 완료해야만 통과가 가능하다.

이러한 모든 규정의 실효성은 보안검색요원의 엄격한 집행을 통해 확보된다. 보안검색요원은 액체류 보안봉투나 유사봉투를 사용하지 않은 LAGs를 휴대한 승객이 해당 물품을 포기하지 않을 경우 보안검색대 통과를 허용하지 않는다. 이는 출발, 환승, 통과 승객 모두에게 예외 없이 적용되며, 전 세계 공항에서 일관되게 시행되는 항공보안의 핵심 원칙이다. 이러한 체계적인 LAGs 통제는 액체폭발물 위협으로부터 항공운송의 안전을 보장하는 방어체계의 중요한 구성요소다.

(4) LAGs 휴대 제한의 예외 품목 및 승인 기준

▌액체·분무·겔류 등 항공기내 휴대 반입 금지물질 운영기준(별표 1의2)

예외대상 품목		예외대상 물품 예시	허용기준
의약품	처방 약품	의사처방전 있는 모든 약품	제6조제2항에 따라 허용
	시판 약품	액상 감기약, 액상 위장약, 기침 억제시럽, 젤 캡셀약, 비강 스프레이, 콘택트렌즈용제(보존액), 해열파스, 안약, 의료용 식염수 등	
비의약품		변질방지 등 의료목적으로 사용되는 얼음, 얼음팩, 젤팩 (이식용 장기 보관용), 혈액 또는 혈액제제, 물티슈(감염병 예방 및 위생목적 포함), 자폐증 환자용 음료	
특별 식이처방음식		승객의 건강에 꼭 필요한 음식	
어린아이 용품		우유, 물, 주스, 모유, 액체·겔·죽 형태의 음식 및 물티슈 등	

액체·분무·겔류 등 항공기내 휴대 반입 금지물질 운영기준 별표 1의2에서 규정한 LAGs 제외물품을 휴대하고자 하는 승객에게는 특별한 예외를 적용한다. 이들 승객은 비행여정 동안 필요한 양만큼의 LAGs 휴대가 허용되며, 이는 의료적 필요나 특수한 상황을 고려한 인도적 조치다. 다만 필요한 양에 대한 객관적 판단을 위해 승객은 보안검색요원에게 제외대상 품목과 관련된 증빙서류를 제시해야 한다.

이러한 예외 규정의 실효성은 보안검색요원의 철저한 확인절차를 통해 확보되고 있다. 특히 의약품 휴대의 경우, 보안검색요원은 비행여정 중 필요한 용량의 적정성을 검증하기 위해 약의 종류, 비행 중 복용 필요성, 투약횟수 등을 상세히 질의한다. 이러한 확인절차를 거쳐 휴대량이 적절하지 않다고 판단되는 경우에는 보안검색대 통과를 허용하지 않는다. 따라서 승객은 LAGs 보안통제 예외 대상품목에 대한 증빙서류를 사전에 준비함으로써 원활한 보안검색 통과를 보장받을 수 있다.

의약품에 대한 보안통제는 처방 여부에 따라 차별화된 기준을 적용하고 있다. 의사처방전 없이 판매되는 일반의약품은 비행여정에 필요한 적절량으로 제한되며, 보안검색요원의 합리적 판단에 따라 허용 여부가 결정된다. 반면 의사가 처방한 전문의약품의 경우에는 보다 엄격한 확인절차가 적용된다. 의약품 라벨이나 의사소견서에 승객의 이름이 명확히 표기되어 있어야 하며, 이는 탑승권상의 승객 이름과 정확히 일치해야만 정당한 휴대로 인정받는다.

의약품 외에도 특별한 건강상 필요에 의한 LAGs는 예외적으로 허용되고 있다. 특별식이처방음식은 당뇨병 환자의 특수 식품이나 알레르기 환자의 대체 식품 등 승객의 건강에 필수적임이 확인되면 휴대가 가능하다. 또한 어린아이를 동반한 승객이 휴대하는 우유, 물, 주스, 액체·겔·죽 형태의 이유식 및 물티슈 등도 영유아의 필수품임을 고려하여 보안검색대 통과를 허용한다. 그러나 이 모든 경우에도 비행여정을 초과하는 과도한 분량은 허용되지 않으며, 보안검색요원은 합리적인 수준에서 필요량을 판단하고 있다. 이러한 세밀한 기준 적용은 승객의 정당한 필요를 충족시키면서도 보안위험을 최소화하는 이중목표를 달성하려는 노력의 일환이다.

(5) LAGs물품·액체류보안봉투 상용공급자 지정 절차 및 관리체계

공항 내에서 LAGs 물품을 판매하거나 액체류보안봉투(STEB)를 공급하려는 사업자는 영업개시 전에 필수적으로 상용공급자 지정을 받아야 한다. 관할 지방항공청장으로부터 'LAGs물품 또는 액체류보안봉투 상용공급자'로 지정받는 것은 법적 의무사항이며, 사업장 소재지를 기준으로 관할이 결정된다. 이러한 사전 지정 제도는 보안청정구역 내에서 판매되는 LAGs 물품의 안전성을 보장하고, STEB의 무결성을 유지하기 위한 근본적인 통제 메커니즘으로 작동하고 있다.

이러한 지정을 받기 위해 사업자는 체계적인 신청 절차를 거쳐야 한다. 우선 'LAGs물품·액체류보안봉투 상용공급자 지정신청서'를 작성하여 필수 구비서류와 함께 관할 지방항공청장에게 제출한다. 구비서류에는 항공보안법 제10조에 의한 '자체보안계획' 1부와 'LAGs물품·액체류보안봉투 상용공급자 보안각서' 1부가 포함되며, 이러한 서류들은 사업자가 항공보안 규정을 준수할 능력과 의지를 입증하는 핵심 자료로 활용된다. 특히 자체보안계획은 사업자의 보안 역량을 평가하는 중요한 기준이 되고 있다.

신청서 접수 이후 지방항공청장은 엄격한 단계별 심사를 진행한다. 소속 공무원이 서류심사와 공급망보안통제성 현장실사를 순차적으로 실시하며, 서류심사 결과가 지정기준에 충족하지 않으면 현장실사를 진행하지 않는 효율적인 심사 체계를 운영하고 있다. 이는 행정 자원의 효율적 활용과 함께 엄격한 심사 기준을 일관되게 적용하기 위한 절차적 장치다. 현장실사에서는 실제 보안통제 능력, 시설의 적정성, 인력의 전문성 등을 종합적으로 평가한다.

한편 지정받은 상용공급자라 하더라도 사업 환경 변화에 따른 적절한 조치가 필요하다. 영업중단이나 공항운영자와의 계약 만료 등으로 보호구역 출입이 더 이상 필요하지 않게 된 경우, 관할 지방항공청장에게 상용공급자 지정 승인취소를 신청해야 한다. 이러한 취소 신청 의무는 형식적인 요구사항을 넘어 보안관리의 연속성과 책임성을 확보하는 중요한 안전장치다. 결과적으로 상용공급자 지정 제도는 지정, 유지, 취소의 전 과정에 걸쳐 체계적인 관리 체계를 구축함으로써 LAGs 관련 보안위험을 효과적으로 통제하고 있다.

(6) 액체류보안봉투(STEB)

▮ 액체·분무·겔류 등 항공기내 휴대 반입 금지물질 운영기준

제2조(정의) 이 지침에 사용되는 용어의 정의는 다음과 같다.

5. '액체류보안봉투'(Security Temper-Evident Bag, STEB)라 함은 ICAO 기술기준에 따라 만든 보안봉투를 말한다.
6. '유사봉투'라 함은 사방이 밀봉되고 훼손여부를 확인할 수 있는 보안봉투를 말한다.
7. 'STEB 상용공급자'이라 함은 액체류보안봉투를 제조하여 LAGs 물품 상용공급자에게 공급하는 자를 말한다.
10. 'LAGs물품 상용공급자'라 함은 공급망보안통제 대책 등을 갖추었다고 국토교통부장관이 지정하는 공항판매상점, 시내면세점, 항공사 기내판매점을 말한다.

1) 액체류보안봉투(STEB) 제작 기준

액체류보안봉투(STEB)의 제조와 공급은 엄격한 자격요건을 적용한다. 'STEB 상용공급자'로 지정받은 자만이 STEB를 제조하거나 공급할 수 있으며, 이는 봉투의 보안성과 신뢰성을 확보하기 위한 필수적인 통제 장치다. 이러한 제한적 공급 체계는 국제민간항공기구(ICAO)가 권고하는 공급망보안(supply chain security) 원칙을 충실히 이행하는 것이다.

이러한 엄격한 공급자 통제와 함께 STEB 제작에 사용되는 재질 역시 국제 기준에 부합하는 특별한 요구사항을 충족해야 한다. 기본 재질로는 투명한 고강도저밀도 폴리에틸렌(LDPE) 또는 이와 동등한 재질을 사용하며, 재활용이 가능하고 환경 친화적인 소재를 권장하고 있다. 봉투의 두께는 최소 50마이크론 이상으로 규정되어 있으며, 크기는 다양한 LAGs 물품을 충분히 담을 수 있도록 제작된다. 이러한 기술적 사양은 봉투의 물리적 내구성과 변조 방지 기능을 동시에 확보하면서도 환경적 지속가능성을 고려한 균형잡힌 기준이다.

재질의 기술적 요구사항과 더불어 STEB의 시각적 디자인에도 명확한 보안 요소가 반영되어 있다. 봉투 중앙에는 녹색의 보안표시를 부착하여 정품 여부를 즉시 식별할 수 있도록 하며, 이는 위조품 사용을 방지하는 첫 번째 안전장치가 된다. 또한 하단에는 적색 상자 안에 "Do not open until final destination – contents may be confiscated if bag is tampered with(최종 목적지까지 절대 열지 말 것 – 봉투가 훼손되면 내용물이 압수될 수 있음)"이라는 경고 문구를 표시하여, 승객들에게 봉투 개봉 시 발생할 수 있는 보안상 제재를 명확히 인지시키고 있다. 이러한 이중적 표시 체계는 봉투의 무결성 유지에 대한 시각적 경고와 함께 법적 구속력을 동시에 전달한다.

STEB은 앞서 언급한 기술기준과 인증기준을 모두 충족하여 제조되어야 하지만, 상업적 활용 가능성도 열어두고 있다. 공항, 판매자, 고유 브랜드 또는 로고를 봉투에 사용하고자 하는 경우, 봉투 안의 영수증과 물품이 외부에서 명확히 확인될 수 있도록 투명해야 한다. 이는 보안검색의 효율성이라는 본질적 기능을 훼손하지 않으면서도 상업적 마케팅의 필요성을 수용하는 실용적 접근이다. 결과적으로 STEB 제도는 엄격한 기술적 표준, 명확한 보안 표시 그리고 제한적 상업 활용이라는 세 가지 요소를 통합적으로 관리함으로써 LAGs 물품의 안전한 환승 운송을 보장하는 국제적 보안 체계의 핵심 구성요소로 자리잡고 있다.

2) STEB 사용 원칙 및 승객 준수사항

STEB 사용에는 명확한 원칙이 적용된다. 봉투 안에는 보안검색을 용이하게 하기 위해 공항판매상점에서 구매한 LAGs와 출발지 이후 비행여정의 각 단계(환승, 통과 포함)에서 보안검색 대상이 될 수 있는 LAGs만을 넣도록 규정한다. 이는 보안검색의 효율성을 높이고 불필요한 혼란을 방지하기 위한 기본 원칙으로서, 국제적으로 표준화된 절차를 따르는 것이다.

이러한 기본 원칙과 함께 STEB의 사용 제한사항도 엄격히 관리된다. 공항판매상점이나 항공사 기내판매점에서 구입하지 않은 물품은 STEB 안에 넣을 수 없으며, 이러한 제한은 STEB 시스템의 신뢰성을 유지하고 보안통제의 일관성을 확보하는 데 필수적인 요소가 된다. 특히 비인가 판매처의 물품을 차단함으로써 잠재적 보안위협을 사전에 예방하는 효과를 거두고 있다.

STEB 사용의 또 다른 핵심 요건은 구매 증빙의 체계적 관리다. LAGs물품을 구입한 영수증은 반드시 STEB 안에 보관되어야 하며, 봉투 안쪽 주머니에 넣거나 고정하여 보안검색요원이 외부에서 쉽게 확인할 수 있도록 해야 한다. 이는 구매의 정당성을 입증하는 동시에 보안검색 과정을 신속하게 진행하기 위한 필수 조건이며, 영수증이 없거나 확인이 불가능한 경우 해당 물품은 통과가 거부된다.

승객의 준수사항 역시 명확하게 규정되어 있다. STEB를 이용하여 LAGs 통제물품을 휴대하고 항공기로 여행하는 승객은 최종 목적지에 도착할 때까지 봉투를 훼손해서는 안 된다. 봉투가 개봉되거나 훼손된 경우 해당 물품은 보안검색대를 통과할 수 없으며, 이는 전 세계 공항에서 동일하게 적용되는 엄격한 보안규정이다. 이러한 무결성 유지 의무는 STEB 제도의 근간을 이루는 핵심 요소다.

LAGs 물품 상용공급자의 인계 절차는 판매 장소의 특성에 따라 차별화하여 운영한다. 일반적으로 상용공급자는 승객이 구매한 LAGs를 액체류보안봉투에 넣어 판매 장소에서 직접 인계하는 방식을 따른다. 그러나 시내면세점의 경우에는 특별한 절차가 적용된다. 인가된 직원이 보안청정구역 내 지정된 물품 인도장에서 승객이 구매한 LAGs를 액체류보안봉투에 넣어 인계하는 체계를 운영하고 있다. 이러한 차별화된 절차는 각 판매 환경의 물리적 특성과 보안 요구사항을 종합적으로 고려하여 마련된 것으로, 보안의 일관성을 유지하면서도 운영의 효율성을 확보하는 최적화된 방식이다.

3) 상용공급자 보안관리 체계 및 운영절차

LAGs물품 상용공급자와 STEB 상용공급자는 항공보안 체계의 중요한 구성원으로서 엄격한 보안원칙을 준수해야 한다. 이들 상용공급자에게 적용되는 보안원칙은 제조부터 판매까지 전 과정을 포괄하는 통합적 보안관리 체계를 형성한다. 이러한 체계는 공급망 전반에 걸친 보안위험을 사전에 차단하고, 항공보안의 완결성을 보장하는 핵심 메커니즘이다.

이러한 통합적 보안관리의 출발점은 제조현장과 저장창고에 대한 철저한 보안통제다. STEB 제조현장과 LAGs 및 STEB 저장창고의 보안통제성을 유지하기 위해 세 가지 핵심 시스템을 운영한다. 첫째, 인가된 자만 건물에 출입할 수 있도록 하는 접근통제시스템은 직원과 방문객의 신분확인 및 검색절차를 포함하며, 무단 침입을 원천적으로 차단한다. 둘째, CCTV 또는 이와 동등한 감시시스템을 통해 저장창고 내 모든 활동을 실시간으로 모니터링한다. 이는 침입방지, 물품의 훼손 및 도난방지, 업무방해 예방이라는 복합적 보안목표를 달성하고 있다. 셋째, LAGs와 STEB가 불법방해행위에 악용되지 않도록 저장창고 출구에 대한 보안통제시스템을 운영하며, 특히 공항직원의 경우 보호구역을 나올 때 출구통제를 수행하여 이중 보안체계를 구현한다.

제조와 저장 단계의 보안이 확보되면, 다음 단계는 운송 과정의 보안 유지다. LAGs물품 상용공급자는 저장창고에서 보호구역 내 공항판매상점이나 항공기 탑재 시까지 철저한 보안절차를 이행한다. 운송 과정에서는 봉인된 용기나 트럭만을 사용하여 외부 침입 가능성을 차단하며, 모든 LAGs와 STEB는 고유의 서류 및 배달 송장과 함께 배송된다. 이러한 문서는 최소 3년간 보관되어 추적 가능성을 확보하고 있다. 보안책임자는 LAGs와 STEB에 접근할 수 있는 직원을 엄격한 신원조회를 거쳐 최소한의 인원으로 제한하고 지속적인 감독을 실시한다. 특히 STEB는 인가된 직원이 판매하기 전까지 지속적으로 감독되고 보호되어야 하며, 이는 보안 연속성 유지의 핵심 요소다.

운송 완료된 물품의 인수·검수·배치 등 최종 처리는 정식 보안교육을 이수한 인가 직원의 전적인 책임으로 수행된다. LAGs물품 상용공급자에 의해 인가된 직원은 물품을 인수하기 전 봉인의 훼손, 절도, 위해물품 반입 여부를 철저히 확인한다. 공항보호구역 입구에서는 육안검사나 보안통제를 수행하여 이중 확인절차를 거치며, 상용공급자는 LAGs 물품과 STEB가 보호구역 진입 후 판매되어 승객에게 전달될 때까지 보호하기 위한 상세한 절차를 수립하여 운영한다.

이러한 모든 보안 활동을 뒷받침하는 것은 체계적인 재고관리와 보고체계다. LAGs물품 상용공급자는 STEB를 일 단위로 재고 관리하며, 이상이 발견되면 즉시 국토교통부나 공항보안기관에 보고한다. 또한 국토교통부 소속 항공보안감독관이나 공무원이 요구할 경우 STEB 재고관련 서류를 즉시 제출해야 한다. 이러한 투명한 관리체계는 보안위협을 조기에 감지하고 신속하게 대응할 수 있는 기반을 제공하며, 궁극적으로 항공보안 체계 전반의 신뢰성을 강화하는 역할을 수행한다.

4) LAGs 보안체계 운영 및 평가관리

공항운영자는 LAGs 관련 보안수준을 유지하기 위해 필수적인 시설과 관리체계를 운영한다. 관할 국제공항의 보안검색대 등에 승객이 LAGs물품을 버릴 수 있는 전용 장소를 제공하여, 규정을 초과하는 액체류를 소지한 승객들이 편리하게 처리할 수 있도록 한다. 또한 보안검색 이후 압수된 물품을 안전하게 폐기할 수 있는 시설과 장소를 마련하여 운영하고 있다. 이러한 조치는 보안검색의 효율성을 높이면서도 승객 불편을 최소화하는 실용적인 운영 방안이다.

이러한 물리적 시설 운영과 함께 자체보안계획의 수립과 관리는 보안수준 유지의 핵심 요소가 된다. LAGs와 STEB에 관한 모든 보안규정은 반드시 자체보안계획에 명시되어야 하며, 이는 체계적인 보안관리의 기본 문서로 활용된다. 자체보안계획은 항공보안 환경의 변화, 새로운 위협의 출현, 국제 규정의 개정 등을 고려하여 매년 정기적으로 보완한다. 이러한 주기적인 업데이트는 변화하는 보안 환경에 능동적으로 대응하고, 최신 보안 트렌드를 반영하는 데 필수적이다.

자체보안계획의 지속적 관리와 더불어 정기적인 평가 시스템도 보안수준 관리의 중요한 축을 담당한다. LAGs와 STEB 보호대책이 적정 수준을 유지하고 있는지 확인하기 위해 반기 1회 이상 자체평가를 실시한다. 이 평가는 단순한 형식적 점검이 아니라 실제 운영상의 문제점을 파악하고 개선방안을 도출하는 실질적인 과정이다. 자체평가를 통해 발견된 미비점은 즉시 보완하며, 우수사례는 확산시켜 전반적인 보안수준을 향상시킨다. 이러한 체계적인 관리 프로세스는 LAGs 보안통제의 일관성과 효과성을 보장하는 핵심 기반이 된다.

5. 항공보안정보체계 구축

▮ 항공보안법

제35조의2(항공보안정보체계의 구축) ① 국토교통부장관은 항공보안정보의 체계적인 관리 및 정보공유를 위하여 항공보안정보체계를 구축·운영할 수 있다.

② 국토교통부장관은 항공보안정보체계의 구축·운영에 필요한 자료의 제출 또는 정보의 제공을 공항운영자등에게 요청할 수 있다. 이 경우 자료의 제출이나 정보의 제공을 요구받은 자는 정당한 사유가 없으면 이에 따라야 한다.

(1) 항공보안정보체계 구축 및 운영 현황

항공보안법 제35조의2에 따라 국토교통부장관은 항공보안정보의 체계적인 관리와 정보공유를 위한 항공보안정보체계를 구축하여 운영할 수 있다. 이는 분산된 항공보안 정보를 통합 관리하고, 관계기관 간 신속한 정보공유를 가능하게 하는 법적 기반이다. 이러한 법적 근거는 국가 차원의 통합적 항공보안 정보관리 체계 구축을 위한 제도적 토대를 제공한다.

이러한 법적 기반에도 불구하고 현재 시스템 구축 현황은 부분적인 수준에 머물러 있다. 국토교통부는 항공보안감독활동 결과를 관리하는 시스템을 자체적으로 구축하여 운영하고 있으나, 체계적인 보안위험평가 시스템과 통합 데이터베이스 시스템은 아직 구축되지 않은 상황이다. 이러한 시스템의 부재는 종합적인 위험 분석과 예측에 제약을 초래하고 있어 향후 개선이 필요하다. 특히 빅데이터 기반의 예측적 위험 관리와 실시간 대응체계 구축이 시급한 과제로 대두되고 있다.

이러한 상황에서 한국교통안전공단은 항공보안법 제33조의2에 근거한 항공보안 자율신고제도를 통해 현장 중심의 정보수집 체계를 운영하고 있다. 이 제도는 현장에서 발생하는 다양한 보안위험 요소들을 자발적으로 신고하도록 유도하여, 사전에 항공보안 사고를 예방한다. 자율신고를 통해 수집된 정보는 보안 취약점 분석과 개선대책 수립에 활용되며, 국가 전체의 항공보안 수준 향상에 기여하고 있다.

공단의 또 다른 핵심 업무는 항공보안법 제21조에 따른 위해물품 관리다. 한국교통안전공단은 '항공보안365'라는 통합 플랫폼을 구축하여, 항공보안 자율신고 시스템과 반입금지물품 정보시스템을 하나로 통합 운영한다. 이를 통해 사용자들은 하나의 창구에서 필요한 모든 항공보안 정보를 편리하게 확인할 수 있으며, 관리 기관 역시 효율적인 정보관리가 가능해졌다. 이러한 통합 플랫폼은 정보 접근성을 높이고 관리 효율성을 개선하는 동시에, 향후 국가차원의 통합 항공보안정보체계 구축을 위한 실증적 모델로서의 의미를 지닌다.

(2) ICAO의 위험기반 관리체계(SeMS) 요구사항

국제민간항공기구(ICAO)는 항공보안 분야에서 위험기반 관리체계인 SeMS(Security Management System) 구축을 지속적으로 강조하고 있다. 이는 전통적인 규정 준수 중심의 보안관리에서 벗어나, 위험을 사전에 식별하고 평가하여 대응하는 체계적 접근법이다. SeMS의 도입은 항공보안 패러다임의 근본적인 전환을 의미하며, 사후 대응에서 사전 예방으로의 중대한 변화를 나타낸다.

이러한 전환의 배경에는 항공안전 분야의 성공사례가 있다. SeMS는 이미 항공안전 분야에서 성공적으로 정착한 SMS(Safety Management System)의 개념을 보안분야에 적용한 것이다. 이 체계는 각 국가와 항공관련 조직들이 자체적인 위험평가를 수행하고, 그 결과에 따라 맞춤형 보안대책을 수립할 수 있도록 한다. 제한된 보안자원을 가장 효과적으로 배치하면서도 높은 수준의 보안을 유지할 수 있으며, 특히 데이터 기반의 의사결정과 지속적인 개선프로세스를 통해 보안 효과성과 운영 효율성을 동시에 확보할 수 있다.

(3) 항공보안 통합 데이터센터 구축 방안

항공보안 위험기반 관리체계(SeMS)를 효과적으로 구현하기 위해서는 기존의 분산된 시스템들을 통합하는 것이 필수적이다. 현재 운영 중인 항공보안365와 항공보안감독 데이터를 하나의 체계로 연계하는 시스템 구축이 시급한 상황이다. 항공보안감독 데이터에는 정기점검, 불시평가, 특별점검, 보안평가 결과 등 다양한 감독 활동의 결과물이 포함된다. 이러한 데이터의 통합은 위험 요소를 종합적으로 분석하고 패턴을 파악하는 데 필수적인 기반이 된다.

단순한 정보집약을 넘어 통합 데이터센터는 체계적인 관리 플랫폼으로 발전해야 한다. 국토교통부와 지방항공청이 승인하고 관리하는 다양한 프로그램들을 하나의 시스템에서 효율적으로 운영할 수 있어야 하며, 이를 통해 업무의 중복을 줄이고 정보의 일관성을 확보하며 신속한 의사결정을 지원할 수 있다. 특히 실시간 데이터 분석과 예측 모델링을 통해 잠재적 위험을 사전에 감지하는 능력을 강화해야 한다.

이러한 통합시스템이 관리해야 할 영역은 항공보안의 전 분야를 포괄한다. 첫째, 항공화물 공급망보안 관리시스템을 구축하여 화물보안의 전 과정을 추적하고 관리해야 한다. 둘째, 자체보안계획의 승인과 변경사항을 체계적으로 관리하는 기능이 포함되어야 한다. 셋째, 항공기내보안요원의 지정승인과 관리업무를 디지털화하여 효율성을 높여야 한다.

넷째, 공무수행 목적으로 보호구역에 무기류를 반입하는 허가절차도 시스템화하여 투명성과 안전성을 동시에 확보할 필요가 있다. 다섯째, 특별보안검색 물품의 승인과정과 액체류 상용공급자 승인관리 등도 통합 플랫폼에서 일원화하여 관리하는 것이 바람직하다. 이러한 통합관리는 각 업무 간의 연계성을 높이고, 중복처리를 방지하며, 전체적인 보안수준을 향상시킨다.

이러한 통합 데이터센터의 구축은 우리나라 항공보안 체계를 한 단계 발전시키는 핵심 인프라가 될 것이다. 분산된 정보를 통합하고, 실시간 위험분석을 가능하게 하며, 증거 기반의 정책 수립을 지원하는 강력한 도구로 기능할 수 있다. 나아가 국제적인 항공보안 표준에 부합하는 체계적 관리 체계를 구현함으로써, 글로벌 항공보안 네트워크에서 우리나라의 위상을 강화하는 데도 기여할 것으로 기대된다.

(4) 항공화물 공급망보안 관리시스템

1) ICAO 공급망보안 표준

> **국제민간항공협약 Annex 17(항공보안)**
> **4.6.8** Each Contracting State shall ensure that cargo and mail that has been confirmed and accounted for shall then be issued with a security status which shall accompany, either in an electronic format or in writing, the cargo and mail throughout the secure supply chain.

국제민간항공협약 Annex 17(항공보안)은 항공화물 보안의 핵심 원칙을 제시한다. 특히 표준 4.6.8에서는 항공화물이 공급망 전체 과정에서 보안성이 확보되었다는 사실을 전자적 형태나 서면으로 증명할 수 있도록 보장해야 한다고 명시한다. 이는 화물이 출발지에서 최종 목적지까지 이동하는 모든 단계에서 보안의 연속성을 유지하는 것이 얼마나 중요한지를 보여주는 국제적 요구사항이다.

이러한 국제 표준을 이행하기 위해 각 체약국은 체계적인 공급망보안 프로세스를 마련해야 한다. 이 프로세스의 핵심은 공인화물보안대행기관(Regulated Agent)과 상용화주(Known Consignor)에 대한 승인 체계를 확립하는 것이다. 이들은 항공화물 공급망의 신뢰성을 보장하는 핵심 주체로서, 엄격한 심사를 거쳐 승인되고 지속적으로 관리된다. 특히 이들의 보안 역량과 신뢰성은 전체 공급망보안의 출발점이 되며, 국가 항공보안 체계의 중요한 구성 요소로 자리잡고 있다.

공급망보안 주체의 승인 절차에 대해 ICAO Doc. 8973은 구체적인 지침을 제공한다. 이 문서에 따르면 각국은 공인화물보안대행기관과 상용화주의 승인 절차를 명확하게 수립해야 하며, 이는 단순한 행정 절차가 아닌 실질적인 보안 역량을 검증하는 과정이 되어야 한다. 승인 심사에서는 시설의 물리적 보안, 인력의 신원조회, 보안절차의 적정성, 내부 통제 시스템의 효과성 등을 종합적으로 평가한다.

이러한 승인 절차와 더불어 승인된 공인화물보안대행기관과 상용화주에 대한 체계적인 관리도 필수적이다. 각국은 이들의 정보를 담은 데이터베이스나 목록을 구축하여 실시간으로 관리한다. 이를 통해 관계 기관들은 신뢰할 수 있는 화물 취급 주체를 즉시 확인할 수 있으며, 공급망 전체의 보안 수준을 일관되게 유지할 수 있다. 나아가 이러한 데이터베이스는 정기적인 감독과 평가의 기초 자료로 활용되어, 지속적인 보안 수준 향상을 위한 도구로 활용되고 있다.

2) 주요국 항공화물 보안관리시스템 현황

미국과 EU를 비롯한 항공 선진국들은 공급망보안 관리를 위한 첨단 시스템을 운영한다. 이들 국가의 항공보안당국은 공인화물보안대행기관과 상용화주를 인증하는 즉시 데이터베이스에 등재하는 체계를 구축했다. 이를 통해 관련 기관, 항공사, 화물운송업체 등 모든 이해관계자들이 실시간으로 공급망보안 주체들의 변동사항을 확인할 수 있다. 이러한 즉각적인 정보공유는 공급망 전체의 투명성을 높이고 보안위험을 신속하게 차단하는 효과를 창출한다.

이러한 선진 시스템 중에서도 미국은 교통보안청(TSA)이 주도하는 체계적인 화물프로그램을 운영하고 있다. 그 핵심은 두 가지 관리시스템으로 구성된다. 첫째는 간접항공운송업체 관리시스템(Indirect Air Carrier Management System)으로, 항공사와 직접 계약하지 않은 화물 취급업체들을 체계적으로 관리한다. 둘째는 상용화주 관리시스템(Known Shipper Management System)으로, 신뢰할 수 있는 화주들의 정보를 통합 관리한다. 이 두 시스템은 상호 보완적으로 작동하여 화물 공급망의 모든 참여자를 포괄하는 종합적 보안 네트워크를 형성한다.

미국의 개별 주체별 접근과 달리 EU는 더욱 통합된 접근법을 채택했다. EU Regulation No. 2015/1998에 근거하여 EU 차원의 공급망보안 데이터베이스를 구축하여 운영한다. 공인화물보안대행기관과 상용화주는 반드시 이 데이터베이스에 등록해야만 승인이 완료되며, 이는 EU 회원국 간 정보공유를 원활하게 하고 역내 항공화물 보안 수준을 일관되게 유지하는 데 핵심적인 역할을 수행한다. 특히 이러한 초국가적 통합 시스템은 테러 위협에 대한 공동 대응과 보안 표준의 조화를 가능하게 한다.

서구 선진국들의 체계적 접근과 함께 아시아 지역의 주요 항공 허브들도 독자적인 시스템을 발전시키고 있다. 홍콩은 항공화물 전용 검색시설(Regulated Air Cargo Screening Facilities)을 구축하여 운영한다. 이는 대량의 항공화물을 효율적으로 검색하면서도 높은 보안 수준을 유지할 수 있는 전문 시설로서, 홍콩의 국제 물류 허브 지위를 뒷받침하는 중요한 인프라다. 싱가포르 역시 Regulated Air Cargo Agents 제도를 통해 화물보안대행기관을 체계적으로 등록하고 관리한다. 이러한 시스템은 싱가포르가 아시아 태평양 지역의 주요 항공화물 허브로서의 지위를 유지하는 데 중요한 기반이 되며, 지역 내 다른 국가들에게 우수사례를 제공하고 있다.

3) 공급망보안 관리시스템 구축 방안

우리나라 항공화물 보안 체계가 한 단계 도약하기 위해서는 통합 관리시스템의 구축이 시급하다. 항공운송사업자와 항공화물 관련 이해관계자들이 공인화물보안대행기관과 상용화주의 신청, 승인, 등록 현황을 실시간으로 확인할 수 있는 항공화물 공급망보안 관리시스템이 필요한 시점이다. 이러한 시스템은 정보의 투명성을 높이고 공급망 참여자 간의 신뢰를 강화하는 핵심 인프라가 될 것이다.

이러한 시스템 구축의 필요성을 이해하기 위해서는 현행 법규의 한계점을 먼저 살펴볼 필요가 있다. 항공보안법 시행규칙 제9조의3제2항은 “지방항공청장은 상용화주를 지정한 경우에는 항공운송사업자에게 통보”하도록 규정한다. 그러나 실제 운영 과정에서는 승인 후 문서를 통해 개별적으로 통보하는 방식을 취하고 있다. 이로 인해 승인 대상자 외의 관련 기관들은 승인 여부를 즉시 확인할 수 없는 구조적 문제가 발생한다. 이는 정보전달의 시차와 불완전성으로 인해 보안 공백이 발생할 위험을 내포한다.

현행 체계의 한계를 극복하기 위해 통합 관리시스템의 구축이 반드시 필요하다. 공인화물보안대행기관과 상용화주에 대한 승인 정보를 시스템화하면, 화물을 수취하는 주체가 화주의 신원을 자동으로 검증할 수 있다. 또한 승인된 화물운송업체를 통해 운송되는 화물의 추적 수단을 활용하여 전체 공급망에서의 화물 보안을 획기적으로 강화할 수 있다. 이는 단순한 정보 전산화를 넘어 보안 검증과 추적이 실시간으로 이루어지는 스마트 보안 체계로의 전환을 의미한다.

통합 시스템 구축과 더불어 근본적인 체계 개선도 함께 추진되어야 한다. 항공화물 보안기구를 도입하여 공급망보안 주체별로 현장에서 법규가 제대로 이행되고 있는지 체계적으로 확인하는 것이 중요하다. 이를 통해 위험기반 항공화물 보안 체계를 구축할 수 있으며, 이를 위해서는 제도적 차원에서 정보공유를 강화하는 방안이 마련되어야 한다. 특히 정기적인 현장 점검과 평가를 통해 수집된 데이터를 통합 시스템에 반영함으로써 지속적인 개선이 가능한 순환 구조를 만들어야 한다.

이러한 통합 시스템과 제도적 개선이 이루어진다면, 우리나라는 국제 수준에 부합하는 항공화물 보안 체계를 갖추게 된다. 나아가 글로벌 물류 경쟁력도 한층 강화되어, 동북아시아 물류 허브로서의 위상을 확고히 할 수 있을 것이다. 이는 단순한 보안 강화를 넘어 국가 경쟁력 제고와 직결되는 전략적 과제라 할 수 있다.

4) 공급망보안 관리시스템 구축 효과

항공화물 공급망보안 관리시스템의 구축은 다양한 측면에서 획기적인 효과를 창출한다. 무엇보다 중요한 것은 화물 보안의 디지털 전환이다. 시스템을 통해 항공화물 화주의 신원과 화물 세부정보를 전자적으로 검증할 수 있게 되며, 이는 기존의 문서 기반 확인 방식보다 훨씬 신속하고 정확한 처리를 가능하게 한다. 이러한 디지털화는 인적 오류를 최소화하고 처리 시간을 단축시켜 전반적인 화물 처리 효율을 크게 향상시킨다.

디지털 전환의 효과는 시장 전체의 신뢰성 향상으로 이어진다. 오직 인가된 업체만이 항공화물 운송에 관여하고 있음을 실시간으로 확인할 수 있게 되면서, 전체 항공화물 시장의 보안 신뢰성이 크게 향상된다. 이는 국내 항공화물 산업의 국제 경쟁력을 높이는 동시에, 불법적인 화물 운송을 원천적으로 차단하는 효과를 만들어낸다. 특히 국제 거래에서 요구되는 보안 인증을 즉각적으로 제공할 수 있어, 우리나라 화물의 신속한 통관과 처리가 가능해진다.

시스템 구축은 위험 관리 역량의 혁신적 개선도 가져온다. 신뢰성이 확보된 화물정보를 위험분석 프로그램에 제공함으로써 보안 효율성이 획기적으로 증대한다. 정확한 데이터에 기반한 위험 평가는 제한된 보안 자원을 가장 효과적으로 배치할 수 있게 하며, 실제 위험이 높은 화물에 집중적인 검색을 수행할 수 있게 한다. 이를 통해 보안 수준은 높이면서도 저위험 화물의 신속한 처리를 보장하는 차별화된 관리가 실현된다.

법규 준수와 관리의 체계화 역시 중요한 성과다. 항공화물에 종사하는 모든 관계자들이 국제 및 국내 법령을 준수하고 있는지 시스템적으로 확인하고 관리할 수 있다. 이는 단순한 규제 이행을 넘어, 우리나라가 국제 항공화물 보안 표준을 선도하는 국가로 발전하는 토대가 된다. 또한 정기적인 모니터링과 감사를 통해 지속적인 준수 상태를 유지하고, 문제 발생 시 즉각적인 시정 조치를 취할 수 있는 체계를 확립한다.

이러한 모든 개선사항은 최종적으로 운영 효율성의 극대화로 귀결된다. 보안절차에 지장을 주지 않으면서도 자국 내 공항의 항공화물 시설에서 화물을 인수할 때 고도의 유연성을 제공한다. 이는 엄격한 보안과 효율적인 물류 운영이라는 두 가지 목표를 동시에 달성할 수 있게 하며, 우리나라 공항의 허브 경쟁력 강화로 이어진다. 나아가 이러한 시스템은 향후 블록체인, 인공지능 등 신기술과의 융합을 통해 더욱 발전할 수 있는 확장 가능한 플랫폼으로 작동할 것이다.

6. 청 문

▌항공보안법

제37조(청문) 국토교통부장관은 다음 각 호의 어느 하나에 해당하는 취소처분을 하려면 청문을 하여야 한다.

1. 제15조제8항(제16조제1항 후단, 제2항 후단 및 제17조제5항에서 준용하는 경우를 포함한다)에 따른 위탁업체 지정의 취소
2. 제17조의3제1항에 따른 상용화주 지정의 취소
3. 제27조의5에 따른 시험기관 지정의 취소
4. 제28조제4항에 따른 교육기관 지정의 취소

▌항공보안법 시행령

제20조(권한의 위임) 국토교통부장관은 법 제38조제1항에 따라 다음 각 호의 권한을 지방항공청장에게 위임한다.

10. 법 제37조제1호 및 제2호에 따른 청문의 실시

국토교통부장관은 보안검색 위탁업체 지정의 취소, 상용화주 지정의 취소, 항공보안 장비 시험기관 지정의 취소, 보안검색 교육기관 지정의 취소 등의 처분을 하는 경우 취소 사유 등을 확인하고 절차에 따라 취소처분을 한다. 이러한 행정처분은 항공보안 체계의 신뢰성을 유지하기 위한 필수적인 조치로서, 지정 요건을 충족하지 못하거나 의무를 위반한 기관에 대한 제재 수단으로 이행된다.

이러한 취소처분의 공정성을 확보하기 위해 항공보안법 제37조에 따라 청문절차를 도입하여 운영한다. 청문절차를 통해 해당 업체에게 충분한 소명기회를 부여함으로써 행정처분의 객관성과 절차적 정당성을 확보한다. 이는 일방적인 행정처분이 아닌, 당사자의 의견을 청취하고 사실관계를 명확히 한 후 처분을 결정하는 민주적 행정 절차의 구현이다.

한편 항공보안법 시행령 제20조 위임규정에 따라 보안검색 위탁업체 지정의 취소와 상용화주 지정의 취소에 대한 청문절차는 지방항공청장이 수행하도록 되어 있다. 이는 실무적 효율성을 고려한 권한 배분으로, 현장과 가까운 지방항공청이 신속하고 효과적으로 청문절차를 진행할 수 있도록 한 것이다.

7. 권한의 위임절차

▌항공보안법

제38조(권한의 위임·위탁) ① 국토교통부장관은 이 법에 따른 권한의 일부를 대통령령으로 정하는 바에 따라 소속기관의 장에게 위임할 수 있다.

② 국토교통부장관은 이 법에 따른 업무의 일부를 대통령령으로 정하는 바에 따라 항공보안 관련 기관 또는 단체에 위탁할 수 있다.

▌항공보안법 시행령

제20조(권한의 위임) 국토교통부장관은 법 제38조제1항에 따라 다음 각 호의 권한을 지방항공청장에게 위임한다.

1. 법 제2조제3호에 따른 항공운송사업자 중 소형항공운송사업자 및 외국인 국제항공운송사업자가 법 제10조제2항에 따라 수립하는 자체 보안계획의 승인 또는 변경승인
2. 법 제2조제4호부터 제6호까지의 규정에 따른 업체가 법 제10조제2항에 따라 수립하는 자체 보안계획의 승인 또는 변경승인
3. 법 제12조에 따른 공항시설 보호구역과 임시 보호구역의 지정 및 지정취소의 승인

3의2. 법 제15조제2항 및 이 영 제13조제1항에 따른 특별 보안검색 대상의 인정

3의3. 법 제15조제2항 및 이 영 제13조제3항제5호에 따른 허가

3의4. 법 제15조제2항 및 이 영 제15조제2항제2호에 따른 증명서의 인증

4. 법 제15조제7항 및 제8항(법 제16조 및 제17조제5항에서 준용하는 경우를 포함한다)에 따른 보안검색 위탁업체의 지정 및 지정 취소

4의2. 법 제17조의2 및 제17조의3에 따른 상용화주의 지정 및 지정 취소

5. 법 제19조제1항에 따른 보안검색 실패 등의 보고 접수

5의2. 법 제19조제2항에 따른 항공보안을 위한 필요한 조치

5의3. 법 제19조제3항에 따른 보안검색 등 보안조치

5의4. 법 제21조제3항 및 제5항에 따른 항공기내 무기 반입의 허가

6. 법 제31조제3항 본문에 따른 자체 우발계획의 승인 또는 변경승인(자체 보안계획과 별도로 승인 또는 변경승인을 받는 경우만 해당한다)
7. 법 제33조제1항에 따른 항공보안 감독관(해당 지방항공청장 소속 항공보안 감독관만 해당한다)을 통한 점검업무 수행
8. 법 제33조제3항에 따른 서류 및 자료 제출 요구(제7호에 따른 점검업무 수행과 관련된 경우만 해당한다)
9. 법 제33조제4항에 따른 시정조치 또는 보안대책 수립 명령(제7호에 따른 점검업무 수행과 관련된 경우만 해당한다)
10. 법 제37조제1호 및 제2호에 따른 청문의 실시
11. 법 제51조제4항에 따른 과태료의 부과·징수(지방항공청장에게 위임된 사무와 관련된 사항만 해당한다)

(1) 지방항공청장에 대한 권한 위임 사항

국토교통부장관은 항공보안법 제38조제1항에 따라 항공보안 업무의 효율적 수행을 위해 일부 권한을 지방항공청장에게 위임한다. 이러한 권한 위임은 각 지역 공항의 특성을 고려한 신속한 의사결정과 현장 중심의 보안관리를 가능하게 하는 중요한 행정체계다.

지방항공청장에게 위임되는 권한은 크게 자체보안계획 승인, 보호구역 관리, 특별 보안조치의 세 가지 영역으로 구분된다. 자체보안계획 승인 권한에는 소형항공운송사업자와 외국인 국제항공운송사업자가 수립하는 보안계획의 승인 및 변경승인이 포함되고 있다. 여기에는 자체 우발계획의 승인 권한도 함께 부여되어, 각 사업자의 운영 특성과 규모에 적합한 맞춤형 보안체계 구축을 지원한다.

이와 함께 보호구역 관리 권한도 중요한 위임 사항이다. 지방항공청장은 공항시설 보호구역과 임시 보호구역의 지정 및 지정취소를 승인할 수 있으며, 소속 항공보안 감독관을 통해 직접적인 점검업무를 수행하고 있다. 이는 지역 단위에서 체계적이고 일관된 보안감독 활동을 보장하는 핵심 요소가 된다.

특별 보안조치 권한 역시 지방항공청의 중요한 역할이다. 특별 보안검색 대상자 인정과 항공기내 무기 반입 허가 등의 권한이 위임되어, 긴급 상황이나 특수한 보안 요구사항에 대해 신속하고 유연한 현장 대응이 이루어지고 있다. 이러한 권한 위임 체계는 본부의 정책집행과 항공청별 자율성의 조화를 통해 효과적인 항공보안 운영을 실현한다.

(2) 위임업무 점검 및 관리

▌ 국가항공보안 수준관리지침

제14조의3(위임업무 점검 등) ① 국토교통부장관은 항공보안법 시행령 제20조에 따라 지방항공청장에게 위임한 업무와 지방항공청장이 실시한 자체 감독활동에 대하여 연 1회 이상 점검을 실시하여야 한다.

② 제1항에 따라 점검을 하는 경우에는 점검 7일 전까지 점검일자, 점검내용 및 점검관 등에 대한 점검계획을 지방항공청장에게 통보하여야 한다.

③ 점검관은 점검 종료 7일 이내에 점검결과를 작성하여 국토교통부장관에게 보고하고, 그 결과를 지방항공청장에게 통보하여야 한다.

④ 제3항에 따라 점검결과를 통보받은 지방항공청장은 지적사항이 있는 경우 통보 받은 날부터 20일 이내에 지적사항에 대한 개선조치 계획 또는 조치결과를 국토교통부장관에게 제출하여야 한다.

⑤ 국토교통부장관은 제4항에 따른 개선조치 계획 또는 조치결과에 대한 이행실태 확인이 필요한 경우 확인점검을 실시할 수 있다.

국토교통부장관은 항공보안법 시행령 제20조에 따라 지방항공청장에게 위임한 업무의 적정한 수행을 관리·감독한다. 이러한 관리·감독은 위임된 권한이 법령과 지침에 따라 올바르게 행사되는지를 확인하는 중요한 통제 체계로 작동하고 있다.

이 점검 활동은 연 1회 이상 정기적으로 실시된다. 점검 범위는 단순히 위임된 업무 수행 현황에 그치지 않고, 지방항공청장이 자체적으로 실시한 감독활동까지 포괄적으로 검토한다. 점검의 객관성과 일관성을 확보하기 위해 국가항공보안 수준관리지침 별표 13의 '지방항공청 위임업무 점검표'를 표준 도구로 활용하고 있다. 이는 각 지방항공청이 동일한 기준으로 평가받으며, 전국적으로 균일한 보안 수준을 유지하는 기반이 된다.

점검 과정의 투명성과 예측가능성 역시 중요한 요소다. 국토교통부장관은 점검 실시 7일 전까지 점검일자, 점검내용, 점검관 명단 등을 포함한 점검계획을 지방항공청장에게 통보한다. 이러한 사전 통보 제도는 피점검 기관에 충분한 준비 시간을 제공하면서도, 평상시 업무수행 실태를 정확히 파악할 수 있는 적절한 시간적 여유를 보장하고 있다. 이를 통해 형식적인 점검이 아닌 실질적인 개선과 발전을 도모하는 관리체계가 구축된다.

3

CHAPTER

항공보안 수준관리

제3장

항공보안 수준관리

Ⅰ. 항공보안 수준관리의 법적 근거와 구성

국가항공보안계획 12.1.1에 따르면, 국토교통부장관은 항공보안의 지속적인 개선과 향상을 위해 국가항공보안 수준관리지침을 수립하고 시행해야 한다. 이는 단순한 권고사항이 아닌 법적 의무사항으로서, 국가 항공보안 체계의 핵심 요소가 되고 있다.

이 지침은 체계적인 구성을 통해 항공보안 관리의 전반을 아우른다. 수준관리의 목적을 명확히 정의하는 것에서 시작하여, 각 기관별 임무와 책임을 구체적으로 규정하고 있다. 점검활동과 점검방법에 대한 세부 절차도 단계별로 제시되어, 표준화된 보안 수준 평가가 이루어진다.

지침의 핵심적 특징은 문제 해결 중심의 접근법이다. 점검 과정에서 발견된 취약점이나 개선사항에 대해 구체적인 해결 방법론을 제시하며, 이를 실행하기 위해 동원 가능한 자원과 지원 체계까지 명시한다. 이러한 포괄적 구조는 항공보안이 단발성 평가에 그치지 않고 계속해서 발전하는 관리 체계로 운영되고 있음을 명확히 보여준다. 각 기관은 이 지침을 토대로 자체적인 보안 수준을 지속적으로 점검하고 개선해 나가는 순환 구조를 구축하게 된다.

1. 항공보안 수준관리의 핵심 방침과 실행 체계

▎국가항공보안 수준관리지침

제2조(방침) 국가항공보안 수준관리 지침의 수행 방침은 다음 각 호와 같다.

1. 보안지침 및 절차의 효과적인 시행 확인
2. 국가 항공보안 관련 지침의 준수여부 확인
3. 법령·규정 등의 지속적인 제·개정을 통한 효율성 확보
4. 국가항공보안계획의 적정성과 효율성 점검
5. 국가민간항공보안 교육훈련지침(이하 "교육훈련지침"이라 한다)에 따른 적절한 교육 이수여부 확인
6. 적절한 불법방해행위 조사
7. 불법방해행위 발생 즉시 보안대책 및 통제에 대한 검토 및 재평가 실시

국가항공보안 수준관리지침 제2조는 수준관리의 핵심 방침을 명확히 제시한다. 이 방침들은 보안체계의 실효성 확인, 인적 역량 관리, 사후 대응체계 구축이라는 세 가지 차원으로 구성되어 체계적으로 운영된다.

보안체계의 실효성 확인이 수준관리의 첫 번째 축이다. 보안지침과 절차가 현장에서 효과적으로 시행되는지를 점검하며, 국가 항공보안 관련 지침의 준수 여부를 지속적으로 확인한다. 법령과 규정의 제·개정을 통해 제도적 효율성을 높이는 한편, 국가항공보안계획 자체의 적정성과 효율성도 주기적으로 검토하고 있다. 이러한 포괄적 점검은 급변하는 보안환경에 신속히 대응하는 토대가 된다.

이와 더불어 인적 역량 관리가 두 번째 핵심 요소로 자리잡고 있다. 국가민간항공보안 교육훈련지침에 따른 교육 이수 여부를 철저히 확인하여 보안 담당자들의 전문성을 보장한다. 이는 항공보안이 첨단 장비와 시스템만이 아닌, 이를 운영하는 전문 인력의 역량에 크게 의존한다는 현실을 반영한 정책이다.

마지막으로 사후 대응체계는 항공보안의 지속적 발전을 담보한다. 불법방해행위 발생 시 즉각적이고 체계적인 조사를 실시하며, 사건 직후에는 기존 보안대책과 통제 시스템을 전면적으로 재검토한다. 이러한 재평가 과정을 통해 도출된 개선사항은 다시 보안체계에 반영되어 유사 사건의 재발을 방지하고 있다. 이 순환적 개선 구조는 항공보안 체계가 경험을 통해 지속적으로 발전하는 적응형 시스템으로 진화하고 있음을 보여준다.

2. 항공보안 수준관리의 적용범위

국가항공보안 수준관리지침

제3조(적용범위) 이 지침의 적용대상은 다음 각 호와 같다.

1. 공항운영자(용역업체를 포함한다)

> 2. 대한민국에 취항하는 모든 국내외 항공운송사업자(용역업체를 포함한다)
> 3. 항공기취급업체·공항상주업체·항공화물터미널운영자·도심공항터미널운영자 등
> 4. 항공교통관제기관
> 5. 그 밖에 국토교통부장관이 정하는 사업자

국가항공보안 수준관리지침 제3조는 이 지침이 적용되는 대상을 명확히 규정한다. 적용범위는 항공운송시스템 전반을 포괄하도록 설계되어, 보안의 사각지대를 최소화하고 있다.

가장 기본적인 적용대상은 공항운영자와 항공운송사업자다. 이들이 운영을 위해 계약한 용역업체들도 동일한 기준으로 관리된다. 특히 주목할 점은 대한민국에 취항하는 모든 국내외 항공운송사업자가 예외 없이 포함된다는 것이다. 국적에 관계없이 우리나라 공항을 이용하는 모든 항공사가 이 지침을 준수해야 하며, 이는 국내 항공보안 수준의 일관성을 보장하는 핵심 원칙이 되고 있다.

이러한 적용범위는 직접적인 항공운송 서비스를 넘어 지원 서비스 영역까지 확대된다. 항공기취급업체, 공항상주업체, 항공화물터미널운영자, 도심공항터미널운영자 등이 모두 관리 대상에 포함되고 있다. 이들 업체는 항공운송의 필수적인 연결고리로서, 어느 한 곳이라도 보안 취약점이 되지 않도록 통합 관리되는 것이다. 항공교통관제기관 역시 적용대상으로 명시되어, 항공보안이 지상 서비스와 항공교통 관리 영역을 모두 아우르는 종합적 체계임을 분명히 한다.

국토교통부장관에게는 필요시 추가 지정 권한이 부여되어 있다. 이는 새로운 형태의 항공 관련 서비스가 등장하거나 보안위협이 고도화될 때 신속하게 대응할 수 있는 제도적 유연성을 확보한 것이다. 이를 통해 이 지침은 항공산업 전반을 하나의 통합된 보안 체계로 관리하며, 변화하는 환경에 능동적으로 대처하는 포괄적 관리 구조를 구현하고 있다.

3. 항공보안 수준관리 관계기관의 역할

(1) 항공보안 수준관리의 컨트롤타워: 국토교통부의 역할

> **▮ 항공보안법**
> **제34조(재정 지원)** 국가는 예산의 범위에서 항공보안 업무 수행에 필요한 비용을 지원할 수 있다.

국가항공보안 수준관리지침 제6조는 관련 기관들의 구체적인 역할을 명시한다. 이

중에서도 국토교통부는 항공보안 수준관리의 중추적 역할을 담당하며, 그 책무는 크게 세 가지 영역으로 구분된다.

국토교통부의 첫 번째 책무는 정책 수립과 자원 확보다. 국가 항공보안 수준관리 지침을 수립하고 관리하는 것을 시작으로, 이를 뒷받침할 인적·물적 자원과 재정을 확보한다. 수립된 대책들이 현장에서 제대로 시행되는지 관리하고 감독하는 것 역시 중요한 임무가 되고 있다.

이러한 정책적 기능과 함께 직접적인 점검과 평가 활동도 수행한다. 현장조사, 보안평가, 보안점검, 불시평가 등 다양한 형태로 보안 수준을 확인하며, 이를 위해 항공보안감독관 제도를 운영하고 있다. 항공보안감독관들은 현장에서 실질적인 보안 수준을 확인하는 핵심 인력으로서, 공항운영자나 항공사가 실시하는 자체 점검의 적정성까지 감독한다.

국제협력 업무 또한 국토교통부의 주요 역할이다. 국제민간항공기구(ICAO)와의 연락 및 협력업무를 통해 국제 항공보안 기준과의 조화를 추구한다. 이는 항공보안이 개별 국가의 노력만으로는 완성될 수 없으며, 국제적 공조와 협력이 필수적인 영역임을 명확히 보여준다. 이처럼 국토교통부는 정책 수립부터 현장 점검, 국제협력까지 항공보안 수준관리의 전 과정을 총괄하는 컨트롤타워로서 핵심적인 조정 역할을 수행하고 있다.

(2) 국가정보원의 전문적 보안지원 체계

국가정보원은 항공보안 수준관리에서 특수한 전문성을 발휘한다. 그 핵심은 불법행위에 대한 대응 능력을 강화하여 국가 항공보안 체계의 완성도를 높이는 것이다.

국가정보원의 첫 번째 역할은 연구개발과 기술지원이다. 항공보안 점검과 불시평가 관련 기법을 지속적으로 연구하고 발전시키며, 이러한 연구 성과를 토대로 최신 점검 기술과 교육훈련을 지원한다. 특히 일반적인 보안 점검을 넘어 고도화된 위협에 대응할 수 있는 전문 기법들을 개발하고 있다. 이는 국가정보원이 보유한 특수한 정보 수집 및 분석 역량을 항공보안 분야에 효과적으로 적용하는 사례다.

이와 함께 국가정보원은 직접적인 점검 활동에도 참여한다. 자체적으로 점검과 불시평가를 실시하며, 이 과정에서 축적된 전문 지식과 경험을 적극 활용하고 있다. 공항 상주기관들과 함께 합동점검반을 편성하고 운영하는 것도 중요한 활동이다. 각 기관의 전문성을 결합한 합동 점검은 보다 포괄적이고 심층적인 보안 평가를 가능하게 하며, 잠재적 취약점을 더욱 효과적으로 발견할 수 있게 한다.

국가정보원의 이러한 참여는 항공보안이 단순한 행정적 관리를 넘어 국가안보 차원에서 접근되고 있음을 명확히 보여준다. 테러와 같은 고도의 위협에 대응하기 위해서는 정보기관의 전문적 역량이 필수적이다. 국가정보원은 이러한 특수한 전문성을 바탕으로 항공보안의 최전선에서 핵심적인 보안 강화 임무를 수행하며, 다른 기관들과의 협력을 통해 종합적인 보안 체계 구축에 기여하고 있다.

(3) 공항운영자 등의 자율적 수준관리 체계

국가항공보안 수준관리지침 제7조는 공항운영자를 비롯한 현장 운영주체들의 업무를 규정한다. 여기에는 공항운영자뿐만 아니라 보안검색 업무를 수행하는 항공사, 도심공항터미널운영자, 항공기취급업체 등이 포함된다.

이들 기관의 가장 중요한 책무는 자체 수준관리 체계를 구축하는 것이다. 국가항공보안 수준관리 지침에 따라 각 기관별 특성에 맞는 자체 수준관리 계획을 수립하고 이를 충실히 이행해야 한다. 이는 중앙정부의 일방적 관리가 아닌, 현장 운영주체들의 자율적 참여를 통한 보안 강화를 추구하는 접근법이다.

자체 점검 시스템 운영 역시 이들의 핵심 업무가 되고 있다. 각 기관은 자체 점검과 불시평가를 담당할 요원을 임명하고, 이들이 전문성을 갖출 수 있도록 체계적인 교육을 실시한다. 이렇게 양성된 내부 점검 요원들은 일상적인 보안 수준을 모니터링하고 문제점을 조기에 발견하는 중요한 역할을 담당한다. 공항 점검과 불시평가 관련 업무 전반을 수행하는 것도 이들의 임무이며, 이는 정부 기관의 점검과는 별도로 자체적인 보안 수준 향상을 위한 지속적인 활동이다.

이처럼 현장 운영주체들은 단순히 정부 지침을 따르는 수동적 역할을 넘어, 항공보안의 실질적인 주체로서 능동적으로 참여하고 있다. 정부 차원의 관리·감독과 현장 차원의 자율적 점검이 상호 보완적으로 작동하면서, 보다 촘촘하고 효과적인 항공보안 체계를 구축한다. 이러한 복합적인 구조는 각 단계에서 발생할 수 있는 보안 취약점을 최소화하고, 전체적인 보안 수준을 지속적으로 향상시키는 토대가 되고 있다.

Ⅱ. 항공보안 감독활동

1. 항공보안 감독활동 체계 및 운영

▮ 항공보안법

제33조(항공보안 감독) ① 국토교통부장관은 소속 공무원을 항공보안 감독관으로 지정하여 항공보안에 관한 점검업무를 수행하게 하여야 한다.

③ 국토교통부장관은 제1항 및 제2항에 따른 점검업무의 수행에 필요하다고 인정하는 경우에는 공항운영자등에게 필요한 서류 및 자료를 제출하게 할 수 있다.
④ 국토교통부장관은 제1항 및 제2항에 따른 점검 결과 그 개선이나 보완이 필요하다고 인정하는 경우에는 공항운영자등에게 시정조치 또는 그 밖의 보안대책 수립을 명할 수 있다.
⑤ 제1항 또는 제2항에 따라 점검을 하는 경우에는 점검 7일 전까지 점검일시, 점검이유 및 점검내용 등에 대한 점검계획을 점검 대상자에게 통지하여야 한다. 다만, 긴급한 경우 또는 사전에 통지하면 증거인멸 등으로 점검 목적을 달성할 수 없다고 인정하는 경우에는 그러하지 아니하다.
⑥ 항공보안 감독관은 항공보안에 관한 점검업무 수행을 위하여 필요한 경우에는 항공기 및 공항시설에 출입하여 검사할 수 있다.
⑦ 제1항, 제2항 및 제6항에 따라 점검을 하는 공무원은 그 권한을 표시하는 증표를 지니고 이를 관계인에게 보여주어야 한다.
⑧ 제1항에 따른 항공보안 감독관의 지정·운영 및 점검업무 등에 대한 세부 사항은 국토교통부령으로 정한다.

▌ 항공보안법 시행규칙

제19조(감독관 운영 등) ① 감독관은 국토교통부장관 또는 지방항공청장의 명에 따라 공항운영자등의 항공보안에 관한 업무를 점검하여야 한다.
② 제1항에 따른 감독관이 항공보안 점검을 하는 경우에는 공항운영자등의 정상적인 업무수행을 방해하여서는 아니 된다.
③ 감독관은 점검결과 항공보안에 관한 법령에 위반한 사실을 발견한 때에는 지체 없이 국토교통부장관 또는 지방항공청장에게 보고하여야 한다. 다만, 긴급한 조치가 필요한 때에는 현장조치 지시를 하고 국토교통부장관 또는 지방항공청장에게 보고하여야 한다.
④ 이 규칙에서 정한 사항 외에 감독관의 지정·운영 및 점검활동 등의 필요한 사항은 국토교통부장관이 정한다.

항공보안 감독활동은 국가 항공보안 체계의 효과성을 보장하는 핵심 제도다. 국토교통부장관 또는 지방항공청장은 항공보안감독관으로 하여금 국가항공보안 수준관리지침에 따라 체계적인 점검활동을 수행하도록 한다. 이들은 공항운영자 등을 대상으로 보안점검, 보안평가, 불시평가 등 다양한 형태의 감독활동을 실시한다.

이러한 점검활동은 철저한 계획과 유연한 대응이 조화를 이루는 방식으로 운영되고 있다. 국가항공보안 수준관리지침에 따라 주기적으로 보안점검, 보안평가, 불시평가 등을 실시하는 것이 원칙이다. 그러나 관계기관으로부터 위협정보를 접수하거나 자체 위험평가 결과에 따라 점검의 우선순위를 변경할 수 있으며, 필요시 추가 점검도 실시한다. 이러한 유연성은 변화하는 보안 환경에 신속하게 대응할 수 있는 기반이 된다.

감독활동이 체계적으로 이루어지도록 구체적인 운영 기준도 명확하게 정립되어 있다. 보안점검, 보안평가, 불시평가 등 각 점검활동의 대상과 주기, 점검 항목 등에 관한 세부사항은 국가항공보안 수준관리지침에 상세히 규정된다. 이를 통해 전국의 모든 공항과 항공 관련 시설이 일관된 기준으로 평가받을 수 있도록 보장한다.

항공보안감독관들은 이러한 기준에 따라 표준화된 도구를 활용하여 객관적인 평가를 수행하고 있다. 보안점검, 보안평가, 불시평가 등의 점검활동을 할 때는 국토교통부장관이 별도로 정한 항공보안감독관 핸드북에 따른 점검표를 사용한다. 이 표준화된 점검 도구는 평가의 일관성과 공정성을 확보하는 동시에, 점검 결과의 신뢰성을 높이는 중요한 역할을 담당한다. 전국 어느 공항에서나 동일한 수준의 평가가 이루어질 수 있는 것도 이러한 체계적인 점검 도구 덕분이다.

(1) 감독활동 규정의 한계와 현장 실태

▌국가항공보안 수준관리지침

제4조(정의) 이 지침에서 사용하는 용어의 뜻은 다음 각 호와 같으며, 그 밖의 용어는 국가항공보안계획의 정의를 준용한다.

1. “항공보안감독관”이란 「항공보안법」 제33조제1항에 따라 항공보안에 관한 점검 업무를 수행하도록 국토교통부장관이 지정한 소속 공무원을 말한다.
2. “점검활동”이란 항공보안감독관 등이 보안업무의 효율성 증대를 위하여 항공보안법 제10조에 따라 자체 보안계획을 수립하는 공항운영자, 항공운송사업자 등에 대하여 실시하는 제3호, 제3호의2, 제4호 및 제5호를 말한다.
3. “현장조사(Survey)”란 민간항공에 대한 항공기납치(Hijacking), 파괴행위(Sabotage) 및 테러공격(Terrorist attack) 등의 불법방해행위(Acts of unlawful interference)를 방지하기 위하여 그 취약성을 분석하고, 보호대책을 수립하기 위하여 공항별로 공항운영자, 항공사 등에 대한 항공보안 업무 운영실태 등을 조사하는 것을 말한다.

3의2. “보안평가(Audit)”란 공항운영자 및 항공운송사업자 등이 수립한 자체 보안계획의 이행여부와 실제 이행능력 등을 확인하기 위하여 점검하는 것을 말한다.

3의3. “해외공항 보안평가”란 국적 항공기가 취항하는 해외공항 및 외국적 항공기가 우리나라 공항에 도착하기 전 마지막으로 출발하는 공항을 대상으로 보안운영 체계 및 수준을 확인하는 것을 말한다.

4. “보안점검(Inspection)”이란 민간항공보안에 대한 보안대책 및 통제절차 등이 적절히 수행되고 있는지를 확인하기 위하여 공항, 항공기 및 공항운영자 등에 대하여 점검하는 것을 말한다.
5. “불시평가(Test)”란 보안업무 수준이 적절하게 유지되고 있는 지를 확인하기 위하여 공항, 항공기 및 공항운영자 등에 대한 보안대책 및 통제절차 수행 능력 등을 불시에 확인하는 것을 말한다.

▌ 항공보안감독관 업무규정

제2조(정의) 이 규정에서 사용하는 용어의 뜻은 다음과 같다.

1. “항공보안감독관”이란 「항공보안법」 제33조제1항에 따라 항공안전 및 보안에 관한 점검 업무를 수행하도록 국토교통부장관이 지정한 소속 공무원을 말한다.
2. “점검활동”이란 항공보안감독관 등이 보안업무의 효율성 증대를 위하여 「항공보안법」 제10조에 따라 자체 보안계획을 수립하는 공항운영자, 항공운송사업자 등(이하 “공항운영자등”이라 한다)에 대하여 실시하는 제3호부터 제6호까지를 말한다.

국가항공보안 수준관리지침과 항공보안감독관 업무규정은 ‘점검활동’을 명확히 정의한다. 항공보안감독관 등이 보안업무의 효율성 증대를 위해 실시하는 활동으로, 항공보안법 제10조에 따라 자체보안계획을 수립하는 공항운영자, 항공운송사업자 등을 대상으로 한다고 규정하고 있다. 그러나 이러한 정의는 현장 운영에서 여러 문제점을 드러낸다.

가장 큰 문제는 점검 대상의 모호성이다. 현행 규정에 따르면 자체보안계획을 수립하지 않는 업체나 공항운영자등의 범주에 포함되지 않는 조직에 대해서는 항공보안감독관이 점검활동을 수행할 법적 근거가 불명확하다. 이는 마치 해당 업체들에 대한 점검이 불필요하다고 해석될 여지를 만들고 있다. 하지만 실제 현장에서는 보안의 사각지대를 방지하기 위해 이러한 애매한 위치의 업체들도 점검 대상에 포함시켜 감독활동을 수행한다.

이와 함께 점검활동의 범위에 대한 제한도 현실과 괴리를 보이고 있다. 국가항공보안 수준관리지침과 항공보안감독관 업무규정은 점검활동을 현장조사(Survey), 보안평가(Audit), 보안점검(Inspection), 불시평가(Test)의 네 가지로 명시한다. 이러한 한정적 열거는 또 다른 해석상의 문제를 야기한다.

실제로 항공보안감독관들은 이 네 가지 활동 외에도 다양한 업무를 수행한다. 해외공항 보안평가, 보안사고 조사, 일일 현장보안확인 등이 대표적인 예다. 이러한 활동들은 항공보안 수준 유지에 필수적임에도 불구하고, 현행 규정상 ‘점검활동’에 포함되지 않는 것으로 해석될 수 있다. 따라서 감독관들은 명확한 법적 근거 없이 필요에 의해 이러한 업무를 수행하는 상황이 발생하고 있다.

이러한 규정과 현실의 괴리는 항공보안 감독활동의 법적 정당성과 체계성을 약화시킬 우려가 있다. 향후 점검활동의 정의와 범위를 현실에 맞게 확대하고, 모든 항공보안 관련 조직을 포괄할 수 있는 명확한 기준을 마련하는 제도적 개선이 시급하다. 이를 통해 항공보안감독관들이 더욱 효과적이고 정당한 감독활동을 수행할 수 있는 토대를 마련해야 한다.

(2) 항공보안 업무의 핵심 기준: '운항 중'

> **▌항공보안법**
>
> **제2조(정의)** 이 법에서 사용하는 용어의 뜻은 다음과 같다. 다만, 이 법에 특별한 규정이 있는 것을 제외하고는 「항공사업법」·「항공안전법」·「공항시설법」에서 정하는 바에 따른다.
>
> 1. "운항중"이란 승객이 탑승한 후 항공기의 모든 문이 닫힌 때부터 내리기 위하여 문을 열 때까지를 말한다.

1) '운항 중' 의미 해석의 중요성

항공보안법과 국가항공보안계획은 '운항 중'을 명확하게 정의한다. 승객이 탑승한 후 항공기의 모든 문이 닫힌 때부터 내리기 위하여 문을 열 때까지의 시간을 의미한다. 이 정의는 단순해 보이지만 항공보안 업무의 핵심 기준점이 되고 있다.

이러한 '운항 중' 개념은 다양한 항공보안 업무에서 결정적인 역할을 한다. 항공보안 감독활동의 시점과 범위를 결정하는 기준이 되며, 운항 및 객실승무원이 수행하는 항공기 보안점검의 시기를 명확히 구분한다. 국제민간항공기구(ICAO)의 항공보안평가(USAP)에서도 이 개념은 평가 기준의 중요한 축을 형성한다.

실무 현장에서 '운항 중' 개념의 적용은 더욱 광범위하게 나타난다. 기내식 탑재와 통제의 시점을 결정하고, 보안 관련 기관 직원의 공무 목적 항공기내 출입 가능 여부를 판단하는 기준이 된다. 항공기내 무기반입 허가의 적용 시점과 범죄인 및 입국거부자 호송 절차의 전환점을 명확히 하는 것도 이 개념에 기초하고 있다. 탑승교 보안책임의 주체를 구분하는 데도 핵심적인 역할을 담당한다.

특히 주목할 점은 이 개념이 책임 소재를 명확히 한다는 것이다. 항공기내 보안업무를 둘러싸고 항공사와 공항운영자 간에 책임 소재를 다툴 때, '운항 중'이라는 개념의 해석이 결정적인 판단기준이 된다. 문이 닫힌 시점을 기준으로 보안 책임이 공항운영자에서 항공사로 전환되기 때문에, 이 시점의 명확한 정의와 일관된 해석은 효과적인 보안 체계 운영의 필수 요소가 되고 있다.

이처럼 '운항 중'은 단순한 시간적 구분을 넘어 항공보안 체계 전반의 운영과 책임 구조를 결정짓는 법적, 실무적 기준점으로 역할을 한다. 항공보안감독관을 비롯한 모든 관계자들이 이 개념을 명확하고 일관되게 이해하고 적용하는 것이 항공보안 체계의 효과적인 운영을 위해 필수적이다.

2) '운항 중' 해석 관련 주요 보안사례와 시사점

'운항 중'의 정의가 실제 현장에서 얼마나 중요한지는 다양한 보안사건과 사고 사례를 통해 명확히 드러난다. 이러한 사례들은 '운항 중' 개념의 명확한 해석과 일관된 적용이 항공보안의 핵심임을 보여준다.

대표적인 사례가 국적항공사의 출입문 조작 사건으로 알려진 운항 중 탈출구 조작 사건이다. 이 사건은 '운항 중'에 발생한 보안 위반 행위로서, 항공기 문이 닫힌 이후의 시점이었기 때문에 더욱 심각한 사안으로 다뤄졌다. 만약 이것이 운항 전이었다면 처벌 수위와 대응 방식이 완전히 달라졌을 것이다.

탑승 과정에서의 보안 실패 사례들도 '운항 중' 개념과 밀접하게 연관된다. 탑승구 앞에서의 신분확인 실패나 항공기 탑승 전 객실승무원의 신분확인 누락은 운항이 시작되기 전 단계의 문제다. 이러한 사건들은 공항운영자와 항공사 간 책임 소재를 명확히 구분하는 데 있어 '운항 중' 시점이 얼마나 중요한지를 보여주고 있다.

대형 항공기에서는 특수한 상황도 발생한다. 비즈니스 클래스 전용 출입문의 통제 실패는 주로 탑승 과정에서 발생하는데, 이 시점이 '운항 중'인지 아닌지에 따라 보안 책임 주체가 달라진다. 운항 전 승객에 의한 출입문 개폐 사건은 아직 '운항 중'이 아닌 시점에 발생했음에도 항공기 보안에 심각한 위협이 될 수 있어, 이에 대한 명확한 대응 기준이 필요함을 시사한다.

폭언, 고성방가 등 소란행위와 다른 사람에게 위해를 주는 행위, 흡연 관련 위반 행위는 '운항 중' 개념의 법적 중요성을 극명하게 보여준다. 운항 전 계류 중 위반행위와 운항 중 위반 행위는 동일한 행위임에도 처벌 수위가 다르다. 운항 중 위반행위는 항공보안법 위반으로 더 엄격한 처벌을 받게 되며, 이는 '운항 중'이라는 시점이 단순한 시간적 구분을 넘어 법적 처벌의 기준점이 됨을 의미하고 있다.

운항 및 객실승무원의 출발장 역진입 사례는 보안절차의 복잡성을 보여주는 또 다른 예다. 승무원들이 업무상 필요로 출발장에 재진입할 때, 이것이 '운항 중' 준비 과정인지 아닌지에 따라 적용되는 보안절차가 달라진다. 이는 항공보안 감독관들이 '운항 중' 개념을 얼마나 정확하게 이해하고 적용해야 하는지를 보여주는 실무적 사례가 된다. 이러한 다양한 사례들은 '운항 중'이라는 개념이 항공보안 현장에서 실질적인 판단기준으로 작동하며, 모든 관계자가 이를 정확히 숙지해야 함을 강조한다.

(3) 항공보안감독관의 업무 및 관리체계

항공보안감독관 업무규정

제5조(감독관의 업무) 감독관의 업무는 다음 각 호와 같다.

1. 공항운영자등에 대한 현장조사, 보안평가, 보안점검 및 불시평가 등 점검활동 수행
2. 국제민간항공기구 등 대외 점검기관으로부터 공항운영자등에 대한 점검시 입회하여 점검업무 지원 및 협력
3. 항공기 납치 및 폭발사건 등 불법행위에 대한 보안사건 조사에 대한 참여·협력 지원
4. 그 밖에 국토교통부장관이 정하는 업무

항공보안감독관 업무규정 제5조는 감독관의 핵심 업무를 명확하게 규정한다. 감독관의 역할은 단순한 감시자를 넘어 국가 항공보안 체계의 실질적인 관리·감독 주체로서 중요한 위치를 차지하고 있다.

항공보안감독관의 가장 기본적인 임무는 공항운영자 등을 대상으로 하는 다양한 점검활동이다. 현장조사를 통해 보안 시설과 절차의 적절성을 확인하고, 체계적인 보안평가로 전반적인 보안 수준을 진단한다. 정기적인 보안점검과 예고 없이 실시하는 불시평가는 일상적인 보안 운영 실태를 파악하는 핵심 수단이다. 이러한 다양한 점검 활동은 보안 체계의 지속적인 개선을 이끌어내는 원동력이 되며, 항공보안 수준의 일관성과 신뢰성을 확보하는 데 기여한다.

이러한 국내 점검활동과 더불어 국제적 차원의 점검에서도 중요한 역할을 담당한다. 국제민간항공기구(ICAO) 등 대외 점검기관이 우리나라 공항운영자 등을 점검할 때, 항공보안감독관은 이에 입회하여 점검업무를 지원하고 협력한다. 이들은 국제 기준과 국내 규정을 조율하는 조정자로서 활동하며, 우리나라 항공보안 수준의 국제적 신뢰도를 높이는 데 기여하고 있다.

실제 보안사건이 발생했을 때의 대응도 감독관의 핵심 업무다. 항공기 납치나 폭발사건 등 불법행위가 발생하면, 항공보안감독관은 전문 지식과 경험을 바탕으로 사건 조사에 참여하고 협력 지원을 제공한다. 이를 통해 사건의 원인을 규명하고 재발 방지 대책을 수립하는 데 핵심적인 역할을 수행한다.

이러한 중요한 업무를 차질 없이 수행하기 위해 국토교통부장관은 항공보안감독관의 체계적인 유지와 관리에 힘쓰고 있다. 각 공항별로 최소 1명 이상의 항공보안감독관을 상주시켜 현장 대응력을 확보한다. 24시간 운영되는 공항의 특성상 즉각적인 보안 대응이

가능하도록 하는 필수적인 조치다.

감독관의 전문성 향상을 위한 체계도 갖추어져 있다. 각 소속기관은 자체적으로 항공보안감독관 양성계획을 수립하고 이행하여, 미래의 감독관을 체계적으로 육성한다. 연도별로 초기교육과 정기교육 계획을 수립하고, 감독관들의 자격을 엄격하게 관리한다. 이러한 교육과 자격관리시스템은 급변하는 보안 환경에 대응할 수 있는 전문인력을 지속적으로 확보하는 기반이 되며, 국가 항공보안 체계의 지속가능한 발전을 뒷받침한다.

(4) 항공보안감독관의 권한

▮ 국가항공보안 수준관리지침

제10조(항공보안감독관의 권한) 현장조사, 보안평가, 보안점검 및 불시평가를 수행하는 항공보안감독관의 권한은 다음 각 호와 같다.

1. 보안절차를 점검할 목적으로 국가에 등록되었거나 운용중인 항공기를 점검하거나 구치할 수 있는 권한
2. 공항에 대한 전부 또는 부분 점검할 수 있는 권한
3. 보안대책 및 절차 효율성에 대한 점검 및 불시평가를 할 수 있는 권한
4. 공항운영자, 항공사 또는 공항 상주업체 등에게 점검업무 수행에 필요한 자료를 요구할 수 있는 권한
5. 점검업무 수행을 위하여 항공기 및 공항시설에 출입하여 검사할 수 있는 권한
6. 임무수행을 위해 필요한 무전기, 카메라, 음성 및 영상기록장치, 사전 승인된 무기, 모의 폭발물 등과 같은 장비를 공항 보호구역 또는 항공기 위탁수하물칸으로 반입 및 운반할 수 있는 권한
7. 보안기준이나 보안절차 점검을 위하여 관련자에 대한 질문을 할 수 있는 권한

국가항공보안 수준관리지침 제10조는 항공보안감독관에게 부여된 권한을 명확히 규정한다. 이러한 권한은 현장조사, 보안평가, 보안점검, 불시평가 등 다양한 점검활동을 효과적으로 수행하기 위한 법적 토대가 된다.

항공보안감독관은 우선 항공기에 대한 포괄적인 점검 권한을 보유한다. 보안절차를 점검할 목적으로 국가에 등록되었거나 운용 중인 모든 항공기를 점검할 수 있으며, 필요시 구치할 수도 있다. 이는 항공기 보안의 최일선에서 실질적인 통제력을 행사할 수 있는 근거가 되고 있다. 공항 전체 또는 특정 구역에 대한 점검 권한도 함께 부여되어, 공항 보안 체계의 전반적인 수준을 평가하고 관리할 수 있다.

이러한 기본 권한과 함께 실효성 있는 점검을 위한 실무적 권한도 충분히 보장된다. 보안대책과 절차의 효율성을 점검하고 예고 없는 불시평가를 실시할 수 있는 권한은 일상적인 보안 운영 실태를 정확히 파악하는 데 핵심적이다. 공항운영자, 항공사, 공항 상주업체 등에게 점검업무 수행에 필요한 자료를 요구할 수 있으며, 이는 문서 검토와 현장 확

인을 병행하는 종합적인 점검을 가능하게 한다.

현장 접근성 측면에서도 광범위한 권한이 부여되고 있다. 점검업무 수행을 위해 항공기와 공항시설에 자유롭게 출입하여 검사할 수 있는 권한은 모든 보안 취약점을 직접 확인할 수 있게 해준다. 특히 일반인의 접근이 제한되는 보호구역까지 출입할 수 있어, 보안의 사각지대 없는 철저한 점검이 가능하다.

점검의 실효성을 높이기 위한 특수 장비 사용 권한도 명시된다. 무전기, 카메라, 음성 및 영상기록장치 등 기본적인 점검 도구는 물론, 사전 승인된 무기나 모의 폭발물과 같은 특수 장비도 공항 보호구역이나 항공기 위탁수하물칸으로 반입하고 운반할 수 있다. 이러한 권한은 실제와 동일한 조건에서 보안 체계를 테스트하는 데 필수적이며, 특히 불시평가의 실효성을 높이는 중요한 요소가 된다.

마지막으로 인적 요소에 대한 점검 권한도 중요한 부분을 차지한다. 보안기준이나 보안절차 점검을 위해 관련자에게 질문할 수 있는 권한은 단순한 시설 점검을 넘어 보안 인력의 전문성과 준비 상태를 평가할 수 있게 한다. 이를 통해 하드웨어와 소프트웨어 그리고 휴먼웨어가 통합된 종합적인 보안 수준 평가가 이루어진다. 이러한 포괄적 권한 부여는 항공보안감독관이 국가 항공보안 체계의 모든 측면을 효과적으로 점검하고 개선할 수 있는 제도적 기반이 되고 있다.

(5) 감독계획의 수립 및 제출

▌항공보안감독관 업무규정

제7조(감독계획의 수립 및 제출) ① 국토교통부장관은 감독관이 점검활동을 수행할 수 있도록 매년 12월 20일까지 다음 연도의 항공보안 감독계획을 수립하여야 하며, 이를 지방항공청장에게 통보하여야 한다.

② 지방항공청장은 제1항에 따른 감독계획에 따라 감독관에 대한 다음 연도의 자체 감독계획을 수립하여 12월 31일까지 국토교통부장관에게 제출하여야 한다.

③ 제1항 및 제2항의 감독계획에는 다음 사항이 포함되어야 한다.

1. 점검대상 및 점검방법
2. 점검분야 및 주요점검내용
3. 점검자
4. 점검기간
5. 기타 점검에 필요한 사항

항공보안 감독활동의 체계적인 운영을 위해서는 철저한 계획 수립이 선행되어야 한다. 항공보안감독관 업무규정 제7조는 이러한 감독계획의 수립과 제출 절차를 명확하게 규정한다.

국토교통부장관은 매년 12월 20일까지 다음 연도의 항공보안 감독계획을 수립한다. 이는 한 해 동안 수행될 모든 감독활동의 청사진을 그리는 중요한 과정이다. 수립된 계획은 즉시 지방항공청장에게 통보되어, 항공보안정책과와 지방항공청 간의 일관된 감독체계를 구축하는 기반이 된다.

이러한 국토교통부의 계획을 바탕으로 지방항공청장은 자체적인 세부 계획을 수립하고 있다. 항공보안정책과의 큰 틀 안에서 각 공항의 특성과 여건을 반영한 맞춤형 감독계획을 마련하는 것이다. 이렇게 수립된 자체 감독계획은 12월 31일까지 국토교통부장관에게 제출되며, 이를 통해 전국적으로 통합되고 조율된 감독체계가 완성된다.

감독계획이 실효성을 갖추기 위해 포함되어야 할 필수 요소들도 명확히 정해져 있다. 점검대상과 점검방법을 구체적으로 명시하여, 어떤 기관이나 시설을 어떤 방식으로 점검할 것인지를 사전에 확정한다. 점검분야와 주요 점검내용도 상세히 기술되어, 감독활동의 방향과 우선순위를 명확히 한다.

인적자원의 효율적 운용을 위한 계획도 포함된다. 점검자와 점검기간을 명시하여 누가 언제 어떤 점검을 수행할 것인지를 사전에 계획한다. 이를 통해 감독관들의 전문성을 최대한 활용하고 업무 부담을 균형 있게 배분할 수 있다. 기타 점검에 필요한 사항들도 함께 포함시켜, 예상치 못한 상황에 대비하고 특수한 점검 요구사항들을 반영하고 있다.

이러한 체계적인 계획 수립과 제출 과정은 항공보안 감독활동의 예측가능성과 일관성을 보장한다. 본부와 지방항공청이 유기적으로 연계된 감독체계를 구축함으로써, 전국 어디서나 동일한 수준의 항공보안이 유지될 수 있도록 하는 제도적 장치로 작동하고 있다. 각 기관이 자율성을 발휘하면서도 전체적인 통일성을 유지하는 이러한 구조는 효과적인 항공보안 감독의 핵심이 된다.

(6) 항공보안감독관의 의무

▌항공보안감독관 업무규정

제11조(감독관의 의무) ① 감독관은 점검을 시작하기에 앞서 점검대상자(항공시설인 경우에는 그 소유자 또는 관리자를 말한다) 또는 관계직원에게 감독관임을 확인할 수 있도록 별지 제3호 서식에 의한 항공보안 감독관 증표를 제시하여야 한다. 다만, 불시에 보안평가를 하는 경우에는 증표를 제시하지 아니할 수 있다.

② 감독관은 점검을 실시함에 있어 필요하다고 인정할 때에는 다음 각 호의 조치를 취하여야 한다.

1. 「항공보안법」 또는 같은 법에 따른 명령 등에 위반한 사실을 발견한 경우에는 별지 제1호 서식에 따른 확인서 등의 작성

> 2. 관계서류 및 물품 등의 검사
> 3. 관계직원에 대한 질의
> 4. 기타 점검에 필요한 조치
> ③ 감독관이 제2항제1호에 따라 확인서를 작성한 경우에는 관련업체의 장 또는 해당 직원에게 서명을 받아 징구하여야 한다.

항공보안감독관 업무규정 제11조는 감독관이 준수해야 할 핵심 의무사항을 명시한다. 이러한 의무는 점검활동의 정당성을 확보하고, 피점검기관과의 신뢰 관계를 구축하는 기본 토대가 된다.

가장 기본적인 의무는 신분 제시다. 감독관은 점검을 시작하기 전에 점검대상자나 관계직원에게 반드시 항공보안감독관 증표를 제시해야 한다. 항공시설의 경우에는 그 소유자나 관리자에게 항공보안감독관 공식 증표를 보여주어야 한다. 다만 불시평가의 경우에는 예외적으로 증표를 제시하지 않을 수 있는데, 이는 실제 보안 취약점을 정확히 파악하기 위한 필요 조치로 인정된다.

이러한 신분확인 절차와 함께 점검 과정에서 감독관은 여러 가지 중요한 조치를 취해야 한다. 항공보안법이나 관련 명령 등에 위반한 사실을 발견했을 때는 확인서를 작성한다. 이는 기록 문서일 뿐 아니라 향후 시정조치와 개선의 근거가 되는 공식 문서다. 관계서류와 물품 등을 면밀히 검사하고, 관계직원들에게 필요한 질의를 수행하며, 점검에 필요한 기타 조치들을 취한다.

확인서 작성에는 특별한 절차가 적용되고 있다. 감독관이 위반사항에 대한 확인서를 작성한 경우, 반드시 관련업체의 장이나 해당 직원에게 서명을 받아야 한다. 이는 점검 결과의 객관성을 확보하고, 피점검기관이 지적사항을 인지했음을 공식적으로 확인하는 중요한 절차다. 서명을 통해 양측이 점검 결과에 대한 공동 인식을 갖게 되며, 이는 후속 조치의 원활한 이행을 위한 기반이 된다.

항공보안감독관 업무규정 제13조는 일상적인 점검을 넘어 긴급상황에 대한 특별한 의무를 규정한다. 감독관이 점검 중에 즉각적인 조치를 취하지 않으면 항공보안에 막대한 지장을 초래할 수 있는 위해요소를 발견했을 때는, 이를 즉시 국토교통부장관에게 보고해야 한다. 이러한 긴급보고 의무는 형식적인 절차를 넘어 국가 항공보안의 실질적 대응 체계로 수행된다.

이러한 의무사항들은 항공보안감독관이 일반적인 점검자가 아닌, 국가 항공보안 체계의 핵심 관리자로서 갖춰야 할 책임감과 전문성을 구현하는 제도적 장치다. 정당한 절차를 준수하면서도 긴급상황에 신속히 대응할 수 있는 균형 잡힌 의무 체계는, 우리나라 항공보안 수준을 지속적으로 향상시키는 핵심 구조가 되고 있다.

(7) 항공보안감독관의 증표 관리

> **항공보안감독관 업무규정**
>
> **제15조(증표관리)** ① 감독관은 업무를 수행할 때에는 별지 제3호 서식의 항공보안감독관 증표를 소지하여야 하며, 이를 타인에게 대여하여서는 아니 된다.
>
> ② 감독관은 지정이 취소되거나, 항공보안 업무를 담당하지 않게된 경우에는 항공보안감독관 증표를 반납하여야 한다.

항공보안감독관 업무규정 제15조는 감독관 증표의 엄격한 관리 체계를 규정한다. 이 증표는 일반적인 신분증이 아니라 국가 항공보안 권한을 상징하는 공식 문서로서, 그 관리에 특별한 주의가 요구된다.

항공보안감독관은 업무수행 시 반드시 별지 제3호 서식의 항공보안감독관 증표를 소지해야 한다. 이는 점검 권한의 정당성을 입증하는 필수 요건이며, 피점검기관과의 신뢰관계를 구축하는 기본 도구가 되고 있다. 특히 중요한 점은 이 증표를 절대 타인에게 대여해서는 안 된다는 것이다. 증표의 무단 대여는 항공보안 체계 전체의 신뢰성을 훼손할 수 있는 심각한 위반 행위로 간주된다.

이러한 소지 의무와 함께 증표 반납 의무도 명확히 규정되어 있다. 감독관 지정이 취소되거나 항공보안 업무를 더 이상 담당하지 않게 된 경우에는 즉시 증표를 반납해야 한다. 퇴직, 부서 이동, 직무 변경 등 어떤 사유로든 감독관 자격을 상실하면 이 의무사항이 적용된다. 이러한 엄격한 반납 절차는 증표의 오남용을 방지하고, 항공보안 감독 권한이 적격자에게만 부여되도록 보장하는 안전장치가 된다.

이처럼 증표 관리에 대한 명확한 규정은 항공보안감독관 제도의 공신력을 유지하는 핵심 요소다. 증표의 적절한 소지, 무단 대여 금지, 자격 상실 시 즉각적인 반납이라는 세 가지 원칙은 감독체계의 무결성을 보장한다. 이는 국가 항공보안 수준의 신뢰성을 높이는 데 직접적으로 기여하며, 항공보안 감독활동의 권위와 정당성을 확보하는 제도적 기반이 되고 있다.

■ 항공보안감독관 업무규정

항공보안감독관 증표

(앞 쪽)

항공보안감독관증
(AVIATION SECURITY INSPECTOR CERTIFICATE)

사진 2.5㎝×3㎝	성명(Name) : 성별(Sex) : 생년월일(Date of Birth) : 년(y) 월(m) 일(d) 소속(Employed by) : 증명서 번호(Certi No) : 유효기간(Date of Expire) : 년(y) 월(m) 일(d) 서명(Signature of Holder) : 20 . . . 국토교통부장관 [직인]

86㎜×54㎜(PVC(비닐 980.4g/㎡)

(뒷 쪽)

이 사람은 「항공보안법」 제33조에 따라 국토교통부장관으로부터 항공보안감독관으로 지정된 자로서, 항공보안에 관한 점검업무 수행을 위하여 항공기 및 공항시설에 출입하여 검사할 수 있으며, 개선에 필요한 시정조치를 할 수 있는 권한이 있습니다.

This person can enter and inspect the aircraft and airport facilities to conduct inspection on aviation security and has the power to take corrective and other protective measures as an aviation security Inspector designated by the Minister of Land, Infrastructure and Transport in accordance with Article 33 of Aviation Safety and Security Act.

2. 보안점검(Security Inspection)

항공보안 체계에서 보안점검은 국가차원의 보안관리를 위한 핵심활동으로 자리잡고 있다. 국가항공보안계획 12.3.1에서는 국토교통부장관이 민간항공 분야의 보안대책과 통제절차가 국가정책에 부합하여 적절히 시행되는지 확인해야 한다고 명시한다. 이는 공항운영자를 비롯한 관련 기관들을 대상으로 한 정기적인 보안점검을 통해 이루어지고 있다.

그러나 이 점검활동은 단순히 정해진 일정만을 따르는 것은 아니다. 국가항공보안 수준관리지침 제8조제7항에서 규정하는 바와 같이, 점검활동의 효율성을 극대화하기 위한 유연한 운영이 가능하다. 구체적으로 국토교통부장관은 국가항공보안 우발계획에 따른 위험평가와 위협분석 결과를 검토하고, 여기에 항공보안 위해요소 진단 결과까지 종합하여 점검 횟수와 우선순위를 탄력적으로 조정할 수 있는 권한을 갖는다.

이와 같은 위험기반 접근법의 도입은 실질적인 보안 강화라는 목표 달성을 가능하게 한다. 위험도가 높은 공항과 분야에 대해서는 점검빈도를 증가시키고, 상대적으로 안정적인 구역에서는 점검주기를 합리적으로 조정하는 것이다. 이러한 운영방식은 변화하는 보안환경에 신속하게 대응할 수 있을 뿐만 아니라, 한정된 자원을 효율적으로 배분하는 체계를 구축할 수 있다는 점에서 의의가 있다. 따라서 현행 보안점검 제도는 형식적인 절차 수행에 그치지 않고, 실질적인 항공보안 확보를 위한 역동적인 관리체계로서 운영되고 있는 것이다.

(1) 점검활동의 체계적 수행 절차

▌국가항공보안 수준관리지침

제8조(보안점검 등) ① 국토교통부장관은 항공보안감독관으로 하여금 공항운영자 및 항공사 등에 대하여 연간 감독계획에 따라 보안평가, 보안점검, 현장조사 및 불시평가 등의 점검활동을 수행하게 하여야 한다.

② 국토교통부장관은 항공보안법 제33조제2항에 따라 제1항에 따른 보안점검 등을 관계기관과 합동으로 실시할 수 있다.

③ 국토교통부장관이 특별히 필요하다고 인정하는 경우에는 제1항에 따른 점검 이외에 관계기관과 합동 또는 단독으로 특별점검을 실시 할 수 있다.

④ 공항운영자, 항공사, 항공화물터미널운영자 및 도심공항터미널운영자 등은 보안검색 수행 실태 등을 확인하기 위하여 보안검색위탁업체, 기내식 제조업체 등에 대하여 자체 보안점검 및 불시평가 등을 실시한다.

⑤ 제1항에 따라 보안점검 등을 실시하는 경우에는 점검 7일전에 점검계획을 점검대상자에게 통지하여야

> 한다. 다만, 불시평가의 경우에는 사전에 통지하지 아니하고 실시할 수 있다.
> ⑥ 국토교통부장관은 제1항 및 제3항에 따른 점검일정 및 결과를 필요한 경우 국가정보원장에게 제공한다.
> ⑦ 국토교통부장관은 점검활동을 수행하는 경우 국가항공보안 우발계획에 따른 위험평가 및 위협분석 또는 항공보안 위해요소 진단 결과를 반영하여 점검 횟수 및 우선순위를 조정할 수 있다.
> ⑧ 항공보안감독관은 점검활동을 수행하려는 경우 다음 각 호의 사항을 포함한 점검계획을 소속 기관장에게 보고 후 실시하여야 한다.
> 1. 점검 목적
> 2. 점검 대상
> 3. 점검 기간
> 4. 점검관
> 5. 주요 점검 항목
> 6. 그 밖에 점검활동 수행에 필요한 물품

항공보안 점검활동은 체계적인 절차와 명확한 기준에 따라 수행되어야 한다. 국가항공보안 수준관리지침 제8조제1항은 국토교통부장관이 항공보안감독관을 통해 공항운영자와 항공사 등을 대상으로 다양한 점검활동을 실시하도록 규정한다. 여기에는 보안평가, 보안점검, 현장조사, 불시평가 등이 포함되며, 모든 활동은 연간 감독계획에 근거하여 체계적으로 진행되고 있다.

이와 같은 다양한 점검활동을 효과적으로 운영하기 위해서는 투명성과 예측가능성을 보장하는 절차가 필수적이다. 원칙적으로 보안점검 실시 7일 전에 점검대상자에게 점검계획을 통지하는데, 이는 점검대상 기관이 충분한 준비를 할 수 있도록 배려한 조치다. 다만 불시평가의 경우에는 그 특성을 고려하여 사전통지 없이 실시할 수 있다. 이러한 예고 없는 점검은 일상적인 보안수준을 실제 그대로 파악할 수 있는 효과적인 방법인 것이다.

점검 실시에 앞서 체계적인 내부절차를 준수하는 것 또한 중요하다. 항공보안감독관은 점검활동 수행 전에 반드시 상세한 점검계획을 수립해야 한다. 이 계획에는 점검 목적, 대상, 기간, 점검관 명단, 주요 점검 항목, 점검활동에 필요한 물품 등이 구체적으로 명시된다. 나아가 수립된 계획은 소속 기관장에게 보고하여 승인을 받은 후에만 실행할 수 있다. 이러한 일련의 절차는 형식적 요구사항을 넘어 점검활동의 책임성과 투명성을 강화하는 핵심적인 요소라 할 수 있다. 철저한 사전준비와 체계적인 절차 준수를 통해 항공보안 점검의 신뢰성과 객관성을 확보하고 있는 것이다.

1) 관계기관 합동점검 체계

▌ **항공보안법**

제33조(항공보안 감독) ② 국토교통부장관은 대통령령으로 정하는 바에 따라 관계 행정기관과 합동으로 공항 및 항공기의 보안실태에 대하여 현장점검을 할 수 있다.

▌ **항공보안법 시행령**

제19조의3(합동 현장점검의 실시) ① 법 제33조제2항에 따라 국토교통부장관이 관계 행정기관과 합동으로 현장점검을 실시할 수 있는 경우는 다음 각 호와 같다.

1. 국가원수 또는 국제기구의 대표 등 국내외 중요인사가 참석하는 국제회의가 개최되는 경우
2. 올림픽경기대회·아시아경기대회 또는 국제박람회 등 국제행사가 개최되는 경우
3. 국내외 정보수사기관으로부터 구체적 테러 첩보 또는 보안위협 정보를 알게 된 경우
4. 제1호부터 제3호까지에서 규정한 경우 외에 공항시설 및 항공기의 보안 유지를 위하여 국토교통부장관이 필요하다고 인정하는 경우

② 제1항에 따라 합동으로 현장점검을 실시하려는 행정기관은 그 필요성 및 점검항목 등에 관하여 미리 국토교통부장관과 협의하여야 한다. 다만, 긴급을 요하는 경우에는 그러하지 아니하다.

항공보안 점검은 국토교통부의 단일 점검활동을 넘어 관계기관 간 합동점검을 통해 더욱 효과적으로 수행된다. 항공보안법 시행령 제19조의3과 국가항공보안 수준관리지침 제8조제2항이 이러한 협력체계의 법적 근거를 명시하고 있다. 국토교통부장관은 항공보안법 제33조제2항에 따라 정기적인 보안점검을 관계기관과 합동으로 실시할 수 있으며, 이를 통해 다각적이고 전문적인 점검이 이루어지는 것이다.

이와 같은 협력체계는 특별한 상황에서 그 진가를 드러낸다. 국토교통부장관이 특별히 필요하다고 인정하는 경우에는 정기점검 외에도 특별점검을 실시할 수 있는데, 이는 관계기관과 합동으로 진행하거나 국토교통부가 단독으로 수행할 수 있다. 이러한 유연한 운영 방식은 상황에 따른 신속하고 효율적인 대응을 가능하게 한다. 특히 긴급한 보안위협이나 특수한 상황이 발생했을 때 이런 체계가 효과적으로 운영되어 즉각적인 대처가 이루어지고 있다.

점검 이후의 결과 공유 역시 협력체계의 핵심 요소다. 국토교통부장관은 정기점검과 특별점검의 일정 및 결과를 필요시 국가정보원장에게 제공하도록 되어 있다. 이러한 정보 공유 체계는 항공보안과 국가안보 간의 연계성을 강화하고, 통합적인 보안관리 구조를 구축하는 데 중요한 역할을 한다. 점검 활동이 단순히 개별적 수준에서 종료되는 것이 아니라, 그 결과가 국가 차원의 보안 강화로 연결되어야 하는 것이다. 이처럼 관계기관 간의

긴밀한 협력과 체계적인 정보공유는 항공보안 점검의 실효성을 높이는 필수적인 요소로 자리잡고 있다.

2) 운영 주체별 자체 보안점검 체계

항공보안 체계에서는 정부 주도의 점검 외에도 각 운영 주체들의 자율적인 보안관리가 중요한 역할을 담당한다. 국가항공보안 수준관리지침 제8조제4항에서 명시하는 바와 같이, 공항운영자, 항공사, 항공화물터미널운영자, 도심공항터미널운영자 등 각 운영 주체들은 자신들이 위탁한 업무의 보안수준을 직접 관리하고 감독해야 할 책임을 지고 있다.

이러한 책임 수행의 일환으로 각 운영 주체들은 보안검색위탁업체와 기내식 제조업체 등 항공운영과 직접 연계된 협력업체들을 대상으로 자체 보안점검을 실시한다. 특히 이들 업체의 보안검색 수행 실태를 지속적으로 확인하는 것은 전체 항공보안 체계의 일관성을 유지하는 데 필수적인 요소가 되고 있다. 나아가 운영 주체들은 정기적인 자체 보안점검과 함께 불시평가도 병행하여 실시한다. 이는 일상적인 보안수준이 항상 적정하게 유지되고 있는지를 지속적으로 확인하기 위한 것이다.

이처럼 복합적인 점검체계의 운영은 보안의 사각지대를 최소화하는 동시에 각 단계에서의 책임성을 강화하는 효과를 창출한다. 정부의 체계적인 감독과 민간부문의 자율적인 관리가 상호보완적으로 이루어짐으로써, 보다 견고하고 효율적인 항공보안 체계가 구축되고 있는 것이다. 이는 단순한 규제준수를 넘어 각 주체가 능동적으로 보안수준을 향상시키는 체계로 발전하고 있다는 점에서 의의가 있다.

(2) 점검활동 수행 자격과 권한

> **▌항공보안감독관 업무규정**
> **제6조(점검활동의 수행)** 감독관은 공항운영자등에 대한 현장조사, 보안평가, 보안점검 및 보안평가 등 점검활동을 수행하는 경우 국가항공보안 수준관리지침에 따라야 한다.

항공보안 점검활동을 수행할 수 있는 인력은 명확한 자격 기준과 권한에 따라 지정된다. 항공보안감독관 업무규정 제6조에 따르면, 감독관이 공항운영자 등을 대상으로 현장조사, 보안평가, 보안점검 등의 점검활동을 수행할 때는 반드시 국가항공보안 수준관리지침을 준수해야 한다. 이는 점검활동의 일관성과 공정성을 확보하기 위한 기본 원칙이다.

이러한 원칙을 바탕으로 점검활동을 수행할 수 있는 인력의 범위는 국가항공보안 수준관리지침 제9조에 구체적으로 명시되어 있다. 우선 항공보안법 제33조제1항에 따라 지정된 항공보안감독관이 핵심 수행자가 된다. 하지만 감독관만이 점검을 수행하는 것은 아니다. 관계기관 공무원, 공항 및 항공사의 보안책임자나 감독자도 합동 점검에 참여할 수 있다. 또한 국토교통부장관이 특별히 지정하는 인원도 점검활동에 참여할 수 있어, 필요에 따라 전문성을 보강할 수 있는 유연성을 확보하고 있다.

특히 불시평가의 경우에는 일반 점검과 달리 더욱 엄격한 수행자 제한이 적용된다. 항공보안감독관이나 그들이 직접 요청한 인원만이 불시평가를 실시할 수 있다. 이러한 제한은 불시평가의 기밀성과 객관성을 유지하는 동시에, 평가의 신뢰성을 높이는 데 필수적이다. 예고 없이 실시되는 평가인 만큼 수행 주체를 엄격히 제한하여 정보 유출을 방지하고 있다. 따라서 이러한 체계적인 수행자 지정은 항공보안 점검활동의 전문성과 효과성을 보장하는 중요한 제도적 수단으로 운영된다.

(3) 점검활동 브리핑 체계와 협조 절차

▮ 국가항공보안 수준관리지침

제11조(사전 및 사후 브리핑 실시 등) ① 보안평가, 현장조사, 보안점검 및 불시평가를 실시하는 책임자는 제9조에 따른 점검활동 수행자들에게 점검 목적, 주안점 및 점검대상의 보안현황 등에 대하여 사전 브리핑을 실시한다.

② 불시평가를 실시하는 책임자는 불시평가 실시 전에 불시평가 수행자에게 다음 각 호의 사항에 대한 특별 사전 교육을 실시하여야 한다.

1. 불시평가 계획
2. 공항 구조 및 보안통제 특성
3. 불시평가 물품 사용방법 및 회수절차
4. 불시평가 시 준수사항
5. 불시평가 성공 또는 실패 시 대처법

③ 공항 보안책임자, 항공사 보안책임자 또는 관련 조직의 책임자는 점검활동 수행자가 제1항 및 제2항에 따른 보안점검 등을 위하여 필요한 자료를 요청하는 경우 이에 협조하여야 한다.

④ 점검활동 수행자가 제1항에 따른 보안평가 등을 종료한 때에는 점검지연으로 인한 시간부족 등 불가피한 경우를 제외하고는 주요 점검결과 및 점검 중 특이사항 등에 대하여 사후 브리핑을 실시하여야 한다.

항공보안 점검활동의 효과성을 높이기 위해서는 체계적인 브리핑 절차가 필수적이다. 국가항공보안 수준관리지침 제11조는 이러한 브리핑 체계를 상세히 규정하고 있다. 보안평가, 현장조사, 보안점검, 불시평가를 실시하는 책임자는 점검활동을 시작하기 전에 반드시 사전 브리핑을 실시한다. 이 브리핑에서는 점검의 목적, 중점 확인사항 그리고 점검대상의 현재 보안현황 등을 점검활동 수행자들과 공유하고 있다.

이렇게 철저한 사전 준비를 마친 후 실제 점검활동에 들어가면, 관련 기관의 적극적인 협조가 무엇보다 중요해진다. 공항 보안책임자, 항공사 보안책임자를 비롯한 관련 조직의 책임자들은 점검활동 수행자가 요청하는 자료를 제공할 의무가 있다. 이러한 협조체계는 점검활동이 충실하게 수행될 수 있는 기반이 되며, 보안 수준을 객관적으로 평가할 수 있게 해준다.

점검활동이 완료되면 사후 브리핑을 통해 결과를 공유하는 것이 중요하다. 점검활동 수행자는 보안평가 등을 종료한 후 주요 점검결과와 특이사항에 대해 사후 브리핑을 실시하고 있다. 물론 점검 지연으로 인한 시간 부족 등 불가피한 상황에서는 예외가 인정된다. 사후 브리핑을 통해 점검 대상 기관은 즉각적인 피드백을 받을 수 있으며, 발견된 문제점에 대한 신속한 개선 조치를 취할 수 있다. 결과적으로 사전–사후로 이어지는 브리핑 체계는 점검활동의 투명성을 높이고 상호 소통을 강화하는 핵심 절차로 자리잡고 있다.

(4) 보안점검 실시 방법과 문서화 절차

항공보안감독관 업무규정

제8조(점검의 실시) ① 감독관이 점검활동을 하는 경우 관련기관 합동으로 실시하거나 감독관 1인 또는 2인 이상이 합동으로 실시할 수 있다.

② 감독관은 제7조에 따른 연간 감독계획에 따라 점검활동을 실시하여야 한다. 다만, 감독관이 점검계획 이외의 점검을 하려는 때에는 미리 그 사유를 국토교통부장관 또는 지방항공청장에게 보고하여야 한다.

③ 감독관은 점검활동을 하는 경우에는 점검표를 활용하고, 점검대상자의 확인서는 별지 제1호 서식에 따라 작성하도록 하여야 한다.

④ 감독관은 감독활동 과정에서 항공보안에 관한 위해요소를 발견한 경우 별지 제2호서식의 시정조치서를 작성하여야 한다.

항공보안 점검은 다양한 형태로 실시될 수 있는 유연한 구조를 갖추고 있다. 항공보안감독관 업무규정 제8조에 따르면, 감독관은 점검활동을 수행할 때 관련기관과 합동으로 실시하거나, 단독 또는 2인 이상의 감독관이 팀을 구성하여 진행할 수 있다. 이러한 유연성은 점검 대상의 특성과 규모, 점검 목적에 따라 가장 효과적인 방식을 선택할 수 있게 해준다.

이렇게 다양한 방식으로 진행되는 점검활동은 기본적으로 연간 감독계획에 따라 체계적으로 이루어진다. 감독관은 사전에 수립된 계획을 충실히 이행하며, 이를 통해 점검의 일관성과 예측가능성을 확보하고 있다. 물론 긴급한 상황이나 특별한 필요가 발생했을 때는 계획 외 점검도 실시할 수 있다. 이 경우 감독관은 점검 실시 전에 그 사유를 국토교통부장관이나 지방항공청장에게 보고한다. 이러한 보고 절차는 점검활동의 투명성과 책임성을 보장하는 중요한 장치로 작동하고 있다.

실제 점검이 진행되는 과정에서는 객관성과 투명성을 확보하기 위한 문서화 절차가 철저히 지켜진다. 감독관은 표준화된 점검표를 활용하여 일관된 기준으로 평가를 진행하고 있다. 지적사항이 발견되면 확인서를 작성하고 점검대상자의 서명을 받아 상호 간의 인지와 합의를 명확히 한다. 특히 항공보안에 위해가 될 수 있는 요소를 발견했을 때는 시정조치서를 작성하여 즉각적인 개선을 유도한다. 이처럼 체계적인 문서화 과정은 점검 결과의 신뢰성을 높이고, 후속 조치의 근거를 명확히 하는 데 핵심적인 역할을 하고 있다.

(5) 항공보안 점검대상 기관 및 업체

▌국가항공보안 수준관리지침

제23조(점검대상 및 주기) ① 보안점검의 대상은 다음 각 호와 같다.

1. 공항운영자
2. 항공사(국적항공기가 운항하는 해외지사 포함)
3. 항공화물터미널운영자, 공항상주업체, 지상조업체 및 도심공항터미널운영자
4. 항공교통관제기관
5. 그 밖의 항공관련 운영자

항공보안 점검은 항공운송 체계에 참여하는 모든 주요 기관과 업체를 대상으로 한다. 국가항공보안 수준관리지침 제23조제1항은 보안점검의 대상을 명확히 규정하여, 항공보안 체계의 포괄성을 확보하고 있다.

점검대상의 가장 핵심은 당연히 공항운영자와 항공사다. 공항운영자는 공항 시설 전반의 보안을 책임지는 주체로서 가장 기본적인 점검대상이 된다. 항공사의 경우 국내 운영 조직뿐만 아니라 국적항공기가 운항하는 해외지점까지 점검 범위에 포함되고 있다. 이는 국제선 운항의 특성상 해외에서도 동일한 수준의 보안이 유지되어야 한다는 원칙을 반영한 것이다.

공항과 항공사 외에도 항공운송을 지원하는 다양한 관련 업체들이 점검대상에 포함된다. 항공화물터미널운영자, 공항상주업체, 지상조업체, 도심공항터미널운영자 등이 여기에 해당한다. 이들은 항공기 운항과 직간접적으로 연결되어 있어, 전체 보안 체계의 일

관성을 유지하기 위해 반드시 관리되어야 한다. 특히 항공교통관제기관은 항공기 운항의 안전과 직결되는 핵심 시설이라는 점에서 엄격한 보안관리가 적용되고 있다.

더 나아가 기타 항공관련 운영자들도 포괄적으로 점검대상에 포함될 수 있다. 이러한 개방적 규정은 항공산업의 발전과 변화에 따라 새롭게 등장하는 사업자나 서비스 제공자들도 보안점검 체계 안에 포함시킬 수 있는 유연성을 제공한다. 드론 운영업체나 도심항공교통(UAM) 사업자 같은 새로운 형태의 항공서비스도 향후 점검대상이 될 수 있다는 의미다. 결과적으로 이처럼 포괄적인 점검대상 설정은 항공보안의 사각지대를 최소화하고, 통합적인 보안 수준을 유지하는 데 기여하고 있다.

(6) 국내외 공항별 차별화된 점검 주기

국가항공보안 수준관리지침

제23조(점검대상 및 주기) ② 점검주기는 다음 각 호와 같다.

1. 공항(항공사, 공항상주업체 등 포함)은 1년에 1회 이상 실시
2. 국적항공기 및 국내 취항 외국항공기가 운항하는 해외공항에 대하여 실시하되 대상공항은 매년 다음 각 목을 고려하여 정한다.
   가. 신규 취항공항
   나. 항공보안사고 또는 사건이 발생하였던 공항
   다. 국내 여행객들이 많이 이용하는 공항
   라. 국가정보원 등 정보기관에서 정한 취약공항
   마. 항공에 대한 위협 증대 공항

항공보안 점검은 대상의 특성과 중요도에 따라 차별화된 주기로 실시된다. 국가항공보안 수준관리지침 제23조제2항은 이러한 점검 주기를 체계적으로 규정하고 있다.

먼저 국내 공항시설에 대해서는 연 1회 이상의 정기점검이 실시되고 있다. 이는 공항 자체뿐만 아니라 항공사, 공항상주업체 등 공항 내에서 운영되는 모든 관련 조직을 포함한다. 정기적인 점검 체계는 국내 항공보안 수준을 일정하게 유지하는 기본 틀이 된다. 매년 실시되는 점검을 통해 보안 체계의 지속적인 개선과 문제점의 조기 발견이 가능해지고 있다.

반면 해외공항에 대한 점검은 국내와 달리 보다 전략적이고 선택적으로 이루어진다. 국적항공기나 국내 취항 외국항공기가 운항하는 해외공항이 대상이 되며, 매년 특정 기준에 따라 점검 대상 공항을 선정한다. 우선 신규 취항공항은 보안 체계에 대한 초기 평가가 필요하므로 당연히 점검 대상에 포함되고 있다. 과거 항공보안사고나 사건이 발생했던 공항들도 재발 방지와 개선 상황 확인을 위해 중점 관리 대상이 된다.

이와 함께 점검 대상 해외공항을 선정할 때는 실용적인 고려사항들도 중요하게 반영된다. 국내 여행객들이 많이 이용하는 공항은 우리 국민의 안전과 직결되므로 우선순위가 높다. 국가정보원 등 정보기관이 취약하다고 평가한 공항이나 항공에 대한 위협이 증대되고 있는 공항들도 집중 점검 대상이 되고 있다. 이러한 위험기반접근법은 제한된 자원을 효율적으로 활용하면서도 실질적인 보안강화 효과를 달성할 수 있게 해준다. 결국 차별화된 점검주기 설정은 국내외 항공보안 환경의 특성을 반영한 효과적인 관리 전략으로 자리잡고 있다.

(7) 표준화된 보안점검 세부 항목

항공보안 점검은 표준화된 절차에 따라 체계적으로 이루어지며, 국가항공보안 수준관리지침에서 제공하는 보안점검표를 활용하여 일관된 기준으로 평가가 진행됨으로써 점검의 객관성과 신뢰성을 확보하고 있다.

그러나 국가항공보안계획 2.21은 보안점검(Security Inspection)을 "국가항공보안계획에서 공항운영자등에게 보안대책 이행 효과성에 대해 검사(공개 또는 비공개)하는 것"으로 규정하고 있다. 이에 반하여 국가항공보안 수준관리지침 제4조제4호는 보안점검(Inspection)을 "민간항공보안에 대한 보안대책 및 통제절차 등이 적절히 수행되고 있는지를 확인하기 위하여 공항, 항공기 및 공항운영자 등에 대하여 점검하는 것"으로 명시하였다. 즉, 국가항공보안계획의 보안점검 정의는 ICAO 기준에 부합하도록 개정되었으나, 국가항공보안 수준관리지침의 정의는 여전히 과거의 개념을 유지하고 있어 규정 간 불일치가 발생하고 있는 것이다.

이러한 규정 간 정의의 불일치는 항공보안 감독활동의 일관성을 저해하는 요인으로 작용한다. 국가항공보안계획이 ICAO 기준에 따라 '이행 효과성'을 중심으로 보안점검을 재정의하였다면, 관련 하위 규정 및 지침에서도 동일한 개념과 용어를 사용하여 규정 체계의 정합성을 확보해야 할 것이다. 이를 위하여 국가항공보안 수준관리지침의 보안점검 정의를 국가항공보안계획의 정의와 일치시키는 개정 작업이 필요하다.

또한, 이행 효과성 검증을 위한 항공보안감독관의 세부 점검표를 현실화할 필요가 있다. 현재의 점검표는 보안대책의 이행 여부를 확인하는 수준에 머물러 있으나, ICAO가 요구하는 이행 효과성 평가를 위해서는 '효과 있음' 또는 '효과 없음'을 판단할 수 있는 구체적 기준이 제시되어야 한다. 이러한 이행 효과성 판단을 위한 근거 및 평가 기준을 명확히 제시하는 가이드라인을 마련함으로써, 항공보안감독관의 재량권 남용을 방지하고 객관적이고 일관된 감독활동을 보장할 수 있을 것이다.

이러한 국가 기준의 확립은 공항운영자 및 항공운송사업자 등이 자체 수준관리를 위한 평가항목을 구체화하는 데 있어서도 기준으로 활용될 수 있다. 즉, 국가 차원에서 이행 효과성 평가 기준이 명확히 제시된다면, 공항운영자등은 이를 기초로 자체 보안점검 체계를 수립하고 보안대책의 실효성을 자율적으로 검증할 수 있는 체계를 구축할 수 있을 것이다.

1) 공항운영자 대상 체계적 보안점검 평가 항목

▮ 국가항공보안 수준관리지침

제24조(점검항목) ① 보안점검 시 확인하여야 하는 사항은 다음 각 호와 같다.

1. 공항운영자
   가. 우발계획 수립 및 훈련 실시
   나. 항공보안조직의 구성·업무 및 보안책임자의 지정 등
   다. 항공보안에 관한 정보의 전달 및 보고절차
   라. 항공보안에 관한 교육훈련 계획 및 실적
   마. 공항시설의 경비대책
   바. 보호구역의 지정 및 출입통제 절차
   사. 승객·휴대물품 및 위탁수하물에 대한 보안검색 실시 및 운영상태
   아. 보호구역외 공항상주업체의 항공보안관리 실태
   자. 보안장비의 관리 및 운용 실태
   차. 보안검색 실패 등에 대한 대책
   카. 보안검색 기록의 작성·유지 상태
   타. 그 밖에 항공보안에 관한 사항

② 보안점검은 별표 13부터 별표 14까지의 보안점검표를 사용하여 실시한다.

국가항공보안 수준관리지침 제24조는 보안점검 시 확인해야 하는 세부 항목들을 명시하고 있다. 공항운영자에 대한 점검은 특히 포괄적이고 체계적인 접근이 요구된다.

점검은 우선 보안체계의 기본 틀과 관련된 사항들부터 시작한다. 우발계획의 수립 상태와 이에 대한 훈련 실시 여부를 확인하고, 항공보안조직이 적절히 구성되어 있는지, 보안책임자가 명확히 지정되어 업무를 수행하고 있는지를 평가한다. 항공보안 정보가 효과적으로 전달되고 보고되는 절차가 확립되어 있는지도 중요한 점검 대상이다. 교육훈련 분야에서는 계획의 적정성과 실제 실적을 함께 검토하여, 인력의 전문성이 지속적으로 유지되고 있는지 확인하고 있다.

이러한 기본 체계를 확인한 후에는 시설보안과 출입통제를 점검한다. 물리적 보안의 핵심 요소인 만큼 더욱 면밀한 평가가 이루어진다. 공항시설 전반의 경비대책이 적절한지, 보호구역이 올바르게 지정되고 출입통제 절차가 엄격히 시행되고 있는지를 꼼꼼히 살펴본다. 보호구역 외부의 공항상주업체들도 전체 보안 체계의 일부이므로, 그들의 항공보안관리 실태까지 빠짐없이 점검하고 있다.

무엇보다 중요한 것은 보안검색 운영 상태다. 항공보안의 최일선인 만큼 특별한 주의를 기울여 점검이 진행된다. 승객과 휴대물품, 위탁수하물에 대한 보안검색이 규정대로 실시되고 있는지, 보안장비가 적절히 관리되고 효과적으로 운용되고 있는지를 확인한다. 특히 보안검색 실패 시의 대응 대책이 마련되어 있는지, 모든 보안검색 활동이 정확히 기록되고 유지되고 있는지도 놓치지 않고 평가한다. 이 외에도 항공보안과 관련된 기타 사항들을 포괄적으로 점검하여, 보안 체계에 사각지대가 없도록 철저히 관리하고 있다.

2) 항공운송사업자 보안점검 세부 항목

▌국가항공보안 수준관리지침

제24조(점검항목) ① 보안점검 시 확인하여야 하는 사항은 다음 각 호와 같다.

2. 항공사
   가. 우발계획 수립 및 훈련 실시
   나. 항공보안조직의 구성·업무 및 보안책임자의 지정 등
   다. 항공보안에 관한 정보의 전달 및 보고절차
   라. 항공보안에 관한 교육훈련 계획 및 실적
   마. 항공기 운항을 위해 항공사가 관리·운영하는 항공보안 시설물에 대한 보안대책
   바. 항공기 보안대책 수립 및 이행상태
   사. 기내식 시설 및 기내 물품 관리 운영 상태
   아. 화물에 대한 보안검색 실시 및 이행상태
   자. 위해물품 탑재 및 운송 대책 수립 및 이행상태
   차. 승객 및 수하물에 대한 일치 여부 이행상태 확인
   카. 보안장비의 관리 및 운용 실태
   타. 직원에 대한 출입증 관리 실태
   파. 그 밖에 항공보안에 관한 사항

항공운송사업자에 대한 점검은 항공기 운항과 직접 관련된 보안 활동에 초점을 맞춘다. 기본적인 보안 체계 요소들은 공항운영자와 유사하게 우발계획, 조직 구성, 정보 전달

체계, 교육훈련 등을 포함한다. 그러나 항공운송사업자만의 특수한 점검 항목들이 추가로 적용되고 있다.

공항운영자와 차별화되는 부분은 바로 항공기와 관련된 직접적인 보안 사항들이다. 항공기 보안대책의 수립과 이행 상태를 확인하고, 항공사가 관리하는 보안 시설물에 대한 대책도 꼼꼼히 점검한다. 특히 기내식 시설과 기내 물품의 관리 운영 상태는 항공기 내부 보안의 중요한 요소로서 세밀하게 검토되고 있다. 화물 보안검색의 실시와 이행 상태, 위해물품의 탑재 및 운송 대책도 빼놓을 수 없는 핵심 점검 대상이다.

이와 함께 운영 절차의 정확성도 중요한 평가항목으로 다루어진다. 승객과 수하물의 일치 여부를 확인하는 절차가 제대로 이행되고 있는지, 보안장비가 적절히 관리되고 운용되는지를 점검한다. 직원 출입증 관리 실태도 내부 보안관리의 중요한 지표로서 평가 대상에 포함되고 있다. 이처럼 복합적이고 포괄적인 점검항목 설정은 공항운영자와 항공운송사업자 각각의 특성에 맞는 맞춤형 보안관리를 가능하게 한다. 결과적으로 각 주체별 특화된 점검을 통해 전체 항공보안 체계의 완성도를 높여가고 있다.

3) 항공기취급업체 등

▌국가항공보안 수준관리지침

제24조(점검항목) ① 보안점검 시 확인하여야 하는 사항은 다음 각 호와 같다.

3. 항공기취급업체 등
   가. 우발계획 수립 및 훈련 실시
   나. 항공보안조직의 구성·업무 및 보안책임자의 지정
   다. 항공보안에 관한 교육훈련 계획 및 실적
   라. 직원에 대한 출입증 관리 실태
   마. 그 밖에 항공보안에 관한 사항

항공기취급업체 등에 대한 점검은 공항운영자나 항공운송사업자와 달리 상대적으로 간소화된 항목이 적용된다. 우발계획 수립과 훈련, 보안조직 구성과 책임자 지정, 교육훈련 계획과 실적 등 기본적인 보안관리 체계를 중심으로 확인한다. 이들 업체는 항공보안의 주체는 아니지만, 항공운송 체계의 중요한 구성원으로서 일정 수준 이상의 보안관리가 요구되고 있다.

특히 주목해야 할 점은 직원 출입증 관리 실태다. 이들 업체의 직원들이 공항 보호구역에 빈번하게 접근할 수 있다는 점에서 출입증 관리는 매우 중요한 점검 항목이 된다.

하나의 취약점이 전체 보안 체계를 위협할 수 있기 때문에, 비록 간소화된 점검이라 하더라도 출입 관리만큼은 엄격한 기준이 적용되고 있다. 업체의 규모와 특성 그리고 수행 업무의 중요도에 따라 추가적인 항공보안 사항들도 점검 대상에 포함될 수 있다. 이처럼 차등화되면서도 핵심을 놓치지 않는 점검 체계를 통해 항공보안의 효율성과 실효성을 동시에 추구하고 있다.

4) 항공교통관제기관

▌국가항공보안 수준관리지침

제24조(점검항목) ① 보안점검 시 확인하여야 하는 사항은 다음 각 호와 같다.

4. 항공교통관제기관
   가. 자체 보안계획 수립
   나. 항공보안업무 담당 조직 구성·세부업무 및 보안책임자 지정
   다. 항공보안에 관한 교육훈련
   라. 항공보안에 관한 정보의 전달 및 보고 절차
   마. 해당 시설의 경비보안
   바. 항공보안장비의 관리 및 운용
   사. 공항 보호구역 출입증 관리
   아. 항공교통관제기관에 대한 불법방해행위 방지를 위한 통신수단, 항행 및 탐지 인프라 등 시설보안
   자. 항공고시보(NOTAM) 등 항행안전정보 전파체계의 보안
   차. 그 밖에 항공보안에 관하여 필요한 사항

항공교통관제기관 점검은 항공기취급업체와는 또 다른 차원의 접근이 필요하다. 항공기 운항의 안전과 직결되는 특수성 때문이다. 자체보안계획 수립, 보안업무 조직 구성, 교육훈련과 정보 전달 체계 등 기본 요소는 물론, 관제 업무의 특성에 맞는 점검 항목들이 추가로 적용되고 있다. 해당 시설의 경비보안과 보안장비 관리, 통신수단과 항행 및 탐지 인프라 등 핵심 시설의 보안이 중점적으로 평가된다.

무엇보다 중요한 것은 항공고시보(NOTAM) 등 항행안전정보 전파체계의 보안이다. 이는 항공교통관제기관만의 고유한 점검 항목으로, 이러한 정보가 조작되거나 왜곡될 경우 항공기 운항에 치명적인 위험을 초래할 수 있기 때문이다. 실제로 잘못된 항행정보 하나가 대형 사고로 이어질 수 있다는 점에서 더욱 엄격한 관리가 이루어지고 있다. 관제기관에 대한 불법방해행위 방지 대책도 철저히 점검하여, 항공교통 관제 시스템의 안정성을 확보한다.

지금까지 살펴본 것처럼 대상별로 차별화된 점검 항목의 적용은 각 기관과 업체의 고유한 역할과 책임을 고려한 맞춤형 보안관리를 가능하게 한다. 공항운영자는 시설 전반을, 항공운송사업자는 항공기 운항을, 관제기관은 항행 안전을 중심으로 점검받는다. 이러한 포괄적이면서도 세분화된 점검 체계는 항공보안의 모든 영역에서 일관된 수준의 안전을 유지하는 핵심 메커니즘으로 작동하고 있다.

(8) 점검결과 통보 및 시정조치 관리

> **▌ 항공보안감독관 업무규정**
> **제10조(점검결과의 조치)** ① 국토교통부장관 또는 지방항공청장은 점검 실시 후 업무일 기준 10일 이내에 시정지시 등을 포함한 점검결과를 해당 점검대상자에게 통보하여야 한다. 다만, 점검결과에 대한 추가 사실확인 등이 필요한 경우에는 업무일 기준 10일을 초과하여 점검결과를 통보 할 수 있다.
> ② 제1항에 따라 시정조치서를 발부 할 경우 감독관은 시정조치 여부를 확인하고, 이에 대한 기록을 최소 3년 이상 보존하여야 한다.

항공보안 점검은 문제점을 발견하는 것에서 끝나지 않고, 체계적인 후속 조치를 통해 실질적인 개선으로 이어진다. 항공보안감독관 업무규정 제10조는 점검 이후의 조치 절차를 명확히 규정하고 있다.

점검이 완료되면 그 결과는 신속하고 공식적인 절차를 통해 전달된다. 국토교통부장관이나 지방항공청장은 점검 실시 후 업무일 기준 10일 이내에 점검결과를 해당 기관에 통보한다. 이 통보에는 발견된 문제점과 함께 시정지시 등 구체적인 개선 요구사항이 포함되고 있다. 신속한 피드백을 통해 점검대상 기관이 조속히 문제를 인지하고 개선 계획을 수립할 수 있게 되는 것이다. 물론 점검결과에 대한 추가적인 사실확인이 필요한 경우에는 10일을 초과하여 통보할 수 있도록 하여, 정확성과 신속성 사이의 균형을 유지하고 있다.

통보 이후에는 시정조치의 이행 관리가 더욱 중요해진다. 이는 점검 효과성을 담보하는 핵심 절차다. 시정조치서가 발부되면 항공보안감독관은 해당 기관이 요구사항을 제대로 이행했는지 확인한다. 단순히 서류상의 확인에 그치지 않고, 실제 현장에서 개선이 이루어졌는지를 검증하고 있다. 모든 시정조치 관련 기록은 최소 3년 이상 보존되어야 하며, 이를 통해 개선 이력을 추적하고 반복적인 문제 발생을 방지할 수 있다. 체계적인 기록 관리는 결국 장기적인 보안 수준 향상을 위한 소중한 데이터베이스 역할을 하고 있다.

(9) 점검결과 보고체계와 종합 관리

▌항공보안감독관 업무규정

제9조(점검결과의 보고) ① 감독관은 점검활동을 실시한 후 업무일 기준 10일 이내에 지적사항, 조치사항, 시정조치서에 대한 사항, 개선사항 및 건의사항 등이 포함된 점검결과보고서를 작성하여 국토교통부장관 또는 지방항공청장에게 보고하여야 한다.
② 제1항에 따라 보고를 받은 지방항공청장은 점검결과를 국토교통부장관에게 보고하여야 하며, 연간 종합보고서는 다음 연도 1월 10일까지 작성하여 보고하여야 한다.

항공보안 점검활동의 결과는 체계적인 보고 절차를 통해 상급 기관에 전달되고 관리된다. 항공보안감독관 업무규정 제9조는 이러한 보고체계를 명확히 규정하여, 점검 정보가 효과적으로 공유되고 활용될 수 있도록 하고 있다.

점검이 끝나면 결과보고서를 신속하고 포괄적으로 작성해야 한다. 감독관은 점검활동을 실시한 후 업무일 기준 10일 이내에 상세한 보고서를 작성한다. 이 보고서에는 점검 과정에서 발견된 지적사항, 즉시 취한 조치사항, 발부한 시정조치서 내용 그리고 향후 개선이 필요한 사항과 건의사항 등이 체계적으로 정리되고 있다. 작성된 보고서는 국토교통부장관이나 지방항공청장에게 보고되며, 이를 통해 점검 현황이 관리 체계 내에서 투명하게 공유된다.

이러한 보고체계는 단계적이면서도 통합적인 구조를 갖추고 있다. 지방항공청장이 감독관으로부터 점검결과를 보고받으면, 이를 다시 국토교통부장관에게 보고한다. 이중 보고체계를 통해 지방항공청 단위의 점검 정보가 본부 차원에서 종합적으로 파악되고 관리될 수 있다. 특히 주목할 점은 연간 종합보고서다. 다음 연도 1월 10일까지 작성하여 보고해야 하는 이 보고서는 한 해 동안의 점검 활동과 보안 수준 변화를 체계적으로 분석하고 평가하는 중요한 자료가 되고 있다. 연간 종합보고서를 통해 항공보안 정책의 효과성을 검증하고, 차년도 보안 전략 수립의 기초 자료로 활용한다. 결국 이런 체계적인 보고 절차가 항공보안 수준의 지속적인 향상을 이끌어가는 원동력이 되는 것이다.

(10) 점검문서의 체계적 보존 관리

▌국가항공보안 수준관리지침

제14조(점검결과 보고서 보존) ① 점검활동 수행자는 제8조에 따라 현장조사, 보안평가, 보안점검 및 불시평가 등을 실시한 경우 점검결과 보고서를 작성하여야 한다.

> ② 제1항에 따라 작성한 보고서는 최소 3년 이상 보존하여야 한다. 다만, 시정 조치가 완료되지 않은 사항이 있는 보고서 또는 점검표는 조치가 완료될 때까지 보존한다.

항공보안 점검활동의 연속성과 책임성을 확보하기 위해서는 체계적인 문서 보존 관리가 필수적이다. 국가항공보안 수준관리지침 제14조는 점검결과 보고서의 작성과 보존에 관한 명확한 기준을 제시하고 있다.

우선 모든 점검활동은 빠짐없이 공식 보고서로 문서화되어야 한다. 점검활동 수행자는 현장조사, 보안평가, 보안점검, 불시평가 등 어떤 형태의 점검을 실시하든 반드시 점검결과 보고서를 작성한다. 이러한 문서화 의무는 점검활동의 투명성을 보장하고, 향후 참고자료로 활용할 수 있는 든든한 기반을 마련해준다. 보고서에는 점검 과정, 발견사항, 조치 내용 등이 상세히 기록되어, 보안 수준의 변화 추이를 추적할 수 있는 중요한 데이터베이스 역할을 하고 있다.

작성된 보고서의 보존 기간은 기본적으로 최소 3년 이상으로 규정된다. 이 기간은 점검 이력을 충분히 검토하고, 반복적인 문제점을 파악하며, 장기적인 개선 효과를 평가할 수 있는 최소한의 시간이다. 하지만 모든 보고서가 획일적으로 3년만 보존되는 것은 아니다. 시정조치가 완료되지 않은 사항이 포함된 보고서나 점검표는 해당 조치가 완전히 마무리될 때까지 계속 보존해야 한다. 설령 몇 년이 걸리더라도 문제가 해결될 때까지 지속적으로 관리하겠다는 의지의 표현이다. 이러한 탄력적인 보존 기준은 단순한 기록 관리를 넘어선다. 발견된 모든 보안 취약점이 확실하게 개선될 때까지 추적 관리하는 체계적인 접근방식을 보여주고 있다. 결국 철저한 문서 관리가 항공보안 점검활동의 실효성을 높이는 핵심 요소가 되는 것이다.

(11) 점검 정보의 보안 유지 원칙

> **▌국가항공보안 수준관리지침**
>
> **제14조의2(점검결과 공개 금지)** 점검활동 책임자 및 수행자는 점검활동 과정에서 얻은 정보와 점검활동의 결과를 항공보안업무 관련 이외의 사람에게 공개하거나 제공하여서는 아니 된다. 다만, 다음 각 호에 해당하는 경우에는 그러하지 아니하다.
>
> 1. 다른 법률에 따라 공개 또는 제공을 요청받은 경우
> 2. 소속 기관의 장에게 보고하기 위한 경우
> 3. 수검자에게 통보하는 경우

항공보안 점검 정보는 국가 안보와 직결되는 민감한 사항으로, 엄격한 보안관리가 요구된다. 국가항공보안 수준관리지침 제14조의2는 점검결과의 보안 유지에 관한 명확한 규정을 제시하고 있다.

무엇보다 점검활동에 참여하는 모든 인원에게는 엄격한 비밀 유지 의무가 부과된다. 점검활동 책임자와 수행자는 점검 과정에서 취득한 정보와 점검결과를 항공보안업무 관련자가 아닌 외부 인원에게 공개하거나 제공할 수 없다. 이러한 제한은 점검을 통해 파악된 보안 취약점이나 시설 정보가 악의적인 목적으로 이용되는 것을 방지하기 위한 필수적인 조치다. 항공보안 정보가 부적절하게 공개되면 테러나 불법 행위에 악용될 수 있기 때문에, 정보 보호는 항공 안전의 가장 중요한 요소라 할 수 있다.

물론 업무상 필요하거나 법적 요구가 있는 경우에는 예외가 인정되고 있다. 먼저 다른 법률에 따라 공개나 제공을 요청받은 경우에는 법적 절차에 따라 정보를 제공할 수 있다. 수사나 감사 등 공적 목적을 위한 정당한 정보 요구에는 응해야 하기 때문이다. 또한 소속 기관의 장에게 보고하는 것은 정상적인 업무 절차로서 당연히 허용된다. 점검을 받은 기관에 결과를 통보하는 것도 마찬가지다. 이들 기관은 점검결과를 바탕으로 개선 조치를 취해야 하므로 정보를 제공받을 정당한 권리가 있다. 이러한 예외 규정은 보안 유지와 업무 효율성 사이의 균형을 유지하면서도, 정보 공개의 범위를 최소한으로 제한하는 실용적인 접근을 보여준다. 결국 철저한 정보보안 관리를 통해 항공보안 점검 체계의 신뢰성과 안정성을 확보하고 있다.

3. 불시평가(Test)

항공보안 체계에서 불시평가는 실제 보안 수준을 가장 정확하게 측정할 수 있는 핵심 도구다. 국가항공보안계획 12.5.1에 따르면, 국토교통부장관은 공항운영자 등의 보안업무 수준이 적절하게 유지되고 있는지 확인하기 위해 불시평가를 실시해야 한다. 이는 사전 통지 없이 진행되는 평가로서, 일상적인 운영 상태에서의 실질적인 보안 능력을 검증하는 데 그 목적이 있다.

이러한 불시평가의 핵심은 보안대책과 통제절차의 실제 수행 능력을 점검하는 것이다. 정기 점검과 달리 평가 대상 기관이 특별한 준비를 할 수 없는 상황에서 진행되므로, 평소 보안 체계가 얼마나 효과적으로 작동하는지를 있는 그대로 확인할 수 있다. 이러한 평가 방식은 형식적인 준비나 일시적인 개선이 아닌, 지속적이고 일관된 보안 수준 유지를 유도하고 있다.

불시평가는 이처럼 항공보안 체계의 실효성을 검증하고, 잠재적 취약점을 조기에 발견하여 개선할 수 있게 하는 중요한 관리 수단으로 자리잡고 있다. 예고 없는 평가를 통해 확인된 문제점들은 즉각적인 개선 조치로 이어지며, 이는 전체적인 항공보안 수준을 한 단계 높이는 계기가 된다.

(1) 불시평가 수행을 위한 체계적 사전교육

국가항공보안 수준관리지침

제11조(사전 및 사후 브리핑 실시 등) ② 불시평가를 실시하는 책임자는 불시평가 실시 전에 불시평가 수행자에게 다음 각 호의 사항에 대한 특별 사전 교육을 실시하여야 한다.

1. 불시평가 계획
2. 공항 구조 및 보안통제 특성
3. 불시평가 물품 사용방법 및 회수절차
4. 불시평가 시 준수사항
5. 불시평가 성공 또는 실패 시 대처법

불시평가의 성공적인 수행을 위해서는 평가자에 대한 철저한 사전 준비가 필수적이다. 국가항공보안 수준관리지침 제11조제2항은 불시평가 수행자를 위한 특별 사전교육의 실시를 의무화한다. 불시평가를 실시하는 책임자는 평가 수행자들이 현장에 투입되기 전에 반드시 체계적인 교육을 제공해야 한다.

이러한 사전교육은 다섯 가지 핵심 영역을 포괄적으로 다룬다. 첫째, 불시평가 계획에 대한 상세한 브리핑을 통해 평가의 목적, 범위, 방법론을 명확히 전달한다. 둘째, 평가 대상 공항의 구조와 보안통제 특성을 교육하여, 수행자가 현장 상황을 충분히 이해하고 효과적으로 대응할 수 있도록 한다. 각 공항의 고유한 환경과 운영 체계를 고려한 맞춤형 평가가 가능해지는 것이다.

실무적인 교육 내용도 중요한 비중을 차지하고 있다. 불시평가에 사용되는 모의 위험물품이나 테스트 도구의 사용방법과 회수절차를 상세히 교육하여, 평가 과정에서 발생할 수 있는 혼란을 최소화한다. 불시평가 시 반드시 지켜야 할 준수사항을 명확히 전달하여, 평가 활동이 공항 운영에 불필요한 지장을 주지 않도록 하는 것도 핵심 교육 내용이다.

마지막으로 평가가 성공하거나 실패했을 때의 구체적인 대처 방법을 교육한다. 이는 평가 수행자가 어떤 상황에서도 침착하고 전문적으로 대응할 수 있게 하며, 특히 평가 실패로 인한 보안 경보 발령 시 신속한 상황 해결을 가능하게 한다. 이러한 체계적인 사전

교육은 불시평가의 신뢰성과 안전성을 동시에 확보하는 핵심 절차로 자리잡고 있다. 철저한 준비를 통해 불시평가가 실질적인 보안 개선으로 이어질 수 있는 기반을 마련하는 것이다.

(2) 불시평가의 제한적 사전 통보 체계

> **▌국가항공보안 수준관리지침**
> **제12조(불시평가 사전 통보)** ① 불시평가 실시 책임자는 불시평가를 실시하기 전 실제 상황으로 오인하여 공항 또는 항공기 운항의 혼란을 초래하는 것을 방지하기 위해 공항 또는 항공사 책임자에게만 그 내용을 사전에 통보한 후 실시할 수 있다.
> ② 불시평가를 사전에 통보받은 공항 또는 항공사 보안책임자는 이 내용을 관련 책임자만이 알 수 있도록 관리하며 불시평가를 받는 보안검색요원 또는 보안요원에게 해당 사실을 누설하여서는 아니 된다.

불시평가는 예고 없이 실시되는 것이 원칙이지만, 운영상의 안전을 위한 최소한의 통보 체계가 마련되어 있다. 국가항공보안 수준관리지침 제12조는 이러한 제한적 사전 통보의 절차와 관리 방법을 규정한다.

불시평가 실시 책임자는 평가 진행에 따른 혼란을 방지하기 위해 선택적으로 사전 통보를 할 수 있다. 이는 평가 활동이 실제 보안위협 상황으로 오인되어 공항이나 항공기 운항에 심각한 혼란을 초래하는 것을 예방하기 위한 조치다. 예를 들어, 모의 위험물품을 사용한 테스트가 실제 테러 시도로 오해되어 대규모 경보가 발령되거나 운항이 중단되는 상황을 방지할 수 있다. 이러한 통보는 오직 공항이나 항공사의 최고 책임자에게만 제한적으로 이루어지며, 불시평가의 본질적 목적을 훼손하지 않으면서도 안전한 평가 환경을 조성하고 있다.

이와 함께 사전 통보를 받은 책임자에게는 엄격한 비밀 유지 의무가 부과된다. 공항이나 항공사 보안책임자는 통보받은 내용을 극소수의 관련 책임자들과만 공유할 수 있으며, 철저한 정보 관리가 요구되고 있다. 특히 실제 평가 대상이 되는 보안검색요원이나 보안요원들에게는 어떠한 형태로도 정보가 누설되어서는 안 된다. 이들이 평가에 대해 사전에 인지하게 되면 평소와 다른 행동을 보일 수 있고, 이는 불시평가의 핵심 목적인 일상적 보안 수준의 실제 검증을 불가능하게 만들기 때문이다.

이러한 이중적 관리 체계는 평가의 객관성과 운영의 안정성이라는 두 가지 목표를 동시에 달성하기 위한 제도적 장치다. 제한적 사전 통보를 통해 공항 운영의 혼란을 예방하면서도, 엄격한 정보 관리로 평가의 실효성을 확보한다. 이는 현실적인 제약 조건 속에서 불시평가가 본래의 목적을 달성할 수 있도록 하는 실무적 해결책이 되고 있다.

(3) 불시평가 핵심 점검 영역

▌국가항공보안 수준관리지침

제25조(확인 내용) 불시평가에서 확인하여야 하는 사항은 다음 각 호와 같다.

1. 국가 항공보안 관련 규정 준수 여부 불시확인
2. 보안 업무 수행 능력 확인
3. 보안요원에 대한 근무 태세 확인
4. 보안요원 취약점 파악
5. 비상시 대응 여부 파악

불시평가는 항공보안 체계의 다양한 측면을 종합적으로 점검하는 실전적 평가 도구다. 국가항공보안 수준관리지침 제25조는 불시평가를 통해 확인해야 하는 핵심 사항들을 구체적으로 명시한다.

불시평가의 첫 번째 초점은 규정 준수 여부의 확인이다. 국가 항공보안 관련 규정들이 일상적인 업무수행 과정에서 제대로 지켜지고 있는지를 예고 없이 점검한다. 이는 단순히 규정의 존재 여부가 아닌, 실제 현장에서의 적용 실태를 파악하는 데 중점을 두고 있다. 정기 점검 시에만 규정을 준수하는 형식적 대응이 아닌, 평상시의 실제 준수 수준을 확인할 수 있다는 점에서 큰 의미를 가진다.

이러한 규정 준수 확인과 함께 보안업무 수행능력과 근무태세가 핵심 평가영역으로 자리잡고 있다. 보안요원들이 주어진 업무를 얼마나 효과적으로 수행하는지, 그들의 근무태세는 어떤 수준인지를 종합적으로 평가한다. 이 과정에서 개인별, 팀별 역량 차이를 파악하고, 추가 교육이나 훈련이 필요한 부분을 도출할 수 있다. 특히 보안요원의 취약점을 구체적으로 파악하는 것은 맞춤형 개선방안을 마련하는 데 필수적인 정보가 되고 있다.

비상상황 대응 능력의 검증은 불시평가만이 제공할 수 있는 고유한 가치를 지닌다. 실제 위기 상황이 발생했을 때 보안요원들이 얼마나 신속하고 적절하게 대응하는지를 평가하는 것이 핵심이다. 매뉴얼상의 절차를 숙지하는 것과 실제로 그것을 실행할 수 있는 것 사이에는 상당한 차이가 존재하며, 이를 확인하는 과정이야말로 불시평가의 본질적 의의라 할 수 있다. 모의 상황을 통해 비상시 의사결정 과정, 관련 부서 간 협조 체계, 대응 속도 등을 실전적으로 검증함으로써 실질적인 대응역량을 측정하게 된다.

이러한 다각적인 확인 내용들은 항공보안 체계의 실질적인 효과성을 검증하고, 지속적인 개선을 위한 구체적인 방향을 제시하는 기초 자료로 활용된다. 불시평가를 통해 수집된 정보는 전체적인 보안 수준 향상을 위한 정책 수립과 교육 프로그램 개발에 직접적으로 반영되며, 이는 국가 항공보안 체계를 더욱 견고하게 만드는 핵심 요소가 되고 있다.

(4) 불시평가 대상 기관 및 평가 기준

▌국가항공보안 수준관리지침

제26조(불시평가 대상) 불시평가의 대상은 다음 각 호와 같다.

1. 공항운영자
2. 항공사
3. 항공화물터미널운영자, 공항상주업체 및 도심공항터미널운영자
4. 지상조업체(필요한 경우에 한한다)

불시평가는 항공보안 체계에 참여하는 주요 기관들을 대상으로 실시된다. 국가항공보안 수준관리지침 제26조는 불시평가의 대상 범위를 명확히 규정하여, 보안 체계 전반에 걸친 실질적인 점검이 이루어지도록 한다.

불시평가의 주요 대상은 항공운송 체계의 핵심 운영 주체들이다. 공항운영자는 공항시설 전반의 보안을 책임지는 주체로서 가장 중요한 평가 대상이 된다. 항공사 역시 항공기 운항과 직접적으로 관련된 보안 업무를 수행하므로 정기적인 불시평가를 통해 그들의 보안 수준을 검증받는다. 이들 두 주체는 항공보안의 최전선에서 활동하기 때문에, 불시평가를 통한 지속적인 관리가 특히 중요하다.

이러한 핵심 운영 주체와 함께 항공 관련 지원 업체들도 불시평가의 대상에 포함되고 있다. 항공화물터미널운영자, 공항상주업체, 도심공항터미널운영자 등은 항공운송 체계의 중요한 구성원으로서 전체 보안 수준에 직접적인 영향을 미친다. 이들 업체의 보안 취약점은 전체 시스템의 약점이 될 수 있기 때문에, 불시평가를 통한 관리가 필수적이다. 지상조업체의 경우 필요에 따라 선택적으로 평가 대상에 포함되는데, 이는 업체의 역할과 보안위험도를 고려한 탄력적 운영을 가능하게 한다.

불시평가의 효과성을 높이기 위해 국제 기준의 활용도 권장된다. 항공보안감독관 등은 국제민간항공기구(ICAO)의 Doc. 8973을 참고하여 평가를 수행할 수 있다. Doc. 8973은 항공보안에 관한 국제 표준과 권고되는 방식(SARPs)를 담고 있어, 국내 불시평가가 국제적 수준에 부합하도록 하는 지침 역할을 한다. 이러한 국제 기준의 활용은 우리나라 항공보안 체계가 글로벌 스탠더드를 충족하고 있음을 확인하는 동시에, 평가 방법론의 선진화

를 도모하는 데 기여한다. 전체적으로 불시평가는 모든 관련 주체를 포괄하면서도 국제적 수준을 유지하는 종합적인 평가 체계로 운영되고 있다.

(5) 7대 핵심 영역별 불시평가 방법

> **▌국가항공보안 수준관리지침**
> **제27조(불시평가 방법 등)** ① 불시평가는 공항운영자, 항공사 및 도심공항터미널운영자의 보안 업무 수행 실태를 확인하기 위하여 다음 각 호의 사항에 대하여 연 1회 이상 실시한다.
> 1. 승객 및 휴대물품 검색 방법
> 2. 위탁수하물 검색 방법
> 3. 출입통제 질사
> 4. 항공기 보안
> 5. 화물보안
> 6. 기내식 보안 운용 실태
> 7. 보안장비 운용 실태

불시평가는 체계적인 방법론에 따라 주요 보안 영역을 포괄적으로 점검한다. 국가항공보안 수준관리지침 제27조제1항은 불시평가의 구체적인 방법과 대상 분야를 명시한다. 공항운영자, 항공사, 도심공항터미널운영자의 보안업무 수행실태를 확인하기 위해 연 1회 이상 정기적으로 실시되며, 이를 통해 보안 체계의 지속적인 효과성을 검증하고 있다.

불시평가의 첫 번째 중점 영역은 승객 접점에서의 보안절차다. 승객과 휴대물품 검색 방법의 적절성을 평가하여, 보안검색대에서 금지물품이 효과적으로 탐지되는지 확인한다. 위탁수하물 검색 방법도 주요 평가 대상으로, X-ray 검색과 필요시 개봉 검색이 규정대로 이루어지는지를 점검한다. 출입통제 절차의 평가는 보호구역으로의 무단 침입 가능성을 테스트하며, 출입증 확인과 생체 인식 시스템 등이 제대로 작동하는지를 검증한다.

이러한 승객 관련 보안과 함께 항공기와 화물 관련 보안 영역도 핵심 평가 대상이 되고 있다. 항공기 보안 평가에서는 항공기 접근 통제, 기체 점검 절차, 승무원의 보안 인식 수준 등을 종합적으로 확인한다. 화물보안 분야에서는 상용화주 제도의 운영 실태, 화물 검색 절차의 적정성, 보안통제 연속성 유지 여부 등을 평가한다. 기내식 보안 운용 실태 점검은 기내식 제조시설의 보안, 운송 과정의 통제, 항공기 탑재까지의 전 과정을 추적하여 오염이나 위해물품 반입 가능성을 차단하고 있는지 확인한다.

보안장비 운용 실태는 모든 평가 영역에 걸쳐 중요한 점검 사항이다. 엑스선검색장비, 금속탐지장비, 폭발물흔적탐지장비 등 각종 보안장비가 정상적으로 작동하고 있는지,

운영자들이 장비를 올바르게 사용하고 있는지를 평가한다. 특히 장비의 민감도 설정, 정기적인 테스트 실시 여부, 고장 시 대체 절차 등을 세밀하게 점검한다. 이러한 7개 분야에 대한 종합적인 불시평가는 항공보안 체계의 전 영역에서 일정한 보안 수준을 유지하는 데 핵심적인 역할을 수행한다. 각 분야별 평가 결과는 통합적으로 분석되어 전체적인 보안 수준 향상을 위한 구체적인 개선방안 도출에 활용되고 있다.

1) 불시평가 수행을 위한 필수 준수사항

> **▌ 국가항공보안 수준관리지침**
>
> **제27조(불시평가 방법 등)** ② 불시평가는 다음 각 호의 조건에 따라 실시한다.
>
> 1. 항공보안법 및 관련지침 등에 따라 적합하게 실시
> 2. 대중의 안전을 저해하지 않도록 실시
> 3. 항공기 및 공항 시설 등에 대하여 위험이 발생하지 않도록 실시
> 4. 재산상의 손실이 발생되지 않도록 실시
> 5. 운영상 문제가 발생되지 않도록 실시
> 6. 지정된 점검요원에 의하여 실시

불시평가는 실전적 평가 도구이지만, 그 실시 과정에서 준수해야 할 명확한 조건들이 설정되어 있다. 국가항공보안 수준관리지침 제27조제2항은 불시평가가 효과적이면서도 안전하게 수행될 수 있도록 6가지 필수 조건을 제시한다.

첫 번째 원칙은 법적 적합성의 확보다. 모든 불시평가는 항공보안법과 관련 지침에 따라 적합하게 실시되어야 한다. 이는 평가 활동이 법적 근거를 벗어나지 않도록 하는 기본 전제 조건으로, 평가의 정당성과 권위를 보장한다. 아무리 효과적인 평가 방법이라도 법적 테두리를 벗어날 수 없으며, 이를 통해 평가 결과의 공식성과 구속력을 확보하고 있다.

이러한 법적 기반과 함께 안전은 불시평가 수행의 최우선 고려사항이 된다. 대중의 안전을 저해하지 않는 범위 내에서 평가가 이루어져야 하며, 항공기와 공항 시설에 어떠한 위험도 발생하지 않도록 세심한 주의가 요구된다. 모의 위험물품을 사용한 테스트나 침투 시도 등의 평가 활동이 실제 위협으로 오인되거나 패닉을 유발해서는 안 된다. 평가 과정에서 재산상의 손실이 발생하지 않도록 해야 하며, 이는 평가 활동이 파괴적이거나 손상을 초래하는 방식이 아닌, 통제된 환경에서 진행되어야 함을 의미한다.

안전성 확보와 더불어 운영 연속성의 보장도 중요한 조건이다. 불시평가가 공항이나 항공사의 정상적인 운영에 심각한 지장을 초래해서는 안 된다. 평가는 보안 수준을 점검하기 위한 것이지, 운영을 마비시키기 위한 것이 아니기 때문이다. 이를 위해 평가 시나리

오는 현실적이면서도 운영에 미치는 영향을 최소화할 수 있도록 신중하게 설계되고 있다.

마지막으로 불시평가는 반드시 지정된 점검요원에 의해서만 실시되어야 한다. 이는 평가의 전문성과 일관성을 보장하고, 무분별한 테스트로 인한 혼란을 방지하기 위한 조치다. 이러한 조건들의 엄격한 적용은 불시평가가 건설적인 개선 도구로 작동하면서도, 항공 운영의 안정성을 해치지 않도록 균형을 유지하는 데 핵심적인 역할을 한다. 각 조건들이 상호 보완적으로 작용하여 효과적이고 안전한 평가 환경을 조성하는 것이다.

2) 원인별 차별화된 문제점 개선조치

▌국가항공보안 수준관리지침

제27조(불시평가 방법 등) ③ 불시평가에서 나타난 문제점에 대하여는 다음 각 호와 같이 조치한다.

1. 불시평가 물품을 검색하는데에 사용한 장비의 정상 작동 여부 확인
2. 장비가 정상 작동되었을 경우 해당 보안검색요원에 대하여는 다음 각 목과 같이 조치
   가. 지정된 교육기관에서 교육훈련지침 제20조제3항에 따른 교육 실시
   나. 교육평가 후 일정 성적 이상을 획득한 경우 근무 복귀
3. 장비가 비정상 작동되었을 경우 다음 각 목과 같이 조치
   가. 장비의 운용을 중지하고 대체 검색방법으로 전환
   나. 장비 유지보수 담당 부서에 통보
   다. 장비 점검 보수 후 재사용

불시평가에서 발견된 문제점은 체계적인 분석과 즉각적인 조치를 통해 개선된다. 국가항공보안 수준관리지침 제27조제3항은 문제 발생 시의 대응절차를 명확히 규정하여, 신속하고 효과적인 개선이 이루어질 수 있도록 한다.

문제점이 발견되면 가장 먼저 원인 분석이 이루어진다. 불시평가 물품이 탐지되지 않았을 경우, 우선적으로 해당 검색에 사용된 장비의 정상 작동 여부를 확인한다. 이는 문제의 원인이 인적 요인인지 기술적 요인인지를 구분하는 중요한 첫 단계다. 장비의 작동 상태에 따라 전혀 다른 조치가 취해지기 때문에, 정확한 원인 규명은 효과적인 문제 해결의 출발점이 되고 있다.

장비가 정상적으로 작동했음에도 문제가 발생한 경우, 이는 보안검색요원의 역량 부족을 의미한다. 해당 요원은 즉시 현장 업무에서 배제되고, 지정된 교육기관에서 재교육을 받게 된다. 국가민간항공보안 교육훈련지침 제20조제4항에 따라 보안검색교육기관에서 8시간 이상 재교육 프로그램을 이수해야 하며, 이는 문제점을 근본적으로 해결하기 위한 집중 훈련 과정이다. 교육 후에는 반드시 평가를 실시하여 일정 성적 이상을 획득한

경우에만 현장 근무에 복귀할 수 있다. 이러한 엄격한 재교육 체계는 보안검색 요원의 전문성을 지속적으로 유지하고 향상시키는 중요한 수단으로 실행된다.

반면 장비의 비정상 작동이 확인된 경우에는 기술적 대응이 우선시된다. 문제가 있는 장비는 즉시 운용을 중지하고, 수동 검색이나 다른 장비를 활용한 대체 검색방법으로 전환하여 보안 공백이 발생하지 않도록 한다. 동시에 장비 유지보수 담당 부서에 신속히 통보하여 전문적인 점검과 수리가 이루어지도록 조치한다. 장비는 완전한 점검과 보수가 완료되고, 정상 작동이 확인된 후에야 다시 사용할 수 있다.

이러한 이원화된 대응체계는 인적 요인과 기술적 요인을 각각 적절히 관리하여, 불시평가에서 발견된 모든 문제점이 효과적으로 해결될 수 있도록 보장한다. 원인별 맞춤형 대응을 통해 보안 체계의 취약점을 신속히 보완하고, 전체적인 항공보안 수준을 지속적으로 향상시키는 순환 구조를 구축하고 있다.

(6) 불시평가 물품 종류와 관리 체계

▌국가항공보안 수준관리지침

제27조의2(불시평가 물품) ① 항공보안감독관, 공항운영자, 항공사 또는 도심공항터미널운영자가 불시평가를 실시하기 위하여 사용할 수 있는 물품은 다음 각 호와 같다.

1. 실제 작동되지 아니하고, 플라스틱 또는 합성수지 재질로 만들어진 모의 총기류
2. 폭발물질을 포함하지 아니하고, 실제 폭파되지 아니하는 불시평가 물품이라는 표시를 한 모의 폭발물장치

② 제1항에 따른 불시평가 물품을 사용하려는 자는 사전에 국토교통부장관의 승인을 받아야 한다.

③ 제2항에 따라 불시평가 물품을 승인받으려는 자는 다음 각 호의 서류를 국토교통부장관에게 제출하여야 한다.

1. 불시평가 물품 종류
2. 불시평가 물품 사진
3. 관리책임자 명단
4. 불시평가 물품 보관 및 운용절차

④ 불시평가 수행자는 보안검색요원이 불시평가 물품을 발견한 경우 즉시 신분을 공개하여야 한다.

불시평가의 실효성을 확보하기 위해서는 실제와 유사한 테스트 물품의 사용이 필수적이다. 국가항공보안 수준관리지침 제27조의2는 불시평가에 사용할 수 있는 물품의 종류와 관리 체계를 상세히 규정한다. 이러한 규정은 평가의 현실성을 높이면서도 안전성을 보장하는 균형점을 제시하고 있다.

불시평가에 사용 가능한 물품은 엄격히 제한된다. 항공보안감독관, 공항운영자, 항공사, 도심공항터미널운영자가 사용할 수 있는 물품은 두 가지 범주로 구분된다. 첫째, 실제 작동하지 않고 플라스틱이나 합성수지로 제작된 모의 총기류다. 이들은 X-ray 검색 시 실제 총기와 유사한 형상을 보이지만, 위험성은 전혀 없도록 설계되어 있다. 둘째, 모의 폭발물장치로서 폭발물질을 포함하지 않고 실제 폭파되지 않는 안전한 물품이다. 특히 이러한 모의 폭발물에는 반드시 '불시평가 물품'이라는 표시를 하여, 발견 시 실제 위협과 구분할 수 있도록 한다.

이러한 평가 물품의 사용은 철저한 승인 절차를 거쳐야 한다. 평가 물품을 사용하려는 기관은 사전에 국토교통부장관의 승인을 받아야 하며, 이를 위해 상세한 서류를 제출해야 한다. 제출 서류에는 사용할 물품의 종류와 사진, 관리책임자 명단 그리고 물품의 보관 및 운용절차가 포함된다. 이러한 승인절차는 평가 물품이 무분별하게 사용되거나 분실되는 것을 방지하고, 체계적인 관리가 이루어지도록 보장한다. 특히 관리책임자를 지정하고 보관·운용 절차를 명문화함으로써, 평가 물품이 실제 위협 도구로 오용되거나 악용되는 가능성을 원천적으로 차단하고 있다.

불시평가 과정에서의 투명성 확보도 중요한 원칙이다. 보안검색요원이 불시평가 물품을 성공적으로 발견한 경우, 불시평가 수행자는 즉시 자신의 신분을 공개해야 한다. 이는 보안요원의 적절한 대응을 인정하고, 실제 위협 상황이 아님을 신속히 알려 불필요한 경보나 대응을 방지하기 위한 조치다. 이러한 즉각적인 피드백은 보안요원에게 긍정적인 강화 효과를 제공하여, 향후 실제 상황에서도 동일한 수준의 경계심을 유지하도록 동기를 부여한다. 이러한 체계적인 물품 관리와 운용 절차는 불시평가가 안전하고 효과적인 보안 향상 도구로 작동할 수 있도록 하는 핵심 장치가 되고 있다.

4. 현장보안확인(Field Security Check)

(1) 현장보안확인의 핵심 점검사항

국가항공보안 수준관리지침

제15조(확인 내용) 현장보안확인은 다음 각 호의 사항을 파악하기 위하여 실시한다.

1. 공항 또는 항공사의 보안운영 실태
2. 항공보안장비 유지·보수 실태
3. 보안검색 업무 수행 실태
4. 보호구역 출입증 패용 및 통제 실태

국가항공보안 수준관리지침 제15조에서는 현장보안확인의 목적과 내용을 명확히 규정한다. 현장보안확인은 항공보안 체계의 실효성을 점검하고 개선점을 파악하기 위한 중요한 활동이다.

현장보안확인을 통해 파악해야 할 주요 사항은 네 가지 영역으로 구성된다. 첫째, 공항이나 항공사가 보안을 어떻게 운영하고 있는지 전반적인 실태를 점검한다. 이는 보안 정책의 이행 여부부터 실제 현장에서의 적용 상황까지 포괄적으로 살펴보는 과정이다. 둘째, 항공보안장비의 유지·보수 실태를 확인한다. 보안장비가 제대로 작동하지 않으면 전체 보안 체계에 치명적인 허점이 생길 수 있기 때문에, 정기적인 점검과 관리 상태를 철저히 파악하는 것이 필수적이다.

이와 함께 보안검색 업무가 규정대로 수행되고 있는지 검토하는 것도 핵심 확인 사항이다. 실제 검색 과정에서의 절차 준수 여부와 검색 요원의 업무 숙련도 등을 종합적으로 평가한다. 마지막으로 보호구역 출입증의 패용과 통제 실태를 점검하고 있다. 출입통제는 공항 보안의 기본이 되는 만큼, 출입증 관리와 실제 통제 현황을 면밀히 확인한다.

이러한 네 가지 영역에 대한 체계적인 현장보안확인은 항공보안 체계의 전반적인 수준을 진단하고, 취약점을 조기에 발견하여 개선하는 데 핵심적인 역할을 담당한다. 각 확인 사항들이 상호 연관되어 있어, 종합적인 평가를 통해 항공보안의 실질적인 강화 방안을 도출할 수 있는 기반이 되고 있다.

(2) 현장보안확인의 적용 대상과 범위

국가항공보안 수준관리지침

제16조(확인 대상) 현장보안확인 대상은 다음 각 호와 같다.

1. 공항운영자
2. 항공사
3. 항공화물터미널운영자 및 공항상주업체
4. 지상조업체(필요한 경우에 한한다)

국가항공보안 수준관리지침 제16조에서는 현장보안확인을 받아야 하는 대상을 구체적으로 명시한다. 이는 항공보안 체계에 관련된 모든 주체들이 일관된 보안 수준을 유지하도록 하기 위한 제도적 장치다.

현장보안확인의 주요 대상은 크게 네 가지로 구분된다. 첫째, 공항운영자가 가장 우선적인 확인 대상이다. 공항 전체의 보안 체계를 총괄하는 주체로서, 보안 정책의 수립과 이행에 핵심적인 역할을 담당한다. 둘째, 항공사 역시 중요한 확인 대상이 되고 있다. 승객과 화물의 안전한 운송을 직접 책임지는 만큼, 항공사의 보안절차와 운영 실태를 정기적으로 점검한다. 각 항공사가 자체 보안규정을 얼마나 철저히 준수하는지 확인하는 것이 핵심이다.

이러한 주요 운영 주체와 함께 항공화물터미널운영자와 공항상주업체들도 확인 대상에 포함된다. 이들은 공항 내에서 다양한 서비스를 제공하면서 보안 구역에 접근할 수 있는 권한을 가지고 있기 때문에, 체계적인 보안관리가 필수적이다. 마지막으로 지상조업체의 경우, 필요시에 한하여 현장보안확인을 실시한다. 항공기 정비나 화물 처리 등 특수한 업무를 수행하는 특성상, 상황에 따라 선별적으로 점검이 이루어진다.

이처럼 현장보안확인은 공항 운영의 모든 주체를 포괄하면서도, 각 기관의 역할과 중요도에 따라 차별화된 접근을 취하고 있다. 이러한 체계적인 확인 대상 설정은 항공보안의 사각지대를 최소화하고, 전체적인 보안 수준을 효과적으로 관리하는 기반이 된다.

(3) 현장보안확인의 실시 체계와 절차

국가항공보안 수준관리지침

제17조(현장보안확인 실시) ① 현장보안확인 업무는 항공보안감독관 또는 지방항공청장이 지정한 지방항공청 소속 직원이 실시한다.

② 현장보안확인은 별표 1의 점검표에 따라 실시한다.

③ 현장보안확인은 각 항목에 대하여 주 2회 이상 실시한다.

국가항공보안 수준관리지침 제17조는 현장보안확인의 구체적인 실시 방법과 절차를 규정한다. 이 조항은 체계적이고 일관된 보안 점검이 이루어질 수 있도록 제도적 기반을 마련하는 동시에, 현장보안확인을 담당하는 인력 구성도 명확히 제시하고 있다. 항공보안감독관이 주요 확인 업무를 수행하며, 필요에 따라 지방항공청장이 지정한 소속 직원들도 이 업무에 참여한다. 이는 전문성을 갖춘 인력이 보안 점검을 수행함으로써 점검의 신뢰성과 효과성을 높이기 위한 조치다.

이러한 인력 구성을 바탕으로 실제 확인 작업은 표준화된 절차에 따라 진행되고 있다. 현장보안확인표라는 통일된 양식을 활용하여 점검이 이루어지는데, 이 표준화된 도구를 사용함으로써 점검자가 누구든 동일한 기준과 절차로 확인 작업을 수행할 수 있다. 이는 곧 점검 결과의 일관성 확보로 이어진다.

표준화된 절차와 더불어 현장보안확인의 실시 빈도 역시 명확하게 정해져 있다. 각 점검 항목에 대해 주 2회 이상 확인을 실시하도록 규정함으로써, 정기적이고 빈번한 점검이 가능하다. 이를 통해 보안 취약점을 조기에 발견하고, 지속적으로 보안 수준을 유지·개선해 나가는 체계를 구축했다.

(4) 현장보안확인 결과의 보고체계와 절차

> **▌ 국가항공보안 수준관리지침**
> **제18조(현장보안확인 결과 보고)** ① 현장보안확인을 실시한 점검관은 그 결과를 지방항공청장에게 보고한다.
> ② 제1항에 따라 보고를 받은 지방항공청장은 보안사건 또는 항공보안장비 고장 등 보안업무 수행 상 중대한 영향을 미치는 사항이 있는 경우 즉시 국토교통부장관에게 보고하며, 그러하지 않은 경우 월 1회 보고한다.

국가항공보안 수준관리지침 제18조는 현장보안확인 결과에 대한 체계적인 보고 절차를 규정한다. 이는 점검 결과가 신속하고 정확하게 관련 기관에 전달되어 적절한 조치가 이루어질 수 있도록 하기 위한 제도적 장치다. 현장보안확인을 수행한 점검관은 확인 결과를 지방항공청장에게 보고하며, 이러한 1차 보고체계를 통해 공항 단위에서 보안 현황을 종합적으로 파악하고 관리할 수 있다. 점검관의 보고는 현장에서 발견된 문제점과 개선사항을 포함하며, 이는 향후 보안 정책 수립의 중요한 기초자료가 되고 있다.

이렇게 수집된 보고 내용에 대해 지방항공청장은 중요도에 따라 차별화된 보고체계를 운영한다. 보안사건이 발생하거나 항공보안장비에 고장이 생기는 등 보안업무 수행에 중대한 영향을 미치는 사항이 발견되면, 즉시 국토교통부장관에게 보고하고 있다. 이는 긴급한 사안에 대해 신속한 대응이 가능하도록 하기 위한 조치다.

긴급 보고와 달리 일상적인 점검 결과나 경미한 사항들은 월 1회 정기 보고를 통해 국토교통부장관에게 전달된다. 사안의 긴급성과 중요도에 따라 보고 시기를 달리함으로써, 효율적인 정보 전달 체계를 구축하고 있다. 정기 보고를 통해서는 전반적인 보안 동향과 패턴을 파악할 수 있으며, 이를 바탕으로 장기적인 보안 정책을 수립하는 데 활용한다.

5. 현장조사(Survey)

(1) 현장조사를 통한 보안 취약점 분석

> **▌ 국가항공보안 수준관리지침**
> **제19조(현장조사 내용)** 현장조사는 다음 각 호의 사항을 파악하기 위하여 실시한다.

1. 국가항공보안계획 수정에 필요한 보안 요건을 파악
2. 공항 및 항공기 운영에 대한 보안실태 파악
3. 공항운영자, 항공사 등의 상존위협, 보안 취약점 파악 및 항공보안 증진
4. 항공기납치, 파괴행위, 폭발물 위협 등 불법방해행위에 대한 취약요소 유무 파악

국가항공보안 수준관리지침 제19조는 현장조사를 통해 파악해야 할 주요 사항들을 명시한다. 현장조사는 단순한 점검을 넘어 항공보안 체계 전반의 개선과 발전을 위한 심층적인 분석 활동이다.

현장조사가 추구하는 첫 번째 목표는 국가항공보안계획 수정에 필요한 보안 요건을 파악하는 것이다. 현장에서 수집된 실질적인 데이터와 정보는 정책 수립의 근거가 되며, 보안계획이 현실에 부합하도록 지속적으로 개선하는 데 활용되고 있다. 이와 함께 공항과 항공기 운영에 대한 전반적인 보안실태도 파악한다. 시설 운영부터 실제 보안절차 이행까지 광범위한 영역을 포괄하는 이 조사는 각 공항과 항공사가 처한 특수한 환경과 조건을 고려하여, 맞춤형 보안 전략을 수립하는 데 중요한 기초자료가 되고 있다.

이러한 포괄적인 실태 파악을 토대로 공항운영자와 항공사 등이 직면한 상존위협과 보안 취약점을 식별하여 항공보안을 증진시킨다. 보안위협은 끊임없이 진화하고 있기 때문에, 정기적인 현장조사를 통해 새로운 위협 요소를 조기에 발견하고 대응 방안을 마련하는 것이 중요하다. 특히 항공기 납치, 파괴행위, 폭발물 위협 등 구체적인 불법방해행위에 대한 취약요소가 있는지 면밀히 조사한다. 이는 가장 심각한 보안위협에 대비하기 위한 핵심 활동으로, 각종 시나리오별 대응체계를 점검하고 개선점을 도출하는 과정이다. 이러한 선제적 접근은 보안 사고를 예방하는 핵심 전략이 되고 있다.

(2) 현장조사 대상 기관의 범위와 특성

▌국가항공보안 수준관리지침

제20조(현장조사 대상) 현장조사의 대상은 다음 각 호와 같다.

1. 공항운영자
2. 항공사
3. 항공화물터미널운영자, 공항상주업체 및 도심공항터미널운영자
4. 지상조업체(필요한 경우에 한한다)

국가항공보안 수준관리지침 제20조에서는 현장조사를 받아야 하는 대상 기관들을 구

체적으로 규정한다. 현장조사는 앞서 살펴본 현장보안확인보다 더욱 심층적인 분석을 위한 활동인 만큼, 항공보안과 관련된 주요 기관들을 포괄적으로 대상으로 삼고 있다.

현장조사의 가장 핵심적인 대상은 공항운영자다. 공항 전체의 보안 인프라와 시스템을 관리하는 주체로서, 보안 체계의 설계부터 운영까지 전 과정에 대한 심층 조사가 이루어진다. 공항운영자가 수립한 보안 정책과 절차가 실제 현장에서 어떻게 구현되고 있는지를 종합적으로 평가하고 있다. 이와 더불어 항공사 역시 중요한 조사 대상이다. 승객과 화물의 안전을 직접 책임지는 항공사는 자체적인 보안 프로그램을 운영하고 있으며, 이에 대한 체계적인 조사가 필요하다. 각 항공사별 특성과 운영 환경을 고려한 맞춤형 조사가 진행되고 있다.

공항운영자와 항공사 외에도 항공화물터미널운영자, 공항상주업체, 도심공항터미널운영자가 조사 대상에 포함된다. 특히 도심공항터미널은 도심에서 수속 절차를 처리하는 특수성 때문에 별도의 보안관리가 필요하다. 이들 기관은 공항 보안 체계의 중요한 구성요소로서, 각자의 역할과 책임에 따른 보안 수준을 유지해야 한다. 한편 지상조업체는 필요시에 한하여 현장조사를 실시한다. 항공기 정비, 급유, 화물 처리 등 특수한 업무를 수행하는 이들의 활동이 보안에 미치는 영향을 평가하고, 잠재적 위험 요소를 사전에 파악하기 위한 선별적 조사가 이루어지고 있다.

(3) 현장조사의 실시 주기와 탄력적 운영

> **▌국가항공보안 수준관리지침**
> **제21조(현장조사 횟수)** 현장조사는 최소 2년에 1회 이상 실시하며, 국토교통부장관이 필요하다고 판단할 경우 추가로 실시할 수 있다.

국가항공보안 수준관리지침 제21조는 현장조사의 실시 주기를 명확하게 규정한다. 이는 정기적이고 체계적인 조사를 통해 항공보안 수준을 지속적으로 유지·향상시키기 위한 제도적 기반이다. 현장조사는 최소 2년에 1회 이상 실시하도록 규정되어 있다. 이러한 정기 조사 주기는 보안 환경의 변화를 적절히 반영하면서도, 조사 대상 기관들의 업무 부담을 고려하여 설정된 것이다. 2년이라는 주기는 보안 체계의 안정성을 유지하면서도 새로운 위협에 대응할 수 있는 적정한 간격으로 평가되고 있다.

이 주기는 최소 기준으로 설정되어 있어, 실제로는 각 기관의 보안 수준, 과거 조사 결과, 최근 보안 동향 등을 종합적으로 고려하여 더 빈번한 조사가 이루어질 수 있다. 특히 보안 취약점이 발견되었거나 개선이 필요한 기관의 경우, 후속 조사를 통해 개선 상황을 확인하는 체계를 운영하고 있다. 이에 더해 국토교통부장관은 필요하다고 판단되는 경우 언제든지 추가 현장조사를 실시할 수 있는 권한을 가진다.

정기 조사만으로는 대응하기 어려운 특별한 상황에 유연하게 대처하기 위해 이러한 권한이 부여된 것이다. 국제적인 보안위협이 증가하거나, 특정 공항에서 보안 사고가 발생한 경우 또는 새로운 보안규정이 도입되는 경우 등에는 즉각적인 추가 조사가 실시된다. 이처럼 정기 조사와 수시 조사를 병행함으로써 역동적이고 효과적인 보안관리 체계를 구축하고 있다.

(4) 현장조사의 종합적 점검항목 체계

▮ 국가항공보안 수준관리지침

제22조(현장조사 항목) ① 현장조사에서 확인하여야 하는 사항은 다음 각 호와 같다.

1. 공항보안계획(Airport Security Program)
2. 지방항공보안협의회(Airport Security Committee)
3. 위탁수하물 처리절차(Baggage Handling Procedures)
4. 승객처리절차(Passenger Handling Procedures)
5. 탑승객 검색(Pre-Board Passenger Screening)
6. 에어사이드 출입 통제절차(Airside Access Control)
7. 일반지역과 에어사이드간의 울타리(Landside/Airside Barrier)
8. 공항감시 TV 및 경보장치(CCTV and Alarm)
9. 주요시설보호(Vital Facilities Protection)
10. 화물(Cargo)
11. 기내식(Catering)
12. 공항우발계획(Airport Contingency Procedures)
13. 보안조명(Security Light)
14. 공항운영자, 항공사 등의 자체점검·불시평가(Inspection and Test)
15. 항공사 보안계획(Airline Operators Security Program)
16. 미 탑승 승객 및 하기승객절차(No Show/Off-Load Passengers)
17. 보안훈련(Security Exercises)
18. 교육(Training)

② 현장조사는 별표 2의 현장조사표에 따라 실시한다.

국가항공보안 수준관리지침 제22조는 현장조사에서 확인해야 하는 18개의 핵심 항목을 명시한다. 이 항목들은 항공보안의 모든 영역을 포괄하는 종합적인 점검 체계를 구성한다.

현장조사는 먼저 보안체계의 기본 틀을 점검하는 것에서 시작된다. 공항 자체보안계획과 항공사 자체보안계획이 적절히 수립되어 있는지, 지방항공보안협의회가 효과적으로 운영되고 있는지를 확인한다. 이러한 보안 거버넌스의 기초 요소들과 함께 승객과 수하물 처리 과정에 대한 점검도 중요한 비중을 차지하고 있다. 승객처리절차와 탑승객 검색, 위탁수하물 처리절차가 국제 기준에 부합하는지 면밀히 조사한다. 특히 미탑승 승객 및 하기승객 절차는 보안위험을 방지하는 중요한 관리 포인트가 되고 있다.

승객 및 수하물 처리와 더불어 공항 시설의 물리적 보안 체계도 철저히 점검한다. 보호구역 출입통제절차와 일반지역과 보호구역 간의 울타리가 적절히 관리되고 있는지 확인한다. 또한 공항감시 CCTV 및 경보장치, 보안조명 등 보안 인프라의 운영 상태를 평가하고, 주요시설보호 체계가 제대로 작동하는지 검토하고 있다. 이와 함께 화물과 기내식 등 항공기에 탑재되는 모든 물품에 대한 보안관리도 조사 대상이다. 이들은 보안 사각지대가 될 수 있는 영역이기 때문에 특별한 주의를 기울이고 있다.

이러한 물리적·운영적 보안 체계 점검과 함께 보안 체계의 지속적인 개선을 위한 활동들도 평가한다. 공항운영자와 항공사 등의 자체점검·불시평가 실시 현황, 보안훈련의 적정성, 교육프로그램의 효과성을 종합적으로 검토한다. 공항자체우발계획의 수립과 실효성도 점검하여, 비상상황 발생 시 신속한 대응이 가능한지 확인한다. 이러한 모든 항목은 표준화된 현장조사표에 따라 체계적으로 점검되며, 일관된 평가 기준을 적용받는다.

6. 보안평가(Security Audit)

> **국가항공보안 수준관리지침**
> **제27조의6(관계기관과의 협의)** 국토교통부장관은 국가 중요 시설 및 장비에 대한 보안평가를 국가정보원장이 요청하는 경우 합동으로 실시할 수 있다.

국가항공보안계획 12.4.1과 국가항공보안 수준관리지침 제27조의6은 보안평가(Audit)의 실시 근거와 운영 방식을 규정한다. 보안평가는 앞서 살펴본 현장보안확인이나 현장조사보다 더욱 포괄적이고 체계적인 평가 활동으로, 항공보안 체계의 전반적인 수준을 종합적으로 진단하는 핵심 제도다.

보안평가의 가장 중요한 목적은 공항운영자 등이 수립한 자체보안계획의 실효성을 검증하는 것이다. 국토교통부장관은 각 기관이 수립한 보안계획이 문서상으로만 존재하는 것이 아니라, 실제 현장에서 제대로 이행되고 있는지를 확인한다. 더 나아가 해당 기관이 보안계획을 지속적으로 이행할 수 있는 충분한 능력과 자원을 보유하고 있는지도 평가하고 있다. 이러한 평가는 단순한 준수 여부 확인을 넘어, 보안 체계의 효과성과 지속가능성을 종합적으로 진단하는 과정이다. 각 기관의 보안 인력, 장비, 절차, 교육 체계 등 모든 요소가 유기적으로 작동하여 목표한 보안 수준을 달성하고 있는지를 체계적으로 분석한다.

이러한 종합적 분석을 통해 개선이 필요한 영역을 도출하고, 맞춤형 개선방안을 제시하고 있다. 특히 주목할 점은 보안평가가 관계기관 간 협력 체계를 통해서도 실시될 수 있다는 것이다. 국가 중요 시설 및 장비에 대해서는 국가정보원장의 요청이 있을 경우, 국토교통부와 합동으로 보안평가를 실시할 수 있다. 이는 항공보안이 단순히 교통 분야만의 문제가 아니라 국가안보와 직결되는 사안임을 보여준다. 합동 평가를 통해 다각적인 관점에서 보안 취약점을 파악하고, 보다 전문적이고 종합적인 평가가 이루어지고 있다. 이처럼 보안평가는 정부 차원의 체계적인 관리·감독 활동으로서, 우리나라 항공보안 수준을 국제 기준 이상으로 유지하는 데 핵심적인 역할을 담당하고 있다.

(1) 보안평가의 대상 범위와 실시 주기

국가항공보안 수준관리지침

제27조의3(대상 및 주기) ① 보안평가의 대상은 다음 각 호와 같다.

1. 공항운영자
2. 국적 항공사
3. 해외공항

② 보안평가는 최소 2년에 1회 이상 실시할 수 있다.

보안평가 대상은 크게 세 가지 범주로 구분된다. 첫째, 공항운영자는 보안평가의 가장 핵심적인 대상이다. 공항 전체의 보안 인프라와 운영 시스템을 총괄 관리하는 주체로서, 종합적이고 심층적인 평가를 받는다. 공항운영자가 수립한 보안계획의 적정성과 이행 실태, 지속적인 보안관리 능력 등이 중점적으로 평가되고 있다. 둘째, 국적 항공사들도 보안평가의 주요 대상이다. 항공사는 승객과 화물의 안전한 운송을 직접 책임지는 만큼, 자체 보안 프로그램의 효과성과 국제 기준 준수 여부를 엄격하게 평가받는다. 각 항공사별 운영 특성과 노선 구조를 고려한 맞춤형 평가가 이루어지며, 이를 통해 국적 항공사들의 보안 경쟁력을 지속적으로 향상시키고 있다.

국내 기관들과 더불어 해외공항도 보안평가 대상에 포함된다는 점을 특히 주목할 필요가 있다. 이는 우리나라 항공사가 취항하는 해외공항의 보안 수준을 직접 평가하여, 우리 국민과 항공기의 안전을 확보하기 위한 선제적 조치다. 해외공항 평가를 통해 잠재적 위험 요소를 사전에 파악하고, 필요시 추가적인 보안조치를 요구하거나 운항 계획을 조정하는 등의 대응이 가능하다. 이러한 보안평가는 최소 2년에 1회 이상 실시할 수 있도록 규정되어 있다. 이는 최소 기준을 제시한 것으로, 실제로는 각 대상 기관의 보안 수준, 과거 평가 결과, 최근 보안 동향 등을 종합적으로 고려하여 탄력적으로 운영된다. 특히 보안 취약점이 발견되거나 국제 정세 변화로 위협 수준이 높아진 경우에는 더 빈번한 평가가 실시되고 있다. 이러한 유연한 주기 설정을 통해 변화하는 보안 환경에 능동적으로 대응하면서도, 평가 대상 기관들의 업무 부담을 적절히 조절하는 균형을 유지하고 있다.

(2) 체계적인 보안평가 수행 절차

▌국가항공보안 수준관리지침

제27조의4(평가 절차) 보안평가는 다음 각 호의 절차에 따라 실시한다. 다만, 해외공항 보안평가를 실시하는 경우에는 제7호를 생략할 수 있다.

1. 평가계획 통보
2. 사전조사 실시
3. 평가팀원 구성
4. 서류검토 및 현장점검
5. 결과 분석 및 결과보고서 작성
6. 시정 조치
7. 조치결과 확인

국가항공보안 수준관리지침 제27조의4는 보안평가가 진행되는 7단계 절차를 상세히 규정한다. 이러한 단계별 접근은 평가의 객관성과 신뢰성을 확보하고, 평가 결과가 실질적인 개선으로 이어질 수 있도록 하는 체계적 프로세스다.

보안평가는 평가계획 통보로 시작된다. 평가 대상 기관에 사전에 평가 일정과 범위를 통보함으로써, 해당 기관이 필요한 자료를 준비하고 관련 인력을 배치할 수 있도록 한다. 이는 평가의 투명성을 높이면서도 효율적인 진행을 가능하게 하는 첫 단계다. 이어서 사전조사가 실시되는데, 평가팀은 대상 기관의 보안계획, 과거 평가 결과, 최근 보안 현황 등을 사전에 검토하여 평가의 중점 사항을 도출한다. 이를 바탕으로 보안 분야별 전문가들로 평가팀을 구성하여, 각자의 전문 영역에서 심층적인 평가를 수행할 수 있도록 편성하고 있다.

사전 준비가 완료되면 본격적인 평가는 서류검토와 현장점검을 통해 이루어진다. 서류검토에서는 보안계획의 적정성, 각종 규정과 절차의 체계성, 보안 관련 기록의 관리 실태 등을 면밀히 검토한다. 현장점검에서는 실제 보안 활동이 계획대로 이행되고 있는지, 보안 시설과 장비가 제대로 운영되고 있는지를 직접 확인하고 있다. 이 두 가지 접근을 병행함으로써 문서와 현실 간의 격차를 파악하고 종합적인 평가를 수행한다.

평가가 완료되면 수집된 모든 정보를 체계적으로 분석하여 결과보고서를 작성한다. 이 보고서에는 평가 결과뿐만 아니라 발견된 문제점과 개선 권고사항이 구체적으로 포함된다. 보고서를 바탕으로 평가 대상 기관은 시정 조치를 이행하게 되며, 이는 단순한 지적사항 개선을 넘어 보안 체계 전반의 향상을 도모하는 과정이다. 마지막 단계는 조치결과 확인으로, 시정 조치가 제대로 이행되었는지를 확인함으로써 평가가 실질적인 개선으로 이어지도록 관리하고 있다. 다만 해외공항 보안평가의 경우에는 주권 문제와 현실적 제약으로 인해 이 단계를 생략할 수 있도록 규정되어 있다. 이는 국제 관계의 특수성을 고려한 현실적인 조치로, 평가의 유연성을 확보하는 장치가 되고 있다.

(3) 보안평가의 8대 핵심 평가영역

1) 공항운영자 대상 종합 평가항목

▌국가항공보안 수준관리지침

제27조의5(평가 항목) 보안평가에서 확인하여야 하는 사항은 다음 각 호와 같다.

1. 공항운영자
   가. 자체 보안계획 수립 및 개정
   나. 국가항공보안계획 반영 적정성
   다. 보호구역 출입통제 및 보호대책
   라. 승객, 휴대수하물 및 위탁수하물 보안검색 대책
   마. 항공시설 경비대책
   바. 보안사고 및 대테러 대응능력
   사. 항공보안업무 종사자 교육훈련 실적
   아. 자체 수준관리 활동

공항운영자에 대한 평가는 8개의 핵심 영역으로 구성되어 있으며, 각 항목은 항공보안 체계의 필수 요소들을 포괄적으로 다루고 있다.

첫째, 자체보안계획의 수립과 개정 실태를 평가한다. 공항운영자가 보안 환경 변화에 능동적으로 대응하여 계획을 수립하고 지속적으로 개선하고 있는지를 확인한다. 더불어 국가항공보안계획의 내용이 자체 계획에 적절히 반영되어 있는지도 중요한 평가 지표가 되고 있다. 이는 국가 차원의 보안 정책과 개별 공항의 보안 활동이 일관성 있게 연계되도록 하는 핵심 요소다. 이러한 계획 수립과 함께 보호구역 출입통제와 보호대책은 공항 보안의 기본이 되는 영역이다. 출입증 발급부터 실제 출입통제, 보호구역 내 활동 관리까지 전 과정이 체계적으로 운영되고 있는지를 평가한다. 승객, 휴대수하물, 위탁수하물에 대한 보안검색 대책도 면밀히 점검하고 있다. 검색 절차의 적정성, 검색장비의 운영 실태, 검색요원의 업무수행 능력 등이 종합적으로 평가된다.

물리적 보안과 관련하여 항공시설 경비대책도 중요한 평가 항목이다. 공항 내 주요 시설에 대한 물리적 보안조치, 순찰 체계, 감시 시스템 운영 등이 국제 기준에 부합하는 수준으로 유지되고 있는지를 확인한다. 특히 보안사고 및 대테러 대응능력은 매우 중요한 평가 영역으로, 비상상황 발생 시 신속하고 효과적으로 대응할 수 있는 체계와 역량을 갖추고 있는지를 심층적으로 평가하고 있다.

이러한 시설과 체계 평가와 더불어 인적 자원 관리 측면에서는 항공보안업무 종사자들의 교육훈련 실적을 점검한다. 정기 교육과 특별 교육이 계획대로 실시되고 있는지, 교육 내용이 실무에 적합한지, 교육 효과가 실제 업무수행에 반영되고 있는지를 종합적으로 평가한다. 마지막으로 자체 수준관리 활동을 평가한다. 공항운영자가 스스로 보안 수준을 점검하고 개선하는 활동을 얼마나 체계적으로 수행하고 있는지를 확인하고 있다. 이는 외부 평가에만 의존하지 않고 자발적인 보안 개선 문화를 정착시키는 데 중요한 역할을 담당한다.

2) 국적 항공사 평가항목

국가항공보안 수준관리지침

제27조의5(평가 항목) 보안평가에서 확인하여야 하는 사항은 다음 각 호와 같다.

2. 국적 항공사
   가. 자체 보안계획 수립 및 개정
   나. 국가항공보안계획 반영 적정성
   다. 항공기 보호 및 기내보안대책
   라. 항공화물 보안검색 대책
   마. 보안사고 대응능력
   바. 항공보안업무 종사자 교육훈련 실적
   사. 자체 수준관리 활동

국적 항공사에 대한 보안평가는 7개 핵심 영역을 중심으로 실시된다. 공항운영자와 마찬가지로 자체보안계획의 수립·개정과 국가항공보안계획 반영의 적정성이 기본적인 평가 대상이다. 이를 통해 항공사의 보안 거버넌스 체계가 적절히 구축되어 있는지를 확인한다.

항공사의 보안 체계 평가에서 특히 중요한 것은 항공사 고유의 영역인 항공기 보호 및 기내보안대책이다. 지상에 주기된 항공기의 보호부터 비행 중 기내 보안까지 전 과정을 포괄적으로 평가하고 있다. 승객과 승무원의 안전을 직접적으로 책임지는 항공사로서, 기내 보안 상황에 대한 대응절차와 역량이 중점적으로 점검된다. 이와 함께 항공화물 보안검색 대책도 중요한 평가 항목이다. 화물의 접수부터 항공기 탑재까지 전 과정에서 보안 체인이 유지되고 있는지를 확인한다. 특히 상용화주(Known Consignor) 관리, 화물 검색 절차, 보안통제 등이 국제 기준에 부합하는지를 면밀히 평가하고 있다.

운영 측면에서는 보안사고 대응능력을 평가한다. 항공기 관련 보안위협 발생 시 항공사의 대응체계와 절차를 점검하는데, 항공사는 국내외 다양한 공항에서 운항하기 때문에 각 지역별 특성을 고려한 대응 능력을 갖추고 있는지가 중요한 평가 지표가 된다. 또한 항공보안업무 종사자 교육훈련 실적과 자체 수준관리 활동 역시 평가 대상이다. 조종사, 객실승무원, 지상직 직원 등 각 직군별 특성에 맞는 보안 교육이 실시되고 있는지, 항공사가 자체적으로 보안 수준을 지속적으로 개선하고 있는지를 종합적으로 평가한다.

3) 해외공항 평가항목

▮ 국가항공보안 수준관리지침

제27조의5(평가 항목) 보안평가에서 확인하여야 하는 사항은 다음 각 호와 같다.

3. 해외공항
   가. 공항 출입통제
   나. 승객·휴대물품 보안검색
   다. 위탁수하물 보안검색
   라. 화물·우편물 보안
   마. 공항 수준관리
   바. 국적 항공사 및 국내취항 외국적항공사의 항공기 보안
   사. 기타 국제민간항공기구 부속서 17(항공보안) 표준 및 권고사항 이행여부 등

해외공항에 대한 보안평가는 우리 국민과 항공기의 안전을 확보하기 위한 선제적 조치로서 특별한 의미를 갖는다. 평가는 7개 주요 영역으로 구성되며, 국제 기준과의 부합성을 중점적으로 확인한다.

공항 출입통제는 해외공항 평가의 첫 번째 관문이다. 보안 구역에 대한 접근 통제가 국제 기준에 부합하는 수준으로 관리되고 있는지를 확인한다. 이와 함께 승객·휴대물품 보안검색과 위탁수하물 보안검색 절차의 적정성도 면밀히 평가하고 있다. 이는 우리 국민

이 해외공항을 이용할 때 받게 되는 보안검색의 수준과 직결되는 중요한 요소다. 화물·우편물 보안체계도 주요 평가 대상이다. 국제 화물 운송의 특성상 보안 취약점이 발생하기 쉬운 영역인 만큼, 해외공항의 화물보안 절차와 통제시스템을 철저히 점검한다.

이러한 시설 및 절차 평가와 더불어 국적 항공사와 국내취항 외국적항공사의 항공기 보안 상태를 평가한다는 점을 특히 주목할 필요가 있다. 해외공항에서 우리 항공기가 적절한 보호를 받고 있는지, 국내로 들어오는 외국 항공기의 보안 상태는 어떠한지를 종합적으로 확인하는 것이다. 또한 해당 공항이 자체적으로 보안수준을 유지·개선하는 체계를 갖추고 있는지도 평가한다.

이 과정에서 무엇보다 중요한 것은 국제민간항공협약 Annex 17(항공보안)의 표준과 권고되는 방식(SARPs) 이행 여부를 포괄적으로 평가하는 것이다. 이는 해당 공항이 국제적으로 합의된 보안기준을 준수하고 있는지를 확인하는 핵심 지표가 된다. 이러한 평가 결과는 필요시 우리 항공사의 운항 계획 조정이나 추가 보안조치 시행의 근거가 된다. 결국 대상별로 특화된 평가항목을 적용함으로써, 국내외 항공보안의 전 영역에 걸쳐 체계적이고 효과적인 보안평가가 이루어지고 있다.

7. 보안사고 조사

▌국가항공보안 수준관리지침

제28조(보안사고 조사) ① 국토교통부장관은 민간항공에 대한 불법방해행위 또는 민간항공 보안에 대한 중요한 위반사항이 발생한 경우 보안사고 조사를 실시하여야 한다.

② 보안사고 조사는 다음 각 호의 사항에 대하여 파악하고, 필요한 조치를 한다.

1. 사고발생 경위
2. 위반사건에 대한 취약점 파악 및 해당 사고의 설명
3. 위반사항에 대한 책임자 또는 기관 파악
4. 법률 또는 하위법령 등 관련 규정을 위반하여 불법행위를 야기 시켰는지에 대한 조사 및 제재조치

③ 국토교통부장관은 보안사고 조사 보고서에 재발 방지를 위한 추가 조치 방안 및 시행 책임을 명확히 규정한다.

④ 보안사고 조사는 국토교통부장관이 지정한 항공보안감독관이 실시하며, 사고 조사 대상 부서에서 신원 확인을 요구하는 경우 신분증 또는 관련문서를 제시하여야 한다.

⑤ 보안사고 조사는 국가정보원장이 요청하는 경우 국가정보원장이 지정한 자와 합동으로 실시할 수 있으며, 타 체약국 국민이 관련된 경우 해당국가의 전문 조사요원과 합동으로 실시할 수 있다.

국가항공보안 수준관리지침 제28조는 보안사고 발생 시 조사 체계와 절차를 명확히 규정한다. 보안사고 조사는 사후 대응을 넘어 재발 방지와 보안체계 개선을 위한 핵심적인 제도로서, 항공보안의 지속적 향상에 중요한 역할을 담당한다.

보안사고 조사가 실시되는 상황은 명확하게 정의되어 있다. 민간항공에 대한 불법방해행위가 발생하거나, 민간항공 보안에 대한 중요한 위반사항이 확인된 경우 국토교통부장관은 즉시 조사를 실시해야 한다. 이는 단순한 규정 위반을 넘어 항공보안 체계에 실질적인 위협이 되는 사건들을 대상으로 하며, 철저한 원인 분석과 대책 마련을 위한 필수적인 절차다.

이러한 보안사고 조사는 네 가지 핵심 영역을 중심으로 체계적으로 진행된다. 첫째, 사고발생 경위를 상세히 파악한다. 사건의 시간적 순서, 관련 당사자들의 행동, 보안절차의 이행 상황 등을 종합적으로 분석하여 사고가 어떻게 발생하게 되었는지를 명확히 규명하고 있다. 둘째, 위반사건을 통해 드러난 보안 취약점을 파악하고 사고의 본질을 설명한다. 이는 단순히 무엇이 잘못되었는지를 확인하는 것을 넘어, 왜 그러한 취약점이 존재했는지, 어떤 시스템적 문제가 있었는지를 심층적으로 분석하는 과정이다.

사고 원인과 취약점 분석에 이어 위반사항에 대한 책임자 또는 책임 기관을 명확히 파악한다. 이는 단순한 책임 추궁이 아니라, 보안체계의 각 주체가 자신의 역할과 책임을 충실히 이행했는지를 확인하는 과정이다. 개인의 과실인지, 조직적 문제인지, 시스템의 결함인지를 구분하여 적절한 수준에서 문제를 해결할 수 있도록 하고 있다. 또한 법률이나 하위법령 등 관련 규정 위반 여부를 조사하고 필요한 제재조치를 시행한다. 불법행위가 확인된 경우에는 법적 절차에 따라 엄정한 조치를 취함으로써, 보안규정 준수의 중요성을 강조하고 재발을 방지한다.

조사가 완료되면 국토교통부장관은 보안사고 조사 보고서를 작성한다. 이 보고서의 핵심은 재발 방지를 위한 구체적인 추가 조치 방안을 제시하는 것이다. 단순히 문제점을 지적하는 데 그치지 않고, 실행 가능한 개선방안과 함께 시행 책임을 명확히 규정함으로써 실질적인 변화를 이끌어낸다. 이러한 체계적인 접근을 통해 각각의 보안사고가 전체 항공보안 체계를 한 단계 발전시키는 계기가 되도록 관리하고 있다.

(1) 보안사고 조사의 실시 권한과 협력 체계

▮ 국가항공보안 수준관리지침

제29조(조사 권한) ① 사고 조사를 수행하는 자(이하 "사고조사관"이라 한다)는 공항 또는 항공사의 보안

> 요건을 준수하며 출입·조사를 수행한다. 다만, 불가피한 사유가 있는 경우로서 국토교통부장관이 인정하는 경우에는 그러하지 아니하다.
> ② 사고조사관은 안전 및 보안 규정을 준수하는 범위내에서 조사를 한다.

국가항공보안 수준관리지침 제28조 제4항·제5항과 제29조는 보안사고 조사의 권한과 실시 체계를 명확히 규정한다. 이는 조사의 전문성과 객관성을 확보하면서도, 관련 기관과의 협력을 통해 효과적인 조사가 이루어질 수 있도록 하는 제도적 기반이다.

보안사고 조사의 실시 주체는 명확하게 지정되어 있다. 국토교통부장관이 지정한 항공보안감독관이 조사를 수행하며, 이들은 보안 분야의 전문성과 경험을 갖춘 인력으로 구성된다. 조사 과정에서 투명성과 신뢰성을 확보하기 위해, 조사 대상 부서가 신원확인을 요구하는 경우 신분증이나 관련 문서를 제시하도록 규정하고 있다. 이는 조사의 정당성을 보장하면서도 조사 대상 기관의 알 권리를 존중하는 균형적 접근이다. 이와 더불어 보안사고의 특성에 따라 합동 조사 체계도 운영되고 있다. 국가정보원장이 요청하는 경우, 국가정보원이 지정한 전문가와 합동으로 조사를 실시할 수 있다. 이는 항공보안이 국가안보와 밀접하게 연관되어 있음을 보여주는 동시에, 보다 전문적이고 심층적인 조사가 필요한 경우 관련 기관의 전문성을 활용할 수 있는 체계를 마련한 것이다.

국내 기관과의 협력뿐만 아니라 국제적 차원의 협력도 가능하도록 규정되어 있다. 타 체약국 국민이 관련된 보안사고의 경우, 해당 국가의 전문 조사요원과 합동으로 조사를 실시할 수 있다. 이는 국제 항공의 특성을 반영한 것으로, 사고의 국제적 파급효과를 고려하고 관련국과의 협력을 통해 보다 포괄적인 조사 결과를 도출하기 위한 장치다. 또한 조사 결과의 국제적 신뢰성을 확보하는 데도 중요한 역할을 한다. 한편 사고조사관의 권한은 명확한 범위 내에서 행사되도록 규정되어 있다. 조사관은 공항이나 항공사의 보안 요건을 준수하면서 출입과 조사를 수행해야 한다. 이는 조사 활동이 정상적인 공항 운영과 보안체계를 저해하지 않도록 하기 위한 조치다. 다만 긴급하거나 특별한 상황에서 국토교통부장관이 인정하는 경우에는 예외를 둘 수 있도록 하여, 조사의 실효성과 유연성을 확보하고 있다. 사고조사관은 안전 및 보안규정을 준수하는 범위 내에서만 조사 활동을 수행한다. 이는 조사 과정에서 발생할 수 있는 2차 보안위험을 방지하고, 조사 활동 자체가 새로운 취약점이 되지 않도록 하는 중요한 원칙이다. 조사관은 강력한 권한을 갖되, 그 권한 행사는 철저히 법적·절차적 틀 안에서 이루어지도록 관리되고 있다.

1) 보안사고 조사관의 법적 권한 체계

▌국가항공보안 수준관리지침

제31조(사고조사관의 임무 및 권한) ① 사고조사관은 보안사고 조사를 실시하는 동안 항공보안감독관증 또는 사고조사관임을 증명할 수 있는 서류를 휴대하여야 한다.

② 사고조사관은 위법적인 방법으로 조사를 하여서는 아니 된다.

③ 사고조사관의 권한은 다음 각 호와 같다.

1. 보안조사를 위한 모든 지역 출입
2. 모든 관련자에 대한 질문 및 조사
3. 조사를 위한 장비 휴대
4. 확인서 징수 및 시정명령서 발행
5. 조사와 관련한 공항 및 항공기, 기타 부대 시설에 대한 사진 촬영 및 담당자 인터뷰 녹음

국가항공보안 수준관리지침 제31조는 사고조사관의 임무와 권한을 구체적으로 명시한다. 이는 조사의 전문성과 정당성을 확보하면서도, 조사 권한의 명확한 범위를 설정하여 권한 남용을 방지하는 균형적 접근을 보여준다. 사고조사관은 조사 활동 중 신분 증명의 의무를 갖는다. 항공보안감독관증이나 사고조사관임을 증명할 수 있는 서류를 항상 휴대해야 하며, 이는 조사의 정당성과 투명성을 보장하는 기본 요건이다. 조사 대상자는 언제든지 조사관의 신분을 확인할 권리가 있으며, 이를 통해 조사 과정에 대한 신뢰를 구축하고 있다. 특히 중요한 점은 조사관이 위법적인 방법으로 조사를 수행해서는 안 된다는 원칙이 명확히 규정되어 있다는 것이다. 이는 아무리 중대한 보안사고라 하더라도 법적 절차와 인권을 존중하면서 조사가 이루어져야 함을 강조한다.

이러한 원칙에 따라 사고조사관에게는 효과적인 조사를 위한 다섯 가지 핵심 권한이 부여된다. 첫째, 보안조사를 위한 모든 지역에 출입할 수 있는 권한을 갖는다. 공항의 보호구역, 항공기 내부, 화물 처리 구역 등 일반인의 접근이 제한된 곳까지 포함하며, 철저한 현장 조사를 가능하게 하는 기반이 된다. 둘째, 모든 관련자에 대한 질문과 조사를 수행할 수 있다. 사고와 직간접적으로 연관된 모든 인물들을 대상으로 면담과 조사를 실시할 수 있으며, 관련자들은 조사에 성실히 협조할 의무가 있다. 셋째, 조사를 위한 각종 장비를 휴대할 수 있다. 측정 장비, 기록 장치, 분석 도구 등 조사에 필요한 전문 장비를 활용하여 과학적이고 객관적인 조사가 이루어지도록 하고 있다.

조사관의 권한은 단순한 조사 활동을 넘어 즉각적인 조치까지 포함한다. 확인서를 징수하고 시정명령서를 발행할 수 있는 권한을 가지며, 조사 과정에서 발견된 위반사항이나

개선이 필요한 사항에 대해 즉각적인 조치를 요구할 수 있다. 시정명령은 법적 구속력을 가지며, 이행 여부는 지속적으로 관리된다. 또한 조사와 관련된 공항, 항공기, 기타 부대시설에 대한 사진 촬영과 담당자 인터뷰 녹음 권한을 갖는다. 이러한 시청각 자료는 조사보고서의 객관적 증거가 되며, 향후 유사 사고 예방을 위한 교육 자료로도 활용되고 있다. 다만 이러한 자료 수집은 보안규정과 개인정보보호 원칙 내에서 이루어져야 한다. 이처럼 사고조사관은 강력한 권한을 부여받되, 그 권한 행사는 법적·윤리적 테두리 안에서 엄격하게 관리되고 있다.

2) 보안사고 조사 방해 금지 규정

> **▮ 국가항공보안 수준관리지침**
> **제32조(조사관련 금지행위)** 보안사고와 관련하여 조사를 받는 사람은 다음 각 호의 행위를 하여서는 아니 된다.
> 1. 고의적으로 사고조사관의 업무를 방해 또는 제지
> 2. 사고조사관이 요청하는 자료 또는 정보 제공 고의 거절
> 3. 허위 정보의 제공

국가항공보안 수준관리지침 제32조는 보안사고 조사를 받는 대상자가 준수해야 할 금지행위를 명확히 규정한다. 이는 조사의 원활한 진행을 보장하고, 진실 규명을 통한 재발 방지라는 조사의 목적을 달성하기 위한 필수적인 제도적 장치다.

첫 번째 금지행위는 사고조사관의 업무를 고의적으로 방해하거나 제지하는 행위다. 조사 대상자나 관련자가 물리적·정신적 방법으로 조사관의 활동을 저해하거나, 조사 진행을 의도적으로 지연시키는 모든 행위가 이에 해당한다. 이는 단순한 비협조를 넘어 적극적으로 조사를 방해하는 행위로, 보안사고의 진상 규명을 어렵게 만들어 항공보안 체계 개선을 저해하는 심각한 문제가 된다. 조사 과정에서는 정상적인 업무수행이 일시적으로 제약될 수 있으나, 이는 더 큰 보안위험을 방지하기 위한 불가피한 조치다. 조사 대상자는 일시적인 불편을 감수하더라도 조사에 적극 협조해야 하며, 이는 전체 항공보안 수준 향상에 기여하는 중요한 의무가 되고 있다.

이러한 물리적 방해와 함께 정보 차원의 비협조도 중대한 금지행위로 규정된다. 사고조사관이 요청하는 자료나 정보 제공을 고의로 거절하는 행위가 이에 해당한다. 보안사고 조사에는 각종 문서, 기록, 영상자료, 시스템 로그 등 다양한 자료가 필요하며, 이러한 자료들은 사고의 원인을 파악하고 책임 소재를 명확히 하는 데 핵심적인 역할을 한다. 자료

제공을 거부하는 것은 진실 규명을 방해하는 행위로, 유사한 사고의 재발 가능성을 높이는 위험한 행동이다. 물론 기업의 영업 비밀이나 개인정보 보호 등 정당한 사유가 있는 경우에는 적절한 보호 조치를 요구할 수 있다. 하지만 이러한 경우에도 조사의 본질적 목적을 저해하지 않는 범위에서 최대한 협조해야 하며, 보안사고 조사의 공익적 성격을 인식할 필요가 있다.

정보 제공 거부보다 더욱 심각한 위반은 허위 정보를 제공하는 것이다. 이는 가장 심각한 금지행위 중 하나로, 조사의 방향을 잘못 이끌어 진실 규명을 불가능하게 만들 수 있다. 허위 정보는 단순한 착오나 기억 오류와는 구별되는 의도적인 거짓 진술로, 사고의 실제 원인을 은폐하거나 책임을 회피하기 위한 목적으로 행해지는 경우가 많다. 허위 정보 제공은 즉각적인 조사 방해를 넘어 장기적으로 보안체계 전반에 악영향을 미친다. 잘못된 정보에 기반한 개선 조치는 실효성이 없을 뿐만 아니라, 오히려 새로운 취약점을 만들 수도 있다. 조사 대상자는 비록 자신에게 불리한 내용이라 하더라도 정확한 정보를 제공해야 하며, 이는 항공보안의 지속적 발전을 위한 기본적인 책무다. 이러한 금지행위들을 위반할 경우, 관련 법령에 따라 엄중한 제재를 받을 수 있다. 더 중요한 것은 이러한 행위들이 단순한 개인의 문제를 넘어 전체 항공 이용객의 안전을 위협하는 결과를 초래할 수 있다는 점이다. 모든 조사 대상자는 보안사고 조사의 중요성을 인식하고 성실하게 협조해야 한다.

(2) 보안사고 조사보고서 작성 체계와 활용

▮ 국가항공보안 수준관리지침

제13조(문제점 관련 시정조치 등) ② 점검활동 결과 나타난 문제점에 대한 시정조치 등의 우선순위는 다음 각 호와 같다.

1. 시정조치 : 발견된 문제점이 항공보안에 심각한 결과를 초래할 우려가 있거나, 항공보안에 심각하지는 않지만 법 또는 규정에 위반되는 경우
2. 개선권고 : 항공보안 법령 및 규정 등을 위반 또는 규정하고 있지 않으나, 개선 조치할 경우 항공보안에 유익한 결과를 가져오는 방법을 제시하고자 할 경우
3. 현장시정 : 항공보안에 직접적인 영향을 미치지 아니하는 경미한 보안 저해요소로 단기간 내에 시정이 가능한 경우

제30조(조사보고서 작성 등) ① 사고조사관은 보안사고 조사를 종결한 때에 다음 각 호의 사항이 포함된 사고조사보고서를 작성하여 국토교통부장관에게 보고하여야 한다.

1. 사고 개요

> 2. 사실 정보
> 3. 원인 분석
> 4. 사고조사 결과
> 5. 제13조에 따라 시정조치 또는 개선권고 할 사항
>
> ② 국토교통부장관은 필요한 경우 보안사고 조사보고서 요약본을 작성하도록 하여 보관하게 할 수 있으며, 관련 국가에서 요청하는 경우 이를 제공할 수 있다.

국가항공보안 수준관리지침 제30조는 보안사고 조사보고서의 작성 요령과 활용 방안을 규정한다. 조사보고서는 단순한 사실 기록을 넘어, 보안체계 개선을 위한 핵심 문서로서 체계적이고 종합적인 내용을 담도록 구성된다. 사고조사관은 조사를 종결한 후 반드시 조사보고서를 작성하여 국토교통부장관에게 보고해야 한다. 이 보고서는 다섯 가지 핵심 요소를 포함하도록 규정되어 있으며, 각 요소는 사고의 전모를 파악하고 재발을 방지하는 데 필수적인 정보를 담고 있다.

보고서의 첫 번째 요소인 사고 개요는 사건의 전체적인 윤곽을 제시한다. 발생 일시, 장소, 관련 당사자, 피해 규모 등 사고의 기본 정보를 간명하게 정리하여, 보고서를 읽는 사람이 사건의 전체 상황을 신속하게 파악할 수 있도록 한다. 이어서 사실 정보 부분에서는 조사를 통해 확인된 객관적 사실들을 상세히 기록한다. 목격자 진술, 물적 증거, 시스템 기록, 영상자료 등 수집된 모든 정보를 체계적으로 정리하며, 추측이나 가정을 배제한 순수한 팩트만을 담는다. 이러한 객관적 사실의 축적은 정확한 원인 분석의 토대가 되고 있다. 원인 분석은 보고서의 핵심 부분으로, 사고가 왜 발생했는지를 심층적으로 규명한다. 단순한 직접 원인뿐만 아니라 근본 원인까지 파악하여, 인적요인, 시스템적 결함, 절차상 문제점 등을 다각도로 분석한다.

분석 결과를 바탕으로 사고조사 결과는 전체 조사 과정을 통해 도출된 종합적인 결론을 제시한다. 책임 소재의 명확한 규명, 보안체계의 취약점 확인, 개선이 필요한 영역 등을 구체적으로 명시한다. 이는 단순한 문제 지적에 그치지 않고, 실행 가능한 해결 방안의 방향성을 제시하는 건설적인 내용을 담고 있다. 제13조에 따른 시정조치 또는 개선권고 사항을 구체적으로 제시하여, 즉각적으로 시행해야 할 긴급 조치부터 장기적인 시스템 개선방안까지 우선순위와 시행 시기를 명확히 한다. 각 권고사항에는 담당 부서와 완료 시한을 명시하여 이행 관리가 체계적으로 이루어지도록 하고 있다.

국토교통부장관은 필요시 조사보고서의 요약본을 작성하도록 할 수 있다. 이 요약본은 핵심 내용만을 간추려 정리한 것으로, 신속한 정보공유와 의사결정을 지원하는 역할을

한다. 특히 관련 국가에서 요청하는 경우 이를 제공할 수 있도록 규정하여, 국제적 협력과 정보공유를 통한 글로벌 항공보안 수준 향상에 기여하고 있다. 이러한 체계적인 보고서 작성과 활용 시스템을 통해, 각각의 보안사고가 단순한 사건 처리로 끝나지 않고 전체 항공보안 체계를 발전시키는 귀중한 학습 기회가 되도록 관리된다.

(3) 항공보안사고 대응체계

1) 항공보안사고 처리 기본원칙과 절차

가. 보안사고의 이원적 처리 체계와 적용 원칙

항공보안사고는 항공보안법상 불법방해행위에 해당하며, 위반행위의 성격과 정도에 따라 체계적인 처리 절차를 따른다. 시법기관 인계를 통한 형벌과 행정기관 조사를 통한 행정처분으로 구분되어 처리되며, 이러한 이원적 접근은 사안의 중대성과 특성을 고려한 효과적인 대응체계다. 항공보안사고는 민간항공 보안에 대한 중대한 위반사항이 발생한 경우로 정의된다. 단순한 절차 위반이나 경미한 실수가 아닌, 항공 운항의 안전과 보안에 실질적인 위협이 되는 사건들이 이에 해당한다. 이러한 사고들은 철저한 조사와 적절한 조치를 통해 재발을 방지하고 보안체계를 강화하는 계기가 되고 있다.

실무에서는 하나의 사건에 형벌과 행정처분 대상이 혼재되어 있는 복잡한 상황이 자주 발생한다. 이러한 경우, 두 절차가 서로 독립적인지 연관되어 있는지를 먼저 판단하는 것이 중요하다. 형사 처벌 대상 행위와 행정처분 대상 행위가 별개라면, 검찰이나 경찰의 수사가 진행되는 중에도 행정조사를 병행할 수 있다. 이는 신속한 문제 해결과 효율적인 사건 처리를 가능하게 한다. 반면 두 사안이 서로 연관되어 있는 경우에는 수사가 종료된 후 그 결과를 바탕으로 행정처분을 결정하며, 필요한 경우 추가적인 사실조사를 실시한다. 수사 과정에서 밝혀진 새로운 사실이 행정처분의 내용과 수위에 영향을 미칠 수 있기 때문이다.

이러한 원칙은 구체적인 사례를 통해 더욱 명확해진다. 잘못 발권된 탑승권으로 탑승한 승객이 하기 과정에서 기내소란을 일으킨 사건을 예로 들 수 있다. 항공사의 오발권 행위는 명백한 행정처분 대상으로, 시스템 오류나 직원의 실수로 인한 것이며 보안 절차상의 문제점을 개선하기 위한 행정적 조치가 필요하다. 동시에 승객의 기내소란 행위는 형사처벌 대상이 되는 수사 사안이다. 항공기 내에서의 소란 행위는 운항 안전을 위협하는 심각한 범죄 행위로, 엄정한 법적 조치가 필요하다.

이 사례에서 오발권에 대한 행정조사는 독립적으로 진행하여 완료할 수 있다. 하지만 수사 과정에서 승객과 항공사 직원 간의 특별한 관계나 의도적인 공모 같은 예상치 못한 사실이 드러날 가능성도 있다. 이러한 새로운 정보는 행정처분의 성격과 수위를 완전히 바꿀 수 있기 때문에, 수사가 종료된 후 그 결과를 종합적으로 검토하여 최종적인 행정처분을 결정하는 것이 원칙이다. 이처럼 보안사고 처리는 사안의 성격을 정확히 파악하고, 형사와 행정 절차를 적절히 조화시키는 섬세한 접근이 필요하다. 각 절차가 서로를 보완하면서도 독립성을 유지함으로써, 보다 공정하고 효과적인 사고 처리가 이루어지고 있다.

나. 행정적·사법적 문제의 차별화된 대응체계

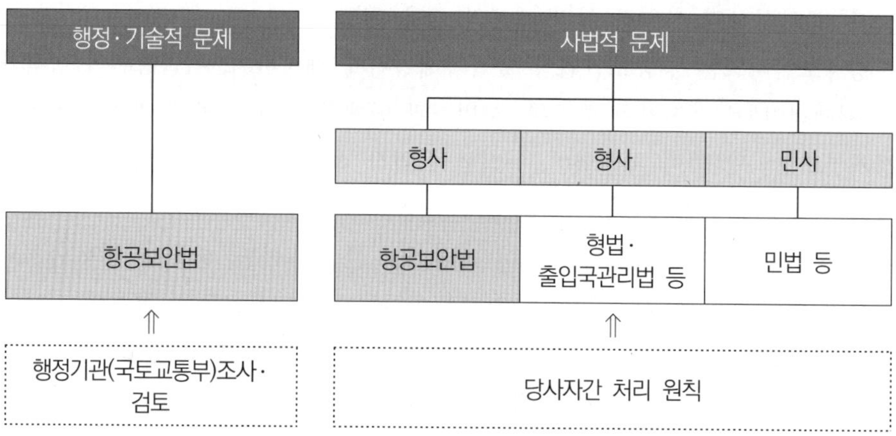

항공보안사고가 발생하면 문제의 성격에 따라 서로 다른 대응체계가 적용된다. 행정·기술적 문제와 사법적 문제를 명확히 구분하여 각각에 적합한 처리 절차를 적용함으로써, 보다 효과적이고 신속한 문제 해결이 가능하다.

먼저 행정·기술적 문제가 발생한 경우, 국토교통부가 주도적으로 조사를 실시한다. 이러한 문제들은 주로 보안절차 미준수, 시스템 오류, 관리 소홀 등에서 비롯되며, 형사처벌보다는 시정과 개선이 필요한 사안들이다. 국토교통부는 철저한 조사를 통해 위반행위의 경중을 판단하고 적절한 행정처분을 내린다. 더 나아가 단순한 처벌에 그치지 않고, 제도와 시스템상의 근본적인 개선방안을 마련하여 유사한 문제의 재발을 방지하는 데 중점을 두고 있다.

반면 사법적 문제의 경우, 원칙적으로 당사자의 고소나 고발이 있어야 검찰이나 경찰 등 사법기관이 수사에 착수하게 된다. 이는 형사사법 체계의 기본원칙을 따르는 것으로, 피해자의 의사를 존중하면서도 국가 형벌권의 적절한 행사를 보장한다. 항공기 내 폭행, 보안검색 거부, 위험물품 반입 시도 등 명백한 범죄 행위들이 이에 해당하며, 엄정한 수사와 처벌을 통해 항공보안의 경각심을 높이고 있다.

이러한 이원적 체계는 항공보안법의 벌칙 규정에서도 명확히 드러난다. 전체 벌칙 조항은 형사벌과 과태료 부과 등의 행정벌로 구성되어 있으며, 높은 형사벌 비율은 항공보안법이 형법의 특별법적 성격을 가지고 있음을 보여준다. 민간항공보안 확보와 테러 방지라는 법의 목적을 달성하기 위해, 위반행위에 대해 엄중한 형사처벌을 규정함으로써 강력한 억제 효과를 추구하고 있다.

이러한 법적 체계의 실효성을 확보하기 위해서는 현장에서의 적극적인 대응이 필수적이다. 공항운영자와 항공운송사업자는 단순한 신고자가 아니라 항공보안의 일차적 책임자로서, 보안사고 발생 시 즉각적이고 능동적인 조치를 취해야 한다. 특히 범죄 혐의가 명백한 사건의 경우, 이들 당사자가 직접 사법기관에 해당 사건과 혐의자를 인계하도록 규정하고 있다.

이러한 현장 중심의 대응체계는 여러 가지 중요한 의미를 갖는다. 첫째, 신속한 초동 대응으로 증거 보전과 추가 피해 방지가 가능하다. 둘째, 항공보안 전문가들이 사건의 중대성을 즉각 판단하여 적절한 수준의 대응을 할 수 있다. 셋째, 공항운영자와 항공사가 보안관리의 주체로서 책임감을 갖고 적극적으로 대처하도록 유도한다.

결과적으로 이 체계는 행정적 개선과 형사적 처벌이라는 두 가지 목표를 동시에 추구한다. 행정기관은 시스템 개선에 집중하고, 사법기관은 범죄 처벌에 집중함으로써 각자의 전문성을 최대한 발휘할 수 있다. 동시에 공항운영자와 항공사의 적극적인 참여를 통해 현장 중심의 실효적인 보안체계를 구축하고 있다.

다. 혼재된 문제의 처리 원칙과 기관 간 협력

실제 항공보안사고 현장에서는 행정·기술적 문제와 사법적 문제가 명확히 구분되지 않고 혼재되어 나타나는 경우가 빈번하다. 이러한 복잡한 상황에서는 각 문제의 성격을 정확히 파악하고, 적절한 기관이 적시에 개입할 수 있도록 체계적인 대응이 필요하다. 문제가 혼재된 사건에서 가장 중요한 것은 신속한 초기 대응이다. 국토교통부는 행정기관으로서 인지한 범위 내에서 기초 사실관계를 파악한다. 이 과정에서 형사처벌 대상이 되는 사안이 발견되면, 즉시 검찰이나 경찰 등 사법기관에 수사를 의뢰하거나 사건을 이관한다. 이는 각 기관의 전문성을 존중하면서도 사건이 방치되지 않도록 하는 중요한 연계 시스템이다.

때로는 당사자가 여러 이유로 적극적인 조치를 취하지 않는 상황이 발생한다. 피해가 경미하다고 판단하거나, 절차의 복잡성 때문에 신고를 주저하는 경우가 있다. 사법기관은 고소·고발 없이는 수사에 착수하지 않는 소극성 원칙을 따르기 때문에, 자칫 중요한 보안

사고가 적절한 조치 없이 지나갈 위험이 있다. 이러한 공백을 메우기 위해 국토교통부는 적극적인 역할을 수행한다. 비록 직접적인 수사 권한은 없지만, 사안의 중대성을 판단하여 필요한 경우 직권으로 사법기관에 수사를 요청할 수 있다. 이는 개별 피해자의 의사를 넘어 공공의 안전과 항공보안이라는 더 큰 가치를 보호하기 위한 조치다. 다만 행정기관의 역할에는 명확한 한계와 원칙이 존재한다. "형사·민사사건은 사법기관이 수사·처리한다"는 대원칙은 반드시 지켜져야 한다. 행정기관이 당사자가 아닌 이상 형사·민사사건에 직접 개입하는 것은 권한 남용이 될 수 있으며, 오히려 사건 처리를 복잡하게 만들 수 있다.

이러한 원칙적 접근은 여러 면에서 중요한 의미를 갖는다. 각 기관의 고유 권한과 전문성을 존중함으로써 효율적인 업무 처리가 가능하며, 권한 충돌이나 중복 조사로 인한 혼란을 방지할 수 있다. 사건 당사자들에게는 예측 가능하고 일관된 처리 절차를 제공한다. 실무적으로는 초기 대응 단계에서 행정기관의 역할이 매우 중요하다. 현장 상황 파악, 증거 보전, 관련자 신원 확인, 피해 규모 산정 등 기초적인 사실관계를 신속히 정리하여 사법기관에 전달한다. 이러한 초기 정보는 사법기관이 수사 착수 여부를 결정하고 수사 방향을 설정하는 데 중요한 판단 자료가 된다.

결국 혼재된 문제의 처리는 기관 간 유기적인 협력과 명확한 역할 분담을 통해 이루어진다. 행정기관은 자신의 권한 범위를 명확히 인식하면서도, 보안사고가 적절히 처리될 수 있도록 적극적으로 조정자 역할을 수행한다. 이러한 체계적 접근을 통해 복잡한 보안사고도 신속하고 효과적으로 처리될 수 있으며, 항공보안 수준의 향상으로 이어지고 있다.

라. 국토교통부의 조기대응과 조사 권한의 범위

국토교통부와 지방항공청의 초기 대응은 항공보안사고의 신속하고 적절한 처리를 위한 중요한 역할을 담당한다. 특히 사법적 문제가 포함된 사건에서 당사자가 적극적인 조치를 취하지 않아 처리가 지연되는 경우, 행정기관의 적절한 개입이 필요하다. 이때 핵심은 '기초사실 파악'을 통해 해당 사건이 사법처리 대상임을 명확히 확인하고, 당사자와 사법기관의 조치를 촉구하는 것이다. 실제 사례를 통해 이러한 조기대응의 중요성을 확인할 수 있다. 대한항공 회항사건의 경우, 승객의 명백한 불법방해행위가 있었음에도 항공사가 해당 범죄행위자를 즉시 경찰에 인계하지 않은 상황이 발생했다. 이는 기업의 이미지나 운항 일정 등을 고려한 소극적 대응으로 볼 수 있으나, 항공보안 체계의 실효성을 저해하는 심각한 문제가 된다. 이러한 경우 국토교통부는 사실관계를 파악하여 항공사에 적절한 조치를 촉구하는 역할을 수행하고 있다.

당사자가 행정기관의 조치 촉구에도 불구하고 응하지 않는 경우, 국토교통부나 지방항공청은 한 단계 더 적극적인 대응을 취할 수 있다. 직접 검찰이나 경찰에 수사를 의뢰함으로써 사건이 방치되지 않도록 하는 것이다. 다만 이 경우에도 명확한 한계가 존재한다. 행정기관의 역할은 수사의뢰까지로 제한되며, 직접 고발하는 단계까지는 나아가지 않는 것을 원칙으로 한다. 이는 행정기관과 사법기관의 역할 구분을 명확히 하고, 권한 남용의 소지를 차단하기 위한 중요한 제한이다. 이러한 맥락에서 보안사고 발생 시 국토교통부의 "조사"가 갖는 의미를 정확히 이해할 필요가 있다. 원칙적으로 국토교통부의 조사는 행정·기술적 문제에 대한 사실 확인 활동이다. 이는 행정처분이나 정책적 대응을 위한 기초 작업으로, 형사처벌을 목적으로 하는 수사와는 명확히 구별된다. 조사를 통해 파악된 사실관계는 과태료 부과, 시정명령 등 행정처분의 근거가 되며, 나아가 제도 개선과 정책 수립의 기초자료로 활용되고 있다.

현실적으로는 사건의 성격이 처음부터 명확하지 않은 경우가 많다. 행정적 문제와 사법적 문제가 혼재되어 있거나, 문제의 성격 자체가 불분명한 상황이 빈번하게 발생한다. 이러한 경우 국토교통부의 조사는 예외적으로 '기초사실 파악'의 성격을 갖게 된다. 전체적인 사실관계를 파악한 후 사법적 부분을 분리하여 해당 부분만을 사법기관에 수사의뢰하는 것이다. 국토교통부 조사의 본질은 "형사처벌이 아닌 행정처분을 위한 사실 확인"이며, 사건의 성격이 불분명한 경우의 "기초사실 파악"을 포함하는 개념이다. 이러한 명확한 역할 정의를 통해 행정기관은 자신의 권한 범위 내에서 최대한의 역할을 수행하면서도, 사법기관의 고유 영역을 침해하지 않는 균형을 유지하고 있다. 이처럼 국토교통부의 조기대응 체계는 신속성과 적법성이라는 두 가지 가치를 동시에 추구한다. 보안사고가 방치되지 않도록 적극적으로 개입하되, 법적 권한의 한계를 명확히 인식하고 준수함으로써 효과적이면서도 적법한 사고 처리가 이루어지도록 하고 있다.

2) 형벌규정 적용 보안사고의 사법처리 절차

항공보안법에 따른 형벌규정이 적용되는 보안사고는 엄격하고 체계적인 처리 절차를 따른다. 특히 기내에서 발생하는 불법행위는 항공기의 특수한 환경을 고려하여 신속하고 일관된 대응체계가 구축되어 있다. 기내 불법행위가 발생하면 즉각적인 보고체계가 가동된다. 승무원은 상황을 파악한 즉시 기장에게 보고하며, 기장은 최종 결정권자로서 사안의 중대성을 판단한다. 이후 도착공항 사무실을 통해 현지 경찰에 상황을 통보하여, 착륙과 동시에 신속한 조치가 이루어질 수 있도록 준비한다. 이러한 사전 통보 시스템은 착륙 후 지연 없이 불법행위자를 처리할 수 있게 하며, 다른 승객들의 불편을 최소화하는 효과적인 방법이 되고 있다.

항공보안법 제23조에서 규정하는 승객의 협조의무 위반행위는 다양한 형태로 나타난다. 항공기 내 소란행위는 가장 빈번하게 발생하는 유형으로, 고성과 욕설, 타 승객에 대한 위협 등이 포함된다. 폭행행위는 승무원이나 다른 승객에 대한 물리적 공격으로, 항공기 운항 안전을 직접적으로 위협하는 심각한 범죄다. 성적 수치심을 유발하는 행위 역시 엄격히 처벌되는 불법행위로, 밀폐된 기내 공간의 특성상 피해자가 회피할 수 없는 상황에서 발생하기 때문에 더욱 엄중하게 다루어진다. 흡연행위는 화재 위험과 직결되는 문제로, 전면 금연이 원칙인 항공기 내에서는 중대한 안전 위반 사항이다. 승무원 업무방해행위는 정상적인 기내 서비스와 안전 업무를 저해하여 전체 승객의 안전을 위협할 수 있는 행위로 규정되고 있다.

이러한 불법행위에 대해 우리나라를 포함한 각국의 공항 경찰당국은 표준화된 대응 절차를 운영한다. 통상적으로 항공기가 탑승구에 도착하면 경찰이 직접 기내로 진입하거나 탑승교에서 대기하여 불법행위자를 인수한다. 이때 항공사 관계자와 목격자들의 진술을 확보하고, 필요한 증거를 수집하는 초동 조치가 이루어진다. 경찰에 인계된 이후에는 일반적인 형사사법 절차를 따른다. 경찰은 피의자 조사, 목격자 진술 확보, 증거 수집 등 체계적인 수사를 진행한다. 항공기 내 동영상, 승무원 보고서, 다른 승객들의 진술 등이 주요 증거로 활용되고 있다. 특히 기내 불법행위는 다수의 목격자가 존재하는 경우가 많아, 객관적인 사실관계 확인이 비교적 용이한 편이다.

수사가 완료되면 경찰은 사건을 검찰에 송치한다. 검찰은 경찰의 수사 결과를 검토하여 기소 여부를 결정하며, 필요시 보강 수사를 지시할 수 있다. 죄질과 피해 정도, 피의자의 반성 여부 등을 종합적으로 고려하여 적절한 처분을 결정한다. 기소가 결정되면 법원에 공소를 제기하여 정식 재판 절차가 시작된다. 법원은 검찰의 공소사실과 피고인의 변론을 통해 유무죄를 판단하고, 유죄가 인정되는 경우 적절한 형량을 선고한다. 항공기 내 불법행위는 특별법인 항공보안법 위반으로 일반 폭행이나 업무방해보다 가중 처벌되는 경우가 많다. 이는 항공기라는 특수한 환경에서 발생하는 범죄의 위험성을 고려한 입법적 판단이다. 이러한 일련의 사법처리 절차는 항공보안 위반행위에 대한 강력한 억제 효과를 발휘한다. 신속하고 확실한 처벌이 이루어짐으로써 잠재적 위반자들에게 경각심을 주고, 안전한 항공 여행 환경을 조성하는 데 기여하고 있다.

3) 행정처분 대상 사고의 단계별 처리 체계

항공보안사고 중 형벌 규정이 적용되지 않는 위규사항들은 행정처분을 통해 처리된다. 이러한 행정처분 체계는 경미한 위반행위부터 중대한 보안규정 위반까지 다양한 수준의 문제를 효과적으로 다루며, 항공보안 수준을 지속적으로 유지·향상시키는 중요한 수단이 되고 있다.

행정처분 절차의 시작점은 항공보안감독관의 조사 활동이다. 보안감독관은 위규사항을 인지하면 즉시 현장 조사에 착수하여 객관적인 사실관계를 파악한다. 이 과정에서 관련 문서 검토, 당사자 및 목격자 면담, 현장 확인, 시스템 기록 분석 등 다양한 방법을 활용하여 종합적인 조사를 실시하고 있다. 조사 결과는 체계적으로 정리되어 상급 기관에 보고되며, 이는 행정처분 결정의 핵심 근거자료가 된다. 이렇게 수집된 자료를 바탕으로 행정처분의 종류와 수위는 위반행위의 경중에 따라 차등 적용된다.

가장 강력한 제재 수단인 과태료 부과는 법령에서 정한 의무를 위반한 경우에 부과되는 금전적 제재다. 과태료의 액수는 위반행위의 중대성, 고의성, 반복 여부 등을 종합적으로 고려하여 결정되며, 법령에서 정한 상한선 내에서 부과된다. 이러한 경제적 제재는 위반자에게 직접적인 부담을 주어 재발 방지 효과를 높이고 있다. 시정조치는 발견된 문제점을 즉시 바로잡도록 하는 강제적 행정처분이다. 보안 절차상의 결함, 장비 운영의 문제, 인력 배치의 부적절함 등이 확인되면, 구체적인 시정 내용과 이행 기한을 명시한 시정명령이 발부된다. 시정조치를 받은 기관은 정해진 기한 내에 문제를 해결하고 그 결과를 보고해야 하며, 불이행 시에는 더욱 강력한 제재가 뒤따를 수 있다.

강제적 처분과 더불어 개선권고는 법적 구속력은 없지만 보안 수준 향상을 위해 필요한 사항을 제안하는 행정지도의 성격을 갖는다. 현행 규정 위반은 아니지만 개선이 필요한 사항, 국제 기준 변화에 따른 선제적 대응이 필요한 영역, 우수 사례의 확산이 필요한 부분 등에 대해 권고가 이루어진다. 비록 강제성은 없지만, 대부분의 기관들이 권고사항을 성실히 이행하여 자발적인 보안 개선을 도모하고 있다. 행정처분의 결정 과정에서는 비례의 원칙이 엄격히 적용된다. 위반행위의 동기와 결과, 위반자의 과거 이력, 개선 의지, 피해 규모 등을 종합적으로 고려하여 적정한 수준의 처분이 결정된다. 또한 처분을 받은 당사자에게는 이의제기와 소명의 기회가 보장되어, 절차적 정당성을 확보하고 있다.

행정처분이 결정된 이후에는 체계적인 사후관리가 이루어진다. 시정조치 이행 여부를 확인하고, 개선권고 사항의 반영 정도를 모니터링하며, 과태료 납부 상황을 관리한다. 특히 반복적으로 위반행위가 발생하는 기관에 대해서는 특별 관리 대상으로 지정하여 집중적인 지도·감독을 실시하고 있다. 이러한 행정처분 체계는 형사처벌과 함께 항공보안 규정 준수를 유도하는 양대 축을 형성한다. 상대적으로 경미한 위반사항을 신속하고 효율적으로 처리하면서도, 지속적인 개선을 유도하는 적절한 대응을 통해 전체적인 항공보안 수준 향상에 기여하고 있다.

(4) 항공보안사고 유형별 행동요령

1) 항공보안사고 초동대응 절차와 유형 분류

항공보안감독관은 보안사고를 인지한 즉시 체계적인 대응절차를 시작한다. 신속한 초기 대응과 정확한 상황 판단이 사고 처리의 성패를 좌우하기 때문에, 표준화된 행동요령에 따라 단계적으로 조치를 취하는 것이 중요하다. 이러한 체계적 접근은 사고의 성격을 명확히 파악하고, 적절한 처리 경로를 결정하는 데 핵심적인 역할을 한다.

가. 1단계: 사고 인지

보안사고의 인지는 다양한 경로를 통해 이루어진다. 항공사나 공항공사 등 현장 운영 주체로부터의 직접 보고가 가장 일반적인 경로다. 이들은 사고 발생 즉시 관할 항공청에 상황을 보고하도록 되어 있으며, 이를 통해 신속한 초동 대응이 가능하다. 언론 보도를 통해 사고를 인지하는 경우도 있는데, 특히 사회적 이슈가 되는 사건의 경우 언론이 먼저 보도하는 상황이 발생하기도 한다. 이외에도 경찰, 세관, 출입국 관리사무소 등 공항 내 유관기관들과의 정보공유 체계를 통해 보안사고 정보가 실시간으로 전달된다. 승객이나 항공 종사자들의 제보도 귀중한 정보원이 된다. 이러한 다양한 채널을 통해 수집된 정보는 교차 검증을 거쳐 사실 여부가 확인된다.

나. 2단계: 기초 자료수집

사고를 인지한 항공보안감독관은 즉시 상급자에게 개략적인 상황을 보고한다. 긴급한 경우 구두 보고를 먼저 실시하고, 이후 서면 보고를 통해 구체적인 내용을 전달한다. 이러한 신속한 보고체계는 조직 차원의 대응 준비와 필요시 상급 기관의 지원을 받을 수 있도록 하는 중요한 절차다. 이와 동시에 항공사와 공항 운영자 등을 통해 보안사고의 기초자료를 체계적으로 수집한다. 사고 발생 시각과 장소, 관련자 인적사항, 피해 규모, 목격자 진술, CCTV 영상, 관련 문서 등 사실관계 파악에 필요한 모든 자료를 확보한다. 이 단계에서 수집된 자료의 품질이 이후 사고 처리의 방향과 수준을 결정하기 때문에, 철저하고 객관적인 자료 수집이 필수적이다.

다. 3단계: 유형 판단과 처리 경로 결정

항공보안감독관은 수집된 기초자료를 바탕으로 사고의 유형을 판단하고 적절한 처리 경로를 결정한다. 이는 형벌 대상인지, 행정처분 대상인지, 아니면 양자가 병합되는 사안인지를 구분하는 중요한 단계다.

형벌 대상 사고는 명백한 범죄 행위가 포함된 경우다. 기내 폭행은 항공보안법과 형법상 폭행죄에 해당하며, 공항 내 불법방해행위는 중대한 공공안전 위협 행위로 엄격한 형사처벌 대상이다. 이러한 사건들은 즉시 사법기관에 인계되어 수사와 기소 절차를 거치게 된다. 이와 달리 행정처분 대상 사고는 보안 절차상의 실패나 과실에 해당하는 경우다. 보안검색 실패는 검색 요원의 부주의나 장비 오류로 인한 것으로, 시정조치와 재발 방지 대책 수립이 중요하다. 탑승권 오발권은 시스템 오류나 직원 실수로 발생하며, 과태료 부과와 함께 절차 개선이 요구되는 사안이다.

실무에서는 형벌과 행정처분이 병합되는 복잡한 사례도 자주 발생한다. 검색 실패로 인해 기내에 도검이 유입되어 사상자가 발생한 경우, 검색 실패에 대한 행정처분과 함께 업무상 과실치사상에 대한 형사책임이 동시에 추궁된다. 기내 성희롱 사건을 경찰에 인계하지 않고 국토교통부에도 보고하지 않은 경우, 가해자에 대한 형사처벌과 함께 항공사의 보고 의무 위반에 대한 행정처분이 병행된다. 이처럼 사고 유형의 정확한 판단은 적절한 처리 경로를 결정하고, 각 기관의 권한과 책임을 명확히 하는 데 핵심적인 역할을 한다.

라. 특별 대응체계: 테러 사건

일반적인 불법행위와 달리 테러 관련 사건은 특별한 대응체계를 따른다. 테러가 의심되거나 확인되는 경우, 국가정보원이 주관하는 “합동조사반”이 구성되어 대응한다. 이는 테러가 국가안보에 직결되는 중대 사안이며, 고도의 전문성과 기밀 유지가 필요하기 때문이다. 합동조사반에는 국정원, 국토교통부, 경찰, 군 등 관련 기관이 참여하여 종합적이고 체계적인 대응을 수행하고 있다. 이러한 표준 행동요령은 모든 보안사고에 일관되게 적용되어, 누가 담당하든 동일한 수준의 대응이 가능하도록 한다. 체계적인 절차 준수를 통해 사고 처리의 신속성과 공정성을 동시에 확보하고 있다.

2) 형벌처분 대상 사고의 경찰 인계 관리 절차

항공사나 공항운영자가 형벌처분 대상 불법행위자를 경찰에 인계하는 경우, 항공보안감독관은 체계적인 확인과 보고 절차를 수행한다. 이는 사법처리가 적절히 이루어지도록 관리·감독하는 동시에, 행정기관으로서 필요한 후속 조치를 준비하기 위한 중요한 과정이다.

가. 1단계: 경찰 인계 적정성 확인

항공보안감독관의 가장 우선적인 임무는 항공사 등이 불법행위에 대한 초기 조치와 경찰 인계를 적절하게 처리했는지 확인하는 것이다. 이는 단순히 인계 여부만 확인하는 것이 아니라, 전체 과정의 적정성을 종합적으로 검토하는 활동이다. 구체적으로는 불법행위 발생 시점부터 경찰 인계까지의 시간적 적절성, 증거 보전 조치의 적정성, 피해자와 목격자 진술 확보 여부, 관련 서류의 완비성 등을 면밀히 점검한다.

이러한 점검 과정에서 항공사 등이 사건을 은폐하려 하거나 지연 처리한 정황이 발견되면, 이는 별도의 행정처분 대상이 될 수 있다. 확인 과정을 통해 항공사와 공항운영자가 보안사고에 대해 책임감 있게 대응하도록 유도하고 있다. 이는 단순한 사후 확인이 아니라, 항공보안 체계 전반의 신뢰성을 유지하는 중요한 관리·감독 활동이다.

나. 2단계: 내부 보고체계 가동

경찰 인계 상황을 확인한 항공보안감독관은 즉시 내부 보고체계를 가동한다. 사고 개요와 경찰 인계 상황을 정리하여 지방항공청장과 본부 항공보안정책과장에게 동시에 보고한다. 이러한 이중 보고체계는 공항 차원과 본부 차원에서 동시에 상황을 파악하고 대응할 수 있도록 하는 효과적인 시스템이다.

이때 보고 내용에는 사고 발생 일시와 장소, 불법행위의 구체적 내용, 가해자와 피해자 정보, 항공사 등의 초기 대응 내용, 경찰 인계 시각과 담당 부서, 예상되는 후속 조치 등이 포함된다. 특히 사안의 중대성이나 사회적 파장이 예상되는 경우에는 더욱 신속하고 상세한 보고가 이루어진다. 이를 통해 상급 기관이 필요한 지원이나 조정을 적시에 제공할 수 있다. 이러한 체계적인 보고는 개별 사건의 처리를 넘어 전체 항공보안 현황을 파악하고 정책적 대응을 준비하는 데도 중요한 기초자료가 된다.

다. 3단계: 사법기관 조치 결과 추적 관리

경찰 인계 이후에도 항공보안감독관의 역할은 계속된다. 검찰과 경찰의 조치 결과를 지속적으로 파악하여 사건 처리의 전 과정을 모니터링한다. 이는 단순한 관심 차원이 아니라, 항공보안 정책 개선과 재발 방지 대책 수립에 필요한 중요한 정보를 수집하는 과정이다. 수사 진행 상황, 검찰 송치 여부, 기소 여부와 구형량, 최종 판결 결과 등을 단계적으로 파악한다. 이러한 정보는 구두 보고와 서면 보고를 병행하여 지방항공청장과 본부 항공보안정책과장에게 전달된다. 긴급한 상황 변화가 있을 때는 구두로 먼저 보고하고, 정기적으로 서면 보고서를 작성하여 체계적인 기록을 유지한다.

이렇게 수집된 사법기관의 최종 처리 결과는 향후 유사 사건 대응의 중요한 참고자료가 된다. 처벌 수위, 양형 기준, 법원의 판단 논리 등을 분석하여 보안 정책과 절차 개선에 반영한다. 또한 이러한 사례들을 축적하여 교육 자료로 활용함으로써, 항공 종사자들의 보안 의식을 제고하는 데 기여한다. 형벌처분 대상 사고의 경찰 인계 과정에서 항공보안감독관은 확인자, 보고자, 추적 관리자의 역할을 수행한다. 이를 통해 사법처리의 적정성을 담보하고, 행정기관으로서 필요한 후속 조치를 체계적으로 준비할 수 있다.

3) 경찰 미인계 시 강제 조치 및 행정처분

형벌처분 대상임에도 불구하고 항공사나 공항운영자가 불법행위자를 경찰에 인계하지 않는 경우가 발생할 수 있다. 이는 항공보안 체계의 심각한 공백을 초래할 수 있는 문제로, 항공보안감독관은 보다 적극적인 개입을 통해 적절한 사법처리가 이루어지도록 조치해야 한다.

가. 1단계: 미인계 사유 파악

항공보안감독관은 먼저 항공사 등이 경찰에 인계하지 않은 구체적인 사유를 확인한다. 미인계 사유는 다양한 형태로 나타날 수 있다. 사안의 중대성을 제대로 인식하지 못한 경우, 기업 이미지 손상을 우려한 은폐 시도, 운항 지연을 피하기 위한 편의적 판단, 가해자와의 사적 합의 시도 등이 대표적인 사례다. 이러한 사유 파악 과정에서는 객관적인 사실관계와 함께 의사결정 과정도 면밀히 검토한다. 누가 어떤 근거로 미인계 결정을 내렸는지, 내부 보고체계는 제대로 작동했는지, 관련 규정을 알고 있었는지 등을 종합적으로 조사한다. 이러한 분석을 통해 단순한 실수인지 의도적인 은폐인지를 판단하고, 그에 따른 적절한 후속 조치를 결정하게 된다.

나. 2단계: 고발 요구 및 병행 조사

미인계 사유를 파악한 후, 항공보안감독관은 항공사 등에 즉시 사법기관에 고발하거나 수사를 의뢰하도록 강력히 요구한다. 이는 단순한 권고가 아니라 법적 의무 이행을 촉구하는 공식적인 조치다. 형벌처분 대상 사건은 반드시 사법기관의 판단을 거쳐야 하며, 이를 회피하는 것은 그 자체로 또 다른 위법행위가 될 수 있음을 명확히 전달한다. 이와 동시에 미인계 행위 자체에 대한 조사도 병행한다. 이는 원래 사건과는 별개로, 항공사 등의 보고 의무 위반이나 신고 의무 불이행에 대한 행정적 조사다. 왜 적시에 경찰에 인계하지 않았는지, 내부 지침은 제대로 마련되어 있는지, 담당자 교육은 적절히 이루어졌는지 등을 체계적으로 점검한다. 이 조사 결과는 향후 행정처분의 근거자료가 된다.

다. 3단계: 고발 후 처리 및 행정처분

항공사 등이 고발 조치를 취한 이후의 절차는 앞서 설명한 “경찰 인계 시 관리 절차”와 동일하게 진행된다. 사법기관의 처리 과정을 모니터링하고, 진행 상황을 상급 기관에 보고하며, 최종 결과를 추적 관리한다. 이를 통해 늦게나마 적절한 사법처리가 이루어지도록 관리한다. 하지만 미인계 사건의 경우 추가적인 조치가 필요하다. 미인계 행위 자체에 대한 조사가 완료되면, 위반사항의 경중에 따라 다양한 제재가 가해진다. 가장 심각한 경우에는 은폐나 방조 혐의로 형사 고발될 수 있다. 이는 항공보안법상 신고 의무 위반이나 범죄 은닉에 해당할 수 있기 때문이다.

일반적으로는 과태료 부과나 시정조치 등의 행정처분이 이루어진다. 과태료는 미인계로 인한 보안체계 훼손의 심각성, 고의성 여부, 반복 여부 등을 고려하여 결정된다. 시정조치로는 내부 규정 개정, 담당자 교육 강화, 보고체계 개선 등이 요구되며, 이행 여부를 지속적으로 점검받게 된다. 특히 반복적으로 미인계 문제가 발생하는 기관에 대해서는 특별 관리 대상으로 지정하여 집중 감독을 실시한다. 정기 점검 횟수를 늘리고, 교육 프로그램을 의무화하는 등 강력한 조치를 취한다.

이런 엄정한 대응은 중요한 의미를 지닌다. 형벌처분 대상 사건을 자의적으로 판단하여 처리를 회피하는 것은 용납되지 않으며, 모든 보안사고는 정해진 절차에 따라 투명하게 처리되어야 한다는 원칙을 확립하는 것이다. 이를 통해 항공보안 체계의 신뢰성과 실효성을 확보하고 있다.

4) 인계 거부 시 직접 수사의뢰 및 강제 조치 절차

항공사나 공항운영자가 행정기관의 요구에도 불구하고 형벌처분 대상자의 경찰 인계를 지연하거나 거부하는 경우, 이는 단순한 미인계를 넘어 적극적인 방해 행위로 간주된다. 이러한 상황에서 항공보안감독관은 보다 강력하고 직접적인 조치를 취할 권한과 책임을 갖는다.

가. 1단계: 인계 거부의 정당성 검토

항공보안감독관이 경찰 고발 등의 조치를 요구했음에도 항공사 등이 이를 지연하거나 거부하는 경우, 먼저 그 사유의 정당성을 면밀히 검토한다. 때로는 불가피한 상황이 존재할 수 있기 때문에, 객관적이고 공정한 판단이 필요하다. 정당한 사유로 인정될 수 있는 경우는 매우 제한적이다. 가해자가 응급 의료조치가 필요한 상태이거나, 외교적 면책특권을 가진 경우 또는 법적으로 명확하지 않은 복잡한 상황 등이 해당할 수 있다. 하지만 단순히 기업 이미지 우려, 고객과의 관계, 운항 일정 등은 정당한 사유가 될 수 없다.

이러한 검토 과정에서 인계 거부나 지연이 계속되는 경우, 그 자체가 새로운 위법행위가 된다. 항공보안법상 신고 의무를 위반하는 것일 뿐만 아니라, 정당한 공무 집행을 방해하는 행위로도 해석될 수 있다. 이러한 점을 항공사 등에 명확히 전달하여 자발적인 협조를 유도하되, 계속 거부할 경우 더욱 강력한 조치가 뒤따를 것임을 경고한다. 이는 단순한 압박이 아니라 법적 의무 이행을 확보하기 위한 필수적인 절차다.

나. 2단계: 항공보안감독관의 자체 조사 실시

항공사 등의 비협조가 계속되는 경우, 항공보안감독관은 자체 조사에 착수한다. 이는 두 가지 측면에서 진행되는 포괄적인 조사 활동이다. 첫째는 원래의 보안사고 내용에 대한 직접 조사이고, 둘째는 항공사 등의 인계 지연·거부 행위 자체에 대한 조사다. 원 사건에 대한 조사에서는 항공사 등을 거치지 않고 직접 목격자, 피해자, 관련 직원들을 면담한다. CCTV 영상, 비행 기록, 통신 기록 등 객관적 증거를 직접 수집하고 분석한다. 필요한 경우 관련 문서의 제출을 명령하고, 현장 검증을 실시하는 등 적극적인 조사 권한을 행사한다.

이러한 직접 조사와 병행하여 항공사 등의 위규사항에 대한 조사도 철저히 진행한다. 인계 거부 결정의 지휘 체계, 내부 보고 과정, 은폐 시도 여부, 증거 인멸 가능성 등을 종합적으로 파악한다. 특히 조직적이고 의도적인 방해 행위가 있었는지를 중점적으로 조사하며, 이는 향후 가중 처벌의 근거가 된다. 이처럼 두 가지 차원의 조사를 통해 사건의 전모를 파악하고, 적절한 후속 조치를 위한 객관적 근거를 확보한다.

다. 3단계: 직접 수사의뢰 및 강화된 처벌

자체 조사가 완료되면 항공보안감독관은 항공사 등을 경유하지 않고 직접 사법기관에 수사를 의뢰한다. 이때 원 사건의 가해자뿐만 아니라, 경우에 따라서는 기장을 포함한 항공사 관계자들도 수사 대상에 포함될 수 있다. 신고 의무 위반, 범인 은닉, 증거 인멸 등의 혐의가 인정되는 경우, 이들도 형사처벌 대상이 되기 때문이다. 직접 수사의뢰는 매우 이례적이고 강력한 조치다. 이는 항공사 등이 보안체계의 일차적 책임자로서의 역할을 포기했다는 판단에 따라 이루어지는 것으로, 항공사 등에 대한 신뢰가 완전히 상실되었음을 의미한다. 수사의뢰 시에는 자체 조사를 통해 수집한 모든 증거와 자료를 첨부하여, 사법기관이 신속하게 수사에 착수할 수 있도록 지원한다.

이러한 직접 수사의뢰를 포함한 단계적이면서도 강화된 대응체계는 항공보안의 실효성을 확보하는 최후의 수단이다. 항공사 등의 자발적 협조가 최선이지만, 그것이 이루어지지 않을 때는 공권력이 직접 개입하여 보안체계를 수호한다는 원칙을 명확히 한다. 이는 항공보안이 개별 기관의 판단에 좌우될 수 없는 공공의 안전 문제임을 재확인하는 것이며, 모든 관계자가 법적 의무를 성실히 이행하도록 강제하는 제도적 장치다.

5) 객관적 인계 곤란 시 대안적 처리 방안

현실적으로 경찰 인계가 불가능하거나 극도로 곤란한 상황이 발생할 수 있다. 이는 앞서 다룬 의도적 거부나 지연과는 달리, 객관적이고 불가피한 사유로 인한 것이다. 이러한 경우 항공보안감독관은 상황의 특수성을 인정하면서도, 보안사고가 적절히 처리될 수 있도록 대안적 조치를 취해야 한다.

가. 인계 곤란 사유의 정당성 판단

경찰 인계가 사실상 곤란한 것으로 인정될 수 있는 상황은 매우 제한적이고 예외적이다. 대표적인 경우로는 국제선 항공기가 이미 출발하여 가해자가 물리적으로 국내 사법관할을 벗어난 경우, 외교관 면책특권을 가진 인물이 연루된 경우, 자연재해나 비상사태로 인해 정상적인 절차 진행이 불가능한 경우 등이 있다. 이러한 사유가 인정되기 위해서는 객관적으로 검증 가능하고 법적으로 타당해야 한다. 단순한 불편이나 업무상 어려움은 인계 곤란의 정당한 사유가 될 수 없으며, 반드시 불가항력적이거나 법적으로 인정되는 특수한 상황이어야 한다.

나. 항공보안감독관의 자체 조사 실시

인계 곤란이 인정되는 경우에도 보안사고에 대한 조사는 중단되지 않는다. 오히려 정상적인 사법 절차가 어려운 만큼, 항공보안감독관의 역할이 더욱 중요해진다. 우선 보안사고의 전체 경위를 철저히 조사하여 사실관계를 명확히 한다. 이러한 조사 과정에서는 두 가지 측면을 동시에 검토한다. 첫째는 원 사건의 실체적 내용이고, 둘째는 항공사 등이 제시한 인계 곤란 사유의 정당성이다. 특히 인계 곤란 사유가 진정 불가피한 것인지, 아니면 회피 가능했던 것인지를 면밀히 분석한다. 이를 통해 향후 유사한 상황에서의 대응 방안을 마련하고, 필요한 경우 제도 개선의 근거로 활용한다.

다. 대안적 조치 방안의 모색과 실행

경찰 인계가 곤란한 상황에서도 가능한 모든 법적 조치를 검토하고 실행한다. 우선 직접 수사의뢰가 가능한지 검토한다. 특히 주목할 점은 기장을 포함한 항공사 관계자들의 책임 문제다. 가해자를 직접 처벌할 수 없는 상황이라 하더라도, 사건 발생 과정에서 항공사 측의 관리 소홀이나 대응 미흡이 있었다면 이에 대한 책임을 물을 수 있다. 보안절차 위반, 보고 의무 불이행, 적절한 조치 미실시 등이 확인되면 관련자에 대한 수사의뢰가 가능하다. 이와 함께 행정처분의 필요성도 신중히 검토된다. 비록 불가피한 상황이었다 하더라도, 항공사 등이 사전 예방이나 사후 대응에서 미흡한 점이 있었다면 과태료 부과나 시정조치가 이루어질 수 있다. 다만 정당한 사유가 인정되는 만큼 처분 수위는 일반적인 거부 사례보다는 완화될 수 있다.

(5) 행정처분의 유형별 처리 절차

행정처분은 형사처벌과 달리 신속하고 유연한 대응이 가능한 제재 수단이다. 위반행위의 경중과 성격에 따라 과태료, 시정조치, 개선권고, 현장시정 등 다양한 처분이 적용되며, 각각의 처분 유형에 맞는 차별화된 절차를 운영한다.

1) 과태료·시정조치 등 공식 행정처분 절차

중대한 행정 위반사항에 대해서는 체계적인 조사와 공식적인 처분 절차가 진행된다. 첫 단계로 지방항공청 항공보안감독관이 항공사 등의 위규 행위에 대한 자체조사를 실시한다. 이 과정에서 위반 사실의 확인, 원인 분석, 책임 소재 파악 등이 이루어지며, 객관적이고 공정한 조사를 위해 다각적인 증거 수집이 진행된다. 특히 항공보안시스템이나 제도 자체의 개선이 필요한 복잡한 사안의 경우, 지방항공청 단독 조사로는 한계가 있을 수 있다. 이러한 경우에는 본부와 관계기관이 참여하는 합동조사가 실시된다. 합동조사를 통해 문제의 구조적 원인을 파악하고, 근본적인 해결 방안을 모색할 수 있다. 각 기관의 전문성을 활용하여 다각도의 분석이 이루어지며, 이는 보다 실효성 있는 개선 대책 수립으로 이어진다.

조사가 완료되면 항공보안감독관은 그 결과를 정리하여 내부 보고를 실시한다. 항공사 등의 위규 행위 여부, 위반의 경중, 적절한 처분 수준 등을 종합적으로 검토한 보고서를 작성하여 지방항공청장과 본부 항공보안정책과장에게 동시에 보고한다. 이러한 이중 보고체계는 처분의 일관성과 형평성을 확보하는 동시에, 필요시 상급 기관의 조정과 지원을 받을 수 있도록 하는 장치다. 보고 내용을 바탕으로 최종적인 행정처분이 결정된다. 과태료는 위반행위의 중대성과 고의성, 반복 여부 등을 고려하여 법령이 정한 범위 내에서 부과된다. 시정조치는 발견된 문제점을 구체적으로 개선하도록 명령하는 것으로, 이행 기한과 방법을 명확히 제시한다. 개선권고는 법적 구속력은 없지만, 보안 수준 향상을 위해 필요한 사항을 제안하는 행정지도의 성격을 갖는다.

이러한 정규 절차와 별도로 위급 상황에 대한 대응체계도 마련되어 있다. 즉각적인 조치가 필요한 위급 사항이 발생한 경우, 정식 절차를 거치기 전에 우선 긴급 조치를 시행한다. 예를 들어, 보안검색장비의 심각한 오작동이 발견되면 즉시 사용 중지를 명령하고, 대체 장비를 투입하도록 조치한다. 이후 위규사항에 대한 정식 조사를 실시하여 책임을 규명하고 재발 방지 대책을 수립한다. 이러한 탄력적 대응은 보안 공백을 최소화하면서도 절차적 정당성을 확보하는 적절한 방식이다.

2) 개선권고 및 현장시정의 간소화된 절차

모든 위반사항이 공식적인 처분 절차를 거치는 것은 아니다. 경미한 사항이나 즉시 개선이 가능한 문제들은 현장시정이라는 간소화된 절차를 통해 처리된다. 이는 행정 효율성을 높이고 현장의 자율적 개선을 유도하는 실용적 접근이다. 현장시정은 항공보안감독관이 점검 중 발견한 경미한 위반사항을 현장에서 즉시 시정하도록 지도하는 것이다. 보호구역 내 출입문의 잠금장치 불량, 직원의 출입증 미착용 등이 이에 해당한다. 이러한 사항들은 별도의 조사나 처분 절차 없이 현장에서 바로 개선 조치를 취하도록 한다.

이처럼 행정처분은 위반행위의 성격과 경중에 따라 다양한 수준과 방식으로 적용된다. 경미한 사항은 현장시정으로, 중대한 사항은 공식 처분 절차로 처리함으로써 과도한 제재를 방지하면서도 실효성 있는 보안관리를 가능하게 하는 합리적 시스템을 구축하고 있다.

8. 항공보안 점검결과 분야별 구분과 이행실태 확인

▮ 국가항공보안 수준관리지침

제4조(정의) 이 지침에서 사용하는 용어의 뜻은 다음 각 호와 같으며, 그 밖의 용어는 국가항공보안계획의 정의를 준용한다.

6. "확인서"란 점검 활동시 나타난 위반 사항을 서면으로 증명하기 위하여 작성하는 서류를 말한다.
7. "시정조치"란 점검활동시 나타난 현장에서의 개선이 필요한 사항을 시정할 수 있도록 강구하는 제반조치를 말한다.

▮ 항공보안감독관 업무규정

제2조(정의) 이 규정에서 사용하는 용어의 뜻은 다음과 같다.

9. "시정조치서"란 시정조치가 필요한 경우 항공보안감독관이 발부하는 서류를 말한다.

(1) 항공보안 점검 후 시정조치 체계

국가항공보안 수준관리지침에 따르면, 국토교통부장관은 점검활동 과정에서 보안상 취약점이나 규정 위반사항을 발견할 경우 점검대상자에게 확인서를 작성하도록 한다. 특히 긴급한 상황에서는 현장에서 즉시 시정조치를 명령할 수 있다. 이는 발견된 문제점이 확대되기 전에 신속한 대응을 가능하게 하는 중요한 권한이다.

점검활동에서 나타난 문제점에 대한 조치는 그 심각성과 영향도에 따라 세 가지 유형으로 구분하여 적용하고 있다. 시정조치는 발견된 문제점이 항공보안에 심각한 결과를 초래할 우려가 있거나, 심각하지는 않더라도 법령이나 규정을 명백히 위반하는 경우에 적용된다. 이는 가장 강력한 형태의 행정지도로서 법적 구속력을 가지며, 불이행 시 추가적인 제재가 따를 수 있다. 개선권고는 항공보안 관련 법령이나 규정을 직접 위반하지는 않지만, 개선할 경우 항공보안에 유익한 결과를 가져올 수 있는 방법을 제시하고자 할 때 사용한다. 법적 강제성은 없으나 대부분의 기관이 자발적으로 수용하여 보안 수준 향상에 기여하고 있다. 현장시정은 항공보안에 직접적인 영향을 미치지 않는 경미한 보안 저해요소로서 단기간 내에 시정이 가능한 경우에 해당한다.

한편 이러한 조치의 적정성을 보장하기 위해 이의신청 제도를 운영하고 있다. 공항운영자와 항공사 등은 점검결과를 통보받은 날부터 7일 이내에 시정조치 사항에 대해 이의를 신청할 수 있으며, 국토교통부장관은 이의 신청을 접수한 날로부터 15일 이내에 검토결과를 회신해야 한다. 이는 절차적 정당성과 당사자의 권리를 보장하는 동시에, 일방적인 행정처분이 아닌 상호 소통을 통한 합리적 해결을 추구하는 제도적 장치인 것이다.

(2) 보안점검 문제점의 분야별 분류체계

국가항공보안 수준관리지침은 보안평가, 보안점검 및 불시평가를 통해 발견된 문제점들을 체계적으로 분류하여 분석한다. 이러한 분류 체계는 문제점의 원인을 정확히 파악하고 효과적인 개선방안을 마련하기 위한 기초가 된다.

발견된 문제점들은 네 가지 분야로 구분하여 관리하고 있다. 인적분야는 보안 담당자의 역량이나 교육훈련, 인력 배치 등과 관련된 문제점들을 포함한다. 장비분야는 보안검색 장비나 출입통제 시설, CCTV 등 물리적 보안 인프라의 문제점들을 다룬다. 규정·조직분야는 보안 관련 절차나 매뉴얼, 조직 체계의 문제점들을 포괄하며, 기타 환경분야는 앞의 세 분야에 포함되지 않는 공항 환경이나 외부 요인 등으로 인한 보안상 취약점들을 포함한다.

이처럼 문제점을 분야별로 체계화함으로써 각 영역에 특화된 맞춤형 개선책을 수립할 수 있다. 인적분야의 문제는 교육훈련 강화로, 장비분야는 시설 개선으로, 규정·조직분야는 제도 정비로 대응하는 등 각 분야의 특성에 맞는 해결방안을 도출하는 것이다. 이러한 체계적 접근은 항공보안 수준의 지속적이고 전면적인 향상을 가능하게 하는 중요한 분석 도구로 활용되고 있다.

1) 인적분야 문제점 분석 기준

보안점검에서 발견되는 문제점 중 인적분야는 보안검색요원 등의 업무 미흡으로 인해 발생하는 것으로 분류된다. 이러한 인적 요인으로 인한 보안상 취약점을 정확히 파악하기 위해서는 여러 측면에서의 종합적인 검토가 필요하다.

우선 해당 보안요원의 교육이수 유무와 근무경력을 살펴본다. 필수 보안교육을 제대로 이수했는지, 충분한 현장 경험을 보유하고 있는지가 업무수행 능력에 직결되기 때문이다. 이와 함께 숙련도 측면에서는 실제 보안검색 업무를 얼마나 능숙하게 수행할 수 있는지를 평가한다. 아무리 교육을 받았더라도 실무 숙련도가 부족하면 보안상 허점이 발생할 수 있다. 인적관계 부분에서는 신원조사 결과와 이전 근무 경력을 종합적으로 검토한다. 보안업무의 특성상 담당자의 신뢰성과 과거 이력이 매우 중요하기 때문이다.

이러한 기본적인 요소 외에도 훈련 실시 및 참여 여부를 통해 정기적인 실습훈련에 얼마나 적극적으로 참여하고 있는지를 확인한다. 지속적인 훈련 참여는 보안 역량 유지와 향상에 필수적인 요소다. 이처럼 다각도의 평가를 통해 인적분야의 취약점을 체계적으로 파악하고, 각 보안요원의 역량 강화를 위한 구체적인 개선방안을 도출하고 있다.

2) 장비분야 문제점 분석 기준

장비분야 문제점은 보안장비의 결함이나 정비 미흡으로 인해 발생하는 것으로 분류된다. 항공보안에서 장비의 안정적인 작동은 매우 중요하기 때문에, 장비 관련 문제점을 정확히 파악하기 위해서는 다각도의 세심한 검토가 필요하다.

우선 장비의 내구 연수를 점검한다. 장비가 얼마나 오래 사용되었는지, 권장 교체 시기가 도래했는지를 확인하여 노후화로 인한 성능 저하나 오작동 가능성을 평가한다. 이와 함께 장비의 유지 보수 실태에서는 정기점검과 예방정비가 제대로 이루어지고 있는지를 살펴본다. 아무리 좋은 장비라도 적절한 유지보수가 없다면 성능이 급격히 떨어질 수 있기 때문이다. 장비의 성능 측면에서는 해당 장비가 요구되는 보안기준을 충족하는 성능을 발휘하고 있는지를 평가한다. 특히 보안검색 장비의 경우 탐지 능력이 기준에 미달한다면 심각한 보안상 허점이 될 수 있다.

이러한 기술적 평가와 더불어 장비의 운용실태를 통해 장비 활용도를 점검한다. 장비가 제대로 활용되지 않거나 잘못 운용되고 있다면, 이 역시 보안상 취약점으로 이어질 수 있다. 이처럼 장비의 수명주기 전반에 걸친 체계적 점검을 통해 장비분야의 문제점을 사전에 파악하고, 적시에 교체나 정비를 실시함으로써 항공보안의 신뢰성을 유지하고 있다.

3) 규정·조직분야 문제점 분석 기준

규정·조직분야 문제점은 국가, 공항운영자, 항공사 등의 보안 지침에 명확한 절차나 기준이 제대로 수립되어 있지 않아 발생하는 것으로 분류된다. 이는 제도적·체계적 측면에서의 취약점으로, 개별 담당자의 역량과는 별개로 시스템 자체의 미비점에서 기인하는 문제들이다.

먼저 규정·지침의 제·개정 여부를 점검한다. 기존 규정이 현재 보안 환경에 적합한지, 필요한 경우 적시에 개정되고 있는지를 확인한다. 급변하는 보안위협에 대응하기 위해서는 관련 규정의 지속적인 업데이트가 필수적이다. 이와 함께 보안 조직 운용의 적절성 여부에서는 현재의 조직 구조와 인력 배치가 효과적인 보안업무 수행에 적합한지를 평가한다. 조직 체계의 비효율성은 곧바로 보안 성능 저하로 이어질 수 있기 때문이다.

제도적 측면과 더불어 규정 이행 등의 현실 적합 여부는 수립된 규정들이 실제 현장에서 실행 가능한 수준인지를 검토하는 것이다. 아무리 완벽한 규정이라도 현실적으로 이행하기 어렵다면 실효성이 떨어지게 된다. 규정 등의 이행 여부를 통해 기존 규정들이 실제로 잘 준수되고 있는지를 점검한다. 규정의 존재 자체보다는 실질적인 준수가 더 중요하기 때문이다. 이러한 체계적 검토를 통해 제도와 현실 간의 격차를 파악하고, 실효성 있는 개선방안을 도출하고 있다.

4) 기타 환경분야 문제점 분석 기준

기타 환경분야 문제점은 공항운영자나 항공사 등의 운영실태가 미흡하거나 국토교통부장관이 정한 기준을 충족하지 못해 발생하는 것으로 분류된다. 이 분야는 앞서 살펴본 인적, 장비, 규정·조직 분야와 달리 구조적이거나 환경적 제약으로 인해 발생하는 문제점들을 포괄한다.

구체적으로 시설개선 등이 불가능한 경우에는 물리적 여건이나 기술적 한계로 인해 보안상 필요한 개선을 실행하기 어려운 상황을 다룬다. 기존 건물 구조상의 제약이나 공간적 한계 등으로 인해 이상적인 보안 시설을 구축하기 어려운 경우들이 여기에 해당한다. 이와 함께 예산 부족 문제는 보안 강화의 필요성은 인정되지만 재정적 여건상 즉시 개선하기 어려운 상황을 의미한다. 이는 특히 중소 공항이나 항공사에서 자주 나타나는 현실적 제약 요인이다.

물리적·재정적 제약 외에도 공항운영자, 항공사 등의 기본 방침이 국토교통부장관의 지침과 상이한 경우는 정책적 관점의 차이에서 비롯되는 문제점들을 포함하고 있다. 이러한 경우에는 단순한 지적보다는 상호 협의와 조정을 통한 해결방안 모색이 필요하다. 기타 환경분야는 단순한 개선 명령만으로는 해결하기 어려운, 보다 근본적이고 구조적인 접근이 필요한 문제점들을 다루고 있다.

(3) 체계적인 후속조치 절차와 지속적인 관리 체계

항공보안 점검활동에서 문제점이 발견되면 체계적이고 단계적인 후속 조치가 이루어진다. 이러한 조치 과정은 발견된 문제점이 실질적으로 개선될 수 있도록 하는 핵심적인 절차다. 항공보안감독관은 점검활동을 완료한 후 앞서 살펴본 4개 분야별 분석 결과를 기록한다. 이는 문제점에 대한 객관적이고 체계적인 문서화 작업으로, 향후 개선 과정을 추적하고 관리하기 위한 기초 자료가 된다.

점검활동 분석 결과 미비점이 확인되면, 항공보안감독관은 시정조치서를 발부한다. 이때 항공보안감독관 업무규정에 따른 서식을 사용하며, 발부된 시정조치서는 시정조치서 관리대장에 기록하여 체계적으로 관리하고 있다. 시정조치서 발부 이후에는 지속적인 관리 체계가 가동된다. 발부된 시정조치서의 조치사항이 완전히 완료될 때까지 보안점검이나 불시평가 등을 통해 이행여부를 지속적으로 재확인한다. 이는 단지 지적에 그치지 않고 실질적인 개선이 이루어지도록 하는 중요한 수단이다.

시정조치서를 접수한 공항운영자나 항공사 등은 구체적인 이행계획서를 수립해야 한다. 이행시기는 현장조치, 단기(10일 이내), 중기(10일 이상 3개월 미만), 장기(3개월 이상)로 구분되며, 이행계획서는 20일 이내에 국토교통부장관에게 제출하도록 하고 있다. 이러한 시기별 구분은 문제점의 성격과 개선 난이도에 따라 현실적인 해결 방안을 모색할 수 있게 해준다. 이처럼 체계적인 후속 조치 과정을 통해 점검에서 발견된 문제점들이 확실하게 개선되도록 관리하고 있다.

(4) 감독업무 개선을 위한 사후 평가

이러한 시정조치 과정의 실효성을 높이고 감독체계 전반을 개선하기 위해, 국토교통부는 항공보안 제도개선과 감독업무의 통일성을 확보하기 위한 사후 평가를 실시할 수 있다. 이러한 사후 평가는 기존의 일방향적 감독체계를 보완하여 감독 과정 자체의 효과성과 적절성을 점검하는 중요한 제도적 장치다.

사후 평가의 목적은 크게 두 가지로 구분된다. 첫째는 항공보안 제도개선으로, 현행 제도나 절차에서 미비점을 발견하고 이를 개선하여 보다 효과적인 보안체계를 구축하는 것이다. 둘째는 감독업무의 통일성 확보로, 각 감독관들이 일관된 기준과 방식으로 감독업무를 수행할 수 있도록 하는 것이다. 이러한 이중적 목표는 개별 감독활동의 질적 향상과 전체 감독체계의 표준화를 동시에 추구한다.

이러한 목표를 달성하기 위한 사후 평가의 실시 방법은 두 가지 방식으로 운영된다. 항공보안법 제33조의2에 따른 항공보안자율신고 보고서를 활용하는 방법이 그 하나다. 점검대상자가 스스로 작성한 보고서를 통해 감독활동의 효과성과 개선점을 파악하는 방식으로, 현장의 자발적 피드백을 체계적으로 수집할 수 있다. 또 다른 방법은 점검대상자를 무작위로 선정하여 설문이나 면담 등을 실시하는 것이다. 이러한 직접적인 의견 수렴 과정을 통해 감독활동의 현장 적합성과 실효성을 보다 구체적으로 파악할 수 있다. 무작위 선정 방식은 평가의 객관성과 공정성을 확보하는 데도 기여한다. 이처럼 자발적 보고와 능동적 조사를 병행함으로써 감독체계에 대한 종합적이고 다면적인 평가가 가능해진다.

(5) 문제점 분석 기반 개선 대책 수립

항공보안 점검활동을 통해 발견된 문제점들은 단순한 개별 사안 처리에 그치지 않고, 보다 체계적이고 장기적인 개선방안 수립의 기초 자료로 활용된다. 이러한 접근은 근본적인 보안 수준 향상을 위한 중요한 제도적 장치다.

국토교통부장관은 점검활동 분석 결과에 나타난 문제점의 분포도를 면밀히 검토하여 다음 연도 감독계획에 구체적인 개선 대책을 수립한다. 문제점의 분포도 분석을 통해 어떤 분야에서 문제가 집중적으로 발생하는지, 어떤 유형의 취약점이 반복적으로 나타나는지를 파악할 수 있다. 이러한 데이터 기반 접근은 제한된 자원을 가장 효과적으로 배분하여 감독 효과를 극대화하는 데 기여한다. 이와 함께 국토교통부장관은 문제점 발생의 증·감소율을 지속적으로 모니터링하여 개선 대책을 재수립하거나 강화하고 있다. 특정 분야에서 문제점이 증가하는 추세를 보인다면 해당 분야에 대한 감독을 강화하거나 새로운 접근방식을 도입할 필요가 있다. 반대로 문제점이 감소하는 분야에서는 현재의 개선 대책이 효과적으로 수행되고 있다고 판단하여 해당 방식을 다른 분야로 확대 적용하는 것이다.

이처럼 문제점 해결에 대한 조치는 과거 데이터에 기반한 미래 지향적 계획 수립이라는 점에서 항공보안 관리의 선순환 구조를 만들어가는 핵심적 역할을 담당한다. 점검과 분석, 개선과 재평가가 유기적으로 연결되어 지속적인 보안 수준 향상을 가능하게 하고 있다.

9. 항공보안 자체 수준관리 체계

항공보안의 효과적인 수준관리를 위해서는 국가 차원의 감독과 함께 각 사업자의 자율적인 수준관리가 병행되어야 한다. 국가항공보안계획에 따르면, 공항운영자 등은 국가항공보안 수준관리지침에 따라 자체적인 수준관리 지침을 수립하도록 하고 있다. 이는 현장에서 직접 보안업무를 담당하는 주체들이 스스로의 보안 역량을 지속적으로 점검하고 개선해 나가도록 하는 중요한 제도적 장치다.

이러한 자율적 관리 체계의 핵심은 정기적인 자체평가다. 공항운영자, 항공운송사업자 또는 항공보안검색업무를 위탁받은 자는 항공보안검색요원에 대하여 매년 자체평가를 실시해야 한다. 정기적인 자체평가는 검색요원의 역량을 객관적으로 파악하고 필요한 교육이나 훈련을 제공하기 위한 기초 자료가 된다. 해당 평가 자료는 3년간 유지·관리하도록 하여 장기적인 추적 관리가 가능하도록 하고 있다. 특히 항공보안검색업무를 위탁한 사업자는 위탁한 업무가 항공보안법 등 관련 법·규정에 따라 제대로 수행되고 있는지를 정기적으로 확인해야 한다. 단순히 업무를 위탁하는 것에 그치지 않고 지속적인 관리·감독을 통해 보안 수준을 보장하려는 것이다.

자체평가와 더불어 각 사업자는 자체 수준관리계획에 따라 보안점검 등을 실시하고 있다. 이는 국가 감독기관의 점검과는 별도로 자율적인 점검체계를 운영함으로써 보안상 취약점을 사전에 발견하고 개선할 수 있도록 하는 예방적 접근이다. 이처럼 국가 감독과 자율 관리가 상호 보완적으로 운영됨으로써 항공보안의 전반적인 수준이 지속적으로 향상되고 있다.

(1) 자체 수준관리 지침 수립

국가 차원의 항공보안 수준관리와 함께 공항운영자, 항공운송사업자 및 도심공항터미널운영자 등은 보안의 효율성과 효과성을 확보하기 위해 자체적인 수준관리지침을 수립·시행하도록 하고 있다.

자체 수준관리 지침은 국가항공보안 수준관리지침을 기준으로 하되, 각 사업자의 운영 실정과 특성을 반영하여 구체화한 것이다. 이는 단순히 상위 지침을 그대로 적용하는 것이 아니라, 현장의 실제 여건과 필요에 맞게 세부적이고 실용적인 관리 방안을 마련하는 것을 의미한다. 이러한 자체 지침 수립에서 중요한 것은 보안의 효율성과 효과성을 동시에 추구하는 것이다. 보안의 효율성은 제한된 자원으로 최대한의 보안 효과를 달성할 수 있도록 하는 것이고, 보안의 효과성은 설정된 보안 목표를 실제로 달성할 수 있는 실질적인 방안을 확보하는 것이다. 자체 수준관리 지침은 이 두 가지 목표를 적절히 조화시킬 수 있는 현실적이고 구체적인 실행 방안을 담아야 한다.

이처럼 각 기관은 자신의 업무 영역과 운영 환경에 최적화된 자체 수준관리 지침을 수립함으로써 국가 전체의 항공보안 수준 향상에 기여하고 있다. 국가의 표준 지침과 각 기관의 맞춤형 지침이 상호보완적으로 연계되어, 보다 실효성 있는 항공보안 체계를 구축하고 있다.

(2) 자체 수준관리 지침에 대한 감독체계

▌국가항공보안 수준관리지침

제51조(자체 수준관리 지침에 대한 감독) 국토교통부장관은 공항운영자 등이 수립·시행하는 자체 수준관리 지침이 국가항공보안 수준관리 지침을 준수하며 시행되는 지에 대하여 정기적으로 감독한다.

국가항공보안 수준관리지침 제51조는 자체 수준관리 지침에 대한 감독 권한과 책임을 명확히 규정하고 있다. 국토교통부장관은 공항운영자와 관련 기관들이 수립하여 시행하고 있는 자체 수준관리 지침이 국가항공보안 수준관리지침의 기준과 요구사항을 충실히 준수하는지 정기적으로 감독하는 역할을 수행한다. 이러한 감독체계는 국가 차원의 항공보안 정책과 개별 기관의 실무 운영 간 일관성을 확보하는 핵심 장치로 자리잡고 있다.

각 기관이 자율적으로 수립한 지침이라 하더라도, 상위 규정인 국가지침과의 정합성을 유지해야 한다. 이를 통해 전체 항공보안 체계의 통일성과 효과성을 보장하게 된다. 이러한 감독 활동은 단순한 규정 준수 여부 확인을 넘어, 각 기관의 자체 지침이 현장 실정에 맞게 효과적으로 운영되고 있는지를 종합적으로 평가하는 과정인 것이다.

(3) 자체 수준관리 지침의 필수 구성요소

▮ 국가항공보안 수준관리지침

제52조(자체 수준관리 지침 포함내용) 공항운영자 등이 수립하는 자체 수준관리 지침에는 다음 각 호의 사항이 포함되어야 한다.

1. 제목
2. 목적
3. 정의
4. 적용범위
5. 책임분장
6. 자체 점검관 및 불시평가 요원 지정
7. 자체 보안점검 방법 및 횟수
8. 자체 불시평가 방법 및 횟수
9. 보안검색요원 등의 교육훈련 요건
10. 점검을 위한 인적, 물적 자원(불시평가 물품 포함)
11. 자체 일일 보안 확인 방법

이러한 감독체계의 기준이 되는 구체적인 내용으로, 국가항공보안 수준관리지침 제52조는 공항운영자를 비롯한 관련 기관들이 자체 수준관리 지침을 수립할 때 반드시 포함해야 할 필수 구성요소들을 상세히 규정하고 있다. 이는 각 기관의 자율성을 보장하면서도 국가 차원의 표준화된 틀을 제공하는 중요한 조항으로, 항공보안 체계의 일관성과 효과성을 동시에 추구한다.

이러한 규정에 따라 자체 수준관리 지침은 먼저 제목, 목적, 정의, 적용범위라는 기본적인 체계 요소를 포함해야 한다. 이를 통해 지침의 명확한 정체성과 범위가 설정되며, 특히 책임분장 부분에서는 조직 내 보안관리 체계의 구조를 명확히 하고 각 구성원의 역할과 권한을 구체적으로 명시하도록 요구한다. 이는 보안 업무의 체계적 수행과 책임 소재의 명확화를 위한 필수적 기반이 된다.

체계적 구조 확립과 더불어 실제 운영 측면에서는 자체 점검관과 불시평가 요원의 지정이 핵심 요소로 자리한다. 이들이 수행할 자체 보안점검과 불시평가의 구체적인 방법과 횟수를 명확히 규정하고, 보안검색요원 등 현장 인력에 대한 교육훈련 요건을 체계적으로 수립해야 한다. 나아가 이를 뒷받침할 인적·물적 자원의 충분한 확보와 불시평가 물품과 같은 특수 자원의 준비도 중요한 요소로 명시하고 있다.

이와 함께 일상적인 보안관리 차원에서는 자체 일일 보안 확인 방법을 구체화하여 지속적이고 체계적인 보안 수준 유지가 가능하도록 한다. 제52조가 규정하는 이러한 11개 필수 요소들은 개별적으로 운영되는 것이 아니라 상호 연계되어 종합적인 자체 보안관리 시스템을 구축하는 통합적 기반으로 역할한다.

10. 항공보안 자율신고

▌항공보안법

제33조의2(항공보안 자율신고) ① 민간항공의 보안을 해치거나 해칠 우려가 있는 사실로서 국토교통부령으로 정하는 사실을 안 사람은 국토교통부장관에게 그 사실을 신고(이하 이 조에서 “항공보안 자율신고”라 한다)할 수 있다.

② 국토교통부장관은 항공보안 자율신고를 한 사람의 의사에 반하여 신고자의 신분을 공개하여서는 아니 되며, 그 신고 내용을 보안사고 예방 및 항공보안 확보 목적 외의 다른 목적으로 사용하여서는 아니 된다.

③ 공항운영자등은 소속 임직원이 항공보안 자율신고를 한 경우에는 그 신고를 이유로 해고, 전보, 징계, 그 밖에 신분이나 처우와 관련하여 불이익한 조치를 하여서는 아니 된다.

④ 국토교통부장관은 제1항 및 제2항에 따른 항공보안 자율신고의 접수·분석·전파에 관한 업무를 대통령령으로 정하는 바에 따라 「한국교통안전공단법」에 따른 한국교통안전공단에 위탁할 수 있다. 이 경우 위탁받은 업무에 종사하는 한국교통안전공단의 임직원은 「형법」 제129조부터 제132조까지의 규정을 적용할 때에는 공무원으로 본다.

⑤ 항공보안 자율신고의 신고방법 및 신고처리절차 등에 관하여 필요한 사항은 국토교통부령으로 정한다.

▌항공보안법 시행령

제19조의4(항공보안 자율신고업무의 위탁) 국토교통부장관은 법 제33조의2제4항 전단에 따라 항공보안 자율신고의 접수·분석·전파에 관한 업무를 「한국교통안전공단법」에 따른 한국교통안전공단에 위탁한다.

▌항공보안법 시행규칙

제19조의2(항공보안 자율신고의 절차 등) ① 법 제33조의2제1항에서 "국토교통부령으로 정하는 사실"이란 다음 각 호의 어느 하나에 해당하는 사실을 말한다.

1. 불법방해행위가 시도되거나 발생될 가능성이 있는 사실
2. 법 제10조제2항에 따른 자체 보안계획을 이행하지 아니한 사실
3. 보안검색이 완료된 승객과 완료되지 못한 승객이 접촉한 사실
4. 법 제13조제1항을 위반하여 공항운영자의 허가를 받지 아니하고 보호구역에 진입한 사실
5. 법 제14조제4항을 위반하여 항공기에 대한 보안점검을 실시하지 아니한 사실
6. 법 제15조제1항, 제16조 및 제17조제2항에 따라 보안검색이 이루어지지 아니한 사실
7. 법 제21조를 위반하여 위해물품을 항공기 내에 반입한 사실
8. 법 제31조제2항에 따라 자체 우발계획을 이행하지 아니한 사실
9. 법 제32조에 따른 보안조치를 공항운영자등이 이행하지 아니한 사실
10. 그 밖에 항공보안을 해치거나 해칠 우려가 있는 사실

② 법 제33조의2제1항에 따라 항공보안 자율신고를 하려는 자는 별지 제7호서식에 따른 항공보안 자율신고서 또는 국토교통부장관이 정하여 고시하는 전자적인 신고방법에 따라 「교통안전공단법」에 따른 교통안전공단에 신고하여야 한다.

③ 제2항에 따른 항공보안 자율신고를 접수한 교통안전공단은 분기별로 해당 신고 현황을 국토교통부장관에게 보고하여야 한다. 다만, 긴급한 조치가 필요한 신고의 경우에는 신고를 받은 후 지체 없이 국토교통부장관에게 보고하여야 한다.

④ 제3항에 따른 보고를 받은 국토교통부장관은 신고사항을 조사하여 항공보안을 위하여 필요한 조치를 하거나 항공보안 대책을 마련하여야 한다.

⑤ 제1항부터 제4항까지의 규정에서 정한 사항 외에 항공보안 자율신고의 접수·분석 및 전파 등에 관하여 필요한 사항은 국토교통부장관이 정하여 고시한다.

(1) 항공보안 자율신고 제도와 신고자 보호 원칙

항공보안법 제33조의2는 항공보안 자율신고 제도의 법적 근거를 제공하며, 민간항공의 안전을 위한 예방적 보안체계를 구축하고 있다. 이 제도는 민간항공의 보안을 해치거나 해칠 우려가 있는 사실을 인지한 모든 사람에게 국토교통부장관에 대한 자발적 신고 권한을 부여한다. 구체적인 신고 대상은 국토교통부령으로 정하여 법적 명확성과 실무적 적용가능성을 동시에 확보하고 있다.

이러한 자율신고 제도가 실효성을 갖기 위해서는 무엇보다 신고자 보호가 핵심이다. 국토교통부장관은 엄격한 비밀보장 의무를 지니며, 신고자의 의사에 반하여 그 신분을 공

개하는 것이 법적으로 금지된다. 이 보호 장치는 잠재적 보안위협에 대한 정보가 자유롭게 공유될 수 있는 환경을 조성하고, 내부고발에 대한 심리적 부담을 최소화한다. 따라서 보안 취약점이나 위험 요소가 적시에 파악되어 사전 예방이 가능해진다.

신고자 보호와 함께 수집된 신고 내용의 목적 외 사용도 엄격히 제한된다. 신고된 정보는 오직 보안사고 예방과 항공보안 확보라는 본래 목적에만 활용되어야 하며, 이는 신고자가 안심하고 정보를 제공할 수 있는 제도적 기반이 된다. 이처럼 자율신고 제도는 법적 강제가 아닌 자발적 참여를 통해 항공보안의 사각지대를 해소하는 협력적 거버넌스 모델을 구현한다. 이는 정부와 민간이 함께 항공보안을 강화하는 참여형 보안체계의 핵심 요소로 자리하고 있다.

1) 자율신고 제도의 범위와 신고자 보호 규정

자율신고 제도의 법적 근거가 마련된 가운데, 국가항공보안계획은 12.6을 통해 항공보안 자율신고 제도의 구체적인 실행 체계를 규정한다. 12.6.1에서는 신고 권한의 범위를 포괄적으로 설정하여, 항공보안을 해치거나 해칠 우려가 있는 사항에 대해 세 가지 시점별 접근을 채택한다. 이미 발생한 사항, 현재 발생을 인지한 사항, 미래에 발생이 예상되는 사항 모두를 신고대상으로 포함시킴으로써 사전예방적 보안체계를 강화하고 있다.

이처럼 광범위한 신고 대상 설정은 항공보안의 특수성을 반영한 것이다. 잠재적 위협요인까지도 조기에 파악하여 대응할 수 있는 체계를 구축하며, 특히 '예상된다고 판단되는' 경우까지 포함한 것은 신고자의 주관적 판단을 존중하면서도 보안 사각지대를 최소화하려는 정책적 의지를 보여준다. 이는 사후 대응이 아닌 사전 예방 중심의 보안 철학을 구현하는 핵심 요소로 역할한다.

예방적 보안체계의 실효성을 높이기 위해 12.6.2는 자율신고의 대상과 절차에 관한 세부사항을 국토교통부장관의 재량에 위임한다. 이러한 위임 조항은 급변하는 항공보안 환경에 신속하고 유연하게 대응할 수 있도록 행정적 탄력성을 부여한 것이다. 실무적 효율성을 높이는 동시에 새로운 위협 유형이 등장할 때마다 법령 개정 없이도 즉각적인 대응이 가능하도록 하고 있다.

제도의 성공적 운영을 위한 핵심 요소인 신고자 보호는 12.6.3에서 명확히 규정된다. 국토교통부장관에게 신고자 신분의 비밀보장 의무를 부과하고, 신고자의 의사에 반하는 신분 공개를 엄격히 금지한다. 이러한 보호 장치는 항공종사자뿐만 아니라 일반 시민들도 부담 없이 보안 관련 정보를 제공할 수 있는 환경을 조성하며, 자율신고 제도가 실질적으로 운영될 수 있는 신뢰 기반을 마련하고 있다.

2) 불이익 조치 금지와 전문기관 위탁 규정

▮ 형법

제129조(수뢰, 사전수뢰) ① 공무원 또는 중재인이 그 직무에 관하여 뇌물을 수수, 요구 또는 약속한 때에는 5년 이하의 징역 또는 10년 이하의 자격정지에 처한다.

② 공무원 또는 중재인이 될 자가 그 담당할 직무에 관하여 청탁을 받고 뇌물을 수수, 요구 또는 약속한 후 공무원 또는 중재인이 된 때에는 3년 이하의 징역 또는 7년 이하의 자격정지에 처한다.

제130조(제삼자뇌물제공) 공무원 또는 중재인이 그 직무에 관하여 부정한 청탁을 받고 제3자에게 뇌물을 공여하게 하거나 공여를 요구 또는 약속한 때에는 5년 이하의 징역 또는 10년 이하의 자격정지에 처한다.

제131조(수뢰후부정처사, 사후수뢰) ① 공무원 또는 중재인이 전2조의 죄를 범하여 부정한 행위를 한 때에는 1년 이상의 유기징역에 처한다.

② 공무원 또는 중재인이 그 직무상 부정한 행위를 한 후 뇌물을 수수, 요구 또는 약속하거나 제삼자에게 이를 공여하게 하거나 공여를 요구 또는 약속한 때에도 전항의 형과 같다.

③ 공무원 또는 중재인이었던 자가 그 재직 중에 청탁을 받고 직무상 부정한 행위를 한 후 뇌물을 수수, 요구 또는 약속한 때에는 5년 이하의 징역 또는 10년 이하의 자격정지에 처한다.

④ 전3항의 경우에는 10년 이하의 자격정지를 병과할 수 있다.

제132조(알선수뢰) 공무원이 그 지위를 이용하여 다른 공무원의 직무에 속한 사항의 알선에 관하여 뇌물을 수수, 요구 또는 약속한 때에는 3년 이하의 징역 또는 7년 이하의 자격정지에 처한다.

항공보안 자율신고 제도의 실효성을 보장하기 위한 핵심 장치로서 신고자에 대한 불이익 조치 금지 원칙이 확립되어 있다. 공항운영자를 비롯한 관련 기관들은 소속 임직원이 항공보안 자율신고를 했다는 이유로 어떠한 형태의 보복 조치도 취할 수 없다. 여기에는 해고, 전보, 징계와 같은 직접적인 인사 조치뿐만 아니라 신분이나 처우와 관련된 모든 불이익한 조치가 포함된다.

이러한 보호 규정은 단순한 권고사항이 아닌 법적 의무사항으로 규정되어 있다. 조직 내부의 보안 문제를 외부에 알리는 것에 대한 심리적 장벽을 제거하며, 특히 항공산업의 위계적 조직문화를 고려할 때 이러한 명시적 보호 조항은 자율신고 제도가 실질적으로 작동하기 위한 필수불가결한 요소가 된다. 신고자가 안심하고 보안위협을 신고할 수 있는 제도적 안전망이 구축됨으로써 잠재적 위험 요소들이 조기에 발견되고 있다.

신고자 보호와 더불어 자율신고 제도의 효율적 운영을 위해 국토교통부장관은 관련 업무를 한국교통안전공단에 위탁할 수 있는 권한을 보유한다. 접수, 분석, 전파로 이어지는 일련의 업무 프로세스를 전문기관에 위탁함으로써 신고 정보의 체계적 관리와 신속한 대응이 가능해진다. 이는 대통령령으로 정하는 바에 따라 진행되어 법적 안정성을 확보하고 있다.

위탁 업무의 공정성 확보를 위해 특히 주목할 점은 한국교통안전공단 임직원에 대한 의제공무원 규정이다. 형법 제129조부터 제132조까지의 뇌물죄 관련 조항을 적용할 때 이들을 공무원으로 의제함으로써 자율신고 업무의 공정성과 청렴성을 법적으로 담보한다. 이는 민간에 위탁된 공적 업무의 신뢰성을 확보하는 동시에 신고 정보가 부적절하게 활용되는 것을 방지하는 제도적 장치로 기여하고 있다.

(2) 항공보안 자율신고 용어의 법적 일관성 확보 방안

이러한 제도적 장치들이 마련된 한편, 현행 항공보안 관련 법령과 지침 간에 용어 사용의 불일치 문제가 발견된다. 국가항공보안 수준관리지침에서는 항공보안 관련 자발적 정보제공 제도를 '항공보안 자율보고'라는 명칭으로 규정하면서 해당 제도의 대상과 절차 등을 상세히 명시한다. 반면 상위법인 항공보안법 제33조의2에서는 동일한 제도를 '항공보안 자율신고'로 규정하여 법적체계 내에서 용어의 일관성이 확보되지 못하고 있다.

이러한 용어의 불일치는 단순한 문법적 차이를 넘어 실무적 혼란을 야기할 수 있는 중요한 문제이다. '보고(報告)'와 '신고(申告)'는 법적 맥락에서 각각 다른 의미와 효력을 지닐 수 있으며, 특히 신고자의 권리와 의무 그리고 법적 보호 범위를 해석함에 있어 불명확성을 초래할 가능성이 있다. 항공보안 분야의 특성상 명확한 법적 근거와 절차가 요구되는 만큼, 이러한 용어의 혼재는 제도 운영의 효율성과 법적 안정성을 저해하고 있다.

이에 따라 상위법인 항공보안법 제33조의2에서 사용하는 '항공보안 자율신고'로 명칭을 통일하는 것이 법체계의 정합성 측면에서 타당하다. 하위 규정인 국가항공보안 수준관리지침의 용어를 상위법에 맞춰 개정함으로써 법령 간 일관성을 확보하고 현장 실무자들의 혼란을 방지할 필요가 있다. 이는 단순한 용어 정리를 넘어 항공보안 자율신고 제도의 법적 명확성을 강화하고 제도의 실효성을 높이는 중요한 개선사항이 될 것이다. 명확한 법적 용어 체계 확립을 통해 항공보안 종사자들이 제도를 정확히 이해하고 활용할 수 있는 기반을 마련해야 한다.

(3) 항공보안 자율신고 대상의 체계적 재정립 필요성

> **국가항공보안 수준관리지침**
>
> **제57조(자율보고 대상)** 승객·승무원, 공항운영자 및 항공운송사업자 등의 항공보안업무 종사자는 다음 각 호의 사항에 대하여 항공보안 자율보고(이하 "자율보고"라 한다)를 할 수 있다.
>
> 1. 불법방해행위를 시도하거나 발생될 가능성이 있음을 알게 된 경우

2. 승객 또는 상주직원 등이 보안검색을 받지 아니하고 보호구역으로 진입한 사실을 알게 된 경우
3. 위해물품을 허가 없이 보호구역 또는 항공기내로 반입한 사실을 알게 된 경우
4. 항공보안 사고로 발전할 수 있는 행위 또는 위험한 행동을 인지한 경우
5. 그 밖에 항공보안 위해요인을 알게 된 경우

명칭의 일관성 확보와 더불어, 항공보안 자율신고 제도의 실효성을 좌우하는 또 다른 핵심 요소인 신고 대상 범위가 법령 체계 내에서 일관되게 규정되지 못하고 있다. 항공보안법 시행규칙 제19조의2는 "국토교통부령으로 정하는 사실"의 범위를 10개 항목으로 상세하게 열거한다. 불법방해행위의 가능성부터 자체보안계획 미이행, 보안검색 관련 사항, 보호구역 무단진입, 항공기 보안점검 미실시 등 광범위한 영역을 포괄하고 있다. 특히 자체 우발계획 미이행과 보안조치 불이행 같은 조직 차원의 관리 실패까지 신고 대상에 포함시켜 체계적인 접근을 보여준다.

이와 대조적으로 국가항공보안 수준관리지침 제57조는 자율신고 대상을 5개 항목으로 압축하여 규정한다. 이 지침은 불법방해행위 가능성, 보안검색 미실시 진입, 위해물품 무단 반입 등 즉각적이고 직접적인 보안위협에 초점을 맞추고 있다. '항공보안 사고로 발전할 수 있는 행위'나 '위험한 행동'과 같은 포괄적 표현을 사용하며, 신고 주체를 승객, 승무원, 항공보안업무 종사자로 명시하여 시행규칙보다 구체적으로 규정한다.

두 규정 간의 이러한 차이는 단순한 범위의 불일치를 넘어 실무적 혼란을 초래하는 중요한 쟁점이 된다. 시행규칙에는 명시되어 있으나 수준관리지침에는 없는 '자체보안계획 미이행'이나 '보안검색 완료 승객과 미완료 승객의 접촉' 같은 사항들이 실제로 자율신고 대상인지 여부가 불명확해진다. 이는 현장 실무자들이 신고 여부를 판단할 때 법적 근거의 모호성으로 인해 주저하게 만들며, 중요한 보안 정보가 적시에 보고되지 못하는 상황을 초래할 수 있다.

상위 규정인 시행규칙이 더 포괄적인 범위를 설정했음에도 불구하고, 실무 지침인 수준관리지침이 이를 축소하여 규정한 것은 법령 체계의 위계질서 측면에서도 재검토가 필요하다. 따라서 두 규정의 신고 대상을 통일하되, 보다 포괄적이고 체계적인 시행규칙의 기준을 바탕으로 수준관리지침을 개정하는 것이 법적 정합성과 제도의 실효성 확보 차원에서 바람직하다. 이러한 개선을 통해 항공보안 자율신고 제도가 본래의 목적에 부합하는 예방적 보안체계로 제 역할을 할 수 있는 기반이 마련될 것이다.

(4) 항공보안 자율신고 체계의 운영 절차

> **▌ 국가항공보안 수준관리지침**
>
> **제58조(자율보고 절차)** ① 자율보고를 하려는 사람은 다음 각 호의 사항을 포함하여 국토교통부장관에게 서면 또는 유선으로 보고하여야 한다.
>
> 1. 보고자의 성명, 주소 및 연락처
> 2. 발생 일시 및 장소
> 3. 상황 개요
> 4. 항공보안업무 종사자의 경우 업무 분야(공항, 항공사, 취급업체 및 공항상주업체 등)
>
> ② 자율보고는 다음 각 호의 어느 하나에 해당하는 방법에 따라 제출할 수 있다.
>
> 1. 전화, 전자우편 등 전자적 방법
> 2. FAX 또는 우편 등
>
> ③ 국토교통부장관은 별도의 기관을 지정하여 자율보고를 운영하게 할 수 있다.

국가항공보안 수준관리지침 제58조는 항공보안 자율신고의 구체적인 절차와 방법을 체계적으로 규정하고 있다. 자율신고를 하려는 사람은 서면 또는 유선을 통해 국토교통부장관에게 보고할 수 있으며, 이는 신고자의 접근성을 높이고 신속한 정보 전달을 가능하게 하는 다면적 접근법을 채택한 것이다.

이러한 신고 체계에서 보고 시 포함되어야 할 필수 정보는 명확하게 구조화되어 있다. 보고자의 신원 확인을 위한 성명, 주소, 연락처가 요구되며, 이는 신고의 신뢰성을 확보하면서도 후속 조치를 위한 연락 체계를 구축하는 기본 요소가 된다. 사건 관련 정보로는 발생 일시와 장소 그리고 상황 개요를 포함시켜야 하는데, 이러한 체계적 정보 수집은 보안위협의 신속한 평가와 대응을 가능하게 한다. 특히 항공보안업무 종사자의 경우 공항, 항공사, 취급업체, 공항상주업체 등 소속 업무 분야를 추가로 명시하도록 하여 전문성과 현장 상황을 고려한 맞춤형 대응이 가능하도록 설계되고 있다.

필수 정보의 체계적 수집과 함께 제출 방법의 다양성 확보는 이 규정의 또 다른 특징이다. 전화나 전자우편 같은 전자적 방법을 우선적으로 제시함으로써 즉각적이고 신속한 보고를 유도한다. 동시에 팩스나 우편 등 전통적인 방법도 병행하여 제공하고 있다. 이러한 복합적 접근은 다양한 상황과 신고자의 여건을 고려한 것으로, 긴급한 상황에서는 전화를 통한 즉각 보고가 가능하고, 상세한 문서화가 필요한 경우에는 전자우편이나 우편을 활용할 수 있도록 한다.

이처럼 표준화된 절차와 유연한 제출 방법의 조합은 자율신고 제도의 활성화를 위한 제도적 기반이 되며, 보안 정보의 체계적 수집과 관리를 가능하게 하는 운영 체계를 구성하고 있다. 다만 익명 신고나 부분적 정보 제공에 대한 처리 방안이 명시되지 않은 점은 향후 제도 개선 시 고려할 필요가 있다. 신고자가 신원 노출을 우려하여 신고를 주저하는 상황을 방지하기 위해 익명 신고 체계의 도입도 검토되어야 할 것이다.

(5) 자율신고 분석 프로세스와 정보 확산 체계

> **▌국가항공보안 수준관리지침**
> **제59조(자율보고 분석)** ① 국토교통부장관은 자율보고를 받은 경우 그 내용을 검토하여 긴급 사항, 일반 사항 또는 부적합 사항인지를 우선 판단하고, 이를 정밀 분석하여 사실 여부를 확인하여야 한다.
> ② 국토교통부장관은 자율보고 내용이 항공보안에 중대한 영향을 미칠 수 있다고 판단하는 경우 관계기관, 공항운영자 및 항공운송사업자 등에게 그 내용을 통보하여야 한다.
> ③ 국토교통부장관은 자율보고 내용을 정밀 분석한 후 필요한 대책을 수립하거나 수준관리지침을 보완하는 등 정책에 반영하여야 한다.

국가항공보안 수준관리지침 제59조는 자율신고 접수 후의 체계적인 분석 프로세스를 규정하여, 신고 정보가 실질적인 보안 강화로 이어질 수 있는 제도적 체계를 구축한다. 국토교통부장관은 접수된 자율신고를 단계적으로 처리하는데, 우선 긴급사항, 일반사항, 부적합 사항으로 분류하는 1차 스크리닝을 실시한다. 이러한 초기 분류는 대응의 우선순위를 설정하고 자원을 효율적으로 배분하는 기초가 되며, 특히 긴급사항의 경우 즉각적인 대응체계로 연결되는 중요한 판단 과정이다.

초기 분류를 거친 신고 내용은 정밀 분석 단계로 진입하여 사실관계를 철저히 검증받는다. 이 과정은 단순한 정보 수집을 넘어 신고 내용의 신뢰성과 타당성을 평가하는 핵심 절차다. 허위 신고나 오인 신고를 걸러내는 동시에 실제 보안위협의 심각성과 파급효과를 정확히 파악한다. 이러한 체계적 검증 프로세스는 자율신고 제도의 신뢰성을 높이고, 한정된 보안 자원이 실질적 위협에 집중될 수 있도록 보장하는 것이다.

검증된 정보는 적절한 공유 체계를 통해 관련 기관에 전파된다. 국토교통부장관은 항공보안에 중대한 영향을 미칠 수 있는 사안으로 판단되는 경우, 관계기관, 공항운영자, 항공운송사업자 등 이해관계자들에게 신속하게 정보를 전파해야 한다. 이는 개별 신고가 전체 항공보안 네트워크의 대응력 강화로 연결되는 확산체계로 이루어진다. 항공보안의 특성상 한 지점의 취약성이 전체 시스템에 영향을 미칠 수 있다는 점에서 이러한 정보공유는 필수불가결한 요소가 되고 있다.

마지막으로 정책 반영 기능이 명시되어 있다는 점을 주목할 필요가 있다. 정밀 분석을 거친 신고 내용은 필요한 대책 수립이나 수준관리지침 보완 등 정책 개선으로 이어지도록 규정한다. 이는 자율신고가 일회성 정보 제공에 그치지 않고 지속적인 항공보안 체계 개선의 동력으로 작동하도록 하는 제도적 장치다. 현장의 경험과 관찰이 정책으로 체계화되는 이러한 상향식 접근은 실효성 있는 보안 정책 수립의 핵심 경로가 되며, 자율신고 제도가 항공보안 관리체계의 중요한 구성요소임을 보여주고 있다.

(6) 자율신고 보고서의 체계적 관리와 기밀 보호

> **▌ 국가항공보안 수준관리지침**
> **제60조(보고서의 관리)** ① 국토교통부장관은 자율보고를 받은 경우 접수대장에 기록하고, 보고된 내용을 별도로 보관하여 기밀을 유지하여야 한다.
> ② 국토교통부장관은 자율보고 내용이 부적합한 경우 이를 접수대장에 기재하고, 보고자에게 반송 또는 폐기한다.

이러한 분석과 정책 반영 과정이 체계적으로 운영되기 위해서는 신고 정보의 체계적 관리가 뒷받침되어야 한다. 국가항공보안 수준관리지침 제60조는 자율신고 보고서의 체계적 관리와 기밀 유지를 위한 행정적 체계를 제시한다. 국토교통부장관은 접수된 모든 자율신고를 접수대장에 기록하여 체계적으로 관리해야 하며, 이는 신고 이력의 추적가능성과 투명성을 확보하는 기본적인 행정 절차가 된다. 동시에 보고된 내용은 별도로 보관하여 기밀을 유지하도록 규정함으로써 행정적 투명성과 정보 보안이라는 두 가지 가치를 균형있게 추구하고 있다.

이러한 기밀 유지 의무는 자율신고 제도의 활성화를 위한 핵심 요소로 작동한다. 신고자들이 보복이나 불이익에 대한 우려 없이 정보를 제공할 수 있도록 하는 제도적 신뢰의 기반이 되며, 특히 내부 고발 성격의 민감한 정보가 포함될 수 있는 항공보안 분야의 특성을 고려할 때 더욱 중요한 의미를 지닌다. 정보의 체계적 관리와 보호를 동시에 달성하는 이러한 이중 관리 체계는 신고 제도의 실효성을 높이는 정교한 설계로 평가된다.

체계적 관리와 더불어 부적합 신고에 대한 처리 절차도 명확히 규정되어 있다. 자율신고 내용이 부적합한 경우에도 이를 접수대장에 기재하도록 함으로써 모든 신고에 대한 완전한 기록을 유지한다. 이는 제도 운영의 투명성을 확보하는 동시에 부적합 신고의 패턴 분석을 통해 제도 개선의 기초 자료로 활용될 수 있는 가능성을 열어둔 것이다. 부적합 신고는 보고자에게 반송하거나 폐기하는 두 가지 처리 방법을 제시하고 있는데, 이는 신고 내용의 성격과 보고자의 의사를 고려한 유연한 대응을 가능하게 한다.

이러한 관리 체계는 단순한 문서 보관을 넘어 자율신고 제도의 신뢰성과 지속가능성을 담보하는 행정적 기반을 구성한다. 체계적인 기록 관리는 향후 보안 정책 수립을 위한 데이터베이스 구축의 기초가 되며, 기밀 유지를 통해 신고자 보호라는 제도의 근본 가치를 실현하고 있다. 다만 보관 기간이나 폐기 기준 등 세부적인 관리 지침이 명시되지 않은 점은 향후 보완이 필요한 부분이다.

(7) 신고자 신분 보호를 위한 전담 관리 체계

> **▌국가항공보안 수준관리지침**
> **제61조(보고자의 보호)** ① 국토교통부장관은 자율보고 담당자를 별도로 지정하여 해당 업무를 수행하도록 하여야 하며, 자율보고한 사람의 신분을 공개하여서는 아니 된다.
> ② 자율보고 담당자는 보고내용에 대하여 추가 확인이 필요한 경우 자율보고자에게 보충 질의를 할 수 있으며, 이 경우 보고자의 신분보호를 위하여 연락처 등 개인정보에 대하여 기밀을 유지하여야 한다.

기밀 유지와 체계적 관리의 실질적 이행을 위해, 국가항공보안 수준관리지침 제61조는 자율신고 제도의 핵심 성공요인인 신고자 보호를 위한 구체적인 실행 체계를 규정하고 있다. 국토교통부장관은 자율신고 업무의 전문성과 기밀성을 확보하기 위해 전담 담당자를 별도로 지정해야 하며, 이는 일반 행정 업무와 자율신고 업무를 분리하여 정보 보안의 위험을 최소화하는 조직적 안전장치가 된다. 특히 자율신고한 사람의 신분 공개를 엄격히 금지함으로써 법적 의무를 넘어 실무적 차원에서도 신고자 보호가 철저히 이행되도록 보장하고 있다.

이러한 전담 담당자 지정 제도는 단순한 업무 분장을 넘어 여러 전략적 의미를 지닌다. 첫째, 특정 인원만이 신고자 정보에 접근할 수 있도록 함으로써 정보 유출 경로를 원천적으로 차단한다. 둘째, 전문 담당자를 통해 일관되고 체계적인 신고 처리가 가능해지며, 이는 신고자들의 제도에 대한 신뢰를 높이는 요소가 된다. 셋째, 책임 소재를 명확히 하여 기밀 유지 위반 시 책임 추궁이 용이하도록 설계되어 있다.

전담 담당자 제도와 함께 보충 질의 과정에서의 보호 조치도 중요한 요소로 자리한다. 자율신고 담당자는 보고 내용에 대한 추가 확인이 필요한 경우 신고자에게 보충 질의를 할 수 있는 권한을 보유한다. 이는 신고 정보의 정확성과 완전성을 확보하기 위한 필수적인 절차다. 그러나 이 과정에서도 연락처를 포함한 모든 개인정보에 대한 기밀 유지 의무가 명시되어, 업무상 필요와 정보 보호라는 상충될 수 있는 가치를 조화롭게 추구하고 있다.

이러한 여러 단계의 보호 체계는 자율신고 제도가 실질적으로 운영되기 위한 신뢰 기반을 구성한다. 항공보안 분야의 특성상 내부 정보나 민감한 보안 취약점을 신고하는 경우가 많은데, 철저한 신분 보호와 정보 관리 체계가 없다면 잠재적 신고자들이 보복이나 불이익을 우려하여 신고를 주저할 가능성이 높다. 따라서 제61조의 보호 규정은 행정 절차를 넘어 자율신고 제도의 생명력을 유지하는 핵심 장치로 역할하고 있다. 다만 전담 담당자의 자격요건이나 보안 교육 의무 등이 명시되지 않은 점은 향후 제도 보완 시 고려할 필요가 있다.

Ⅲ. 행정처분

1. 항공보안법의 처벌체계와 엄벌주의 입법원칙

항공보안법은 법 위반행위에 대해 형사벌과 행정벌로 구성된 이원적 처벌체계를 운영한다. 형사벌은 법 제39조부터 제50조의2까지 상세히 규정되어 있으며, 행정벌로는 법 제51조에서 과태료 부과에 관한 사항을 다루고 있다. 이처럼 위반행위의 경중과 성격에 따라 차등화된 제재 수단을 마련함으로써 효과적인 법 집행이 가능하도록 설계되어 있다.

이러한 이원적 처벌체계는 항공보안법이 형법의 특별법적 성격을 갖고 있음을 보여준다. 일반 형법보다 더 구체적이고 전문적인 처벌규정을 통해 항공보안 분야의 특수성을 반영하며, 항공 관련 위반행위에 대해서는 일반 형사법규보다 우선적으로 적용된다. 특히 항공기 내에서 발생하는 범죄나 공항 보호구역 침입 등 항공 특유의 상황에 대한 세밀한 규정을 두고 있다.

형법의 특별법으로서 항공보안법의 근본 목적은 민간항공보안 확보와 테러 방지에 있다. 이는 항공 분야가 갖는 국가안보적 중요성과 대중의 안전에 미치는 파급효과를 고려한 것이며, 위반행위에 대해 엄히 처벌하려는 명확한 입법 의도를 담고 있다. 이러한 엄벌주의적 접근은 항공보안 위반이 단순한 개별 사안을 넘어 국가 전체의 안전과 직결되는 중대한 사안이라는 인식에서 출발한다. 따라서 예방적 효과를 극대화하여 항공보안 사고를 원천적으로 차단하고자 하는 정책적 의지가 반영되어 있다.

▌항공보안법

제39조(항공기 파손죄) ① 운항중인 항공기의 안전을 해칠 정도로 항공기를 파손한 사람(「항공안전법」 제

138조제1항에 해당하는 사람은 제외한다)은 사형, 무기징역 또는 5년 이상의 징역에 처한다.
② 계류 중인 항공기의 안전을 해칠 정도로 항공기를 파손한 사람은 7년 이하의 징역에 처한다.
제40조(항공기 납치죄 등) ① 폭행, 협박 또는 그 밖의 방법으로 항공기를 강탈하거나 그 운항을 강제한 사람은 무기 또는 7년 이상의 징역에 처한다.
② 제1항의 죄를 범하여 사람을 사상(死傷)에 이르게 한 사람은 사형 또는 무기징역에 처한다.
③ 제1항의 미수범은 처벌한다.
④ 제1항 또는 제2항의 죄를 범할 목적으로 예비 또는 음모한 사람은 5년 이하의 징역에 처한다. 다만, 그 목적한 죄를 실행에 옮기기 전에 자수한 사람에 대하여는 그 형을 감경하거나 면제할 수 있다.
제41조(항공시설 파손죄) ① 항공기 운항과 관련된 항공시설을 파손하거나 조작을 방해함으로써 항공기의 안전운항을 해친 사람(「항공안전법」 제140조에 해당하는 사람은 제외한다)은 10년 이하의 징역에 처한다.
② 제1항의 죄를 범하여 사람을 사상에 이르게 한 사람은 사형, 무기징역 또는 7년 이상의 징역에 처한다.
제42조(항공기 항로 변경죄) 위계 또는 위력으로써 운항중인 항공기의 항로를 변경하게 하여 정상 운항을 방해한 사람은 1년 이상 10년 이하의 징역에 처한다.
제43조(직무집행방해죄) 폭행·협박 또는 위계로써 기장등의 정당한 직무집행을 방해하여 항공기와 승객의 안전을 해친 사람은 10년 이하의 징역에 처한다.
제44조(항공기 위험물건 탑재죄) 제21조를 위반하여 휴대 또는 탑재가 금지된 물건을 항공기에 휴대 또는 탑재하거나 다른 사람으로 하여금 휴대 또는 탑재하게 한 사람은 2년 이상 5년 이하의 징역 또는 2천만원 이상 5천만원 이하의 벌금에 처한다.
제45조(공항운영 방해죄) 거짓된 사실의 유포, 폭행, 협박 및 위계로써 공항운영을 방해한 사람은 5년 이하의 징역 또는 5천만원 이하의 벌금에 처한다.
제46조(항공기 내 폭행죄 등) ① 제23조제2항을 위반하여 항공기의 보안이나 운항을 저해하는 폭행·협박·위계행위 또는 출입문·탈출구·기기의 조작을 한 사람은 10년 이하의 징역에 처한다.
② 제23조제2항을 위반하여 항공기 내에서 다른 사람을 폭행한 사람은 5년 이하의 징역에 처한다.
제47조(항공기 점거 및 농성죄) 제23조제3항을 위반하여 항공기를 점거하거나 항공기 내에서 농성한 사람은 3년 이하의 징역 또는 3천만원 이하의 벌금에 처한다.
제48조(운항 방해정보 제공죄) 항공운항을 방해할 목적으로 거짓된 정보를 제공한 사람은 3년 이하의 징역 또는 3천만원 이하의 벌금에 처한다.
제49조(벌칙) ① 제23조제1항제7호를 위반하여 기장등의 업무를 위계 또는 위력으로써 방해한 사람은 10년 이하의 징역 또는 1억원 이하의 벌금에 처한다.
② 다음 각 호의 어느 하나에 해당하는 사람은 3년 이하의 징역 또는 3천만원 이하의 벌금에 처한다.
1. 제23조제1항제6호를 위반하여 조종실 출입을 기도한 사람
2. 제23조제4항을 위반하여 기장등의 지시에 따르지 아니한 사람
제50조(벌칙) ① 제15조의2제2항 본문에 따라 신분증명서 제시를 요구받은 경우 위조 또는 변조된 신분증명서를 제시하여 본인 일치 여부 확인을 받으려 한 사람은 10년 이하의 징역에 처한다. 이 경우 3천만

원 이하의 벌금을 병과할 수 있다.

② 제23조제8항을 위반하여 공항에서 보안검색 업무를 수행 중인 항공보안검색요원 또는 보호구역에의 출입을 통제하는 사람에 대하여 업무를 방해하는 행위 또는 폭행 등 신체에 위해를 주는 행위를 한 사람은 5년 이하의 징역 또는 5천만원 이하의 벌금에 처한다.

③ 다음 각 호의 어느 하나에 해당하는 사람은 3년 이하의 징역 또는 3천만원 이하의 벌금에 처한다.

1. 제15조의2제2항 본문에 따라 신분증명서 제시를 요구받은 경우 다른 사람의 신분증명서를 부정하게 사용하여 본인 일치 여부 확인을 받으려 한 사람
2. 운항 중인 항공기 내에서 제23조제1항제1호를 위반하여 폭언, 고성방가 등 소란행위를 한 사람
3. 운항 중인 항공기 내에서 제23조제1항제3호를 위반하여 술을 마시거나 약물을 복용하고 다른 사람에게 위해를 주는 행위를 한 사람

④ 다음 각 호의 어느 하나에 해당하는 자는 5천만원 이하의 벌금에 처한다.

1. 제10조제2항을 위반하여 자체 보안계획을 수립하지 아니한 자
2. 제15조를 위반하여 보안검색 업무를 하지 아니하거나 소홀히 한 사람
3. 제31조제2항을 위반하여 자체 우발계획을 수립하지 아니한 자

⑤ 다음 각 호의 어느 하나에 해당하는 자는 3천만원 이하의 벌금에 처한다.

1. 제10조제2항을 위반하여 자체 보안계획의 승인을 받지 아니한 자
2. 제16조 또는 제17조를 위반하여 보안검색 업무를 하지 아니하거나 소홀히 한 사람
3. 제31조제3항을 위반하여 자체 우발계획의 승인을 받지 아니한 자

⑥ 계류 중인 항공기 내에서 다음 각 호의 어느 하나에 해당하는 사람은 2천만원 이하의 벌금에 처한다.

1. 제23조제1항제1호를 위반하여 폭언, 고성방가 등 소란행위를 한 사람
2. 제23조제1항제3호를 위반하여 술을 마시거나 약물을 복용하고 다른 사람에게 위해를 주는 행위를 한 사람

⑦ 운항 중인 항공기 내에서 다음 각 호의 어느 하나에 해당하는 사람은 1천만원 이하의 벌금에 처한다.

1. 제23조제1항제2호를 위반하여 흡연을 한 사람
2. 제23조제1항제4호를 위반하여 다른 사람에게 성적(性的) 수치심을 일으키는 행위를 한 사람
3. 제23조제1항제5호를 위반하여 전자기기를 사용한 사람

⑧ 계류 중인 항공기 내에서 다음 각 호의 어느 하나에 해당하는 사람은 5백만원 이하의 벌금에 처한다.

1. 제23조제1항제2호를 위반하여 흡연을 한 사람
2. 제23조제1항제4호를 위반하여 다른 사람에게 성적(性的) 수치심을 일으키는 행위를 한 사람
3. 제23조제1항제5호를 위반하여 전자기기를 사용한 사람

⑨ 제13조제1항을 위반하여 공항운영자의 허가를 받지 아니하고 보호구역에 출입한 사람은 100만원 이하의 벌금에 처한다.

(1) 항공보안법 위반행위 유형별 처벌체계와 법정형 분석

항공보안법상 가장 엄중하게 처벌받는 범죄는 운항 중인 항공기에 대한 직접적인 위해행위들이다. 운항중인 항공기 파손죄는 사형, 무기징역 또는 5년 이상의 징역이라는 최고형으로 처벌받는다. 여기서 주목할 점은 계류 중인 항공기 파손의 경우 7년 이하의 징역으로 상대적으로 가벼우나, 운항 중일 때는 승객의 생명과 직결되는 만큼 극형으로 다뤄진다는 것이다.

운항 중인 항공기에 대한 이러한 엄격한 처벌 기준과 마찬가지로 항공기 납치죄 역시 무기 또는 7년 이상의 징역으로 처벌한다. 사람이 사상된 경우에는 사형 또는 무기징역까지 가능하며, 이는 항공기 납치가 초래할 수 있는 대규모 인명 피해의 심각성을 반영한 것이다. 특히 이 죄는 미수범도 처벌하고 예비 또는 음모 단계에서도 5년 이하의 징역으로 처벌하여 사전 예방에 중점을 두고 있다. 이처럼 실행 착수 이전 단계까지 처벌 대상에 포함시킨 것은 항공기 납치의 위험성과 파급력을 고려한 특별한 입법적 조치다.

1) 항공기 파손죄의 법적 개념과 형법상 유사 범죄와의 비교

> **▮ 형법**
> **제366조(재물손괴등)** 타인의 재물, 문서 또는 전자기록등 특수매체기록을 손괴 또는 은닉 기타 방법으로 기 효용을 해한 자는 3년이하의 징역 또는 700만원 이하의 벌금에 처한다.
> **제367조(공익건조물파괴)** 공익에 공하는 건조물을 파괴한 자는 10년 이하의 징역 또는 2천만원 이하의 벌금에 처한다.

항공기 파손죄는 운항 중인 항공기의 안전을 해칠 목적으로 행해지는 파손행위를 처벌하는 규정이다. 이 규정은 항공기 운항의 특수성과 그 불법성의 중대함을 반영하여, 형법상의 일반적인 재물손괴와는 차별화된 법적 취급을 받고 있다.

이와 관련하여 우리 형사법 체계를 살펴보면 주목할 만한 점이 있다. '파손'이라는 용어가 법률 용어로는 일반적이지 않다는 것이다. 형법 제366조의 재물손괴죄에서는 '손괴'라는 표현을 사용하고, 제367조 공익건조물파괴죄에서는 '파괴'라는 용어를 채택한다. 이처럼 유사한 행위를 규정하면서도 각기 다른 용어를 사용한다는 점은 법적 해석에 있어 중요한 의미를 갖는다.

항공보안법상 '파손' 개념과 형법상 '손괴'나 '파괴'의 관계를 명확히 하기 위해서는 각 법률의 보호법익을 검토해야 한다. 항공보안법은 항공기 내 불법방해행위를 방지하여 안전한 항공기 운항을 보장하는 것을 목적으로 한다. 즉, 항공 운항의 안전이라는 사회적 법익 보호에 중점을 두고 있다. 반면 형법상 손괴죄와 공익건조물파괴죄는 재물의 효용성과 이용가치라는 개인적 법익 보호를 주된 목적으로 삼는다.

이러한 입법 목적의 차이가 용어 선택에도 영향을 미쳤다고 볼 수 있다. 항공보안법이 '파손'이라는 용어를 채택한 것은 단순한 물리적 훼손을 넘어 항공기의 운항 안전성을 해치는 모든 행위를 포괄하려는 의도로 해석된다. 이는 각 범죄의 구성요건 해석에도 중요한 기준이 되며, 법 적용 시 보호법익의 차이를 고려한 차별적 접근이 필요함을 시사하고 있다.

2) 항공운항 방해 관련 범죄

항공기 자체에 대한 직접적인 파손 외에도, 항공기의 안전운항을 방해하는 다양한 형태의 행위들에 대해서도 엄격한 처벌기준을 적용하고 있다. 항공시설 파손죄는 항공기 운항과 관련된 항공시설을 파손하거나 조작을 방해하여 항공기의 안전운항을 해친 경우 10년 이하의 징역을 부과한다. 이는 항공기 자체뿐만 아니라 운항을 지원하는 지상 시설의 안전성도 항공보안의 핵심 요소임을 인정한 것이다.

항공시설에 대한 보호와 함께 운항 중인 항공기의 정상적인 운항 경로 확보도 중요한 보호 대상이 된다. 항공기 항로 변경죄는 위계 또는 위력으로 운항 중인 항공기의 항로를 변경하게 하여 정상 운항을 방해한 행위를 1년 이상 10년 이하의 징역으로 처벌한다. 이러한 행위는 단순히 항공기 한 대의 문제를 넘어 전체 항공 교통 체계를 혼란시킬 수 있다는 점에서 엄중한 처벌이 규정되고 있다.

나아가 항공기 운항의 핵심 주체인 기장 등 승무원의 직무 수행을 보호하는 규정도 마련되어 있다. 직무집행방해죄는 폭행·협박 또는 위계로써 기장 등의 정당한 직무집행을 방해하여 항공기와 승객의 안전을 해친 경우 10년 이하의 징역을 규정한다. 이는 항공기 내에서 기장이 갖는 특별한 권한과 책임을 법적으로 뒷받침하며, 안전한 운항을 위한 지휘 체계를 보호하는 중요한 조항으로 자리하고 있다.

가. 항공시설 파손죄의 용어 정합성 문제와 개정 방향

> **▌항공보안법**
>
> **제12조(공항시설 보호구역의 지정)** ① 공항운영자는 보안검색이 완료된 구역, 활주로, 계류장(繫留場) 등 공항시설의 보호를 위하여 필요한 구역을 국토교통부장관의 승인을 받아 보호구역으로 지정하여야 한다.
>
> **▌공항시설법**
>
> **제2조(정의)** 이 법에서 사용하는 용어의 뜻은 다음과 같다.
>
> 7. "공항시설"이란 공항구역에 있는 시설과 공항구역 밖에 있는 시설 중대통령령으로 정하는 시설로서 국

> 토교통부장관이 지정한 다음 각 목의 시설을 말한다.
> 가. 항공기의 이륙·착륙 및 항행을 위한 시설과 그 부대시설 및 지원시설
> 나. 항공 여객 및 화물의 운송을 위한 시설과 그 부대시설 및 지원시설

항공시설 파손죄를 해석하는 데 있어 가장 핵심적인 문제는 '항공시설'의 개념을 어떻게 정의할 것인가이다. 현행 항공보안법령을 검토해보면 놀랍게도 '항공시설'에 대한 명확한 정의 규정을 찾을 수 없다. 이는 법적 명확성 원칙 측면에서 상당한 문제점을 내포하고 있다.

이러한 정의 규정의 부재는 항공보안법 제1조를 통해서도 확인된다. 이 법의 목적을 "공항시설, 항행안전시설 및 항공기 내에서의 불법행위를 방지하고 민간항공의 보안을 확보하기 위한 기준·절차 및 의무사항 등을 규정"하는 것으로 명시한다. 여기서 주목할 점은 '항공시설'이 아닌 '공항시설'이라는 용어를 사용한다는 것이다. 같은 법 제12조에서도 '공항시설 보호구역의 지정'이라는 표제 아래 활주로, 계류장 등을 공항시설의 구체적 예시로 제시하고 있다.

법률 내에서 동일한 대상을 지칭하면서도 서로 다른 용어를 사용하는 이러한 불일치는 법적 해석에 혼란을 초래한다. 반면 공항시설법 제2조는 공항시설의 개념을 보다 명확히 규정하고 있다. 이 법에 따르면 공항시설은 공항구역 내 시설과 공항구역 밖에 있더라도 대통령령으로 정하고 국토교통부장관이 지정한 시설을 포함한다. 이처럼 공항시설법은 체계적이고 명확한 정의를 제공하고 있다.

따라서 법체계의 일관성과 명확성을 확보하기 위해 항공보안법 제41조의 표제를 '항공시설 파손죄'에서 '공항시설 파손죄'로 수정하는 것이 타당하다. 이는 단순한 용어 변경이 아니라 법적 명확성을 높이고 관련 법령 간 정합성을 확보하는 중요한 개선사항이 되는 것이다. 명확한 법적 용어 체계는 법 집행의 일관성을 보장하고 수범자들의 예측가능성을 높이는 핵심 요소가 된다.

나. 직무집행방해 관련 이중 처벌규정의 체계적 문제점

> **▮ 항공보안법**
> **제23조(승객의 협조의무)** ① 항공기 내에 있는 승객은 항공기와 승객의 안전한 운항과 여행을 위하여 다음 각 호의 어느 하나에 해당하는 행위를 하여서는 아니 된다.
> 7. 기장등의 업무를 위계 또는 위력으로써 방해하는 행위

이러한 운항 방해행위 처벌규정들 중에서 특히 기장 등의 직무집행을 방해하는 행위에 대해서는 복수의 처벌규정이 존재하며, 이들 규정 간의 관계와 적용기준이 명확하지 않아 법 집행에 있어 혼란을 초래하고 있다.

먼저 항공보안법 제43조는 직무집행방해죄를 규정하고 있다. 이 조항은 "폭행·협박 또는 위계로써 기장등의 정당한 직무집행을 방해하여 항공기와 승객의 안전을 해친 사람"을 10년 이하의 징역에 처하도록 정한다. 여기서 주목할 점은 행위 수단으로 '폭행·협박 또는 위계'를 명시하고, '항공기와 승객의 안전을 해친' 경우를 요건으로 한다는 것이다.

이와 별도로 같은 법 제49조제1항은 제23조제1항제7호 위반행위에 대한 벌칙을 규정하고 있다. 이에 따르면 "기장등의 업무를 위계 또는 위력으로써 방해한 사람"을 10년 이하의 징역 또는 1억원 이하의 벌금에 처한다. 이 조항에서는 행위 수단으로 '위계 또는 위력'을 제시하며, 안전 침해라는 결과 발생을 별도로 요구하지 않는다는 점에서 제43조와 차이를 보인다.

두 조문의 구성요건을 비교하면 상당한 중복과 모호함이 발견된다. 행위 수단 측면에서 제43조는 '폭행·협박·위계'를, 제49조는 '위계·위력'을 규정하여 '위계'가 공통적으로 포함되어 있다. 법정형을 보면 제43조는 징역형만을 규정하는 반면, 제49조는 징역형과 벌금형을 선택적으로 규정한다. 이러한 차이는 동일한 보호법익에 대한 침해행위임에도 불구하고 처벌 수준이 달라질 수 있음을 의미한다.

이러한 규정의 중첩은 실무상 여러 문제를 야기하고 있다. 동일한 행위에 대해 어느 조항을 적용할 것인지가 불명확하고, 특히 위계를 사용한 직무방해의 경우 두 조항이 모두 적용 가능하다는 점에서 법적 안정성을 해치고 있다. 항공보안이라는 중요한 법익을 보호하기 위한 규정들이 오히려 그 적용에 있어 혼란을 초래한다는 것은 입법적 개선이 시급히 필요한 부분이다.

3) 위험물건 및 보안 위반 행위

항공기 위험물건 탑재죄는 휴대 또는 탑재가 금지된 물건을 항공기에 휴대하거나 탑재하게 한 행위를 2년 이상 5년 이하의 징역 또는 2천만원 이상 5천만원 이하의 벌금으로 처벌한다. 이는 테러 도구가 될 수 있는 위험물건의 반입을 원천 차단하려는 예방적 조치다. 마찬가지로 공항운영 방해죄는 거짓 정보 유포, 폭행, 협박 및 위계로써 공항운영을 방해한 경우 5년 이하의 징역 또는 5천만원 이하의 벌금을 부과하고 있다.

이러한 처벌 규정들은 항공보안 분야의 특수성을 반영한 것인데, 특히 정보의 정확성이 극도로 중요하다는 점을 고려한 입법이다. 사소한 잘못된 정보 하나가 항공기 사고와 같은 대형 재난으로 이어질 수 있기 때문이다. 이러한 맥락에서 공항운영 방해죄의 구성요건을 살펴보면 흥미로운 용어 선택을 발견하게 된다.

현행 항공보안법은 공항운영 방해와 관련하여 '거짓된 사실'이라는 표현을 사용한다. 그런데 우리 법체계에서 일반적으로 사용되는 용어는 '허위의 사실'이다. 형법을 비롯한 대부분의 법률에서 '허위'라는 용어를 채택하고 있는 상황에서, 항공보안법이 굳이 '거짓된 사실'이라는 다른 표현을 사용한 이유가 무엇인지 검토가 필요하다.

법체계의 통일성과 체계적 해석의 관점에서 동일한 개념을 서로 다른 용어로 표현하는 것은 바람직하지 않다. 특히 '거짓된 사실'이라는 표현은 그 의미와 범위가 명확하지 않아 죄형법정주의의 명확성 원칙에 위배될 소지가 있다. 대법원은 허위 여부를 판단함에 있어 "전달 또는 유포하는 사실의 중요한 부분이 객관적 사실과 합치되는지 여부"를 기준으로 삼고 있는데, 이는 허위성 판단에 대한 명확한 기준을 제시한 것이다.

항공보안이라는 중대한 법익을 보호하기 위해서라도 구성요건은 더욱 명확해야 한다. 따라서 '거짓된 사실'을 '허위의 사실'로 통일하거나 두 용어 간의 차이를 명확히 규정하는 입법적 보완이 필요하다. 이는 단순한 용어 정리가 아니라 법적 안정성과 항공보안의 실효성을 동시에 확보하는 중요한 과제인 것이다.

4) 항공기 내 질서 위반 행위

공항시설과 운영에 대한 보호와 함께, 항공기 내에서 발생하는 폭력행위에 대해서도 엄격한 제재가 마련되어 있다. 항공기 내 폭행죄 등은 두 가지 유형으로 구분된다. 항공기의 보안이나 운항을 저해하는 폭행·협박·위계행위 또는 출입문·탈출구·기기의 조작을 한 경우 10년 이하의 징역을 부과한다. 반면 항공기 내에서 단순히 다른 사람을 폭행한 경우는 5년 이하의 징역으로 처벌하고 있다. 이러한 차등적 처벌은 행위가 항공기 운항 안전에 미치는 영향의 정도를 고려한 입법적 판단이다.

이처럼 항공기 내에서 발생하는 폭력행위에 대한 엄격한 처벌과 함께, 상대적으로 경미한 위반행위로 분류되는 범죄들도 일반 형법보다 높은 수준의 제재를 받는다. 항공기 점거 및 농성죄와 운항 방해정보 제공죄는 각각 3년 이하의 징역 또는 3천만원 이하의 벌금으로 처벌받는다. 이는 일반적인 업무방해나 위계에 의한 공무집행방해와 비교할 때 상당히 엄중한 수준이라 할 수 있다.

이러한 가중처벌 체계는 항공기라는 특수한 공간의 폐쇄성과 위험성을 반영한 것이다. 3만 피트 상공에서 운항하는 항공기 내에서 발생하는 사소한 문제도 승객 전체의 안전을 위협할 수 있다는 점에서, 일반적인 지상에서의 행위와는 다른 법적 평가가 필요하다. 따라서 항공보안법은 행위의 경중에 따라 차등화된 처벌을 규정하면서도, 전반적으로 일반법보다 강화된 제재를 통해 항공 안전을 확보하고 있다.

5) 항공보안 위반행위의 중대성별 처벌체계와 양형 기준

항공보안 업무 방해와 관련된 가장 중대한 위반행위들은 10년 이하의 징역형으로 처벌받는다. 기장 등의 업무 방해행위는 위계 또는 위력으로써 기장의 업무를 방해한 경우 10년 이하의 징역 또는 1억원 이하의 벌금을 부과한다. 이는 항공기 운항의 핵심 책임자인 기장의 권한을 보호하기 위한 강력한 처벌 규정이다.

기장의 업무 방해와 같은 수준으로 처벌받는 또 다른 중대 범죄는 신분증 위조·변조 사용행위다. 이 역시 10년 이하의 징역에 처하며, 3천만원 이하의 벌금을 병과할 수 있다. 이는 공항 보안의 첫 번째 관문인 신분확인 과정의 무력화를 차단하기 위한 조치로, 항공보안 체계 전반의 신뢰성을 유지하는 핵심 규정이 된다. 신분 위장을 통한 불법 진입이나 테러 위협을 사전에 차단한다는 점에서 이러한 엄격한 처벌은 필수적인 요소로 평가된다.

가. 일반적 보안 위반행위

중대 범죄에 비해 상대적으로 경미한 일반적 수준의 보안 위반행위들은 3년에서 5년 사이의 징역형과 상당한 벌금형을 병과한다. 조종실 출입 기도나 기장 지시 위반 등은 3년 이하의 징역 또는 3천만원 이하의 벌금으로 처벌받는다. 보안검색 업무 방해 및 폭행행위는 5년 이하의 징역 또는 5천만원 이하의 벌금에 처하며, 이는 공항 보안의 핵심인 보안검색 과정을 보호하고 보안요원의 안전을 확보하기 위한 규정이다.

이와 유사한 수준으로 처벌받는 행위들로는 타인 신분증 부정사용, 운항 중 항공기 내 소란행위, 음주·약물로 인한 위해행위 등이 있다. 이들 역시 3년 이하의 징역 또는 3천만원 이하의 벌금으로 처벌받으며, 항공기 내 질서 유지와 승객 안전 확보를 위한 제재 수단으로 운영되고 있다.

한편 항공보안 운영과 관리에 관한 위반사항들은 형사처벌보다는 주로 벌금형으로 처벌한다. 자체보안계획 미수립이나 보안검색 업무 미이행·소홀은 5천만원 이하 벌금으로 처벌받으며, 자체보안계획 미승인은 3천만원 이하 벌금을 부과한다. 이러한 행정적 의무 위반에 대한 금전적 제재는 항공보안 관련 기관들이 법적 의무를 성실히 이행하도록 유도하는 압력 수단이 된다.

나. 기내 질서 위반행위의 세분화된 처벌체계

처벌수준의 세분화는 특히 기내 질서 위반행위에서 두드러지게 나타난다. 기내에서의 질서 위반행위는 항공기의 운항상태와 행위의 경중에 따라 세밀하게 차등 처벌한다. 계류 중 항공기 내 소란행위나 음주·약물로 인한 위해행위는 2천만원 이하 벌금을 부과하며, 운항 중 흡연이나 성적 수치심 유발행위, 전자기기 사용은 1천만원 이하 벌금으로 처벌한다. 같은 행위라도 계류 중일 때는 500만원 이하 벌금으로 상대적으로 경미하게 처벌하는데, 이는 운항 중의 위험성이 훨씬 크다는 점을 반영한 것이다.

이러한 차등적 처벌 체계는 항공기 운항 단계별 위험도를 정확히 평가한 입법적 판단을 보여준다. 운항 중인 항공기는 고도와 속도 그리고 밀폐된 공간이라는 특수성으로 인해 사소한 문제도 중대한 위험으로 확대될 수 있다. 반면 계류 중인 항공기는 즉각적인 대피나 외부 지원이 가능하다는 점에서 상대적으로 위험도가 낮다. 이러한 현실적 차이를 법정형에 반영함으로써 비례성 원칙을 준수하고 있는 것이다.

벌금형 체계의 최하단에는 공항운영자의 허가 없는 보호구역 출입이 위치하며, 이는 100만원 이하의 벌금으로 처벌받는다. 이는 보호구역의 무단 침입을 방지하면서도 과도한 처벌은 지양하는 균형적 접근을 보여준다. 단순 실수나 경미한 과실에 대해서는 최소한의 제재를 가하되, 보안체계의 완결성은 유지하려는 정책적 고려가 반영된 것이다.

(2) 양벌규정을 통한 조직 책임 구조와 면책 요건

항공보안법

제50조의2(양벌규정) 법인의 대표자나 법인 또는 개인의 대리인, 사용인, 그 밖의 종업원이 그 법인 또는 개인의 업무에 관하여 제50조의 어느 하나에 해당하는 위반행위를 하면 그 행위자를 벌하는 외에 그 법인 또는 개인에게도 해당 조문의 벌금형을 과(科)한다. 다만, 법인 또는 개인이 그 위반행위를 방지하기 위하여 해당 업무에 관하여 상당한 주의와 감독을 게을리하지 아니한 경우에는 그러하지 아니하다.

항공보안법 제50조의2는 양벌규정으로서 법인의 업무와 관련된 위반행위에 대해 이중적 처벌체계를 운영한다. 이 규정은 법인의 대표자나 법인 또는 개인의 대리인, 사용인, 그 밖의 종업원이 그 법인 또는 개인의 업무에 관하여 항공보안법 제50조에 해당하는 위반행위를 저지른 경우에 적용된다. 양벌규정의 핵심은 실제 행위자를 처벌하는 것과 별도로 그 법인 또는 개인 사용자에게도 해당 조문의 벌금형을 부과한다는 점이다.

이러한 이중 처벌체계는 단순히 개인의 일탈행위로 치부하지 않고 조직 차원의 관리책임을 묻는 제도적 장치다. 양벌규정의 도입 배경에는 항공보안 분야의 특수성이 반영되어 있다. 항공보안 업무는 대부분 조직적으로 이루어지며, 개별 구성원의 위반행위라 하더라도 그 파급효과는 조직 전체와 나아가 항공보안 체계 전반에 미치게 된다. 따라서 개인에 대한 처벌만으로는 재발 방지 효과가 제한적일 수밖에 없고, 조직 차원에서의 예방체계 구축을 유도하기 위해서는 법인에 대한 직접적인 제재가 필요하다는 인식이 바탕이 되고 있다.

다만 항공보안법은 무조건적인 법인 처벌을 규정하지는 않는다. 법인 또는 개인이 해당 위반행위를 방지하기 위하여 그 업무에 관하여 상당한 주의와 감독을 게을리하지 아니한 경우에는 처벌에서 면제된다. 여기서 '상당한 주의와 감독'이란 단순한 형식적 관리를 의미하는 것이 아니라 실질적이고 효과적인 예방체계를 구축하고 운영했음을 의미한다. 이는 법인으로 하여금 보다 적극적인 내부 통제시스템 구축을 유도하는 유인 장치 역할을 담당한다.

이러한 양벌규정은 항공보안 관련 조직들에게 중요한 실무적 시사점을 제공한다. 구성원 개인의 위반행위에 대해 조직이 법적 책임을 질 수 있다는 것은 평소 철저한 교육과 관리감독 체계를 구축해야 할 필요성을 의미한다. 특히 면책 요건인 '상당한 주의와 감독'을 충족하기 위해서는 체계적인 교육 프로그램, 정기적인 점검체계, 명확한 업무 매뉴얼과 준수 점검 시스템 등이 실질적으로 운영되어야 한다. 이는 조직 전체의 항공보안 의식 수준을 높이는 효과를 가져오게 된다.

2. 항공보안법 위반 과태료 처분

▌항공보안법

제51조(과태료) ① 다음 각 호의 어느 하나에 해당하는 자에게는 1천만원 이하의 과태료를 부과한다.

1. 제10조제2항에 따라 승인받은 자체 보안계획을 이행하지 아니한 자(국가항공보안계획과 관련되는 부분만 해당한다)
2. 제14조제2항을 위반하여 항공기내보안요원을 탑승시키지 아니한 항공운송사업자
3. 제14조제4항을 위반하여 항공기에 대한 보안점검을 실시하지 아니한 항공운송사업자

3의2. 제14조의2제5항을 위반하여 생체정보를 파기하지 아니한 자

4. 제17조제1항을 위반하여 통과 승객이나 환승 승객에게 휴대물품을 가지고 내리도록 조치하지 아니한 항공운송사업자
5. 제19조제1항을 위반하여 국토교통부장관에게 보고하지 아니한 자

5의2. 제25조제1항을 위반하여 항공기 내에서 죄를 범한 범인을 관할 국가경찰관서에 인도하지 아니한 기장등이 소속된 항공운송사업자

6. 제27조를 위반하여 국토교통부장관의 성능 인증을 받은 항공보안장비를 사용하지 아니한 자

6의2. 제27조에 따른 항공보안장비 성능 인증을 위한 기준과 절차 등을 위반한 인증기관 및 시험기관

7. 제31조제3항에 따라 승인받은 자체 우발계획을 이행하지 아니한 자(국가항공보안 우발계획과 관련되는 부분만 해당한다)
8. 제32조에 따른 보안조치를 이행하지 아니한 자
9. 제33조제4항에 따른 시정조치 또는 명령을 이행하지 아니한 자
10. 제33조의2제3항을 위반하여 불이익한 조치를 한 자
11. 제35조에 따른 시정명령 등 필요한 조치를 이행하지 아니한 자

② 다음 각 호의 어느 하나에 해당하는 자에게는 500만원 이하의 과태료를 부과한다.

1. 제23조제9항에 따른 안내를 하지 아니한 항공운송사업자
2. 제29조를 위반하여 보안검색에 관한 기록을 작성·유지하지 아니한 자
3. 제33조제3항에 따른 점검업무의 수행에 필요한 서류 및 자료를 제출하지 아니하거나 거짓의 자료를 제출한 자

③ 제17조제1항에 따른 항공운송사업자의 지시에도 불구하고 휴대물품을 가지고 내리지 아니한 사람에게는 100만원 이하의 과태료를 부과한다.

④ 제1항부터 제3항까지의 규정에 따른 과태료는 대통령령으로 정하는 바에 따라 국토교통부장관이 부과·징수한다.

▌항공보안법 시행령

제20조(권한의 위임) 국토교통부장관은 법 제38조제1항에 따라 다음 각 호의 권한을 지방항공청장에게 위임한다.

11. 법 제51조제4항에 따른 과태료의 부과·징수(지방항공청장에게 위임된 사무와 관련된 사항만 해당한다)

제21조(과태료의 부과기준) 법 제51조제1항부터 제3항까지의 규정에 따른 과태료의 부과기준은 별표와 같다.

과태료의 부과기준(제21조 관련)

1. 일반기준

가. 위반행위의 횟수에 따른 과태료의 가중된 부과기준은 최근 1년간 같은 위반행위로 과태료 부과처분을 받은 경우에 적용한다. 이 경우 기간의 계산은 위반행위에 대하여 과태료 부과처분을 받은 날과 그 처분 후 다시 같은 위반행위를 하여 적발된 날을 기준으로 한다.

나. 가목에 따라 가중된 부과처분을 하는 경우 가중처분의 적용 차수는 그 위반행위 전 부과처분 차수(가목에 따른 기간 내에 과태료 부과처분이 둘 이상 있었던 경우에는 높은 차수를 말한다)의 다음 차수로 한다.

다. 부과권자는 다음의 어느 하나에 해당하는 경우에는 제2호의 개별기준에 따른 과태료의 2분의 1 범위에서 그 금액을 줄여 부과할 수 있다. 다만, 과태료를 체납하고 있는 위반행위자에 대해서는 그렇지 않다.

1) 위반행위가 사소한 부주의나 오류로 인한 것으로 인정되는 경우
2) 위반행위자가 법 위반상태를 시정하거나 해소하기 위하여 노력한 것으로 인정되는 경우
3) 그 밖에 위반행위의 정도, 위반행위의 동기와 그 결과 등을 고려하여 그 금액을 줄일 필요가 있다고 인정되는 경우

라. 부과권자는 다음의 어느 하나에 해당하는 경우에는 제2호의 개별기준에 따른 과태료의 2분의 1 범위에서 그 금액을 늘려 부과할 수 있다. 다만, 늘려 부과하는 경우에도 법 제51조에 따른 과태료의 상한을 넘을 수 없다.
1) 위반의 내용·정도가 중대하여 공중에 미치는 영향이 크다고 인정되는 경우
2) 법 위반상태의 기간이 6개월 이상인 경우
3) 그 밖에 위반행위의 정도, 위반행위의 동기와 그 결과 등을 고려하여 그 금액을 늘릴 필요가 있다고 인정되는 경우

2. 개별기준

위반행위	근거 법조문	과태료 금액 (단위: 만원)		
		1차 위반	2차 위반	3차 이상 위반
가. 법 제10조제2항에 따라 승인받은 자체 보안계획을 이행하지 않은 경우(국가항공보안계획과 관련되는 부분만 해당한다)	법 제51조 제1항제1호	500	750	1,000
나. 법 제14조제2항을 위반하여 항공운송사업자가 항공기내보안요원을 탑승시키지 않은 경우	법 제51조 제1항제2호	500	750	1,000
다. 법 제14조제4항을 위반하여 항공운송사업자가 항공기에 대한 보안점검을 실시하지 않은 경우	법 제51조 제1항제3호	500	750	1,000
라. 법 제14조의2제5항을 위반하여 생체정보를 파기하지 않은 경우	법 제51조 제1항제3호의2	500	750	1,000
마. 법 제17조제1항을 위반하여 항공운송사업자가 통과 승객이나 환승 승객에게 휴대물품을 가지고 내리도록 조치하지 않은 경우	법 제51조 제1항제4호	500	750	1,000
바. 법 제17조제1항에 따른 항공운송사업자의 지시에도 불구하고 휴대물품을 가지고 내리지 않은 경우	법 제51조 제3항	50	75	100
사. 법 제19조제1항을 위반하여 국토교통부장관에게 보고하지 않은 경우	법 제51조 제1항제5호	500	750	1,000
아. 항공운송사업자가 법 제23조제9항에 따른 안내를 하지 않은 경우	법 제51조 제2항제1호	250	400	500
자. 법 제25조제1항을 위반하여 항공기 내에서 죄를 범한 범인을 관할 국가경찰관서에 인도하지 않은 기장이나 기장으로부터 권한을 위임받은 승무원이 소속된 항공운송사업자	법 제51조 제1항제5호의2	500	500	500

차. 법 제27조를 위반하여 국토교통부장관의 성능 인증을 받은 항공보안장비를 사용하지 않은 경우	법 제51조 제1항제6호	500	750	1,000
카. 법 제27조의3에 따른 인증기관 및 법 제27조의4에 따른 시험기관이 법 제27조에 따른 항공보안장비 성능 인증을 위한 기준과 절차 등을 위반한 경우	법 제51조 제1항제6호의2	500	750	1,000
타. 법 제29조를 위반하여 보안검색에 관한 기록을 작성·유지하지 않은 경우	법 제51조 제2항제2호	250	400	500
파. 법 제31조제3항에 따라 승인받은 자체 우발계획을 이행하지 않은 경우(국가항공보안 우발계획과 관련되는 부분만 해당한다)	법 제51조 제1항제7호	500	750	1,000
하. 법 제32조에 따른 보안조치를 이행하지 않은 경우	법 제51조 제1항제8호	1,000	1,000	1,000
거. 법 제33조제3항에 따른 점검업무의 수행에 필요한 서류 및 자료를 제출하지 않거나 거짓의 자료를 제출한 경우	법 제51조 제2항제3호	250	400	500
너. 법 제33조제4항에 따른 시정조치 또는 명령을 이행하지 않은 경우	법 제51조 제1항제9호	1,000	1,000	1,000
더. 법 제33조의2제3항을 위반하여 불이익한 조치를 한 경우	법 제51조 제1항제10호	1,000	1,000	1,000
러. 법 제35조에 따른 시정명령 등 필요한 조치를 이행하지 않은 경우	법 제51조 제1항제11호	1,000	1,000	1,000

(1) 항공보안 행정처분의 차등적 과태료 체계와 위반행위 분류

형사벌과 양벌규정을 통한 처벌 체계와 함께, 항공보안법은 행정벌로서 과태료 제도를 운영하고 있다. 과태료는 형사처벌에 이르지 않는 경미한 위반행위나 절차상 의무 불이행에 대해 부과되며, 위반행위의 성격과 중대성에 따라 차등화된 금액 체계를 갖추고 있다.

1) 중대한 운영상 의무 위반(1천만원 이하 과태료)

항공보안 운영의 핵심적 의무사항들을 위반한 경우 가장 높은 수준의 과태료가 부과된다. 자체보안계획 미이행은 특히 국가항공보안계획과 관련된 경우 항공보안 체계의 근간을 흔드는 행위로 평가된다. 각 기관이 수립한 자체보안계획은 국가 차원의 항공보안 정책과 연계되어 실행되어야 하는 핵심 사항이기 때문이다.

자체보안계획의 중요성과 함께 현장에서의 실질적 보안조치 역시 엄격한 제재 대상이 된다. 보안요원 미탑승과 기내 보안점검 미이행은 직접적인 보안공백을 야기하는 중대한 위반행위다. 특히 보안요원의 탑승은 기내 보안 확보의 최종 안전장치 역할을 하므로,

이를 소홀히 하는 것은 승객 안전에 직결되는 문제가 되고 있다.

기내 보안과 더불어 승객 검색 절차의 완전성도 과태료 부과의 주요 기준이 된다. 통과 승객 및 환승 승객의 휴대물품 미하기는 보안검색 체계의 핵심 절차로, 이를 누락하면 위험물품이 기내로 반입될 가능성이 높아진다. 또한 보고의무 미이행, 미인증 보안장비 사용, 보안조치·시정조치 또는 명령 미이행 등은 모두 항공보안 체계의 신뢰성과 효율성을 저해하는 행위들이다. 이러한 다양한 위반사항에 대한 과태료 부과는 항공보안 업무의 각 단계가 빈틈없이 수행되도록 강제하는 행정적 수단으로 역할을 한다.

2) 관리 및 기록 의무 소홀(500만원 이하 과태료)

항공보안 업무의 투명성과 추적 가능성을 확보하기 위한 관리 의무 위반행위들은 중간 수준의 과태료 대상이다. 검색기록 미작성·유지는 보안검색 업무의 적정성을 사후 검증할 수 있는 기반을 약화시킨다. 정확한 기록 유지는 문제 발생 시 원인 분석과 개선방안 도출에 필수적인 요소가 되고 있다.

이러한 기록 관리의 중요성과 함께 정보 제공의 정확성 역시 과태료 부과의 주요 대상이 된다. 점검자료 미제출과 거짓 자료 제출은 정부의 항공보안 정책 수립과 현장 점검에 필요한 정보의 정확성을 해치는 행위다. 특히 거짓 자료 제출은 단순한 업무 소홀을 넘어 의도적인 기만행위로 볼 수 있어 상당한 수준의 제재가 필요하다. 이는 항공보안 체계의 신뢰성을 근본적으로 훼손하는 행위로, 행정적 통제의 실효성을 확보하기 위한 중요한 규제 대상이 되고 있다.

3) 경미한 절차적 위반(100만원 이하 과태료)

상대적으로 경미하지만 여전히 항공보안에 영향을 미칠 수 있는 위반행위로는 휴대물품 놓고 하기가 있다. 이는 승객의 실수나 부주의로 발생할 수 있는 행위지만, 보안검색의 완결성을 해치고 위험요소가 될 가능성을 배제할 수 없다. 가장 낮은 수준의 과태료이지만 이 역시 항공보안의 기본 원칙인 '완전한 보안검색'을 위해 필요한 제재 조치라 할 수 있다.

이처럼 항공보안법의 과태료 체계는 위반행위의 경중과 항공보안에 미치는 영향을 세밀하게 고려하여 차등적으로 설계되어 있다. 국가항공보안계획과 직결된 핵심 의무사항부터 개별 승객의 부주의한 행위까지 포괄하는 이러한 제재 체계는 항공보안의 모든 단계에서 철저한 이행을 담보하는 행정적 수단으로 역할을 한다. 특히 과태료라는 금전적 제재를 통해 법인과 개인 모두에게 항공보안 의무 준수의 중요성을 인식시키고, 자발적인 법규 준수를 유도하는 효과를 창출하고 있다.

4) 과태료 체계의 차등적 접근과 정책적 의의

이러한 차등적 과태료 체계는 항공보안 위반행위의 중대성과 파급효과를 종합적으로 고려한 결과다. 직접적인 보안위험을 야기하거나 보안체계의 근간을 흔드는 행위에 대해서는 높은 수준의 제재를 부과한다. 반면 절차적 하자나 관리상 소홀에 대해서는 적정한 수준의 제재를 가하여 예방 효과를 극대화한다.

이처럼 세분화된 제재 체계는 형사처벌에 이르지 않는 행정적 위반행위에 대해서도 체계적인 대응을 가능하게 한다. 항공보안 분야 전반의 준법의식 제고와 자율적 개선을 유도한다는 점에서 정책적 의의가 크다. 과태료라는 행정적 제재를 통해 항공보안 의무의 완전한 이행을 담보하면서도, 과도한 형사처벌로 인한 부작용을 방지하는 균형적 접근이 구현되고 있다.

(2) 과태료 부과의 탄력적 조정기준과 비례원칙 구현

▮ 행정처분 처리절차

절 차	행정절차법 조문내용(관련조항)
사전통지	▪ 행정처분의 원인이 되는 사실을 사전에 당사자 및 이해관계인에게 문서나 구술로 알리는 행위(제21조)
↓	
의견청취	▪ 당사자나 이해관계인으로부터 의견수렴, 사실행위 및 증거조사의 과정(제22조) ▪ 의견제출,* 청문, 공청회 3개 유형으로 실시가능 * 10일 이상의 기간을 정하여 의견제출 기회를 부여 ※ 공공의 안전 또는 복리를 위하여 긴급한 처분이 필요한 경우나, 당사자가 의견 진술의 기회를 포기한다는 뜻을 명백히 표시(의견진술 포기서 또는 문서)하는 경우에는 의견청취 등 생략가능(제22조제4항)
↓	
의견청취 결과반영	▪ 당사자 및 이해관계인 등이 제출한 의견이 상당한 이유가 있다고 인정하는 경우에는 이를 반영(제27조의2)
↓	
처분의 이유제시	▪ 당사자에게 그 행정처분 근거와 이유를 제시(제23조)
↓	
처분	▪ 문서로 처분하여야 하며, 당사자 등의 동의가 있는 경우에는 전자문서로 가능(제24조) ▪ 또한, 행정심판 및 행정소송을 제기할 수 있는지 여부, 그 밖에 불복할 수 있는지 여부, 청구절차 및 청구기간 등도 함께 고지(제26조)

⇩

절 차	질서위반행위규제법 조문내용(관련조항)
이의제기	■ 당사자 등은 과태료 통지를 받은 날부터 60일 이내 이의제기 가능(제20조)
↓	
법원에 통보	■ 행정청은 이의제기 14일 이내에 법원에 통보(제21조)

1) 반복 위반에 대한 가중처벌 원칙과 기간 산정

과태료 제도의 체계적 운영을 위해서는 단순히 위반행위에 대한 일률적 제재를 넘어 반복 위반행위에 대한 특별한 관리가 필요하다. 항공보안법상 과태료 부과에서는 반복 위반행위에 대해 엄격한 가중처벌 원칙을 적용하고 있다. 위반행위의 횟수에 따른 과태료 가중 부과기준은 최근 1년간 같은 위반행위로 과태료 부과처분을 받은 경우에 적용된다. 이는 일회성 위반과 상습적 위반을 구별하여 제재의 실효성을 높이려는 입법적 의도가 반영된 것이다.

이러한 가중처벌 원칙에서 중요한 것은 기간 계산 방식이다. 위반행위에 대하여 과태료 부과처분을 받은 날과 그 처분 후 다시 같은 위반행위를 하여 적발된 날을 기준으로 1년을 계산한다. 이는 단순한 달력상 기간이 아니라 실제 처분과 재위반 사이의 기간을 정확히 측정하여 공정성을 확보하기 위한 조치다. 이러한 명확한 기간 산정 기준은 행정처분의 예측가능성을 높이고 수범자의 권익을 보호하는 중요한 절차적 장치가 되고 있다.

2) 과태료 감경 규정: 정상 참작을 통한 형평성 확보

반복 위반행위에 대한 가중처벌이 적용되는 한편, 특정 요건을 충족하는 경우에는 감경의 여지도 마련되어 있다. 부과권자는 개별기준에 따른 과태료의 2분의 1 범위에서 감경할 수 있다. 다만 과태료를 체납하고 있는 위반행위자에 대해서는 감경 혜택을 제한하여 성실한 납부 의무 이행을 유도한다. 이는 행정제재의 실효성을 확보하면서도 개별 사안의 특수성을 고려할 수 있는 제도적 장치다.

감경 사유 중 첫 번째는 사소한 부주의나 오류로 인한 위반이다. 이는 고의적이거나 중대한 과실이 아닌 단순한 실수에 대해서는 관용을 베푸는 것으로, 처벌의 비례성 원칙을 반영한 조치다. 또한 위반상태 시정을 위한 적극적 노력을 기울인 경우에도 감경 혜택을 받을 수 있다. 이는 위반 후에도 자발적으로 문제를 해결하려는 의지를 보인 경우를 평가하는 것으로, 자율적 개선을 유도하는 정책적 효과가 있다.

이러한 구체적 사유와 함께 위반행위의 정도, 동기, 결과 등을 종합적으로 고려하여 감경이 필요하다고 인정되는 경우에도 감경이 가능하다. 이는 개별 사안의 특수성을 반영할 수 있는 탄력적 조항으로, 획일적 처분의 한계를 보완한다. 과태료 감경 제도는 위반자의 개별적 상황을 고려하면서도 항공보안 의무 이행의 중요성을 훼손하지 않는 균형적 접근을 보여주고 있다.

3) 과태료 가중 규정: 엄중한 처벌을 통한 예방 효과 제고

감경의 여지가 마련된 반면, 위반행위의 중대성이나 지속성이 인정되는 경우에는 개별기준에 따른 과태료의 2분의 1 범위에서 가중 부과할 수 있다. 다만 가중하더라도 법 제51조에 따른 과태료 상한을 초과할 수는 없어 과도한 처벌을 방지한다. 이는 행정제재의 비례성을 유지하면서도 중대한 위반행위에 대해서는 엄정하게 대응하는 균형적 접근이다.

가중 사유 중 첫 번째는 대중에 미치는 영향이 크다고 인정되는 중대한 위반이다. 항공보안 위반은 개별 위반자에게만 영향을 미치는 것이 아니라 불특정 다수의 승객과 항공교통 전반에 파급효과를 미치기 때문이다. 또한 법 위반상태가 6개월 이상 지속된 경우에도 가중처벌 대상이 된다. 이는 단발성 위반과 달리 지속적인 위반상태 유지가 보안체계에 미치는 누적적 위험을 고려한 것이다.

이러한 구체적 가중 사유와 함께 위반행위의 정도, 동기, 결과 등을 종합 고려하여 가중이 필요한 경우에도 가중처벌이 가능하다. 이는 감경 사유와 마찬가지로 개별 사안의 특성을 반영하는 포괄적 조항으로, 획일적 처분의 한계를 보완한다. 과태료 가중 제도는 위반행위의 심각성을 적절히 반영하면서도 법적 상한선 내에서 운용되어 과잉 제재를 방지하는 제도적 안전장치가 되고 있다.

이처럼 감경·가중 제도는 획일적인 처벌보다는 개별 사안의 특성을 고려한 맞춤형 제재를 가능하게 한다. 단순한 부주의와 고의적·반복적 위반을 동일하게 처벌하지 않음으로써 처벌의 합리성과 예방 효과를 동시에 추구하는 것이다. 특히 자발적 시정노력에 대한 인센티브 부여는 처벌 위주의 소극적 접근을 넘어서 자율적 개선을 유도하는 적극적 정책 수단으로 평가할 수 있다.

3. 과태료 부과의 격차 문제와 객관적 심의체계 구축 필요성

이러한 감경·가중 제도가 마련되어 있음에도 불구하고, 현행 항공보안법에 따른 과태료 부과기준이 갖고 있는 모호성은 실무 현장에서 심각한 문제를 야기하고 있다. 동일한 위반행위에 대해 지방항공청마다 서로 다른 수준의 행정처분이 내려지는 상황이 빈번하게 발생하고 있으며, 이는 항공보안 행정의 일관성을 크게 훼손시키고 있다.

이러한 행정처분의 격차는 단순한 업무 편차를 넘어 항공보안 행정의 근본적 문제로 대두된다. 같은 법령, 같은 위반행위임에도 관할 지방항공청에 따라 처분 수준이 달라지는 현상은 법 앞의 평등 원칙에 위배될 뿐만 아니라, 수검기관들에게 심각한 예측가능성 저해 문제를 야기한다. 항공보안 업무를 수행하는 기관들은 위반행위 발생 시 어느 정도 수준의 처분을 받게 될지 합리적으로 예측하기 어려운 상황에 직면해 있다.

더욱 우려되는 것은 이러한 비일관성이 법적 안정성을 근본적으로 훼손한다는 점이다. 법령의 예측가능성과 일관성은 법치주의의 핵심 요소임에도 불구하고, 동일한 위반행위에 대한 상이한 처분은 이러한 기본 원칙을 흔들고 있다. 특히 항공보안과 같이 국가안보와 직결되는 중요한 정책 영역에서 이러한 문제가 지속된다는 것은 제도적 개선의 시급성을 명확히 보여주는 것이다.

이러한 일련의 문제들은 항공보안 관리감독 체계 전반의 신뢰성을 심각하게 훼손하고 있다. 공정하고 일관된 법 집행이 이루어지지 않을 때, 피규제기관들의 규제기관에 대한 신뢰는 급격히 저하되며, 이는 자발적 준법의식의 약화로 직결된다. 나아가 이러한 신뢰성 위기는 항공보안 정책의 실효성 자체를 근본적으로 약화시킬 위험을 내포한다. 아무리 정교한 정책과 제도를 수립하더라도 공정하고 투명한 집행이 담보되지 않는다면 그 효과는 반감될 수밖에 없다.

따라서 과태료 부과 처분의 일관성 확보를 위한 제도적 개선이 시급히 요구된다. 명확하고 구체적인 부과기준 마련, 지방항공청 간 협의체 운영 활성화, 독립적인 심의기구 설치 등 다각적이고 체계적인 접근이 필요한 시점이다. 이러한 개선 노력을 통해 항공보안 행정의 투명성과 공정성을 회복하고, 나아가 항공보안 체계 전반의 실효성을 제고해 나가야 할 것이다.

(1) 항공보안사고 처분의 효율성 저해와 물적 증거 중심 처분 체계

1) 이의제기 남발로 인한 행정력 낭비와 업무 효율성 저해

과태료 부과의 일관성 문제와 더불어, 실무 현장에서는 처분 집행의 효율성과 관련된 또 다른 심각한 문제가 대두되고 있다. 항공보안사고 발생 시 지방항공청은 철저한 사실조사를 통해 위반 사실을 확인한 후 과태료 부과처분을 내린다. 이러한 절차는 항공보안 법령에 따라 체계적으로 진행되고 있으나, 현실적으로는 처분을 받은 기관들의 지속적인 이의제기로 인해 예상치 못한 문제들이 발생하고 있다.

이의제기 자체는 법률상 보장된 정당한 권리이지만, 최근 들어 그 양상이 변질되고 있다는 점에서 우려를 낳는다. 일부 기관에서는 명백한 위반사실이 있음에도 불구하고 반복적으로 이의신청을 제기하는 경우가 증가하고 있으며, 이는 정당한 권리 행사의 범위를 넘어서고 있다. 이러한 현상은 행정력의 심각한 낭비를 초래할 뿐만 아니라, 실질적인 항공보안 업무에 투입되어야 할 인력과 시간을 불필요하게 소모시키는 부작용을 가져온다.

더욱 심각한 문제는 이러한 이의제기가 진정한 권리 구제를 위한 것이 아니라 처분 지연이나 감경을 노리는 전략적 수단으로 활용되는 경우가 있다는 점이다. 실제로 일부 기관들은 이의신청 절차를 통해 시간을 벌거나 처분 수준을 낮추려는 의도를 노골적으로 드러내고 있다. 이는 공정하고 신속한 항공보안 행정의 실현을 저해할 뿐만 아니라, 성실하게 규정을 준수하는 다른 기관들과의 형평성 문제도 야기한다. 이러한 상황이 지속된다면 항공보안 행정의 실효성은 점차 약화될 수밖에 없으며, 전체적인 항공보안 수준의 저하로 이어질 위험성도 배제할 수 없다.

2) 명확한 물적 증거 기반의 엄정한 처분 원칙

이러한 문제를 해결하기 위해서는 보안검색과 출입통제 실패 등에 대해 보다 명확하고 객관적인 기준을 적용할 필요가 있다. 특히 고의나 과실 여부가 명백한 물적 증거가 확인된 경우에는 엄정한 처분을 내리는 것이 원칙이어야 하며, 이는 항공보안 행정의 일관성 확보를 위한 필수적 전제조건이다.

물적 증거의 확보는 객관적이고 공정한 처분의 핵심적 근거가 된다. X－ray 판독화면은 보안검색 과정에서 위험물품을 발견했는지 여부를 객관적으로 보여주는 결정적 증거로서, 검색요원의 판독 능력과 주의의무 이행 여부를 명확히 입증한다. CCTV 영상 역시 출입통제 실패나 보안절차 미준수 등의 상황을 시각적으로 명확하게 기록하고 있어, 사후 검증 과정에서 핵심적인 역할을 수행한다. 이와 함께 사건 경위서와 주변인 진술서는 사고 발생 당시의 구체적 상황과 관련자들의 행동을 종합적으로 파악할 수 있게 해주는 보완적 증거로서 중요한 의미를 갖는다.

이처럼 다각적인 물적 증거가 확보되면 위반 사실의 객관성은 확실하게 담보된다. 명백한 증거가 존재하는 상황에서도 무분별한 이의제기가 반복된다면, 이는 정당한 권리 행사라기보다는 행정 절차를 악용하는 행위로 볼 수밖에 없다. 따라서 충분한 물적 증거에 기반한 처분에 대해서는 엄정한 집행이 이루어져야 하며, 이를 통해 항공보안 행정의 실효성과 공정성을 동시에 확보해 나가야 한다.

3) 효율적 행정과 공정한 처분을 위한 균형점 모색

물론 이의제기 권리 자체를 제한해서는 안 된다. 정당한 권리 구제와 억울한 처분에 대한 이의신청은 민주적 행정의 기본 원칙이며, 이는 항공보안 분야에서도 반드시 보장되어야 할 절차적 권리다. 법률상 보장된 이러한 권리는 행정의 투명성과 책임성을 담보하는 중요한 장치로 운영되고 있다.

그러나 명백한 증거에도 불구하고 반복되는 무분별한 이의제기는 다른 차원의 문제를 야기한다. 이는 항공보안 행정의 효율성을 현저히 떨어뜨릴 뿐만 아니라, 장기적으로는 항공보안 체계 전반의 실효성을 심각하게 저해할 수 있다. 실제로 이러한 반복적 이의제기로 인해 행정기관의 업무 부담이 가중되고 있으며, 정작 중요한 항공보안 개선 업무에 집중하기 어려운 상황이 발생하고 있다.

이러한 상황을 개선하기 위해서는 객관적이고 명확한 증거가 있는 경우 보다 신속하고 엄정한 처분 절차를 확립하는 것이 필요하다. 동시에 정당한 이의제기와 단순한 지연 전술을 구분할 수 있는 세밀한 기준도 마련되어야 한다. 예를 들어, 동일한 사안에 대한 반복적 이의제기나 새로운 증거 없는 형식적 이의신청에 대해서는 별도의 처리 기준을 적용하는 방안을 검토할 수 있다. 이를 통해 공정성과 효율성을 동시에 확보할 수 있는 항공보안 행정 체계를 구축해 나가야 한다.

(2) 과태료 부과 체계의 구조적 한계와 제도 개선 과제

1) 과태료 부과근거의 불명확성

이러한 이의제기 남발과 집행 효율성 문제의 근본 원인을 살펴보면, 현행 항공보안법 체계에서 과태료 부과근거가 불명확하다는 점을 발견하게 된다. 특히 보안통제 실패에 대한 처벌 규정이 현행법에서 명시적인 과태료 부과 대상으로 정해져 있지 않아 실무상 큰 혼란을 야기하고 있다. 이러한 법적 공백은 일선 현장에서 처분 기준의 일관성을 확보하기 어렵게 만드는 근본적 원인이 되고 있다.

이러한 법적 불명확성으로 인해 감독기관에서는 보안통제 실패 사례가 발생할 때마다 이를 자체보안계획 미이행으로 해석하여 과태료를 부과하고 있다. 그러나 이러한 우회적 접근방식은 법적 근거의 명확성이 결여될 뿐만 아니라, 동일한 사안에 대해서도 담당자의 해석에 따라 처분 수위가 달라질 수 있는 구조적 문제를 내포한다. 실제로 지방항공청별로 보안통제 실패를 자체보안계획 위반으로 해석하는 범위와 정도가 상이하여, 피규제기관들은 예측 가능한 행정처분을 기대하기 어려운 상황에 놓여 있다.

더 근본적인 문제는 보안통제 실패가 그 자체로 독립적인 위반행위의 성격을 갖고 있다는 점이다. 보안통제는 항공보안의 핵심적 요소로서 자체보안계획과는 별개의 독자적 의무사항임에도 불구하고, 이를 간접적으로 자체보안계획 미이행에 포함시켜 처벌하는 현재의 방식은 법리적 정합성 측면에서 명백한 한계를 드러낸다. 이는 죄형법정주의의 명확성의 원칙과도 충돌할 소지가 있으며, 행정처분의 정당성 자체에 대한 의문을 제기하게 만드는 것이다.

2) 과실 판단기준 부재로 인한 일관성 없는 법 적용

보안통제 실패의 법적 근거 문제와 더불어, 자체보안계획 미이행으로 과태료를 부과하는 경우에도 과실에 대한 세부판단 기준이 부재한 상황이다. 법령에서는 '미이행'이라는 포괄적 표현만을 사용할 뿐, 구체적으로 어떤 행위가 과실에 해당하는지에 대한 명확한 지침이 제시되지 않고 있다. 이는 동일한 위반행위에 대해서도 판단기관에 따라, 심지어 같은 지방항공청 내에서도 사안별로 상이한 결론이 도출되는 원인이 된다.

이러한 판단기준의 불명확성은 법원과 지방항공청 간의 해석 차이로 더욱 심화되고 있다. 지방항공청에서 명백한 과실로 판단하여 과태료를 부과한 사안이 법원에서는 정반대의 판단을 받는 경우가 빈번하게 발생하고 있다. 실제로 동일한 유형의 보안통제 실패 사안임에도 불구하고, 어떤 경우에는 과실이 인정되고 다른 경우에는 인정되지 않는 상반된 판례들이 축적되고 있다. 이는 사안별로 법원의 판단이 달라지는 결과를 초래하여 법적 예측가능성을 심각하게 저해하는 것이다.

이러한 상황은 단순히 해석의 차이를 넘어서 항공보안 법제의 근본적 문제점을 드러낸다. 명확하고 구체적인 판단기준이 마련되지 않은 상태에서는 공정하고 일관된 법 적용이 불가능하며, 이는 항공보안 행정의 신뢰성과 정당성을 훼손하는 요인이 되고 있다. 특히 항공보안과 같이 고도의 전문성과 엄격한 규제가 요구되는 분야에서 이러한 법적 불명확성이 지속되는 것은 전체 항공보안 체계의 안정성을 위협하는 심각한 문제라 할 수 있다.

3) 경영평가 회피를 위한 악의적 이의제기 남발

과실 판단기준의 불명확성으로 인한 혼란에 더하여, 이러한 제도적 허점을 악용하는 사례까지 발생하고 있다. 일부 공항운영자들이 경영평가 측정지표에 대한 부정적 영향을 의도적으로 지연시키기 위해 지속적인 이의제기를 남발하는 현상이 나타나고 있는 것이다. 이들은 과태료 부과 후 이의신청부터 최종 법원 판단까지 최소 2년이 소요되는 현행 제도의 구조적 특성을 교묘하게 악용하고 있다. 실제로 처분이 확정되기 전까지는 경영평가에 반영되지 않는다는 점을 이용하여, 의도적으로 절차를 지연시키는 사례가 증가하고 있다.

이러한 고의적 지연 전술은 정당한 권리 구제와는 본질적으로 다른 성격을 띤다. 항공보안 행정의 실효성을 저해할 뿐만 아니라 공정한 경영평가 시스템까지 왜곡시키는 심각한 부작용을 낳고 있다. 경영평가는 공항운영자의 성과를 객관적으로 평가하여 지속적인 개선을 유도하기 위한 핵심 제도임에도 불구하고, 이러한 편법적 행태로 인해 제도 본연의 목적 달성이 어려워지고 있다. 더 나아가 이는 성실하게 규정을 준수하고 정당한 처분을 수용하는 다른 공항운영자들과의 형평성 문제도 야기하는 것이다.

이상에서 살펴본 문제들은 모두 상호 연관되어 있으며, 개별적 해결보다는 종합적인 제도 개선이 필요함을 명확히 보여준다. 명확한 과태료 부과 근거 마련, 구체적인 과실 판단기준 설정, 악의적 이의제기 방지 방안 등이 체계적으로 정비되어야 한다. 이러한 포괄적 개선을 통해서만 항공보안 행정의 공정성과 효율성을 동시에 확보할 수 있으며, 나아가 국가 항공보안 체계 전반의 신뢰성을 제고할 수 있을 것이다.

(3) 과태료 부과 체계의 종합적 개선방안과 객관적 판단기준 확립

1) 과태료 부과근거의 구체화와 용어 정의 체계 정비

앞에서 살펴본 여러 문제들을 해결하기 위한 구체적 방안으로, 먼저 과태료 부과근거의 모호성을 해소해야 한다. 관련 규정에 과태료 처분 대상이 되는 구체적 위법행위를 명확히 명기하는 것이 필요하다. 지금까지 포괄적이고 추상적인 표현으로 인해 발생했던 해석상의 혼란과 처분의 비일관성은 구체적인 위반행위 목록의 법제화를 통해 상당부분 해소될 수 있다.

이러한 법제화 과정에서는 비인가자·차량 보호구역 출입통제 실패, 위탁·휴대수하물 보안검색 실패, 승객일치여부 확인 실패, 항공보안장비 관리 운용관련 사항 미이행 등 7개 핵심 사례를 법령에 직접 명시하는 것이 필요하다. 이들 위반행위는 항공보안 현장에서 가장 빈번하게 발생하면서도 그 처분 기준이 불명확했던 대표적 사례들이다. 명확한 법적 근거가 마련되면 감독기관은 일관된 기준으로 처분할 수 있고, 피규제기관은 예측 가능한 범위 내에서 업무를 수행할 수 있게 된다.

아울러 현재 혼재되어 사용되고 있는 '항공보안사고'에 대한 용어정의를 새롭게 신설하여 법적 개념의 일관성을 확보해야 한다. 실무 현장에서는 동일한 사안을 두고 보안사고, 보안위반, 보안실패 등 다양한 용어가 혼용되고 있으며, 이는 법령 해석과 적용 과정에서 불필요한 논란을 야기한다. 명확한 용어 정의는 이러한 해석상의 차이를 사전에 차단하고, 법적 안정성을 높이는 효과를 가져올 것이다.

2) 세분화된 행정처분 기준을 통한 제재의 일관성 확보

명확한 법적 근거 마련과 더불어, 항공보안 규정 위반에 대한 제재가 공정하고 예측

가능하게 이루어지려면 보다 세밀하고 체계적인 처분 기준이 필요하다. 현재와 같이 포괄적인 기준으로는 동일한 위반행위에 대해서도 해석에 따라 처분 수위가 달라질 수 있으며, 이는 법적 안정성과 행정의 일관성을 심각하게 훼손한다.

이를 개선하기 위해서는 출입통제, 보안검색, 신분확인 등 핵심 보안영역별로 위반행위의 경중과 과실 정도에 따른 세분화된 행정처분 기준을 마련해야 한다. 예를 들어, 출입통제 실패의 경우 비인가자의 침입 경로, 체류 시간, 접근 구역의 중요도 등을 종합적으로 고려한 차등적 처분 기준이 필요하다. 보안검색 실패 역시 적발되지 못한 위해물품의 종류와 위험도, 검색요원의 주의의무 위반 정도 등을 세밀하게 구분하여 처분 수준을 결정해야 한다.

각 보안영역의 특성과 위험도를 반영한 이러한 차별화된 접근이 이루어질 때 비로소 합리적이고 실효성 있는 제재가 가능해진다. 획일적인 처분 기준을 적용하는 것보다 각 영역의 고유한 특성을 반영한 맞춤형 기준을 적용함으로써, 위반행위의 실질적 위험성에 상응하는 적정한 수준의 제재를 가할 수 있다. 이는 항공보안 행정의 합리성을 제고할 뿐만 아니라, 피규제기관의 수용성도 높일 수 있는 효과적인 방안이 될 것이다.

3) 지방항공청 간 처분 편차 해소를 위한 표준화 체계 구축

서울·부산·제주 각 지방항공청 간 행정처분의 편차를 최소화하는 것은 법적 평등성 확보 차원에서 매우 중요하다. 현재 항공청별로 상이한 처분이 내려지고 있는 상황은 피감기관들의 혼란을 가중시킬 뿐만 아니라, 법적 예측가능성을 심각하게 훼손한다. 동일한 위반행위임에도 관할 지방항공청에 따라 다른 수준의 처분을 받는다는 것은 헌법상 평등원칙에도 위배되는 심각한 문제다.

이러한 항공청별 편차 문제를 해결하기 위해서는 위반행위의 고의성과 과실 정도를 객관적으로 평가할 수 있는 표준화된 조사절차와 평가지표를 마련하는 것이 필수적이다. 현재의 주관적 판단 체계에서 벗어나 명확한 수치화된 기준과 체크리스트를 통해 일관성을 확보해야 한다. 예를 들어, 위반행위 발생 경위, 피해 규모, 재발 방지 노력, 과거 위반 이력 등을 점수화하여 처분 수준을 결정하는 객관적 시스템이 도입되어야 한다.

나아가 이러한 표준화된 시스템이 실효성을 갖기 위해서는 지방항공청 간 정기적인 협의체 운영과 처분 사례 공유가 병행되어야 한다. 각 지방항공청의 처분 사례를 데이터베이스화하고, 유사 사안에 대한 처분 선례를 상호 참조할 수 있는 체계를 구축함으로써, 전국적으로 일관된 항공보안 행정을 실현할 수 있을 것이다.

4) 객관적 증거 기반의 과실판단 기준 확립

이러한 처분편차 해소 노력의 구체적 성과로, 현재 국토교통부 항공보안정책과에서 지방항공청과의 협의를 통해 마련한 과실여부 판단기준은 구체적이고 실용적인 내용을 담고 있다. 당사자·목격자의 진술서, CCTV 녹화영상 등 객관적 증거자료를 통해 과실을 입증하는 방식은 주관적 판단의 여지를 최소화하며, 행정처분의 객관성과 공정성을 담보하는 핵심적 장치로 역할을 한다.

이러한 판단기준에서 특히 주목할 부분은 불성실한 업무태도에 대한 명확한 기준 제시다. 근무석 이석, 판독화면 미주시, 휴대전화 통화 또는 사용, 잡담 등이 확인되는 경우 이를 명백한 과실로 판단한다는 기준은 보안검색 업무의 본질적 특성을 정확히 반영하고 있다. 항공보안 검색은 고도의 집중력과 지속적인 주의력이 요구되는 업무이며, 순간의 방심이 중대한 보안사고로 이어질 수 있다는 점에서 이러한 엄격한 기준 적용은 충분한 정당성을 갖는다.

더불어 보안검색 실패 등 위반행위가 발생한 경우 체계적인 사실조사를 실시하고, 조사 결과 고의 또는 과실이 명백히 입증되는 경우에만 과태료를 부과하는 단계적 접근방식도 매우 합리적이다. 이는 무조건적인 처벌보다는 사실관계를 정확히 파악한 후 책임 소재를 명확히 하는 절차적 정당성을 확보하는 방식으로, 피규제기관의 수용성을 높이는 동시에 행정처분의 정당성을 강화하는 효과를 가져온다.

5) 전문가 자문을 통한 과실판단의 객관화

기본적인 판단기준과 더불어 주목할 만한 점은 진술이나 녹화 영상만으로는 판독 미실시 등 과실 판단을 할 수 없는 경우에 대한 보완책이다. 객관적 증거자료가 불충분한 상황에서도 공정한 판단을 내릴 수 있도록 마련된 추가적 절차는 제도의 완성도를 한층 높이고 있다. 실패 이미지에 대해 전문가 자문을 통해 난이도 평가를 실시하는 방식은 증거 부족의 한계를 극복하는 매우 합리적인 접근이다.

이러한 전문가 자문 시스템은 객관성과 전문성을 동시에 확보하는 효과적인 방법이다. 전문가 자문 결과 과반 이상이 검색요원이라면 쉽게 적발할 수 있는 이미지였다는 의견일 경우 과실로 분류하는 기준은, 단순한 결과론적 접근을 넘어 해당 위반행위의 발견 가능성을 전문적으로 평가하는 합리적 접근방식이다. 이는 검색요원에게 요구되는 합리적 주의의무 수준을 객관적으로 판단하는 기준점을 제시한다는 점에서 의미가 크다.

한편 과실 확인이 불가하거나 논란의 여지가 있는 경우에는 시정조치 등을 통해 개선을 유도하는 유연한 대응도 병행된다. 모든 사안에 대해 획일적으로 과태료를 부과하기 보다는, 상황에 따라 교육이나 개선을 통한 예방적 접근을 취하는 것은 처벌과 예방의 균형을 적절히 구현한 것이다. 이러한 탄력적 운용은 항공보안 수준을 향상시키는 동시에 피규제기관의 자발적 개선 노력을 유도하는 효과적인 방안이 될 수 있다.

6) 경영평가 측정지표의 긍정적 개편 방향

과실 판단기준의 합리화와 함께, 경영평가 체계의 개선도 필요하다. 현행 공항운영자의 경영평가에서는 과태료 및 시정조치 처분 시 총점에서 감점하는 방식을 취하고 있다. 이러한 감점 중심의 평가체계는 공항운영자들을 위축시키고, 소극적이고 방어적인 보안관리 행태를 유발하는 부작용을 낳고 있다. 보안관리의 본질이 적극적인 예방과 지속적인 개선임을 고려할 때, 현재의 평가방식은 근본적인 재검토가 필요하다.

이를 개선하기 위해서는 자체훈련 등 보안관리 노력과 신기술 보안장비 도입, 보안인력 확충 등 우수사례를 가점하는 방향으로 평가체계를 전환해야 한다. 단순히 잘못을 지적하고 처벌하는 소극적 접근에서 벗어나, 적극적인 보안관리 노력을 인정하고 격려하는 정책 패러다임의 전환이 요구된다. 예를 들어, 자발적으로 보안취약점을 발견하고 개선한 사례, 혁신적인 보안기술을 도입하여 보안수준을 향상시킨 사례, 보안인력의 전문성 강화를 위한 교육프로그램 운영 사례 등을 적극적으로 평가에 반영할 필요가 있다.

이러한 긍정적 평가체계는 공항운영자들의 자율적 개선 노력에 대한 실질적 인센티브를 제공한다. 감점에 대한 두려움보다는 가점 획득을 위한 적극적 노력을 유도함으로써, 보다 능동적이고 지속가능한 항공보안 체계 구축이 가능해진다. 나아가 이는 규제기관과 피규제기관 간의 협력적 관계를 형성하여, 전체적인 항공보안 수준을 한 단계 높이는 계기가 될 것이다.

(4) 항공보안 행정처분의 독립적 심의체계 구축

1) 과태료 처분기관과 심의기관의 동일성 문제

경영평가 체계의 개선과 함께, 현행 체계의 가장 근본적인 문제 중 하나인 행정처분에 대한 이의신청 절차의 구조적 결함도 개선해야 한다. 처분기관인 지방항공청이 이의신청에 대한 심의까지 담당하는 현재의 시스템은 객관적 재검토가 이루어지기 어려운 근본적 한계를 안고 있다.

이러한 구조적 문제는 처분의 공정성에 대한 본질적 의문을 제기한다. 처분을 내린 기관이 동일한 조직 내에서 그 처분에 대한 이의신청을 심의한다는 것은, 아무리 공정성을 담보하려 해도 제도적 한계가 존재할 수밖에 없다. 자기 결정에 대한 자기 검토라는 논리적 모순은 심의 과정의 독립성과 중립성을 구조적으로 훼손하며, 이는 수검기관들에게 실질적인 구제 수단이 제대로 작동하지 않는다는 깊은 불신을 심어주고 있다.

실제로 이러한 시스템을 통해서는 이의신청이 받아들여지는 비율이 극히 낮으며, 대부분의 경우 원처분이 그대로 유지되는 경향을 보인다. 이는 단순히 원처분이 정당해서라기보다는, 동일 기관 내에서 이루어지는 심의의 구조적 한계에서 비롯되는 측면이 크다. 이러한 현실은 피규제기관들로 하여금 행정처분 시스템 전반에 대한 신뢰를 잃게 만들고, 불필요한 법적 분쟁으로 이어지는 악순환을 초래하고 있다.

2) 객관적 이의심사 체계 확립

이러한 구조적 문제를 근본적으로 해결하기 위해서는 한국교통안전공단이나 독립적 항공보안 전문가로 구성된 '항공보안행정심판위원회'와 같은 제3의 기관에서 이의신청 사안을 심의·판단하는 절차를 도입하는 것이 효과적이다. 현재의 자기심사 체계에서 벗어나 독립된 기관이 객관적 입장에서 재검토할 수 있는 제도적 장치가 마련되어야 한다.

이러한 독립적인 심의기구는 처분기관과의 이해관계에서 자유로우면서도 항공보안 분야의 전문성을 갖춘 기관이어야 한다. 한국교통안전공단과 같이 이미 항공안전 분야에서 전문성을 인정받고 있는 기관이나, 항공보안 전문가들로 구성된 별도의 위원회가 이러한 역할을 수행할 수 있다. 이를 통해 보다 객관적이고 전문적인 재심사가 가능해지며, 피감기관들도 공정한 절차를 통한 실질적인 권리 구제 기회를 보장받을 수 있다.

독립적 심의기구의 실효성을 높이기 위해서는 이의신청 검토 과정에서 체계적으로 활용할 수 있는 표준화된 평가 체크리스트를 개발해야 한다. 이러한 평가 도구는 심의과정의 투명성과 전문성을 동시에 확보하는 핵심 장치가 된다. 위반행위의 유형, 고의·과실 정도, 피해 규모, 재발 방지 노력 등을 체계적으로 평가할 수 있는 세부 항목들을 포함시켜, 모든 사안에 대해 일관된 기준이 적용되도록 해야 한다.

표준화된 평가 체크리스트는 주관적 판단을 최소화하고 객관적 기준에 따른 심의가 이루어지도록 돕는다. 심의과정에서 고려해야 할 요소들을 체계화함으로써 보다 전문적이고 합리적인 판단이 가능해지며, 이는 심의 결과에 대한 피감기관의 수용성을 높이는 효과도 가져올 것이다. 나아가 이러한 체계적 접근은 항공보안 행정 전반의 신뢰성을 회복하는 중요한 전환점이 될 수 있다.

3) 제도개선의 기대효과와 정책적 의의

독립적 심의기구와 표준화된 평가 체계가 마련된다면, 이러한 종합적인 제도 개선을 통해 항공보안 행정처분의 객관성과 공정성이 강화되며 여러 가지 긍정적 효과를 기대할 수 있다. 무엇보다 피감기관의 규제 수용성이 높아지고, 이는 자발적이고 실질적인 보안 개선 노력으로 이어질 것이다. 명확한 기준과 공정한 절차에 기반한 처분은 피규제기관들이 처분 결과를 수긍하고 개선 방향을 명확히 인식할 수 있게 한다.

이러한 변화는 규제기관과 피규제기관 간의 관계를 근본적으로 재정립하는 계기가 된다. 공정하고 투명한 제도 운영은 규제기관에 대한 신뢰를 높이며, 이는 협력적인 항공보안 거버넌스 구축의 든든한 기반이 되는 것이다. 상호 신뢰에 기반한 협력 관계가 형성되면, 단순한 규제와 감독을 넘어 함께 항공보안 수준을 향상시켜 나가는 파트너십이 구축될 수 있다.

나아가 처분의 일관성 확보는 국내 항공보안 관리체계의 신뢰도를 크게 향상시킬 것이다. 체계적이고 예측 가능한 행정처분 시스템은 국제민간항공기구(ICAO) 등 국제기구의 평가에서도 긍정적으로 평가되어, 국내 항공보안 체계의 국제적 위상 제고에도 기여할 수 있다. 이는 단순히 국내 제도 개선을 넘어 글로벌 항공보안 표준을 선도하는 국가로 도약하는 중요한 발판이 될 것이다.

4

CHAPTER

대테러

제4장

대테러

Ⅰ. 대테러 활동

1. 대테러요원 교육, 자격인증

▌공항에서의 폭발물 등에 관한 처리기준

제2조(정의) 이 기준에서 사용하는 용어의 뜻은 다음 각 호와 같다.

1. "폭발물"이란 화약, 폭약, 화공품, 그 밖에 인화성 물질로 만든 폭발성이 있는 일체의 물질을 말한다.
2. "생화학 물질"이란 미생물 등에 의한 병원성 세균 및 화학가스·유독가스를 말한다.
3. "폭발물처리요원"이란 폭발물, 생화학 물질, 그 밖에 폭발의 위험이 있거나 의심되는 물질(이하 "폭발물 등"이라 한다)을 발견하거나 신고를 접수한 경우 초동 조치를 하는 등 폭발물 등의 처리를 위하여 공항운영자가 임명한 사람을 말한다.
4. "폭발물 처리장비"란 폭발물 등을 탐지·확인하여 이동, 해체 및 제거하는데 사용되는 장비를 말한다.
5. "합동조사팀"이란 공항 내 국가정보원, 국방부, 경찰청 등 항공보안 관계기관으로 구성된 폭발물 등에 대한 합동조사기구를 말한다.

▌국가민간항공보안 교육훈련지침

제2조(정의) 이 지침에서 사용하는 용어의 뜻은 다음 각 호와 같다.

14. "폭발물처리요원"이란 폭발물의 발견 또는 신고 접수 시 초동 조치를 취하고, 폭발물 해체 작업 수행을 위하여 공항운영자등이 지정한 자를 말한다.
15. "폭발물 위협분석관"이란 폭발물의 위협분석을 위하여 공항보안책임자나 항공사보안책임자의 추천을 받아 공항운영자나 항공운송사업자가 지정한 자를 말한다.

제25조(폭발물처리요원) ① 공항운영자등이 폭발물처리요원을 채용하는 경우에는 군 또는 공항, 보안관련 조직에서 폭발물처리 또는 생화학처리업무를 3년 이상 직접 수행한 경력이 있는 자를 대상으로 하고, 채용된 폭발물 처리요원에 대하여는 별표 14에 따른 폭발물처리요원 직무교육을 이수하도록 하여야 한다.
② 공항운영자등은 폭발물처리요원에게 별표 14의2에 따른 정기교육을 이수하도록 하여야 한다. 다만, 해당 연도에 국가정보원, 국방부, 경찰청 등에서 실시하는 폭발물처리관련 교육, 정부 또는 국제민간항공기구(ICAO) 등 국제기구에서 주관하는 대테러 워크숍 및 세미나에 참석한 경우에는 정기교육을 이수한 것으로 본다.
제26조(폭발물 위협 분석관) 공항운영자등은 폭발물 위협 분석자에 대하여 별표 15와 별표 15의2의 초기교육 및 정기교육을 이수하도록 하여야 한다.

폭발물처리요원에 대한 개념은 관련 법령과 지침에서 명확하게 정의되고 있다. 공항에서의 폭발물 등에 관한 처리기준에서는 “폭발물처리요원”을 폭발물, 생화학 물질, 그 밖에 폭발의 위험이 있거나 의심되는 물질을 발견하거나 신고를 접수한 경우 초동 조치를 하는 등 폭발물 등의 처리를 위하여 공항운영자가 임명한 사람으로 정의한다.

이러한 개념은 국가민간항공보안 교육훈련지침에서도 “폭발물처리요원”을 폭발물의 발견 또는 신고 접수 시 초동조치를 취하고, 폭발물 해체 작업 수행을 위하여 공항운영자등이 지정한 자로 규정함으로써 일관되게 유지하고 있다. 두 규정은 공통적으로 폭발물처리요원의 핵심 역할을 초동조치와 전문적 대응으로 명시하며, 공항운영자의 공식적인 임명 또는 지정 절차를 거친 전문 인력임을 강조하고 있는 것이다.

이처럼 일관된 정의를 제시하는 것은 폭발물처리요원이 단순한 보안요원이 아닌, 고도의 전문성과 특수한 권한을 부여받은 핵심 보안인력임을 분명히 하기 위함이다. 특히 생화학 물질까지 포함하는 포괄적 대응범위와 초동조치에서 해체작업까지 이르는 광범위한 업무 영역은, 이들이 항공보안 체계에서 차지하는 중요성을 잘 보여준다.

(1) 폭발물처리요원 자격 및 교육 체계

▌공항에서의 폭발물 등에 관한 처리기준
제3조(공항운영자의 임무) ① 공항운영자는 공항 내에서 폭발물 등에 의한 폭발사고 피해를 최소화하기 위하여 공항별로 폭발물처리요원을 배치하여야 한다.
② 공항운영자는 폭발물처리요원의 임용·배치·교육훈련, 폭발물 등의 처리장비·처리절차·정보전파 및 출동대비태세 등에 관한 세부 운영기준을 수립·시행하여야 한다.

공항이나 관련기관에서 폭발물처리요원으로 지정된 전문가들은 엄격한 교육 이수 기준을 충족해야 한다. 국가민간항공보안 교육훈련지침 제25조에 따라 최소 8시간 이상의 폭발물 처리요원 직무교육을 이수하고, 매년 최소 4시간 이상의 정기교육을 받아야 하는 것이다. 이는 급변하는 위협 환경에 대응하고 최신 처리 기술을 습득하기 위한 필수적인 과정이라 할 수 있다.

이와 같은 기본교육 체계를 기반으로, 전문성 향상의 폭을 더욱 넓히는 유연한 인정제도 또한 마련되어 있다. 해당 연도에 국가정보원, 국방부, 경찰청 등 전문기관에서 실시하는 폭발물처리 관련 교육을 받거나, 정부 또는 국제민간항공기구(ICAO) 등 국제기구가 주관하는 대테러 워크숍 및 세미나에 참석한 경우에는 정기교육을 이수한 것으로 인정된다. 이를 통해 다양한 교육기회를 활용하여 전문성을 지속적으로 높일 수 있으며, 국내외 최신 동향과 기술을 신속하게 습득할 수 있는 경로가 제공되고 있다.

한편 이러한 교육체계와 더불어 폭발물처리요원의 채용 단계에서는 철저한 경력 검증이 이루어진다. 군이나 공항, 보안 관련 조직에서 폭발물처리 또는 생화학처리 업무를 3년 이상 직접 수행한 경력자만을 대상으로 하며, 이들의 검증된 전문성을 인정하여 초기교육은 면제하고 있다. 대신 민간항공 위협과 사제폭발물 피해 방지 대책 등 항공 분야에 특화된 직무교육을 집중적으로 실시함으로써, 기존의 전문 지식과 경험을 항공보안이라는 특수한 환경에 효과적으로 적용할 수 있도록 하는 맞춤형 교육체계를 운영하고 있다.

1) 폭발물처리요원의 자격요건 및 결격사유

▮ 공항에서의 폭발물 등에 관한 처리기준

제5조(폭발물처리요원 임용기준) 공항운영자는 폭발물 또는 생화학 물질 처리업무를 3년 이상 직접 수행한 경험이 있는 사람을 폭발물처리요원으로 임용하여야 한다. 다만, 다음 각 호의 어느 하나에 해당하는 사람을 임용하여서는 아니 된다.

1. 「총포·도검·화약류 등의 안전관리에 관한 법률」 제13조제1항 각 호의 어느 하나에 해당하는 사람
2. 「항공보안법」에 따라 벌금 이상의 형을 선고받고 그 집행이 종료되거나 집행을 받지 아니하기로 확정된 후 3년이 지나지 아니한 사람

공항의 안전을 책임지는 폭발물처리요원은 고도의 전문성과 경험을 갖춘 인력으로 구성된다. 공항에서의 폭발물 등에 관한 처리기준 제5조에서는 이러한 중요 보안 인력의 임용 기준을 명확히 규정하여, 항공보안의 최전선에서 활동할 전문가 선발의 엄격한 기준을 제시하고 있다.

이 규정에 따르면 공항운영자가 폭발물처리요원을 임용할 때는 폭발물 또는 생화학

물질 처리업무를 3년 이상 직접 수행한 경험이 있는 전문가를 선발해야 한다. 이는 이론적 지식뿐 아니라 실제 현장에서의 대응능력과 위기관리 경험을 중시하는 기준이라 할 수 있다. 폭발물과 생화학 물질이라는 특수한 위험 요소를 다루는 업무 특성상, 충분한 실무 경험은 안전한 공항운영을 위한 필수 조건이며, 이러한 경력 요건은 즉각적이고 정확한 현장 판단력을 담보하는 중요한 장치가 되는 것이다.

임용 자격과 함께 중요하게 다뤄지는 것이 결격사유 규정이다. 총포·도검·화약류 등의 안전관리에 관한 법률 제13조제1항 각 호에 해당하는 사람은 폭발물 취급의 적격성에 문제가 있다고 판단되어 임용에서 제외된다. 또한 항공보안법 위반으로 벌금 이상의 형을 선고받은 경우, 그 집행이 종료되거나 집행을 받지 않기로 확정된 후 3년이 경과해야 임용이 가능하다. 이러한 엄격한 결격사유 규정은 폭발물처리요원의 신뢰성과 전문성을 보장하는 동시에, 공항 이용객의 안전을 확보하는 제도적 장치로 역할을 하고 있다.

2) 폭발물처리요원의 대응체계 및 권한

> **공항에서의 폭발물 등에 관한 처리기준**
>
> **제6조(폭발물처리요원의 임무)** ① 폭발물처리요원은 폭발물 등의 신고를 접수한 경우 최대한 빠른 시간 내에 현장에 도착할 수 있도록 항상 출동 가능한 상태를 유지하여야 한다.
>
> ② 폭발물처리요원은 현장상황을 종합상황실 등에 초동보고하고, 폭발물 등에 대한 분석결과를 합동조사팀에 지체 없이 보고한 후 합동조사팀의 결정에 따른다.
>
> ③ 폭발물처리요원은 여객터미널·화물터미널 등에서 폭발물 등이 발견된 경우 현장에서 폭발사고 등이 발생하지 않도록 조치하고, 폭발사고 등에 대비하여 공항이용객 또는 화물의 피해를 최소화할 수 있도록 안전조치를 하여야 한다.
>
> ④ 폭발물처리요원은 제3항에 따른 안전조치를 하기위해 필요한 경우 관계기관·항공운송사업자 등에게 업무협조와 출입통제를 요청할 수 있으며, 폭발물처리요원의 요청을 받은 관계기관·항공운송사업자 등은 이에 협조하여야 한다.

폭발물처리요원은 공항보안의 현장에서 위험물질에 대응하는 핵심 인력으로, 공항에서의 폭발물 등에 관한 처리기준 제6조에서 그들의 임무를 체계적으로 규정하고 있다. 이들의 신속하고 전문적인 대응은 공항 안전 확보의 결정적 요소가 되며, 폭발물 위협으로부터 공항을 보호하는 핵심적인 안전 체계를 구성한다.

제6조가 규정하는 첫 번째 임무는 24시간 즉각 대응체계를 유지하는 것이다. 폭발물 등의 신고가 접수되면 최대한 빠른 시간 내에 현장에 도착할 수 있도록 항상 출동 가능한 상태를 유지해야 한다. 이러한 상시 대기 태세는 폭발물 위협이 예고 없이 발생할 수 있

는 공항 환경의 특수성을 반영한 것으로, 초기 대응의 골든타임을 확보하는 데 필수적이라 할 수 있다. 실제로 폭발물 의심 신고부터 현장 도착까지의 시간이 사고 확산 방지와 피해 최소화를 좌우하는 결정적 요인이 되기 때문이다.

신속한 현장 도착에 이어, 폭발물처리요원은 체계적인 보고 절차를 통해 상황을 관리한다. 우선 현장 상황을 종합상황실 등에 초동보고하여 상황의 긴급성과 위험도를 공유하고, 이어서 폭발물 등에 대한 전문적인 분석결과를 합동조사반에 지체없이 보고하는 것이다. 최종적으로는 합동조사반의 결정에 따라 행동하며, 이는 독단적 판단으로 인한 위험을 방지하고 체계적인 대응을 보장하는 중요한 절차라 할 수 있다.

이러한 보고 및 의사결정 절차를 거친 후, 폭발물이 여객터미널이나 화물터미널 등에서 발견될 경우에는 즉각적인 안전조치가 시행된다. 폭발물처리요원은 현장에서 폭발사고가 발생하지 않도록 위험요소를 통제하는 동시에, 만일의 폭발사고에 대비하여 공항 이용객과 화물의 피해를 최소화할 수 있는 포괄적인 안전대책을 수립해야 한다. 이러한 이중적 접근은 예방과 대응을 동시에 고려하는 전문적인 위기관리 전략으로, 불확실한 위협 상황에서 최적의 대응방안을 도출하는 핵심이 되는 것이다.

이와 같은 효과적인 안전조치를 실행하기 위해 폭발물처리요원은 관계기관 및 항공운송사업자 등에게 업무협조와 출입통제를 요청할 수 있는 권한을 갖는다. 이는 단독 대응의 한계를 넘어 통합적 대응체계를 구축하기 위한 제도적 장치이며, 요청을 받은 관계기관과 항공운송사업자는 법적으로 협조의무를 지닌다. 이러한 협력체계는 폭발물 위협 상황에서 신속하고 효과적인 대응을 가능하게 하는 핵심 요소로 역할을 하고 있다.

3) 폭발물 처리 책임의 법적 구분과 협력 의무

> **▌공항에서의 폭발물 등에 관한 처리기준**
>
> **제7조(책임의 구분)** ① 폭발물처리요원은 여객터미널·화물터미널 등에서 폭발물 등을 발견한 경우 폭발물 등을 판독하여 현장을 군·경찰 등 관계기관의 폭발물처리요원 등에게 인계함으로써 책임을 다한 것으로 본다. 다만, 합동조사팀의 결정으로 폭발물 등을 안전한 장소로 운반 또는 폭파·제거 등의 별도 요청이 있는 경우에는 요청 사항을 완료함으로써 책임을 다한 것으로 본다.
>
> ② 공항운영자나 항공운송사업자가 관할구역에서 폭발물 등을 발견한 경우 폭발물 등의 폭파·이동·지원 등 처리에 대한 책임은 공항운영자에게 있다. 다만, 항공운송사업자는 항공운송사업자의 관할 구역에서 폭발물 등을 발견한 경우에는 공항운영자의 지원 요청에 따라 필요한 지원을 하여야 한다.

공항에서 폭발물이 발견될 경우, 각 주체의 명확한 책임 구분은 신속하고 체계적인 대응의 기초가 된다. 공항에서의 폭발물 등에 관한 처리기준 제7조는 폭발물 처리 과정에서 각 기관과 담당자의 책임 범위를 법적으로 명확히 규정하고 있다.

제7조가 규정하는 책임 체계를 구체적으로 살펴보면, 폭발물처리요원의 기본적인 책임 범위는 명확하게 한정된다. 여객터미널이나 화물터미널 등에서 폭발물을 발견한 경우, 폭발물처리요원은 해당 물질을 전문적으로 판독하는 등 초기대응을 한 후, 필요한 경우 군이나 경찰 등 관계기관의 폭발물처리요원과 함께 대응할 수 있다. 이는 초기 대응과 전문기관 연계라는 핵심 역할에 집중하도록 하는 제도적 장치로, 폭발물 대응의 효율성을 높이는 중요한 원칙이 되는 것이다.

이러한 기본 책임 범위에 더하여, 현장 상황의 특수성에 따라 추가적인 책임이 부여될 수 있다. 합동조사반이 폭발물을 안전한 장소로 운반하거나 폭파·제거 등의 조치를 별도로 요청하는 경우, 폭발물처리요원은 해당 요청사항을 완료해야 한다. 이러한 유연한 책임 체계는 전문적 판단에 따른 추가 조치가 필요할 때 신속한 대응을 가능하게 하며, 동시에 현장 상황에 맞는 탄력적 운용을 보장한다.

한편 책임 구조의 정점에서, 공항 내 폭발물 처리의 최종 책임은 공항운영자가 진다는 점이 특히 중요하다 공항운영자나 항공운송사업자가 각자의 관할구역에서 폭발물을 발견하더라도, 폭파·이동·지원 등 모든 처리 과정에 대한 총괄 책임은 공항운영자에게 있다. 이는 공항 전체의 안전관리 주체로서 공항운영자의 역할을 명확히 하며, 일원화된 지휘체계를 통해 혼선을 방지하는 핵심 원칙이라 할 수 있다.

이러한 공항운영자가 주도하는 통합 보안관리 체계 내에서, 항공운송사업자는 협력적 지원 의무를 갖는다. 자신의 관할구역에서 폭발물이 발견된 경우에도 독자적으로 처리하지 않고, 공항운영자의 지원 요청에 따라 필요한 협조를 제공하는 것이다. 이러한 협력 체계는 전문성을 갖춘 공항운영자 중심의 통합 대응을 보장하면서도, 각 기관의 현장 지원을 효과적으로 활용하는 효율적인 대응방식으로 평가된다.

4) 폭발물처리요원 전문교육 체계 및 공인 교육기관

▮ 공항에서의 폭발물 등에 관한 처리기준

제27조(교육훈련 등) ① 공항운영자는 폭발물처리요원에 대하여 「국가민간항공보안 교육훈련지침」 제25조제1항에 따른 직무교육을 이수한 후에 폭발물 처리업무를 수행하도록 하여야 한다.

② 폭발물처리요원은 「국가민간항공보안 교육훈련지침」 제25조제2항에 따른 정기교육을 이수하여야 한다.

③ 공항운영자는 공항별 폭발물처리요원 중 1명 이상은 생화학 물질 처리에 대한 교육과정을 이수한 자를 배치하여야 한다.

제28조(교육기관) 폭발물 및 생화학 물질 처리업무의 교육을 담당하는 교육기관은 다음 각 호와 같다.
1. 국가정보원, 국방부 및 경찰청 소속 교육기관
2. 국제민간항공기구 등에서 폭발물 및 생화학 처리 교육기관으로 지정하거나 인정한 교육기관
3. 국가정보원, 국방부 및 경찰청이 폭발물 및 생화학 처리 교육기관으로 지정하거나 인정한 교육기관

폭발물과 생화학 물질 처리는 고도의 전문성을 요구하는 분야로, 체계적인 교육을 통한 전문 인력 양성이 필수적이다. 공항에서의 폭발물 등에 관한 처리기준은 이러한 교육의 중요성을 인식하고, 제27조와 제28조를 통해 교육 이수 의무와 공인된 교육기관을 명확히 규정하고 있다.

우선 제27조가 강조하는 핵심은 공항운영자가 폭발물처리요원의 전문성을 다각화해야 한다는 의무이다. 특히 제27조제3항에서는 공항별 폭발물처리요원 중 최소 1명 이상은 반드시 생화학 물질 처리에 대한 교육과정을 이수한 자를 배치하도록 규정한다. 이는 전통적인 폭발물 위협뿐만 아니라 생화학 테러 등 복합적 위협에 대응할 수 있는 역량을 확보하기 위한 최소한의 안전장치라 할 수 있다. 각 공항이 생화학 전문가를 보유함으로써, 다양한 형태의 위협 상황에서도 초기 대응 능력을 유지할 수 있는 체계를 구축하는 것이다.

폭발물 및 생화학 물질 처리 교육을 담당할 수 있는 교육기관은 엄격한 기준에 따라 지정되며, 제28조는 세 가지 범주의 교육기관을 인정하고 있다. 첫 번째로, 국가정보원, 국방부, 경찰청 소속 교육기관은 국가 안보기관의 전문성과 인프라를 활용하여 실무 중심의 교육을 제공한다. 이들 기관은 오랜 경험과 축적된 노하우를 바탕으로 현장 적용 가능한 실질적인 교육 프로그램을 운영하고 있다.

국가 안보기관 소속 교육기관에 더하여, 두 번째 범주로 국제민간항공기구(ICAO) 등 국제기구가 지정하거나 인정한 교육기관도 공식적인 교육 권한을 갖는다. 이는 국제적 수준의 교육 품질을 보장하며, 글로벌 스탠다드에 부합하는 전문 인력을 양성하는 데 기여한다. 국제 공인 교육기관에서의 교육 이수는 해외 공항과의 협력이나 국제적 보안위협 대응 시에도 중요한 자격요건이 된다.

마지막 세 번째 범주로, 국가정보원, 국방부, 경찰청이 별도로 지정하거나 인정한 민간 교육기관도 교육을 담당할 수 있다. 이러한 다원적 교육기관 체계는 교육 기회를 확대하면서도, 국가 안보기관의 검증을 통해 교육의 질을 보장하는 구조라 할 수 있다. 이를 통해 공항 폭발물처리요원들은 검증된 다양한 교육 경로를 통해 전문성을 함양할 수 있는 기회를 갖게 되며, 이는 항공보안 체계 전반의 역량 강화로 이어진다.

5) 폭발물 처리 업무의 기록관리 체계

▌공항에서의 폭발물 등에 관한 처리기준

제29조(기록 관리) ① 공항운영자는 폭발물처리요원 현황, 교육실적, 출동실적, 폭발물 처리실적 및 현장 점검 결과 등에 관한 사항을 기록하여 유지·관리하여야 한다.

② 공항운영자는 제1항에 따른 기록을 3년 이상 보관하여야 하며, 원인별·유형별 통계자료를 작성하여 유지·관리하여야 한다.

③ 공항운영자는 국토교통부장관이나 국가정보원장이 제1항에 따른 폭발물처리요원 현황 등에 대한 자료 제출을 요청하는 경우 관련 자료를 제출하여야 한다.

폭발물 처리 업무의 체계적인 관리와 지속적인 개선을 위해서는 철저한 기록관리시스템이 필수적이다. 공항에서의 폭발물 등에 관한 처리기준 제29조는 공항운영자의 기록관리 의무를 상세히 규정하여, 폭발물 처리 업무의 투명성과 책임성을 확보하고 있다.

이 규정에 따라 공항운영자는 폭발물 처리와 관련된 모든 주요 사항을 포괄적으로 기록해야 한다. 폭발물처리요원의 현황부터 교육실적, 출동실적, 폭발물 처리실적, 현장점검 결과까지 광범위한 데이터를 체계적으로 문서화하여 유지·관리하고 있다. 이러한 종합적인 기록관리는 행정적 요구사항을 충족시킬 뿐만 아니라, 폭발물 처리 업무의 효율성을 평가하고 개선점을 도출하는 중요한 기초자료로 활용되는 것이다. 특히 출동실적과 처리실적의 누적 데이터는 공항별 위협 패턴을 분석하고 대응 전략을 수립하는 데 핵심적인 역할을 수행한다.

이처럼 작성된 기록들은 단순히 문서화에 그치지 않고 체계적으로 보관·분석된다. 모든 기록은 최소 3년 이상 보관되어야 하며, 이는 중장기적인 추세 분석과 사후 검증을 가능하게 한다. 공항운영자는 기록 보관과 함께 원인별·유형별 통계자료를 작성하여 관리하고 있으며, 이를 통해 폭발물 위협의 특성을 정확히 파악하는 것이다. 체계적인 통계분석은 각 공항의 특성에 맞는 맞춤형 보안 대책을 수립하는 데 필수적인 정보를 제공하며, 보안 자원의 효율적 배분을 가능하게 하고 있다.

개별 공항 단위의 기록 관리와 더불어, 국가 차원의 관리·감독 체계도 확립되어 운영되고 있다. 국토교통부장관이나 국가정보원장이 폭발물처리요원 현황 등에 대한 자료 제출을 요청할 경우, 공항운영자는 관련 자료를 즉시 제출해야 한다. 이는 개별 공항의 폭발물 처리 역량을 국가적 차원에서 모니터링하고, 필요시 적절한 지원이나 개선 조치를 취할 수 있도록 하는 제도적 장치라 할 수 있다. 이러한 복합적 기록관리 체계는 공항 폭발물 처리 업무의 전문성과 신뢰성을 제고하며, 국가 항공보안 수준의 지속적인 향상에 기여하고 있다.

6) 폭발물 처리 기준 이행실태 점검 및 시정 체계

> **▮ 공항에서의 폭발물 등에 관한 처리기준**
> **제30조(이행실태 점검)** ① 국토교통부장관은 이 기준의 이행실태를 확인하기 위하여 국가정보원 등 관계기관 합동으로 공항운영자나 항공운송사업자에 대한 점검을 실시할 수 있다.
> ② 국토교통부장관은 제1항에 따른 점검결과 이 기준을 충족하지 아니하거나 이행하지 않은 경우에는 이를 시정하도록 하여야 한다.
> ③ 제2항에 따라 시정 조치를 받은 공항운영자나 항공운송사업자는 시정 사항에 대한 이행조치계획서를 작성하여 시정 조치를 받은 날부터 20일 안에 국토교통부장관에게 제출하여야 한다.

폭발물 처리 기준의 실효성을 확보하기 위해서는 지속적인 점검과 개선이 필수적이다. 공항에서의 폭발물 등에 관한 처리기준 제30조는 국가 차원의 체계적인 이행실태 점검 시스템을 규정하여, 공항 폭발물 처리 체계의 일관성과 신뢰성을 확보하고 있다.

제30조가 부여하는 점검 권한을 구체적으로 살펴보면, 국토교통부장관은 폭발물 처리 기준의 이행실태를 확인하기 위한 포괄적인 점검 권한을 갖는다. 이러한 점검은 국토교통부 단독이 아닌 국가정보원 등 관계기관과의 합동 점검 형태로 실시되며, 공항운영자와 항공운송사업자 모두를 대상으로 한다. 관계기관 합동 점검 체계는 각 기관의 전문성을 결합하여 보다 종합적이고 심층적인 평가를 가능하게 한다. 특히 국가정보원의 참여는 보안 측면에서의 전문적 검토를 보장하며, 국가 안보 차원에서 폭발물 처리 체계를 점검하는 중요한 제도적 장치라 할 수 있다.

이러한 점검을 통해 기준 미충족이나 미이행 사항이 발견될 경우에는 즉각적인 시정 조치가 이루어진다. 국토교통부장관은 문제점을 확인하는 데 그치지 않고, 해당 기관에 시정을 명령할 수 있는 강제력을 행사한다. 이는 단순한 권고가 아닌 법적 구속력을 갖는 행정명령으로, 폭발물 처리 기준의 엄격한 준수를 보장하는 핵심적인 규제 수단이다. 이러한 시정조치 권한은 공항보안 수준의 최저선을 확보하고, 모든 공항이 동일한 수준의 안전성을 유지하도록 하는 제도적 안전장치로 역할을 하고 있다.

시정 조치를 받은 기관은 구체적인 후속 조치 의무를 부담한다. 공항운영자나 항공운송사업자는 시정사항에 대한 이행조치계획서를 작성하여, 시정 조치를 받은 날로부터 20일 이내에 국토교통부장관에게 제출해야 한다. 이 계획서는 단순한 개선 의지의 표명이 아니라, 구체적인 실행 방안과 일정을 포함한 실질적인 개선 로드맵이라 할 수 있다. 20일이라는 명확한 제출 기한은 신속한 개선 조치를 유도하며, 보안 취약점이 장기간 방치되는 것을 방지하는 효과를 갖는다.

이처럼 점검-시정-이행계획 제출로 이어지는 순환 체계는 폭발물 처리 기준의 지속적인 개선을 보장한다. 정기적인 점검을 통해 현장의 문제점을 조기에 발견하고, 즉각적인 시정 조치로 개선을 유도하며, 이행계획서를 통해 개선 과정을 추적 관리하는 이 시스템은 국가 항공보안 체계의 견고성을 유지하는 핵심 운영 체계로 자리잡고 있다.

(2) 폭발물 위협분석관 운영 및 자격 기준

폭발물 위협을 전문적으로 분석하는 인력 운영 체계가 점차 중요해지고 있다. 폭발물 위협분석관은 공항보안책임자나 항공사보안책임자의 추천을 받아 공항운영자나 항공운송사업자가 지정하며, 이들은 폭발물과 관련된 다양한 위협 정보를 수집하고 분석하여 선제적인 대응 방안을 마련하는 핵심 역할을 수행한다.

이처럼 중요한 위협 분석 업무를 수행하기 위해 폭발물 위협분석관으로 지정된 인력은 체계적인 교육을 이수해야 한다. 국가민간항공보안 교육훈련지침 제26조에 따라 최소 4시간 이상의 초기교육을 받아야 하며, 매년 최소 1시간 이상의 정기교육을 통해 최신 위협 동향과 분석 기법을 습득하고 있다. 이러한 교육 체계는 급변하는 위협 환경에 효과적으로 대응하기 위한 필수적인 요소로, 위협분석관들의 전문성을 지속적으로 향상시키는 기반이 되고 있다.

이와 같은 교육 체계가 마련되어 있음에도 불구하고, 현장에서는 운영상의 어려움이 존재한다. 공항운영자와 항공운송사업자는 보안책임자의 추천을 받아 폭발물 위협분석관을 지정하도록 되어 있지만, 구체적으로 어떤 자격을 갖춰야 하는지에 대한 명확한 규정이 부재한 실정이다. 이로 인해 각 기관마다 서로 다른 기준을 적용하게 되고, 전문성의 편차가 발생할 수 있는 구조적 문제가 나타나고 있다. 따라서 폭발물 위협분석관의 자격요건을 구체화하여 전문성을 표준화하는 제도적 보완이 시급히 요구되며, 이를 통해 전국적으로 일관된 수준의 위협 분석 역량을 확보해 나갈 필요가 있다.

2. 대테러 훈련

(1) 대테러 모의훈련 체계

국가항공보안계획 12.5.1은 공항의 대테러 대응 역량 강화를 위한 실전적 훈련 체계를 규정하고 있다. 공항운영자는 관계기관 및 항공운송사업자 등과 합동으로 모의훈련을 실시해야 하는 법적 의무를 지니며, 이는 개별 기관의 단독 대응이 아닌 통합적 위기관리

체계 구축을 지향한다. 특히 다기관 합동훈련은 실제 테러 상황에서 필수적인 기관 간 협조체계와 지휘통신 체계를 사전에 점검하고 개선할 수 있는 중요한 기회가 된다.

이와 같은 합동 훈련의 실효성을 확보하기 위해, 훈련 시나리오는 다양한 위협 유형을 포괄적으로 다루도록 설계되어 있다. 항공보안 위협의 여러 형태 중에서 공항에서의 항공기 납치와 항공기 공중납치라는 전통적인 항공테러 시나리오부터 시작한다. 나아가 공항시설 및 항공기에 대한 폭발물 위협과 테러, 공항시설에 대한 무장공격, 공항시설 내 폭발물 테러 등 현대적 위협까지 5가지 유형을 제시하고 있다. 이 중 어느 하나 이상을 선택하여 훈련할 수 있도록 함으로써, 각 공항의 특성과 위협 평가에 따른 맞춤형 훈련이 가능하도록 유연성을 부여한다.

이처럼 제시된 각 시나리오는 요구되는 대응 체계와 절차가 상이하다는 점에서 전략적으로 중요한 의미를 갖는다. 항공기 납치는 인질 협상과 특수부대 투입을 중심으로 하는 반면, 폭발물 위협은 탐지, 대피, 제거라는 전혀 다른 접근이 필요하다. 무장공격 시나리오는 즉각적인 제압과 민간인 보호가 핵심이 되며, 이처럼 다양한 훈련을 통해 대응 인력의 종합적 역량을 배양할 수 있는 것이다. 각 위협 유형에 특화된 대응 전략을 숙달함으로써, 실제 상황에서 신속하고 효과적인 초기 대응이 가능해진다.

이러한 역량 배양을 넘어서, 훈련의 진정한 가치는 지속적인 체계 개선에 있다. 모의훈련에서 발견된 문제점은 반드시 공항운영자등의 자체 우발계획이나 자체 비상대응 매뉴얼에 반영되어야 하며, 이는 훈련이 일회성 행사가 아닌 순환적 개선 프로세스의 일환임을 명확히 하는 것이다. 실전 훈련을 통해 도출된 교훈이 문서화되고 제도화됨으로써, 각 공항의 대테러 대응체계는 지속적으로 발전한다. 이러한 경험 기반의 상향식 개선은 이론적 계획과 실제 대응 능력 간의 격차를 좁히는 핵심 운영 체계로 역할을 하며, 국가항공보안의 실질적 역량 강화에 기여하고 있다.

1) 공항운영자의 주도적 역할과 평가 체계

국가항공보안계획 12.5.2는 대테러 모의훈련의 거버넌스 구조와 각 주체의 역할을 명확히 규정한다. 공항운영자는 모의훈련의 기획부터 실행, 평가에 이르는 전 과정을 주도하는 중심축 역할을 수행하며, 이는 공항이라는 물리적 공간의 관리 주체로서 당연한 책임이자 권한이라 할 수 있다.

공항운영자의 이러한 중심적 역할은 훈련 계획 수립 단계부터 구체화된다. 공항운영자는 관계기관 및 항공운송사업자 등과의 사전 협의를 의무적으로 거쳐야 하며, 이는 단독 기획이 아닌 참여적 계획 수립을 통해 훈련의 실효성을 높이려는 접근이다. 각 기관의 운영 여건과 대응 능력을 사전에 조율함으로써 현실적이고 실행 가능한 훈련 시나리오를 구성할 수 있는 것이다. 수립된 계획은 국토교통부장관에게 보고한 후 실시하도록 하여, 국가 차원의 관리 감독과 조정이 이루어지도록 설계되어 있다.

계획 수립과 실시를 거쳐, 훈련 종료 이후의 평가 체계는 이 규정의 핵심적 요소로 자리잡는다. 공항운영자는 훈련 종료 후 모든 참여기관과 함께 결과를 평가해야 하며, 이는 단순한 성과 측정을 넘어 집단적 학습의 과정이 된다. 각 기관이 훈련 과정에서 경험한 문제점과 개선사항을 공유하고, 상호 피드백을 통해 전체 대응체계의 취약점을 파악한다. 평가 결과를 해당 기관에 통보함으로써 각 기관이 자체적으로 개선 조치를 수립하고 이행할 수 있는 근거를 제공하며, 이를 통해 지속적인 대테러 역량 강화가 가능해진다.

2) 다기관 협력체계와 도상훈련을 통한 개선 검증

국가항공보안계획 12.5.3과 12.5.4는 모의훈련의 효과적 실행과 지속적 개선을 위한 제도적 장치를 규정하고 있다. 12.5.3에서 관계기관과 항공운송사업자 등에게 부과된 적극적 협조 의무는 대테러 대응체계의 통합성을 확보하기 위한 규범적 기반이다. '적극 협조'라는 표현은 법적 의무를 넘어 능동적 참여를 요구하는 것으로, 각 기관이 자신의 전문성과 자원을 충분히 투입하여 훈련의 현실성과 효과성을 높이도록 유도하는 것이다.

이처럼 강조되는 협조 의무는 항공보안의 복합적 특성을 반영한 것이라 할 수 있다. 대테러 상황에서는 경찰, 군, 정보기관, 의료기관, 항공사, 지상조업체 등 다양한 주체들이 각자의 역할을 수행하면서도 유기적으로 협력해야 한다. 평시 모의훈련에서의 적극적 참여는 실제 위기 상황에서의 원활한 공조를 위한 필수 전제조건이 되며, 각 기관 간 의사소통 채널과 지휘체계를 사전에 점검하고 조율하는 기회가 된다.

이러한 모의훈련의 효과를 극대화하기 위한 후속 조치로서 12.5.4는 도상훈련을 규정하고 있다. 도상훈련은 실제 현장 동원 없이 상황도와 시나리오를 기반으로 진행되는 훈련으로, 모의훈련에서 발견된 문제점의 개선 여부를 효율적으로 점검할 수 있는 방법이다. 대규모 자원 투입이 필요한 실제훈련과 달리, 비용 효율적이면서도 빈번한 실시가 가능하여 지속적인 개선 점검에 적합한 도구가 되고 있다.

도상훈련을 의무화한 것은 일회성 훈련을 넘어 순환적 개선 체계를 구축하려는 정책적 의지를 보여준다. 모의훈련에서 도출된 문제점이 실제로 개선되었는지를 검증하는 과정을 제도화함으로써, 형식적인 개선 계획 수립에 그치지 않고 실질적인 역량 강화로 이어지도록 보장한다. 특히 도상훈련은 의사결정 과정과 절차적 대응에 초점을 맞추어, 지휘부와 실무진의 상황 판단 능력과 조정 역량을 집중적으로 향상시킬 수 있다는 장점을 지닌다.

이러한 훈련 체계는 자원의 효율적 활용과 지속적 역량 강화를 동시에 추구하는 전략적 접근이라 할 수 있다. 실제 모의훈련을 통한 종합적 점검과 도상훈련을 통한 개선사항 확인이 상호보완적으로 이루어지면서, 공항의 대테러 대응체계는 점진적이면서도 체계적으로 발전하는 구조를 갖추게 된다. 이를 통해 항공보안의 실질적 역량이 지속적으로 강화되고, 예측 불가능한 위협 상황에 대한 준비태세를 유지할 수 있다.

(2) 모의훈련 실시 주체와 참여 의무자의 명확화

▮ 국가항공보안 수준관리지침
제33조(모의훈련 대상) 공항운영자는 국가항공보안계획에 따른 모의훈련을 실시하여야 하며, 항공사 및 지상조업체의 장 등 관련자는 모의훈련에 적극 협조하여야 한다.

국가항공보안 수준관리지침 제33조는 국가항공보안계획에서 규정한 모의훈련 의무를 구체적인 실행 차원에서 재확인한다. 공항운영자는 국가항공보안계획에 따른 모의훈련을 실시해야 하는 법적 의무를 지니며, 이는 상위 계획의 요구사항이 하위 지침을 통해 실무적으로 구현되는 체계적 접근을 보여준다. 수준관리지침이 실무 운영의 기준이 된다는 점에서, 이러한 명시적 규정은 현장 실무자들에게 명확한 행동 지침을 제공하는 역할을 수행한다.

이 조항에서 특히 주목할 점은 훈련 참여 주체의 구체화다. '항공사 및 지상조업체의 장 등 관련자'라는 표현을 통해, 단순히 기관 차원의 참여가 아닌 조직 책임자의 직접적 관여를 요구한다. 이는 모의훈련이 실무진만의 활동이 아니라 경영진의 관심과 지원이 필요한 전략적 활동임을 명확히 한 것으로, 훈련의 위상과 중요성을 조직 내에서 격상시키는 효과를 지닌다. 특히 '장(長)' 등 관련자라는 표현은 최고 의사결정권자들의 책임 의식을 강화하는 규범적 장치가 되고 있다.

이러한 책임자 참여와 함께 요구되는 적극적 협조 의무는 단순한 참석이나 형식적 참여를 넘어선 능동적 기여를 의미한다. 항공사와 지상조업체는 공항 보안의 핵심 이해관계자로서, 각자의 운영 영역에서 축적된 전문성과 경험을 훈련에 반영해야 하는 것이다. 이들의 적극적 참여는 훈련 시나리오의 현실성을 높이고, 실제 운영 환경에서 발생할 수 있는 다양한 변수들을 고려한 종합적 대응체계를 구축하는 데 필수적이다. 특히 지상조업체는 항공기 접근, 화물 처리, 기내 서비스 등 보안 취약 지점에 대한 실무적 통찰을 제공할 수 있어, 이들의 참여는 훈련의 실효성을 크게 향상시킨다.

이러한 참여와 협조 체계를 통해 제33조는 대테러 대응이 공항운영자만의 책임이 아닌, 공항을 구성하는 모든 주체들의 집단적 책임임을 제도적으로 명확히 하고 있다. 법적 의무와 협조 책임을 명시함으로써, 각 주체가 자신의 역할을 충실히 수행할 때만 전체 시스템의 안전이 확보될 수 있다는 상호의존성을 강조하는 것이다. 이는 현대 항공보안이 요구하는 통합적 접근과 협력적 거버넌스를 실무 차원에서 구현하는 규범적 기반이 되며, 실질적인 대테러 역량 강화를 위한 제도적 토대를 제공하고 있다.

(3) 모의훈련의 복합적 목표와 기록 관리 체계

국가항공보안 수준관리지침

제34조(모의훈련 목적 등) ① 공항운영자는 다음 각 호의 목적을 달성하기 위하여 모의 훈련을 실시한다.

1. 공항 또는 항공기 테러와 관련된 모든 부서 및 관련기관의 대응능력향상
2. 우발계획 대응 절차 숙지
3. 비상장비 및 통신 장비 시험운용 및 상태점검
4. 최단시간내 항공기 운항 및 공항운영 정상화
5. 수립된 공항, 항공사 우발계획의 취약점 확인 및 수정

② 공항운영자는 모의훈련을 끝낸 경우에는 해당 기록을 최소 3년간 보존하여야 한다.

국가항공보안 수준관리지침 제34조는 대테러 모의훈련이 추구해야 할 구체적인 목적과 훈련 기록의 체계적 관리를 규정한다. 공항운영자가 실시하는 모의훈련은 단순한 절차 연습을 넘어, 전체 대테러 대응체계의 종합적 역량 강화를 지향하는 복합적 목표를 설정하고 있다.

가장 포괄적이면서도 근본적인 목표는 대응능력 향상이다. 공항 또는 항공기 테러와 관련된 모든 부서와 관련기관의 역량을 동시에 강화함으로써, 개별적 우수성이 아닌 집단적 대응력을 추구한다. 이는 테러 대응이 특정 부서나 기관의 단독 임무가 아니라, 다양한 주체들의 유기적 협력을 통해서만 성공할 수 있다는 인식을 반영한 것이다. 각 부서와 기관이 자신의 역할을 명확히 인지하고, 상호 연계점을 파악하며, 통합적 대응체계 안에서 효과적으로 역할을 수행하도록 하는 것이 핵심이라 할 수 있다.

대응능력 향상이라는 포괄적 목표와 함께, 우발계획 대응절차 숙지와 비상장비 및 통신장비의 시험운용은 훈련의 실무적 측면을 강조한다. 아무리 정교한 계획이 수립되어 있더라도 실제 상황에서 즉각적으로 실행되지 못한다면 무용지물이 되기 때문이다. 정기적인 훈련을 통해 모든 관련자가 자신의 역할과 절차를 체득하고, 장비의 작동 상태를 점검함으로써 실전 대응 준비태세를 유지한다. 특히 통신장비의 신뢰성은 위기 상황에서 지휘

통제와 정보공유의 생명선이 되므로, 이에 대한 정기적 점검은 필수적이다.

이러한 실무적 준비와 더불어, 최단시간 내 정상화라는 목표는 항공보안의 특수성을 반영한 현실적 요구라 할 수 있다. 테러 위협이나 사건 발생 시 신속한 대응과 제압도 중요하지만, 항공 운송 네트워크의 특성상 운항 중단이 장기화되면 연쇄적인 경제적·사회적 피해가 발생한다. 따라서 안전을 확보하면서도 최대한 신속하게 정상 운영을 회복하는 능력은 공항의 회복탄력성을 나타내는 핵심 지표가 되고 있다.

최단 시간 내 정상화와 함께 중요한 것이 우발계획의 취약점 확인과 수정이다. 이는 훈련의 환류 체계를 명시한 것으로, 지속적 개선을 위한 제도적 장치라 할 수 있다. 실전적 훈련을 통해서만 계획의 현실성과 실행가능성을 검증할 수 있으며, 발견된 문제점을 즉시 보완함으로써 계획의 완성도를 높여간다. 이는 정적인 계획이 아닌 진화하는 계획이라는 현대적 위기관리 패러다임을 반영한다.

이러한 다양한 훈련 목표들과 함께 규정된 것이 훈련 기록의 보존이다. 훈련 기록을 최소 3년간 보존하도록 한 규정은 단순한 문서 관리를 넘어 전략적 의미를 지닌다. 축적된 훈련 기록은 대응 역량의 발전 과정을 추적할 수 있게 하며, 반복적으로 나타나는 문제점을 식별하고, 장기적 개선 전략을 수립하는 데이터베이스가 된다. 또한 법적 책임이나 감사에 대비한 증거자료로서의 기능도 수행하여, 훈련 실시의 적정성을 입증하는 객관적 근거가 되고 있다.

(4) 모의훈련 지도·감독 권한과 대테러 협의 체계

▮ 국가항공보안 수준관리지침

제34조(모의훈련 목적 등) ③ 국토교통부장관은 국가항공보안계획에 따른 보안 효율성을 확보하기 위하여 공항운영자가 실시하는 모의훈련에 대한 지도 감독을 실시한다.

④ 국토교통부장관은 모의훈련에서 문제점을 확인한 경우 공항운영자 및 항공사 등에 대하여 필요한 조치를 요구할 수 있다.

⑤ 국토교통부장관은 대테러와 관련한 모의훈련을 실시하는 경우 국가정보원장과 협의하여야 하며, 그 밖의 모의훈련에 관하여는 필요한 경우에 협의할 수 있다.

국가항공보안 수준관리지침 제34조제3항부터 제5항은 대테러 모의훈련에 대한 국가 차원의 관리·감독 체계와 관계기관 협력 구조를 규정한다. 국토교통부장관은 국가항공보안계획의 실효성을 담보하기 위해 공항운영자가 실시하는 모의훈련에 대한 지도·감독 권한을 보유하며, 이는 개별 공항의 자율성을 존중하면서도 국가 표준의 일관된 적용을 보장하는 균형적 접근이라 할 수 있다. 보안 효율성 확보를 목적으로 실시되는 이러한 감독은 단순한 통제가 아닌, 전국 공항의 대테러 역량을 표준화하고 상향 평준화하려는 정책적 의지를 반영하는 것이다.

이러한 감독 활동의 실질적 효력은 제4항의 조치 요구권을 통해 구현된다. 국토교통부장관은 모의훈련에서 문제점을 확인한 경우, 공항운영자와 항공사 등에 대하여 필요한 조치를 요구할 수 있는 권한을 지닌다. 단순한 권고나 지적에 그치지 않고 구체적인 개선 조치를 요구할 수 있는 법적 권한으로서, 훈련에서 도출된 문제점이 실제로 시정되도록 보장하는 강제 수단이 되고 있다. 특히 '공항운영자 및 항공사 등'이라는 표현을 통해 조치 요구의 대상을 포괄적으로 설정함으로써, 문제의 성격과 책임 소재에 따라 적절한 주체에게 개선을 요구할 수 있는 유연성을 확보하고 있다.

이러한 조치 요구 권한이 실제로 행사될 때, 그 지향점은 형식적 점검이 아닌 실질적 역량 강화에 있다. 훈련 과정에서 발견되는 문제점은 개별 기관의 실수나 부족함을 지적하기 위한 것이 아니라, 전체 대테러 대응체계의 취약점을 식별하고 보완하기 위한 학습 기회로 활용된다. 국토교통부의 조치 요구는 이러한 집단적 학습 과정을 제도화하고, 개선 사항이 확실히 이행되도록 하는 거버넌스 도구가 되고 있다.

감독과 조치 권한과 더불어, 제5항은 대테러 업무의 특수성을 반영한 기관 간 협력 체계를 명시하고 있다. 대테러 관련 모의훈련을 실시할 경우 국토교통부장관은 국가정보원장과 의무적으로 협의해야 하는데, 이는 테러 위협 정보와 대응 전략이 국가 안보와 직결되는 민감한 사안임을 인정한 것이다. 국가정보원은 대테러 정보 수집과 분석에서 핵심적 역할을 수행하는 기관으로서, 그들의 전문성과 정보력은 현실적이고 효과적인 훈련 시나리오 구성에 필수적이라 할 수 있다. 의무적 협의 규정은 이러한 전문성이 훈련 기획 단계부터 반영되도록 보장하는 제도적 장치다.

대테러 관련 훈련에 대한 의무적 협의와 달리, 그 밖의 모의훈련에 대해서는 '필요한 경우' 협의할 수 있도록 하여 재량적 협의 권한을 부여하고 있다. 모든 훈련에 국가정보원이 관여할 필요는 없다는 현실적 판단을 반영한 것으로, 훈련의 성격과 목적에 따라 협력의 수준을 조절할 수 있는 행정적 효율성을 추구하는 것이다. 이러한 차별화된 접근은 한정된 자원을 효과적으로 활용하면서도, 핵심적인 대테러 역량은 확실히 강화하려는 전략적 선택이 되고 있다.

(5) 대테러 훈련 유형의 체계적 분류와 상호보완적 구조

▌국가항공보안 수준관리지침

제35조(모의훈련의 종류) 모의 훈련의 종류와 시행주기는 다음 각 호와 같다.

> 1. 종합훈련은 항공기 납치, 폭발물 위협 등 불법방해행위 대응과 관련된 기관이 참여하여 실제 테러 상황과 유사한 환경을 설정하여, 국가항공보안 우발계획에서 정한 기관별 임무 수행 및 대응 상황을 점검하는 훈련으로 2년에 1회 정기적으로 실시하며, 세부사항은 관계기관과 협의한다.
> 2. 부분훈련은 항공기 납치, 폭발물 위협 등과 관련된 특정부분에 대한 조직별 대응훈련, 새로운 장비나 기술 시험, 평가를 위하여 실시하며, 또한 종합훈련 시행 과정에서 발견된 취약점, 문제점을 시정하기 위해 공항 운영자 등이 관계기관과 협의하여 2년에 1회 이상 정기적으로 실시하며, 실시 시기는 가능한 한 제1항의 훈련이 실시되지 않는 해에 실시한다.
> 3. 도상훈련은 종합훈련시 발생되는 비용이나 공항 운영의 피해없이 비상 대응 조직의 대응능력을 불시평가하는 훈련으로 공항비상운영센터 내에서 관련 기관의 대표자들이 참석하여 도면과 가상시나리오에 의한 대응훈련을 실시하며, 공항운영자 등이 관계기관과 협의하여 1년에 1회 이상 정기적으로 실시한다.

국가항공보안계획 12.5.5와 국가항공보안 수준관리지침 제35조는 대테러 모의훈련의 체계적 분류와 위계적 규정 구조를 보여준다. 국가항공보안계획은 모의훈련의 종류와 실시횟수, 관련기관별 임무 등 세부사항을 수준관리지침에 위임함으로써, 상위 계획의 기본원칙과 하위 지침의 실무적 세부사항을 효과적으로 분리하고 있다. 이러한 구조는 정책의 안정성을 유지하면서도 실무적 유연성을 확보하는 규범 체계의 전형적인 설계 방식이라 할 수 있다.

이에 따라 국가항공보안 수준관리지침 제35조는 모의훈련을 종합훈련, 부분훈련, 도상훈련의 세 가지 유형으로 명확히 구분한다. 이는 형식적 분류에 그치지 않으며, 각기 다른 목적과 특성을 지닌 훈련 방법론을 체계화한 것이다. 이를 통해 훈련 자원의 효율적 활용과 목표 지향적 역량 강화가 가능해진다. 구체적으로 종합훈련은 전체 대응체계를 점검하며, 부분훈련은 특정 영역의 집중적 개선을 도모한다. 한편 도상훈련은 비용 효율적인 절차 검증을 수행한다.

이처럼 구분된 3단계 훈련 체계는 상호보완적 관계를 형성하면서 단계적 발전을 가능하게 한다. 도상훈련을 통해 개념적 검증을 거친 후, 부분훈련으로 세부 역량을 강화하고, 최종적으로 종합훈련을 통해 전체 시스템을 점검하는 순환적 구조를 구축할 수 있다. 이는 제한된 자원 내에서 최대한의 훈련 효과를 달성하면서도, 지속적이고 체계적인 역량 강화를 가능하게 하는 전략적 접근이다. 각 훈련 유형이 갖는 고유한 장점을 활용하여 포괄적인 대테러 대응 역량을 구축해 나가는 것이 이 체계의 핵심원리라 할 수 있다.

1) 종합훈련: 유관기관 통합 대응역량 검증체계

종합훈련은 대테러 모의훈련 체계의 정점에 위치하는 가장 포괄적이고 실전적인 훈련 형태다. 항공기 납치, 폭발물 위협 등 다양한 불법방해행위 시나리오를 기반으로, 관련된 모든 기관이 총동원되어 실제 테러 상황과 최대한 유사한 환경에서 진행된다. 이는 단순한 절차 확인을 넘어, 극한 상황에서의 종합적 대응 능력을 검증하는 스트레스 테스트의 성격을 지닌다.

이러한 종합훈련의 핵심은 국가항공보안 우발계획에 명시된 기관별 임무가 실제로 효과적으로 수행되는지를 점검하는 데 있다. 각 기관은 계획상의 역할을 직접 수행하면서 이론과 실제 사이의 격차를 파악하고, 이를 바탕으로 보완점을 도출해 나간다. 경찰, 군, 정보기관, 의료기관, 소방당국, 공항운영자, 항공사 등 다양한 주체들은 각자의 고유 임무를 수행함과 동시에 상호 유기적인 협력관계를 유지해야 한다. 이처럼 복잡한 상호작용 체계는 종합훈련을 통해서만 실질적인 검증이 가능하다.

종합훈련의 실시 주기는 2년에 1회로 정해져 있으며, 이는 훈련의 효과성과 효율성을 균형있게 고려한 결과다. 종합훈련은 막대한 인적·물적 자원이 투입되고 공항 운영에 상당한 영향을 미치므로, 너무 빈번한 실시는 현실적으로 어렵다. 반면 주기가 너무 길면 대응 역량이 퇴화하고 인력 교체로 인한 숙련도 저하가 발생할 수 있다. 2년이라는 주기는 이러한 상충되는 요구를 절충한 것으로, 적절한 긴장감을 유지하면서도 지속가능한 훈련 체계를 구축하는 전략적 선택이라 할 수 있다.

더불어 훈련의 세부사항을 관계기관과 협의하도록 한 것은 종합훈련의 복잡성과 각 기관의 자율성을 인정한 현실적 접근이다. 훈련 시나리오의 구체적 내용, 참여 범위, 일정, 평가 기준 등은 참여 기관들의 운영 여건과 역량을 고려하여 조율되어야 한다. 이러한 협의 과정 자체가 기관 간 소통과 이해를 증진시키는 중요한 기회가 되며, 실제 위기 상황에서의 원활한 협력을 위한 신뢰 구축 과정으로 작용하고 있다. 특히 각 기관의 비밀유지 요구사항, 운영 보안, 전술적 세부사항 등 민감한 부분들은 사전 협의를 통해 적절한 수준에서 조정되어야 하며, 이는 훈련의 현실성과 보안성을 동시에 확보하는 필수적 절차가 되고 있다.

2) 부분훈련: 표적화된 역량 강화와 취약점 보완 체계

부분훈련은 대테러 대응체계의 특정 영역에 집중하여 전문성과 효율성을 추구하는 표적화된 훈련 방식이다. 항공기 납치나 폭발물 위협 등 구체적인 위협 시나리오의 특정 측면에 대해 관련 조직이 집중적으로 대응 능력을 연마할 수 있도록 설계되어 있다. 종합훈련과 달리 제한된 범위와 참여자로 진행되므로, 특정 분야의 전문적 역량을 심화시키는 데 효과적인 훈련 도구가 된다.

이러한 집중적 접근의 중요한 기능 중 하나는 새로운 장비나 기술의 시험 및 평가 플랫폼으로서의 역할이다. 급속히 발전하는 보안 기술과 장비들이 실제 현장에 도입되기 전, 부분훈련을 통해 그 효과성과 적합성을 검증할 수 있다. 폭발물 탐지 장비의 성능 시험, 새로운 통신 시스템의 상호운용성 확인, 혁신적 대응 전술의 실효성 평가 등이 부분훈련을 통해 이루어진다. 이러한 실험적 접근은 위험을 최소화하면서도 지속적인 역량 향상을 가능하게 하는 전략적 도구로 활용되고 있다.

한편 부분훈련이 갖는 또 다른 핵심 역할은 종합훈련의 보완이다. 종합훈련 과정에서 발견된 취약점이나 문제점을 시정하기 위한 후속 조치로서 부분훈련이 활용되며, 이는 훈련 체계의 순환적 개선 구조를 형성한다. 종합훈련에서 특정 분야의 대응이 미흡했거나 기관 간 협조에 문제가 있었던 부분을 집중적으로 재훈련함으로써, 전체 시스템의 완성도를 점진적으로 높여간다. 공항운영자 등이 관계기관과 협의하여 훈련 내용을 결정하도록 함으로써, 실제 필요에 기반한 맞춤형 훈련이 가능하도록 설계된 것이다.

훈련 주기는 2년에 1회 이상으로 규정되어 최소한의 훈련 빈도를 보장하면서도, 필요시 추가 훈련이 가능하도록 유연성을 부여하고 있다. 특히 종합훈련이 실시되지 않는 해에 부분훈련을 실시하도록 권고함으로써, 매년 어떤 형태로든 대테러 훈련이 이루어지도록 하는 지속성을 확보한다. 이러한 교차 실시 방식은 훈련 피로도를 줄이면서도 대응 태세를 지속적으로 유지할 수 있는 효율적 접근이라 할 수 있다. 종합훈련이 전체적인 시스템을 점검하는 해라면, 부분훈련은 세부적인 역량을 강화하는 해가 되어, 2년 주기로 거시적 점검과 미시적 개선이 반복되는 체계적 구조를 구축하고 있다.

3) 도상훈련: 비용 효율적 의사결정 역량 강화 체계

도상훈련은 대테러 모의훈련 체계에서 가장 비용 효율적이면서도 빈번하게 실시할 수 있는 전략적 훈련 도구다. 종합훈련이나 부분훈련과 달리 실제 인원과 장비의 대규모 동원 없이 진행되므로, 공항 운영에 대한 영향을 최소화하면서도 비상 대응 조직의 의사결정 능력과 절차적 대응력을 효과적으로 평가할 수 있다. 특히 불시평가 방식으로 진행되어, 사전 준비나 연출 없이 실제 대응 역량을 있는 그대로 점검할 수 있다는 점에서 진단적 가치가 높다.

이러한 도상훈련의 핵심 공간인 공항비상운영센터는 실제 위기 상황에서 지휘통제의 중추가 되는 곳이다. 관련 기관의 대표자들이 한 곳에 모여 도면과 가상 시나리오를 기반으로 대응 과정을 시뮬레이션하는데, 이는 물리적 제약 없이 다양한 상황을 구현할 수 있다는 장점을 지닌다. 복잡한 다중 위협 시나리오나 극단적 상황도 도상에서는 쉽게 구현

가능하므로, 실제훈련에서 다루기 어려운 시나리오들을 충분히 연습할 수 있다. 이를 통해 공항비상운영센터의 기능성과 운영 체계를 정기적으로 점검하고 개선해 나간다.

도면과 가상 시나리오를 활용한 이러한 훈련 방식은 참가자들의 인지적 역량과 전술적 사고력을 집중적으로 향상시킨다. 실제 현장의 물리적 활동 없이도 상황 판단, 자원 배분, 우선순위 결정, 기관 간 조율 등 핵심적인 의사결정 과정을 반복 연습할 수 있다. 각 기관 대표자들은 자신의 조직이 보유한 자원과 역량을 정확히 파악하고, 다른 기관과의 협조 지점을 명확히 인식하면서 통합적 대응 전략을 수립하는 훈련을 거친다. 이 과정에서 의사소통 프로토콜, 정보공유 체계, 지휘 체계의 명확성 등이 자연스럽게 검증되고 개선된다.

이러한 훈련의 효과성을 고려하여 연 1회 이상이라는 실시 주기가 최소 기준으로 설정되어 있다. 실제로 많은 공항에서는 분기별 또는 반기별로 도상훈련을 실시하여 지속적인 준비 태세를 유지하고 있으며, 공항운영자 등이 관계기관과 협의하여 실시 시기와 내용을 결정하도록 함으로써 각 공항의 특성과 위협 평가에 따른 맞춤형 훈련이 가능하다. 특히 신규 인력이 배치되거나 절차가 변경된 경우, 도상훈련을 통해 신속하게 숙련도를 확보할 수 있어 인력 관리 측면에서도 중요한 도구가 되고 있다.

도상훈련은 종합훈련과 부분훈련을 연결하는 가교 역할도 수행한다. 종합훈련 전에는 시나리오 검증과 절차 확인을 위한 예비 훈련으로, 종합훈련 후에는 교훈 반영과 개선사항 확인을 위한 후속 훈련으로 활용될 수 있다. 이러한 다목적성과 유연성은 도상훈련을 대테러 훈련 체계의 필수불가결한 요소로 자리매김하게 하며, 제한된 자원으로 최대한의 훈련 효과를 달성하려는 전략적 접근의 핵심이 되고 있다.

(6) 대테러 모의훈련 관계기관 협력체계

국가항공보안 수준관리지침 제36조는 모의훈련과 관련된 기관별 임무를 명확히 규정하고 있다. 대테러 종합훈련의 실효성을 높이기 위해서는 관계기관들의 적극적인 협력과 지원이 무엇보다 중요하며, 각 기관은 자신의 전문 영역에서 체계적인 역할을 수행함으로써 통합적이고 실질적인 훈련 효과를 달성한다.

1) 국토교통부: 훈련 총괄기관으로서의 핵심 역할

이러한 협력 체계에서 국토교통부는 훈련 전반을 총괄하는 핵심 기관으로서 중추적 역할을 수행한다. 훈련에 대한 종합적인 지침을 제공하여 전체적인 방향성을 설정하고, 훈련과 관련된 각종 요건과 세부지침을 마련하여 참여 기관들이 명확한 기준을 가지고 훈련에 임할 수 있도록 한다. 이는 다기관이 참여하는 복잡한 훈련 구조에서 일관성과 체계성을 확보하는 핵심적 조정 기능이다.

훈련 일정의 관리와 조정 업무는 여러 기관이 참여하는 복합적인 훈련의 특성상 특히 중요한 의미를 갖는다. 각 기관의 운영 일정과 자원 가용성을 고려한 체계적인 일정관리는 훈련의 성공을 좌우하는 결정적 요소가 되며, 이를 통해 모든 참여 기관이 충분한 준비와 함께 훈련에 임할 수 있도록 보장한다.

실제 훈련 진행 단계에서 국토교통부는 항공교통 관제업무 등 핵심 인프라 지원을 담당한다. 모의훈련이지만 실제 공항 운영에 미치는 영향을 최소화하면서도 현실적인 훈련 환경을 조성하는 것은 훈련의 실효성과 안전성을 동시에 확보하는 데 필수적이다. 관제 업무의 조정과 지원을 통해 훈련 중에도 정상적인 항공 운항이 유지될 수 있도록 하며, 이는 훈련과 실제 운영의 조화를 이루는 핵심 요소가 된다.

훈련시나리오 작성과 검토 지원은 훈련의 전문성과 실효성을 담보하는 필수적 임무다. 다양한 위협 상황을 반영한 현실적이고 도전적인 시나리오는 참여자들의 대응 역량을 실질적으로 향상시키며, 예측 불가능한 실제 상황에 대한 준비도를 높인다. 국토교통부는 축적된 경험과 전문성을 바탕으로 각 공항과 기관의 특성에 맞는 시나리오 개발을 지원하고, 이를 통해 훈련의 질적 수준을 지속적으로 향상시켜 나가고 있다.

2) 공항운영자의 훈련 기획·실행 및 책임 체계

공항운영자는 대테러 모의훈련에서 가장 직접적이고 실질적인 역할을 담당하는 주체다. 공항이라는 물리적 공간과 운영 시스템을 보유한 기관으로서, 훈련의 기획부터 실행까지 전 과정에 걸쳐 중추적인 기능을 수행하고 있다.

공항운영자는 관계기관과의 긴밀한 협의를 통해 훈련 계획을 수립하고 이를 주관한다. 이는 단순한 행정적 역할을 넘어서, 실제 공항 환경의 특성과 운영상의 제약을 고려한 현실적인 훈련 시나리오를 구성하는 전문적 업무다. 각 공항의 시설 규모, 승객 이용 패턴, 보안시스템 등을 종합적으로 분석하여 최적의 훈련 환경을 조성하는 것이 핵심이라 할 수 있다.

훈련 실행을 위해서는 비상운영센터 가동 등 필요한 장비와 인력을 확보해야 한다. 이때 공항운영자는 평상시 운영 체계를 훈련 모드로 전환하면서도, 일반 승객과 항공기 운항에 미치는 영향을 최소화하는 균형점을 찾아야 하는 도전에 직면한다. 전문 훈련 요원, 통신 장비, 모니터링 시스템 등을 체계적으로 준비하는 것은 훈련의 성공을 좌우하는 결정적 요소가 된다.

훈련 과정에서 발생할 수 있는 항공기 파손이나 손괴에 대해서는 명확한 책임 원칙을 적용한다. 공항운영자에게 귀책사유가 있는 경우에 한해 손해배상 조치를 취하도록 하여, 합리적이고 공정한 책임 분담 체계를 구축하고 있다. 이는 훈련 참여 기관들이 부담 없이 적극적으로 협력할 수 있는 환경을 조성하는 데 기여한다.

공항운영자는 이 모든 요소들을 아우르는 종합적인 훈련 준비와 시행 업무를 담당한다. 단순히 시설을 제공하는 것이 아니라, 훈련의 전체적인 흐름을 관리하고 각 단계별로 필요한 지원을 제공하는 통합 관리자로서 역할을 수행하는 것이다.

3) 국가정보원의 역할

국가정보원은 대테러 모의훈련에서 전략적 차원의 조정과 통제 업무를 담당하는 핵심 기관이다. 국가 차원의 테러 대응 전문성과 정보 역량을 바탕으로, 훈련의 전체적인 방향성을 설정하고 관련 기관 간의 협력을 조율하는 중추적 역할을 수행하고 있다. 훈련과 관련된 일정, 규모, 실시방법 등을 종합적으로 관리하며, 동시에 대외기관과의 협력 체계를 구축하고 있다.

특히 훈련 시나리오 작성과 검토 업무를 통해 훈련의 전문성을 높이는 데 기여하고 있다. 실제 테러 위협 분석 경험을 토대로 현실적이고 실효성 있는 시나리오를 개발하여, 참여 기관들이 보다 체계적인 대응 역량을 함양할 수 있도록 지원한다. 이는 국토교통부의 시나리오 지원과 상호보완적 관계를 형성하면서, 항공보안과 국가 대테러 전략이 유기적으로 연계되도록 하는 핵심고리가 된다.

이 외에도 훈련과 관련된 각종 조정 업무를 담당하여 전체적인 훈련 체계가 원활하게 운영될 수 있도록 한다. 기관 간 협력이 필요한 상황에서 조정자 역할을 수행하며, 예상치 못한 상황 발생 시에도 신속한 대응 방안을 제시한다.

4) 경찰청(공항 경찰대)

경찰청은 공항 경찰대를 중심으로 대테러 모의훈련에 핵심적인 전문 자원을 제공하는 역할을 수행한다. 가능한 범위 내에서 경찰특공대와 탐지견 등 특수 인력과 장비를 지원하여 훈련의 현실성을 크게 높이고 있다. 이러한 전문 자원들은 실제 테러 상황에서 투입되는 핵심 전력으로, 훈련 참여자들에게 실질적인 경험을 제공하는 데 매우 중요한 역할을 한다.

훈련 상황에 따라 대테러 협상 실무요원과 통역요원 등을 지원하는 것도 경찰청의 주요 임무다. 특히 대테러 협상 실무요원은 실제 테러 상황에서 핵심적인 역할을 담당하는 전문가로, 이들의 참여는 훈련의 전문성과 실효성을 동시에 보장하는 중요한 요소가 된다. 통역요원 지원은 국제적 테러 상황을 가정한 훈련에서 특히 유용하며, 다국적 승객과 테러리스트 간 의사소통이 필요한 시나리오의 현실성을 높인다.

또한 훈련 시나리오 작성과 검토에도 경찰의 현장경험과 전문성을 반영하여 지원하고 있다. 실제 사건대응 경험을 바탕으로 한 시나리오 검증은 훈련의 실무적 타당성을 확보하는 데 기여한다. 이 외에도 훈련에 필요한 기타 관련 인력을 가능한 범위 내에서 적극적으로 지원함으로써, 훈련의 완성도를 높이고 있다.

경찰청의 지원은 '가능한 범위 내에서'라는 현실적 접근을 통해 이루어지지만, 그 전문성과 실무 경험은 훈련의 질적 향상에 결정적 역할을 하고 있다.

5) 군(기무사령부 포함)

경찰청이 일반적인 대테러 전문인력과 장비를 지원한다면, 군은 대테러 모의훈련에서 가장 전문적이고 특화된 자원을 제공하는 핵심 기관이다. 가능한 범위 내에서 대테러 전문 특공대와 항공기 등 고도의 전문 장비 및 인원을 지원하고 있다. 이러한 군사적 전문 역량은 다른 기관이 보유하기 어려운 고유한 자산으로, 훈련의 현실성과 완성도를 크게 높이는 결정적 요소다.

특히 화생방 테러 훈련 상황에서는 제독전문 부대를 지원하여 특수한 전문성을 발휘한다. 화생방 테러는 일반적인 테러와는 완전히 다른 차원의 대응이 필요한 영역으로, 군의 제독전문 부대가 보유한 전문 장비와 기술은 이러한 위협에 효과적으로 대응할 수 있는 유일한 수단이라 할 수 있다. 이는 민간기관의 역량으로는 접근조차 어려운 고도로 전문화된 영역이며, 군의 참여 없이는 완전한 대테러 훈련 체계를 구축할 수 없음을 의미한다.

시나리오 작성 지원을 통해서는 군사적 관점에서의 전문성을 반영하고 있으며, 기타 훈련 관련 사항에 대해서도 포괄적인 지원을 제공한다. 군의 참여는 민간 차원을 넘어선 국가적 차원의 대테러 대응 역량을 훈련에 반영하는 중요한 의미를 가진다.

군의 지원 역시 '가능한 범위 내에서' 이루어지지만, 그 전문성과 특수성은 다른 어떤 기관도 대체할 수 없는 고유한 가치를 갖는다.

6) 법무부(출입국관리사무소)

법무부는 출입국관리사무소를 통해 대테러 모의훈련에서 독특하고 중요한 역할을 담당한다. 출입국 관리 전문 인력을 지원하여 공항 보안 현장에서 이루어지는 실질적인 대응 훈련을 가능하게 하고 있다. 출입국 관리는 테러리스트의 국내 유입을 차단하는 첫 번째 관문으로서, 이들의 참여는 훈련의 현실성을 크게 높이는 핵심 요소가 된다.

훈련 시나리오 작성 지원을 통해서는 출입국 관리 업무의 특수성과 전문성을 반영한 시나리오 개발에 기여한다. 실제 공항에서 발생할 수 있는 다양한 상황들을 출입국 관리 관점에서 분석하고, 이를 훈련에 효과적으로 반영할 수 있도록 지원하고 있다.

기타 훈련 관련 사항에 대해서도 포괄적인 지원을 제공하여, 출입국 관리 업무와 연관된 모든 영역에서 훈련의 완성도를 높이는 데 기여한다. 특히 국경 관리와 관련된 법적, 제도적 측면에서의 전문성은 다른 기관이 제공하기 어려운 고유한 가치를 지닌다. 이러한 법무부의 참여는 공항보안 체계에서 출입국 관리가 차지하는 중요성을 훈련에 충실히 반영하는 의미를 가지고 있다.

7) 관세청

관세청은 대테러 모의훈련에서 물류 보안과 위험물품 탐지 분야의 핵심 전문성을 제공한다. 훈련에 필요한 세관 인력과 다양한 협력사항을 지원하여, 공항 내 화물 및 승객 소지품 검색 과정에서 발생할 수 있는 테러 위협에 대한 현실적인 대응 훈련을 가능하게 하고 있다. 세관의 전문 검색 장비와 탐지 기술은 폭발물이나 위험물품을 이용한 테러 시도를 차단하는 데 매우 중요한 역할을 한다.

훈련 시나리오 작성 지원을 통해서는 세관 업무의 특수성을 반영한 화물 검색, 밀수품 탐지, 위험물품 식별 등 세관 고유의 전문 영역에서 발생할 수 있는 다양한 테러 시나리오를 개발하는 데 기여하고 있다. 이는 공항 보안의 또 다른 중요한 축인 물류 보안 측면을 훈련에 충실히 반영하는 의미를 가진다.

관세청의 참여는 세관 업무와 연관된 모든 보안 영역에서 훈련의 실효성을 높여 승객 중심의 보안체계를 넘어 화물과 물류까지 아우르는 통합적 공항 보안 훈련을 가능하게 하는 중요한 요소다.

8) 항공운송사업자

항공운송사업자는 국가항공보안 수준관리지침 제36조에 명시된 종합훈련 등과 관련하여 핵심적인 역할을 수행한다. 관계기관의 적극적인 지원과 함께, 항공사는 훈련의 실효성을 높이기 위한 다양한 임무를 담당하고 있다.

우선, 항공운송사업자는 종합훈련에서 주도적인 참여자로서의 책임을 진다. 특히 훈련 시나리오에 항공기가 필요한 경우, 안전이 충분히 확보된 범위 내에서 자사가 보유한 항공기를 지원할 수 있도록 준비하고 있다. 이는 실제 상황과 유사한 훈련 환경을 조성하는 데 필수적인 요소가 된다.

또한 항공운송사업자는 훈련에 필요한 인력과 장비를 가능한 범위 내에서 지원하는 역할을 수행한다. 이러한 지원은 훈련의 현실성을 높이고, 참여 기관들이 실제 상황에서의 대응 능력을 향상시키는 데 기여하고 있다. 더불어 훈련 시나리오 작성 단계부터 적극적으로 참여하여, 항공운항 현장의 실무적 관점을 반영함으로써 보다 효과적인 훈련 프로그램 개발에 기여한다.

9) 지상조업체 등

지상조업체의 주요 임무는 훈련에 필요한 인력과 장비를 가능한 범위 내에서 적극 지원하는 것이다. 특히 수하물 처리, 화물 운송, 항공기 지상 이동 등과 관련된 실무 인력과 특수 장비들은 현실적인 훈련 시나리오 구현에 핵심적인 역할을 하고 있다. 이러한 지원을 통해 훈련 참여자들은 실제 공항 운영 환경과 유사한 조건에서 대응 능력을 향상시킬 수 있다.

또한 지상조업체는 훈련 시나리오 작성 단계부터 참여하여 현장의 실무적 관점을 제공한다. 지상조업 과정에서 발생할 수 있는 다양한 보안위협 시나리오와 대응 방안에 대한 전문적인 의견을 제시함으로써, 보다 현실성 있고 효과적인 훈련 프로그램 개발에 기여하고 있다. 이 외에도 훈련의 원활한 진행을 위해 필요한 각종 사항들을 유연하게 지원하며, 관계기관과의 협력체계를 강화하는 데 중요한 역할을 수행한다.

3. 대테러 장비

공항의 테러 위협 대응 능력은 적절한 장비의 확보와 운용에서 시작된다. 국가항공보안계획 11.2.10은 테러대응에 대한 국토교통부장관의 권한과 책임을 명시하고 있으며, 이를 통해 체계적인 대테러 장비 운용 시스템을 구축하도록 하고 있다.

이러한 체계적 접근의 핵심은 국토교통부장관에게 부여된 포괄적 권한에 있다. 공항 안전 유지라는 중대한 책무를 수행하기 위해, 국토교통부장관은 의심되는 위험한 장치나 잠재적 위협에 대한 조사와 처리를 위한 공항에서의 폭발물 등에 관한 처리기준을 수립하고 시행한다. 이 기준은 단순한 지침을 넘어, 공항에서 발생할 수 있는 모든 폭발물 관련 상황에 대한 체계적인 대응 매뉴얼 역할을 담당하고 있다.

이러한 제도적 기반은 대테러 대응의 일관성과 전문성을 보장하는 핵심 요소가 된다. 각 공항이 독자적으로 대응체계를 수립하는 것이 아니라, 국가 차원의 통일된 기준에 따라 움직임으로써 어느 공항에서든 동일한 수준의 안전성을 확보할 수 있다. 특히 폭발물 처리에 필요한 세부 사항들이 명확히 규정되어 있어, 현장 요원들이 신속하고 정확한 판단을 내릴 수 있는 실무적 지침이 되고 있으며, 이는 국가 항공보안 체계의 견고성을 유지하는 토대가 되고 있다.

(1) 공항 대테러 장비의 전략적 배치 및 운용

> **▌공항에서의 폭발물 등에 관한 처리기준**
>
> **제8조(폭발물 처리장비의 종류)** ① 공항운영자가 갖추어야 할 폭발물 처리장비는 다음 각 호와 같다.
>
> 1. 검색경, 탐침(봉), 금속탐지기, 휴대용 폭약탐지기 등 폭발물 탐지장비
> 2. 엑스레이 촬영기 및 현상기, 관측내시경, 청진기 등 폭발물 확인장비
> 3. 방폭담요, 방폭가방, 방폭복, 원격이동장비 등 폭발물 취급장비
> 4. 폭발물분쇄기, 수처리 공구 세트 등 폭발물 분쇄장비
> 5. 폭발물운반트레일러, 출동차량 등 폭발물 운반장비
> 6. 세균·가스 불침투보호 세트, 제독기, 탐지킷 및 수집 세트 등 생화학 물질 처리장비
>
> ② 공항운영자는 제1항에도 불구하고 공항의 특성에 따라 폭발물 처리장비의 종류 및 수량을 공항별로 달리 정할 수 있다.

국토교통부장관이 수립한 처리기준이라는 법적 기반 위에서, 실제 테러 초동조치의 성공 여부는 적절한 장비의 즉각적인 활용에 달려 있다. 공항운영자는 공항에서의 폭발물 등에 관한 처리기준에 따라 필수 대테러 장비를 전략적으로 배치하고 운용한다. 이는 법적 의무이자 공항 안전 확보를 위한 실질적인 조치로, 각 공항의 규모와 특성에 맞는 맞춤형 장비 운용 체계를 구축하는 기반이 된다.

이러한 장비 운용 체계의 핵심은 휴대용폭약탐지기와 폭발물분쇄기다. 휴대용폭약탐지기는 의심 물질을 신속하게 현장에서 검사할 수 있는 장비로, 초동조치 단계에서 폭발물 여부를 즉각 판별하는 데 필수적이다. 높은 민감도와 정확성을 갖춘 이 장비는 극미량의 폭발물 성분도 탐지할 수 있어, 위협의 조기 식별을 가능하게 한다. 폭발물분쇄기는 탐지된 폭발물을 안전하게 처리하는 특수 장비로, 폭발물을 원격으로 파괴하거나 무력화시키는 기능을 수행하며, 2차 피해를 방지하는 핵심적 수단이 되고 있다.

이들 핵심 장비와 함께 X-ray 촬영기, 원격조종 로봇, 방폭 담요, 폭발물 운반 트레일러 등 다양한 장비들이 종합적으로 운용되고 있다. 각 장비는 특정 상황에 최적화되어 있으며, 상호보완적으로 작동하여 여러 단계별 대응체계를 구성한다. 공항운영자는 이러한 장비들을 상시 운용 가능한 상태로 유지하고, 정기적인 점검과 교육을 통해 긴급 상황에서의 즉각적인 활용을 보장한다. 이를 통해 테러 위협에 대한 신속하고 효과적인 초동대응이 가능해지며, 공항 전체의 안전성이 체계적으로 확보되는 것이다.

1) 공항 폭발물 처리장비 체계와 분류

공항에서 폭발물 위협에 대응하기 위해서는 체계적인 장비 운용이 필수적이다. 공항

에서의 폭발물 등에 관한 처리기준 제8조에서는 공항운영자가 갖추어야 할 폭발물 처리 장비를 6개 범주로 분류하여 규정하고 있다.

첫 번째 범주인 폭발물 탐지장비로는 검색경, 탐침봉, 금속탐지기, 휴대용 폭약탐지기 등이 운용된다. 이러한 장비들은 폭발물의 초기 탐지와 식별에 핵심적인 역할을 수행하며, 위협의 조기 발견을 가능하게 한다.

두 번째로 폭발물 확인장비에는 엑스레이 촬영기와 현상기, 관측내시경, 청진기 등이 포함된다. 의심물체가 발견되면 이 장비들을 통해 내부 구조와 작동 원리를 정밀하게 파악하며, 이는 적절한 대응 방법을 결정하는 데 필수적인 정보를 제공한다.

세 번째 폭발물 취급장비는 방폭담요, 방폭가방, 방폭복, 원격이동장비 등으로 구성된다. 이러한 장비들은 폭발물 처리 요원의 안전을 보장하면서 위험물을 안전하게 격리하는 데 사용되며, 처리 과정에서 발생할 수 있는 2차 피해를 방지하는 핵심적 수단이 되고 있다.

네 번째 범주인 폭발물 분쇄장비로는 폭발물분쇄기와 수처리 공구 세트 등이 활용된다. 이 장비들은 폭발물을 무력화하거나 안전하게 해체하는 과정에서 중요한 기능을 담당하며, 위협을 근본적으로 제거하는 최종 처리 단계에서 운용된다.

다섯 번째로 폭발물 운반장비에는 폭발물운반트레일러와 출동차량 등이 있다. 발견된 폭발물을 안전지대로 이동시키거나 처리 현장까지 신속하게 이동할 때 필수적인 장비로, 신속한 대응과 안전한 처리를 동시에 보장하는 역할을 수행한다.

마지막으로 생화학 물질 처리장비는 세균·가스 불침투보호 세트, 제독기, 탐지킷 및 수집 세트 등을 포함한다. 최근 생화학 테러 위협이 증가함에 따라 이러한 특수 장비의 중요성이 더욱 부각되고 있으며, 전통적인 폭발물 위협을 넘어선 복합적 위협에 대응하는 핵심 자산이 되고 있다.

2) 폭발물 처리장비 성능기준의 법적 체계

> **▮ 공항에서의 폭발물 등에 관한 처리기준**
> **제9조(폭발물 처리장비의 성능)** ① 폭발물 처리장비의 성능기준은 별표와 같다.
> ② 공항운영자는 필요한 경우 별표에서 정하지 아니한 성능기준을 별도로 정할 수 있다.

항공보안의 실효성을 확보하기 위해서는 폭발물 처리장비가 일정 수준 이상의 성능을 유지하는 것이 필수적이다. 이러한 맥락에서 공항에서의 폭발물 등에 관한 처리기준 제9조는 폭발물 처리장비가 갖추어야 할 성능기준을 구체적으로 규정하고 있다.

이 규정에 따르면 각 장비는 국제민간항공기구(ICAO)와 국토교통부가 정한 최소 성능요건을 충족해야 한다. 특히 탐지 정확도, 반응 시간, 오탐지율 등의 핵심 지표들이 엄격하게 관리되며, 이는 장비의 신뢰성을 확보하고 보안 공백을 최소화하기 위한 필수적 조치다. 국제 기준과 국내 기준을 동시에 충족하도록 함으로써, 글로벌 수준의 보안 역량을 확보하는 동시에 국내 항공보안 환경의 특수성도 반영한다.

한편 제9조제2항은 획일적 기준 적용의 한계를 인식하고 공항운영자에게 일정한 재량권을 부여한다. 공항운영자는 필요한 경우 법령에서 정하지 않은 추가적인 성능기준을 별도로 설정할 수 있으며, 이러한 유연성은 각 공항의 특수한 보안 환경과 위협 수준을 고려한 맞춤형 대응을 가능하게 한다. 예를 들어, 국제선 운항 비중이 높거나 테러 위협이 상존하는 공항의 경우, 보다 엄격한 성능기준을 적용하여 보안수준을 강화할 수 있다.

이러한 이원적 접근은 최소 기준을 통한 안전성 확보와 자율적 강화를 통한 최적화를 동시에 추구한다. 법령이 정한 최소 성능요건은 모든 공항이 반드시 갖추어야 할 기본선을 제시하고, 추가 기준 설정 권한은 각 공항이 자신의 위험 평가와 운영 특성에 맞는 상향된 보안수준을 구현하도록 지원한다. 이는 획일적인 기준 적용보다 현실적이고 효과적인 보안체계 구축에 기여하며, 각 공항의 능동적인 보안 강화 노력을 제도적으로 뒷받침한다.

3) 폭발물 처리장비의 배치 체계와 공항별 차등 운용

▌공항에서의 폭발물 등에 관한 처리기준

제10조(폭발물 처리장비의 배치) ① 공항운영자는 제8조에 따른 폭발물 처리장비를 공항별로 배치하여야 한다. ② 공항운영자는 제1항에도 불구하고 제3조제2항에 따라 군 공항 당국과 상호지원협정을 체결한 공항에 대하여는 폭발물 처리장비의 종류 및 수량을 공항 실정에 맞게 조정할 수 있다.

폭발물 처리장비의 효과적인 배치는 공항보안의 핵심 요소 중 하나이며, 공항에서의 폭발물 등에 관한 처리기준 제10조는 공항운영자가 폭발물 처리장비를 체계적으로 배치하도록 의무화하고 있다.

이 규정의 주목할 점은 획일적인 적용을 요구하지 않는다는 것이다. 제8조제2항에 따르면 공항운영자는 각 공항의 특성을 고려하여 폭발물 처리장비의 종류와 수량을 차등적으로 결정할 수 있다. 공항 규모, 운항 횟수, 여객 처리량, 지리적 위치 등 다양한 변수를 반영한 현실적인 접근으로, 대형 국제공항의 경우 다양한 종류의 장비를 충분한 수량으로 확보해야 하는 반면, 소규모 지방공항은 필수 장비 위주로 효율적인 배치가 가능하다. 이러한 탄력적 운용은 보안 효과성을 유지하면서도 비용 효율성을 달성하는 균형점을 찾는 전략적 선택이라 할 수 있다.

특히 군 공항과의 협력 체계는 자원 활용의 효율성을 극대화하는 중요한 방안이 되고 있다. 제10조제2항은 군 공항 당국과 상호지원협정을 체결한 공항의 경우, 폭발물 처리장비의 종류와 수량을 실정에 맞게 조정할 수 있도록 규정한다. 이는 민·군 협력을 통해 중복 투자를 방지하고 전문 인력과 장비를 공유하는 실용적 접근으로, 한정된 국가 자원을 효과적으로 활용하는 우수사례가 되고 있다.

실제로 일부 지방공항에서는 인근 군 부대의 폭발물 처리반(EOD)과 긴밀한 협조 체계를 구축하고 있다. 이를 통해 고가의 특수 장비를 효율적으로 활용하면서도 신속한 대응 능력을 확보하는 시너지 효과를 창출한다. 이러한 협력 모델은 민간 공항의 보안 역량을 강화하는 동시에, 군의 전문성과 자원을 국가 전체의 안전 확보에 활용하는 통합적 보안체계의 구체적 사례라 할 수 있다.

(2) 폭발물 처리장비 유지관리 체계와 성능 보증

공항에서의 폭발물 등에 관한 처리기준

제11조(내용연수) ① 공항운영자는 폭발물 처리장비별 내용연수의 기준은 조달청장 고시에 따르며, 조달청장 고시가 개정되는 경우에는 그에 따른다.

② 공항운영자는 장비의 성능이 저하되지 않도록 정기점검을 실시하고 적정시점에 폭발물 처리장비를 교체하여야 하며, 제1항에 규정한 내용연수를 초과하여 사용할 수 없다. 다만 내용연수가 도래하였더라도 매년 장비제작사 또는 국토교통부장관이 인정하는 전문기관의 정밀 성능 검사 결과 적합하다는 확인을 받을 경우 내용연수의 경과에도 불구하고 연장사용할 수 있다.

제13조(폭발물 처리장비의 점검) ① 공항운영자는 폭발물처리장비에 대해 분기별 1회 이상 점검하여야 한다.

② 공항운영자는 폭발물처리장비 점검대장을 비치하여 장비별 점검일자, 점검자 및 점검결과 등을 기록하여야 한다.

폭발물 처리장비의 신뢰성 확보를 위해서는 체계적인 유지관리가 필수적이다. 이에 따라 공항에서의 폭발물 등에 관한 처리기준은 공항운영자가 폭발물 처리장비를 항상 사용 가능한 상태로 유지·관리하도록 의무화하고 있다

이러한 유지관리의 핵심은 엄격한 수명 관리 기준에 있다. 정기점검 결과 노후화 등으로 기능과 성능을 유지하기 어렵다고 판단되면, 공항운영자는 내용연수와 관계없이 해당 장비를 즉시 교체해야 한다. 보안 장비의 특성상 작은 기능 저하도 치명적인 보안 공

백으로 이어질 수 있기 때문에 이러한 선제적 조치가 요구되는 것이다.

그러나 내용연수가 경과한 장비라도 성능이 양호하면 계속 사용할 수 있는 제도적 장치도 마련되어 있다. 매년 장비제작사 또는 국토교통부장관이 인정하는 전문기관의 정밀성능점검을 받아 폭발물 성능기준에 적합하다고 인정받으면 사용기간을 연장할 수 있다. 이는 장비의 실제 성능을 기준으로 한 합리적 운용을 가능하게 하는 동시에, 예산의 효율적 집행에도 기여한다.

실제 운영 측면에서 정기점검 체계는 분기별 1회 이상, 즉 연 4회 이상 실시하도록 규정하고 있다. 각 점검 시에는 장비의 작동 상태, 탐지 정확도, 부품 마모도 등을 종합적으로 평가하며, 특히 폭발물처리장비 점검대장을 의무적으로 비치하여 장비별 점검일자, 점검자, 점검결과 등을 체계적으로 기록하도록 하고 있다.

이렇게 축적된 점검 이력은 단순히 기록에 그치지 않고 다양한 목적으로 활용된다. 장비의 생애주기 관리는 물론, 사고 발생 시 원인 분석과 책임 소재 규명의 중요한 근거가 되며, 나아가 점검 패턴 분석을 통한 예방적 유지보수 계획 수립까지 가능하게 한다.

Ⅱ. 대테러 대응체계

1. 국가항공보안 우발계획

▌ 항공보안법

제31조(국가항공보안 우발계획 등의 수립) ① 국토교통부장관은 민간항공에 대한 불법방해행위에 신속하게 대응하기 위하여 국가항공보안 우발계획을 수립·시행하여야 한다.

② 공항운영자등은 제1항의 국가항공보안 우발계획에 따라 자체 우발계획을 수립·시행하여야 한다.

③ 공항운영자등은 제2항에 따라 자체 우발계획을 수립 또는 변경하는 경우에는 국토교통부장관의 승인을 받아야 한다. 다만, 국토교통부령으로 정하는 경미한 사항을 변경하는 경우에는 그러하지 아니하다.

④ 제1항부터 제3항까지의 규정에 따른 국가항공보안 우발계획 및 자체 우발계획의 구체적인 내용, 수립기준 및 승인절차 등에 관하여 필요한 사항은 국토교통부령으로 정한다.

▌ 항공보안법 시행령

제4조(지방보안협의회의 임무 등) ① 지방보안협의회는 다음 각 호의 사항을 협의한다.

4. 법 제31조제2항에 따른 자체 우발계획의 수립·시행에 관한 사항

제20조(권한의 위임) 국토교통부장관은 법 제38조제1항에 따라 다음 각 호의 권한을 지방항공청장에게 위임한다.

6. 법 제31조제3항 본문에 따른 자체 우발계획의 승인 또는 변경승인(자체 보안계획과 별도로 승인 또는 변경승인을 받는 경우만 해당한다)

▮ 항공보안법 시행규칙

제18조(국가항공보안 우발계획 등의 내용) ① 법 제31조제1항에 따른 우발계획에는 다음 각 호의 사항이 포함되어야 한다.

1. 영 제2조제2항제1호에 따른 행정기관의 역할
2. 항공보안등급 발령 및 등급별 조치사항
3. 불법방해행위 대응에 관한 기본대책
4. 불법방해행위 유형별 대응대책
5. 위협평가 및 위험관리에 관한 사항
6. 그 밖에 항공보안에 관하여 필요한 사항

② 공항운영자등이 법 제31조제2항에 따라 수립하는 자체 우발계획에는 다음 각 호의 구분에 따른 사항이 포함되어야 한다.

1. 공항운영자의 자체 우발계획
   가. 영 제2조제2항제1호에 따른 행정기관의 역할
   나. 공항시설 위협시의 대응대책
   다. 항공기 납치시의 대응대책
   라. 폭발물 또는 생화학무기 위협시의 대응대책
2. 항공운송사업자의 자체 우발계획
   가. 공항시설 위협시의 대응대책
   나. 항공기납치 방지대책
   다. 폭발물 또는 생화학무기 위협시의 대응대책
3. 항공기취급업체·항공기정비업체·공항상주업체(보호구역 안에 있는 업체만 해당한다), 항공여객·화물터미널 운영자, 도심공항터미널을 경영하는 자의 자체 우발계획
   가. 공항시설 위협시의 대응대책
   나. 폭발물 또는 생화학무기 위협시의 대응대책

제18조의2(자체 우발계획의 승인 및 변경 등) ① 국토교통부장관 또는 지방항공청장은 법 제31조제3항 본문에 따라 자체 우발계획을 승인하려는 경우에는 다음 각 호의 사항을 검토하여야 한다.

1. 우발계획과의 적합성
2. 법 제3조에 따른 국제협약 및 「국제민간항공협약」 부속서 17 등과의 적합성

② 법 제31조제3항 단서에서 "국토교통부령으로 정하는 경미한 사항"이란 다음 각 호의 사항을 말한다.

1. 기관 운영에 관한 일반현황의 변경
2. 기관 및 부서의 명칭 변경

> 3. 항공보안에 관한 법령, 고시 및 지침 등의 변경사항 반영
> ③ 공항운영자등(공항운영자, 항공운송사업자 중 「항공사업법」 제7조에 따라 면허를 받은 국내항공운송사업자 및 국제항공운송사업자는 제외한다)은 자체 우발계획을 법 제10조제2항에 따른 자체 보안계획에 포함하여 국토교통부장관의 승인을 받을 수 있다.

(1) 국가항공보안 우발계획의 구성과 운영 체계

국가의 항공보안 체계에서 예상치 못한 위협 상황에 대비하는 것은 매우 중요한 과제다. 이에 따라 국토교통부장관은 민간항공에 대한 불법방해행위에 효과적으로 대응하기 위해 국가항공보안 우발계획을 수립하여 운영한다. 이 계획에는 유사시 행동요령, 관련기관 간 협조체계 등이 체계적으로 포함되어 있다.

이러한 우발계획은 그 중요성과 민감성을 고려하여 기밀문서로 분류되어 엄격하게 관리된다. 비밀취급인가를 받은 관계자만이 열람할 수 있으며, 문서에는 다양한 불법방해행위에 대한 상황별 대처요령과 기관별 대응조치가 상세히 기술되어 있다. 항공기 불법억류, 폭발물 위협, 인질극, 지상 공격행위, 생화학 테러 공격 등 다양한 위협 시나리오별로 구체적인 대응 방안이 마련되어 있는 것이다.

본 계획의 핵심 목표는 명확하다. 공항이나 민간항공기를 대상으로 발생할 수 있는 불법방해행위로부터 인명과 재산을 보호하고, 위기 상황 발생 시 민간항공 운영을 신속하게 정상화하는 것이다. 이를 달성하기 위해 위협사태 유형별로 체계적인 대응절차를 구축하고, 관련 기관들의 임무와 역할을 명확히 규정하고 있다.

이 가운데 특히 주목할 부분은 항공보안등급별 조치사항이다. 상황의 심각성에 따라 단계적으로 대응할 수 있도록 설계되어 있으며, 보안등급이 상향될수록 공항운영자와 항공운송사업자가 수행해야 할 구체적인 역할과 조치사항이 더욱 강화된다. 이러한 단계별 대응체계를 통해 위협 수준에 비례한 효과적인 대응이 가능하도록 하고 있다.

(2) 자체우발계획 수립 및 승인 체계

국가항공보안 우발계획이 수립되면, 각 기관들은 이를 기반으로 자체적인 우발계획을 마련해야 한다. 공항운영자 등 관련 기관들은 국가항공보안 우발계획에 따라 자체 우발계획을 수립한 후 국토교통부장관 또는 지방항공청장의 승인을 받아야 하며, 이를 통해 국가 차원의 통합적인 대응체계를 구축하고 있다.

이러한 자체 우발계획의 승인 과정에서는 엄격한 검토 기준이 적용된다. 국토교통부장관 또는 지방항공청장은 항공보안법 제31조제3항에 따라 자체 우발계획을 승인하기 전

에 항공보안법 시행규칙 제18조의2에 명시된 두 가지 핵심 사항을 검토한다.

검토의 첫 번째 기준은 국가항공보안 우발계획과의 적합성이며, 두 번째는 법 제3조에 따른 국제협약 및 국제민간항공협약 Annex 17 등과의 적합성이다. 이러한 검토 과정을 거쳐 자체 계획이 국가 계획 및 국제 기준과 일관성을 유지하도록 보장한다.

자체 우발계획 수립 의무는 공항운영자, 국내항공운송사업자, 국제항공운송사업자에게 적용되고 있다. 반면 외국인항공운송사업자, 소형항공운송사업자, 항공기취급업체, 공항상주업체 등은 행정적 효율성을 고려하여 별도의 우발계획을 작성하는 대신, 법 제10조 제2항에 따른 자체보안계획에 우발계획을 포함시켜 국토교통부장관이나 지방항공청장의 승인을 받을 수 있다.

승인을 받은 이후에도 계획의 실효성 유지는 계속되어야 한다. 공항운영자 등 관련 기관들은 국가항공보안 우발계획과 자체 우발계획을 항상 최신 상태로 유지·관리해야 하며, 보안 환경이 끊임없이 변화하는 만큼 계획 역시 이러한 변화를 반영하여 지속적으로 갱신해야 실질적인 대응 능력을 확보할 수 있다.

(3) 항공보안 정보공유 및 협력 체계

▮ 항공보안법

제30조(항공보안을 위협하는 정보의 제공) ① 국토교통부장관은 항공보안을 해치는 정보를 알게 되었을 때에는 관련 행정기관, 국제민간항공기구, 해당 항공기 등록국가의 관련 기관 및 항공기 소유자 등에 그 정보를 제공하여야 한다.

② 제1항에 따른 정보 제공의 절차 및 협력사항 등에 관한 세부 사항은 국토교통부령으로 정한다.

▮ 항공보안법 시행규칙

제17조(정보의 제공) 법 제30조에 따라 국토교통부장관이 정보를 제공하여야 할 대상은 다음 각 호와 같다.

1. 영 제2조제2항제1호에 따른 행정기관
2. 해당 항공기 등록국가 및 운영국가의 관련 기관
3. 항공기 승객이 외국인인 경우 해당 국가의 관련 기관
4. 국제민간항공기구(ICAO)

항공보안에서 정보의 신속한 공유는 위협을 사전에 차단하고 효과적으로 대응하는 데 핵심적인 역할을 한다. 이러한 중요성을 인식하여 법적·제도적 차원에서 체계적인 정보공유 시스템을 구축하고 있다.

1) 보안위협 정보의 수집·전파·협력

항공보안법 제30조는 정보 제공의 의무를 명확히 규정한다. 국토교통부장관은 항공보안을 해치는 정보를 입수했을 때 즉시 관련 기관들과 이를 공유해야 한다. 정보를 제공받아야 하는 기관에는 관련 행정기관, 국제민간항공기구, 해당 항공기 등록국가의 관련 기관 그리고 항공기 소유자 등이 포함되며, 이를 통해 국내외 관계기관 간 긴밀한 공조체계를 유지하고 있다.

이러한 법적 의무는 실무 차원에서 구체적인 전파 체계로 구현된다. 국가항공보안계획에 따르면, 지방항공청장과 공항운영자 등이 민간항공에 대한 불법방해행위 정보를 수집했을 경우, 관계기관과 해당 공항운영자, 항공운송사업자에게 신속하게 전파해야 한다. 이와 같은 신속한 정보공유는 위협에 대한 즉각적인 대응을 가능하게 하며, 피해를 최소화하는 데 기여한다.

정보공유의 중요성은 불법방해행위가 실제로 발생한 경우 더욱 명확해진다. 지방항공청장은 불법방해행위 대상 항공기에 탑승한 승객과 승무원을 안전하게 석방시키기 위해 다양한 국제 주체들과 협력해야 한다. 관련 체약국, 항공운송사업자, 항공기 등록국, 항공기 제작국 등과의 긴밀한 협조를 통해 인질 상황을 해결하고 인명 피해를 방지하는 데 총력을 기울이고 있다.

이처럼 항공보안 정보의 수집·전파·공유 체계는 국내외 관계기관 간의 유기적인 협력을 통해 운영된다. 각 기관이 수집한 정보가 신속하게 공유되고, 이를 바탕으로 통합적인 대응이 이루어지는 체계는 항공 안전을 확보하는 핵심 요소로 자리잡고 있다.

2) 타 국가 통보 및 국제협력

항공보안 위협은 국경을 초월한 문제이기 때문에 국제사회의 긴밀한 협력이 필수적이다. 우리나라는 불법방해행위 발생 시 신속한 국제 통보 체계를 구축하여 운영하고 있다.

국가항공보안계획에 따르면, 국토교통부장관은 항공기 피랍 등 불법방해행위가 발생하거나 체약국에 대한 불법방해행위 정보를 입수했을 때 즉각적인 조치를 취한다. 해당 국가의 주한대사관에 관련 정보를 신속하게 제공하며, 이를 통해 실시간으로 상황을 공유한다. 주한대사관이 설치되어 있지 않은 국가의 경우에는 외교부를 통해 정보를 전달하는 체계를 갖추고 있다. 이러한 복합적 통보체계는 어떤 상황에서도 정보가 신속하게 전달될 수 있도록 보장하고 있다.

이러한 정보 전달과 함께 실질적인 국제협력도 활발히 이루어진다. 국토교통부장관은 불법방해행위로부터 민간항공을 보호하기 위해 체약국들과 다양한 분야에서 협력하고 있다. 보안 계획의 수립, 시설 설계, 장비 도입, 대응방법 개발, 절차 표준화 등 항공보안의 전 영역에 걸쳐 협력이 진행된다. 필요한 경우에는 양국 간 또는 다자간 합의서를 체결하여 협력의 법적 기반을 마련하기도 한다.

이처럼 타 국가와의 정보공유 및 협력 체계는 글로벌 항공 네트워크의 안전을 확보하는 데 중요한 역할을 수행한다. 각국이 보유한 정보와 경험을 공유함으로써 새로운 위협에 더욱 효과적으로 대응할 수 있으며, 국제 항공 운송의 안전성을 지속적으로 향상시키고 있다.

3) 불법방해행위 발생 시 국제 정보제공 체계

항공기 납치와 같은 불법방해행위가 발생했을 때, 국제사회와의 신속한 정보공유는 사건 해결과 피해자 보호를 위한 필수적인 절차다. 우리나라는 이러한 상황에 대비하여 체계적인 국제 정보제공 시스템을 운영하고 있다.

국가항공보안계획에 따르면, 불법방해행위에 처한 항공기가 인천비행정보구역 내 공항에 착륙한 경우, 국토교통부장관은 관련 국가와 국제기구에 즉시 정보를 제공해야 한다. 이는 단순한 정보공유를 넘어 국제법적 의무이자 인도주의적 책임의 이행이다.

정보제공 대상은 사건과 관련된 모든 이해당사자를 포괄한다. 우선 해당 항공기가 등록되어 있는 국가와 항공운송사업자가 소속된 국가에 정보를 제공한다. 이들 국가는 자국 항공기와 항공사의 안전을 책임지는 주체로서 사건 대응에 직접적인 역할을 수행하기 때문이다.

인명 피해가 발생한 경우에는 더욱 세밀한 정보 제공이 이루어진다. 사망이나 부상을 당한 승객이 있을 경우 해당 피해자의 국적 국가에 신속히 통보해야 하며, 인질로 구속된 사람이 있다면 그들의 소속 국가에도 즉각 정보를 전달한다. 나아가 항공기에 탑승한 모든 승객의 국적 국가에도 관련 정보를 제공하여, 각국이 자국민 보호를 위한 적절한 조치를 취할 수 있도록 지원한다.

이러한 국가 간 정보공유와 함께 국제민간항공기구(ICAO)에도 정보를 제공해야 한다. ICAO는 국제 항공 안전을 총괄하는 UN 산하 전문기구로서, 이러한 사건 정보를 수집·분석하여 전 세계 항공보안 체계 개선에 활용하고 있다. 이를 통해 유사한 사건의 재발을 방지하고 국제 항공 안전 수준을 지속적으로 향상시킨다.

이처럼 체계적인 정보제공 구조는 불법방해행위라는 국제적 위기 상황에서 각국이 협력하여 효과적으로 대응할 수 있는 기반을 제공한다. 신속하고 정확한 정보공유를 통해 피해를 최소화하고, 국제 항공 안전을 확보하는 데 핵심적인 역할을 수행하고 있다.

(4) 보안위협 대응을 위한 보안조치

> **▌ 항공보안법**
>
> **제19조(보안검색 실패 등에 대한 대책)** ② 국토교통부장관은 제1항에 따른 보고를 받은 경우에는 다음 각 호의 구분에 따라 항공보안을 위한 필요한 조치를 하여야 한다.
>
> 1. 항공기가 출발하기 전에 보고를 받은 경우: 해당 항공기에 대한 보안검색 등의 보안조치
> 2. 항공기가 출발한 후 보고를 받은 경우: 해당 항공기가 도착하는 국가의 관련 기관에 대한 통보
>
> ③ 국토교통부장관은 다른 국가로부터 제1항 각 호의 어느 하나에 해당하는 사항을 통보받은 경우에는 해당 항공기를 격리계류장으로 유도하여 보안검색 등 보안조치를 하여야 한다.
>
> **제32조(보안조치)** 국토교통부장관은 민간항공에 대한 위협에 신속한 대응이 필요한 경우에는 공항운영자 등에 대하여 필요한 조치를 할 수 있다.
>
> **▌ 항공보안법 시행령**
>
> **제20조(권한의 위임)** 국토교통부장관은 법 제38조제1항에 따라 다음 각 호의 권한을 지방항공청장에게 위임한다.
>
> 5의2. 법 제19조제2항에 따른 항공보안을 위한 필요한 조치
>
> 5의3. 법 제19조제3항에 따른 보안검색 등 보안조치

1) 긴급 보안조치 체계 및 운영 개선

항공보안에서 긴급 상황에 대한 즉각적인 대응 능력은 매우 중요하다. 항공보안법 제32조는 이러한 신속 대응을 위한 법적 근거를 제공하고 있다. 국토교통부장관은 민간항공에 대한 위협이 발생하여 신속한 대응이 필요한 경우, 공항운영자 등에게 필요한 보안조치를 명령할 수 있는 권한을 갖는다.

이러한 보안조치의 핵심 목적은 명확하다. 긴급하게 보안조치를 취함으로써 보안위해요인을 신속히 제거하고, 항공 운송의 안전을 확보하는 것이다. 보안조치는 일시적이고 한시적인 성격을 띠어야 하며, 위협이 해소되면 정상 운영으로 복귀해야 한다.

그러나 이러한 원칙에도 불구하고 현장에서는 보안조치 운영에 있어 중요한 문제점이 나타나고 있다. 보안이 확보되거나 관련 규정이 마련되어 보안조치가 더 이상 필요하지 않은 상황에서도 해제 절차가 제대로 이루어지지 않는 경우가 빈번하다. 보안조치를 발령하기만 하고 해제하지 않아, 불필요한 조치가 계속 유지되는 상황이 발생한다.

이러한 문제를 해결하기 위해서는 제도적 개선이 필요하다. 보안조치 발령 시 명확한 기한을 설정하거나, 관련 규정이 개정되면 자동으로 보안조치가 해제되도록 체계를 정비

해야 한다. 이를 통해 보안조치가 본래의 목적에 맞게 운영되고, 불필요한 행정적 부담을 줄일 수 있을 것이다.

2) 위협 상황별 보안조치 이행 절차

항공보안 위협이 실제로 발생했을 때, 관계 기관들이 취해야 할 구체적인 보안조치 이행 절차는 법령에 명확히 규정되어 있다. 이러한 조치들은 신속하고 체계적으로 실행되어야 하며, 상황의 특성에 따라 적절히 대응해야 한다.

국내 영토 내에서 발생하는 위협 상황에 대해서는 즉각적인 대응절차가 마련되어 있다. 국가항공보안계획에 따르면, 불법방해행위 대상 항공기가 우리나라 영토 내에 착륙한 경우 지방항공청장과 공항운영자 등은 인명보호를 위해 불가피한 경우를 제외하고는 해당 항공기가 이륙하지 못하도록 가능한 모든 방법을 동원해야 한다. 항공기를 지상에 대기시킴으로써 추가적인 위험 상황을 방지하고, 관계 당국이 적절한 대응 조치를 취할 수 있는 시간을 확보하고 있다.

국내 대응과 함께 국제적 차원의 보안위협에 대한 대응체계도 구축되어 있다. 항공보안법 제19조제3항은 다른 국가로부터 보안위협 관련 통보를 받았을 때의 조치 사항을 규정한다. 국토교통부장관은 이러한 통보를 받으면 해당 항공기를 일반 계류장이 아닌 격리계류장으로 유도해야 한다. 격리된 상태에서 필요한 보안조치를 취함으로써 잠재적 위협을 사전에 차단한다.

이러한 보안조치가 현장에서 효과적으로 시행되도록 법적 근거도 명확히 제시되어 있다. 항공보안법 시행령 제20조제5의3호는 법 제19조제3항에 따른 보안검색 등 보안조치의 세부 사항을 지방항공청에 위임하여, 현장에서 일관성 있는 대응이 가능하도록 한다.

이처럼 보안조치 이행 체계는 국내 발생 상황과 국제 통보 상황을 모두 포괄하고 있다. 각각의 경우에 대한 명확한 대응절차를 확립하고, 법적 근거를 통해 실행력을 보장함으로써 항공 안전을 효과적으로 확보한다.

(5) 항공보안 관련 기관별 대응 역할

항공보안 위협에 효과적으로 대응하기 위해서는 각 기관별로 명확한 역할 분담과 유기적인 협력이 필수적이다. 국가항공보안계획은 국토교통부, 공항운영자, 항공운송사업자, 항공교통관제기관 등 각 주체의 구체적인 임무를 규정하고 있다.

1) 국토교통부의 정보제공 역할

국토교통부장관은 국제적 차원의 정보공유에서 중추적인 역할을 수행한다. 항공기가 불법방해행위의 대상이 되었거나 그러한 위협이 예상되는 경우, 해당 항공기의 도착 예정 국가 공항 당국에 관련 정보를 신속하게 제공해야 한다.

이러한 사전 정보 제공은 국제 항공보안 협력의 핵심 요소다. 도착 공항에서는 전달받은 정보를 바탕으로 적절한 대비 태세를 갖출 수 있으며, 잠재적 위험 상황에 효과적으로 대응할 수 있다. 특히 위협의 성격과 수준에 따라 격리계류장 준비, 보안검색 강화, 비상대응팀 배치 등 맞춤형 보안조치를 사전에 준비함으로써 위험을 최소화한다.

나아가 이러한 정보공유 체계는 단순히 일회성 통보에 그치지 않는다. 상황이 진행됨에 따라 추가 정보나 변경 사항이 발생하면 이를 지속적으로 업데이트하여 제공하며, 필요시 양국 간 실시간 소통 채널을 구축하여 긴밀한 협조를 유지한다. 이를 통해 국경을 넘나드는 항공 위협에 대한 효과적인 대응망을 구축하고 있다.

2) 공항운영자와 항공운송사업자의 현장 대응

실제 보안검색 현장에서 위협이 발견되었을 때의 대응도 중요하다. 공항운영자와 항공운송사업자는 보안검색 과정에서 수상한 물품이나 위해물품이 발견될 경우를 대비한 체계적인 대책을 수립해야 한다.

이러한 대책은 단순히 물품을 발견하는 것에 그치지 않는다. 해당 물품에 대한 조사와 처리 절차를 명확히 규정하여 운영함으로써, 현장에서 발생할 수 있는 다양한 상황에 일관성 있게 대응할 수 있다. 발견된 물품의 위험도 평가, 관계 당국 신고, 현장 통제, 승객 대피 등 각 단계별 조치사항이 사전에 정립되어 있어, 보안요원들이 신속하고 정확한 판단을 내릴 수 있도록 지원하고 있다.

3) 항공교통관제기관의 정보 전달 체계

항공교통관제기관도 보안위협 대응에서 중요한 역할을 담당한다. 불법방해행위 대상 항공기에 관제업무를 제공하는 경우, 해당 항공기에 대한 모든 관련 정보를 도착 예정 공항의 항공교통관제기관에 전달해야 한다. 이러한 정보공유를 통해 도착 공항의 관제기관은 사전에 준비하여 해당 항공기를 안전하게 유도하고, 필요한 보안조치를 취할 수 있도록 지원하고 있다.

이처럼 각 기관은 자신의 역할을 충실히 수행하면서도 상호 간 긴밀한 정보공유와 협력을 통해 통합적인 항공보안 체계를 구축하고 있다.

4) 항공운송사업자의 보안 대응체계 및 책임

항공운송사업자는 항공보안의 실무 현장에서 직접적인 책임을 담당하는 핵심 주체다. 불법방해행위의 예방부터 실제 상황 발생 시 대응까지, 광범위한 보안 업무를 수행하고 있다.

가. 사전 예방 및 대비 체계

항공운송사업자는 불법방해행위가 예상되는 경우 선제적인 대응체계를 가동한다. 위협 정보가 입수되면 해당 항공기에 대한 철저한 보안점검을 실시하고, 상황에 맞는 구체적인 대책을 수립하여 운영한다.

이러한 대응체계의 핵심은 폭발물 위협에 대한 대비다. 모든 항공기 내부에 폭발물 검색절차에 관한 보안점검표를 비치해야 하며, 이 점검표에는 의심스러운 물품이 발견될 경우 승무원이 취해야 할 구체적인 조치사항까지 상세히 포함되어 있다. 이를 통해 위급 상황에서도 승무원들이 체계적으로 대응할 수 있으며, 혼란을 최소화하면서 승객의 안전을 확보할 수 있다.

나. 위협 정보 접수 시 긴급 대응

항공기에 대한 폭발물 위협이나 납치 위협 정보를 접수했을 때는 더욱 엄격한 절차가 적용된다. 주기 중인 항공기의 경우 반드시 정밀 보안검색을 완료한 후에만 이륙을 허가할 수 있다.

운항 중인 항공기에 대해서는 다른 접근이 필요하다. 즉시 기장에게 상황을 통보하여 적절한 비상조치를 취하도록 하며, 공항 도착 후에는 철저한 보안검색을 실시한다. 이러한 조치 없이는 어떠한 경우에도 항공기를 이륙하거나 착륙시킬 수 없도록 엄격히 규정하고 있다. 이는 항공기 안전을 최우선으로 하는 원칙의 구현이며, 잠재적 위협을 사전에 차단하는 핵심 절차다.

다. 기내 보안 관리의 형평성과 엄정성

기내에서 발생하는 불법방해행위에 대해서도 명확한 원칙이 적용된다. 모든 보안조치는 승객의 좌석 등급이나 신분에 관계없이 동일하게 적용되어야 하며, 이는 항공보안의 형평성과 공정성을 보장하는 중요한 원칙이다.

이러한 원칙에 따라 실제로 기내 불법방해행위를 저지른 승객에 대해서는 항공보안법 등 관련 규정에 따라 엄격하게 처리한다. 위반 행위의 경중에 따라 경고 조치부터 법적 처벌까지 단계별 제재가 이루어지며, 특히 항공기 안전운항을 위협하는 중대한 행위에 대해서는 강력한 법적 조치가 뒤따른다. 이를 통해 기내 질서를 유지하고 모든 탑승객의 안전을 보호하고 있다.

라. 승무원 권한 강화 및 지원

항공운송사업자는 기장을 비롯한 승무원들이 기내 보안 확보를 위한 조치를 적극적으로 수행할 수 있도록 전폭적인 지원을 제공해야 한다. 승무원들의 보안 활동을 장려하고, 필요한 권한을 부여함으로써 기내 안전을 확보하는 체계를 구축하고 있다.

이러한 지원과 권한 부여를 통해 승무원들은 보안위협에 대해 신속하고 효과적으로 대응할 수 있는 역량을 갖추게 된다. 특히 위급 상황에서 승무원의 판단과 조치가 승객의 안전을 좌우할 수 있다는 점에서, 이들에 대한 체계적인 지원은 항공보안의 실효성을 높이는 핵심 요소로 작용한다.

(6) 불법방해행위 대비 격리주기장 설치 및 운영 요건

> **▮ 공항건설 및 유지·보수에 관한 보안지침**
>
> **제8조(격리주기장)** 공항운영자등은 불법방해행위 대상 항공기나 불법방해행위를 받을 것으로 예상되는 항공기를 격리하여 주기하는데 필요한 격리 주기장을 설계할 때 다음 각 호를 고려하여야 한다.
>
> 1. 다른 항공기의 주기장, 건물, 공공지역 및 공항 울타리로부터 100미터 이상이 떨어지도록 할 것
> 2. 항공기 급유관, 상수도관, 전선 및 통신선의 지하 공동시설 위에 설치하지 말 것
> 3. 폭발물 위협 상황에서 항공기로부터 제거된 화물, 우편물 및 비품에 대한 검색을 고려하여 선정할 것
> 4. 보안 당국으로부터 격리 주기장의 적절한 위치에 대한 정보를 수집할 것

항공기가 불법방해행위의 대상이 되었을 때, 해당 항공기를 안전하게 격리할 수 있는 공간의 확보는 매우 중요한 보안 인프라다. 이에 따라 모든 공항은 체계적인 격리주기장 운영 시스템을 구축해야 한다.

국가항공보안계획에 따르면, 공항운영자는 불법방해행위 대상 항공기에 대비하여 격리주기장을 설치하거나 적절한 장소를 사전에 지정해야 한다. 이는 단순한 권고사항이 아닌 의무사항으로, 모든 공항이 갖추어야 할 필수 보안 시설이다. 격리주기장은 위협이 감지된 항공기를 일반 항공기와 분리하여 추가적인 피해를 방지하고, 안전하게 상황을 통제할 수 있는 공간으로 활용된다.

이러한 격리주기장의 설치에는 엄격한 안전 기준이 적용된다. 가장 중요한 기준은 충분한 이격거리의 확보다. 격리주기장은 다른 항공기의 주기장소, 건물, 공공장소 등으로부터 최소 100미터 이상 떨어진 곳에 설치해야 한다. 이러한 거리 확보를 통해 만일의 사태가 발생하더라도 피해를 최소화할 수 있다.

충분한 이격거리 확보와 함께 지하 시설물에 대한 고려도 필수적이다. 휘발유나 항공유 저장시설, 전기 또는 통신선로와 같은 중요 지하시설 위에는 격리주기장을 설치할 수 없다. 이는 폭발물 위협 등의 극단적인 상황에서 2차 피해를 방지하기 위한 예방 조치다. 이러한 세심한 기준들은 격리주기장이 본연의 목적인 안전 확보를 효과적으로 달성할 수

있도록 보장한다.

격리주기장은 평상시에는 사용되지 않지만, 위기 상황에서는 공항 전체의 안전을 지키는 핵심 시설로 전환된다. 따라서 정기적인 점검과 관리를 통해 언제든지 즉각 활용할 수 있는 상태를 유지해야 한다. 이러한 준비태세는 예측 불가능한 보안위협에도 신속하고 효과적으로 대응할 수 있는 역량을 제공한다.

(7) 보안 사건·사고 보고체계

공항에서 발생하는 보안 사건·사고에 대한 체계적인 보고 시스템은 항공보안 관리의 핵심 요소다. 신속하고 정확한 보고를 통해 관계 당국이 적시에 대응하고, 유사 사건의 재발을 방지할 수 있기 때문이다.

1) 보고 절차 및 방법

이러한 중요성에 따라 국가항공보안계획은 공항운영자가 특정 보안 사건 발생 시 따라야 할 명확한 보고 절차를 규정한다. 우선 관할 지방항공청장에게 유선이나 문자메시지(SMS)로 즉시 1차 보고를 실시한다. 이후 지체 없이 항공보안 사고(사건) 보고서식에 따라 상세한 서면보고서를 작성하여 제출해야 하며, 모든 보고 내용에 대한 기록을 체계적으로 유지·관리한다. 이러한 이중 보고체계는 긴급 상황의 신속한 전파와 정확한 기록 보존을 동시에 달성하여, 효과적인 사후 관리와 대응 전략 수립을 가능하게 한다.

2) 공항운영자의 즉시 보고 대상 사건

보고가 필요한 보안 사건은 매우 다양하며, 그 심각성과 유형에 따라 체계적으로 분류되어 있다.

먼저 보호구역 침해와 관련된 사건들이 주요 보고 대상이다. 공항보호구역 불법 진입 사건, 검색대 불법 위반 사건, 보호구역 불법 진입 시도 행위 등이 이에 해당한다. 무효 출입증이나 타인 출입증의 불법 사용 행위도 즉각 보고해야 할 중요한 보안 위반 사항이다.

보호구역 침해 사건과 함께 위해물품 및 위협과 관련된 사건도 철저히 관리된다. 공항보호구역 내에서 폭발물이나 무기 등 위해물품이 발견되거나, 공항에 폭발물 위협이 가해진 경우 즉시 보고해야 한다. 공항 인질극이나 군중시위 등 불법방해행위가 발생한 경우도 동일한 수준의 긴급 보고가 이루어진다.

이와 더불어 시설 및 시스템 관련 사건도 중요한 보고 대상에 포함된다. 공항 출입통제시스템의 고장, 보안울타리나 침입방지시스템의 파손 행위 등은 보안체계의 취약점을 노출시킬 수 있어 신속한 보고와 조치가 필요하다. 공항 내에서 보안업무를 수행하는 직원에 대한 위해 행위도 엄중하게 다루어진다.

이 외에도 공항 보호구역 내에서 항공보안법령을 위반하여 벌금형 이상의 처벌을 받는 행위나, 승객 등의 인명과 재산의 안전을 위태롭게 할 수 있는 모든 행위가 보고 대상이다. 이처럼 포괄적인 보고체계를 통해 공항 내에서 발생하는 모든 보안위협요소를 효과적으로 관리하고, 사전 예방과 신속한 대응을 가능하게 한다.

3) 항공운송사업자의 보안사건 보고체계

항공운송사업자는 항공기 운항과 직접적으로 관련된 보안 사건을 관리하는 주체로서, 체계적인 보고 의무를 수행해야 한다. 공항운영자와 마찬가지로 엄격한 보고체계를 통해 항공보안당국과 긴밀히 협력한다.

가. 보고 절차 및 관리 체계

항공운송사업자도 공항운영자와 동일한 보고 절차를 따른다. 보안 사건 발생 시 관할 지방항공청장에게 유선이나 문자메시지로 즉시 1차 보고를 실시하고, 이후 항공보안 사고(사건) 보고 서식에 따라 상세한 서면보고서를 지체 없이 제출해야 한다. 모든 보고 사항은 체계적으로 기록하여 유지·관리함으로써 향후 사건 분석과 예방 대책 수립에 활용된다.

나. 항공보안법 위반 행위 보고

가장 중요한 보고 대상은 항공보안법에서 벌금형 이상으로 처벌되는 중대 위반 행위들이다. 항공기 파손이나 납치, 항공시설 파손, 항로 변경, 직무집행 방해 등 항공기 안전을 직접적으로 위협하는 행위가 포함된다. 또한 항공기 내 위험물 탑재, 공항운영 방해, 항공기 안전운항을 저해하는 폭행, 항공기 점거나 농성, 운항방해 정보 제공 등도 즉시 보고해야 할 중대 사안이다.

이와 함께 승낙 없이 조종실 출입을 시도하거나 운항저해행위 금지 지시에 불응하는 행위, 운항 또는 계류 중 항공기 내에서 승객협조의무를 위반하는 행위 등도 철저히 관리된다.

다. 기내 질서 위반 행위의 차별적 관리

▌항공운송사업자의 항공기내보안요원 등 운영 지침

제8조(불법행위 대응 및 처리절차 등) ⑥ 항공운송사업자는 매 홀수 월 첫 번째 주 금요일까지 이전 월 마지막 날 기준으로 별지 제6호 서식의 불법행위 발생현황·처리결과 및 국가경찰서로부터 통보 받은 별제 제7호 서식의 범인 처리결과를 국토교통부에 제출하여야 한다.

항공보안법 제23조에 규정된 승객 협조의무 위반 사항은 그 심각성에 따라 차별적으로 관리된다. 폭언이나 고성방가 등 소란행위, 술이나 약물을 복용하고 다른 사람에게 위해를 주는 행위는 즉시 보고 대상이다.

반면 흡연, 성적 수치심 유발행위, 전자기기 사용 등 상대적으로 경미한 위반 행위는 항공운송사업자의 항공기내보안요원 등 운영 지침 제8조제6항에 따라 정기보고로 처리한다. 이러한 차별적 접근은 보고체계의 효율성을 높이면서도 중요 사안에 대한 신속한 대응을 가능하게 한다.

라. 화물보안 및 시스템 관련 사건

화물 운송과 관련된 보안 사건도 중요한 보고 대상이다. 인가되지 않은 사람이나 물품이 화물터미널 보호구역이나 항공기 내부로 침입하거나 침입을 시도한 경우 즉시 보고해야 한다. 검색장비가 정상 작동하지 않은 상태에서 검색이 이루어졌거나 검색이 미흡했던 사실을 나중에 발견한 경우도 투명하게 보고하여 재발 방지 대책을 수립하고 있다.

공항과 항공기를 대상으로 한 폭파 협박, 화물 보안검색이나 경비업무 수행자에 대한 위해행위, 화물터미널 내 무효 출입증이나 타인 출입증의 불법 사용 등도 엄격히 관리된다. 특히 교육훈련을 이수하지 않은 사람이 보안검색을 수행한 경우는 중대한 규정 위반으로 즉각 보고하여 시정 조치를 취하도록 하고 있다.

4) 국토교통부의 ICAO 보고서 제출

우리나라에서 발생한 항공보안 사건은 국내 차원의 대응을 넘어 국제사회와 공유되어야 할 중요한 정보다. 국토교통부는 이러한 국제적 보고 의무를 체계적으로 수행하는 책임을 담당한다.

국가항공보안계획에 따르면, 국토교통부장관은 공항, 항공기, 항행안전시설 등에 대한 불법방해행위가 발생했을 때 국제민간항공기구(ICAO)에 공식 보고서를 제출해야 한다. 이는 국제민간항공협약에 따른 의무사항으로, 전 세계 항공보안 수준 향상에 기여하는 중요한 절차다. ICAO는 각국에서 제출된 보고서를 분석하여 국제 항공보안 정책을 수립하고, 우수사례를 전파하는 역할을 수행한다.

이러한 ICAO 보고서 제출에는 명확한 시한이 설정되어 있다. 불법방해행위 발생 후 30일 이내에 최초 보고서를 제출해야 하며, 이 보고서에는 사건의 개요와 초기 대응 상황 등이 포함된다. 이후 60일 이내에는 최종 보고서를 제출하는데, 여기에는 사건의 원인 분석, 상세한 대응 과정, 재발 방지 대책 등 종합적인 내용이 담긴다. 모든 보고서는 불법방해행위에 대한 보고서에 따라 작성되어 국제적으로 표준화된 형식을 유지하고 있다.

이러한 단계적 보고체계는 신속한 정보공유와 철저한 사후 분석을 동시에 달성하기 위한 것이다. 최초 보고를 통해 국제사회가 유사 위협에 대비할 수 있도록 하고, 최종 보고를 통해 사건의 교훈을 체계적으로 정리하여 전 세계 항공보안 개선에 활용한다. 이는 단순한 보고 의무를 넘어, 글로벌 항공 안전망 구축에 기여하는 중요한 국제 협력 활동이다.

2. 불법방해행위 대응조치

항공보안법

제2조(정의) 이 법에서 사용하는 용어의 뜻은 다음과 같다. 다만, 이 법에 특별한 규정이 있는 것을 제외하고는 「항공사업법」·「항공안전법」·「공항시설법」에서 정하는 바에 따른다.

8. "불법방해행위"란 항공기의 안전운항을 저해할 우려가 있거나 운항을 불가능하게 하는 행위로서 다음 각 목의 행위를 말한다.
  가. 지상에 있거나 운항중인 항공기를 납치하거나 납치를 시도하는 행위
  나. 항공기 또는 공항에서 사람을 인질로 삼는 행위
  다. 항공기, 공항 및 항행안전시설을 파괴하거나 손상시키는 행위
  라. 항공기, 항행안전시설 및 제12조에 따른 보호구역(이하 "보호구역"이라 한다)에 무단 침입하거나 운영을 방해하는 행위
  마. 범죄의 목적으로 항공기 또는 보호구역 내로 제21조에 따른 무기 등 위해물품(危害物品)을 반입하는 행위
  바. 지상에 있거나 운항중인 항공기의 안전을 위협하는 거짓 정보를 제공하는 행위 또는 공항 및 공항시설 내에 있는 승객, 승무원, 지상근무자의 안전을 위협하는 거짓 정보를 제공하는 행위
  사. 사람을 사상(死傷)에 이르게 하거나 재산 또는 환경에 심각한 손상을 입힐 목적으로 항공기를 이용하는 행위
  아. 그 밖에 이 법에 따라 처벌받는 행위

(1) 불법방해행위

1) 불법방해행위 정의의 ICAO 기준 부합 필요성

항공보안에서 '불법방해행위(Acts of Unlawful Interference)'를 어떻게 정의하느냐는 법 집행의 일관성과 보안대책의 효율성을 결정하는 핵심적 요소에 해당한다. 불법방해행위의 정의는 보안검색의 강도, 보안인력의 배치, 보고체계의 작동, 사후 조치의 범위를 결정하는 기준으로 작용하므로, 그 개념의 명확성과 ICAO 기준과의 정합성은 항공보안체계의

실효성을 담보하는 전제조건이 된다. 그러나 현행 국내 법규정과 ICAO 기준 간에는 불법방해행위의 범위 설정에 있어 상당한 차이가 존재하며, 이로 인하여 현장의 법 적용과 대응절차에 혼란이 발생하고 있다는 점이 지적된다.

가. 국제민간항공기구(ICAO)의 정의

▮ 국제민간항공협약 Annex 17(항공보안)

Acts of unlawful interference. These are acts or attempted acts such as to jeopardize the safety of civil aviation, including but not limited to:

- unlawful seizure of aircraft,
- destruction of an aircraft in service,
- hostage-taking on board aircraft or on aerodromes,
- forcible intrusion on board an aircraft, at an airport or on the premises of an aeronautical facility,
- introduction on board an aircraft or at an airport of a weapon or hazardous device or material intended for criminal purposes,
- use of an aircraft in service for the purpose of causing death, serious bodily injury, or serious damage to property or the environment,
- communication of false information such as to jeopardize the safety of an aircraft in flight or on the ground, of passengers, crew, ground personnel or the general public, at an airport or on the premises of a civil aviation facility.

ICAO는 국제민간항공협약 Annex 17에서 불법방해행위를 구체적이고 제한적으로 정의함으로써 체약국이 중대한 항공보안 위협에 집중하도록 유도하고 있다. Annex 17에서 규정한 불법방해행위는 첫째, 비행 중인 항공기에 대한 불법적 점유(Unlawful Seizure), 즉 항공기 납치행위를 포함한다. 둘째, 지상에 주기되어 있는 항공기를 불법으로 점유하는 행위도 불법방해행위에 해당하는데, 이것은 항공기가 비행 중이 아니더라도 불법적 통제하에 놓이는 경우 항공보안에 심각한 위협이 될 수 있음을 인식한 것이다. 셋째, 항공기 내부 또는 공항 시설 내에서 발생하는 인질행위(Hostage-Taking)를 명시하였으며, 이것은 테러조직이 정치적 목적 달성을 위하여 승객이나 공항 이용객을 인질로 삼는 행위를 불법방해행위로 규율하려는 의도를 반영한 것이다.

또한 ICAO는 항공기, 공항, 항행안전시설에 대한 무력적 불법침입(Forcible Intrusion)을 불법방해행위로 규정하였는데, 이것은 허가받지 아니한 자가 물리력을 사용하여 보호구역에 침입하는 행위를 의미한다. 아울러 범죄 목적으로 항공기 내부 또는 공항시설로 무기, 위험한 장치, 물품을 반입하는 행위도 포함되며, 이러한 규정은 폭발물이나 무기를 이용한 테러행위를 사전에 차단하기 위한 것으로 이해된다. 공항 또는 민간항공시설 내에 있는 운항 중이거나 주기 중인 항공기, 승객, 승무원, 지상조업요원 및 일반인의 안전을 위협하는 거짓 정보를 제공하는 행위(Communication of False Information)도 불법방해행위에 포함되는데, 이것은 이른바 '폭탄테러 예고'와 같은 허위정보가 항공운항에 중대한 지장을 초래하고 불필요한 보안자원을 소모하게 만든다는 점을 고려한 것이다. 마지막으로, 앞서 열거한 행위들의 시도까지 불법방해행위로 규정함으로써 미수범 처벌의 근거를 마련하였다.

이처럼 ICAO의 정의는 항공안전과 보안에 심각하고 직접적인 위협을 가하는 중대 행위들로 한정되어 있으며, 이러한 제한적 정의는 체약국이 보안자원을 효율적으로 배분하고 실질적 위협에 집중할 수 있도록 하는 기능을 수행한다. 또한, ICAO는 체약국이 불법방해행위를 자국의 형법에 중대한 범죄로 규정하고 엄중한 처벌규정을 마련하도록 하고 있는데, 이것은 불법방해행위가 일반적인 행정규칙 위반과는 질적으로 다른 범죄행위임을 명확히 한 것으로 평가된다.

나. 국내 법규정의 현황과 문제점

우리나라의 항공보안법 제2조제8호는 불법방해행위를 '항공기의 안전운항을 저해할 우려가 있거나 운항을 불가능하게 하는 행위'로 정의하고 있으며, 국가항공보안계획에서 구체적인 행위유형을 제시하고 있다. 그러나 현행 국내 규정에서 열거하고 있는 불법방해행위의 범위는 Annex 17의 기준보다 훨씬 광범위하게 설정되어 있으며, 이로 인하여 법 적용의 혼란과 실무상 어려움이 발생하고 있다.

현행 국내 규정의 가장 큰 문제점은 경미한 행정규칙 위반행위까지 불법방해행위의 범주에 포함시키고 있다는 점이다. 즉, 같은 법 제2조제8호에서 항공보안법에 따라 처벌받는 모든 행위를 불법방해행위로 분류함으로써, 실제 중대한 보안위협과 경미한 규정 위반이 동일한 범주로 취급되고 있는 것이다. 예를 들어, 보안검색 거부, 보호구역 무단출입, 위해물품 반입 등 그 위험성의 정도가 현저히 다른 행위들이 모두 불법방해행위로 분류되며, 이것은 ICAO가 의도한 불법방해행위의 개념과는 상당한 괴리가 있다. 이러한 광범위한 정의는 보안담당자가 각 사안의 중대성을 판단하고 적절한 대응수준을 결정하는데 혼선을 야기하며, 보고체계나 대응절차의 적용에도 어려움을 초래하고 있다.

또한, 불법방해행위에 대한 통계 작성과 국제기구 보고에도 문제가 발생한다. ICAO

는 체약국에게 불법방해행위 발생 건수를 보고하도록 요구하고 있는데, 우리나라의 경우 국내법상 불법방해행위 범위가 지나치게 넓게 설정되어 있으므로 ICAO에 보고하는 통계가 실제 중대한 보안위협의 발생 빈도를 정확히 반영하지 못하게 된다. 이것은 국제적 항공보안 동향 분석과 위험평가를 왜곡할 수 있으며, 우리나라의 항공보안 수준에 대한 국제적 평가에도 부정적 영향을 미칠 수 있다는 점에서 문제가 된다.

더욱이, 경미한 위반행위까지 불법방해행위로 규정함으로써 과도한 형사처벌이 이루어질 가능성도 배제할 수 없다. 항공보안법은 불법방해행위에 대하여 엄중한 처벌규정을 두고 있는데, 경미한 규정 위반까지 이에 포함시키는 것은 처벌의 비례성 원칙에 부합하지 않을 수 있으며, 이것은 법 집행의 정당성에 대한 의문을 제기하게 만든다. 또한, 보안검색 현장에서 발생하는 사소한 규정 위반까지 중대한 범죄행위로 취급하게 되면, 승객과 보안요원 간의 불필요한 갈등을 초래하고 항공보안에 대한 일반 대중의 협조를 저해하는 부작용을 낳을 수 있다.

이러한 문제점을 해결하기 위하여는 항공보안법 제2조제8호 불법방해행위의 정의를 Annex 17의 기준과 부합하도록 개정할 필요가 있다. 중대한 항공보안 위협을 구성하는 행위와 일반적인 행정규칙 위반을 명확히 구분함으로써, 각 상황에 적합한 대응이 가능하도록 해야 한다. 이를 통하여 현장의 법 적용 혼선을 줄이고 ICAO 기준과의 정합성을 확보하며, 보안자원을 실질적 위협에 집중시킬 수 있는 보다 효율적인 항공보안 체계를 구축할 수 있을 것으로 판단된다.

2) 범죄 목적 판단과 처벌 기준의 명확화

항공보안법의 실제 적용 과정에서는 법 조항의 해석과 적용 범위를 둘러싼 여러 문제들이 발생하고 있다. 특히 '범죄의 목적'이라는 주관적 요건의 판단과 불법방해행위의 범위 설정에서 현장의 어려움이 지속되고 있다.

가. 무기류 소지 승객에 대한 처벌 기준의 모호성

현행 법규는 '범죄의 목적으로' 무기류를 소지한 경우를 불법방해행위로 규정한다. 그러나 실제 현장에서는 이러한 범죄 목적을 판단하는 것이 매우 어려운 실정이다. 승객이 허가받지 않은 무기류를 소지하고 보안검색 과정에서 적발되었을 때, 과연 이것이 단순한 부주의인지 아니면 범죄 목적인지를 즉석에서 판단해야 하는 부담이 보안요원들에게 가중되고 있다.

더욱 복잡한 문제는 보안검색 실패로 무기류가 기내에 반입된 경우다. 항공운송사업자와 공항운영자는 승객에게 사전 안내를 충분히 제공했음에도 불구하고, 승객이 의도적으로 무기류를 은닉하여 보안검색대를 통과하는 사례가 발생한다. 현장에서는 이러한 승객에 대한 명확한 처벌 조항이 필요하다는 의견이 제기되고 있다. 단순히 보안검색 실패의 책임을 운영자에게만 묻는 것이 아니라, 불법 무기를 소지한 승객 자체에 대한 처벌 규정을 강화해야 한다는 목소리가 높아지고 있다.

보안요원들은 매일 수많은 승객을 대상으로 범죄 목적 여부를 판단해야 하는 어려움에 직면해 있다. 경찰에 인계할 것인지, 훈방 조치할 것인지를 결정하는 과정에서 일관된 기준이 부재하여 현장의 혼란이 가중되고 있다. 이는 보안 업무의 효율성을 저하시킬 뿐만 아니라 승객과의 불필요한 마찰을 야기하는 원인이 되기도 한다.

나. 불법방해행위 조항의 구체화 필요성

현재 '그 밖에 항공보안법에 따라 처벌받는 행위'라는 포괄적 표현은 해석상 많은 문제를 낳고 있다. 이 조항에는 벌칙 조항뿐만 아니라 과태료 등 행정처분 대상인 경미한 위반행위까지 포함될 수 있다. 심지어 보안점검을 통한 시정조치 같은 가벼운 행정처분 대상 행위까지 불법방해행위로 분류될 가능성이 있어 현장에서는 적용 범위를 판단하기 어려운 상황이다.

이러한 문제를 해결하기 위해서는 항공보안법의 특정 조항을 명시하는 방식으로 불법방해행위를 세분화하고 구체화할 필요가 있다. 예를 들어 '항공보안법 제○조부터 제○조까지'와 같이 명확한 조항을 지정함으로써 불법방해행위의 범위를 한정해야 한다. 이를 통해 공항운영자와 항공운송사업자가 보안업무를 수행할 때 명확한 기준을 갖게 되고, 책임 소재와 위반사항 판단이 용이해질 것이다.

또한 벌칙조항 적용 시에도 모든 관계자가 수긍할 수 있는 표준화된 기준이 마련될 수 있다. 이는 단순히 법적 명확성을 높이는 것을 넘어, 현장 보안요원들의 업무 부담을 경감하고 승객들에게도 예측 가능한 법 적용을 보장하는 효과를 가져올 것이다.

(2) 불법방해행위 대응조치

1) 불법방해행위 정보의 통합관리 체계

항공보안 위협에 효과적으로 대응하기 위해서는 단일 기관의 노력만으로는 한계가 있다. 특히 테러와 같은 중대한 불법방해행위에 대해서는 국가 차원의 통합적 대응체계가 필수적이며, 이를 위한 정보공유 시스템이 구축되어 있다.

국가항공보안계획 11.2.12는 불법방해행위 발생 시 관계기관 간 신속한 정보공유 체계를 명시한다. 불법방해행위가 실제로 발생하거나 그 징후가 포착된 경우, 이를 인지한 관계기관의 장은 즉시 대응절차를 가동해야 한다. 여기서 중요한 것은 단순히 자체 대응에 그치는 것이 아니라, 국민보호와 공공안전을 위한 테러방지법에 따라 설치된 테러정보통합센터와 정보를 공유하는 것이다.

테러정보통합센터는 국가 차원의 테러 예방과 대응을 총괄하는 핵심 기관이다. 항공 분야에서 발생한 불법방해행위 관련 정보가 이곳으로 집중되면, 다른 교통수단이나 국가기반시설에 대한 연계 위협 가능성을 분석하고 종합적인 대응 전략을 수립할 수 있다. 관계기관은 상황 발생 경위, 현재 진행 상황, 취한 조치사항을 상세히 통보함으로써 국가안보 차원의 대응이 가능하도록 지원한다.

이러한 정보공유 체계는 예방 활동에서도 중요한 역할을 담당한다. 불법방해행위의 징후가 포착된 단계에서부터 정보를 공유함으로써, 실제 사건으로 발전하기 전에 선제적 대응이 가능해진다. 각 기관이 수집한 단편적인 정보들이 테러정보통합센터에서 종합 분석되면, 보이지 않던 위협 패턴이 드러나고 효과적인 예방 조치를 취할 수 있게 된다.

이로써 이 시스템은 항공보안을 넘어 국가 전체의 대테러 역량을 강화하는 데 기여한다. 신속한 정보 전파와 통합적 상황 판단을 통해 국민의 안전을 보호하고, 항공 운송의 안정성을 확보하는 중요한 보호체계로서의 역할을 수행하고 있다.

2) 국토교통부의 위협 분석 및 대응체계

국토교통부는 우리나라 항공보안 체계의 컨트롤타워 역할을 수행하며, 위협 정보의 분석부터 대응 정책 수립까지 포괄적인 책임을 담당하고 있다. 국가항공보안계획은 이러한 국토교통부의 역할과 권한을 명확히 규정한다.

가. 위협정보 분석 및 전파 체계

이러한 체계를 바탕으로 국토교통부장관은 항공보안 위협정보의 핵심 관리 주체로서 역할을 수행한다. 국가정보원이나 경찰청 등 정보·수사기관으로부터 입수한 위협정보를 종합적으로 분석하여, 민간항공에 대한 실질적 위협 여부를 판단한다. 단순히 정보를 전달하는 것이 아니라, 항공 분야의 전문성을 바탕으로 위협의 신빙성과 심각성을 평가한 후 공항운영자 등 관련 기관에 맞춤형 정보를 제공하고 있다. 이러한 체계를 통해 현장에서는 검증된 정보를 바탕으로 효율적인 대응이 가능해진다.

나. 예측 불가능한 보안대책 운영

테러와 같은 계획적 위협에 효과적으로 대응하기 위해서는 예측 가능한 패턴을 벗어난 보안 전략이 필수적이다. 국토교통부장관은 민간항공 위협에 신속하게 대응하기 위해 임의적이고 예측 불가능한 보안대책을 시행할 권한을 갖는다. 이는 잠재적 위협 세력이 보안체계의 허점을 파악하지 못하도록 하는 전략적 접근이다. 필요한 경우에는 공항운영자 등에게 특별 보안대책을 명령할 수 있으며, 이를 통해 상황에 따른 유연한 보안 강화가 가능하도록 하고 있다.

다. 국가 중요시설 보호 및 감독

이러한 유연한 보안전략과 더불어 항공 인프라는 국가 기반시설로서 체계적이고 지속적인 보호가 요구된다. 국토교통부장관은 소관 업무와 관련된 국가 중요시설, 장비, 인원에 대한 불법방해행위 예방대책을 수립하는 책임을 진다. 단순히 계획 수립에 그치지 않고, 각 기관이 예방대책을 제대로 이행하고 있는지 지도·감독하는 역할까지 수행함으로써 항공 분야 전반의 보안 수준을 일정하게 유지한다.

라. 폭발물 대응체계 구축

항공보안에서 가장 심각한 위험 요소 중 하나인 폭발물 위협에 대해서는 별도의 전문적 대응체계가 필요하다. 국토교통부장관은 공항의 안전을 확보하기 위해 공항에서의 폭발물 등에 관한 처리기준을 수립하여 시행한다. 이 기준에는 의심스러운 위험 장치나 잠재적 위험을 조사하고 처리하는 구체적인 절차가 포함되어 있으며, 표준화된 대응절차를 통해 전국 모든 공항에서 일관되고 효과적인 폭발물 대응이 가능하도록 한다. 이는 승객과 공항시설의 안전을 보장하는 핵심요소가 되고 있다.

3) 국가정보원의 항공보안 정보·대테러 활동

국가정보원은 국가 차원의 대테러 및 항공보안 정보 활동을 총괄하는 핵심 기관으로, 항공 분야 불법방해행위 예방과 대응에서 중추적 역할을 담당하고 있다. 정보 수집·분석부터 관계기관 지원까지 여러 단계의 활동을 통해 항공보안 체계를 강화한다.

가. 테러정보 수집 및 제공 체계

국가정보원장은 불법방해행위를 사전에 차단하기 위한 정보 활동의 중심에 있다. 국내외 테러정보와 각종 보안 관련 정보를 지속적으로 수집·분석하여 국토교통부 등 관계기관에 제공하고 있다. 이러한 정보는 단순한 첩보 수준을 넘어 전문적으로 분석·검증된 것으로, 관계기관이 선제적 대응 조치를 취할 수 있는 근거가 된다. 특히 국제 테러조직의 동향이나 새로운 위협 수법에 대한 정보는 항공보안 정책 수립에 직접적으로 활용되고 있다.

나. 합동 예방활동 지도·점검

국가정보원은 필요시 단독이 아닌 관계기관과의 합동 체제로 공항과 항공기에 대한 불법방해행위 예방활동을 지도·점검할 수 있는 권한을 갖는다. 이는 정보기관의 전문성과 현장 기관의 실무 경험을 결합하여 보안 취약점을 다각도로 점검하는 효과적인 방식이다. 정기적인 점검뿐만 아니라 특별한 위협 정보가 입수되었을 때 긴급 점검을 실시함으로써, 잠재적 위험 요소를 사전에 제거하고 있다.

다. 대테러 역량 강화 지원

항공보안 요원들의 전문성 향상은 효과적인 대테러 활동의 기초가 된다. 국가정보원장은 관계기관 대테러 요원들의 전문 대응능력을 배양하기 위한 다양한 프로그램을 지원한다. 외국 대테러기관과의 합동훈련과 교육을 주선하여 국제적 수준의 대응 역량을 확보하도록 돕고 있으며, 국내 관계기관이 참여하는 합동 종합 모의훈련도 지원한다. 이러한 훈련을 통해 실제 상황 발생 시 각 기관 간 유기적인 협력이 가능하도록 준비하고 있다.

라. 대테러 합동조사팀 운영

실제 불법방해행위가 발생하거나 그 위험이 현저하게 높아진 상황에서는 더욱 적극적인 대응이 필요하다. 국가정보원장은 이러한 상황에서 관계기관 합동으로 대테러 합동조사팀을 편성·운영하는 역할을 수행한다. 이 팀은 예방조치 수립, 사건 발생 시 원인과 경과 분석 그리고 효과적인 사후 처리방안 모색 등 종합적인 임무를 담당한다. 각 기관의 전문 인력이 한 팀으로 활동함으로써 신속하고 체계적인 대응이 가능해지며, 축적된 경험과 정보는 향후 유사 사건 예방에 활용되고 있다.

이처럼 국가정보원은 정보 활동, 예방 점검, 교육 훈련, 사건 대응 등 항공보안의 전 영역에서 핵심적인 지원 역할을 수행하며, 국가 항공보안 체계의 든든한 버팀목 역할을 하고 있다.

4) 경찰청의 정보공유 및 대테러 역량 강화

경찰청은 국내 치안을 담당하는 기관으로서 항공보안 분야에서도 중요한 역할을 수행한다. 특히 불법방해행위와 관련된 정보 수집과 대테러 역량 강화를 통해 항공 안전 확보에 기여하고 있다.

가. 보안정보 수집 및 공유 역할

경찰청장은 전국적인 치안 네트워크를 활용하여 불법방해행위와 관련된 정보를 수집하는 중요한 역할을 담당한다. 일선 경찰서부터 전문 수사부서까지 다양한 경로를 통해 입수된 정보는 즉시 분석되어 관계기관의 장과 국가정보원장에게 통보된다. 이러한 정보 공유 체계는 특히 국내에서 발생할 수 있는 위협 요소를 조기에 감지하는 데 효과적이다.

경찰이 보유한 광범위한 정보 수집 능력은 항공보안에 있어 매우 중요한 자산이다. 공항 주변 지역의 수상한 동향, 항공 관련 시설에 대한 위협 정보, 불법 무기류 거래 정보 등이 경찰의 일상적인 치안 활동 과정에서 파악될 수 있다. 이렇게 수집된 정보는 항공보안 관계기관과 실시간으로 공유되어 선제적 대응을 가능하게 하고 있다.

나. 대테러 전문 역량 구축

경찰청장은 항공 분야를 포함한 대테러 활동에 필요한 전문 역량을 체계적으로 구축해야 할 책임을 진다. 이를 위해 대테러 임무를 수행할 전문 인력을 확보하고, 최신 장비를 도입하여 대응 능력을 강화하고 있다. 단순히 인원과 장비를 갖추는 것에 그치지 않고, 이들이 실제 상황에서 효과적으로 대응할 수 있도록 체계적인 교육·훈련계획을 수립하여 운영한다.

특히 공항이라는 특수한 환경에서의 대테러 작전은 일반적인 치안 활동과는 다른 전문성을 요구한다. 항공기 내부 진압, 공항 시설 내 인질 구출, 폭발물 처리 등 특수한 상황에 대비한 전문 훈련이 지속적으로 실시되고 있다. 이러한 준비를 통해 경찰은 불법방해행위 발생 시 신속하고 전문적인 대응이 가능한 체계를 갖추고 있다.

경찰청의 이러한 활동은 단독으로 이루어지는 것이 아니라 국토교통부, 국가정보원 등 관계기관과의 긴밀한 협력 속에서 진행된다. 정보공유와 합동훈련을 통해 각 기관의 전문성을 결합함으로써, 보다 효과적인 항공보안 체계를 구축하고 있다.

5) 공항운영자의 폭발물 대응체계 구축

공항운영자는 항공보안의 실무 현장에서 핵심적인 역할을 담당하는 주체로서, 특히 폭발물 위협에 대한 구체적인 대응체계를 구축하고 운영해야 할 책임을 진다. 이는 단순한 지침 이행을 넘어 현장 상황에 맞는 세부적인 운영 시스템을 마련하는 것을 의미한다.

국가항공보안계획에 따르면, 공항운영자는 국토교통부가 제정한 공항에서의 폭발물 등에 관한 처리기준을 바탕으로 각 공항의 특성에 맞는 세부 운영기준을 수립해야 한다. 이는 상위 기준의 단순한 적용이 아니라, 각 공항의 규모, 시설 배치, 운영 환경 등을 고려한 맞춤형 대응체계를 구축하는 과정이다.

세부 운영기준에는 여러 핵심 요소들이 포함되어야 한다. 우선 폭발물 처리요원의 선발, 교육, 배치에 관한 구체적인 기준이 마련되어야 하며, 이들이 24시간 대응 가능한 체계를 유지할 수 있도록 근무 편성과 비상 소집 절차도 명확히 규정된다. 처리요원들은 정기적인 훈련과 자격 유지 교육을 통해 항상 최상의 대응 능력을 유지한다.

폭발물 처리장비의 확보와 관리도 중요한 부분을 차지한다. 공항운영자는 폭발물 탐지 장비, 방호 장비, 처리 도구 등을 적절히 구비하고, 이들 장비가 항상 정상 작동할 수 있도록 정기적인 점검과 유지보수를 실시해야 한다. 특히 최신 위협에 대응할 수 있도록 장비를 지속적으로 업그레이드하고, 새로운 기술 도입도 적극적으로 검토하고 있다.

처리절차의 표준화와 체계화는 실제 상황에서 신속하고 안전한 대응을 가능하게 하는 핵심 요소다. 의심 물품 발견부터 최종 처리까지의 전 과정이 단계별로 명확히 규정되어 있으며, 각 단계에서 관계기관과의 협조 절차, 승객 대피 요령, 현장 통제 방법 등이 상세히 기술되어 있다. 이러한 절차는 정기적인 모의훈련을 통해 검증되고 개선되며, 실제 상황 발생 시 혼란 없이 적용될 수 있도록 모든 관련 직원들에게 숙지시킨다.

이에 따라 공항운영자의 세부 운영기준은 국가 차원의 폭발물 대응체계를 현장에서 구현하는 실행 매뉴얼로서, 공항의 안전을 지키는 최종 안전장치 역할을 수행하고 있다.

가. 폭발물 발견 시 초기 대응 및 안전 확보 절차

> **▎공항에서의 폭발물 등에 관한 처리기준**
> **제15조(승객의 혼란방지 등)** 보안검색요원 및 항공경비요원 등은 폭발물 등을 발견한 경우 보안검색감독자나 보안상황실 등에 신속하게 보고하고, 공항 이용객이나 승객 등의 혼란을 방지하기 위하여 현장 상황 보고 및 현장 통제 시 관련 내용이 누출되지 않도록 보안에 유의하여야 한다.

폭발물 발견 시 초기 대응의 핵심은 신속한 보고와 철저한 보안 유지다. 공항에서의 폭발물 등에 관한 처리기준 제15조는 보안검색요원과 항공경비요원의 초기 대응절차를 명확히 규정하여, 위기 상황에서의 체계적 대응을 가능하게 한다.

보안검색요원과 항공경비요원이 폭발물을 발견할 경우, 즉각적으로 보안검색감독자나 상황실에 신속하게 보고해야 한다. 이러한 신속한 보고체계는 전문적인 대응팀의 즉각적인 개입을 가능하게 하며, 상황의 확산을 조기에 차단하는 핵심 안전 장치가 된다. 동시에 이들은 공항 이용객과 승객의 혼란을 방지하는 중요한 임무를 수행한다.

특히 주목할 점은 현장 상황 보고와 통제 과정에서의 보안 유지다. 관련 내용이 외부로 누출될 경우 대규모 패닉이나 2차 피해가 발생할 수 있기 때문에, 모든 커뮤니케이션은 철저한 보안 속에서 이루어져야 한다. 이는 단순히 정보를 통제하는 것이 아니라, 공항 이용객의 안전을 보장하면서도 효과적인 대응을 가능하게 하는 전문적인 위기관리 전략이다. 보안요원들은 침착함을 유지하면서도 신속하게 행동하여, 일반 이용객들이 위험을 인지하기 전에 상황을 통제하는 역량을 발휘해야 한다.

폭발물 처리는 극도의 위험을 수반하는 작업으로, 처리요원의 안전 확보가 무엇보다 중요하다. 제21조는 폭발물처리요원의 방호장비 착용 기준을 상세히 규정하여, 작업자의 생명과 안전을 보호한다.

폭발물처리요원은 폭발물을 처리하거나 운반할 때 반드시 방폭복이나 방호복을 착용해야 한다. 이러한 전문 방호장비는 폭발 충격파와 파편 그리고 생화학 물질로부터 처리요원을 보호하는 필수적인 안전장치가 된다. 방폭복은 최대 40kg에 달하는 무게에도 불구하고, 처리요원의 생명을 지키는 마지막 보루로서 그 착용이 의무화되고 있다.

그러나 현장 상황의 특수성을 고려한 예외 규정도 마련되어 있다. 항공기 내부나 좁은 화물 구역 등 공간이 협소하여 방폭복이나 방호복 착용이 오히려 작업을 제한하는 경우, 방탄조끼와 헬멧 등 최소한의 방호장비만을 착용할 수 있다. 이는 완벽한 안전과 신속한 처리 사이에서 균형을 찾는 현실적인 접근으로, 처리요원이 상황에 맞게 판단할 수 있는 재량을 부여한다. 다만 이러한 예외 적용은 엄격히 제한되며, 가능한 최대한의 안전장비를 착용하는 것이 원칙이다.

나. 폭발물 발견 현장의 접근통제 및 안전거리 확보

폭발물 발견 시 현장의 체계적인 통제와 안전거리 확보는 2차 피해를 방지하는 핵심요소다. 공항에서의 폭발물 등에 관한 처리기준 제16조는 단계별 접근방지 절차와 관련 요원들의 협력 체계를 상세히 규정하여, 위험 구역의 효과적인 차단을 보장한다.

보안검색요원과 항공경비요원은 폭발물 발견 즉시 신속한 현장 통제에 나선다. 우선 현장으로부터 충분한 안전거리를 확보한 위치에 출입통제선을 설치하고, 접근금지 안내문을 배치하여 공항 이용객의 접근을 원천적으로 차단한다. 이러한 물리적 차단 조치는 호기심에 의한 접근이나 부주의한 진입을 방지하는 첫 번째 안전장치가 된다.

특히 중요한 것은 폭발물처리요원이 도착할 때까지 현장을 안전하게 보존하는 임무다. 이는 단순히 사람들의 접근을 막는 것을 넘어, 폭발물의 상태가 변경되지 않도록 하고 증거물이 훼손되지 않도록 보호하는 전문적인 현장 보존 활동이다. 초기 대응요원들은 이러한 임시 통제 임무를 수행하면서도, 자신들의 안전을 확보하는 균형잡힌 접근을 유지한다.

폭발물처리요원은 상황실로부터 신고를 접수한 즉시 출동하여 현장 지휘권을 인수받는다. 도착 후 가장 먼저 수행하는 임무는 폭발물의 종류와 성능을 파악하여 적정 안전거리를 재설정하는 것이다. 초기 대응요원이 설정한 임시 안전구역을 전문적 판단에 따라 조정하며, 폭발물의 위력과 특성에 맞는 정확한 안전거리를 확보한다.

폭발물처리요원은 현장의 전문가로서 보안검색요원과 항공경비요원에게 추가적인 안전조치를 요청할 수 있는 권한을 갖는다. 폭발물의 종류에 따라 대피 거리가 수십 미터에서 수백 미터까지 달라질 수 있기 때문에, 전문적 판단에 기반한 현장 통제 범위의 재조정이 필수적이다. 이러한 요청은 단순한 권고가 아닌 전문가의 지시로서, 현장의 모든 요원들이 즉각 따라야 하는 사항이다.

현장의 모든 보안요원들은 공항 이용객의 안전을 최우선으로 하는 통합 대응체계를 구축한다. 위에서 언급한 바와 같이 보안검색요원과 항공경비요원은 폭발물처리요원의 전문적 판단에 따른 안전거리 확보와 현장 통제 요청에 적극 협조해야 한다. 이는 단순한 협조를 넘어 법적 의무사항으로, 전문가의 판단을 신뢰하고 일사불란하게 움직이는 팀워크가 요구된다.

이러한 단계별 접근방지 체계는 초기 대응부터 전문적 처리까지 연속성을 보장한다. 보안검색요원과 항공경비요원의 신속한 초기 통제, 폭발물처리요원의 전문적 현장 관리 그리고 모든 요원들의 유기적 협력이 결합되어 공항 이용객의 안전을 다각적으로 보호한다. 이 체계는 폭발물 위협 상황에서 인명 피해를 최소화하는 효과적인 안전시스템의 역할을 한다.

다. 폭발물 조사 전 안전확인 및 판독·보고 절차

폭발물 처리 작업의 안전성을 확보하기 위해서는 체계적인 사전 점검과 비상 대비 체계가 필수적이다. 공항에서의 폭발물 등에 관한 처리기준 제17조는 폭발물 조사 전 안전확인 절차와 판독 결과에 따른 대응체계를 명확히 규정하여, 처리 과정의 안전성을 다각도로 보장하고 있다.

폭발물처리요원은 본격적인 폭발물 조사에 앞서 철저한 안전확인 절차를 수행한다. 가장 먼저 확인해야 할 사항은 현장의 방화시설 설치 여부와 방화조치 상태다. 폭발물의 특성상 화재를 동반할 가능성이 높기 때문에, 소화설비의 작동 가능 여부와 추가 방화조치의 필요성을 사전에 점검하는 것이 중요하다. 이러한 예방적 안전점검은 폭발 시 발생할 수 있는 2차 화재 피해를 최소화하는 핵심 절차가 되고 있다.

동시에 폭발물처리요원은 만일의 사태에 대비한 의료 지원 체계를 구축해야 한다. 의료진을 현장 인근지역에 대기시켜 폭발 사고 발생 시 즉각적인 응급처치와 후송이 가능하도록 준비한다. 이는 최악의 시나리오를 가정한 선제적 대응으로, 골든타임 내 의료 조치를 보장하는 생명 보호 시스템이다. 특히 공항이라는 다중이용시설의 특성상, 대규모 인명 피해 가능성에 대비한 충분한 의료 자원의 사전 배치가 필수적이다.

폭발물처리요원은 첨단 폭발물처리장비를 활용하여 폭발물을 정밀하게 판독하고 분석한다. X-ray 장비, 폭발물 탐지기, 로봇 등 다양한 전문 장비를 통해 폭발물의 종류, 구조, 위험도를 과학적으로 분석하며, 이 과정에서 축적된 전문 지식과 경험이 결합되어 정확한 판단이 이루어지고 있다.

판독과 분석이 완료되면 그 결과를 즉시 공항운영자와 합동조사팀에 보고해야 한다. 이는 개인의 판단이 아닌 조직적 의사결정 체계를 통해 대응 방안을 결정하기 위한 절차다. 폭발물처리요원은 전문적 분석 정보를 제공하고, 합동조사팀은 이를 바탕으로 종합적인 상황 판단과 최종 처리 방침을 결정한다. 이러한 단계별 의사결정 구조는 신중하면서도 정확한 대응을 가능하게 하는 안전장치가 되고 있다.

그러나 긴급한 상황에서는 유연한 대응이 허용된다. 폭발이 임박했거나 즉각적인 조치가 필요한 경우, 폭발물처리요원은 필요한 안전조치를 먼저 시행한 후 사후 보고할 수 있다. 이러한 재량권은 현장 전문가의 판단을 존중하는 동시에, 위급 상황에서의 신속한 대응을 보장하는 현실적인 규정이다. 다만 이는 예외적인 경우에 한정되며, 원칙적으로는 보고 후 조치라는 절차를 준수해야 한다.

라. 폭발물의 안전운반 및 현장 처리 기준

폭발물의 안전한 운반과 처리는 공항 내 2차 피해를 방지하는 핵심 과정이다. 공항에서의 폭발물 등에 관한 처리기준 제18조는 폭발물 운반의 원칙과 현장 처리 기준을 명확히 규정하여, 상황별 최적의 대응 방안을 제시하고 있다.

여객터미널이나 화물터미널 내에서 폭발물이 발견될 경우, 원칙적으로 지정된 안전지역으로 운반하여 처리한다. 폭발물처리요원은 이 과정에서 안전성과 신속성이라는 두 가지 핵심 원칙을 동시에 충족시켜야 한다. 안전한 운반을 위해 진동을 최소화하고 충격을 방지하는 특수 운반 장비를 활용하면서도, 터미널 내 체류 시간을 최소화하기 위해 신속하게 이동한다.

운반 경로는 사전에 철저히 계획되어, 공항 이용객이 적은 경로를 선택하고 주요 시설물과 충분한 거리를 확보하며, 만일의 폭발에 대비해 구조물 피해를 최소화할 수 있는 동선을 따른다. 이러한 전략적 경로 선정은 단순한 이동이 아닌, 리스크 관리에 기반한 전문적인 운반 작업이다. 특히 공항별로 사전 지정된 안전지역까지의 최적 경로가 매뉴얼화되어 있어, 긴급 상황에서도 체계적인 대응이 가능하다.

그러나 모든 폭발물을 안전지역으로 운반할 수 있는 것은 아니다. 폭발물의 불안정성이 극도로 높거나, 이동 시 폭발 위험이 오히려 증가하는 경우에는 현장 처리가 불가피하다. 또한 폭발물의 크기나 구조상 운반이 물리적으로 불가능한 경우도 있으며, 이러한 상황에서는 현장에서 직접 처리하는 것이 더 안전한 선택이 된다.

현장 처리를 결정한 경우, 폭발물처리요원은 공항 이용객과 시설 보호를 위한 포괄적인 안전조치를 시행한다. 방폭 담요 등을 활용하여 폭발력을 최대한 억제하고, 주변 지역에 대한 완벽한 차단 조치를 실시한다. 이 모든 과정은 원격 조작 장비를 통해 안전거리를 유지하면서 진행되며, 처리 과정 전반에 걸쳐 엄격한 안전프로토콜이 적용된다.

이러한 이원적 처리 체계는 현장 상황의 다양성을 고려한 유연한 대응 전략이다. 안전지역 운반을 원칙으로 하되, 상황에 따라 현장 처리를 선택할 수 있도록 함으로써, 폭발물처리요원이 전문적 판단에 따라 최선의 방법을 선택할 수 있는 재량을 부여하고 있다. 결과적으로 이 규정은 공항의 특수한 환경에서 폭발물로 인한 피해를 최소화하는 효과적인 안전 체계를 구축하는 데 기여하고 있다.

마. 폭발물 운반을 위한 전문 장비 및 특수차량

폭발물의 안전한 운반을 위해서는 전문 장비와 특수 차량의 활용이 필수적이다. 공항에서의 폭발물 등에 관한 처리기준 제20조는 폭발물 이동 시 사용해야 하는 운반 수단을 구체적으로 규정하여, 운반 과정의 안전성을 체계적으로 보장하고 있다.

공항운영자는 폭발물을 운반할 때 반드시 전문 폭발물처리장비를 활용해야 한다. 이러한 장비에는 원격조종 로봇, 폭발물 운반용 특수 컨테이너, 충격 흡수 장치 등이 포함되며, 각각의 장비는 폭발물의 안정성을 유지하면서 안전하게 이동시키는 핵심 도구가 된다. 특히 원격조종 로봇은 처리요원이 안전거리를 유지한 채 폭발물을 조작할 수 있게 하여, 만일의 폭발 상황에서도 인명 피해를 방지하고 있다.

폭발물처리장비의 사용은 단순한 권장사항이 아닌 법적 의무다. 이는 운반 중 발생할 수 있는 진동, 충격, 정전기 등 다양한 위험 요소로부터 폭발물을 보호하는 동시에, 예기치 않은 폭발에 대비한 방호 기능을 제공한다. 공항운영자는 이러한 전문 장비를 상시 운영 가능한 상태로 유지하고, 정기적인 점검과 정비를 통해 긴급 상황에서의 즉각적인 활용에 대비한다.

폭발물의 운반 구역에 따라 사용해야 하는 차량이 달라진다. 폭발물처리장이나 보호구역 외부로 폭발물을 운반해야 하는 경우, 공항운영자는 폭발물운반트레일러 등 특수차량을 반드시 사용해야 한다. 이러한 특수차량은 일반 차량과 달리 폭발 충격을 흡수할 수 있는 특수 구조로 제작되며, 내부에는 폭발물을 안정적으로 고정할 수 있는 전문 장치가 설치되어 있다. 폭발물운반트레일러는 특히 장거리 운반이나 공항 외부로의 이송 시 필수적인 장비다. 차량 자체가 하나의 이동식 방폭 시설로 기능하며, 폭발이 발생하더라도 외부 피해를 최소화할 수 있는 구조로 설계되어 있다.

이러한 구역별 차별화된 운반 수단 규정은 공항의 복잡한 구조와 다양한 운반 상황을 고려한 것이다. 터미널 내부, 보호구역, 외부 지역 등 각 구역의 특성에 맞는 최적의 운반 방법을 규정함으로써, 모든 상황에서 일관된 안전성을 확보하고 있다.

바. 폭발물 처리지역 지정 의무 및 선정 요건

> **▌공항에서의 폭발물 등에 관한 처리기준**
> **제24조(처리지역 지정)** ① 공항운영자는 폭발물 등을 처리하기 위하여 공항의 특정 장소를 폭발물 처리지역으로 지정하여야 한다. 다만, 군 공항 당국에서 폭발물 처리지역을 별도로 지정한 공항의 경우에는 그러하지 아니한다.
> ② 공항운영자는 폭발물 등의 폭파 등으로 인한 항공기와 인근지역 주민 등에게 피해가 발생하지 않는 장소를 폭발물 처리지역으로 지정하여야 한다.

폭발물의 안전한 처리를 위해서는 전용 처리지역의 확보가 필수적이다. 공항에서의 폭발물 등에 관한 처리기준 제24조는 폭발물 처리지역의 지정 의무와 선정 기준을 명확히 규정하여, 체계적이고 안전한 폭발물 처리 환경을 조성하고 있다.

공항운영자는 폭발물을 안전하게 처리할 수 있는 특정 장소를 폭발물 처리지역으로 반드시 지정해야 한다. 이는 임시방편적 대응이 아닌, 사전에 계획되고 준비된 전문 처리 공간을 확보하라는 의무 규정이다. 지정된 처리지역은 폭발물의 최종 처리가 이루어지는 핵심 안전 시설로, 공항보안 체계의 필수 인프라가 되고 있다.

다만, 군 공항의 경우에는 예외가 인정된다. 군 공항 당국이 이미 폭발물 처리지역을 별도로 지정한 경우, 공항운영자는 추가로 처리지역을 지정할 필요가 없다. 이는 군의 전문성과 기존 인프라를 활용하는 효율적인 접근으로, 민군 협력을 통한 자원 활용의 최적화를 보여준다. 군 폭발물 처리팀의 전문성과 장비를 공유함으로써, 중복 투자를 방지하면서도 높은 수준의 대응 능력을 확보하고 있다.

폭발물 처리지역은 엄격한 안전 기준에 따라 선정되어야 한다. 가장 중요한 기준은 폭파 등으로 인한 피해 범위를 철저히 고려하는 것이다. 항공기 운항에 영향을 주지 않을 만큼 충분한 이격거리를 확보하고, 폭발 충격파나 파편이 항공기에 도달하지 않는 위치를 선택해야 한다. 이는 공항의 핵심 기능인 항공 운송의 안전성과 연속성을 보장하는 필수 조건이 되고 있다.

동시에 인근 지역 주민의 안전도 중요한 고려사항이다. 폭발물 처리 시 발생하는 소음, 진동, 충격파가 주거지역에 미치는 영향을 최소화할 수 있는 위치를 선정한다. 공항 경계 지역 중에서도 주민 거주지와 최대한 떨어진 곳을 선택하며, 지형적 특성을 활용하여 자연적인 방호벽 역할을 할 수 있는 장소를 우선적으로 고려하고 있다.

(3) 현장 초기 대응체계

불법방해행위가 발생하면 관할 경찰관서의 장이 즉각적인 초동조치를 시작한다. 군사시설에서는 군부대장이, 해양에서는 해양경비안전서장이 이 역할을 수행하고 있다. 이들은 사건현장을 신속하게 통제하고 보존하며, 후발사태나 사건 확산을 방지하기 위한 체계적인 대응을 진행한다.

초기 대응 과정에서 경찰관서의 장은 사건 상황과 조치 내용을 관계기관에 즉시 통보한다. 상황의 심각성과 복잡성에 따라 국가정보원장에게 대테러합동조사팀의 파견을 요청할 수 있으며, 이는 전문적이고 통합적인 대응체계를 구축하는 데 핵심적인 역할을 하고 있다.

공항운영자 역시 중요한 역할을 담당한다. 현장 상황을 면밀히 파악하여 후발사태 예방이 필요하다고 판단될 경우, 인명구조, 소방, 의료 등 긴급 구난 인력의 지원을 관계기관에 요청할 수 있다. 이러한 협력 체계는 피해를 최소화하고 신속한 상황 안정화를 가능하게 만든다.

특히 사건이 지속되는 경우에는 더욱 체계적인 대응이 필요하다. 현장지휘본부가 설치되면 경찰관서의 장은 즉시 지휘통제권과 그동안의 조치사항을 현장지휘본부장에게 인계한다. 이러한 명확한 지휘체계 전환은 장기화되는 사건에 효과적으로 대응하고, 일관된 대응 전략을 유지하는 데 필수적인 절차가 되고 있다.

(4) 위기대응 지휘체계 구축

민간항공기에 대한 불법방해행위가 발생하면 국토교통부장관은 즉시 "항공 테러사건 대책본부"를 설치하여 운영한다. 이 대책본부는 국내외에서 발생한 사건에 대응하는 각종 대책본부를 지원하는 핵심 조직이다. 구체적인 설치와 운영 절차는 국가항공보안 우발계획과 항공테러 위기대응 실무매뉴얼에 따라 체계적으로 진행된다.

불법방해행위가 지속되는 상황에서는 더욱 강화된 대응체계가 가동된다. 현장 대응 활동을 총괄적으로 지휘하고 조정하기 위해 "현장지휘본부"가 설치되며, 이는 국민보호와 공공안전을 위한 테러방지법과 항공테러 위기대응 실무매뉴얼의 규정에 따라 운영되고 있다. 이러한 현장지휘본부는 각 기관의 대응 활동을 효과적으로 조율하여 통합된 대응력을 발휘하게 만든다.

공항 차원에서도 신속한 대응체계가 구축되어 있다. 공항이나 항공기 운항을 방해하는 불법방해행위 정보를 통보받은 공항운영자는 즉각 "공항비상운영센터"를 가동시킨다. 이후 자체적으로 수립한 우발계획에 따라 필요한 모든 조치를 시행하고 있다.

이러한 비상대응 체계의 실효성을 유지하기 위해 평시 준비도 철저히 이루어진다. 공항비상운영센터 운영과 관련된 모든 기관들은 상황실의 유지·관리 상태를 정기적으로 점검한다. 특히 통신장비의 정상 작동 여부를 지속적으로 확인하여, 실제 상황 발생 시 즉각적이고 원활한 대응이 가능하도록 만반의 준비를 갖추고 있다.

(5) 항공교통관제 대응 및 정보제공 체계

불법방해행위의 대상이 된 항공기가 국내 공항 착륙이나 인천비행정보구역 통과를 요구할 때, 국토교통부장관은 항공교통관제업무를 포함한 모든 가능한 지원을 제공한다. 이는 위기 상황에 처한 항공기의 안전을 최우선으로 확보하기 위한 필수적인 조치가 되고 있다.

항공교통관제기관은 해당 항공기가 착륙하는 즉시 지정된 주기장이나 격리주기장으로 유도한다. 이러한 신속한 격리 조치는 추가적인 위험 발생을 방지하고, 대응 기관들이 효과적으로 상황을 통제할 수 있는 환경을 조성하는 데 중요한 역할을 하고 있다.

국제적 협력 체계도 체계적으로 운영된다. 불법방해행위 대상 항공기가 다른 비행정보구역에 영향을 미칠 경우, 항공교통관제기관은 목적지 공항을 포함한 관련 국가의 항공교통관제기관에 즉시 정보를 제공한다. 필요시에는 더욱 긴밀한 협력을 위해 별도의 협정을 체결할 수 있으며, 이는 국제적 차원의 통합 대응을 가능하게 만들고 있다.

항공교통관제기관이 제공하는 핵심 정보는 매우 구체적이고 체계적이다. 우선 항공기의 예상경로와 도착 예정지, 예상 도착시간을 정확히 전달한다. 또한 연료 항속시간을 시간과 분 단위로 상세히 제공하며, 승무원과 승객의 탑승 인원 현황도 함께 공유하고 있다.

아울러 대응 작전 수립에 필요한 세부 정보들도 제공된다. 승무원의 구성과 해당 경로에 대한 경험 및 지식 수준, 기내에서 활용 가능한 항행지도와 관련 서류의 유용성 그리고 이전 비행시간을 고려한 비행승무원의 한계 비행시간 등이 포함된다. 상황에 따라서는 범인이 소유하고 있거나 소유 가능성이 있는 무기나 폭발물 등의 추가 정보도 신속하게 전달하고 있다.

(6) 전문가 투입 및 운영 체계

불법방해행위가 발생하면 각 분야의 전문가들이 즉시 대응 조직에 투입된다. 현장지휘본부, 특공대, 협상팀, 지원팀 그리고 대테러합동조사팀은 모두 해당 분야의 전문가들을 포함하여 구성되고 있다. 이러한 전문가 중심의 대응체계는 복잡하고 위험한 상황을 효과적으로 해결하는 핵심 요소가 되고 있다.

각 팀의 전문가들은 자신의 전문 영역에서 축적된 지식과 경험을 바탕으로 신속하고 정확한 판단을 내린다. 특공대의 전술 전문가들은 진압 작전을 수립하고, 협상팀의 심리 전문가들은 범인과의 대화를 이끌어가며, 지원팀의 기술 전문가들은 필요한 장비와 정보를 제공하고 있다. 대테러합동조사팀은 사건의 배경과 원인을 분석하여 향후 유사 사건의 예방에도 기여한다.

이들 전문가 조직의 구체적인 구성과 운영 방법은 국가항공보안 우발계획에 상세히 규정되어 있다. 이 계획은 각 팀의 역할과 책임, 전문가 선발 기준, 훈련 프로그램 그리고 실제 상황에서의 운영 절차 등을 체계적으로 정리하여, 언제든지 최고 수준의 대응 능력을 발휘할 수 있도록 준비되어 있다.

(7) 언론 대응 및 정보통제

불법방해행위 발생 시 언론 대응은 매우 신중하고 체계적으로 이루어진다. 무엇보다 언론 대응 창구를 최소화하여 일관성 있는 메시지를 전달하는 것이 핵심이다. 여러 기관이나 담당자가 각자 언론에 대응할 경우 발생할 수 있는 정보의 혼선과 오해를 사전에 차단하고 있다.

항공기 피랍과 같은 심각한 상황에서는 더욱 엄격한 언론 대응 원칙이 적용된다. 담당자는 오직 확인된 사실만을 언론에 브리핑하며, 추측이나 미확인 정보는 철저히 배제한다. 초기 대응 단계를 지나면 일정 시점부터 정례 브리핑 체제로 전환하여, 언론과 대중에게 안정적이고 예측 가능한 정보 제공 채널을 유지하고 있다.

현장 관리 측면에서도 철저한 통제가 이루어진다. 언론 취재구역을 명확히 설정하여 기자들의 무분별한 접근을 방지하고, 특히 테러상황실 등 핵심 시설에 대한 출입은 엄격하게 통제한다. 동시에 항공테러 대응기구를 설치한 기관에서는 별도의 보도실을 마련하여, 언론이 필요한 정보를 안정적으로 취재할 수 있는 환경을 제공하고 있다.

가장 중요한 원칙은 작전 보안의 유지다. 인질협상 과정이나 진압 작전 등 민감한 상황에 대한 정보는 절대 외부에 유출되어서는 안 된다. 이러한 정보가 언론을 통해 공개될 경우 인질의 생명이 위태로워지거나 작전이 실패할 수 있기 때문에, 모든 관계자들은 철저한 보안 의식을 갖고 대응하고 있다.

(8) 불법방해행위 조사 및 재발방지 체계

민간항공에 대한 불법방해행위나 민간항공보안에 관한 중요한 위반사항이 발생하면, 국토교통부장관은 반드시 철저한 조사를 실시한다. 이러한 조사는 단순히 사건의 경위를 파악하는 것을 넘어, 향후 유사 사건의 재발을 방지하기 위한 체계적인 분석 과정이다.

조사를 통해 작성되는 보고서는 매우 중요한 역할을 담당한다. 국토교통부장관은 불법방해행위 조사 보고서에 재발 방지를 위한 구체적인 추가 조치방안을 명시하고, 각 조치의 시행 책임을 명확하게 규정한다. 이는 조사 결과가 실질적인 개선으로 이어지도록 보장하는 핵심 체계가 되고 있다.

더불어 조사 과정에서는 기존 대응체계의 효과성도 면밀히 검토된다. 사건 대응이 국가항공보안계획과 국가항공보안 우발계획에 따라 효율적으로 수행되었는지 확인하며, 이를 통해 현행 계획의 적절성과 개선 필요사항을 파악한다. 이러한 피드백 과정은 국가 항공보안 체계를 지속적으로 발전시키는 원동력이 된다.

3. 항공테러 위기관리: 통합대응과 지휘체계

항공테러는 국가안보와 직결되는 중대한 위협으로, 체계적이고 신속한 대응체계가 필수적이다. 국가항공보안계획 11.1.7은 항공기 및 공항에서 발생하는 테러·납치 등 불법방해행위에 대해 국민보호와 공공안전을 위한 테러방지법을 우선 적용하도록 명시한다.

이는 항공테러가 단순한 항공보안 사안을 넘어 국가 차원의 대테러 대응이 필요한 사안임을 보여준다. 테러방지법 체계에 따라 모든 관계기관이 통합적으로 대응함으로써 더욱 효과적인 위기관리가 가능하다.

이러한 통합 대응의 기반은 신속한 상황 전파와 초동 조치다. 테러방지법 시행령 제23조는 관계기관의 장이 테러사건이 발생하거나 그 징후를 인지한 즉시 관련 상황과 조치사항을 관련기관 및 대테러센터장에게 통보하도록 규정한다. 신속한 정보공유는 관계기관 간 공조 체계를 활성화하고 통합대응을 가능하게 하는 핵심 절차다.

특히 초동 조치는 테러 대응의 골든타임을 좌우하는 결정적 단계다. 시행령은 4가지 핵심 초동 조치를 명시하고 있다. 첫째, 사건 현장의 통제·보존 및 경비 강화를 통해 2차 피해를 방지한다. 둘째, 긴급대피와 구조·구급 활동으로 인명 피해를 최소화한다. 셋째, 관계기관에 대한 지원 요청으로 대응 역량을 결집한다. 넷째, 사건 확산 방지를 위한 추가적인 필요 조치를 시행한다.

공항이라는 특수한 환경에서는 이러한 초동 조치가 더욱 복잡해진다. 대규모 인원의 신속한 대피, 항공기 운항 통제, 국제적 공조 등 다양한 요소들이 동시에 고려되어야 하며, 이러한 복잡성 때문에 지휘체계의 명확성이 더욱 중요하다.

따라서 국내 일반테러사건의 경우, 대책본부가 설치되기 전까지는 테러사건 발생 지역 관할 경찰관서의 장이 초동 조치를 지휘·통제한다. 현장 상황을 가장 잘 파악하고 있는 지역 경찰이 초기 대응을 주도함으로써 신속성과 효율성을 확보하는 것이다.

(1) 대테러 통합대응체계: 현장지휘와 기관 간 협력

1) 테러사건 대응 지휘체계와 통합자원 운용

▌국민보호와 공공안전을 위한 테러방지법 시행령

제14조(테러사건대책본부) ① 외교부장관, 국방부장관, 국토교통부장관, 경찰청장 및 해양경찰청장은 테러가 발생하거나 발생할 우려가 현저한 경우(국외테러의 경우는 대한민국 국민에게 중대한 피해가 발생하거나 발생할 우려가 있어 긴급한 조치가 필요한 경우에 한한다)에는 다음 각 호의 구분에 따라 테러사건대책본부(이하 "대책본부"라 한다)를 설치·운영하여야 한다.

1. 외교부장관: 국외테러사건대책본부
2. 국방부장관: 군사시설테러사건대책본부
3. 국토교통부장관: 항공테러사건대책본부
4. 삭제
5. 경찰청장: 국내일반 테러사건대책본부
6. 해양경찰청장: 해양테러사건대책본부

제24조(테러사건 대응) ① 대책본부의 장은 테러사건에 대한 대응을 위하여 필요한 경우 현장지휘본부를 설치하여 상황 전파 및 대응 체계를 유지하고, 조치사항을 체계적으로 시행한다.

② 대책본부의 장은 테러사건에 신속히 대응하기 위하여 필요한 경우에 관계기관의 장에게 인력·장비 등의 지원을 요청할 수 있다. 이 경우 요청을 받은 관계기관의 장은 특별한 사유가 없으면 요청에 따라야 한다.

테러사건 발생 시 체계적인 대응은 피해 최소화와 신속한 상황 종료의 핵심이다. 테러방지법 시행령 제24조는 테러사건 대응을 위한 종합적인 지휘체계와 협력 구조를 규정한다.

대책본부의 장은 테러사건 대응의 컨트롤타워 역할을 수행한다. 필요시 현장지휘본부를 설치하여 상황 전파와 대응체계를 유지하고, 모든 조치사항을 체계적으로 시행한다. 특히 항공테러의 경우, 공항이라는 복잡한 현장 특성상 현장지휘본부의 역할이 더욱 중요하다. 실시간 상황 판단과 즉각적인 의사결정이 이루어져야 하기 때문이다.

이러한 지휘체계를 뒷받침하는 것은 효과적인 자원 동원 권한이다. 대책본부의 장은 관계기관에 인력·장비 등의 지원을 요청할 수 있으며, 요청받은 기관은 특별한 사유가 없는 한 반드시 응해야 한다. 이는 테러 대응이 개별 기관의 역량을 넘어서는 국가적 사안임을 보여준다. 항공테러 상황에서는 군 폭발물처리반, 특공대, 의료진 등 다양한 전문 인력이 신속하게 투입된다.

국내뿐만 아니라 해외 테러 대응체계도 구축되어 있다. 외교부장관은 해외에서 테러가 발생하여 정부 차원의 현장 대응이 필요한 경우, 관계기관 합동으로 정부 현지대책반을 구성·파견할 수 있다. 이는 해외에서 발생한 우리 국민 대상 항공테러나 공항 테러에도 적용되는 중요한 조항이다. 실제로 과거 해외 항공테러 사건 시 정부 대책반이 현지에 파견되어 교민 보호와 사건 수습에 중요한 역할을 수행했다.

지방자치단체 역시 테러 대응의 중요한 축을 담당한다. 지자체장은 테러사건 대응 활동을 지원하기 위한 물자와 편의를 제공하고, 지역주민의 긴급대피 방안을 마련해야 한다. 공항이 위치한 지자체의 경우, 대규모 대피 시설 운영, 응급 의료 지원, 교통 통제 등 다양한 후방 지원을 담당한다. 이러한 민관 협력 체계는 테러 대응의 효과성을 극대화하는 데 기여하고 있다.

2) 대테러 대응체계 개편과 컨트롤타워 구조

▌국민보호와 공공안전을 위한 테러방지법

제6조(대테러센터) ① 대테러활동과 관련하여 다음 각 호의 사항을 수행하기 위하여 국무총리 소속으로 관계기관 공무원으로 구성되는 대테러센터를 둔다.

1. 국가 대테러활동 관련 임무분담 및 협조사항 실무 조정
2. 장단기 국가대테러활동 지침 작성·배포
3. 테러경보 발령
4. 국가 중요행사 대테러안전대책 수립
5. 대책위원회의 회의 및 운영에 필요한 사무의 처리
6. 그 밖에 대책위원회에서 심의·의결한 사항

테러방지법 제정을 계기로 단행된 대응체계 개선은 효율성과 책임성을 동시에 강화하는 방향으로 이루어졌다. 가장 눈에 띄는 변화는 테러사건대책본부의 구조 조정이다. 기존 8개 분야(국내일반·군사·해양·화학·생물·방사능·항공기·국외)에서 5개 분야(국내일반·군사·해양·항공·국외)로 통합·간소화되었다. 이는 화학·생물·방사능 분야를 국내일반 분야에 통합함으로써 지휘체계를 단순화하고 대응 속도를 높이려는 전략적 결정이다.

이와 함께 테러사건대책본부장의 위상이 차관급에서 장관급으로 격상되었다. 이러한 변화는 단순한 직급 조정이 아니라 각 부처의 책임성을 강화하고 범정부적 대응 역량을 결집하려는 의도를 담고 있다. 장관급 지휘관은 더 강력한 권한과 자원 동원력을 바탕으로 신속한 의사결정을 내릴 수 있다. 현장지휘본부장의 지휘·통제 권한도 대폭 강화되어

현장 상황에 즉각적으로 대응할 수 있는 체계를 구축했다.

테러 위협이 고조되는 현 상황에서 대테러 컨트롤타워의 역할 분담은 매우 중요한 의미를 지닌다. 국가정보원은 정보수집과 1차 분석의 책임기관으로 위치하며, 테러 관련 첩보를 수집하고 위협을 평가하는 선제적 역할을 담당한다.

이렇게 수집·분석된 정보는 총리실 산하 대테러센터로 전달된다. 대테러센터는 국정원으로부터 받은 정보를 바탕으로 2차 분석을 실시하고, 국가급 대테러 정책을 기획·조율하는 최종 컨트롤타워 역할을 담당한다. 이러한 이원화된 구조는 정보 수집과 정책 결정을 분리함으로써 견제와 균형의 원리를 구현한다. 특히 항공테러와 같은 국제적 이슈에서는 이러한 체계적 접근이 더욱 중요한 의미를 가진다.

3) 지역 테러대책협의회의 구성과 운영 체계

국민보호와 공공안전을 위한 테러방지법 시행령

제12조(지역 테러대책협의회) ① 특별시·광역시·특별자치시·도·특별자치도(이하 "시·도"라 한다)에 해당 지역에 있는 관계기관 간 테러예방활동에 관한 협의를 위하여 지역 테러대책협의회를 둔다.

③ 지역 테러대책협의회는 다음 각 호의 사항을 심의·의결한다.

1. 대책위원회의 심의·의결 사항 시행 방안
2. 해당 지역 테러사건의 사전예방 및 대응·사후처리 지원 대책
3. 해당 지역 대테러업무 수행 실태의 분석·평가 및 발전 방안
4. 해당 지역의 대테러 관련 훈련·점검 등 관계기관 간 협조에 관한 사항
5. 그 밖에 해당 지역 대테러활동에 필요한 사항

테러 위협에 대한 효과적인 대응은 중앙정부의 노력만으로는 한계가 있다. 이에 따라 지역 차원의 대테러 협력체계인 '지역 테러대책협의회'가 운영된다. 이는 각 지역의 특성과 취약점을 고려한 맞춤형 대테러 전략을 수립하고 실행하는 핵심 플랫폼이다.

이러한 협의회의 지휘체계는 명확하게 규정되어 있다. 국가정보원의 해당 지역 관할 지부장이 의장을 맡으며, 특별시의 경우 대테러센터장이 이 역할을 수행한다. 이러한 구조는 중앙의 정보력과 지역의 현장 대응력을 효과적으로 연계하는 체계다. 특히 공항이 소재한 지역의 경우, 항공테러 위협에 대한 특별한 관심과 대비가 이루어진다.

협의회가 수행하는 주요 기능은 크게 세 가지 영역으로 구분된다. 첫째, 해당 지역 테러사건의 사전예방 및 대응·사후처리 지원 대책을 수립한다. 이는 지역 내 주요 시설과 취약 지점을 파악하고, 테러 발생 시나리오별 대응 계획을 마련하는 것을 포함한다. 공항 주변 지역의 경우, 공항 진입로 보안, 주변 지역 감시 체계, 대규모 대피 계획 등이 중점

적으로 논의되고 있다.

둘째, 해당 지역 대테러업무 수행 실태를 분석·평가하고 발전 방안을 모색한다. 정기적인 평가를 통해 취약점을 파악하고 개선방안을 도출하는 지속적인 피드백 시스템이 작동한다. 이를 통해 각 지역의 대테러 역량이 점진적으로 향상되며, 우수 사례는 다른 지역으로 전파되어 전국적인 대테러 수준 향상에 기여하고 있다.

셋째, 해당 지역의 대테러 관련 훈련·점검 등 관계기관 간 협조 사항을 조율한다. 경찰, 소방, 군부대, 지자체, 주요 시설 관리기관 등 다양한 기관이 참여하는 통합 훈련을 기획하고 실행한다. 실제로 공항에서는 연 1회 이상 대규모 대테러 훈련을 실시하며, 이 과정에서 발견된 문제점들이 협의회를 통해 개선된다.

이처럼 지역 테러대책협의회는 중앙의 정책과 현장의 실무를 연결하는 가교 역할을 수행한다. 각 지역의 특수성을 반영한 대테러 전략 수립이 가능하며, 평시에는 예방 활동을, 유사시에는 신속한 초동 대응을 가능하게 하는 실질적인 협력 체계로 작동하고 있다.

4) 공항테러대책협의회: 항공보안 거버넌스의 핵심

> **▌국민보호와 공공안전을 위한 테러방지법 시행령**
>
> **제13조(공항·항만 테러대책협의회)** ① 공항 또는 항만(「항만법」 제3조제1항제1호에 따른 무역항을 말한다. 이하 같다) 내에서의 관계기관 간 대테러활동에 관한 사항을 협의하기 위하여 공항·항만별로 테러대책협의회를 둔다.
>
> ③ 공항·항만 테러대책협의회는 해당 공항 또는 항만 내의 대테러활동에 관하여 다음 각 호의 사항을 심의·의결한다.
>
> 1. 대책위원회의 심의·의결 사항 시행 방안
> 2. 공항 또는 항만 내 시설 및 장비의 보호 대책
> 3. 항공기·선박의 테러예방을 위한 탑승자와 휴대화물 검사 대책
> 4. 테러 첩보의 입수·전파 및 긴급대응 체계 구축 방안
> 5. 공항 또는 항만 내 테러사건 발생 시 비상대응 및 사후처리 대책
> 6. 그 밖에 공항 또는 항만 내의 테러대책

공항은 국가 주요 기반시설이자 대테러 최우선 방호 대상으로, 특별한 보안 거버넌스가 필요하다. 이에 따라 각 공항별로 '공항테러대책협의회'를 구성하여 운영한다. 이는 앞서 살펴본 지역 테러대책협의회와는 별도로, 공항이라는 특수한 환경에 특화된 전문 협의체다.

이러한 협의회의 지휘체계는 국가정보원 공항분실장이 의장을 맡는다. 이는 공항이 국제테러의 주요 표적이 될 수 있다는 점과, 정보 수집·분석 능력이 공항 보안의 핵심이

라는 인식에 기반한다. 의장 외에도 지방항공청, 공항운영자, 항공사, 공항경찰대, 세관, 출입국관리소, 검역소 등 공항 내 모든 보안 관련 기관이 참여한다.

협의회가 다루는 첫 번째 핵심 과제는 공항 내 시설 및 장비의 보호 대책이다. 활주로, 계류장, 터미널, 관제탑, 연료저장시설 등 공항의 핵심 인프라를 테러 위협으로부터 보호하기 위한 종합적인 방안을 수립한다. 특히 사이버 위협에 대한 대응책도 중요하게 다루어지며, 물리적 보안과 사이버 보안을 통합한 융합 보안 전략이 추진되고 있다.

두 번째 과제는 항공기 테러예방을 위한 탑승자와 휴대화물 검사 대책이다. 보안검색 절차의 효과성을 높이면서도 여객 편의를 고려한 최적의 접근 방식을 모색하는 것이 핵심이다. 최신 검색 장비 도입, 보안요원 교육 강화, 행동탐지 기법 적용 등 여러 단계의 보안 전략을 논의한다. 급변하는 테러 수법에 대응하기 위해 검색 프로토콜을 지속적으로 업데이트한다.

세 번째는 테러 첩보의 입수·전파 및 긴급대응 체계 구축이다. 국내외 정보기관으로부터 입수된 테러 관련 정보를 신속하게 공유하고, 위협 수준에 따른 단계별 대응 방안을 마련한다. 실시간 정보공유 시스템을 구축하여 골든타임 내 대응이 가능하도록 한다. 특히 국제선이 운항하는 공항의 경우, 국제 정보 공조 체계와의 연계가 매우 중요하게 다루어진다.

마지막으로 공항 내 테러사건 발생 시 비상대응 및 사후처리 대책을 수립한다. 테러 시나리오별 대응 매뉴얼 작성, 대규모 대피 계획, 의료 지원 체계, 가족 지원 센터 운영 등 종합적인 위기관리 계획을 마련한다. 정기적인 모의훈련을 통해 계획의 실효성을 검증하고, 발견된 문제점을 개선하는 순환 체계를 구축했다.

이처럼 공항테러대책협의회는 단순한 협의체를 넘어 공항 보안의 실질적인 의사결정 기구로 역할을 담당한다. 평시에는 예방 활동의 조율자 역할을, 위기 시에는 통합대응의 지휘부 역할을 수행하며, 우리나라 항공보안 수준을 국제 표준 이상으로 유지하는 데 핵심적인 기여를 하고 있다.

5) 대테러 합동조사반 운영 체계 및 대응절차

국민보호와 공공안전을 위한 테러방지법 시행령

제21조(대테러합동조사팀) ① 국가정보원장은 국내외에서 테러사건이 발생하거나 발생할 우려가 현저할 때 또는 테러 첩보가 입수되거나 테러 관련 신고가 접수되었을 때에는 예방조치, 사건 분석 및 사후처리 방안 마련 등을 위하여 관계기관 합동으로 대테러합동조사팀(이하 "합동조사팀"이라 한다)을 편성·운영할 수 있다.

공항 내에는 국가정보원 공항분실을 주관으로 대테러 합동조사반이 구성되어 운영된다. 이 조사반은 테러 관련 상황에 신속하고 체계적으로 대응하기 위한 관계기관 합동 조직으로, 공항 보안의 핵심적인 역할을 수행한다.

대테러 합동조사반이 가동되는 상황은 크게 네 가지 주요 상황과 추가적인 특수 상황으로 구분된다. 주요 가동 상황은 첫째, 실제 테러사건이 발생했을 때, 둘째, 테러 발생 우려가 현저히 높아졌을 때, 셋째, 테러 관련 첩보가 입수되었을 때 그리고 넷째, 테러 관련 신고가 접수되었을 때다.

이러한 주요 상황 외에도 공항 운영 중 발생하는 특수한 보안 상황에서 합동조사반이 즉각 대응한다. 공항 내에서 폭발물로 의심되는 물품이 발견되거나, 항공기에 탑승한 승객이 자발적으로 하기를 요청하는 등의 비정상적인 상황이 발생하면 합동조사반이 구성되어 신속한 현장 대응 활동을 전개한다.

상황 발생 시 합동조사반은 즉각적인 예방조치를 시행하며, 동시에 사건의 성격과 패턴을 면밀히 분석한다. 이를 통해 향후 유사 상황에 대한 대비책을 마련하고, 체계적인 사후처리방안을 수립하여 공항 보안의 연속성을 확보한다. 각 사건에서 축적된 경험과 데이터는 대응 역량 강화를 위한 중요한 자산으로 활용되고 있다.

6) 항공테러 대응 관할권 재정립 방안

항공테러 대응체계의 관할 문제는 지속적인 논의와 개선이 필요한 영역이다. 국토교통부는 운항 중인 항공기에 대한 테러는 항공관제 등의 전문성이 필요하므로 국토교통부가 담당하는 것이 불가피하지만, 계류 중인 항공기와 공항시설에 대해서는 경찰청이 관할하는 것이 타당하다는 일관된 입장을 유지한다.

이러한 입장의 근거는 명확하다. 국내에서 경찰의 공권력이 미치는 모든 시설은 경찰청이 관할하도록 규정되어 있으며, 공항만을 예외로 둘 특별한 이유가 없다는 것이다. 실제로 고도의 전문성을 요구하는 원자력발전소의 경우에도 경찰청이 주관하고 관련 기관은 지원반으로 참여하고 있다. 화생방 테러 대응에서도 환경부, 보건복지부, 원자력안전위원회 등 전문기관들이 경찰청의 지휘를 받아 통합 운영되는 체계를 갖추고 있다.

이와 관련하여 해양테러 대응 사례는 더욱 시사적이다. 해양경찰은 원해의 선박만을 관할하고, 항만과 정박 중인 선박 등 육상경찰의 공권력이 미치는 지역은 육상경찰이 담당한다. 해양경찰조차 경찰력을 보유하고 있음에도 불구하고 권한의 한계를 이유로 일부 업무를 육상경찰 소관으로 이관하는 실정이다. 이는 관할 구분의 명확성이 효과적인 대테러 대응에 얼마나 중요한지를 보여주는 사례로, 항공테러 대응체계 개선에도 중요한 시사점을 제공한다.

가. 국토교통부의 구조적 한계

국토교통부가 공항 테러 대응의 주관부처가 되기에는 구조적 한계가 분명하다. 첫째, 테러 현장을 통제하고 진압할 수 있는 군·경 병력이 없고, 둘째, 테러 협상이나 진압에 필요한 전문성이 부족하며, 셋째, 타 기관의 병력을 지휘하는 것도 현실적으로 불합리하다. 따라서 국토교통부는 초동조치와 상황전파, 승객대피 등의 즉각적인 대응과 운항통제, 공항시설 복구 등의 지원 업무에 집중하는 것이 적절하다.

이러한 역할 분담의 타당성은 항공기 관제 업무를 통해서도 확인된다. 운항 중이거나 계류 중인 항공기는 테러 발생 시 관제센터를 통해 즉시 통제가 가능하다. 따라서 항공기 관제 때문에 공항 내 모든 테러 대응을 국토교통부가 담당해야 한다는 주장은 논리적 비약이라 할 수 있다. 관제 업무의 전문성과 현장 대테러 작전의 전문성은 본질적으로 다른 영역이며, 각 기관이 고유의 전문성을 발휘할 수 있는 체계가 더 효과적이다.

나. 경찰청의 우려사항과 해결방안

경찰청은 공항 내 보호구역 진입 제한과 화생방 테러 업무 이관에 따른 부담을 이유로 공항 테러 담당에 소극적인 입장을 보인다. 그러나 비상시에는 경찰이 직접 출입통제를 담당하게 되며, 출입증 없이도 즉시 공항 진입이 가능하다. 무엇보다 공항은 철도역, 터미널, 백화점 등 경찰청이 이미 테러 대응을 담당하는 다른 다중이용시설과 본질적으로 다르지 않다.

이러한 관할 문제와 함께 현장 지휘체계의 정비도 필요하다. 지방공항에서 테러 발생 시 멀리 떨어져 있는 지방항공청장이 맡게 되는 현장지휘본부장의 역할과 권한, 책임소재를 명확히 정립해야 한다. 모든 공항에 설치된 종합상황실이 실질적인 컨트롤타워 역할을 수행할 수 있도록 제도적 뒷받침이 필요하다.

이를 통해 효과적이고 일원화된 테러 대응체계를 구축하는 것이 시급한 과제로 남아 있다. 각 기관의 전문성을 살리면서도 통합적인 지휘체계를 확립함으로써, 공항 테러 위협에 대한 신속하고 효과적인 대응 역량을 확보해야 한다.

7) 민군합동공항 공항폐쇄 결정권한의 통합 필요성

국토교통부의 항공테러 위기대응 실무매뉴얼은 테러 발생 시 공항폐쇄 결정 권한을 지방항공청장에게 부여한다. 이는 신속하고 일원화된 의사결정을 통해 효과적인 초동대응을 가능하게 하려는 취지에서 마련된 규정이다.

그러나 민군합동공항의 경우 상황이 복잡하다. 국방부장관과 국토교통부장관간 비행

장 사용협정에 따라 공항시설이 군사지역과 민간지역으로 명확히 구분되어 운영된다. 활주로를 비롯한 군사지역의 폐쇄는 군 당국이 결정하고, 여객터미널 등 민간지역의 폐쇄는 지방항공청장이 결정하는 이원적 구조를 갖추고 있다.

이러한 권한의 이원화는 실제 테러 상황에서 심각한 문제를 야기할 수 있다. 테러 대응의 골든타임이라 할 수 있는 초동조치 단계에서 지휘체계의 혼선이 발생하면, 신속한 대응이 지연되고 피해가 확대될 우려가 있다. 특히 테러 상황이 군사지역과 민간지역에 걸쳐 발생하거나, 한 지역에서 시작되어 다른 지역으로 확산될 경우 의사결정 과정이 더욱 복잡해진다.

이러한 문제가 더욱 중요한 이유는 민군합동공항이 국내 주요 공항 중 상당수를 차지하기 때문이다. 김해, 대구, 청주, 광주, 원주, 포항·경주, 군산, 사천 등이 여기에 해당한다. 이들 공항은 민간 항공교통의 중요한 축을 담당하는 동시에 군사작전의 거점 역할을 수행하고 있어, 효과적인 테러 대응체계 구축이 더욱 중요하다.

따라서 관련 규정의 전면적인 재정비가 필요하다. 우선 테러 상황 시 통합지휘체계를 명확히 규정하고, 군과 민간 당국 간의 신속한 의사결정 절차를 마련해야 한다. 비상시 한시적으로 단일 지휘권을 행사할 수 있는 법적 근거를 마련하는 방안도 검토할 필요가 있다.

이와 함께 평시에도 군과 민간 당국 간 정기적인 합동훈련을 실시하여 실제 상황에서의 대응능력을 향상시켜야 한다. 양 기관 간 실시간 정보공유 체계를 구축하고, 표준화된 대응 프로토콜을 개발하여 혼선을 최소화하는 것이 무엇보다 중요하다. 이러한 통합적 접근을 통해 민군합동공항의 특수성을 고려한 효과적인 테러 대응체계를 확립할 수 있다.

(2) 현장지휘본부장의 법적 권한과 통합지휘체계

국민보호와 공공안전을 위한 테러방지법 시행령

제15조(현장지휘본부) ① 대책본부의 장은 테러사건이 발생한 경우 사건 현장의 대응 활동을 총괄하기 위하여 현장지휘본부를 설치할 수 있다.

② 현장지휘본부의 장은 대책본부의 장이 지명한다.

③ 현장지휘본부의 장은 테러의 양상·규모·현장상황 등을 고려하여 협상·진압·구조·구급·소방 등에 필요한 전문조직을 직접 구성하거나 관계기관의 장에게 지원을 요청할 수 있다. 이 경우 관계기관의 장은 특별한 사정이 없으면 현장지휘본부의 장이 요청한 사항을 지원하여야 한다.

④ 현장지휘본부의 장은 현장에 출동한 관계기관의 조직(대테러특공대, 테러대응구조대, 대화생방테러 특수임무대 및 대테러합동조사팀을 포함한다)을 지휘·통제한다.

⑤ 현장지휘본부의 장은 현장에 출동한 관계기관과 합동으로 통합상황실을 설치·운영할 수 있다.

테러방지법은 현장지휘본부장에게 테러 대응의 핵심적인 권한과 책임을 부여한다. 현장지휘본부장은 테러 상황의 특성을 종합적으로 판단하여 대응전략을 수립하고 실행하는 현장 최고책임자로서의 역할을 수행한다.

이러한 현장지휘본부장의 권한은 크게 두 가지로 구분된다. 첫째, 조직 구성 및 지원 요청 권한이다. 테러의 양상, 규모, 현장상황 등을 종합적으로 고려하여 상황에 최적화된 대응조직을 구성할 수 있다. 협상팀, 진압팀, 구조팀, 구급팀, 소방팀 등 필요한 전문조직을 직접 편성하거나, 관계기관의 장에게 전문인력과 장비 지원을 요청할 수 있는 권한을 갖는다.

둘째, 통합 지휘·통제 권한이다. 현장에 출동한 모든 관계기관 조직에 대한 지휘권을 행사한다. 여기에는 대테러특공대, 테러대응구조대, 대화생방테러 특수임무대, 대테러합동조사팀 등 핵심 대테러 조직이 포함된다. 이러한 통합지휘체계는 다수 기관이 참여하는 복잡한 테러 상황에서 일사불란한 대응을 가능하게 한다.

현장지휘본부장의 이러한 권한은 신속하고 효과적인 테러 대응을 위한 필수적 요소다. 특히 공항과 같은 복잡한 시설에서 발생하는 테러 상황에서는 여러 기관의 전문성을 결집시키고 통합적으로 운용하는 것이 성공적인 대응의 관건이 된다. 이를 통해 테러 위협으로부터 국민의 생명과 재산을 보호하는 국가적 책무를 수행하고 있다.

1) 계류 항공기 테러 대응체계의 현황과 개선방안

공항 내 계류 중인 항공기에 대한 테러 대응은 전문성과 신속성을 동시에 갖춘 기관이 주도해야 한다는 점에서 관할권 결정이 매우 중요하다. 현행 체계에서는 공항 내 테러나 계류 항공기 인질극 발생 시 지방항공청장 등이 현장지휘본부장을 맡고, 경찰은 지원팀으로 참여하는 구조를 갖추고 있다.

그러나 이러한 체계는 실효성 측면에서 심각한 문제를 안고 있다. 진압 시기 결정, 협상 전략 수립 등 테러 대응의 핵심적인 의사결정을 내려야 하는 현장지휘본부장이 대테러 작전에 필요한 전문성을 충분히 갖추지 못한 상황이다. 현장 전문가들은 실제 상황이 발생하면 경찰 지휘부의 판단과 결정에 의존하게 되며, 현장지휘본부장의 역할은 실질적인 지휘보다는 행정적 지원에 그칠 수밖에 없다고 지적한다. 이는 지휘체계의 형식과 실제가 괴리되는 구조적 문제로, 효과적인 테러 대응을 위해서는 전문성을 갖춘 기관이 실질적인 지휘권을 행사할 수 있는 체계로의 개선이 필요하다.

가. 경찰 주도 체계의 타당성과 대안

경찰청은 대테러 특수부대를 운영하고 있으며, 공권력 행사와 전문조직을 모두 갖추고 있다. 이러한 측면에서 계류 중 항공기 테러 대응을 경찰이 주관하는 것이 합리적이라는 의견이 제기된다. 반면 국토교통부가 계속 주관부처 역할을 수행한다면, 현재의 구조적 한계를 극복하기 위한 전면적인 개선이 필요하다.

이러한 개선을 위해서는 먼저 민간 전문가를 포함한 전담인력을 대폭 확충하고, 체계적인 교육과 훈련을 통해 항공테러 담당자들의 역량을 강화해야 한다. 단순한 행정적 역할을 넘어 군·경을 실질적으로 지휘할 수 있는 전문성을 갖추는 것이 핵심이다. 대테러 작전에 필요한 장비와 시설을 충분히 확보하여 현장 대응능력을 향상시키는 것도 필수적이다. 이를 통해 형식적 지휘체계가 아닌 실질적인 테러 대응 역량을 갖춘 조직으로 발전할 수 있다.

나. 법적·제도적 기반 구축의 필요성

국토교통부가 현장지휘본부로서 군·경을 효과적으로 지휘·감독하기 위해서는 명확한 법적 근거가 마련되어야 한다. 테러방지법 시행령을 개정하여 군·경 출동 시 지휘권한과 책임소재를 구체적으로 명시하고, 경찰청의 지원 범위와 협조 의무도 법제화할 필요가 있다.

이러한 법적 기반과 함께 실무적 준비도 병행되어야 한다. 군·경과의 핫라인을 구축하고 평시 네트워크를 강화하여 유사시 즉각적인 협업이 가능하도록 해야 한다. 관계기관 간 역할 분담과 협력 절차를 표준화하고, 이를 정기적으로 점검하는 시스템도 필요하다. 이를 통해 법적 권한이 실제 현장에서 효과적으로 작동할 수 있는 운영 체계를 확립할 수 있다.

다. 전문조직 신설과 역량 강화 방안

국토교통부가 실질적인 테러 대응 주체로서 역할을 수행하기 위해서는 대테러 전담부서와 테러대응팀의 신설이 시급한 과제다. 지방항공청별로 항공테러담당관을 지정하고, 이들을 대상으로 집중적인 교육과 훈련 프로그램을 운영함으로써 전문성을 확보해야 한다. 이러한 조직 체계의 구축은 항공보안 대응력 강화의 핵심 기반이 될 것이다.

이와 함께 군·경과의 합동훈련을 정례화하여 실전 대응능력을 지속적으로 향상시켜야 한다. 훈련 과정에서 도출된 문제점들은 체계적인 피드백을 통해 개선해야 하며, 이는 각 기관 간 유기적인 협력 체계를 구축하는 토대가 된다. 종합적인 대테러 훈련은 형식적인 시뮬레이션을 넘어 실제 상황에서 각 기관의 역할 분담과 협조 체계를 명확히 정립하고, 통합 대응 역량을 검증하는 실질적인 과정으로 발전시켜 나가야 한다.

2) 테러와 일반사고 구분의 난점과 대응 과제

항공 관련 사고 발생 시 가장 중요하면서도 어려운 과제 중 하나는 해당 사고가 테러에 의한 것인지 단순 사고인지를 신속하게 판단하는 것이다. 이러한 초기 판단은 후속 대응체계를 결정짓는 중요한 분기점이 되지만, 현장에서는 판단 주체와 절차가 명확하지 않아 심각한 혼선이 발생하고 있다.

이처럼 테러와 일반 사고의 구분이 어려운 것은 초기 단계에서 두 상황이 매우 유사한 양상을 보이기 때문이다. 폭발, 화재, 기체 손상 등의 현상은 기계적 결함이나 인적 과실에 의해서도 발생할 수 있고, 의도적인 테러 공격의 결과일 수도 있다. 사고 발생 직후의 혼란스러운 상황에서는 목격자 진술이 상충하거나 물리적 증거가 불충분한 경우가 많아 정확한 판단을 내리기가 더욱 어렵다.

실제 사례를 통해 이러한 판단의 복잡성을 확인할 수 있다. 김해공항에서 발생한 항공기 화재사고의 경우, 대테러 합동조사반은 테러 가능성과 일반 화재 가능성을 동시에 검토해야 했다. 화재 원인이 명확히 규명되기 전까지는 어떤 대응 프로토콜을 적용해야 할지 결정하기 어려웠으며, 이는 초동대응의 지연으로 이어질 수 있는 위험을 내포하고 있었다.

이러한 불확실성 속에서 과도한 대응과 과소한 대응 모두 심각한 문제를 야기한다. 단순 사고를 테러로 판단하여 과잉 대응할 경우 불필요한 공황과 자원낭비가 발생한다. 반대로 테러를 단순사고로 오판할 경우에는 추가공격에 대한 대비가 늦어지고 증거보전에 실패할 위험이 있다.

이런 문제의 근본원인은 현행 체계에서 테러여부를 판단하는 명확한 주체가 정해져 있지 않다는 점이다. 국가정보원 공항분실 주관의 대테러 합동조사반에는 국토교통부, 공항당국, 항공사, 경찰, 군 등 여러 보안기관이 참여하여 각자의 관점에서 상황을 평가한다.

그러나 이러한 다기관 참여 구조에도 불구하고 테러와 일반사고를 판단할 수 있는 전문성을 갖추었다고 보기는 어려운 것이 현실이다. 각 기관이 보유한 전문성과 정보가 분산되어 있고, 통합적 분석역량이 부족하기 때문이다. 이에 따라 최종적인 판단 권한과 책임이 누구에게 있는지 불분명하며, 이는 현장 지휘체계의 혼란을 야기하고 골든타임을 놓치는 원인이 된다.

따라서 이러한 구조적 문제를 해결하기 위해서는 체계적인 개선방안이 필요하다. 우선 테러의심 상황발생 시 즉시 가동되는 통합평가팀을 구성해야 한다. 이 팀은 항공보안 전문가, 항공기 기술 전문가, 정보기관 요원 등으로 구성되어 대테러 합동조사반에 참여한다. 이들이 전문성과 경험을 바탕으로 신속하게 상황을 분석하고 판단을 내릴 수 있는 명확한 권한을 부여받아야 효과적인 대응이 가능하다.

나아가 테러 가능성이 완전히 배제될 때까지는 테러 대응 프로토콜을 기본으로 적용하는 '안전 우선 원칙'을 확립할 필요가 있다. 과잉 대응의 위험이 있더라도 최악의 시나리오에 대비하는 것이 항공보안의 기본원칙에 부합하다는 판단에 기초한다.

(3) 항공테러 대응체계 구축 및 발전 방안

1) 통합적 항공테러 대응체계 운영 현황

항공테러에 효과적으로 대응하기 위한 체계적인 지휘구조의 확립은 국가 항공보안의 핵심 과제다. 테러 발생 시 국토교통부 장관을 본부장으로 하는 사건대책본부가 중앙에 설치되며, 현장에서는 지방항공청장이나 센터장이 이끄는 현장지휘본부가 즉시 가동된다. 이러한 이원적 지휘체계는 중앙의 전략적 판단과 현장의 전술적 대응을 효과적으로 연결하는 핵심 구조다.

이와 같은 이원적 구조는 각 지휘부가 독립적으로 운영되는 것이 아니라, 실시간 정보공유와 신속한 의사결정 과정을 통해 긴밀히 연계되는 특징을 보인다. 중앙 사건대책본부는 국가 차원의 대응 전략을 수립하고 필요한 자원을 조정하는 역할을 수행하며, 현장지휘본부는 실제 상황에 맞는 즉각적인 조치를 시행한다. 이러한 역할 분담은 항공테러 위기대응 실무매뉴얼에 명시된 대응절차에 따라 체계적으로 이루어지고 있다.

나아가 경찰, 군, 국가정보원, 소방 등 관계기관과의 협력 체계를 상시 유지함으로써 다각적이고 통합적인 테러 대응을 구현한다. 각 기관은 고유한 전문성과 자원을 바탕으로 상호 보완적인 역할을 수행하며, 정기적인 합동훈련과 정보 교류를 통해 대응 역량을 지속적으로 강화하고 있다.

가. 실전적 대비훈련의 정례화

이론적 대비태세를 실제 역량으로 전환하기 위해서는 정기적인 대테러 훈련의 실시가 필수적이다. 앞서 확립된 지휘구조와 관계기관 협력 체계는 반복적인 훈련을 통해 검증되고 개선되어야 한다. 현재 시행되는 훈련은 형식적인 도상연습을 넘어 실제 항공기와 공항시설을 활용한 종합훈련으로 발전하고 있다.

이러한 실전적 훈련의 핵심은 관계기관 합동훈련을 통한 통합 대응 역량의 강화다. 각 기관은 훈련 과정에서 고유한 역할과 책임을 명확히 인식하게 되며, 상호 협조 체계의 실효성을 점검한다. 동시에 위기 상황에서의 의사소통 채널이 효율적으로 작동하는지 검증하고, 발견된 문제점을 즉시 보완하고 있다.

특히 주목할 점은 시나리오 기반 훈련을 통한 상황 적응력 향상이다. ICAO Doc.

8973에서 강조하는 바와 같이, 테러리스트의 전술이 지속적으로 다변화함에 따라 예측 불가능한 상황에 대한 대비가 중요하다. 이에 따라 다양한 위협 시나리오를 개발하여 훈련에 적용함으로써, 보안요원들이 표준 절차를 넘어 유연하게 대처할 수 있는 판단력과 적응력을 배양하고 있다. 이는 단순한 절차 숙달을 넘어 실제 위기 상황에서의 대응 역량을 실질적으로 향상시키는 핵심 과정이다.

나. 예방대책 수립과 시행

대테러센터가 제시한 테러예방업무 지침은 공항과 항공기라는 다중이용시설의 특성을 반영한 맞춤형 예방대책으로 구체화되고 있다. 이는 단순한 물리적 보안 강화를 넘어 잠재적 위협요인을 사전에 식별하고 제거하는 포괄적 접근을 추구한다. 예방대책은 보안검색 강화, 행동탐지 프로그램 운영, 내부자 위협 관리, 사이버보안 강화 등 다양한 영역을 포괄하며, 각 영역은 상호 연계되어 통합적인 보안체계를 구성한다.

이러한 예방대책의 실효성을 유지하기 위해서는 항공테러 위기대응 실무매뉴얼과 우발계획을 지속적으로 갱신하는 동적 관리가 필수적이다. 매년 실시되는 대테러 훈련 결과를 면밀히 분석하여 매뉴얼 개선에 반영하고, 현장에서 발견된 문제점과 새롭게 식별된 위협요인을 체계적으로 문서화한다. 또한 국제민간항공기구(ICAO)와 국제항공운송협회(IATA)가 발표하는 국제적인 테러 동향 변화를 지속적으로 모니터링하여 대응절차에 반영하여 실효성을 높여야 한다.

나아가 현장 상황의 특수성을 고려한 맞춤형 대응절차 개발이 중요한 과제로 대두된다. 각 공항의 지리적 특성, 시설 구조, 가용 자원의 차이를 세밀하게 분석하여 획일적이지 않은 현실적인 대응방안을 마련해야 한다. 인천국제공항과 같은 대규모 허브공항과 지방의 소규모 공항은 보안위협의 양상과 대응 자원이 상이하므로, 각각의 특성에 부합하는 차별화된 대응 전략이 필요하다. 이러한 지속적인 개선 과정은 항공테러 대응체계의 완성도를 높이는 핵심 요소이며, 국가 항공보안 수준을 국제 기준에 부합하도록 향상시키는 토대가 된다.

2) 테러대상시설 점검 및 예방활동 강화

항공분야 테러대상시설에 대한 체계적인 관리가 강화되고 있다. 앞서 논의된 맞춤형 대응절차와 지속적인 매뉴얼 개선은 각 시설별 테러예방대책의 적정성을 정기적으로 평가하는 과정과 긴밀히 연계된다. 이러한 평가 체계는 예방대책의 수립 단계부터 실제 이행실태까지 전 과정을 면밀히 점검하여 보안 공백을 사전에 차단한다.

특히 주목할 점은 평가 방식의 실효성이다. 형식적인 서류 검토에 그치지 않고 현장

실사와 모의훈련을 통해 실질적인 대비태세를 검증하고 있다. 현장 실사에서는 보안 장비의 작동 상태, 보안 요원의 절차 숙지도, 비상 대응 계획의 현실성 등을 종합적으로 평가한다. 모의훈련을 통해서는 예상치 못한 시나리오에 대한 대응 능력을 측정하며, 이 과정에서 도출된 개선사항은 즉시 현장에 적용된다. 이러한 다각적 검증 체계는 ICAO의 보안평가프로그램(USAP-CMA)에서 요구하는 지속적 모니터링 접근법과도 일치하며, 국내 항공보안 수준을 국제 기준 이상으로 유지하는 핵심 과정이다.

가. 항공기 및 공항시설 보호 강화

공항시설과 항공기 내에서 발생할 수 있는 불법행위를 원천적으로 차단하기 위한 예방활동이 다각도로 전개되고 있다. 앞서 살펴본 시설별 평가와 검증체계를 통해 확인된 보안 요구사항은 물리적 보안과 인적 보안을 통합한 종합적 접근방식으로 구현된다. 이러한 통합적 접근은 단일 보안조치의 한계를 보완하며, 복합적 보안체계를 구축하는 핵심 전략이다.

구체적인 예방활동의 핵심인 승객 보안검색은 첨단 장비와 숙련된 보안요원의 전문성을 결합하여 철저하게 실시된다. 위탁수하물은 다단계 검색 과정을 거치며, 각 단계에서 폭발물탐지시스템(EDS)과 컴퓨터 단층촬영(CT) 기술이 적용되고 있다. 항공화물 역시 엄격한 보안 프로토콜에 따라 처리되며, 특히 고위험 화물이나 의심스러운 물품에 대해서는 강화된 검색절차를 적용하여 위험요소를 사전에 제거한다.

이러한 검색 활동과 더불어 항공기 보호를 위한 단계별 보안절차가 체계적으로 이행된다. 지상 계류 시부터 운항 종료까지 각 단계마다 특화된 보안조치가 적용되며, 항공기 보안수색, 접근통제, 지속적 감시 등이 포함된다. 이러한 절차는 Annex 17의 기준을 충족하면서도 국내 공항의 운영 특성과 보안 환경을 반영한 맞춤형 절차로 구성되어 있다. 각 공항은 이를 바탕으로 자체적인 보안프로그램을 수립하여 운영하고 있으며, 정기적인 보안평가를 통해 이행 실태를 지속적으로 점검한다.

나. 보호구역 관리 및 출입통제 강화

공항시설 보호구역과 항공기에 위해물품이 반입되는 것을 차단하기 위한 여러 단계의 방어체계가 구축되고 있다. 이러한 보안체계는 단일 검색 지점에 의존하는 것이 아니라, 보호구역 진입 전 단계부터 시작되는 검색과 확인절차가 여러 관문을 거치면서 점진적으로 강화되는 구조를 갖춘다. 각 단계별로 상호 보완적인 보안조치들이 적용되어 전체적인 보안수준을 향상시키고 있다.

이러한 단계별 방어체계의 핵심 요소 중 하나인 출입통제 시스템은 생체인식 기술과 스마트카드를 결합한 이중 인증체계로 운영된다. 단순히 물리적 출입을 통제하는 것을 넘어, 출입권한은 업무 필요성에 따라 세분화되어 부여되며, 모든 출입 기록은 실시간으로 모니터링되고 분석되고 있다. 또한 시스템의 효과성을 지속적으로 유지하기 위해 불시평가를 통해 출입통제 실태를 상시 감독하며, 이 과정에서 발견된 취약점은 즉시 보완 조치를 취하도록 하고 있다.

다. 보안인력 전문성 강화 프로그램

유사시 신속하고 효과적인 대응을 위해 보안인력의 역량 강화가 지속적으로 추진되고 있다. 이러한 역량 강화의 핵심은 최신 테러 동향과 대응 기법을 반영한 정기교육 프로그램 운영에 있으며, 일반 보안요원들은 이를 통해 변화하는 위협 환경에 적응하고 있다.

교육 프로그램은 이론 교육과 실습 훈련을 적절히 조합하여 실전 대응능력을 배양하는 데 중점을 둔다. 특히 시뮬레이션 기반 훈련과 사례 연구를 통해 보안요원들이 다양한 상황에서 적절한 판단과 조치를 취할 수 있는 능력을 개발하고 있다. 나아가 정기적인 재교육과 해외 선진사례 연수를 통해 지속적으로 전문성을 향상시키며, 이들이 현장에서 핵심적 임무를 수행할 수 있도록 체계적인 지원 프로그램을 운영한다.

3) 통합 항공보안체계 구축과 차세대 대테러 역량 강화

항공테러를 효과적으로 예방하기 위해서는 여러 단계에 걸친 통합 보안인력 운영체계가 필수적이다. 각 보안 단계별로 전문인력이 배치되어 상호 보완적인 역할을 수행하며, 핵심 보안전담인력으로는 보안검색요원, 항공경비요원, 항공기내보안요원, 행동탐지요원(BDO)이 활동하고 있다. 이들은 각각의 전문영역에서 고유한 임무를 수행하면서도 다각도의 테러위협에 대응하고 있다.

이러한 전문 보안인력의 활동과 더불어 항공사의 체크인카운터 직원들을 통한 사전 보안질의 강화, 각 공항 종합상황실의 역할 확대, 항공보안 자율신고제도 활성화 등이 유기적으로 연결되어야 한다. 특히 일반 공항 이용객과 직접 접촉하는 현장 직원들의 보안 인식 제고는 초기 단계에서 잠재적 위협을 식별하는 데 중요한 역할을 하고 있다. 이처럼 다양한 보안주체들이 통합된 대응체계를 구축할 때 비로소 체계적이고 종합적인 테러 대응이 가능해진다.

가. 통합 보안시스템을 통한 전방위 정보공유 체계

항공보안시스템 간의 실시간 정보공유는 현대 항공보안의 핵심이다. 출입증시스템, CCTV시스템, 항공사 보안시스템 그리고 미국 TSA의 사전 승객정보시스템까지 모든 보안

정보가 연동되어야 하며, 이는 단일 시스템만으로는 달성할 수 없는 종합적인 보안수준을 가능하게 한다. 승객이 공항에 진입하는 순간부터 신분증 확인, 보안검색, 항공기 탑승에 이르기까지 전 과정에서 각 시스템들이 유기적으로 작동하여 보안공백이 발생하지 않도록 하는 것이 중요하다.

이러한 시스템 통합과 함께 보안검색 분야에서도 새로운 패러다임의 도입이 시급하다. 특히 원형검색기를 적극 활용한 Smart Security 시스템은 검색 효율성과 정확도를 동시에 향상시키는 혁신적 접근법으로 평가받고 있다. 이 기술은 승객 편의성을 유지하면서도 보안수준을 강화할 수 있어, 국가 공항 내 항공보안체계를 획기적으로 개선하는 주요 수단이 되고 있다.

그러나 이러한 기술혁신이 실효성을 갖기 위해서는 예산 확보와 더불어 항공사 및 공항운영자들의 인식 전환이 선행되어야 한다. 보안 투자를 비용이 아닌 필수 투자로 인식하고, 사후 대응이 아닌 사전 예방이 핵심이라는 철학이 업계 전반에 뿌리내려야 할 때다. 이는 단기적 수익성을 넘어 장기적 안전성과 신뢰성 확보라는 관점에서 접근해야 할 과제다.

나. 전문 대테러 인력 및 첨단 보안장비 확충

공항 내 거동수상자와 위협승객에 대한 선제적 대응을 위해 행동탐지요원(BDO)의 확대 운영이 필요하다. 이들은 승객의 미세한 행동 패턴과 심리적 신호를 분석하여 잠재적 위협을 사전에 식별하는 전문인력으로, 기존의 물리적 검색을 보완하는 중요한 역할을 수행한다. 이와 함께 대테러상황실과 폭발물처리 전문요원, 폭발물제거팀(EOD) 등 핵심 대테러인력을 지속적으로 확충하여 실질적인 대테러 대응능력을 배양해야 한다.

이러한 인적 자원의 강화와 더불어 장비 측면에서도 체계적인 개선이 진행되어야 한다. 대테러장비의 지속적 교체와 보안장비의 첨단화가 동시에 추진되며, 특히 전국 공항에 설치된 저화질 CCTV를 고화질·지능형 영상감지 기능을 갖춘 디지털 CCTV로 전면 교체하는 것이 시급한 과제다. 이는 단순한 영상 기록을 넘어 실시간 위협 탐지와 자동 경보 시스템으로 발전하여, 보안요원들의 대응 속도와 정확성을 크게 향상시킬 수 있다.

4) 대테러 국제공조 및 관계기관간 정보공유 강화

현재 우리나라가 구축하고 있는 한-미 양자간 항공보안협력체계는 국제 항공보안의 우수사례로 평가할 수 있다. 이러한 성공적인 협력모델은 정보공유, 기술교류, 공동훈련 등 포괄적인 협력 프로그램을 통해 실질적인 보안 역량 강화를 이끌어 내고 있다. 이를 바탕으로 한-중 등 주요 국가들과의 협력을 점진적으로 확대해 나가며, 특히 아시아-태평양 지역 내 항공보안 네트워크를 강화함으로써 지역 전체의 테러 대응능력을 제고할 수 있을 것이다.

이러한 양자 협력과 함께 미국 교통보안청(TSA), 국제민간항공기구(ICAO), 각국 정부기관 그리고 항공사 현지지점들과의 긴밀한 협력체계 유지는 현대 항공보안의 핵심이다. 이들 기관과의 테러정보 공유를 통해 상시적인 협조채널을 운영하며, 이는 선제적 테러 예방에 중요한 역할을 한다. 국경을 초월하는 테러 위협의 특성상 실시간 정보교환과 공동대응체계는 더욱 중요해지고 있으며, 각국의 보안정보가 신속하고 정확하게 공유될 때 효과적인 테러 예방이 가능하다.

항공테러 관련 정보를 입수했을 때의 신속한 대응체계도 체계적으로 구축되어 있다. 관련 정보는 대테러센터, 테러정보통합센터 등 유관기관에 즉시 전파되며, 동시에 현장대응체계가 가동된다. 이러한 정보전파 시스템은 테러 위협에 대한 골든타임 확보에 필수적이며, 정보의 신속한 공유와 분석을 통해 사전 예방조치를 취할 수 있다.

이와 더불어 대테러 긴급사항이나 현안사항에 대한 협의를 위해 공항 테러대책협의회와 합동조사반 등 다양한 실무협의체가 운영되고 있다. 이러한 협의체는 이론과 실무를 연결하는 가교 역할을 하며, 현장에서 발생할 수 있는 다양한 테러상황에 대한 시나리오 기반의 대응책을 지속적으로 발전시킨다. 각 협의체는 정기적인 모의훈련과 사례연구를 통해 대응 프로토콜을 개선하고 있다.

5) 시설주 중심의 테러 예방대책 수립과 이행 관리 체계

▌국민보호와 공공안전을 위한 테러방지법 시행령

제25조(테러대상시설 및 테러이용수단 안전대책 수립) ① 법 제10조제1항에서 "대통령령으로 정하는 국가중요시설과 많은 사람이 이용하는 시설 및 장비"(이하 "테러대상시설"이라 한다)란 다음 각 호의 시설을 말한다.

1. 국가중요시설: 「통합방위법」 제21조제4항에 따라 지정된 국가중요시설 및 「보안업무규정」 제32조에 따른 국가보안시설
2. 많은 사람이 이용하는 시설 및 장비(이하 "다중이용시설"이라 한다): 다음 각 목의 시설과 장비 중 관계기관의 장이 소관업무와 관련하여 대테러센터장과 협의하여 지정하는 시설
   가. 「도시철도법」 제2조제2호에 따른 도시철도
   나. 「선박안전법」 제2조제10호에 따른 여객선
   다. 「재난 및 안전관리 기본법 시행령」 제43조의8제1호·제2호에 따른 건축물 또는 시설
   라. 「철도산업발전기본법」 제3조제4호에 따른 철도차량
   마. 「항공안전법」 제2조제1호에 따른 항공기

공항운영자를 비롯한 시설주는 테러대상시설에 대한 포괄적인 보안체계를 구축해야 한다. 여기서 테러대상시설은 공항 등 국가중요시설과 항공기 등 국가보안시설 그리고 다중이용시설을 모두 포함하며, 각 시설의 특성에 맞는 차별화된 보안전략이 요구된다. 시설주는 이들 시설에 대해 테러예방대책과 안전관리대책을 체계적으로 수립하고 이행해야 할 법적 의무를 갖고 있다. 이는 형식적 요건 충족을 넘어 실질적인 보안위험 감소를 위한 핵심적인 책무로 인식되어야 한다.

이렇게 수립된 테러예방대책과 안전관리대책이 실효성을 갖기 위해서는 지속적인 평가와 점검이 필수적이다. 시설주는 자체적으로 이들 대책의 적정성을 정기적으로 평가하고, 현장에서의 이행 실태를 면밀히 확인하는 체계를 운영하고 있다. 이러한 자체 점검체계는 테러 위협 환경의 변화에 능동적으로 대응할 수 있는 기반을 제공하며, 보안대책의 실효성을 지속적으로 검증하여 보안공백을 사전에 차단한다. 나아가 점검 과정에서 도출된 개선사항은 즉시 보안대책에 반영되어 전체적인 보안수준을 향상시키는 선순환 구조를 형성한다.

4. 항공 사이버보안

현대 민간항공은 전 세계를 연결하는 거대한 디지털 네트워크다. 승객과 화물 운송의 모든 과정이 정보통신 시스템과 긴밀하게 연동되어 있으며, 이러한 디지털 전환은 운영 효율성을 획기적으로 높였다. 그러나 동시에 새로운 형태의 사이버 위협에 노출되는 양날의 검이 되고 있다.

이러한 디지털화된 항공 시스템의 핵심 특징은 높은 복잡성과 상호연결성이다. 하나의 시스템 침해가 도미노처럼 전체 네트워크로 확산될 수 있기 때문에, 단편적 대응으로는 한계가 명확하다. 실제로 2023년 미국 연방항공청(FAA)의 NOTAM 시스템 장애가 수천 편의 항공기 운항에 영향을 미친 사례는 이러한 상호의존성의 위험을 생생히 보여준다. 이제 항공 사이버보안은 IT 이슈를 넘어 국가 안보의 핵심 과제로 자리잡고 있다.

국제민간항공 분야는 오랜 기간 안전과 보안에 대한 견고한 국제협약 체계를 구축해왔다. 특히 국제민간항공협약 Annex 17(항공보안)과 Annex 19(안전관리)는 물리적 위협에 대한 포괄적 대응 프레임워크를 제공한다. 하지만 사이버 위협의 독특한 특성인 국경을 초월한 즉각성, 익명성, 비대칭성은 기존 체계의 근본적 재검토를 요구하고 있다. 이에 ICAO는 2019년 '항공 사이버보안 전략'을 채택하며 본격적인 대응에 나섰다.

항공 사이버 위협의 스펙트럼은 놀라울 정도로 광범위하다. 공항 운영 시스템과 항공사 예약 시스템부터 항공기 내장 시스템, 항공교통관제(ATC), 항행안전시설(CNS/ATM)까지 모든 것이 잠재적 표적이 된다. 특히 운항 중인 항공기에 대한 직접 공격 가능성은 가장 심각한 시나리오로 평가받고 있다. 전자비행가방(EFB), 기내 엔터테인먼트 시스템(IFE), 항공기 통신 주소 및 보고 시스템(ACARS) 등이 침입 경로가 될 수 있으며, 이론적으로는 비행 제어 시스템까지 영향을 미칠 수 있다는 연구 결과들이 보고되고 있다.

이와 더불어 최근 주목받는 것은 공급망보안 문제다. 항공기 제조사나 항공사는 보안에 상당한 투자를 하지만, 부품 제조업체나 유지보수 조직(MRO), 소프트웨어 개발사들은 상대적으로 취약한 경우가 많다. 2020년 대형 항공기 제조사를 겨냥한 랜섬웨어 공격이나 2021년 인도 항공사의 데이터 유출 사건은 공급망이 얼마나 취약한 고리가 될 수 있는지를 보여준다.

이러한 복합적 위협에 대응하기 위해서는 기술적 해결책을 넘어선 종합적 접근이 필수적이다. 국제 차원에서는 ICAO 주도로 글로벌 사이버보안 표준과 권고되는 방식(SARPs) 개발이 가속화되어야 하며, 국가별로는 항공 사이버보안 전담 조직을 설립하고 실시간 정보공유 체계와 신속한 사고 대응 프로토콜을 구축해야 한다. 산업계는 사이버 복원력 강화에 과감한 투자를 하면서, 전 직원이 참여하는 보안 문화를 정착시켜야 한다.

무엇보다 중요한 패러다임 전환은 IT 보안과 운영기술(OT) 보안의 통합이다. 현대 항공 시스템은 IT/OT가 완전히 융합된 환경이므로, 전통적인 보안 접근법으로는 충분하지 않다. Safety와 Security를 별개로 관리하던 시대는 끝났으며, 이제는 위험기반 접근법(Risk-Based Approach)과 인공지능 기반 위협 탐지 등 최신 보안 패러다임을 항공 분야의 특수성에 맞게 적용하는 지혜가 필요하다.

(1) ICAO Doc. 8973의 사이버보안 지침

ICAO Doc. 8973의 개정판에서 가장 눈에 띄는 변화는 사이버보안 분야의 전면적인 강화다. 이 매뉴얼은 민간항공에 사용되는 핵심 정보통신기술(ICT) 시스템을 불법적 간섭으로부터 보호하기 위한 국제 표준과 우수사례를 제시한다. 이는 전통적인 물리적 보안에서 사이버-물리 융합 보안으로의 패리다임 전환을 명확히 보여주고 있다.

이러한 패러다임 전환의 핵심은 사이버보안을 IT 이슈가 아닌 항공보안의 필수 구성요소로 재정의한다는 점이다. 개정된 매뉴얼은 항공기 운항 시스템부터 항공교통관제, 공항 운영, 항공사 예약 시스템까지 모든 핵심 인프라에 대한 체계적인 위협 평가와 위험관리 방법론을 다룬다. 실무자들에게는 사이버 사고 대응 계획 수립, 정보공유 체계 구축, 보안 인식 교육 프로그램 개발 등 구체적인 실행 지침이 제공되고 있다.

Doc. 8973이 새롭게 강조하는 '보안 문화(Security Culture)' 개념은 기술적 대책의 한계를 보완하는 핵심 요소로 부각된다. 아무리 뛰어난 기술적 대책을 마련해도 조직 구성원의 참여 없이는 한계가 있으며, 경영진의 확고한 리더십과 지속적인 교육훈련 그리고 보안 성과의 정기적 측정과 개선이 어우러질 때 진정한 보안이 가능하다는 관점이다. 이는 기술 중심 접근에서 사람 중심 접근으로의 중요한 인식 전환을 보여준다.

이와 함께 사이버 위협의 초국경적 특성을 고려한 국제 협력의 중요성도 강조되고 있다. Doc. 8973은 국가 간 정보공유와 공동 대응체계 구축을 적극 권고하며, 특히 ICAO의 항공보안지원프로그램과 연계하여 개발도상국의 사이버보안 역량을 강화하는 방안을 제시한다. 이러한 접근은 글로벌 항공 네트워크 전체의 보안수준을 끌어올리는 데 실질적으로 기여하고 있으며, 가장 약한 고리가 전체 항공보안의 강도를 결정한다는 보안의 기본 원칙을 구현하고 있다.

1) 항공 사이버보안 위협 현황

민간항공을 표적으로 하는 사이버 공격은 오늘날 가장 빠르게 변화하는 보안위협 중 하나다. 공격자들은 정치적 목적, 금전적 이익 또는 다양한 동기를 가지고 항공 시스템의 비즈니스 연속성을 방해하거나 중요 정보를 탈취하는 데 집중하고 있다.

이러한 직접적 공격과 더불어 특히 주목할 점은 항공 산업을 직접 겨냥하지 않은 무차별적 사이버 공격조차도 항공 운영에 심각한 혼란을 초래할 수 있다는 사실이다. 최근 랜섬웨어나 대규모 DDoS 공격 사례들이 이를 명확히 보여준다. 이러한 사이버 위협은 국경을 초월하여 전파되며, 전 세계 민간항공 시스템의 안전성을 지속적으로 위협한다.

이에 따라 국가, 정부, 항공업계 그리고 관련 국제기구들은 효과적이고 조율된 글로벌 프레임워크 구축을 위해 긴밀히 협력해야 한다. 단편적인 대응이 아닌 통합적 접근을 통해서만 글로벌 항공 시스템의 사이버 복원력을 강화할 수 있으며, 이를 위해서는 실시간 위협정보 공유, 공동 사고 대응 훈련, 표준화된 보안 프로토콜 적용이 필수적이다. 모든 항공 시스템의 기밀성(Confidentiality), 무결성(Integrity), 가용성(Availability)을 확보하는 것이 항공 산업이 추구해야 할 핵심 보안 목표로, 이는 안전한 항공 운항의 기본 전제조건이 되고 있다.

2) 민간항공의 디지털 전환과 사이버보안 과제

민간항공은 지금 디지털 혁신의 한복판에 서 있다. 빅데이터 분석, IoT 기반 상호연결 시스템, 5G 통신 네트워크 등이 항공산업의 운영 방식을 근본적으로 바꾸고 있다. 체크인부터 수하물 처리, 비행 운항까지 모든 프로세스가 디지털화되면서 효율성과 승객 경험은 비약적으로 향상되었다. 하지만 이러한 변화는 양날의 검으로, 디지털 의존도가 높아질수록 사이버 위협에 대한 노출도 함께 증가한다.

이러한 디지털 전환 환경에서 현대 항공 시스템의 보안은 세 가지 핵심 축으로 구성된다. 첫째는 데이터 무결성으로, 비행계획 데이터나 항공기 성능 정보가 악의적으로 변조된다면 치명적인 결과를 초래할 수 있다. 2019년 보잉 737 MAX 사고 이후, 소프트웨어와 데이터 무결성의 중요성은 더욱 부각되고 있다.

무결성과 함께 둘째 축인 기밀성 확보도 필수적이다. 연간 45억 명이 이용하는 민간항공은 방대한 개인정보를 다루며, 2018년 캐세이퍼시픽의 940만 건 개인정보 유출 사건이나 2021년 에어인디아의 450만 건 데이터 침해 사례는 항공사가 직면한 기밀성 위협의 심각성을 보여준다. 특히 보안절차나 취약점 정보가 유출되면 물리적 테러의 도구로 악용될 수도 있다는 점에서 더욱 신중한 접근이 필요하다.

셋째는 시스템 가용성 보장이다. 2017년 브리티시 에어웨이즈의 IT 시스템 장애로 7만 5천 명의 승객이 영향을 받았고, 2023년 미국 FAA NOTAM 시스템 중단은 수천 편의 항공기를 지상에 묶어두었다. 이러한 사례들은 핵심 시스템의 지속적 운영이 얼마나 중요한지를 일깨워주며, 단 몇 시간의 중단도 전 세계 항공 네트워크에 연쇄적 영향을 미칠 수 있음을 보여준다.

이러한 세 가지 보안 축을 고려할 때, 항공 분야의 모든 구성원은 사이버보안에서 각자의 역할을 명확히 인식해야 한다. ICAO가 제시하는 첫 단계는 각 조직이 보유한 중요 항공정보시스템을 체계적으로 식별하고 분류하는 것이다. 이는 단순한 인벤토리 작성을 넘어, 각 시스템의 안전 영향도와 보안 영향도를 종합적으로 평가하고, 시스템 간 상호의존성을 매핑하는 정교한 작업이다.

"100% 예방은 불가능하다"는 현실을 받아들이는 것이 성숙한 보안 전략의 출발점이다. 따라서 예방과 함께 탐지, 대응, 복구를 포함한 통합적 접근이 필수적이다. 효과적인 사고 대응 계획은 문서로만 존재하는 것이 아니라, 정기적인 모의훈련과 실전 같은 시뮬레이션을 통해 검증되고 개선되어야 한다.

특히 주목할 점은 사고 후 학습 체계다. 항공 안전 분야가 오랜 기간 구축해온 'Just Culture'와 같은 보고 문화를 사이버보안 영역에도 적용할 필요가 있다. 실패와 실수로부터 배우고, 그 교훈을 산업 전체가 공유할 때 진정한 사이버 복원력이 구축된다. 이러한 선순환 구조야말로 끊임없이 다변화하는 사이버 위협에 대응하는 가장 효과적인 방법이며, 항공산업이 지속가능한 보안체계를 구축하는 토대가 될 것이다.

(2) 국가항공보안계획의 사이버보안 규정과 한계

우리나라는 국가항공보안계획을 통해 항공 사이버보안의 기본 틀을 마련하고 있다. 특히 주목할 부분은 11.1.8에 명시된 공항운영자의 사이버보안 책임으로, 이 조항은 민간항공에 사용되는 정보통신기술 시스템을 불법방해행위로부터 보호하기 위한 구체적인 의무사항을 규정한다.

이러한 규정의 핵심은 크게 두 가지 방향으로 구성되어 있다. 첫째는 예방적 보안조치로, 공항운영자는 해킹 방지를 위한 방화벽을 필수적으로 설치하고 운영해야 한다. 이는 외부 네트워크로부터의 무단 침입을 차단하는 1차 보호 장치 역할을 한다. 둘째는 능동적 위협 대응체계로, 악성프로그램을 자동으로 탐지하고 치료할 수 있는 백신 소프트웨어의 설치와 운영이 의무화되어 있다.

하지만 현재의 규정은 2010년대 초반의 보안 환경을 반영한 것으로, 급변하는 사이버 위협 환경에 완벽히 대응하기에는 한계가 있다. 방화벽과 백신 소프트웨어는 기본적인 보안 도구이지만, 최신 지능형 지속 위협(APT, Advanced Persistent Threat) 공격이나 제로데이 취약점 공격에는 충분하지 않다. 실제로 국제적으로는 침입탐지시스템(IDS, Intrusion Detect System), 침입방지시스템(IPS, Intrusion Prevention System), 보안정보이벤트관리(SIEM, Security Information and Event Management) 등 더욱 고도화된 보안 솔루션의 도입이 표준이 되고 있다.

이러한 기술적 한계와 더불어 현 규정은 기술적 대책에 집중되어 있어, 관리적·물리적 보안 측면이 상대적으로 미흡하다. ICAO가 강조하는 보안 문화 조성, 인적 요소 관리, 공급망보안 등에 대한 구체적 지침이 부족한 실정이다. 특히 내부자 위협에 대한 대응방안이나 보안 인식 교육 프로그램에 대한 명시적 요구사항이 없다는 점은 시급히 보완해야 할 과제다.

향후 국가항공보안계획의 개정 방향은 몇 가지 핵심 요소를 포함해야 한다. 우선 위험기반접근법을 도입하여 각 공항과 시설의 특성에 맞는 맞춤형 보안 전략을 수립할 수 있도록 해야 한다. 또한 사이버 복원력 개념을 반영하여, 사고 예방뿐만 아니라 신속한 탐지와 복구 능력 강화를 명문화할 필요가 있다.

무엇보다 중요한 것은 정기적인 보안 감사와 침투 테스트를 의무화하는 것이다. 형식적인 점검이 아닌 실질적인 보안수준 평가가 이루어져야 하며, 발견된 취약점에 대한 개선 조치가 시한 내에 완료되도록 강제하는 체계가 필요하다. 이러한 개선을 통해 우리나라 항공 사이버보안 체계가 국제 표준에 부합하면서도 국내 환경에 최적화된 형태로 발전할 수 있을 것이다.

(3) 항공 사이버공격과 전통적 테러의 차별적 특성

항공분야 사이버공격은 전통적인 물리적 테러와는 근본적으로 다른 특성을 보인다. 이러한 차이점을 이해하는 것은 효과적인 대응 전략 수립의 출발점이며, 현재 항공보안 체계가 직면한 패러다임 전환의 필요성을 명확히 보여준다.

사이버공격의 가장 위험한 특징은 바로 '은밀성'이다. 전통적인 테러가 폭발음이나 물리적 파괴로 즉각 인지되는 것과 달리, 사이버공격은 조용히 시스템에 침투한다. 조종사가 전혀 인지하지 못한 상태에서 항공기의 항법 시스템이 조작되거나, 비행 데이터가 변조될 수 있으며, 이는 마치 보이지 않는 부조종사가 조종실에 앉아있는 것과 같은 상황을 만들어낸다.

이러한 은밀성과 결합된 '지속성'은 더욱 심각한 위협을 구성한다. 악성코드는 수개월, 심지어 수년간 시스템 내부에 잠복하면서 적절한 공격 시점을 기다릴 수 있다. 공항 운영 시스템이나 항공기 정비 시스템에 이러한 지속형 위협(APT)이 존재한다면, 특정 시점에 동시다발적으로 활성화되어 항공 네트워크 전체를 마비시킬 수 있다. 이는 단순한 일회성 공격이 아닌 장기적이고 전략적인 위협으로 발전하고 있다.

또한 지리적 제약이 없다는 점은 방어를 극도로 어렵게 만든다. 전통적 테러리스트는 공항 보안 검색대를 통과해야 하고, 물리적으로 현장에 있어야 했다. 하지만 사이버 공격자는 지구 반대편에서 커피를 마시며 공격을 수행할 수 있으며, 이는 전통적인 국경 보안이나 출입국 관리로는 전혀 대응할 수 없는 새로운 차원의 위협이다. 국가 간 사법 관할권의 차이와 국제 공조의 한계가 이러한 문제를 더욱 복잡하게 만들고 있다.

무엇보다 우려스러운 것은 진입 장벽의 급격한 하락이다. 과거 항공기 납치에는 무기 반입, 물리적 제압 등 상당한 준비와 위험 감수가 필요했다. 그러나 사이버공격은 노트북 한 대, 인터넷 연결 그리고 다크웹에서 구입한 해킹 툴만 있으면 시작할 수 있다. 실제로 2015년 한 보안 연구원이 비행 중인 항공기의 엔터테인먼트 시스템을 통해 엔진 제어 시스템에 접근할 수 있음을 시연한 사례는 항공업계에 큰 충격을 주었다.

이러한 특성들이 결합될 때, 항공 사이버보안은 전통적인 보안 패러다임으로는 대응할 수 없는 복잡한 도전과제가 된다. 물리적 보안에 최적화된 현재의 항공보안 체계를 사이버-물리 융합 위협에 대응할 수 있는 새로운 프레임워크로 진화시켜야 하는 이유가 바로 여기에 있으며, 이는 단순한 기술적 업그레이드가 아닌 전체적인 보안 철학의 재정립을 요구하고 있다.

1) 항공 시스템에 대한 사이버공격의 정의와 유형

사이버공격은 컴퓨터 시스템과 네트워크를 표적으로 하는 의도적인 악의적 행위를 포괄하는 개념이다. 하지만 항공 분야에서 사이버공격은 단순한 IT 침해를 넘어 인명과 직결되는 안전 위협으로 확대될 수 있다는 점에서 특별한 의미를 갖는다. 한 번의 시스템 침해가 수천 명의 승객 안전에 직접적인 영향을 미칠 수 있기 때문이다.

이러한 항공 사이버공격의 형태는 놀라울 정도로 다양하다. 가장 흔한 형태는 서비스 거부(DDoS) 공격으로, 2015년 LOT 폴란드항공이 이러한 공격을 받아 1,400명의 승객이 발이 묶인 사례가 대표적이다. 최근에는 공급망을 통한 우회 공격도 증가하고 있으며, 2020년 솔라윈즈(SolarWinds) 사태처럼 신뢰받는 소프트웨어 업데이트에 백도어를 심어 광범위한 시스템에 침투하는 방식이 새로운 위협으로 부상했다.

민간항공이 이러한 공격에 특히 취약한 이유는 시스템의 고도한 상호연결성 때문이다. 과거에는 각 시스템이 독립적으로 운영되었지만, 현재는 모든 것이 연결되어 있다. 체크인 시스템은 출입국 관리시스템과 연동되고, 수하물 처리 시스템은 보안검색시스템과 통합되며, 이 모든 것이 항공사 운영 센터와 실시간으로 소통한다. 항공기 자체도 '하늘을 나는 데이터센터'라 불릴 만큼 복잡한 네트워크 시스템을 갖추고 있다.

이러한 상호연결성과 함께 더욱 우려되는 것은 레거시 시스템과 최신 기술의 혼재다. 많은 공항과 항공사가 수십 년 된 레거시 시스템을 여전히 사용하면서, 동시에 클라우드 기반 서비스나 IoT 디바이스 같은 최신 기술을 도입하고 있다. 이러한 이질적인 시스템들의 통합은 예상치 못한 보안 취약점을 만들어내며, 공격자들에게 새로운 침투 경로를 제공한다.

항공교통관제(ATC) 시스템의 취약성은 특히 심각한 우려 사항이다. 자동종속감시(ADS-B) 시스템은 암호화되지 않은 신호를 사용하기 때문에, 이론적으로는 가짜 항공기 신호를 생성하거나 실제 항공기 위치를 조작할 수 있다. 비행계획 시스템, 기상정보 시스템, 활주로 조명 제어 시스템 등도 모두 잠재적 공격 대상이 되고 있다.

이처럼 항공 분야는 단일 취약점이 도미노처럼 전체 시스템으로 확산될 수 있는 구조를 갖고 있다. 한 시스템의 침해가 연쇄적으로 다른 시스템에 영향을 미치며, 최악의 경우 항공 네트워크 전체의 마비로 이어질 수 있다. 따라서 항공 사이버보안은 개별 시스템의 보호를 넘어 전체 네트워크의 복원력을 강화하는 방향으로 접근해야 하며, 이는 기술적 대응과 운영적 대응을 통합하는 포괄적인 전략을 요구한다.

2) 사이버공격의 의도와 예측 불가능한 연쇄 효과

사이버공격자의 의도를 파악하는 것은 생각보다 복잡한 퍼즐이다. 공격자가 단순히 시스템의 기밀성, 무결성, 가용성을 훼손하려 했는지, 아니면 항공기 추락이나 대규모 인명 피해 같은 파국적 결과까지 의도했는지를 명확히 구분하기는 어렵다. 더욱이 항공 시스템의 복잡한 상호연결성은 공격자조차 예상하지 못한 연쇄 반응을 일으킬 수 있다.

이러한 의도 파악의 어려움은 실제 사례들을 통해 더욱 명확해진다. 2018년 캐세이퍼시픽 해킹 사건의 경우, 공격자의 초기 목적은 승객 개인정보 탈취였을 가능성이 높다. 하지만 940만 명의 데이터가 유출되면서 항공사는 막대한 규제 벌금과 소송에 직면했고, 예약 시스템 전면 재구축이라는 운영상 혼란까지 겪어야 했다. 공격자가 이 모든 결과를 의도했을까? 아마도 아닐 것이다.

실제로 더 우려스러운 시나리오는 '의도하지 않은 표적'이 되는 경우다. 2017년 워너크라이(WannaCry) 랜섬웨어는 항공 산업을 겨냥한 공격이 아니었다. 그러나 이 무차별적 공격은 중국 항공사들의 체크인 시스템을 마비시켰고, 수천 명의 승객이 공항에 발이 묶였다. 항공사가 단지 Windows 운영체제를 사용했다는 이유만으로 피해를 입은 것이며, 이는 항공 시스템이 범용 IT 인프라에 의존함으로써 발생하는 취약성을 보여준다.

이와 함께 특히 심각한 것은 '부수적 피해의 증폭' 현상이다. 공격자가 공항 디지털 광고판을 해킹하려다가 실수로 수하물 처리 시스템에 침입했다고 가정해보자. 이는 연쇄적으로 항공기 중량 계산 오류를 일으키고, 최악의 경우 항공기 균형에 영향을 미쳐 안전 문제로 이어질 수 있다. 작은 침해가 예측할 수 없는 대규모 결과를 초래하는 것이다.

전자비행가방(EFB) 사례는 이러한 위험을 생생히 보여준다. 조종사들이 사용하는 태블릿 PC는 일반 운영체제를 기반으로 하고 있다. 만약 iOS나 안드로이드를 겨냥한 광범위한 제로데이 공격이 발생한다면, 전 세계 수천 대의 항공기에서 동시에 비행 매뉴얼, 체크리스트, 항법 차트에 접근할 수 없게 될 수 있다. 공격자가 항공을 목표로 하지 않았더라도 이러한 파급 효과는 발생할 수 있다.

이러한 '의도의 모호성'은 항공 사이버보안 대응을 더욱 어렵게 만든다. 전통적인 보안은 공격자의 명확한 의도를 전제로 방어 전략을 수립한다. 하지만 사이버 영역에서는 스크립트 키디(script kiddie)의 장난, 금전적 목적의 사이버 범죄, 국가 주도 공격을 구분하기 어렵고, 각각의 대응 방법도 달라야 한다.

따라서 현대 항공 사이버보안은 공격자의 의도와 무관하게 최악의 시나리오를 상정하고, 단계별 방어 체계를 구축해야 한다. 동시에 사고 발생 시 그 의도와 범위를 신속히 파악할 수 있는 포렌식 역량도 강화하고 있다. 결국 '누가, 왜'보다는 '어떻게 막고, 어떻게 복구할 것인가'에 집중하는 실용적 접근이 필요한 시점이며, 이는 항공보안의 패러다임이 사후 대응에서 사전 예방과 신속한 복원으로 전환되고 있음을 보여준다.

3) 사이버공격의 위치적 특성과 관할권 문제

사이버공격 방법은 공격자의 동기, 목표로 하는 효과 그리고 기존 보안조치를 우회하는 능력에 따라 놀라울 정도로 다양하다. 시간이 지나면서 공격 기법은 더욱 정교해지고 있으며, 공격이 시작되는 위치와 경로도 점점 예측하기 어려워진다.

이러한 공격 위치의 스펙트럼은 극단적으로 넓다. 한쪽 끝에는 항공기 내부에서 수행되는 근접 공격이 있으며, 2015년 보안 연구원 크리스 로버츠가 비행 중 기내 엔터테인먼트 시스템을 통해 항공기 제어 시스템에 접근을 시도한 사례가 이에 해당한다. 반대쪽 끝에는 지구 반대편에서 수행되는 원격 공격이 있다. 2020년 이란 해커 그룹이 알바니아 정부 시스템을 공격한 것처럼, 공격자는 물리적으로 수천 킬로미터 떨어진 곳에서 항공 인프라를 표적으로 삼을 수 있다.

특히 주목할 점은 공격자들이 자신의 실제 위치를 은폐하는 기술이다. VPN, 토르(Tor) 네트워크, 프록시 체인 등을 활용하여 여러 국가를 경유하는 복잡한 경로를 만들고 있다. 이러한 '위치의 모호성'은 법적 대응을 극도로 복잡하게 만든다. 전통적인 항공 관련 국제협약들은 물리적 존재를 전제로 설계되었으며, 1963년 도쿄협약은 '항공기 내에서' 발생한 범죄를 다루고, 1970년 헤이그협약은 '항공기에 탑승한' 납치범을 상정한다. 하지만 러시아에서 시작되어 중국과 브라질을 경유한 후 미국 항공사를 공격하는 사이버공격은 어느 협약을 적용해야 할지 명확하지 않다.

공격 경로의 복잡성도 새로운 도전과제를 제시한다. 최근 공급망(Supply Chain) 공격이 증가하면서 상황은 더욱 복잡해졌다. 공격자는 항공사를 직접 공격하는 대신, 소프트웨어 업체나 부품 제조사를 먼저 침투한 후 이를 통해 최종 목표에 도달한다. 2020년 솔라윈즈 사태가 대표적인 예로, 이 경우 공격의 시작점은 어디이고 책임은 누구에게 있는가라는 근본적 질문이 제기된다.

시간적 차원의 복잡성도 고려해야 한다. 전통적 공격은 순간적이지만, 사이버공격은 수개월에 걸쳐 단계적으로 진행될 수 있다. 초기 침투는 1월에 독일에서, 접근권한 상승은 3월에 인도에서, 실제 공격은 6월에 중국에서 실행될 수 있으며, 각 단계마다 다른 공격자가 관여할 수도 있다. 심지어 다크웹 마켓플레이스에서 접근 권한이 거래되는 현상도 나타나고 있다.

이러한 복잡성은 '사이버공격'을 어떻게 정의하고 대응할 것인가라는 근본적 질문을 제기한다. 공격시기와 공격자의 모호성 속에서 기존 국제법 체계는 한계를 드러내고 있으며, 새로운 국제 사이버 규범과 협약이 시급히 필요한 이유가 바로 여기에 있다. 항공보안의 미래는 이러한 새로운 위협 환경에 적응하는 법적, 기술적 프레임워크의 구축에 달려 있다.

(4) 사이버공격의 복합적 효과와 연쇄적 파급력

사이버공격의 효과는 공격 방법이나 공격자 유형만큼이나 다양하며, 그 규모와 파급력도 천차만별이다. 어떤 공격자는 단순히 승객의 마일리지 정보를 훔치는 데 만족하지만, 다른 공격자는 공항 대형 스크린에 정치적 메시지를 띄워 전 세계의 주목을 받으려 한다. 가장 극단적인 경우, 비행 중인 항공기의 제어 시스템을 교란시켜 재앙적 결과를 초래하려는 시도도 이론적으로 가능하다.

실제 사례들은 이러한 스펙트럼을 생생히 보여준다. 2013년 터키 해커들이 제네바 공항 웹사이트를 변조하여 정치적 메시지를 게시한 것은 상대적으로 '가벼운' 공격이었다. 반면 2016년 우크라이나 보리스필 국제공항이 랜섬웨어 공격을 받아 운영 시스템이 마비된 사건은 실질적인 운영 중단을 초래했다. 더 나아가 2019년 연구자들이 보잉 787의 네트워크 취약점을 발견한 사례는, 최악의 시나리오에서는 조종사가 항공기 제어권을 잃을 수도 있다는 가능성을 시사했다.

이러한 사이버공격의 효과를 분류하는 전통적 방법은 두 가지 축을 기준으로 한다. 첫 번째는 정보보안에 미치는 영향으로, 데이터 유출, 시스템 가용성 저하, 정보 무결성 훼손 등이 여기에 해당한다. 두 번째는 민간항공 운영에 미치는 직접적 영향으로, 항공기 안전, 공항 운영 중단, 항공교통 흐름 방해 등이 포함된다.

하지만 현실에서 이 두 범주는 명확히 구분되지 않는다. 2017년 워너크라이 랜섬웨어 사례를 보면, 초기에는 단순한 정보보안 사건으로 시작했지만, 중국의 여러 공항에서 체크인 시스템이 마비되면서 항공 운영에 직접적 영향을 미쳤다. 수천 명의 승객이 수동 체크인을 해야 했고, 항공기 지연이 연쇄적으로 발생했으며, 정보보안 문제가 순식간에 운영 문제로 확대된 것이다.

이러한 분류의 모호성은 국제법 적용에서 심각한 문제를 야기한다. 국제민간항공협약이나 몬트리올협약 같은 기존 국제항공법은 '민간항공의 안전'에 대한 직접적 위협을 다룬다. 그러나 데이터 유출이 장기적으로 항공 안전에 영향을 미칠 수 있다면, 이것도 협약의 적용 대상인가? 공항 웹사이트 해킹이 승객의 신뢰를 훼손하여 항공 산업 전체에 영향을 미친다면 어떻게 해석해야 하는가?

더욱 복잡한 것은 '연쇄 효과'다. 항공사 예약 시스템의 작은 오류가 중량 계산 실수로 이어지고, 이것이 항공기 균형 문제를 일으켜 안전 사고로 연결될 수 있다. 이러한 도미노 현상은 초기 침해의 심각성을 예측하기 어렵게 만들고 있다. 따라서 사이버공격의 효과를 평가할 때는 즉각적 영향뿐만 아니라 잠재적 파급 효과까지 고려해야 한다.

항공 사이버보안은 단순한 IT 문제가 아니라 항공 안전과 직결되는 핵심 과제임을 인식하고, 포괄적이고 선제적인 대응체계를 구축하는 것이 시급하다. '작은 구멍이 큰 배를 침몰시킨다'는 격언이 항공 사이버보안만큼 잘 적용되는 분야도 드물 것이며, 이는 모든 이해관계자가 경각심을 가져야 할 이유다.

1) 기밀성, 무결성, 가용성: 항공 정보보안의 취약점

정보보안의 관점에서 보면, 모든 사이버공격이 항공기를 추락시키려는 것은 아니다. 오히려 대부분의 공격은 정보보안의 세 가지 핵심 요소인 기밀성, 무결성, 가용성을 훼손하는 데 초점을 맞춘다. 승객의 신용카드 정보를 훔치거나 항공사의 영업 비밀을 탈취하는 것처럼, 직접적으로 항공 안전을 위협하지는 않지만 심각한 피해를 초래하는 공격들이 주를 이루고 있다.

가. 기밀성(Confidentiality) 침해

기밀성 침해는 가장 흔하면서도 은밀한 형태의 공격이다. 2018년 캐세이퍼시픽 사건에서 해커들은 940만 명의 승객 정보에 접근했으며, 여권 번호, 신용카드 정보, 여행 일정 등이 유출되었지만 항공기 운항에는 직접적 영향이 없었다. 하지만 이렇게 유출된 정보가 더 심각한 2차 공격의 도구가 될 수 있다는 점이 문제다. 공항보안 절차, 항공기 취약점 정보, VIP 승객의 이동 경로 등이 노출되면, 이는 물리적 테러의 목표가 될 수 있다.

나. 무결성(Integrity) 손실

기밀성 침해와 달리 무결성 손실은 두 가지 차원에서 발생한다. 첫째는 정보 자체의 변조로, 2015년 폴란드 LOT 항공의 비행계획 시스템이 해킹당했을 때 공격자들은 데이터를 조작하여 조종사들이 잘못된 비행 정보를 받도록 만들었다. 기상 정보가 조작되거나 활주로 상태 정보가 변조된다면, 조종사는 잘못된 판단을 내릴 수 있다.

둘째는 시스템 기능의 무결성 상실로, 이는 더욱 심각한 위협을 구성한다. 시스템 자체의 제어권을 빼앗기는 경우가 이에 해당하며, 2019년 연구자들은 항공기 엔터테인먼트 시스템을 통해 이론적으로 비행 제어 시스템에 접근할 수 있음을 입증했다. 실제로 이런 일이 발생한다면, 공격자가 원격으로 항공기를 조종할 수 있다는 악몽 같은 시나리오가 현실이 될 수 있다.

다. 정보의 가용성(Availability) 상실

무결성 손실과 더불어 가용성 상실도 심각한 위협이다. 정보 가용성 측면에서 보면, 2022년 미국 FAA의 NOTAM 시스템 장애가 대표적이다. 조종사들이 필수 비행 정보에 접근할 수 없게 되자, 미국 전역에서 수천 편의 항공기가 지상에 묶였다. 날씨 정보 시스템이나 항공 차트 데이터베이스가 다운되는 것도 마찬가지로 위험하다.

라. 시스템 기능의 가용성 상실

정보 가용성 상실을 넘어 시스템 기능의 가용성 상실은 더욱 직접적인 영향을 미친다. 공항의 수하물 처리 시스템, 체크인 시스템, 게이트 운영 시스템이 동시에 마비되는 상황을 고려해보면, 2017년 브리티시 에어웨이즈가 IT 장애로 경험한 것처럼 7만 5천 명의 승객이 발이 묶이고 수억 달러의 손실이 발생할 수 있다. 더 심각한 경우, 항공교통관제 시스템이나 활주로 조명 제어 시스템이 마비되면 항공기 안전에 직접적인 위협이 된다.

중요한 것은 이러한 영향들이 독립적이지 않다는 점이다. 기밀성 침해로 얻은 정보가 무결성 공격의 도구가 되고, 무결성 손상이 가용성 상실로 이어지는 연쇄 반응이 일어나고 있다. 따라서 정보보안의 각 요소를 개별적으로 보호하는 것이 아니라, 통합적이고 체계적인 방어 체계를 구축하는 것이 필수적이다.

2) 사이버공격이 민간항공 안전에 미치는 직간접적 영향

사이버공격이 민간항공에 미치는 영향은 마치 스펙트럼처럼 넓게 분포한다. 한쪽 끝에는 운영에 거의 지장을 주지 않는 '경미한 불편' 수준의 공격이 있고, 반대쪽 끝에는 수백 명의 생명을 위협하는 '재앙적 시나리오'가 존재한다. 문제는 적절한 완화 조치 없이는 경미한 사건이 순식간에 중대 사고로 확대될 수 있다는 점이다.

이러한 영향의 정도를 결정하는 요인은 복잡하게 얽혀 있다. 우선 공격 유형이 중요한 변수로 작용하며, 단순한 디도스(DDoS) 공격과 정교한 APT 공격의 파급력은 천지 차이를 보인다. 2015년 LOT 폴란드항공을 마비시킨 것은 비교적 단순한 공격이었지만, 22편의 항공기와 1,400명의 승객에게 영향을 미쳤다. 만약 더 정교한 공격이었다면 결과는 상상하기 어려울 정도로 심각했을 것이다.

기존 취약점의 존재 여부도 핵심 변수다. 특히 레거시 시스템과 최신 기술이 혼재된 환경에서는 예상치 못한 취약점이 계속 발견되고 있다. 이와 함께 탐지 능력의 차이는 피해 규모를 극적으로 바꾼다. 빠른 탐지는 손톱 밑 가시를 빼는 것이지만, 늦은 탐지는 절단 수술로 이어질 수 있다. 2020년 한 연구는 항공 분야 사이버 침해의 평균 탐지 시간이 197일이라고 보고했는데, 이는 거의 7개월 동안 공격자가 시스템 내부를 자유롭게 돌아다닌다는 의미다. 이 기간 동안 공격자는 더 깊숙이 침투하고, 더 많은 시스템을 장악하며, 더 큰 피해를 준비할 수 있다.

대응체계의 성숙도 역시 결정적 요소로 작용한다. 2018년 애틀랜타 공항이 랜섬웨어 공격을 받았을 때, 신속한 대응과 백업 시스템 덕분에 11일 만에 정상 운영을 재개했다. 반면 준비되지 않은 조직은 몇 달씩 혼란을 겪고 있다. 사이버 복원력이란 단순히 공격을 막는 것이 아니라, 공격을 받더라도 신속히 회복하는 능력을 의미하며, 이는 현대 항공보안의 핵심 역량으로 부상했다.

가장 우려되는 시나리오는 중요 항공 시스템에 대한 직접 공격이다. 항공교통관제(ATC) 시스템, 항공기 비행관리시스템(FMS), 공항 활주로 조명 제어 시스템 등이 표적이 될 경우, 결과는 치명적일 수 있다. 2018년 미국 국토안보부는 시뮬레이션을 통해 ATC 시스템 해킹이 최악의 경우 공중 충돌로 이어질 수 있음을 확인했다. 특히 주목할 점은 복잡하고 긴밀하게 연결된 시스템에서는 작은 실패가 예측 불가능한 방식으로 상호작용하여 대형 사고로 이어진다는 것이다.

따라서 민간항공의 사이버 보안은 '만약'이 아니라 '언제'의 문제로 접근해야 한다. 공격은 반드시 일어날 것이고, 중요한 것은 그 영향을 최소화하고 신속히 복구하는 능력이다. 이를 위해서는 기술적 대책뿐만 아니라 인적, 절차적, 조직적 차원의 종합적 대비가 필수적이며, 항공 시스템의 특성을 고려한 통합적 보안 전략이 요구되고 있다.

5

CHAPTER

항공보안 교육훈련

제5장

항공보안 교육훈련

Ⅰ. 보안검색교육기관

1. 보안검색교육기관 지정절차 및 기준

▮ 항공보안법

제28조(교육훈련 등) ① 국토교통부장관은 항공보안에 관한 업무수행자의 교육에 필요한 사항을 정하여야 한다.

② 보안검색 업무를 감독하거나 수행하는 사람은 국토교통부장관이 지정한 교육기관에서 검색방법, 검색절차, 검색장비의 운용, 그 밖에 보안검색에 필요한 교육훈련을 이수하여야 한다.

③ 제2항에 따른 교육기관으로 지정받으려는 자가 갖추어야 하는 시설·장비 및 인력 등의 지정기준에 대하여는 국토교통부령으로 정한다.

④ 국토교통부장관은 교육기관으로 지정받은 자가 다음 각 호의 어느 하나에 해당하는 경우에는 그 지정을 취소할 수 있다. 다만, 제1호에 해당하면 지정을 취소하여야 한다.

1. 거짓이나 그 밖의 부정한 방법으로 교육기관의 지정을 받은 경우
2. 제3항의 지정기준에 미달하게 된 경우. 다만, 일시적으로 지정기준에 미달하게 되어 3개월 내에 지정기준을 다시 갖춘 경우에는 그러하지 아니하다.
3. 교육의 전 과정을 2년 이상 운영하지 아니한 경우

⑤ 교육기관의 지정이나 교육훈련에 관하여 필요한 사항은 국토교통부장관이 정한다.

▮ 항공보안법 시행규칙

제15조(보안검색교육기관의 지정 등) ① 법 제28조제2항에 따라 보안검색교육기관으로 지정받으려는 자는 별지 제5호서식의 보안검색교육기관 지정신청서에 다음 각 호의 사항이 포함된 교육계획서를 첨부하여

> 국토교통부장관에게 제출하여야 한다.
> 1. 교육과정 및 교육내용
> 2. 교관의 자격·경력 및 정원 등의 현황
> 3. 교육시설 및 교육장비의 현황
> 4. 교육평가방법
> 5. 연간 교육계획
> 6. 교육규정
>
> ② 법 제28조제2항에 따른 보안검색교육기관의 시설·장비 및 인력 등의 지정기준은 별표와 같다.
> ③ 국토교통부장관은 제1항에 따라 제출된 신청서류를 심사하여 그 내용이 제2항에 따른 지정기준에 적합한 경우에는 보안검색교육기관으로 지정하고, 별지 제6호서식의 보안검색교육기관 지정서를 발급하여야 한다.
> ④ 보안검색교육기관은 제1항 각 호의 사항에 변경이 있는 경우에는 그 변경내용을 국토교통부장관에게 보고하여야 한다.

보안검색교육기관의 지정절차와 지정기준은 항공보안법과 같은 법 시행규칙에 체계적으로 규정되어 있다. 이러한 법적 체계는 교육기관의 질적 수준을 확보하며, 표준화된 교육훈련을 제공하는 제도적 기반이 된다.

항공보안법 제28조는 교육훈련의 법적 근거를 확립하고 있다. 첫째, 국토교통부장관에게 항공보안 업무수행자의 교육에 필요한 사항을 정할 권한을 부여한다. 둘째, 보안검색 업무를 감독하거나 수행하는 인력은 반드시 국토교통부장관이 지정한 교육기관에서 교육훈련을 이수하도록 의무화한다. 이때 교육내용은 검색방법, 검색절차, 검색장비 운용 등 보안검색에 필요한 실무적 역량을 포괄적으로 다룬다.

이러한 법적 요구사항을 구체화하여 항공보안법 시행규칙 제15조는 교육기관 지정을 위한 세부 절차를 명시하고 있다. 지정신청 시 제출해야 하는 교육계획서에는 교육과정 및 내용, 교관의 자격과 경력, 교육시설 및 장비 현황, 교육평가방법, 연간 교육계획, 교육규정 등 6가지 핵심 요소가 포함되어야 한다. 이는 교육기관이 갖추어야 할 최소한의 요건을 구체적으로 제시함으로써 교육의 질적 수준을 담보하는 제도적 안전장치로 작용한다.

(1) 국토교통부의 항공보안 교육훈련 총괄 체계

> **▌국가민간항공보안 교육훈련지침**
>
> **제5조(국토교통부장관의 책임 및 권한)** ① 국토교통부장관은 국가민간항공보안 교육훈련지침을 제정·시

> 행한다.
> ② 국토교통부장관은 효율적인 교육훈련을 위하여 필요한 조사·연구를 실시하며, 공항운영자, 항공운송사업자, 항공보안 교육전문 훈련기관, 그 밖의 관련조직 등의 교육훈련계획 수립과 운영에 필요한 사항을 지도한다.
> ⑤ 국토교통부장관은 교육훈련지침을 관리·시행하고, 보안교육 업무를 조정할 보안교육훈련조정관(이하 "조정관"이라 한다)을 지정하여 다음 각 호의 업무를 수행하게 한다.
> 1. 공항운영자등의 항공보안 교육훈련 교과과정 검토 및 조정
> 2. 교육기법 및 교육장비에 대한 검토 및 조정
> 3. 교육훈련지침의 효율성 평가
> 4. 향후 보안 교육관련 정책 방향 제시
> 5. 소속기관에서 실시하는 교육훈련에 관한 지도·감독
> 6. 기타 협조 및 협력체제 유지를 위한 공항운영자등의 보안교육훈련 조정자 및 교관들과의 정기적인 회의 개최

국가민간항공보안 교육훈련지침 제5조는 항공보안 교육훈련에 대한 국토교통부장관의 포괄적인 책임과 권한을 명시한다. 이 조항은 항공보안 교육체계의 법적 근거를 제공하며, 국가 차원의 통합적 관리체계 구축을 위한 제도적 기반이 된다.

이러한 법적 권한을 바탕으로 국토교통부장관은 국가민간항공보안 교육훈련지침을 제정하고 시행하는 주체로서 역할을 담당하고 있다. 교육지침의 제정부터 시행, 관리감독에 이르는 전 과정을 총괄하며, 항공보안 교육의 전반적인 틀을 구축한다. 이는 단순히 규정을 만드는 것을 넘어 항공보안 인력의 전문성 향상과 국가 항공보안 수준 제고라는 실질적 목표를 달성하기 위한 체계적 접근이라 할 수 있다.

1) 교육훈련 체계의 발전과 지원

법적 근거를 바탕으로 한 제도적 틀이 마련됨에 따라, 국토교통부장관은 효율적인 교육훈련 체계 구축을 위한 실질적 활동을 전개한다. 교육훈련의 효과성을 높이기 위해 필요한 조사와 연구를 지속적으로 실시하며, 이를 통해 국내외 항공보안 교육 동향을 파악하고 우수사례를 발굴하여 적용하고 있다.

이러한 조사연구 활동과 더불어 국토교통부장관은 교육훈련 운영 주체들에 대한 지도감독 역할을 수행한다. 공항운영자, 항공운송사업자, 항공보안 교육전문 훈련기관 등 각 조직이 교육훈련계획을 수립하고 운영하는 전 과정에서 필요한 사항들을 지도한다. 이는 각 기관의 교육훈련이 국가 차원의 통일된 기준과 목표에 부합하도록 조정하는 중요한

과정이다.

교육훈련의 질적 수준을 한층 더 높이기 위해 전문가 자문 제도도 운영하고 있다. 국토교통부장관은 항공보안 관계 전문가를 자문위원으로 위촉할 수 있는 권한을 보유하며, 이들의 전문적 식견을 교육과정 개발과 운영 개선에 적극 활용한다. 자문위원들은 교육내용의 현장 적합성을 검토하고, 국제적 수준의 교육품질 확보를 위한 구체적 방안을 제시하는 역할을 담당한다.

2) 국제 협력과 정보 교류

국내 전문가들의 자문을 통한 교육품질 향상 노력은 국제적 차원의 협력으로 확대된다. 항공보안은 본질적으로 국경을 초월하는 특성을 지니고 있어, 어느 한 국가의 보안 취약점이 전 세계 항공 네트워크에 영향을 미칠 수 있다. 이러한 상호연결성을 인식하여 국토교통부장관은 국제적 협력 체계 구축에 적극적으로 참여한다.

국제민간항공기구(ICAO) 및 외국 정부와의 협력은 여러 측면에서 진행되고 있다. 먼저 효율적인 교육훈련기준 개발을 위해 각국의 우수사례를 벤치마킹하고, 국제표준에 부합하는 교육과정을 설계한다. 또한 최신 보안위협 정보와 대응기법에 관한 자료를 수집하고 교환함으로써 교육내용의 시의성과 실효성을 확보한다. 이러한 정보교류는 단방향이 아닌 양방향으로 이루어진다.

실제로 다른 체약국으로부터 교육훈련 정보 제공을 요청받은 경우, 국토교통부는 관련 자료를 적극적으로 제공한다. 이는 국제사회의 책임 있는 일원으로서 의무를 다하는 것이며, 동시에 국내 항공보안 교육훈련 수준을 국제적으로 인정받는 계기가 된다. 이러한 상호협력을 통해 글로벌 항공보안 네트워크의 전반적인 안전성 향상에 기여하고 있다.

3) 보안교육훈련조정관의 지정과 역할

국제협력을 통해 확보된 글로벌 수준의 교육훈련 기준과 정보는 국내 실정에 맞게 적용되어야 한다. 이를 위해 국토교통부장관은 교육훈련지침의 효과적인 관리와 시행을 담당할 보안교육훈련조정관을 지정한다. 조정관은 국제표준과 국내 현실을 연결하는 가교 역할을 수행하며, 항공보안 교육의 실무적 조정을 총괄하는 핵심 인력이다.

보안교육훈련조정관의 업무는 크게 교육과정 관리와 품질 향상으로 구분된다. 우선 공항운영자 등의 항공보안 교육훈련 교과과정을 검토하고 조정하며, 교육기법과 교육장비에 대한 적절성을 평가한다. 이와 함께 교육훈련지침의 효율성을 주기적으로 평가하여 개선점을 도출하고, 이를 바탕으로 향후 보안 교육정책의 방향을 제시하는 전략적 역할도 담당한다.

실무적 차원에서 조정관은 소속기관에서 실시하는 교육훈련에 대한 지도와 감독을 수행한다. 특히 현장과의 소통을 강화하기 위해 공항운영자 등의 보안교육훈련 조정자 및 교관들과 정기적인 회의를 개최한다. 이러한 회의를 통해 교육 현장의 실제 요구사항을 파악하고, 교육과정 개선에 필요한 피드백을 수렴하고 있다.

이처럼 체계적인 권한과 책임 구조는 국가 항공보안 교육훈련의 일관성과 전문성을 확보하는 토대가 된다. 동시에 현장의 필요와 변화하는 보안환경에 유연하게 대응할 수 있는 적응력 있는 교육훈련 체계를 구축함으로써, 항공보안 인력의 역량 강화라는 궁극적 목표를 달성하고 있다.

(2) 공항운영자등의 교육훈련 규정 수립과 운영 체계

▍국가민간항공보안 교육훈련지침

제6조(공항운영자등의 책임) ① 공항운영자등은 이 지침에 따른 보안업무 수행에 필요한 교육훈련 규정을 제정하여 시행한다.

② 공항운영자등이 수립하는 교육훈련 규정에는 다음 각 호의 내용이 포함되어야 한다.

1. 교육훈련 목표 및 기본방향
2. 교육 과정 종류
3. 과정별 내용 및 교육시간을 포함한 교육 요약 시간표
4. 각 과정별 교육 최소 이수 요건
5. 집체교육, 전자매체 또는 우편물을 이용한 원격교육 등의 교육 및 평가방법
6. 위탁교육훈련에 관한 사항
7. 항공보안교관·보안검색요원·항공경비요원에 대한 자격인증 절차 및 인증평가 세부기준 등 인증제 운영에 필요한 사항
8. 그 밖에 교육훈련에 관하여 필요한 사항

③ 공항운영자등은 제5조제5항의 조정관과의 교육훈련 협력을 위하여 보안 교육훈련 조정자를 임명한다.

④ 공항운영자등은 일반교육 과정에 항공보안 교육내용을 포함하여 실시할 수 있다.

국가 차원의 교육훈련 체계가 확립됨에 따라, 각 항공보안 주체들은 이를 현장에 적용하는 실행 단계로 나아간다. 국가민간항공보안 교육훈련지침 제6조는 공항운영자 등이 담당해야 할 교육훈련 책임을 구체적으로 명시한다. 이들은 국가 지침을 토대로 자체 교육훈련 규정을 제정하고 시행해야 하며, 이는 표준화된 국가 기준을 각 기관의 운영 환경과 특수성에 맞게 구체화하는 핵심 과정이다.

1) 교육훈련 규정의 필수 구성 요소

공항운영자 등이 수립하는 교육훈련 규정은 체계성과 포괄성을 동시에 갖추어야 한다. 먼저 교육훈련의 목표와 기본방향을 명확히 설정하여 모든 교육활동의 지향점을 제시한다. 이어서 운영할 교육과정의 종류를 체계적으로 분류하고, 각 과정별로 구체적인 교육내용과 시간배분을 담은 교육 요약 시간표를 작성한다. 또한 과정별 최소 이수 요건을 명시하여 교육의 질적 수준을 보장한다.

교육방법의 다양화도 규정에 반영되고 있다. 전통적인 집체교육은 물론 전자매체나 우편물을 활용한 원격교육 등 다양한 교육방법을 도입하여 교육의 접근성을 높인다. 평가방법 역시 각 교육과정의 특성에 맞게 설계되어 학습 효과를 객관적으로 측정할 수 있도록 한다.

항공보안 전문인력의 자격인증 체계는 규정의 핵심 요소 중 하나다. 항공보안교관, 보안검색요원, 항공경비요원 등 각 직무별로 요구되는 자격인증 절차와 인증평가 세부기준을 명확히 규정한다. 이와 함께 위탁교육훈련 운영방안과 교육훈련 운영에 필요한 행정적, 기술적 사항들도 상세히 포함시켜 교육훈련의 전 과정이 체계적으로 운영되도록 한다.

2) 협력 체계 구축과 교육 통합

교육훈련의 실효성을 높이기 위해서는 국토교통부와 공항운영자 등과의 긴밀한 협력이 필수적이다. 이를 위해 공항운영자 등은 자체적으로 보안 교육훈련 조정자를 임명한다. 이들은 국토교통부의 보안교육훈련조정관과 정기적으로 소통하며, 정책과 현장을 연결하는 가교 역할을 수행한다.

운영 효율성 측면에서 주목할 점은 항공보안 교육을 일반교육 과정과 통합하여 실시할 수 있다는 것이다. 이러한 통합적 운영방식은 여러 이점을 제공한다. 교육자원을 효율적으로 활용할 수 있을 뿐만 아니라, 직원들이 일상 업무교육 과정에서 자연스럽게 보안의식을 함양할 수 있다. 이는 보안을 특별한 영역이 아닌 일상 업무의 필수 요소로 인식하게 하는 효과적인 접근법이다.

(3) 항공보안요원 인증평가 체계와 재인증 절차

공항운영자 등이 자체 교육훈련 규정을 수립하여 운영하는 가운데, 항공보안 인력의 전문성을 검증하는 인증평가 체계가 중요한 축을 담당한다. 국가항공보안계획 10.2.2에 따르면, 보안검색교육기관의 장은 국토교통부장관을 대신하여 항공보안검색요원 및 항공경비요원에 대한 인증과 재인증을 시행한다. 항공보안교관의 경우 특별한 규정이 적용되는데, ICAO 인증 교관 교육과정을 이수한 자를 제외하고는 교육을 실시한 기관이 아닌 다른 보안검색교육기관에서 인증평가를 받도록 하여 평가의 객관성을 확보한다.

1) 인증평가의 구성과 합격 기준

인증평가는 이론적 지식과 실무 역량을 종합적으로 검증하는 체계로 구성된다. 필기시험과 실기시험으로 구분되며, 각각 100점 만점에 80점 이상을 획득해야 합격할 수 있다. 필기시험은 항공보안과 국내외 규정, 보안 프로그램에 대한 지식과 이해력을 평가한다.

실기시험은 평가 대상의 직무 특성을 반영하여 차별화된다. 항공보안검색요원과 항공경비요원은 현장에서 적용되는 보안검색 등의 실무 수행 능력을 중점적으로 평가받는다. 반면 항공보안교관은 강의 기법과 교습 능력 등 교육자로서의 역량을 검증받는다. 이러한 직무별 맞춤형 평가는 각 인력이 실제 업무 현장에서 요구되는 핵심 역량을 갖추었는지 확인하는 실질적인 검증 과정이다.

2) 평가 시행 절차와 시기

인증평가의 공정성을 담보하기 위한 절차적 장치도 마련되어 있다. 보안검색교육기관의 장이 인증평가를 시행할 때 항공보안감독관이 입회할 수 있도록 하여 평가 과정의 투명성을 확보한다. 평가 시기는 OJT(On-the-Job Training) 교육 완료 후 3개월 이내로 규정되어 있으며, 이는 실무 교육에서 습득한 지식과 기술이 유지되는 시점에 평가를 실시하여 교육 효과를 극대화하려는 의도다.

3) 자격의 유효기간과 재인증 체계

인증평가를 통해 취득한 자격은 지속적인 관리와 갱신이 필요하다. 항공보안검색요원과 항공경비요원의 자격은 인증평가 합격일부터 정기교육 이수 시점까지 유효하다. 정기교육을 이수하고 평가 결과가 수료기준을 충족하면 자격이 자동으로 재인증되는 체계다.

항공보안교관은 더 엄격한 재인증 기준이 적용된다. 2년에 1회 이상 국가민간항공보안 교육훈련지침에 따른 교육을 이수해야 자격을 유지할 수 있다. 이는 교관이 최신 보안 동향과 교육 기법을 지속적으로 습득하여 교육의 질을 유지하도록 하는 제도적 장치다. 각 보안검색교육기관은 자체 교육훈련지침에 따라 세부 기준과 절차를 정할 수 있어, 기관별 특성을 반영한 유연한 운영이 가능하다.

4) 항공보안 전문인력 인증서 발급 체계

인증평가에 합격한 인력에 대해서는 공식적인 자격 증명이 필요하다. 국가항공보안계획 10.2.7은 이러한 인증서 발급 체계를 규정한다. 국토교통부장관은 인증평가에 합격한 사람에게 해당 직무에 따라 항공보안검색요원 인증서 또는 항공경비요원 인증서를 발급한다.

이 인증서는 단순한 수료증이 아닌 국가가 정한 기준에 따라 전문교육을 이수하고 역량을 검증받았음을 공식적으로 증명하는 문서다. 발급 권한은 원칙적으로 국토교통부 장관에게 있으나, 효율적인 행정 처리를 위해 항공보안법 제28조에 따라 지정된 보안검색 교육기관의 장에게 위임할 수 있다. 이러한 위임 체계는 교육－평가－인증서 발급이 하나의 연속된 과정으로 운영되도록 하여 행정 효율성을 높이고 현장의 요구에 신속히 대응할 수 있게 한다.

5) 항공보안교관 인증서 발급과 객관성 확보 체계

항공보안교관 인증서 발급은 더욱 엄격한 기준이 적용된다. 국가항공보안계획 10.2.8에 따르면, 항공보안교관 인증평가에 합격한 사람에게 항공보안교관 인증서가 발급된다. 이 인증서는 교육자로서의 전문성과 역량을 국가가 공식 인정하는 중요한 자격 증명이다.

특히 주목할 점은 교관 인증서 발급에 적용되는 특별 원칙이다. 보안검색 교육기관의 장에게 발급 권한을 위임할 수 있으나, 교관 교육과정을 실시한 교육기관은 인증서 발급에서 제외된다. 이는 교육기관과 인증기관을 분리하여 평가의 독립성을 보장하는 제도다. 교육을 제공한 기관이 스스로 평가하고 인증서를 발급할 때 발생할 수 있는 이해상충을 원천적으로 차단하여, 제3자적 관점에서 교관의 자질과 능력을 객관적으로 검증하도록 한다. 이러한 체계는 항공보안교관이 차세대 보안 인력을 양성하는 핵심 역할을 담당한다는 점에서 그 중요성이 더욱 부각된다.

2. 보안검색교육기관의 교육과정

(1) 보안검색교육기관 교육규정의 필수 구성요소

국가민간항공보안 교육훈련지침 제7조는 항공보안법 시행규칙 제15조제1항제6호에 근거하여 보안검색교육기관이 교육규정에 포함해야 할 필수 요소들을 상세히 규정한다. 이러한 세부규정은 교육의 질적 수준을 보장하고 표준화된 교육 체계를 구축하기 위한 구체적인 실무지침으로 작용한다.

1) 입교 기준과 교육 인원 관리

교육의 효과성은 적합한 교육대상자 선발에서부터 시작된다. 보안검색교육기관은 피교육생의 자격과 선발방법 등을 포함한 명확한 입교기준을 설정해야 한다. 이는 교육 수준에 맞는 적절한 인력이 교육을 받을 수 있도록 하는 첫 번째 관문이다.

교육의 질적 수준 유지를 위한 물리적 제한도 명시되어 있다. 연간 최대교육 인원수를 사전에 규정하여 교육기관의 수용 능력을 초과하지 않도록 관리한다. 특히 강의실당 학과교육의 동시 최대인원은 30명 이하로 제한한다. 이러한 인원 제한은 교육생과 교관 간의 상호작용을 활성화하고, 개별 교육생에 대한 세심한 지도를 가능하게 하는 교육 환경을 조성한다.

2) 출석 관리와 교육 방법론

입교 후에는 체계적인 출석 관리를 통해 교육의 연속성을 확보한다. 최대 결석허용시간을 총 교육시간의 10% 이하로 엄격히 제한하며, 불가피하게 결석한 교육생에 대해서는 별도의 보충교육 시간을 마련한다. 이를 통해 모든 교육생이 핵심 교육내용을 빠짐없이 습득하도록 보장한다.

교육방법론 측면에서는 이론과 실무의 유기적 연계를 추구하고 있다. 학과교육과 실기교육은 상호 보완적으로 운영되며, 교육 효과를 극대화하기 위해 적절한 순서로 배치된다. 원칙적으로 이론적 기초가 필요한 경우 학과교육을 먼저 실시하지만, 두 교육을 병행하는 것이 더 효과적이라고 판단되는 경우에는 교육규정에 이를 명시하여 탄력적으로 운영할 수 있다. 이러한 유연성은 교육 내용의 특성과 교육생의 학습 효과를 고려한 현실적 접근이다.

3) 교육결과 관리와 증명서 발급

교육 과정이 완료되면 그 결과를 체계적으로 관리하는 단계로 이어진다. 보안검색교육기관은 매 과정별로 교육 수료자 명단, 교육기간, 시험평가 결과 등을 상세히 기록한다. 학과시험과 실기시험 수험자의 명단과 개별 평가 결과도 데이터베이스화하여 관리하며, 국토교통부장관이 관련 자료를 요구할 경우 즉시 제공할 수 있는 체계를 갖춘다.

교육과정을 성공적으로 이수한 피교육생에게는 교육이수증명서가 발급된다. 이 증명서는 교육대상자의 신원정보와 함께 이수한 교육내용을 구체적으로 기재하여 공식적인 교육 이수를 증명한다. 다만 정기교육처럼 반복적으로 실시되는 교육의 경우, 행정 부담을 줄이기 위해 증명서 발급을 생략할 수 있도록 예외 규정을 두고 있다.

4) 기록 보존 체계

교육기관 운영의 투명성과 책임성을 확보하기 위해 철저한 기록 보존 체계가 요구된다. 교육과정에 입과한 학생의 출석 현황, 교육훈련 내용, 평가 결과 등 모든 교육 관련 데이터를 피교육생별, 교육과정별로 분류하여 보관한다.

이러한 기록들은 교육과정 이수일로부터 최소 3년간 원본 상태로 보관되어야 한다. 장기적 관리가 필요한 핵심 정보를 담은 요약본은 준영구적으로 보관하도록 규정한다. 이 기록들은 향후 교육 이수 여부 확인, 교육 품질 평가, 사고 발생 시 원인 분석 등 다양한 목적으로 활용될 수 있는 중요한 근거자료가 된다. 체계적인 기록 관리는 교육기관의 신뢰성을 높이고 지속적인 교육 품질 개선을 위한 기초 데이터로도 활용되고 있다.

(2) 항공보안 인력의 3단계 교육훈련 체계

> **▌국가민간항공보안 교육훈련지침**
>
> **제8조(교육훈련과정의 구분)** ① 항공보안업무 수행자에 대한 교육 훈련과정은 담당 직무에 따라 다음 각 호와 같이 구분하여 시행한다.
>
> 1. 항공보안 관련 신규 채용자 또는 최초 임명자 등에게 직무를 부여하기 이전에 직무와 관련한 기본적인 지식과 기량을 전수하기 위한 **초기교육**(Initial Training)
> 2. 초기교육을 이수한 자를 대상으로 업무의 시범 및 관찰과 실제업무의 수행을 통하여 받는 **직무교육**(OJT, On-the-Job Training)
> 3. 소관 업무 내용의 변경 또는 추가와 신기술의 도입 등에 따라 필요한 지식과 기량을 전수하기 위하여 정기적으로 실시하는 **정기교육**(Recurrent Training)

보안검색교육기관이 갖추어야 할 교육규정의 필수 요소들이 확립되면서, 이를 바탕으로 실제 교육훈련이 어떻게 진행되는지 구체적인 과정을 살펴볼 필요가 있다. 국가항공보안 교육훈련과정은 체계적인 인력 양성을 위해 초기교육, 직무교육, 정기교육의 3단계로 구분하여 운영된다. 이러한 단계별 교육 체계는 항공보안 인력이 기초부터 전문성까지 순차적으로 역량을 쌓아가도록 설계된 체계적 구조다.

1) 초기교육: 항공보안 전문가의 첫걸음

교육기관에 입교한 신규 인력이 가장 먼저 받게 되는 과정이 바로 초기교육이다. 항공보안 관련 신규 채용자나 최초 임명자는 실제 직무를 시작하기 전에 반드시 이 교육과정을 이수해야 한다. 초기교육에서는 항공보안의 기본 개념부터 시작하여 관련 법규, 보안절차, 위협 인식 방법 등 직무 수행의 토대가 되는 핵심 내용을 체계적으로 학습한다.

이 과정은 단순한 지식 전달을 넘어 항공보안의 중요성과 책임감을 인식시키는 과정이기도 하다. 교육생들은 항공 테러의 역사, 국제적 보안 동향, 우리나라 항공보안 체계 등을 학습하면서 자신의 역할이 갖는 의미를 깊이 이해하게 된다. 모든 항공보안 인력이 동일한 수준의 기본 역량을 갖추도록 하는 표준화의 출발점이 바로 이 초기교육이다.

2) 직무교육(OJT): 이론과 실무의 연결고리

초기교육을 통해 이론적 기초를 다진 교육생들은 직무교육 단계로 진입한다. OJT는 실제 업무 현장에서 이루어지는 실무 중심의 교육으로, 교육장에서 습득한 지식을 현장에 적용하는 방법을 배우는 과정이다. 경험이 풍부한 선임 요원이 멘토 역할을 수행하며, 업무의 시범을 보이고 교육생의 실습을 지도한다.

교육생들은 실제 보안검색 장비를 조작하고, 승객과 직접 대면하며, 다양한 상황에 대응하는 방법을 체득한다. 예를 들어 X-ray 판독 기술, 신체 검색 절차, 위험물품 식별 방법 등을 반복적으로 연습하면서 숙련도를 높여간다. 이 과정에서 발생할 수 있는 다양한 돌발 상황에 대한 대처 능력도 함께 배양한다. OJT는 이론적 지식을 실무 역량으로 전환시키는 필수적인 과정이며, 이를 통해 교육생은 독립적으로 업무를 수행할 수 있는 능력을 갖추게 된다.

3) 정기교육: 지속적인 전문성 유지와 향상

항공보안 인력으로 현장에 배치된 이후에도 교육은 계속된다. 정기교육은 현직 인력의 역량을 지속적으로 유지하고 발전시키기 위한 필수 과정이다. 항공보안 분야는 새로운 위협 양상의 출현, 보안 기술의 발전, 국제 규정의 변경 등으로 인해 지속적으로 진화하고 있다.

정기교육에서는 이러한 변화를 반영한 최신 내용을 다룬다. 새롭게 도입된 보안 장비의 운용법, 개정된 법규와 절차, 최근 발생한 보안 사례 분석 등이 교육 내용에 포함된다. 또한 기존에 습득한 지식과 기술을 재확인하고 보완하는 기회도 제공한다. 각 직무의 특성과 위험도에 따라 교육 주기와 내용이 차별화되며, 이를 통해 모든 항공보안 인력이 변화하는 보안 환경에 효과적으로 대응할 수 있는 역량을 유지한다.

이러한 3단계 교육훈련 체계는 항공보안법 제28조제1항 및 제5항 그리고 국가항공보안계획 10.2.6에 법적 근거를 두고 있다. 구체적인 교육훈련 내용과 방법은 국가민간항공보안 교육훈련지침에서 상세히 규정되어 있으며, 이를 통해 전국의 모든 교육기관에서 표준화되고 일관성 있는 교육이 이루어지도록 보장한다. 각 단계가 유기적으로 연결되어 항공보안 인력의 전문성을 체계적으로 구축하고 지속적으로 향상시키는 종합적인 교육 체계를 형성하고 있다.

(3) 국내 항공보안 교육기관 운영 체계와 현황

앞서 살펴본 3단계 교육훈련 체계가 효과적으로 작동하기 위해서는 이를 실행할 수 있는 전문 교육기관의 역할이 필수적이다. 현재 국내 항공보안 교육훈련은 국토교통부로부터 정식 지정을 받은 전문 교육기관들이 중심이 되어 체계적으로 운영된다. 항공보안법에 근거하여 보안검색교육기관으로 지정된 기관은 총 5개소이며, 각 기관은 고유한 특성과 강점을 바탕으로 차별화된 교육 프로그램을 운영한다.

1) 주요 보안검색교육기관 현황

교육기관의 운영 주체와 특성에 따라 크게 세 가지 유형으로 구분할 수 있다. 먼저 공항 운영 주체가 직접 운영하는 교육기관으로 한국공항공사 항공보안교육센터와 인천국제공항공사 항공보안교육원이 있다. 이들 기관은 실제 공항 운영 경험과 현장 인프라를 교육에 직접 활용할 수 있다는 강점을 지닌다. 실제 보안검색 장비와 공항 시설을 활용한 실습 교육이 가능하여, 교육생들이 현장과 동일한 환경에서 훈련받을 수 있다.

민간 부문에서는 한국항공보안교육원과 항공보안인재개발원이 전문 교육기관으로 활동한다. 한국항공보안교육원은 대한민국항공보안협회가 운영하며, 항공보안 산업 전반의 요구사항을 반영한 교육과정을 개발하여 제공한다. 이들 민간 교육기관은 다양한 항공 관련 기업과 기관의 특수한 교육 수요에 대응하는 맞춤형 프로그램 개발에 강점을 보인다. 특히 신속한 의사결정과 유연한 운영을 통해 변화하는 보안 환경에 빠르게 적응하는 교육과정을 제공한다.

학계에서는 경운대학교 항공보안교육원이 유일하게 대학 교육기관으로서 보안검색 교육기관 지정을 받아 운영 중이다. 대학의 학술적 연구 역량과 실무 교육을 결합하여, 이론적 깊이와 실무 능력을 겸비한 인재를 양성한다. 정규 학위과정과 연계한 체계적인 커리큘럼을 통해 항공보안 분야의 차세대 전문가를 육성하는 역할도 담당한다.

2) 특수한 위치의 교육기관

항공보안 교육 영역에는 법적 지위가 다소 모호한 기관도 존재한다. 한국항공대학교 항공안전교육원이 대표적인 사례다. 이 기관은 운항기술기준에 따라 국토교통부로부터 전문훈련기관(ATO)으로 지정받았으나, 항공보안법상 보안검색교육기관은 아니다. 그럼에도 불구하고 실질적으로 항공보안 교육과정을 운영하며 업계의 교육 수요에 대응한다.

이러한 현상은 항공안전과 항공보안이 서로 분리될 수 없는 밀접한 관계에 있음을 보여준다. 항공기 운항의 안전을 확보하는 것과 보안위협으로부터 항공기를 보호하는 것은 동전의 양면과 같은 관계다. 따라서 항공안전 교육기관이 보안 교육 영역으로 활동 범위를 확대하는 것은 자연스러운 현상이라 할 수 있다. 다만 향후 법적 지위의 명확화를 통해 교육의 질과 일관성을 보장할 필요가 있다.

이처럼 다양한 유형의 교육기관들이 각자의 강점을 활용하여 항공보안 교육을 제공함으로써, 우리나라 항공보안 교육의 저변이 확대되고 있다. 공공부문의 안정성, 민간부문의 유연성, 학계의 전문성이 조화를 이루며 항공보안 인력의 양적 확대와 질적 향상을 동시에 추구한다. 이러한 다원화된 교육 체계는 급변하는 항공보안 환경에 효과적으로 대응할 수 있는 다양한 역량을 갖춘 인력을 배출하는 토대가 되고 있다.

(4) 항공훈련기관의 전문 심화교육 과정

국내 항공보안 교육기관들이 기본적인 교육훈련 체계를 운영하는 가운데, 더욱 높은 수준의 전문성이 요구되는 인력을 위한 별도의 교육 과정이 필요하다. 국가민간항공보안교육훈련지침 제9조는 이러한 필요에 대응하여 항공보안업무 수행자의 전문성을 한층 더 높이기 위한 고급 교육과정 운영 체계를 규정한다. 국토교통부장관은 운항기술기준에 따라 지정된 항공훈련기관을 통해 전문화된 항공보안 교육과정을 실시할 수 있도록 하여, 일반 보안검색교육기관과는 차별화된 심화 교육을 제공하고 있다.

1) 핵심 전문인력 양성 과정

항공훈련기관이 운영하는 교육과정 중 가장 중요한 것은 항공보안교관 교육과정이다. 교관은 차세대 항공보안 인력을 육성하는 핵심 주체로서, 이들의 역량이 교육의 질을 직접적으로 결정한다. 따라서 교관 양성 과정에서는 전문 지식뿐만 아니라 효과적인 교수법, 항공보안 학습 이론, 평가 기법 등 교육자로서 갖추어야 할 종합적 역량을 체계적으로 개발한다. 특히 실습 위주의 보안교육 특성상 시범과 지도 능력이 중요하므로, 이에 대한 집중적인 훈련이 이루어진다.

국제적 수준의 전문가 양성을 위해 ICAO 항공보안 교육과정도 운영되고 있다. 국토교통부장관이 인정하는 이 과정은 ICAO의 표준과 권고되는 방식(SARPs)에 완전히 부합하는 커리큘럼으로 구성된다. 교육생들은 국제 항공보안 동향, 글로벌 위협 분석, 국제 협약과 규정 등을 심도 있게 학습한다. 이 과정을 이수한 인력은 글로벌 스탠다드에 맞는 항공보안 전문가 역량을 갖추게 되며, 우리나라 항공보안의 국제적 위상을 높이는 데 기여한다.

2) 관리·감독 인력의 역량 강화

항공보안의 효과적인 운영을 위해서는 현장 실무자뿐만 아니라 이를 관리하고 감독하는 인력의 전문성도 필수적이다. 항공훈련기관은 항공보안감독관을 위한 체계적인 교육과정을 운영한다. 초기교육에서는 감독관으로서 갖추어야 할 법적 권한과 책임, 점검기법, 보고서 작성 방법 등을 교육한다. 정기교육을 통해서는 새로운 보안위협, 개정된 규정, 최신 감독 기법 등을 지속적으로 업데이트한다.

공항 및 항공사의 보안책임자와 감독자들도 항공훈련기관에서 전문 교육을 받는다. 이들은 각 조직에서 보안 정책을 수립하고 실행하는 핵심 의사결정자들이다. 초기교육에서는 조직 보안관리의 기본 원칙, 위험 평가 방법, 비상 대응 계획 수립 등을 다룬다. 정기교육에서는 실제 보안 사례 분석, 위기관리 시뮬레이션, 리더십 개발 등 실무적이면서도 전략적인 내용을 학습한다.

이러한 관리·감독 인력 교육의 특징은 단순한 규정 숙지를 넘어 전략적 사고와 의사결정 능력을 함양한다는 점이다. 복잡한 보안 상황에서 신속하고 정확한 판단을 내릴 수 있는 역량, 다양한 이해관계자와 효과적으로 소통하는 능력, 조직의 보안 문화를 구축하는 리더십 등이 교육의 핵심 내용을 구성한다.

항공훈련기관의 전문 심화교육 과정은 일반적인 보안검색요원 교육과는 질적으로 다른 차원의 교육을 제공한다. 이를 통해 우리나라 항공보안 체계의 전반적인 수준을 향상시키고, 국제적 경쟁력을 갖춘 항공보안 전문가 집단을 육성하는 토대가 되고 있다. 특히 항공보안교관, 항공보안감독관, 관리책임자 등 항공보안 체계의 핵심 인력을 체계적으로 양성함으로써, 지속가능한 항공보안 역량 강화의 선순환 구조를 구축하고 있다.

(5) 보안검색교육기관의 포괄적 전문교육 체계

항공훈련기관이 관리·감독 인력과 교관 등 핵심 인력의 전문성을 높이는 심화 교육을 담당한다면, 보안검색교육기관은 항공보안 현장의 실무 인력 양성에 중점을 둔다. 국가민간항공보안 교육훈련지침 제10조는 보안검색교육기관이 실시할 수 있는 다양한 교육과정을 명시한다. 이는 항공보안 분야의 모든 직무를 포괄하는 종합적인 교육 체계로, 각 분야별 전문인력이 필요로 하는 역량을 체계적으로 개발하는 프로그램들로 구성된다.

1) 핵심 보안인력 양성 과정

보안검색교육기관의 가장 기본적인 임무는 항공보안 현장의 실무 인력을 체계적으로 양성하는 것이다. 보안검색요원과 항공경비요원을 위한 교육과정은 초기·직무·정기교육으로 세분화되어 운영된다. 각 단계별로 요구되는 역량 수준과 교육 내용이 차별화되며, 이를 통해 신규 인력부터 경력자까지 지속적인 전문성 개발이 가능하다.

이러한 실무 인력을 효과적으로 관리하고 지도하는 보안검색감독자와 항공경비감독자를 위한 별도의 교육과정도 마련되어 있다. 감독자들은 현장 운영의 효율성과 보안절차의 적절한 이행을 책임지는 중간 관리자로서, 실무 지식과 관리 역량을 동시에 갖추어야 한다. 또한 항공보안교관 교육과정은 이 모든 교육의 품질을 담보하는 교육 전문가를 체계적으로 양성한다.

공항과 항공사의 보안책임자 및 감독자 교육은 조직 차원의 보안관리 역량을 강화하는 데 초점을 맞춘다. 초기교육에서는 보안 정책 수립과 실행에 필요한 기본 역량을 개발하고, 정기교육을 통해 변화하는 보안 환경과 최신 관리 기법을 습득한다. 이들은 각 기관의 보안 문화를 조성하고 전략적 의사결정을 내리는 핵심 인력이므로, 폭넓은 시각과 깊이 있는 전문성을 균형 있게 갖추도록 교육한다.

2) 특수 분야 전문인력 교육

항공보안 위협이 다양화되고 고도화됨에 따라 특수 분야별 전문인력의 필요성이 증대되고 있다. 화물보안업무요원 정기교육과정은 항공화물 공급망 전반의 보안을 담당하는 인력의 전문성을 지속적으로 유지·강화한다. 항공화물은 여객과는 다른 보안위험을 내포하므로, 이에 특화된 검색 기법과 위험 평가 방법을 교육한다.

기술적 전문성이 요구되는 분야로는 항공보안장비 유지보수요원 교육과정이 있다. 첨단 보안검색 장비의 안정적 운영은 항공보안의 기본 토대이며, 이를 담당하는 기술 인력은 장비의 원리부터 고장 진단, 예방 정비까지 폭넓은 지식과 기술을 습득해야 한다.

테러 위협에 대한 전문적 대응 능력을 기르는 과정들도 운영된다. 폭발물 처리요원 교육과정은 실제 위험 상황에서 폭발물을 안전하게 처리할 수 있는 고도의 전문 기술을 전수한다. 폭발물 위협분석관 교육과정은 잠재적 위협을 사전에 식별하고 평가하는 분석 역량을 개발한다. 이 두 과정은 상호 보완적으로 작용하여 폭발물 위협에 대한 포괄적 대응체계를 구축한다.

행동탐지요원 교육과정은 인간 행동 과학을 항공보안에 적용한 혁신적 접근법이다. 승객의 미세한 행동 신호와 심리적 지표를 관찰하여 잠재적 위협을 식별하는 기법을 교육한다. 이는 기계적 검색의 한계를 보완하는 인적 보안 역량으로, 보안검색의 효과성을 한 차원 높이는 역할을 한다.

3) ICAO 표준 교육과정

국제적 호환성과 상호운용성 확보를 위해 ICAO 항공보안 교육과정이 운영된다. 이 과정은 국제민간항공기구가 제시하는 글로벌 표준을 충실히 반영하여 설계되었다. 기초과정부터 시작하여 감독자, 교관, 점검관 과정으로 이어지는 단계별 교육 체계를 갖추고 있으며, 위기관리, 화물 및 우편물 보안, 관리자 과정 등 전문 분야별 교육도 포함한다.

ICAO 표준 교육의 이수는 국제적으로 인정받는 자격을 부여하며, 이를 통해 우리나라 항공보안 인력이 국제 무대에서 활동할 수 있는 토대를 마련한다. 또한 외국 항공보안 전문가들과의 원활한 협력과 정보 교류를 가능하게 하여, 글로벌 항공보안 네트워크의 일원으로서 역할을 수행할 수 있도록 한다.

보안검색교육기관의 포괄적 교육 체계는 기본적인 보안검색 업무부터 고도로 전문화된 특수 임무까지 항공보안의 전 영역을 아우른다. 이러한 전문 분야별 교육 구조는 복잡하고 다변화하는 항공보안 환경에 효과적으로 대응할 수 있는 인적 자원을 체계적으로 육성한다. 각 교육과정은 독립적으로 운영되면서도 상호 연계되어, 항공보안 인력의 경력개발 경로를 제시하고 지속적인 전문성 향상을 지원하는 통합적 교육 플랫폼으로 작동하고 있다.

3. 교육훈련 표준지침과 평가체계의 운영

(1) 보안검색교육기관의 교육훈련지침

국가민간항공보안 교육훈련지침

제11조(보안검색교육기관의 교육훈련지침 및 평가방법) ① 보안검색교육기관은 별표 2에 따른 훈련지침을 준수하여 교육을 실시하여야 한다.

② 시행규칙 제15조제1항제4호에 따른 교육평가방법은 다음 각 호에 따른다.

1. 시험과목, 시험의 실시요령, 판정기준, 시험문제출제, 시험방법·관리·보관·시험장, 시험감독 및 채점 등은 자체 실정에 맞게 보안검색교육기관의 장이 정한다.
2. 교육생은 총 교육시간의 90퍼센트 이상 출석하여야 하고, 성적은 100점 만점의 경우 80점 이상을 득하여야 수료할 수 있다. 다만, 컴퓨터교육 형태의 보안검색훈련 프로그램으로 평가할 경우에는 해당 프로그램별 평가기준에 따른다.

앞서 살펴본 포괄적 전문교육 체계가 효과적으로 운영되기 위해서는 명확한 교육훈련 기준과 평가체계가 필요하다. 국가항공보안 교육훈련지침 제11조는 보안검색교육기관이 준수해야 할 교육훈련지침과 평가방법에 대한 구체적인 기준을 제시한다. 이 규정은 모든 교육기관이 일정 수준 이상의 교육 품질을 유지하도록 하면서도, 각 기관의 특성과 여건을 고려한 유연한 운영을 허용하는 균형적 접근을 취한다.

1) 표준화된 교육훈련지침의 준수

보안검색교육기관은 교육훈련지침에 명시된 훈련지침을 엄격히 준수하여 교육을 실시한다. 이 훈련지침은 국가 차원에서 정한 최소한의 교육 기준과 절차를 담고 있으며, 모든 교육기관이 반드시 따라야 할 핵심 요소들을 규정한다.

표준화된 지침의 준수는 교육의 일관성을 보장하는 토대가 된다. 교육생이 어느 교육기관을 선택하더라도 동일한 수준의 교육을 받을 수 있도록 하며, 이는 항공보안 인력의 역량을 전국적으로 균등하게 유지하는 데 기여한다. 동시에 이러한 표준화는 교육기관 간 상호인정과 교류를 원활하게 하는 기반이 되고 있다.

2) 평가방법의 자율성과 기준

교육훈련지침이 표준화된 틀을 제공하는 한편, 평가방법에서는 각 기관의 자율성을 보장한다. 시행규칙 제15조제1항제4호에 근거하여, 시험과목, 시험 실시요령, 판정기준, 시험문제 출제, 시험방법과 관리, 보관, 시험장 운영, 시험감독 및 채점 등의 세부사항은 각 보안검색교육기관의 장이 정할 수 있다.

이러한 자율성 부여는 단순한 행정적 편의가 아닌 교육 효과를 극대화하기 위한 전략적 선택이다. 각 교육기관은 보유한 시설과 장비, 교육 대상자의 특성을 고려하여 최적화된 평가방법을 개발할 수 있다. 공항과 직접 연계된 교육기관은 현장 실무 중심의 평가를 강화하고, 학술 기관은 이론적 깊이와 실무 능력을 균형 있게 평가하는 방식을 채택한다. 이를 통해 획일적인 평가의 한계를 극복하고 각 기관의 강점을 살린 특색 있는 평가체계를 구축하고 있다.

3) 수료기준의 엄격한 적용

평가방법의 자율성이 보장되는 가운데서도 수료 기준은 엄격하게 통일된다. 교육생은 총 교육시간의 90퍼센트 이상을 출석해야 하며, 이는 교육의 연속성과 완성도를 확보하기 위한 필수 요건이다. 출석률 기준은 물리적 참석 확인을 넘어서, 교육내용의 체계적 습득과 실습경험의 축적을 실질적으로 보장한다.

학업 성취도 측면에서는 100점 만점 기준 80점 이상이라는 높은 수준의 합격선을 설정한다. 이는 항공보안 업무가 요구하는 전문성과 책임감을 반영한 기준이다. 항공보안 인력은 실수가 허용되지 않는 업무를 수행하므로, 교육 단계에서부터 높은 수준의 역량을 갖추도록 요구한다.

교육 환경의 변화를 반영하여 컴퓨터 기반 보안검색훈련 프로그램을 활용한 평가도 인정된다. 이 경우 전통적인 평가방법과는 다른 기준을 적용할 수 있도록 하여, 디지털 교육 도구의 장점을 충분히 활용할 수 있게 한다. 시뮬레이션 기반 평가, 실시간 피드백 시스템 등 혁신적인 평가방법의 도입이 가능해지면서 교육의 효과성이 한층 높아지고 있다.

이러한 교육훈련지침과 평가 체계는 국가 항공보안 교육의 품질을 보장하는 핵심 제도다. 표준화와 자율성의 적절한 조화를 통해 일관된 교육 수준을 유지하면서도 각 교육기관의 창의성과 혁신을 장려한다. 엄격한 수료 기준은 항공보안 인력의 전문성을 담보하며, 국민의 안전한 항공 여행을 보장하는 토대가 되고 있다.

(2) 교육운영 방법과 핵심과정의 평가 기준

> **▌국가민간항공보안 교육훈련지침**
> **제12조(교육훈련 실시 및 평가)** ① 제3조제1항의 교육대상자가 속한 공항운영자등은 제8조에 따른 교육 중 해당 교육을 자체적으로 실시하거나 국토교통부장관이 지정한 전문 교육기관에 위탁하여 교육을 실시한다. 다만, 보안검색감독자 및 보안검색요원에 대하여는 법 제28조에 따라 국토교통부장관이 지정한 교육기관에 위탁하여 교육을 실시한다.

교육훈련지침과 평가체계가 확립된 토대 위에서, 실제 교육운영의 구체적 방법론이 필요하다. 국가항공보안 교육훈련지침 제12조는 교육훈련의 실시 방법과 평가체계에 대한 구체적인 운영지침을 제시한다. 이 규정은 교육의 효율성과 전문성을 동시에 확보하면서, 각 기관의 여건에 맞는 유연한 운영과 엄격한 수준관리를 조화시킨다.

1) 교육훈련 실시 방법의 이원화

교육대상자가 속한 공항운영자 등은 교육 실시에 있어 기관의 여건과 역량에 따라 선택할 수 있는 두 가지 경로를 보유한다. 첫째는 자체 교육 인프라와 전문 인력을 활용하여 직접 교육을 실시하는 방법이며, 둘째는 국토교통부장관이 지정한 전문 교육기관에 위탁하는 방법이다. 이러한 이원화된 접근은 각 기관이 보유한 자원과 전문성을 효율적으로 활용하면서도 교육의 질을 보장할 수 있는 현실적 방안이다.

그러나 보안검색감독자와 보안검색요원의 교육에는 특별한 제약이 적용된다. 항공보안법 제28조에 따라 이들은 반드시 국토교통부장관이 지정한 교육기관에서 교육을 받아야 한다. 이러한 의무 규정은 보안검색 업무가 항공보안의 최전선에서 수행되는 핵심 업무라는 점을 반영한다. 표준화되고 검증된 교육기관을 통해서만 교육이 이루어지도록 함으로써, 전국적으로 일관된 수준의 보안검색 역량을 확보한다.

2) 필수 평가 대상 교육과정

교육의 실효성 담보를 위해 핵심 교육과정에 대해서는 의무적으로 평가를 실시한다. 평가를 통과하여 규정된 점수 이상을 획득한 자만이 해당 과정을 이수한 것으로 인정받으며, 이는 항공보안 인력의 질적 수준을 확보하는 핵심 요소다.

교육 전문가 양성 과정인 항공보안교관 교육과정은 엄격한 평가를 거쳐 교육 역량을 검증한다. 관리·감독 인력을 위한 항공보안감독관, 공항보안감독자, 항공사보안감독자의 초기교육 과정도 필수 평가 대상이다. 이들은 각 조직의 보안체계를 관리하고 감독하는 책임을 지므로, 초기 단계부터 철저한 역량 검증이 이루어진다.

현장 실무 인력의 평가는 더욱 포괄적으로 진행된다. 보안검색감독자, 항공경비감독자, 보안검색요원, 항공경비요원은 초기교육뿐만 아니라 직무교육과 정기교육 전 과정에서 평가를 받는다. 이들이 항공보안의 최일선에서 직접 승객과 화물을 검색하고 공항 시설을 경비하는 만큼, 지속적이고 반복적인 역량 검증이 필수적이다.

최근 도입된 행동탐지요원 초기교육 과정도 필수 평가 대상에 포함되었다. 이는 행동 관찰을 통한 위협 탐지라는 새로운 보안 기법의 전문성과 신뢰성을 확보하려는 노력의 일환이다.

3) 디지털 교육의 적극적 활용

교육 접근성 향상과 효율성 제고를 위해 사이버 교육의 활용을 적극 권장한다. 교육훈련 과정 중 이론 학습, 규정 숙지, 절차 이해 등 특정 영역에서는 온라인 플랫폼을 통한 교육이 효과적일 수 있다. 시공간적 제약을 극복하고, 개인별 학습 속도를 조절할 수 있으며, 반복 학습이 가능하다는 디지털 교육의 장점을 충분히 활용한다.

항공보안 교육기관과 공항운영자 등은 단순히 기존 교육 내용을 온라인으로 전환하는 것을 넘어, 디지털 환경에 최적화된 혁신적인 교육 콘텐츠 개발에 노력해야 한다. 상호작용형 시뮬레이션, 가상현실(VR) 기반 훈련, 인공지능을 활용한 맞춤형 학습 등 첨단 기술을 교육에 접목하는 시도가 확대되고 있다.

이러한 교육 운영 방법과 평가 기준은 전통적 대면 교육의 장점과 현대적 디지털 교육의 효율성을 결합한 하이브리드 접근법이다. 교육 실시 방법의 유연성을 보장하면서도 핵심 과정에 대한 엄격한 평가를 통해 품질을 관리한다. 디지털 전환을 통해 교육의 접근성을 높이는 동시에, 실습과 현장 교육의 중요성도 간과하지 않는 균형적 체계를 구축하여 항공보안 교육의 미래 지향적 발전을 도모한다.

(3) 정기교육 이수 관리와 자격 유지 체계

▌국가민간항공보안 교육훈련지침

제13조(정기교육 미 이수시 조치) ① 정기교육 대상자는 초기교육 또는 정기교육을 수료한 날이나 자격인증을 받은 날부터 1년 이내에 정기교육을 이수하여야 한다.

> ② 정기교육 이수기간은 제1항의 1년이 되는 날 전·후 각각 30일 이내로 하며, 이 기간 내에 정기교육을 이수한 경우에는 1년 이내에 정기교육을 이수한 것으로 본다.
> ③ 제2항의 정기교육을 이수한 교육대상자의 자격유효기간은 종전 자격인증 유효기간 만료일의 다음날부터 기산한다.
> ④ 제8조에 따른 정기교육 대상자가 정기교육을 이수하지 못한 경우 해당 업무의 수행자격은 정지되며, 자격이 정지된 이후 6개월 이내에 정기교육을 이수하면 자격을 회복할 수 있다. 다만, 천재지변, 감염증 확산 및 해외 파견 등 불가피한 사유로 교육을 이수할 수 없는 경우에는 그 기간 중 1년의 범위에서 자격을 회복할 수 있는 정기교육 이수기간에서 제외한다.

교육 운영 방법과 평가 기준이 확립된 이후, 이를 지속적으로 유지하고 관리하는 체계가 필요하다. 국가항공보안 교육훈련지침 제13조는 정기교육 이수에 대한 명확한 기준과 미이수 시 조치사항을 규정한다. 이 규정은 항공보안 인력의 지속적인 역량 유지를 보장하면서도, 불가피한 상황에 대한 합리적인 예외를 인정하는 균형적 관리 체계를 제시한다.

1) 정기교육 이수 의무와 기간

항공보안 인력은 초기교육이나 정기교육을 수료한 날, 또는 자격인증을 받은 날부터 1년 이내에 다음 정기교육을 이수해야 한다. 항공보안 분야는 새로운 위협 양상과 기술 발전이 지속적으로 나타나므로, 모든 보안 인력이 최신 지식과 기술을 유지하는 것은 필수적이다.

이러한 의무 규정과 함께 현실적 여건을 고려한 유연성도 제공된다. 정기교육 이수기간은 1년이 되는 날을 기준으로 전후 각각 30일 이내로 설정되어 총 60일의 기간을 부여한다. 이 기간 내에 교육을 이수하면 정해진 기간 내에 교육을 받은 것으로 인정받는다. 업무 일정 조정이나 개인 사정 등을 고려한 이러한 유예기간은 교육 참여의 현실적 어려움을 완화하는 실용적 조치다.

2) 자격 유효기간의 연속성 보장

정기교육 이수 시점과 관계없이 자격의 연속성을 보장하는 원칙이 적용된다. 정기교육을 이수한 교육대상자의 자격유효기간은 종전 자격인증 유효기간 만료일의 다음날부터 기산한다. 유예기간 내 조기 이수나 만기 이수와 무관하게 자격 기간이 일정하게 유지되는 것이다.

이러한 체계는 자격 관리의 예측 가능성과 일관성을 확보한다. 교육생들은 자신의 자격 유효기간을 명확히 파악할 수 있으며, 교육기관과 관리기관도 체계적인 교육 일정을 수립할 수 있다. 자격 기간의 연속성 보장은 행정적 효율성을 높이는 동시에 보안 인력의 경력 관리를 용이하게 한다.

3) 미이수 시 자격 정지와 회복 절차

정기교육을 정해진 기간 내에 이수하지 못한 경우 엄격한 제재가 적용된다. 해당 업무의 수행자격은 즉시 정지되며, 이는 최신 교육을 받지 않은 인력이 보안업무를 수행하는 것을 원천 차단하는 조치다. 항공보안 업무는 실수가 허용되지 않는 분야이므로, 이러한 엄격한 기준 적용은 불가피하다.

자격이 정지된 인력에게도 회복의 기회는 제공된다. 자격 정지 후 6개월 이내에 정기교육을 이수하면 자격을 회복할 수 있다. 이는 일시적 사정으로 교육을 받지 못한 인력의 현장 복귀를 가능하게 하는 구제 방안이다. 다만 6개월 경과 후에는 자격 회복이 불가능하며, 이 경우 초기교육부터 다시 시작해야 할 수도 있다. 이러한 단계적 제재는 교육 이수의 중요성을 강조하면서도 현실적 상황을 고려한 접근이다.

4) 불가피한 사유에 대한 예외 규정

예측 불가능한 상황에 대비한 예외 규정이 마련되어 있다. 천재지변, 감염증 확산, 해외 파견 등의 사유로 교육 이수가 불가능한 경우, 해당 기간을 1년의 범위 내에서 자격 회복을 위한 정기교육 이수기간에서 제외할 수 있다.

코로나19 팬데믹과 같은 전례 없는 상황이나 업무상 장기 해외 파견 등은 개인의 의지와 무관하게 교육 참여를 불가능하게 만든다. 이러한 상황을 인정하여 예외를 적용하되, 1년을 초과할 수 없도록 제한함으로써 자격 관리의 일관성을 유지한다. 예외 규정의 적용은 객관적이고 검증 가능한 사유에 한정되며, 이를 통해 제도의 남용을 방지한다.

정기교육 관리 체계는 항공보안 인력의 전문성 유지라는 원칙을 엄격히 적용한다. 동시에 현실적 제약과 예외적 상황을 인정하는 유연성도 갖추고 있다. 이러한 균형적 접근은 보안수준의 유지와 인력 관리의 효율성을 동시에 달성하며, 지속가능한 항공보안 교육체계의 운영을 가능하게 한다.

Ⅱ. 항공보안 교육훈련 체계

1. ICAO 기준에 따른 항공보안 인력의 분류 체계

국제민간항공기구(ICAO)의 Doc. 8973은 항공보안 분야의 인력 체계를 체계적으로 분류한다. 이 문서는 보안직원(Security Staff), 비보안직원(Non-Security Staff) 그리고 보안요원(Security Personnel)에 대한 정의와 범주를 명확히 규정한다. 이러한 국제 기준은 각 보안 인력의 역할과 책임을 명확히 구분하여, 적절한 교육과 관리가 이루어질 수 있는 토대를 제공한다.

(1) 보안직원과 비보안직원의 구분 및 역할

1) 보안직원(Security Staff)의 역할과 책임

보안직원은 항공보안의 최전선에서 실질적인 보안조치를 시행하는 핵심 인력이다. 이들의 업무 범위는 공항과 항공기 보안의 거의 모든 영역을 포괄하며, 단순한 검색 업무를 넘어 포괄적인 보안 활동을 수행한다.

이들의 주요 업무는 보호구역에 대한 출입통제와 감독, 순찰 활동으로 시작된다. 항공기 자체의 보안을 담당하며, 기내 보안 측면에서는 조종사와 승무원이 중요한 역할을 담당한다. 승객과 기내 수하물의 검색은 물론, 위탁 수하물과 화물, 우편물의 보안검색, 차량 검색까지 보안직원은 광범위한 검색 업무를 수행한다.

검색 업무와 함께 보안직원은 항공사, 기내식 업체, 공항 납품업체를 대상으로 한 보안절차도 시행한다. 더 나아가 항공보안교육의 시행, 보안수준 관리방안의 실행, 전반적인 항공보안 관리와 같은 관리적 측면의 업무도 담당한다. 이처럼 보안직원은 실무와 관리를 아우르는 포괄적인 보안조치를 시행할 책임을 지닌 전문 인력이다.

2) 비보안직원(Non-Security Staff)의 정의와 중요성

보안직원이 직접적인 보안 업무를 담당한다면, 비보안직원은 다른 측면에서 항공보안에 기여한다. 이들은 직접적인 보안 업무를 수행하지 않지만, 보호구역에 접근할 수 있는 권한을 보유한 인력이다. 민간항공 운영과 관련된 다양한 업무를 수행하면서 간접적으로 보안조치의 시행과 연관된다.

비보안직원의 범주는 광범위하다. 공항기관과 항공사에 고용된 직원들부터 시작하여, 화물과 수하물을 처리하는 기관 직원, 화주, 우편 당국 직원들이 포함된다. 항공교통관제센터에서 근무하는 직원들과 다양한 지상직원들도 이 범주에 속한다.

ICAO Doc. 8973은 비보안직원도 국가민간항공보안 교육프로그램의 교육 대상으로 명시한다는 점이 중요하다. 비록 직접적인 보안업무를 수행하지 않더라도, 이들이 보호구역에 접근할 수 있고 항공 운영에 관여하는 만큼 기본적인 보안 인식과 지식을 갖추어야 한다. 실제로 많은 보안 사고가 비보안직원의 부주의나 보안 인식 부족에서 발생할 수 있다는 점을 고려하면, 이들에 대한 교육의 필요성은 명백하다.

비보안직원이 보안위협을 인지하고 적절히 대응할 수 있는 능력을 갖추는 것은 전체 항공보안 체계의 완성도를 높이는 핵심 요소다. 이들의 보안 의식 향상은 전반적인 보안 수준 향상에 직접적으로 기여한다. ICAO의 이러한 인력 분류 체계는 각국이 자국의 항공보안 인력을 체계적으로 관리하고, 역할에 맞는 적절한 교육과 훈련을 제공할 수 있는 국제적 기준을 제시한다.

우리나라도 이러한 국제 기준을 토대로 항공보안 인력을 분류하고 관리한다. 각 인력군의 특성과 업무 범위를 고려한 차별화된 교육 프로그램을 운영하여, 국제 수준의 항공보안 역량을 유지하고 있다.

(2) ICAO 기준에 따른 항공보안 핵심인력의 범주와 역할

항공보안의 성패는 결국 사람에 달려 있다. ICAO는 항공보안을 유지하는 보안직원 중에서도 특히 공항에서 항공보안활동의 중추적 역할을 담당하는 핵심 인력을 '보안요원'으로 정의한다. 이들은 단순한 보안 담당자가 아닌 항공보안 체계의 최전선에서 활동하는 전문가 집단이다.

ICAO Doc. 8973은 보안요원의 범주를 네 가지로 명확히 구분한다. 보안검색요원은 공항의 첫 번째 보호체계를 구축한다. 항공보안교관은 보안 인력의 전문성을 담보하는 교육 전문가로 활동한다. 항공보안감독관 및 평가관은 국가 항공보안 수준관리를 책임진다. 보안책임자·감독자는 전략적 차원의 보안관리를 수행한다.

1) 보안검색요원(Screener)

보안검색요원은 항공보안의 가장 기본적이면서도 중요한 역할을 수행한다. 탑승객, 승무원, 상주직원 등 모든 인원이 보호구역에 출입할 때 신체검색과 휴대물품 검색을 실시한다. 위탁수하물에 대한 검색도 담당하여, 위해물품이 항공기나 공항 시설에 반입되는 것을 사전에 차단한다.

이들의 역할은 단순한 검색 행위를 넘어선다. 최신 보안장비를 능숙하게 운용하고, 위협 물품을 정확히 식별하며, 승객들과 직접 대면하면서도 보안절차를 효과적으로 수행해야 한다. 기술적 역량과 대인 관계 능력을 동시에 갖추어야 하는 전문 인력인 것이다. X-ray 판독, 폭발물 흔적 탐지, 행동 관찰 등 다양한 검색 기법을 숙달하여 종합적인 보안검색을 수행한다.

2) 항공보안교관(Aviation Security Instructors)

항공보안교관은 보안 분야의 지식과 기술을 전파하는 교육 전문가로서 핵심적 위치를 차지한다. 항공보안종사자들이 필요한 직무역량을 확보할 수 있도록 체계적인 교육계획을 수립하고, 시대와 환경 변화에 맞는 교육과정을 개발한다. 우수한 강사 양성과 직접적인 교육훈련 실시를 통해 항공보안 인력의 전문성 향상에 기여하고 있다.

교육 현장에서 교관의 역할은 더욱 중요하다. 이론적 지식과 함께 실무 경험을 바탕으로 한 생생한 교육을 제공한다. 교육생들이 실제 현장에서 마주할 수 있는 다양한 상황에 대한 대응 능력을 기를 수 있도록 시나리오 기반 훈련과 실습을 지도한다. 새로운 위협 양상과 대응 기법을 지속적으로 연구하여 교육 내용에 반영함으로써, 항공보안 체계의 질적 수준을 유지하는 데 핵심적 역할을 담당한다.

3) 항공보안감독관 및 평가관(National Inspectors and Auditors)

항공보안감독관과 평가관은 국가 항공보안 체계의 수준을 관리하고 감독하는 핵심적인 역할을 수행한다. 보안평가, 현장조사, 불시평가 등 다양한 감독활동을 통해 국가민간항공보안의 전반적인 수준을 점검하고 개선점을 도출한다.

이처럼 다각적인 감독 활동은 보안체계의 취약점을 사전에 발견하고 보완하는 예방적 기능에 초점을 둔다. 정기적인 감독과 불시 점검을 통해 보안절차가 제대로 이행되고 있는지 확인한다. 국제 기준에 부합하는 보안수준을 유지할 수 있도록 지속적으로 모니터링하며, 발견된 문제점에 대해서는 즉각적인 시정 조치를 요구한다. 이러한 체계적인 감독 활동은 우리나라 항공보안이 국제적 신뢰를 확보하는 데 필수적인 요소라 할 수 있다.

4) 보안책임자·감독자(Security Managers)

보안책임자와 감독자는 항공테러 방지를 위한 전략적 접근을 담당하는 관리자급 인력이다. 항공운송 전 분야에 걸쳐 잠재적 위협요소를 발굴하고, 체계적인 위험평가 프로그램을 통해 위협 요인을 사전에 제거한다.

현장관리를 넘어 보안 정책 수립, 보안 자원의 효율적 배분, 위기 상황 대응 계획 수립 등 종합적인 보안관리 업무를 수행한다. 다양한 이해관계자들과의 조정과 협력을 통해 통합적인 보안체계를 구축한다. 특히 새로운 위협에 대한 정보를 수집·분석하고, 이를 토대로 보안절차를 개선하는 전략적 의사결정을 내린다. 국내외 보안 동향을 파악하고 우수사례를 벤치마킹하여 자국의 보안수준을 지속적으로 향상시키는 역할도 담당하고 있다.

5) ICAO 기준 외 핵심 보안인력

항공기내보안요원과 항공경비요원은 ICAO Doc. 8973에서 규정하는 보안요원의 공식적인 범주에 포함되지 않는다. 그러나 이들의 인력 양성 및 운용 형태 그리고 항공보안에서 차지하는 중요도를 고려할 때 실질적으로는 핵심적인 역할을 담당한다.

항공기내보안요원은 비행 중 발생할 수 있는 보안위협에 대응하는 최후의 인적 대응 수단이다. 항공기 납치나 기내 소요 사태 등 극한 상황에서 승객과 승무원의 안전을 확보하는 특수 임무를 수행한다. 항공경비요원은 공항 시설과 항공기를 직접 경비하며, 보안구역의 무단 침입을 방지하고 의심스러운 활동을 탐지하는 역할을 담당한다.

이들이 ICAO의 공식 범주에 포함되지 않은 것은 각국의 운용 방식과 법적 체계의 차이를 고려한 유연한 접근으로 해석된다. 우리나라를 비롯한 많은 국가에서는 이들을 핵심 보안인력으로 인정하고 체계적으로 관리한다. 이는 국제 기준과 실무 현장의 요구사항 간 조화를 추구하는 과정에서 나타나는 현상으로, 각국이 자국의 보안 환경과 위협 수준에 맞춰 보안 인력 체계를 보완하고 있음을 보여준다.

2. 항공보안 교육훈련의 법적 기반과 책임 체계

(1) 항공보안 교육훈련 체계와 법적 기반

> **▮ 항공보안법**
> **제28조(교육훈련 등)** ⑤ 교육기관의 지정이나 교육훈련에 관하여 필요한 사항은 국토교통부장관이 정한다.

앞서 살펴본 ICAO의 인력 분류체계를 토대로, 각국은 자국의 항공보안 교육훈련 체계를 구축한다. 항공보안의 효과성은 교육훈련의 질에 달려 있다는 점을 인식하여, 국가항공보안계획(NCASP)은 항공보안 교육훈련의 체계적 시행을 위한 법적 기반과 책임 체계를 명확히 규정한다. 특히 국가민간항공보안 교육훈련지침(NCASTP, National Civil Aviation Security Training Programme)은 단순한 가이드라인을 넘어 국가 차원의 통합적 교육훈련 시스템을 구축하는 핵심 프레임워크로 자리잡았다.

교육훈련지침이 추구하는 방향성은 명확하다. 모든 항공보안 담당자가 각자의 직무 수행에 필요한 전문 역량을 완벽하게 갖추도록 하는 것이다. 이를 실현하기 위해 교육 대상자의 직무 특성과 경력 수준을 고려한 맞춤형 커리큘럼을 개발한다. 정기적인 재교육과 역량평가를 통해 보안 인력의 전문성을 지속적으로 관리하는 체계도 운영되고 있다.

현재 항공보안 환경에서 특히 주목할 점은 적응형 교육체계의 구축이다. 새로운 형태의 위협이 등장하고 보안 기술이 급속도로 발전하는 상황에서, 이러한 변화에 신속하게 대응할 수 있는 유연한 교육 시스템은 필수불가결한 요소가 된다. 실제로 많은 국가들이 시나리오 기반 훈련과 실시간 위협 정보를 반영한 교육 프로그램을 도입하여 운영 중이다.

이러한 제도적 체계는 교육훈련의 일관성과 표준화를 확실하게 보장한다. 각 공항이나 보안기관마다 상이할 수 있는 교육 수준을 국가 표준에 맞춰 통일함으로써, 전국 어느 공항에서든 동일한 수준의 보안 서비스가 제공된다. 이는 교육의 통일성을 넘어 국가 전체의 항공보안 수준을 향상시키는 핵심 요인으로 기여한다.

1) 국토교통부장관의 지침 제정 의무

국가 차원의 교육훈련 체계 구축은 법적 의무사항으로 규정된다. 국가항공보안계획 10.2.1에 따르면, 국토교통부장관은 공항운영자 등이 보안업무 담당자의 업무수행에 필요한 교육을 실시할 수 있도록 국가민간항공보안 교육훈련지침을 제정하고 시행해야 한다. 이는 전국 모든 공항과 항공 관련 기관에서 일관된 수준의 교육이 이루어질 수 있는 기반이 된다.

이 지침은 단순한 가이드라인이 아니라 법적 구속력을 갖는 규범이다. 교육 대상자의 범위, 교육 내용, 방법, 평가 기준 등을 구체적으로 명시함으로써 항공보안 교육의 질적 수준을 보장한다. 급변하는 보안 환경과 새로운 위협에 대응하기 위해 지속적으로 개정되고 보완되는 특징도 갖는다. 이러한 동적 특성은 항공보안 교육이 시대적 요구에 부응할 수 있도록 하는 중요한 요소다.

2) 국제협력을 통한 교육프로그램 개발

항공보안의 국제적 특성을 반영하여 국가항공보안계획 10.2.5는 교육프로그램 개발에 있어 국제적 협력의 중요성을 강조한다. 국토교통부장관은 필요한 경우 각 체약국 및 국제민간항공기구(ICAO)와 정보를 교환하도록 규정되어 있다.

이러한 국제적 정보 교환은 여러 이점을 제공한다. 최신 보안위협에 대한 정보를 공유하고, 선진 교육 기법과 프로그램을 벤치마킹할 수 있다. 국제 표준에 부합하는 교육 프로그램 개발을 통해 우리나라 항공보안 인력이 국제적 수준의 역량을 갖출 수 있도록 지원한다. 정보교환을 넘어 공동교육 프로그램 개발, 교관 교류, 합동 교육훈련 등으로 협력 범위가 확대되고 있다.

3) 공항운영자등의 자체 교육훈련 규정 수립

국가 지침을 토대로 각 기관은 자체적인 실행 계획을 수립한다. 국가항공보안계획 10.2.3에 따라 공항운영자 등은 국가민간항공보안 교육훈련지침을 바탕으로 자체 교육훈련 규정을 제정하고 시행해야 한다.

각 기관은 운영하는 공항의 규모, 취항 노선의 특성, 보유 인력과 장비, 지역적 특수성 등을 고려하여 맞춤형 교육훈련 규정을 수립한다. 국제선이 많은 대형 공항과 국내선 위주의 지방 공항은 서로 다른 교육 중점과 방법을 채택할 수 있다. 이러한 자율성은 국가 지침이 정한 최소 기준 이상을 충족한다는 조건으로 허용된다. 표준화와 자율성의 균형을 통해 효율적이면서도 효과적인 교육훈련이 가능해진다.

4) 교육훈련 세부사항의 지침 준수

포괄적인 준거 체계도 마련되어 있다. 국가항공보안계획 10.2.6은 그 밖의 항공보안 담당자 교육훈련에 관한 모든 사항이 국토교통부장관이 정한 국가민간항공보안 교육훈련 지침을 따르도록 규정한다. 명시되지 않은 사항이나 새롭게 발생하는 교육 수요에 대해서도 지침의 원칙과 기준을 적용하도록 하는 안전장치인 것이다.

이러한 체계적인 교육훈련 거버넌스는 국가 주도의 표준화와 각 기관의 자율성을 적절히 조화시킨 모델이다. 중앙정부가 큰 틀과 최소 기준을 제시하고, 각 기관이 이를 바탕으로 자신들의 특성에 맞는 세부 프로그램을 운영한다. 이를 통해 효율성과 효과성을 동시에 추구하며, 국가 전체의 항공보안 수준을 체계적으로 향상시키고 있다.

(2) 항공보안 전문인력의 체계적 분류

법적 기반과 교육훈련 체계가 확립된 토대 위에서, 구체적인 인력 분류가 필요하다. 국가민간항공보안 교육훈련지침 제2조는 우리나라 항공보안 체계를 구성하는 다양한 인력을 명확히 정의한다. 관리자부터 실무자 그리고 특수 전문가까지 항공보안에 관여하는 모든 인력을 체계적으로 분류하고 있다. 이러한 세분화된 분류는 각 인력의 전문성을 인정하고, 역할에 맞는 적절한 교육훈련을 제공할 수 있는 기반이 되며, 궁극적으로는 통합적이고 효과적인 항공보안 체계 구축을 가능하게 한다.

1) 관리·책임자급 인력

항공보안의 최상위 관리 계층에는 공항보안책임자(제5호)와 항공사보안책임자(제7호)가 위치한다. 이들은 각각 공항과 항공사의 보안 정책을 수립하고 전체적인 보안체계를 총괄하는 핵심 관리자다. 보안 전략의 수립, 예산 배분, 인력 관리, 대외 협력 등 조직 차원의 보안 운영을 책임진다.

상위 책임자들의 정책을 실무에 연결하는 중간 관리자도 체계적으로 배치되어 있다. 공항보안감독자(제6호)와 항공사보안감독자(제8호)는 보안 정책의 실행을 감독하고 현장 인력을 지휘한다. 일상적인 보안 운영을 관리하며, 현장에서 발생하는 문제를 즉각 해결하는 역할을 담당한다. 보안검색감독자와 항공경비감독자(제9호)는 각각 보안검색과 경비 업무를 직접 감독하는 현장 관리자로서, 실무 인력과 상위 관리자를 연결하는 중요한 역할을 수행한다.

2) 교육 전문인력

관리 체계와 함께 교육 전문인력의 역할도 명확히 구분된다. 항공보안교관(제10호)은 항공보안 교육의 질을 담보하는 전문 교육자다. 이들은 국가가 인정하는 교육기관에서 체계적인 교육 프로그램을 운영하며, 항공보안 인력의 전문성 향상에 직접적으로 기여한다.

이와 별도로 사내보안교관(제11호)은 각 기관 내부에서 자체 교육을 담당한다. 기관별 특성에 맞는 맞춤형 교육을 제공하여, 현장의 실무적 요구를 충족시킨다. 이러한 이원화된 교육 체계는 표준화된 국가 교육과 기관별 특화 교육이 상호 보완적으로 작동할 수 있도록 설계되었다. 항공보안교관이 기본적이고 보편적인 교육을 담당한다면, 사내보안교관은 각 기관의 특수한 상황과 요구에 맞는 실무 중심 교육을 제공하는 것이다.

3) 현장 실무인력

교육받은 인력이 실제로 보안 업무를 수행하는 현장에는 보안검색요원(제12호)과 항공경비요원(제13호)이 배치된다. 보안검색요원은 승객과 수하물, 화물 등에 대한 보안검색을 직접 수행한다. 항공경비요원은 공항 시설과 항공기에 대한 물리적 경비를 담당한다. 이들은 가장 많은 수를 차지하는 인력이면서도, 보안위협을 직접 차단하는 실질적인 보호체계를 구성하고 있다.

4) 특수 전문인력

항공보안의 고도화는 특수한 전문성을 요구하는 새로운 직무 영역을 창출했다. 폭발물 처리요원(제14호)은 폭발물 관련 위협 상황에서 직접 대응하는 고도로 훈련된 전문가다. 의심 물품의 처리, 폭발물 제거, 현장 안전 확보 등 극도로 위험한 임무를 수행한다.

폭발물 위협분석관(제15호)은 다른 측면에서 폭발물 위협에 대응한다. 이들은 각종 정보를 종합하여 잠재적 위협을 식별하고, 대응 전략 수립에 필요한 분석 자료를 제공한다. 사전 예방적 관점에서 위협을 평가하고 관리하는 분석 전문가로서의 역할을 담당한다.

기술적 측면에서는 항공보안장비 유지보수요원(제17호)이 핵심적 역할을 수행한다. X-ray 검색장비, 폭발물흔적탐지장비, 금속탐지장비 등 다양한 보안장비의 정상 작동을 보장한다. 첨단 장비의 안정적 운영을 통해 기술 기반 보안체계의 신뢰성을 유지하는 것이다.

5) 교육훈련 대상자의 범주와 국내외 기준 비교

이러한 세분화된 인력 분류를 바탕으로, 항공보안교육훈련대상자의 범위가 설정된다. 항공보안법 및 관련 법령에 따라 항공보안교육훈련을 받아야 하는 모든 인력이 포함되며, 이는 법적 의무사항으로 규정된다. 항공보안 업무에 직간접적으로 관여하는 모든 인력이 적절한 교육과 훈련을 받도록 보장하는 제도적 장치인 것이다.

국내 항공보안 교육훈련대상자 범주는 국가민간항공보안 교육훈련지침 제3조의 적용범위를 기반으로 설정된다. 이 범주는 매우 포괄적이어서, 기존에 항공보안 관련 교육 및 훈련 대상으로 분류된 모든 인력을 포함한다. 항공보안이 특정 인력만의 책임이 아니라, 공항과 항공기 운영에 관여하는 모든 구성원의 공동 책임이라는 인식이 반영된 접근법이다.

특히 주목할 점은 국내 교육대상자 범주가 ICAO 기준보다 확장되어 있다는 사실이다. ICAO Doc. 8973에서는 급유업체, 지상조업체, 기내식업체, 공항상주업체 등의 인력을 명시적인 분류에서 제외한다. 그러나 국내 규정은 이들 인력도 교육 대상에 포함시키고 있다.

이러한 확장은 실질적 보안 필요성에 기반한다. 급유 작업자가 항공기에 접근할 때, 기내식 업체 직원이 기내 물품을 반입할 때, 지상조업 인력이 화물을 처리할 때, 이 모든 과정이 잠재적인 보안 취약점이 될 수 있다. 공항 상주업체 직원들도 마찬가지다. 매일 공항에서 근무하며 보호구역에 자유롭게 접근할 수 있는 이들이 기본적인 보안 인식과 절차를 숙지하는 것은 필수적이다.

우리나라의 항공보안교육 훈련대상자 범주는 ICAO 기준을 수용하면서도, 국내 상황과 보안 필요성을 고려하여 더욱 확장된 형태로 운영된다. "모든 관련 인력이 보안의 주체"라는 원칙에 따라, 보안의 사각지대를 제거하고 항공보안의 완성도를 높이려는 적극적인 정책 의지가 구현된 것이다. 이러한 포괄적 접근은 전방위적 보안체계 구축을 가능하게 하며, 국가 항공보안 수준을 한 단계 향상시키는 토대가 되고 있다.

(3) 보안교육 실시와 역량평가 및 보안문화 조성

항공보안 전문인력의 체계적 분류가 완성되면, 이들에 대한 실제적인 교육 실시와 평가가 이루어져야 한다. 국가항공보안계획은 공항운영자 등이 수행해야 할 보안교육의 실시 의무와 평가 체계 그리고 보안문화 확산이라는 세 가지 핵심 축을 명확히 제시한다. 이는 단순한 지식 전달을 넘어 역량 평가와 문화 조성까지 아우르는 통합적인 교육 체계를 구축하려는 전략적 접근이다.

1) 정기적 보안교육과 효과성 검증 위한 평가

국가항공보안계획 10.2.4는 공항운영자 등이 모든 보안업무 담당자에 대해 정기적으로 보안교육을 실시해야 한다고 규정한다. '모든 보안업무 담당자'라는 표현은 예외 없는 교육의 원칙을 천명한 것이며, '정기적'이라는 요구는 일회성 교육이 아닌 지속적인 역량 개발의 필요성을 강조한다.

정기교육의 필요성은 항공보안 환경의 지속적인 변화에서 비롯된다. 새로운 위협의 출현, 기술의 발전, 규정의 개정 등이 끊임없이 일어나는 상황에서 보안 인력이 최신 지식과 기술을 유지하는 것은 필수적이다. 정기교육은 이러한 변화에 대한 적응력을 기르고, 기존 지식을 재확인하며, 실무 경험을 체계화하는 중요한 기회가 된다.

교육의 효과성을 담보하기 위해 10.2.4.1은 교육훈련 후 반드시 평가를 시행하도록 규정한다. 공항운영자 등은 10.2.3과 10.2.4에 따른 교육훈련을 실시한 경우, 국가민간항공보안 교육훈련지침에 따라 해당 교육훈련이 요구하는 업무역량을 갖추었는지 평가해야 한다. 이러한 평가는 교육 목표 달성 여부를 객관적으로 확인하는 과정이다.

특히 실무 능력이 핵심인 보안검색요원이나 항공경비요원의 경우, 실제 상황과 유사한 환경에서의 실기 평가가 중요한 비중을 차지한다. 시뮬레이션 훈련, 모의 상황 대응, 장비 조작 능력 평가 등을 통해 교육 내용이 실무 현장에서 제대로 적용될 수 있는지 확인한다. 평가 결과는 개인별 역량 관리와 추가 교육 필요성 판단의 근거로 활용된다.

2) 보안문화 확산을 위한 체계적 노력

국가항공보안계획 10.2.4.2는 교육의 범위를 조직 문화 차원으로 확장한다. 공항운영자 등은 조직 내부와 일반인을 대상으로 한 보안문화 확산 정책을 수립해야 하며, 모든 직원을 대상으로 정기적인 보안문화 교육이나 캠페인을 실시해야 한다.

보안문화는 규정과 절차를 넘어서는 더 깊은 차원의 변화를 의미한다. 보안을 특정 부서나 인력의 업무가 아닌 모든 구성원의 일상적 책임으로 인식하는 조직 문화를 만드는 것이다. "보안은 모두의 책임"이라는 인식이 조직 전체에 내재화될 때, 진정한 보안체계가 완성된다.

이러한 문화 조성을 위해서는 전통적인 강의식 교육과는 다른 접근이 필요하다. 워크숍, 세미나, 캠페인, 포스터, 디지털 콘텐츠 등 다양한 매체와 방법을 활용하여 자연스럽게 보안 의식을 함양한다. 보안 우수사례 공유, 보안 아이디어 공모전, 보안의 날 행사 등을 통해 구성원들의 자발적인 참여를 유도하는 방식이 효과적이다.

일반인 대상 보안문화 확산은 항공 이용객들의 협조를 이끌어내는 또 다른 중요한 활동이다. 승객들이 보안절차의 필요성을 이해하고 적극적으로 협조할 때, 보안검색의 효율성이 높아지고 전체적인 보안수준이 향상된다. 공항에서는 안내 방송, 홍보물, 디지털 사이니지 등을 활용한 지속적인 교육과 홍보를 실시한다. 이를 통해 보안절차가 불편함이 아닌 안전을 위한 필수 과정임을 인식시킨다.

정기교육, 역량평가, 보안문화 확산이라는 세 가지 축은 상호 보완적으로 작동하면서 항공보안의 인적 요소를 강화한다. 정기교육이 지식과 기술을 전달한다면, 역량평가는 그 효과를 검증하고, 보안문화 확산은 이를 조직 전체의 가치로 승화시킨다. 이는 기술과 시스템만으로는 달성할 수 없는 인간 중심의 보안체계 구축을 위한 핵심 전략이다. 각 요소가 유기적으로 연계되어 작동할 때, 항공보안은 단순한 절차 이행을 넘어 모든 구성원이 공유하는 핵심 가치로 자리잡게 된다.

3. 항공보안감독관

> **▮ 항공보안법**
>
> **제33조(항공보안 감독)** ① 국토교통부장관은 소속 공무원을 항공보안 감독관으로 지정하여 항공보안에 관한 점검업무를 수행하게 하여야 한다.
>
> **▮ 항공보안법 시행규칙**
>
> **제19조(감독관 운영 등)** ① 감독관은 국토교통부장관 또는 지방항공청장의 명에 따라 공항운영자등의 항공보안에 관한 업무를 점검하여야 한다.

(1) 항공보안감독관 제도와 운영 체계

보안교육과 평가 그리고 문화 조성이 항공보안의 기초를 다진다면, 이를 지속적으로 관리하고 검증하는 감독 시스템이 필요하다. 항공보안의 실효성을 담보하는 핵심 기제는 바로 체계적인 감독체계다. 우리나라는 항공보안법 제33조를 통해 항공보안 감독체계의 법적 근거를 명확히 한다. 이 조항은 "국토교통부장관은 소속 공무원을 항공보안감독관으로 지정하여 항공보안에 관한 점검업무를 수행하게 하여야 한다"고 규정함으로써, 국가 차원의 감독 권한과 책임을 분명히 하고 있다.

항공보안감독관 제도는 단순한 행정적 통제 장치가 아닌 전문가 집단의 체계적 활동이다. 이들은 국가의 항공보안 수준관리 체계에서 핵심적인 역할을 수행하며, 각 공항과 항공사의 보안 활동이 국가 기준과 ICAO 기준에 부합하는지를 지속적으로 모니터링한다.

보안점검, 보안평가, 불시평가 등 다양한 형태의 감독 활동을 통해 보안체계의 취약점을 사전에 파악하고 개선방안을 제시하는 것이다.

이러한 법적 체계는 ICAO의 국제 기준과도 일치한다. Annex 17과 Doc. 8973은 각 체약국이 국가민간항공보안 수준관리 프로그램을 수립하고, 이를 통해 항공보안 수준을 지속적으로 관리할 것을 요구한다. 우리나라의 항공보안 감독관 제도는 바로 이러한 국제적 요구사항을 충실히 이행하기 위해 마련되었다. 특히 이들 감독관은 단순한 규제자가 아닌 조력자의 역할도 수행한다. 현장에서 발견된 문제점에 대해 즉각적인 시정 조치를 요구하는 동시에, 보안 담당자들이 직면한 어려움을 파악하고 실질적인 해결 방안을 함께 모색한다.

1) 항공보안 수준관리를 위한 감독체계

항공보안의 수준관리는 체계적인 감독시스템을 통해 실현된다. 우리나라는 항공보안법을 비롯하여 국가항공보안 수준관리지침, 항공보안감독관 업무규정 그리고 국가항공보안계획 등 복합적인 법적 체계를 구축한다. 이들 규정은 서로 유기적으로 연계되어 항공보안 수준을 체계적으로 관리하기 위한 통합적 감독 프레임워크를 형성하고 있다.

이 감독체계의 핵심은 명확한 권한 구조와 책임 소재다. 국토교통부장관과 지방항공청장으로부터 법적 권한을 위임받아 항공보안감독관이 전문적인 점검활동을 수행하는 구조를 갖춘다. 각 단계별로 명확한 역할과 책임이 부여된 효율적인 관리시스템인 것이다.

항공보안감독관이 수행하는 점검활동은 매우 다양하고 포괄적이다. 정기 보안점검을 통해 기본적인 보안수준을 점검하고, 특별점검으로 특정 분야의 집중적인 관리를 실시한다. 예고 없이 실시되는 불시평가는 일상적인 보안 운영의 실태를 정확히 파악할 수 있게 한다. 이러한 다각적인 감독 활동은 보안체계의 사각지대를 최소화하는 효과를 창출하고 있다.

이 제도가 추구하는 궁극적 목표는 전국 어느 공항에서든, 어느 항공사를 이용하든 동일한 수준의 보안 서비스를 제공받을 수 있도록 하는 것이다. 규제 준수를 넘어 국민의 안전한 항공 여행을 보장하는 국가적 책무를 이행하는 핵심 체계다. 실제로 이러한 체계적 감독을 통해 우리나라는 ICAO 보안평가(USAP)에서 지속적으로 높은 평가를 받고 있다.

가. 항공보안 감독활동의 유형과 특성

국가항공보안계획 12.1.3은 우리나라 항공보안 감독체계의 핵심 구조를 명확히 제시한다. 국토교통부장관 또는 지방항공청장은 항공보안감독관으로 하여금 국가항공보안 수준관리지침에 따라 공항운영자 등에 대한 체계적인 점검활동을 수행하도록 규정한다. 이는 법적 구속력을 갖는 의무사항이다.

항공보안 감독활동은 보안점검(Security Inspection), 보안평가(Security Audit), 불시평가

(Test) 등으로 구분된다. 이러한 수준관리 감독활동은 각각 고유한 목적과 방법론을 갖추고 있으며, 상호 보완적으로 작동하여 종합적인 감독 효과를 창출한다.

보안점검은 가장 기본적이면서도 필수적인 감독 도구다. 정기적으로 실시되는 이 점검은 체크리스트 기반의 체계적인 확인절차를 통해 각 보안 주체가 최소한의 기준을 충족하는지 검증한다. 주기적으로 보안 상태를 진단하고, 문제의 조기 발견과 시정을 가능하게 하는 예방적 기능을 수행한다.

보안평가는 한 단계 더 깊이 있는 분석을 제공한다. 단순한 준수 여부 확인을 넘어 보안체계의 실질적 효과성을 종합적으로 분석하는 것이다. 프로세스의 적절성, 인력의 전문성, 장비의 성능 그리고 이들 간의 유기적 연계성까지 평가 대상에 포함된다. 보안시스템 전체의 건전성을 진단하는 종합검진과 같은 역할을 한다.

불시평가는 이 감독체계의 날카로운 검증 도구다. 사전 예고 없이 실시되는 이 평가는 '준비된 모습'이 아닌 '일상의 실제 모습'을 확인할 수 있게 한다. 보안 담당자들의 경각심을 유지시키는 동시에, 형식적 준수가 아닌 실질적 보안 역량을 검증하는 핵심 도구로 작동하고 있다.

나. 주기적 점검과 유연한 대응체계

국가항공보안계획 12.1.4는 항공보안감독관의 점검활동 수행 방식을 규정한다. 항공보안감독관은 국가항공보안 수준관리지침에 따라 주기적으로 보안점검, 보안평가, 불시평가 등의 점검활동을 실시해야 한다. 주기적 점검은 보안수준의 일관성을 유지하고, 시간 경과에 따른 보안체계의 변화를 추적할 수 있게 한다.

항공보안의 특성상 유연한 대응도 필수적이다. 관계기관으로부터 위협정보를 접수하거나 자체 위험평가 결과에 따라 점검의 우선순위를 변경하거나 추가 점검을 실시할 수 있다. 국제적 테러 위협이 증가하거나 특정 공항에 대한 위협정보가 입수되면, 해당 공항에 대한 특별점검을 즉시 실시한다. 이러한 유연성은 변화하는 보안 환경에 신속하게 대응할 수 있는 적응력을 제공하고 있다.

다. 표준화된 점검 기준과 절차

점검활동의 일관성 확보를 위한 표준화도 중요한 요소다. 국가항공보안계획 12.1.5는 점검활동의 세부사항이 국가항공보안 수준관리지침에 의해 결정된다고 명시한다. 점검활동의 대상, 주기, 항목 등이 이 지침에 따라 표준화되어 있어, 전국 어느 공항에서나 일관된 기준으로 점검이 이루어진다.

표준화된 기준은 피감 기관들에게 예측 가능성을 제공한다. 공항운영자 등은 어떤 항목이 점검되고, 어떤 기준으로 평가받는지를 사전에 알 수 있어 체계적인 준비와 개선이 가능하다. 이는 단순한 통제가 아닌 자발적인 보안수준 향상을 유도하는 긍정적 효과를 창출한다.

라. 체계적인 점검 도구의 활용

점검의 실효성을 높이기 위한 도구도 마련되어 있다. 국가항공보안계획 12.1.6에 따르면, 항공보안감독관은 점검활동 시 국토교통부장관이 별도로 정한 항공보안감독관 핸드북에 따른 점검표를 사용해야 한다. 이 핸드북과 점검표는 감독관들의 업무수행을 표준화하고, 점검의 일관성과 완전성을 보장하는 실무 도구다.

점검표의 사용은 여러 이점을 제공한다. 모든 필수 점검 항목이 빠짐없이 확인되도록 보장하고, 점검 결과의 객관성과 일관성을 확보한다. 점검 과정과 결과를 체계적으로 문서화하여 추후 분석과 개선에 활용할 수 있도록 한다. 새로운 감독관도 표준화된 절차에 따라 업무를 수행할 수 있어 전문성의 연속성이 보장된다.

이러한 국내 규정 체계는 항공보안 수준관리를 위한 체계적이고 전문적인 감독 시스템을 구축하고 있다. 명확한 권한 체계, 주기적이면서도 유연한 점검 활동, 표준화된 기준과 도구의 활용을 통해 국가 항공보안의 일관되고 높은 수준을 유지한다. 이는 단순한 규제와 통제를 넘어, 지속적인 개선과 발전을 추구하는 선진적인 항공보안 관리 체계라 할 수 있다.

2) 항공보안감독관 양성을 위한 ICAO 교육·훈련 기준

항공보안 감독관 제도의 효과적 운영을 위해서는 감독관의 전문성 확보가 필수적이다. ICAO는 항공보안감독관의 전문성 확보를 위한 체계적인 교육·훈련 요건을 제시한다. 이는 국제적으로 통일된 항공보안 수준을 유지하고, 각국의 감독 활동이 일관된 기준에 따라 수행될 수 있도록 하는 국제 표준이다.

가. 교육 이수 및 인증 요건

ICAO 기준은 항공보안감독 활동을 수행하는 모든 인원에 대해 엄격한 교육 요건을 제시한다. 감독관은 관련 교육기관 또는 인가된 제3자가 실시하는 교육과정을 반드시 이수해야 한다. 더 나아가 감독활동을 수행할 권한이 부여되기 전에 필요한 지식과 역량을 갖추었음을 공식적으로 증명하는 인증을 획득해야 한다.

이러한 엄격한 요건은 항공보안감독관이 갖는 책임의 무게를 반영한 것이다. 감독관의 판단과 평가가 국가 항공보안 체계의 방향을 결정하고, 항공 안전에 직접적인 영향을 미치기 때문이다. 충분한 교육과 검증된 역량 없이는 이러한 중요한 임무를 수행할 수 없도록 제도적 장치를 마련함으로써, 감독 활동의 신뢰성과 전문성을 보장한다.

나. 교육과정의 핵심 목표

ICAO가 제시하는 항공보안감독관 교육과정은 네 가지 명확한 목표를 추구한다. 첫째, 국가민간항공보안프로그램(NCASP)의 이행을 평가하는 방법에 대한 공통적인 이해를 촉진한다. 모든 감독관이 동일한 기준과 관점으로 보안 프로그램을 평가할 수 있도록 하는 기반을 구축하는 것이다.

둘째, 국가수준관리프로그램(NQCP, National Quality Control Programme)의 목표를 달성하기 위해 업무 운영절차를 표준화한다. 표준화된 절차는 감독 활동의 일관성과 신뢰성을 보장하며, 평가 결과의 객관성을 확보하는 핵심 요소로 작용한다.

셋째, 교육생에게 직무 수행에 필요한 정보와 관련 문서를 체계적으로 제공한다. 단순한 이론 교육을 넘어 실무에 직접 활용할 수 있는 실용적 지식과 도구를 제공하는 데 중점을 둔다. 넷째, 교육생이 수준관리 기술을 효과적으로 터득할 수 있도록 지원한다. 이를 통해 독립적이고 전문적인 감독관으로 성장할 수 있는 토대를 마련하고 있다.

다. 표준화된 교육 프로그램의 활용

각국 정부는 ICAO가 개발한 항공보안교육패키지(ASTPs, Aviation Security Training Packages)를 활용하여 항공보안감독관과 평가관을 양성한다. ASTPs는 ICAO가 축적한 국제적 경험과 우수사례를 집약한 표준 교육 자료다. 전 세계적으로 일관된 수준의 감독관 교육을 가능하게 하는 핵심 도구로 활용되고 있다.

이 표준 교육 패키지의 활용은 여러 실질적 이점을 제공한다. 국제적으로 인정받는 교육 내용을 제공함으로써 각국 감독관의 상호인정이 가능해진다. 국제 협력 시 원활한 소통과 협업이 가능하며, 개별 국가가 처음부터 교육 프로그램을 개발하는 부담을 덜어준다. 동시에 높은 수준의 교육 품질을 보장하여 전 세계 항공보안 수준의 균일성을 확보한다.

라. 체계적인 직무교육 시스템

이론 교육과 함께 실무 중심의 직무교육(OJT)도 필수적인 구성 요소다. 교육은 관련 교육기관에 의해 교관 자격을 부여받은 숙련된 평가관이나 감독관이 직접 수행한다. 이들 교관은 풍부한 현장 경험과 교육 역량을 겸비한 전문가로서, 교육생들에게 실제 감독 활동의 노하우를 전수한다.

교육생이 수행하는 모든 감독활동은 교관 자격을 갖춘 항공보안감독관에 의해 지속적으로 검토된다. 이는 교육 기간 중 발생할 수 있는 실수를 즉시 교정하고, 올바른 감독 기법을 체득할 수 있도록 하는 체계적인 멘토링 시스템이다. 실제 감독 현장에서의 경험을 통해 이론과 실무를 연결하고, 독립적인 감독관으로서의 역량을 단계적으로 개발한다.

마. 엄격한 평가와 인증체계

교육과정 종료 시에는 교육생의 역량을 검증하기 위한 평가가 실시된다. 평가는 서면시험과 구술시험으로 구성되며, 항공보안 지식, 수준관리 방법론과 기법, 보고서 작성 능력, 회의나 인터뷰 수행 능력 등을 종합적으로 평가한다.

이러한 다면적 평가는 감독관이 갖추어야 할 다양한 역량을 확인하는 과정이다. 서면시험은 이론적 지식과 분석 능력을 평가한다. 구술시험은 의사소통 능력과 현장 대응 능력을 확인한다. 보고서 작성 연습은 감독 결과를 명확하고 객관적으로 문서화하는 능력을 검증한다. 인터뷰 수행 평가는 피감 기관과의 효과적인 상호작용 능력을 측정하는 도구로 활용된다.

각국 정부는 국가민간항공 수준관리지침에 시험 유형, 합격 기준, 필요시 인증 평가관의 구성 등을 명확히 규정할 책임이 있다. 이는 평가의 공정성과 객관성을 보장하면서도, 각국의 특수한 상황을 반영할 수 있는 유연성을 제공한다. 표준화와 자율성의 조화를 통해 국제적 수준의 감독관을 양성하면서도 각국의 실정에 맞는 교육이 가능하도록 하는 체계적 접근이다.

(2) 항공보안감독관의 법적 지위와 전문 업무 체계

ICAO가 제시한 국제 기준을 바탕으로, 우리나라는 독자적인 항공보안감독관 제도를 구축하여 운영한다. 항공보안감독관은 항공보안법 제33조제1항에 따라 항공보안에 관한 점검 업무를 수행하도록 국토교통부장관이 지정한 소속 공무원이다. 이들은 국가 항공보안 체계의 효과성을 검증하고 개선점을 도출하는 핵심적인 역할을 담당하는 전문 인력으로 활동한다.

1) 법적 근거와 제도의 목적

항공보안감독관 제도의 법적 토대는 항공보안법 제4조에서 시작된다. 이 조항은 국토교통부장관의 항공보안 관리 권한과 책임을 명확히 규정한다. 국토교통부장관은 공항운영자, 항공운송사업자, 항공기취급업체, 항공기정비업체, 공항상주업체 등이 제출한 자체보안계획을 승인하고, 그 이행실태를 점검해야 한다. 이러한 점검 업무를 효과적으로 수행하기 위해 항공보안법 제33조 및 항공보안법 시행규칙 제19조에 근거하여 항공보안

감독관 제도를 운영하고 있다.

이 제도의 도입 목적은 단순한 규정 준수 여부 확인을 넘어선다. 체계적인 점검활동을 통해 항공보안의 취약점을 사전에 발굴하고, 실효성 있는 개선방안을 마련함으로써 국가 항공보안 수준을 지속적으로 향상시키는 것이 핵심 목표다. 사후 처벌보다는 사전 예방과 개선에 중점을 둔 선진적인 보안관리 철학이 제도 전반에 반영되어 있다.

2) 전문성 요건과 ICAO 기준

항공보안감독관의 전문성 요건은 국제 기준과 국내 실정을 조화시킨 결과물이다. ICAO Doc. 8973은 항공보안감독관이 갖추어야 할 지식, 기술, 소양의 범위를 명확히 제시한다. 일정 수준의 교육 배경과 실무 경험을 갖춘 전문성 있는 인력이어야 한다는 것이 ICAO의 기본 요구사항이다. 감독관의 판단과 평가가 국가 항공보안 체계에 미치는 영향을 고려한 필수 요건인 것이다.

우리나라는 이러한 국제 기준을 충실히 반영하여 체계적인 관리시스템을 구축했다. 항공보안감독관의 구체적인 업무범위는 항공보안감독관 업무규정에서 상세히 규정한다. 교육훈련에 관한 사항은 항공안전공무원 교육훈련 규정에 별도로 수록되어 있다. 업무와 교육을 별도의 규정으로 체계화함으로써 각 영역의 전문성과 일관성을 확보하는 구조를 갖추었다.

3) 항공보안감독관의 핵심 업무

항공보안감독관 업무규정 제5조는 감독관의 업무를 구체적으로 명시한다. 첫째, 공항운영자 등에 대한 현장조사, 보안평가, 보안점검 및 불시평가 등 다양한 점검활동을 수행한다. 이러한 복합적 점검 체계는 각각 다른 관점과 깊이로 보안체계를 검증함으로써 종합적인 평가를 가능하게 한다.

둘째, 국제민간항공기구 등 대외 점검기관이 우리나라 공항운영자 등을 점검할 때 입회하여 점검업무를 지원하고 협력한다. 국제 점검에 대한 효과적인 대응을 돕는 동시에, 국제적 우수사례를 학습할 수 있는 기회로 활용된다. 국제 기준과 국내 실정을 조화시키는 가교 역할을 수행하는 것이다.

셋째, 항공기 납치나 폭발사건 등 불법행위가 발생했을 때 보안사건 조사에 참여하고 협력한다. 사건의 원인을 규명하고 재발 방지 대책을 수립하는 데 전문적 시각을 제공하는 중요한 역할이다. 감독관의 경험과 전문성은 효과적인 사건 대응과 교훈 도출에 필수적인 요소가 된다.

넷째, 그 밖에 국토교통부장관이 정하는 업무를 수행한다. 이러한 포괄적 규정은 급변하는 보안 환경에서 새롭게 발생하는 업무 수요에 유연하게 대응하도록 설계되었다. 예측하지 못한 보안 상황이나 새로운 위협에 대해서도 신속한 대응이 가능하도록 제도적 유연성을 확보한 것이다.

4) 체계적인 감독활동 수행

실제 감독활동의 수행은 명확한 지침과 도구를 기반으로 이루어진다. 항공보안감독관은 국가항공보안 수준관리지침에서 정하는 바에 따라 감독활동을 수행한다. 특히 동 지침에 별표로 첨부된 점검표를 활용하여 세부업무를 수행함으로써 점검의 표준화와 객관성을 확보하고 있다.

이 점검표는 단순한 체크리스트가 아니라 축적된 경험과 국제 기준을 반영한 체계적인 평가 도구다. 모든 감독관이 동일한 기준과 절차에 따라 점검을 수행할 수 있도록 함으로써, 평가의 일관성과 공정성을 보장한다. 점검 결과는 체계적으로 기록되고 분석되어 보안수준의 추이를 파악하는 데 활용된다. 이러한 데이터는 중장기적인 개선 전략 수립의 근거가 되며, 정책 결정의 기초 자료로 활용되고 있다.

항공보안감독관 제도는 이처럼 명확한 법적 근거, 국제 기준에 부합하는 전문성 요건, 체계적인 업무수행 절차를 통해 국가 항공보안 수준을 효과적으로 관리한다. 단순한 감시와 통제를 넘어 지속적인 개선과 발전을 추구하는 선진적 보안관리 체계의 핵심 축으로 자리잡았다.

(3) 항공보안감독관 자격 관리 체계

▌ 항공보안감독관 업무규정

제3조의2(감독관 시험 등) ① 국토교통부장관은 제3조제1항 따른 교육훈련을 이수한 감독관 후보자에 대해 시험을 실시하여야 한다.

② 제1항에 따른 시험은 항공보안관련 이론지식과 감독관으로서의 실무능력이 평가 될 수 있도록 하여야 한다.

③ 국토교통부장관은 감독관으로 지정된 사람의 업무기량 유지 및 전문성 향상을 위해 정기적으로 시험을 실시 할 수 있다.

④ 제3항에 따른 시험은 다음 각 호의 사항에 대한 숙지여부가 평가될 수 있도록 실시하여야 한다.

1. 항공보안관련 규정 제·개정에 관한 사항
2. 최근 항공보안분야 국제동향
3. 항공보안 상황 유형별 대응 능력
4. 기타 항공보안 감독업무 수행을 위해 필요하거나 이와 관련된 지식 등

법적 지위와 전문 업무 체계가 확립된 항공보안감독관 제도는 엄격한 자격 관리를 통해 전문성을 유지한다. 국내에서 활동하는 항공보안감독관은 항공보안법 제33조제1항에 따라 전원이 국토교통부 소속 공무원으로 구성된다. 이들은 국토교통부 항공정책실 항공보안정책과와 3개 지방항공청(서울, 부산, 제주)에 배치되어 전국의 항공보안 수준을 체계적으로 관리한다. 공무원 신분의 감독관 운영은 공정성과 전문성 그리고 법적 권한의 정당성을 확보하려는 의도에서 비롯되었다.

1) 항공보안감독관 지정 자격과 절차

> **항공보안감독관 업무규정**
> **제3조(항공보안감독관의 지정)** ① 국토교통부장관은 다음 각 호의 어느 하나에 해당하는 소속 공무원을 항공보안감독관으로 지정할 수 있다.
> 1. 항공보안 업무 실무 경력이 3년 이상이고, 항공안전공무원 교육훈련규정에 따른 직무교육훈련을 이수하고 제3조의2 제1항 및 제2항에서 정한 시험에 합격한 경우
> 2. 국토교통부장관으로부터 인가를 받은 항공훈련기관 또는 국제민간항공기구(ICAO)·미 교통보안청(TSA)·국제항공운송협회(IATA) 등의 항공보안교육기관에서 항공보안기초, 항공보안감독자, 항공보안감독관초기 과정 및 항공안전공무원 교육훈련규정에 따른 직무교육훈련을 이수하고 제3조의2 제1항 및 제2항에서 정한 시험에 합격한 경우
>
> ② 제1항에 따른 감독관으로 지정받으려는 소속 공무원은 별지 제5호서식의 항공보안감독관 서약서를 작성하여 국토교통부장관에게 제출하여야 한다.

항공보안감독관이 되기 위한 자격요건은 매우 엄격하게 규정되어 있다. 항공보안감독관 업무규정 제3조에 따르면, 우선 항공보안업무 실무 경력이 3년 이상이어야 한다. 이는 이론적 지식뿐만 아니라 현장 경험을 통해 축적된 실무 감각이 감독 업무에 필수적임을 인정한 기준이라 볼 수 있다.

경력 요건 충족 후에는 체계적인 교육과정이 이어진다. 항공안전공무원 교육훈련 규정에 따른 직무교육훈련을 완료하고, 제3조의2제1항 및 제2항에서 정한 시험에 합격해야만 항공보안감독관으로 지정될 수 있다. 구체적으로는 항공보안기초, 항공보안감독자, 항공보안감독관 초기과정을 이수하고 규정에서 정한 평가를 통과하여야 한다. 이러한 교육과 평가 과정은 감독관이 갖추어야 할 전문 지식과 역량을 검증하는 필수적 절차로 작용하는 것이다.

교육 경로의 다양성 또한 특징적이다. 국토교통부장관으로부터 인가받은 국내 항공훈련기관뿐만 아니라, 국제민간항공기구(ICAO), 미국 교통보안청(TSA), 국제항공운송협회

(IATA) 등 국제적으로 공인된 항공보안교육기관에서의 교육도 인정된다. 이처럼 국내외 교육기관을 모두 인정하는 것은 국제적 수준의 전문성 확보를 위한 전략적 접근이라 할 수 있다. ICAO나 TSA 등 선진 항공보안기관의 교육과정을 인정함으로써, 최신 국제 동향과 선진 보안기법을 습득한 감독관을 양성할 수 있는 기회를 제공하며, 이것은 우리나라 항공보안 수준을 국제 기준에 부합하도록 향상시키는 데 기여하는 것으로 평가된다.

그러나 현행 자격요건 체계에는 일부 검토가 필요한 부분이 존재한다. 항공보안감독관의 역할이 법적 판단과 행정집행을 포함하는 점을 고려할 때, 법률적 소양에 대한 교육과정이 충분히 마련되어 있는지에 대한 검토가 요구된다. 또한, 국제 교육기관의 교육과정을 인정하는 경우, 해당 교육내용이 국내 법체계 및 보안환경과 정합성을 갖추고 있는지를 확인할 수 있는 평가체계가 필요할 것이다.

2) 지정취소 사유와 윤리적 기준

항공보안감독관의 지정은 영구적인 것이 아니다. 항공보안감독관 업무규정 제4조는 엄격한 윤리적 기준과 전문성 유지 요건을 충족하지 못할 경우 국토교통부장관이 감독관 지정을 취소할 수 있도록 규정하고 있다. 취소 사유는 크게 윤리적 측면과 전문성 측면으로 구분되며, 각각의 위반행위는 항공보안 감독체계의 신뢰성과 실효성에 직접적인 영향을 미치는 중대한 사안으로 다루어진다.

윤리적 측면에서는 감독 활동 과정에서 금품을 수수하는 등 감독관의 품위를 손상시킨 경우가 지정 취소 사유에 해당한다. 이는 감독관의 공정성과 청렴성이 항공보안 체계의 신뢰성을 좌우하는 핵심 요소임을 반영하는 것이며, 감독관의 독립성과 객관성 확보가 보안감독의 본질적 요건이라는 인식을 보여준다. 점검활동 결과를 허위로 보고하거나 권한을 남용한 경우 또한 즉각적인 지정 취소 사유가 된다. 객관적이고 정확한 점검 결과는 항공보안 개선의 기초가 되므로, 이를 왜곡하는 행위는 보안감독 제도의 근간을 훼손하는 것으로 엄격히 금지되는 것이다.

전문성 유지 측면에서도 명확한 기준이 적용된다. 최근 5년 동안 정기교육을 받지 않은 경우에는 감독관 자격이 당연 취소된다. 이것은 급변하는 항공보안 환경에서 지속적인 학습과 역량 개발이 필수적임을 제도적으로 명시한 것이라 볼 수 있다. 퇴직자의 경우에도 자격이 자동으로 취소되어, 현직 공무원만이 감독관 업무를 수행할 수 있도록 규정함으로써, 감독관의 법적 지위와 권한 행사의 정당성을 확보하고 있다.

그러나, 현행 지정 취소 제도에는 일부 보완이 필요한 부분이 존재한다. 취소 사유가 윤리적 위반과 전문성 미흡으로 구분되어 있으나, 각 위반행위의 경중에 따른 차등적 제재 체계가 마련되어 있지 않다. 또한, 지정 취소 전 소명 기회의 부여, 불복 절차 등 절차적 권리 보장에 관한 규정이 명확하지 않으므로, 행정절차의 적법성과 감독관의 권리 보호를 위한 구체적 기준이 마련될 필요가 있다.

3) 재지정 절차와 기회 부여

윤리적 문제로 감독관 지정이 취소된 경우에도 재지정의 가능성은 열려 있다. 항공보안감독관 업무규정 제4조제2항에 따르면, 금품수수, 허위보고, 권한남용으로 인해 감독관 지정이 취소된 사람이 항공보안감독관으로 재지정받고자 할 때는 같은 규정 제3조 및 제3조의2제1항 및 제2항의 과정을 처음부터 다시 거쳐야 한다. 이것은 신규 지정과 동일한 절차를 요구하는 것으로, 재지정 신청자에 대하여 초기 자격 취득 과정과 동등한 수준의 검증을 실시함을 의미한다.

이러한 엄격한 재지정 절차는 과거의 위반행위에 대한 책임을 명확히 하면서도, 충분한 반성과 재교육을 통하여 전문 인력의 경험과 지식을 활용할 수 있는 가능성을 제공하는 것이라 볼 수 있다. 즉, 윤리적 기준을 타협하지 않으면서도 인력 활용의 실효성을 고려한 제도적 설계라 할 수 있다. 그러나 재지정 절차가 신규 지정과 동일하게 운영되는 것이 적절한지에 대해서는 검토가 필요하다. 윤리적 위반으로 인한 취소의 경우, 전문성보다는 윤리성 회복이 핵심 과제임에도 불구하고 현행 규정은 윤리 교육을 강화하는 별도의 절차를 두고 있지 않기 때문이다.

항공보안감독관의 지정과 취소, 재지정 체계는 전문성과 윤리성을 동시에 요구하는 엄격한 기준을 적용하고 있다. 이것은 항공보안감독관이 국가 항공보안 체계의 핵심 관리자로서 높은 수준의 자질과 품격을 유지하여야 함을 명확히 하는 것이며, 체계적인 자격관리를 통하여 감독관 개인의 전문성을 확보하는 동시에 항공보안 감독 제도 전체의 신뢰성과 실효성을 담보하고자 하는 것이다.

그러나, 현행 자격 관리 체계에는 몇 가지 개선이 요구되는 부분이 있다. 첫째, 취소 사유별로 차등화된 재지정 절차가 마련되지 않아 위반행위의 경중이 재지정 과정에 반영되지 못하고 있다. 둘째, 재지정 과정에서 윤리성 회복을 검증할 수 있는 별도의 평가 기준이나 교육과정이 부재하다. 셋째, 재지정 신청의 시기적 제한이나 재취소 시 영구 배제 등 재범 방지를 위한 제도적 보완책이 명시되어 있지 않다. 따라서 재지정 제도의 실효성을 높이기 위해서는 위반행위 유형별 차등적 재지정 절차의 마련, 윤리성 회복을 검증할 수 있는 평가체계의 구축, 재범 방지를 위한 제재 강화 방안 등이 종합적으로 검토될 필요가 있다.

(4) 감독관 전문성 유지를 위한 정기교육 체계

▮ 항공보안감독관 업무규정

제14조(감독관의 교육훈련 등) ① 국토교통부장관 및 지방항공청장은 감독관의 자질 향상을 위하여 감독관 최초 지정 또는 정기교육 등을 이수한 날로부터 연 1회 이상 다음 각 호의 어느 하나에 해당하는 교육 등이 이수될 수 있도록 하여야 한다.

1. 항공안전공무원 교육훈련 규정에 따른 20시간 이상의 항공보안감독관 정기교육 과정
2. 국토교통부장관으로부터 인가를 받은 항공훈련기관, 국제민간항공기구 또는 국제민간항공기구에서 인정한 교육기관에서 실시하는 항공보안 교육 과정
3. 항공보안세미나, 항공보안워크숍 또는 항공보안 관련 국제회의 등에 2일 이상 참석

② 제1항에 따른 정기교육을 부득이한 사유로 이수하지 못한 사람이 1년이 경과한 날부터 30일 이내에 정기교육을 이수한 경우에는 1년 이내에 정기교육을 이수한 것으로 본다.

③ 제1항 및 제2항에 따른 정기교육을 받지 않은 감독관은 다음 정기교육을 이수할 때까지 감독관 자격이 정지되며, 점검활동을 수행할 수 없다. 다만, 감독관으로 지정된 사람이 항공보안 업무를 담당하지 않게된 경우에는 제1항 및 제2항에 따른 정기교육을 이수하지 않아도 5년간 그 자격이 유지 된다.

엄격한 자격 관리 체계를 통해 선발된 항공보안감독관의 전문성은 지속적인 교육을 통해 유지되고 발전한다. 항공보안감독관 업무규정 제14조는 감독관이 지속적으로 역량을 유지하고 발전시킬 수 있도록 체계적인 정기교육 의무를 규정한다. 이는 급변하는 항공보안 환경과 새로운 위협에 효과적으로 대응하기 위한 필수적인 요구사항이다.

1) 다양한 교육 이수 경로

항공보안감독관은 자격 유지를 위해 연 1회 이상 정기교육을 이수해야 한다. 교육 방법은 감독관의 여건과 필요에 따라 선택할 수 있도록 다양한 경로가 마련되어 있다.

첫째, 항공안전공무원 교육훈련 규정에서 정한 20시간 이상의 정기교육과정을 이수하는 방법이다. 가장 일반적이고 체계적인 교육 경로로서, 표준화된 커리큘럼에 따라 필수 역량을 점검하고 최신 지식을 습득할 수 있다. 이 과정은 이론과 실습을 균형 있게 구성하여 감독관의 종합적 역량을 향상시킨다.

둘째, 국토교통부장관으로부터 인가받은 항공훈련기관이나 국제민간항공기구(ICAO)가 인정한 교육기관에서 실시하는 항공보안교육 과정을 이수하는 방법이다. 외부 교육기관의 프로그램은 다양한 관점과 선진 사례를 접할 수 있는 기회를 제공한다. 특히 ICAO 인정 기관의 교육은 국제적 수준의 전문성을 유지하는 데 중요한 역할을 한다.

셋째, 항공보안세미나, 항공보안워크숍, 항공보안 관련 국제회의 등에 2일 이상 참석

하는 방법도 인정된다. 전통적인 교육 방식을 벗어나 최신 동향을 파악하고 국내외 전문가들과 교류할 수 있는 기회를 제공한다. 실무 경험 공유와 네트워크 구축도 감독관의 중요한 역량 개발 방법으로 인정하는 것이다.

2) 정기교육 유예 기간과 제한

현실적 제약을 고려한 유연한 운영 방침도 마련되어 있다. 업무 상황이나 개인 사정으로 정해진 기간 내에 정기교육을 이수하지 못하는 경우를 대비하여 합리적인 유예 기간을 설정한다. 부득이한 사유로 정기교육을 이수하지 못한 감독관이 이전 정기교육 이수 후 1년이 경과한 날로부터 30일 이내에 정기교육을 수료하면, 정기교육을 정상적으로 이수한 것으로 간주한다.

이 30일의 유예 기간은 교육의 연속성을 유지하면서도 현실적인 제약을 고려한 탄력적 조치다. 질병, 해외 출장, 긴급 업무 등 예측하지 못한 상황에 대한 합리적 배려를 제공한다. 동시에 교육 의무를 소홀히 하지 않도록 하는 적절한 제한 장치로도 작용한다.

3) 자격 정지와 회복 절차

정기교육 의무 불이행에 대한 제재는 명확하고 즉각적이다. 이전 정기교육 이수 후 1년이 경과한 날로부터 30일을 초과한 감독관은 즉시 자격이 정지되어 점검활동을 수행할 수 없게 된다. 최신 지식과 기술을 갖추지 못한 감독관이 중요한 보안 점검 업무를 수행하는 것을 원천적으로 차단하기 위한 조치다. 항공보안의 특성상 낡은 지식이나 기법으로는 새로운 위협을 제대로 평가할 수 없기 때문이다.

자격 회복의 기회는 명확한 절차를 통해 보장된다. 정기교육 미이수로 자격이 일시 정지된 감독관은 항공안전공무원 교육훈련 규정 제10조에 의거한 재자격 부여훈련인 정기교육을 이수하면 자동으로 자격을 재획득할 수 있다. 일시적인 사정으로 교육을 받지 못한 우수한 인력이 다시 현장에 복귀할 수 있도록 하는 합리적인 구제 방안이다.

이러한 재자격 부여 시스템은 두 가지 중요한 원칙을 반영한다. 교육의 중요성과 의무성을 명확히 하면서도, 인적 자원의 효율적 활용이라는 현실적 필요를 고려한다. 감독관이 축적한 경험과 전문성을 완전히 상실하지 않으면서도, 최신 지식을 갖추도록 요구하는 균형적 접근이다.

항공보안감독관의 자격유지 교육훈련 체계는 지속적인 전문성 개발을 의무화하면서도, 다양한 교육 경로와 합리적인 유예 기간을 제공하는 유연한 시스템으로 운영된다. 이는 감독관이 변화하는 항공보안 환경에 능동적으로 대응할 수 있는 역량을 유지하도록 설계된 핵심 제도다. 정기교육을 통한 지속적인 전문성 향상은 개인의 역량 개발을 넘어 국가 항공보안 수준의 지속적 향상을 보장하는 토대가 되고 있다.

(5) 항공보안감독관의 전략적 배치와 관리 체계

> **▌국가항공보안 수준관리지침**
> **제5조의2(자원 관리)** ① 국토교통부장관은 제8조에 따른 점검활동을 효과적으로 수행하기 위하여 필요한 인적·물적 자원 및 재정을 확보하여야 한다.
> ② 국토교통부장관은 국가 항공보안 점검활동을 차질 없이 수행하기 위하여 다음 각 호의 사항을 고려하여 항공보안감독관을 유지 및 관리하여야 한다.
> 1. 공항별 항공보안감독관 최소 1명 이상 상주
> 2. 소속기관별 항공보안감독관 자체 양성계획 수립 및 이행
> 3. 연도별 항공보안감독관 초기 및 정기교육 계획 수립 및 자격 관리

항공보안감독관들이 현장에서 효과적으로 활동하기 위해서는 체계적인 배치와 관리가 필수적이다. 항공보안감독관의 효과적인 배치는 국가 항공보안 체계의 실효성을 좌우하는 핵심 요소이기 때문이다. 국가항공보안 수준관리지침 제5조의2제2항은 공항에 대한 항공보안 점검활동이 효율적으로 수행될 수 있도록 감독관 배치에 대한 명확한 기준을 제시한다.

1) 전국 공항 상주체계 구축

현재 국내 15개 공항에는 최소 1명 이상의 항공보안감독관이 상주하는 체계를 구축하고 있다. 각 공항의 보안 상황을 실시간으로 모니터링하고, 긴급 상황 발생 시 즉각적인 대응이 가능하도록 하는 현장 중심의 관리 체계다. 상주 감독관은 단순한 점검자를 넘어 해당 공항의 보안체계를 지속적으로 관찰하고 개선점을 도출하는 현장 전문가 역할을 수행한다.

상주 체계의 도입은 여러 실질적 이점을 제공한다. 첫째, 각 공항의 특성과 운영 환경을 깊이 이해할 수 있어 맞춤형 보안관리가 가능하다. 공항마다 다른 시설 구조, 항공사 구성, 여객 특성 등을 파악하여 효과적인 보안 전략을 수립할 수 있다. 둘째, 공항운영자 및 보안 인력과의 지속적인 소통을 통해 협력적 보안 문화를 조성한다. 일상적인 교류를 통해 신뢰 관계를 구축하고, 보안 개선 사항을 원활하게 전달할 수 있다. 셋째, 정기 점검뿐만 아니라 일상적인 모니터링을 통해 잠재적 위험 요소를 사전에 발견하고 대응한다.

2) 주요 공항의 직접 관리체계

인천국제공항, 김해국제공항, 제주국제공항은 각각 서울지방항공청, 부산지방항공청,

제주지방항공청에서 근무하는 항공보안감독관이 직접 관리하는 특별한 운영 형태를 취한다. 이 세 공항은 우리나라 항공 교통의 핵심 거점으로서, 국제선 운항 비중이 높고 여객 처리량이 많아 더욱 체계적이고 전문적인 관리가 요구된다.

지방항공청의 직접 관리 방식은 여러 전략적 의미를 내포한다. 첫째, 복수의 감독관이 팀 단위로 운영되어 보다 심층적이고 다각적인 점검이 가능하다. 한 명의 감독관이 놓칠 수 있는 부분을 다른 감독관이 보완하며, 전문 분야별로 역할을 분담하여 효율성을 높인다. 둘째, 지방항공청의 행정 지원을 직접 받을 수 있어 신속한 의사결정과 자원 배분이 가능하다. 보안 문제 발생 시 즉각적인 대응 조치를 취할 수 있으며, 필요한 지원을 신속히 받을 수 있다. 셋째, 국제 기준과 국가 정책을 현장에 즉각적으로 반영할 수 있는 직접적인 채널이 확보된다.

3) 효율적 인력 운용을 위한 고려사항

15개 공항에 대한 감독관 배치는 다양한 요소를 종합적으로 고려하여 결정된다. 공항의 규모, 운항 빈도, 국제선 비중, 보안위험도 등이 주요 판단기준이 된다. 이러한 차등 배치는 한정된 인적 자원을 최대한 효율적으로 활용하면서도, 모든 공항의 보안수준을 일정 수준 이상으로 유지하기 위한 전략적 선택이다.

지방공항의 경우, 상주 감독관이 해당 지역의 보안 허브 역할을 수행한다. 필요시 인근 공항을 지원하는 유연한 운영 체계를 구축하여, 제한된 인력으로도 광범위한 지역을 효과적으로 관리한다. 예를 들어, 특별 행사나 계절적 수요 증가 시 인근 공항의 감독관이 상호 지원하는 협력 체계를 운영한다.

인력 배치의 효율성을 높이기 위한 추가적인 고려사항도 있다. 감독관의 전문성과 경력을 고려하여 적재적소에 배치하며, 정기적인 순환 근무를 통해 다양한 공항 환경을 경험하도록 한다. 이는 감독관 개인의 역량 개발과 조직 전체의 유연성 향상에 기여한다.

이러한 인력 배치 체계는 전국 모든 공항의 보안수준을 균형 있게 관리하면서도, 중요도와 위험도에 따른 차별화된 관리를 가능하게 하는 효과적인 시스템이다. 항공 수요 증가와 보안위협의 다변화에 대응하여 감독관 인력의 확충과 전문화가 지속적으로 추진되어야 한다. 특히 신공항 건설이나 기존 공항의 확장에 따른 추가 인력 수요를 사전에 예측하고 준비하는 선제적 인력 계획이 필요하다. 또한 감독관들의 업무 부담을 적절히 관리하고, 전문성 개발 기회를 지속적으로 제공함으로써 장기적으로 안정적인 감독체계를 유지해야 한다.

〈항공보안감독관 조직〉

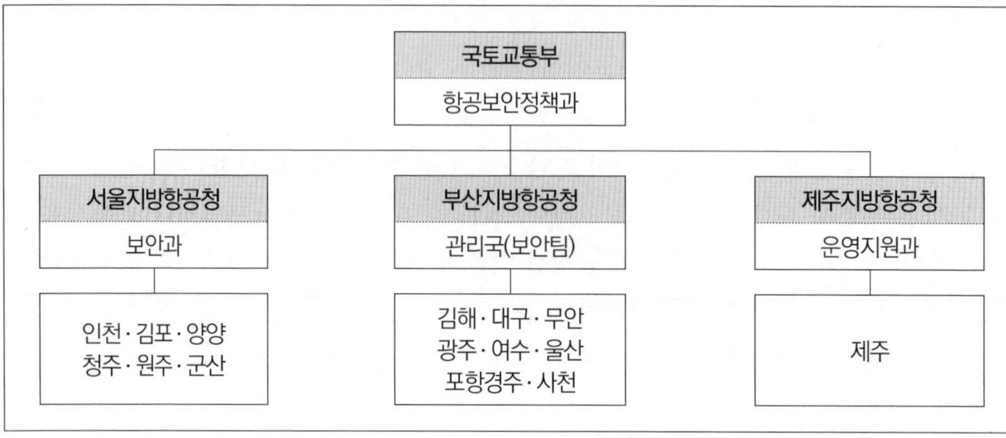

(6) 점검활동 수행을 위한 법적 권한과 행사 원칙

항공보안감독관이 효과적인 점검활동을 수행하기 위해서는 명확한 법적 권한이 필요하다. 항공보안감독관은 현장조사, 보안평가, 보안점검 및 불시평가 등 다양한 점검활동을 원활하게 수행하기 위해 국가항공보안 수준관리지침 제10조에 명시된 법적 권한을 보유한다. 이러한 권한은 감독관이 객관적이고 독립적인 평가를 수행할 수 있도록 보장하는 제도적 장치이며, 국가 항공보안 체계의 효과성을 담보하는 핵심 요소다.

1) 점검활동을 위한 핵심 권한

항공보안감독관에게 부여된 권한은 포괄적이면서도 구체적이다. 첫째, 보호구역을 포함한 모든 공항 시설에 대한 출입권한을 보유한다. 감독관이 언제든지 필요한 장소에 접근하여 보안 상태를 점검할 수 있도록 보장하는 것이다. 특히 불시평가의 경우, 사전 통보 없이 현장에 출입할 수 있는 권한은 평상시 보안 운영의 실제 모습을 확인하는 데 필수적이다.

둘째, 관련 문서와 자료에 대한 열람 및 제출 요구 권한을 갖는다. 자체보안계획, 운영 매뉴얼, 교육 기록, 사고 보고서 등 항공보안과 관련된 모든 문서를 검토할 수 있다. 필요시 추가 자료의 제출을 요구할 수 있으며, 서면상의 계획과 실제 운영 간의 일치 여부를 확인한다. 체계적인 보안관리가 이루어지고 있는지를 종합적으로 평가하는 근거가 된다.

셋째, 보안 담당자 및 관련 직원에 대한 면담과 질의 권한이다. 현장 직원들과의 인터뷰를 통해 보안절차의 이해도, 교육 이수 상황, 실무상의 문제점 등을 파악한다. 문서 검토만으로는 알 수 없는 현장의 실제 상황을 이해하는 중요한 수단이 되고 있다. 직원들의 보안 의식 수준과 실제 업무수행 능력을 직접 확인할 수 있는 기회이기도 하다.

2) 시정 조치 요구와 후속 관리 권한

점검 결과 문제점이 발견된 경우, 항공보안감독관은 단계적 시정 조치를 요구할 수 있다. 경미한 사항에 대해서는 현장에서 즉시 시정을 지시할 수 있으며, 중대한 보안 취약점이 발견된 경우에는 공식적인 개선 명령을 발부한다. 시정 조치의 이행 여부를 확인하기 위한 재점검 권한도 보유하여, 개선 사항이 실제로 이행되었는지를 검증한다.

심각한 보안 위반이나 즉각적인 위험이 확인된 경우, 감독관은 해당 업무나 시설의 운영을 일시 중단시킬 수 있는 긴급 조치 권한을 행사할 수 있다. 항공 안전을 최우선으로 하는 예방적 조치로서, 감독관의 전문적 판단이 즉각적인 효력을 갖도록 하는 강력한 권한이다. 이러한 권한은 신중하게 행사되어야 하지만, 필요한 경우 주저 없이 사용되어야 한다.

3) 권한 행사의 원칙과 한계

항공보안감독관의 권한은 강력하지만, 그 행사에는 명확한 원칙과 한계가 존재한다. 모든 권한은 항공보안 향상이라는 목적 범위 내에서만 행사되어야 한다. 피감 기관의 정상적인 운영을 불필요하게 방해해서는 안 되며, 점검 활동이 공항 운영에 미치는 영향을 최소화하려는 노력이 필요하다.

점검 과정에서 취득한 정보는 보안 목적 외에 사용할 수 없으며, 엄격한 비밀 유지 의무가 부과된다. 특히 보안 취약점에 대한 정보는 악용될 경우 심각한 위협이 될 수 있으므로, 정보 관리에 각별한 주의를 기울여야 한다. 감독관은 객관성과 공정성을 유지해야 하며, 개인적 판단이나 편견이 아닌 법령과 기준에 근거한 평가를 수행한다. 표준화된 점검표와 평가 기준을 활용하며, 모든 점검 활동은 문서화되어 투명성과 책임성을 확보한다.

4) 권한과 책임의 균형

항공보안감독관에게 부여된 권한은 그에 상응하는 책임을 수반한다. 감독관은 자신의 권한을 남용하거나 부당하게 행사할 경우 법적·행정적 책임을 지게 된다. 점검 결과의 정확성과 객관성에 대한 책임을 지며, 잘못된 평가로 인한 결과에 대해서도 책임을 져야 한다.

이러한 권한과 책임의 균형은 항공보안감독관 제도가 효과적으로 작동하는 핵심이다. 충분한 권한을 통해 실효성 있는 감독이 가능하면서도, 명확한 책임 부과를 통해 권한의 오남용을 방지한다. 감독관은 자신의 권한이 국민의 안전한 항공 여행을 보장하기 위한 공적 책무에서 비롯됨을 항상 인식해야 한다.

항공보안감독관의 권한은 단순한 감시와 통제를 위한 것이 아니다. 협력적 파트너십을 통한 보안수준 향상을 목표로 한다. 감독관은 문제점을 지적하는 것에 그치지 않고, 개선방안을 제시하고 우수사례를 전파하는 컨설턴트 역할도 수행한다. 규제와 지원의 균형을 맞추며, 국가 항공보안 체계의 전반적인 발전을 도모한다. 이러한 건설적 접근은 피감기관과의 신뢰 관계를 구축하고, 자발적인 보안 개선 노력을 유도하는 데 효과적이다. 궁극적으로 항공보안감독관의 권한은 처벌이 아닌 예방과 개선을 위한 도구로 활용되어야 하며, 이를 통해 지속가능한 항공보안 향상을 달성할 수 있다.

(7) 감독활동의 범위와 체계적 후속조치 시스템

항공보안감독관의 감독 활동은 항공보안감독관 업무규정 제5조에 근거하여 체계적이고 포괄적으로 수행된다. 이들의 활동 범위는 항공 운송과 관련된 거의 모든 분야를 아우르며, 다양한 형태의 점검 방법을 통해 국가 항공보안 수준을 지속적으로 관리하고 있다.

1) 광범위한 감독 대상과 점검 활동

항공보안감독관의 감독 대상은 매우 광범위하다. 공항운영자를 비롯하여 대한민국에 취항하는 국내외 항공운송사업자, 항공기취급업체, 공항상주업체, 항공화물터미널운영자, 도심공항터미널운영자, 상용화주 등 항공 운송 체계에 관련된 모든 주체가 감독 대상에 포함된다. 이는 항공보안이 특정 분야만의 책임이 아니라, 항공 운송 전 과정에 걸친 통합적 관리가 필요하다는 인식을 반영한 것이다.

이러한 포괄적 관리 체계에서 감독관이 수행하는 점검활동은 현장조사, 보안평가, 보안점검, 불시평가 등 다양한 형태로 이루어진다. 현장조사는 실제 운영 현장을 직접 확인하여 보안체계의 실효성을 검증하며, 보안평가는 전반적인 보안시스템을 종합적으로 분석하는 심층 평가의 성격을 띤다.

정기적인 보안점검을 통해 지속적인 모니터링을 수행하는 한편, 예고 없이 실시되는 불시평가로 평상시 보안 운영의 실제 수준을 확인한다. 나아가 국제민간항공기구(ICAO) 등 대외 점검기관이 국내 공항운영자 등을 점검할 때는 입회하여 점검업무를 지원하고 협력하는 역할도 맡는다. 이는 국제 점검에 대한 효과적인 대응을 지원하면서 동시에 국제적 관점과 기준을 학습할 수 있는 중요한 기회를 제공한다.

2) 체계적인 후속 조치 시스템

> **▌국가항공보안 수준관리지침**
>
> **제13조(문제점 관련 시정조치 등)** ① 국토교통부장관은 점검활동 중 확인된 보안상 취약점 또는 규정 위반사항 등에 대해서는 점검대상자에게 확인서를 작성하도록 하고, 긴급한 경우에는 현장에서 시정조치를 명하여야 한다.
>
> ② 점검활동 결과 나타난 문제점에 대한 시정조치 등의 우선순위는 다음 각 호와 같다.
>
> 1. **시정조치**: 발견된 문제점이 항공보안에 심각한 결과를 초래할 우려가 있거나, 항공보안에 심각하지는 않지만 법 또는 규정에 위반되는 경우
> 2. **개선권고**: 항공보안 법령 및 규정 등을 위반 또는 규정하고 있지 않으나, 개선 조치할 경우 항공보안에 유익한 결과를 가져오는 방법을 제시하고자 할 경우
> 3. **현장시정**: 항공보안에 직접적인 영향을 미치지 아니하는 경미한 보안 저해요소로 단기간 내에 시정이 가능한 경우
>
> ③ 공항운영자 및 항공사 등은 점검결과를 통보받은 날부터 7일 이내에 시정조치 사항 등에 대하여 이의신청을 할 수 있으며, 국토교통부장관은 이의 신청이 접수된 날로부터 15일 이내에 검토 결과를 회신하여야 한다.

다양한 형태로 전개되는 점검 활동에서 발견된 문제점은 국가항공보안 수준관리지침 제13조에 따라 체계적인 후속 조치로 이어진다. 항공보안감독관은 보안상 취약점이나 규정 위반사항을 발견하면 먼저 점검대상자에게 확인서를 작성하도록 지시한다. 발견된 문제점에 대한 상호 확인과 인정을 통해 향후 개선과정의 투명성과 객관성을 확보하려는 절차다.

확인서 작성 이후의 후속 조치는 문제의 성격과 심각도에 따라 차등적으로 적용된다. 경미한 사항에 대해서는 현장시정 명령을 통해 즉시 개선하도록 하며, 개선이 필요한 사항에 대해서는 개선권고를 제시한다. 보다 심각한 규정 위반에 대해서는 시정조치 명령을 발부하며, 법령 위반 사항에 대해서는 과태료를 부과하는 등 단계적이고 비례적인 조치를 취한다.

이러한 차등적 접근은 처벌보다는 개선을 우선시하는 건설적인 감독 철학을 반영한다. 목표는 적발과 처벌이 아니라 실질적인 보안수준 향상을 도모하는 것이다. 따라서 감독관은 문제점을 지적하는 동시에 개선방안을 함께 제시하여 피감 기관이 자발적으로 보안체계를 개선할 수 있도록 지원한다.

3) 방대한 감독 대상 규모와 효율적 관리

이같이 체계적인 후속 조치 시스템은 2025년 기준 상당히 방대한 규모의 감독 대상

을 관리하는 데 활용되고 있다. 인천국제공항공사와 한국공항공사 등 2개 공항운영자를 중심으로 총 182개의 항공운송사업자가 감독 대상에 포함된다. 이 중 국적 항공사가 62개, 외국적 항공사가 120개로, 국제선 운항의 비중이 높은 우리나라 항공 시장의 특성을 보여준다.

항공운송사업자 외에도 기내식업체와 지상조업체 등을 포함하여 총 432개 업체가 감독 대상이다. 이는 항공기 운항과 직간접적으로 관련된 모든 서비스 제공자를 포괄하는 것으로, 보안의 사각지대가 발생하지 않도록 하는 종합적인 관리 체계를 구축하고 있음을 의미한다.

방대한 감독 대상을 효율적으로 관리하기 위해 위험기반 접근법을 적용하고 있다. 각 업체의 규모, 운항 빈도, 과거 점검 이력, 보안위험도 등을 종합적으로 평가하여 점검 주기와 강도를 차별화하고 있다. 고위험 대상에 대해서는 빈번하고 심층적인 점검을 실시하는 반면, 저위험 대상에 대해서는 효율적인 모니터링 체계를 운영한다.

〈항공보안감독관 점검활동 종류 및 세부내용〉

점검종류	점검주기	점검대상	점검목적
현장조사 (Survey)	2년에 1회 이상	공항운영자, 항공사, 항공화물터미널운영자, 공항상주업체, 도심공항터미널운영자, 지상조업체	민간항공에 대한 항공기납치, 파괴행위 및 테러공격 등의 불법방해행위를 방지하기 위하여 그 취약성을 분석하고, 보호대책을 수립하기 위해 공항별로 공항운영자, 항공사 등에 대한 항공보안 업무 운영실태 등을 조사
보안평가 (Security Audit)	2년에 1회 이상	공항운영자, 국적항공사, 해외공항	공항운영자 및 항공운송사업자 등이 수립한 자체보안계획의 이행여부와 실제 수행능력 등을 확인·점검
보안점검 (Security Inspection)	연 1회 이상	공항운영자, 항공사, 항공화물터미널운영자, 공항상주업체, 지상조업체, 도심공항터미널운영자, 항공교통관제기관	민간항공보안에 대한 보안대책 및 통제절차 등이 적절히 수행되고 있는지를 확인하기 위하여 공항, 항공기 및 공항운영자 등에 대하여 점검
불시평가 (Test)	연 1회 이상	공항운영자, 항공사, 항공화물터미널운영자, 공항상주업체, 도심공항터미널운영자, 지상조업체	보안업무 수준이 적절하게 유지되고 있는지를 확인하기 위하여 공항, 항공기 등에 대한 보안대책 및 통제절차 수행능력을 불시에 확인

더불어 보안점검과 불시평가를 적절히 조합하여 감독의 효과성을 극대화하고 있다. 보안점검을 통해 체계적인 개선을 유도하고, 불시평가를 통해 일상적인 보안수준을 확인함으로써 통합적인 감독체계를 유지한다. 이러한 전략적 접근은 제한된 감독 인력으로 최대의 효과를 달성하기 위한 현실적이고 효율적인 방법이라 할 수 있다.

(8) 항공보안감독관 제도의 한계와 개선 과제

항공보안감독관은 항공기 운항과 관련된 모든 기관 및 업체를 대상으로 항공보안 법규정에 따른 체계적이고 전문적인 보안점검을 수행한다. 이로 인해 관리감독 대상의 범위가 매우 광범위하며, 수행해야 할 업무 또한 다양한 특성을 보인다.

하지만 제도 운영의 현실에는 여러 가지 제약 요인들이 존재한다. 항공보안감독관들은 본연의 점검업무 외에도 각종 행정업무를 병행하고 있어 핵심 업무인 보안점검에 온전히 집중하기 어려운 환경에 처해 있다. 더욱이 항공보안감독관의 지정 대상을 국토교통부 소속 공무원으로만 제한함에 따라 필요한 인력을 충분히 확보하는 데 어려움을 겪는다. 인력 부족은 자연스럽게 전문성 확보에도 부정적인 영향을 미치며, 이는 항공보안 업무의 질적 향상을 저해하는 주요 요인이 된다.

1) 공무원 중심 인력 운영의 전문성 한계

이러한 제약 가운데 가장 근본적인 문제는 인력 운영 방식의 구조적 한계에서 비롯된다. 항공보안법 제33조에서는 국토교통부 장관이 소속 공무원을 항공보안감독관으로 지정하여 항공보안 관련 법규정에 따른 점검업무를 수행하도록 명시하고 있다. 현행 규정상 국토교통부 소속 공무원이라면 전문지식이나 항공보안업무 실무경력이 부족하더라도 관련 교육과정을 이수하고 시험에 합격하기만 하면 항공보안감독관 자격을 취득할 수 있다.

이러한 접근은 심각한 문제를 내포한다. 항공보안감독관의 점검업무는 고도의 전문성과 숙련된 점검 기량을 요구하는 분야임에도 불구하고, 현재의 자격 부여 체계는 실질적인 전문성보다는 형식적인 교육 이수와 시험 합격에만 의존한다. 항공보안업무의 본질적 특성을 간과한 이 같은 방식은 항공보안감독관의 역량 제고에 상당한 걸림돌이 되며, 항공보안 점검의 실효성을 저해하는 구조적 취약점으로 지적된다. 특히 급변하는 항공보안 환경에서 요구되는 전문적 대응 능력을 확보하기 어려운 근본적인 한계를 드러낸다.

2) 인사이동과 업무 과중으로 인한 전문성 저하

제도적 차원의 구조적 문제는 인사이동과 업무 과중이라는 현실적 제약과 결합하여 더욱 심화되는 양상을 보인다. 항공보안업무는 그 특성상 높은 수준의 전문성을 요구한다. 보안사고가 발생하면 신속한 보안조치가 필요하며, 급변하는 보안환경 속에서도 즉각적인 행정조치를 취할 수 있는 실무경험과 이론적 전문성이 동시에 갖춰줘야 하는 분야다.

그러나 현실에서 항공보안업무를 담당하는 감독관들은 이상적인 환경과는 거리가 먼 상황에 놓여 있다. 본연의 보안감독 업무 외에도 다양한 항공보안 관련 행정업무를 병행해야 하며, 잦은 인사이동으로 인해 전문성을 체계적으로 갖추기 어려운 여건에서 감독활동을 수행하고 있다.

이러한 구조적 문제는 항공보안감독관이 전문역량을 충분히 개발할 수 있는 시간적 여건을 확보하지 못하게 만들며, 감독관의 전문성 부족으로 귀결된다. 이에 따라 현장에서 발생하는 다양한 항공보안 상황에 체계적으로 대처하지 못하는 한계가 나타난다. 더욱 우려되는 점은 이러한 전문성 부족이 보안 취약점을 사전에 파악하지 못하는 결과를 초래하며, 종국에는 파급력이 큰 항공보안사고의 가능성을 높인다는 사실이다.

3) 현장 중심 교육훈련 체계의 한계

전문성 부족 문제는 인력 운영의 제약뿐만 아니라 현행 교육훈련 체계의 한계와도 밀접하게 연관된다. 항공보안감독관의 초기교육과정은 항공보안기초(Basic) 1주, 항공보안감독자(Supervisor) 1주, 항공보안감독관(Inspector) 1주로 총 3주간 진행된다. 이후 직무교육훈련을 2주 이상 이수하고 관련 규정에 정한 시험에 통과하면 정식으로 항공보안감독관으로 지정되는 구조다.

문제는 현행 교육과정이 여러 가지 구조적 한계를 안고 있다는 점이다. 가장 심각한 것은 항공보안감독관의 핵심 업무인 현장점검 실습교육이 현저히 부족하다는 사실이다. 현장 점검 활동 습득에 필요한 교육시간이 단 4시간에 불과해, 실제 업무수행에 필요한 실무 역량을 충분히 갖추기 어렵다.

직무교육훈련의 내용 또한 대부분 이론 위주로 구성되어 있다. 항공안전공무원 교육훈련 규정에 따라 실시되는 교육과정에서 점검기법에 관한 내용도 '항공보안 기술 및 기법-보안평가 및 점검, 불시평가 기법 등'으로 단순하게 기술되어 있을 뿐이다. 항공보안감독관에게 요구되는 현장점검 능력 배양과 실제 상황에서의 문제 대처방안 확보를 위해서는 보다 체계적이고 실무 중심적인 교육과정이 필요하다.

특히 현재 한국항공대학교 항공안전교육원에서 진행되는 항공보안감독관 초기교육의 내용과 방식은 15년 전과 별반 다르지 않은 수준에 머물러 있다. 이는 급변하는 국제항공보안 환경과 최신 트렌드를 제대로 반영하지 못하고 있다는 의미다. 따라서 교육 커리큘럼의 전면적인 개정과 함께 전문성 있는 항공보안감독관 교육기관의 다양화가 시급한 과제로 제기된다.

4) 업무량 증가 대비 인력 부족으로 인한 감독 공백

교육체계의 한계와 더불어 항공산업의 급격한 성장 또한 새로운 도전과제를 제기한다. 항공여객과 화물의 급증, 인천공항 제2터미널 운영 개시 등으로 항공보안감독관이 지도·감독해야 할 영역이 크게 확대되었으나, 항공보안감독관의 인력은 10년 전과 거의 변동이 없는 실정이다. 이러한 불균형으로 인해 항공보안법에서 정한 점검 활동을 제대로 이행하기 어려운 상황에 직면해 있다.

여기에 항공보안감독관이 담당해야 하는 업무의 범위가 매우 광범위하다는 점이 문제를 더욱 복잡하게 만든다. 현장 점검업무와 함께 항공보안 관련 각종 행정업무도 병행하면서 업무 부담이 가중되고 있다. 관련 법령에 따라 항공사 자체보안계획 및 자체우발계획 승인, 공항 보호구역 지정승인, 항공기내보안요원 지정승인, 항공기내 무기류 탑재승인, 액체류 상용공급자 지정승인, STEB 상용공급자 지정승인, 항공보안검색요원 또는 항공경비요원의 인증평가 입회 등 다양한 행정처리 업무를 수행해야 한다.

이러한 복합적 점검업무를 원활히 수행하기 위해서는 공항운영자, 항공사, 지상조업체, 항공화물터미널운영자, 도심공항터미널운영자, 상용화주, 공항상주업체 등 다수의 수검기관으로부터 방대한 양의 자료를 검토해야 한다. 또한 최근 중요성이 부각되고 있는 항공사이버보안 및 대테러 활동에서도 사전예방에 중점을 두고 보안업무를 추진해야 한다. 그러나 현재의 부족한 항공보안감독관 인력으로는 이러한 포괄적 업무수행이 현실적으로 불가능한 상황이다.

(9) 해외 주요국과의 항공보안감독관 제도 비교

우리나라가 제한된 인력과 자원으로 방대한 감독 대상을 관리하는 동안, 미국과 영국은 보다 체계화된 항공보안감독관 운영 체계를 갖추고 있다. 이들 국가와의 가장 뚜렷한 차이는 항공보안감독관이 항공보안 점검업무만을 전담한다는 점이다. 우리나라처럼 행정업무와 점검업무를 병행하는 것이 아니라, 보안점검에만 집중할 수 있는 업무 환경을 조성하고 있다.

이들 국가에서는 행정업무를 별도의 조직이나 인력이 담당하며, 감독관은 현장 점검과 평가 활동에 모든 역량을 집중한다. 이러한 업무 전담제는 감독관이 보안 취약점을 더욱 면밀히 파악하고 전문적인 점검 활동을 수행할 수 있는 기반이 된다.

업무 전담제와 함께 전문분야를 세분화하여 운영하는 것도 특징적이다. 여객보안, 화

〈한국, 미국, 영국 항공보안감독관 일반현황 비교〉

구 분	한 국	미 국	영 국
소속	국토교통부	국토안보부 교통보안청(TSA)	민간항공국(CAA)
업무	항공보안 점검, 대테러, 행정업무	항공보안 점검업무 전담 (타 업무 수행하지 않음)	항공보안 점검업무 전담 (타 업무 수행하지 않음)
전문 분야	구분 없음	항공보안/화물보안	공항/항공사/항공기/화물
감독관 체계	구분 없음	선임감독관, 일반감독관 국내감독관, 해외감독관	책임자, 분야별 팀장, 선임감독관, 일반감독관

물보안, 항공사보안, 공항시설보안 등 각 영역별로 전문 감독관을 배치하고 있다. 또한 선임감독관과 일반감독관 등으로 체계적인 등급 구분을 통해 효율적인 감독활동을 수행할 수 있는 기반을 마련했다. 이러한 체계적 접근방식은 각 감독관이 자신의 전문 영역에서 깊이 있는 역량을 발휘할 수 있도록 하는 체계다.

전문성 확보를 위한 교육과정에서도 뚜렷한 차이가 나타난다. 미국과 영국의 항공보안감독관 지정 관련 필수 교육기간은 우리나라보다 3~5개월가량 더 길게 운영된다. 단순히 교육 기간이 긴 것뿐만 아니라, 교육 내용의 질적 측면에서도 차별화된 접근을 보인다.

특히 주목되는 점은 직무교육 실시 후 치러지는 시험에 이론시험뿐만 아니라 실기시험도 포함된다는 사실이다. 실제 점검 상황을 가정한 시뮬레이션 평가, 현장 점검 능력 검증 등을 통해 실무 중심의 역량 검증이 이루어진다. 이를 통해 교육과정을 이수한 감독관이 현장에서 즉시 업무를 수행할 수 있는 실질적 역량을 갖추도록 보장한다.

이처럼 항공보안감독관의 전문분야 구분, 체계적인 감독관 등급 운영, 충분한 필수 교육기간 등에서 나타나는 차이는 단순한 제도적 차이를 넘어선다. 이러한 구조적 차이는 우리나라와 주요국 항공보안감독관 사이의 전문성 및 업무역량 격차로 이어질 수 있는 요인이 된다.

미국과 영국의 사례는 항공보안감독관 제도가 단지 인력을 지정하고 교육하는 것에 그치지 않고, 체계적인 전문가 양성 시스템으로 운영되어야 함을 보여준다. 전담 업무 체계, 전문분야 세분화, 실무 중심 교육과정 등은 모두 항공보안의 실효성을 높이기 위한 필수 요소들이다. 우리나라도 이러한 선진 사례를 참고하여 항공보안감독관 제도의 전면적인 개선방안을 모색할 필요가 있다.

〈한국, 미국, 영국 항공보안감독관 교육제도 비교〉

구 분	한 국	미 국	영 국
초기교육	3주간 실시	4주간 실시	7주간 실시
직무교육	2주 이상 실시 (이론 시험)	5~6개월간 실시 (이론 및 실기시험)	3개월 실시 (이론 및 실기시험)
정기교육	연 20시간	연 3일간 실시	매 격월 1일 실시
특이사항		해외감독관은 국내감독관 중 별도로 선별, 3주간 추가교육 실시	6개월간 수습감독관제도 운영, 감독관 수준관리 별도 부서 설치

(10) 항공보안 전문인력 확보를 위한 제도적 개선방안

주요국과의 비교에서 도출된 시사점은 이제 구체적이고 실행 가능한 개선방안으로 전환되어야 하는 시점이다. 이를 위해 전문성 강화, 업무 전담화, 실무중심 교육 등 핵심 과제들을 우리 실정에 맞게 적용하는 방안을 모색할 필요가 있다.

1) 전문 직렬 신설과 채용제도 개편을 통한 전문성 강화

현행 제도의 기본 틀은 유지하되 자격조건과 선발절차를 대폭 개편하여 전문성을 강화하는 접근이 현실적이다. 국토교통부 소속공무원을 항공보안감독관으로 지정하는 구조는 그대로 두면서, 전문성을 확보할 수 있는 선발 및 교육체계를 구축하는 방식이다.

항공보안감독관 지정 초기에 나타나는 전문성 부족 문제를 근본적으로 해결하려면 체계적인 접근이 요구된다. ‘보안’ 직렬을 신설하고, 그 안에 ‘항공보안’ 직류를 두어 항공보안 분야 전문 국가직 공무원을 체계적으로 선발하는 방안을 검토해볼 필요가 있다. 이러한 전문 인력은 공개채용과 경력채용을 통해 선발할 수 있다.

공개채용 방식은 상당한 장점을 가진다. 항공보안에 대한 전반적인 이해와 전문지식을 국가공무원 시험을 통해 사전에 검증받은 인력을 확보할 수 있으며, 직무교육훈련 등의 일정한 교육과정을 이수한 후 신속하게 업무에 투입할 수 있다는 효율성을 보여준다.

한편 경력채용 방식은 국내 항공안전감독관 응시에 필요한 자격요건과 유사한 방식으로 추진할 수 있다. 구체적으로는 공항 또는 항공사 등에서 항공보안분야 근무경력이 5년 이상인 자나 4년제 대학에서 항공보안을 전공한 졸업생을 대상으로 한다. 공항보안, 항공기보안, 화물보안 등 분야별로 세부 응시기준을 마련하고, 이에 해당하는 자를 필기시험, 실기시험, 면접 등을 통해 종합적으로 평가하여 채용하는 방법이다.

이러한 경력채용 방식은 특별한 의미를 가진다. 실무경험이 풍부한 항공보안감독관을 확보함으로써 현장근무 경험자만이 인지할 수 있는 항공보안의 미묘한 취약점을 조기에 발견하고, 실질적인 개선방안을 마련하여 문제점을 신속하게 해결할 수 있는 역량을 확보하게 된다.

2) 교육 규정 정비와 실무 중심 교육과정 강화

> **▌ 항공보안감독관 업무규정**
>
> **제3조(항공보안감독관의 지정)** ① 국토교통부장관은 다음 각 호의 어느 하나에 해당하는 소속 공무원을 항공보안감독관으로 지정할 수 있다.
>
> 2. 국토교통부장관으로부터 인가를 받은 항공훈련기관 또는 국제민간항공기구(ICAO)·미 교통보안청(TSA)·국제항공운송협회(IATA) 등의 항공보안교육기관에서 항공보안기초, 항공보안감독자, 항공보안감독관초기 과정 및 항공안전공무원 교육훈련규정에 따른 직무교육훈련을 이수하고 제3조의2 제1항 및 제2항에서 정한 시험에 합격한 경우

전문인력 선발체계 구축만으로는 감독관의 실질적 전문성을 확보하기에 불충분하다. 선발된 인력이 항공보안 감독업무를 효과적으로 수행하기 위해서는 체계적인 교육훈련이 필수적으로 요구된다. 그러나 현행 교육훈련 체계를 내실화하기 위해서는 우선 관련 규정 간의 불일치 문제부터 해결해야 한다. 현재 항공보안감독관 업무규정과 항공안전공무원 교육훈련 규정에서 항공보안감독관 교육시간 및 내용이 상이하게 규정되어 있으며, 이것은 교육훈련의 실효성 확보를 저해하는 요인으로 작용하고 있다.

구체적인 문제를 살펴보면, 항공안전공무원 교육훈련 규정(별표 5)에는 항공보안감독관의 초기교육훈련 이수시간이 35시간으로 명시되어 있다. 반면 항공보안감독관 업무규정 제3조제1항제2호에 따라 실제로는 '항공보안기초(Basic)', '항공보안감독자(Supervisor)', '항공보안감독관초기(Inspector)' 등 3개 교육과정을 각각 5일씩 총 15일, 105시간에 걸쳐 교육훈련을 실시하고 있다.

이러한 규정 간 괴리는 교육시간의 차이가 70시간에 달하는 중대한 불일치로, 교육과정의 법적 근거와 실제 운영 간 정합성을 결여하고 있음을 보여준다. 이것은 단순한 형식적 불일치에 그치지 않고 교육훈련 제도의 법적 안정성과 예측가능성을 훼손하는 것이다. 규정 간 불일치는 교육 이수 요건의 명확성을 저하시키며, 교육훈련 이수 여부에 대한 판단 기준이 모호해지는 결과를 초래한다.

이러한 규정 간 불일치를 해결하기 위해서는 항공안전감독관제도 사례와 같이, 항공

보안감독관 업무규정에 초기교육, 직무교육, 정기교육에 대한 교육시간 및 교육 세부내용을 체계적으로 명시할 필요가 있다. 각 교육과정별 최소 이수시간, 교육 과목, 평가방법 등을 구체적으로 규정함으로써 교육훈련 체계의 일관성과 투명성을 확보하여야 하며, 이를 통하여 항공보안감독관의 전문성 함양을 위한 법적 기반이 공고히 마련되어야 할 것이다.

가. 실무 중심 교육과정 강화

규정 정비와 함께 항공보안감독관의 전문성 확보를 위해서는 직무교육훈련을 실습위주의 현장점검 교육과정으로 전환해야 한다. 항공안전공무원 교육훈련 규정(별표 5)의 직무교육훈련 내용 중 2주 이상으로 규정된 직무교육 기간을 영국의 항공보안감독관 제도와 같이 3개월로 대폭 확대할 필요가 있다.

영국의 항공보안감독관 양성과정은 약 3개월간 집중적인 현장 실습교육을 실시하며, 이 기간 동안 감독관 후보자는 경험이 풍부한 선임 감독관의 지도 하에 실제 공항 및 항공사에 대한 보안점검에 직접 참여하게 된다. 이러한 현장 중심 교육체계는 이론적 지식을 실무에 적용하는 역량을 배양하는 데 효과적인 것으로 평가되고 있으며, 신규 감독관이 독립적으로 점검업무를 수행할 수 있는 실질적 능력을 갖추도록 하는 데 기여하고 있다.

우리나라의 경우, 교육기간 연장과 동시에 이론수업에 국한된 교육내용을 전면 개정하여야 한다. 현장보안확인과 모의 정기점검 및 불시평가를 실시하도록 구체적으로 명시하고, 교육생에 대한 실기평가를 추가함으로써 항공보안감독관의 실질적인 점검역량을 강화할 필요가 있다. 현행 교육과정이 주로 강의식 이론 전달에 치중되어 있는 점을 고려할 때, 실제 공항운영자 및 항공운송사업자에 대한 현장점검 실습을 필수 교육과정으로 포함시켜야 하며, 이를 통하여 규정 해석 능력뿐만 아니라 현장에서의 위반사항 식별 및 시정조치 권고 능력을 배양하여야 한다.

또한, 실기평가의 도입은 감독관의 실무 수행 능력을 객관적으로 검증할 수 있는 제도적 수단이 될 것이다. 평가 항목으로는 점검계획 수립, 현장점검 수행, 위반사항 식별 및 기록, 점검결과 보고서 작성 등이 포함되어야 하며, 각 항목별 평가기준을 명확히 설정하여 평가의 객관성과 일관성을 확보하여야 할 것이다. 이러한 교육훈련 체계의 개선은 항공보안감독관이 형식적 자격을 갖추는 데 그치지 않고, 실질적인 감독 역량을 보유한 전문인력으로 성장할 수 있는 토대를 마련하는 데 기여할 것으로 판단된다.

나. 정기교육 관련 규정의 정비

> **▌ 항공보안감독관 업무규정**
> **제4조(감독관의 지정취소 등)** ① 국토교통부장관은 감독관이 다음 각 호의 어느 하나에 해당하는 경우 그 지정을 취소할 수 있다. 단, 제4호 및 제5호의 경우는 당연 취소된다.
> 4. 최근 5년 동안 정기교육을 받지 않은 경우
> 5. 퇴직자
> ② 제1항에 따라 지정 취소된 사람이 감독관으로 지정받고자 하는 경우, 제3조 및 제3조의2 제1항 및 제2항에 따른 과정을 거쳐 신규로 지정 되어야 한다. 다만, 제1항 제4호의 사유로 지정 취소된 사람은 제14조에 따라 20시간 이상의 정기교육을 이수한 경우 재 지정될 수 있다.
> **제14조(감독관의 교육훈련 등)** ③ 제1항 및 제2항에 따른 정기교육을 받지 않은 감독관은 다음 정기교육을 이수할 때까지 감독관 자격이 정지되며, 점검활동을 수행할 수 없다. 다만, 감독관으로 지정된 사람이 항공보안 업무를 담당하지 않게된 경우에는 제1항 및 제2항에 따른 정기교육을 이수하지 않아도 5년간 그 자격이 유지 된다.

실무교육 강화와 더불어 정기교육과 관련하여서도 규정상 모순이 존재한다. 항공보안감독관 업무규정 제4조제2항 단서는 5년 동안 정기교육을 받지 않아 감독관 자격이 취소된 자도 20시간 이상의 항공보안감독관 정기교육 등을 이수하면 감독관으로 재지정할 수 있다고 규정하고 있다. 그러나 이것은 같은 규정 제14조제3항이 정기교육 미이수자의 자격을 즉시 정지하되 5년간 한시적으로 자격을 유지한다고 규정한 것과 상충되는 것이다.

즉, 정기교육 미이수로 인한 5년 이내의 자격정지와 5년 이상의 정기교육 미이수로 인한 감독관 자격취소는 법적 효과가 명확히 구분되어야 함에도 불구하고, 현행 규정은 자격취소자에 대하여 단순 정기교육 이수만으로 재지정을 허용함으로써 자격정지 제도와의 정합성을 결여하고 있다. 자격정지는 일시적 집행유예의 성격을 가지는 반면, 자격취소는 자격의 상실을 의미하므로, 양자는 재취득 절차에 있어서도 차등적으로 규율되어야 하는 것이다.

이러한 규정의 불일치는 제도 운영의 혼란을 야기할 뿐만 아니라 자격 관리 체계의 실효성을 저해하는 요인이 된다. 5년 이상 정기교육을 받지 않은 감독관은 항공보안 환경의 변화와 최신 보안기법에 대한 이해가 현저히 부족할 가능성이 높으며, 이러한 전문성 공백을 20시간의 정기교육만으로 보완하기는 어렵다고 판단된다. 따라서 항공보안감독관 업무규정 제4조제2항의 단서조항을 삭제하고, 5년 이상 정기교육 미이수로 자격이 취소된 자는 같은 규정 제3조 및 제3조의2에서 정한 신규지정 교육을 처음부터 이수하도록 개정하여야 할 것이다.

이러한 개정은 자격정지와 자격취소의 법적 효과를 명확히 구분하고, 장기간 전문성 유지 의무를 이행하지 않은 자에 대하여는 전면적인 재교육을 요구함으로써 감독관 자격관리의 실효성을 확보하는 데 기여할 것이다.

다. 정기교육 프로그램의 질적 개선

항공보안감독관 정기교육의 훈련주기와 시간은 12개월 주기, 20시간으로 미국 교통보안청(TSA)의 항공보안감독관 정기교육과 동일한 수준으로 규정되어 있다. 그러나 교육훈련 프로그램이 항공보안법 개정내용 및 국가항공보안계획 개정내용, 테러동향 파악 등으로 구성되어 있어, 교육 내용의 실효성 측면에서는 한계가 있다. 이러한 내용들은 정기교육이 아니더라도 일상업무를 수행하면서 충분히 접할 수 있는 것들이며, 감독관의 전문역량을 심화시키는 데 기여하기보다는 단순한 정보 전달에 그치는 수준으로 볼 수 있다.

미국의 경우, TSA는 정기교육 프로그램에 최신 보안기술 동향, 위험평가 방법론, 국제 우수사례 분석, 실제 보안사고 사례연구 등을 포함하여 감독관의 실무 적용 능력을 지속적으로 강화하고 있다. 특히, 행동탐지기법, 첨단보안장비 운영, 사이버보안 위협 대응 등 새롭게 대두되는 보안영역에 대한 교육을 정기적으로 제공함으로써, 변화하는 보안환경에 대한 감독관의 대응역량을 제고하고 있다.

우리나라의 정기교육이 법령 개정사항 전달과 테러 동향 파악에 집중되어 있는 것은 감독관의 역할을 규정 준수 여부 확인에 국한시키는 것이며, 보안위험 식별 및 평가, 선제적 보안개선 권고 등 감독관이 수행하여야 할 보다 전문적인 업무영역에 대한 교육이 부족함을 의미한다. 이것은 항공보안 감독의 실질적 효과성을 저해하는 요인이 될 수 있다.

따라서 항공보안감독관의 실질적인 역량향상에 기여할 수 있는 보다 전문적이고 차별화된 교육프로그램 개발이 시급하다. 최신 보안기술 동향, 국제 우수사례 분석, 실제 보안사고 사례연구, 위험기반 보안 접근방식의 실무 적용, 첨단보안장비 평가기법 등 현장 적용 가능한 실무·토론 중심의 교육 내용으로 프로그램을 재구성할 필요가 있다. 또한, ICAO 및 주요 국가의 항공보안 정책 동향, 새로운 보안 위협에 대한 대응전략, 감독기법의 국제적 표준 등을 교육과정에 포함시킴으로써, 감독관이 국제적 수준의 전문성을 유지할 수 있도록 하여야 할 것이다.

3) 보안교육훈련조정관을 통한 교육 관리체계 강화

교육 규정 정비와 실무 중심 교육과정 개선이 실질적인 성과로 이어지려면 체계적인 교육관리시스템이 뒷받침되어야 한다. 현행 제도에서는 효율적인 항공보안 교육훈련을 위한 조정 및 관리 체계가 마련되어 있다. 국가민간항공보안 교육훈련지침 제5조제2항에 따르면, 국토교통부장관은 효율적인 교육훈련을 위해 필요한 조사·연구를 실시하고, 공항운영자, 항공운송사업자, 항공보안 교육전문 훈련기관, 그 밖의 관련조직 등의 교육훈련계획 수립과 운영에 필요한 사항을 지도하도록 규정하고 있다.

가. 보안교육훈련조정관의 역할

교육훈련의 체계적 관리를 위해 국가민간항공보안 교육훈련지침 제5조제5항에서는 보안교육훈련조정관 제도를 두고 있다. 국토교통부장관은 교육훈련지침을 관리·시행하고, 보안교육 업무를 조정할 보안교육훈련조정관을 지정하여 포괄적인 교육 관리 업무를 수행하게 한다.

보안교육훈련조정관의 주요 업무는 다양한 영역에 걸쳐 있다. 공항운영자 등의 항공보안 교육훈련 교과과정 검토 및 조정을 담당하며, 교육기법 및 교육장비에 대한 검토와 조정 업무를 수행한다. 교육훈련지침의 효율성을 평가하고 향후 보안 교육관련 정책 방향을 제시하는 역할도 맡고 있다.

이와 함께 소속기관에서 실시하는 교육훈련에 관한 지도·감독 업무를 수행한다. 또한 협조 및 협력체제 유지를 위해 공항운영자 등의 보안교육훈련 조정자 및 교관들과의 정기적인 회의를 개최하여 교육 현장의 의견을 수렴하고 개선사항을 도출하는 역할을 담당한다.

나. 교육기관 관리감독 강화 방안

보안교육훈련조정관 제도를 활용하여 교육의 질적 수준을 높이기 위한 구체적 방안이 필요하다. 국토교통부 항공보안정책과의 보안교육훈련조정관을 통해 교육기관의 내실 있는 교육기회를 확대하고, 감독관들의 초기교육을 담당하는 교육기관에 대한 교육 내용 특별점검을 실시하여 보안감독관의 필수교육을 강화해야 한다.

현재 운영되고 있는 교육체계의 효율성을 높이기 위해서는 기존 제도와의 연계가 중요하다. 항공안전공무원 교육훈련 규정은 항공안전법 제48조 및 같은 법 제77조제1항제2호에 따라 전문교육기관(항공훈련기관 포함)에 대하여 지정·승인·인가·검사를 행하도록 임명받은 공무원을 전문교육기관 검사관(ATO Inspector)으로 지정하여 관리하도록 규정한다.

이러한 제도적 기반을 적극 활용할 필요가 있다. 현재 항공보안감독관 교육과정을 운영하고 있는 한국항공대학교 항공안전교육원이 항공훈련기관이라는 점을 고려하여, 국토교통부의 전문교육기관 검사관과 보안교육훈련조정관을 통해 교육과정 등의 적정성을 체계적으로 관리·감독해야 한다. 이러한 이중 검증체계를 통해 항공보안교육의 수준을 한층 더 높일 수 있다.

특히 교육 내용의 현장 적합성, 교육 방법의 효과성, 교육 성과의 측정 가능성 등을 정기적으로 점검하고 평가하는 시스템을 구축해야 한다. 이를 통해 교육과정이 실제 항공보안감독관의 업무수행 능력 향상에 실질적으로 기여하는지 지속적으로 검증하고 개선해 나갈 수 있을 것이다.

4) 전문임기제 도입과 전임제도를 통한 인력 운영 개선

교육 관리체계를 아무리 강화하더라도 인력 운영의 근본적 한계가 해결되지 않으면 항공보안 문제를 제대로 개선하기 어렵다. 현장 중심의 체계적인 점검 활동이 필수적이나, 현재의 부족한 항공보안감독관 인력으로는 내실 있는 현장점검보다는 서류점검 위주의 감독 활동을 수행할 수밖에 없는 실정이다. 이는 효과적인 항공보안업무 추진에 상당한 한계로 작용하고 있다.

항공보안감독관은 감독업무 수행 시 20여 개 이상의 항공보안 관련 법규정을 적용해야 하는 고도의 전문성을 요구받는다. 이러한 특성상 감독관 인력이 충원되더라도 단기간의 교육훈련만으로는 전문지식을 겸비한 항공보안감독관을 양성하기 어렵다는 구조적 한계가 분명하다.

가. 전문임기제 계약직 공무원 채용 방안

이러한 구조적 한계를 극복하기 위해 항공보안감독관의 인력 충원과 특정 감독 분야의 전문성 확보 문제를 동시에 해결할 수 있는 방안이 필요하다. 항공안전감독관 제도와 같이 항공보안 분야별 전문임기제 계약직 공무원을 채용하여 전문성과 연속성을 확보하는 것이다.

전문임기제 도입을 실현하기 위해서는 우선적으로 공항별 현장 상주 항공보안감독관의 적정 인원을 산출하고 명확한 배치기준을 마련해야 한다. 현재의 감독 대상 규모와 업무량을 분석하여 각 공항별로 필요한 최소 인원을 산정하고, 이를 바탕으로 단계적 충원 계획을 수립할 필요가 있다.

나아가 급변하는 항공보안 환경에 대응하기 위해 외국공항 보안평가 감독관, 항공화물 보안평가 감독관, 항공보안장비 점검 감독관 등 새로운 전문분야의 인력 확충을 적극적으로 추진해야 한다. 각 분야별 전문가를 채용함으로써 해당 영역에 대한 심층적이고 전문적인 감독이 가능해질 것이다.

나. 항공보안감독관 전임제도 활성화

전문임기제와 더불어 잦은 인사이동으로 인한 전문성 있는 항공보안감독관의 유출을 방지하고 업무역량을 지속적으로 강화하기 위해서는 '항공보안감독관 전임제도'를 적극 활성화해야 한다. 감독관 지정 후 최소 5년간 인사이동을 금지하고, 항공보안감독업무에만 집중적으로 전념할 수 있는 환경을 조성하는 것이다.

전임제도의 실효성을 확보하기 위해서는 적절한 보상체계가 마련되어야 한다. 5년 이상 장기근무하는 감독관에게는 적절한 수당 지급 및 인사상의 가점을 부여하는 인센티브 체계를 구축할 필요가 있다. 이러한 제도적 뒷받침을 통해 전문성 있는 인력의 안정적 확보와 지속적인 역량 향상을 도모할 수 있다.

전임제도는 단순히 인력을 유지하는 것을 넘어 항공보안감독관이 축적한 경험과 노하우를 조직 내에서 공유하고 전수할 수 있는 기반이 된다. 장기 근무자들이 신규 감독관의 멘토 역할을 수행하며, 실무 경험을 체계적으로 전달함으로써 조직 전체의 역량 향상에 기여할 수 있을 것이다.

5) 분야별 전담제도와 등급제를 통한 감독체계 고도화

전문임기제와 전임제도 도입과 함께 감독체계 자체의 구조적 개선도 필요하다. 현재 항공보안감독관 제도는 유사한 업무 성격을 가진 항공안전감독관과 비교했을 때 체계성 면에서 아쉬움이 있다. 항공안전감독관의 경우 세부적인 감독분야가 명확히 구분되어 있으며, 이를 각 감독관별 업무규정에 체계적으로 명시하고 있다. 반면 항공보안감독관은 감독분야가 구분되어 있지 않고, 각 점검분야별로 점검표만 별표로 구분하고 있는 실정이다.

가. 분야별 전담제도 도입의 필요성

체계성 부족을 해결하기 위해 미국과 영국의 항공보안감독 제도에서 확인할 수 있듯이 '항공보안 분야별 전담제도' 도입이 필요한 시점이다. 구체적으로는 공항보안분야(보안검색, 항공경비, 항공보안장비), 항공사보안분야(항공기, 화물보안), 항공 사이버보안분야(대테러 포함) 등으로 세분화하여 운영하는 방안을 검토해야 한다.

이러한 전문분야 구분은 단순한 업무 분장을 넘어 중점분야의 감독관 전문성을 크게 제고할 수 있는 기반이 된다. 각 감독관이 특정 분야에 집중함으로써 해당 영역의 최신 동향과 기술 발전을 지속적으로 습득하고, 보다 심층적인 점검을 수행할 수 있다. 동시에 점검역량의 질적 향상도 도모할 수 있어, 각 분야의 특성에 맞는 전문적 접근이 가능해진다.

분야별 전담제도는 감독 대상 기관과의 소통 효율성도 높일 수 있다. 각 분야의 전문감독관이 일관되게 해당 업무를 담당함으로써 피감 기관과의 신뢰 관계를 구축하고, 보다 효과적인 개선방안을 도출할 수 있을 것이다.

나. 감독분야별 등급제 운영을 통한 효율성 제고

분야별 전담제도의 효과를 극대화하기 위해서는 항공보안감독관별 업무한정 제도를 도입하여 체계적인 등급제 운영이 필요하다. 일반감독관, 선임감독관, 책임감독관 등으로 등급을 구분하여 감독활동의 효율성을 높이는 것이다.

등급제 운영은 여러 가지 긍정적 효과를 가져올 것으로 기대된다. 선임감독관의 상시적인 교육과 지도를 통해 일반감독관의 기량 향상을 체계적으로 도모할 수 있는 환경이 조성된다. 책임감독관은 전체적인 감독 계획을 수립하고 조정하는 역할을 담당하며, 선임감독관은 실무 감독과 후배 지도를 병행한다. 일반감독관은 선임감독관의 지도를 받으며 현장 점검 업무를 수행하면서 경험을 축적해 나간다.

이러한 체계적 접근을 통해 감독활동의 대상별 및 항공보안감독업무별 점검절차를 보다 세분화할 수 있다. 각 등급별로 권한과 책임을 명확히 구분함으로써 업무의 중복을 방지하고 효율성을 높일 수 있다. 또한 경력 개발 경로가 명확해져 감독관들의 동기 부여와 전문성 개발 의욕을 고취시킬 수 있다.

이러한 분야별 전담제도와 등급제가 성공적으로 정착된다면, 기존 인력과 향후 신규 항공보안감독관 모두가 보안업무를 보다 원활하고 전문적으로 수행할 수 있는 최적의 환경이 구축될 것이다. 각자의 전문 영역에서 깊이 있는 역량을 발휘하면서도 조직 전체의 시너지를 창출하는 선진적인 감독체계로 발전할 수 있을 것으로 전망된다.

4. 항공보안교관

(1) ICAO 항공보안교관 인증체계 및 교육훈련 기준

▌국제민간항공협약 Annex 17(항공보안)

3.4.3 Each Contracting State shall ensure the development and implementation of a certification system that ensures that instructors are qualified in the applicable subject matters in accordance with the national civil aviation security programme.

국제민간항공기구(ICAO)는 항공보안 교육훈련에 대한 국제적 기준을 명확히 제시한다. 국제민간항공협약 Annex 17의 3.4.3항에서 각 체약국이 국가민간항공보안프로그램에 따라 교관인증시스템 및 교육훈련프로그램의 개발과 이행을 보장하도록 규정하고 있다.

1) 항공보안교관의 중요성과 분류

ICAO Doc. 8973에서는 항공보안교관을 항공보안 분야에서 중요도가 높은 보안요원

(Security Personnel)으로 분류한다. 이는 항공보안교관이 단순한 교육 담당자를 넘어 항공보안 체계의 핵심 인력임을 의미한다. 이와 관련된 세부적인 내용은 Doc. 8973의 8.1.3.4와 Table 8-1 항공보안교관(Aviation Security Instructors)에서 구체적으로 규정하고 있다.

정부는 교관 업무를 수행하는 인원이 적절한 교육훈련을 이수할 수 있도록 보장해야 하는 의무를 진다. 항공보안교관의 역량이 곧 전체 항공보안시스템의 질을 좌우하기 때문이다.

2) ICAO 항공보안교관 인증체계의 핵심 요구사항

Doc. 8973에서 정하고 있는 항공보안교관 인증체계는 네 가지 핵심 요구사항으로 구성된다. 첫째, 교관은 국내 교육기관 또는 정부에서 인증하는 국제 기관으로부터 반드시 인증을 받아야 한다. 둘째, 교육현장에서 인가된 강사가 실시하는 현장훈련(OJT)을 받아야 한다. 셋째, 최소 매 2년마다 재교육(Recurrent Training)을 받아야 하며, 이는 지속적인 전문성 유지를 위한 필수 조건이다. 넷째, 국가에서 항공보안교관 인가증을 발행하는 등의 공식적인 인증 절차를 수행하도록 명시한다.

이러한 요구사항들은 항공보안교관의 전문성을 체계적으로 관리하고, 국제적 수준의 항공보안 교육 품질을 보장하기 위한 최소한의 기준이라 할 수 있다.

3) 항공보안교관 초기교육과정과 자격 검증 체계

ICAO가 제시한 인증 요구사항에 따라 항공보안교관이 되기 위한 초기교육 과정은 체계적이고 엄격한 절차를 거쳐 진행된다. 교관 지망자는 관련 교육기관에서 필요한 교육훈련을 반드시 이수해야 하며, 이는 항공보안교관으로서의 기본 역량을 갖추기 위한 필수 과정이다.

특히 중요한 점은 교관 업무를 수행할 수 있는 권한을 부여받기 전에 필요한 지식을 충분히 보유하고 있음을 객관적으로 증명해야 한다는 것이다. 이를 위해 관련 기관으로부터 정식 증명서를 교부받는 절차를 거쳐야 하며, 이는 교관의 전문성을 보장하는 중요한 검증 과정이다.

이러한 자격 검증을 위한 교관의 교육훈련은 이론적 지식 습득에만 그치지 않고 실무 중심으로 구성된다. 관련 훈련기관에서 임명한 경험이 풍부한 교관의 감독을 받으며 직무교육을 받게 되며, 이 과정에서 실제 교육현장에서 필요한 실무 역량을 체계적으로 습득한다. 나아가 응시자는 교관으로서의 직무 수행 능력을 실질적으로 입증하기 위해 보조 교관 임무를 수행하는 기회를 갖는다. 이러한 단계적 접근방식을 통해 예비 교관들은 실제 교육 환경에서의 경험을 쌓으면서 점진적으로 독립적인 교관 역할을 수행할 수 있는 역량을 갖춰나간다.

4) 지속적 전문성 유지를 위한 정기교육 체계

초기교육과정을 통해 자격을 갖춘 항공보안교관의 전문성을 지속적으로 유지하기 위해서는 정기적인 교육이 필수적이다. ICAO 기준에 따르면 항공보안교관은 최소 매 2년마다 항공보안 관련 최신 동향에 대한 정기교육을 반드시 이수해야 한다. 이는 급변하는 항공보안 환경에서 교관들이 최신 지식과 기법을 습득하여 교육의 질을 유지하도록 하려는 제도적 요구사항이다.

정기교육의 신뢰성과 전문성을 보장하기 위해 교육은 권한이 부여된 기관에 의해서만 제공되어야 한다. 이는 교육 내용의 표준화와 품질 관리를 통해 모든 항공보안교관이 일정 수준 이상의 전문 역량을 유지할 수 있도록 하는 중요한 요건이다.

이러한 교관인증체계의 실효성을 확보하기 위해서는 정부 차원의 체계적 관리가 필요하다. 정부에서는 국가항공보안계획(NCASP)에 따라 교관인증체계의 수립과 이행을 보장해야 하는 의무를 지고 있다. 이는 단순히 제도를 만드는 것을 넘어 지속적인 모니터링과 개선을 통해 실질적인 운영 효과를 달성해야 함을 의미한다. 정부의 이러한 역할은 항공보안교관 제도가 국제적 기준에 부합하면서도 국내 항공보안 환경에 적합하게 운영될 수 있도록 하는 핵심적 기능을 담당한다.

5) 교관 자격인증 과정과 표준화된 평가체계

정기교육을 통한 지속적 역량 유지와 더불어 항공보안교관 인증 제도의 주된 목적은 모든 교관이 갖춰야 할 교육학적 역량 및 교과지식에 대한 허용 가능한 최소 표준을 명확히 입증할 수 있도록 하는 것이다. 이는 단순히 자격을 부여하는 것을 넘어 항공보안 교육의 일관된 품질을 보장하기 위한 핵심적 장치라 할 수 있다.

또한 모든 항공보안교관이 훈련을 이수한 직원들이 적절한 운영 표준을 달성할 수 있는 교육을 지속적이고 안정적으로 제공할 수 있어야 한다. 이는 교관 개인의 역량뿐만 아니라 교육 시스템 전반의 안정성과 지속성을 확보하는 데 중요한 의미를 갖는다.

가. 인증시험의 기본원칙과 요구사항

표준화된 평가를 위해 인증 과정에서 실시되는 시험은 반드시 공정하고 신뢰할 수 있으며 유효하고 표준화되어야 한다. 이러한 원칙들은 인증 제도의 신뢰성과 객관성을 담보하는 기본 조건이다.

인증 프로세스에는 최소한 다음의 핵심 요소들이 포함되어야 한다. 먼저 응시자의 신원확인 절차가 필요하며, 항공보안교관 자격에 응시한 교육생의 적격성을 확인하기 위한 철저한 신원조회가 이루어진다. 이와 함께 교육학적 역량에 대한 확인과 교과지식에 대한 검증이 체계적으로 진행되어야 한다.

나. 인증서 발급과 관리체계

엄격한 인증 프로세스를 성공적으로 거쳐 인증을 획득한 후에는 응시자에게 자격 세부사항 및 유효 기간을 명확히 수록한 공식 인증서가 발급된다. 이 인증서는 교관의 자격을 공식적으로 증명하는 중요한 문서로서, 명확한 유효 기간 표시를 통해 정기적인 재인증의 필요성도 함께 관리하고 있다.

인증 시험 및 제반사항은 관련 교육기관에 의해 수행되어야 하며, 이는 전문성과 일관성을 보장하기 위한 필수적 요건이다. 이러한 체계적 접근을 통해 항공보안교관 인증제도의 실효성과 신뢰성을 지속적으로 확보할 수 있다.

(2) 교육훈련 규정

▌국가민간항공보안 교육훈련지침

제14조(항공보안교관의 자격·경력 등) ① 시행규칙 제15조제1항제2호 및 「운항기술기준」에 따른 교관의 자격·경력 등은 다음 각 호의 어느 하나에 해당하는 자로서 국제민간항공기구(ICAO), 국제항공운송협회(IATA), 미국 교통보안청(TSA), 항공훈련기관, 보안검색교육기관에서 교관교육과정을 이수한 자이어야 한다.

1. 항공보안관련 업무 경력 3년 이상인 자
2. 보안검색장비 관리, 유지 또는 보수경력이 3년 이상인 자
3. 보안장비 제작사에서 해당과정에 맞는 교육을 이수한 자

② 제1항에 따른 전임교관 이외의 교관은 항공보안 관련 기획·감독업무를 수행한 자 또는 해당분야에 2년 이상 경험을 가진 자로서 국토교통부장관 또는 교육기관의 장이 임명하는 자를 말한다.

③ 항공기 승무원, 탑승수속 직원, 항공교통관제사, 화물보안 업무 요원(화물보안검색요원은 제외한다)등에 대하여 항공보안교육을 자체적으로 실시하는 경우 교관의 자격기준은 다음 각 호의 어느 하나와 같다.

1. 국제민간항공기구(ICAO), 국제항공운송협회(IATA), 미국 교통보안청(TSA), 항공훈련기관, 보안검색교육기관의 교관 교육과정을 이수한 자로 항공보안 경력이 1년 이상인 자
2. 항공보안 업무 또는 해당 분야실무 경험 2년 이상인 자 중 기관의 장 또는 소속의 장이 임명한 자

④ 교육과정별 교관은 제1항부터 제3항의 요건과 별표 3부터 별표 18 및 별표 18의2의 교관 요건에 적합하여야 한다.

⑤ 교육기관의 장은 항공보안교관의 자질 향상과 교육의 효율성 제고를 위하여 국제민간항공기구(ICAO), 국제항공운송협회(IATA), 미국 교통보안청(TSA) 및 항공훈련기관 등에서 실시하는 세미나, 국제회의, 교

육 등에 전임교관들을 2년에 1회 이상 참여하도록 하여야 한다.

제15조(항공보안교관의 확보 등) 보안검색교육기관은 다음 각 호의 교관 및 행정요원을 확보하여야 한다.

1. 전임교관 3명 이상. 다만, 교관 1인당 주 20시간 이내의 교육을 담당하여야 한다.
2. 행정요원 1인 이상
3. 필요시 보조교관 1인 이상

1) 항공보안교관의 정의와 차등적 자격 체계

ICAO 기준에 따라 국내 국가민간항공보안 교육훈련지침에서는 "항공보안교관"을 항공전문교육기관 및 보안검색교육기관에서 교육 및 강의를 담당하는 자로 명확히 정의한다. 이는 항공보안 교육의 전문성을 확보하기 위한 기본적인 개념 설정이라 할 수 있다.

가. 일반 항공보안교관의 자격요건

국내 규정에서 제시하는 항공보안교관이 되기 위한 자격요건은 세 가지 경로로 구분된다. 국제민간항공기구(ICAO), 국제항공운송협회(IATA), 美 교통보안청(TSA), 항공훈련기관, 보안검색교육기관의 교관 교육과정을 이수한 자는 공통기준에 해당한다. 필수 교관과정 이수에 더해 첫째, 항공보안 관련 업무 경력이 3년 이상인 자로 실무 경험을 중시한다. 둘째, 보안검색장비 관리, 유지 또는 보수경력이 3년 이상인 자로 기술적 전문성을 인정하고 있다. 셋째, 보안장비 제작사에서 해당과정에 맞는 교육을 이수한 자로 장비 전문성을 갖춘 인력을 포함한다.

이러한 다양한 자격 경로는 항공보안 분야의 다면적 특성을 반영한다. 이론적 지식, 실무 경험, 기술적 전문성을 고루 인정하는 포괄적 접근을 통해 다양한 배경의 전문가들이 항공보안 교육에 참여할 수 있는 기회를 제공하고 있다.

나. 자체 교육 실시 시 교관 자격기준

일반 교관 자격요건과 별도로 항공기 승무원, 탑승수속 직원, 항공교통관제사, 화물보안 업무(화물보안검색요원 제외) 등에 대하여 항공보안교육을 자체적으로 실시하는 경우에는 보다 유연한 교관 자격기준을 적용한다.

자체 교육 교관의 자격기준은 두 가지 중 어느 하나를 충족하면 된다. 첫 번째는 ICAO, IATA, TSA, 항공훈련기관, 보안검색교육기관의 교관 교육과정을 이수한 자로 항공보안 경력이 1년 이상인 자다. 두 번째는 항공보안 업무 또는 해당 분야 실무 경험이 2년 이상인 자 중 기관의 장 또는 소속의 장이 임명한 자다.

이러한 차등적 자격기준은 교육 대상과 내용의 특성을 고려한 합리적 접근이다. 각 기관의 특수성과 교육 수요를 반영하여 적절한 수준의 전문성을 확보하면서도 실무적 유연성을 제공한다. 특히 자체 교육의 경우 해당 기관의 업무 특성을 잘 이해하는 내부 인력을 활용할 수 있도록 함으로써 교육의 현장 적합성을 높이고 있다.

2) 항공보안교관 인증서 발급 체계와 관리 주체

차등적 자격 체계와 함께 국내 항공보안교관 인증서 발급 체계는 국가항공보안계획을 통해 체계적으로 관리된다. 국가항공보안계획 10.2.8에 따르면, 국토교통부장관이 국가민간항공보안 교육훈련지침에 따른 항공보안교관 인증평가에 합격한 사람에게 공식적인 항공보안교관 인증서를 발급하도록 규정하고 있다.

인증서 발급은 원칙적으로 국토교통부장관의 권한이지만, 실무적 효율성을 고려한 예외 규정도 마련되어 있다. 항공보안법 제28조에 따라 국토교통부장관이 지정한 보안검색 교육기관의 장이 국토교통부장관을 대신하여 인증서를 발급할 수 있도록 한다. 다만, 이 경우에도 교관 교육과정을 실시한 교육기관은 제외하여 객관성과 공정성을 확보하고 있다.

이러한 발급 체계는 인증서의 공신력을 유지하면서도 현실적인 업무 효율성을 동시에 추구하는 합리적 접근이라 할 수 있다. 특히 교육을 실시한 기관과 인증서를 발급하는 기관을 분리함으로써 평가의 객관성을 확보하려는 노력이 돋보인다.

3) 현행 항공보안교관 제도의 구조적 한계

인증서 발급 체계가 확립되어 있음에도 불구하고 우리나라 항공보안교관 제도는 여러 가지 구조적 문제점을 안고 있어 개선이 시급한 상황이다. 이러한 문제점들은 교육의 질과 효율성에 직접적인 영향을 미치고 있어 체계적인 해결방안이 필요하다.

가. 전임교관 운영의 비효율성

현행 규정에서 가장 두드러지는 문제는 국내 보안검색교육기관의 항공보안교관 요구조건과 관련되어 있다. 전임교관 3명을 배치하도록 요구하고 있으나, 보안검색요원의 특성상 학과교육보다 검색실무 및 장비 운용 등 실기교육의 중요도가 훨씬 높음에도 불구하고 학과교관과 실기교관에 대한 구분이 전혀 규정되어 있지 않다.

보안검색요원 교육은 항공보안법령, 위해물품 식별, 보안절차 등에 관한 이론적 지식 습득과 더불어, 엑스선검색장비 판독, 신체검색 기법, 폭발물흔적탐지장비 운용 등 실제 보안검색장비를 활용한 실습교육이 필수적으로 요구된다.

그러나 우리나라의 경우, 획일적 접근으로 인하여 전임교관이 학과와 실기를 모두 담당하여야 하는 상황이 발생하고 있다. 이것은 교육의 전문성과 효율성을 크게 저해하는 요인으로 작용한다. 학과교관은 항공보안 법규와 정책에 대한 깊이 있는 이해를 요구하는 반면, 실기교관은 최신 보안검색장비에 대한 실무 경험과 기술적 전문성을 보유하여야 하며, 다양한 위해물품 은닉 사례에 대한 실제적 지식을 갖추어야 한다. 그러나 현재의 규정은 이러한 실기교육의 특수성을 반영하지 못하고 있으며, 학과교관과 실기교관의 자격요건을 구분하지 않음으로써 교육의 질적 수준을 담보하기 어려운 구조를 형성하고 있다.

나. 재인증 제도의 불완전성과 체계성 부족

전임교관 운영의 문제와 더불어 국제적 기준과 비교했을 때 우리나라 항공보안교관 제도에서 가장 심각한 문제는 재인증 제도의 불완전성이다. ICAO Doc. 8973에서는 항공보안교관이 최소 매 2년마다 재인증을 위한 재교육(Recurrent Training)을 받도록 명확히 요구한다. 이는 급변하는 항공보안 환경에서 교관들의 지속적인 전문성 유지를 위한 필수적 요건으로 자리잡고 있다.

그러나 현재 국내에는 항공보안교관에 대한 재인증 관련 요건이 체계적으로 마련되어 있지 않은 상황이다. 이로 인해 교관들의 전문성이 시간이 지나면서 점차 저하될 수 있으며, 최신 보안 동향과 기법을 적시에 반영하지 못하는 구조적 한계를 드러내고 있다. 즉, 초기 교관 자격 취득 이후 지속적인 역량 검증 절차가 부재함으로써, 교육의 질적 수준을 장기적으로 담보하기 어려운 상황인 것이다.

국가항공보안계획 10.2.2에서는 항공보안교관(ICAO 인증 교관 교육과정을 이수한 자 제외)의 인증 및 재인증이 교육을 실시한 교육기관이 아닌 다른 보안검색교육기관의 장에 의해 시행되어야 한다고 규정한다. 또한 항공보안교관의 자격은 2년에 1회 이상 국가민간항공보안 교육훈련지침에 따른 교육 등을 이행해야 유효하며, 해당 교육 등을 이행한 자에 대해 그 자격을 재인증한다고 명시하고 있다. 이러한 규정은 재인증 제도의 기본적 틀을 제시하고 있으나, 구체적인 재인증 교육의 내용, 평가 기준, 재인증 절차 등이 명확하게 규정되어 있지 않아 실효성 확보에 한계가 있다.

국가민간항공보안 교육훈련지침 제14조제4항에서는 교육과정별 교관요건을 단계적으로 정하고 있다. 먼저 일반 항공보안교관 자격요건과 자체 교육실시 시 교관기준을 충족하여야 하며, 이후 같은 지침 별표 3부터 별표 18의2까지 규정된 교육과정별 교관요건을 추가로 모두 충족하는 자를 적합한 교관으로 인정하고 있다. 그러나 이러한 요건은 초기 자격 취득 시의 기준일 뿐, 재인증 과정에서 어떠한 요건을 충족하여야 하는지에 대해서는 구체적으로 제시되어 있지 않다.

한편, 국가민간항공보안 교육훈련지침 제14조제5항에서는 교육기관의 장이 항공보안 교관의 자질 향상과 교육의 효율성 제고를 위하여 국제민간항공기구(ICAO), 국제항공운송협회(IATA), 미국 교통보안청(TSA) 및 항공훈련기관 등에서 실시하는 세미나, 국제회의, 교육 등에 전임교관들을 2년에 1회 이상 참여하도록 하여야 한다고 규정하고 있다. 이 규정은 전임교관들만을 대상으로 한정한다는 의미로 해석될 여지가 있으며, 비전임교관의 경우 이러한 국제 교육 참여 의무가 부과되지 않아 교관 간 전문성 유지 기회에 격차가 발생할 수 있다는 문제가 제기된다.

다. 일반교관에 대한 정기교육 공백

재인증 제도의 불완전성과 관련하여 더욱 문제가 되는 것은 국가민간항공보안 교육훈련지침 제14조제2항에서 규정한 전임교관 이외의 교관들에 대한 정기교육 체계가 모호하다는 점이다. 항공보안 관련 기획·감독업무를 수행한 자 또는 해당분야에 2년 이상 경험을 가진 자로서 국토교통부장관 또는 교육기관의 장이 임명하는 일반교관과 제3항에 따른 자체 교육 실시 교관에 대한 정기교육 규정이 명확하지 않다. 이로 인해 이들에 대한 지속적인 전문성 관리에 공백이 발생하고 있다.

이러한 제도적 불완전성은 항공보안교관 전체의 역량 관리에 일관성 부족을 초래한다. 국제적 기준에 부합하는 체계적 재인증 제도 구축이 시급한 과제로 대두되고 있다.

라. 교육시간 및 인증시스템의 미비

일반교관의 정기교육 공백과 함께 교육과정 운영에서도 국제적 기준과의 격차가 나타난다. 국내 항공보안교관 초기과정 교육시간은 최소 40시간 이상 시행하도록 명시하고 있으나, 현행 ICAO 기준과 비교했을 때 여전히 부족한 수준이다.

더욱이 Annex 17에서 요구하고 있는 교관인증시스템도 현재 미비한 상태에 있다. 교관의 자격과 역량을 체계적으로 관리하고 검증할 수 있는 제도적 기반이 취약한 실정이다. 이는 항공보안 교육의 품질 보장에 상당한 제약 요인으로 작용하고 있다.

4) 교관 전문화와 재인증 체계를 통한 질적 향상 방안

앞서 제기된 문제점들을 해결하기 위해서는 체계적이고 단계적인 개선방안이 필요하다. 이러한 개선방안들은 국제적 기준에 부합하면서도 우리나라의 현실적 여건을 고려한 실현 가능한 접근방식으로 구성되어야 한다.

가. 학과교관과 실기교관의 전문화 체계 구축

현행 제도의 구조적 한계를 극복하기 위한 첫 번째 방안으로 항공보안교관의 역량 및 전문성을 강화하기 위해서는 무엇보다 학과교관과 실기교관으로의 명확한 구분이 필요하다. 현재와 같이 한 명의 교관이 모든 영역을 담당하는 방식에서 벗어나 전문 분야별 특화된 교육체계를 구축해야 한다.

학과교관은 항공보안의 기초이론교육을 전담하여 체계적인 이론적 기반을 제공한다. 실기교관은 보안검색실무 및 장비 운용 등의 실기교육을 전문적으로 담당하도록 역할을 분담하는 것이다. 이러한 교관별 교육내용 구분을 통해 각 분야의 전문성을 높이고 교육의 질을 크게 향상시킬 수 있다. 특히 보안검색요원 교육의 특성상 실기교육의 비중이 높다는 점을 고려할 때, 이러한 전문화는 교육 효과를 극대화하는 필수적 조치라 할 수 있다.

나. 국제기준에 부합히는 재인증 제도 도입

학과 교관과 실기 교관의 전문화와 함께 ICAO가 요구하고 있는 조건에 부합하도록 국가민간항공보안 교육훈련지침 제14조제1항(전임교관), 제2항(전임교관 이외의 교관), 제3항(자체 교육 실시 교관) 등 항공보안교관은 최소 매 2년마다 재인증을 위한 정기교육(Recurrent Training)을 받도록 하는 명확한 규정 마련이 필요하다. 이는 국제기준을 충족하는 차원을 넘어 교관들의 지속적인 전문성 유지와 최신 항공보안 동향 습득을 위한 필수 조건이다.

재인증 제도의 도입은 교관들로 하여금 지속적인 자기계발과 전문성 향상을 위해 노력하도록 하는 동기부여 효과도 함께 가져올 것으로 기대된다. 급변하는 항공보안 환경에서 요구되는 새로운 지식과 기법을 정기적으로 업데이트할 수 있는 체계적 기회를 제공하게 된다. 이를 통해 교관들은 최신 보안위협과 대응 방안에 대한 지식을 지속적으로 갱신하며, 교육 현장에서 실질적으로 활용 가능한 내용을 전달할 수 있게 된다.

다. 초기교육과정 시간의 현실적 확대

재인증 제도 도입과 더불어 교관 양성 과정의 질적 개선도 필요하다. ICAO에서 실시하고 있는 항공보안교관 교육과정의 기준에 부합하도록 항공보안교관의 초기교육과정 최소 교육시간을 기존 40시간에서 60시간으로 확대할 필요가 있다. 이러한 교육시간 확대는 교관들이 보다 충실한 기초 역량을 갖출 수 있도록 하는 중요한 개선방안이다.

교육시간의 양적 확대와 함께 교육 내용의 질적 개선도 병행되어야 한다. 이론과 실습의 균형 잡힌 구성을 통해 실제 교육현장에서 즉시 활용할 수 있는 실무 역량을 체계적으로 갖출 수 있도록 해야 한다. 확대된 교육시간은 교수법, 평가방법, 현장실습 등 실질적인 교육 역량 향상에 중점적으로 배분되어야 하며, 이를 통해 국제적 수준의 항공보안교관을 양성하는 기반을 마련할 수 있을 것이다.

5. 항공보안검색요원

(1) ICAO 항공보안검색요원 교육기준과 역량 요구사항

ICAO는 항공보안검색요원의 교육·훈련에 대해 명확한 기준을 제시한다. 교육은 정기적으로 수행되어야 하며, 훈련기간 동안 필요한 기술을 완전히 숙달하는 것을 기본 원칙으로 한다. 이는 항공보안의 실효성을 보장하기 위한 핵심적 요건이다.

1) 초기교육의 체계와 범위

검색 절차에 관여하는 보안요원은 수행해야 할 직무에 따라 체계적인 교육훈련을 이수해야 한다. 이러한 훈련은 포괄적이면서도 전문적인 보안 영역들을 다루고 있으며, 각 영역은 실무에서 직접 활용할 수 있는 실용적 내용으로 구성된다.

주요 교육 영역으로는 보안기술 및 기법, 보안검색장 운영, 기내반입수하물 및 위탁수하물 검색 기법이 포함된다. 또한 보안체계 및 출입통제, 공항보안 및 보안검색에 관한 내용도 중요한 교육 요소로 다루어진다. 이러한 기초 교육과정은 검색요원이 현장에서 마주하게 될 다양한 상황에 대한 기본적 대응 능력을 갖추도록 설계되어 있다.

기초 교육과 더불어 수하물, 화물, 기내식 준비품 및 공항소모품 검색에 대한 실무교육이 진행된다. 위험물, 무기 및 기타 위해물품의 인지 능력 향상을 위한 교육도 실시되고 있다. 현장에서 발생할 수 있는 다양한 상황에 대비하여 공항보안 및 검색사고 보고와 알람작동 시 해결절차에 대한 교육도 포함한다.

교육과정은 단순한 기술 습득을 넘어 서비스 품질 향상까지 고려한다. 공항보안 및 검색승객 서비스 기술과 운영효율성 개선 지원 방안에 대한 교육을 실시하고 있다. 이와 함께 테러리즘의 개요, 항공보안 관련 국제기준 및 국내법령에 대한 이해도 필수 교육 과정에 포함된다. 위험물인지교육과 위험물이 항공기 안전 및 보안에 미치는 영향력 등을 포함한 보안의식 제고를 위한 기타 교육 및 조치들도 중요한 교육 구성요소로 자리잡고 있다.

특히 중요한 점은 보안업무 수행 승인 전에 후보자가 본인의 지식을 검증받기 위해 반드시 인증을 받아야 한다는 것이다. 이는 교육의 실효성을 확보하고 일정 수준 이상의 역량을 갖춘 인력만이 실제 보안업무에 투입될 수 있도록 하는 중요한 안전장치 역할을 한다.

2) 항공보안검색요원 인증체계와 지속적 역량 관리

항공보안검색요원의 인증체계는 초기교육을 통하여 기본역량을 갖춘 검색요원이 지속적으로 전문성을 유지하고 보안서비스의 수준을 보장하기 위한 제도적 기반으로 마련되었다. 이에 따라 각 보안검색운영기관에서는 검색요원이 국가민간항공보안 교육훈련지침(NCASTP)에 따라 인증을 취득하고 유지할 수 있도록 체계적인 관리 체계를 구축해야 한다.

인증과정의 투명성과 객관성을 확보하는 것은 검색요원 인증체계의 신뢰성을 담보하는 핵심 요소에 해당한다. 교육훈련 기관은 검색요원에 대한 인증프로세스를 정기적으로 검토해야 하며, 감독기관의 점검활동에 대하여 법적 근거와 절차적 정당성을 명확히 요구받는다. 이러한 절차적 엄격성은 자의적 판단을 배제하고 일관된 기준을 적용하기 위한 제도적 장치라 할 수 있으며, 인증기준의 표준화를 통하여 검색요원 간 역량 편차를 최소화하려는 목적을 포함한다. 또한, 인증을 위한 교육과정은 검색업무가 요구하는 제반 직무를 종합적으로 반영하여 개발되어야 하므로, 검색요원은 자신이 수행하게 될 모든 직무 영역에 대한 교육훈련을 세부적으로 이수하는 것이 요구된다.

인증 전 직무교육 기간은 이론적 지식을 실무 역량으로 전환하는 핵심적 단계로 평가된다. 검색요원 후보자는 숙련된 직원의 감독을 받으며 학과교육에서 습득한 이론을 현장 상황에 적용하는 훈련을 받게 되며, 이를 통하여 실제 보안검색 업무수행에 필요한 실질적 역량을 체득하게 된다.

검색요원은 초기교육 이수 후 반드시 인증시험을 통과해야 하며, 이후 국내법령에 따라 주기적인 재평가를 받도록 되어 있다. 검색요원이 이수한 모든 교육에 대하여 체계적인 평가를 거쳐야 하며, 개인이 필요한 의무를 수행하기에 충분하다고 판단되는 교육 수준 또는 교육과 경험의 조합은 상세하게 문서화되어야 한다. 이러한 문서화 요구는 검색요원의 역량을 객관적으로 증명하고 사후 검증을 가능하게 하는 근거가 되며, 보안사고 발생 시 교육훈련의 적정성을 입증하는 자료로 활용될 수 있다.

3) 항공보안검색요원 채용과 전문역량 평가 체계

항공보안검색요원의 채용 과정은 인증체계와 함께 검색요원의 전문성을 확보하는 선행단계를 구성하며, 일반적인 인력 선발과는 구별되는 특수한 접근이 요구된다. ICAO는 국제민간항공협약 Annex 17을 통하여 체약국이 보안검색요원에 대한 적격성 평가 기준을 수립하도록 권고하고 있으나, 구체적인 선발방법과 평가 도구에 대하여는 각국의 재량에 위임하고 있다. 우리나라의 경우, 모집 및 선발 과정은 검색요원으로서의 일반적 적합성을 넘어 엑스선검색장비 판독업무에 대한 구체적이고 실질적인 적합성을 평가하는 방향으로 설계되어야 하는데, 이것은 항공보안검색이 요구하는 핵심 역량이 시각적 판독능력과 위해물품 식별능력에 집중되어 있기 때문이다.

정부는 검색요원 직무의 효율적 수행에 필요한 적성을 정확히 확인할 수 있는 선발시험을 지속적으로 검토해야 하는 책무를 지닌다. 이러한 검토는 시험의 실시만으로 완결되지 않으며, 검색업무의 특성을 반영한 최적의 평가 도구를 개발하고 그 타당성을 검증하는 것을 포함한다. 특히, 엑스선 영상 판독능력은 개인의 선천적 인지능력과 후천적 학습효과가 복합적으로 작용하는 영역이므로, 선발단계에서 기초적 인지역량을 평가하는 것은 이후 교육훈련의 효율성을 제고하는 데 기여할 수 있다.

이러한 정부의 기준에 따라 교육훈련 기관에서는 보다 포괄적인 평가체계를 구축해야 한다. 고객 서비스 역량, 엑스선검색장비 판독 수행능력 및 경계유지 능력을 포함하여 보안검색요원의 역할을 구성하는 다양한 직무특성을 반영하는 광범위한 기술평가가 이루어져야 한다. 이를 위해 개인의 특성과 직무 적성을 동시에 측정할 수 있는 체계적인 평가시스템을 마련하는 것이 요구된다. 특히, 보안검색업무는 반복적이고 집중력을 요하는 특성상 피로도와 권태감에 대한 저항력이 중요한 요소로 작용하므로, 이러한 심리적 특성에 대한 평가도구가 개발되어야 할 것으로 판단된다.

채용 후 교육훈련프로그램은 선발과정을 통하여 확보된 인력의 잠재역량을 실무역량으로 전환하는 체계적 과정으로 관리되어야 한다. 항공보안당국의 인증을 받은 교관 또는 숙련된 관리자가 교육을 수행하도록 규정하고 있으며, 특히 감독이 이루어지는 직무교육을 필수적으로 포함하여야 한다. 이러한 감독체계를 통하여 신입 검색요원은 현장에서 요구되는 실무 역량을 체계적으로 습득할 수 있게 되는데, 감독자의 자격요건과 감독 범위에 대한 명확한 규정이 전제되어야 실효성이 담보될 수 있다. 그러나 현실에서는 인력 부족과 업무 과중으로 인하여 직무교육이 형식적으로 운영되는 사례가 발견되며, 이것은 검색요원의 전문성 확보에 장애요인으로 작용하고 있다는 점을 간과해서는 아니 될 것이다.

(2) 미국 TSA 보안검색요원

1) TSA의 단계별 보안체계와 검색요원(TSO) 운영

미국 교통보안청(TSA)은 2001년 항공교통보안법(Aviation and Transportation Security Act) 제정 이후 항공보안 강화를 위하여 단계별 검색체계를 구축하였으며, 이러한 체계는 검색요원(TSO, Transportation Security Officer), 표준운영절차(SOP), 원형검색장비, 폭발물탐지장비 등 첨단 검색기술로 구성되어 승객 보안검색의 전 과정을 포괄하고 있다. TSA의 보안검색체계에서 TSO는 항공보안 현장의 실질적 집행주체로서 다양하고 전문적인 인원검색 직무를 수행하는데, 이들의 업무는 기본 확인업무와 기술 전문업무로 구분되며 각 영역별로 특화된 역량이 요구된다는 점에서 단순한 경비인력과는 구별되는 전문성을 지닌다.

먼저 기본 확인업무 영역에서 TSO는 신원확인과 검색안내 업무를 담당한다. 신원확인 과정에서는 승객의 여행문서(신분증) 및 탑승권에 대한 본인 일치 여부를 철저히 확인하며, 검색안내 업무를 통해 검색대에서의 프로세스 진행과 기타 안내 관련 업무를 수행함으로써 승객들의 원활한 검색을 지원하게 된다.

한편 기술적 전문성을 요구하는 업무 영역으로는 이미지판독, 검색장비 운용, 촉수검사가 있다. 이미지판독에서는 엑스선검색장비 이미지 분석을 통해 기내반입수하물의 위해물품 반입여부를 정확히 식별하는 중요한 역할을 수행한다. 아울러 원형검색장비와 문형금속탐지장비 운용을 통해서는 첨단기술을 활용한 위해물품 탐지업무를 담당한다.

촉수검사(Pat-Down)는 원형검색장비나 문형금속탐지장비에서 경보가 발생한 경우 또는 승객이 장비 검색을 거부하는 경우에 실시되는 보완적 검색방법으로, 신체에 대한 직접적인 접촉을 수반하므로 엄격한 절차적 규정이 적용된다. TSA는 촉수검사 과정에서 발생할 수 있는 인권침해 논란을 최소화하기 위하여 동성(同性) 검색요원에 의한 검사를 원칙으로 하고 있으며, 검사 전 절차에 대한 설명과 동의 확보를 요구하고 있다. 이러한 절차적 엄격성은 보안검색의 정당성을 확보하는 동시에 승객의 기본권을 보호하려는 시도로 이해되나, 현실에서는 검색의 신속성과 철저성 간의 균형을 유지하는 것이 검색요원에게 상당한 부담으로 작용하고 있다.

폭발물 탐지분야에서 TSO는 폭발물흔적탐지장비(ETD) 운용과 수검색(Manual Search) 업무를 담당한다. 기내반입수하물에서 샘플을 채취하고 폭발성 잔류물에 대하여 정밀 검사를 실시하는 한편, 폭발물흔적탐지장비와 수검색을 병행함으로써 이중 검증체계를 구축하였는데, 이것은 폭발물 탐지의 정확성을 제고하고 오류발생을 최소화하기 위한 방안으로 채택된 것이다.

보안검색의 최종 단계인 보호구역 진입 모니터링에서는 보안검색 프로세스를 통과하지 아니한 승객의 무단진입을 지속적으로 감시하는 업무가 수행된다. 이것은 보안검색체계의 완결성을 담보하는 중요한 통제절차로, 검색을 우회하거나 검색 완료 후 비보호구역으로 재진입하는 행위를 방지하기 위한 것이다.

위탁수하물 검색 영역에서는 폭발물탐지장비(EDS)와 폭발물흔적탐지장비(ETD)를 주요 장비로 활용하며, 보완적 수단으로 개봉검색과 폭발물탐지견(K9) 검색을 병행함으로써 보안의 실효성을 제고시키고 있다.

2) TSO 인증체계와 TSA Academy 중심의 교육 혁신

미국 TSA의 검색요원(TSO) 인증체계는 체계적이고 단계적인 교육과정을 교육과정을 통하여 운영되며, 이론교육과 실무훈련을 결합한 이원화된 구조를 채택하고 있다. 모든 TSO는 TSA Academy에서 2주간의 초기교육을 이수한 후, 근무예정 공항에서 80시간의 직무교육(OJT)을 받고 최종 평가를 거쳐 실제 업무를 수행하게 된다. 이러한 이원화된 교육체계는 표준화된 이론교육을 통하여 기본역량을 함양하고, 이어지는 직무교육을 통하여 각 공항의 특수성과 현장 실무를 습득하도록 설계된 것으로, 교육의 일관성과 현장 적합성을 동시에 확보하려는 시도로 평가된다.

현재의 교육체계가 정착되기까지는 중요한 제도적 변화 과정을 거쳤다. TSO 교육체계는 2016년을 기점으로 근본적인 전환을 경험했는데, 2015년까지는 각 근무예정공항에서 개별적으로 초기교육을 실시하는 분산형 방식을 채택하고 있었다. 이러한 분산형 교육방식은 각 공항의 물리적 환경과 운영특성을 교육과정에 직접 반영할 수 있다는 장점이 있었으나, 공항별로 상이한 교육내용과 교육수준이 적용됨으로써 TSO의 역량에 편차가 발생하는 문제가 지적되었다.

이러한 구조적 문제를 해결하기 위해 TSA는 2016년 1월부터 새로운 교육체계를 도입했다. 연방사법연수원 내에 위치한 TSA Academy에서 집합교육을 실시하는 방식으로 전환하였으며, 이를 위해 'TSO Basic Training' 과정을 신설하고 모든 TSO가 표준화된 교육을 이수하도록 의무화하였다.

교육체계의 개편은 TSO 양성과정에 실질적인 개선을 가져온 것으로 평가된다. 첫째, 교육의 일관성과 전문성이 제고되었는데, 이것은 표준화된 교육과정과 교재를 사용하고 자격을 갖춘 전문교관이 교육을 담당함으로써 가능하였다. 둘째, 전국적으로 동일한 수준의 역량을 갖춘 TSO를 양성할 수 있는 제도적 기반이 마련되었으며, 이를 통하여 공항 간 보안검색 수준의 편차를 줄이는 데 기여하였다. 셋째, 집합교육 방식을 채택함으로써 교육자원을 효율적으로 활용하고 최신 보안위협과 검색기법을 신속하게 교육과정에 반영할 수 있는 체계적 교육환경을 구축하였다. 넷째, TSA Academy라는 전문교육기관을 통하여 교육과정에 대한 지속적인 평가와 개선이 가능하게 되었으며, 교육효과에 대한 체계적인 측정과 분석도 이루어질 수 있게 되었다.

(3) 교육훈련 규정

> **▌국가민간항공보안 교육훈련지침**
>
> **제20조(보안검색요원)** ① 공항운영자등은 보안검색요원이 검색 업무를 수행하기 전에 보안검색교육기관으로부터 별표 8에 따른 보안검색요원 초기교육, 별표 8의2의 직무교육 이수 및 제12조의2에 따른 자격인증 여부를 확인한 후에 검색업무를 수행하도록 하여야 한다.

② 인증평가는 직무교육(OJT) 완료 후 3개월 이내에 이수 완료하여야 한다.
③ 공항운영자등은 보안검색요원에 대하여 연 1회 이상 별표 8의3의 정기교육을 이수하도록 하여야 한다.
④ 공항운영자등은 보안검색요원이 보안검색업무를 수행하는 중에 국토교통부장관이 인정하는 관계기관이나 공항운영자등이 실시하는 불시평가에서 합격하지 못한 경우에는 보안검색교육기관에서 8시간 이상 재교육을 받은 후에 보안검색업무를 수행하도록 하여야 한다. 이 경우 정기교육을 이수한 것으로 본다.

1) 항공보안검색요원 자격요건과 선발기준

항공보안검색요원이 되기 위해서는 기본적인 자격요건을 충족해야 한다. 먼저 만 18세 이상의 대한민국 국적자여야 하는데, 이는 항공보안업무의 특성상 국가 안보와 직결되는 중요한 업무를 수행하기 때문이다.

이러한 기본 요건과 함께 신체적 조건도 엄격하게 관리되고 있다. 보안검색요원은 정신적·육체적으로 양호한 상태를 유지해야 하며, 특히 검색업무 수행에 필요한 신체조건을 충족해야 한다. 두부, 안면, 경부, 몸통, 사지 등에 업무수행에 지장을 주는 변형이나 기형, 기능장애가 없어야 한다.

신체 조건 중에서도 감각 기능에 대한 요건이 특히 중요하다. 시각 요건의 경우 양쪽 눈이 나안시력 0.2 이상이거나, 교정안경 착용 시 0.8 이상의 시력을 확보해야 한다. 색맹이나 색약도 제외 대상이지만, 색약의 경우 보정렌즈 등으로 교정이 가능하다면 예외를 인정하고 있다.

시각 요건과 더불어 후각과 청력이 정상이어야 하며, 말하고 쓰는 능력도 정상 수준을 유지해야 한다. 이러한 조건들은 검색 과정에서 승객과의 원활한 소통과 위험물질 탐지에 필수적인 요소들이다. 또한 약물 의존이나 알코올중독이 없어야 한다는 조건도 포함되어 있다.

신체적·감각적 요건과 함께 인성 및 경력에 대한 검증도 철저히 진행된다. 채용 전에는 반드시 신원조사를 실시하며, 이와 별도로 최근 5년간의 경력조회도 진행하고 있다. 이러한 이중 검증 시스템을 통해 항공보안업무에 적합한 인력을 선별한다.

모든 자격요건을 충족한 후에도 실무 역량 확보를 위한 추가 과정이 기다리고 있다. 국가민간항공보안 교육훈련지침에 따른 체계적인 교육과정을 이수해야 하며, 이는 이론적 지식을 실무에 적용할 수 있는 능력을 기르는 핵심 과정이다.

2) 보안검색요원 교육체계와 평가기준

보안검색요원이 되기 위한 교육은 초기교육, 직무교육, 정기교육으로 구성된 체계적인 3단계 과정이다. 각 단계마다 명확한 목표와 기준이 설정되어 있어 전문성을 단계적으로 쌓아나갈 수 있도록 설계되었다.

가. 초기교육: 기본기 다지기

첫 단계인 초기교육은 보안검색교육기관에서 최소 40시간 이상 진행된다. 이 과정의 핵심 목표는 승객과 휴대물, 위탁수하물에 대한 체계적인 보안검색 능력을 기르는 것이다. 교육생들은 보안검색 관련 규정 및 절차를 비롯해 위해물품 식별 요령을 집중적으로 학습하게 된다.

기술적 전문성 확보에도 상당한 비중을 둔다. 엑스선 검색장비와 폭발물 탐지시스템의 운영법, 장비 테스트 지식, 엑스선 검색 영상이미지 판독방법 등을 체계적으로 습득하며, 문형금속탐지기, 원형검색장비, 휴대형 금속탐지기를 활용한 승객 보안검색 기법도 익힌다. 여기에 신체 물리적 수색 방법과 휴대물에 대한 물리적 검색방법까지 포괄적으로 다루고 있다.

나. 직무교육과 정기교육: 실무 역량 강화

초기교육의 기반 위에서 실무 전문성을 심화하는 과정이 이어진다. 초기교육을 마친 후에는 최소 800시간 이상의 직무교육을 이수해야 하는데, 이는 실무 현장에서 필요한 깊이 있는 전문지식과 경험을 쌓는 집중 과정이다.

지속적인 역량 개발을 위해 매년 8시간 이상의 정기교육도 보안검색교육기관에서 받아야 한다. 이를 통해 최신 보안 동향과 기술 변화에 지속적으로 대응하여 전문성을 유지하고 발전시켜 나가고 있다.

다. 엄격한 평가와 수료기준

교육과정의 완성도를 보장하기 위해 모든 단계에서 엄격한 평가가 실시된다. 교육생은 총 교육시간의 90% 이상 출석해야 하고, 100점 만점 기준으로 80점 이상을 득해야 수료할 수 있다. 다만 컴퓨터교육 형태의 보안검색훈련 프로그램의 경우에는 해당 프로그램별 평가기준을 적용하고 있다.

이러한 엄격한 기준은 단순히 형식적 요건을 넘어서 항공보안의 품질을 보장하는 핵심 장치로 작용한다. 일정 점수 이상을 획득한 자에 한해서만 교육 이수를 인정함으로써 전문성과 신뢰성을 확보하고 있다.

3) 보안검색요원 관리체계

공항운영자는 보안검색요원이 실제 검색 업무에 투입되기 전에 반드시 필요한 교육

과정을 확인해야 한다. 여기에는 보안검색교육기관에서 실시하는 초기교육과 현장에서 실시하는 직무교육(OJT) 이수가 포함되며, 자격인증 취득 여부도 철저히 점검하고 있다. 이러한 체계적인 사전 준비를 통해 검색요원들이 현장에서 전문적인 업무를 수행할 수 있는 기반을 마련한다.

사전 준비 과정을 완료한 이후에는 지속적인 검증과 관리 체계가 이어진다. 직무교육을 완료한 보안검색요원은 3개월 이내에 인증평가를 반드시 이수해야 하는데, 이는 교육 효과를 실무에 적용할 수 있는지 검증하는 중요한 단계다. 더불어 공항운영자는 모든 보안검색요원에게 연 1회 이상 정기교육을 받도록 하여 지속적인 역량 향상을 도모하고 있다.

수준관리를 위한 보완적 조치도 철저히 운영되고 있다. 보안검색요원이 업무수행 중 국토교통부장관이 인정하는 관계기관이나 공항운영자가 실시하는 불시평가에서 불합격할 경우, 즉시 재교육 과정에 참여해야 한다. 보안검색교육기관에서 8시간 이상의 집중 재교육을 받은 후에야 다시 검색업무에 복귀할 수 있으며, 이 재교육은 정기교육을 이수한 것으로 인정된다.

이러한 포괄적 관리시스템은 항공보안의 품질을 지속적으로 유지하는 핵심 체계로 작용한다. 사전 준비부터 현장 투입, 지속적 평가와 재교육에 이르는 전 과정이 유기적으로 연결되어 보안검색요원의 전문성을 확보하고 있다.

4) 보안검색요원 채용부터 인증관리까지: 통합 관리체계

▌국가항공보안 수준관리지침

제37조(교육훈련 수준관리 감독) 국토교통부장관은 공항운영자, 항공사 및 도심공항터미널운영자의 보안검색요원 또는 항공경비요원에 대한 교육훈련 실시를 감독하여야 한다.

제38조(신원조사 대상 및 범위) ① 보안검색요원 또는 항공경비요원(이하 "보안검색요원 등"이라 한다)을 채용하려는 자는 채용대상자의 신원 및 범죄 사실 등을 포함한 이전 경력을 확인하기 위하여 신원조사를 실시하여야 한다.

② 보안검색요원 등을 채용한 자는 해당 보안검색요원 등이 신원조사 기준을 지속적으로 충족하는지 확인하기 위하여 경찰 등 관계기관과 협의하여 5년에 1회 이상 정기적으로 신원조사를 다시 실시한다.

제39조(지원자 신청서) ① 보안검색요원 등을 채용하고자 하는 자는 지원자로부터 다음 각 호의 사항이 포함된 신청서를 접수하여야 한다.

1. 일반사항(성명, 주민등록번호, 주소, 전화번호)
2. 최근 5년 이내의 경력
3. 보안 관련 교육

> 4. 기입된 정보가 완전하고 정확하다는 서약
> 5. 지원자가 범죄를 저지른 사실이 없다는 서약 단, 경범죄, 경미한 교통사고 등은 제외한다.
> 6. 지원자 서명
> 7. 최근 1년 이내에 촬영한 사진
>
> ② 보안검색요원 등을 채용한 자는 제1항에 따라 제출된 신청서를 해당자가 근무하는 동안 보관하여야 하며, 점검 등을 위하여 항공보안감독관 등이 요구하는 경우 제공하여야 한다.
>
> **제41조(신체 및 건강)** 보안검색요원의 신체 및 건강 등 자격기준은 국가항공보안계획 부록 3에 따른다.
>
> **제44조(보안검색요원 등의 인증서 휴대)** 보안검색요원 등이 보안검색 업무를 수행하는 동안에는 「국가민간항공보안 교육훈련지침」 제12조의2 제2항에 따라 발급된 인증서를 휴대하여야 하며, 항공보안감독관이 인증서의 확인을 요청하는 경우 이에 협조하여야 한다.
>
> **제45조(교육훈련 내용)** 보안검색요원 등에 대한 교육훈련 주기, 교과내용, 서류 관리, 평가 등에 관한 세부적인 사항은 교육훈련지침에 따른다.

보안검색요원을 채용하려는 기관은 반드시 채용대상자의 신원 및 범죄 사실 등을 포함한 이전 경력을 확인하기 위해 체계적인 신원조사를 실시해야 한다. 이는 항공보안의 특성상 높은 수준의 신뢰성이 요구되기 때문이다.

이러한 신원조사와 함께 채용 지원자로부터는 포괄적인 정보가 담긴 신청서를 접수한다. 여기에는 성명, 주민등록번호, 주소, 전화번호 등 일반사항과 최근 5년 이내의 경력, 보안 관련 교육 이수 내역이 포함된다. 특히 기입된 정보의 완전성과 정확성에 대한 서약, 범죄 사실이 없다는 서약(경범죄, 경미한 교통사고 등은 제외), 지원자 서명, 최근 1년 이내 촬영 사진 등도 필수 제출 항목이다.

가. 항공보안검색요원의 결격사유와 자격 제한 기준

신원조사와 신청서 접수 절차를 통해 확인하는 주요 내용 중 하나가 결격사유에 해당하는지 여부다. 국가항공보안계획 10.1.6에 따르면, 항공보안검색요원의 결격사유는 경비업법 제10조제2항제1호부터 제3호까지의 규정을 따르고 있으며, 이는 항공보안업무의 특성상 높은 수준의 신뢰성과 안정성을 요구하기 때문이다.

연령과 법적 지위 측면에서는 명확한 제한 기준을 두고 있다. 18세 미만이거나 60세 이상인 사람 그리고 피성년후견인은 항공보안검색요원이 될 수 없다. 또한 파산선고를 받고 복권되지 않은 자도 결격사유에 해당한다. 이러한 기준은 업무수행에 필요한 기본적인 법적 능력과 경제적 신뢰성을 확보하기 위한 조치다.

법적 지위와 더불어 범죄 경력에 대해서는 더욱 엄격한 기준을 적용하고 있다. 금고 이상의 실형을 선고받고 그 집행이 종료되거나 집행이 면제된 날부터 5년이 지나지 않은 자는 자격을 얻을 수 없다. 금고 이상의 형의 집행유예 선고를 받고 그 유예기간 중에 있는 자도 마찬가지다.

특정 범죄의 경우에는 더욱 긴 기간의 제한을 두고 있다. 해당 범죄로 벌금형을 선고받은 날부터 10년이 지나지 않거나, 금고 이상의 형을 선고받고 그 집행이 종료되거나 집행이 유예·면제된 날부터 10년이 지나지 않은 자는 결격사유에 해당한다.

범죄 경력과 함께 정신적·신체적 건강 측면에서도 명확한 기준이 있다. 심신상실자와 마약·대마·향정신성의약품 또는 알코올 중독자는 항공보안검색요원이 될 수 없다. 또한 치매관리법에 따른 치매, 조현병·조현정동장애·양극성정동장애(조울병)·재발성우울장애 등의 정신질환이나 정신 발육지연, 뇌전증 등이 있는 사람도 결격사유에 해당한다. 다만 해당 분야 전문의가 특수경비원으로서 적합하다고 인정하는 경우에는 예외를 두고 있어 전문적 판단을 존중하는 유연성을 보이고 있다.

나. 신청서 관리와 인증서 휴대 의무

채용 과정에서 수집된 정보는 체계적이고 지속적인 관리가 필요하다. 채용기관은 제출받은 신청서를 해당 직원의 근무 기간 동안 안전하게 보관해야 하며, 항공보안감독관 등이 점검 목적으로 요구할 경우 즉시 제공할 수 있도록 관리하고 있다.

신청서 관리와 함께 현장에서의 인증 관리도 철저히 이루어진다. 보안검색요원은 업무수행 중에 국가민간항공보안 교육훈련지침에 따라 발급된 인증서를 반드시 휴대해야 한다. 항공보안감독관이 인증서 확인을 요청하는 경우에는 적극적으로 협조해야 하는 의무도 있다.

다. 교육훈련 기록의 체계적 관리

인증서 관리와 더불어 교육훈련 과정에 대한 기록 관리도 중요한 요소다. 교육훈련지침에 따라 항공보안교육 훈련을 실시한 기관은 상세한 교육훈련 기록을 3년간 보존해야 한다. 이 기록에는 교육명칭, 교육일시, 교육장소, 교육시간, 강사 정보, 교육시간표, 불시평가 또는 평가 결과(해당 과정에 한함) 등이 포함되어 있다.

지속적인 관리의 연속성을 보장하기 위해 보안검색요원이 퇴직하는 경우에도 퇴직일로부터 최소 90일간은 교육훈련 결과를 유지·관리하도록 하고 있다. 이러한 체계적인 기록 관리는 교육의 질적 향상과 효과적인 인력 관리를 위한 핵심 요소로 작용한다.

6. 항공경비요원

(1) 항공경비요원 제도의 변화: 청원경찰에서 특수경비원으로

항공경비요원 제도는 2001년을 기점으로 근본적인 변화를 겪었다. 과거에는 청원경찰만이 공항 및 항공기 경비 관련 업무를 전담해왔으나, 2001년 청원경찰법 및 경비업법이 개정되면서 특수경비원 제도가 새롭게 도입되었다. 이러한 법적 기반의 변화는 항공경비 인력 운용에 새로운 전환점을 마련했다.

이러한 제도적 변화 이후 현재 국내 주요 공항들은 서로 다른 방식으로 항공경비요원을 운용하고 있다. 한국공항공사의 경우 과거에 채용한 일부 청원경찰 인력이 여전히 남아있지만, 관련 인력의 대부분을 특수경비원으로 교체하고 있는 상황이다.

한국공항공사와는 대조적으로 인천국제공항공사는 보다 적극적인 전환을 통해 현재 항공경비요원 인력을 특수경비원만으로 운용하고 있다. 이처럼 공항별로 상이한 접근방식을 취하고 있어 항공경비 인력 체계의 다양성을 보여주고 있다.

(2) 항공경비요원의 정의와 핵심 임무

항공경비요원은 공항 내 핵심 시설과 자산을 보호하는 전문 인력이다. 구체적으로는 공항시설이나 항공사의 중요시설, 항공기 등을 보호하고 보호구역의 출입을 통제하는 업무를 담당한다. 또한 승객이 아닌 자 및 물품 등에 대한 검색이나 신원확인 업무도 수행하고 있다. 이들은 항공보안 현장에서 물리적 보안을 책임지는 핵심 인력이라 할 수 있다.

이러한 기본 역할을 바탕으로 항공경비요원의 주임무는 공항 시설 및 항공사 터미널, 주기된 항공기 등의 안전을 확보하는 것이다. 이를 위해 비인가자의 침입을 방지하고 보호구역 감시, 순찰업무를 체계적으로 수행하고 있다.

시설 보호와 더불어 보호구역에 출입하는 인원과 차량을 효과적으로 통제하는 업무도 중요한 역할 중 하나다. 출입증 발급부터 출입자 신분확인에 이르기까지 출입통제의 전 과정을 관리하며, 이를 통해 공항 보안의 첫 번째 보호 체계 역할을 하고 있다. 이러한 단계별 보안 구조는 항공보안의 신뢰성을 확보하는 핵심 요소다. 항공경비요원의 철저한 업무수행을 통해 공항 전체의 보안수준이 유지되고 강화되고 있다.

항공경비요원은 위에서 언급한 바와 같이 공항보안에서 출입통제를 담당하는 핵심적인 역할을 하고 있지만 항공보안법에 관련 정의나 구체적인 역할과 책임에 대한 명확한 규정이 없는 것이 현실이다. 보안검색의 정의와 항공보안검색요원에 대한 명확하게 규정이 된 것과는 대조적으로 공항에서 보안의 핵심을 담당하는 항공경비요원의 역할에 맞게 항공보안법에 명확한 규정이 필요해 보인다.

이러한 법적 공백은 여러 실무적 문제를 야기할 수 있다. 항공경비요원의 업무 범위와 권한이 법률적으로 명확하지 않아 현장에서 업무수행 시 혼선이 발생할 가능성이 있으며, 책임과 의무의 경계가 모호하여 관련 기관 간 역할 분담에서도 어려움이 생길 수 있다.

특히 항공보안검색요원의 경우 항공보안법 및 관련 규정에서 정의와 자격요건, 교육훈련 등이 체계적으로 규정되어 있는 반면, 항공경비요원은 국가민간항공보안 교육훈련지침에 분산적으로 규정되어 있어 통합적 관리에 한계가 있다.

공항 보안체계에서 출입통제가 갖는 중요성을 고려할 때, 항공경비요원의 법적 지위와 역할을 항공보안법에 명확히 규정하는 것은 항공보안 체계의 완성도를 높이고 현장 운영의 효율성을 개선하는 데 필수적인 과제로 판단된다. 이를 통해 항공보안 인력 전반에 대한 일관된 법적 기반을 마련할 수 있을 것이다.

(3) 항공경비요원 양성을 위한 단계적 교육훈련 체계

현행 법령체계에서 항공경비요원이 되기 위해서는 단계적 접근이 필요하다. 먼저 경비업법에서 규정한 80시간의 교육을 이수한 후 특수경비원으로서의 자격을 취득해야 한다. 특수경비원을 항공경비요원으로 채용하는 경우에는 최근 5년간의 경력과 경비업법에 의한 교육수료 여부를 확인하여야 하고, 그 다음에 항공보안법 및 국가민간항공보안 교육훈련지침에 따른 항공경비요원 교육을 받아야 한다. 이러한 2단계 교육체계는 기본적인 경비 역량과 항공보안 전문성을 순차적으로 갖추도록 설계된 것이다.

이러한 단계적 교육 체계의 운영 주체와 방식을 살펴보면, 현재 항공경비요원 인력 양성은 경찰청 소관인 경비업법 제4조 및 제13조에 따라 특수경비사업 및 특수경비원 자격을 갖춘 사업자와 인력을 대상으로 하고 있다. 이들 중 일부를 선별하여 국가민간항공보안 교육훈련지침 제21조에 따른 추가 교육 및 훈련을 실시함으로써 항공경비요원으로 양성하는 체제를 운용하고 있다.

기본적인 양성 체계와 함께 지속적인 역량 개발을 위한 교육과정도 체계적으로 운영된다. 항공경비요원의 교육과정은 초기교육과 정기교육 외에도 업무 숙련도 증진을 위한 직무교육이 추가로 실시되고 있다. 이는 보안검색요원과 마찬가지로 현장 적응력을 높이고 지속적인 역량 개발을 도모하기 위한 조치다.

특별한 업무를 수행하는 항공경비요원의 경우에는 추가적인 전문 교육이 요구된다. 공항 내 상주 직원 출입초소 등에서 엑스선검색장비 판독 업무를 수행하는 항공경비요원들은 별도의 전문 교육을 받아야 한다. 이들은 국가민간항공보안 교육훈련지침 제21조에 따라 기존 보안검색요원과 동일한 관련 교육과정을 이수하도록 하고 있다.

즉, 항공경비요원 관련 교육과정과는 별도로 보안검색요원의 초기교육, 직무교육 및 정기교육을 추가로 이수해야 하는 것이다. 이러한 이중 교육체계는 업무의 전문성과 다양성을 반영한 맞춤형 인력 양성 방식이라 할 수 있다. 항공경비요원이 담당하는 다양한 업무 영역에 따라 필요한 전문 지식과 기술을 체계적으로 습득할 수 있도록 지원하는 교육 구조를 형성하고 있다.

(4) 항공경비요원 교육과정: 단계별 이수와 유연한 운영 체계

> **▌국가민간항공보안 교육훈련지침**
>
> **제21조(항공경비요원)** ① 공항운영자등은 항공경비요원에 대하여 별표 9와 별표 9의2의 초기교육 및 직무교육을 이수하도록 하여야 한다.
>
> ② 공항운영자등은 항공경비요원에 대하여 별표 9의3에 따른 정기교육을 이수하도록 하여야 한다. 다만, 「경비업법」 및 「청원경찰법」에 따라 매월 실시하는 교육에 별표 9의3 교육 내용이 포함된 경우에는 정기교육을 이수한 것으로 본다.
>
> ③ 공항운영자등은 항공경비요원이 항공경비업무를 수행하는 중에 국토교통부장관이 인정하는 관계기관이나 공항운영자등이 실시하는 불시평가에서 합격하지 못한 요원에 대하여는 보안검색교육기관에서 8시간 이상 재교육을 받은 후 항공경비업무를 수행하도록 하여야 한다. 이 경우 정기교육을 이수한 것으로 본다.
>
> ④ 항공경비요원 중 상주직원 출입초소에서 엑스선검색장비를 사용하여 엑스선검색장비 판독업무를 수행하는 자는 보안검색요원 초기교육, 직무교육, 자격인증 및 정기교육을 이수하여야 한다.
>
> ⑤ 항공경비요원 초기·직무교육을 이수한 자가 항공보안검색요원 초기·직무교육 과정에 입과 한 경우, 항공경비요원 초기 및 직무교육 과정과 동일·유사한 과목은 생략(최대 8시간 이내)하여 교육과정을 운영할 수 있다.(이와 반대의 경우도 해당)

항공경비요원이 되기 위한 기본 교육과정은 체계적으로 구성되어 있다. 초기교육은 최소 30시간 이상, 직무교육은 최소 24시간 이상 이수한 후 인증평가를 통해 자격을 취득할 수 있다. 이러한 단계별 교육과정은 항공보안 분야의 전문성을 확보하면서도 현장 적응력을 기르는 데 중점을 두고 있다.

기본 교육과정을 완료한 이후에는 지속적인 역량 관리를 위한 정기교육이 실시된다. 항공경비요원의 정기교육은 효율성을 고려한 유연한 운영이 가능하다. 보안검색교육기관에서 연1회 최소 8시간 이상 교육을 이수하거나 경비업법 및 청원경찰법에 따라 매월 실시하는 직무교육에 국가민간항공보안 교육훈련지침 별표 9의3에서 정한 항공경비요원 정기교육 내용이 포함된 경우에는 별도의 정기교육을 이수한 것으로 인정하고 있다. 이는 교육의 중복을 피하고 실무진의 부담을 줄이는 합리적인 조치다.

정기교육과 함께 품질 관리를 위한 보완적 장치도 운영되고 있다. 항공경비요원이 업무수행 중 국토교통부장관이 인정하는 관계기관이나 공항운영자가 실시하는 불시평가에서 불합격할 경우, 즉시 재교육 과정에 참여해야 한다. 보안검색교육기관에서 8시간 이상의 재교육을 받은 후에야 항공경비업무에 복귀할 수 있으며, 이 재교육은 정기교육 이수로 인정되고 있다.

교육 운영의 효율성을 더욱 높이기 위해 항공보안 분야의 다양한 직무 간 연계성을 고려한 교육 운영도 가능하다. 항공경비요원 초기·직무교육을 이수한 자가 항공보안검색요원 초기·직무교육 과정에 입과하는 경우, 동일하거나 유사한 과목은 최대 8시간 이내에서 생략할 수 있다. 이와 반대의 경우도 마찬가지로 적용되어 교육의 효율성을 높이고 있다.

이러한 탄력적 운영은 항공보안 인력의 다기능화와 전문성 향상을 동시에 추구하는 현실적 접근법이다. 각 직무별 전문성을 확보하면서도 업무 간 연계성을 활용하여 교육의 효과성과 효율성을 극대화하는 구조를 형성하고 있다.

7. 보안검색감독자

(1) ICAO 기준에 따른 보안검색감독자의 자격요건

ICAO Doc. 8973에 따르면, 검색요원의 감독자는 기본적으로 검색요원과 동일한 자격을 갖춰야 한다. 여기에 더해 검색 작업에 대한 광범위한 경험이 필수적이다. 이는 감독자가 현장의 실무를 깊이 이해하고 있어야만 효과적인 지도와 관리가 가능하기 때문이다.

이러한 기본 요건과 함께 검색요원의 기본 자격 외에도 감독자는 관리직으로서 필요한 특별한 지식을 보유해야 한다. 이러한 지식은 현장에서 발생할 수 있는 다양한 상황에 대처하고 팀을 효과적으로 이끌기 위해 반드시 필요한 요소들이다.

감독자에게 요구되는 특별한 지식은 크게 네 가지 핵심 영역으로 구분된다. 첫째, 효율적인 관리 및 감독 원칙에 대한 이해다. 이는 팀을 체계적으로 운영하고 업무 효율성을 극대화하는 데 필요한 기본 소양이다.

관리 능력과 더불어 둘째, 알람경보 작동 시 해결방법 및 절차에 대한 숙지가 중요하다. 보안검색 과정에서 발생하는 다양한 알람경보 상황에 신속하고 정확하게 대응할 수 있는 능력은 감독자의 핵심 역량 중 하나다.

기술적 대응 능력과 함께 셋째, 항공보안에 관한 올바른 결정을 내리는 판단력이 요구된다. 복잡하고 민감한 보안 상황에서 신속하면서도 정확한 의사결정을 할 수 있는 능력은 감독자에게 필수적이다.

이러한 전문적 역량과 더불어 마지막으로 고객 서비스 및 응대 기법에 대한 이해도 중요하다. 승객들과의 원활한 소통과 서비스 품질 향상을 위해 감독자 수준에서 요구되는 전문적 응대 능력을 갖춰야 한다. 이처럼 감독자는 기술적 전문성과 관리 능력 그리고 서비스 마인드를 고루 갖춘 종합적 역량을 발휘해야 하는 중요한 위치에 있다.

(2) 보안검색감독자의 채용절차와 지정요건

▌국가항공보안 수준관리지침

제42조(보안검색감독자의 채용 및 지정) ① 공항운영자가 보안검색요원의 감독자를 채용하는 경우에는 제40조 및 제41조에서 정한 사항 이외에 2년 이상의 보안검색 실무경험이 있는 사람을 채용하여야 하며, 채용 후 보안검색감독자로 지정하여야 한다.

② 항공사 및 도심공항터미널운영자가 보안검색요원의 감독자를 채용하는 경우에는 제40조 및 제41조에서 정한 사항 이외에 2년 이상의 보안검색 실무경험이 있는 사람을 채용하여야 하며, 채용 후 보안검색감독자로 지정하여야 한다. 다만, 항공사 및 도심공항터미널운영자는 기존의 소속직원 일부를 보안검색감독자로 지정하여 항공보안 업무를 담당하게 할 수 있다.

국가항공보안계획 10.1.3에 따르면, 공항운영자나 항공운송사업자가 보안검색감독자를 지정할 때는 명확한 자격 기준을 충족해야 한다. 우선 국가민간항공보안 교육훈련지침에 따른 보안검색요원 및 보안검색감독자 초기과정을 모두 수료해야 하며, 보안검색 관련법 규정에 대한 충분한 지식을 갖춘 사람을 지정해야 한다.

이러한 기본 자격 기준과 함께 실무 경험에 대한 요건도 엄격하게 관리되고 있다. 국가항공보안 수준관리지침 제42조에 따르면, 공항운영자가 보안검색요원의 감독자를 채용하는 경우에는 기본 자격요건 외에 추가 조건을 충족해야 한다. 2년 이상의 보안검색 실무경험이 있는 사람을 채용해야 하며, 채용 후에는 반드시 보안검색감독자로 지정하는 절차를 거쳐야 한다. 이러한 실무경험 요건은 현장에서의 실질적 역량을 보장하기 위한 핵심 조건이다.

공항운영자와 마찬가지로 항공사 및 도심공항터미널운영자의 경우에도 기본적으로 동일한 기준이 적용된다. 2년 이상의 보안검색 실무경험을 갖춘 사람을 채용한 후 보안검색감독자로 지정해야 한다.

다만 항공사 및 도심공항터미널운영자에게는 운영상의 특별한 유연성이 부여되고 있다. 기존의 소속직원 일부를 보안검색감독자로 지정하여 항공보안 업무를 담당하게 할 수 있다는 예외 조항이 있어 내부 인력의 활용도를 높이고 조직 운영의 효율성을 도모할 수 있도록 하고 있다.

자격요건과 채용 조건을 충족한 보안검색감독자는 지속적인 교육을 통해 전문성을 유지해야 한다. 보안검색감독자는 초기교육 최소 8시간 이상, 정기교육은 최소 8시간 이상 이수하여야 하며, 초기교육 과정은 반드시 평가를 실시하여 100점 만점의 경우 80점 이상을 획득한 자에 한정하여 교육을 이수한 것으로 한다.

(3) 보안검색감독자의 핵심 역할: 위기대응과 현장관리

국가항공보안계획 8.1.30에 따르면, 보안검색감독자는 항공보안검색요원이 보안검색 과정에서 총기·폭발물, 그 밖의 불법적인 무기(안보위해물품)를 발견했을 경우 신속하고 체계적인 대응을 해야 한다. 먼저 국가항공보안계획 부록 2에 따른 적절한 조치를 취한 후 공항 종합상황실에 즉시 통보하고, 종합상황실은 해당 공항 상주 보안기관에 신속히 연락해야 한다.

이러한 일반적인 대응절차와 함께 특수한 상황에 대한 별도의 처리 방식도 마련되어 있다. 신분이 확인된 군인 및 군무원이 안보위해물품을 소지한 경우에는 일반적인 보고체계와 다르게 운영된다. 이 경우에는 해당 공항에 상주하는 군 정보수사기관에 직접 통보하도록 하여 군사 관련 사안의 특수성을 반영하고 있다.

안보위해물품 대응과 더불어 보안검색감독자는 일상적인 업무 관리에서도 중요한 역할을 수행한다. 국가항공보안계획 10.1.4에서는 보안검색감독자의 관리 권한과 복장 규정을 명시하고 있는데, 보안검색감독자는 항공보안검색요원이 정해진 절차에 따라 업무를 수행하지 않을 경우 일정기간 근무 금지 등의 조치를 명할 수 있는 권한을 갖고 있다. 이는 보안검색의 품질과 일관성을 유지하기 위한 중요한 관리 도구다.

관리 권한과 함께 현장에서의 식별성을 위한 규정도 엄격히 적용되고 있다. 승객에 대한 보안검색 감독 시에는 승객 및 항공보안검색요원과 구별되는 정복을 착용해야 한다. 이러한 복장 구분은 현장에서의 명확한 지휘체계를 유지하고 승객들이 감독자를 쉽게 식별할 수 있도록 하는 실용적 조치다.

(4) 보안검색감독자의 현장 배치 원칙과 운영방안

국가항공보안계획 8.1.25에 따르면, 공항운영자는 각 검색장별로 보안검색감독자를 반드시 배치해야 한다. 이는 모든 검색 구역에서 일관된 보안기준과 효과적인 감독체계를 유지하기 위한 핵심 요구사항이다.

이러한 배치 의무와 함께 배치된 보안검색감독자는 검색과정에서 발생하는 다양한 상황에 대해 실시간 지원을 제공하고 있다. 특히 승객위험분석이나 문제가 되는 보안사항에 대해서는 항공보안검색요원에게 필요한 지침을 즉시 제공하여 현장에서의 신속한 의사결정을 돕는다. 이러한 현장 지원 체계는 보안검색의 품질과 일관성을 유지하는 데 매우 중요한 역할을 한다.

표준적인 배치 원칙과 더불어 중·소형 공항의 경우에는 운영 효율성을 고려한 유연한 배치가 가능하다. 지방항공보안협의회 등의 협의를 거쳐 보안검색감독자가 대인 및 위탁검색장 감독업무를 겸직하도록 할 수 있다. 이러한 예외 조항은 규모가 작은 공항의 현실적 여건을 반영하면서도 보안기준은 유지할 수 있도록 하는 합리적 접근법이다.

다만 이 경우에도 반드시 관련 협의체의 협의를 거쳐야 하므로 보안 품질에 대한 검증 절차는 그대로 유지되고 있다. 이를 통해 공항 규모에 관계없이 항공보안의 핵심 기준은 일관되게 적용되는 체계를 구축하고 있다.

8. 항공경비감독자

(1) 항공경비감독자의 개념과 역할

항공경비감독자는 공항보안의 핵심 현장에서 중요한 역할을 담당하는 관리자다. 국가민간항공보안 교육훈련지침 제2조제9호에서는 이들을 '항공경비요원의 업무 수행 실태 등을 감독하는 자'로 정의하고 있다.

이러한 감독자 지위는 아무나 획득할 수 있는 것이 아니다. 공항운영자나 항공운송사업자가 직접 지정한 사람만이 이 역할을 수행할 수 있으며, 이는 항공경비 업무의 전문성과 책임감을 보장하기 위한 중요한 절차다.

감독자로 지정된 이후에는 현장에서 항공경비요원들이 보안절차를 제대로 준수하는지 점검하고, 업무수행 과정에서 발생할 수 있는 문제들을 즉시 파악하여 대응하게 된다. 이러한 실시간 관리 체계를 통해 공항 보안의 일관성과 품질을 유지하고 있다.

항공경비감독자의 역할은 단순히 감시하는 수준에 그치지 않는다. 보안 요원들의 업무 품질을 향상시키고, 공항 전체의 보안수준을 유지하는 데 핵심적인 책임을 지고 있다. 이들의 전문적인 감독 활동이 있기에 승객들이 안전하게 항공기를 이용할 수 있는 환경이 조성되는 것이다.

(2) 항공경비감독자의 채용 자격과 지정 절차

국가항공보안 수준관리지침

제42조의2(항공경비감독자의 채용 및 지정) 공항운영자가 항공경비요원의 감독자를 채용하는 경우에는

> 제40조 및 제41조에서 정한 사항 이외에 2년 이상의 항공경비 실무경험이 있는 사람을 채용하여야 하며, 채용 후 항공경비감독자로 지정하여야 한다.

항공경비감독자는 아무나 될 수 없다. 국가항공보안 수준관리지침 제42조의2에서는 항공경비감독자의 채용과 지정에 대한 명확한 기준을 제시하고 있다.

이러한 기준에 따라 공항운영자가 항공경비감독자를 새로 채용할 때는 반드시 실무경험을 확인해야 한다. 구체적으로 2년 이상의 항공경비 실무경험을 보유한 사람만이 지원 자격을 갖추게 되는데, 이는 감독자가 현장의 다양한 상황을 충분히 이해하고 실질적인 지도를 할 수 있도록 하기 위한 최소한의 요건이라고 볼 수 있다.

실무경험 요건과 함께 중요한 점은 채용이 곧 감독자 역할 수행을 의미하는 것은 아니라는 사실이다. 실무경험을 갖춘 인력을 채용한 후에도 공항운영자는 별도의 지정 절차를 거쳐야 한다. 이러한 이중적인 절차는 항공경비감독자의 전문성과 책임감을 보장하기 위한 제도적 장치로 작동하고 있다.

경력만으로 감독자가 되는 것이 아니라, 조직의 공식적인 지정을 통해 권한과 책임을 부여받는 체계가 확립되어·있는 것이다. 이를 통해 항공보안의 일관성과 전문성이 유지되며, 감독자의 역할과 책임이 명확하게 정의되어 효과적인 보안관리가 이루어지고 있다.

(3) 항공경비감독자 교육훈련 과정과 이수 기준

항공경비감독자가 되기 위해서는 체계적인 교육훈련 과정을 거쳐야 한다. 국가민간항공보안 교육훈련지침에서는 이러한 교육 요건을 명확하게 규정하고 있다.

초기교육 과정에서는 단순히 시간만 채우는 것으로는 충분하지 않다. 제12조에 따르면 반드시 평가를 실시해야 하며, 100점 만점 기준으로 80점 이상을 획득해야만 교육을 이수한 것으로 인정받게 된다. 이는 감독자로서의 전문 지식을 확실하게 습득했는지 검증하는 중요한 과정이다.

평가 기준과 함께 구체적인 교육 시간에 대한 요건도 엄격히 관리되고 있다. 제19조에서는 더욱 구체적인 교육 시간을 명시하는데, 항공경비감독자로 지정되려면 최소 30시간 이상의 항공경비요원 초기교육과정을 먼저 이수해야 한다. 여기에 더해 최소 8시간 이상의 항공경비감독자 초기교육 과정도 필수적으로 이수해야 한다. 이렇게 총 38시간 이상의 초기교육을 통해 기본기와 전문성을 동시에 갖추게 되는 것이다.

엄격한 교육 요건과 함께 현실적인 여건을 고려한 예외 규정도 마련되어 있다. 교육일정 등의 불가피한 사유로 항공경비감독자 초기교육 과정을 즉시 이수하기 어려운 경우에는 지정일로부터 3개월 이내에 이수하면 된다. 이는 현장의 인력 운영 상황을 고려한 유연한 조치라고 볼 수 있다.

초기교육의 완료가 교육 과정의 끝을 의미하는 것은 아니다. 공항운영자등은 항공경비감독자에게 매년 최소 8시간 이상의 정기교육을 이수하도록 해야 한다. 이러한 정기교육을 통해 변화하는 보안 환경에 대응하고, 최신 지식과 기술을 지속적으로 습득하고 있다. 항공보안이라는 분야가 끊임없이 진화하는 만큼, 감독자들의 역량도 계속해서 업데이트되어야 하는 것이다.

9. 항공기내보안요원

(1) 국내외 항공기내보안요원 운영 체계 비교

우리나라 항공기내보안요원 제도는 시대에 따라 큰 변화를 겪어왔다. 과거에는 경찰공무원이 직접 항공기에 탑승하여 보안 업무를 수행했다. 그러나 2002년 항공보안법의 전신인 항공안전 및 보안에 관한 법률이 개정되면서 중요한 전환점을 맞게 된다.

이러한 법적 기반의 변화를 통해 항공기내보안요원 운영 방식이 근본적으로 개편되었다. 이때부터 항공운송사업자가 지명한 자를 항공보안요원(현 항공기내보안요원)으로 운영하기 시작했으며, 각 항공기에는 최소 1명 이상을 의무적으로 탑승시키도록 규정하고 있다.

현재 우리나라의 항공기내보안요원 운영 방식은 매우 체계적이다. 항공운송사업자가 채용한 객실승무원 중에서 적합한 인원을 선발하여 운영하고 있다. 이들은 항공보안법과 국가민간항공보안 교육훈련지침 그리고 항공운송사업자의 자체 운영 지침에 따라 전문적인 교육을 받게 된다.

선발과 교육을 완료한 후에는 정식 승인 과정을 거쳐야 한다. 교육을 모두 이수한 후에는 각 지방 항공청장에게 관련 서류를 제출하고 승인을 받아야만 정식으로 항공기내보안요원으로 활동할 수 있다. 이러한 단계적 과정을 통해 전문성과 신뢰성을 동시에 확보하고 있다.

해외 각국은 자국의 상황에 맞는 독특한 운용 방식을 채택하고 있다. 미국의 경우 교통보안청(TSA) 소속의 기내연방보안요원, 일명 에어 마셜(Air Marshal)이 활동한다. 이들은 무기를 소지한 채 일반 승객으로 위장하여 탑승하고 있으며, 비상시 즉각적인 대응이 가능하도록 훈련받은 전문 요원들이다.

미국과는 다른 접근방식을 보여주는 국가도 있다. 이스라엘은 국가 정보기관 소속 요원들이 직접 항공기에 탑승하여 보안 업무를 수행하고 있다. 이는 이스라엘이 처한 특수한 안보 환경을 반영한 것으로, 고도로 훈련된 정보 요원들이 항공기 내 보안을 책임지는 시스템이다.

중국은 또 다른 형태의 운영 모델을 보여준다. 객실승무원 외에 별도로 보안승무원으로 하여금 기내보안을 담당하도록 하고 있다. 이처럼 각국은 자국의 안보 환경과 항공 산업의 특성을 고려하여 가장 효과적인 항공기내보안요원 제도를 운영하고 있다.

(2) 실습훈련 부족과 법규 교육 부재: 항공기내보안요원 교육의 한계

최근 기내난동 사건이 빈번하게 발생하면서 항공기내보안요원의 실질적인 대응 능력에 대한 우려가 커지고 있다. 특히 항공기내보안요원이 무기를 사용한 제압 상황에서 제대로 대처할 수 있는지에 대한 논란이 계속되고 있다. 이러한 문제의 근본 원인은 실습훈련의 절대적인 부족에서 찾을 수 있다.

현행 교육체계를 분석해보면 심각한 불균형이 발견된다. 정기교육에서는 최소 교육시간 5시간 중 2시간을 무기사용과 구금훈련 같은 실습훈련과 이상승객 감시교육 2시간에 할애하도록 명시하고 있다. 반면 초기교육에서는 실습훈련을 포함하여 최소 8시간 이상으로 운영하여야 한다고만 규정하고 있는 실정이다.

이러한 규정상의 모호함은 실질적인 교육 효과를 제한하고 있다. 가장 중요한 기초훈련 단계에서 실습 시간을 최소 5시간 이상으로 명확히 규정하여 실습 위주의 교육훈련으로 운영할 필요가 있다. 이를 통해 이론적 지식과 실무 역량 간의 격차를 줄일 수 있을 것이다.

교육 시간 배분 문제와 함께 더욱 심각한 문제는 법적 권한과 교육 내용 사이의 괴리다. 항공기내보안요원은 막강한 권한을 가지고 있다. 객실 내에서 불법방해행위나 항공안전을 위협하는 행위자를 체포하고 구금할 수 있으며, 기내에 무기를 휴대하고 탑승할 수 있고 필요시 이를 사용할 수도 있다. 심지어 사법경찰관리의 직무까지 수행하고 있다.

그러나 이런 중대한 권한 행사와 관련된 법규 교육은 전혀 이루어지지 않고 있다. 항공보안법은 국내 항공보안활동의 근거가 되는 법이며, 경찰관직무집행법은 무기 사용 권한을 규정한다. 형법에서는 현행범 체포 절차를 다루고, 사법경찰관리의 직무를 수행할 자와 그 직무범위에 관한 법률도 항공기내보안요원과 직접적인 관련이 있다. 하지만 이 모든 필수 법규에 대한 교육이 현재 커리큘럼에서 빠져 있는 상황이다.

법규 교육의 공백과 더불어 시간적 제약도 큰 문제다. 현재 항공기내보안요원의 초기교육은 단 8시간, 정기교육은 5시간에 불과하다. 이론 교육과 실습훈련을 모두 소화하기에는 턱없이 부족한 시간이다. 특히 실제 상황에서 즉각적인 대응이 필요한 실습훈련을 제대로 수행하기란 사실상 불가능한 구조다.

이러한 교육 시스템으로는 기내에서 발생할 수 있는 다양한 위협 상황에 효과적으로 대응할 수 있는 전문 인력을 양성하기 어려운 것이 현실이다. 따라서 교육 시간의 확대와 실습 중심의 커리큘럼 개편 그리고 법적 권한 행사에 필요한 법규 교육의 도입이 시급히 필요한 상황이다.

(3) 교육시간 확대를 통한 전문성 강화 방안

항공기내보안요원 제도가 실효성을 갖추기 위해서는 무엇보다 교육 시간의 대폭적인 확대가 필요하다. 현행 초기교육 8시간, 정기교육 5시간이라는 최소 교육 시간은 전문 보안요원을 양성하기에는 턱없이 부족한 수준이다.

이러한 시간적 한계를 극복하기 위해 초기교육의 경우, 최소한 현재의 두 배 이상으로 늘려야 한다. 법규 교육, 이론 학습 그리고 실습훈련을 모두 소화하려면 적어도 16시간 이상의 교육 시간이 확보되어야 한다. 특히 앞서 지적된 문제점인 비무장공격 대응, 무기 사용법, 체포 및 구금 절차 등의 실습훈련에 충분한 시간을 배정할 수 있도록 해야 한다.

초기교육 시간 확대와 함께 정기교육 역시 현재의 5시간에서 최소 8시간 이상으로 상향 조정이 필요하다. 급변하는 항공보안 환경과 새로운 위협 유형에 대응하기 위해서는 지속적인 재교육이 필수적이다. 단순히 시간만 늘리는 것이 아니라, 실제 기내에서 발생했던 사례를 바탕으로 한 시뮬레이션 훈련을 강화해야 한다.

교육 시간 확대와 함께 커리큘럼의 전면적인 개편도 이루어져야 한다. 항공보안법, 경찰관직무집행법, 형법, 사법경찰관리 관련 법률 등 필수 법규 교육을 의무화하고, 이를 실무와 연계하여 가르치는 통합 교육 방식을 도입해야 한다. 또한 항공기내보안요원이 가진 막강한 권한에 상응하는 책임감과 판단력을 기를 수 있는 윤리 교육도 포함되어야 한다.

이러한 포괄적 개선이 이루어진다면, 항공기내보안요원들이 기내에서 발생하는 다양한 위협 상황에 자신감을 가지고 대응할 수 있게 될 것이다. 승객의 안전을 책임지는 마지막 보루로서 제 역할을 다할 수 있는 전문 인력으로 거듭나게 되는 것이다.

10. 공항 및 항공사 보안책임자·보안감독자

(1) ICAO 기준: 보안책임자·감독자 교육과 인증체계

항공보안 분야의 책임자와 감독자는 단순한 실무자를 넘어 조직 전체의 보안체계를 이끌어가는 핵심 인력이다. 따라서 이들에게는 더욱 높은 수준의 전문성이 요구되고 있다. ICAO는 이들이 항공 보안 원칙은 물론, 국제·지역·국가 차원의 다양한 규정을 완벽하게 이해하고, 현장에서의 이행 여부를 효과적으로 모니터링할 수 있는 역량을 갖추도록 체계적인 훈련을 받아야 한다고 명시한다.

이러한 높은 기대 수준에 부응하기 위해 교육과정을 통해 책임자와 감독자는 항공보안 관리의 모든 측면을 깊이 있게 이해해야 한다. 여기에는 기술적 지식뿐만 아니라 보안 문화를 조직 전체에 확산시킬 수 있는 리더십도 포함된다. 정부는 이러한 보안 책임자와 감독자들의 경력 개발을 지원하기 위한 체계적인 프로그램을 개발할 수 있으며, 이를 통해 지속적인 전문성 향상을 도모하고 있다.

교육과 더불어 인증 제도는 보안책임자와 감독자의 자질을 검증하는 핵심 도구다. 인증의 주요 목표는 모든 책임자와 감독자가 일관되고 안정적으로 적절한 표준을 달성하도록 보장하는 것이다. 각국 정부는 자국의 상황에 맞춰 보안 감독자 인증 프로세스의 시행 여부를 결정해야 한다. 만약 인증 제도를 도입한다면, 응시자들은 감독자로 임명되기 전에 반드시 필수 시험에 합격해야 한다.

인증 제도의 실효성을 위해 인증 시험은 다양한 평가 방식을 활용하여 응시자의 역량을 종합적으로 평가한다. 기본 지식을 확인하고, 사례연구로 실무 적용 능력을 평가한다. 또한 적절한 훈련기관이 승인한 다른 평가 수단도 활용할 수 있다. 무엇보다 중요한 것은 시험이 응시자의 항공보안 지식, 국제·지역·국가 규정에 대한 이해도 그리고 국가보안프로그램의 내용 숙지 여부에 초점을 맞춰야 한다는 점이다.

평가과정과 함께 인증프로세스의 공정성과 신뢰성을 확보하기 위한 엄격한 기준도 마련되어 있다. 모든 인증 시험은 해당 교육기관의 철저한 감독 아래 수행되어야 하며, 합격 점수는 각 교육 기관이 자체적으로 결정하되 적절한 수준을 유지해야 한다. 응시자는 인증을 받기 위해 모든 시험에 합격해야 하는데, 만약 한 가지 이상의 인증 단계를 통과하지 못한 경우에는 해당 시험에 재응시할 기회가 주어진다.

이러한 엄격한 과정을 거쳐 인증프로세스를 성공적으로 완료한 응시자에게는 공식 인증서가 발부된다. 이 인증서에는 해당 인력이 갖춘 역량에 대한 구체적인 설명이 기술되어 있어, 어떤 분야의 전문성을 인정받았는지 명확하게 확인할 수 있다. 이러한 인증 제도는 항공보안 책임자와 감독자의 전문성을 객관적으로 입증하는 동시에, 국제적으로 통용되는 표준을 유지하는 데 중요한 역할을 하고 있다.

(2) ICAO 기준과 국내 보안책임자·보안감독자 체계

1) ICAO의 항공보안관리자의 개념

Security Manager, 즉 보안책임자와 보안감독자는 항공보안의 핵심적인 역할을 담당하는 전문 인력이다. 이들은 항공사와 공항 운영에 필요한 각종 보안조치를 실행하는 데 최종적인 책임을 지고 있다. 단순히 보안 업무를 수행하는 것이 아니라, 조직 전체의 보안 체계를 설계하고 관리하는 중추적인 위치에 있는 것이다.

이러한 중요한 지위에 상응하여 ICAO Doc. 8973에서는 Security Manager의 주요 임무를 명확하게 규정하고 있다. 공항이나 항공사에서 자체적인 보안관리시스템을 구축하고 운영하는 것이 첫 번째 임무다. 또한 테러나 하이재킹 같은 우발사태가 발생했을 때 신속하고 효과적으로 대응하고 관리하는 것도 이들의 핵심 역할이다.

이러한 두 가지 핵심 임무의 중요성 때문에 Doc. 8973에서는 교육 내용에 이 요소들을 반드시 포함하도록 명시하고 있다. Security Manager의 교육목적, 교육시간 그리고 교육프로그램의 구체적인 구성은 Doc. 8973에서 상세하게 다루고 있으며, 이를 통해 국제적으로 일관된 수준의 전문성을 확보하도록 하고 있다.

2) 공항과 항공사의 보안책임자·감독자 정의

▍국가민간항공보안 교육훈련지침

제2조(정의) 이 지침에서 사용하는 용어의 뜻은 다음 각 호와 같다.

5. "공항보안책임자"란 공항의 보안업무 등에 대한 지도·감독업무를 총괄 수행하는 자로서 공항운영자가 지정한 자를 말한다.
6. "공항보안감독자"란 공항의 보안업무 등에 대한 지도·감독업무를 수행하는 자로서 공항보안책임자의 추천을 받아 공항운영자가 지정한 자를 말한다.
7. "항공사보안책임자"란 항공사의 보안업무 등에 대한 지도·감독업무를 수행하는 자로서 항공운송사업자가 지정한 자를 말한다.
8. "항공사보안감독자"란 항공사의 보안업무 등에 대한 지도·감독업무를 수행하는 자로서 항공사보안책임자의 추천을 받아 항공운송사업자가 지정한 자를 말한다.

우리나라는 ICAO 기준을 바탕으로 자국의 실정에 맞는 세분화된 체계를 구축했다. 국가민간항공보안 교육훈련지침에서는 Security Manager를 네 가지 범주로 구분하여 운영하고 있다. 공항 분야에서는 공항보안책임자와 공항보안감독자로, 항공사 분야에서는 항공사보안책임자와 항공사보안감독자로 나누어 각각의 역할과 책임을 명확히 하고 있다.

이러한 체계적 분류를 바탕으로 국가민간항공보안 교육훈련지침 제2조는 각 직책의 정의를 구체적으로 제시한다. 먼저 공항보안책임자는 공항의 보안업무 전반에 대한 지도와 감독업무를 총괄 수행하는 최고 책임자다. 공항운영자가 직접 지정하며, 공항 보안의 모든 측면을 관장하는 권한을 갖는다.

공항보안책임자와 함께 공항보안감독자는 공항보안책임자를 보좌하면서 실무적인 지도와 감독업무를 수행한다. 이들은 공항보안책임자의 추천을 받아 공항운영자가 지정하는데, 이러한 이중적 검증 과정을 통해 적합한 인재가 선발되도록 하고 있다.

공항 분야와 마찬가지로 항공사 분야도 유사한 구조를 갖추고 있다. 항공사보안책임자는 항공사의 보안업무 등에 대한 지도와 감독업무를 수행하는 핵심 인력으로, 항공운송사업자가 지정한다. 항공사의 특성상 지상 업무뿐만 아니라 기내 보안까지 포괄적으로 관리해야 하는 복잡한 역할을 수행하고 있다.

항공사보안책임자와 더불어 항공사보안감독자 역시 항공사보안책임자의 추천을 받아 항공운송사업자가 지정한다. 이들은 항공사보안책임자와 함께 항공사의 보안체계가 원활하게 작동하도록 현장에서 직접적인 지도와 감독 활동을 펼치고 있다.

이처럼 우리나라는 책임자와 감독자라는 이원화된 체계를 통해 보다 체계적이고 효율적인 항공보안 관리시스템을 구축하고 있다. 각 분야별로 명확한 역할 분담과 상호 보완적 관계를 형성하여 항공보안의 완성도를 높이고 있다.

3) 공항운영자의 보안책임자·감독자 임명 의무

공항운영자는 항공보안 체계의 실질적인 이행 주체로서 중요한 책임을 지고 있다. 국가항공보안계획 4.2.2에서는 공항운영자가 자체보안계획의 시행을 총괄할 공항보안책임자를 반드시 임명하도록 규정한다. 이는 단순한 권고사항이 아니라 의무사항으로, 모든 공항운영자가 준수해야 하는 기본 요건이다.

이러한 기본 의무와 함께 실효성 있는 보안관리를 위해서는 추가적인 관리 체계가 필요하다. 공항보안책임자만으로는 방대한 공항 보안 업무를 효과적으로 관리하기 어렵기 때문이다. 따라서 국가항공보안계획 6.2.3에서는 공항운영자가 자체보안계획을 원활하게 수행하기 위해 공항보안책임자 외에 공항보안감독자도 임명하도록 하고 있다. 이러한 이원화된 체계를 통해 보안관리의 효율성과 전문성을 동시에 확보할 수 있게 된다.

인력 임명과 더불어 공항운영자의 책임은 단순히 인력을 임명하는 것에 그치지 않는다. 6.2.4에 따르면 공항보안책임자와 공항보안감독자의 자격기준과 업무범위를 명확하게 정의하여 자체보안계획에 포함시켜야 한다. 이를 통해 각 직책의 역할과 권한이 명문화되고, 체계적인 보안관리가 가능해진다.

명확한 역할 정의와 함께 실효성 있는 보안관리를 위해서는 접근 권한의 보장도 필수적이다. 6.2.5는 공항운영자가 공항보안책임자와 공항보안감독자에게 업무수행과 관련된 모든 지역과 시설에 자유롭게 출입할 수 있는 권한을 부여하도록 규정하고 있다. 이는 보안관리자들이 현장을 직접 점검하고 문제점을 즉시 파악할 수 있도록 하기 위한 조치다.

국내 규정과 함께 ICAO 기준과의 조화도 중요하게 다루어지고 있다. 6.2.6에서는 공항보안감독자의 업무범위를 설정할 때 ICAO의 Doc. 8973을 참고하도록 명시한다. 이는 국내 기준이 ICAO 기준과 조화를 이루도록 하여, 글로벌 항공보안 체계와의 일관성을 유지하기 위한 것이다. 공항운영자는 이러한 ICAO 기준을 토대로 자국의 실정에 맞는 세부 업무범위를 설정하고 있다.

4) 항공운송사업자의 보안책임자·감독자 임명 의무

항공운송사업자 역시 공항운영자와 마찬가지로 항공보안의 핵심 주체로서 막중한 책임을 지고 있다. 국가항공보안계획 4.3.1에서는 항공운송사업자가 자체보안계획의 실행을 총괄할 항공사보안책임자를 반드시 임명하도록 규정한다. 이는 항공사가 운영하는 항공기와 관련 시설의 보안을 체계적으로 관리하기 위한 필수 조치다.

이러한 기본 요구사항과 함께 항공사의 보안업무는 지상에서의 수하물 처리부터 기내보안까지 광범위한 영역을 포괄한다. 따라서 6.3.1에서는 항공운송사업자가 자체보안계획을 효과적으로 수행하기 위해 항공사보안책임자 외에 항공사보안감독자도 임명하도록 하고 있다. 이들은 함께 협력하여 항공사의 복잡한 보안체계를 전문적으로 관리하게 된다.

인력 임명과 더불어 명확한 역할 분담과 책임 소재를 위해 6.3.2는 중요한 요건을 제시한다. 항공운송사업자는 항공사보안책임자와 항공사보안감독자의 자격기준과 업무범위를 구체적으로 정의하여 자체보안계획에 포함시켜야 한다. 이를 통해 각 직책이 수행해야 할 업무와 갖춰야 할 전문성이 명문화되고, 보안관리의 일관성이 확보되는 것이다.

국내 기준 정립과 함께 항공운송사업자도 ICAO 기준과의 조화를 추구하고 있다. 6.3.3에 따르면 항공사보안감독자의 업무범위를 설정할 때 ICAO의 Doc. 8973을 참고하도록 명시하고 있다. 이는 국내 항공사들이 국제노선을 운항하는 만큼, 글로벌 표준에 부합하는 보안체계를 구축하는 것이 필수적이기 때문이다.

공항운영자와 달리 항공운송사업자의 경우 시설 출입권한에 대한 별도 규정은 없지만, 이는 항공사가 주로 공항 내 한정된 구역에서 운영되기 때문으로 보인다. 그럼에도 불구하고 항공사보안책임자와 감독자는 자사 항공기, 화물 처리 구역, 정비 시설 등 항공사 운영과 관련된 모든 영역에서 보안관리 업무를 수행하고 있다.

이들의 전문적인 관리를 통해 승객들이 안전하게 항공 여행을 즐길 수 있는 환경이 조성되고 있는 것이다. 항공운송사업자의 체계적인 보안관리 체계는 국내외 항공 운항의 안전성과 신뢰성을 확보하는 중요한 기반이 되고 있다.

(3) 보안책임자와 보안감독자의 역할

> **▌국가항공보안 수준관리지침**
> **제9조(점검활동 수행자)** 보안평가, 보안점검, 현장조사 및 불시평가를 수행할 수 있는 사람은 다음 각 호와 같다. 다만, 불시평가의 경우에는 제1호의 사람 또는 제1호의 항공보안감독관이 요청하는 사람만이 실시할 수 있다.
> 1. 항공보안법 제33조제1항에 따라 지정된 항공보안감독관
> 2. 항공보안감독관과 같이 합동으로 참여하는 관계기관 공무원, 공항 및 항공사 보안책임자 또는 감독자

공항과 항공사의 보안책임자와 보안감독자는 단순한 관리자가 아니라 항공보안의 실질적인 집행자다. 국가항공보안 수준관리지침 제9조는 이들에게 보안평가, 보안점검, 현장조사 그리고 불시평가를 수행할 수 있는 광범위한 권한을 부여하고 있다. 이러한 다양한 평가 활동을 통해 보안체계의 취약점을 발견하고 지속적으로 개선해 나가는 것이 이들의 핵심 역할이다.

이러한 평가 권한과 함께 보안책임자와 감독자의 업무는 여기서 그치지 않는다. 국가항공보안 수준관리지침에 따른 자체 수준관리 계획을 수립하고 이를 충실히 이행해야 한다. 또한 자체 점검과 불시평가를 담당할 요원을 직접 임명하여, 체계적인 자체 수준관리 활동이 이루어지도록 조직을 구성하고 관리하는 책임도 지고 있다. 이는 외부 감독에만 의존하지 않고 자체적으로 보안수준을 유지하고 향상시키기 위한 중요한 체계다.

자체 수준관리와 더불어 불시평가와 관련해서는 특별한 비밀유지 의무가 부과된다. 국가항공보안 수준관리지침 제12조에 따르면, 불시평가를 사전에 통보받은 공항이나 항공사의 보안책임자는 철저한 보안을 유지해야 한다. 이 정보는 오직 관련 책임자만이 알 수 있도록 엄격하게 관리되어야 하며, 어떤 경우에도 불시평가를 받게 될 보안검색요원이나 보안요원에게 해당 사실을 누설해서는 안 된다. 이러한 비밀유지는 불시평가의 실효성을 확보하기 위한 필수 조건이다.

이론적 요건과 함께 현재 국내의 실제 운영 현황을 살펴보면, 공항과 항공사의 보안책임자 직책은 주로 처장이나 실장급의 고위 관리자가 맡고 있다. 이들은 조직 전체의 보안 정책을 결정하고 대외적인 책임을 지는 위치에 있다.

보안책임자와 구별되는 역할로 보안감독자는 팀장이나 과장급의 중간 관리자들이 담당하고 있다. 이들은 보안책임자와 현장 실무진 사이를 연결하는 가교 역할을 하면서, 실

질적인 보안 업무가 원활하게 수행되도록 관리·감독한다.

이러한 이원화된 구조는 전략적 의사결정과 실무적 집행이 균형을 이루도록 하여, 효과적인 보안관리가 가능하게 만드는 체계다. 각 직급에 맞는 역할 분담을 통해 항공보안의 전문성과 효율성을 동시에 추구하고 있는 것이다.

(4) 보안책임자와 보안감독자의 교육훈련

> **▌국가민간항공보안 교육훈련지침**
> **제16조(공항보안책임자 및 공항보안감독자)** ① 공항운영자는 보안책임자나 감독자를 지정하려면 별표 4의 공항보안책임자 초기교육 과정을 이수하였거나 지정 후 6개월 안에 이수하도록 하여야 한다.
> ② 국제민간항공기구(ICAO), 국제항공운송협회(IATA), 미국 교통보안청(TSA) 등에서 실시하는 항공 또는 공항보안 관리자 과정을 이수한 경우에는 공항보안책임자 초기교육을 이수한 것으로 본다.
> ③ 공항운영자는 보안책임자 또는 감독자에 대하여 별표 4의2의 정기교육 과정을 이수하도록 하여야 한다. 다만, 공항보안책임자가 국제민간항공기구(ICAO), 국제항공운송협회(IATA), 아시아태평양경제협력체(APEC) 등에서 주관하는 항공보안세미나, 항공보안 관련 국제심포지엄 또는 관련 국제회의에 2일 이상 참석한 경우에는 정기교육을 이수한 것으로 본다.
> **제17조(항공사보안책임자 및 항공사보안감독자)** ① 항공운송사업자가 보안책임자 또는 감독자를 지정하려면 별표 5의 초기교육 과정을 이수하였거나 지정 후 6개월 안에 이수하도록 하여야 한다.
> ② 보안책임자 또는 감독자가 국제민간항공기구(ICAO), 국제항공운송협회(IATA), 미 교통보안청(TSA) 등에서 실시하는 항공사의 보안관리자 과정을 이수한 경우에는 초기교육을 이수한 것으로 본다.
> ③ 항공운송사업자는 보안책임자 및 감독자에 대하여 별표 5의2의 정기교육 과정을 이수하도록 하여야 한다. 다만, 항공사보안책임자가 국제민간항공기구(ICAO), 국제항공운송협회(IATA), 아시아태평양경제협력체(APEC) 등에서 주관하는 항공보안세미나, 항공보안 관련 국제 심포지엄 또는 관련 국제회의에 2일 이상 참석한 경우에는 정기교육을 이수한 것으로 본다.

1) 공항보안책임자와 공항보안감독자의 차별화된 교육체계

공항보안책임자와 공항보안감독자는 각자의 역할과 책임 수준에 따라 차별화된 교육요건을 충족해야 한다. 국가민간항공보안 교육훈련지침 제16조는 이들의 교육 기준을 명확하게 제시하고 있다.

초기교육 과정을 살펴보면, 두 직책 간에 흥미로운 차이가 나타난다. 공항보안책임자는 최소 8시간 이상의 초기교육을 이수해야 하는 반면, 공항보안감독자는 그 두 배인 최소 16시간 이상을 이수해야 한다. 이는 언뜻 모순적으로 보일 수 있지만, 실무에 더 가까운 감독자에게 더 많은 실무 교육이 필요하다는 판단에서 비롯된 것으로 보인다. 두 직책 모두 지정 후 6개월 이내에 초기교육을 이수해야 하며, 이는 현장의 인력 운영 상황을 고려한 유연한 조치다.

초기교육 요건과 함께 공항보안책임자의 경우 특별한 예외 규정이 마련되어 있다. 국제민간항공기구(ICAO), 국제항공운송협회(IATA), 미국 교통보안청(TSA) 등 국제적으로 인정받는 기관에서 실시하는 항공 또는 공항보안 관리자 과정을 이수했다면, 별도의 국내 초기교육 없이도 자격을 인정받게 된다. 이는 국제 수준의 교육을 받은 전문가들을 적극 활용하고, 글로벌 스탠더드를 국내에 도입하려는 정책적 의도가 반영된 것이다.

초기교육과 더불어 정기교육에서도 두 직책의 차이는 지속된다. 공항보안책임자는 연 1회 최소 4시간 이상의 정기교육을 이수해야 하고, 공항보안감독자는 최소 8시간 이상을 이수해야 한다. 여기서도 감독자에게 더 많은 교육 시간이 요구되고 있다. 이는 감독자들이 현장에서 직면하는 다양한 상황과 변화하는 보안 환경에 더 민감하게 대응해야 하기 때문으로 해석된다.

정기교육 시간 차이와 함께 공항보안책임자에게는 정기교육에서도 특별한 대체 규정이 적용된다. ICAO, IATA, 아시아태평양경제협력체(APEC) 등에서 주관하는 항공보안 세미나나 국제 심포지엄, 관련 국제회의에 2일 이상 참석한 경우 정기교육을 이수한 것으로 인정받는다. 이러한 규정은 보안책임자들이 국제적인 동향을 파악하고 네트워크를 구축하는 것을 장려하고 있다.

이처럼 차별화된 교육 체계는 각 직책의 특성과 업무 범위를 반영한 결과다. 공항보안책임자는 정책 결정과 대외 협력에 중점을 두고, 공항보안감독자는 실무적인 관리와 감독에 집중하도록 설계되어 있다. 두 직책이 상호 보완적으로 작동하면서 공항의 종합적인 보안체계가 효과적으로 운영되고 있는 것이다.

2) 항공사 특성을 반영한 보안관리자 교육체계

항공사보안책임자와 항공사보안감독자의 교육 체계는 공항 분야 보안관리자들과 기본적으로 동일한 구조를 따르고 있다. 국가민간항공보안 교육훈련지침 제17조에 따르면, 항공운송사업자가 이들을 지정할 때도 공항보안책임자 및 공항보안감독자와 똑같은 초기교육 요건을 적용받는다. 즉, 항공사보안책임자는 최소 8시간, 항공사보안감독자는 최소 16시간의 초기교육을 이수해야 하며, 지정 후 6개월 이내에 이를 완료해야 한다.

기본적인 교육 체계의 공유와 함께 항공사의 특수성을 반영한 차별화된 규정도 존재한다. 국제 교육 인정 기준에서 미묘하지만 중요한 차이가 있다. ICAO, IATA, TSA 등에서 실시하는 교육 중에서도 특별히 '항공사의 보안관리자 과정'을 이수한 경우에만 초기교육을 이수한 것으로 인정받게 된다. 이는 공항보안책임자가 '항공 또는 공항보안 관리자 과정' 모두를 인정받는 것과 대조적이다.

이러한 차별화는 항공사 보안의 특수한 영역, 예를 들어 기내 보안이나 화물 보안 등에 특화된 교육이 필요하다는 인식이 반영된 것으로 보인다. 아울러 공항보안감독자가 포함되지 않은 것과 달리 항공사보안감독자의 경우 국제교육 참여를 인정함으로써 초기교육으로 유연하게 적용하고 있다.

국제 교육 인정 기준의 차별화와 달리 정기교육 요건은 공항운영자 측과 완전히 동일하게 적용된다. 항공사보안책임자는 연 1회 최소 4시간 이상, 항공사보안감독자는 최소 8시간 이상의 정기교육을 이수해야 한다. 이러한 동일한 기준 적용은 공항과 항공사가 서로 긴밀하게 협력해야 하는 항공보안의 특성을 반영한 것이다.

정기교육 기준과 함께 항공사보안책임자에게도 정기교육 대체 규정이 적용된다. ICAO, IATA, APEC 등에서 주관하는 항공보안 세미나, 국제 심포지엄, 관련 국제회의에 2일 이상 참석하면 정기교육을 이수한 것으로 인정받는다. 이는 항공사가 국제노선을 운영하는 특성상 글로벌 보안 동향을 파악하는 것이 매우 중요하기 때문이다.

이처럼 항공사보안책임자와 감독자의 교육 체계는 공항 측과 기본 틀을 공유하면서도, 항공사 운영의 특수성을 반영한 세부 규정을 포함하고 있다. 특히 국제선을 운항하는 항공사의 경우, 각국의 다양한 보안규정을 숙지하고 대응해야 하므로 국제 교육과정 참여가 더욱 중요한 의미를 갖는다. 이러한 교육 체계를 통해 항공사는 지상에서부터 기내까지 일관된 보안수준을 유지하며, 승객들에게 안전한 항공 서비스를 제공하고 있다.

3) 보안책임자·감독자 공통 교육과정과 평가 기준

공항과 항공사의 보안책임자 및 보안감독자들은 소속기관은 다르지만 동일한 교육과정을 이수하게 된다. 초기교육과 정기교육 모두에서 공항보안책임자·감독자와 항공사보안책임자·감독자가 똑같은 커리큘럼을 따르는 것이다. 이는 항공보안이 공항과 항공사의 긴밀한 협력 없이는 달성될 수 없다는 인식에서 비롯된 통합적 접근이다.

이러한 통합 교육의 핵심은 국제 기준과 국내 법령의 균형 있는 이해다. 먼저 항공보안 관련 국제협약과 법령 그리고 국내 법령과 규정을 체계적으로 학습한다. 특히 국제민간항공협약 Annex와 ICAO Doc. 8973은 국제 항공보안의 바이블과 같은 문서로, 이를 심도 있게 다루고 있다. 단순히 규정을 암기하는 것이 아니라, 각 조항이 만들어진 배경과 실무 적용 방법을 함께 익히게 된다.

법령 이해와 더불어 현재와 미래의 위협에 대한 이해도 중요한 교육 내용이다. 항공보안의 세계적 동향을 파악하고, 국내 보안과 관련된 위협을 분석하는 능력을 기른다. 테러 조직의 새로운 수법, 기술 발전에 따른 신종 위협, 국제 정세 변화가 항공보안에 미치는 영향 등을 종합적으로 학습하고 있다. 이를 통해 보안관리자들은 단순한 대응을 넘어 선제적 예방이 가능한 전문가로 성장하게 된다.

위협 분석 능력과 함께 조직과 계획에 대한 이해도 빼놓을 수 없는 교육 요소다. 국가와 공항 보안 조직의 책임과 각 기관의 역할을 명확히 이해하고, 국가항공보안기본계획의 큰 틀 안에서 각 기관의 위치를 파악한다. 또한 공항 보안시행계획과 항공사 보안시행계획을 상세히 학습하여, 실무에서 즉시 활용할 수 있는 실질적인 지식을 습득하게 된다.

이론적 지식과 더불어 무엇보다 강조되는 것은 협력의 중요성이다. 보안 관련 기관들의 책임을 이해하는 것을 넘어, 이들 간의 유기적인 협력 체계를 구축하는 방법을 배운다. 항공보안은 어느 한 기관의 노력만으로는 달성될 수 없으며, 공항, 항공사, 정부 기관, 보안업체 등 모든 이해관계자의 협력이 필수적이기 때문이다.

교육 내용과 함께 평가 기준은 특히 감독자들에게 엄격하게 적용된다. 국가민간항공보안 교육훈련지침 제12조에 따르면, 공항보안감독자와 항공사보안감독자의 초기교육 과정에서는 반드시 평가를 실시해야 한다. 100점 만점을 기준으로 80점 이상을 획득해야만 교육을 이수한 것으로 인정받는다. 이는 단순한 참석만으로는 부족하며, 실질적인 학습 성과를 검증하겠다는 의지의 표현이다.

흥미롭게도 책임자에 대한 평가 의무 규정은 명시되어 있지 않다. 이는 책임자의 경우 이미 충분한 경험과 전문성을 갖춘 인력이 임명된다는 전제가 있기 때문으로 보인다. 그러나 감독자는 현장에서 직접적인 관리·감독을 수행하므로, 확실한 지식 습득이 검증되어야 한다는 판단이 반영된 것이다.

(5) 책임과 교육의 불균형: 보안책임자 교육 개선

1) 국제기준 미달의 현실과 위기관리 교육 교육시간 부족

현재 우리나라의 보안책임자 교육체계는 심각한 구조적 모순을 안고 있다. 공항과 항공사의 보안책임자는 평시에 공항 안전 및 보안업무 전반에 대한 지도·감독 업무를 총괄 수행하는 최고 책임자다. 그런데 놀랍게도 이들의 초기교육 및 정기교육 시간이 오히려 보안감독자보다 적게 편성되어 있다. 책임자는 초기 8시간, 정기 4시간인 반면, 감독자는 초기 16시간, 정기 8시간을 이수해야 한다. 책임이 무거울수록 교육이 적다는 이 역설적인 구조는 시급히 개선되어야 할 문제다.

이러한 내부적 모순과 함께 국제 기준과의 격차도 우려스러운 수준이다. ICAO Doc.

8973에서는 보안책임자 교육을 3일간 실시하도록 명시하고 있다. 하루 8시간 기준으로 계산하면 최소 24시간의 교육이 필요한 셈이다. 그러나 국내에서는 항공사 및 공항 보안책임자 초기교육을 단 8시간만 실시하고 있다. 국제 기준의 3분의 1 수준에 불과한 것이다. 보안감독자 교육시간 16시간도 국제 기준에는 미치지 못하는 실정이다.

교육 시간의 부족과 더불어 가장 심각한 문제는 위기관리 교육의 부재다. 긴급 상황이 발생했을 때 자체우발계획에 따른 대응절차 수행을 1차적으로 결정하는 것은 보안책임자의 핵심 역할이다. 테러나 하이재킹 같은 극한 상황에서 신속하고 정확한 의사결정을 내려야 하는 막중한 책임을 지고 있다.

그럼에도 불구하고 현재의 교육과정에서는 책임자와 감독자 간의 교육 내용 차별성이 거의 없다. 똑같은 내용을 단지 시간만 다르게 배우고 있는 것이다. 이는 각 직책의 고유한 역할과 책임에 맞는 맞춤형 교육이 제공되지 않고 있음을 의미한다. 보안책임자에게는 전략적 의사결정과 위기관리 능력을, 보안감독자에게는 현장 관리와 실무 감독 능력을 중점적으로 교육하는 차별화된 접근이 필요한 상황이다.

2) 우발상황 대응능력 강화를 위한 교육 강화 필요성

이러한 문제를 해결하기 위한 핵심 방안은 우발계획 및 대응절차 교육의 의무화다. 보안책임자는 긴급 상황에서 자체우발계획에 따른 대응절차를 1차적으로 결정하는 중추적 역할을 담당한다. 대책본부를 조직하고, 관계 기관과 협력체계를 구축하며, 상황을 총괄 지휘하는 것이 바로 보안책임자의 임무다. 이런 중대한 역할에도 불구하고 현재는 교육 시간 부족으로 인해 충분한 훈련이 이루어지지 못하고 있다.

이러한 현실적 한계를 극복하기 위해서는 보안책임자와 보안감독자의 교육 내용에 명확한 차별성을 두어야 한다. 감독자는 실무적인 보안절차와 현장 관리에 중점을 두고, 책임자는 전략적 의사결정과 위기관리 능력 향상에 집중해야 한다. 이를 통해 보안책임자 교육과정의 전문성과 중요도를 높일 수 있다.

교육 내용의 차별화와 함께 구체적인 개선방안으로 우발계획 및 대응절차 교육을 필수 과목으로 지정하고 충분한 시간을 배정해야 한다. 초기교육에서는 최소 6시간을 할애하여 다양한 시나리오별 대응 방안을 체계적으로 학습하도록 한다. 여기에는 테러, 하이재킹, 폭발물 위협, 사이버 공격 등 각종 우발상황에 대한 대응 프로토콜이 포함되어야 한다.

초기교육의 강화와 더불어 정기교육에서도 최소 3시간의 우발계획 교육을 의무화해야 한다. 최신 위협 동향을 반영한 시나리오 업데이트, 실제 발생한 사례 분석, 모의훈련 등을 통해 지속적으로 대응 능력을 향상시켜야 한다. 특히 위기관리 조직과 운영, 언론 대응, 관계 기관과의 공조 체계 구축 등 책임자만이 수행할 수 있는 고유 영역에 대한 교육이 강화되어야 한다.

이러한 포괄적 개선이 이루어진다면, 보안책임자들이 비상사태 발생 시 자신감을 가지고 신속하게 대응할 수 있게 될 것이다. 단순히 교육 시간을 늘리는 것이 아니라, 책임자의 역할에 맞는 전문적이고 차별화된 교육을 제공함으로써 항공보안의 최후 보루로서 제 역할을 다할 수 있도록 해야 한다.

11. 행동탐지요원

(1) 행동탐지요원(BDO)의 개념과 역할

> **국가민간항공보안 교육훈련지침**
>
> **제2조(정의)** 이 지침에서 사용하는 용어의 뜻은 다음 각 호와 같다.
>
> 18. "행동탐지요원"이란 항공보안 환경에서 민간항공에 대한 위협을 야기할 수 있는 사람을 식별하기 위하여 비정상적인 행동을 나타내는 몸짓을 포함한 행동특성을 파악하는 업무를 수행하는 자를 말한다.

행동탐지(Behavior Detection)는 항공보안 분야에서 주목받고 있는 선제적 보안 기법이다. 국가항공보안계획 2.3.1에서는 이를 '항공보안 환경에서 민간항공에 대한 위협을 야기할 수 있는 자를 식별하기 위하여 비정상적인 행동을 나타내는 몸짓을 포함한 행동특성을 파악하는 기법'으로 정의한다. 단순히 물품을 검색하는 수동적 보안을 넘어, 잠재적 위협 인물을 사전에 식별하는 능동적 보안 방식인 것이다.

이러한 선제적 접근방식의 핵심은 인간의 미묘한 행동 변화를 포착하는 것이다. 테러리스트나 범죄자들은 아무리 침착하게 행동하려 해도 무의식적으로 불안, 긴장, 공포 등의 감정을 드러내게 된다. 숙련된 전문가는 이런 미세한 신호들을 읽어내 일반 승객과 잠재적 위협 인물을 구분할 수 있다.

행동 변화 포착이라는 전문 영역을 담당하는 인력이 바로 행동탐지요원(BDO, Behaviour Detection Officer)이다. 국가항공보안계획 2.3.1.1에서는 '행동탐지 업무를 수행하도록 지정된 자'라고 간단히 규정하고 있다. 하지만 이들의 역할은 결코 단순하지 않다. 수많은 승객 속에서 위험 인물을 찾아내는 것은 고도의 관찰력과 판단력을 요구하는 작업이다.

기본적인 정의와 더불어 국가민간항공보안 교육훈련지침에서는 좀 더 구체적인 정의를 제시한다. 행동탐지요원을 '항공보안 환경에서 민간항공에 대한 위협을 야기할 수 있는 사람을 식별하기 위하여 비정상적인 행동을 나타내는 몸짓을 포함한 행동특성을 파악하는 업무를 수행하는 자'로 규정하고 있다. 이는 단순한 직책 명칭이 아니라 구체적인 업무 내용까지 포함한 정의다.

이러한 명확한 역할 정의를 바탕으로 행동탐지요원은 공항이라는 특수한 환경에서 활동한다. 출국 수속, 보안검색, 탑승 대기 등 각 단계에서 승객들의 행동을 세심하게 관찰하고 있다. 과도한 땀 흘림, 시선 회피, 부자연스러운 움직임, 설명할 수 없는 불안감 표출 등 다양한 행동 지표를 종합적으로 분석한다. 이들의 전문적인 판단은 때로 대형 보안 사고를 미연에 방지하는 결정적 역할을 하고 있다.

이처럼 행동탐지요원은 현대 항공보안의 핵심 현장에서 활동하는 전문가들이다. 기계나 장비가 감지할 수 없는 인간의 심리적, 행동적 이상 징후를 포착하여 항공 안전을 지키는 보안시스템의 핵심 요소라고 할 수 있다.

(2) 실무 중심의 행동탐지요원 교육과정

> **▌국가민간항공보안 교육훈련지침**
>
> **제20조의2(행동탐지요원)** 공항운영자등이 행동탐지요원을 운영하는 경우 행동탐지요원에 대하여 별표 19에 따른 초기교육 및 별표 19의2에 따른 정기교육을 이수하도록 하여야 한다.

행동탐지요원이 되기 위해서는 체계적이고 전문적인 교육과정을 거쳐야 한다. 국가민간항공보안 교육훈련지침 제20조의2는 공항운영자 등이 행동탐지요원을 운영할 때 준수해야 할 교육 요건을 명확하게 제시하고 있다.

이러한 교육 요건에 따라 초기교육은 최소 16시간 이상으로 구성되며, 단순한 이론 학습을 넘어 실무에 필요한 종합적인 역량을 기르는 데 중점을 둔다. 먼저 행동탐지 관련 국내외 규정을 학습하여 법적 근거와 국제 표준을 이해하게 된다. 이어서 행동탐지의 개념과 목적을 명확히 파악하고, 왜 이러한 기법이 현대 항공보안에서 중요한지 깊이 있게 다루고 있다.

이론적 기반과 함께 교육의 핵심은 실무 능력 배양이다. 거동 수상승객의 요건을 구체적으로 학습하여, 어떤 행동 패턴이 위험 신호인지 체계적으로 익히게 된다. 행동관찰 기법과 기본 질문 방법을 훈련하면서, 단순한 관찰을 넘어 의미 있는 정보를 수집하는 능력을 기른다. 특히 행동탐지 세부절차를 단계별로 학습하여, 현장에서 즉시 적용할 수 있는 실무 지식을 습득하고 있다.

실무 능력 중에서도 인터뷰 절차 교육은 행동탐지요원의 핵심 역량을 개발하는 중요한 과정이다. 의심스러운 승객과 대화할 때 어떻게 접근해야 하는지, 질문은 어떻게 구성해야 하는지, 답변에서 어떤 신호를 포착해야 하는지를 체계적으로 배운다. 이는 단순한 심문이 아니라, 승객의 권리를 존중하면서도 필요한 정보를 얻어내는 전문적인 커뮤니케이션 기술이다.

전문적 커뮤니케이션 기술 습득과 더불어 교육의 질을 보장하기 위해 엄격한 평가제도가 적용된다. 국가민간항공보안 교육훈련지침 제12조제2항에 따라 초기교육 과정에서는 반드시 평가를 실시해야 한다. 100점 만점을 기준으로 80점 이상을 획득해야만 교육을 이수한 것으로 인정받는다. 이는 행동탐지라는 고도의 전문성이 요구되는 업무 특성상, 확실한 역량 검증이 필요하다는 인식을 반영한 것이다.

초기교육을 이수한 후에도 지속적인 역량 개발이 요구된다. 정기교육은 연 1회 8시간 이상을 이수하도록 규정하고 있다. 이를 통해 최신 위협 동향을 파악하고, 새로운 행동탐지 기법을 습득하며, 실제 사례를 분석하여 판단력을 향상시키고 있다. 범죄자들의 수법이 계속 진화하는 만큼, 행동탐지요원의 능력도 끊임없이 업데이트되어야 하기 때문이다.

이러한 체계적인 교육과정을 통해 행동탐지요원들은 인간 심리와 행동에 대한 깊은 이해를 바탕으로, 공항이라는 복잡한 환경에서 잠재적 위협을 효과적으로 식별할 수 있는 전문가로 성장하게 된다.

(3) 선제적 위험 제거를 위한 행동탐지요원 운영

행동탐지요원의 운영은 단순한 선택사항이 아니라 법적 의무사항이다. 국가항공보안계획 8.13.1에서는 공항운영자가 행동탐지요원을 반드시 배치하고 운영하도록 명시하고 있다. 이는 전 세계적으로 항공보안 위협이 날로 정교해지면서, 기존의 수동적 보안체계만으로는 한계가 있다는 인식에서 비롯된 조치다.

이러한 법적 의무에 따라 행동탐지요원의 핵심 임무는 보안검색 전 단계에서 이상행동을 하는 자를 사전에 식별하는 것이다. 일반적인 보안검색이 물품 위주의 검사라면, 행동탐지는 사람 자체에 초점을 맞춘 선제적 보안 활동이다. 수많은 승객 중에서 불안해하거나, 과도하게 긴장하거나, 부자연스러운 행동을 보이는 사람을 찾아내는 것이 이들의 역할이다.

승객 식별 과정을 통해 발견된 의심스러운 인물에 대해서는 보안검색을 강화하는 등의 추가 조치가 이루어진다. 일반 승객이 받는 표준 검색 절차보다 더 세밀하고 철저한 검색을 실시하게 되며, 필요시 별도의 인터뷰나 추가 확인절차를 거치기도 한다. 이는 단순히 의심스러운 승객을 걸러내는 것이 아니라, 실제 위험 요인을 사전에 제거하기 위한 체계적인 프로세스다.

효과적인 임무 수행을 위해 행동탐지요원의 배치 위치는 전략적으로 결정된다. 공항 입구, 체크인 카운터 주변, 보안검색대 앞, 출국심사 대기 구역, 탑승구 등 승객들이 이동하는 주요 지점에 배치된다. 이들은 고정된 위치에만 머물지 않고 상황에 따라 유동적으로 이동하면서 관찰 활동을 수행하게 된다. 때로는 일반 승객이나 공항 직원으로 위장하여 더욱 자연스러운 환경에서 관찰하기도 한다.

전략적 배치와 더불어 공항운영자는 이러한 행동탐지요원을 효과적으로 운영하기 위해 다양한 지원 체계를 구축하고 있다. 정기적인 교육과 훈련은 물론, 최신 행동분석 기법과 심리학적 지식을 제공하여 전문성을 향상시킨다. 또한 다른 보안 부서와의 원활한 협력 체계를 구축하여, 의심스러운 승객이 발견되었을 때 신속하게 대응할 수 있도록 하고 있다. 이러한 체계적인 운영을 통해 행동탐지요원은 현대 항공보안의 핵심 요소로 자리매김하고 있는 것이다.

1) 행동탐지요원 운영을 위한 필수 기준

국가항공보안계획 8.13.2는 행동탐지요원의 자격요건부터 배치기준까지 구체적인 운영 지침을 제시하고 있다. 이러한 상세한 기준은 행동탐지요원 제도가 체계적이고 효과적으로 운영되도록 보장하는 근간이 된다.

가. 자격요건: 경험이 만드는 전문성

행동탐지요원이 되기 위한 첫 번째 관문은 실무 경험이다. 보안검색이나 경비 분야에서 최소 2년 이상의 실무 경험을 보유해야 한다. 이는 단순한 시간 요건이 아니라 현장에서 축적된 노하우와 직관을 중요시하는 것이다. 2년이라는 기간 동안 수많은 승객을 대하고, 다양한 상황을 경험하면서 자연스럽게 체득한 관찰력과 판단력이 행동탐지 업무의 기초가 된다.

이러한 경험 요건을 통해 알 수 있듯이 행동탐지는 단순한 매뉴얼 학습으로는 습득하기 어려운 영역이다. 일반적인 승객과 이상행동을 구분하는 미묘한 감각은 오랜 현장 경험을 통해서만 기를 수 있기 때문이다.

나. 교육훈련: 체계적인 전문가 양성

실무 경험이라는 기반 위에서 자격요건을 충족한 인력도 곧바로 행동탐지요원이 될 수는 없다. 국가민간항공보안 교육훈련지침 제20조의2에 따른 전문 교육을 반드시 이수해야 한다. 이는 앞서 살펴본 최소 16시간의 초기교육과 연 8시간의 정기교육을 의미한다.

표준 교육과정과 더불어 공항운영자는 단순히 교육을 제공하는 것에 그치지 않고, 자체적인 교육훈련 프로그램과 평가기준을 마련하여 운영해야 한다. 이는 각 공항의 특성과 환경을 반영한 맞춤형 교육이 필요하다는 인식에서 비롯된 것이다. 인천공항과 지방 소규모 공항의 보안 환경이 다르듯, 각 공항에 최적화된 교육 프로그램이 운영되고 있다.

다. 인력 확보: 현실적 유연성의 보장

교육훈련 체계와 함께 실질적인 인력 운영 방안도 중요하다. 공항운영자는 매년 필요 인력을 검토하고 연간계획에 따라 전담인력을 확보해야 한다. 이는 단순한 인력 충원이 아니라 체계적인 인력 관리를 의미한다. 항공 수요의 변화, 보안위협 수준의 변동, 공항 시설의 확장 등 다양한 요소를 고려하여 적정 인력을 산출하고 확보하는 것이다.

전담인력 확보가 원칙이지만 현실적인 제약도 고려되어 있다. 인력 운영상 불가피한 경우에는 보안검색요원이나 경비요원 중에서 행동탐지 교육을 이수한 자가 업무를 겸직할 수 있도록 했다. 이는 특히 중소규모 공항이나 비수기 시즌에 유연한 인력 운영을 가능하게 하는 현실적 대안이다. 다만 겸직의 경우에도 반드시 정식 교육을 이수해야 한다는 점에서 전문성은 타협하지 않고 있다.

라. 배치기준: 전략적 운영의 실현

인력 확보와 더불어 행동탐지요원의 배치는 매우 구체적이고 전략적으로 이루어진다. 출국장과 출발장(출발검색장) 내에 각각 1명 이상의 행동탐지요원을 배치해야 하며, 이들은 보안검색대 운영 시작 시간부터 종료 시간까지 근무한다. 이는 공항이 운영되는 모든 시간 동안 행동탐지 업무가 지속되어야 한다는 원칙을 보여준다.

배치 시간과 함께 특히 주목할 점은 예측 불가능성(Unpredictability)의 원칙이다. 행동탐지요원의 배치 장소를 주기적으로 변경하여 운영하도록 규정하고 있다. 이는 잠재적 위협 요소가 행동탐지요원의 위치를 파악하고 회피하는 것을 방지하기 위한 전략이다. 오늘 체크인 카운터 근처에 있던 요원이 내일은 보안검색대 앞에, 모레는 탑승구 주변에 배치되는 식이다.

이러한 유동적 배치는 행동탐지의 효과를 극대화한다. 범죄자나 테러리스트가 사전에 동선을 계획하더라도 행동탐지요원의 위치를 예측할 수 없기 때문에, 항상 긴장 상태를 유지하게 되고 이는 곧 이상행동으로 나타나게 된다. 예측 불가능성은 그 자체로 강력한 억제 효과를 발휘하고 있는 것이다.

2) 단계별 행동탐지 절차와 기록 관리

국가항공보안계획 8.13.3과 8.13.4는 행동탐지 업무가 체계적이고 일관되게 수행될 수 있도록 구체적인 방법과 절차를 제시한다. 이는 단순한 지침이 아니라 현장에서 즉시 적용 가능한 실무 매뉴얼의 성격을 띤다.

가. 환경 기준 설정: 맥락을 읽는 첫걸음

효과적인 행동탐지의 시작은 환경 기준을 설정하는 것이다. 매일 날씨, 공항 운영현황 등을 고려하여 그날의 기준을 정한다. 같은 행동도 상황에 따라 다르게 해석될 수 있기 때문에 이는 매우 중요한 과정이다.

예를 들어 폭염 경보가 내려진 날 과도하게 땀을 흘리는 승객과 선선한 날씨에 땀을 흘리는 승객은 다르게 평가되어야 한다. 또한 연휴로 공항이 붐비는 날의 초조함과 한산한 평일의 불안한 행동도 구분이 필요하다. 이처럼 환경 기준 설정은 행동탐지의 정확성을 높이는 핵심 요소로 작용하고 있다.

나. 관찰과 접근: 세심하면서도 자연스럽게

환경 기준이 설정되면 행동탐지요원은 출국장이나 출발검색장 내에서 업무를 수행한다. 단순히 서서 관찰만 하는 것이 아니라, 필요시 승객에게 직접 질문할 수 있는 권한을 갖고 있다. 이러한 질문은 위압적이거나 심문하는 형태가 아니라, 자연스러운 대화의 형식을 취한다.

"여행은 어디로 가시나요?", "오늘 일찍 오셨네요?" 같은 일상적인 질문을 통해 승객의 반응을 관찰한다. 정상적인 승객은 자연스럽게 대답하지만, 무언가를 숨기는 사람은 과도하게 상세하게 설명하거나, 반대로 극도로 짧게 대답하는 등 이상 징후를 보인다. 이러한 미묘한 차이를 포착하는 것이 행동탐지요원의 전문성이다.

다. 단계적 대응: 협력을 통한 정밀 검증

관찰과 접근 과정에서 의심스러운 승객이 발견되면 단계적인 대응절차가 시작된다. 먼저 행동탐지요원이 보안검색요원에게 정밀검색을 요청한다. 이때 보안검색요원은 촉수검색, 개봉검색, 폭발물흔적탐지장비 검색 등 다양한 방법을 동원하여 철저한 검색을 실시한다.

이러한 협력 체계는 매우 효율적으로 운영된다. 행동탐지요원은 관찰과 판단에 집중하고, 보안검색요원은 물리적 검색에 전념할 수 있기 때문이다. 각자의 전문성을 최대한 발휘하면서도 유기적으로 협력하는 시스템이 구축되어 있는 것이다.

1차 정밀검색 후에도 의심이 해소되지 않으면 보안검색감독자가 직접 나선다. 감독자는 해당 승객과 더 깊이 있는 인터뷰를 진행한다. 이 인터뷰는 단순한 질문이 아니라 전문적인 면담 기법을 활용한 심층 조사다. 여행 목적, 경유지, 소지품, 동행자 등에 대해 체계적으로 질문하면서 논리적 모순이나 거짓말의 징후를 찾아낸다.

최종적으로 수상하다고 판단되면 관계기관 합동조사팀에 인계된다. 이 단계에서는 경찰, 국정원 등 전문 수사기관이 개입하여 본격적인 조사가 이루어진다. 이러한 단계적 대응은 무고한 승객의 불편을 최소화하면서도 실제 위협은 확실하게 차단하는 효과적인 방법이다.

라. 기록과 평가: 지속적 개선의 토대

단계적 대응과 더불어 모든 행동탐지 업무는 철저히 기록된다. 공항운영자는 이러한 기록을 최소 1년간 보존해야 한다. 단순히 의심 승객의 정보만 기록하는 것이 아니라, 행동탐지 과정, 판단 근거, 조치 결과 등을 상세히 문서화한다. 이는 향후 유사 사례 발생 시 참고자료가 되고, 행동탐지 기법을 개선하는 데이터베이스 역할을 한다.

기록 관리와 함께 더 나아가 공항운영자는 행동탐지 수행능력에 대한 정기·불시점검 등 수준관리 활동을 연 1회 이상 자체적으로 시행해야 한다. 이는 행동탐지요원들이 지속적으로 높은 수준의 역량을 유지하도록 하는 수준관리시스템이다. 모의 테스트, 실무 평가, 사례 분석 등 다양한 방법으로 행동탐지 시스템의 효과성을 검증하고 개선점을 찾아낸다.

이러한 체계적인 방법과 절차를 통해 행동탐지는 단순한 직관이나 추측이 아닌, 과학적이고 검증 가능한 보안기법으로 자리매김하고 있다.

12. 항공보안업무 종사자에 대한 교육훈련

(1) 운항·객실승무원 및 탑승수속 직원의 보안교육 체계

▌국가민간항공보안 교육훈련지침

제14조(항공보안교관의 자격·경력 등) ③ 항공기 승무원, 탑승수속 직원, 항공교통관제사, 화물보안 업무요원(화물보안검색요원은 제외한다)등에 대하여 항공보안교육을 자체적으로 실시하는 경우 교관의 자격기준은 다음 각 호의 어느 하나와 같다.

1. 국제민간항공기구(ICAO), 국제항공운송협회(IATA), 미국 교통보안청(TSA), 항공훈련기관, 보안검색교육기관의 교관 교육과정을 이수한 자로 항공보안 경력이 1년 이상인 자
2. 항공보안 업무 또는 해당 분야실무 경험 2년 이상인 자 중 기관의 장 또는 소속의 장이 임명한 자

④ 교육과정별 교관은 제1항부터 제3항의 요건과 별표 3부터 별표 18 및 별표 18의2의 교관 요건에 적합하여야 한다.

제22조(운항·객실승무원 및 탑승수속 담당 직원) 항공운송사업자는 승무원에 대하여 별표 10과 별표 10

의2의 교육을 이수하도록 하며, 탑승권 발급업무를 수행하는 직원에 대하여는 별표 11과 별표 11의2의 교육을 이수하도록 하여야 한다.

운항 및 객실승무원들은 항공보안의 핵심 현장에서 근무하는 만큼 체계적인 보안교육을 받는다. 이들은 최소 8시간 이상의 초기 보안교육을 이수해야 하며, 매년 최소 3시간 이상의 정기 보안교육을 통해 최신 보안 동향과 절차를 숙지하고 있다.

승무원들과 함께 탑승수속을 담당하는 직원들 역시 중요한 보안 역할을 수행한다. 이들은 최소 3시간 이상의 초기 보안교육과 연 1회 최소 1시간 이상의 정기 보안교육 과정을 이수한다. 승객과의 첫 접점에서 보안위협을 사전에 차단하는 역할을 담당하고 있다.

이러한 보안교육의 질을 보장하기 위해 교관 자격기준도 엄격하게 관리된다. 항공기 승무원, 탑승수속 직원, 항공교통관제사, 화물보안 업무 요원 등을 대상으로 자체 항공보안교육을 실시하는 경우, 교관은 다음 자격기준 중 하나를 충족해야 한다.

첫째, 국제민간항공기구(ICAO), 국제항공운송협회(IATA), 미국 교통보안청(TSA), 항공훈련기관, 보안검색교육기관의 교관 교육과정을 이수하고 항공보안 분야에서 1년 이상의 경력을 보유한 전문가여야 한다. 둘째, 항공보안 업무나 해당 분야에서 2년 이상의 실무 경험을 가진 자 중에서 기관장 또는 소속장이 직접 임명한 자도 교관으로 활동할 수 있다.

이와 더불어 교육과정별 교관은 위에서 언급한 요건과 각 보안교육 과정에 규정한 교관요건을 모두 충족한 교관에 의해 교육이 이루어져야 한다. 이러한 다단계 자격 검증 체계는 보안교육의 전문성과 일관성을 유지하는 기반이 되고 있다.

(2) 항공보안장비 유지보수요원

▌국가민간항공보안 교육훈련지침

제23조(유지보수요원) 공항운영자등은 항공보안장비의 유지보수요원에 대하여 별표 12와 별표 12의2의 초기교육 및 정기교육을 이수하도록 하여야 한다. 다만, 「항공보안장비 종류, 운영 및 유지관리 등에 관한 기준」(국토교통부 고시) 제9조제1호에 해당하는 자는 초기교육을 이수한 것으로 본다.

▌항공보안장비 종류, 운영 및 유지관리 등에 관한 기준

제9조(검색장비 유지보수요원의 자격 등) 운영자는 다음 각 호의 어느 하나에 해당하는 자격을 갖춘 사람 또는 업체에 위탁하여 검색장비를 유지·보수하도록 하여야 한다.

1. 장비제작사 또는 설치업체에서 교육을 이수한 사람 또는 파견된 전문기술자
2. 국가가 인정한 전문교육기관에서 해당 업무에 대한 전문교육을 이수한 사람
3. 「국가기술자격법」에 의하여 전자·정보통신·전기·기계분야 산업기사 이상의 기술자격증을 소지하고

해당 자격분야에 3년 이상 종사한 사람

제10조(유지보수요원 교육) ① 유지보수요원은 「국가민간항공보안교육훈련지침」의 규정에서 정한 교육을 이수하여야 한다. 다만, 제9조제1호에 해당하는 사람은 초기교육을 이수한 것으로 본다.

② 유지보수요원은 「국가 민간항공보안 교육훈련지침」 별표 12의2의 정기교육을 이수하여야 한다.

③ 유지보수요원은 다음 각 호의 사항이 포함된 교육을 연간 8시간 이상 실시하여야 한다.

1. 검색장비별 기능
2. 검색장비별 동작원리 및 운용절차
3. 검색장비별 긴급상황 발생시 대응요령
4. 검색장비별 장애처리절차
5. 안전수칙과 유지보수 절차 등

항공보안장비는 국가항공보안계획에 따라 엄격한 관리체계 속에서 운영된다. 모든 보안장비는 장비사용 설명서와 공항운영자 등의 자체보안계획에 포함된 표준 운영규정을 준수하여 운영해야 한다.

이러한 운영 기준과 함께 보안장비가 항상 최상의 성능을 유지할 수 있도록 보안장비운영자는 체계적인 예방 유지보수 일정표를 작성하고 있다. 유지보수 업무는 자격을 갖춘 기술자를 직접 고용하거나 전문업체에 위탁하는 방식으로 수행할 수 있다. 각 기관은 자체 상황과 여건에 맞는 방법을 선택하여 운영한다.

유지보수 업무의 전문성을 확보하기 위해 항공보안장비의 유지보수요원은 반드시 필요한 교육과정을 이수해야 한다. 최소 40시간 이상의 유지보수 초기교육과 연 1회 최소 8시간 이상의 정기교육 과정을 완료해야 자격이 부여된다. 다만, 항공보안장비 종류, 운영 및 유지관리 등에 관한 기준 제9조에 따라 장비제작사나 설치업체에서 교육을 이수한 사람 또는 파견된 전문기술자의 경우에는 초기교육을 이수한 것으로 인정한다. 이를 통해 현장의 유연성을 확보하면서도 유지보수의 품질을 일정 수준 이상으로 유지하고 있다.

(3) 화물보안 업무 요원의 정의와 역할 재정립 필요성

▌국가민간항공보안 교육훈련지침

제24조(화물보안 업무 요원) 공항운영자등은 공항에서 화물보안 검색업무를 수행하는 자에게 보안검색요원 초기교육, 직무교육, 자격인증 및 정기교육을 이수하게 하여야 하며, 보안검색 외의 화물보안관련 업무를 수행하는 자에 대하여는 별표 13과 별표 13의2의 초기교육 및 정기교육을 이수하도록 하여야 한다.

화물보안 검색 이외의 화물보안 관련 업무를 수행하는 요원들은 최소 8시간 이상의 초기교육과 연 1회 최소 2시간 이상의 정기교육 과정을 이수해야 한다. 그러나 현재 '화물보안 검색 이외의 화물보안 관련 업무를 수행하는 자'에 대한 명확한 정의가 마련되어 있지 않아 실무 현장에서 혼선이 발생하고 있다.

이러한 정의의 모호함 속에서도 현재 공항 화물보안 체계는 여러 주체들이 각자의 역할을 담당하며 운영된다. 항공사의 화물보안 담당 직원들은 항공사 보안감독자로 지정되어 관련 교육을 이수한 후, 화물검색과 화물터미널 출입통제를 관리·감독한다. 공항에서 직접 화물보안 검색업무를 수행하는 요원들은 보안검색요원 초기교육, 직무교육, 자격인증 및 정기교육을 모두 이수하고 있다.

화물검색 외에도 화물터미널의 보안통제는 항공사와 계약을 맺은 항공경비업체 소속 항공경비요원들이 담당한다. 이들은 항공경비요원 교육과정을 이수한 후 업무를 수행한다. 이러한 체계 속에서 별도의 화물보안업무 담당자는 찾아보기 어려운 실정이다. 화물터미널에서 화물 운반을 담당하는 지상조업체 직원들은 국가민간항공보안 교육훈련지침 제29조에 따라 보안 유관부서 직원 교육과정을 이수하고 있다.

현장에서는 각 주체별로 명확한 역할 분담이 이루어지고 있음에도 불구하고, 규정상 '화물보안 검색 이외의 화물보안 관련 업무 수행자'라는 모호한 개념이 여전히 존재한다. 이러한 상황은 교육 대상자를 특정하기 어렵게 만들고, 교육 운영의 효율성을 저해하고 있다. 따라서 이들에 대한 명확한 정의와 역할을 규정하는 작업이 우선적으로 필요하다.

(4) 항공교통관제사 교육 이수 기준

▌국가민간항공보안 교육훈련지침

제27조(항공교통관제사) ① 국토교통부장관 또는 공항운영자는 항공교통관제사에 대하여 임용 후 6개월 안에 별표 16의 초기교육을 이수하도록 하여야 한다. 다만, 교육과정이 개설되어 있지 않은 경우에는 그러하지 아니하다.

② 국토교통부장관 또는 공항운영자는 항공교통관제사에 대하여 별표 16의2의 정기교육을 이수하도록 하여야 한다. 다만, 한국공항공사 항공기술훈련원 항공교통관제사 교육과정이나 해당 항공교통관제사의 소속기관이 월 1회 이상 실시하는 자체 교육에서 별표 16의2의 교육내용이 포함된 경우에는 정기교육을 이수한 것으로 본다.

항공교통관제업무를 담당하는 모든 관제사는 최소 4시간 이상의 초기교육을 받아야 한다. 연 1회 최소 1시간 이상의 정기교육 과정도 이수해야 한다. 이러한 교육을 통해 관제사들은 변화하는 항공보안 환경과 새로운 규정들을 지속적으로 학습한다.

이러한 교육 체계와 함께 교육의 효율성을 고려하여 대체 교육 인정 제도를 운영하고 있다. 한국공항공사 항공기술훈련원에서 제공하는 항공교통관제사 교육과정을 이수하거나, 소속기관에서 월 1회 이상 실시하는 자체 교육에 항공교통관제사 정기교육 내용이 포함된 경우에는 별도의 정기교육을 이수한 것으로 인정한다. 이는 중복 교육을 방지하면서도 교육의 질을 유지하기 위한 합리적인 방안이다.

(5) 전화 접수자 및 안내요원의 위협대응 교육

> **▮ 국가민간항공보안 교육훈련지침**
> **제28조(공항운영자등의 전화 접수자 및 안내요원)** 공항운영자등은 폭발물의 위협을 받을 수 있는 전화 접수자 및 안내요원에 대하여 별표 17의 폭발물 위협 대응에 대한 교육을 이수하도록 하여야 한다.

공항은 다양한 보안위협에 노출될 수 있는 공간이며, 특히 폭발물 위협은 가장 심각한 보안 사안 중 하나다. 이러한 위협 상황에서 최초 대응자 역할을 하는 전화 접수자와 안내요원들의 역할은 매우 중요하다.

이들의 중요성을 인식하여 폭발물 위협을 받을 가능성이 있는 전화 접수자와 안내 담당자들은 반드시 전문적인 대응 교육을 이수해야 한다. 최소 2시간 이상의 폭발물 위협대응 교육과정을 통해 위협 전화 식별, 정보 수집 요령, 초기 대응절차 등을 체계적으로 학습한다.

이 교육과정은 실제 상황에서 침착하고 신속하게 대응할 수 있는 능력을 기르는 데 중점을 두고 있다. 위협 전화를 받았을 때 상대방으로부터 최대한 많은 정보를 수집하면서도 안전을 확보하는 방법, 관련 부서와의 효과적인 의사소통 방법 등 실무에 직접 적용할 수 있는 내용들로 구성된다. 이를 통해 전화 접수자와 안내요원들은 위기 상황에서도 전문적인 대응 능력을 발휘할 수 있다.

(6) 보안 유관부서 직원 교육체계

> **▮ 국가민간항공보안 교육훈련지침**
> **제29조(보안 유관부서 직원들에 대한 교육)** ① 공항운영자등은 다음 각 호의 어느 하나에 해당하는 직원에 대해서는 별표 18에 따른 초기교육 및 별표 18의2에 따른 정기교육을 이수하도록 하여야 한다.
> 1. 공항운영자의 각 부서의 장 또는 이와 동등한 직급을 가진 자
> 2. 항공운송사업자의 보안 유관 부서의 장 및 중간관리자
> 3. 공항운영자 및 항공운송사업자의 중간관리자급
> 4. 화물터미널운영자 각 부서의 장 또는 이와 동등한 직급을 가진 자
> 5. 기내식시설 운영자 각 부서의 장 또는 이와 동등한 직급을 가진 자

6. 지상조업체 조직 내의 각 부서의 장 또는 이와 동등한 직급을 가진 자
7. 급유시설 조직 내의 각 부서의 장 또는 이와 동등한 직급을 가진 자
8. 공항 및 항공기 청소업체의 각 부서의 장 또는 이와 동등한 직급을 가진 자
9. 면세점 등 보호구역내 상주업체(부서)의 장 또는 이와 동등한 직급을 가진 자

② 제1항에 따른 직원 외의 다음 각 호의 어느 하나에 해당하는 직원에 대하여는 별표 18의3에 따른 초기교육 및 별표 18의4에 따른 정기교육 이수하도록 하여야 한다.

1. 공항운영자의 공항 운영 관련 근무 직원
2. 승객 운송 직원, 항공기 정비사
3. 승객과 위탁수하물의 일치여부 확인 직원 및 위탁수하물 수송허가 직원`
4. 항공운송사업자의 총기류 등 무기류 운송 접수 담당 직원
5. 화물터미널 운영 요원
6. 기내식 요원
7. 지상조업체 요원
8. 급유업체 요원
9. 이동지역 안전관리자
10. 삭제
11. 공항 지역 청소요원
12. 항공기 청소요원
13. 면세점 등 보호구역내 상주업체(부서)의 직원

항공보안 체계의 효과적인 운영을 위해서는 보안검색요원뿐만 아니라 보안과 관련된 모든 부서 직원들의 보안 인식과 역량 강화가 필수적이다. 이에 따라 보안 유관부서 직원들은 직급과 역할에 따라 차별화된 교육과정을 이수한다.

1) 관리자급 교육체계

보안 유관부서 관리자들은 최소 2시간 이상의 초기 보안교육과 연 1회 최소 2시간 이상의 정기 보안교육을 이수해야 한다. 이 교육 대상에는 공항운영자 각 부서의 장이나 이와 동등한 직급을 가진 자, 항공운송사업자의 보안 유관 부서장 및 중간관리자가 포함된다. 공항운영자와 항공운송사업자의 중간관리자급 인원들도 동일한 교육을 받고 있다.

관리자들은 이러한 교육을 통해 보안 정책을 이해하고 부서 내 보안 문화를 정착시키는 역할을 수행한다. 특히 정책 결정과 실무 현장을 연결하는 중요한 위치에서 보안체계의 실효성을 높이는 데 기여하고 있다.

2) 일반요원 교육체계

관리자급과 마찬가지로 보안 유관부서 일반요원들도 최소 2시간 이상의 초기 보안교육과 연 1회 최소 2시간 이상의 정기 보안교육을 이수해야 한다. 교육 대상은 매우 광범위하다. 공항운영자의 공항 운영 관련 근무 직원, 승객 운송 직원, 항공기 정비사들이 포함된다. 승객과 위탁수하물의 일치여부를 확인하는 직원과 위탁수하물 수송허가 직원, 항공운송사업자의 총기류 등 무기류 운송 접수 담당 직원들도 교육 대상이다.

이 외에도 화물터미널 운영 요원, 기내식 요원, 지상조업체 요원 등 공항에서 근무하는 다양한 분야의 직원들이 보안교육을 이수한다. 이들은 각자의 업무 영역에서 보안위협을 조기에 감지하고 대응할 수 있는 중요한 역할을 담당한다. 전 직원의 보안 의식 향상을 통해 공항 전체의 보안수준을 한층 강화하고 있다.

13. 교육훈련 기록 유지 및 감사

(1) 교육훈련 기록유지 체계와 보고 의무

항공보안 교육훈련의 수준관리에서 가장 기본이 되는 것은 체계적인 기록관리다. 국가민간항공보안 교육훈련지침 제32조는 교육훈련 기록유지에 관한 명확한 기준을 제시한다. 국토교통부장관이 지정한 교육기관과 공항운영자 등은 실시한 모든 교육훈련에 대해 철저한 기록을 유지해야 하며, 이는 형식적인 요구사항이 아닌 법적 의무사항이다.

이러한 법적 의무에 따라 교육훈련 기록에는 8가지 필수 요소가 포함되어야 한다. 교육명칭, 일시, 장소, 시간 등 기본 정보부터 교관 정보, 상세 교육시간표 그리고 해당 과정의 테스트나 평가 결과까지 빠짐없이 기록된다. 특히 참석자 명단과 서명은 교육 이수를 증명하는 핵심 증빙자료로서, 향후 감독이나 감사 시 중요한 확인 사항이 되고 있다.

기록의 완전성과 함께 보관 기간에 대한 규정도 주목할 필요가 있다. 모든 교육훈련 기록은 최소 3년간 보관해야 한다. 교육 이수자가 퇴직한 경우에도 90일간은 해당 기록을 유지·관리해야 한다. 이는 인력의 이동이 잦은 항공보안 분야의 특성을 고려한 조치로, 교육 이력의 연속성을 보장하고 필요시 과거 교육 실적을 검증할 수 있도록 한다.

기록 보관과 더불어 제33조에서 규정하는 결과 제출 의무 역시 중요한 통제 장치다. 교육기관과 공항운영자 등은 교육훈련 결과를 체계적으로 기록·관리해야 할 뿐만 아니라, 국토교통부장관이 관련 자료 제출을 요구할 경우 즉시 이에 응해야 한다. 이러한 보고체계는 국가 차원에서 항공보안 교육훈련의 실시 현황을 모니터링하고, 필요시 개선 조치를 취할 수 있는 제도적 기반이 된다.

이러한 엄격한 기록관리 체계는 항공보안 교육훈련의 투명성과 책임성을 확보하는 핵심 장치로 역할을 하고 있다. 누가, 언제, 어떤 교육을 받았는지를 명확히 추적할 수 있게 함으로써, 보안 사고 발생 시 원인 분석과 책임 소재 규명을 가능하게 한다. 나아가 교육 체계의 지속적인 개선을 위한 데이터베이스로도 활용된다.

(2) 교육훈련 수준관리를 위한 감사 체계

항공보안 교육훈련의 효과성을 담보하는 핵심 장치는 바로 체계적인 감사 시스템이다. 국가민간항공보안 교육훈련지침 제34조는 교육훈련에 대한 포괄적인 감사 체계를 규정한다. 이는 형식적 점검을 넘어 교육의 질적 수준을 실질적으로 관리하기 위한 종합적 수준관리 체계다.

국토교통부장관은 공항운영자, 교육기관 그리고 관련 조직들의 항공보안 교육훈련이 실제 현장의 필요성을 충족하는지 정기적으로 점검해야 한다. 이러한 감사는 교육이 단순히 '실시'되는 것을 넘어, '제대로' 실시되고 있는지를 검증하는 과정이다. 특히 급변하는 보안 환경과 새로운 위협에 대응할 수 있는 교육 내용이 적시에 반영되고 있는지를 중점적으로 확인하고 있다.

감사의 범위는 매우 포괄적이고 체계적이다. 첫째, 교육훈련 내용의 적절성과 현 상황 반영 여부를 검토한다. 과거의 교안을 그대로 사용하는 것이 아니라, 최신 위협 동향과 기술 발전이 교육 내용에 반영되었는지를 확인한다. 둘째, 강의 방법의 적절성을 평가한다. 이론 위주의 주입식 교육에서 벗어나 실습과 시뮬레이션을 적절히 활용하는지를 점검하고 있다.

교육 시설과 장비의 적절성도 중요한 평가 대상이다. 최신 보안 장비를 다루는 교육이 구식 장비로 이루어진다면 그 효과성은 크게 떨어질 수밖에 없다. 이와 함께 교육 이수자 현황과 교육결과 자료 등 운영 실태를 종합적으로 분석한다. 이를 통해 교육의 사각지대가 없는지, 재교육 주기는 적절한지를 파악한다.

감사 결과에 따른 후속 조치도 명확하게 규정되어 있다. 지침을 충족하지 못하거나 의무사항을 이행하지 않은 경우, 국토교통부장관은 즉시 시정을 지시한다. 시정지시를 받은 기관은 20일 이내에 구체적인 이행조치계획서를 제출해야 하며, 이는 법적 구속력을 갖는 의무사항이다. 이러한 신속한 피드백 체계는 발견된 문제점이 방치되지 않고 즉각적으로 개선될 수 있도록 한다.

이 감사 시스템은 항공보안 교육훈련이 형식적 요식행위로 전락하는 것을 방지하며, 실질적인 보안 역량 향상이라는 본래의 목적을 달성할 수 있도록 하는 핵심 통제 수단이다.

6

CHAPTER

항공보안장비

제6장

항공보안장비

Ⅰ. 항공보안장비

1. 항공보안장비의 법적 정의와 운영 체계

(1) 항공보안장비의 개념과 법적 근거

▮ 항공보안법

제27조(항공보안장비 성능 인증 등) ① 장비운영자가 이 법에 따른 보안검색을 하는 경우에는 국토교통부장관으로부터 성능 인증을 받은 항공보안장비를 사용하여야 한다.

② 제1항에 따른 항공보안장비의 성능 인증을 위한 기준·방법·절차 및 장비운영자가 사용하는 항공보안장비의 성능 검사 등 운영에 필요한 사항은 국토교통부령으로 정한다.

③ 국토교통부장관은 성능 인증을 받은 항공보안장비의 종류, 운영, 유지관리 등에 관한 기준을 정하여 고시하여야 한다.

▮ 항공보안장비 종류, 운영 및 유지관리 등에 관한 기준

제1조(목적) 이 고시는 「항공보안법」 제27조에 따라 보안검색에 사용하는 **항공보안장비(이하 "검색장비"라 한다)**를 효율적이고 적정하게 관리하고 운용하기 위하여 필요한 사항을 규정함을 목적으로 한다.

제2조(용어의 정의) 이 규정에서 사용하는 용어의 정의는 다음과 같다.

1. **"검색장비"**란 엑스선검색장비, 금속탐지장비, 폭발물탐지장비 등 보안검색에 사용되는 장비를 말한다.

▮ 항공보안장비 성능 인증 및 성능 검사 기준

제2조(용어의 정의) 이 규정에서 사용하는 용어의 정의는 다음과 같다.

1. **"항공보안장비"**란 엑스선검색장비, 폭발물탐지장비, 폭발물흔적탐지장비, 액체폭발물탐지장비, 문형

> 금속탐지장비, 휴대용금속탐지장비, 신발검색장비, 원형(原形)검색장비 등 보안검색에 사용되는 장비를 말한다.

항공보안장비는 항공기와 공항의 안전을 확보하기 위해 보안검색 과정에서 사용되는 필수적인 장비들을 의미한다. 이러한 장비들은 법적 근거와 명확한 운영 기준에 따라 체계적으로 관리되어야 한다.

이러한 관리의 필요성에 따라 항공보안법 제2조에서는 '장비운영자'를 명확히 정의하고 있다. 장비운영자는 "제15조부터 제17조까지 및 제17조의2에 따라 보안검색을 실시하기 위하여 항공보안장비를 설치·운영하는 공항운영자, 항공운송사업자, 화물터미널운영자, 상용화주 및 그 밖에 국토교통부령으로 정하는 자"를 말한다. 이를 통해 항공보안장비의 운영 주체가 명확히 규정되어 있음을 알 수 있다.

운영 주체와 함께 항공보안장비의 구체적인 개념은 항공보안장비 종류, 운영 및 유지관리 등에 관한 기준에서 명확하게 제시된다. 기준 제1조는 항공보안법 제27조에 따라 보안검색에 사용하는 항공보안장비를 효율적이고 적정하게 관리·운용하기 위한 필요사항을 규정한다고 명시한다.

제2조에서는 '검색장비'를 "엑스선검색장비, 금속탐지장비, 폭발물탐지장비 등 보안검색에 사용되는 장비"로 정의하고 있다. 이러한 장비들은 현재 공항에서 승객과 수하물, 화물 검색의 핵심 도구로 활용된다. 항공보안의 현장에서 위협 요소를 탐지하고 차단하는 중요한 역할을 담당하고 있다.

1) 항공보안장비 정의 및 용어 체계 정비 필요

현재 항공보안법에는 장비운영자에 대한 정의는 있으나, 항공보안장비 또는 검색장비에 대한 정의가 명시되어 있지 않은 상황이다.

이러한 법적 정의의 부재로 인해 실무 현장에서 혼란이 발생한다. 항공보안장비 관련 국토교통부 고시인 '항공보안장비 종류, 운영 및 유지관리 등에 관한 기준'과 '항공보안장비 성능 인증 및 성능 검사 기준'에서는 항공보안장비와 검색장비를 혼용하여 사용하고 있다. 더욱 문제가 되는 것은 나열한 검색장비의 개념도 제각각 다르다는 점이다.

이러한 용어의 혼재는 현장에서 업무수행 시 혼선을 야기할 수 있다. 관련 법령과 고시의 일관성을 해치는 요인으로 작용한다. 따라서 항공보안법상 명확한 정의 규정을 마련하고, 관련 고시에서도 통일된 용어를 사용할 필요가 있다. 이를 통해 법적 명확성을 확보하고 현장의 혼란을 최소화할 수 있을 것이다.

2) ICAO의 보안검색장비 정의 및 관리 기준

ICAO의 Doc. 8973(Aviation Security Manual)에서는 보안장비를 명확하게 정의한다. "민간 항공 및 시설에 대한 불법방해행위의 예방 및 탐지를 위한 개별장치 또는 시스템의 일부로 사용되는 특수한 성격의 장치"로 규정하고 있다.

이러한 정의와 함께 ICAO는 보안장비 관련 정보의 민감성에 대해서도 강조한다. "보안장비 성능, 시험 결과 및 시험 프로그램의 세부 사항은 매우 민감한 것으로 간주하고 국가 요건에 따라 처리해야 한다"고 규정한다. 이러한 규정으로 인해 미국, EU, 중국 등 성능인증제를 운영하는 국가들은 시험평가 기준과 세부 절차, 표준시료 제조기술 등을 비밀로 관리하고 있는 것으로 판단된다.

보안정보의 엄격한 관리와 더불어 ICAO의 Doc. 8973 부록에 따르면 국가는 국가민간항공보안프로그램(NCASP)을 통해 보안장비에 대한 구체적인 관리 체계를 마련해야 한다. 보안장비의 유형, 수 및 배치에 대한 세부정보를 제공해야 하며, 보안당국이 보안장비의 최소 요구사항을 충족하는 장비 구입을 승인하는 수단을 제공해야 한다. 또한 모든 장비 사용자가 준수해야 할 점검, 운영 절차 및 유지보수 관련 표준을 마련하도록 규정하고 있다.

이처럼 ICAO는 보안장비의 개념과 관리기준을 명확하게 제시한다. 각 국이 보안장비의 성능인증 절차 및 유지보수에 대한 공식적인 절차를 확립하여 항공보안을 강화할 것을 강조하고 있다. 이는 국제적으로 통일된 보안수준을 유지하기 위한 필수적인 요구사항이다.

3) 보안검색장비 용어 통일과 법체계 정비 방안

▮ 항공보안법 시행령

제10조(승객 및 휴대물품의 보안검색방법 등) ① 공항운영자는 법 제15조에 따라 항공기 탑승 전에 모든 승객 및 휴대물품에 대하여 법 제27조에 따라 국토교통부장관이 고시하는 **항공보안장비(이하 "검색장비등"이라 한다)**를 사용하여 보안검색을 하여야 한다. 이 경우 승객에 대해서는 문형금속탐지기 또는 원형검색장비를, 휴대물품에 대해서는 엑스선 검색장비를 사용하여 보안검색을 하여야 하며, 폭발물이나 위해물품이 있다고 의심되는 경우에는 폭발물 탐지장비 등 필요한 검색장비등을 추가하여 보안검색을 하여야 한다.

③ 공항운영자는 다음 각 호의 어느 하나에 해당하는 경우에는 승객의 동의를 받아 직접 신체에 대한 검색을 하거나 개봉검색을 하여야 한다. 이 경우 제5호에 해당하는 경우에는 폭발물 흔적탐지장비 등 필요한 검색장비등을 추가하여 보안검색을 하여야 한다.

1. 검색장비등이 정상적으로 작동하지 아니하는 경우
2. 검색장비등의 경보음이 울리는 경우
3. 무기류나 위해(危害)물품을 휴대(携帶)하거나 숨기고 있다고 의심되는 경우

4. 엑스선 검색장비에 의한 검색결과 그 내용물을 판독할 수 없는 경우
5. 엑스선 검색장비로 보안검색을 할 수 없는 크기의 단일 휴대물품인 경우

▌항공항공보안법 시행규칙

제3조의2(국가항공보안계획의 내용 등) ① 법 제10조제1항에 따른 국가항공보안계획(이하 "국가항공보안계획"이라 한다)에는 다음 각 호의 내용이 포함되어야 한다.

1. 법 제9조제1항에 따른 공항운영자등(이하 "공항운영자등"이라 한다)의 항공보안에 대한 임무
2. 법 제27조제1항에 따른 **항공보안장비**(이하 "항공보안장비"라 한다)의 관리

제14조의2(항공보안장비의 성능 인증 신청)

제14조의3(항공보안장비의 성능 인증 등)

제14조의4(항공보안장비의 성능평가시험 등)

제14조의5(항공보안장비의 성능 검사)

제14조의6(항공보안장비의 점검)

현재 항공보안 관련 법령에서는 보안검색에 사용되는 장비의 명칭이 일관되지 않게 사용되고 있다. 항공보안법 제5장에서는 '항공보안장비'로 명칭을 통일하여 사용하고 있으나, 같은 법의 시행령에서는 '항공보안장비(이하 "검색장비등"이라 한다)'로, 시행규칙에서는 '항공보안장비(이하 "항공보안장비"라 한다)'로 각각 다르게 표기한다. 이러한 불일치는 국토교통부 고시에서도 두 개념을 혼용하는 상황으로 이어지고 있는 실정이다.

이와 같은 용어 불일치 문제를 근본적으로 해결하기 위해서는 항공보안법에 '보안검색장비'의 정의를 신설하고, 성능인증 관련 조문들의 용어를 통일해야 한다. 특히 항공보안법, 항만보안법, 철도안전법 등 교통보안 관련 법령에서 각각 다르게 사용하는 장비 명칭을 '보안검색장비'로 일원화하는 것이 필요하다. 이는 향후 상호인정체계 도입 시 발생할 수 있는 법적·행정적 혼선을 예방하는 기본 토대가 될 것이다.

법령 차원의 정비와 함께 국토교통부 고시 차원에서도 체계적인 정비가 요구된다. '항공보안장비 성능 인증 및 성능 검사 기준'을 '보안검색장비 성능 인증 및 성능 검사 기준'으로 개정하고, '항공보안장비 종류, 운영 및 유지관리 등에 관한 기준' 역시 '보안검색장비 종류, 운영 및 유지관리 등에 관한 기준'으로 변경해야 한다. 각 고시 내 조문에서 사용되는 '검색장비', '항공보안장비' 등의 용어도 '보안검색장비'로 통일하는 작업이 진행되어야 한다.

이러한 법체계 정비를 바탕으로 교통 분야 보안검색장비의 상호인정 체계를 구축하기 위해서는 먼저 '보안검색장비'로 개념을 일원화해야 한다. 항공보안법에 타 법령에 따

라 인증받은 보안검색장비를 상호인정하는 조항을 명시적으로 규정하는 것도 필요하다. 이러한 법체계 정비는 효율적인 보안검색 시스템 구축과 중복 인증으로 인한 행정적 낭비를 줄이는 데 기여할 것이다.

(2) 장비운영자 관리체계의 제도적 불일치와 개선방안

▌항공보안법

제2조(정의) 이 법에서 사용하는 용어의 뜻은 다음과 같다. 다만, 이 법에 특별한 규정이 있는 것을 제외하고는 「항공사업법」·「항공안전법」·「공항시설법」에서 정하는 바에 따른다.

11. "장비운영자"란 제15조부터 제17조까지 및 제17조의2에 따라 보안검색을 실시하기 위하여 항공보안장비를 설치·운영하는 공항운영자, 항공운송사업자, 화물터미널운영자, 상용화주 및 그 밖에 국토교통부령으로 정하는 자를 말한다.

▌항공보안법 시행규칙

제1조의2(장비운영자) 「항공보안법」(이하 "법"이라 한다) 제2조제11호에서 "국토교통부령으로 정하는 자"란 「항공사업법」 제2조제33호에 따른 도심공항터미널업자(이하 "도심공항터미널업자"라 한다)를 말한다.

▌항공사업법

제2조(정의)이 법에서 사용하는 용어의 뜻은 다음과 같다.

32. "도심공항터미널업"이란 「공항시설법」 제2조제4호에 따른 공항구역이 아닌 곳에서 항공여객 및 항공화물의 수송 및 처리에 관한 편의를 제공하기 위하여 이에 필요한 시설을 설치·운영하는 사업을 말한다.
33. "도심공항터미널업자"란 제52조제1항에 따라 국토교통부장관에게 도심공항터미널업을 신고한 자를 말한다.

제52조(상업서류송달업 등의 신고) ① 상업서류송달업, 항공운송총대리점업 및 도심공항터미널업(이하 "상업서류송달업등"이라 한다)을 경영하려는 자는국토교통부령으로 정하는 바에 따라 국토교통부장관에게 신고하여야 한다. 신고한 사항을 변경하려는 경우에도 또한 같다.

▌항공보안장비 종류, 운영 및 유지관리 등에 관한 기준

10. "유지보수요원"이란 검색장비의 점검과 유지보수업무를 수행하는 자를 말한다.
11. "장비 사용자(이하 "사용자")"라 함은 항공보안검색요원 등 검색장비를 활용하여 보안검색을 수행하는 자를 말한다.

항공보안장비 운영 체계를 분석해보면, 장비운영자의 법적 지위와 실제 관리체계 간에 심각한 불일치가 존재한다. 현행 항공보안법은 상용화주를 장비운영자로 명확히 규정하고 있으나, 정작 자체보안계획 수립 의무에서는 이들을 제외시키는 모순적 구조를 보인다. 이러한 제도적 공백은 항공보안 관리체계의 일관성을 근본적으로 훼손하고 있다.

이 문제의 심각성은 다른 장비운영자들과의 비교를 통해 더욱 명확해진다. 공항운영자, 항공운송사업자, 화물터미널운영자 등 장비운영자로 분류된 모든 주체들은 예외 없이 자체보안계획을 수립하여 국토교통부의 체계적인 관리감독을 받는다. 그러나 유독 상용화주만이 이러한 통합적 관리체계에서 배제되어 있어, 동일한 보안검색장비를 운영함에도 불구하고 상이한 관리기준이 적용되는 규제 불균형이 발생하고 있다.

이러한 관리체계의 불균형은 단순한 행정적 차원의 문제를 넘어선다. 상용화주가 운영하는 보안검색장비는 항공화물 보안검색이라는 핵심적 기능을 수행하며, 그 보안상 중요성은 다른 운영주체의 장비와 전혀 다르지 않다. 따라서 현재의 제도적 공백은 항공보안 전반에 실질적인 위험요소로 작용할 수 있으며, 이는 국가항공보안체계의 완결성을 저해하는 중대한 취약점이 되고 있다.

이상의 문제점들을 종합적으로 고려할 때, 장비운영자 범주에 포함된 모든 주체를 자체보안계획 수립대상으로 일원화하는 제도적 개선이 시급하다. 구체적으로는 항공보안법 시행령 및 시행규칙을 개정하여 상용화주에게도 자체보안계획 수립을 의무화하고, 이에 대한 명확한 관리감독 체계를 구축해야 한다. 이러한 법제도적 정비를 통해 보안관리의 사각지대를 해소하고, 모든 장비운영자가 동일한 기준과 절차에 따라 관리되는 통합적 항공보안체계를 확립할 수 있을 것이다.

2. 항공보안장비 관련 규정

▌항공보안법

제27조의2(항공보안장비 성능 인증의 취소) 국토교통부장관은 성능 인증을 받은 항공보안장비가 다음 각 호의 어느 하나에 해당하는 경우에는 그 인증을 취소할 수 있다. 다만, 제1호에 해당하는 때에는 그 인증을 취소하여야 한다.

1. 거짓이나 그 밖의 부정한 방법으로 인증을 받은 경우
2. 항공보안장비가 제27조제2항에 따른 성능 기준에 적합하지 아니하게 된 경우
3. 제27조제4항에 따른 점검을 정당한 사유 없이 받지 아니한 경우
4. 제27조제4항에 따른 점검을 실시한 결과 중대한 결함이 있다고 판단될 경우

제27조의3(인증업무의 위탁) 국토교통부장관은 인증업무의 전문성과 신뢰성을 확보하기 위하여 제27조에 따른 항공보안장비의 성능 인증 및 점검 업무를 대통령령으로 정하는 기관(이하 “인증기관”이라 한다)에 위탁할 수 있다.

제27조의4(시험기관의 지정) ① 국토교통부장관은 제27조에 따른 성능 인증을 위하여 항공보안장비의 성

능을 평가하는 시험(이하 "성능평가시험"이라 한다)을 실시하는 기관(이하 "시험기관"이라 한다)을 지정할 수 있다.
② 제1항에 따라 시험기관 지정을 받으려는 법인이나 단체는 국토교통부령으로 정하는 지정기준을 갖추어 국토교통부장관에게 지정신청을 하여야 한다.
제27조의5(시험기관의 지정취소 등) ① 국토교통부장관은 제27조의4에 따라 시험기관으로 지정받은 법인이나 단체가 다음 각 호의 어느 하나에 해당하는 경우에는 그 지정을 취소하거나 1년 이내의 기간을 정하여 그 업무의 전부 또는 일부의 정지를 명할 수 있다. 다만, 제1호 또는 제2호에 해당하는 때에는 그 지정을 취소하여야 한다.
1. 거짓이나 그 밖의 부정한 방법을 사용하여 시험기관으로 지정을 받은 경우
2. 업무정지 명령을 받은 후 그 업무정지 기간에 성능평가시험을 실시한 경우
3. 정당한 사유 없이 성능평가시험을 실시하지 아니한 경우
4. 제27조제2항에 따른 기준·방법·절차 등을 위반하여 성능평가시험을 실시한 경우
5. 제27조의4제2항에 따른 시험기관 지정기준을 충족하지 못하게 된 경우
6. 성능평가시험 결과를 거짓으로 조작하여 수행한 경우
② 제1항에 따른 지정취소와 업무정지의 기준 등에 관하여 필요한 사항은 국토교통부령으로 정한다.
제27조의6(수수료) 제27조제1항에 따라 항공보안장비 성능 인증을 받으려는 자는 국토교통부령으로 정하는 바에 따라 인증기관 및 시험기관에 수수료를 내야 한다.

▌항공보안법 시행령
제19조의2(인증업무의 위탁) 법 제27조의3에서 "대통령령으로 정하는 기관"이란 「항공안전기술원법」에 따른 항공안전기술원을 말한다.

▌항공보안법 시행규칙
제14조의2(항공보안장비의 성능 인증 신청) 법 제27조제1항에 따른 항공보안장비의 성능 인증을 받으려는 항공보안장비의 제작자 또는 수입업자는 별지 제4호의2서식에 따른 항공보안장비 성능 인증 신청서에 다음 각 호의 서류를 첨부해서 국토교통부장관(법 제27조의3 및 영 제19조의2에 따라 「항공안전기술원법」에 따른 항공안전기술원에 인증업무를 위탁하는 경우에는 항공안전기술원을 말한다. 이하 "인증기관"이라 한다)에 제출해야 한다. 이 경우 담당 공무원은 「전자정부법」 제36조제1항에 따른 행정정보의 공동이용을 통해서 법인 등기사항증명서(법인인 경우만 해당한다)를 확인해야 한다.
1. 사업자등록증 사본
2. 국내에 거주하는 대리인임을 증명하는 서류(대리인이 신청하는 경우에 한한다)
3. 항공보안장비의 성능 제원표 및 시험용 물품(테스트 키트)에 관한 서류
4. 항공보안장비의 외관도 및 사용자 설명서
5. 항공보안장비의 구조·운영방법·유지관리 등에 대한 설명서

6. 성능 인증 품질시스템(제14조의3제1항제1호에 따른 성능 인증 기준에 적합한 항공보안장비를 생산하거나 수입할 수 있는 능력)을 증명하는 자료
7. 항공보안장비의 사후관리를 위한 시설·기술인력을 확보하고 있는 사실을 증명하는 서류(최초로 성능 인증을 신청하는 경우에 한한다)
8. 국토교통부장관이 정해서 고시하는 서류로서 항공보안장비의 성능 인증 기준을 갖추었음을 증명하는 서류(해당하는 경우에 한한다)

제14조의3(항공보안장비의 성능 인증 등) ① 인증기관은 법 제27조제2항에 따라 성능 인증을 하려면 다음 각 호의 기준 및 절차에 따라야 한다.

1. 성능 인증 기준
  가. 국토교통부장관이 정해서 고시하는 항공보안장비의 기능과 성능 기준에 적합한 보안장비일 것
  나. 항공보안장비의 활용 편의성, 안전성 및 내구성 등을 갖춘 보안장비일 것
2. 성능 인증 절차
  가. 법 제27조의4에 따른 시험기관(이하 "시험기관"이라 한다)이 실시하는 같은 조에 따른 성능평가시험(이하 "성능평가시험"이라 한다)을 받을 것
  나. 시험기관의 성능평가시험서와 제14조의2에 따라 성능 인증 신청자가 제출한 성능 제원표 등을 비교·검토할 것
  다. 성능 인증 품질시스템을 확인할 것

② 인증기관은 제14조의2에 따라 제출받은 서류에 흠이 없고 제1항제1호에 따른 성능 인증 기준(이하 "성능 인증 기준"이라 한다) 및 같은 항 제2호에 따른 성능 인증 절차에 따라 적합하다고 인정하는 경우에는 별지 제4호의3서식에 따른 항공보안장비 성능 인증서를 발급해야 한다.

③ 인증기관은 항공보안장비가 성능 인증 기준에 적합하지 않은 경우에는 지체없이 그 결과를 신청인에게 통지해야 한다.

④ 제1항 및 제2항에서 규정한 사항 외에 성능 인증 기준 등에 필요한 세부사항은 국토교통부장관이 정해서 고시한다.

제14조의4(항공보안장비의 성능평가시험 등) ① 시험기관은 제14조의3제1항제2호가목에 따라 인증기관으로부터 성능평가시험을 의뢰받은 경우 다음 각 호의 기준에 따라 성능평가시험을 실시해야 한다.

1. 제작자 등과 협의해서 시험계획서를 작성하고 인증기관에 통보할 것
2. 성능 인증 기준에 적합한지를 확인할 것

② 시험기관은 성능평가시험을 실시한 때에는 별지 제4호의4서식에 따른 성능평가시험 결과서를 인증기관에 제출해야 한다.

③ 성능평가시험을 위한 기준·절차 및 방법 등에 관한 세부 사항은 국토교통부장관이 정해서 고시한다.

제14조의10(성능 인증 등에 대한 기록관리) 인증기관 및 시험기관은 성능 인증·성능평가시험 등에 관한 사항을 기록(전자장치에 파일 등의 형태로 저장하는 기록을 포함한다)하고 보관·관리해야 하며, 시험기관이 지정취소 등의 사유로 그 업무를 더 이상 수행하지 않는 경우에는 1개월 이내에 그 자료를 인증기관에

> 제출해야 한다.
>
> **제14조의11(수수료)** ① 법 제27조의6에 따라 항공보안장비 성능 인증을 받으려는 자가 내야 하는 수수료의 산정기준은 별표 4와 같다. 다만, 인증기관은 제2항제2호에 따른 수수료 납부대상자가 「중소기업기본법」 제2조에 따른 중소기업자인 경우로서 납부대상자의 경제적 부담 완화 또는 경영안정 지원 등을 위하여 수수료 감면이 필요하다고 인정하는 경우에는 수수료를 감면할 수 있다.
>
> ② 법 제27조제1항에 따라 항공보안장비 성능 인증을 받으려는 자는 다음 각 호의 구분에 따라 인증기관 또는 시험기관에 수수료를 내야 한다.
>
> 1. 제14조의2에 따른 항공보안장비의 성능 인증 신청 및 제14조의4에 따른 성능평가시험에 관한 수수료
> 2. 제14조의5에 따른 성능 검사에 관한 수수료
>
> ③ 인증기관 또는 시험기관은 제2항 각 호에 따른 수수료 외에 별도의 부과금을 받을 수 없다.
>
> ④ 제1항 및 제2항에서 규정한 사항 외에 수수료 금액, 납부기간, 납부방법 등에 대한 세부 사항은 인증기관 또는 시험기관이 따로 정해서 공고해야 한다.

(1) 보안검색장비 명칭 통일과 교통 분야 간 상호인정 활성화

국가항공보안계획에는 항공보안장비에 대한 별도의 정의 규정이 존재하지 않는다. 그럼에도 불구하고 제9장에서는 '항공보안장비'라는 명칭으로 통일하여 관련 내용을 규정하고 있어, 체계상 불일치가 발생하고 있다. 이러한 명칭의 혼재는 단순한 용어 문제를 넘어 법적 명확성과 실무적 일관성을 저해하는 요인으로 작용한다.

이처럼 불명확한 용어 체계 속에서 현재 항공 분야가 사용하는 '항공보안장비'라는 명칭은 해당 분야의 특수성을 강조한다. 그러나 이는 동시에 타 교통 분야와의 단절을 의미하며, 장비의 호환성과 상호 운용성 측면에서 제약이 되고 있다. 실제로 항공, 항만, 철도 등 각 교통 분야에서 사용하는 보안검색장비는 기본적인 작동 원리와 기술적 사양이 유사함에도 불구하고, 서로 다른 명칭과 기준으로 관리된다.

이러한 분절된 관리 체계를 개선하기 위해 '보안검색장비'로 명칭을 통일한다면 여러 실질적 이점을 확보할 수 있다. 우선 항만 및 철도 분야의 검색장비와 상호인정을 활성화할 수 있는 제도적 기반이 마련된다. 이는 행정적 편의를 넘어 장비 인증 절차의 간소화와 비용 절감으로 이어진다. 한 분야에서 인증받은 장비가 다른 교통 분야에서도 활용될 수 있다면, 보안장비 시장의 효율성이 크게 향상될 것이다.

더 나아가 통합적 명칭 사용은 교통보안 체계의 일원화라는 더 큰 목표에도 기여하고 있다. 테러나 보안위협이 특정 교통수단에 국한되지 않는 현실을 고려할 때, 모든 교통 분야가 공통의 보안기준과 장비 체계를 갖추는 것은 국가 전체의 보안수준 향상에 필수적

이다. '보안검색장비'라는 통일된 명칭은 이러한 통합적 접근을 위한 중요한 출발점이 된다.

물론 명칭 통일 과정에서는 각 교통 분야의 특수성도 충분히 고려되어야 한다. 특히 항공 분야가 요구하는 높은 보안수준과 특별한 기술적 요구사항이 희석되지 않도록 세심한 주의가 필요하다. 따라서 통일된 명칭을 사용하면서도 분야별 세부 기준은 차별화될 수 있도록 제도적 장치를 마련하는 것이 중요하다.

(2) 보안장비의 구매기준과 운영자 책임체계

1) 보안장비 구매기준

공항운영자, 항공운송사업자, 화물터미널운영자 및 상용화주 등 보안장비를 사용하고자 하는 모든 주체는 엄격한 기준을 준수해야 한다. 국토교통부장관이 고시한 항공보안장비 종류, 운영 및 유지관리 등에 관한 기준에 적합한 보안장비만을 구입하여 사용해야 하며, 이는 법적 의무사항으로 규정되어 있다. 이러한 통일된 구매 기준은 국가 항공보안체계의 일관성을 확보하는 핵심 요소가 된다.

모든 보안 주체가 동일한 기준에 따라 장비를 구매함으로써 전국 공항과 항공 관련 시설의 보안수준을 표준화할 수 있다. 국토교통부 고시 기준은 국제적 표준과 국내 보안환경을 종합적으로 고려하여 수립되므로, 이를 준수하는 것은 국제 경쟁력 확보에도 기여한다. 따라서 각 운영 주체는 이러한 기준을 단순히 규제로 받아들이기보다는 보안체계 강화를 위한 필수 지침으로 인식하고 있다.

2) 운영자 책임 원칙

앞서 살펴본 구매 기준과 더불어 보안장비의 구매, 설치 및 유지보수에 대한 책임은 전적으로 각 보안장비 운영자에게 귀속된다. 이는 '운영자 책임 원칙'을 명확히 한 것으로, 보안장비를 실제로 운영하는 주체가 장비의 전 생애주기에 걸쳐 책임을 지도록 하는 체계다. 이러한 책임 체계는 각 운영자가 자신의 운영 환경과 필요에 맞는 장비를 선택할 수 있는 자율성을 부여하는 동시에, 그에 상응하는 의무를 부과한다.

구체적으로 구매 단계에서는 고시 기준에 적합한 장비를 선별해야 하고, 설치 과정에서는 제조사 지침과 보안 요구사항을 충족시켜야 한다. 운영 중에는 지속적인 유지보수를 통해 장비의 성능을 보장해야 하는데, 이는 보안장비의 신뢰성 확보에 필수적인 요소다. 아무리 우수한 장비라도 적절한 유지보수 없이는 성능이 저하될 수 있으며, 이는 곧 보안 공백으로 이어질 수 있다.

따라서 운영자는 정기적인 점검과 예방정비는 물론, 고장 발생 시 신속한 복구 체계를 갖추어야 하며, 이 모든 과정에서 발생하는 비용과 책임을 부담한다. 이러한 운영자 중심의 책임 체계는 각 시설의 특성에 맞는 최적의 보안 운영을 가능하게 하면서도, 전체적인 보안수준의 일관성을 유지하는 균형점을 제공하고 있다.

(3) 보안장비 성능 최적화 및 검증 절차

1) 위협등급별 감도 조정

보안장비운영자는 국가항공보안 우발계획에 따른 항공보안 위협등급별 조치사항을 기준으로 금속탐지장비의 감도를 조정해야 한다. 이는 보안위협 수준에 따라 검색 강도를 탄력적으로 운영하는 체계로, 평시와 위기 상황에서 서로 다른 보안수준을 적용할 수 있도록 하는 중요한 운영 방식이다.

위협등급별 감도 조정은 효율성과 보안성의 적절한 조화를 추구한다. 낮은 위협 등급에서는 승객 편의를 고려한 적정 수준의 감도를 유지하되, 위협 등급이 상승하면 즉시 감도를 높여 더욱 정밀한 검색이 가능하도록 한다. 이러한 유연한 대응체계는 불필요한 승객 불편을 최소화하면서도 필요시 강화된 보안조치를 신속하게 적용할 수 있게 하고 있다.

2) 감도 조정 기준

위협등급에 따른 감도 조정과 함께 금속탐지장비와 엑스선검색장비 등의 감도 조정은 명확한 기준에 따라 이루어져야 한다. 보안장비운영자는 승객, 휴대물품, 위탁수하물, 화물 및 우편물 검색에 사용되는 장비의 감도를 조정할 때, 우선적으로 보안장비 제조회사가 제시한 기준을 따른다. 제조회사 기준은 장비의 기술적 특성과 최적 성능을 고려하여 설정된 것으로, 장비의 신뢰성 확보에 필수적이다.

다만 해당 공항 보안기관이 별도로 정한 기준이 있는 경우에는 그 기준이 우선 적용된다. 이는 각 공항의 특수한 보안 환경과 위협 요소를 반영한 맞춤형 기준으로, 공항별 특성과 운영 환경을 고려한 최적화된 보안수준을 구현한다. 이러한 이중 기준 체계는 기술적 표준을 준수하면서도 현장의 실제 필요성을 충족시키는 실용적 운영 방식이다.

3) 성능 테스트 의무

▌국가항공보안 수준관리지침

4조(정의) 이 지침에서 사용하는 용어의 뜻은 다음 각 호와 같으며, 그 밖의 용어는 국가항공보안계획의 정의를 준용한다.

14. "점검용시험물품"이란 검색장비의 정상작동 여부를 점검하거나 검사(檢査)하기 위하여 국토교통부장관의 인증을 받았거나 장비 제작사에서 해당 장비의 성능점검을 목적으로 제작한 물품을 말한다.

▌항공보안장비 종류, 운영 및 유지관리 등에 관한 기준

제2조(용어의 정의) 이 규정에서 사용하는 용어의 정의는 다음과 같다.

7. “점검용시험물품”이란 검색장비의 정상작동 여부를 점검하거나 검사(檢査)하기 위하여 인증을 받았거나 장비 제작사에서 해당 장비의 성능점검을 목적으로 제작 또는 권고한 시험물품을 말하며 장비별 사용할 물품의 종류는 다음과 같다.
   가. 엑스선검색장비:
      - 단면적 1m×1m 이하의 물품만을 검색하는 장비 : 제작사의 검사장비 또는 제작사 권고 시험물품(ASTM 또는 STP 또는 EWSTP 시험키트)
      - 단면적 1m×1m 초과의 물품을 검색하는 장비 : 제작사의 검사장비 또는 제작사 권고 시험물품
   나. 문형금속탐지장비: 제작사의 검사장비 또는 제작사 권고 시험물품(OTP 시험키트)
   다. 폭발물탐지장비: 제작사의 검사장비 또는 제작사 권고 시험물품
   라. 폭발물흔적탐지장비: 제작사의 검사 장비 또는 제작사 권고 시험물품
   마. 휴대용금속탐지장비: 무게 5.5g, 직경 25㎜크기의 원형 금속물질 또는 제작사 권고 시험물품
   바. 액체폭발물탐지장비: 제작사의 검사 장비 또는 제작사 권고 시험물품
   사. 원형검색장비: 제작사의 검사장비 또는 제작사 권고 시험물품
   아. 신발검색장비: 제작사의 검사장비 또는 제작사 권고 시험물품

보안장비의 지속적인 성능 유지는 항공보안의 핵심 요소다. 보안장비운영자는 항공보안장비 종류, 운영 및 유지관리 등에 관한 기준에 명시된 점검용 시험물품을 활용하여 정기적인 성능 테스트를 실시해야 한다. 이러한 테스트는 단순한 작동 확인을 넘어, 장비가 요구되는 탐지 성능을 실제로 발휘하는지를 검증하는 과정이다.

성능 테스트를 통해 보안장비가 최적의 상태를 유지하도록 관리하는 것은 법적 의무이자 실무적 필요사항이다. 정기적인 테스트를 통해 성능 저하를 조기에 발견하고, 필요한 조치를 신속하게 취함으로써 보안 공백을 방지할 수 있다. 또한 테스트 결과는 장비 교체 시기 결정과 유지보수 계획 수립의 중요한 근거자료로 활용되고 있다.

4) 시험물품 관리 체계

보안검색 장비의 성능 테스트에 사용되는 시험물품은 엄격한 관리 대상이다. 보안장비운영자는 점검용 시험물품 목록을 관할 지방항공청장에게 제출하고 승인을 받아야 한다. 이는 시험물품이 실제 위험물품과 유사한 특성을 가질 수 있어, 오용이나 악용을 방지하기 위한 통제 수단이다.

시험물품 목록의 승인 절차는 표준화와 통제라는 두 가지 목적을 달성한다. 표준화된

시험물품 사용은 전국 공항의 보안장비가 동일한 기준으로 테스트되도록 보장하며, 승인 절차를 통한 통제는 시험물품의 무분별한 사용과 유출을 방지한다. 이러한 체계적 관리는 보안 테스트의 신뢰성과 보안성을 동시에 확보하는 중요한 운영 체계다.

(4) 보안장비 운영관리 체계

항공보안장비의 체계적인 운영은 공항 보안의 첫걸음이다. 모든 보안장비는 장비사용 설명서와 공항운영자의 자체보안계획에 명시된 표준 운영규정을 철저히 준수하여 운영된다. 이러한 표준화된 운영 체계는 일관성 있는 보안수준을 유지하는 핵심 요소로 작용하고 있다.

표준 운영규정에 따른 일관된 운영을 바탕으로 보안장비운영자는 장비의 최적 성능을 지속적으로 유지하기 위해 예방 유지보수 일정표를 수립하여 관리한다. 모든 장비가 최상의 상태에서 작동할 수 있도록 체계적인 점검과 정비를 실시하며, 필요에 따라 자격을 갖춘 기술자를 직접 고용하거나 전문업체에 유지보수를 위탁할 수 있다. 이러한 유연한 관리방식은 각 공항의 운영 환경과 규모에 맞는 효율적인 유지보수를 가능하게 하고 있다.

유지보수와 함께 특히 중요한 것은 방사선 안전관리다. 이는 승객과 직원의 건강을 보호하는 핵심 영역으로, 보안장비운영자는 엑스선검색장비 등에서 발생하는 방사선 누출량이 안전기준을 충족하는지 매월 정기적으로 점검한다. 이러한 점검결과는 자체 점검표에 상세히 기록되어 체계적인 추적관리가 이루어지고 있다.

이처럼 철저한 운영관리와 더불어 보안 효과성을 높이기 위한 기술혁신도 지속적으로 추진된다. 보안장비운영자는 신규 장비를 도입할 때 최신 기술이 적용된 보안장비를 우선적으로 고려하고 있다. 이는 급변하는 보안위협에 효과적으로 대응하고, 동시에 승객 편의성을 향상시키려는 노력의 일환이다. 따라서 표준화된 운영, 체계적인 유지보수, 안전관리 그리고 기술혁신이 상호 보완적으로 작용하여 항공보안의 효과성을 극대화한다.

(5) 보안장비 연구개발 및 국제협력

국토교통부장관은 항공보안의 미래를 위한 전략적 역할을 수행한다. 항공보안 목적을 원활하게 달성하기 위해 새로운 보안장비 및 보안절차에 관한 연구·개발을 적극적으로 추진하고 있다. 특히 보안장비 연구·개발 분야에서는 다른 체약국과의 긴밀한 협력을 통해 선진 기술을 공유하며, 글로벌 항공보안 수준의 동반 상승을 도모한다. 이러한 국제협력은 단순한 기술 교류를 넘어 전 세계 항공보안 네트워크를 강화하는 핵심 요소로 작용하고 있다.

국제협력을 통한 기술 개발과 함께 새로운 보안장비를 개발할 때는 기술적 성능뿐만 아니라 인간 중심의 설계 철학도 중요하게 고려된다. 국토교통부장관은 국제민간항공기구(ICAO)의 보안지침서에 명시된 인적요소원칙을 충실히 반영하여 장비를 개발한다. 이는 운영자의 작업 효율성과 승객의 편의성을 동시에 향상시키는 통합적 개발 전략이다. 인적요소원칙의 적용은 휴먼에러를 최소화하고 보안검색의 정확도를 높이는 데 결정적인 역할을 한다.

이러한 연구·개발 활동의 구체적인 실행 기준으로 그 밖의 보안장비 운영에 관한 세부 사항은 국토교통부장관이 고시한 보안장비 종류, 성능 및 운영기준에 명확히 규정되어 있다. 이 고시는 국내 항공보안장비 운영의 법적 근거이자 실무 지침서로서, 보안장비의 표준화와 품질 관리를 위한 핵심 문서로 활용된다. 따라서 연구·개발부터 실제 운영에 이르기까지 일관된 기준과 원칙이 적용되고 있다.

3. 항공보안장비 성능 기준 및 운영 현황

국제민간항공협약 Annex 17은 항공보안의 글로벌 표준을 제시한다. 체약국들은 최소 보안검색 요구사항을 마련해야 하며, 주요 보안검색 기술에 대한 평가를 위한 국제협력이 필수적으로 요구된다. 특히 민간항공 보안목표를 효과적으로 달성하기 위해서는 새로운 보안검색장비의 연구개발을 지속적으로 촉진해야 한다는 점이 강조되고 있다.

이러한 국제 표준의 구체적인 실행 지침으로 ICAO의 Doc. 8973(Aviation Security Manual) 부록(Appendix 20, Security Equipment and Systems)은 보안검색장비 및 시스템의 종류와 기술을 상세히 제시한다. 현재 운영 중인 보안검색장비에는 금속탐지기술, 엑스선 이미징 기술, 폭발물탐지기술 등이 적용되고 있으며, 이러한 기술들은 검색율과 검색속도를 동시에 향상시키는 방향으로 발전하고 있다.

더 나아가 ICAO는 새로운 테러 유형에 신속하게 대응하기 위한 핵심 영역으로 보안검색장비를 지목하고 있다. 새로운 검색기술의 개발뿐만 아니라 이에 따른 시험인증 기술과 시험방법 개발을 지속적으로 추진하며, 이는 변화하는 보안위협에 대한 선제적 대응체계를 구축하는 데 필수적이다. 따라서 기술 개발과 인증체계의 발전이 동시에 이루어지고 있다.

이와 함께 국제항공운송협회(IATA)는 보안검색장비 인증체계의 효율성 개선을 적극 추진한다. 현재 장비 제작자들이 동일한 종류의 보안검색장비에 대해 국가별로 상이한 표준에 따라 개별 인증을 받아야 하는 성능인증제도는 불필요한 시간과 비용을 발생시키고 있다. 이러한 문제를 해결하기 위해 IATA는 일반기준 사양(specification) 마련을 통한 표준화를 추진하며, 보안검색장비에 대한 승인절차를 보다 신속하게 처리할 수 있는 체계를 구축한다. 이러한 국제기구와 국제 단체들의 통합적 노력은 글로벌 항공보안 수준의 일관성과 효율성을 동시에 높이는 중요한 동력이 되고 있다.

(1) 엑스선검색장비

엑스선검색장비는 엑스선발생장치를 이용하여 검색대상물에 엑스선을 조사(照射)하고, 그 내용을 모니터에 영상으로 표시하는 핵심 보안검색장비다. 이 장비는 현대 항공보안에서 위협물질을 탐지하는 1차 검색 수단으로 활용되고 있다.

이러한 엑스선검색장비의 작동원리는 정밀한 물리학적 원리에 기반한다. 컨베이어 위에 올려진 수하물이 장비 내부로 들어오면, 컨베이이 대각선에 위치한 엑스신조사기가 엑스선을 방출한다. 방출된 엑스선은 수하물에 침투하며, 내부 물체의 재료 특성에 따라 흡수되거나 감쇠된다. 이때 물체의 특성과 크기에 비례하여 서로 다른 영상 신호가 생성되고 있다.

생성된 신호는 복잡한 변환 과정을 거쳐 시각화된다. 엑스선이 검출기와 상호작용하면, 전용 전자장치와 컴퓨터가 수신된 신호를 2차원 엑스선 영상으로 변환한다. 최종적으로 이미지 결과가 화면 모니터에 표시되어 보안검색요원이 실시간으로 확인할 수 있게 된다. 이러한 기술은 재료의 밀도에 따라 선명도와 투과율이 달라진다는 물리적 특성을 활용하여 수하물 내부를 효과적으로 검색한다.

그러나 이러한 첨단 기술에도 불구하고 엑스선검색기술에는 기술적 한계가 존재한다. 모든 폭발물이나 플라스틱 무기를 완벽하게 판별하기 어려우며, 병이나 다른 용기에 담긴 물체의 정확한 식별에도 제약이 있다. 특히 고밀도 재료를 사용한 무기나 기타 밀수품으로 위장이 가능하다는 취약점을 가지고 있다. 따라서 엑스선검색장비만으로는 충분하지 않으며, 의심되는 물품에 대해서는 폭발물흔적탐지장비(ETD) 검색이나 개봉검색을 추가로 수행해야 한다.

이러한 기술적 한계와 더불어 엑스선검색은 본질적으로 고도의 노동집약적 기술이다. 보안검색요원의 전문성과 지속적인 교육훈련이 성공적인 운영의 핵심 요소로 작용하고 있다. 검색요원은 복잡한 이미지를 제한된 시간 내에 신속하게 분석하여 위협물질을 효과적으로 탐지해야 하는 고도의 전문능력을 갖추어야 한다. 허위경보비율(False Alarm Rate)을 최소화하면서도 높은 탐지율(Detection Rate)을 동시에 달성하기 위해서는 여러 인적요소가 중요하게 작용한다. 작업의 단조로움 극복, 피로도 관리, 시간 압력 대응능력 그리고 체계적인 교육훈련의 적절성이 엑스선검색의 효과성을 결정하는 핵심 변수다.

〈엑스선검색장비(X-ray)〉

1) 엑스선검색장비 이미지품질 평가기준

엑스선검색장비의 이미지품질 평가는 장비의 성능을 객관적으로 검증하는 핵심 프로세스다. 평가기준은 검색대상물의 크기에 따라 차별화된 테스트키트와 기준을 적용한다.

소형 물품을 검색하는 장비부터 구체적으로 살펴보면, 검색장비를 통과하는 방향의 단면적이 1m×1m 이하인 물품을 검색하는 장비의 경우 국제표준에 따른 세 가지 테스트키트 중 하나를 선택적으로 적용하고 있다. ASTM F792 테스트키트, STP(Standard Test Piece) 테스트키트 또는 EWSTP(European Working Group Standard Test Piece) 테스트키트가 사용되며, 각 테스트키트는 동등한 평가 신뢰도를 제공한다.

이러한 테스트키트를 통해 평가되는 핵심 성능 중 하나가 와이어 탐지능력이다. 이는 엑스선검색장비의 해상도와 민감도를 평가하는 중요한 지표로 활용된다. 양방향 장비는 30 AWG(American Wire Gauge) 이상의 와이어를 탐지할 수 있어야 하며, 단방향 장비는 24 AWG 이상의 탐지능력이 요구되고 있다. AWG 수치가 높을수록 더 가는 와이어를 의미하므로, 양방향 장비가 더 정밀한 탐지능력을 갖추고 있음을 알 수 있다.

한편 대형 물품 검색장비에는 보다 엄격한 기준이 적용된다. 단면적이 1m×1m를 초과하는 물품을 검색하는 장비는 ANSI N 42.46 표준에 따른 테스트키트를 사용하여 평가한다. 이러한 대형 장비의 와이어 탐지 기준은 24 AWG 이상으로 설정되어 있으며, 이는 화물이나 대형 수하물 검색에 적합한 수준의 해상도를 보장하고 있다. 따라서 장비의 크기와 용도에 따라 차별화된 평가 기준을 적용함으로써 각 검색 환경에 최적화된 성능을 확보한다.

2) 성능인증 기준

엑스선검색장비의 성능인증은 장비가 갖추어야 할 필수 기능요소들을 엄격하게 평가한다. 이러한 기준들은 보안검색의 효율성과 신뢰성을 보장하는 핵심 요구사항으로 작용한다.

우선 검색기록 관리시스템은 추적성과 책임성을 확보하는 중요한 기능이다. 최근에 검색된 최소 10개 이상의 검색기록을 축약되지 않은 원본 상태로 재열람할 수 있어야 하며, 최근 24시간의 모든 검색기록은 디지털 이미지나 동영상 형태로 자동저장되어야 한다. 이때 검색시간과 날짜가 함께 기록되어 필요시 재생 및 확인이 가능하도록 시스템이 구축된다.

검색기록 관리와 함께 보안검색요원의 경각심 유지를 위한 위협 이미지 표출기능(TIP, Threat Image Projection)도 필수적으로 내장되어야 한다. 이 기능은 실제 검색 중에 가상의 위협물품 이미지를 무작위로 삽입하여 검색요원의 집중도를 지속적으로 평가하고 향상시키는 역할을 수행하고 있다.

검색요원의 집중도 유지와 더불어 이미지 분석 기능의 고도화도 중요한 인증기준이다. 화면 확대 기능은 2배, 4배 또는 그 이상으로 조정 가능해야 하며, 확대비율을 고정하여 일관된 검색환경을 제공할 수 있어야 한다. 유기물질, 무기물질, 혼합물질은 서로 다른 색상으로 구분 표시되며, 유기물질과 무기물질을 선택적으로 표시하거나 제거할 수 있는 기능이 요구되고 있다.

이러한 기본적인 이미지 분석과 연계하여 밀도 분석 기능은 위협물질 탐지의 정확도를 높이는 핵심 요소로 활용된다. 밀도 차에 따른 색 농도나 명암 조정 기능이 필수적이며, 밀도가 높아 물질구분이 불가능한 불투과물은 별도의 색으로 표시되어 검색요원의 주의를 환기시킨다. 또한 화면상의 물체를 명확하게 구분할 수 있도록 검색이미지의 가장자리를 강조하는 기능도 갖추어야 한다.

마지막으로 운영상의 효율성을 위한 기능도 중요하게 평가된다. 검색 사각지대가 발생하지 않도록 완전한 커버리지를 보장해야 하며, 재검사가 용이하도록 컨베이어 벨트의 전진, 후진 및 일시정지 기능을 갖추어야 한다. 다만 컴퓨터단층촬영방식(CT X-ray) 장비나 바구니 자동화 시스템(TRS, Tray Return System)과 연동하여 운용되는 경우에는 기술적 특성상 후진기능이 예외적으로 면제된다. 이처럼 성능인증 기준은 기술 발전과 운영 환경의 변화를 반영하여 유연하게 적용되고 있다.

(2) 폭발물탐지장비(EDS, Explosive Detection System)

폭발물탐지장비는 이온분석, 엑스선 검색, 중성자 검색 등 다양한 탐지방법을 활용하여 폭발물 및 폭약성분을 식별하는 핵심 보안장비다. 현대 항공보안에서 폭발물 위협에 대응하는 중요한 검색 수단으로 활용되고 있다.

이러한 폭발물탐지기술은 다양한 과학적 원리를 복합적으로 활용한다. 이온분석 기술은 화학적 성분을 분자 수준에서 분석하며, 엑스선 검색은 물질의 밀도와 원자번호를 기반으로 폭발물을 식별한다. 중성자 검색기술은 질소 함량이 높은 폭발물의 특성을 이용하여 탐지 정확도를 높이고 있다. 이러한 기술들은 신체나 휴대가방은 물론, 차량이나 컨테이너 등에 은닉된 폭약과 마약까지 탐지할 수 있는 광범위한 능력을 보유한다.

다양한 탐지기술을 기반으로 한 폭발물탐지장비는 운용 형태에 따라 여러 유형으로 분류된다. 특정 위치에 고정 설치되어 대량의 수하물을 연속적으로 검색하는 고정형 장비가 주력을 이루고 있으며, 검색요원이 이동하면서 유연하게 활용할 수 있는 휴대용 장비도 운영된다. 또한 승객의 신체나 의복에 묻어있는 극미량의 폭발물 흔적을 탐지하는 대인용 장비는 게이트 보안검색의 핵심 도구로 활용되고 있다.

이러한 장비 중에서도 폭발물탐지시스템(EDS)은 특히 수하물 검색에서 혁신적인 기술로 평가받는다. 양방향 엑스선 검색과 고도화된 컴퓨터 분석 알고리즘을 통합하여 검색대상물 내부를 정밀하게 검사하며, 폭발물의 특징적인 신호를 자동으로 식별하고 있다. 이는 인간 검색요원의 한계를 극복하고 일관된 탐지 성능을 제공하는 첨단 기술이다.

그러나 첨단 기술에도 불구하고 EDS 운영에는 여전히 도전과제가 존재한다. 수하물의 복잡한 내용물 구성, 다양한 재질의 혼재, 대형 수하물의 복잡한 기하학적 구조 등은 시스템의 분석을 어렵게 만드는 요인이다. 이로 인해 높은 허위경보율이 발생하고 있으며, 빈번한 2차 검색이 불가피한 상황이다. 이러한 문제는 수하물 탑재 지연, 운영비용 증가, 여객터미널 처리능력 저하 등 공항 운영 전반에 연쇄적인 영향을 미친다. 따라서 알고리즘 개선과 인공지능 기술 도입을 통한 허위경보율 감소가 향후 기술개발의 핵심 과제로 부상하고 있다.

〈폭발물탐지장비(EDS)〉

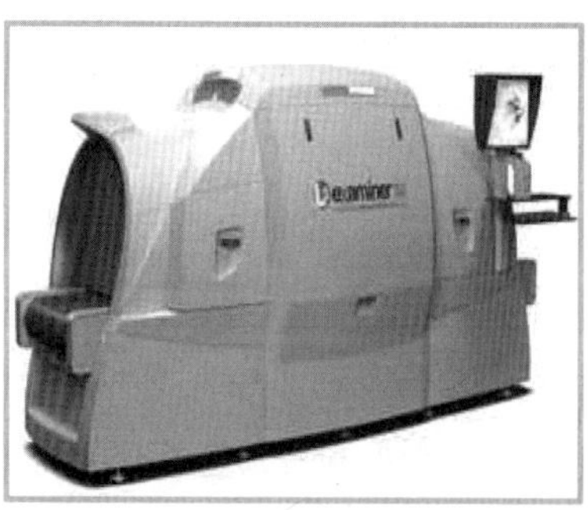

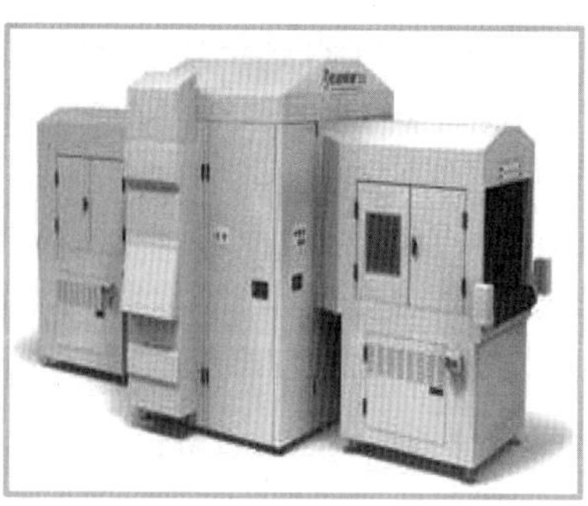

1) 성능인증 기준

폭발물탐지장비의 성능인증은 엄격한 평가기준을 통해 장비의 신뢰성과 효과성을 검증하는 필수 과정이다. 인증기준은 크게 세 가지 핵심 영역으로 구성되어 있으며, 각 기준은 항공보안의 실효성을 보장하는 중요한 역할을 수행한다.

첫째, 이미지품질 기준은 탐지장비의 기본적인 성능을 평가한다. 모든 폭발물탐지장비는 '폭발물탐지장비 이미지품질 평가 기준'에서 정한 기준을 충족해야 하며, 이는 선명한 영상 해상도와 정확한 물질 구분 능력을 보장하기 위한 필수 요구사항이다. 고품질의 이미지는 정확한 위협물질 식별의 전제조건으로 작용한다.

이미지품질과 더불어 둘째로 중요한 것은 실제 폭발물 탐지능력이다. 이는 장비의 핵심 성능지표로서, 폭발물탐지장비는 '폭발물탐지장비 탐지시험'에 명시된 다양한 폭발물질을 효과적으로 탐지할 수 있어야 한다. 이 시험의 구체적인 내용과 방법은 국가안보와 직결되는 민감한 정보로서, 공공기관의 정보공개에 관한 법률 제9조제1항제2호 및 제3호에 따라 비공개로 관리된다. 이러한 보안 유지는 테러리스트들이 탐지시스템의 취약점을 악용하는 것을 방지하는 중요한 보호수단이다.

탐지능력 확보와 함께 셋째로 고려되는 오경보율 관리는 운영 효율성을 결정하는 핵심 요소다. 폭발물탐지장비는 '폭발물탐지장비 오경보율 시험'에서 정한 기준을 만족해야 하며, 이는 불필요한 2차 검색을 최소화하고 공항 운영의 효율성을 높이는 데 필수적이다. 오경보율 시험의 세부 내용 역시 보안상의 이유로 공공기관의 정보공개에 관한 법률 제9조제1항제2호 및 제3호에 따라 비공개로 운영되고 있다. 적정 수준의 오경보율 유지는 보안 효과성과 운영 효율성 사이의 적절한 조화를 이루는 핵심 과제로 인식된다.

2) 기능 및 운영 요구사항

폭발물탐지장비는 효율적인 수하물 검색을 위한 다양한 기능을 갖추어야 한다. 이러한 기능들은 운영 효율성과 보안 효과성을 동시에 향상시키는 핵심 요소로 작용한다.

자동화된 수하물 처리 시스템은 검색 효율성의 기본이다. 폭발물탐지장비에는 컨베이어가 설치되어 일정한 간격으로 수하물이 자동 이동되도록 설계되어야 한다. 이는 연속적이고 일관된 검색 프로세스를 보장하며, 대량의 수하물을 신속하게 처리할 수 있게 하고 있다. 다만 특수한 목적으로 단독 운영되는 폭발물탐지장비의 경우에는 이러한 컨베이어 시스템이 예외적으로 면제된다.

자동화 시스템과 함께 보안검색의 신뢰성을 높이기 위한 기능도 필수적이다. 위협 이미지 표출기능(TIP)이 내장되어 검색요원의 경각심과 집중력을 지속적으로 유지시키며,

실제 폭발물이 탐지될 경우 검색화면에 즉각적인 경고표시가 나타나야 한다. 이러한 시각적 경고 시스템은 위협물질의 신속한 식별과 대응을 가능하게 하는 핵심 요소다.

검색의 신뢰성 확보와 더불어 데이터 관리 기능은 추적성과 책임성을 보장한다. 모든 검색기록은 디지털 이미지나 동영상 형태로 자동저장되어야 하며, 검색시간과 날짜가 함께 기록되어 필요시 재생 및 확인이 가능해야 한다. 이는 보안 사고 발생 시 원인 분석과 책임 소재 파악에 필수적인 증거자료로 활용되고 있다.

이러한 기능들을 안정적으로 수행하기 위해 운영 성능 측면에서 폭발물탐지장비는 고강도의 연속 운영이 가능해야 한다. 벨트속도 0.15m/s 이상, 시간당 150개 이상의 수하물 검색 조건에서 24시간 연속으로 정상 작동할 수 있는 내구성이 요구된다. 이는 국제공항의 대량 수하물 처리 요구사항을 충족시키기 위한 최소 성능기준이며, 피크 시간대의 안정적인 운영을 보장하고 있다.

마지막으로 안전관리 기능은 운영자와 승객의 보호를 위해 필수적이다. 전원표시기, 비상경보장치, 비상정지버튼 등의 안전장치가 완비되어야 하며, 이는 긴급상황 발생 시 신속한 대응을 가능하게 한다. 특히 폭발물탐지장비 내부의 엑스선 발생기는 유지보수 담당자 외에는 접근이 불가능하도록 설계되어야 한다. 이러한 접근 통제는 방사선 노출 위험을 최소화하고 장비의 무단 조작을 방지하는 중요한 보안조치로 운영된다.

(3) 폭발물흔적탐지장비(ETD, Explosive Trace Detector)

폭발물흔적탐지장비는 검색대상물에 묻어있는 극미량의 화학성분을 흡입하여 이온분석 방법 등을 통해 폭발물 및 폭약성분의 흔적을 탐지하는 정밀 분석장비다. 육안으로는 확인 불가능한 나노그램 수준의 폭발물 잔류물까지 식별할 수 있는 고감도 탐지기술을 보유하고 있다.

이러한 고감도 탐지를 가능하게 하는 ETD의 작동원리는 정교한 화학분석 프로세스에 기반한다. 보안검색요원이 검색대상물의 외부표면에서 특수 시료채취 도구를 사용하여 표본을 수집하면, 장비는 이를 즉시 분석하여 폭발물 잔류물의 화학적 성분을 식별한다. 수집된 시료는 이미 데이터베이스화된 폭발물질의 성분과 실시간으로 비교·분석되며, 수초 내에 정확한 탐지 결과를 제공한다. 이러한 신속한 분석능력은 대량의 수하물을 처리해야 하는 공항 환경에서 특히 중요한 장점으로 작용하고 있다.

신속한 분석능력을 바탕으로 폭발물흔적탐지장비는 단계별 보안검색체계에서 핵심적인 역할을 수행한다. 1차 엑스선검색에서 위협물질의 존재를 명확히 확인할 수 없거나 의심스러운 징후가 발견될 경우, ETD는 효과적인 2차 검색수단으로 활용된다. 특히 엑스

〈폭발물흔적탐지장비(ETD)〉

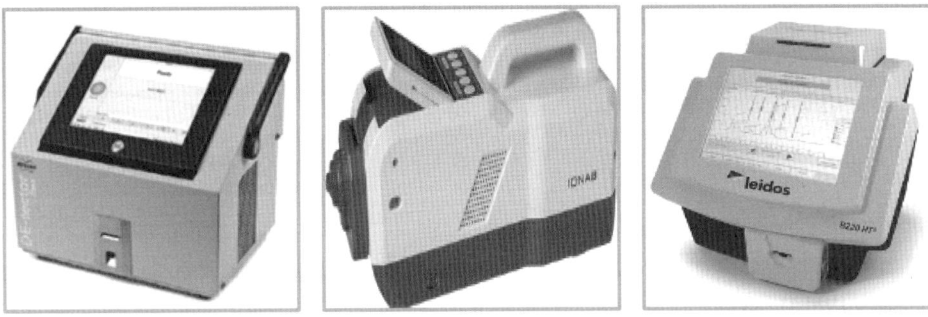

선 영상에서 판독이 어려운 유기물 폭발물이나 복잡한 전자기기 내부의 위협물질을 확인하는 데 탁월한 성능을 발휘하고 있다. 또한 승객의 손이나 의복, 휴대품에서 직접 시료를 채취하여 검사할 수 있어 대인 검색에서도 중요한 도구로 사용된다.

그러나 이러한 장점에도 불구하고 ETD는 표면 검사라는 근본적인 한계를 내포한다. 수하물 내부 깊숙이 정교하게 은폐된 폭발물이나 완전히 밀폐된 용기 내부의 위험물질은 원천적으로 탐지가 불가능하다. 폭발물이 여러 겹의 포장재로 완벽하게 밀봉되거나 표면 오염이 의도적으로 제거된 경우, 탐지 효과가 현저히 떨어지는 취약점을 보이고 있다. 이러한 기술적 제약은 ETD가 독립적인 검색수단이 아닌 보완적 검색도구로 활용되어야 함을 시사한다.

따라서 효과적인 항공보안을 위해서는 ETD를 엑스선검색, 폭발물탐지장비(EDS) 등과 함께 통합적으로 운영하는 종합 검색체계가 필수적이다. 각 장비의 장점을 최대화하고 단점을 상호 보완함으로써 보안 사각지대를 최소화하는 것이 현대 항공보안의 핵심 전략으로 자리잡고 있다. 이러한 통합 운영은 단일 장비의 한계를 극복하고 전체적인 보안수준을 향상시키는 효과적인 접근방식이다.

1) 성능인증 기준

폭발물흔적탐지장비의 핵심 성능지표 중 하나는 신속한 분석능력이다. 분석시간은 10초 이내로 제한되어야 하며, 이는 공항의 대량 수하물 처리와 승객 대기시간 최소화를 위한 필수 요구사항이다. 짧은 분석시간은 보안 효과성을 유지하면서도 운영 효율성을 극대화하는 핵심 요소로 작용한다.

신속한 분석능력과 함께 폭발물흔적탐지장비는 진화하는 위협에 대응할 수 있는 유연한 기능을 갖추어야 한다. 첫째, 적응형 탐지능력이 필수적이다. 새로운 폭발물이나 폭약에 관한 데이터를 시스템에 입력하여 운영할 수 있는 업데이트 기능을 보유해야 하며,

이러한 설정과 수정은 권한을 부여받은 관리자만 수행할 수 있도록 엄격한 접근통제가 적용된다. 이는 새로운 위협물질이 등장할 때마다 신속한 대응을 가능하게 하는 중요한 보안체계다.

적응형 탐지능력에 이어 둘째로 명확한 위협 식별과 경보 시스템이 구축되어야 한다. 탐지된 폭발물질의 구체적인 종류를 화면에 표시하는 기능이 있어야 하며, 시각적 경고와 청각적 경보를 동시에 제공할 수 있어야 한다. 이러한 다중 경보 시스템은 시끄러운 공항 환경에서도 검색요원이 위협을 즉각 인지할 수 있도록 보장하고 있다.

위협 식별 시스템과 더불어 셋째로 중요한 것은 데이터 관리 기능이다. 이는 추적성과 책임성을 확보하는 필수 요소로서, 모든 폭발물 탐지 및 분석 결과는 자동으로 저장되어야 하며, 필요시 재생하여 확인할 수 있는 기능이 요구된다. 이러한 체계적인 기록관리는 보안사고 조사와 수준관리에 필수적인 증거자료로 활용되고 있다. 따라서 신속한 분석, 유연한 적응, 명확한 경보, 철저한 기록이 상호 보완적으로 작동하여 폭발물흔적탐지장비의 효과성을 극대화한다.

2) 운용성 요구사항

폭발물흔적탐지장비의 실용적 운영을 위해서는 사용자 친화적인 운용성이 보장되어야 한다.

무엇보다 자동교정 기능은 장비의 정확도를 지속적으로 유지하는 핵심 요소다. 장비가 자체적으로 교정을 수행할 수 있는 기능을 갖추어야 하며, 이는 일관된 탐지 성능을 보장하고 유지보수 부담을 경감시킨다. 정기적인 자동교정은 환경 변화나 장기 사용에 따른 성능 저하를 방지하는 중요한 기능으로 작용하고 있다.

자동교정을 통한 성능 유지와 함께 신속한 운영 준비도 중요한 요구사항이다. 장비의 예열시간은 30분을 초과하지 않아야 하며, 이는 교대 근무 시작이나 긴급 상황 발생 시 빠른 대응을 가능하게 한다. 짧은 예열시간은 운영 유연성을 높이고 대기시간으로 인한 보안 공백을 최소화하고 있다.

고정형 장비의 이러한 요구사항과 달리 휴대형 장비의 경우에는 특별한 운용성 기준이 적용된다. 배터리 등 자체전원을 갖추어야 하며, 실제 운영 조건에서 충분한 지속시간을 보장해야 한다. 구체적으로 10분에 1회 측정하는 조건에서 2시간 이상, 대기 상태에서는 4시간 이상 작동이 유지되어야 한다. 이러한 배터리 성능은 게이트 검색이나 임시 검색 포인트에서 안정적인 운영을 보장하는 필수 요구사항이다. 특히 전원 인프라가 제한된 환경에서도 효과적인 보안검색을 가능하게 함으로써 폭발물흔적탐지장비의 운영 범위를 확대하고 있다.

(4) 액체폭발물탐지장비(BLS, Bottled Liquid Scanner)

액체폭발물탐지장비는 폭발성이 높거나 연소성이 높은 액체류 위험물과 액체상태의 폭약성분을 탐지하는 특수 보안장비다. 2006년 영국발 항공기 액체폭발물 테러 음모 사건 이후 전 세계 공항에서 필수 장비로 자리잡았으며, 승객이 휴대하는 액체류의 안전성을 신속하게 검증하는 핵심 도구로 활용되고 있다.

이러한 액체폭발물탐지장비(BLS)의 작동원리는 전자기적 분석 기술에 기반한다. 장비는 전류를 방사하여 생성된 자기장 신호와 임펄스 신호를 수신하고, 이를 분석하여 금속체 및 액체의 인화성 여부를 판단한다. 이러한 검사방식은 용기를 개봉하지 않고도 내용물의 화학적 특성을 파악할 수 있어, 승객의 편의성과 보안 효과성을 동시에 충족시킨다. 특히 물, 음료, 화장품 등 일반 액체와 위험 액체를 수초 내에 구분할 수 있는 정밀한 식별능력을 보유하고 있다.

전자기적 분석 기술을 활용하는 액체폭발물탐지장비는 운용 형태에 따라 고정형과 휴대형으로 구분된다. 각 형태는 서로 다른 운영 환경과 요구사항에 최적화되어 있으며, 상호 보완적인 역할을 수행한다.

고정형 장비는 보안검색대에 설치되어 대량의 액체류를 효율적으로 검사하고 있다. 테이블 위에 고정 설치된 이 장비는 전용 투입구를 통해 액체가 담긴 용기를 검사하는 방식으로 운영된다. 검색요원은 대상물을 투입한 후 용기의 종류(병, 캔, 유리 등)를 시스템에 입력하고 검색 버튼을 누르면, 장비가 자동으로 분석하여 위험 여부를 판단한다. 이러한 표준화된 프로세스는 검색의 일관성을 보장하고 휴먼에러를 최소화하는 장점을 제공한다.

〈액체폭발물탐지장비(BLS)〉

고정형 장비와 달리 휴대형 장비는 유연한 현장 대응을 위해 설계되었다. 휴대용 금속탐지장비와 유사한 형태로 제작된 이 장비는 검색요원이 직접 들고 이동하면서 사용할 수 있다. 검색부위를 액체가 든 용기에 직접 접촉시켜 스캔하는 방식으로, 게이트 검색이나 랜덤 검색, 특별 보안상황에서 신속한 대응이 가능하다. 휴대형 장비의 기동성은 대형 용기나 특수한 형태의 액체 용기를 검사할 때 특히 유용하며, 고정형 장비가 설치되지 않은 임시 검색 포인트에서도 효과적으로 활용되고 있다.

1) 성능인증 기준

액체폭발물탐지장비의 핵심 성능지표는 신속한 분석능력이다. 분석시간은 10초 이내로 제한되어야 하며, 이는 보안검색대에서 승객 대기시간을 최소화하면서도 정확한 위협탐지를 보장하기 위한 필수 요구사항이다. 특히 액체류 검사가 추가 검색 절차임을 고려할 때, 짧은 분석시간은 전체 검색 프로세스의 효율성을 결정하는 핵심 요소다.

신속한 분석과 함께 액체폭발물탐지장비는 명확하고 다양한 경보 시스템을 갖추어야 한다. 위험물질이 탐지될 경우, 소리, 진동, 빛, 영상 중 최소 하나 이상의 방법으로 즉각적인 경고를 제공해야 한다. 이러한 다중 경보 옵션은 다양한 운영 환경에 유연하게 대응할 수 있게 하며, 사용자가 각 기능의 활성 또는 비활성을 선택적으로 설정할 수 있어야 한다. 예를 들어 소음이 심한 환경에서는 시각적 경보를 강화하고, 조용한 환경에서는 청각적 경보를 활용하는 등 상황에 맞는 최적화가 가능하다. 이러한 맞춤형 경보 설정은 검색요원의 작업 효율성을 높이고 위협 탐지의 신뢰성을 향상시킨다.

2) 운용성 요구사항

액체폭발물탐지장비의 안정적인 운영을 위해서는 실용적인 운용성이 보장되어야 한다. 자동교정 기능은 장비의 정확도와 신뢰성을 지속적으로 유지하는 필수 요소다. 장비가 자체적으로 교정을 수행할 수 있는 기능을 갖추어야 하며, 이는 환경 변화나 장기 사용에 따른 성능 저하를 방지한다. 정기적인 자동교정은 일관된 탐지 성능을 보장하고, 수동 교정에 따른 운영 중단시간을 최소화하는 중요한 운영 체계로 작동하고 있다.

고정형 장비의 자동교정 기능과 달리 휴대형 장비의 경우에는 특별히 강화된 배터리 성능이 요구된다. 자체전원을 갖추어야 하며, 실제 운영 조건에서 충분한 지속시간을 보장해야 한다. 구체적으로 10분에 1회 측정하는 활성 사용 조건에서 3시간 이상, 대기 상태에서는 24시간 이상 작동이 유지되어야 한다.

이는 폭발물흔적탐지장비(ETD)보다 더 긴 지속시간으로, 액체류 검사의 빈도와 중요성을 반영한 기준이다. 특히 24시간의 대기시간은 교대 근무 간 충전 없이도 연속 운영이 가능하게 한다. 국제선 장거리 노선의 게이트 검색이나 특별 보안 상황에서도 안정적인 성능을 보장함으로써, 액체폭발물탐지장비는 다양한 운영 환경에서 효과적인 보안검색을 수행하고 있다.

(5) 금속탐지장비

금속탐지장비는 전기 자기장을 이용하여 금속물체를 탐지하는 기본적이면서도 필수적인 보안검색장비다. 항공보안에서 총기류, 칼 등 전통적인 금속 위협물질을 탐지하는 1차 검색수단으로서 오랜 기간 검증된 신뢰성을 보유하고 있다.

이러한 금속탐지기술의 핵심은 전자기 유도 원리에 기반한다. 장비 내부에서 발생된 자기장의 흐름이 금속물질에 의해 방해받을 때 나타나는 변화를 감지하여 금속의 존재를 탐지한다. 금속물질의 형태, 부피, 재질 등에 따라 자기장 간섭 패턴이 달라지며, 이러한 특성을 분석하여 위협물질과 일반 금속물품을 구분한다. 탐지가 이루어지면 즉각적인 알람 경보음과 함께 금속물질이 위치한 구역을 정확히 표시하여 검색요원의 신속한 대응을 지원하고 있다.

전자기 유도 원리를 활용하는 금속탐지장비는 운용 형태에 따라 휴대용(HHMD, Hand-Held Metal Detector)과 문형(WTMD, Walk-Through Metal Detector)으로 구분되며, 각각 특화된 역할을 수행한다.

휴대용 금속탐지장비는 정밀 검색을 위한 핵심 도구다. 검색요원이 직접 손에 들고 사용하는 이 장비는 밀리미터파를 방사하여 반사된 전기자기장을 분석함으로써 신체에 은닉된 금속물체를 정확히 탐지한다. 문형 금속탐지기에서 경보가 발생한 경우 해당 부위를 집중적으로 재검색하거나, 의심스러운 승객에 대한 선별 검색 시 활용된다. 소형 경량 설계로 높은 기동성을 제공하며, 민감도 조절이 가능하여 다양한 보안수준에 유연하게 대응할 수 있다.

휴대용 장비와 더불어 문형 금속탐지장비(WTMD)는 대량 승객 검색의 효율성을 극대화하는 장비다. 승객이 단순히 통과하는 것만으로도 전신 스캔이 가능하여 신속한 보안검색을 구현한다. 다중 구역 탐지 기능을 통해 금속물체의 위치를 머리, 상체, 하체 등으로 구분하여 표시할 수 있으며, 이는 후속 검색의 효율성을 크게 향상시킨다. 최신 문형금속탐지장비는 인공지능 알고리즘을 적용하여 동전, 열쇠 같은 일상 금속물품과 위협물질을 자동으로 구분하는 능력을 갖추어, 불필요한 경보를 줄이고 검색 처리량을 증가시키는 방향으로 발전하고 있다.

두 형태의 금속탐지장비는 상호 보완적으로 운영되어 체계적인 보안구조를 구성한다. 문형금속탐지장비가 1차 보안검색을 담당하고, 휴대용 금속탐지장비가 2차 정밀검색을 수행하는 이중 검색체계는 보안 효과성과 운영 효율성을 동시에 달성한다. 이러한 통합 운영은 각 장비의 장점을 최대한 활용하면서 전체적인 검색 신뢰도를 높이고 있다.

1) 문형금속탐지장비 성능인증 기준

문형금속탐지장비의 성능인증은 엄격한 탐지능력 검증을 통해 이루어진다. 핵심 평가기준은 신체의 4가지 주요 위치에 은닉된 위협물질을 동시에 탐지하는 능력이다. 오른쪽 겨드랑이, 오른쪽 엉덩이, 허리부분, 오른쪽 발목에 배치된 시험물품(OTP, Operational Test Piece)을 모두 감지할 수 있어야 한다. 이러한 위치는 실제 위협물질 은닉에 자주 사용되는 부위로, 전신 탐지능력을 검증하는 필수 지표로 활용된다.

이러한 기본적인 탐지능력과 함께 탐지 신뢰성은 통계적 검증을 통해 보장된다. 신체의 4가지 위치와 정방향 통과, 역방향 통과를 모든 조합으로 반복 시험하여, 90% 신뢰수준에서 90% 이상의 탐지율을 달성해야 한다. 이는 실제 운영 환경에서 승객이 다양한 방향과 속도로 통과하더라도 일관된 탐지 성능을 보장하기 위한 엄격한 기준이며, 국제적으로 인정받는 성능 벤치마크로 자리잡고 있다.

높은 탐지 성능을 안정적으로 유지하기 위해 문형금속탐지장비는 24시간 연속 운영이 가능한 내구성과 함께 다양한 운영 기능을 갖추어야 한다. 장비의 모든 위치에서 동일한 성능이 유지되어야 하며, 이는 게이트 전체 영역에서 균일한 보안수준을 보장하는 핵심 요소다. 탐지감도 조절 기능은 운영 유연성을 제공한다. 보안위협 수준이나 운영 환경에 따라 감도를 조정할 수 있어야 하며, 현재 설정 상태가 장비 외부에 명확히 표시되어 관리자가 즉시 확인할 수 있도록 설계된다. 탐지 정보는 시각과 청각 신호로 동시에 표출되어, 시끄러운 공항 환경에서도 검색요원이 경보를 놓치지 않도록 보장하고 있다.

기본 운영 기능에 더하여 운영관리를 위한 부가 기능도 필수적이다. 통과 승객 수를 실시간으로 확인할 수 있는 카운터 기능은 통계 관리와 성능 모니터링에 활용된다. 특히 무작위 검색 기능은 보안 효과성을 높이는 중요한 도구로, 관리자가 설정한 승객 수 또는 백분율에 따라 추가 검색 대상자를 자동으로 선별하고 시청각 경보를 발생시킨다. 이는 예측 불가능한 보안 패턴을 만들어 잠재적 위협을 억제하는 효과를 창출한다. 장비 상태 모니터링 기능은 안정적인 운영을 지원하며, 전원이 연결된 대기 상태와 금속물체가 발견된 경보 상태가 명확히 구분되어 표시된다. 이를 통해 운영자는 장비의 작동 상황을 실시간으로 파악할 수 있다.

이러한 다양한 기능들이 효과적으로 작동하려면 문형금속탐지장비는 다양한 환경에서도 안정적으로 작동해야 한다. 자체고장 진단 기능과 회로보호 기능을 통해 장비의 이상 징후를 사전에 감지하고 손상을 방지한다. 이는 예방적 유지보수를 가능하게 하여 운영 중단시간을 최소화하는 중요한 기능이다.

환경적 안정성과 함께 전자기 간섭(EMI)에 대한 내성은 공항 환경에서 특히 중요하다. 설치장소 주변의 금속구조물이나 강철 등이 있어도 정상 작동해야 하며, 인접 장비와의 간섭도 방지해야 한다. 구체적으로 측면 15cm 거리의 다른 문형금속탐지장비와 50cm 거리의 엑스선검색장비 영향을 받지 않고 작동할 수 있어야 한다. 이러한 전자기 호환성(EMC) 기준은 복잡한 보안검색 환경에서 여러 장비가 동시에 운영될 수 있도록 보장한다.

마지막으로 전원 안정성과 보안 기능도 필수 요구사항이다. 전원 공급이 중단되거나 손실이 발생하더라도 기본 설정이 유지되어야 하며, 이는 정전이나 전원 이상 시에도 보안 설정이 초기화되지 않도록 보호한다. 또한 권한을 부여받은 운영자만 설정을 변경할 수 있도록 잠금장치가 구비되어야 하며, 이는 무단 조작이나 설정 변경을 방지하는 중요한 보안체계로 작용하고 있다.

2) 휴대용 금속탐지장비 성능인증 기준

휴대용 금속탐지장비는 다양한 운영 환경에 적응할 수 있는 유연한 경보 시스템을 갖추어야 한다. 탐지 경보는 시각, 소리, 진동 중 최소 하나 이상의 방법으로 표출되어야 하며, 이러한 다중 경보 옵션은 환경에 따른 최적화된 운영을 가능하게 한다. 소음이 심한 환경에서는 시각이나 진동 경보를 활용하고, 조용한 환경이나 은밀한 검색이 필요한 상황에서는 진동 모드를 선택할 수 있다. 이러한 적응형 경보 시스템은 검색요원의 작업 효율성을 높이고 승객의 불편을 최소화하는 중요한 기능으로 작용하고 있다.

경보 시스템의 유연성과 함께 탐지감도 조절 기능은 휴대용 장비의 핵심 요구사항이다. 검색 상황과 보안수준에 따라 감도를 세밀하게 조정할 수 있어야 하며, 이는 작은 금속물품과 실제 위협물질을 효과적으로 구분하는 데 필수적이다. 특히 문형 금속탐지장비에서 경보가 발생한 특정 부위를 정밀 검색할 때, 감도를 높여 미세한 금속물체까지 탐지할 수 있는 능력이 요구되고 있다.

이러한 검색 기능의 안정적인 수행을 위해 휴대용 금속탐지장비의 배터리 관리시스템은 연속적인 보안검색을 보장하는 핵심 요소다. 충전이 필요한 시점에 시각 또는 청각 경보를 발생시켜 검색요원이 사전에 대비할 수 있도록 해야 한다. 이러한 사전 경고 기능은 검색 중 갑작스러운 전원 차단으로 인한 보안 공백을 방지하는 중요한 안전장치로 운영된다.

〈원형검색장비, 문형금속탐지장비, 휴대용 금속탐지장비〉

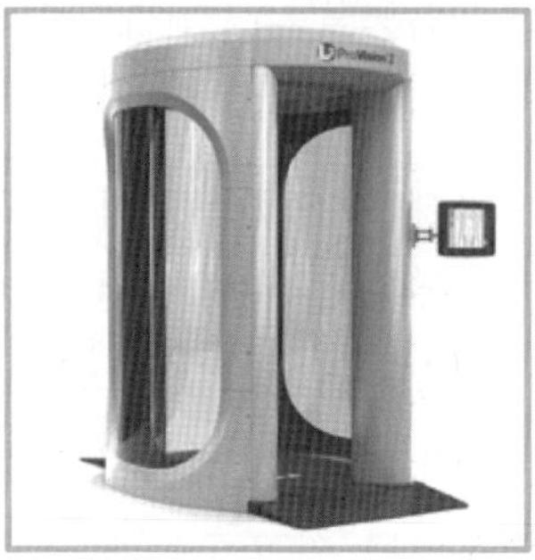

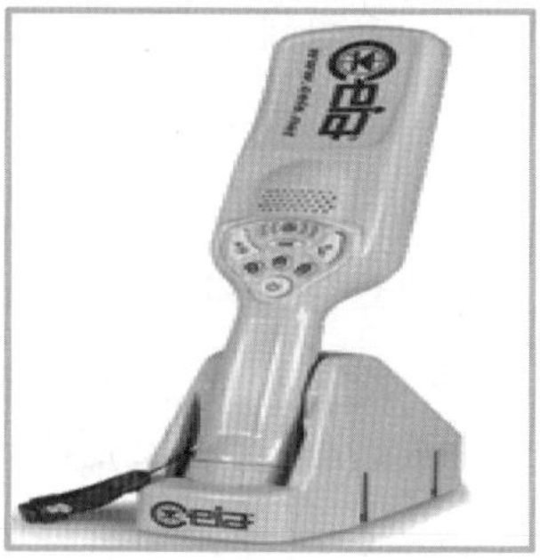

배터리 관리시스템과 더불어 배터리 성능은 실제 운영 조건을 충족하는 수준이어야 한다. 연속 작동 시 최소 4시간, 대기 상태에서 8시간 이상 전원을 공급할 수 있어야 하며, 이는 일반적인 근무 교대 시간을 고려한 기준이다. 4시간의 연속 작동 시간은 피크 시간대의 집중적인 검색 업무를 수행하기에 충분하며, 8시간의 대기 시간은 전체 근무 시간 동안 안정적인 운영을 보장한다. 이러한 배터리 성능 기준은 충전 인프라가 제한적인 게이트 검색이나 임시 검색 포인트에서도 효과적인 보안검색을 가능하게 하고 있다.

(6) 원형검색장비

원형(原形)검색장비는 기존의 금속탐지장비로는 탐지가 어려운 특수한 위험물질을 효과적으로 찾아내는 첨단 보안검색 시스템이다. 이 장비는 플라스틱 폭발물, 세라믹 무기, 액체 폭발물과 같은 비금속성 위험물질까지도 정밀하게 탐지할 수 있는 능력을 갖추고 있다.

기존 장비의 한계를 극복한 이 검색장비의 가장 큰 특징은 피검사자의 신체에 직접 접촉하지 않고도 검색이 가능하다는 점이다. 고도의 영상처리 기술을 활용하여 의복 안에 은닉된 위험물질을 실시간으로 스캔하며, 검색 결과는 즉시 모니터 화면에 영상으로 표시된다. 이러한 비접촉식 검색 방식은 피검사자의 프라이버시를 보호하면서도 높은 수준의 보안검색을 가능하게 한다. 따라서 원형검색장비는 전통적인 금속탐지의 한계를 넘어서는 차세대 보안검색 기술로 평가되고 있다.

(7) 폭발물 탐지견(K9)

폭발물 탐지견(K9)은 특수 훈련을 통해 극미량의 폭발물 냄새까지도 감지할 수 있는 뛰어난 능력을 보유한 보안검색의 핵심 파트너다. 이들은 수개월에서 수년에 걸친 체계적인 훈련 프로그램을 거치며, 다양한 종류의 폭발물 냄새를 구분하고 신속하게 반응하는 능력을 기른다.

〈폭발물 탐지견(K9)〉

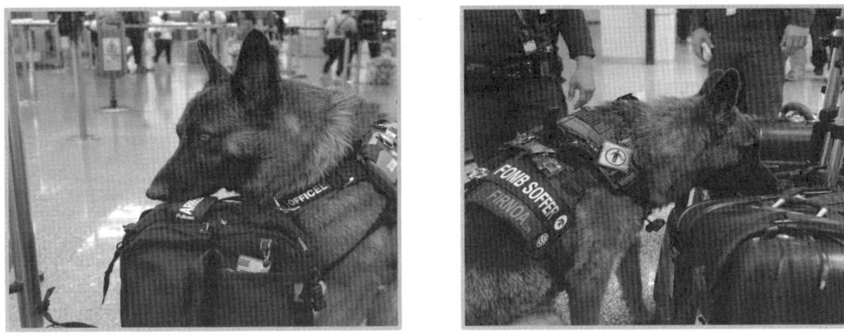

이처럼 고도로 훈련된 탐지견들은 특히 화물 컨테이너나 대형 수하물처럼 기계적 검색이 어려운 환경에서 탁월한 성과를 보이고 있다. 개의 후각은 인간보다 1만 배 이상 민감하기 때문에, 여러 겹으로 포장되거나 은폐된 폭발물도 효과적으로 찾아낼 수 있다. 실제 공항이나 항만, 주요 시설에서는 이러한 탐지견들이 24시간 교대로 근무하며, 반복적인 현장 훈련을 통해 탐지 정확도를 지속적으로 향상시킨다. 따라서 탐지견은 첨단 장비와 함께 항공보안의 통합적 검색체계를 구성하는 중요한 생물학적 검색 수단으로 활용되고 있다.

(8) 보안검색장비의 한계와 성능관리 체계

보안검색장비는 첨단 기술의 집약체이지만, 각 장비마다 고유한 한계점을 가지고 있다. 대표적인 예로 감압실 검색 시스템을 들 수 있는데, 이는 항공기 화물칸의 감압 환경을 인공적으로 재현하여 폭발물을 탐지하는 특수 장비다. 이 시스템은 압력 변화에 민감한 폭발물의 특성을 활용하여 높은 탐지율을 보인다.

그러나 감압실 검색 시스템은 오직 폭발물만을 탐지할 수 있다는 근본적인 한계를 지닌다. 화학물질, 생물학적 위험물질, 방사성 물질과 같은 다른 유형의 보안위협은 감지할 수 없어 추가적인 검색 수단이 필요한 상황이다. 이처럼 단일 장비로는 모든 위협에 대응할 수 없다는 점이 현대 항공보안이 직면한 과제다.

이러한 기술적 한계를 극복하기 위해서는 보안검색장비의 성능을 지속적으로 모니터링하는 체계적인 관리 프로세스가 필수적이다. 검색장비는 시간이 지나면서 센서의 민감도가 저하되거나 새로운 유형의 위협물질이 등장할 수 있기 때문에, 정기적인 성능 평가와 업데이트가 이루어진다. 특히 현장에 배치된 장비들이 초기 설계 당시의 탐지 요구사항을 계속해서 충족하는지 검증하는 작업은 공항과 같은 중요 시설의 보안수준을 유지하는 데 핵심적인 역할을 한다. 따라서 장비의 한계를 인식하고 이를 보완하는 통합적 관리가 효과적인 항공보안의 토대가 되고 있다.

4. 보안검색장비 인증절차

(1) 보안검색장비 용어 체계의 불일치와 통일 필요성

보안검색장비의 개념이 관련 법령마다 다르게 사용되는 것은 우리나라 교통보안 체계의 오래된 문제점 중 하나다. 항공보안법, 항만보안법, 철도안전법 등 주요 법령에서 '항공보안장비', '보안장비', '보안검색장비', '검색장비' 등 서로 다른 용어를 혼재하여 사용하고 있으며, 이로 인해 법적 명확성이 저하된다. 특히 각 분야 간 상호인증체계를 도입하려는 현 시점에서, '보안검색장비'라는 통일된 개념으로 정리하는 것이 시급한 과제로 떠오르고 있다.

이러한 용어 불일치 문제는 항공 분야에서 특히 두드러진다. 항공보안법 제2조는 '보안검색'의 개념을 명확히 정의하면서도, 정작 보안검색에 사용되는 '항공보안장비'에 대한 정의는 누락되어 있다. 그럼에도 불구하고 같은 법 제27조와 제27조의2에서는 '항공보안장비'의 성능 인증과 취소에 관한 규정을 두고 있어, 정의 없는 개념을 사용하는 논리적 모순을 보인다.

법률 차원의 모순과 함께 하위 규정 간의 불일치도 심각한 수준이다. 항공보안장비 성능 인증 및 성능 검사 기준은 제목과 본문에서 일관되게 '항공보안장비'라는 용어를 사용한다. 반면 항공보안장비 종류, 운영 및 유지관리 등에 관한 기준은 제목에서는 '항공보안장비'를, 본문 제2조에서는 '검색장비'를 사용하여 동일한 대상을 서로 다른 용어로 지칭하는 문제를 야기하고 있다.

항공 분야의 이러한 체계적 문제는 항만과 철도 분야로도 그대로 이어진다. 항만보안법과 철도안전법 모두 '보안검색장비'에 대한 법적 정의 없이 성능 인증과 취소 규정만 두고 있으며, 하위 고시들은 제목과 본문에서 각각 다른 용어를 사용하는 패턴을 반복한다. 해양수산부 고시들은 제목에 '항만보안검색장비'를 쓰면서 본문에서는 '검색장비'로, 국토교통부의 철도 관련 고시들도 제목에 '철도보안검색장비'를 쓰면서 본문에서는 '검색장비'로 규정하고 있다.

이러한 용어의 불일치는 단순한 표현상의 문제를 넘어 실질적인 혼란을 초래한다. 동일한 장비가 사용 분야에 따라 다른 이름으로 불리고, 성능 인증 기준도 제각각 적용되는 상황은 효율적인 보안체계 구축을 저해하는 요인이 된다. 따라서 세 분야 모두 '보안검색장비'로 용어를 통일하고, 이에 대한 명확한 법적 정의를 마련하는 것이 향후 통합적 보안체계 구축의 첫걸음이 될 것이다.

〈항공보안·항만보안·철도안전 성능인증 관련 법규정〉

구 분	항공보안	항만보안	철도안전
관련 법령	항공보안법, 시행령, 시행규칙	국제항해선박 및 항만시설의 보안에 관한 법률, 시행령, 시행규칙	철도안전법, 시행령, 시행규칙
기술기준 및 성능인증	항공보안장비 종류, 운영 및 유지관리 등에 관한 기준	항만보안검색장비 운영 및 유지관리에 관한 기준	철도보안검색장비 운영 및 유지관리 등에 관한 기준
	항공보안장비 성능 인증 및 성능 검사 기준 • 별표 1. 성능 인증 기준 – 1. 성능평가시험 – 2. 성능확인·점검 • 별표 2. 성능 검사 기준	항만보안검색장비 성능인증 및 성능점검에 관한 규정 • 별표 1. 항만보안검색장비 성능인증 기준 • 별표 2. 항만보안검색장비 성능점검 기준	철도보안검색장비 성능인증 및 성능점검, 성능검사 등에 관한 규정 • 별표 1. 철도보안검색장비 성능인증 기준 • 별표 2. 철도보안검색장비 성능점검 기준 • 별표 3. 철도보안검색장비 성능검사 기준
	항공보안장비 시험기관 지정 및 운영 등에 관한 규정	항만보안검색장비 시험기관 지정에 관한 규정	철도보안검색장비 시험기관 지정 및 운영 등에 관한 규정

(2) 분야별 이원화된 인증체계와 효율화 방안

국내 보안검색장비 성능인증 체계는 교통 분야별로 별도의 인증기관을 두는 다원화된 구조를 채택하고 있다. 항공보안법 제27조는 항공보안장비의 성능인증제도와 인증장비 사용의무를 명시하며, 구체적인 인증 주체와 절차는 같은 법 시행규칙에서 상세히 규정한다. 성능인증 업무는 크게 두 가지로 구분되는데, 신규 개발된 보안검색장비에 대한 성능인증과 내용연수가 도래한 장비의 연장사용을 위한 성능검사가 그것이다.

이러한 인증 업무에서 특히 주목할 만한 점은 인증의 객관성과 공정성을 확보하기 위해 인증기관과 시험기관을 분리 운영한다는 것이다. 항공 분야에서는 '항공안전기술원'이 항공보안법 제27조의3 및 같은 법 시행령 제19조의2에 따라 인증기관으로 지정되어 최종 인증 권한을 행사한다. 실제 성능평가시험과 점검, 검사 업무는 '한국산업기술시험원'이 시험기관으로서 담당하고 있다. 이러한 이원화 체계는 시험의 독립성을 보장하고 인증 결과의 신뢰성을 높이는 효과를 가져온다.

인증과 시험의 분리 운영을 위해 인증기관과 시험기관에는 각각 엄격한 자격요건이 요구된다. 인증기관은 시험결과를 정확히 검증할 수 있는 항공보안 전문인력을 확보해야 하며, 시험기관은 더욱 구체적인 요건을 충족해야 한다. 화약류 및 위험물질 취급허가는 물론, 보안검색장비 관련 전문인력과 시험평가 전문가, 전용 시험실과 각종 시험장비를 구비해야만 정부로부터 시험기관으로 지정받을 수 있다.

항공 분야의 이러한 체계는 항만과 철도 분야에서도 유사하게 운영되지만, 각각 다른 인증기관을 두고 있다는 점이 특징이다. 항만보안법에서는 '선급법인'이, 철도안전법에서는 '한국철도기술연구원'이 인증기관 역할을 수행한다. 흥미롭게도 시험기관은 세 분야 모두 '한국산업기술시험원'으로 동일하다. 이는 실제 성능평가는 같은 기관에서 수행하면서도, 최종 인증은 분야별로 다른 기관이 담당하는 비효율적 구조를 보여주고 있다.

〈항공보안법·항만보안법·철도안전법 성능인증 상호인정체계〉

구 분	항공보안법	항만보안법	철도안전법
인증기관	항공안전기술원	선급법인	한국철도기술연구원
시험기관	한국산업기술시험원	한국산업기술시험원	한국산업기술시험원
성능인증	성능 인증 기준(별표 1. 1) 성능평가시험)	성능인증 기준(별표 1.)	성능인증 기준(별표 1.)
성능점검 (인증기관)	별표 1. 2) 성능확인·점검	별표 2. 성능점검 기준	별표 2. 성능점검 기준
성능검사	별표 2. 성능 검사 기준	–	별표 3. 성능검사 기준
정기점검 (장비운영자)	항공보안장비 종류, 운영 및 유지관리 등에 관한 기준 제7조(정기점검과 특별점검)	성능확인유지점검	성능확인점검 (성능유지점검)
상호인정 체계	–	항공보안법, 철도안전법에 따른 인증 장비 상호인정(항만보안법 제30조의3제1항)	–
성능시험 면제	항공보안장비 성능 인증 및 성능 검사 기준 제8조(성능평가시험의 전부 또는 일부면제)	항만보안법 시행규칙 제37조의5제2항, 항공보안장비 성능 인증 및 성능 검사 기준 제8조(성능평가시험의 전부 또는 일부면제)	철도안전법 시행규칙 제85조의6제2항, 철도보안검색장비 성능인증 및 성능점검, 성능검사 등에 관한 규정 제7조(성능시험 전부 또는 일부면제)
상호인정 협약	**외산 인증장비 상호인정**(항공보안법 제27조제5항)	–	–

세 분야의 공통 시험기관인 한국산업기술시험원은 국토교통부의 지정을 받아 항공보안장비 시험인증센터를 운영한다. 이 센터는 시험기관 업무를 수행하는 동시에, 국제수준의 성능인증 시험기술 확보를 위한 연구개발도 병행할 계획을 가지고 있다. 성능인증기준 연구와 시험기술 개발을 통해 우리나라 보안검색장비의 국제 경쟁력을 높이는 것이 목표다.

그러나 현재의 분산된 인증체계는 명백한 비효율을 초래한다. 동일한 장비라도 항공, 항만, 철도에서 각각 사용하려면 별도의 인증을 받아야 하며, 이는 제조업체에게 시간과 비용의 이중, 삼중 부담을 지운다. 이 문제를 해결하기 위해서는 단계적 접근이 필요하다. 우선 동일한 시험기관과 성능인증기준을 활용하여 분야 간 상호인증체계를 도입하고, 궁극적으로는 통합 인증기관을 설립하여 모든 교통 분야의 보안검색장비 인증을 일원화하는 것이 합리적인 발전 방향이 될 것이다.

(3) 인증심사위원회의 구조적 한계: 전문성과 정보 접근권의 모순

▮ 항공보안장비 성능 인증 및 성능 검사 기준

제13조(성능 검사 절차 및 방법) ⑥ 인증기관 및 시험기관은 성능 검사 결과서 및 성능 검사 관련 문서를 "비밀문서"로 관리하여야 한다. 다만, 인증기관은 보안 관련 내용을 제외한 다음 각 호의 사항을 신청자에 제공할 수 있다.

1. 장비 종류 및 제품명
2. 시험항목명
3. 시험항목별 합격 또는 불합격 여부

제17조(인증심사위원회) ① 규칙 제14조의9에 따라 인증기관은 다음 각 호의 사항을 심의·의결하기 위하여 인증심사위원회(이하 "위원회"라 한다)를 구성·운영한다.

1. 성능 인증을 위한 성능평가시험 결과 및 성능 인증 승인 여부
2. 성능평가시험의 전부 또는 일부 면제 여부
3. 성능 검사 결과, 해당 장비의 내용연수 설정 여부(1년 이상 2년 이하만 해당)
4. 성능 인증 기준의 별표 1(성능평가시험 및 성능확인·점검) 및 별표 2(성능 검사 기준) 개정
5. 위원회의 위원(이하 "위원"이라 한다)에 대한 제척·기피·회피
6. 성능 인증 등 업무의 수행과정에서 나타난 주요 사안의 해결

제21조(성능 인증 기준 등 개정) ① 위원은 성능 인증 기준의 별표 1 또는 별표 2에 대하여 개정안을 마련하여 인증기관에 개정 요구를 할 수 있다.

② 제1항에 따른 개정 요구가 있는 경우 인증기관은 이를 심의하기 위하여 위원회를 개최하여야 하며, 위원회에서 개정안을 의결하는 경우 위원회는 이를 국토교통부장관에게 건의할 수 있다.

인증심사위원회는 보안검색장비 성능인증 체계의 핵심 의사결정 기구이지만, 전문성

과 정보 접근 권한에서 심각한 구조적 문제를 안고 있다. 항공보안장비 성능 인증 및 성능 검사 기준 제17조에 따르면, 위원회는 성능평가시험 결과 심의, 성능인증 승인, 시험 면제 여부 결정, 내용연수 설정 등 인증 과정의 모든 중요 사안을 심의·의결하는 막중한 책임을 진다.

이러한 책임과 함께 위원회에는 성능인증 기준의 개정을 요구할 수 있는 특별한 권한도 부여되어 있다. 제21조에 따르면 위원들은 성능평가시험이나 성능검사 기준에 대한 개정안을 마련하여 인증기관에 제출할 수 있으며, 위원회 의결을 거쳐 국토교통부장관에게 건의할 수 있다. 그러나 여기서 중대한 모순이 발생한다. 폭발물흔적탐지장비의 세부 성능평가 기준(표 1-5, 표 1-6)은 대테러 보안을 위해 비공개로 관리되는데, 위원들이 이를 검토하고 개정안을 마련하려면 해당 정보에 접근할 수 있어야 한다는 딜레마가 존재하고 있다.

이러한 정보 접근의 딜레마보다 더욱 심각한 문제는 위원들의 비밀취급인가 자격에 관한 규정이 전혀 없다는 점이다. 제13조제6항은 성능검사 결과서와 관련 문서를 "비밀문서"로 관리하도록 명시하고 있음에도, 비밀취급인가가 없는 위원들이 이러한 문서를 열람하고 중요한 결정을 내린다. 이는 명백한 절차적 하자로, 국가 보안체계의 근본적인 원칙을 위배하는 상황이다.

비밀취급 자격 문제와 연계하여 성능평가시험 면제 결정 과정에서도 전문성 문제가 드러난다. 제8조는 특정 조건을 충족할 경우 성능평가시험의 전부 또는 일부를 면제할 수 있도록 규정하는데, 보안검색장비의 세부 기준조차 열람할 수 없는 위원들이 어떻게 면제 여부를 적절히 판단할 수 있는지 의문이다. 전문성과 정보 접근성이 결여된 상태에서 내려지는 결정은 보안검색장비의 성능 신뢰성을 근본적으로 훼손할 위험을 내포한다.

전문성 문제에 더하여 현행 규정의 또 다른 맹점은 개정 요구 권한의 제한적 부여다. 성능인증 기준의 개정을 요구할 수 있는 주체가 위원회 위원들로만 한정되어 있으며, 실제로 성능인증 업무를 수행하면서 전문성을 축적한 인증기관이나 시험기관은 공식적인 개정 요구 권한이 없다. 이는 현장의 전문적 의견이 제도 개선에 반영되기 어려운 구조적 한계를 만들고 있다.

이러한 복합적인 문제들을 해결하기 위해서는 제도적 개선이 시급하다. 첫째, 위원회 위원 자격에 비밀취급인가 요건을 명시하거나, 비공개 정보를 다루는 별도의 전문위원회를 구성해야 한다. 둘째, 비밀취급인가가 없는 위원들의 권한을 명확히 제한하여, 비공개 정보와 관련된 사항에 대해서는 개정 요구나 심의를 할 수 없도록 규정을 세분화해야 한다. 셋째, 인증기관과 시험기관에도 성능인증 기준 개정 요구 권한을 부여하여, 실무 전문성이 제도 개선에 반영될 수 있는 통로를 마련해야 한다. 이러한 개선방안들이 실행될 때 비로소 보안검색장비 성능인증 체계의 신뢰성과 전문성이 확보될 수 있다.

(4) 점검용 시험물품 표준화를 통한 일관된 보안수준 확보

스마트보안검색 시스템이 전국 공항에 도입되면서 새로운 과제가 부상하고 있다. 가장 눈에 띄는 문제는 탐지율과 오경보율이 동시에 증가한다는 점이다. 이는 단순한 기술적 문제를 넘어 보안검색 시간을 늘리고 검색요원의 업무 부담을 가중시켜, 항공보안 체계 전반의 효율성을 저하시킬 수 있는 심각한 요인으로 작용한다.

이러한 효율성 저하 문제의 근본 원인은 장비 표준화의 부재에서 찾을 수 있다. 현재 국내 공항에서 운영 중인 문형금속탐지장비는 제조사별로 근본적인 설계 차이를 보이고 있다. 각 제품마다 금속을 감지하는 센서의 감도 특성이 다르게 설계되어, 동일한 시험물품을 사용하더라도 장비마다 전혀 다른 반응을 보인다. 이러한 표준화 부재는 항공보안등급에 따른 단계별 대응을 어렵게 만드는 핵심 원인이 되고 있다.

장비의 기술적 차이와 함께 더욱 문제가 되는 것은 현장 운영의 일관성 결여다. 보안검색요원과 공항운영자들은 통일된 감도 기준 없이 각자의 경험과 판단에 의존하여 항공보안등급별 센서 감도를 설정한다. 이는 같은 보안등급이 적용되더라도 공항마다, 심지어는 같은 공항 내에서도 검색 기준이 달라질 수 있다는 것을 의미한다. 국가 차원의 일관된 보안수준 유지가 사실상 불가능한 상황인 것이다.

운영 일관성 문제를 더욱 복잡하게 만드는 것은 현행 점검용 시험물품 체계의 한계다. 현재 사용되는 시험물품은 최소감도 레벨 50 이상에서는 모든 장비가 탐지할 수 있도록 설계되어 있는데, 이는 항공보안등급별로 감도를 차별화하려는 정책 목표와 완전히 배치된다. 보안등급이 상향되어도 실제 탐지 능력에는 차이가 없다면, 등급별 대응체계 자체가 무의미해지고 있다.

이러한 구조적 문제를 해결하기 위해서는 발상의 전환이 필요하다. 장비의 센서 감도를 조절하는 현재의 방식은 제조사별 특성 차이로 인해 표준화가 거의 불가능하며, 설령 기준을 만들더라도 지속적인 갱신과 관리가 필요하다. 대신 금속물질의 크기와 재질을 체계적으로 차별화한 새로운 점검용 시험물품을 개발하는 것이 현실적인 대안이다.

이러한 대안을 구체화하면 항공보안등급별로 서로 다른 크기와 재질의 표준 시험물품 세트를 제작하여 배포하는 방안을 제시할 수 있다. 평상시에는 작은 금속물질까지 탐지하는 시험물품을, 보안등급이 상향되면 더 미세한 금속까지 탐지하는 시험물품을 사용하는 방식이다. 이렇게 하면 제조사나 모델에 관계없이 일관된 보안수준을 유지할 수 있으며, 현장 운영자들도 명확한 기준에 따라 장비를 운용할 수 있다. 이러한 표준화는 국가 항공보안 체계의 실효성과 신뢰성을 크게 향상시킬 것으로 기대된다.

(5) 성능검사 체계의 현실적 한계와 관리 공백 문제

전국 공항에서 운영되는 보안검색장비들은 복잡한 내용연수 관리 문제에 직면해 있다. 같은 제조사의 동일 모델이라 하더라도 설치 시기에 따라 내용연수가 제각각이며, 장비 종류와 모델별로도 규정상 내용연수가 모두 다르다. 이러한 상황에서 각 장비마다 개별적으로 성능검사를 받아 내용연수를 연장해야 한다는 현행 제도는 운영 현실과 상당한 괴리를 보인다.

이러한 개별 검사 체계의 문제점은 실제 운영 과정에서 더욱 명확하게 드러난다. 현행 규정은 시험기관이 직접 각 공항을 방문하여 내용연수가 도래한 장비들을 하나씩 성능검사하도록 명시한다. 그러나 이는 이상적인 규정일 뿐, 실제 현장에서는 거의 불가능에 가까운 요구사항이다. 전국 15개 공항과 화물터미널, 상용화주, 도심공항터미널 등에 설치된 수백, 수천 대의 장비를 제한된 인력과 장비로 일일이 검사한다는 것은 물리적으로 한계가 있다. 예를 들어 인천공항 하나만 해도 수백 대의 보안검색장비가 운영되고 있는데, 이들의 내용연수가 연중 불규칙하게 도래한다면 시험기관은 사실상 인천공항에만 상주해야 하는 상황이 발생할 수 있다.

물리적 한계로 인한 구조적 문제는 필연적으로 관리 공백을 초래한다. 성능검사 유효기간을 준수하지 못하는 장비들이 늘어나고 있으며, 이는 곧 법적 요건을 충족하지 못한 장비로 보안검색을 수행한다는 심각한 문제로 이어진다. 특히 화물검색용 보안검색장비의 경우 상황이 더욱 심각하다. 여객 검색장비와 달리 화물검색장비는 상대적으로 관심도가 낮아, 정기점검이나 성능검사가 제대로 이행되는지조차 확인하기 어려운 관리 사각지대에 놓여 있다.

이러한 현실을 개선하기 위해서는 우선 법규 개정이 필요하다. 항공보안장비 종류, 운영 및 유지관리 등에 관한 기준 제16조제4항의 개정이 시급한데, 현재 '성능검사 기준에 미달하는 경우'라는 단순한 표현을 '정기점검에 불합격한 경우 성능검사를 통해 성능검사 기준에 미달한 경우'로 구체화하여, 정기점검과 성능검사의 역할을 명확히 구분해야 한다.

법규 개정과 함께 근본적인 제도 개선도 검토되어야 한다. 동일 모델의 장비들을 그룹화하여 샘플링 검사를 실시하거나, 원격 성능검사 시스템을 도입하는 방안을 고려할 수 있다. 또한 공항운영자나 항공사가 자체적으로 1차 성능검사를 수행하고, 시험기관이 이를 검증하는 2단계 검사 체계를 구축하는 것도 현실적인 대안이 된다. 이러한 개선을 통해 제한된 자원으로도 전국의 모든 보안검색장비를 효과적으로 관리할 수 있는 체계를 마련해야 한다.

(6) 정기점검 체계의 모호성과 중복 점검의 비효율

정기점검과 수시점검은 보안검색장비의 성능을 지속적으로 관리하는 핵심 절차임에도 불구하고, 현행 규정은 심각한 모호성과 현실과의 괴리를 보이고 있다. 항공보안장비 성능 인증 및 성능 검사 기준 제14조제1항은 성능인증을 받은 장비가 매년 '성능인증 품질시스템'의 준수 여부에 대한 정기점검을 받도록 규정한다. 그러나 정작 가장 중요한 '성능인증 품질시스템'이 무엇을 의미하는지에 대한 정의는 어디에도 찾을 수 없다. 구체적인 절차나 평가 기준도 명시되지 않아, 점검을 받는 측과 수행하는 측 모두가 혼란을 겪고 있다.

이러한 개념적 모호성에 더하여 점검 대상의 불명확성도 심각한 문제다. 현행 규정은 '성능인증을 받은 제작자'가 정기점검을 받아야 한다고 표현하고 있는데, 이것이 제작사 자체를 점검한다는 의미인지, 아니면 제작사가 만든 개별 장비들을 점검한다는 의미인지 명확하지 않다. 상식적으로 생각해보면 실제 공항에서 운영되는 장비의 성능을 확인하는 것이 중요한데, 규정의 문언은 제작사에 대한 점검으로 해석될 여지를 남긴다.

점검 대상이 현장 장비로 해석된다면 또 다른 문제가 발생한다. 전국 공항에는 수천 대의 보안검색장비가 운영되고 있으며, 여객 수요 증가와 보안 강화 추세에 따라 그 수는 계속 늘어나고 있다. 제한된 시험기관 인력으로 이 모든 장비를 매년 점검한다는 것은 물리적으로 불가능할 뿐만 아니라, 막대한 비용을 공항운영자와 항공사에 전가하는 결과를 초래한다.

실행 가능성 문제와 함께 현재의 이중적 점검 체계도 재검토가 필요하다. 항공보안장비 종류, 운영 및 유지관리 등에 관한 기준 제7조에 따른 자체 점검과 항공보안장비 성능 인증 및 성능 검사 기준 제14조에 따른 인증기관 점검이 중복되고 있는데, 이는 자원의 낭비일 뿐만 아니라 현장 운영에도 큰 부담을 준다. 보안검색은 24시간 중단 없이 이루어져야 하는데, 잦은 점검으로 인한 장비 운영 중단은 보안 공백을 만들 수 있는 위험 요소가 되고 있다.

이러한 복합적인 문제들을 해결하기 위해 보다 현실적인 대안을 제시할 필요가 있다. 첫째, 공항에서 운영 중인 장비의 일상적 관리는 항공보안장비 종류, 운영 및 유지관리 등에 관한 기준 제7조에 따른 자체 점검으로 충분히 가능하다. 공항운영자와 항공사는 이미 일일, 주간, 월간 점검을 통해 장비 상태를 지속적으로 모니터링한다. 둘째, 인증기관의 정기점검은 현재의 1년 주기를 2년으로 연장하여 실효성을 높이는 것이 바람직하다. 이렇게 하면 자체 점검의 적절성을 검증하면서도 현장 부담을 줄일 수 있다.

결론적으로 최초 성능인증 이후에는 공항운영자의 자체 점검을 기본으로 하고, 2년 주기의 인증기관 점검으로 이를 검증하는 이원화된 체계가 가장 합리적이다. 이는 보안수준을 유지하면서도 운영 효율성을 확보할 수 있는 실용적인 운영 방안이 될 것이다.

5. 보안검색장비 상호인정

(1) 외국 인증장비 상호인정: 항공과 타 분야 간 제도적 격차

항공보안법

제27조(항공보안장비 성능 인증 등) ⑤ 우리나라와 항공보안장비 성능 상호인증 협약이 체결된 국가로부터 그 성능을 인증받은 항공보안장비는 제1항의 규정에도 불구하고 우리나라의 항공보안장비 성능 인증을 받은 것으로 본다. 다만, 국토교통부장관은 상호인증 협약을 체결하였을 때에는 그 내용을 고시하여야 한다.

국제 항공운송의 증가와 함께 보안검색장비의 국제적 표준화와 상호인정은 필수불가결한 과제로 부상하고 있다. 항공보안법 제27조제5항은 이러한 국제적 흐름을 반영하여 외국 인증장비의 상호인정 체계를 명확히 규정한다. 우리나라와 항공보안장비 성능 상호인증 협약을 체결한 국가에서 인증받은 장비는 별도의 국내 인증 절차 없이도 국내 인증을 받은 것으로 간주된다. 이는 중복 인증으로 인한 시간과 비용을 절감하고, 국제적으로 검증된 우수한 장비의 신속한 도입을 가능하게 한다.

이러한 상호인증 체계의 효과적인 운영을 위해 투명성을 보장하는 절차도 마련되어 있다. 국토교통부장관은 상호인증 협약을 체결할 때마다 그 내용을 고시하도록 의무화되어 있어, 어떤 국가와 어떤 조건으로 협약이 체결되었는지 관련 업계와 국민들이 명확히 알 수 있다. 이러한 공개 원칙은 협약의 공정성을 담보하고, 국내 제조업체들이 해외 진출 전략을 수립하는 데도 중요한 정보를 제공하고 있다.

항공 분야의 선진적인 상호인증 체계와 달리 교통 분야 간에는 제도적 불균형이 존재한다. 항공보안법이 외국 인증장비의 상호인정을 명시적으로 규정하고 있는 반면, 항만보안법과 철도안전법에는 이에 상응하는 조항이 전혀 없다. 이는 같은 보안검색장비라 하더라도 사용 분야에 따라 완전히 다른 인증체계를 적용받는다는 것을 의미한다.

이러한 제도적 공백은 여러 실질적인 문제를 야기한다. 예를 들어 국제적으로 인정받은 우수한 보안검색장비가 항공 분야에서는 즉시 사용 가능하지만, 항만이나 철도에서 사용하려면 별도의 국내 인증을 처음부터 받아야 한다. 이는 동일한 장비에 대해 이중, 삼중의 인증 부담을 지우는 것으로, 특히 여러 분야에 장비를 공급하는 제조업체에게는 상당한 시간적, 경제적 부담이 되고 있다.

제조업체의 부담을 넘어 이러한 불균형은 우리나라 보안검색장비 산업의 국제 경쟁력에도 영향을 미친다. 항공 분야에서는 상호인증을 통해 해외 시장 진출이 용이한 반면, 항만과 철도 분야는 각국의 개별 인증을 일일이 받아야 하는 상황이다. 이는 통합적인 교통보안 솔루션을 제공하려는 국내 기업들에게 불리한 조건으로 작용한다.

따라서 항만보안법과 철도안전법에도 항공보안법과 유사한 상호인증 조항을 신설하는 것이 시급하다. 이를 통해 세 분야 모두에서 일관된 국제 인증체계를 구축하고, 궁극적으로는 통합된 교통보안 상호인증 협약을 추진할 수 있는 법적 기반을 마련해야 한다. 이는 국내 보안검색장비 산업의 글로벌 경쟁력 강화와 효율적인 보안체계 구축에 필수적인 과제가 될 것이다.

(2) 단계적 상호인정 체계 구축: 성능평가시험에서 성능인증으로

> **▍항공보안장비 성능 인증 및 성능 검사 기준**
>
> **제2조(용어의 정의)** 이 규정에서 사용하는 용어의 정의는 다음과 같다.
>
> 4. "성능 인증"이란 장비 제작자 또는 수입업자가 개발한 장비의 성능을 검사한 결과 해당 장비의 성능이 확보되었음을 확인·증명하는 행위를 말한다.
> 6. "성능평가시험"이란 규칙 제14조의3제1항제2호가목에 따른 제작자가 의뢰한 장비가 성능 인증 기준에 충족하는지를 확인하기 위해 수행하는 시험을 말한다.
>
> **제8조(성능평가시험의 전부 또는 일부면제)** ① 성능 인증 신청자가 규칙 제14조의2제8호에 따라 인증기관에 해당 장비에 대한 성능을 입증할 수 있는 서류를 제출하고 이로써 성능평가시험 항목의 전부 또는 일부를 충족하였음이 객관적으로 입증되는 경우 성능 인증 신청자는 성능평가시험의 전부 또는 일부를 면제 받을 수 있다.

현재 국내 보안검색장비 인증체계는 흥미로운 모순을 안고 있다. 항공, 항만, 철도 분야가 각각 다른 인증기관을 운영하면서도, 실제 성능평가시험은 동일한 시험기관에서 같은 기준으로 수행된다. 이러한 구조적 특성은 성능평가시험의 상호인정이라는 합리적 해결책의 가능성을 시사한다. 단계적으로 성능평가시험부터 상호인정을 시작하여, 궁극적으로는 성능인증 전체의 상호인정 체계로 발전시켜 나가는 것이 현실적인 접근법이 될 수 있다.

이러한 구조적 모순은 명백한 비효율을 초래하고 있다. 동일한 보안검색장비를 항공, 항만, 철도에서 모두 사용하려면, 제조업체는 세 번의 별도 인증 신청과 성능평가시험을 거쳐야 한다. 실질적으로 같은 내용의 시험을 반복하는 이러한 중복 행정은 시간과 비용의 낭비일 뿐만 아니라, 국내 보안검색장비 시장의 성장을 저해하는 주요 걸림돌로 작용한다. 규제기관 입장에서도 동일한 장비를 여러 번 심사해야 하는 행정력 낭비가 발생하고 있다.

중복 인증의 비효율성에도 불구하고 현행 법령에는 이미 상호인정의 씨앗이 담겨 있다. 항공보안장비 성능 인증 및 성능 검사 기준 제8조는 성능평가시험의 전부 또는 일부 면제를 규정하는데, 이는 성능인증 자체를 면제한다는 의미는 아니지만 중요한 시사점을 제공한다. 성능평가시험이 면제될 수 있다는 것은 다른 분야에서 이미 검증된 시험 결과를 인정할 수 있다는 법적 근거가 될 수 있기 때문이다.

법령의 정의 조항을 통해 이러한 가능성은 더욱 명확해진다. 제2조에서 성능인증은 성능평가시험 등을 통해 장비의 성능을 확인하고 증명하는 행위로 정의되어 있다. 따라서 성능평가시험이 전부 면제된다는 것은, 이미 다른 경로를 통해 동일한 기준으로 성능이 확인되었다면 추가적인 인증이 불필요할 수 있다는 해석의 여지를 남긴다. 이는 성능평가시험의 상호인정이 궁극적으로 성능인증 상호인정으로 이어질 수 있는 논리적 토대가 되고 있다.

이러한 법적 토대를 바탕으로 인증심사위원회를 통한 상호인정 도입도 현실적으로 가능하다. 세 분야 모두 유사한 구조의 인증심사위원회를 운영하고 있으며, 이들 위원회가 성능평가시험 면제를 심의·의결할 권한을 가진다. 각 분야의 위원회가 타 분야의 성능평가시험 결과를 공식적으로 인정하는 절차를 수립한다면, 실질적인 상호인정 체계의 첫걸음이 될 수 있다. 이를 통해 시험 결과의 신뢰성과 규격의 동등성을 공식적으로 확인하는 제도적 장치가 마련된다.

상호인정 체계의 도입은 단순한 행정 효율화를 넘어서는 의미를 갖는다. 시험기관의 제한된 인력과 자원을 중복 시험이 아닌, 현장에 설치된 장비의 성능 유지와 점검에 집중할 수 있게 된다. 이는 전체적인 보안검색 수준이 향상되고, 교통 인프라의 안전성이 강화되는 선순환 구조를 만들 수 있다.

따라서 현행 성능평가시험 면제 조항을 기반으로 명확한 상호인정 규정을 신설하는 것이 시급하다. 이는 단계적으로 완전한 성능인증 상호인정 체계로 발전할 수 있는 현실적이고 법적으로도 타당한 접근 방법이 될 것이다.

(3) 상호인정체계 도입의 전략적 효과: 국내 통합과 글로벌 진출

전 세계적으로 테러 위협이 증가하면서 보안검색장비는 단순한 검색 도구를 넘어 국가안보의 핵심 인프라로 자리잡고 있다. 이러한 시대적 변화 속에서 보안검색장비 성능인증의 상호인정체계 도입은 우리나라 보안검색 기술의 경쟁력을 한 단계 끌어올릴 수 있는 전략적 기회가 될 수 있다. 상호인정체계는 단순히 행정 절차를 간소화하는 것을 넘어, 성능인증 기준의 지속적 개선과 기술 교류를 통한 인증 프로세스의 고도화라는 더 큰 가치를 창출할 것으로 기대된다.

이러한 국제적 변화에 대응하기 위해 국내에서는 항공, 항만, 철도 분야 간 상호인정을 인증심사위원회를 통한 성능평가시험 상호인정부터 시작하는 단계적 접근법을 제시하였다. 이와 같은 맥락에서 국제적 상호인정도 유사한 전략을 취할 필요가 있다. 미국 교통보안청(TSA)이나 유럽민간항공회의(ECAC)와의 성능인증 상호인정 협약을 추진할 때도, 전체 성능인증을 한 번에 상호인정하기보다는 시험기관 간 성능평가시험의 상호인정부터 차근차근 시작하는 것이 현실적이다.

이러한 단계적 접근을 통한 시험기관 간 상호인정이 가져올 실질적 효과는 매우 구체적이다. 우리나라 시험기관에서 인증받은 성능시험 결과를 외국 인증기관이 인정하게 되면, 국내 제조업체들은 해외 진출 시 중복되는 성능시험을 면제받을 수 있다. 이는 단순히 비용 절감에 그치지 않는다. 해외 인증 대기 시간이 대폭 단축되고, 미충족 평가항목에만 집중할 수 있어 전체적인 인증 효율성이 크게 향상된다. 특히 신속한 시장 진입이 중요한 보안장비 산업에서 이러한 시간 단축은 경쟁력의 핵심 요소가 될 수 있다.

실무적 관점에서 보면 국가 간 전체 성능인증을 상호인정하려면 복잡한 외교적, 기술적 협상이 필요하지만, 시험기관 간 상호인정은 상대적으로 실현 가능성이 높다. 우리 시험기관에서 합격한 장비가 외국에서도 동등하게 인정받는다면, 이는 사실상 성능인증 절차의 상당 부분을 간소화하는 효과를 낳는다. 특히 동남아시아와 같은 보안검색장비 신흥시장에서는 이러한 국제적 인정이 시장 진출의 강력한 교두보 역할을 할 것으로 전망된다.

시장 진출 효과와 함께 상호인정의 가장 중요한 전략적 가치는 기술 정보의 간접적 교류에 있다. 미국과 EU 등 선진국들은 보안상의 이유로 많은 성능평가 항목을 비공개로 관리하는데, 상호인정 과정에서 이루어지는 기술 교류를 통해 우리나라의 성능기준이 세계적 수준과 어느 정도 정합성을 갖추고 있는지 간접적으로 확인할 수 있게 된다. 이는 단순한 벤치마킹을 넘어, 우리나라 성능인증 기술의 국제적 위상을 검증받는 기회가 된다.

이러한 국제적 인정은 국내 보안검색장비의 신뢰도를 크게 향상시킨다. '한국에서 인증받은 장비'라는 것이 국제적으로도 품질을 보증하는 브랜드가 될 수 있으며, 이는 해외 시장에서 우리 제품의 경쟁력을 높이는 무형의 자산이 된다. 상호인정체계는 단순한 제도적 개선이 아니라, 우리나라 보안검색장비 산업이 글로벌 시장에서 도약할 수 있는 전략적 발판이 되는 것이다.

1) 상호인정체계가 가져올 보안 강화와 산업 경쟁력 향상

보안검색장비 성능인증의 상호인정체계는 우리나라 보안산업에 획기적인 전환점이 될 수 있는 잠재력을 지니고 있다. 항공, 항만, 철도 분야 간 상호인정이 실현되면, 현재 각 분야별로 별도 진행되는 중복 인증으로 인한 구조적 비효율이 해소될 것으로 기대된다. 제조업체들은 더 이상 동일한 장비에 대해 세 번의 인증 수수료를 지불할 필요가 없으며, 각각의 인증 대기 기간으로 인한 제품 출시 지연도 크게 개선될 수 있다.

이러한 비용 절감 효과는 보안수준의 실질적 향상으로 이어진다. 현재 시험기관들은 제한된 인력과 자원으로 중복되는 성능인증 업무에 상당한 역량을 소모한다. 상호인정체계가 도입되면 이들은 신규 인증보다는 이미 설치된 장비의 성능검사와 정기점검에 집중할 수 있게 된다. 전국의 공항, 주요 항만, 철도역에 설치된 수천 대의 보안검색장비가 보다 체계적이고 주기적인 관리를 받게 되면서, 국가 전체의 교통보안 인프라가 한층 강화되는 효과를 얻을 수 있다.

국내 효과와 더불어 국제적 차원에서의 경제적 효과도 주목할 필요가 있다. 상호인정체계는 국내 제조업체들이 해외 인증을 위해 지출하는 막대한 비용과 시간을 절감시켜준다. 예를 들어 미국이나 유럽에서 인증을 받으려면 현지 시험기관에 장비를 운송하고, 장기간의 테스트를 거쳐야 하는데, 상호인정이 이루어지면 이러한 과정의 상당 부분을 생략할 수 있다. 연간 수십억 원에 달하는 해외 인증 비용이 절감되고, 이 자금은 연구개발이나 품질 향상에 재투자될 수 있다.

비용 절감과 함께 더욱 중요한 것은 국산 장비의 경쟁력 강화다. 그동안 국내 시장은 높은 인증 장벽으로 인해 외산 장비가 유리한 위치를 점하고 있었다. 글로벌 기업들은 이미 여러 국가의 인증을 보유하고 있어, 국내 진입 시에도 상대적으로 수월했기 때문이다. 그러나 상호인정체계가 구축되면 국산 장비도 동등한 경쟁 조건을 갖추게 된다. 외산 장비 구입이 감소하면서 매년 지출되는 수백억 원의 유지보수 비용도 국내에서 순환하게 되어, 산업 전반이 활성화될 것으로 전망된다.

국내 시장에서의 성공은 곧 해외 진출의 발판이 된다. 항공, 항만, 철도라는 다양한 분야에서 검증받은 장비는 그 자체로 강력한 레퍼런스가 된다. 특히 통합 보안 솔루션을 필요로 하는 신흥국 시장에서는 '한국에서 세 분야 모두 인증받은 장비'라는 타이틀이 큰 경쟁 우위로 작용할 수 있다. 실제로 동남아시아나 중동 지역의 많은 국가들이 공항, 항만, 철도를 동시에 개발하고 있어, 통합 인증을 보유한 우리 기업들에게는 절호의 기회가 된다.

따라서 상호인정체계는 비용 절감이라는 직접적 효과와 함께, 보안 강화와 산업 경쟁력 향상이라는 간접적이지만 더욱 중요한 가치를 창출한다. 이는 우리나라가 보안검색장비 분야에서 수입국에서 수출국으로 전환하는 계기가 될 수 있으며, 국가 안보와 경제 성장을 동시에 달성하는 전략적 정책이 될 것이다.

2) 해외 상호인정 협약의 항만 및 철도분야 확대

현재 항공보안법만이 해외 성능인증 상호인정을 명시적으로 규정하고 있는 상황은 우리나라 보안검색장비 산업의 균형 발전을 저해하는 요인이 되고 있다. 미국이나 EU 등 선진국과 체결한 성능인증 상호인정 협약이 항공 분야에만 국한되어 있어, 항만과 철도 분야는 국제적 인증체계에서 소외된다. 이제는 항공보안법의 성공적인 상호인정 모델을 항만보안검색장비와 철도보안검색장비로 확대 적용하여, 모든 교통 분야가 균등하게 국제적 인증 혜택을 받을 수 있도록 제도를 개선해야 할 시점이다.

이러한 제도 확대는 단순한 복제가 아니라 시너지 효과를 창출하는 전략적 선택이다. 항만과 철도 분야가 국제 상호인정 체계에 편입되면, 국내 제조업체들은 한 번의 인증으로 국내외 세 분야 모두에서 활용 가능한 강점을 갖게 된다. 이는 해외 바이어들에게 매우 매력적인 제안이 될 수 있으며, 특히 통합 교통 인프라를 구축하는 신흥국 시장에서는 결정적인 경쟁 우위로 작용한다. 더불어 국내 분야 간 상호인정도 자연스럽게 활성화되어, 전체적인 인증체계가 더욱 효율적으로 작동하게 될 것으로 전망된다.

시너지 효과와 함께 국제 협력의 차원에서도 중요한 의미를 갖는다. 미국 교통보안청(TSA)과 유럽민간항공회의(ECAC) 등 주요 성능인증기관과의 기술 교류가 항만과 철도 분야로 확대되면, 우리나라는 더욱 폭넓은 기술 네트워크를 구축할 수 있다. 이들 기관과의 지속적인 교류를 통해 성능인증 기준을 개선하고, 최신 평가 기술을 도입함으로써 우리나라 인증기관과 시험기관의 기술력이 점진적으로 국제 수준에 도달할 수 있는 기회가 마련된다.

국제 협력 과정에서 특히 주목해야 할 점은 선진국들의 기술 인프라 운영 방식이다. TSA와 ECAC는 각각 독자적인 성능인증 기술을 개발하고, 전용 테스트 시설을 구축하여 운영한다. 이들은 보안상의 이유로 핵심 기술과 인프라를 철저히 비공개로 관리하면서도, 상호인정을 통해 선별적으로 기술을 공유하는 전략을 취하고 있다. 우리나라도 이러한 접근법을 벤치마킹하여, 상호인정을 통해 획득한 기술과 노하우를 체계적으로 관리하고 활용하는 보안정책을 수립해야 한다.

이렇게 축적된 기술력은 국내 보안 환경에 최적화된 맞춤형 장비 개발로 이어질 수 있다. 각 분야의 특성을 정확히 이해하고, 국제 표준을 충족하면서도 우리나라 실정에 맞는 장비를 개발한다면, 외산 장비 의존도를 낮추고 유지보수 비용을 획기적으로 절감할 수 있다. 예를 들어 국내공항의 구조적 특성, 항만의 기후 조건, 철도역의 승객 동선 등을 고려한 특화 장비는 운영 효율성을 크게 향상시킨다.

궁극적으로 이러한 노력들은 대내외 신뢰성 제고로 귀결된다. 국내적으로는 세 분야 모두 국제 수준의 보안체계를 갖추게 되어 국민의 안전이 강화되고, 국제적으로는 '한국 공통인증'이 글로벌 스탠다드로 인정받는 브랜드 가치를 구축할 수 있다. 항만과 철도 분야로의 상호인정 확대는 단순한 제도 개선이 아니라, 우리나라가 보안검색장비 분야의 글로벌 리더로 도약하기 위한 필수적인 전략인 것이다.

Ⅱ. 보안검색장비 관리체계

1. 보안검색장비 점검 및 유지관리

(1) 검색장비 점검 체계

▮ 항공보안법

제27조(항공보안장비 성능 인증 등) ④ 국토교통부장관은 제1항에 따라 성능 인증을 받은 항공보안장비가 계속하여 성능을 유지하고 있는지를 확인하기 위하여 국토교통부령으로 정하는 바에 따라 정기적으로 또는 수시로 점검을 실시하여야 한다.

▮ 항공보안법 시행규칙

제14조의6(항공보안장비의 점검) ① 인증기관은 법 제27조제4항에 따라 각 호의 기준에 따라 정기점검 및 수시점검을 실시해야 한다.

1. 정기점검: 항공보안장비가 성능 인증 기준에 맞게 제작되었는지 및 성능 인증 품질시스템의 유지 여부 등에 관해 매년 실시하는 점검
2. 수시점검: 국토교통부장관의 요청이나 특별 점검계획에 따라 실시하는 점검

② 국토교통부장관은 제1항에 따라 인증기관이 정기점검 또는 수시점검을 실시하기 위해 필요하다고 인정

하는 경우 관계 직원, 시험기관 및 관계전문가와 함께 점검하게 할 수 있다.
③ 제1항 및 제2항에서 규정한 사항 외에 점검의 기준·방법 및 절차 등에 관해 필요한 사항은 국토교통부장관이 정해서 고시한다.

▌항공보안장비 종류, 운영 및 유지관리 등에 관한 기준

제2조(용어의 정의) 이 규정에서 사용하는 용어의 정의는 다음과 같다.

12. "성능점검"이라 함은 운영자가 검색장비 매뉴얼에 따라 장비 제작사의 점검용 시험물품을 활용해 장비의 성능을 확인하는 점검을 말한다.
13. "성능 검사"라 함은 항공보안법 제27조, 같은 법 시행규칙 제14조의5에 따라 검색 장비의 내용연수를 연장하여 계속 사용하고자 하는 경우 인증기관에서 실시하는 성능 검사를 말한다.
14. "정기 점검"이라 함은 운영자가 항공보안장비의 이상 유무를 확인하기 위하여 자체적으로 실시하는 일상적인 점검을 말한다.

제7조(검색장비의 점검) ① 검색장비의 정상적인 작동을 위하여 운영자는 다음 각호와 같이 정기점검과 특별점검을 실시하여야 한다.

1. 정기점검은 일일점검, 주간점검, 월간점검, 분기점검, 반기점검 및 연간점검으로 구분하며, 각 점검은 「항공보안장비 성능 인증 및 성능 검사 기준」 별표 2의 성능 검사 기준에 따른 점검항목을 달리하여 실시하고, 연간점검 시는 성능점검을 통해 종합적인 점검이 될 수 있도록 한다. 다만, 휴대용 금속탐지장비의 일일점검 및 주간점검은 생략할 수 있다.
2. 특별점검은 다음 각 목의 경우에 한하여 실시하여야 한다.
   가. 항공보안사고 발생시 확인이 필요한 경우
   나. 항공보안 위협의 증가에 따라 점검이 필요한 경우
   다. 기타 장관의 지시 또는 지방항공청장의 지시에 의한 경우
3. 운영자는 장비가 검색에 사용되기 전 정상작동 여부를 확인하는 일상점검을 사용자가 실시하도록 할 수 있다. 일상점검을 실시한 경우 일일점검을 생략할 수 있다.

② 제1항의 점검을 실시하는 경우에 운영자는 검색장비의 종류와 특성을 고려한 개별 장비별 자체 점검표를 작성하여 점검을 실시하고 그 결과를 기록하고 유지하여야 한다.
③ 운영자는 제1항의 정기점검 및 특별점검을 위해 제10조에 따라 자격을 갖춘 소속직원을 지정하거나, 장비제작사(장비설치업체 포함) 또는 유지보수 전문업체에 위탁하여 점검을 실시할 수 있다. 다만, 위탁하여 점검을 실시한 경우 운영자는 매월 점검 결과를 최종 확인하여야 한다.

검색장비의 점검은 항공보안시스템의 신뢰성을 유지하는 가장 기본적이면서도 중요한 활동이다. 항공보안장비 종류, 운영 및 유지관리 등에 관한 기준 제7조는 검색장비가 항상 최적의 성능을 발휘할 수 있도록 체계적인 점검 시스템을 규정하고 있다.

이러한 점검 시스템의 근간을 이루는 검색장비 점검은 크게 정기점검과 특별점검으

로 구분된다. 정기점검은 주기에 따라 일일, 주간, 월간, 분기, 반기, 연간 점검으로 세분화되며, 각 점검 주기마다 확인해야 할 항목이 다르게 설정되어 있다. 매일 실시하는 일일점검에서는 기본적인 작동 상태를 확인하며, 연간점검에서는 장비의 전반적인 성능을 종합적으로 평가한다. 다만 휴대용 금속탐지장비처럼 구조가 단순한 장비는 일일점검과 주간점검을 생략할 수 있도록 유연성을 부여한다.

정기점검과 달리 특별점검은 예외적인 상황에서 실시되는 비정기 점검이다. 항공보안사고가 발생하거나 보안위협이 증가한 경우, 또는 국토교통부 장관이나 지방항공청장의 특별 지시가 있을 때 수행된다. 이는 긴급한 보안 상황에 신속하게 대응하고 장비의 신뢰성을 즉각 확인하기 위한 중요한 점검 수단이다.

이와 함께 현장에서는 검색장비를 사용하기 직전에 실시하는 일상점검도 활용된다. 검색요원이 근무 시작 전 장비의 정상 작동 여부를 간단히 확인하는 이 과정은 일일점검을 대체할 수 있어 효율적인 장비 관리를 가능하게 한다. 모든 점검 과정은 장비별 특성을 반영한 자체 점검표를 통해 수행되며, 그 결과는 반드시 기록으로 남겨 체계적으로 관리되고 있다.

이러한 점검 업무의 수행 주체는 자격을 갖춘 내부 직원이거나 장비 제작사, 전문 유지보수 업체가 될 수 있다. 외부에 위탁하더라도 운영자는 매월 점검 결과를 최종 확인해야 하는 책임을 진다. 이를 통해 점검 품질의 일관성과 책임성을 확보하고 있다.

(2) 검색장비의 지속적 성능 보장을 위한 유지·관리 체계

▌항공보안장비 종류, 운영 및 유지관리 등에 관한 기준

제8조(검색장비 유지·관리 등) ① 운영자는 장비의 성능이 유지되도록 표준운용절차 또는 제작사의 해당 장비별 매뉴얼에서 정한 기준에 따라 유지 관리하여야 한다.

② 운영자는 소속직원을 지정하거나 장비제작사(장비설치업체를 포함) 또는 유지보수 전문업체에 위탁하여 검색장비 및 검색장비 운용에 필요한 장비를 관리하여야 한다.

③ 검색장비를 유지·보수하는 경우 다음 각 호의 사항을 별지 제2호의 서식에 의하여 기록·유지하여야 한다.

1. 검색장비의 점검, 조정, 정비 등 유지보수에 관한 사항. 다만, 정기적으로 실시하는 점검에 관한 사항은 제외한다.
2. 검색장비의 운용중지 또는 기타 장애가 발생된 경우에는 일시, 원인 및 조치사항
3. 검색장비운용에 관련된 지시·통보·보고사항 등 유지보수에 참고가 될 사항

④ 검색장비의 오작동이나 고장 또는 결함이 발생한 경우에는 응급복구 및 장비교체 등 필요한 조치를 즉

> 시 취하여야 한다.
> ⑤ 운영자는 제4항에 따른 조치를 취할 수 있도록 정기점검표, 장비운용자료 입력사항 및 장애복구절차 등이 표준운용절차에 포함되어 활용할 수 있도록 하여야 한다.
> ⑥ 검색장비의 신규설치, 교체 또는 개량으로 운용절차의 변경이 필요한 경우 해당 장비에 대한 표준운용절차와 예비운용절차를 수정, 보완하여야 한다.
> ⑦ 운영자는 측정장비의 용도, 사용빈도 및 안전성을 고려하여 측정장비의 성능 및 정확도를 유지하는 방안을 수립하여 관리하여야 한다.

검색장비의 유지·관리는 장비가 설계된 성능을 지속적으로 발휘할 수 있도록 하는 필수적인 관리 활동이다. 항공보안장비 종류, 운영 및 유지관리 등에 관한 기준 제8조는 이러한 유지·관리 활동의 구체적인 방법과 절차를 체계적으로 규정한다.

이 규정의 핵심은 모든 검색장비가 표준운용절차(SOP) 또는 제작사가 제공하는 장비별 매뉴얼에 따라 관리되어야 한다는 점이다. 각 장비의 고유한 특성과 기술적 요구사항을 정확히 반영한 관리가 이루어지도록 보장하는 것이 기본 원칙이다. 운영자는 자격을 갖춘 내부 직원을 지정하거나 장비 제작사, 전문 유지보수 업체에 위탁하여 체계적인 관리 구조를 구축하고 있다.

이러한 관리 구조 내에서 유지·보수 활동의 모든 내용은 철저히 기록되고 관리된다. 장비의 조정이나 정비 사항은 물론, 운용 중단이나 장애 발생 시의 상황과 원인 그리고 이에 대한 조치사항까지 상세히 문서화한다. 상급 기관의 지시사항이나 보고 내용 등 향후 유지보수에 참고가 될 만한 모든 정보도 함께 기록하고 있다. 체계적인 기록 관리는 장비 이력을 추적하고 반복적인 문제를 예방하는 데 중요한 역할을 수행한다.

장비 운용 중 오작동이나 고장이 발생했을 때는 즉각적인 대응이 이루어진다. 응급복구 절차를 통해 신속히 기능을 회복시키거나, 필요시 예비 장비로 즉시 교체하여 보안검색의 연속성을 확보하고 있다. 이를 위해 운영자는 정기점검표, 장애복구절차, 응급대응 매뉴얼 등을 표준운용절차에 포함시켜 현장에서 즉시 활용할 수 있도록 준비한다.

나아가 기술의 발전에 따라 장비가 신규 설치되거나 업그레이드될 때는 운용절차도 함께 개선된다. 새로운 기능이나 변경된 인터페이스에 맞춰 표준운용절차와 예비운용절차를 수정·보완하여, 검색요원들이 변화된 환경에서도 효율적으로 장비를 운용할 수 있도록 지원하고 있다. 특히 측정장비의 경우 그 정확도가 검색 결과에 직접적인 영향을 미치기 때문에, 용도와 사용빈도를 고려한 별도의 관리 방안을 수립하여 정밀도를 유지한다.

2. 보안검색장비 유지보수

▌항공보안장비 종류, 운영 및 유지관리 등에 관한 기준

제2조(용어의 정의) 이 규정에서 사용하는 용어의 정의는 다음과 같다.

10. "유지보수요원"이란 검색장비의 점검과 유지보수업무를 수행하는 자를 말한다.
11. "장비 사용자(이하 "사용자")"라 함은 항공보안검색요원 등 검색장비를 활용하여 보안검색을 수행하는 자를 말한다.

(1) 유지보수요원의 전문 자격요건

▌항공보안장비 종류, 운영 및 유지관리 등에 관한 기준

제9조(검색장비 유지보수요원의 자격 등) 운영자는 다음 각 호의 어느 하나에 해당하는 자격을 갖춘 사람 또는 업체에 위탁하여 검색장비를 유지·보수하도록 하여야 한다.

1. 장비제작사 또는 설치업체에서 교육을 이수한 사람 또는 파견된 전문기술자
2. 국가가 인정한 전문교육기관에서 해당 업무에 대한 전문교육을 이수한 사람
3. 「국가기술자격법」에 의하여 전자·정보통신·전기·기계분야 산업기사 이상의 기술자격증을 소지하고 해당 자격분야에 3년 이상 종사한 사람

검색장비의 유지보수는 고도의 전문성이 요구되는 분야로, 자격을 갖춘 전문 인력만이 수행할 수 있다. 항공보안장비 종류, 운영 및 유지관리 등에 관한 기준 제9조는 유지보수요원이 갖추어야 할 자격요건을 명확히 규정하여 장비 관리의 전문성과 신뢰성을 확보한다.

이 규정에 따르면 유지보수요원의 자격은 크게 세 가지 경로를 통해 인정된다. 첫 번째는 장비 제작사나 설치업체에서 직접 제공하는 전문 교육을 이수한 경우다. 이들은 해당 장비의 구조와 작동 원리를 가장 정확히 이해하고 있는 인력으로, 제작사에서 파견된 전문기술자도 이에 포함된다. 각 장비의 특성과 최신 기술 동향을 가장 빠르게 파악할 수 있다는 점에서 중요한 인적 자원으로 평가되고 있다.

제작사 교육 외에도 국가가 인정한 전문교육기관에서 체계적인 교육과정을 이수하는 경로가 있다. 이러한 교육기관들은 표준화된 커리큘럼과 실습 환경을 갖추고 있어, 다양한 제조사의 장비를 포괄적으로 다룰 수 있는 역량을 배양한다. 졸업생들은 특정 장비에 국한되지 않고 폭넓은 유지보수 업무를 수행할 수 있는 장점을 갖는다.

세 번째 경로로는 국가기술자격법에 따른 기술자격증 소지자의 자격 인정이 있다. 전

자, 정보통신, 전기, 기계 분야의 산업기사 이상 자격을 보유하고 해당 분야에서 3년 이상의 실무 경험을 쌓은 전문가들이 이에 해당한다. 이들은 기술적 기반 지식과 현장 경험을 바탕으로 복잡한 장비 문제를 체계적으로 진단하고 해결하는 능력을 갖추고 있다.

이처럼 다양한 경로를 통해 검증된 전문 인력만이 항공보안장비의 유지보수를 담당할 수 있도록 함으로써, 장비의 안정적 운영과 항공 보안의 신뢰성을 동시에 확보한다. 각 경로별 전문 인력의 특성을 활용하여 효과적인 유지보수 체계를 구축하고 있다.

(2) 유지보수요원의 지속적 전문성 향상 교육

▌항공보안장비 종류, 운영 및 유지관리 등에 관한 기준

제10조(유지보수요원 교육) ① 유지보수요원은 「국가민간항공보안교육훈련지침」의 규정에서 정한 교육을 이수하여야 한다. 다만, 제9조 제1호에 해당하는 사람은 초기교육을 이수한 것으로 본다.

② 유지보수요원은 「국가 민간항공보안 교육훈련지침」 별표 12의2의 정기교육을 이수하여야 한다.

③ 유지보수요원은 다음 각 호의 사항이 포함된 교육을 연간 8시간 이상 실시하여야 한다.

1. 검색장비별 기능
2. 검색장비별 동작원리 및 운용절차
3. 검색장비별 긴급상황 발생시 대응요령
4. 검색장비별 장애처리절차
5. 안전수칙과 유지보수 절차 등

유지보수요원의 전문성을 지속적으로 유지하고 발전시키기 위해서는 체계적인 교육 프로그램이 필수적이다. 항공보안장비 종류, 운영 및 유지관리 등에 관한 기준 제10조는 유지보수요원이 이수해야 할 교육 체계를 상세히 규정한다.

이 규정에 따라 모든 유지보수요원은 「국가민간항공보안교육훈련지침」에 따른 교육과정을 이수해야 한다. 교육은 초기교육과 정기교육으로 구분되는데, 흥미롭게도 장비 제작사나 설치업체에서 교육을 받은 전문기술자들은 이미 해당 장비에 대한 충분한 지식을 보유하고 있다고 판단하여 초기교육을 이수한 것으로 인정받는다. 이는 실무 중심의 전문성을 인정하는 합리적인 제도 운영의 한 예시다.

초기교육과 달리 정기교육은 모든 유지보수요원이 예외 없이 이수해야 하는 필수 과정이다. 급변하는 기술 환경과 새로운 보안위협에 대응하기 위해서는 지속적인 지식 업데이트가 필요하기 때문이다. 정기교육을 통해 유지보수요원들은 최신 기술 동향을 파악하고, 변화하는 보안 환경에 능동적으로 대처할 수 있는 역량을 기르고 있다.

이러한 교육의 핵심은 연간 8시간 이상의 필수 교육 프로그램이다. 이 교육에서는 검색장비별 기능과 동작원리부터 시작하여 실제 운용절차, 긴급상황 대응요령, 장애처리절차 그리고 안전수칙과 유지보수 절차까지 실무에 필요한 모든 영역을 포괄적으로 다룬다. 단순히 이론적 지식을 전달하는 것이 아니라 현장에서 발생할 수 있는 다양한 상황에 대한 실질적인 대응 능력을 배양하는 데 중점을 두고 있다.

이렇게 구조화된 교육 체계는 유지보수요원들이 단순한 기술자를 넘어 항공보안의 핵심 전문가로 성장할 수 있는 토대가 된다. 정기적이고 체계적인 교육을 통해 축적된 전문성은 최종적으로 항공 운송의 안전성과 신뢰성 향상으로 이어진다.

(3) 검색장비 연속 운영을 위한 예비품 확보 및 관리

> **▌항공보안장비 종류, 운영 및 유지관리 등에 관한 기준**
> **제11조(예비품 관리)** ① 검색장비의 고장 등 장애가 발생할 경우 긴급복구를 위한 예비품의 정수를 정하여 이를 확보하고 별지 제3호의 서식에 따라 관리하여야 한다.
> ② 예비품은 별도의 장소에서 부품 성능이 저하되지 않도록 보관하고 관리되어야 한다. 다만, 예비품의 성능저하가 예상되거나 성능유지를 위한 별도의 보관장소가 필요한 경우에는 외부 전문업체에 위탁하여 관리할 수 있다.

예비품 관리는 검색장비의 연속적인 운영을 보장하는 핵심적인 백업 시스템이다. 항공보안장비 종류, 운영 및 유지관리 등에 관한 기준 제11조는 장비 장애 발생 시 신속한 복구를 가능하게 하는 예비품 관리 체계를 규정한다.

이 규정의 필요성은 항공보안 검색장비가 24시간 중단 없이 운영되어야 하는 필수 시설이라는 점에서 비롯된다. 갑작스러운 고장이나 장애가 발생했을 때를 대비한 철저한 준비가 필요한데, 이를 위해 각 장비별로 필요한 예비품의 적정 수량을 미리 정하고 확보해두는 시스템을 운영하고 있다. 예비품의 종류와 수량은 장비의 중요도, 고장 빈도, 조달 소요시간 등을 종합적으로 고려하여 결정되며, 모든 예비품은 정해진 서식에 따라 체계적으로 관리된다.

예비품을 확보하는 것만큼 중요한 것이 보관 환경 관리다. 전자부품이나 정밀 센서와 같은 예비품들은 온도, 습도, 먼지 등 환경 요인에 민감하게 반응하기 때문에, 별도의 전용 보관 장소에서 최적의 상태로 유지되어야 한다. 일반적으로는 항온항습 시설을 갖춘 자체 창고에서 관리하지만, 특수한 보관 조건이 필요하거나 장기 보관으로 인한 성능 저하가 우려되는 경우에는 전문 업체에 위탁하여 관리하는 방법도 활용하고 있다.

이러한 체계적인 예비품 관리는 단순히 부품을 보관하는 차원을 넘어선다. 정기적인 재고 점검과 유효기간 관리, 신규 장비 도입 시 예비품 목록 업데이트 등 지속적인 관리 활동이 이루어진다. 이에 따라 장비 장애 시 복구 시간을 최소화하여 항공 보안의 공백을 방지하는 중요한 대응체계로 작동한다.

(4) 검색장비의 체계적 교체 및 연장사용 기준

▌항공보안법 시행규칙

제14조의5(항공보안장비의 성능 검사) ① 장비운영자는 법 제27조제2항에 따라 사용하는 항공보안장비를 내용연수(「물품관리법」 제16조의2제1항에 따라 조달청장이 정한 경제적 사용연수를 말한다)를 연장해 계속 사용하려면 인증기관이 실시하는 항공보안장비의 성능 검사를 받아야 한다.

▌항공보안장비 종류, 운영 및 유지관리 등에 관한 기준

제16조(교체 및 폐기 기준) ① 검색장비별 내용연수의 기준은 조달청장 고시에 따라 다음 각 호와 같으며, 조달청장 고시가 개정되는 경우에는 그에 따른다.

1. 엑스선검색장비 : 10년
2. 문형금속탐지장비 : 10년
3. 휴대용금속탐지장비 : 2년
4. 폭발물탐지장비 : 11년
5. 폭발물흔적탐지장비 : 5년
6. 액체폭발물탐지장비 : 11년
7. 원형검색장비 : 11년
8. 신발검색장비 : 10년

② 운영자는 검색장비의 교체시기를 정하기 위하여 매년 제7조에 따른 성능점검을 점검용 시험물품 매뉴얼에 의해 실시하고, 그 결과를 이력카드에 기록 유지하여야 한다. 다만, 신규도입 장비의 성능점검은 제작사(납품업체)에 의해 성능점검이 실시되는 하자보증기간이 만료된 다음 연도 1월 1일 이후부터 실시한다.

③ 운영자는 장비의 성능이 저하되지 않도록 적정시점에 검색장비를 교체하여야 하며, 제1항에 규정한 내용연수를 연장하여 사용할 수 없다. 다만 내용연수가 도래하기 전 매년 인증기관의 성능 검사 결과 적합하다는 확인을 받을 경우 내용연수의 경과에도 불구하고 연장사용 할 수 있다.

④ 운영자는 제2항 및 제3항에 따른 검색장비가 「항공보안장비 성능 인증 및 성능 검사 기준」 별표 2의 성능 검사 기준에 미달하는 경우에는 제1항의 규정에도 불구하고 해당장비를 교체하여야 한다.

검색장비의 교체는 항공보안시스템의 신뢰성을 유지하는 데 있어 매우 중요한 의사결정이다. 항공보안장비 종류, 운영 및 유지관리 등에 관한 기준 제16조는 각 장비별 내용연수와 교체 기준을 명확히 규정하여 노후 장비로 인한 보안 공백을 사전에 방지한다.

이 규정에 따라 각 검색장비의 내용연수는 조달청장 고시에 따라 구체적으로 정해져 있다. 엑스선검색장비와 문형금속탐지장비, 신발검색장비는 10년의 내용연수를 가지며, 폭발물탐지장비와 액체폭발물탐지장비, 원형검색장비는 11년으로 설정된다. 반면 휴대용 금속탐지장비는 잦은 사용과 이동으로 인한 마모를 고려하여 2년, 폭발물흔적탐지장비는 민감한 센서 특성상 5년으로 상대적으로 짧은 내용연수가 적용되고 있다. 이러한 차별화된 기준은 각 장비의 기술적 특성과 사용 환경을 종합적으로 고려한 결과다.

장비의 내용연수만큼 중요한 것이 실제 성능 상태의 지속적인 확인이다. 장비 교체 시기를 정확히 판단하기 위해서는 매년 실시하는 성능점검이 핵심적인 역할을 한다. 운영자는 점검용 시험물품 매뉴얼에 따라 체계적인 성능점검을 수행하고, 그 결과를 이력카드에 상세히 기록하여 장비의 성능 변화 추이를 지속적으로 모니터링한다. 신규 도입 장비의 경우 하자보증기간 동안은 제작사가 성능을 보증하므로, 이 기간이 만료된 다음 연도부터 자체 성능점검을 시작하고 있다.

원칙적으로 검색장비는 정해진 내용연수가 도래하면 교체해야 한다. 그러나 실제 현장에서는 장비의 상태가 양호한 경우도 있고, 반대로 내용연수 이전에 성능이 저하되는 경우도 발생한다. 이러한 현실을 반영하여 제도는 유연성을 부여하고 있다. 내용연수가 도래한 장비라도 인증기관의 성능 검사에서 적합 판정을 받으면 계속 사용할 수 있으며, 반대로 내용연수가 남았더라도 성능 검사 기준에 미달하면 즉시 교체해야 한다.

이처럼 내용연수라는 기본 틀을 유지하면서도 실제 성능을 기준으로 한 탄력적 운영은 경제성과 안전성을 동시에 추구하는 합리적인 관리 방식이다. 이 시스템은 장비의 실제 상태를 정확히 파악하여 최적의 교체 시점을 결정함으로써, 보안수준을 유지하면서도 자원을 효율적으로 활용할 수 있도록 지원한다.

3. 인증기관 시험기관 감독

▌항공보안법

제35조(감독) ① 국토교통부장관은 이 법 또는 이 법에 따른 명령이나 처분을 위반하는 행위에 대하여는 시정명령 등 필요한 조치를 할 수 있다.

② 국토교통부장관은 항공보안장비의 안전 및 적합성을 확보하기 위하여 인증기관 및 시험기관에 대하여 필요한 범위에서 지도·감독을 할 수 있다.

제38조의2(벌칙 적용에서 공무원 의제) 항공보안장비 성능 인증 및 성능평가시험에 관한 업무에 종사하는 인증기관 및 시험기관의 임직원은 「형법」 제129조부터 제132조까지의 규정에 따른 벌칙을 적용할 때에

는 공무원으로 본다.

▮ 항공보안법 시행규칙

제14조의7(시험기관의 지정 등) ① 법 제27조의4제2항에서 "국토교통부령으로 정하는 지정기준"이란 별표 2에 따른 기준을 말한다.

② 법 제27조의4에 따라 시험기관으로 지정을 받으려는 법인이나 단체는 별지 제4호의5서식에 따른 항공보안장비 시험기관 지정 신청서에 다음 각 호의 서류를 첨부해서 국토교통부장관에게 제출해야 한다. 이 경우 담당 공무원은 「전자정부법」 제36조제1항에 따른 행정정보의 공동이용을 통해서 법인 등기사항증명서(법인인 경우만 해당한다)를 확인해야 한다.

1. 성능평가시험을 위한 조직, 인력 및 시험 설비 현황 등을 적은 사업계획서
2. 성능평가시험을 수행하기 위한 절차 및 방법 등을 적은 업무규정
3. 법인의 정관 또는 단체의 규약
4. 사업자등록증 및 인감증명서(법인인 경우에 한한다)
5. 제1항에 따른 시험기관 지정기준을 갖추었음을 증명하는 서류

③ 국토교통부장관은 제2항에 따라 시험기관 지정신청을 받은 때에는 현장평가 등이 포함된 심사계획서를 작성해서 신청자에게 통보하고 그 심사계획에 따라 심사해야 한다.

④ 국토교통부장관은 제3항에 따른 심사 결과 제1항에 따른 지정기준을 갖추었다고 인정하는 때에는 별지 제4호의6서식에 따른 항공보안장비 시험기관 지정서를 발급해야 한다. 이 경우 다음 각 호의 사항을 관보에 고시해야 한다.

1. 시험기관의 명칭
2. 시험기관의 소재지
3. 지정 일자 및 지정번호
4. 업무 수행 범위
5. 그 밖에 국토교통부장관이 정하는 사항

⑤ 제1항부터 제4항까지에서 규정한 사항 외에 시험기관 지정 및 심사 등에 관해 필요한 사항은 국토교통부장관이 정해서 고시한다.

제14조의8(시험기관의 지정취소 등) ① 법 제27조의5제2항에서 "지정취소와 업무정지의 기준"이란 별표 3에 따른 기준을 말한다.

② 국토교통부장관은 제1항에 따라 시험기관의 지정을 취소하거나 업무의 정지를 명한 경우에는 지체 없이 그 사실을 관보에 고시해야 한다.

제14조의9(시험기관지정심사위원회 등의 구성·운영 등) ① 국토교통부장관 및 인증기관의 장은 성능 인증 제도의 효율적 운영을 위해 필요한 경우 시험기관지정심사위원회 또는 인증심사위원회를 구성·운영할 수 있다.

② 제1항에 따른 시험기관지정심사위원회 및 인증심사위원회의 구성·운영 등에 필요한 사항은 국토교통

부장관이 정해서 고시한다.

▌ 항공보안장비 성능 인증 및 성능 검사 기준

제2조(용어의 정의) 이 규정에서 사용하는 용어의 정의는 다음과 같다.

2. "인증기관"이란 「항공보안법」(이하 "법"이라 한다) 제27조의3, 같은 법 시행령 제19조의2에 따른 항공보안장비(이하 "장비"라 한다)의 성능 인증, 성능 검사, 정기·수시 점검 업무를 위탁받은 항공안전기술원을 말한다.
3. "시험기관"이란 법 제27조의4, 같은법 시행규칙(이하 "규칙"이라 한다) 제14조의7에 따라 장비의 성능 인증 및 성능 검사 등을 수행하기 위하여 국토교통부장관이 지정하는 기관을 말한다.

(1) 인증기관과 시험기관: 항공보안장비 성능 검증의 두 축

▌ 항공보안법

제27조의3(인증업무의 위탁) 국토교통부장관은 인증업무의 전문성과 신뢰성을 확보하기 위하여 제27조에 따른 항공보안장비의 성능 인증 및 점검 업무를 대통령령으로 정하는 기관(이하 "인증기관"이라 한다)에 위탁할 수 있다.

제27조의4(시험기관의 지정) ① 국토교통부장관은 제27조에 따른 성능 인증을 위하여 항공보안장비의 성능을 평가하는 시험(이하 "성능평가시험"이라 한다)을 실시하는 기관(이하 "시험기관"이라 한다)을 지정할 수 있다.

② 제1항에 따라 시험기관 지정을 받으려는 법인이나 단체는 국토교통부령으로 정하는 지정기준을 갖추어 국토교통부장관에게 지정신청을 하여야 한다.

▌ 항공보안법 시행령

제19조의2(인증업무의 위탁) 법 제27조의3에서 "대통령령으로 정하는 기관"이란 「항공안전기술원법」에 따른 항공안전기술원을 말한다.

▌ 항공보안법 시행규칙

제14조의7(시험기관의 지정 등) ① 법 제27조의4제2항에서 "국토교통부령으로 정하는 지정기준"이란 별표 2에 따른 기준을 말한다.

② 법 제27조의4에 따라 시험기관으로 지정을 받으려는 법인이나 단체는 별지 제4호의5서식에 따른 항공보안장비 시험기관 지정 신청서에 다음 각 호의 서류를 첨부해서 국토교통부장관에게 제출해야 한다.

항공보안장비의 성능을 검증하고 관리하는 체계의 중심에는 인증기관과 시험기관이라는 두 축이 존재한다. 항공보안장비 성능 인증 및 성능 검사 기준은 이들 기관의 역할과 권한을 명확히 정의하여 체계적인 장비 성능관리시스템의 토대를 마련한다.

이 체계의 핵심인 인증기관은 항공보안법 제27조의3과 같은 법 시행령 제19조의2에 근거하여 항공보안장비의 성능 인증과 검사 업무를 총괄한다. 현재 이 중요한 역할은 항공안전기술원이 국토교통부로부터 위탁받아 수행하고 있다. 항공안전기술원은 단순히 장비의 초기 성능만 인증하는 것이 아니라 운영 중인 장비에 대한 성능 검사와 정기·수시 점검까지 포괄적으로 담당한다. 이를 통해 항공보안장비가 도입부터 폐기까지 전 생애주기에 걸쳐 일정한 성능 기준을 유지할 수 있도록 관리하고 있다.

인증기관과 함께 성능 검증 체계를 구성하는 시험기관은 실제 성능 시험을 수행하는 전문 기관이다. 항공보안법 제27조의4와 같은 법 시행규칙 제14조의7에 따라 국토교통부장관이 직접 지정하며, 이들은 고도의 기술력과 시험 설비를 갖추고 있어야 한다. 시험기관은 제조사나 운영자로부터 독립적인 위치에서 객관적이고 공정한 시험을 수행하여 그 결과를 인증기관에 제공하는 역할을 담당한다.

이러한 이원화된 구조는 검증 과정의 전문성과 객관성을 동시에 확보하기 위해 설계되었다. 인증기관이 전체적인 인증체계를 관리하고 최종 판단을 내리는 동안, 시험기관은 실무적이고 기술적인 검증 작업에 집중할 수 있다. 두 기관의 유기적인 협력 관계는 국내 항공보안장비의 성능 신뢰성을 국제 수준으로 끌어올리는 데 중요한 역할을 하고 있다. 이는 최종적으로 항공 운송의 안전성 향상에 기여한다.

(2) 시험기관 관리감독: 성능 검증 신뢰성 확보 체계

▌항공보안장비 시험기관 지정 및 운영 등에 관한 규정

제12조(시험기관의 관리감독) ① 법 제35조제2항에 따라 국토교통부장관은 지정된 시험기관이 지정요건에 적합하게 운영되고 있는지를 확인하기 위하여 필요한 자료의 제출을 지정 시험기관의 장에게 요구할 수 있으며, 연 1회 이상 시험기관의 감독을 수행할 수 있다.

② 국토교통부장관은 제1항에 따라 시험기관을 관리 감독함에 있어 다음 각 호의 사항을 확인하여야 한다.

1. 조직 및 인력현황
2. 시험기관 품질관리규정의 국제표준(ISO/IEC17025) 요건 적합 및 이행 여부
3. 성능평가에 적합한 시험시설·장비 및 시험환경의 유지 여부
4. 비교숙련도 시험 참여 실적 및 시정조치 결과 등

③ 국토교통부장관은 제1항에 따른 지도·감독을 실시하는 경우에는 7일 전까지 제2항 각 호의 사항을 포함한 검사계획을 시험기관의 장에게 통보해야 한다. 다만, 긴급한 경우 또는 사전에 알렸을 때 감독의 목적을 달성할 수 없다고 인정되는 경우에는 그러하지 아니하다.

시험기관의 관리감독은 항공보안장비 성능 검증 체계의 신뢰성을 유지하는 핵심적인 통제 체계다. 항공보안장비 시험기관 지정 및 운영 등에 관한 규정 제12조는 국토교통부장관이 시험기관을 체계적으로 관리·감독할 수 있는 법적 근거와 구체적인 절차를 명시한다.

이 규정에 따라 국토교통부장관은 지정된 시험기관이 최초 지정 당시의 요건을 지속적으로 충족하는지 확인할 권한을 가진다. 이를 위해 필요한 자료의 제출을 요구할 수 있으며, 연 1회 이상 정기적인 감독을 수행하고 있다. 정기 감독은 시험기관의 운영 실태를 점검하고 문제점을 사전에 발견하여 개선하도록 하는 예방적 관리시스템의 일환이다.

이러한 관리감독의 범위는 매우 포괄적이고 체계적이다. 먼저 조직과 인력 현황을 점검하여 시험 업무를 수행할 충분한 역량을 보유하고 있는지 확인한다. 특히 중요한 것은 국제표준인 ISO/IEC17025 요건에 따른 품질관리규정의 적합성과 실제 이행 여부다. 이 국제표준은 시험기관의 기술적 능력과 품질 시스템을 평가하는 세계적 기준으로, 이를 충족한다는 것은 국제적 수준의 신뢰성을 확보했다는 의미를 갖는다.

품질관리와 함께 시험환경의 적절성도 중요한 점검 사항이다. 항공보안장비의 정확한 성능 평가를 위해서는 적합한 시험시설과 장비 그리고 표준화된 시험환경이 필수적이기 때문이다. 또한 비교숙련도 시험 참여 실적과 그에 따른 시정조치 결과를 확인하여 시험기관이 지속적으로 기술 역량을 향상시키고 있는지도 평가하고 있다.

감독 절차는 투명성과 예측 가능성을 보장하도록 설계되어 있다. 원칙적으로 감독 실시 7일 전에 검사계획을 통보하여 시험기관이 준비할 수 있도록 한다. 다만 긴급한 상황이나 사전 통보가 감독의 실효성을 저해할 수 있는 경우에는 불시 점검도 가능하도록 하여 관리감독의 효과성을 확보한다.

이러한 체계적인 관리감독 시스템은 시험기관의 운영 품질을 일정 수준 이상으로 유지하게 하며, 최종적으로는 항공보안장비 성능 검증 결과의 신뢰성을 보장하는 제도적 기반이 된다.

(3) 시정조치와 이행 확인을 통한 품질 개선

> **▮ 항공보안법**
>
> **제35조(감독)** ③ 국토교통부장관은 제2항에 따라 감독상 필요하다고 인정되는 경우에는 인증기관 및 시험기관의 운영과 업무의 처리에 관한 명령을 할 수 있으며, 소속 공무원으로 하여금 그 장부와 전표, 서류, 시설 등을 검사하게 할 수 있다. 이 경우 검사를 하는 공무원은 그 권한을 표시하는 증표를 지니고 이를 관계인에게 내보여야 한다.

▌항공보안장비 시험기관 지정 및 운영 등에 관한 규정

제6조(시험기관지정 심사위원회) 규칙 제14조의9에 따라 국토교통부장관은 시험기관 지정에 관한 사항을 심사하기 위해 시험기관 지정 심사위원회(이하 "심사위원회"라고 한다)를 구성·운영할 수 있다.

제13조(시정조치) ① 법 제35조제3항에 따라 시험기관은 제12조에 따른 관리감독에서 발견된 문제점 및 미흡한 사항에 대하여 해당 내용을 통보받은 날로부터 30일 이내에 시정조치를 완료하여야 한다.

② 시험기관은 제1항에 따라 30일 안에 시정조치가 불가능한 경우에는 해당 사유와 시정조치방안을 마련하여 국토교통부장관에게 보고하여야 한다.

③ 시험기관이 시정조치를 하였을 경우에는 그 사항을 국토교통부장관에게 보고하여야 하며, 국토교통부장관은 적합한 시정조치가 이루어졌는지 확인하여야 한다. 필요한 경우 시정조치에 대한 확인은 제6조에 따른 심사위원회가 수행하게 할 수 있다.

시정조치는 관리감독을 통해 발견된 문제점을 실질적으로 개선하는 핵심적인 후속조치 과정이다. 항공보안장비 시험기관 지정 및 운영 등에 관한 규정 제13조는 시험기관이 지적사항을 신속하고 효과적으로 개선할 수 있도록 구체적인 절차와 기한을 규정한다.

이 규정에 따라 시험기관은 관리감독 과정에서 지적받은 문제점이나 미흡한 사항에 대해 신속한 대응이 요구된다. 법 제35조제3항에 따라 해당 내용을 통보받은 날로부터 30일 이내에 모든 시정조치를 완료해야 한다는 명확한 기한이 설정되어 있다. 이러한 30일의 기한은 문제점을 방치하지 않고 즉각적인 개선이 이루어지도록 하는 강제적 장치로, 시험기관의 품질 수준을 지속적으로 유지하는 데 중요한 역할을 한다.

그러나 현실적으로 모든 문제를 30일 안에 해결하기 어려운 경우도 발생한다. 대규모 시설 개선이나 전문 인력 충원, 국제 인증 획득 등은 상당한 시간과 자원이 필요하기 때문이다. 이러한 상황을 고려하여 제도는 유연성을 부여하고 있다. 30일 내 시정이 불가능한 경우, 시험기관은 구체적인 사유와 함께 대안적인 시정조치 방안을 마련하여 국토교통부장관에게 보고해야 한다. 이를 통해 불가피한 상황에서도 개선 의지와 계획을 명확히 제시하도록 한다.

시정조치의 실효성을 확보하기 위해 완료 단계에서도 철저한 검증이 이루어진다. 모든 시정조치 사항은 국토교통부장관에게 보고되어야 하며, 국토교통부는 실제로 적합한 조치가 이루어졌는지 철저히 확인하고 있다. 특히 중요하거나 복잡한 사안의 경우, 전문성을 갖춘 심사위원회가 시정조치의 적절성을 평가하도록 할 수 있다. 이러한 다단계 검증 시스템은 형식적인 개선이 아닌 실질적인 품질 향상이 이루어지도록 보장한다.

이 시정조치 체계는 관리감독-문제 발견-개선 조치-검증이라는 완결된 수준관리 사이클을 구성한다. 이를 통해 시험기관은 지속적으로 역량을 개선하고, 항공보안장비 성능 검증의 신뢰성을 높은 수준으로 유지할 수 있게 된다.

4. 보안검색장비 관련 규정 개선방안

(1) 통합 인증체계 구축을 위한 공통절차 표준화

성능인증 상호인정체계를 성공적으로 정착시키기 위해서는 체계적인 접근이 필요하다. 먼저 성능평가시험과 성능인증의 상호인정을 단계적으로 도입한 후, 최종적으로는 현재 분산되어 있는 인증기관과 시험기관을 통합한 전문기관을 설립하는 것이 바람직하다. 이 통합 전문기관은 항공, 항만, 철도 모든 분야에 적용 가능한 표준화된 성능인증 공통절차를 수립하고 운영하는 컨트롤타워 역할을 수행하게 된다. 이는 각 보안 분야의 특수성을 인정하면서도 공통의 기준을 적용함으로써, 보안수준을 강화하고 제조업체의 권리와 형평성을 동시에 보장하는 가장 효과적인 방법이 될 수 있다.

이러한 공통 인증절차 도입이 가져올 변화는 혁명적이다. 현재는 동일한 장비라도 항공에서 사용하려면 항공 인증을, 항만에서 사용하려면 항만 인증을, 철도에서 사용하려면 철도 인증을 각각 받아야 하는 비효율적 구조다. 그러나 공통 인증절차가 도입되면 단 한 번의 성능인증으로 모든 분야에서 사용이 가능해진다. 이는 마치 운전면허 한 장으로 전국 어디서나 운전할 수 있는 것과 같은 원리로, 제조업체에게는 획기적인 비용 절감과 시간 단축을 가능하게 하고 있다.

단일 인증으로 전 분야 활용이 가능해지면서 표준화된 공통 성능인증 테스트 절차는 현재의 복잡한 시스템을 근본적으로 개선할 수 있다. 우선 인증절차의 투명성이 크게 향상된다. 모든 분야가 동일한 기준과 절차를 따르게 되면, 제조업체들은 명확한 목표를 가지고 제품을 개발할 수 있고, 인증 과정에서 발생할 수 있는 불확실성과 혼란이 현저히 줄어든다. 또한 예측 가능한 프로세스는 테스트 절차의 지연 위험을 최소화하여 제품의 적시 출시를 가능하게 한다.

투명성 향상과 함께 실무적 효율성도 눈에 띄게 개선된다. 현재는 각 분야별로 유사한 테스트를 반복해야 하지만, 공통 절차를 적용하면 한 번의 종합적인 성능평가로 모든 요구사항을 충족시킬 수 있다. 이는 공인 시험기관의 업무 부담을 줄이고, 제한된 자원을 보다 효율적으로 활용할 수 있게 하고 있다. 더 중요한 것은 테스트 과정에서 발견된 문제점에 대해 신속한 재설계와 수정이 가능해진다는 점이다. 하나의 통합된 피드백을 받기 때문에, 제조업체는 모든 분야의 요구사항을 동시에 고려한 개선이 가능하다.

국내 효율성 개선을 넘어 국제 경쟁력 측면에서도 공통 인증의 가치는 매우 크다. 현재 글로벌 보안검색장비 시장은 미국과 EU 기업들이 주도하고 있는데, 이들은 이미 자국 내에서 통합된 인증체계를 운영한다. 우리나라도 공통 인증체계를 구축하면 이들과 동등한 조건에서 경쟁할 수 있는 기반이 마련된다. '한국 공통인증'이라는 브랜드는 국제 시장에서 명확한 메시지를 전달할 수 있다. 즉, 한국에서 인증받은 장비는 항공, 항만, 철도 모든 분야에서 검증되었다는 강력한 신뢰성의 증표가 되는 것이다.

나아가 이러한 통합 인증은 수출 전략에도 유리하게 작용한다. 많은 국가들이 교통 인프라를 통합적으로 개발하는 추세에서, 다양한 분야에 적용 가능한 인증을 보유한 제품은 구매자들에게 매우 매력적인 선택지가 되고 있다. 따라서 공통 인증절차는 형식적인 행정 개선을 넘어 우리나라 보안검색장비 산업이 글로벌 시장에서 선도적 위치를 확보하는 전략적 도구가 될 것이다.

(2) 데이터 분석을 통한 보안검색장비 통합관리시스템 구축

보안검색장비의 효과적인 관리를 위해서는 단순한 점검과 보고를 넘어 체계적인 데이터 분석 시스템이 필요하다. 항공, 항만, 철도 각 분야에서 운영되는 수천 대의 보안검색장비들은 매일 방대한 양의 운영 데이터를 생성한다. 이러한 데이터를 종합적으로 수집하고 분석한다면, 현재의 기술적·운영적 문제점을 정확히 파악할 수 있을 뿐만 아니라 미래의 위험 요소까지 예측할 수 있다. 이는 사후 대응이 아닌 선제적 보안대책 수립을 가능하게 하는 핵심 인프라가 될 것이다.

이러한 데이터 기반 관리의 효과는 해외 사례에서 명확히 드러난다. 중국은 이미 보안검색장비의 모든 사용 정보를 통합 관리하는 중앙정보관리시스템을 구축하여 운영하고 있다.

중국의 통합관리시스템과 비교할 때 우리나라도 나름의 관리 체계를 갖추고 있다. 항공보안장비 종류, 운영 및 유지관리 등에 관한 기준 제7조는 검색장비 운영자에게 정기점검과 특별점검 실시를 의무화하고 있으며, 제12조는 매년 상세한 관리계획을 국토교통부장관에게 제출하도록 규정한다. 이 계획에는 검색장비 관리 방침, 유지보수 체계, 장비 현황, 요원 교육 계획, 예비품 관리 등 포괄적인 내용이 포함되어야 한다. 형식적으로는 체계적인 관리시스템을 구축한 것처럼 보인다.

그러나 현실은 이러한 제도적 틀과 괴리가 있다. 국토교통부는 매년 제출받는 방대한 보고서와 점검 결과를 제대로 분석하고 활용하지 못하고 있다. 단순히 서류를 접수하고 보관하는 수준에 그치고 있으며, 이를 통해 의미 있는 통찰을 도출하거나 정책 개선에 반영하는 사례는 찾기 어렵다. 이러한 한계의 근본 원인은 전문 인력의 부족이다. 보안검색장비의 기술적 특성을 이해하고 데이터 분석 역량을 갖춘 전문가가 절대적으로 부족한 상황에서 효과적인 관리는 기대하기 어렵다.

더욱 안타까운 것은 귀중한 데이터가 매년 축적되고 있음에도 제대로 활용되지 못한다는 점이다. 각 장비의 성능 변화 추이, 고장 빈도, 부품 교체 주기 등의 데이터는 적절히 분석되면 매우 유용한 정보가 될 수 있다. 예를 들어, 특정 모델의 장비가 특정 환경에서 자주 고장 난다는 패턴을 발견하면, 사전에 예방 조치를 취하거나 해당 환경에 더 적합한 장비로 교체할 수 있다. 장비별 수명 예측이 가능해지면 예산 편성과 교체 계획을 보다 효율적으로 수립할 수 있다.

이에 따라 체계적인 데이터 분석시스템 구축이 시급하다. 이 시스템은 단순한 데이터베이스가 아니라 인공지능과 빅데이터 기술을 활용한 지능형 분석 플랫폼이어야 한다. 실시간으로 수집되는 운영 데이터를 자동으로 분석하여 이상 징후를 감지하고, 미래의 위험을 예측하며, 최적의 관리 방안을 제시할 수 있어야 한다. 이러한 고도화된 시스템 운영은 앞서 제안한 통합 성능인증 전문기관이 담당하는 것이 가장 효율적일 것이다. 전문기관은 인증 업무를 통해 축적한 기술 전문성과 현장 운영 데이터를 결합하여, 보다 실효성 있는 관리 체계를 구축할 수 있을 것으로 기대된다.

(3) 국산 장비 활성화를 위한 현장검증 체계와 차등화 전략

글로벌 보안검색장비 시장은 테러 위협 증가와 국제 교류 확대에 따라 높은 성장률을 보이고 있다. 이러한 성장세 속에서 국내 보안검색장비 기업들이 기술 경쟁력을 확보하고 글로벌 시장에 진출하기 위해서는 국가 차원의 체계적인 지원이 절실하다. 특히 항만, 철도, 주요 공공시설 등으로 적용 범위가 확대되고 있는 시점에서, 관련 기술과 제품의 실용화를 위한 현장 검증 시스템 구축이 시급한 과제로 떠오르고 있다.

이러한 시스템 구축에서 현장 검증의 중요성은 아무리 강조해도 지나치지 않는다. 시험기관의 성능평가를 통과했다 하더라도 실제 운영 환경에서의 성능은 다를 수 있기 때문이다. 실험실의 통제된 환경과 달리 현장에는 수많은 변수가 존재한다. 온도와 습도의 변화, 진동과 충격, 전자기 간섭, 사용자의 운영 패턴 등이 장비 성능에 영향을 미칠 수 있다. 이에 따라 인증받은 장비를 실제 현장에 배치하여 장기간 운영하면서 적합성과 효율성을 검증하는 과정은 필수불가결하다.

그러나 현재 우리나라에는 이러한 현장 검증을 지원하는 시스템이 전무한 실정이다. 인증을 받았다 해도 실제 운영 실적이 없는 국산 장비를 구매하기를 꺼리는 것은 어찌 보면 당연한 현상이다. 공항운영자나 항공운송사업자 입장에서는 검증되지 않은 장비 도입으로 인한 리스크를 감수하기 어렵다. 만약 장비 오작동으로 보안 사고가 발생하거나 운영 중단 사태가 벌어진다면 그 책임을 고스란히 떠안아야 하기 때문이다. 이러한 악순환 구조는 우수한 기술력을 가진 국산 장비조차 시장 진입의 기회를 얻지 못하는 결과를 초래하고 있다.

이 문제를 해결하기 위해서는 발상의 전환이 필요하다. 성능인증이 단순히 인증서 발급으로 끝나는 것이 아니라 현장 적용까지 이어지는 전주기적 지원 시스템을 구축해야 한다. 예를 들어, 정부가 주도하는 '시범 운영 프로그램'을 도입할 수 있다. 성능인증을 받은 국산 장비를 선정하여 주요 공항이나 항만에 일정 기간 무상으로 설치하고 운영 데이터를 수집·분석하는 것이다. 이 과정에서 발생하는 비용과 리스크는 정부가 부담하되, 성공적으로 검증된 장비는 우선 구매 대상으로 지정하는 방식이다.

시범 운영과 함께 인센티브 제도의 도입도 효과적인 방안이 될 수 있다. 상호인정체계를 통해 인증받은 국산 장비를 도입하는 운영자에게는 세제 혜택, 구매 보조금, 유지보수 비용 지원 등 다양한 인센티브를 제공하는 것이다. 초기에는 비용 부담이 있겠지만, 국산 장비의 시장 점유율이 높아지면 수입 대체 효과와 수출 증대로 이어져 장기적으로는 더 큰 경제적 이익을 가져올 수 있다. 실제로 중국은 이러한 정책을 통해 자국 보안검색 장비 산업을 육성하여 현재는 글로벌 시장에서 주요 플레이어로 성장했다.

국산 장비 활성화와 더불어 등급별 설치 기준 마련도 시급한 과제다. 현재는 모든 시설에 획일적인 기준을 적용하고 있어 비효율이 발생한다. 공항을 예로 들면, 인천공항과 지방의 소규모 공항이 동일한 수준의 장비를 요구받는 것은 합리적이지 않다. 공항의 규모, 이용객 수, 국제선 운항 빈도, 보안위험도 등을 종합적으로 평가하여 등급을 나누고, 각 등급에 맞는 장비 사양과 수량을 차별화해야 한다.

각 등급별로 필수 장비와 권장 장비를 구분하고 성능 기준도 차별화하여 적용한다면 보다 효율적인 보안체계를 구축할 수 있다. 이러한 등급별 접근은 항만과 철도에도 동일하게 적용 가능하며, 한정된 자원을 효과적으로 배분하는 데 기여할 것이다.

7

CHAPTER

항공운송사업자 보안

제7장

항공운송사업자 보안

Ⅰ. 항공운송사업자 보안체계

1. 항공운송사업자의 법적 정의와 분류

▮ 항공보안법

제2조(정의) 이 법에서 사용하는 용어의 뜻은 다음과 같다. 다만, 이 법에 특별한 규정이 있는 것을 제외하고는 「항공사업법」·「항공안전법」·「공항시설법」에서 정하는 바에 따른다.

3. "항공운송사업자"란 「항공사업법」 제7조에 따라 면허를 받은 국내항공운송사업자 및 국제항공운송사업자, 같은 법 제10조에 따라 등록을 한 소형항공운송사업자 및 같은 법 제54조에 따라 허가를 받은 외국인 국제항공운송업자를 말한다.

▮ 항공사업법

제2조(정의)

8. "항공운송사업자"란 국내항공운송사업자, 국제항공운송사업자 및 소형항공운송사업자를 말한다.
10. "국내항공운송사업자"란 제7조제1항에 따라 국토교통부장관으로부터 국내항공운송사업의 면허를 받은 자를 말한다.
12. "국제항공운송사업자"란 제7조제1항에 따라 국토교통부장관으로부터 국제항공운송사업의 면허를 받은 자를 말한다.
14. "소형항공운송사업자"란 제10조제1항에 따라 국토교통부장관에게 소형항공운송사업을 등록한 자를 말한다.
39. "외국인 국제항공운송사업자"란 제54조제1항에 따라 국토교통부장관으로부터 외국인 국제항공운송사업의 허가를 받은 자를 말한다.

> **제7조(국내항공운송사업과 국제항공운송사업)** ① 국내항공운송사업 또는 국제항공운송사업을 경영하려는 자는 국토교통부장관의 면허를 받아야 한다. 다만, 국제항공운송사업의 면허를 받은 경우에는 국내항공운송사업의 면허를 받은 것으로 본다.
> **제10조(소형항공운송사업)** ① 소형항공운송사업을 경영하려는 자는 국토교통부령으로 정하는 바에 따라 국토교통부장관에게 등록하여야 한다.
> **제54조(외국인 국제항공운송사업의 허가)** ① 제7조제1항 및 제10조제1항에도 불구하고 다음 각 호의 어느 하나에 해당하는 자는 국토교통부장관의 허가를 받아 타인의 수요에 맞추어 유상으로 「항공안전법」 제100조제1항각 호의 어느 하나에 해당하는 항행(이러한 항행과 관련하여 행하는 대한민국 각 지역 간의 항행을 포함한다)을 하여 여객 또는 화물을 운송하는 사업을 할 수 있다. 이 경우 국토교통부장관은 국내항공운송사업의 국제항공 발전에 지장을 초래하지 아니하는 범위에서 운항 횟수 및 사용 항공기의 기종(機種)을 제한하여 사업을 허가할 수 있다.

항공보안법 제2조제3호는 항공운송사업자의 범위를 규정하고 있으며, 이에 따르면 항공사업법에 의한 모든 항공운송 주체가 포함된다. 구체적으로, 항공사업법 제7조에 따라 면허를 받은 국내항공운송사업자 및 국제항공운송사업자, 제10조에 따라 등록한 소형항공운송사업자, 제54조에 따라 허가를 받은 외국인 국제항공운송사업자가 이에 해당한다. 이러한 규정은 항공사업법 제2조의 사업자 분류체계와 연계되어 있으며, 각 사업자의 유형에 따라 상이한 법적 요건이 적용된다.

항공사업법상 항공운송사업자는 운항 범위와 사업 규모에 따라 구분되며, 각 유형별로 차등화된 자격요건과 규제기준이 적용되고 있다. 국내항공운송사업자 및 국제항공운송사업자는 면허제도의 적용을 받으며, 이들은 국토교통부장관으로부터 각각 국내항공운송사업 면허 또는 국제항공운송사업 면허를 취득하여야 한다. 이들 면허 사업자는 엄격한 자격심사 절차를 거쳐야 하며, 운항 전반에 걸쳐 지속적인 감독을 받게 된다. 이에 반하여, 소형항공운송사업자는 면허제도가 아닌 등록절차를 통하여 사업자격을 취득하며, 상대적으로 소규모 항공기를 운용하여 지역 운송이나 특수 목적의 운송서비스를 제공한다. 한편, 외국인 국제항공운송사업자는 우리나라에 취항하고자 하는 외국 항공사로서 국토교통부장관의 허가를 받아 운항권을 확보하게 된다.

항공보안의 관점에서 볼 때, 이처럼 상이한 유형의 항공운송사업자를 하나의 법적 개념으로 통합하는 것은 보안정책의 일관된 적용을 위하여 필수적이다. 사업의 규모나 운항 범위, 국적과 관계없이 모든 항공운송사업자는 동일한 수준의 보안의무를 부담하여야 한다. 특히 국제항공 환경에서는 특정 지점의 보안 취약성이 전체 항공운송체계의 안전을 위협할 수 있으므로, 포괄적 정의를 통한 통일된 기준의 적용은 글로벌 항공보안 표준을 충족하는 동시에 국가 항공보안체계의 완결성을 확보하는 법적 기반이 된다. 이러한 점에서, 항공보안법상 항공운송사업자의 포괄적 정의는 국제민간항공기구(ICAO)가 강조하는 항공보안의 통합적 관리체계를 구현하는 데 중요한 의미를 지닌다.

2. 승객 운송정보 관리체계의 현황과 개선방향

▮ 항공보안법

제14조의2(생체정보를 활용한 본인 일치 여부 확인) ① 공항운영자 및 항공운송사업자는 다음 각 호의 어느 하나에 해당하는 목적에 한정하여 관계 행정기관이 보유하고 있는 얼굴·지문·홍채 및 손바닥 정맥 등 개인을 식별할 수 있는 신체적 특징에 관한 개인정보(이하 "생체정보"라 한다)를 이용할 수 있다.

1. 공항운영자: 보호구역으로 진입하는 사람에 대한 본인 일치 여부 확인
2. 항공운송사업자: 탑승권을 발권, 수하물을 위탁하거나 항공기에 탑승하는 승객에 대한 본인 일치 여부 확인

② 제1항에 따라 생체정보를 이용하려는 경우 공항운영자 및 항공운송사업자는 관계 행정기관에 생체정보 제공을 요청할 수 있으며, 행정기관은 정당한 이유 없이 그 요청을 거부하여서는 아니 된다.

③ 공항운영자 및 항공운송사업자는 제1항 및 제2항에 따른 생체정보를 「개인정보 보호법」에 따라 처리하여야 한다.

④ 제1항 및 제2항에 따른 생체정보를 활용한 본인 일치 여부 확인방법 및 생체정보의 보호 등에 필요한 사항은 대통령령으로 정한다.

⑤ 공항운영자 및 항공운송사업자는 본인 일치 여부가 확인된 사람의 생체정보를 대통령령으로 정하는 바에 따라 파기하여야 한다.

제15조(승객 등의 검색 등) ⑤ 항공운송사업자는 공항 및 항공기의 보안을 위하여 항공기에 탑승하는 승객의 성명, 국적 및 여권번호 등 국토교통부령으로 정하는 운송정보를 공항운영자에게 제공하여야 한다. 이 경우 운송정보 제공 방법 및 절차 등 필요한 사항은 국토교통부령으로 정한다.

▮ 항공보안법 시행령

제6조(생체정보를 활용한 본인 일치 여부 확인 방법) ① 공항운영자 및 항공운송사업자가 관계 행정기관이 보유하고 있는 얼굴·지문·홍채 및 손바닥 정맥 등 개인을 식별할 수 있는 신체적 특징에 관한 개인정보(이하 "생체정보"라 한다)를 이용하여 법 제14조의2제1항제1호에 따른 보호구역으로 진입하는 사람 또는 같은 항 제2호에 따른 탑승권을 발권, 수하물을 위탁하거나 항공기에 탑승하는 승객(이하 이 조에서 "승객등"이라 한다)에 대한 본인 일치 여부를 확인하는 방법은 다음 각 호와 같다.

1. 공항운영자 및 항공운송사업자가 「개인정보 보호법 시행령」 제19조제1호에 따른 주민등록번호 및 「출입국관리법」 제2조제4호에 따른 여권의 번호(이하 이 조에서 "주민등록번호등"이라 한다)를 관계 행정기관에 제공하고 관계 행정기관으로부터 해당 주민등록번호등의 주체가 되는 사람의 생체정보를 제공

받아 승객등으로부터 제공받은 생체정보와 대조하는 방법
2. 공항운영자 및 항공운송사업자가 승객등의 생체정보와 주민등록번호등을 관계 행정기관에 제공하고 관계 행정기관으로부터 해당 주민등록번호등의 주체가 되는 사람의 생체정보 일치 여부를 회신받는 방법

② 공항운영자 및 항공운송사업자는 법 제14조의2제1항에 따른 본인 일치 여부 확인을 위하여 불가피한 경우에는 「개인정보 보호법 시행령」 제19조제1호에 따른 주민등록번호가 포함된 자료를 처리할 수 있다.

③ 제1항 각 호에 따른 생체정보의 이용 방법 및 절차에 관한 세부사항은 공항운영자 및 항공운송사업자와 관계 행정기관이 협의하여 정한다.

제7조(생체정보 등의 파기) ① 공항운영자 및 항공운송사업자는 생체정보를 이용하여 본인 일치 여부를 확인한 경우에는 법 제14조의2제4항 및 제5항에 따라 다음 각 호의 정보를 즉시 파기해야 한다.
1. 제6조제1항제1호에 따라 관계 행정기관으로부터 제공받은 생체정보
2. 제6조제1항제2호에 따라 관계 행정기관으로부터 회신받은 생체정보의 일치 여부에 관한 정보

② 제1항 각 호의 정보를 파기할 때에는 「개인정보 보호법 시행령」 제16조에 따른 방법으로 해야 한다.

제8조(생체정보의 이용 및 파기 실태 점검) ① 국토교통부장관은 법 제14조의2제4항에 따라 생체정보를 보호하기 위하여 연 1회 이상 제7조제1항 각 호의 정보(이하 이 조에서 "생체정보등"이라 한다)의 이용 및 파기 실태를 점검해야 한다.

② 국토교통부장관은 제1항에 따른 점검을 위하여 공항운영자 및 항공운송사업자에게 생체정보등의 이용 및 파기 현황에 관한 자료를 요청할 수 있다.

③ 국토교통부장관은 제1항에 따라 생체정보등의 이용 및 파기 실태를 점검한 경우에는 그 결과를 법 제14조의2제2항에 따른 관계 행정기관에 통지해야 한다.

④ 제1항부터 제3항까지에서 규정한 사항 외에 생체정보등의 이용 및 파기 실태 점검에 관하여 필요한 세부사항은 국토교통부장관과 법 제14조의2제2항에 따른 관계 행정기관이 협의하여 정한다.

▮ 항공보안법 시행규칙

제8조의2(항공기에 탑승하는 승객의 운송정보 제공) ① 법 제15조제5항 전단에서 "항공기에 탑승하는 승객의 성명, 국적, 여권번호 등 국토교통부령으로 정하는 운송정보"란 다음 각 호의 운송정보를 말한다.
1. 승객의 성명
2. 승객의 국적 및 여권번호(국내선의 경우에는 승객식별번호)
3. 승객의 탑승 항공편명 및 운항 일시

② 항공운송사업자는 항공기에 탑승하는 승객에게 탑승권을 발급하였을 때에는 법 제15조제5항 전단에 따라 지체 없이 제1항 각 호의 운송정보를 정보통신망을 통하여 공항운영자에게 제공하여야 한다. 이 경우 운송정보를 제공하는 정보통신망의 운영 등에 관한 세부사항은 항공운송사업자와 공항운영자가 협의하여 정한다.

③ 공항운영자는 제2항 전단에 따라 제공받은 운송정보를 「개인정보 보호법」에 따라 관리하여야 하며, 제공받은 운송정보의 정보주체인 승객이 탑승한 항공기가 해당 공항을 이륙한 즉시 제공받은 운송정보를 폐

기하여야 한다.

제8조의3(통과 승객 또는 환승 승객의 운송정보 제공) 법 제17조제4항에서 준용하는 법 제15조제5항에 따라 항공운송사업자가 통과 승객 또는 환승 승객에 대한 운송정보를 공항운영자에게 제공하는 경우에는 제8조의2를 준용한다.

(1) 승객 운송정보 제공 시점의 명확화 필요성

승객 운송정보의 관리는 항공보안체계의 기초를 형성하며, 항공보안법은 이에 대한 항공운송사업자의 의무를 규정하고 있다. 항공운송사업자는 국제선과 국내선을 구분하여 승객정보를 공항운영자에게 제공하여야 한다. 국제선의 경우, 통과여객 및 환승여객을 포함한 모든 승객의 성명, 국적, 여권번호, 탑승 항공편명 및 운항일시를 제공하도록 하고 있으며, 국내선은 여권번호 대신 생년월일, 성별, 휴대전화번호를 포함한 정보를 제공하도록 규정되어 있다.

그러나 현행 규정에는 승객정보의 제공과 관련하여 중요한 문제점이 나타난다. 항공운송사업자가 승객정보를 공항운영자에게 제공하여야 한다는 의무는 명시되어 있으나, 정작 중요한 정보제공의 '시점'에 대한 명확한 규정이 부재하다는 것이다. 이러한 규정의 미비는 실무 현장에서 상이한 해석과 적용을 초래하고 있으며, 이로 인해 보안체계의 일관성이 저해되는 결과가 발생하고 있다.

정보제공 시점의 불명확성으로 인한 가장 중대한 문제는 탑승권 취소 시 발생하는 정보공유의 시간적 격차에 있다. 즉, 승객이 탑승권을 발급받은 후 이를 취소하더라도 해당 정보가 공항운영자에게 즉시 전달되지 아니함으로써 보안상의 공백이 발생하는 것이다. 이러한 시간적 격차로 인하여 취소된 탑승권을 소지한 자가 보호구역에 진입할 수 있는 우려가 있으며, 이것은 보안시스템의 실질적인 취약점이 될 수 있다. 따라서 승객정보의 제공 시점을 명확히 규정함으로써 정보공유의 지연으로 인한 보안상의 허점을 방지할 필요성이 제기된다.

(2) 국가항공보안계획 개정과 한계

이러한 문제를 해결하기 위해 최근 국가항공보안계획이 개정되었다. 개정안은 항공운송사업자가 탑승권 발권 후 해당 탑승권이 취소된 경우, 취소된 승객의 운송정보를 정보통신망을 통해 공항운영자에게 제공하도록 하는 규정을 신설했다. 정보통신망을 통한 실시간 전송 체계 구축은 취소된 탑승권으로 보호구역 진입을 차단하고, 기존의 수동적이고 지연된 정보공유 방식을 획기적으로 개선한 조치로 평가된다.

그러나 개정된 규정에도 불구하고 여전히 보완이 필요한 부분이 존재한다. 현행 규정은 취소 후 정보를 제공하도록 명시하고 있으나, 정확한 '제공시점'에 대한 구체적 기준을 제시하지 아니함으로써 시간적 모호성이 남아 있다. 이러한 점은 항공보안법 시행규칙 제8조의2제2항과 비교할 때 더욱 명확해진다. 동 규칙은 승객에게 탑승권을 발급하였을 때 법 제15조제5항에 따라 '지체 없이' 운송정보를 정보통신망을 통하여 공항운영자에게 제공하도록 규정하고 있다.

탑승권 발급 시에는 '지체 없이' 정보를 제공하도록 명시한 반면, 탑승권 취소 시에는 이러한 시간적 기준이 부재하다는 것이다. 이것은 규정의 일관성 측면에서 문제가 있으며, 탑승권 취소 후 정보제공까지의 시간적 격차로 인한 보안상 허점을 여전히 남겨두는 것으로 해석될 문제가 있다.

(3) 실시간 정보공유 체계 구축의 필요성

탑승권 취소의 경우에도 "승객이 탑승권을 취소한 경우 '즉시' 취소된 승객의 운송정보를 공항운영자에게 제공하여야 한다"로 규정을 강화할 필요가 있다. '즉시'라는 명확한 시간적 기준의 도입은 실시간 정보공유 체계를 법적으로 의무화하는 것이며, 이를 통하여 보안상의 공백을 원천적으로 차단할 수 있다.

특히 자동화된 정보시스템이 구축된 현재의 기술 환경에서 즉시 전송은 충분히 실현 가능한 요구사항이다. 이러한 개선을 통하여 탑승권 취소와 보호구역 접근 통제 간의 시간 차이를 최소화하고, 항공보안 체계의 완결성을 강화할 수 있을 것이다. 정보 전송의 즉시성 확보는 기술적 개선의 차원을 넘어서, 탑승권 발급 시와 취소 시 모두에 동일한 수준의 시간적 기준을 적용함으로써 정보공유 체계의 일관성을 확보하고 보안상 허점을 방지하는 데 필수적이라 할 것이다.

3. 비행서류 보안

▮ 항공보안법

제20조(비행 서류의 보안관리 절차 등) ① 항공운송사업자는 탑승권, 수하물 꼬리표 등 비행 서류에 대한 보안관리 대책을 수립·시행하여야 한다.

② 제1항에 따른 비행 서류의 보안관리를 위한 세부 사항은 국토교통부령으로 정한다.

▮ 항공보안법 시행규칙

제12조(비행 서류의 보안관리) ① 항공운송사업자는 법 제20조에 따른 비행 서류를 다음 각 호와 같이

관리하여야 한다.
1. 비행 서류의 취급절차 등 보안관리를 위한 지침을 마련할 것
2. 비행 서류의 보안관리를 위한 보안담당자 및 취급자를 지정할 것
3. 비행 서류의 보관장소를 지정할 것
② 항공운송사업자는 탑승권·수하물꼬리표·승객탑승명세서·화물탑재명세서·위험물보고서·무기운송 보고서 등 비행 서류를 작성한 날부터 1년 이상 보존하여야 한다.
③ 제2항에 따라 비행 서류를 보존할 때 컴퓨터 등의 정보처리장치에 의하여 생산·관리되는 기록정보 자료(이하 "전자기록물"이라 한다)로 보존할 수 있다.

항공운송사업자는 탑승권과 수하물 꼬리표를 포함한 모든 비행서류에 대해 체계적인 보안대책을 수립하고 시행해야 한다. 이러한 서류들은 항공보안의 핵심 요소로서, 적절한 관리 없이는 보안 취약점이 될 수 있다.

비행서류 보안의 첫 번째 원칙은 비인가자의 접근을 완전히 차단하는 것이다. 모든 비행서류는 승인받지 않은 인원이 접근할 수 없도록 보호해야 하며, 사용하지 않는 서류들은 항공사나 항공사 대리인이 관리하는 별도의 안전한 장소에 보관해야 한다. 이와 함께 탑승권 발급기에 대한 보안조치도 필수적이다. 발급 시설에 비인가자가 접근하지 못하도록 적절한 물리적, 기술적 보안장치를 운영해야 한다.

이러한 접근 통제와 더불어 비행서류의 취급과 배포 권한도 엄격하게 제한된다. 오직 항공사 직원이나 지정된 항공사 대리인만이 이러한 업무를 수행할 수 있다. 다만 키오스크와 같은 자동화 기기를 통해 승객이 직접 탑승권이나 수하물 꼬리표를 발급받는 경우는 예외로 인정된다. 이는 승객 편의와 보안 요구사항 간의 적절한 조화를 반영한 것이다.

비행서류 보안체계의 효과성을 확보하기 위하여는 지속적인 감독과 점검이 필요하다. 항공사는 각 담당 지역별로 해당 비행서류를 관리하는 감독자를 지정하고, 이들로 하여금 정기적인 검사를 실시하도록 하여야 한다. 이러한 감독체계는 보안절차의 준수 여부를 확인하고 잠재적 위험 요소를 사전에 식별하여 대응하는 역할을 수행하며, 이를 통하여 비행서류 보안의 실효성이 유지될 수 있다.

4. 기장의 법적 지위와 항공보안 권한

▌항공보안법

제22조(기장 등의 권한) ① 기장이나 기장으로부터 권한을 위임받은 승무원(이하 "기장등"이라 한다) 또는

> 승객의 항공기 탑승 관련 업무를 지원하는 항공운송사업자 소속 직원 중 기장의 지원요청을 받은 사람은 다음 각 호의 어느 하나에 해당하는 행위를 하려는 사람에 대하여 그 행위를 저지하기 위한 필요한 조치를 할 수 있다.
> 1. 항공기의 보안을 해치는 행위
> 2. 인명이나 재산에 위해를 주는 행위
> 3. 항공기 내의 질서를 어지럽히거나 규율을 위반하는 행위
>
> ② 항공기 내에 있는 사람은 제1항에 따른 조치에 관하여 기장등의 요청이 있으면 협조하여야 한다.
> ③ 기장등은 제1항 각 호의 행위를 한 사람을 체포한 경우에 항공기가 착륙하였을 때에는 체포된 사람이 그 상태로 계속 탑승하는 것에 동의하거나 체포된 사람을 항공기에서 내리게 할 수 없는 사유가 있는 경우를 제외하고는 체포한 상태로 이륙하여서는 아니 된다.
> ④ 기장으로부터 권한을 위임받은 승무원 또는 승객의 항공기 탑승 관련 업무를 지원하는 항공운송사업자 소속 직원 중 기장의 지원요청을 받은 사람이 제1항에 따른 조치를 할 때에는 기장의 지휘를 받아야 한다.

항공보안법상 승무원은 기장(Aircraft Commander)과 기장 이외의 승무원으로 나눌 수 있다. 이러한 구분은 관련 업무와 직급 차이를 넘어 항공보안 책임과 권한의 명확한 분배를 의미하며, 효과적인 기내보안 체계 구축의 기초가 된다.

이 중 기장은 특정 항공기를 지휘하고 감독하는 최고 책임자로서 특별한 지위를 갖는다. 일반적으로 항공운송사업자가 선임하며, 항공안전법 제35조에서 정한 자격증명을 보유한 전문가로서 공법상·사법상 특별한 직무권한을 행사한다. 이러한 법적 지위는 단순히 항공기 조종 능력만이 아닌, 기내 질서 유지와 보안관리에 필요한 포괄적 권한을 포함한다.

기장이 보유한 포괄적 권한은 그 책임 범위의 광범위함에서 비롯된다. 항공기의 안전운항에 대한 전반적 책임을 지는 동시에, 해당 항공기의 모든 승무원을 지휘·감독하는 역할을 수행한다. 특히 기내 항공보안에 있어서는 최고이자 최종 책임자로서의 지위를 갖는다. 비행 중 발생할 수 있는 모든 보안 상황에 대한 결정권이 기장에게 집중되어 있으며, 이는 신속한 의사결정과 일원화된 지휘체계를 가능하게 한다.

이러한 책임에 상응하는 법적 권한이 항공보안법 제22조를 통해 보장되고 있다. 이른바 '기장권한'으로 불리는 이 권한은 기내 보안위협에 신속하고 효율적으로 대처할 수 있는 법적 근거를 제공한다. 지상과 격리된 항공기 내부에서 발생하는 긴급상황의 특수성을 고려할 때, 기장에게 즉각적인 대응 권한을 부여하는 것은 반드시 필요한 조치다.

기장의 권한은 여기에서 그치지 아니하고 사법경찰권의 행사로까지 확대된다. 기장

은 기내에서 발생하는 범죄에 대하여 특별사법경찰관의 직무를 수행하며, 이것은 일반적인 민간인 신분을 넘어 법 집행 권한을 행사할 수 있음을 의미한다. 즉, 범죄 혐의자의 구속이나 증거 보전 등 사법경찰 업무를 수행할 수 있는 것이다. 항공기라는 특수한 공간에서 법질서를 유지하고 승객의 안전을 보호하기 위하여는 이러한 특별한 권한의 부여가 필수적이라 할 것이다.

(1) 기내 불법방해행위 대응을 위한 기장 권한의 법적 한계

> **▌항공안전법**
> **제62조(기장의 권한 등)** ③ 기장은 항공기나 여객에 위난(危難)이 발생하였거나 발생할 우려가 있다고 인정될 때에는 항공기에 있는 여객에게 피난방법과 그 밖에 안전에 관하여 필요한 사항을 명할 수 있다.
> **제73조(전자기기의 사용제한)** 국토교통부장관은 운항 중인 항공기의 항행 및 통신장비에 대한 전자파 간섭 등의 영향을 방지하기 위하여 국토교통부령으로 정하는 바에 따라 여객이 지닌 전자기기의 사용을 제한할 수 있다.

항공기 내 불법방해행위에 대한 기장의 권한은 관련 법령에 따라 다르게 규정되어 있다. 항공안전법 제62조제3항은 기장에게 포괄적인 권한을 부여한다. 항공기나 여객에 위난이 발생하였거나 발생할 우려가 있을 때, 기장은 여객에게 피난 방법과 안전에 관한 필요한 사항을 명할 수 있다. 이는 긴급상황에서 기장이 강력한 지휘권을 행사할 수 있는 법적 근거가 된다.

이와 달리 항공보안법 제23조는 상대적으로 제한적인 권한을 규정하고 있다. 같은 법 제23조제4항에서는 승객이 항공기의 보안이나 운항을 저해하는 행위를 금지하는 기장 등의 정당한 직무상 지시에 따라야 한다고 명시한다. 그러나 실제 권한 행사의 범위는 상당히 제한적이다. 법 제23조제6항에서는 기장 등이 대응할 수 있는 구체적인 행위를 열거하면서도, 그 대응 방식을 '중지하게 하거나 하지 말 것을 경고하여 사전에 방지하도록 노력'하는 수준으로 한정한다.

항공보안법이 규정하는 대응 대상 행위에는 폭언이나 고성방가 등 소란행위, 기내 흡연, 술을 마시거나 약물을 복용하고 다른 사람에게 위해를 주는 행위, 다른 사람에게 성적 수치심을 일으키는 행위 그리고 항공안전법 제73조를 위반한 전자기기 사용행위가 포함된다. 이러한 행위들은 실제 기내에서 빈번하게 발생하며 항공기 안전운항에 심각한 위협이 될 수 있는 사안들이다.

이처럼 명확하게 열거된 위반행위에도 불구하고, 기장의 대응 권한이 지나치게 소극적으로 설정되어 있다는 점은 문제로 지적된다. '노력하여야 한다'는 표현은 법적 구속력이 약한 권고적 성격의 규정으로, 실질적인 제재 권한이 부족함을 보여주는 것이다. 이것은 승객의 협조의무 위반이라는 불법행위에 대해 경미한 수준의 명령권만을 부여한 것으로 해석된다.

특히 항공안전법이 부여하는 포괄적 권한과 비교할 때 그 차이는 더욱 명확해진다. 항공안전법은 위난 상황에서 기장에게 강력한 지휘권을 인정하는 반면, 일상적으로 발생하는 기내 보안위협에 대해서는 상대적으로 미약한 권한만을 부여하고 있는 것이다. 이러한 법적 한계는 기내 불법방해행위에 대한 실질적인 지휘와 감독을 어렵게 만들며, 이로 인하여 기내 보안의 실효성이 저해될 우려가 있다. 따라서 기장의 권한을 보다 명확하고 강력하게 규정함으로써 기내 보안체계의 완결성을 확보할 필요성이 있다고 판단된다.

1) 기내 보안 지휘체계의 법적 모순과 재정립 필요성

기장의 기내 불법행위 대응 권한에는 구조적 한계가 내재되어 있다. 항공보안법은 기장에게 기내 질서 유지와 불법방해행위에 대한 대응 권한을 부여하고 있으나, 실질적인 권한 행사는 제한적인 반면 위임에 따른 책임소재는 불명확하게 규정되어 현장 대응에 혼란을 야기하고 있다. 이러한 권한과 책임의 불균형은 효과적인 기내 보안 유지를 어렵게 만드는 핵심 문제로 지적된다.

항공보안법은 '기장등'이라는 개념을 통해 권한 위임 체계를 규정하고 있다. 기장 또는 기장으로부터 권한을 위임받은 승무원을 '기장등'으로 정의하여 일정한 권한을 부여하고 있다. 그러나 이러한 위임에도 불구하고 최종 책임은 여전히 기장에게 귀속되는 구조를 유지하고 있다. 즉, 권한은 분산되지만 책임은 집중되는 체계로 인하여 실무상 다양한 문제점이 발생하는 것이다.

이러한 위임 체계의 문제점은 기내 불법방해행위 발생 시 더욱 명확하게 드러난다. 조종실에 위치한 기장은 객실 상황을 직접 파악하는 데 한계가 있으며, 이에 따라 적절한 지시를 내리는 것이 불가능한 경우가 빈번하다. 실제로 상황을 직접 목격하고 대응하는 주체는 객실승무원이지만, 법적 책임은 상황 파악이 제한적인 기장에게 전가되는 모순적 구조가 지속되고 있는 것이다. 이는 현장 대응의 실효성을 저하시키는 동시에 책임 소재를 불명확하게 만드는 요인이 된다.

더욱 심각한 문제는 현행 법령 간의 상충에서 비롯된다. 항공보안 관련 규정은 기장을 포함한 운항승무원에게 조종실 이탈을 금지하고 있다. 또한 항공기 보안을 위해 조종실 잠금장치를 필수적으로 운영하도록 규정하고 있다. 이는 9.11 테러 이후 강화된 국제

항공보안 기준에 따른 것으로, 조종실 보안을 최우선으로 하는 원칙을 반영한 것이다. 그런데 동시에 기장에게 기내 불법행위에 대한 지휘 책임을 부여하는 것은 물리적으로 수행 불가능한 임무를 요구하는 것에 해당한다.

사법경찰권 행사 측면에서도 동일한 한계가 확인된다. 기장에게 사법경찰관의 직무를 수행할 권한을 부여하였으나, 이러한 권한의 실질적 행사는 불가능한 상황이 빈번히 나타난다. 조종실을 벗어날 수 없는 기장이 기내에서 사법경찰관의 역할을 수행하는 것은 현실적으로 어렵다. 이는 법이 부여한 권한이 실제로는 행사될 수 없는 형식적 규정에 그치고 있음을 보여주는 것이다.

따라서 현행 법률과 규칙의 전면적인 재검토가 필요하다. 기장의 권한과 책임을 현실에 맞게 재정립하고, 위임 체계를 명확히 하여 실효성 있는 기내보안 체계를 구축해야 한다. 특히 조종실 보안 유지라는 필수 요구사항과 기내 질서 유지라는 책임 사이의 충돌을 해결할 수 있는 제도적 보완이 불가피하다. 권한 위임 시 그에 상응하는 책임도 함께 이전되는 체계를 마련하고, 실제 상황 대응 주체가 적절한 권한을 행사할 수 있도록 법적 근거를 강화하는 방향으로 개선이 이루어져야 한다.

2) 조종실 보안관리 체계 및 출입통제 규정

▮ 항공보안법

제14조(승객의 안전 및 항공기의 보안) ③ 항공운송사업자는 국토교통부령으로 정하는 바에 따라 조종실 출입문의 보안을 강화하고 운항중에는 허가받지 아니한 사람의 조종실 출입을 통제하는 등 항공기에 대한 보안조치를 하여야 한다.

▮ 고정익항공기를 위한 운항기술기준

8.4.3.1 조종실 출입문의 잠금(Locking of Flight Deck Compartment Door)

항공운송사업을 목적으로 운항하는 항공기의 기장은 승객을 태우고 운항하는 동안 조종실 출입문을 항상 잠궈야 한다.

9.1.20 보안관리(Security)

9.1.20.1 항공기 보안

가. 항공기가 당일 비행을 마치고 야간에 항공기를 주기하거나 또는 5시간 이상 주기가 예상되는 경우에는 비인가자가 항공기 외부에서 내부로 출입할 수 없도록 항공기에 탑승할 수 있는 탑승 장비는 제거되어야 하며, 항공기는 조명이 있는 곳에 주기시켜야 한다.

나. 운항증명소지자는 항공기 위협 증가시 출입문에 봉인조치 또는 경비원 등을 배치하여야 한다.

다. 운항증명소지자는 운항 전 보안확인점검표를 이용하여 기내보안점검을 실시하여야 하며, 승무원들에게 기내보안점검에 대한 교육을 실시하고, 관련 사항에 관한 지침을 수립하여 제공하여야 한다.

라. 운항증명소지자는 조종실의 안전을 위하여 다음과 같은 조치를 취하여야 한다.

1) 조종실 출입통제 대책 수립
2) 조종실 출입문 열쇠 보관방법 마련
3) 조종실 출입이 공식적으로 허용된 자의 출입 시를 제외하고 승객 탑승 전부터 승객이 모두 하기한 후까지 조종실 출입문 시건 조치

조종실 출입절차는 항공보안의 핵심 요소로서 여러 법령과 규정을 통해 엄격히 관리된다. 항공운송사업자는 승객 탑승 후 모든 항공기 문이 닫히는 시점부터 승객 하기를 위해 출입문을 여는 시점까지 조종실 출입문 잠금장치를 유지해야 한다. 기장의 별도 지시가 없는 한 이 원칙은 예외 없이 적용되며, 이는 조종실 보안의 기본 원칙으로 확립되어 있다.

이러한 엄격한 잠금 원칙에도 불구하고 운항 중 조종실 출입이 불가피한 경우가 발생한다. 조종사 근무교대 등으로 조종실 출입문 개폐가 필요한 경우, 항공운송사업자는 적절한 보안대책을 강구해야 한다. 특히 주목할 점은 'Two-Crew Rule' 원칙의 적용이다. 승객이 탑승한 여객기 운항 중 조종실에서 운항승무원 1명이 퇴실할 경우, 객실승무원 중 1명이 조종실에 입실하여 항상 2명이 조종실에 있도록 한다. 이는 단독 조종사의 의도적 위험행위나 의료적 응급상황 발생 시 대응능력을 확보하기 위한 예방 조치다. 다만 50인승 이하로 객실승무원 1인이 탑승하는 소형 항공기는 현실적 여건을 고려하여 이 규정에서 제외된다.

조종실 출입통제의 법적 근거는 항공보안법 제14조제3항에 명확히 제시되어 있다. 항공운송사업자는 국토교통부령이 정하는 바에 따라 조종실 출입문의 보안을 강화하고, 운항 중에는 허가받지 않은 사람의 조종실 출입을 통제하는 등 항공기에 대한 보안조치를 취하여야 한다. 이는 권고사항이 아닌 법적 의무사항으로, 위반 시 제재를 받을 수 있는 강행규정에 해당한다.

운항기술기준은 이러한 법적 의무를 구체적인 실행 지침으로 전환한다. 8.4.3.1은 항공운송사업을 목적으로 운항하는 항공기의 기장에게 승객을 태우고 운항하는 동안 조종실 출입문을 항상 잠글 것을 명시하고 있으며, 이는 기장의 직접적인 책임사항으로 규정되어 운항 전 과정에서 일관되게 적용되는 원칙이다.

운항증명소지자에게는 보다 포괄적인 보안관리 의무가 부과된다. 운항기술기준 9.1.20은 조종실 안전을 위한 구체적 조치사항을 명시하고 있다. 첫째, 조종실 출입통제 대책을

수립해야 하며, 이는 각 항공사의 운영 특성에 맞는 맞춤형 절차를 포함하여야 한다. 둘째, 조종실 출입이 공식적으로 허용된 자의 출입 시를 제외하고는 승객 탑승 전부터 승객이 모두 하기한 후까지 조종실 출입문을 시건하도록 규정하고 있다. 즉, 지상에서도 조종실 보안을 유지하여 사전에 위협요소를 차단하려는 예방적 조치를 취하고자 하는 것이다.

이처럼 법률, 시행규칙, 운항기술기준으로 이어지는 체계적인 규정은 조종실 보안의 중요성을 반영한다. 각 규정은 서로 보완적 관계를 이루며 통합적인 보안체계를 형성하고 있다. 이는 9.11 테러 이후 국제적으로 강화된 항공보안 기준을 충실히 반영한 것으로, 조종실을 항공기의 핵심 보안구역으로 보호하려는 강력한 의지가 담겨 있다.

(2) 기장의 사법경찰권 행사 한계와 법적 정당성 문제

> **▌형사소송법**
> **제197조(사법경찰관리)** ① 경무관, 총경, 경정, 경감, 경위는 사법경찰관으로서 범죄의 혐의가 있다고 사료하는 때에는 범인, 범죄사실과 증거를 수사한다.
> ② 경사, 경장, 순경은 사법경찰리로서 수사의 보조를 하여야 한다.

기장의 사법경찰관 직무 수행에는 근본적인 한계가 존재한다. 형사소송법 제197조제1항은 사법경찰관에게 범죄의 혐의가 있다고 사료할 때 범인, 범죄사실과 증거를 수사할 권한을 부여하고 있으며, 제2항은 사법경찰리가 수사의 보조 역할을 수행하도록 규정하고 있다. 이러한 법적 권한은 현장에서의 수사활동을 전제로 하는 것으로, 범죄 현장에 대한 직접적 접근과 확인이 핵심 요소에 해당한다.

그러나 이러한 수사권한은 기장이 처한 현실적 제약과 정면으로 충돌한다. 앞서 살펴본 바와 같이 항공보안 규정은 기장의 조종실 이탈을 엄격히 금지한다. 조종실 밖에서 발생하는 사건의 현장 상황을 직접 확인할 수 없는 기장이 범죄사실을 조사하고 증거를 수집하는 것은 사실상 불가능하다. 이는 물리적으로 수행 불가능한 임무를 법적으로 부여하는 모순적 상황이며, 현행 법률 체계로는 기장의 실질적인 지휘와 통제가 구조적으로 불가능함을 보여준다.

물리적 제약과 더불어 전문성의 부재도 심각한 문제로 지적된다. 사법경찰관의 직무는 고도의 법률 지식과 수사 기법을 요구한다. 정당한 법 집행을 위해서는 체계적인 교육과 지속적인 훈련이 필수적이다. 그러나 기장은 항공기 운항이 주된 업무인 전문가로서, 사법경찰 직무에 대한 구체적인 교육이나 훈련을 받지 않는다. 형사법 체계, 수사 절차, 증거 수집 방법, 피의자 권리 보호 등에 대한 전문 지식 없이 사법경찰권을 행사하는 것은 법적 정당성에 심각한 의문을 제기한다.

이러한 전문성 부족은 필연적으로 직무집행의 정당성 문제로 이어진다. 적법한 절차를 따르지 않은 수사나 증거 수집은 법적 효력을 상실할 수 있으며, 오히려 인권 침해 논란을 야기할 가능성이 있다. 특히 국제선 항공기의 경우 다양한 국적의 승객이 탑승하고 있어 각국의 법률 체계를 고려해야 하는 복잡한 상황이 발생한다. 법률 전문가가 아닌 기장이 이러한 복잡한 법적 상황에서 사법경찰권을 행사하는 것은 국제법적 분쟁의 소지를 내포하고 있다.

따라서 기장에게 부여된 사법경찰관 직무는 실효성과 전문성이 모두 결여된 형식적 권한에 불과하다고 평가된다. 조종실을 벗어날 수 없는 물리적 제약과 전문 교육의 부재라는 이중적 한계는 현행 제도의 근본적인 재검토가 필요함을 시사한다. 항공기 내 보안 유지라는 목적을 달성하면서도 법적 정당성을 확보할 수 있는 현실적인 대안 마련이 시급한 과제로 대두되고 있다. 기내 보안 전담 인력의 배치나 객실승무원에 대한 제한적 권한 부여 등 다양한 방안을 검토하여 실효성 있는 제도적 개선이 이루어져야 한다.

(3) 기내 보안관리를 위한 기장의 결정 권한

기장은 항공기 내 무기 관련 보안관리에서 핵심적인 역할을 수행한다. 국가항공보안계획 8.5.9에 따르면, 항공운송사업자는 항공기내 무기 반입 또는 휴대 허가 사실을 통보받은 경우 이를 해당 항공기 기장과 객실승무원에게 즉시 전달해야 한다. 이러한 정보공유는 기내 보안 상황에 대한 승무원들의 상황 인식을 높이고, 잠재적 위험에 대비할 수 있도록 하는 필수적인 절차다.

무기 반입 정보를 수령한 기장에게는 총기 보관에 대한 구체적인 권한과 책임이 부여된다. 8.5.14는 기장에게 총기보관 용기의 봉인상태와 파손여부를 확인할 의무를 부여한다. 확인 결과 이상이 없을 경우 기장은 해당 용기를 조종실 내에 보관할 수 있는 권한을 갖는다. 이는 무기류를 가장 안전한 공간인 조종실에서 직접 관리함으로써 보안위험을 최소화하려는 조치다. 다만 기장에게는 상황 판단에 따른 재량권도 부여된다. 기장이 조종실 내 보관으로 인한 안전문제 발생을 우려한다면, 해당 무기를 위탁수하물로 운송하도록 결정할 수 있다. 이러한 유연한 권한 부여는 기장의 전문적 판단을 존중하면서도 항공안전을 최우선으로 고려한 규정이다.

총기 관리 권한과 함께 호송 업무와 관련된 권한도 기장에게 부여되고 있다. 8.6.6은 기장에게 호송대상자의 탑승 거부권을 부여한다. 이 권한은 두 가지 상황에서 행사될 수 있다. 첫째는 호송 공무원이 정당한 안전조치 요구를 거절하는 경우다. 호송 업무는 엄격한 보안절차를 따라야 하며, 이를 준수하지 않는 것은 전체 승객의 안전을 위협할 수 있다. 둘째는 호송대상자가 다른 승객의 안전을 심각하게 해칠 우려가 있다고 판단되는 경우다. 기장은 항공기와 승객의 안전을 책임지는 최종 권한자로서 이러한 위험 요소를 사전에 차단할 수 있는 권한을 보유한다.

그러나 이러한 규정은 기장의 현실적 수행 능력과 괴리가 있다. 국가항공보안계획은 기장을 무기 반입 정보의 수령자, 총기 보관의 관리자 그리고 위험 요소에 대한 판단자로 규정하고 있으나, 조종실을 벗어날 수 없는 물리적 제약 속에서 이러한 역할을 효과적으로 수행하기에는 구조적 한계가 존재한다. 특히 국가항공보안계획 8.5.14에서 요구하는 총기보관 용기의 봉인상태 및 파손여부 확인은 직접적인 현장 확인을 전제로 하는 것인데, 기장이 조종실에서 이를 확인하는 것은 현실적으로 불가능하다. 즉, 기장은 객실승무원 또는 기내보안요원의 보고에 의존할 수밖에 없으며, 이는 의사결정의 정확성을 저해할 수 있는 요인으로 작용한다.

또한, 국가항공보안계획 8.6.6에서 규정하고 있는 호송대상자의 탑승 거부권 행사에 있어서도 기장이 직접 호송대상자 또는 호송 공무원의 상태를 확인하고 안전조치 요구의 적정성을 판단하는 것은 현실적으로 어려움이 있다. 호송대상자가 다른 승객의 안전을 해칠 우려가 있는지 여부는 호송대상자의 행동, 정신 상태, 신체적 조건 등을 종합적으로 고려하여 판단하여야 하는 것인데, 조종실에 위치한 기장이 이를 직접 확인하지 아니하고 판단하는 것은 상당한 제약이 따른다.

이러한 점에서, 무기 관련 보안관리에 대한 기장의 권한과 책임은 재검토할 필요가 있다. 현행 국가항공보안계획은 기장에게 포괄적인 권한을 부여하고 있으나, 실질적인 수행 가능성을 고려하지 아니한 측면이 있다. 따라서 기장이 조종실에서 효과적으로 무기 관련 보안관리 업무를 수행할 수 있도록 객실승무원 또는 기내보안요원의 보조적 역할을 명확하게 하고, 이들에게 현장 확인 및 1차 판단 권한을 부여하는 방안을 검토할 필요가 있다. 이를 통하여 기장은 최종 의사결정권자로서의 역할을 유지하되, 실무적 확인 및 관리는 현장에서 직접 수행 가능한 인력이 담당하도록 함으로써 무기 관련 보안관리의 실효성을 제고할 수 있을 것으로 판단된다.

(4) 기장의 공법상 지휘·감독권과 배타성

기장은 비행공동체가 안전하게 운항 목적을 달성할 수 있도록 승무원들의 직무를 지휘하고, 그 수행 과정의 적정성을 감독하는 권한을 갖는다. 이는 단순한 업무 조정이 아닌, 항공기 운항의 통일성과 안전성을 확보하기 위한 법적 권한으로 인정된다.

항공안전법은 이러한 지휘·감독권의 행사 주체를 기장으로 한정한다. 기장만이 공법상 지휘·감독권을 행사할 수 있다는 배타적 권한을 명시함으로써, 항공기 내 지휘 체계를 일원화하고 있다. 이러한 일원화된 지휘 체계는 긴급 상황 발생 시 신속한 의사결정과 명령 전달을 가능하게 하는 핵심 요소다.

기장의 공법상 권한은 항공운송사업자의 사법상 권한과 명확히 구별된다. 항공운송사업자는 승무원과의 근로계약을 근거로 노무지휘권을 행사할 수 있지만, 이는 사법상 권한에 불과하다. 공법상 권한인 기장의 지휘·감독권과는 본질적으로 다른 성격을 가지며, 항공운송사업자는 비행 중 기장의 공법상 지휘·감독권을 행사할 수 없다. 운송사업자의 경영권과 기장의 안전권이 충돌할 경우, 법은 명확히 기장의 권한을 우선시한다.

이러한 기장의 권한은 법률이 직접 부여한 고유권한이라는 점에서 특별한 보호를 받는다. 항공운송사업자라 하더라도 기장의 이러한 권한을 제한하거나 침해할 수 없으며, 이는 항공 안전과 보안을 위한 필수불가결한 원칙으로 확립되어 있다. 기장의 독립적 판단과 권한 행사는 항공기 안전 운항의 전제 조건이다.

지휘·감독권의 행사 범위에는 명확한 경계가 설정되어 있다. 기장의 명령권이 승객을 포함한 모든 탑승자를 대상으로 하는 것과 달리, 지휘·감독권은 승무원에게만 한정된다. 이는 전문적 직무 수행자인 승무원에 대한 업무 지휘와 일반 탑승객에 대한 질서 유지를 구별하는 법적 기준이다. 각각의 상황에 적합한 권한 행사가 가능하도록 설계된 이러한 체계는 기장의 권한 남용을 방지하면서도 효과적인 기내 관리를 가능하게 한다.

1) 기장의 명령권 행사와 탑승자의 복종 의무

기장은 기내에서 공법상 최고 명령권자의 지위를 갖는다. 이러한 법적 지위를 바탕으로 항공보안 목적을 달성하기 위해 탑승자에게 필요한 명령을 발할 수 있으며, 이는 기내 질서 유지와 안전 확보를 위한 핵심적인 권한이다.

이러한 명령권은 상황에 따라 다양한 방식으로 행사된다. 기장이 직접 명령을 발할 수도 있고, 지휘계통을 통해 간접적으로 행사할 수도 있다. 이러한 유연성은 항공기 운항의 실제적 필요를 반영한 것으로, 효율적인 기내 관리를 가능하게 한다. 특히 기장으로부터 권한을 위임받은 승무원도 명령권의 주체가 될 수 있다는 점은 실무적으로 중요한 의미를 갖는다.

권한 위임의 필요성은 실제 운항 상황에서 더욱 명확해진다. 기장은 일반적으로 조종실에서 항공기 운항 업무를 수행하기 때문에 객실에서 직접 명령권을 행사하기 어려운 상황이 많다. 이러한 물리적 한계를 극복하기 위해 객실에서는 객실사무장이 기장을 대신하여 명령권을 행사하는 체계가 확립되어 있다. 이는 단순한 업무 위임이 아닌 법적으로 인정되는 권한의 위임이며, 기내 보안과 안전을 유지하기 위한 실질적인 운영 체계다.

명령권의 실효성은 탑승자들의 복종 의무를 통해 보장된다. 기내에 있는 모든 사람은 기장이나 권한을 위임받은 승무원의 요청 및 정당한 직무상 지시에 따라야 하며, 이는 법적 의무로 규정되어 있다. 이러한 복종 의무는 개인의 자유를 일부 제한하는 것처럼 보일 수 있지만, 비행공동체 전체의 안전을 위한 필수적인 조치로 인정된다.

명령권과 복종 의무의 상호보완적 관계는 항공보안 체계의 근간을 이룬다. 외부 지원이 불가능한 항공기 내에서 신속하고 효과적인 보안 대응을 위해서는 명확한 명령 체계와 즉각적인 복종이 필수적이다. 이러한 체계는 모든 탑승자의 생명과 안전을 보호하는 가장 효과적인 방법으로 확립되어 있으며, 국제 항공보안 기준에서도 일관되게 강조되는 원칙이다.

2) 운항 중 항공기의 특수성: 독립된 비행공동체

승무원들은 기장을 중심으로 유기적인 조직체를 구성한다. 각자 맡은 임무를 체계적으로 수행하며 하나의 공동체를 이루는데, 이는 단순한 업무 분담을 넘어 생명과 안전을 함께 책임지는 특별한 관계를 형성한다. 이러한 공동체가 존재하는 공간인 항공기는 공중을 운항하는 인공 구조물이라는 점에서 '비행공동체'라는 독특한 개념이 탄생한다.

비행공동체를 특수한 존재로 만드는 것은 운항 중인 항공기의 물리적 특성이다. 수만 피트 상공에서 시속 수백 킬로미터로 이동하는 항공기 내부는 지상세계와 완전히 독립된 공간이다. 물리적으로나 법적으로나 지상과는 다른 환경에 놓여 있으며, 기내에 탑승한 모든 사람들은 자연스럽게 하나의 운명공동체가 된다. 이들은 목적지에 도착할 때까지 같은 공간을 공유하며, 동일한 위험에 노출되고, 공통의 안전 규칙을 준수해야 한다.

이러한 물리적 고립은 비행공동체의 가장 중요한 특징인 외부와의 단절성으로 이어진다. 공중에서 운항하는 항공기는 즉각적인 외부 공권력의 지원을 기대할 수 없다. 경찰이나 보안당국의 물리적 개입이 불가능한 상황에서 기내에서 발생하는 모든 보안위협은 오직 내부 역량으로 해결해야 한다.

외부 지원의 불가능성은 자력구제 체계 구축의 필연성을 만든다. 비행공동체는 내부에서 발생하는 보안위협에 대해 스스로 대응할 수 있는 체계를 갖추어야 한다. 이를 위해 기장에게 특별한 권한을 부여하고 승무원들에게 보안 임무를 부과하는 것이다. 이는 단순한 선택이 아닌, 항공기라는 특수한 환경이 만들어낸 필연적 요구사항으로 인식된다. 비행공동체의 안전과 보안은 외부의 도움 없이 내부 구성원들의 협력과 체계적 대응을 통해서만 확보될 수 있다.

5. 승객의 협조의무

▌항공보안법

제23조(승객의 협조의무) ① 항공기 내에 있는 승객은 항공기와 승객의 안전한 운항과 여행을 위하여 다음 각 호의 어느 하나에 해당하는 행위를 하여서는 아니 된다.

1. 폭언, 고성방가 등 소란행위
2. 흡연
3. 술을 마시거나 약물을 복용하고 다른 사람에게 위해를 주는 행위
4. 다른 사람에게 성적(性的) 수치심을 일으키는 행위
5. 「항공안전법」 제73조를 위반하여 전자기기를 사용하는 행위
6. 기장의 승낙 없이 조종실 출입을 기도하는 행위
7. 기장등의 업무를 위계 또는 위력으로써 방해하는 행위

② 승객은 항공기 내에서 다른 사람을 폭행하거나 항공기의 보안이나 운항을 저해하는 폭행·협박·위계행위(危計行爲) 또는 출입문·탈출구·기기의 조작을 하여서는 아니 된다.

③ 승객은 항공기가 착륙한 후 항공기에서 내리지 아니하고 항공기를 점거하거나 항공기 내에서 농성하여서는 아니 된다.

④ 항공기 내의 승객은 항공기의 보안이나 운항을 저해하는 행위를 금지하는 기장등의 정당한 직무상 지시에 따라야 한다.

⑤ 항공운송사업자는 금연 등 항공기와 승객의 안전한 운항과 여행을 위한 규제로 인하여 승객이 받는 불편을 줄일 수 있는 방안을 마련하여야 한다.

⑥ 기장등은 승객이 항공기 내에서 제1항제1호부터 제5호까지의 어느 하나에 해당하는 행위를 하거나 할 우려가 있는 경우 이를 중지하게 하거나 하지 말 것을 경고하여 사전에 방지하도록 노력하여야 한다.

⑦ 항공운송사업자는 다음 각 호의 어느 하나에 해당하는 사람에 대하여 탑승을 거절할 수 있다.

1. 제15조 또는 제17조에 따른 보안검색을 거부하는 사람

1의2. 제15조의2제2항을 위반하여 본인 일치 여부 확인을 거부하는 사람

2. 음주로 인하여 소란행위를 하거나 할 우려가 있는 사람
3. 항공보안에 관한 업무를 담당하는 국내외 국가기관 또는 국제기구 등으로부터 항공기 안전운항을 해칠 우려가 있어 탑승을 거절할 것을 요청받거나 통보받은 사람
4. 그 밖에 항공기 안전운항을 해칠 우려가 있어 국토교통부령으로 정하는 사람

⑧ 누구든지 공항에서 보안검색 업무를 수행 중인 항공보안검색요원 또는 보호구역에의 출입을 통제하는 사람에 대하여 업무를 방해하는 행위 또는 폭행 등 신체에 위해를 주는 행위를 하여서는 아니 된다.

⑨ 항공운송사업자는 항공기가 이륙하기 전에 승객에게 국토교통부장관이 정하는 바에 따라 승객의 협조의무를 영상물 상영 또는 방송 등을 통하여 안내하여야 한다.

▌ 항공보안법 시행규칙

제13조(탑승거절 대상자) ① 항공운송사업자는 법 제23조제7항제4호에 따라 다음 각 호의 어느 하나에 해당하는 사람에 대하여 탑승을 거절할 수 있다.

1. 법 제14조제1항에 따른 항공운송사업자의 승객의 안전 및 항공기의 보안을 위하여 필요한 조치를 거부한 사람
2. 법 제23조제1항제3호에 따른 행위로 승객 및 승무원 등에게 위해를 가할 우려가 있는 사람
3. 법 제23조제2항의 행위를 한 사람
4. 법 제23조제4항에 따른 기장 등의 정당한 직무상 지시를 따르지 아니한 사람
5. 탑승권 발권 등 탑승수속 시 위협적인 행동, 공격적인 행동, 욕설 또는 모욕을 주는 행위 등을 하는 사람으로서 다른 승객의 안전 및 항공기의 안전운항을 해칠 우려가 있는 사람

② 항공운송사업자가 제1항에 따라 탑승을 거절하는 경우에는 그 사유를 탑승이 거절되는 사람에게 고지하여야 한다.

(1) 승객 협조의무 위반행위에 대한 보고체계

▌ 항공운송사업자의 항공기내보안요원 등 운영 지침

제8조(불법행위 대응 및 처리절차 등) ⑥ 항공운송사업자는 매 홀수 월 첫 번째 주 금요일까지 이전 월 마지막 날 기준으로 별지 제6호 서식의 불법행위 발생현황·처리결과 및 국가경찰서로부터 통보 받은 별제 제7호 서식의 범인 처리결과를 국토교통부에 제출하여야 한다.

항공운송사업자의 보고 의무는 항공보안 체계의 효과적인 운영을 위한 핵심 요소다. 국가항공보안계획 11.8.3은 항공운송사업자가 보안 관련 사건 발생 시 따라야 할 구체적인 보고 절차를 규정한다. 사건 발생 즉시 관할 지방항공청장에게 유선 또는 문자(SMS)로 1차 보고를 실시하고, 이후 지체 없이 별지 제3호 서식에 따른 서면보고를 제출해야 한다. 또한 이러한 모든 보고 내용에 대한 기록을 체계적으로 유지·관리하여 추후 분석과 대응에 활용할 수 있도록 한다.

이러한 보고체계에서 특히 중요한 것은 즉시 보고가 필요한 중대 위반행위의 범위다. 항공보안법에서 벌금형 이상으로 처벌받는 모든 행위가 여기에 포함된다. 구체적으로 항공기 파손·납치, 항공시설 파손, 항로 변경, 직무집행방해, 항공기 위험물 탑재, 공항운영 방해 등이 해당한다. 항공기 안전운항을 저해하는 폭행, 항공기 점거·농성, 운항방해 정보 제공, 승낙 없이 조종실 출입을 시도하는 행위도 즉시 보고 대상이다. 운항저해행위 금지 지시에 불응하거나 운항 또는 계류 중 항공기 내에서 승객협조의무를 위반하는 행위

역시 중대 사안으로 분류되어 즉각적인 보고가 이루어진다.

중대 위반행위와 달리 항공보안법 제23조의 승객 협조의무 위반 사항에 대해서는 차별화된 보고체계를 적용하고 있다. 제1항제1호의 폭언, 고성방가 등 소란행위와 제3호의 술을 마시거나 약물을 복용하고 다른 사람에게 위해를 주는 행위는 즉시 보고 대상으로 분류된다. 해당 행위가 항공기 안전과 다른 승객의 안전에 직접적이고 즉각적인 위협이 될 수 있기 때문이다.

이와 대조적으로 상대적으로 경미한 위반행위에 대해서는 완화된 보고 절차를 적용한다. 제2호의 흡연, 제4호의 성적 수치심 유발행위, 제5호의 전자기기 사용 위반의 경우 즉시 보고 의무에서 제외된다. 이러한 행위들은 항공운송사업자의 항공기내 보안요원 등 운영지침에 따라 정기보고 방식으로 처리한다. 제8조제6항은 항공운송사업자가 매 홀수 월 첫 번째 주 금요일까지 이전 월 마지막 날 기준으로 불법행위 발생현황·처리결과 및 국가경찰서로부터 통보받은 범인 처리결과를 국토교통부에 제출하도록 규정한다.

이러한 차등적 보고체계는 항공보안당국이 한정된 자원을 효과적으로 운용할 수 있도록 한다. 중대한 보안위협에는 즉각적으로 대응하면서도, 상대적으로 경미한 사안은 정기적으로 종합 분석하여 패턴을 파악하고 예방 대책을 수립하는 데 활용한다. 이는 위험 기반 접근법을 적용한 효율적인 보안관리 체계의 구현이라 할 수 있다. 사안의 중대성에 따라 보고 시점과 방법을 달리함으로써 보안 자원의 배분을 최적화하고, 전체적인 항공보안 수준을 향상시키는 전략적 접근이다.

(2) 불법행위의 경중 구분과 차등 처벌 체계

항공보안법 제23조는 항공기 안전운항을 저해하는 다양한 불법행위를 규정한다. 그러나 현행 조항은 행위의 경중을 적절히 구분하지 못하는 구조적 문제를 안고 있다.

현행법의 구조적 문제는 행위 분류의 모호성에서 가장 명확하게 드러난다. 항공기 안전을 심각하게 위협하는 불법방해행위와 기내 흡연과 같은 상대적으로 경미한 위반행위가 동일한 조항 내에 혼재되어 있다. 기장의 명령 불복종이나 폭력 행위와 같은 중대한 보안위협과 단순 흡연 행위가 같은 법적 틀 안에서 다루어지고 있는 것이다. 이러한 모호한 분류 체계는 법 집행 과정에서 적절한 처벌 수위를 결정하는 데 혼란을 초래한다. 엄격한 법 적용을 어렵게 만드는 요인으로 작용하며, 항공보안의 실효성을 저하시키고 있다.

이러한 문제를 해결하기 위해서는 불법행위의 심각성과 위험도에 따른 체계적인 분류가 필요하다. 행위의 경중에 따라 차등화된 처벌 조항을 마련함으로써 법적 명확성을 확보해야 한다. 특히 항공기 안전을 직접적으로 위협하는 심각한 불법방해행위에 대해서는 강화된 처벌 규정을 별도로 수립하여 기내 보안의 실효성을 높여야 한다. 단순 질서 위반과 보안위협 행위를 명확히 구분하고, 각각에 적합한 법적 대응체계를 구축함으로써 항공보안법의 체계성과 실효성을 동시에 확보할 수 있다.

(3) 기내 흡연 규제의 법적 재분류 필요성

기내 흡연 행위는 현재 항공보안법 제23조에 포함되어 있으나, 이를 항공보안법의 규제 대상에서 제외하는 것이 타당하다고 판단된다. 흡연은 본질적으로 보안위협이라기보다는 안전 및 질서 유지의 문제에 해당하기 때문이다.

흡연 행위를 보안법에서 제외해야 하는 이유는 현행 규정의 일관성 부족에서도 명확히 드러난다. 흡연 도구인 라이터의 경우, 과거에는 항공기내 반입금지 위해물품으로 분류되었으나 현재는 그 목록에서 제외되어 있다. 항공안전법에 따른 위험물 운송기준에서는 승객 1인당 라이터 1개에 한해 기내 반입을 허용한다. 이는 흡연 관련 물품과 행위에 대한 규제가 보안의 관점이 아닌 안전 관리의 차원에서 접근되고 있음을 보여준다.

이처럼 흡연 도구의 규제 방식이 변화한 상황에서, 기내 흡연은 항공기 테러나 불법 점거와 같은 심각한 보안위협과는 근본적으로 다른 성격의 행위로 분류되어야 한다. 이를 항공보안법이 아닌 항공안전법의 규제 영역으로 이관함으로써 법체계의 일관성을 확보할 수 있다. 보안법은 실질적인 보안위협 행위에 집중하고, 안전법은 기내 질서와 승객 안전에 관한 사항을 관할하는 체계로 재정비할 필요가 있다. 이러한 개선은 항공보안 관련 법령의 체계성을 높이고 현장에서의 법 적용 혼란을 줄이는 데 기여할 것이다.

▮ 실무 팁: 흡연습관 교정기구인 '비타스틱'이 흡연행위에 포함되는지 여부

항공보안법 제23조(승객의 협조의무) 제1항제2호는 '흡연행위'를 규정하고 있으나, 그 구체적 범위에 대한 명확한 정의가 필요하다. 일반적으로 흡연은 담배와 전자담배를 피우는 행위로 이해되지만, 니코틴이 포함되지 않은 흡연 습관 교정 기구인 '비타스틱'의 경우 법적 해석의 모호성이 존재한다. 비타스틱은 전자담배와 유사한 구조를 가지고 있으나 니코틴·타르 대신 비타민 수증기를 흡입하는 장치로서, 이를 흡연행위로 볼 것인지에 대한 판단이 요구된다.

국제민간항공기구(ICAO)는 이러한 문제에 대한 국제적 기준을 제시하고 있다. ICAO는 각 체약국이 항공기내 불법행위에 대해 자국 법령에 입법화하도록 세부 지침(ICAO Cir. 288)을 마련했으며, 항공기내 흡연(smoking)을 항공기의 안전을 위태롭게 하는 행위로 규정한다. 흡연이 항공기 화재로 연결될 수 있는 직접적인 원인이 될 수 있다는 점이 핵심적인 규제 근거다. 우리나라 항공보안법 역시 이러한 국제 기준을 반영하여 항공기와 승객의 안전한 운항과 여행을 위해 기내 흡연을 승객의 협조의무 위반사항으로 규정하고 있으며, 전자담배를 포함한 모든 흡연 행위에 대한 처리절차를 명시한다.

≪ICAO 회람 규정(Cir. 288)≫

Section 3: Other Offences Committed on Board a Civil Aircraft

Any person who commits on board a civil aircraft any of the following acts thereby commits an offence:

(1) smoking in a lavatory, or smoking elsewhere in a manner likely to endanger the safety of the aircraft;

섹션 3 : 항공기 내에서 범하는 기타 위반행위

항공기내에서 다음 중 어느 하나의 행위를 하는 사람은 위반행위를 범한 것이다.

(1) 항공기의 안전을 위태롭게 하는 것과 같은 방법으로 화장실 내에서 흡연, 또는 그 밖의 지역에서 흡연

비타스틱의 법적 지위를 판단함에 있어 중요한 것은 항공기내 흡연 금지의 본질적 목적이다. ICAO 기준과 항공보안법이 흡연을 불법행위로 규정한 이유는 화재 위험으로부터 항공기와 승객의 안전을 확보하기 위함이다. 비타스틱의 구조와 작동원리가 기존 전자담배와 유사한 점을 고려할 때, 내장 배터리나 부품의 발열로 인한 화재 위험성을 완전히 배제할 수 없다. 또한 비타스틱 사용 시 발생하는 흰색 기체가 다른 승객들에게 불안감을 조성하여 안전 위협요인으로 작용할 가능성이 있다.

실무적 측면에서도 비타스틱 사용은 문제를 야기한다. 항공기 내에서 흡연행위를 저지하기 위해 필요한 조치를 취해야 하는 승무원의 정당한 직무집행을 방해하거나 혼란을 초래할 수 있다. 승무원이 비타스틱과 일반 전자담배를 즉시 구별하기 어려운 상황에서, 일관된 규제 적용이 어려워지고 기내 질서 유지에 차질이 발생할 수 있다.

따라서 승객·승무원 및 항공기의 안전한 운항과 여행을 확보하기 위해 비타스틱을 사용하는 행위는 불법행위로 간주되어야 한다. 니코틴 포함 여부와 관계없이 전자담배와 유사한 구조와 작동 방식을 가진 기기는 모두 항공기내 사용이 제한되어야 하며, 이는 항공 안전이라는 우선적 가치를 보호하기 위한 필수적 조치로 해석된다.

▌실무 팁: '비타스틱'이 기내 사용 금지 전자기기에 해당하는지 여부

항공보안법 제23조(승객의 협조의무) 제1항제5호는 항공안전법 제73조를 위반한 전자기기 사용을 규제하고 있다. 이와 관련하여 '비타스틱'이 기내 사용 금지 전자기기에 해당하는지에 대한 법적 검토가 필요하다.

항공안전법 제73조(전자기기의 사용제한)는 운항 중인 항공기의 항행 및 통신장비에 대한 전자파 간섭 등의 영향을 방지하기 위해 여객이 지닌 전자기기의 사용을 제한한다. 이 조항의 제정 목적은 전자기기에서 발생하는 전자파가 항공기 운항 시스템에 미칠 수 있는 잠재적 위험을 차단하는 것이다. 항공보안법 제23조는 이러한 항공안전법의 규정을 위반하는 행위를 항공기 내 불법행위로 분류하여 항공기와 승객의 안전한 운항과 여행을 보장하고자 한다.

그러나 비타스틱의 경우 전자기기 사용제한 규정의 적용 대상에서 제외되는 것으로 해석된다. 비타스틱은 전자적 구조를 가지고 있음에도 불구하고, 항공안전법 제73조가 규정하는 '항공기 내에서 사용이 제한되는 휴대용 전자기기'의 범주에 포함되지 않는다. 이는 전자파 간섭 위험성이라는 규제 목적과 비타스틱의 기술적 특성을 고려한 판단으로 보인다.

이러한 해석의 차이는 항공보안법 제23조 내에서 동일한 기기에 대한 상이한 법적 평가가 이루어지고 있음을 보여준다. 제1항제2호의 흡연행위는 규제되지만, 제5호의 전자기기 사용제한에는 해당하지 않는다는 점이다. 이는 각 조항의 규제 목적과 보호법익이 다르기 때문에 나타나는 현상이다. 흡연 금지는 화재 위험과 기내 질서 유지를 목적으로 하는 반면, 전자기기 사용제한은 전자파 간섭 방지를 주된 목적으로 한다.

따라서 비타스틱에 대한 규제는 항공안전법 제73조의 전자기기 사용제한이 아닌, 항공보안법 제23조제1항제2호의 흡연행위 금지 규정을 통해 이루어져야 한다. 이러한 법적 해석은 각 규정의 입법 목적과 보호법익을 명확히 구분하여 적용함으로써 법체계의 일관성을 유지하는 동시에 항공 안전이라는 궁극적 목표를 달성하는 데 기여한다.

▌실무 팁: 승객 휴대용 전자기기(PED) 사용 비교표

[비행단계 그림]

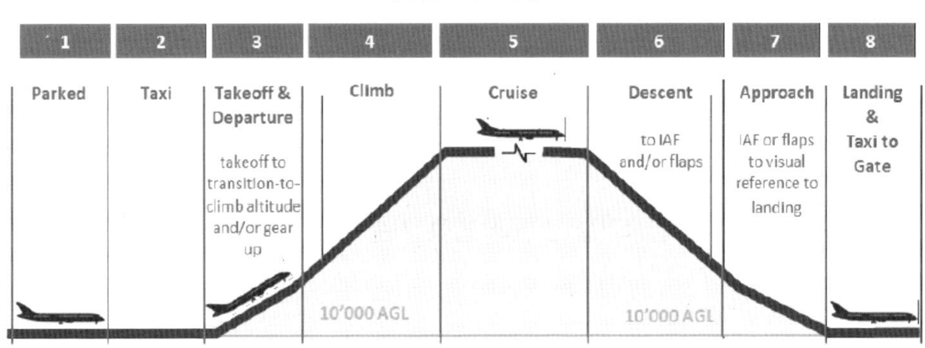

[비행단계별]

비행단계 구분	기 존	사용 확대 후
1 게이트/탑승구 열림	사용가능	사용가능
2 탑승구 닫힘/지상 활주 시	**사용제한**	사용가능
3 이륙(착륙장치 올림 및 고도상승) 4 상승(1만ft까지)	**사용제한**	사용가능
4 상승(1만ft이상에서 순항고도까지) 5 순항단계 6 하강(순항 고도에서 1만ft까지)	사용가능	사용가능
6 하강(1만ft에서 접근단계까지) 7 접근단계	**사용제한**	사용가능*
8 착륙 후 게이트까지	항공사별 적용	사용가능

* 저 시정 상태에서 착륙하는 경우, 전자기기의 사용이 제한될 수 있음

[휴대용 전자기기(PED) 종류별]

전자기기 구분	기 존	사용 확대 후
휴대용 음성녹음기, 보청기, 심장박동기, 전자시계, 전기면도기, 허가된 의료장비 등	전 구간 사용가능	기존과 동일
스마트폰, PDA, 태블릿 pc, 전자책, 노트북, 전자게임기, 카메라, MP3 Player 등	이·착륙단계 사용제한 (순항단계만 사용가능)	전 구간 사용가능 (비행기 모드 설정)
휴대전화 음성통화와 데이터 통신	1단계만 사용가능	1, 8*단계에서 사용가능
AM/FM 라디오, 휴대용 TV 수신기, 무선조종 장난감 등	사용금지	기존과 동일

* (**8단계**) 항공기가 착륙 후 활주로를 개방한 이후 휴대전화 음성통화 가능

(4) 항공운송사업자의 탑승거절 권한과 법적 기준

▌항공보안법

제15조의2(승객의 신분증명서 확인 등) ② 항공기에 탑승하는 사람은 공항운영자 및 항공운송사업자가 본인 일치 여부 확인을 위하여 신분증명서 제시를 요구하는 경우 이를 보여주어야 한다. 다만, 생체정보를 통하여 본인 일치 여부가 확인되는 등 대통령령으로 정하는 경우에는 그러하지 아니하다.

항공운송사업자의 탑승거절 권한은 항공기 안전과 보안을 확보하기 위한 필수적인 법적 수단이다. 이 권한은 단순한 재량권이 아니라 항공보안법에 근거한 체계적인 기준에 따라 행사되며, 잠재적 위험요소를 사전에 차단하는 예방적 보안조치의 핵심이다.

탑승 거절의 가장 기본적인 사유는 보안검색 관련 규정을 거부하는 경우다. 항공보안법 제15조 또는 제17조에 따른 일반 승객 및 통과·환승 승객에 대한 보안검색을 거부하는 사람은 탑승이 거절된다. 보안검색은 항공보안의 기초적 단계로서 이를 거부하는 것은 전체 보안체계에 대한 거부로 간주된다. 제15조의2제2항에 따른 본인 일치 여부 확인을 거부하는 경우도 마찬가지다. 신분확인은 탑승자 명단 관리와 보안위협 인물 식별을 위한 필수 절차로, 이를 거부하는 것은 보안체계 전반을 위협하는 행위로 평가된다.

보안검색 거부와 함께 음주 및 약물 관련 위험 행위도 엄격히 통제된다. 음주로 인한 소란행위를 하거나 할 우려가 있는 사람, 술이나 약물을 복용하고 승객 및 승무원에게 위해를 가할 우려가 있는 사람은 탑승이 거절된다. 밀폐된 기내환경에서 음주나 약물로 인한 돌발 행동은 전체 승객의 안전을 위협할 수 있다. 특히 고도 1만 미터 상공에서는 즉각적인 외부 지원이 불가능하므로, 예방적 차원의 엄격한 기준을 적용한다.

국내 보안당국뿐 아니라 국제 보안기관의 요청도 탑승 거절의 중요한 근거가 된다. 항공보안 업무를 담당하는 국내외 국가기관이나 국제기구로부터 항공기 안전운항을 해칠 우려가 있어 탑승 거절을 요청받거나 통보받은 사람은 탑승할 수 없다. 이는 국제적 보안 협력 체계의 일환으로, 테러리스트나 국제 수배자 등 고위험 인물의 항공기 탑승을 원천 차단한다.

기내 질서를 직접적으로 위반하는 폭력 행위자에 대한 규정도 명확히 수립되어 있다. 항공기 내에서 다른 사람을 폭행하거나 항공기의 보안이나 운항을 저해하는 폭행·협박·위계행위를 한 사람은 즉시 탑승 거절 대상이 된다. 출입문, 탈출구, 기기를 무단 조작한 경우도 동일하게 처리된다. 이러한 행위는 항공기의 물리적 안전을 직접 위협하는 중대한 보안 위반으로 분류된다.

폭력 행위와 더불어 승무원의 정당한 지시를 따르지 않는 것도 탑승 거절 사유가 된다. 기장 등의 정당한 직무상 지시를 따르지 않은 사람, 항공운송사업자의 승객 안전 및 항공기 보안을 위한 필요한 조치를 거부한 사람은 탑승이 거절된다. 이는 기내 지휘 체계의 권위를 확립하고, 비상상황 시 신속한 대응을 보장하기 위한 조치다.

최근에는 탑승 수속 과정에서의 위협적 행동도 강화된 기준으로 추가되었다. 탑승권 발권 등 탑승수속 시 위협적이거나 공격적인 행동, 욕설 또는 모욕을 주는 행위를 하는 사람으로서 다른 승객의 안전과 항공기 안전운항을 해칠 우려가 있는 경우 탑승을 거절할 수 있다. 이는 문제 행동이 기내로 확대되기 전에 선제적으로 차단하려는 예방적 조치다.

항공운송사업자가 이러한 사유로 탑승을 거절할 때는 반드시 그 사유를 해당 승객에게 고지해야 한다. 적법 절차의 원칙을 준수하고 승객의 권리를 보호하면서도 필요한 보안조치를 취하는 균형적 접근이 요구된다. 명확한 사유 고지는 법적 분쟁을 예방하고, 보안조치의 정당성을 확보하는 중요한 절차적 요건으로 작동하고 있다.

6. 항공운송사업자 노선점검 및 지점 점검

국토교통부는 항공보안 관리체계를 강화하기 위해 중요한 권한을 행사한다. 항공보안감독관은 항공운송사업자의 항공기에 직접 탑승하여 노선점검을 실시할 수 있으며, 해외공항 지점에 대한 현장점검도 수행한다. 이러한 직접적인 현장점검 권한은 항공보안의 실효성을 담보하는 핵심적인 감독 수단으로 활용되고 있다.

항공보안감독관의 점검 활동은 독립적으로 수행되기도 하지만, 보안위협의 성격과 중요도에 따라 국가정보원과 합동으로 실시된다. 이러한 협력 체계는 항공보안이 단순한 행정 감독을 넘어 국가안보 차원에서 관리되고 있음을 보여준다. 특히 테러 위협이나 국제적 보안 이슈와 관련된 사안에서는 정보기관의 전문성과 항공보안당국의 실무 역량이 결합되어 보다 효과적인 대응이 가능해진다.

점검 범위의 포괄성도 주목할 만한 특징이다. 실제 운항 중인 항공기와 해외 현지 시설까지 점검 대상에 포함시킴으로써, 국제선 운항 전 과정에 걸친 보안 사각지대를 최소화하는 체계를 구축했다. 국내공항에서의 출발 보안부터 기내 보안, 해외 도착지 보안까지 전 구간에 대한 감독이 이루어지며, 이를 통해 항공보안의 연속성과 일관성을 확보하고 있다. 이러한 포괄적 점검 체계는 국제 항공보안 기준을 충족하는 동시에 우리나라 항공운송의 신뢰성을 높이는 중요한 역할을 수행한다.

Ⅱ. 항공기 보안대책

1. 항공기 보안

> **▌항공보안법**
>
> **제14조(승객의 안전 및 항공기의 보안)** ① 항공운송사업자는 승객의 안전 및 항공기의 보안을 위하여 필요한 조치를 하여야 한다.

② 항공운송사업자는 승객이 탑승한 항공기를 운항하는 경우 항공기내보안요원을 탑승시켜야 한다.
③ 항공운송사업자는 국토교통부령으로 정하는 바에 따라 조종실 출입문의 보안을 강화하고 운항중에는 허가받지 아니한 사람의 조종실 출입을 통제하는 등 항공기에 대한 보안조치를 하여야 한다.
④ 항공운송사업자는 매 비행 전에 항공기에 대한 보안점검을 하여야 한다. 이 경우 보안점검에 관한 세부 사항은 국토교통부령으로 정한다.
⑤ 공항운영자 및 항공운송사업자는 액체, 겔(gel)류 등 국토교통부장관이 정하여 고시하는 항공기 내 반입금지 물질이 보안검색이 완료된 구역과 항공기 내에 반입되지 아니하도록 조치하여야 한다.
⑥ 항공운송사업자 또는 항공기 소유자는 항공기의 보안을 위하여 필요한 경우에는 「청원경찰법」에 따른 청원경찰이나 「경비업법」에 따른 특수경비원으로 하여금 항공기의 경비를 담당하게 할 수 있다.

▌항공보안법 시행규칙

제7조(항공기 보안조치) ① 항공운송사업자는 법 제14조제3항에 따라 여객기의 보안강화 등을 위하여 조종실 출입문에 다음 각 호의 보안조치를 하여야 한다.
1. 조종실 출입통제 절차를 마련할 것
2. 객실에서 조종실 출입문을 임의로 열 수 없는 견고한 잠금장치를 설치할 것
3. 조종실 출입문열쇠 보관방법을 정할 것
4. 운항중에는 조종실 출입문을 잠글 것
5. 국토교통부장관이 법 제32조에 따라 보안조치한 항공보안시설을 설치할 것

② 항공운송사업자는 법 제14조제4항에 따라 항공기의 보안을 위하여 매 비행 전에 다음 각 호의 보안점검을 하여야 한다.
1. 항공기의 외부 점검
2. 객실, 좌석, 화장실, 조종실 및 승무원 휴게실 등에 대한 점검
3. 항공기의 정비 및 서비스 업무 감독
4. 항공기에 대한 출입 통제
5. 위탁수하물, 화물 및 물품 등의 선적 감독
6. 승무원 휴대물품에 대한 보안조치
7. 특정 직무수행자 및 항공기내보안요원의 좌석 확인 및 보안조치
8. 보안 통신신호 절차 및 방법
9. 유효 탑승권의 확인 및 항공기 탑승까지의 탑승과정에 있는 승객에 대한 감독
10. 기장의 객실승무원에 대한 통제, 명령 절차 및 확인

③ 항공운송사업자는 제2항제4호에 따른 항공기에 대한 출입통제를 위하여 다음 각 호에 대한 대책을 수립하여야 한다.
1. 탑승계단의 관리
2. 탑승교 출입통제

> 3. 항공기 출입문 보안조치
> 4. 경비요원의 배치
>
> **제20조(규제의 재검토)** 국토교통부장관은 제7조제1항에 따른 조종실 출입문에 대한 보안조치에 대하여 2020년 1월 1일을 기준으로 3년마다(매 3년이 되는 해의 1월 1일 전까지를 말한다) 그 타당성을 검토하여 개선 등의 조치를 하여야 한다.

항공기 보안은 민간항공 보안체계의 가장 핵심적인 요소다. 국가항공보안계획 7.6.2는 항공운송사업자가 항공기 보안의 일차적 책임자임을 명확히 규정한다. 주목할 점은 이 책임이 공항 보호구역에만 국한되지 않고 보호구역 외부까지 확대된다는 것이다. 이는 항공기가 단순한 운송수단이 아니라 잠재적 무기가 될 수 있다는 9.11 테러 이후의 인식 변화를 반영한다.

이러한 포괄적 책임은 보호구역 내외에서 상이한 과제를 제시한다. 보호구역 내에서의 항공기 보안은 상대적으로 체계화되어 있다. 항공기 주변 순찰, CCTV 감시, 접근통제, 항공기 수색 등 전통적인 보안조치들이 적용되고 있다. 그러나 실제 도전과제는 보호구역 외부에서 발생한다. 정비 격납고, 화물 터미널, 원격 주기장 등에서 항공기는 더 큰 취약성에 노출되며, 이러한 구역에서의 보안관리는 항공운송사업자의 역량과 의지에 크게 의존한다.

항공운송사업자는 이러한 포괄적 책임을 이행하기 위해 체계적인 자체보안계획을 수립해야 한다. 효과적인 항공기 보안계획은 위험평가를 출발점으로 삼는다. 항공기 유형, 운항 노선, 기항지별 위협 수준을 분석하여 맞춤형 보안 전략을 수립하는 것이다. 이러한 위험평가를 바탕으로 물리적 보안, 절차적 보안, 기술적 보안을 중첩적으로 적용한다. 항공기 도어 잠금장치와 같은 물리적 장치, 접근 권한 관리 절차, 전자식 접근 기록 시스템 등을 동시에 운영하여 보안 실패 가능성을 최소화하고 있다.

특히 중요한 것은 내부자 위협(Insider Threat)에 대한 대응이다. 1999년 이집트항공 990편 사건이나 2015년 저먼윙스 9525편 사건은 내부자 위협의 심각성을 명확히 보여준다. 많은 항공기 보안 사건이 내부자에 의해 발생했다는 점을 고려할 때, 직원 신원조사, 행동 모니터링, 이중 통제 원칙 등의 적용이 필수적이다. 내부자 위협 관리는 단순한 감시를 넘어 예방적 차원의 종합적 접근이 요구된다.

현대 항공보안의 새로운 영역은 사이버-물리 융합 위협이다. 현대 항공기는 수많은 전자 시스템과 네트워크로 연결되어 있으며, 이는 새로운 취약점을 만들어낸다. 항공기 소프트웨어 업데이트, 전자비행가방(EFB) 데이터 동기화, 기내 Wi-Fi 시스템 등이 잠재적 공격 경로가 될 수 있다. 따라서 전통적인 물리적 보안과 사이버 보안을 통합한 포괄적 접근이 필요하다.

항공기 보안의 국제적 차원도 간과할 수 없는 요소다. 항공기는 매일 여러 국가를 오가며, 각국의 보안수준은 천차만별이다. 가장 취약한 지점이 전체 보안수준을 결정한다는 원칙이 여기서도 적용된다. 항공운송사업자는 기항지별 보안위험을 평가하고, 필요시 추가적인 보안조치를 시행해야 한다. 이는 단순히 국제 기준을 준수하는 차원을 넘어, 각 운항 환경의 특수성을 고려한 적응적 보안관리를 의미한다.

항공기 보안은 '책임'의 관점에서 접근해야 한다. 항공운송사업자는 항공기가 어디에 있든, 어떤 상태에 있든 간에 항공보안을 보장해야 할 최종적 책임을 진다. 이러한 책임은 법적 의무를 넘어 공공의 안전을 보호하는 사회적 책무로 이해되어야 한다.

(1) 항공기 보안점검

1) 주기 중 항공기 보안체계의 현황과 개선사항

항공기가 주기 중일 때의 보안관리는 항공보안 체계의 핵심 요소 중 하나다. 항공보안법 시행규칙 제7조제3항은 항공운송사업자가 항공기 출입통제를 위해 수립해야 할 구체적인 대책을 명시한다. 여기에는 탑승계단의 관리, 탑승교 출입통제, 항공기 출입문 보안조치 그리고 경비요원의 배치가 포함된다.

이러한 규정 중 경비요원 배치와 관련하여 현재 해석상의 모호함이 존재한다. 항공보안법 제14조제6항은 항공운송사업자나 항공기 소유자가 항공기 보안을 위해 청원경찰법에 따른 청원경찰이나 경비업법에 따른 특수경비원을 경비 담당으로 배치할 수 있다고 규정한다. 이는 시행규칙 제7조제3항제4호의 '경비요원'이 특별한 자격을 갖춘 항공경비요원을 의미하는 것으로 해석된다. 그러나 국가항공보안계획 7.6.3 5)에서는 단순히 '경비원'을 배치하도록 규정하고 있어 혼란을 야기한다. 현행 법체계가 일반경비원, 특수경비원, 항공경비요원을 명확히 구분하고 있는 상황에서, 이러한 용어의 불일치는 일반경비원도 배치 가능한 것으로 오해될 소지가 있다. 따라서 관련 규정 간의 용어를 통일하고 자격요건을 명확히 정비할 필요가 있다.

용어 통일과 함께 국제 기준 준수도 중요한 고려사항이다. 국가항공보안계획 7.3.3 6)은 체약국이 자국으로 운항하는 항공기에 대해 주기 중 경비를 요구할 경우 이에 응해야 한다고 명시한다. 대표적인 사례가 미국행 항공편이다. 미국을 취항하는 항공사들은 미국 당국의 요구에 따라 항공기에 대한 주기 경비를 실시하고, 탑승구 앞에서 승객에 대한 2차 보안검색을 시행한다. 이는 국제 항공보안 기준이 점차 강화되고 있음을 보여준다.

이러한 국제적 요구에 부응하여 최근 국가항공보안계획이 개정되면서 주기 항공기 보안체계가 더욱 명확해졌다. 첫째, 항공기 주기 후 출발 전까지 비인가자와 차량 등의 접근통제 시작 시점을 '보안점검 시작 시'로 명시하여 시간적 기준을 구체화했다. 기존의 모호한 시점 규정으로 인한 보안 공백을 해소하기 위한 조치다. 둘째, 주기 중인 항공기의 출입통제를 담당하는 직원에 대한 교육 요건이 강화되었다. 관련 교육을 이수한 직원만이 출입통제 업무를 수행할 수 있도록 규정을 개정함으로써, 보안 업무의 전문성과 효율성을 높이고자 했다. 이러한 개정은 주기 항공기 보안의 실효성을 확보하고 국제 기준에 부합하는 보안체계를 구축하는 데 기여할 것으로 평가된다.

2) 보안점검과 보안수색의 구분 기준 명확화

국가항공보안계획은 항공기 보안점검과 보안수색을 다음과 같이 정의한다. 2.14의 "항공기 보안점검(Aircraft security check)"은 항공기 안에 수상한 물품, 무기, 폭발물, 기타 위험한 물품이 있는지를 확인하기 위하여 항공기 객실 및 화물칸 등을 점검하는 것을 의미한다. 2.15의 "항공기 보안수색(Aircraft security search)"은 무기·폭발물, 그 밖에 위해물품을 발견하기 위해 객실 내부 및 외부 등 항공기 전부를 점검하는 것으로 정의된다.

이러한 정의에도 불구하고 실무 현장에서는 보안점검과 보안수색을 명확히 구분하기 어렵다는 문제가 지속적으로 제기되고 있다. 두 개념 모두 위해물품 발견을 목적으로 하며, 점검표 상의 점검 범위 차이도 모호하게 표현되어 있다. 이로 인해 보안업무 종사자들이 상황에 따른 적절한 조치를 선택하는 데 혼란을 겪고 있으며, 일관성 있는 보안 활동 수행에 어려움이 발생한다.

이러한 모호성을 해결하기 위해 국가항공보안계획 7.6.4.1은 구분의 기준을 제시한다. 국토교통부장관은 항공기에 대한 보안점검 또는 수색 여부를 결정하기 위해 항공보안 위험평가 매뉴얼에 따라 위험평가를 실시할 수 있다. 평가 결과는 공항운영자 및 항공사 등 관계기관에 통보되며, 항공운송사업자는 이러한 보안활동 수행 시 자체보안계획에서 정한 점검표(checklist)를 비치·사용해야 한다.

위험평가를 통해 보안수색이 필요한 구체적 상황도 명시되어 있다. 위험평가 결과 위험수준이 '높음' 이상으로 판정되거나, 국가항공보안 우발계획에서 정한 위협상황이 발생한 경우에는 반드시 보안수색을 실시한다. 이는 일반적인 보안점검보다 강화된 조치가 필요한 상황을 구체화한 것으로, 위험 수준에 따른 차등적 대응체계를 확립하고자 하는 시도다.

그러나 현행 규정 체계는 여전히 개선이 필요한 부분들을 내포하고 있다. 보안점검과 보안수색의 차이를 보다 명확하고 구체적으로 재정의하여 현장 종사자들의 이해도를 높여야 한다. 위험평가의 실시 시기와 방식, 평가 주체와 절차 등을 더욱 상세히 규정하여 현장에서 보안점검과 보안수색의 결정이 원활하게 이루어지도록 해야 한다.

또한 항공운송사업자의 자체보안계획 수립 시 점검표의 표준화가 필요하다. 항공기 외부점검 대상구역을 세분화하고, 구체적인 점검주체를 명시함으로써 보안활동의 실효성과 일관성을 확보해야 한다. 이러한 개선은 항공보안 체계의 효율성을 높이고 보안 공백을 최소화하는 데 기여할 것이다. 명확한 기준과 절차의 확립은 보안 종사자들의 업무수행 능력을 향상시키고, 항공보안의 전반적인 수준을 강화하는 토대가 된다.

3) 승객 이동동선 이탈방지 대책

항공기 탑승 과정에서 승객의 이동동선 관리는 공항보안의 중요한 구성요소다. 특히 계류장 지역에서 버스 등의 이동수단을 이용하여 항공기까지 이동하는 과정은 보안 관점에서 취약 구간으로 인식된다. 이 구간에서 승객이 지정된 동선을 이탈할 경우, 보안검색을 거치지 않은 지역으로의 무단 진입이나 보안위협 상황이 발생할 수 있기 때문이다.

이러한 보안위험을 방지하기 위해 항공운송사업자는 체계적인 이동동선 관리 대책을 수립하고 이행해야 한다. 승객이 터미널에서 항공기까지 또는 항공기에서 터미널까지 이동하는 전 과정에서 철저한 감독과 통제가 이루어진다. 이는 단순한 통제를 넘어 승객의 안전과 공항 운영의 효율성을 동시에 확보하는 포괄적 관리 체계다.

이동동선 관리의 핵심은 인력 배치를 통한 현장 통제에 있다. 버스 승·하차 지역에는 항공사 직원이나 항공기취급업체 직원 또는 전문 경비요원을 배치하여 승객의 이동을 직접 관리하고 감독한다. 이들은 승객이 지정된 경로를 벗어나지 않도록 안내하고, 비정상적인 행동이나 이탈 시도를 즉각 파악하여 대응하는 역할을 수행한다.

버스를 이용한 이동 과정은 특별한 주의가 요구된다. 승객이 버스에 탑승하는 시점부터 버스가 이동하는 동안 그리고 하차하여 항공기까지 도보로 이동하는 구간까지 각 단계마다 고유한 보안 취약점이 존재한다. 항공운송사업자는 각 지점마다 적절한 인원을 배치하고, 필요시 물리적 차단 시설을 설치하여 승객이 정해진 동선을 벗어날 수 없도록 관리하고 있다. 이러한 단계별 관리는 보안위험을 최소화하는 동시에 승객 이동의 원활함을 보장한다.

이동동선 이탈방지 대책은 보안위협 차단과 함께 승객 안전 보장이라는 이중적 목표를 추구한다. 계류장은 항공기와 각종 지상조업 장비가 운행되는 위험 지역이므로, 승객이 무단으로 이탈할 경우 안전사고의 위험에 노출될 수 있다. 따라서 철저한 이동동선 관리는 보안과 안전이라는 두 가지 목표를 동시에 달성하는 필수적인 조치로 운영된다. 이는 현대 항공보안이 단순한 위협 차단을 넘어 종합적인 안전 관리 체계로 발전했음을 보여주는 사례다.

4) 항공기 출입통제 및 기내 보안체계

항공기 출입통제는 항공보안의 핵심 요소로서, 항공운송사업자는 엄격한 통제 체계를 운영해야 한다. 출입통제는 항공기가 계류장에 도착하여 승객이 모두 내린 시점부터 다음 출발 전까지 지속적으로 실시된다. 이 기간 동안 승인된 인원만이 항공기에 접근할 수 있으며, 무단 접근은 즉각적인 보안 대응의 대상이 된다.

항공기 출입이 허용되는 인원은 업무수행 목적으로 엄격하게 제한된다. 운항 및 객실승무원, 해당 항공사 신분증을 소지한 직원, 항공사가 지정한 지상조업체 직원이 기본적인 출입권한을 갖는다. 항공보안감독관이나 항공안전감독관과 같은 공무수행자는 감독관 증표나 공무원증을 소지하고 항공사 직원과 동행하는 조건으로 출입이 가능하다. 단, 불시평가를 수행하는 항공보안감독관의 경우 예외적으로 단독 출입이 허용된다. 이 외에도 국내외 법규에 따른 업무수행이 필요한 경우, 항공사 직원이 동행하면 출입을 허가할 수 있다.

이러한 출입권한 관리와 함께 항공운송사업자는 기내 보안 유지를 위한 포괄적인 대책을 수립하고 시행해야 한다. 정기적인 항공기내 보안점검을 실시하고, 기내식을 포함한 모든 반입물품에 대한 철저한 보안통제를 수행한다. 조종실 보안은 특히 중요한 영역으로, 출입문 잠금장치 설치와 같은 물리적 안전조치와 함께 체계적인 출입문 운영절차를 마련한다. 비인가자의 조종실 침입을 방지하기 위한 구체적인 절차와 조치들이 확립되어야 한다.

대형 항공기에는 더욱 엄격한 보안기준이 적용된다. 최대이륙중량 45,500kg을 초과하거나 승객 좌석수가 60석을 초과하는 운송사업용 항공기의 조종실에는 총기나 폭발물을 이용한 침입 시도에 대응할 수 있는 특별 방지 조치가 구축되어야 한다. 불법방해행위나 항공보안 사고 발생 시 객실승무원이 운항승무원에게 신속히 상황을 전달할 수 있는 통신수단과, 의심스러운 행동이나 위험 징후를 조기에 파악할 수 있는 감시 체계를 갖추어야 한다.

조종실 출입문 관리는 비행 전 과정에서 특별한 주의를 요한다. 승객 탑승 후 모든 항공기 문이 닫히는 시점부터 하기를 위해 출입문을 여는 순간까지, 기장의 별도 지시가 없는 한 조종실 출입문의 잠금 상태가 유지되어야 한다. 조종사 근무교대와 같이 불가피하게 조종실 출입문을 개폐해야 하는 경우에는 추가적인 보안대책을 시행한다. 특히 승객이 탑승한 여객기 운항 중에는 'Two-Crew Rule'이 적용된다.

보안점검이나 수색을 완료한 항공기도 지속적인 감시 대상이 된다. 불법 진입이나 비인가자의 침입 흔적이 발견될 경우, 즉시 기내 정밀 보안점검을 실시하고 관련기관에 결과를 통보하는 등 신속한 대응 조치를 취해야 한다. 이러한 기내점검은 적절한 교육을 받은 공항 상주기관의 전문요원이 수행할 수 있도록 하여 전문성과 효율성을 확보한다. 항공기 출입통제는 단순한 접근 제한을 넘어 항공보안의 통합적 관리 체계를 구성하는 필수적인 요소로 자리잡고 있다.

5) 자발적 하기 승객 발생 시 보안 대응체계

자발적 하기는 항공기 출발 전 승객이 자발적으로 항공기에서 내리는 행위로, 항공보안 관점에서 특별한 주의와 관리가 필요한 상황이다. 이러한 상황은 단순한 개인 사정부터 보안위협과 관련된 심각한 사안까지 다양한 원인으로 발생할 수 있어 체계적인 대응이 요구된다. 이에 국토교통부는 자발적 하기 승객 발생시 처리절차를 수립하여 시행하고 있으며, 이 절차는 항공기 보안을 확보하면서도 다른 승객들의 불편을 최소화하는 통합적 접근을 추구한다.

〈자발적 하기 승객 발생시 처리절차〉

① 항공사는 자발적 하기 승객 발생 즉시 종합상황실에 관련사실 통보
② 종합상황실은 관련 사실을 관계기관에 통보하고, 동시에 관제기관에도 신속 전파 및 해당 항공기 운항정지 요청
③ 공항테러대책협의회는 보안위협 평가에 따라 해당 항공사에 기내 재검색 등 필요한 보안조치 지시
④ 항공사는 필요한 보안조치 완료 후 공항테러대책협의회에 이상 유무 보고
⑤ 공항테러대책협의회는 이상 유무 확인 후 운항재개 등 최종 의사결정 내용을 항공사에 통보하고, 항공사는 이러한 내용을 종합상황실로 통보
⑥ 종합상황실은 항공사로부터 통보받은 공항테러대책협의회의 운항재개 또는 보류 등 최종 의사결정 내용을 관제기관에 통보

자발적 하기 상황이 발생하면 항공운송사업자는 즉각적인 대응체계를 가동해야 한다. 무엇보다 관계기관과의 긴밀한 협조를 통해 해당 승객이 항공기에서 내린 정확한 사유를 파악하는 것이 중요하다. 단순한 개인적 사유인지, 아니면 보안과 관련된 우려사항이 있는지를 신속히 판단한 후, 하기 사유가 파악되면 공항테러대책협의회를 통한 보안위협 평가를 실시하게 된다. 이 평가는 자발적 하기가 항공기와 탑승객의 안전에 미칠 수 있는 잠재적 위협의 정도를 객관적으로 판단하는 과정으로, 평가 결과에 따라 필요한 보

안조치의 수준과 범위를 결정한다.

보안위협이 확인되거나 의심되는 경우에는 기내 재검색을 포함한 강화된 보안조치를 시행한다. 이는 해당 승객이 기내에 남겨둔 수하물이나 의심스러운 물품이 없는지 확인하는 과정으로, 전문 보안요원에 의해 체계적으로 수행된다. 또한 필요시 해당 승객의 위탁수하물도 항공기에서 하기시켜 재검색을 실시하는 등 포괄적인 보안 점검을 실시한다. 이러한 절차는 시간이 소요되어 항공기 지연을 초래할 수 있지만, 항공안전과 보안 확보를 위해 반드시 필요한 조치로 인식되어 철저히 수행되고 있다.

(2) 기내 보안점검 절차와 전문인력 운용체계

1) 항공기 도착 및 승객 탑승 전 기내 보안점검 절차

기내 보안점검은 항공기 운항 사이클에서 필수적인 보안절차로, 다음 비행의 안전을 보장하기 위한 중요한 과정이다. 항공기가 공항에 도착한 후 실시되는 이 점검은 잠재적인 보안위협요소를 사전에 제거하고, 다음 탑승객들의 안전한 여행을 보장하는 데 그 목적이 있다.

이에 따라 항공운송사업자는 항공기 도착 후 즉시 체계적인 하기 절차를 시행해야 한다. 모든 승객이 항공기에서 내렸는지 철저히 확인하는 것이 첫 번째 단계이며, 이 과정에서 통과 승객이나 환승 승객도 예외 없이 일단 항공기에서 하기시켜야 한다. 승객이 기내에 잔류할 경우 보안 점검의 완전성이 훼손될 수 있으며, 다음 비행의 보안체계에 혼란을 초래할 수 있기 때문이다.

승객 하기 과정에서 특히 중요한 것은 휴대물품 관리 확인이다. 승객이 자신의 모든 소지품을 가지고 내렸는지 확인하는 작업은 단순한 분실물 방지 차원을 넘어 중요한 보안조치로 작용한다. 의도적이든 실수든 기내에 남겨진 물품은 잠재적인 보안위협이 될 수 있으며, 특히 신원이 확인되지 않은 물품의 경우 폭발물이나 위험물질일 가능성을 배제할 수 없다.

이러한 보안점검을 효과적으로 수행하기 위해 항공운송사업자는 적절한 교육을 이수한 객실승무원 또는 전문 인력을 투입하여 점검을 실시하고 있다. 이들은 일반적인 청소 작업과는 달리, 보안 관점에서 기내를 세밀하게 점검할 수 있는 전문 지식과 기술을 보유하고 있다. 좌석 아래, 수하물 선반, 화장실, 갤리 등 기내의 모든 구역을 체계적으로 점검하여 의심스러운 물품이나 비정상적인 상황을 식별하는 것이 핵심 업무다.

교육받은 객실승무원 또는 점검 요원들은 정해진 체크리스트에 따라 표준화된 절차를 수행한다. 이들은 어떤 물품이 정상적인 기내 비품이고 어떤 것이 승객이 남긴 물품인지 구분할 수 있으며, 의심스러운 상황 발견 시 적절한 보고체계를 통해 신속히 대응할 수 있도록 훈련받고 있다. 이러한 전문적이고 체계적인 기내 보안점검을 통해 항공기 운항의 연속성과 안전성을 확보하고 있다.

2) 보안점검 실패 시 단계별 제재 및 재발방지 체계

> **▌항공보안법**
>
> **제15조(승객 등의 검색 등)** ③ 공항운영자 및 항공운송사업자는 제2항에 따른 보안검색을 직접 하거나 「경비업법」 제4조제1항에 따른 경비업자 중 공항운영자 및 항공운송사업자의 추천을 받아 제6항에 따라 국토교통부장관이 지정한 업체에 위탁할 수 있다.
>
> ⑦ 제3항에 따라 보안검색 업무를 위탁받으려는 업체는 국토교통부령으로 정하는 바에 따라 국토교통부장관의 지정을 받아야 한다.

항공기 보안점검의 실효성을 확보하기 위해 강력한 재발방지 체계가 운영되고 있다. 항공운송사업자가 출발 전이나 도착 후 실시하는 항공보안등급별 보안점검에서 실탄 등 안보위해물품을 발견하지 못할 경우, 단계별 강화 대책을 의무적으로 이행해야 한다. 이는 보안점검의 완전성을 담보하고 유사 사례의 재발을 방지하기 위한 제도적 장치로 작용한다.

보안점검 실패에 대한 대응은 발생 횟수에 따라 단계적으로 강화되는 구조를 가지고 있다. 최초 실패 시에는 항공운송사업자가 자체적으로 재발방지대책을 수립하여 시행하며, 이는 문제점을 분석하고 개선방안을 마련하는 자율적 개선의 기회를 부여하는 것이다. 다만, 외부 업체가 보안점검을 실시하는 미국행 항공편이나 관계기관의 정기점검 또는 불시평가 결과에 따른 점검 실패의 경우에는 재발방지대책 수립만 요구되고 있다.

동일 노선에서 반복적으로 실패가 발생할 때는 더욱 강력한 조치가 취해진다. 최초 발생 시점으로부터 12개월 이내에 추가 실패가 발생하면, 항공운송사업자는 더 이상 자체 점검을 수행할 수 없게 된다. 항공보안법 제15조제3항 및 제7항을 준용하여 국토교통부장관이 지정한 전문 보안검색 업체에 국내공항 출발 항공기의 보안점검을 위탁해야 하며, 이는 자체 점검 능력의 신뢰성이 훼손되었다고 판단하여 외부 전문기관에 업무를 이관하는 강제 조치다. 위탁 조치 기간은 추가 실패 횟수에 비례하여 연장되는데, 기본 위탁 기간에 더해 추가 실패가 발생할 때마다 3개월씩 조치 기간이 연장되는 구조로 운영된다.

그러나 이러한 제재는 영구적이지 않으며 개선 기회를 지속적으로 제공한다. 항공기 보안점검 최종 실패 이후 12개월 동안 추가적인 보안점검 실패가 발생하지 않으면, 제재

수준이 초기화되어 다시 최초 발생 시의 조치인 재발방지대책 수립 단계로 돌아간다. 이는 항공운송사업자에게 개선의 기회를 지속적으로 부여하면서도, 일정 기간 동안의 성실한 이행을 인정하는 체계적 접근이다. 이러한 단계별 제재 체계는 항공보안의 중요성을 강조하면서도 항공운송사업자의 자율적 개선 노력을 유도하는 효과적인 방식으로 평가되고 있으며, 특히 외부 위탁이라는 강력한 제재 수단을 통해 보안점검의 실효성을 확보하고 동시에 지속적인 개선을 촉진하는 구조를 갖추고 있다.

3) 항공기 보안통제 실패 대응체계와 국제협력 절차

항공기 보안통제 실패는 항공보안에서 가장 심각한 위협 요인 중 하나로, 국가항공보안계획에서는 이에 대한 즉각적이고 체계적인 대응절차를 규정하고 있다.

이러한 대응체계 중 8.1.36은 출발 단계에서의 보안통제 실패 대응체계를 명시한다. 보안통제가 실시되지 않은 항공기가 이미 출발한 사실을 인지한 모든 관계자는 즉시 공항운영자나 해당 항공운송사업자에게 이를 통보해야 한다. 통보를 받은 담당자는 지체 없이 도착 공항의 관련 기관에 구체적인 상황 정보를 전달하여 선제적 대응이 이루어지도록 조치하고 있다. 이러한 신속한 정보공유 체계는 연쇄적인 보안위협을 차단하는 핵심 절차다.

국내 대응절차와 연계하여 8.1.37에서는 국제적 차원의 대응절차를 다루고 있다. 타국가의 항공운송사업자나 공항당국으로부터 보안통제 미실시 항공기 출발 정보를 접수한 경우, 해당 정보를 즉시 국내 공항운영자와 항공운송사업자에게 전파해야 한다. 정보를 전달받은 공항운영자와 항공운송사업자는 해당 항공기를 격리주기장으로 유도하여 완전한 추가 보안통제를 실시하도록 하고 있다. 이는 국제 항공보안 협력체계의 실질적 작동 방식을 보여주는 중요한 절차다.

2. 항공기내보안요원

▮ 항공보안법

제2조(정의)

7. "항공기내보안요원"이란 항공기 내의 불법방해행위를 방지하는 직무를 담당하는 사법경찰관리 또는 그 직무를 위하여 항공운송사업자가 지명하는 사람을 말한다.

제14조(승객의 안전 및 항공기의 보안) ① 항공운송사업자는 승객의 안전 및 항공기의 보안을 위하여 필요한 조치를 하여야 한다.

② 항공운송사업자는 승객이 탑승한 항공기를 운항하는 경우 **항공기내보안요원을 탑승**시켜야 한다.

제21조(위해물품 휴대 금지 및 검색시스템 구축·운영) ③ 제1항에도 불구하고 경호업무, 범죄인 호송업

무 등 대통령령으로 정하는 특정한 직무를 수행하기 위하여 **대통령령으로 정하는 무기**의 경우에는 국토교통부장관의 허가를 받아 항공기에 가지고 들어갈 수 있다.

제51조(과태료) ① 다음 각 호의 어느 하나에 해당하는 자에게는 1천만원 이하의 과태료를 부과한다.

2. 제14조제2항을 위반하여 **항공기내보안요원을 탑승시키지 아니한 항공운송사업자**

▌항공보안법 시행령

제18조의2(특정 직무의 수행) 법 제21조제3항에서 "경호업무, 범죄인 호송업무 등 대통령령으로 정하는 특정한 직무"란 다음 각 호의 업무를 말한다.

1. 「대통령 등의 경호에 관한 법률」에 따른 경호업무
2. 「경찰관 직무집행법」에 따른 주요 인사(人士) 경호업무
3. 외국정부의 중요 인물을 경호하는 해당 정부의 경호업무
4. 법 제24조에 따른 호송대상자에 대한 호송업무
5. **항공기 내의 불법방해행위를 방지하는 항공기내보안요원의 업무**

▌항공운송사업자의 항공기내보안요원 등 운영 지침

제1조(목적) 이 지침은 「항공보안법」 제14조제2항 및 「국가항공보안계획」 7.6.1에 따라, 항공운송사업자가 승객이 탑승한 항공기를 운항하는 경우 테러 등 불법행위로부터 승객의 안전 및 항공기의 보안을 위하여 탑승시키고 있는 항공기내보안요원 등의 운영에 관하여 필요한 최소한의 사항을 규정함을 목적으로 한다.

제2조(정의) 이 지침에서 사용하는 용어의 정의는 다음과 같다.

1. "무기"란 「항공보안법 시행령」 제19조에 따른 무기 중 분사기 및 전자충격기를 말한다.
5. "항공기내보안요원"이란 항공기 내의 불법행위를 방지하는 직무를 담당하는 사법경찰관리 또는 그 직무를 위하여 항공운송사업자가 지명하는 사람을 말하며, "항공기내보안요원 등"이란 항공기내보안요원과 객실승무원을 말한다.

항공기내보안요원은 항공기 내 보안의 핵심 대응인력이다. 국가항공보안계획 7.6.1은 항공기내보안요원의 체계적인 운영을 위한 법적 프레임워크를 제시한다. 이에 따라 국토교통부는 상위 운영지침을 수립하고, 각 항공운송사업자는 이를 바탕으로 자체 세부 지침을 마련하는 이중 구조를 형성하고 있다.

이러한 체계적 접근이 요구되는 것은 항공기내보안요원이 수행하는 임무의 특수성에서 비롯된다. 3만 피트 상공의 밀폐된 공간에서 무기를 휴대하며 극한 상황에 대응해야 하는 이들의 업무 특성상, 철저한 준비와 명확한 프로토콜 확립은 필수 요건이다. 9.11 테러 이후 각국이 도입한 기내항공보안요원(IFSO, In-Flight Security Officer) 프로그램의 운영 사례는 이러한 체계적 운영의 중요성을 실증적으로 보여준다.

기내보안무기 관리 체계는 항공기내보안요원 운영의 핵심 요소로 작용한다. 기내 탑재 무기 선정은 항공기 내부의 특수한 환경을 반영한 별도 기준이 적용된다. 여압된 기체, 좁은 공간, 다수의 승객이라는 제약 조건을 고려하여 일반적인 무기와는 다른 특성이 요구되는 것이다.

이와 함께 기내 무기 보관은 접근성과 보안성이라는 두 가지 요구사항을 동시에 충족해야 한다. 항공기내보안요원이 신속히 접근할 수 있으면서도 타인의 탈취 가능성은 원천 차단하는 방식으로 운영되고 있다. 각 항공사는 항공기 기종별로 최적화된 보관 장소를 지정하며, 항공기내보안요원이 직접 통제하고 관리한다.

무기 인계·인수 절차는 흔히 간과되지만 보안체계의 연속성을 보장하는 중요한 요소다. 근무 교대나 기항지 변경 시 무기가 적절히 인계되지 않으면 치명적인 보안 공백이 발생할 수 있다. 2017년 영국 맨체스터공항에서 미국 연방보안요원의 무기가 화장실에 방치된 채 발견된 사건은 이러한 철저한 프로토콜의 필요성을 실증적으로 보여준다. 이중 확인, 문서화, 감독자 승인 등 복합적 안전장치가 필수적이며, 이러한 절차는 위협 대응 프로토콜과 유기적으로 연계되어 운영된다.

위협대응 체계는 난동부터 테러 시도까지 각 위협 수준에 맞는 명확한 대응 기준을 제시하고 있다. 무기 사용은 최후의 수단으로 규정되며, 구두경고에서 시작해 물리적 제압, 비치명적 무력 사용을 거쳐 치명적 무력 사용에 이르는 단계적 대응 원칙을 따른다. 다만 즉각적인 생명 위협 상황에서는 이러한 단계를 유연하게 적용할 수 있는 재량권이 부여된다.

범인 인도 절차는 국제법적 복잡성을 내포한 또 다른 도전 과제다. 항공기가 착륙한 국가의 관할권, 항공기 등록국의 권리, 범죄자 국적국의 요구가 서로 얽혀 있다. 도쿄협약, 헤이그협약, 몬트리올협약 등 국제협약의 틀 안에서 신속하면서도 합법적인 인도가 이루어져야 한다. 특히 외국공항에 착륙한 경우 현지 보안당국과의 원활한 협력이 중요한 의미를 갖는다.

최근 기술 발전은 항공보안에 새로운 과제를 제기하고 있다. 드론을 이용한 위협, 사이버 공격과 연계된 물리적 위협, 3D 프린팅으로 제작된 무기 등은 기존 프로토콜의 전면적 재검토를 요구한다. 이에 따라 항공기내보안요원의 역할도 단순한 물리적 대응을 넘어 복합적 위협을 인지하고 대응하는 방향으로 확대되고 있다.

항공기내보안요원 체계의 핵심은 '준비된 전문가'를 양성하는 데 있다. 철저한 규정과 지침은 이들이 극한 상황에서도 침착하고 효과적으로 대응할 수 있는 토대를 제공한다. 하늘 위의 보이지 않는 이 전문인력들이 제 역할을 수행할 수 있도록 체계적이고 과학적인 운영 시스템을 구축하는 것은 국토교통부와 항공운송사업자가 짊어진 중대한 책무다.

(1) 객실승무원의 법적 지위와 보안 권한

▮ 항공안전법

제2조(정의) 이 법에서 사용하는 용어의 뜻은 다음과 같다.

17. "객실승무원"이란 항공기에 탑승하여 비상시 승객을 탈출시키는 등 승객의 안전을 위한 업무를 수행하는 사람을 말한다.

▮ 항공안전법 시행규칙

제218조(승무원 등의 탑승 등) ⑤ 제1항제2호에 따른 객실승무원은 항공기 비상시의 경우 또는 비상탈출이 요구되는 경우 항공기에 갖춰진 비상장비 또는 구급용구 등을 이용하여 필요한 조치를 할 수 있는 지식과 능력이 있어야 한다.

객실승무원은 항공기에 탑승하여 승객의 안전을 책임지는 핵심 보안 인력이다. 이들의 주요 임무는 비상시 승객을 신속하게 탈출시키는 것이며, 평상시에는 체계적인 안전 관리 활동을 수행한다. 탑승 전 브리핑을 통해 해당 운항편의 특이사항, 비상시 역할 분담, 승객 관련 정보를 공유하며 승무원 간 협업체계를 구축하고 있다.

이러한 사전 준비를 바탕으로 승객 탑승 후에는 보다 직접적인 안전 관리에 들어간다. 승객의 상태를 세심하게 관찰하고 기내반입 수하물의 안전한 보관 여부를 확인한다. 또한 승객이 규정을 준수하도록 안전수칙을 안내하는 등 일상적이면서도 중요한 업무를 진행하고 있다. 이러한 업무는 단순한 서비스 차원을 넘어 항공안전법과 항공보안법에 근거한 법적 의무사항으로 규정된다.

명확한 법적 근거는 객실승무원에게 상당한 권한을 부여하는 토대가 된다. 이 권한은 기장으로부터 위임받은 것이지만, 그 효력은 매우 강력하다. 항공기의 보안을 해치는 행위, 인명이나 재산에 위해를 주는 행위, 항공기 내 질서를 어지럽히거나 규율을 위반하는 행위에 대해 필요한 조치를 취할 수 있다. 제지나 권고 수준을 넘어 물리적 제재를 포함한 강제 조치까지 가능하며, 이는 비행 중 발생할 수 있는 다양한 위협 상황에 효과적으로 대응하도록 설계되었다.

객실승무원의 권한이 실효성을 갖도록 하기 위해 항공보안법은 승객에게도 중요한 의무를 부과하고 있다. 모든 승객은 승무원의 정당한 직무상 지시에 따라야 할 공법상 의무를 지니며, 이를 위반할 경우 법적 제재를 받게 된다. 더 나아가 객실승무원에게는 사전 예방적 역할도 부여된다. 항공보안법 제23조제1항제1호부터 제5호까지 규정된 위반행위가 발생하거나 발생할 우려가 있는 경우, 승무원은 반드시 경고를 실시해야 한다. 이러한 경고 의무는 재량사항이 아닌 법적 의무로서, 기내 보안위협을 사전에 차단하는 초기 대응단계 역할을 한다.

이처럼 객실승무원의 복합적 지위는 항공보안의 특수성을 그대로 반영하고 있다. 서비스 제공자이면서 동시에 보안 담당자이고, 안전 관리자이면서 법 집행 보조자의 역할을 수행한다. 이러한 다면적 역할은 현대 항공운송의 안전과 보안을 유지하는 데 필수불가결한 요소로 자리 잡았으며, 객실승무원은 항공기 내 보안체계의 핵심 구성원으로서 그 중요성이 더욱 강조되고 있다.

(2) 항공기내보안요원 지정절차

▮ 항공운송사업자의 항공기내보안요원 등 운영 지침

제5조(항공기내보안요원의 자격기준) 항공기내보안요원은 2년 이상의 선임객실승무원 또는 객실승무원 경력을 갖춘 자로서 정신적으로 안정되고 성숙된 자이어야 하며, 연령 및 성별을 고려하여 항공운송사업자가 선발하여야 한다.

제9조(행정) ② 항공기내보안요원에 대한 지정 신청 및 항공기 안으로 반입되는 무기의 허가 신청은 다음 각 호와 같다.

1. 항공기내보안요원 지정 : 항공운송사업자는 매년 동·하계마다 별지 제4호서식의 항공기내보안요원 지정 신청서를 지방항공청장에 제출

③ 지방항공청장은 제2항에 따라 항공운송사업자가 항공기내보안요원 지정 신청을 할 경우 동 요원의 적격여부를 판단하고 별지 제5호서식의 항공기내보안요원 지정서를 발급하여야 한다.

항공기내보안요원의 지정은 체계적인 절차를 통해 이루어진다. 항공운송사업자가 항공기내보안요원 지정을 원할 경우, 먼저 항공기내보안요원 지정신청서를 작성하여 항공사 주 영업소재지를 관할하는 지방항공청에 제출해야 한다. 이는 항공기 내 보안을 담당할 전문 인력을 공식적으로 인정받기 위한 첫 단계로서, 모든 지정 과정의 출발점이 된다.

이렇게 제출된 신청서를 바탕으로 지방항공청은 종합적인 검토를 수행한다. 검토 항목에는 항공기내보안요원의 자격기준 충족 여부가 포함되며, 이는 법령에서 정한 최소 요건을 만족하는지 확인하는 과정이다. 자격요건과 더불어 초기교육과 정기교육의 훈련 실적도 면밀히 검토하고 있다. 이때 단순히 교육이수 여부만 확인하는 것이 아니라 이론교육과 실습훈련의 적절성까지 종합적으로 평가한다. 교육훈련을 담당한 교관의 적격 여부 역시 중요한 검토 대상이며, 이는 교육의 질을 보장하기 위한 필수적인 확인절차로 작용한다.

이러한 모든 검토 과정을 통과한 경우, 지방항공청은 항공기내보안요원 지정서를 발

급하고 있다. 이 지정서는 해당 인원이 항공기 내에서 보안업무를 수행할 수 있는 공식적인 자격을 부여하는 문서다. 지정서 발급을 통해 해당 요원은 항공보안의 핵심 영역에서 활동할 수 있는 권한을 공식적으로 인정받게 된다.

(3) 항공기내보안요원의 역할과 책임

▌ 항공운송사업자의 항공기내보안요원 등 운영 지침

제2조(정의) 이 지침에서 사용하는 용어의 정의는 다음과 같다.

6. “항공기내의 불법행위”란 항공기의 안전운항을 저해할 우려가 있거나 운항을 불가능하게 하는 행위로 「항공보안법」 제2조제8호 각 목의 행위를 말한다.

제3조(항공운송사업자의 책무) ③ 항공운송사업자는 항공기내보안요원에게 다음 각 호의 사항을 포함하여 임무를 부여하여야 한다.

1. 승객 탑승 전 항공기 객실 내 보안 점검 및 수색
2. 최초 출발공항 또는 중간경유지공항에서 항공기에 탑승하는 승객 또는 재 탑승하는 승객과 휴대수하물에 대하여 의심스러운 경우 수색 및 점검
3. 운항 중 항공기 객실 내 보안 순찰
4. 운항 중 및 경유지에 있는 동안의 객실 내 보안감독
5. 항공기 불법 점거 또는 파괴 행위 제지
6. 객실 내 폭발의심물체가 발견된 경우 최소위험폭발물위치 사용절차에 따른 수행
7. 불법행위 발생 시 녹화 실시 및 불법행위 승객 도착공항 경찰관서에 인도
8. 기타 승객의 안전 및 항공기 보안에 필요한 사항

제4조(항공기내보안요원의 권한 및 책임) ① 항공기내보안요원은 항공기안으로 무기를 휴대하고 탑승할 수 있다.

③ 항공기내보안요원 등은 객실 내 불법행위 및 항공안전을 해치는 범죄행위 등을 녹화(불가피한 제약이 있는 경우는 제외)하여야 하며, 그 행위를 저지시키기 위한 필요한 조치를 하여야 한다.

④ 항공기내보안요원은 항공기 내에서 불법행위가 발생한 경우 신속하게 대응하기 위하여 객실승무원에게 임무를 부여하여야 하며, 항공기 내 주변 승객에게 협조 요청 등 필요한 조치를 요구할 수 있다.

⑤ 객실내 거동 수상한 행동을 하거나 보안위반의 경우 항공기내보안요원이 운항승무원에게 긴밀히 알릴 수 있어야 한다.

⑥ 항공기내보안요원은 항공기내에서 불법행위를 행한 자 및 항공안전을 해치는 범죄자를 현행범으로 체포(물리적으로 신체를 속박한 경우에 해당)한 때에는 별지 제1호 서식의 현행범인체포서를 작성하여야 한다. 이 경우 항공기내보안요원은 피의사실의 요지, 체포의 이유와 변호인을 선임할 수 있음을 말하고 변명할 기회를 준 후 피 체포자로부터 별지 제2호 서식의 확인서를 받아야 한다.

⑦ 항공운송사업자는 제5항의 규정에 따라 현행범인체포서 및 확인서를 작성할 경우에는 원본은 도착공항

> 경찰관서에 피체포자와 함께 인계하고 그 사본을 사건이 종료된 날로부터 1년 이상 보존하여야 한다.
> ⑧ 항공기내보안요원은 기밀을 엄수하여 피의자·피해자 기타 관계인의 명예를 훼손하지 아니하도록 하여야 한다.
> **제9조(행정)** ⑤ 항공운송사업자는 승객이 탑승을 완료한 후 항공기 이륙전에 「항공보안법」 제23조제6항에 따라 불법행위를 하지 말 것을 기내 안내방송을 이용하여 기내에서 사전에 안내(경고)하여야 한다. 이 경우 안내 방송 문구는 소속 항공기내 보안요원(운항·객실승무원)의 의견을 들어 작성하고, 형사상 처벌 대상임을 알려야 할 필요가 있는 흡연·전자기기 사용·승무원 업무 방해 및 탈출구·기기 등의 조작 행위 등을 포함하여야 한다.
> ⑥ 항공운송사업자는 제5항에도 불구하고 「항공보안법」 제23조제1항부터 제4항까지의 행위를 하지 말 것을 기내에 구비된 승객브리핑카드(안전정보카드)에 포함시키고, 추가적으로 일반상황에서 비상구 조작이 금지행위임을 안내하는 스티커를 승객이 잘 볼 수 있는 곳에 부착하여야 한다.

항공보안법 제2조제7호는 "항공기내보안요원"을 항공기 내 불법방해행위를 방지하는 직무를 담당하는 사법경찰관리 또는 항공운송사업자가 지명하는 사람으로 정의한다. 이와 유사하게 항공운송사업자의 항공기내보안요원 등 운영 지침 제2조제5호에서도 동일한 정의를 내리면서, "항공기내보안요원 등"이라는 개념을 추가하여 항공기내보안요원과 일반 객실승무원을 포괄하는 용어로 규정하고 있다.

이러한 법적 정의에도 불구하고 현행 규정에는 중요한 모순이 존재한다. 운영 지침 제2조제6호는 "항공기내의 불법행위"를 항공보안법 제2조제8항의 불법방해행위로 한정하여 정의하고 있다. 이처럼 협소한 정의는 실제 항공기 내에서 빈번하게 발생하는 항공보안법 제23조의 '승객의 협조의무' 위반 행위를 포함하지 못하는 문제점을 내포한다. 예를 들어 승무원 지시 불이행, 기내 질서 문란 행위 등은 불법방해행위에는 해당하지 않지만 항공기 안전운항에 중대한 영향을 미칠 수 있는 행위들이다.

정의상의 한계에도 불구하고 운영 지침 제3조제3항은 항공기내보안요원에게 광범위한 임무를 부여한다. 보안점검, 기내 순찰, 보안감독 등 다양한 보안활동을 수행하도록 규정하며, 이는 단순히 불법방해행위 방지를 넘어서는 포괄적인 역할이다. 실제 운영 현장에서 항공기내보안요원은 승객의 협조의무 위반사항을 포함한 광범위한 기내 보안업무를 담당하고 있다.

이러한 객실 내 보안활동이 항공기내보안요원만의 고유 업무가 아니라는 점은 더욱 주목할 필요가 있다. 일반 객실승무원 역시 기내 보안과 안전 유지를 위한 중요한 역할을 수행한다. 승객의 안전벨트 착용 지도, 기내 질서 유지, 위험물품 적발 등 많은 보안 관련 업무가 일반 객실승무원에 의해서도 수행되고 있다. 이러한 현실을 고려할 때, 운영 지침 제3조제3항의 주체를 '항공기내보안요원'으로 한정하는 것은 실무와 괴리가 있다. 이를 '항공기내보안요원 등'으로 개정하여 일반 객실승무원을 포함시키는 것이 실제 운영 현황을 정확히 반영하고, 법적 일관성을 확보하는 방안이 될 것이다.

1) 항공기내 보안 대응 권한의 구조적 문제

항공기내보안요원의 역할과 책임 체계가 명확하게 정립되지 않은 것은 중요한 문제로 지적되고 있다. 현재 규정상 항공기내보안요원, 기장이 지명하는 승무원, 일반 객실승무원 간의 구체적인 역할 분담이 모호하게 되어 있다. 이로 인해 항공기 내에서 불법방해행위가 발생했을 때 누가 주된 책임을 지고 대응해야 하는지 불분명한 상황이 발생한다.

이러한 역할 분담의 모호성은 현행 체계의 구조적 한계와 결합되어 더욱 심각한 문제를 야기한다. 기내 상황 대응의 최종 권한이 기장에게 있으나, 기장은 조종실에서 근무하기 때문에 객실에서 발생한 상황을 직접 목격할 수 없으며 객실승무원의 보고를 통해서만 상황을 파악할 수 있다. 이러한 물리적 분리로 인해 신속한 현장 대응이 어려워지고 있다. 실제로 긴급한 보안 상황이 발생했을 때 현장에 있는 항공기내보안요원이 기장의 허락을 받고 나서야 대응하는 것은 현실적으로 매우 비효율적이다.

이러한 구조적 문제를 해결하기 위해서는 항공기내보안요원에게 현장 대응의 우선권을 부여하는 방향으로 개선이 필요하다. 항공기내보안요원이 긴급 상황에서 즉각적으로 판단하고 대응한 후, 사후에 기장에게 보고하는 체계로 전환하는 것이 더 효과적일 것이다. 이는 보안 위협에 대한 신속한 초기 대응을 가능하게 하며, 상황 확산을 방지하는 데 기여할 수 있다. 따라서 현실적인 상황 대응이 가능하도록 관련 법규를 개정하여 항공기내보안요원의 권한과 책임을 명확히 규정할 필요가 있다. 이러한 개정은 권한의 재배분을 넘어, 항공기 내 보안체계 전반의 효율성을 높이는 중요한 전환점이 될 것이다.

2) 현장 지휘체계 및 사후처리 절차의 불명확성

앞서 언급한 조종실과 객실의 물리적 분리가 만들어내는 한계는 객실 내 보안 상황 대처에서 지휘 체계의 모호성이라는 구체적 문제로 나타난다. 항공기내보안요원, 기장으로부터 권한을 위임받은 승무원, 일반 객실승무원 사이에서 누가 최종적인 책임을 지고 현장 지휘를 해야 하는지 명확하지 않다. 이는 위기 상황에서 대응의 혼선을 초래할 수 있으며, 골든타임을 놓치는 원인이 된다. 따라서 각자의 역할과 권한을 구체적으로 명시하여 일사불란한 대응체계를 구축할 필요가 있다.

지휘체계의 모호성과 함께 항공보안법 제22조제3항과 관련된 실무적 문제도 해결이 시급하다. 불법행위로 체포된 사람이 항공기 착륙 후에도 계속 탑승하는 것에 동의하는 경우, 항공운송사업자가 어떤 절차로 해당 승객을 처리해야 하는지 명확한 지침이 없다. 이로 인해 현장에서는 상당한 혼란이 발생한다. 체포된 승객의 계속 탑승 동의 시 좌석 재배치, 추가 보안조치, 목적지에서의 인계 절차 등 구체적인 처리 과정을 법령이나 지침에 명확히 규정해야 한다. 이러한 명확한 규정은 승무원들의 법적 책임을 분명히 하고, 다른 승객들의 안전을 보장하는 데 필수적인 조치가 될 것이다.

3) 항공기내 사법경찰권 행사의 현실적 한계

▌항공보안법

제25조(범인의 인도 · 인수) ① 기장등은 항공기 내에서 이 법에 따른 죄를 범한 범인을 직접 또는 해당 관계 기관 공무원을 통하여 해당 공항을 관할하는 국가경찰관서에 통보한 후 인도하여야 한다.

▌형법

제122조(직무유기) 공무원이 정당한 이유없이 그 직무수행을 거부하거나 그 직무를 유기한 때에는 1년 이하의 징역이나 금고 또는 3년 이하의 자격정지에 처한다.

▌형사소송법

제196조(검사의 수사) ② 검사는 제197조의3제6항, 제198조의2제2항 및 제245조의7제2항에 따라 사법경찰관으로부터 송치받은 사건에 관하여는 해당 사건과 동일성을 해치지 아니하는 범위 내에서 수사할 수 있다.

▌사법경찰관리의 직무를 수행할 자와 그 직무범위에 관한 법률

제7조(선장과 해원 등) ② **항공기 안에서 발생하는 범죄에 관하여는 기장과 승무원이 제1항에 준하여 사법경찰관 및 사법경찰리의 직무를 수행한다.**

▌항공운송사업자의 항공기내보안요원 등 운영 지침

제4조(항공기내보안요원의 권한 및 책임) ② 항공기내보안요원은 제3조제3항에 따라 부여된 임무를 수행하여야 하고, 이 경우 항공기내보안요원 등은 「사법경찰관리의 직무를 수행할 자와 그 직무범위에 관한 법률」 제7조제2항에 따른 사법경찰리의 직무도 수행하여야 한다.

항공기내보안요원과 객실승무원은 사법경찰관리의 직무를 수행할 자와 그 직무범위에 관한 법률 제7조제2항에 따라 사법경찰관리로서의 역할을 수행하도록 규정되어 있다. 그러나 실제 기내 상황에서는 이러한 역할 수행에 상당한 제약이 따르고 있다.

이러한 제약의 핵심은 항공기라는 고립된 환경의 특수성에 있다. 기내에서 범죄가 발생한 경우 검찰과 일반사법경찰이 즉시 수사에 착수할 수 없게 된다. 경찰권의 부재라는 이 문제를 해결하기 위하여, 기내에서 기장 등이 수행해야 할 사법경찰관리의 직무는 명확히 규정되어 있다. 형사소송법 제196조제2항과 항공보안법 제25조에 따르면, 범죄행위에 대한 수사권한(체포, 진술 확보 등)을 행사하고 이를 관계 당국에 인계할 의무가 있다. 이러한 의무를 이행하지 않을 경우에는 형법 제122조의 공무상 직무유기로 처벌받을 수 있다.

법적 의무는 명확하게 규정되어 있지만, 실제 이행을 위한 지원 체계는 미흡한 실정이다. 가장 큰 문제점은 체계적인 교육 프로그램의 부재와 정당한 직무집행에 대한 법적 보호 장치가 마련되어 있지 않다는 점이다. 특히 기내에서 발생하는 위기 상황 대처 시, 사법경찰관리로서의 권한 행사가 초래할 수 있는 법적 책임에 대한 명확한 면제 조항이 없어 승무원들의 항공기 내 보안 활동의 효과성을 크게 저하시키는 요인으로 작용하고 있다.

가. 도쿄협약에 따른 승무원의 면책권과 보호

도쿄협약 제10조는 승무원의 면책권에 관한 중요한 원칙을 확립하고 있다. "본 협약에 따라서 취해진 조치에서 기장이나 기타 승무원, 승객, 항공기의 소유자나 운항자는 물론 비행의 이용자는 피소된 자가 받은 처우로 인하여 어떠한 소송상의 책임도 부담하지 아니한다"는 명문 규정을 통해, 불법방해행위 제압에 나선 승무원들을 법적 책임으로부터 보호한다. 이는 승무원들이 주저 없이 보안위협에 대응할 수 있도록 하는 국제법적 보호 규정이다.

이러한 면책권 보호와 함께 도쿄협약은 권한 행사의 주체를 확대하고 있다. 제6조제2항 제1문은 "기장은 자기가 감금할 권한이 있는 자를 감금하기 위하여 다른 승무원의 원조를 요구하거나 권한을 부여할 수 있다"고 규정하여, 기장의 권한이 다른 승무원에게 위임될 수 있음을 명시한다. 이를 통해 기장 혼자가 아닌 승무원 전체가 보안 유지의 주체가 될 수 있는 법적 토대를 마련하였다.

권한 위임을 넘어 더욱 주목할 점은 긴급상황에서의 자발적 개입 권한이다. 제6조제2항 제2문은 "승무원이나 승객도 누구를 막론하고 항공기와 기내의 인명 및 재산의 안전을 보호하기 위하여 합리적인 예방조치가 필요하다고 믿을 만한 상당한 이유가 있는 경우에는 기장의 권한부여가 없어도 즉각적으로 상기 조치를 취할 수 있다"고 규정한다. 이는 기장이 아닌 승무원은 물론, 일반 승객까지도 기내 질서 유지를 위한 정당한 권한을 행사할 수 있는 법적 근거를 제공한다.

이러한 권한 행사에 대한 면책권의 적용 기준은 객관적 사실이 아닌 합리적 믿음에 기초하고 있다. 승무원의 관점에서 해당 승객이 기내 불법방해행위를 하였거나 하려고 한다는 것을 합리적으로 믿을 수 있었다면, 설령 추후 형사 절차에서 무죄가 선고되더라도 도쿄협약에 따른 적법한 행위로서 면책 대상이 된다.

이와 같은 면책권 제도는 항공보안의 특수성을 반영한 필수적 보호 조치다. 외부 지원이 불가능한 항공기 내에서 승무원들이 망설임 없이 위협에 대응할 수 있도록 하며, 동시에 일반 승객들의 자발적 협조를 유도하는 효과를 창출한다. 이로 인해 비행공동체 전체가 안전을 위해 협력하는 체계를 구축하는 데 기여하고 있다.

나. 권한 위임 시점의 법적 공백과 포괄적 사전 위임 관행

기장이 객실승무원에게 권한을 위임할 수 있다는 원칙은 명확하게 확립되어 있다. 그러나 정작 중요한 위임 시점에 대한 구체적 규정이 없어 실무상 혼란을 야기할 수 있는 문제점이 존재한다. 언제 권한이 위임되는지, 어떤 절차를 거쳐야 하는지에 대한 명확한 기준이 부재한 상황이다.

이러한 법적 공백에 직면하여 항공사들은 자체보안계획을 통해 실무적 해결책을 마련하고 있다. 대부분의 항공사는 비행 전 실시하는 합동브리핑을 통해 기장이 객실승무원에게 포괄적 권한을 위임하는 것으로 인정한다. 이는 매 비행마다 반복되는 표준 절차로 정착되었으며, 법적 불확실성을 해소하는 중요한 관행으로 자리잡았다.

포괄적 사전 위임 방식은 단순한 관행을 넘어 실무적으로 큰 의미를 갖는다. 객실승무원은 기내에서 불법방해행위가 발생할 경우, 기장에게 별도의 권한 위임을 요청하거나 승인을 기다릴 필요 없이 즉각적인 대응조치를 취할 수 있다. 조종실에 있는 기장과 일일이 소통하며 권한 위임을 받는 것은 현실적으로 불가능할 뿐만 아니라, 긴급 상황에서는 치명적인 시간 지연을 초래할 수 있다.

이러한 즉각적 대응의 필요성은 기내 불법방해행위의 특성을 고려할 때 더욱 명확해진다. 항공기라는 밀폐된 공간에서 발생하는 보안위협은 순식간에 전체 탑승객의 안전을 위협할 수 있으며, 초기 대응의 적절성이 상황의 전개를 좌우한다. 따라서 객실승무원의 즉각적이고 독립적인 권한 행사는 단순한 편의가 아닌 필수적 요구사항이다.

그럼에도 불구하고 실무 관행과 법규정 사이의 불합치는 여전히 해소되지 않고 있다. 포괄적 사전 위임의 법적 효력, 위임의 범위와 한계, 사후 책임 문제 등에 대한 명확한 법적 기준 마련이 시급하다. 이는 승무원의 법적 안정성을 제고하고 더욱 효과적인 기내보안 체계를 구축하기 위한 필수 과제다. 법과 실무의 조화로운 통합이야말로 항공보안의 미래를 좌우하는 핵심 요소라 할 수 있다.

4) 교육훈련 체계 현황과 개선방향

▌항공운송사업자의 항공기내보안요원 등 운영 지침

제6조(항공기내보안요원의 교육훈련) 항공기내보안요원의 훈련프로그램에는 불법행위 유형별 위협수준에 따른 현실적 시나리오 및 훈련기법을 적용하여 실시하여야 하며, 다음 각 호의 내용을 포함하여야 한다.

1. 항공기내 불법행위자에 대한 강력대응, 경찰인계 절차 및 구금기법
2. 비무장 공격 및 방어 기술
3. 불안·초조 등 이상행동 행위자를 식별·인터뷰 및 집중 감시하는 절차
4. 탑재된 무기의 사용방법 등 무기훈련
5. 불법행위 유형별 대응절차 및 조치사항
6. 최소폭발물위험위치 인지, 승무원의 임무와 책임, 항공기 성능 및 객실장비 등 일반적 교육
7. 테러정세 및 국가대테러활동체계
8. 운항승무원과 항공기내보안요원간 객실 내 상황 또는 관련 정보의 신중한 전달 방법 또는 방식 등

제6조의2(교육과정운영 등) ① 항공운송사업자는 항공기내보안요원의 교육과정을 초기·정기 교육으로 운영하여야 하며, 이론교육 및 실습훈련으로 구분 실시하여야 한다. 다만, 테러정세 및 국제위협상황 등이 발생하는 경우 관계기관과 협의하여 교육과정을 추가로 운영할 수 있다.

② 제1항의 초기교육은 실습훈련을 포함하여 최소 8시간 이상으로 운영하고, 초기교육을 받은 사람은 매 12개월마다 2시간 이상의 실습훈련과 이상승객 감시교육 2시간을 포함한 최소 5시간 이상의 정기교육을 이수하여야 한다. 이 경우 「국가민간항공보안 교육훈련지침」 제22조에 따른 객실승무원 정기교육을 이수한 것으로 본다.

③ 제6조의 규정에 의한 항공기내보안요원의 교육훈련을 담당하는 교관의 자격요건은 항공기내보안요원으로 지명된 객실승무원 중에 관계기관으로부터 테러정세 및 국가대테러활동체계 등 필요한 교육을 최소 연 1회 이상 받은 자이어야 한다.

④ 제1항의 규정에 의한 정기교육은 교육을 받아야 할 날자가 속한 월과 전·후 1개월 이내에 실시하여야 하며, 이 경우 해당 월에 받은 것으로 본다.

항공기내보안요원의 효과적인 직무수행을 위해서는 이론교육과 실습훈련이 적절히 조화를 이루어야 한다. 특히 기내에서의 제압무기 사용법, 그중에서도 테이저건과 같은 무기의 적절한 운용에 대한 실습훈련이 매우 중요한 비중을 차지한다.

제압무기 운용 훈련과 함께 반드시 마련되어야 할 것은 정당한 기내보안무기 사용에 따른 법적 책임 면제에 관한 명확한 지침이다. 항공기내보안요원이 주어진 역할과 책임을 적극적으로 수행하기 위해서는 정당한 직무집행에 대한 법적 보호 장치가 뒷받침되어야 한다. 이는 단순히 교육의 문제가 아니라 제도적 차원에서 해결해야 할 핵심 과제로 인식되고 있다.

법적 보호 장치와 더불어 교육체계에서 시급히 개선되어야 할 부분은 항공기내보안 교관 양성 프로그램의 전문화다. 현재 항공기내보안요원을 교육하는 교관들에 대한 체계적인 관리·감독이 미흡한 실정이다. 보안검색교육기관에 항공기내보안요원 교관 양성을 위한 정식 교육과정을 개설하여 교육의 질적 향상을 도모할 필요가 있다.

교관 양성의 전문성 문제는 현행 국가정보원 교관과정에서도 나타나고 있다. 이 과정은 항공기내 보안의 특수성을 충분히 반영하지 못한다. 예를 들어 실탄 사격 훈련의 경우, 좁은 기내 공간과 여압 환경, 다수의 승객이 밀집해 있는 항공기의 특수한 상황을 고려한 훈련으로 보기는 어렵다. 따라서 항공보안의 특성에 맞춘 전문적이고 실효성 있는 교육과정 개발이 시급히 요구된다. 이러한 전문화된 교육체계 구축은 항공기내보안요원의 역량 강화와 직결되는 핵심 사안이다.

5) 정부 소속 항공기내보안요원 운영규정의 부재

국가항공보안계획 8.5.16은 국토교통부장관이 정부 소속 항공기내보안요원에 대한 포괄적인 세부지침을 수립·시행해야 한다고 명시하고 있다. 이 지침에는 자격기준, 무기관리, 교육훈련 및 관계기관 간 협정체결 등 항공기내보안요원 운영에 필수적인 사항들이 포함되어야 한다.

이러한 명확한 법적 의무사항이 존재함에도 불구하고 현재까지 정부 소속 항공기내보안요원에 관한 구체적인 규정이 마련되지 않고 있다. 이는 항공보안체계의 중요한 공백으로 지적되며, 실무 현장에서는 명확한 지침의 부재로 인한 혼란이 지속된다. 법적 근거는 있으나 실행 지침이 없는 이러한 상황은 보안요원의 효과적인 운영을 저해하는 요인으로 작용한다.

이러한 규정의 공백 속에서 현재 존재하는 유일한 관련 규정은 대통령 경호처 소속 공무원의 항공기내 무기 반입 및 관리지침이다. 하지만 이 지침은 대통령 경호라는 특수한 목적을 위해 제정된 것으로, 일반적인 항공기내 보안업무를 수행하는 정부 소속 보안요원에게는 적용되지 않는다. 따라서 정부 소속 항공기내보안요원의 체계적인 운영과 관리를 위한 독립적인 규정 제정이 시급히 요구된다. 이는 단순한 행정적 과제가 아니라 국가 항공보안 체계의 완성도를 높이는 핵심 요소가 될 것이다.

6) 항공보안 무기 정의의 명확화 필요성

> **▌ 항공보안법 시행령**
>
> **제19조(기내 반입무기)** 법 제21조제3항에서 "대통령령으로 정하는 무기"란 다음 각 호의 무기를 말한다.

1. 「총포·도검·화약류 등의 안전관리에 관한 법률 시행령」 제3조에 따른 권총
2. 「총포·도검·화약류 등의 안전관리에 관한 법률 시행령」 제6조의2에 따른 분사기
3. 「총포·도검·화약류 등의 안전관리에 관한 법률 시행령」 제6조의3에 따른 전자충격기
4. 국제협약 또는 외국정부와의 합의서에 의하여 휴대가 허용되는 무기

항공운송사업자의 항공기내보안요원 등 운영 지침

제7조(무기 등 운영) ① 항공운송사업자는 항공기내보안요원에게 제2조제1호에 따른 무기와 수갑 및 포승줄(올가미형) 등을 필요시 사용가능하도록 지급 및 탑재하여야 한다.

② 항공운송사업자는 제1항의 규정에 의한 무기·수갑·포승줄 등을 항공기내보안요원 등이 객실내 위협수준에 따라 즉시 사용이 가능하도록 운영하여야 한다.

③ 항공기내보안요원 등은 현장 상황을 합리적으로 판단하여 무기·수갑·포승줄 등 중에서 가장 적합한 장비를 정확하고 안전하게 사용하여야 하며, 불가피한 경우를 제외하고는 항공기내보안요원이 무기를 사용하여야 한다.

제9조(행정) ① 항공운송사업자는 항공기내보안요원으로 임명된 자에 대한 명단, 제6조의2에 따른 초기·정기교육 실적 및 제7조제1항에 따라 지급된 무기의 종류·수량 등을 기록하여 1년 이상 보존하여야 한다.

② 항공기내보안요원에 대한 지정 신청 및 항공기 안으로 반입되는 무기의 허가 신청은 다음 각 호와 같다.

1. 항공기내보안요원 지정: 항공운송사업자는 매년 동·하계마다 별지 제4호서식의 항공기내보안요원 지정 신청서를 지방항공청장에 제출
2. 무기반입 허가: 항공운송사업자는 매년 동·하계마다 무기 반입자, 반입사유, 종류 및 일련번호(내림차순)를 국토교통부장관에 제출

④ 국토교통부장관은 제2항에 따라 항공운송사업자가 항공기내 무기반입을 신청하는 경우 「항공보안법」 제21조에 따라 허가를 하여야 한다.

항공보안 분야에서 '무기'라는 용어가 명확한 법적 정의 없이 사용되면서 현장 실무에 상당한 혼선을 초래하고 있다. 특히 항공기에 무기를 휴대하는 보안요원의 경우, 어떤 장비가 '무기'에 해당하는지에 대한 명확한 기준이 없어 법적 적용과 실무 운영에 어려움을 겪고 있다.

이러한 정의의 모호성은 실제 현장에서 더욱 심각한 문제로 나타난다. 항공보안 현장에서 사용되는 무기의 종류는 매우 다양하다. 총기류부터 테이저건과 같은 전자충격기 그리고 각종 제압 장비에 이르기까지 그 범위가 광범위한데, 이들 각각에 대한 구체적인 분류와 정의가 부재한 실정이다. 이러한 모호성은 보안요원의 무기 휴대 권한, 사용 범위,

관리 책임 등 실무적 측면에서 지속적인 문제를 야기하고 있다.

무기 정의의 명확화는 이제 더 이상 미룰 수 없는 과제가 되었다. 이를 해결하기 위해서는 국가항공보안계획에 무기의 정의를 명확히 규정할 필요가 있다. 구체적으로는 항공운송사업자의 항공기내보안요원 등 운영지침에서 참조하고 있는 항공보안법 시행령 제19조의 무기 정의를 국가항공보안계획에도 명시적으로 포함시켜야 한다. 이를 통해 관련 규정 간의 일관성을 확보하고 현장의 법적 불확실성을 해소할 수 있을 것이다. 명확한 정의는 보안요원의 효과적인 직무 수행과 법적 안정성 확보의 기초가 될 것이다.

(4) 항공기내 불법행위 대응절차의 개선 필요성

▌항공운송사업자의 항공기내보안요원 등 운영 지침

제2조(정의)

7. "위협수준"이란 무기 사용 절차 등 대응기준에 적용하기 위한 불법행위의 심각성 정도를 말하며 다음 각목과 같이 4단계로 구분된다.
   가. 1단계 – 수상한 행동이나 구두로 위협하는 방해 행위
   나. 2단계 – 육체적으로 폭력적인 행위
   다. 3단계 – 목숨을 위협하는 행위
   라. 4단계 – 조종실에 침범하거나 침범을 시도하는 행위 등

제8조(불법행위 대응 및 처리절차 등) ① 항공기 내에서 불법행위가 발생하는 경우 항공기내보안요원 등은 휴대전화 등을 활용하여 불법행위를 녹화(불가피한 제약이 있는 경우는 제외)하여야 한다.

② 항공기내보안요원 등은 폭행행위, 조종실 진입 기도행위, 출입문·탈출구·기기 등의 조작행위와 기내 안전을 위협하는 협박·위계행위, 승무원 업무방해행위, 음주 후 위해행위 등 불법행위를 범한 승객에 대해서는 신속히 제압 및 구금 조치(구금 이후에도 고성·폭언 등 위해행위를 지속하는 경우 추가 조치 포함)하여야 한다.

③ 항공기내보안요원 등은 성적수치심 유발행위, 흡연행위, 단순 소란행위, 기장등의 정당한 직무상 지시를 따르지 않은 행위 등 불법행위를 중단할 것을 경고할 수 있으며, 경고 이후에도 불법행위를 지속하는 승객에 대해서는 항공기내보안요원의 판단에 따라 제2항과 같이 처리할 수 있다.

④ 기장 또는 항공기내보안요원 등은 도착공항 경찰관서에 사전 협조를 요청하여 불가피한 경우를 제외하고는 항공기 출입문 앞에서 불법행위 승객을 인계하여야 한다.

⑤ 기장 또는 항공기내보안요원 등은 제4항에 따라 불법행위 승객을 도착공항 경찰관서에 인계하는 경우 제1항에 따른 불법행위 녹화자료와 별지 제3호 서식에 따라 피해·목격 경위 및 내용 등이 포함된 진술서를 작성하여 경찰관서에 제출하여야 한다. 또한, 참고인의 진술이 있는 경우에도 이와 같으며, 항공기내보안요원 등 또는 승무원은 도착공항 경찰관이 피해·목격내용에 대하여 추가 진술을 요구할 경우 경찰관서에 동행하여 조사에 협조하여야 한다.

항공기내에서 발생하는 불법방해행위는 항공안전과 보안에 심각한 위협이 되고 있다. 이에 대한 효과적인 대응을 위해서는 승무원들이 불법방해행위의 중요성을 정확히 인식하고, 상황에 맞는 적절한 조치를 취할 수 있어야 한다.

이러한 대응 능력 확보를 위한 전제조건이 있음에도 불구하고, 현행 대응절차는 근본적인 한계를 드러내고 있다. 가장 큰 문제점은 불법방해행위의 유형 분류가 지나치게 추상적이라는 점이다. 실제 기내에서 발생하는 다양한 상황들을 포괄하기에는 현재의 분류체계가 너무 광범위하고 모호하다. 또한 각 상황에 대한 단계별 대응 구분이 명확하지 않아, 승무원들이 현장에서 즉각적인 판단과 대응을 하는 데 어려움을 겪는다.

현장의 어려움을 해결하기 위해서는 기내 보안 실무를 반영한 전면적인 개선이 필요하다. 먼저 불법방해행위의 유형을 구체적이고 세분화된 기준으로 재분류해야 한다. 언어적 위협, 물리적 폭력, 기물 파손, 승무원 지시 불이행 등 실제 발생 빈도가 높은 사례들을 중심으로 체계를 재구성할 필요가 있다.

유형 분류의 구체화와 함께 각 유형별로 명확한 단계별 대응절차를 수립해야 한다. 초기 대응부터 상황 악화 시의 조치 그리고 사후 처리까지 일련의 과정을 구체적으로 매뉴얼화하여 승무원들이 현장에서 즉시 활용할 수 있도록 해야 한다. 이를 통해 항공기내 보안 상황에 대한 대응 능력을 실질적으로 향상시킬 수 있을 것이다. 체계적인 절차 확립은 승무원의 자신감 있는 대응을 가능하게 하고, 전반적인 항공보안 수준을 한 단계 높이는 계기가 될 것이다.

3. 항공화물보안

▮ 항공보안법

제15조(승객 등의 검색 등) ② 공항운영자는 항공기에 탑승하는 사람, 휴대물품 및 위탁수하물에 대한 보안검색을 하고, **항공운송사업자는 화물에 대한 보안검색을 하여야 한다**.

▮ 항공보안법 시행령

제12조(화물에 대한 보안검색방법 등) ① 법 제15조에 따라 여객기에 탑재하는 화물에 대한 항공운송사업자의 보안검색에 대해서는 제11조제2항 및 제3항을 준용한다.

② 항공운송사업자는 화물기에 탑재하는 화물에 대해서는 다음 각 호의 어느 하나에 해당하는 방법으로 보안검색을 하여야 한다.

1. 개봉검색
2. 엑스선 검색장비에 의한 검색

> 3. 폭발물 탐지장비 또는 폭발물 흔적탐지장비에 의한 검색
> 4. 폭발물 탐지견에 의한 검색
> 5. 압력실을 사용한 검색
>
> **▌ 상용화주 항공화물 보안기준**
>
> **제2조(정의)** 이 기준에서 사용하는 용어의 뜻은 다음과 같다.
> 1. "항공화물"이란 항공기에 탑재되어 운송되는 물품 중 기내식, 승객의 휴대물품 및 위탁수하물을 제외한 모든 화물을 말한다.

항공화물은 전 세계 무역량에서 1% 미만의 작은 비중을 차지하지만, 금액 기준으로는 세계 무역의 약 33%를 담당하는 세계경제의 핵심축이다. 이는 항공화물이 단순한 운송수단을 넘어서 고부가가치 상품의 글로벌 유통을 책임지는 핵심 인프라임을 보여준다. 여객운송과 함께 성장해온 항공화물은 이제 독자적인 경제 구조를 형성하며 세계 경제를 움직이는 주요 동력으로 자리잡았다.

이처럼 중요한 역할을 수행하는 항공화물 보안의 기본 국제표준은 국제민간항공협약 Annex 17에 규정되어 있으며, 여기에는 화물검색, 보안통제, 공급망보안에 관한 최소 요건이 포함된다. 이외에도 세계관세기구(WCO)의 SAFE Framework 등이 국제적 보안체계를 뒷받침한다.

이러한 국제표준을 토대로 각 국가는 자국의 법규를 제정하여 시행하고 있다. 미국의 TSA 규정, EU의 Regulation 2015/1998 등이 대표적인 사례다. 각국의 규정은 국제표준의 기본 요건을 충족하면서도 자국의 보안 환경과 위협 수준을 고려한 추가적인 조치들을 포함한다. 이를 통해 전 세계적으로 일관성 있으면서도 각국 실정에 맞는 항공화물 보안체계가 구축되고 있다.

(1) ICAO와 IATA의 항공화물 정의 체계 및 보안 적용

국제민간항공기구(ICAO)는 항공화물에 대해 여러 문서에서 조금씩 다른 관점의 정의를 제시하고 있어 주목할 필요가 있다. 가장 기본이 되는 국제민간항공협약 Annex 17에서는 항공화물을 "항공기에 실린 물품 중 항공기 운항 및 유지에 필요한 물품, 승객의 휴대물품과 위탁수하물을 제외한 모든 것"으로 정의한다.

이러한 기본 정의를 토대로 ICAO Doc. 8973(Aviation Security Manual)에서는 더욱 구체적인 분류를 제시하고 있다. 비동반 수하물, 특송회사가 운송하는 물품, 여객기에 실리는 일반화물, 혼합화물, 운송품, 별송 캐리어 물품, 외교행낭, 회사 저장품, 화물로 운송되

는 별송수하물 등을 포함하는 훨씬 광범위한 정의를 채택한다. 이러한 상세한 분류는 실제 보안검색 현장에서 어떤 물품에 어떤 보안절차를 적용할지 결정하는 데 매우 중요한 기준이 된다.

보안 현장의 실무적 필요성과 함께 ICAO Doc. 9569에서는 언어적 정확성을 더욱 중시한다. "항공기로 운송되는 모든 물품 중 저장품, 동반수하물, 착오 운송수하물을 제외한 물품"으로 정의하여, 더 명확한 구분을 시도하고 있다. 이는 법적 해석이나 규정 적용에서 발생할 수 있는 모호성을 최소화하려는 노력의 일환이다.

ICAO의 기술적 접근과 달리 IATA는 더 상업적이고 실무적인 관점을 견지한다. "국제협약 조건에 따른 물품 중 여객항공권이나 수하물표로 운송되는 수하물을 제외한 모든 것"으로 정의하여, 운송업체의 운영 실무와 요금체계를 고려하고 있다. 이는 실제 항공화물 운송계약과 보험 적용범위를 결정하는 데 직접적으로 활용된다.

이처럼 다양한 정의가 존재하는 것은 보안실무 현장에서 중요한 의미를 갖는다. 화물 분류와 적용 보안수준을 결정할 때 정확한 기준 적용이 필수적이기 때문이다. 예를 들어, 외교행낭의 경우 일반화물과는 다른 특별한 보안절차가 적용되며, 특송회사 물품은 별도의 보안 인증체계를 거쳐야 한다.

따라서 항공보안 전문가들은 각 정의의 미묘한 차이점을 정확히 이해하고, 상황에 따라 적절한 기준을 적용할 수 있는 전문성을 갖추어야 한다. 이는 ICAO 표준의 조화와 함께 각국의 특수한 상황을 반영한 유연한 적용이 필요한 영역이다. 국제표준의 일관성과 현장 적용의 유연성 사이에서 조화를 이루는 것이 항공화물 보안의 핵심 과제라 할 수 있다.

(2) 국내 항공화물 분류체계와 보안기준

우리나라의 항공화물 정의는 국제기준을 바탕으로 하면서도 국내실정에 맞게 보다 구체적이고 세분화된 특징을 보인다.

이러한 특징은 국가항공보안계획(NCASP)의 체계적 분류에서 명확히 드러난다. 항공화물을 운영 목적에 따라 세 가지 유형으로 구분하고 있다. 먼저 화물(Cargo)은 "우편물, 기내물품, 휴대수하물, 오처리 수하물 외에 항공기로 운송되는 모든 물품"으로 정의되어 ICAO 기준과 유사한 포괄적 개념을 채택한다.

화물의 기본 정의와 함께 특히 주목할 만한 것은 환적화물(Transfer Cargo)을 별도로 정의한 점이다. "도착 항공기에 실린 화물이 다른 항공기에 실려서 출발하는 화물"로 규정된 환적화물은 우리나라가 동북아 허브공항의 임무를 수행하면서 그 중요성이 크게 증대된 분야다. 인천국제공항의 경우 전체 화물 처리량의 상당 부분을 환적화물이 차지하고 있어, 이에 대한 명확한 정의와 차별화된 보안절차가 필수적이다.

환적화물과 더불어 중요한 것은 고위험화물(High-risk Cargo)에 대한 구체적이고 실무적인 정의다. "발신처가 불분명하거나 포장 등을 훼손한 흔적이 있는 화물"을 기본 조건으로 하면서, 다음 두 가지 중 하나에 해당하는 경우로 세분화한다. 첫째, 특수 첩보에 따라 민간항공에 위협이 될 것으로 간주되는 화물, 둘째, 의심되는 비정상 변경 또는 훼손 흔적이 있는 화물이다. 이러한 정의는 9.11 테러 이후 강화된 국제 보안기준을 반영하면서도 현장 실무진이 실제로 적용할 수 있는 구체적 기준을 제시한다는 점에서 매우 실용적이다.

국가항공보안계획의 정의와 함께 상용화주 항공화물 보안기준에서는 "항공기에 탑재되어 운송되는 물품 중 기내식, 승객의 휴대물품과 위탁수하물을 제외한 모든 화물"로 정의하고 있다. 이 정의는 상용화주 제도의 법적 근거가 되는 동시에, 실제 보안검색과 승인절차의 적용범위를 명확히 하는 역할을 수행한다.

한국항공협회는 보다 통계적이고 산업적 관점에서 접근한다. 항공화물을 "항공기로 수송되며 항공화물서류로 처리되는 모든 물품"으로 정의하며, 화물(Freight)과 우편(Mail)을 포함하는 포괄적 개념을 채택하고 있다. 여기서 주목할 점은 수송실적 산정 방식에 대한 명확한 기준 제시다. 개별 운항구간마다 중복으로 계산하지 않고 특정 운항편에서 단일 계산한다는 원칙은 항공화물 통계의 정확성과 국제 비교 가능성을 보장하는 중요한 기준이 된다. 또한 순화물(Freight)을 "우편물을 제외한 일반화물"로 별도 정의함으로써 우편물의 특수성을 인정한다.

이처럼 다양한 기관의 정의는 각각의 목적과 역할에 따라 차별화되면서도 상호보완적인 체계를 구축하고 있다. 이는 항공화물 보안의 복잡성과 다면성을 반영하는 동시에, 실무 현장에서 명확한 기준을 제공하는 종합적 접근이라 할 수 있다.

(3) 여객기·화물기 화물 보안검색의 운영 절차와 관리체계

국가항공보안계획 8.7에서는 항공운송사업자가 여객기 또는 화물기로 운송되는 화물 및 우편물에 대한 보안검색을 어떻게 실시해야 하는지 구체적인 기준을 제시한다.

1) 기본 검색 방법의 차별화

가장 중요한 원칙은 여객기와 화물기에 대해 서로 다른 보안검색 기준을 적용한다는 점이다. 여객기에 탑재하는 화물 및 우편물의 경우 위탁수하물의 보안검색 기준을 준용하여 검색을 실시한다. 이는 승객의 안전과 직결되는 만큼 더 엄격한 기준을 적용하겠다는 의미로 해석된다.

이와 달리 화물기에 탑재하는 화물 및 우편물은 상대적으로 유연한 접근을 취한다. 개봉검색, 엑스선검색장비 검색, 폭발물 탐지장비 또는 폭발물 흔적탐지장비 검색, 폭발물 탐지견 검색 중 하나의 방법으로 보안검색을 실시하면 된다. 특히 폭발물흔적탐지장비를 사용하는 경우에는 부록의 세부 절차를 따라야 한다는 점이 명시되어 있다.

2) 위험평가 기반의 검색수준 결정

검색 방법의 차별화와 함께 주목할 점은 화물 및 우편물에 대한 보안검색 수준을 위험평가에 기초하여 결정하도록 규정한 것이다. 이는 획일적인 검색보다는 각 화물의 위험도를 평가해서 차등적으로 보안조치를 적용하겠다는 현대적 보안 패러다임을 반영한다. 또한 보안검색을 거부한 화주의 화물 및 우편물은 아예 운송할 수 없도록 명확히 규정하여 보안검색의 강제성을 확보하고 있다.

3) 세부 검색절차와 화주 관리

실제 보안검색을 실시할 때는 여러 가지 세부사항을 준수해야 한다. 검색대상 화물과 우편물은 포장 단위별로 나누어 검색하는 것이 원칙이지만, 화물 전체를 검색할 수 있는 장비가 있는 경우에는 예외를 인정한다.

화물 접수 단계에서는 신고된 선적 서류(Master AWB)를 꼼꼼히 확인해야 한다. 만약 화물의 출·도착지, 접수자 서명, 물품명 등이 누락되어 있으면 화물 접수를 거절할 수 있다. 항공운송사업자와 정규적으로 거래하지 않은 화주나 운송업체의 화물을 접수할 때는 반드시 신분확인을 거친다.

고위험 화물이나 우편물로 분류된 경우에는 특별한 주의가 필요하다. 통상적인 보안검색 외에 내용물을 확인하기 위한 육안·개봉검색을 실시한다. 폭발물로 의심되는 경우 폭발물흔적탐지장비(ETD)를 통해 추가적인 보안조치를 수행하고 있다. 또한 항공화물 운송을 의뢰하는 대리점에 대해서는 물류정책기본법에 의한 국제물류주선업 등록여부를 확인한 후 화물을 접수해야 한다.

4) 기록 보존과 관리체계

이러한 모든 검색 과정은 체계적인 기록 관리를 통해 완성된다. 항공운송사업자는 항공화물 및 우편물의 보안검색에 관한 기록을 작성해서 전자기록물 등의 방법으로 1년 이상 보존해야 한다. 여기에는 보안검색 업무를 수행한 항공보안검색요원과 감독자의 성명 및 근무시간, 항공보안장비의 점검 및 운용에 관한 사항, 그 밖에 보안검색 수행 중에 발생한 특이사항 등이 포함된다. 이러한 기록 관리 체계는 보안검색의 투명성과 책임성을 확보하는 중요한 장치로 작동하고 있다.

(4) 화물터미널 출입통제와 보안검색

화물터미널은 항공화물이 집중되는 핵심 보안시설로서, 체계적인 출입통제와 보안검색이 필수적이다. 국가항공보안계획에서는 화물터미널의 보안 취약점을 차단하기 위해 여러 단계의 보안체계를 규정하고 있다.

1) 기본 출입통제와 보안검색

국가항공보안계획 8.7.1.2에 따르면, 화물터미널 등을 운영하는 자는 해당시설 출입자 및 소지물품에 대해 보안검색을 실시하여야 한다. 이는 화물터미널이라는 보호구역의 보안성을 유지하고, 무허가 물품의 반입을 차단하기 위한 기본적인 보안조치에 해당한다. 모든 출입자와 그들이 소지한 물품에 대한 검색을 통해 위해요소의 유입을 사전에 차단하고자 하는 것이다.

항공화물터미널운영자(항공운송사업자 포함)는 엑스선검색장비보다 큰 대형 물품이나 무게 초과로 엑스선검색이 불가능한 경우 개봉검색 또는 폭발물흔적탐지장비(ETD) 검색을 실시하도록 규정되어 있다. 이는 엑스선검색의 물리적 한계를 보완하기 위한 대체 검색 절차로, 대형 물품이나 중량 초과 물품에 대한 보안 공백을 방지하고자 마련된 것이다.

그러나 개봉검색 또는 ETD 검색으로도 내부 물품에 대한 확인이 어려운 경우에는 이를 대체할 수 있는 보안절차가 부재한 상황이다. 예컨대, 복잡한 내부 구조를 가진 기계류나 밀폐된 용기에 담긴 물품의 경우, 개봉검색을 하더라도 내부 전체를 확인하는 것이 현실적으로 불가능할 수 있으며, ETD 검색 또한 표면에 대한 검사에 한정되어 내부 은닉물을 탐지하는 데 한계가 있다. 즉, 현행 규정은 일반적인 보안검색 절차는 규정하고 있으나, 특수한 형태나 구조로 인하여 표준 검색 절차로는 확인이 불가능한 물품에 대한 구체적인 보안절차를 제시하고 있지 아니하다.

이러한 보안 공백은 항공화물 보안체계의 취약점으로 작용할 수 있다. 특히 검색이 불가능한 물품을 통한 위해물품 반입 가능성을 배제할 수 없으며, 이는 항공보안 전반에 심각한 위협이 될 수 있다. 이러한 문제점을 개선하기 위해서는 정비고 통제구역 보안통제 절차를 별도로 마련한 것과 같이, 자체보안계획에 일반 보안검색으로는 확인이 불가능한 물품 및 인원에 대한 보안검색 절차를 구체적으로 규정할 필요가 있다. 예컨대, 개봉검색 및 ETD 검색으로도 내부 확인이 곤란한 물품에 대해서는 제조사 확인서 요구 등 추가적인 검증 절차를 마련하여야 할 것이다. 이러한 검증 절차는 항공화물터미널운영자의 자체보안계획에 포함하여 국토교통부의 승인을 받도록 함으로써 절차의 적정성과 일관성을 확보할 필요가 있다.

2) 일반구역 출입통제 체계

기본적인 보안검색과 함께 화물터미널운영자 및 국제우편물류센터는 화물터미널 창고 내 일반구역에 대해 특별한 출입통제를 실시해야 한다. 일반구역은 창고 입구부터 보호구역까지의 구역으로, 이곳에서의 통제가 전체 보안체계의 첫 번째 단계 역할을 한다.

출입통제는 두 가지 방법을 모두 적용한다. 첫째, 화물터미널 진출입 셔터를 설치하고 셔터를 화물 상하차시에만 개방한다. 이는 불필요한 출입을 물리적으로 차단하고, 화물 이동 시에만 제한적으로 접근을 허용하는 조치다. 둘째, 화물터미널 창고 내 일반구역 및 화물 진출입 셔터 구역에 대하여 항공경비요원이 직접 또는 CCTV를 통해 감시하고 있다. 이는 물리적 차단과 함께 인적 감시를 통한 이중 보안체계를 구축하는 것이다.

3) 화물 분리 보관과 감시체계

출입통제와 더불어 보안의 무결성을 유지하기 위해서는 서로 다른 보안 상태의 화물을 철저히 분리해야 한다. 화물터미널운영자 및 국제우편물류센터는 수입·환적화물을 포함하여 보안검색이 완료되지 않은 화물과 보안검색이 완료된 화물을 물리적 시설로 분리한다. 이동식 격벽, 울타리 등을 활용한 물리적 분리는 교차 오염을 방지하고 보안검색이 완료된 화물의 상태를 보장하는 핵심 조치다.

시설 여건상 물리적 분리가 불가능한 경우에는 대안적 보안조치가 마련되어 있다. 보안검색이 완료된 화물을 항공경비요원이 직접 또는 CCTV를 통해 지속적으로 감시하도록 한다. 이는 물리적 분리를 대체하는 인적 감시체계로, 보안 상태가 다른 화물들이 혼재하는 상황에서도 보안 무결성을 유지할 수 있게 해준다.

이러한 화물터미널의 출입통제와 보안검색 체계는 항공화물 보안 연쇄에서 매우 중요한 역할을 담당한다. 화물이 터미널에 입고되는 순간부터 항공기에 탑재되기까지의 전 과정에서 보안이 유지될 수 있도록 하는 핵심 인프라로 작동하고 있다.

(5) 항공화물 보안 무결성 유지 체계

화물 및 우편물이 보안검색을 완료한 후부터 항공기에 탑재되어 출발하기까지의 보호 절차는 항공보안의 핵심적인 연결고리에 해당한다. 국가항공보안계획 8.7.6부터 8.7.10까지는 이러한 화물 보호 체계에 대한 구체적인 기준을 제시하고 있다.

1) 위해물품 은닉확인 절차

항공운송사업자는 화물 및 우편물 안에 비인가된 폭발물, 발연성 물질 또는 위해물품이 은닉되어 있는지 확인하는 절차를 수립해야 한다. 이러한 절차는 자체보안계획에 명시되어야 하며, 보안검색만으로는 발견하기 어려운 정교한 은닉 시도를 차단하기 위한 추가적 안전장치 역할을 한다.

2) 보안검색 완료 후 화물 관리

위해물품 확인절차와 함께 보안검색을 완료한 화물 및 우편물은 항공기 탑재 전까지 출입이 통제되는 지역에 보관해야 한다. 이는 검색 완료 후에도 화물의 보안 상태를 유지하기 위한 필수 조치다. 화물 및 우편물이 항공기에 탑재된 후부터 항공기가 출발하기 전까지는 특별한 감시체계가 운영된다. 비인가자의 접근 등을 감시하는 직원이 화물에 대한 접근도 함께 감시하도록 규정하여, 탑재 후에도 화물 보안이 지속적으로 유지된다.

3) 화물 방치 금지와 발견 시 조치

화물 보관과 감시에 이어 항공운송사업자는 보호구역 안에서 화물 및 우편물을 지정된 보관장소 외의 다른 장소나 항공사 직원이 감시하지 않는 지역에 방치해서는 안 된다. 만약 방치된 화물 및 우편물이 발견된 때에는 해당 화물 및 우편물에 대하여 보안검색을 다시 실시하는 등의 보안조치를 취해야 한다. 이는 화물보안의 무결성을 유지하기 위한 중요한 안전장치로 작동하고 있다.

4) 화물이동 시 보안통제

방치 화물에 대한 조치와 더불어 보안검색이 완료된 화물, 우편물, 기내물품 등을 외부로부터 공항 보호구역 또는 항공기 안으로 이동시킬 때는 특별한 보안통제 절차가 필요하다. 위해물품이 반입되지 않도록 경비요원에 의한 호송을 받거나, 시건장치가 되어 있는 컨테이너에 보관하여 운송하는 등의 조치를 취한다. 이러한 절차는 자체보안계획에 명시되어야 하며, 화물 이동 과정에서 발생할 수 있는 보안 취약점을 사전에 차단하는 역할을 한다.

5) 컨테이너 및 장비 보안대책

화물 이동 보안과 함께 항공운송사업자는 컨테이너, 화물처리장비, 단위화물탑재용기(ULD)에 대한 보안대책을 수립해야 한다. 이러한 장비들 자체가 보안위협의 수단이 될 수 있고, 또한 화물보안 체계의 중요한 구성요소이기 때문에 별도의 보안관리가 필요하다. 관련 대책은 자체보안계획에 명시되어야 하며, 전체적인 화물보안 체계의 완성도를 높이는 데 기여한다. 이를 통해 화물 보안의 모든 단계가 유기적으로 연결되어 작동하는 통합적 보안체계가 구축되고 있다.

(6) 환적화물 보안검색과 관리체계

1) 환적화물의 보안검색 기준

상업용 항공기에 의해 운송되는 환적 화물 및 우편물에 대한 보안검색은 일반 화물과는 다른 접근이 필요하다. 국가항공보안계획 8.7.12에 따르면, 단위화물탑재용기로 이동되거나 같은 항공운송사업자의 항공기로 환적되는 경우를 제외하고는 출발 시 접수 화물과 같은 방법으로 보안검색을 실시해야 한다. 이는 환적 과정에서 발생할 수 있는 보안 취약점을 차단하기 위한 조치로, 특히 서로 다른 항공사 간 환적이나 컨테이너 변경이 이루어지는 경우 보안 연쇄의 무결성을 유지하는 데 중요한 역할을 한다.

2) 항공화물보안신고서(CSD) 발급과 보안 상태 확인

환적 화물의 보안검색과 함께 화물 및 우편물에 대한 보안검색을 완료한 경우, 보안검색 주체는 반드시 상용화주 항공화물 보안기준에 따른 항공화물보안신고서(CSD, Consignment Security Declaration)를 발급해야 한다. 이 신고서는 화물 및 우편물의 최종 도착지까지 보안검색이 완료된 상태임을 확인할 수 있도록 하는 핵심 문서다.

CSD에는 여섯 가지 필수 항목이 포함되어야 한다. 보안검색주체, 화물 내용물, 화물 출발지 및 도착지, 보안검색방법(날짜 포함), 보안통제 상태, 보안검색자 또는 보안검색주체 서명이 그것이다. 이러한 상세한 정보는 화물이 이동하는 전 구간에 걸쳐 보안 이력을 추적할 수 있게 해주며, 문제 발생 시 신속한 대응을 가능하게 한다.

3) 해외 출발 환적화물의 보안 확인

국내 화물의 CSD 발급과 더불어 다른 국가에서 출발하여 국내 공항에서 환적되는 화물 및 우편물에는 특별한 절차가 적용된다. 보안검색이 면제되는 대상이라 하더라도 각 화물에 대한 유효한 CSD와 같은 전자 또는 문서 형태의 증명서류를 통해 최종 출발지 국가에서 적정한 보안통제가 이루어졌는지를 반드시 확인해야 한다.

이는 국제 환적 허브로서의 역할을 수행하는 우리나라 공항의 특성을 반영한 조치다. 출발국의 보안수준을 신뢰하면서도 우리나라의 보안기준을 유지하는 중요한 절차로 운영되고 있다. 보안검색 면제 대상이라 하더라도 관련 증명서류를 통한 확인은 반드시 거쳐야 하는 최소한의 보안 통제 수단이 되고 있다.

(7) 상용화주

▮ 항공보안법

제17조의2(상용화주) ① 국토교통부장관은 검색장비, 항공보안검색요원 등 국토교통부령으로 정하는 기준

을 갖춘 화주(貨主) 또는 항공화물을 포장하여 보관 및 운송하는 자를 지정하여 항공화물 및 우편물에 대하여 보안검색을 실시하게 할 수 있다.

② 국토교통부장관은 제1항에 따라 지정된 자[이하 "상용화주"(常用貨主)라 한다]가 준수하여야 할 화물보안통제절차 등에 관한 항공화물보안기준을 정하여 고시하여야 한다.

③ 항공운송사업자는 제15조제2항에도 불구하고 제1항에 따라 상용화주가 보안검색을 한 항공화물 및 우편물에 대하여는 보안검색을 하지 아니한다. 다만, 다음 각 호에서 정하는 항공화물 및 우편물에 대하여는 보안검색을 실시하여야 한다.

1. 상용화주로부터 접수하였으나 상용화주가 아닌 자가 취급한 경우
2. 접수·보안검색·운송 등 취급과정에서 상용화주 및 항공운송사업자의 통제를 벗어난 경우
3. 훼손 흔적이 있는 경우
4. 허가받지 아니한 자의 접촉이 발생하였거나 접촉이 의심되는 경우
5. 화물전용기에서 여객기로 옮겨지는 경우
6. 무작위 표본검색 등 국토교통부장관이 정하여 고시한 사항에 해당하는 경우
7. 제15조제2항 단서에 따라 관할 국가경찰관서의 장이 필요한 조치를 요구한 경우
8. 그 밖에 위협정보의 입수 등 항공운송사업자가 보안검색이 필요하다고 인정할 만한 상당한 사유가 있는 경우

④ 상용화주의 지정절차 등에 관하여 필요한 사항은 국토교통부령으로 정한다.

제17조의3(상용화주의 지정취소) ① 국토교통부장관은 상용화주가 다음 각 호의 어느 하나에 해당하는 경우 그 지정을 취소할 수 있다. 다만, 제1호에 해당하면 그 지정을 취소하여야 한다.

1. 거짓이나 그 밖의 부정한 방법으로 지정을 받은 경우
2. 제17조의2제1항의 지정기준에 미달하게 된 경우
3. 제17조의2제2항의 항공화물보안기준을 위반하여 업무를 수행한 경우

② 국토교통부장관은 제1항에 따라 상용화주의 지정을 취소한 경우에는 즉시 항공운송사업자에게 통보하여 항공운송사업자가 보안검색을 하도록 조치하여야 한다.

③ 상용화주 지정취소의 절차 등에 관하여 필요한 사항은 국토교통부령으로 정한다.

▌항공보안법 시행규칙

제9조의2(상용화주의 지정기준) ① 법 제17조의2제1항에서 "국토교통부장관이 정하는 기준"이란 다음 각 호와 같다.

1. 다음 각 목에 해당하는 검색장비를 갖출 것
   가. 여객기에 탑재하는 화물의 보안검색을 위한 엑스선 검색장비
   나. 화물기에 탑재하는 화물의 보안검색을 검색장비로 하는 경우에는 엑스선 검색장비, 폭발물 탐지장비 또는 폭발물 흔적탐지장비
2. 항공보안검색요원을 2명 이상 확보할 것

3. 항공화물의 보안을 위해 다음 각 목의 시설을 모두 갖출 것
   가. 화물을 포장 또는 보관할 수 있는 시설로서 일반구역과 분리되어 항공화물에 대한 보안통제가 이루어질 수 있는 시설
   나. 보안검색이 완료된 항공화물이 완료되지 않은 항공화물과 섞이지 않도록 분리할 수 있는 시설
4. 상용화주 지정 신청일 이전 6개월 이내의 기간 중 총 24회 이상 항공화물을 운송 의뢰한 실적이 있을 것
5. 그 밖에 국토교통부장관이 정하여 고시하는 항공화물 보안기준에 적합할 것

② 제1항에도 불구하고 「경비업법」 제4조제1항에 따른 경비업자에게 항공화물의보안검색을 위탁하여 실시하는 경우에는 제1항제1호 또는 제2호를 적용하지 아니할 수 있다.

제9조의3(상용화주의 지정절차 등) ① 법 제17조의2제4항에 따른 상용화주의 지정절차는 다음 각 호와 같다.

1. 상용화주로 지정받으려는 자는 별지 제3호서식의 상용화주 지정신청서에 다음 각 호의 사항을 첨부하여 지방항공청장에게 제출할 것
   가. 보안검색장비 및 항공보안검색요원 등에 관한 사항을 포함한 항공화물 보안프로그램
   나. 「물류정책기본법」 제43조제1항 및 같은 법 시행규칙 제6조제2항에 따른 국제물류주선업등록증(국제물류주선업자만 해당한다)
   다. 삭제
   라. 삭제
   마. 화물운송 거래실적
   바. 항공화물의보안통제를 담당하는 사람의 명단 및 신원조회 의뢰서
   사. 보안통제 취급직원의 교육이수 증명서

1의2. 제1호에 따라 지정신청서를 제출받은 지방항공청장은 「전자정부법」 제36조제1항에 따른 행정정보의 공동이용을 통하여 법인 등기사항증명서 및 사업자등록증을 확인하여야 한다. 다만, 신청인이 사업자등록증의 확인에 동의하지 아니하는 경우에는 해당 서류를 첨부하게 하여야 한다.

2. 지정신청서를 접수한 지방항공청장은 제9조의2제1항에 따라 상용화주의 지정을 위해 법 제33조제1항의 항공보안 감독관(이하 "감독관"이라 한다) 등 관계 공무원으로 하여금 심사하도록 할 것. 다만, 필요한 경우 전문가를 위촉하여 심사할 수 있다.
3. 지방항공청장이심사를 완료하고 상용화주로 지정하려는 경우에는 별지 제4호서식의 상용화주 지정서를 발급할 것

② 지방항공청장은 상용화주를 지정한 경우에는 항공운송사업자에게 통보하여야 한다.

제9조의4(상용화주지정취소의 절차) ② 지정취소를 통보받은 상용화주는 10일 이내에 지방항공청장에게 상용화주 지정서를 반납하여야 한다.

▮ 상용화주 항공화물 보안기준

제2조(정의) 이 기준에서 사용하는 용어의 뜻은 다음과 같다.

> 2. "상용화주"란 「항공보안법」(이하 "법"이라 한다) 제17조의2제1항 및 「항공보안법 시행규칙」(이하 "시행규칙"이라 한다) 제9조의2에 따라 지방항공청장의 지정을 받아 항공화물에 대하여 보안검색을 하는 자를 말한다.

1) 상용화주 제도의 개념과 운영 체계

상용화주(Known Consignor)는 항공화물 공급망보안의 첫 단계를 담당하는 중요한 역할을 한다. 이들은 자신의 비용으로 화물을 발송하며, 항공보안당국의 보안규칙과 기준을 충족한 화주를 말한다.

이러한 상용화주 제도는 보안검색의 효율성을 크게 향상시킨다. 비상용화주 화물의 경우 엄격한 보안검색이 필요하지만, 이전 거래를 통해 신뢰를 얻은 상용화주 화물은 완화된 보안통제를 적용받는다. 이러한 차별화된 접근은 화물지연을 줄이면서도 효율적인 보안관리를 가능하게 한다. 상용화주는 자신이 발송하는 화물의 보안통제를 공인화물보안대행기관(Regulated Agent)과 항공운송사업자에게 보증해야 하며, 이를 통해 해당 기관들에게 화물을 직접 운송할 수 있는 권한을 얻는다.

권한 획득과 함께 상용화주가 지는 핵심 책임은 화물이 생산, 포장, 운송, 처리되는 전 과정에서 화물의 무결성을 유지하는 것이다. 공급망보안을 통해 화물이 발생하는 시점부터 비인가된 개입으로부터 보호하는 데 중점을 두고 있다. 화물을 발송할 때는 상업용 항공기 운송에 요구되는 일반적인 보안규칙과 표준을 반드시 충족해야 한다.

이처럼 상용화주 제도는 신뢰 기반의 보안체계를 통해 항공화물 운송의 효율성과 보안성을 동시에 확보하는 중요한 제도적 수단이다. 특히 글로벌 공급망이 복잡해지고 있는 현재 상황에서, 상용화주의 역할은 더욱 중요해지고 있다. 이들의 신뢰성과 책임감은 전체 항공화물 보안체계의 성공을 좌우하는 핵심 요소가 되었다.

2) 상용화주 지정과 관리 절차

상용화주 제도의 실효성 확보를 위해서는 체계적인 행정관리 절차가 필수적이다. 국가항공보안계획 8.7.17부터 8.7.19까지는 상용화주의 지정과 관리에 관한 핵심 절차를 규정하고 있다.

가. 신규 지정과 보안점검 체계

지방항공청장은 상용화주 신규 지정 전에 시설물 등에 대한 보안점검을 보안기관과 합동으로 실시할 수 있다. 이는 상용화주로 지정받고자 하는 업체의 보안 역량을 사전에 검증하는 중요한 절차로, 단순한 서류 심사를 넘어서 실제 시설과 운영 체계를 직접 확인하는 것이다.

보안점검을 통한 검증과 함께 상용화주의 신규 지정 또는 변동이 있을 때마다 지방항공청장은 상용화주 지정 목록을 관련 기관 및 업체에 즉시 통보해야 한다. 또한 항공보안 홈페이지 등에 지정 목록을 게재하여 투명성을 확보한다. 이러한 실시간 정보공유는 항공화물 보안체계 전체가 상용화주의 현황을 정확히 파악할 수 있게 해주는 중요한 조치다.

나. 지정 기간과 재지정 절차

정보공유 체계와 더불어 상용화주 지정은 무기한이 아닌 한시적 제도로 운영된다. 지방항공청장은 상용화주를 지정하는 경우 5년의 범위 안에서 기간을 정하여 지정한다. 이는 상용화주의 보안수준이 지속적으로 유지되고 있는지 정기적으로 점검하기 위한 방안이다.

지정 기간이 만료되기 전에는 상용화주 지정의 타당성 여부를 검토하는 절차가 이루어진다. 재지정을 하는 경우에는 지정기간을 새로이 정하여 지정해야 하며, 이는 기존 지정 기간의 단순 연장이 아닌 새로운 평가를 통한 재지정임을 의미한다. 이러한 정기적 재평가 시스템은 상용화주 제도의 신뢰성을 지속적으로 유지하는 핵심 체계로 작동하고 있다.

다. 세부 기준의 위임

재지정 절차와 함께 상용화주의 지정, 화물보안통제 절차 및 기준 등에 관한 세부적인 사항은 상용화주 항공화물 보안기준에 위임되어 있다. 이는 기본 원칙은 국가항공보안계획에서 정하되, 구체적이고 기술적인 사항은 별도의 전문 기준에서 다루는 체계적 접근을 보여준다. 이러한 구조는 정책의 일관성을 유지하면서도 실무적 유연성을 확보하는 데 기여한다. 상용화주 제도는 이처럼 명확한 절차와 기준을 통해 항공화물 보안의 신뢰성과 효율성을 동시에 추구하고 있다.

4. 기내식 및 저장품

▮ 항공보안법

제18조(기내식 등의 통제) ① 항공운송사업자는 제21조에 따른 위해물품이 기내식(機內食)이나 기내 저장품을 이용하여 항공기 내로 유입되는 것을 방지하기 위하여 필요한 조치를 하여야 한다.
② 기내식 및 기내 저장품 유입·유출의 통제에 대한 세부 사항은 국토교통부령으로 정한다.

> **▌항공보안법 시행규칙**
> **제10조(기내식 등의 통제)** ① 항공운송사업자는 법 제18조에 따라 위해물품이 기내식 또는 기내저장품을 이용하여 기내로 유입되지 아니하도록 기내식 또는 기내저장품을 운반하는 사람·차량 및 기내식 제조시설에 대하여 보안대책을 수립하여야 한다.
> ② 항공운송사업자는 다음 각 호의 어느 하나에 해당하는 경우에는 기내식 또는 기내저장품 등이 기내로 유입되게 하여서는 아니 된다.
> 1. 외부의 침입흔적이 있는 경우
> 2. 항공운송사업자가 지정한 사람에 의하여 검사·확인되지 아니한 경우
> 3. 기내식 용기 등에 위해물품이 들어있다고 의심이 되는 경우

(1) 기내식 및 기내저장품의 정의와 보안관리 기준

항공기 내에서 사용되는 각종 물품들은 보안 관점에서 명확한 정의와 분류가 필요하다. 국가항공보안계획에서는 기내식과 기내저장품에 대한 구체적인 정의를 제시하고 있다.

1) 기내식의 범위와 특성

기내식은 항공기내에서 사용되는 음식물, 음료, 물 등을 말한다. 이는 단순히 승객에게 제공되는 식사뿐만 아니라 기내에서 소비되는 모든 형태의 음식과 음료를 포괄하는 개념이다. 기내식은 승객의 만족도와 직결되는 서비스 요소이면서, 동시에 보안검색과 위생관리가 필요한 중요한 품목이기도 하다.

2) 기내저장품의 다양한 구성요소

기내식과 구별되는 기내저장품은 기내식을 제외한 항공기내 승객 서비스와 관련된 모든 물품을 의미한다. 여기에는 신문, 잡지, 헤드폰, 오디오 및 비디오 테이프, 베개와 담요, 편의용품 등이 포함된다. 이러한 기내저장품들은 승객의 기내 체류 시간을 보다 편안하고 유익하게 만들어주는 필수적인 서비스 요소들이다.

3) 보안관리 측면에서의 중요성

기내식과 기내저장품은 모두 항공기 내부로 반입되는 물품이라는 점에서 철저한 보안관리의 대상이 된다. 특히 이들 물품이 외부 공급업체를 통해 제공되는 경우가 많아, 공급망보안과 품질 관리가 중요한 이슈로 대두되고 있다. 따라서 이들 물품에 대한 명확한 정의는 보안검색 절차와 관리 기준을 수립하는 데 있어 기본적인 토대가 된다.

항공산업이 발전하면서 기내 서비스의 종류와 범위가 지속적으로 확대되고 있어, 이러한 정의들도 시대 변화에 맞춰 지속적으로 검토된다. 특히 디지털 기기를 활용한 새로운 형태의 기내 서비스들이 도입되면서, 기내저장품의 개념도 함께 진화하고 있다. 이러한 변화는 보안관리의 새로운 과제를 제시하는 동시에, 더욱 정교한 분류 체계의 필요성을 보여준다.

(2) 기내식 공급망 보안관리 체계

기내식과 기내저장품은 항공기 내부로 직접 반입되는 물품이라는 특성상 철저한 보안관리가 요구된다. 국가항공보안계획 8.9에서는 기내식 공급망 전체에 걸친 포괄적인 보안대책을 규정하고 있다.

1) 기본 보안대책과 점검 체계

항공운송사업자는 무기, 폭발물, 그 밖의 위해물품 등이 기내식 및 기내저장품에 포함되어 기내로 유입되지 않도록 해야 한다. 이를 위해 기내식 및 기내저장품을 운반하는 사람과 차량 그리고 기내식 제조시설에 대한 보안대책을 수립하여 자체보안계획에 명시한다. 또한 지방항공청장 및 보안기관의 보안점검을 받아야 하며, 이는 보안대책의 실효성을 객관적으로 검증받는 중요한 절차다.

2) 세부 보안통제 기준

기본적인 보안대책과 함께 기내식 및 저장품에 대한 세부 보안통제기준을 수립해야 한다. 운송 단계에서는 공항 외부에서 공항지역 안으로 기내식을 운반하는 차량 등에 잠금장치를 설치하여 비인가자의 출입을 통제한다. 외부의 침입흔적이 있거나, 항공운송사업자가 지정한 사람에 의해 검사·확인되지 않은 경우, 또는 기내식 용기 등에 위해물품이 들어있다고 의심되는 경우에는 기내반입을 금지하고 있다.

적재 과정에서는 기내식 카트를 항공기로 옮기기 전에 감독자가 검사하여 반입금지물품이 포함되어 있는지 확인한다. 위협이 고조될 때에는 해당 노선에 대한 봉인 등의 추가 조치를 취한다. 기내식 카트 및 기내식 운반차량에 봉인을 하는 경우에는 봉인번호를 부여하고 그 번호를 적하목록에 기록하는 체계적 관리가 필요하다.

3) 운송 과정의 감시와 검사

운송 및 적재 과정의 보안과 더불어 기내식 운반차량이 항공기로 이동할 때는 특별한 감시가 이루어진다. 운전자 외에 감독업무를 수행하는 항공사 또는 조업사 직원이 동승해야 한다. 특별 요청이 있거나 위협이 고조되는 경우에는 항공운송사업자의 보안감독자가 적재 과정을 직접 감시한다. 기내식의 품목을 인수받기 전에는 항공기에 탑재될 기내식의 이상 유무를 반드시 검사해야 한다.

보안 정보의 관리 측면에서는 기내식과 관련된 특정 보조품목과 비행 중 판매 물품에 대한 정보를 담당자를 최소 인원으로 제한하고 있다. 모든 기내식 제조시설 내 고용인에 대해서는 고용 전 신원조사를 실시해야 하며, 관계 법령에 의거하여 신원조사를 진행할 수 없는 경우에는 보안서약서를 징구받는 절차로 대체할 수 있다.

4) 제조업체와의 계약 및 보안 요구사항

인력 관리와 함께 항공운송사업자가 기내식 제조업체와 계약을 체결할 경우에는 포괄적인 보안대책 수립 및 이행여부를 확인해야 한다. 여기에는 기내식 제조시설의 보안을 감독할 보안감독자 지정, 공항 외부지역에서 공항까지의 운송 시 보안대책, 공항내 저장시설에 대한 보안대책이 포함된다. 또한 기내식 제조지역의 보호, 기내식 준비지역 및 기내식 차량 등에 대한 출입통제, 항공기 적재를 위한 기내저장품 운송 시 보안통제 등이 체계적으로 관리되어야 한다.

5) 특수 물품과 교육, 검색 면제

제조업체 관리와 더불어 기내식 및 저장품에 대한 보안대책에는 항공사의 물품(COMAT) 및 우편물(COMAIL)에 대한 보안통제 방법도 포함된다. 기내식 물품 및 비품을 준비하여 운송하는 사람에 대해서는 해당 물품 등의 보안에 필요한 임무를 이해하고 수행할 수 있도록 보안인지 교육을 받도록 한다.

공항운영자는 특정 조건을 만족하는 경우 적재함 내부 및 기내식 카트에 대한 보안검색을 면제할 수 있다. 기내식 카트 및 운반차량의 봉인번호를 확인하고, 보호구역 출입허가차량 검색 절차 및 기준에 따른 운반차량 검색을 실시하는 경우가 그것이다. 이는 효율성과 보안성을 균형있게 고려한 실용적 조치로, 기내식 공급망 전체의 원활한 운영을 가능하게 한다.

(3) 기내식 제조시설의 복합 보안통제 체계

기내식 제조시설은 공항 외부에서 공급되는 기내식이 항공기 내부로 직접 반입되는 만큼, 제조 단계부터 철저한 보안관리가 이루어져야 한다.

1) 출입통제와 신분 관리

기내식 제조업자는 제조시설과 주방에 인가된 직원만 출입하도록 해야 한다. 기내식 제조시설의 모든 직원은 자체 출입증을 소지하고, 출입증 확인이 가능하도록 항상 패용해야 한다. 이는 비인가자의 접근을 원천적으로 차단하고, 시설 내 모든 인원의 신분을 확인할 수 있는 기본적인 보안조치다.

소속 종사자에 대해서는 보안서약서를 제출받아 이를 보관하도록 하고 있다. 이러한 조치는 직원들의 보안 의식을 제고하고, 보안 관련 책임을 명확히 하는 데 기여하고 있다.

2) 시설의 구조적 보안 구분

출입통제와 함께 기내식 제조업자는 전체 시설을 구조적으로 물품납품구역, 처리지역, 반출포장지역으로 구분해야 한다. 각 구역별로 출입통제를 실시하여 단계별 보안관리를 강화한다. 이러한 구역별 분리는 보안위험을 최소화하고, 각 단계에서 적절한 보안조치를 적용할 수 있게 해주는 핵심 보호 체계다.

3) 반입 물품에 대한 보안검색

구역별 분리 관리와 더불어 기내식 제조업체는 기내식 제조시설로 반입되는 모든 물품에 대하여 엄격한 보안검색을 실시해야 한다. 검색 방법은 세 가지 중 한 가지 이상을 선택할 수 있다. 첫째, 보안검색요원에 의한 엑스선검색장비 검색이다. 둘째, 보안검색요원에 의한 폭발물흔적탐지장비(ETD) 검색이다. 셋째, 항공경비요원이 입회한 가운데 이루어지는 국가항공보안 교육훈련지침 제29조제2항제6호의 교육을 이수한 기내식 요원에 의한 개봉검색이다. 다만, 기내식 요원이 항공경비요원의 자격을 갖춘 경우에는 별도의 항공경비요원이 입회하지 않을 수 있어 효율성을 높인다.

4) 보안검색 완료 물품의 지속적 보호

보안검색이 완료된 후에도 물품에 대한 지속적 보호가 필요하다. 기내식 제조업체는 국가민간항공보안 교육훈련지침 제29조제2항의 교육을 받은 직원이 기내식 제조시설에서 보안검색이 완료된 물품을 기내식 운반차량에 탑재되기 전까지 비인가자의 접근으로부터 보호하도록 해야 한다.

나아가 국가민간항공보안 교육훈련지침 제29조제2항제6호에 따라 교육을 받은 기내식 요원으로 하여금 보안검색이 완료된 물품에 대하여 기내식 운반차량에 탑재되기 전까지 비인가자의 접근 방지를 위해 감시하도록 한다. 이는 보안검색 완료 후부터 운송 시작까지의 공백 기간에 발생할 수 있는 보안 취약점을 차단하는 중요한 조치다.

이러한 포괄적인 보안대책을 통해 기내식 제조시설은 항공화물 공급망보안의 출발점으로서 그 역할을 충실히 수행한다. 특히 교육받은 전문 인력을 통한 체계적 관리는 보안의 실효성을 한층 높이고 있다.

5. 보호구역이 아닌 항공기 정비시설 보안통제 대책

항공보안법

제12조(공항시설 보호구역의 지정) ① 공항운영자는 보안검색이 완료된 구역, 활주로, 계류장(繫留場) 등 공항시설의 보호를 위하여 필요한 구역을 국토교통부장관의 승인을 받아 보호구역으로 지정하여야 한다.

항공보안법 제12조에 따른 보호구역에 포함되지 않는 항공기 정비시설의 경우, 별도의 보안체계가 필요하다. 이에 따라 항공기 정비시설 운영자는 정비시설과 항공기의 안전 그리고 항공보안 유지를 위해 '항공기 정비시설 보안통제구역'을 지정해야 한다.

이러한 보안통제구역은 법적 보호구역은 아니지만, 실질적으로 동등한 수준의 보안관리가 필요한 구역임을 의미한다. 항공기 정비시설이 갖는 특수성과 중요성을 고려할 때, 일반 보호구역과 유사한 수준의 엄격한 보안조치가 적용되고 있다.

다만 민·군 공동 사용 공항에서 군 당국이 관할하는 지역에 위치한 항공기 정비시설은 이 규정에서 제외된다. 해당 시설에는 군 자체의 보안체계가 이미 적용되고 있어, 별도의 민간 항공보안 규정을 중복 적용할 필요가 없기 때문이다. 이는 보안체계의 효율성을 유지하면서도 각 관할 당국의 책임과 권한을 명확히 구분하는 실용적 접근이라 할 수 있다.

(1) 항공기 정비시설 보안통제구역의 체계적 운영

항공기 정비시설의 보안은 항공 안전의 중요한 축을 담당한다. 정비 과정에서 발생할 수 있는 보안 취약점은 항공기 운항 안전에 직접적인 위협이 되기 때문에, 체계적인 보안통제구역 지정과 관리가 필수적이다.

이러한 필요성에 따라 정비시설 통제구역의 범위는 포괄적으로 설정되어야 한다. 단순히 정비시설 건물만이 아니라 전용 정비계류장과 공항 내 공용 정비계류장까지 포함해야 하는데, 이는 정비 중인 항공기가 위치하는 모든 구역에 일관된 보안체계를 적용하기 위함이다. 항공기가 정비시설 밖 계류장에서 정비를 받는 경우도 빈번하게 발생하고 있어, 이러한 구역까지 통제구역에 포함시켜 보안 공백이 발생하지 않도록 운영한다.

통제구역의 범위가 결정되면 정비시설 통제구역 지정은 엄격한 절차를 거쳐야 한다. 항공기 정비시설 운영자는 반드시 지방항공청장의 승인을 받아야 하는데, 이는 보안통제구역이 적절한 기준과 요건을 충족하는지 관계 당국이 검증하는 중요한 과정이다. 지방항공청은 제출된 구역 지정 계획을 면밀히 검토하며, 보안 요건 충족 여부를 확인한 후 승인 여부를 결정한다. 이러한 절차는 보안체계의 일관성과 효과성을 담보하는 핵심 과정이다.

승인된 통제구역에서는 물리적 차단 시설의 설치와 관리가 핵심이다. 비인가자의 진입을 원천적으로 차단하기 위해 통제를 받지 않는 다른 시설들과 울타리, 벽체 등으로 명확히 분리해야 한다. 이러한 물리적 장벽은 단순 설치로 끝나지 않고 지속적인 유지·관리가 이루어진다. 울타리의 손상이나 벽체의 균열, 출입문의 고장 등이 발견되면 즉시 보수 조치를 취하며, 정기적인 점검을 통해 항상 최적의 상태를 유지한다.

이러한 보안통제구역 체계는 정비 과정에서 발생할 수 있는 다양한 보안위협을 효과적으로 차단하고 있다. 정비 중인 항공기는 각종 부품이 분해되고 시스템이 개방된 상태로 특히 취약한 상황에 놓이게 되는데, 철저한 구역 통제를 통해 이러한 취약점을 보완한다. 또한 정비 인력과 장비의 출입을 체계적으로 관리함으로써 항공기 정비의 무결성을 보장하는 중요한 역할을 수행한다. 정비시설 보안통제구역은 이처럼 항공 안전의 기초를 다지는 필수 요소로 자리잡았다.

(2) 정비시설 통제구역 보안 운영절차

정비시설 통제구역의 보안 유지를 위해서는 체계적이고 여러 단계의 보안대책이 필수적이다. 항공기 정비시설 운영자는 인원, 차량, 물품 등 모든 진입 요소에 대해 엄격한 통제 체계를 구축하고 운영해야 한다.

이러한 통제 체계의 시작점은 정비시설 통제구역으로 진입하려는 모든 인원에 대한 철저한 신원확인이다. 보안요원은 진입자의 신분을 확인하고, 해당 구역에 대한 출입권한이 있는지를 검증한 후에만 진입을 허가한다. 차량, 장비, 물품 등에 대해서는 보안검색을 실시하거나, 상황에 따라 보안검색 외의 다른 방법을 통한 보안통제를 적용한다. 이는 정비 작업에 필요한 다양한 도구와 부품들의 특성을 고려한 유연한 접근이다.

인원과 물품의 통제와 함께 보안검색 시에는 법적 기준을 준수해야 한다. 항공보안법 제27조에 따라 국토교통부장관이 고시한 인증된 보안장비만을 사용하도록 규정되어 있다. 이는 보안검색의 신뢰성과 일관성을 확보하기 위한 조치로, 엑스선검색장비, 폭발물흔적탐지장비 등 공식 인증을 받은 장비들이 활용된다. 이러한 표준화된 장비 사용은 보안수준의 균질성을 보장하는 중요한 요소다.

보안검색 기준과 더불어 차량 통제는 특별한 주의가 필요한 영역이다. 항공기 정비시설 운영자는 정비시설 통제구역으로 진입할 수 있는 차량을 최소한으로 제한하여 관리한다. 이는 차량을 이용한 대량의 위험물품 반입 가능성을 차단하고, 통제의 효율성을 높이기 위한 조치다. 만약 비인가 차량이 정비시설 통제구역으로 진입을 시도할 경우, 국가항공보안계획 7.5(차량에 대한 출입통제)에서 정한 절차와 기준을 준용하여 엄격한 보안통제를 실시한다. 이는 차량 내부 검색, 운전자 신원 확인, 진입 목적 확인 등 포괄적인 점검 과정을 포함한다.

차량 통제와 함께 출입증 관리는 구역 내 보안 유지의 핵심 수단이다. 정비시설 통제구역에 출입이 인가된 모든 인원은 구역 진입 시점부터 퇴장할 때까지 출입증을 복장 외부의 잘 보이는 위치에 반드시 패용해야 한다. 이는 보안요원이나 다른 작업자들이 즉시 해당 인원의 출입권한을 확인할 수 있도록 하는 가시적 보안조치다. 출입증이 제대로 패용되지 않은 경우, 즉시 신원확인 절차를 거쳐야 하며, 필요시 구역에서 퇴출될 수 있다.

이러한 모든 보안조치의 토대가 되는 것은 출입권한의 엄격한 제한이다. 정비시설 통제구역에는 오직 해당 항공기 정비시설 운영자가 공식적으로 인가한 인원만이 진입할 수 있으며, 이는 정비 작업자 등 업무상 필수적인 인원으로 한정된다. 보안요원은 구역 진입 시마다 정비시설 운영자가 발급한 출입증을 확인하여 인가 여부를 검증한다. 이러한 엄격한 출입통제는 비인가자의 침입을 방지하고, 정비 작업의 무결성을 보장하는 필수적인 보안체계로 운영된다.

(3) 정비 중 항공기에 대한 접근통제 및 보안조치

정비시설 통제구역 내에서 항공기 자체에 대한 보안은 더욱 엄격한 수준으로 관리되어야 한다. 정비 중인 항공기는 각종 시스템이 개방되고 부품이 분해된 상태로, 보안 측면에서 극도로 취약한 상황에 놓여 있다. 따라서 항공기 정비시설 운영자는 정비 과정 전반에 걸쳐 철저한 항공기 보안통제 체계를 구축하고 시행해야 한다.

이러한 필요성에 따라 인가받지 않은 인원의 정비 중인 항공기 접근은 엄격히 금지된다. 정비시설 보안통제구역 자체에 진입이 허가되었다 하더라도, 항공기에 직접 접근하거나 탑승하기 위해서는 별도의 추가 권한이 필요하다. 이는 이중 보안체계로서, 구역 진입과 항공기 접근을 분리하여 관리함으로써 보안수준을 한층 강화하는 방식이다.

그러나 업무상 불가피하게 비인가자가 항공기에 접근해야 하는 경우가 발생할 수 있다. 항공기 제작사의 기술자, 정부 감독관, 고객사 관계자 등이 이에 해당한다. 이러한 경우에는 인가된 인원이 직접 인솔하는 경우에만 항공기 접근과 출입이 허용된다. 인솔자는 비인가자의 모든 행동을 감시하고 통제할 책임을 지며, 보안규정 위반이나 비정상적인 행동 발견 시 즉시 조치를 취해야 한다.

비인가자 통제와 더불어 정비 작업이 완료된 후의 보안조치도 매우 중요하다. 항공기 정비시설 운영자는 정비작업 종료 즉시 모든 항공기 출입문을 확실하게 잠금 조치해야 한다. 이는 야간이나 작업이 없는 시간대에 비인가자가 항공기에 침입하는 것을 방지하기 위한 기본적인 물리적 보안조치다.

이러한 일련의 보안통제 조치들은 정비 중인 항공기의 무결성을 보장하고, 정비 과정에서 발생할 수 있는 다양한 보안위협을 효과적으로 차단하는 체계적인 보호 체계 역할을 수행한다. 항공기 정비시설의 보안은 이처럼 여러 단계의 통제와 관리를 통해 항공 안전의 기초를 확고히 다지고 있다.

(4) 정비 완료 항공기의 보호구역 진입 보안절차

정비를 완료한 항공기가 정비시설 통제구역에서 공항 보호구역으로 진입하는 과정은 엄격한 보안절차를 거친다. 이는 정비 과정에서 발생할 수 있었던 보안위협 요소를 최종적으로 차단하고, 항공기가 안전하게 운항 준비 단계로 전환되도록 보장하는 중요한 관문이다.

이러한 중요성을 반영하여 항공기 정비시설 운영자는 항공기가 보호구역으로 진입하기 전 반드시 포괄적인 보안점검을 실시한다. 표준화된 보안점검표에 따라 항공기 내부와 외부 전체에 대한 체계적인 점검이 이루어지는데, 이 과정에서 정비 중 발생했을 수 있는 모든 보안위험요소를 철저히 확인한다.

점검이 완료되면 그 결과는 문서화되어 공항운영자에게 제출된다. 공항운영자는 정비시설 운영자가 제출한 보안점검표를 면밀히 검토하여 모든 항목이 정상적으로 점검되었고 이상이 없음을 확인한다. 이는 이중 확인 체계로서, 정비시설의 자체 점검과 공항 당국의 검증이라는 두 단계를 거쳐 보안의 신뢰성을 높이는 절차다. 검토 결과 문제가 없다고 판단되면 비로소 해당 항공기의 보호구역 진입이 허가된다.

보안점검 확인과 함께 항공기가 실제로 보호구역으로 이동할 때는 추가적인 보안조치가 적용된다. 공항운영자는 항공기를 조작하는 모든 요원들이 보호구역 출입권한을 보유한 인가자인지 철저히 확인한다. 이는 비인가자의 접근을 원천적으로 차단하는 첫 번째 단계로 작동한다.

인가 확인이 완료된 항공기 조업요원에 대해서는 휴대용 금속탐지장비를 이용한 보안검색을 실시하고 있다. 정비 도구나 부품으로 위장한 위험물품의 반입을 차단하기 위한 조치로, 견인차량과 조업요원이 휴대하는 물품에 대해서는 육안검색과 개봉검색을 병행한다. 특히 의심스러운 상황이 발견될 경우에는 폭발물흔적탐지장비(ETD)를 활용하여 미세한 폭발물 잔류물까지 탐지하는 정밀 검색을 실시한다.

이러한 단계적 보안절차를 통해 정비를 마친 항공기가 보호구역으로 안전하게 이동되도록 관리한다. 각 단계별 점검과 확인 과정은 서로 보완적인 역할을 하며, 전체적으로 통합된 보안체계를 구성하여 항공운항의 안전성을 확보하는 데 기여하고 있다. 정비시설에서 보호구역으로의 항공기 이동은 이처럼 철저한 검색을 거쳐 이루어지며, 이는 항공보안의 연속성을 보장하는 핵심 절차로 작동한다.

FINAL REMARKS

2024년 말 기준으로 항공산업은 전 세계 8,650만 개의 일자리와 4조 1,000억 달러의 경제효과를 창출하고 있는 것으로 나타났다. 전 세계 GDP의 3.9%에 달하는 이러한 규모는, 항공보안이 안전조치를 넘어 경제안정을 위한 필수 요소로 자리매김하였음을 보여주는 것이다. 글로벌 경제의 핵심축으로 자리잡은 항공산업에서 보안은 경제체계 유지를 위한 필수적 요건이 되었다고 볼 수 있다.

이러한 경제적 영향력의 규모는 흥미로운 비교를 통해 더 명확하게 드러난다. 항공업을 하나의 국가로 가정한다면 GDP 규모로 세계 20위에 해당하는 것으로 확인된다. 이는 항공보안 운영이 안정적으로 이루어져야만 전 세계 경제활동이 원활하게 유지될 수 있음을 의미하는 것이다. 따라서 보안체계의 신뢰성은 안전의 문제를 넘어 경제적 파급효과까지 고려해야 하는 중요한 과제로 대두되고 있다.

한편, 이러한 거대한 수치들이 실제로 어떤 의미인지는 일상적인 운영현장을 살펴보면 더욱 구체적으로 파악된다. 2023년 한 해 동안 44억 명의 승객이 3,530만 건의 상업 항공편을 이용했는데, 이를 하루 단위로 환산하면 무려 1,200만 명이 96,577편의 항공기에 탑승하는 셈이다. 이는 곧 24시간 내내 전 세계 어딘가에서 승객과 승무원, 수하물에 대한 보안검색이 지속적으로 진행되고 있음을 의미한다. 매 순간 실시간으로 처리되는 이 대규모의 보안업무는 시스템과 인력 모두에게 지속적인 과제로 제기되며, 항공운송에서 보안이 갖는 중요성을 명확하게 보여주는 것이다.

승객 보안과 더불어 그에 못지않게 중요한 영역이 바로 항공화물 보안이다. 항공으로 운송되는 6,140만 톤의 화물은 무게로만 따지면 전체 물류의 1%에 불과하지만, 그 가치는 무려 8조 달러로 세계 무역의 33%를 차지한다. 반도체, 의약품, 고가의 전자제품처럼 시간에 민감하고 가치가 높은 화물들이 주로 항공으로 운송되기 때문이다.

이처럼 고부가가치 화물의 안전한 운송을 보장하기 위해 상용화주 제도와 화물터미널 보안, 환적화물 관리체계가 글로벌 공급망 안정성의 핵심 역할을 수행하고 있다. 이들 체계는 서로 유기적으로 연결되어 화물이 출발지를 떠나 최종 목적지에 도착할 때까지 전 과정의 보안을 담당하고 있다. 특히 환적 과정에서의 보안공백을 방지하는 것이 전체 시스템의 신뢰성을 좌우하는 중요한 요소가 되고 있다는 점에 유의할 필요가 있다.

이렇게 방대하고 복잡한 시스템이 원활하게 운영되려면 글로벌 네트워크의 표준화가 반드시 필요하다. 현재 1,138개 항공사가 4,072개 공항을 거미줄처럼 연결하며 67,300개 노선을 운영하는 상황에서, 만약 국제적으로 통일된 보안기준이 없다면 단 하루도 정상적인 운영을 유지하기 어려울 것이다. 바로 이런 절실한 필요성에서 국제민간항공협약 Annex 17과 ICAO Doc. 8973 같은 국제 표준들이 수립되었다. 이들 표준은 각국의 서로 다른 보안체계와 문화적 차이를 하나의 일관된 기준으로 조율하는 중추적 역할을 담당하고 있다.

하지만 이러한 표준화된 기준이 마련되었다고 해서 모든 문제가 해결되는 것은 아니다. 29,000대 이상의 항공기가 동시에 하늘을 날고 있는 현재, 각 항공기는 독립된 보안공간으로서 특별한 의미를 지닌다. 3만 피트 상공에서는 외부의 즉각적인 보안지원이 불가능하므로 기장과 항공기내보안요원, 객실승무원의 역할이 무엇보다 중요하게 된다. 오직 기내에 있는 이들만이 위기상황에 실시간으로 대응할 수 있으며, 이들의 신속한 판단과 훈련된 행동이 수백 명의 생명을 좌우하게 되는 것이다.

이 모든 통계와 운영 현실이 시사하는 바는 명확하다. 항공보안은 이제 선택이 아니라 세계경제와 사회안정의 기본 인프라가 되었다는 점이다. 보안체계의 작은 취약점 하나가 도미노처럼 전 세계에 파급효과를 일으킬 수 있는 초연결 시대를 우리는 살아가고 있다. 실제로 한 공항에서 발생한 보안사고는 순식간에 글로벌 항공네트워크 전체에 영향을 미치며, 이는 곧 경제적 손실과 사회적 혼란으로 이어지게 된다.

이러한 현실을 감안할 때, 지속적인 보안강화와 체계적 개선은 더 이상 미룰 수 없는 과제이다. 글로벌 공동체의 안전과 번영을 위해서는 각국이 협력하여 보안수준을 끊임없이 향상시켜 나가야 할 필요가 있다. 항공보안 전문가들이 직면한 도전은 바로 이처럼 복잡하고 대규모 시스템을 안정적으로 운영하면서도 새로운 위협에 효과적으로 대응하는 데 있다고 판단된다.

앞서 살펴본 항공산업의 거대한 규모와 복잡성을 고려할 때, 이제 우리는 근본적인 질문을 제기해야 한다. 그렇다면 항공보안(Aviation Security)이란 정확히 무엇인가? 현대 항공산업의 핵심 구성요소인 항공보안은 민간항공의 안전한 운영을 보장하는 필수적인 체계로 정의된다. 오늘날 항공보안의 개념은 물리적 보호를 넘어서 포괄적이고 체계적인 안전시스템 구축을 지향하고 있다.

보다 구체적으로 살펴보면, 항공보안은 항공기 테러를 비롯한 각종 불법방해행위로부터 승객과 승무원 등 인명, 항공기, 공항시설을 보호하기 위한 종합적인 대책으로 규정된다. 여기서 핵심은 사전예방과 실시간 대응, 사후관리를 모두 아우르는 통합적 접근에 있다고 볼 수 있다. 이는 단편적인 조치가 아니라 항공운송 체계 전반의 안전성을 확보하는 연속적인 활동으로 이해해야 한다는 점이 중요하다.

이러한 통합적 접근의 필요성을 깊이 인식한 국제민간항공기구(ICAO)는 Annex 17을 통해 더욱 체계적인 정의를 제시하였다. ICAO는 항공보안을 "불법방해행위로부터 민간항공을 보호하기 위한 대책 및 인적, 물적 요소의 결합"으로 규정하고 있다. 이 정의가 특히 중요한 의미를 갖는 이유는 항공보안을 개별 보안조치들의 집합이 아니라 인적자원과 물적자원이 유기적으로 결합된 통합시스템으로 파악하기 때문이다. 이러한 통합적 관점은 실무 현장에서 항공보안 체계를 이해하고 적용하는 데 있어 핵심적인 기준이 된다고 판단된다.

그렇다면 ICAO가 규정한 이러한 항공보안 체계가 대응해야 할 불법방해행위의 범위는 어디까지인가? 그 범위는 광범위하며 지속적으로 변화하고 있다. 전통적인 항공기 납치와 폭발물 테러는 여전히 주요 위협으로 남아 있지만, 최근에는 사이버 공격과 불법드론을 이용한 공항 침입, 내부자 위협 등 새로운 형태의 위협들이 등장하고 있는 것으로 확인된다. 이처럼 위협이 다변화됨에 따라 항공보안 체계도 지속적으로 발전하고 적응해야 하는 상황에 직면하게 되었다.

이러한 다양한 위협에 효과적으로 대응하기 위해 항공보안이 추구하는 목적은 크게 세 가지로 구분된다. 첫째는 무엇보다 중요한 인명보호다. 항공기 탑승객과 승무원뿐만 아니라 공항 근무자, 공항 이용객 등 항공운송과 관련된 모든 사람의 생명과 안전을 보장하는 것이다. 둘째는 항공기와 공항시설 등 물리적 자산을 보호하는 것으로, 이는 단순한 재산보호를 넘어 국가 기간시설 보호라는 중대한 의미를 갖는다.

셋째는 항공운송 체계의 신뢰성과 연속성을 확보하는 것이다. 보안사고는 직접적 피해를 넘어 항공산업 전체의 신뢰도를 훼손하고 막대한 경제적 손실을 초래할 수 있다는 점에서 중요하다. 이러한 복합적인 목적들이 서로 연계되어 항공보안의 전체적인 방향성을 규정하고 있다.

이러한 목적을 효과적으로 달성하기 위해 항공보안은 '위험기반접근법(Risk-Based Approach)'을 핵심 전략으로 채택하고 있다. 모든 잠재적 위협에 동일한 수준의 보안조치를 적용하지 않고, 위협의 가능성과 영향을 체계적으로 평가해서 차등화된 대응전략을 수립하는 것이다. 이 방법론은 한정된 보안자원을 효율적으로 활용하면서도 높은 수준의 보안을 유지할 수 있게 한다. 실제로 많은 국가들이 이를 도입하여 보안 효과성과 운영 효율성을 동시에 향상시킨 것으로 나타났다.

위험기반접근법과 더불어 항공보안이 실효성을 확보하기 위해서는 국제적 협력과 표준화가 반드시 전제되어야 한다. 항공운송의 특성상 한 국가의 보안 취약점이 전 세계 항공네트워크의 위협으로 확산될 수 있기 때문이다. 이에 따라 ICAO를 중심으로 한 국제협력과 상호인정체계가 구축되어 있으며, 각국은 ICAO 기준을 토대로 자국 상황에 맞는 항공보안 체계를 수립하고 있다. 정기적인 보안평가를 통해 기준준수 여부를 검증받는 이러한 국제협력체계는 전 세계 항공운송의 안전성을 보장하는 핵심 구조로 확립되었다고 판단된다.

이 책은 바로 이러한 항공보안의 복잡하고 체계적인 구조를 실무자의 관점에서 해설한 것이다. 저자의 국토교통부 항공보안감독관 경험을 바탕으로, 항공보안 관련 법규정의 실무적 해석과 적용방법을 체계적으로 다루고 있다. 이론과 현장경험이 어우러진 이러한 접근방식을 통해 독자들이 항공보안법을 보다 심도있게 이해할 수 있도록 하였다.

먼저 이 책은 법규중심의 체계적 접근을 시도하였다. 항공보안법과 국가항공보안계획의 조항별로 상세한 해석을 제공하며, 각 조항이 실제 현장에서 어떻게 적용되는지 구체적으로 설명한다. 특히 실무와의 연계성을 최대한 강화해서 조항 해석에서 출발해 관련 법규 검토, 실무적용, 문제점 도출, 개선방안 제시까지 일련의 과정을 체계적으로 다루고 있다.

이 책의 또 다른 특징은 개별 규정해석에 머물지 않고 규정 간 연결성과 적용상의 불일치 문제까지 분석하는 종합적 검토관점을 유지한다는 점이다. 동시에 항공보안을 처음 접하는 교육생들도 쉽게 이해할 수 있도록 실무적이면서도 상세한 설명을 제공한다. 무엇보다 항공보안감독관으로 근무하며 겪었던 다양한 사례와 해결방안이 곳곳에 반영되어 이론적 지식과 실무경험이 조화롭게 융합되어 있다. 또한 ICAO 기준 및 국제협약과의 연결성도 명확히 하여 국내규정이 국제기준과 어떻게 조화를 이루는지 한눈에 파악할 수 있도록 구성하였다.

이러한 특징들을 바탕으로 이 책은 항공보안업무를 처음 시작하는 실무자와 항공보안을 배우려는 학생들이 기초부터 차근차근 학습할 수 있도록 집필되었다. 항공보안업무를 담당하면서 업무처리 절차의 기본이 되는 항공보안법 체계를 파악하고자 하는 실무자, 항공보안법을 어떻게 해석하고 적용해야 할지에 대하여 어려움을 느끼는 실무자들에게 실질적인 길잡이가 될 것으로 기대된다. 이론과 실무를 연결하는 든든한 다리 역할을 하는 책이 되기를 진심으로 바란다.

참고문헌

■ 국제협약 및 법규정

1971년 몬트리올협약을 보충하는 국제민간항공에 사용되는 공항에서의 불법적 폭력행위의 억제를 위한 의정서

가소성 폭약의 탐지를 위한 식별조치에 관한 협약(Convention on Marking of Plastic Explosives for the Purpose of Detection)

고정익항공기를 위한 운항기술기준 [국토교통부고시 제2024-828호]

공항건설 및 유지·보수에 관한 보안지침 [국토교통부예규 제168호]

공항에서의 폭발물 등에 관한 처리기준 [국토교통부예규 제424호]

국가민간항공보안 교육훈련지침 [국토교통부예규 제379호]

국가항공보안계획 제23차 개정, 국토교통부 (2024)

국가항공보안 수준관리지 [국토교통부예규 제217호]

국민보호와 공공안전을 위한 테러방지법 [법률 제19580호]

국민보호와 공공안전을 위한 테러방지법 시행규칙 [총리령 제1988호]

국민보호와 공공안전을 위한 테러방지법 시행령 [대통령령 제32968호]

국제민간항공 관련 불법행위 억제에 관한 협약(Convention the Suppression of Unlawful Acts Relating to International Civil Aviation)

국제민간항공협약(Convention on International Civil Aviation)

국제민간항공협약 Annex 17(Aviation Security) to the Convention on International Civil Aviation 12th Edition, (2022)

국제민간항공협약 개정에 관한 의정서

대통령 경호처 소속 공무원의 항공기내 무기 반입 및 관리 지침 [국토교통부예규 제395호]

민간항공의 안전에 대한 불법적 행위의 억제를 위한 협약(Convention for the Suppression of Unlawful Acts against the Safety of Civil Aviation)

보호구역출입증규정(한국공항공사) (2024)

사법경찰관리의 직무를 수행할 자와 그 직무범위에 관한 법률 [법률 제20793호]

상용화주 항공화물 보안기준」 [국토교통부고시 제2023-287호]

액체·분무·겔류 등 항공기내 휴대 반입 금지물질 운영기준 [국토교통부고시 제2021-864호]

출입국절차간소화위원회 규정 [대통령훈령 제290호]

항공기 내 반입금지 위해물품 [국토교통부고시 제2021-1274호]

항공기 불법 압수 억제를 위한 협약 보충의정서(Protocol Supplementary to the Convention for the Suppression of Unlawful Seizure of Aircraft)

항공기내에서 범한 범죄 및 기타 행위에 관한 협약(Convention on Offences and Certain Other Acts Committed on Board Aircraft)

항공기내에서 범한 범죄 및 기타 행위에 관한 협약 개정에 관한 의정서(Protocol to Amend the Convention on Offences and Certain Other Acts Committed on Board Aircraft)

항공기의 불법납치 억제를 위한 협약(Convention for the Suppression of Unlawful Seizure of Aircraft)

항공보안감독관 업무규정 [국토교통부훈령 제1007호]

항공보안법 [법률 제19841호].

항공보안법 시행규칙 [국토교통부령 제1427호]

항공보안법 시행령 [대통령령 제34510호]

항공보안장비 성능 인증 및 성능 검사 기준 [국토교통부고시 제2024-671호]

항공보안장비 시험기관 지정 및 운영 등에 관한 규정 [국토교통부고시 제2019-53호]

항공보안장비 종류, 운영 및 유지관리 등에 관한 기준 [국토교통부고시 제2020-455호]

항공보안협의회 운영규정 [국토교통부예규 제404호]

항공분야 행정처분 업무처리 절차에 관한 규정 [국토교통부훈령 제1784호]

항공안전공무원 교육훈련 규정 [국토교통부훈령 제1793호]

항공운송사업자의 항공기내보안요원 등 운영 지침 [국토교통부지침 제2023-200호]

항공위험물운송기술기준 [국토교통부고시 제2023-52호]

형법 [법률 제20908호]

형사소송법 [법률 제20460호]

European Commission Implementing Regulation(EU) No. 2015/1998, laying down detailed measures for the implementation of the common basic standards on aviation security, (2015)

ICAO, Doc. 8973(Aviation Security Manual) 13th Edition, (2022)

▣ 단행본 및 논문

권창영, 항공법 판례해설Ⅳ 항공행정법, 법문사(2020)

김기준, 국제형사법, 박영사(2017)

문준조, “항공관련 국제협약과 항공법제 개선방안 연구”, 한국법제연구원(2009)

박만희, “국제항공화물보안 강화를 위한 ‘공인화물보안대행기관’ 도입에 관한 연구-공급망보안을 중심으로-”, 한국항공대학교 법학박사 학위논문(2023)

______, “보안검색장비 성능인증 상호인정체계 도입에 관한 연구”, 항공우주정책법학회지 제38권 제3호(2023)

박만희·이승열·안주연·황호원, “항공화물의 보안 공급망 체계 강화 연구-등록대리점(Regulated Agent) 제도 법적 도입을 중심으로-”, 한국항공경영학회지 제18권 제2호(2020)

박만희·이승열·허백용·황호원, “원스톱 보안(One-Stop Security) 도입을 통한 항공화물 공급망 보안체계 강화 연구-ICAO 국제기준 및 EU 사례를 중심으로-”, 한국항공운항학회지 제28권 제3호(2020)

박만희·황호원, “국제항공화물 공급망 보안 강화를 위한 보안과 세관의 협조체계 구축방안에 관한

연구", 한국항공운항학회지 제29권 제4호(2021)

박수진, "항공기내 보안제도 개선에 관한 법적 연구-「항공운송사업자의 항공기내보안요원 등 운영지침」 개정을 중심으로-", 한국항공대 법학박사 학위논문(2020)

박정훈, "법규명령 형식의 행정규칙과 행정규칙 형식의 법규명령-법규개념 및 형식실질 이원론의 극복을 위하여-", 행정법학 제5호(2013)

안주연, 항공안전과 공정문화, 법문사(2024)

이강빈, "항공보안 관련 국제협약의 현대화와 국내입법의 이행 연구", 항공우주정책법학회지 제30권 제2호(2015)

조성규, "행정규칙의 법적 성질 재론", 행정법연구 제31호(2011)

황호원, "국제항공테러 방지 북경협약(2010)에 관한 연구-몬트리올협약과의 비교를 중심으로", 항공우주정책법학회지 제25권 제2호(2010)

Jacqueline MacDonald, Debra Knopman, J.R. Lockwood, Gary Cecchine, Henry Willis, "Unexploded Ordnance: A Critical Review of Risk Assessment Methods", *Rand Corporation* (2004)

Rosario Macario, Joao Vieira, Pedro Mano, Sonja van Renssen, Eddy Van de Voorde, Tom Pauwels, Sergio Domingues, Ross Dawkins, Jonathan Todd, *The Security of Air Cargo from Third Countries*, European Parliament's Committee, Directorate General for Internal Policies, Policy Department B: Structural and Cohesion Policies, Transport and Tourism (2012)

Ruwantissa Abeyratne, *Aviation Security Legal and Regulatory Aspects*, Routledge Revivals (2018)

______, *Law and Regulation of Air Cargo*, Springer (2018)

U.S. Government Accountability Office, *Aviation Security: Actions Needed to Address Challenges and Potential Vulnerabilities Related to Securing Inbound Air Cargo*, GAO-12-632 (2012)

______, *Aviation Security: TSA's Efforts to Assess Foreign Airports and Inspect Air Carriers*, GAO-17-808T (2017)

______, *TSA Uses a Variety of Methods to Secure U.S.-bound Air Cargo, but Could Do More to Assess Their Effectiveness*, GAO-19-162 (2018)

▣ 판례

대법원 2008. 3. 27. 선고 2006두3742 판결

대법원 2012. 11. 15. 선고 2010도6343 판결

대법원 2018. 10. 12. 선고 2015두50382 판결

헌법재판소 2013. 7. 25. 선고 2012헌마167 결정

헌법재판소 2018. 2. 22. 선고 2016헌마780 결정

찾아보기

1. 항공보안법(62개 조항)

2. 항공보안법 시행령(32개 조항)

3. 항공보안법 시행규칙(47개 조항)

4. 사항색인

[저자 약력]

박 만 희

現 국토교통부 부산지방항공청 항공보안감독관
한국항공대학교 법학박사(항공보안법 전공, 2023)

저자 박만희는 국토교통부 항공보안감독관으로서 항공보안 정책의 수립·집행 및 관리·감독 업무를 총괄하는 항공보안 분야 전문가이다. 항공보안정책에서 시작하여 공항보안, 항공사보안, 항공화물보안, 대테러에 이르기까지 항공보안 전 영역에서 폭넓은 실무경험을 쌓아왔으며, 특히 국제민간항공기구(ICAO) 항공보안평가(USAP) 대응 및 미국 교통보안청(TSA) 평가·점검 등 국제 항공보안 협력업무에서 핵심적 역할을 담당해왔다.

학술 분야에서는 항공보안정책 및 법제 관련 논문을 주요 학술지에 게재하며 이론과 실무를 접목한 연구활동을 지속하고 있다. 현재 한국교통안전공단 항공보안자율신고 분석위원회 및 항공기내반입금지물품 검토위원회 전문위원으로 활동하고 있으며, 한국항공보안학회와 한국재난정보학회 항공분과위원장을 역임하면서 국가 항공보안 정책 발전에 기여하고 있다.

아울러 국토교통부, 한국공항공사 등 주요 항공보안 기관의 실무자 전문교육 강사로 활동하며 차세대 항공보안 전문가 양성에 힘쓰고 있다.

"하늘길 보안 시리즈 1"
항공보안법
Aviation Security Law

초판발행 2026년 1월 2일

지은이 박만희
펴낸이 김중용

편 집 심성보·김인숙

펴낸곳 도서출판 정독
경기도 고양시 일산서구 하이파크로 113, 102-204
등록 제406-2014-000093호
전 화 031)924-7203 팩 스 031)935-0345
홈페이지 www.jeongdok.co.kr 이메일 admin@jeongdok.co.kr
ISBN 979-11-6858-412-9 93360

정 가 35,000원